曾毅现照

1974-1975年曾毅留学英国

1977年曾毅在苍梧县鼻咽癌防治所培训当地医务干部进行鼻咽癌血清学普查

1987年曾毅邀请费翔参加艾滋病的宣传教育和干预活动

曾毅现照

1974-1975年曾毅留学英国

1977年曾毅在苍梧县鼻咽癌防治所培训当地医务干部进行鼻咽癌血清学普查

1987年曾毅邀请费翔参加艾滋病的宣传教育和干预活动

1980年美国华盛顿大学微生物系主任、免疫学家G.Peason教授及夫人访问苍梧县鼻咽癌现场

1983年日本京都大学医学院院长兼微生物系主任Y.Ito教授访问苍梧县鼻咽癌现场

1983年曾毅访问美国芝加哥大学微生物系主任E. Kieff 教授（中），右为法国
病毒学家T.Ooka博士

1985年日本京都大学病毒学研究所所长 Hinuma 教授来华与曾毅合作研究成年人
T细胞白血病病毒的流行病学

1985年曾毅协助当地建立"梧州市肿瘤研究所"，陪法国科学院院士Guy de The 和Hueber 博士访问苍梧县血清学普查出的早期鼻咽癌患者

1987年曾毅应邀访问慕尼黑大学微生物系 H.Wolf 教授

1991年曾毅应邀访问以色列耶路撒冷大学微生物系主任 Y.Becker教授

1991年曾毅获陈嘉庚医药科学奖，诺贝尔奖获得者丁肇中教授授予奖状

1992年非洲阿尔及利亚默罕默德医生来病毒所和苍梧县学习鼻咽癌血清学普查和诊断技术

1993年美国NIH Ablashka 教授访问苍梧县鼻咽癌现场

1995年邀请法国著名学者L.Montagnier（2008年诺贝尔奖获得者）参加中国艾滋病会议做专题报告，并游览长城

1995年曾毅被选为俄罗斯医学科学院外籍院士，接受该院院长授予证书

1997年曾毅任中国艾滋病防治基金会会长时在广西南宁举办"艾滋病展览会"，
图为自治区副主席李振潜（右9）出席并参观展览会

2003年曾毅被选为法兰西国家医学科学院外籍院士，接受该院院长授予证书

2009年曾毅院士应马里兰大学人类病毒所所长R.Gallo教授邀请访问和讲学

2009年曾毅院士邀请R.Gallo教授访问中国疾病预防控制中心病毒病所和北京工业大学生命科学院并讲学

研究工作回顾

曾毅常在全国各地做艾滋病防治的专题报告

科室合影

全家福

著名病毒学家曾毅院士论文集 I
（1957－1990）

Selected Workers of Zeng Yi
Volume 1 （1957－1990）

邵一鸣　周　玲　主编
Shao Yi-Ming　Zhou Ling

中国科学技术出版社
·北　京·

图书在版编目（CIP）数据

著名病毒学家曾毅院士论文集.1，1957-1990/邵一鸣，周玲主编.
—北京：中国科学技术出版社，2010.9
ISBN 978-7-5046-5662-9

Ⅰ.①著… Ⅱ.①邵… ②周… Ⅲ.①病毒学-文集 Ⅳ.①Q939.4

中国版本图书馆 CIP 数据核字（2010）第 129712 号

本社图书贴有防伪标志，未贴为盗版

责任编辑：张　楠
责任校对：孟华英
责任印制：安利平

中国科学技术出版社出版

北京市海淀区中关村南大街 16 号　邮政编码：100081
电话：010-62173865　传真：010-62179148
http://www.kjpbooks.com.cn
科学普及出版社发行部发行
北京富泰印刷有限责任公司印刷

＊

开本：787 毫米×1092 毫米　1/16　印张：168.25　字数：4415 千字
2010 年 10 月第 1 版　2010 年 10 月第 1 次印刷
定价（全四册）：377.80 元
ISBN 978-7-5046-5662-9/Q·152

作者简介

曾毅，男，1929年出生于广东省，1952年毕业于上海第一医学院。病毒学家，中国科学院院士、法兰西国家医学科学院外籍院士、俄罗斯医学科学院外籍院士，博士、博士后导师。

1974–1975年为英国格拉斯哥病毒研究所客座研究员，从事肿瘤基础研究。1986–1987年为法兰西国家科学研究中心客座研究员，从事HIV的研究。曾任中国预防医学科学院病毒所所长，中国预防医学科学院院长，国务院学位评审组成员，世界卫生组织全球顾问委员会委员，世界卫生组织肿瘤专家顾问组成员，国际微生物联盟执委，中国预防性病艾滋病基金会会长，中华预防医学会会长，联合国亚太地区艾滋病与发展领导论坛指导委员会成员、常务理事。现任国家性病艾滋病预防控制中心首席科学家，中国疾病预防控制中心病毒病预防控制所院士实验室主任，北京工业大学生命科学与生物工程学院院长，中国合格评定国家认可委员会（CNAS）资深顾问和生物安全实验室专业委员会主任，中华医学会常务理事，中华预防医学会名誉会长。

曾毅院士是我国肿瘤病毒和艾滋病毒研究的开拓者。从1961年起开始研究动物白血病毒、多瘤病毒、乳头状瘤病毒和人腺病毒的致癌性。1973年开始从事EB病毒与鼻咽癌关系的研究，随后研究其他人肿瘤病毒与癌症的关系，如HPV与宫颈癌和食管癌、HBV与肝癌、HTLV-Ⅰ与成年人T细胞白血病及HHV-8与卡波西肉瘤的关系。

曾毅院士共发表中英文论文500余篇，著书6本。曾获国家杰出贡献中青年称号，获国家和部级科技成果20余项及陈嘉庚医药科学奖、政府特殊津贴。2006年获英国Belly-Martin基金会艾滋病防治贡献奖，2008年获中华医学会科技奖一等奖和中华预防医学会公共卫生与预防医学发展贡献奖。

《著名病毒学家曾毅院士论文集》编委会

人 员 名 单

贺　信

尊敬的曾毅先生:

　　欣逢您八十华诞,我谨代表中国科学院、中国科学院学部主席团并以我个人的名义向您致以最诚挚的祝贺和良好的祝愿!对您几十年来为推动祖国科技事业的发展所做出的重要贡献表示崇高的敬意!

　　作为我国著名医学病毒、肿瘤病毒和艾滋病毒学家,您在鼻咽癌的早期诊断和鼻咽癌病毒病因研究方面做出了卓越贡献,建立了一系列鼻咽癌的血清学诊断方法,提前 5～18 年预测鼻咽癌发生的可能性,使鼻咽癌病人早期诊断率从 20%～30% 提高到 80%～90%,挽救了大批病人的生命。您肯定了 EB 病毒在鼻咽癌发生中的作用,不仅证明 EB 病毒与鼻咽癌有关,还首次证明高分化癌也与 EB 病毒有关。探讨了环境因子和遗传因素与鼻咽癌的关系,提出了"在鼻咽癌的发生上,遗传因素是基础,EB 病毒起重要作用,可能是启动作用,环境中的促癌物、致癌物起协同作用"。自 1984 年起,您长期从事分子流行病学、疫苗和抗艾滋病药物研究,为推动我国对艾滋病的检测和防治研究做出了重要贡献。

　　您热爱祖国,献身科学,为人正直,治学严谨。衷心恭祝您生日快乐,健康长寿,阖家幸福!

中国科学院院长

中国科学院学部主席团执行主席　　　路甬祥

二○○九年三月八日

序（1）

　　曾毅教授为中国科学院院士，法兰西国家医学科学院外籍院士，俄罗斯医学科学院外籍院士，是国内外著名的医学病毒学家。

　　曾毅院士从事微生物学和病毒学研究56年，在病毒学领域中做出了卓越的贡献，在国际、国内享有崇高的声誉。

　　曾毅院士是我国肿瘤病毒研究和艾滋病毒研究的开拓者。

　　从20世纪60年代初曾毅院士就开展了鼠多瘤病毒、鸡白血病病毒及人腺病毒等的致癌作用研究，并成功地用人腺病毒5型、18型诱发出地鼠细胞癌变。从1973年开始研究EB病毒与鼻咽癌发生的关系。他在鼻咽癌的早期诊断和病毒病因研究方面均做出了卓越的贡献，目前正在进行相关疫苗的研究，以望达到预防、治疗和控制的效果。证明了HPV与食管癌的发生有密切的关系。在其他与病毒有关癌症（成年人T细胞白血病、肝癌、食管癌和Kaposi肉瘤等）的研究中也做出了一定的贡献。从1984年在我国首次开展艾滋病毒（HIV）和艾滋病的研究，证明1982年HIV随血液制品从美国传入我国，1983年感染我国公民。1987年分离到我国第一个HIV－1毒株，进行了HIV－1血清流行病学和分子流行病学的研究，建立了HIV的快速诊断方法。近年来从事HIV药物和疫苗的研究，为我国艾滋病毒的研究作出了贡献。

　　曾毅院士共发表了中文及英文论文500余篇。在肿瘤相关病毒和艾滋病毒的流行病学、诊断学、病原学及免疫学等方面具有深厚的学术造诣、宽广的学术思路和独特的创新性。

　　《著名病毒学家曾毅院士论文集》，对病毒病预防控制战线的医疗卫生和科研人员提供了众多值得学习和借鉴的系统深入的专门知识、坚持不懈的科研思路及新颖的研究方法。

中国疾病预防控制中心

病毒病预防控制所所长　李德新

二〇〇九年八月一日

序（2）

　　《著名病毒学家曾毅院士论文集》收集了曾毅院士从事肿瘤病毒学、艾滋病毒学和肿瘤与艾滋病防治研究 56 年来发表的中、英文科技论文 509 篇，反映了他在医学病毒学领域和肿瘤与艾滋病防治方面做出的卓越贡献。

　　曾毅院士的这本论文集，体现了他在两个重要领域的科学成就。一个领域是病毒相关肿瘤学的基础研究和诊断与防治，另一个领域是艾滋病的病毒学诊断与防治。这些论文都见证了曾毅院士是我国肿瘤病病毒研究和艾滋病毒研究及其防治领域的开拓者。

　　针对我国南方鼻咽癌发病率高的现象，曾毅院士首先提出病毒为其病因的科学假设，并进行积极探索，发现并描述了 EB 病毒与鼻咽癌发生的病因关系。他首先研制出鼻咽癌的普查和早期诊断方法，并将这一简单易行的早期诊断方法在鼻咽癌高发区的人群中广泛推广应用，促进了早期鼻咽癌病人的发现，使得他们能够及早得到治疗，减少了死亡。这一系列研究成果和科学论文的发表，使得曾毅院士成为该领域最具权威的专家。这也体现了曾毅院士的科学论文不仅发表在国内外科学技术杂志上，他更是把论文写在了人民群众的健康上。

　　当 1981 年世界上报告首例艾滋病病人时，曾毅院士就开始关注这一新的疾病。虽然中国报告第一例艾滋病病人是在 1985 年，但曾毅院士从 1984 年就在我国首次开展了艾滋病毒（HIV）和艾滋病的研究，并证明 1982 年 HIV 就已经随着进口血液制品从美国传入我国，1983 首次感染我国公民。这一研究揭示，艾滋病毒在美国报告艾滋病的第二年就已经进入中国。这比绝大多数人把中国 1985 年报告第一例艾滋病病人作为艾滋病进入中国的时间，提前了 3 年。

　　在艾滋病流行早期，我国的艾滋病感染者都是零星入境的个体，研究工作者寻找研究对象都比较困难。1987 年，曾毅院士首先报告分离到我国第一个 HIV－1 毒株。当时，艾滋病血清学诊断试剂几乎全部依赖进口，为此，曾毅院士研制了 HIV 的快速诊断方法。特别是在 1995 年初，全国一些地方在单采血浆献血员中发现艾滋病感染，他研制的快速蛋白印迹诊断试剂，对于在短时间内及时了解单采血浆污染造成艾滋病传播的范围、掌握艾滋病疫情、控制疫情进一步蔓延扩散，起到了重要的作用。

曾毅院士不仅是一位资深的病毒学专家，他更是一位有着重要影响作用的公共卫生专家。他以一个科学家的敏锐和睿智，积极呼吁通过加强预防艾滋病宣传教育，控制艾滋病流行。由曾毅院士牵头组织6名院士和国内专家撰写"关于呈报'关于迅速遏止艾滋病在我国蔓延的呼吁'的报告"、"关于全面加强艾滋病宣传教育和行为干预的建议"和"关于我国艾滋病疫苗研发策略的建议"等，积极推动了我国艾滋病防治工作的开展。

《著名病毒学家曾毅院士论文集》的出版，不仅是对他本人科研和防治工作的总结，更为年轻一代疾病控制科研和防疫人员提供了完整、系统学习老一辈专家治学严谨的工作作风和勇于探索的科学精神的机会。这也是我国公共卫生领域的一份重要科技文献。

中国疾病预防控制中心性病艾滋病预防控制中心

二〇一〇年二月一日

前　　言

　　曾毅院士是国际著名的病毒学家和肿瘤学家。他在新中国建立之初毕业于上海第一医学院，早年在医学院校从事微生物学和病毒学研究和教学工作，后调到中国医学科学院及后来的中国预防医学科学院和中国疾控中心从事他所衷爱的医学病毒学研究至今。即便在文革期间，他也排除各种困难，不惜每天骑自行车 4 个小时，往返于家里、研究所和肿瘤医院，继续坚持研究工作。正是这种对探知科学真理的强烈好奇心和为发展我国预防医学事业的高度的责任感，激励着曾毅教授经历了近 60 年的风风雨雨，成为我国一代肿瘤病毒学和艾滋病防治医学的科学大师。

　　曾毅教授在病毒学、肿瘤学和艾滋病防治研究中的建树很多，这可以从他在本论文集汇编中的 509 篇中、英文论文中清晰可见。这些研究成果多次获得国家和部委科技进步奖励以及诸如陈嘉庚奖等多种科技奖项。这些深厚的科学造诣使曾毅教授在 1993 年当选为中科院院士，并被国际学者推选为法兰西国家医学科学院和俄罗斯医学科学院外籍院士。作为曾毅教授的学生，我们从他身上学到了中国老一辈科学家特有的优秀品质，在他的科学精神和科学方法的熏陶下，我们受益终身。在曾毅教授众多优秀科学品质中，令我们印象深刻的是，他对科学发展方向所具有的敏锐的洞察力，他将实验室与现场相结合的科学方法和勇于实践的精神以及他对国家疾病防治工作的高度责任感。

　　20 世纪 50 年代末，曾毅院士提出既然很多动物肿瘤是由病毒引起的，人的肿瘤也应该是由病毒引起的。从 1961 年就开始研究肿瘤病毒如人腺病毒、鸡白血病病毒、多瘤病毒等。从 1973 年起研究人肿瘤病毒，包括 EB 病毒、HPV 病毒等。他系统地研究了 EB 病毒在鼻咽癌发生和发展中的作用，创造性地将国际上的分子病毒学技术与现场流行病学调查相结合，建立起用 EB 病毒 EA/IgA 和 VCA/IgA 抗体进行筛选，并辅以临床和病理活检的鼻咽癌早期诊断技术体系，显著提高了鼻咽癌的早期诊断率，挽救了许多病人的生命。应用病毒血清学指标诊断肿瘤，是肿瘤病毒学和肿瘤诊断学领域中的一项创举，是将基础研究成果应用于指导临床的所谓 "from bench to bedside" 理想设计的一项成功的实践。在鼻咽癌的病毒病因学研究领域，曾毅教授也通过多学科合作的研究方式，开展大规模现场病因学调查研究，结合实验室研究成果，提出了以 EB 病毒为病因、环境致癌和促癌因素起协同作用、遗传易感性为基础的鼻咽癌多病因学说。这一学说在鼻咽癌的病因学领域中占据着重要的地位，促进了肿瘤病毒学研究的不断深入。

20 世纪 80 年代初，一个来势凶猛的新发传染病——艾滋病在美国被发现。作为肿瘤病毒学家，曾毅教授立即在国内建立相关研究的实验室和技术方法，紧密追踪该领域的国际研究进展。1983 年法国科学家 Montagnier 首次报告发现艾滋病病毒，1984 年曾毅教授在国内进行艾滋病病毒筛查，在我国最早开展了艾滋病血清流行病学研究。1985 年，曾毅教授首次在国内报告了 4 例 HIV 感染病例。之后，曾毅教授的实验室承担起我国早期艾滋病诊断、培训、技术支持和艾滋病诊断试剂的研发工作，有力地支持了我国早期的艾滋病诊断和血清学研究工作。曾毅教授还与他的夫人——中医研究院的李泽琳教授合作，开展了从中药筛选抗艾滋病病毒成分的研究，经过十多年的不懈努力，已将该项研究推进到临床实验阶段。这些方面的研究，在本论文集中也都有记载。

　　作为中科院院士和我国疾病防治机构与学术团体的负责人，曾毅教授在不同历史时期不断呼吁政府加强艾滋病的防治工作和对艾滋病科研的投入，他还不断到全国各地演讲，亲自参与包括举办艾滋病防治知识巡展以及具体的艾滋病防治宣传活动和防治基金的募集工作。我国艾滋病防治工作能有今天的迅速发展，离不开作为科学家和社会活动家的曾毅院士等一批著名科学家的努力推动。

　　曾毅教授在长达 56 年医学病毒学研究中的论著极为丰富，我们尽最大努力共收集和整理了曾先生自 1957 年至 2010 年初发表的 509 篇文章（其中，中文 397 篇，英文 112 篇）汇编于本集之中。由于文章时间跨度长达半个世纪以上，又出自几十种刊物或资料，原稿在编排体例和格式方面千差万别，为了保持原文风貌，只能采取尊重历史的作法，基本保持了原文的基本内容。但为了与时俱进，尽量考虑到现今的一些编辑规范，对全部文章的格式做了大体的统一。时间久远，一些论文已难寻找，只能割爱；原文一些图表质量低劣，无法复制，只能略去。随着时代变迁，作者所在单位的名称先后更换过几次，本书只能随文书写，不另行说明。本书按年代顺序，分为第一至第四卷，前三卷为中文，第四卷为英文，在本书编排后期陆续收到一些早年文章，只能放在书后作"补遗"处理。全书约 430 万字。我们深信，该书的出版，必将为我国医学病毒学事业的发展做出贡献。对中国疾病预防控制中心病毒病所、性病艾滋病预防控制中心以及参加本书编撰工作的全体同志们表示衷心谢意！

　　由于工作量大，时间紧迫，书中难免有些差误之处，请广大读者批评、指正！

邵一鸣　周　玲

二〇〇九年六月一日

获奖情况

1. 1978年全国科学大会奖，"高分化鼻咽癌细胞株的建立（CNE-1）"。国际上第一个鼻咽癌细胞株1976年建立。

2. 1978年全国科技大会奖，"鼻咽癌防治研究"。

3. 1978年"测定EB病毒免疫球蛋白（VCA-IgA）抗体方法的建立及其在鼻咽癌诊断和普查中的应用"，中国医学科学院1978年一等奖（第一名）。

4. 1980年"测定EB病毒免疫球蛋白（VCA-IgA）抗体方法的建立及其在鼻咽癌诊断和普查中的应用"，卫生部1980年甲级科技成果奖（第一名）。

5. 1981年"应用抗补体免疫酶法检测鼻咽癌细胞和鼻咽部上皮细胞中的EB病毒核抗原"，广东省高等教育局科技成果二等奖（第二名）。

6. 1984年"人体部分肿瘤细胞株的建立及生物学特性，鼻咽癌低分化细胞株建立"，卫生部乙级科技成果奖二等奖（第二名）。

7. 1984年被国家科委和人事部授予国家级有突出贡献中青年科学家称号。

8. 1985年"核酸重组和标记新方法的建立及在EB病毒核酸研究中的应用"，卫生部乙级科技成果奖二等奖（第二名）。

9. 1985年在鼻咽癌的"七五"国家科技攻关中成果显著，特予表彰（奖金6万元），国家计委、科委等六部委（课题负责人）。

10. 1985年"在科技现场工作中成绩显著被评为先进集体，特此奖励"，中国预防医学中心，病毒所肿瘤室（课题负责人）。

11. 1985年"建立一种筛选上皮细胞表面抗原单克隆抗体的酶免疫吸附试验"，第四军医大学三等奖（第四名）。

12. 1988年"鼻咽癌早期诊断技术的建立和应用"，卫生部科学技术进步二等奖（第一名）。

13. 1988年"鼻咽癌早期诊断技术的建立和应用及前瞻性现场的研究"，国家科学技术进步奖三等奖（第一名）。

14. 1989年"艾滋病的血清流行病学调查和病毒分离研究"，卫生部科技进步三等奖（第一名）。

15. 1990年国务院政府特殊津贴。

16. 1990年"艾滋病毒抗体检测免疫酶试剂盒"，中国预防医学科学院二等奖（第一名）。

17. 1990年"EB病毒IgA/VCA，IgA/EA抗体测定试剂盒"，全国医药科技成果展览会优秀奖（第一名）。

18. 1991年"鼻咽癌早期诊断、前瞻性研究及病因的研究"，陈嘉庚医药科学奖（第一名）（奖金3万元）。

19. 1991年"浙江省艾滋病感染者监测与防治的综合研究"，浙江省科技成果二等奖。

20. 1992年"中国环球性病艾滋病基金会小西奖"，中国预防医学科学院病毒所艾滋病研究与检测中心（中心的负责人）。

21. 1993年全国首届优秀论文奖（两篇）。

22. 1993年曾毅院士获中国预防医学科学院病毒学研究所科技贡献一等奖。

23. 1993年中国预防医学科学院病毒学研究所，授予曾毅院士荣誉职工称号。

24. 1994 年 "HTLV - Ⅰ 在中国的血清流行病学调查"，中国预防医学科学院科技二等奖（第一名）。

25. 1994 年 "促癌物的调查及其与化学致癌因素在致癌中的协同作用"，中国预防医学科学院科技三等奖（第一名）。

26. 1994 年全国首届优秀论文奖（两篇）。

27. 1995 年曾毅院士获 "中国预防医学科学院病毒学研究所重奖"（奖金 3 万元）。

28. 1995 年 "遗传因素、环境因素及 EB 病毒在鼻咽癌发生中作用的研究"，卫生部科技进步二等奖（第一名）。

29. 1996 年曾毅院士获卫生部疾病控制司、中国预防性病艾滋病基金会预防控制艾滋病先进个人奖。

30. 1996 年 "遗传因素、环境因素及 EB 病毒在鼻咽癌发生中作用的研究"，国家科委三等奖（第一名）。

31. 1996 年 "我国人群中 HTLV - Ⅰ 病毒血清流行病学调查及其与人类疾病关系的研究"，卫生部科技进步三等奖（第二名）。

32. 1996 年 "云南瑞丽流行区艾滋病毒的生物学和分子生物学跟踪研究"，卫生部科技进步二等奖（第二名）。

33. 1997 年 "EB 病毒在鼻咽癌细胞的存在及其促癌物在鼻咽癌发生中的协同作用"，卫生部科技进步二等奖（第一名）。

34. 1997 年中国预防医学科学院授予曾毅院士 "优秀研究生指导教师荣誉称号"。

35. 1997 年 "云南瑞丽流行区艾滋病毒的生物学和分子生物学跟踪研究"，国家科委三等奖（第四名）。

36. 1998 "EB 病毒在鼻咽癌细胞的存在及其与促癌物在鼻咽癌发生中的协同作用"，国家科委科技进步三等奖（第一名）。

37. 1998 年科普读物《世纪的警告》获优秀奖。

38. 1998 年首届广东 "柯麟医学奖"。

39. 1999 年中华人民共和国卫生部、公安部、教育部、广播电影电视总局、全国预防与控制艾滋病性病先进个人奖。

40. 2000 年 "鼻咽癌血清学早期诊断成果推广及应用研究"，广西壮族自治区医药卫生科学技术进步二等奖。

41. 2000 年 "鼻咽癌血清学早期诊断成果推广及应用研究"，广西壮族自治区人民政府科技进步三等奖。

42. 2004 年 9 月荣获新医药与生物工程 "十五" "211 工程" 中期评估项目建设成效优秀奖。

43. 2005 年院士科普丛书（其中曾毅院士著《世纪的警告》）获国家科技进步二等奖。

44. 2006 年获英国 Belly - Martin 基金会艾滋病防治贡献奖。

45. 2008 年曾毅院士与中国疾病预防控制中心性病艾滋病预防控制中心吴尊友教授合作的 "我国既往有偿供血人群艾滋病流行病学与控制策略研究" 获中华医学会科技奖一等奖（吴尊友、曾毅、柔克明等）。

46. 2008 年曾毅院士获中华预防医学会公共卫生与预防医学发展贡献奖。

47. 2009 年曾毅院士与中国疾病预防控制中心性病艾滋病预防控制中心吴尊友教授合作的 "我国既往有偿供血人群艾滋病流行病学与控制策略研究" 获北京市科学技术进步二等奖。

目　录

1957—1978 年

1. 广州市鼠类带出血性黄疸钩端螺旋体调查的初步报告 ………………………… （ 1 ）
2. 1957 年至 1959 年我国某些城市脊髓灰质炎病毒的分离与鉴定 ……………… （ 6 ）
3. 麻疹减毒活疫苗的研究 ………………………………………………………… （ 9 ）
4. 应用血凝抑制试验检查麻疹抗体 ……………………………………………… （ 16 ）
5. 7 岁以下小儿口服脊髓灰质炎三型混合减毒活疫苗的血清学反应 …………… （ 20 ）
6. 北京市城区和郊区农村健康居民脊髓灰质炎中和抗体的调查 ………………… （ 26 ）
7. 人羊膜细胞培养方法的研究 …………………………………………………… （ 29 ）
8. 影响麻疹病毒血凝素滴度的某些因素的探讨 ………………………………… （ 34 ）
9. 国产胎盘球蛋白中肠道病毒（ECHO 及 Coxsackie）中和抗体的测定 ……… （ 38 ）
10. 中药对脊髓灰质炎病毒和其他肠道病毒的作用 ……………………………… （ 41 ）
11. 红细胞对 Echo 6 D'Amori 毒株和脊髓灰质炎病毒的吸附及其与血凝的关系 … （ 45 ）
12. 不同细胞对 Echo 6 D'Amori 毒株的血凝能力改变的影响 ………………… （ 50 ）
13. 传代细胞对 Echo 病毒的敏感性及对其血凝能力改变的影响 ……………… （ 56 ）
14. 病毒治疗癌性胸腹水疗效初步总结 …………………………………………… （ 61 ）
15. 从鼻咽癌组织培养建立类淋巴母细胞株和分离巨细胞病毒 ………………… （ 65 ）
16. 鼻咽癌病人和鼻咽黏膜病变患者血清中 EB 病毒补体结合抗体水平的
    调查研究 ……………………………………………………………………… （ 72 ）
17. 流行性乙型脑炎病毒的溶血性及不同株的溶血性、血凝性和毒力比较 …… （ 77 ）
18. 鼻咽癌病人的 EB 病毒免疫球蛋白 G 和 A（IgG 和 IgA）抗体的测定 …… （ 84 ）
19. 广东省和北京市正常人群血清中 EB 病毒补体结合抗体水平的调查研究 …… （ 89 ）
20. 我国南方五省（区）鼻咽癌流行病学的初步调查研究 ……………………… （ 92 ）
21. 人体鼻咽癌上皮样细胞株和梭形细胞株的建立 ……………………………… （100）

1979—1982 年

22. 北京某鸡场鸡胚带鸡白血病病毒情况的调查研究 …………………………… （108）
23. 鸡淋巴白血病病毒对母鸡免疫及其对鸡胚带病毒影响的初步研究 ………… （112）
24. 感染流行性乙型脑炎病毒的组织培养中的血凝素和血凝抑制物 …………… （116）
25. 应用免疫酶法和免疫放射自显影法普查鼻咽癌 ……………………………… （121）
26. 应用免疫酶法测定鼻咽癌病人的免疫球蛋白 A 抗体 ……………………… （128）

27. 我国八个省（区）鼻咽癌病人 EB 病毒壳抗原的免疫球蛋白 A 抗体的测定·········（133）

28. 免疫放射自显影法的建立及其在测定鼻咽癌病人 EB 病毒
特异性 IgA 抗体中的应用 ·········（136）

29. 不同来源带 EB 病毒的淋巴瘤和类淋巴母细胞株巨 A 染色体的研究 ·········（142）

30. 应用免疫放射自显影法测定鼻咽癌病人唾液中的 EB 病毒 VCA – IgA 抗体 ·········（148）

31. 鼻咽癌的血清学普查 ·········（150）

32. 类淋巴母细胞株简化培养液的研究 ·········（154）

33. 鼻咽癌病人和正常人唾液中 EB 病毒 VCA – IgA 抗体的测定 ·········（157）

34. 鼻咽癌患者血清中 EB 病毒早期抗原的抗体检测试验 ·········（159）

35. 检查 EB 病毒核抗原的抗补体免疫酶法的建立 ·········（163）

36. 应用抗补体免疫酶法检查鼻咽癌细胞和鼻咽部上皮细胞中的 EB 病毒核抗原 ·········（165）

37. 鼻咽癌病人淋巴细胞对鼻咽癌上皮样细胞株的体外细胞毒性反应 ·········（170）

38. 人肉瘤细胞株的建立及其抗原性的研究 ·········（174）

39. 人 α 干扰素治疗鼻咽癌一例报告 ·········（179）

40. EB 病毒与人类疾病的关系 ·········（180）

41. 人腺病毒 18 型诱发细胞转化的研究 ·········（185）

42. 宫颈癌高发区和低发区正常妇女和宫颈癌病人的单纯疱疹病毒
Ⅰ型、Ⅱ型抗体测定 ·········（188）

43. 干扰素对 B95 – 8 细胞自发 VCA – EA 抗原和 Raji 细胞
EA 抗原诱发的促进作用 ·········（192）

44. 应用豚鼠 C3 抗体作免疫酶试验 ·········（195）

45. 应用免疫酶法检测宫颈癌病人单纯疱疹病毒Ⅰ、Ⅱ型的 IgA 和 IgG 抗体 ·········（196）

46. 一株人肉瘤细胞对 8 – 氮鸟便嘌呤的抵抗和在细胞杂交中的应用 ·········（199）

47. 广西梧州市居民的鼻咽癌血清学普查 ·········（202）

48. 维生素甲衍生物对 EB 病毒早期抗原诱发的抑制作用 ·········（206）

49. 应用抗补体免疫酶法从 VCA/IgA 抗体阳性者中检查早期鼻咽癌 ·········（208）

50. 鼻咽癌上皮样细胞株的细胞遗传学研究 ·········（210）

51. 鼻咽癌的细胞免疫及其 HLA 的限制 ·········（213）

52. 宫颈癌患者单纯疱疹病毒的分离与鉴定 ·········（216）

53. 应用抗补体免疫酶法检查宫颈癌脱落细胞中单纯疱疹病毒抗原 ·········（219）

54. 抵抗 8 – 氮鸟便嘌呤的 CNf – A 细胞株的建立 ·········（222）

1983—1986 年

55. 从低分化鼻咽癌病人建立鼻咽癌上皮细胞株 ·········（226）

56. 广西苍梧县 EB 病毒 IgA/VCA 抗体阳性者的追踪观察 ·········（231）

57. EB 病毒 VCA – IgA 抗体水平与鼻咽黏膜病变的关系 ·········（235）

58. 苍梧县水上居民的鼻咽癌血清学普查 ·········（239）

59. 抗补体免疫酶法检查鼻咽癌及有关鼻咽脱落细胞的进一步研究 ·········（241）

60. EB 病毒核酸片段与噬菌体 DNA 重组方法的研究 ·········（244）

61. 人体低分化鼻咽癌上皮样细胞株 CNE－2 的细胞遗传学研究 …………………（249）

62. EB 病毒核酸片段重组于噬菌体 M13mp8 方法的研究 ………………………（255）

63. 应用酶标记葡萄球菌 A 蛋白抗补体免疫酶法检测 EB 病毒核抗原 …………（261）

64. 测定鼻咽部脱落细胞中 EBV/DNA 和核抗原方法的比较 ……………………（263）

65. 应用 X 线胶片免疫放射自显影法测定鼻咽癌病人血清中的
    EB 病毒 IgA/EA 抗体 ………………………………………………………（267）

66. 鼻咽癌 …………………………………………………………………………（270）

67. 应用免疫放射自显影法测定鼻咽癌病人的 EB 病毒 EA/IgA …………………（274）

68. 中草药对 Raji 细胞 EB 病毒早期抗原的诱发作用 ……………………………（278）

69. 人鼻咽癌上皮样细胞系的单克隆抗体 …………………………………………（281）

70. 用生物素标记 DNA 检查肿瘤细胞中的 EB 病毒核酸 …………………………（284）

71. 广西梧州市 EB 病毒 lgA/VCA 抗体阳性者的追踪观察 ………………………（289）

72. 间接核酸杂交方法的建立 ………………………………………………………（293）

73. 土壤中含 EB 病毒诱导物的检测 ………………………………………………（298）

74. 用碘标记核酸检查鼻咽癌上皮细胞中的 EB 病毒基因 ………………………（301）

75. 应用明胶凝集颗粒试验检测人群中 T 细胞白血病病毒抗体 …………………（305）

76. 芫花酯乙和黄芫花提出液对 EB 病毒早期抗原的诱导和促进 EB 病毒
    对淋巴细胞转化的研究 …………………………………………………………（307）

77. 酶标记抗人 IgA 单克隆抗体及其在 Epstein－Barr 病毒免疫酶技术中的应用 …（311）

78. 成人 T 细胞白血病病毒抗体的血清流行病学调查 ……………………………（313）

79. 应用间接免疫荧光试验检测我国正常人和白血病病人血清中
    嗜 T 淋巴细胞Ⅲ型病毒抗体 …………………………………………………（317）

80. 应用滤纸全血做 EB 病毒 IgA 抗体测定 ………………………………………（319）

81. 一种筛选上皮样细胞表面抗原单克隆抗体的 ELISA …………………………（320）

82. IgA/VCA 抗体阴性人群鼻咽部细胞中 EB 病毒核酸的研究 …………………（326）

83. 几种中草药对淋巴细胞的促转化作用 …………………………………………（330）

84. EB 病毒与鼻咽癌 ………………………………………………………………（333）

85. 分泌抗人 IgA 单克隆抗体（McAb）杂交瘤细胞株的建立 …………………（348）

86. 了哥王对大鼠实验性鼻咽癌的促发作用 ………………………………………（351）

87. 罗城仫族自治县鼻咽癌血清学普查 ……………………………………………（354）

88. 苍梧县环境促 EB 病毒物质的研究 ……………………………………………（356）

89. 巴豆油、黄芫花和了哥王对兔乳头瘤病毒诱发的兔乳头瘤的促进作用 …………（357）

90. 血友病患者血清中淋巴腺病病毒/人 T 细胞Ⅲ型病毒抗体检测 ………………（359）

91. 人精液对 Raji 细胞中 Epstein－Barr 病毒早期抗原的诱导 …………………（363）

92. 艾滋病病原——淋巴腺病病毒/人 T 细胞Ⅲ型病毒 …………………………（365）

93. 中成药乙醚提取液对 Raji 细胞的 Epsteinp－Barr 病毒早期抗原的诱导 …………（372）

94. 丁酸钠促进 EB 病毒对淋巴细胞转化的研究 …………………………………（375）

95. 人鼻咽癌细胞的单克隆抗体 ……………………………………………………（378）

96. 抗人鼻咽癌细胞单克隆抗体免疫荧光组织化学观察 …………………………（384）

97. 碘标记核酸方法的建立及在检查 EB 病毒核酸中的应用 ················ （387）

98. 宫颈癌中乳头瘤病毒核酸的检测 ·· （393）

1987—1990 年

99. 检查 Epstein – Barr 病毒 lgA/EA 抗体的 ELISA 法 ···················· （396）

100. 鼻咽癌患者血清中抗 Epstein – Barr 病毒早期和晚期膜抗原抗体的检测 ·········· （401）

101. 抗人 IgA 多克隆抗体 ELISA 法的建立和应用 ························· （404）

102. 血清中 Epstein – Barr 病毒膜抗原 IgA 抗体检测法的改进及应用 ········· （407）

103. 黄芫花及桐油提取物对 II 型单纯疱疹病毒诱癌的促进作用 ············ （412）

104. 用改进的测定 Epstein – Barr 病毒早期抗原 IgA 的方法为 2054 人检查鼻咽癌 ····· （415）

105. 用重组痘苗病毒感染动物细胞表达的 Epstein – Barr 病毒膜抗原检查
     IgA/MA 抗体 ·· （416）

106. 用 PO4 细胞为靶细胞检测人血清中 Epstein – Barr 病毒 IgA/MA 抗体
     以诊断鼻咽癌 ·· （421）

107. 人乳头瘤病毒和人子宫颈鳞状上皮细胞癌关系的超微结构与基因分子 ········· （422）

108. 鼻咽癌的检测和早期诊断 ·· （427）

109. 含激活 EB 病毒的土壤及其生长的青菜促 EB 病毒物质的研究 ········· （431）

110. 广西苍梧县周木村环境促 EB 病毒物质的研究 ······················ （433）

111. 中草药黄芫花和桐油提取物对实验性宫颈癌的促进作用 ··············· （435）

112. 一例华人艾滋病患者血清人免疫缺陷病毒抗体检测 ··················· （438）

113. 用 EBV – 杂交瘤技术制备肾综合征出血热病毒的人单克隆抗体 ········· （439）

114. 肾综合征出血热病毒的人单克隆抗体的产生和初步鉴定 ··············· （441）

115. 抗人鼻咽癌细胞单克隆抗体相关抗原免疫荧光定位观察 ··············· （446）

116. 黄芫花提取物对大鼠实验性鼻咽癌的促发作用 ······················ （449）

117. 表达乙型肝炎病毒表面抗原和 Epstein – Barr 病毒膜抗原的
     双价痘苗病毒的组建 ·· （452）

118. 应用明胶颗粒凝集试验检测人免疫缺陷病病毒抗体 ··················· （458）

119. 艾滋病的血清流行病学调查研究 ······································ （462）

120. 激活 Raji 细胞 EB 病毒早期抗原植物的研究 ························· （465）

121. 我国首次从艾滋病病人分离到艾滋病病毒（HIV） ··················· （471）

122. 某些环境促癌因素的实验研究 ·· （474）

123. 乌桕、射干和巴豆油对 3 – 甲基胆蒽诱发小白鼠皮肤肿瘤的
     促进作用的研究 ·· （478）

124. 可表达 EB 病毒核抗原的鼻咽癌/淋巴瘤细胞杂交株 ················· （480）

125. EB 病毒壳抗原在大肠埃希菌中的表达及纯化 ······················· （482）

126. 用转染 EB 病毒基因片段的核细胞检测鼻咽癌病人的抗 EB 病毒
     核抗原 – 1（EBNA – 1）抗体 ····································· （487）

127. EB 病毒在原发型干燥综合征发病中的作用 ························· （491）

128. 抗 EB 病毒核抗原 I 型单克隆抗体的研制和应用 ····················· （493）

129. 人免疫缺陷病毒蛋白印迹法的改进 ……………………………………………… （499）

130. 艾滋病血清学诊断新方法——免疫斑点法的建立 …………………………… （503）

131. 鼻咽癌病人 EB 病毒 EBNA – 2A 及 EBNA – LPIgG 和 IgA 抗体的测定 ……… （509）

132. 应用纯化的重组 Epstein – Barr 病毒早期抗原建立检测鼻咽癌病人血清
　　 IgA/EA 抗体的 ELISA 方法 ……………………………………………………… （513）

133. Epstein – Barr 病毒早期抗原 P138 和 P54 基因的重组与表达 ………………… （517）

134. 北京人血清中嗜人 B 淋巴细胞病毒抗体的检测 …………………………… （522）

135. 鼻咽癌病人和其他鼻咽部疾病病人鼻咽部厌氧菌代谢产物对类淋巴
　　 母细胞 Raji 细胞和 P₃HR – 1 细胞中 EB 病毒抗原的诱导作用 …………… （523）

136. 人免疫缺陷病毒血清学诊断免疫酶法的建立及其应用 …………………… （527）

137. 人精液和阴道杆菌滤液在诱发小鼠宫颈癌中的作用 ……………………… （530）

138. 应用桥联酶标技术检测艾滋病毒抗体 ……………………………………… （533）

139. 中国的成人 T – 细胞白血病 ………………………………………………… （536）

1. 广州市鼠类带出血性黄疸钩端螺旋体调查的初步报告

中山医学院微生物学教研组　黄东英　曾毅　梁旻若

Weil 氏（1886）首先报告外耳氏病（Weil 's disease）是一种特殊的黄疸性传染病。稻田及井户（1915）[1]证明出血性黄疸钩端螺旋体（*L. icterohemorrhagiae*）是本病的病原体。Майяима 氏[2]（1916）最先确定鼠类带有出血性黄疸钩端螺旋体。随后，外耳氏病及鼠类带钩端螺旋体在世界各地都有发现。携带出血性黄疸钩端螺体主要是鼠类[2]（*R. novegicus*，*R. Rattus*，*Mus. musculus*）。除此之外，狗、猫、猪、马、牛、狐狸、猿和壁虱[3]（能经卵传代）等也可以带有出血性黄疸钩端螺旋体。根据文献综述，致病性钩端螺旋体约有 40 型[4]，而在我国关于钩端螺旋体病的报告不多。汤泽光氏（1937）[5]首先报告广州 3 例外耳氏病，其中 1 例经动物接种，发现有致病性钩端螺旋体。Snapper 及钟惠澜氏等（1940）[6]报告北京 2 例犬型钩端螺旋体病（Canine Leptospirosis），并对狗及鼠类进行调查，发现狗有抗 *L. canicola* 的抗体，鼠类有抗 *L. canicola*，*L. Hebdomadis* 及 *L. swartz* 的抗体。近年来广州郊区，每于早收与晚收之后，外耳氏病病例增加。郑显准等氏（1955）[7]报告郊区农民患外耳氏病 14 例（1953 年 3 例，1954 年 11 例）都有典型的临床症状，抽病人血液作动物试验，经本教研组细菌检验室检查，发现其中 2 例有致病性的钩端螺旋体。1955 年我们从广州郊区（新滘区）及本市病人各一分离出 1 株致病性钩端螺旋体，用苏联标准菌株的抗血清鉴定，证明是属于出血性黄疸钩端螺旋体。

由于鼠类是外耳氏病传染的主要来源，为了了解广州市区及郊区的鼠类与本病的关系，我们选择了市区及病例较多的郊区（新滘区）两地，从 1955 年 8 月至 1956 年 6 月共 10 个月对鼠类带钩端螺旋体情况进行调查。

材料和方法

我们结合除四害运动，收集老鼠。新滘区的老鼠是从田间捕捉的，送来实验室的大多是死鼠，少数是活鼠。活鼠先将其放血致死，称体重。用无菌技术解剖，取出两侧肾脏，于无菌的乳钵中研磨，加入 10 ml 生理盐水稀释，然后按下列方法检查。

一、镜检　取鼠肾脏悬液做暗视野检查。

二、培养　接种鼠肾脏悬液数滴于 5 ml Korthof[2] 或 Терский[2] 培养基（100 ml 培养基加入 25～50 mg 的磺胺嘧啶钠），放 30℃温箱培养，每周镜检 1 次。培养一个月仍无钩端螺旋体发现为阴性。

三、动物试验　注射鼠肾脏悬液 3 ml 于 1 只体重 150 g 左右的豚鼠腹腔，每天早晨测量体温 1 次，体温升至 40℃以上的，抽取心血 0.5～1 ml，接种于 Korthof 或 Терский 培养基培养。随时注意皮肤和黏膜有无黄疸。死亡的豚鼠，解剖开腹腔及胸腔，观察内脏有无黄疸或出血点，取肝脏悬液作镜检，阳性的则继续传代，并分离纯种以作鉴定。经3周后，体温仍不上升的豚鼠，则杀死之，观察内脏病变，并取肝和肾悬液做镜检，无发现病变和钩端螺旋体的为阴性（检查带菌鼠初期阴性者曾作盲目传代，未获得阳性结果，以后为节省材料起见，不再作盲目传代）。

四、生体滤过法[2]　凡是镜检阳性的鼠肾脏悬液，都做生体滤过法分离纯培养，接种肾脏悬液 3 ml 于豚鼠腹腔，经 10 min 和 30 min，2 h 和 24 h 抽取豚鼠心血 0.5～1 ml，接种于 Korthof 或 Терский 培养基培养。

五、菌种鉴定　用前苏联六型标准菌种的免疫血清 I 型（*L. grippotyphosa*）、II 型（*L. DV－B*）、III 型（*L. DV－A*）、IV 型（*L. canicola*）、V 型（*L. icterohemorragiae*）和 VI 型（*L. hebdomadis*），与从鼠类分离出来的钩端螺旋体做凝集－溶解反应。其方法如下：用1:10 的 Sorensen 缓冲液（pH7.2）稀释免疫血清成1:10、1:100、1:200……1:25 600，各取 0.1 ml 放入康氏试管内，再加入 0.1 ml 活钩端螺旋体（第 6～7 天的培养物，每视野 50～80 条），最后一管用稀释液代血清作对照。放37℃水温箱 4 h，用暗视野检查结果，按 Терский 的方法判定结果[8]，阳性血清有溶解现象，颗粒状钩端螺旋体及蜘蛛状的凝集球。

结　果

我们总共检查了广州郊区（新滘区）老鼠 101 只，大多数是沟鼠（*Rattus novegicus*），有些未经鉴定。市区老鼠 78 只，其中沟鼠（*R. novegicus*）45 只和家鼠（*R. rattus*）33 只，结果如表1、表2所示。

表1　鼠类带钩端螺旋体百分率

来源	总数	阳性数	阳性率（%）
新滘区	101	4	4
市区	78	4	5

表2　检查鼠类带钩端螺旋体的阳性结果

来源	鼠号数	鼠类	体重（g）	镜检	培养	动物试验				生体滤过法
						体温	症状（出血、黄疸）	镜检	培养	
新滘区	11	沟鼠	280	+	污染	40℃（第7天）	+	+	+	－
	21	沟鼠	170	－	－	40℃（第10天）	+	+	+	
	28	沟鼠	250	－	－	40.3℃（第9天）	+	+	+	
	38	沟鼠	180	+	污染					
市区	14	沟鼠	350	+	+	——	－	－	－	
	29	沟鼠	252	－	－	39.6℃（第4天）	+	+	+	
	31	沟鼠	177	－	－					
	72	沟鼠	110	－	污染	40.2℃（第9天）	+	+	+	

一、镜检　用暗视野检查鼠肾脏悬液，新滘区 101 只老鼠中有 2 只发现有很活跃的钩端螺旋体（鼠号 11、38），其中 1 株对豚鼠无致病力。市区老鼠 78 只中也有 2 例阳性（鼠号 14、13），对豚鼠均无致病力。

二、培养　加磺胺药物的培养基仍很多污染，仅 1 例培养阳性（鼠号 14），镜检每视野有 3～5 条钩端螺旋体，再经传代培养时消失。此株对豚鼠无致病力。

三、**动物试验** 新滘区老鼠 101 只中有 3 只（鼠号 11，即 R_1。21，即 R_2。28，即 R_3）阳性，市区老鼠 78 只中有 2 只阳性（鼠号 29，即 R_4。72，即 R5），阳性的豚鼠均呈现典型症状，体温在第 7~10 天升至 40℃，仅 1 只体温无显著升高（鼠号 29）。从外部观察，皮肤、巩膜、肛门和鼻腔黏膜有深度黄疸。于第 9~13 天死亡。解剖开腹腔及胸腔，发现皮下和内脏有黄疸及出血点，特别是肺脏有蝴蝶翼状的出血点，肝脏充血，略肿大，有暗黄色的坏死灶，肾脏肿大出血。取肝脏悬液镜检，可发现大量很活跃的钩端螺旋体。总共分离出 5 株，并进一步做菌株鉴定。

四、**生体滤过法** 4 只均阴性。

综上所述，我们检查新滘区老鼠 101 只，4 只阳性（4%），其中 1 株对豚鼠无致病力。市区 78 只老鼠，阳性的也有 4 只（5%），其中 2 株对豚鼠无致病力。阳性的老鼠都是沟鼠（*R. novegicus*），市区家鼠 33 只均阴性。

表 3 鼠类带钩端螺旋体兴体重关系

来源	体重（g）	数目	阳性数	阳性率（%）
新滘区	150 g 以下	62	0	0
	150 g 以上	39	4	10
市区	150 g 以下	44	1	2.2
	150 g 以上	34	3	9

我们所检查的老鼠大小相差很远，体重从 18~540 g，其带钩端螺旋体情况如表 3；新滘区老鼠 150 g 以下的阴性，150 g 以上的 4 只阳性（10%），市区老鼠 150 g 以下的 1 只（2.2%），150 g 以上的 3 只（9%）。

五、**菌株鉴定** 用苏联 6 型标准血清鉴定从鼠类分离出来的 5 株钩端螺旋体，结果如表 4，证明 5 株均属出血性黄疸钩端螺旋体，与从新滘区及市区病人分离出来的菌株相同，凝集效价达 1:25 600。各株与其他各型标准免疫血清都有交叉凝集——溶解反应，效价由 1:20~1:3200，大多数是 1:1600。

表 4 钩端螺旋体凝集 - 溶解反应的鉴定结果

免疫血清	C_1	C_2	R_1	R_2	R_3	R_4	R_5	I	II	III	IV	V	VI
I	1:800	1:800	1:400	1:1 600	1:400	1:3 200	1:400	1:25 600					
II	1:1 600	1:1 600	1:1 600	1:1 600	1:1 600	1:1 600	1:1 600		1:25 600				
III	1:1 600	1:400	1:1 600	1:1 600	1:1 600	1:1 600	1:400			1:25 600			
IV	1:400	1:1 600	1:400	1:400	1:400	1:1 600	1:20				1:25 600		
V	1:25 600	1:12 800	1:25 600	1:25 600	1:25 600	1:25 600	1:25 600					1:25 600	
VI	1:1 600	1:1 600	1:400	1:1 600	1:400	1:1 600	1:1 600						1:25 600

注：C_1，C_2 是从新滘区及市区的病人分离出来的。R_1，R_2，R_3，R_4，R_5，是从新滘区及市区的沟鼠分离出来的。I 是苏联流感伤寒钩端螺旋体（*L. grippo - typhosa*）。II 是苏联远东 B 型钩端螺旋体（*L. DV - B*）。III 是苏联远东 A 型钩端螺旋体（*L. DV - A*）。IV 是犬钩端螺旋体（*L. Canicola*）。V 是出血性黄疸钩端螺旋体（*L. icterohemorrhagiae*）。VI 是七日热钩端螺旋体（*L. hebdomadis*）。

讨　　论

根据我们检查的结果（表 1）：广州市郊区（新滘区）老鼠 101 只中，携带钩端螺旋体的有 4 只（4%）。市区老鼠 78 只中，也有 4 例带有钩端螺旋体（5%）。所以广州市区及郊区的老鼠携带钩端螺旋体的百分率相差不多（4%~5%）。这仅是初步检查结果，今后尚需进一步研究。

关于鼠类携带钩端螺旋体的百分率，各国文献报告相差甚大。苏联莫斯科 3.17%[2]，美国费城 20%[9]，伦敦 36%[10]，荷兰 40%[1]，西班牙巴塞罗那 46%[10]，印度孟买 10%[12]，意大利贝加莫 2.5% 和佛罗伦萨 60%[13]，甚至在一个城的不同地区鼠类的感染率也可以不同。Николаев 氏[2]（1945）广泛研究了莫斯科的老鼠，发现从不同地区捕捉的老鼠，其感染率动摇于 2.4% ~16.6% 之间。而且，老鼠的感染率也可以逐年改变。Такаревич 氏[2] 报告，列宁格勒的鼠类感染率：1936 年为 6%，1944 年为 13%，1946 年为 20%。

鼠类携带钩端螺旋体与年龄也有关。鼠龄越大，携带钩端螺旋体的百分率越高。年龄大小一般以体重或身长表示，Николаев（1942）[2] 报告莫斯科的老鼠携带钩端螺旋体的情况：200 g 以下者 0.33%，200~300 g 者 2.2%，300~400 g 者 6.1%，而 400~500 g 者 9.8%，根据我们检查的结果也证实了这点。新滘区的老鼠 150 g 以下的 0%，150 g 以上的 10%。市区老鼠 150 g 以下的 2.2%，150 g 以上的 9%。

检查鼠类携带钩端螺旋体，最好是同时采用各种方法：包括镜检、培养、动物接种和血清学方法。一般以血清学方法检查抗体获得的阳性率最高。但这只能表示老鼠的感染率。因为有抗体并不一定带有钩端螺旋体。根据 Киктенко 氏的统计：血清学方法阳性率 40%，培养 33%，镜检 28%，动物感染 21%。而 Milton Lewis 氏[9] 的报告，动物接种方法最佳 11%，培养 10%，镜检 1%。根据我们的材料，检查 179 只老鼠中，以动物接种法比较好，有 5 只阳性（2.8%），镜检 4 只阳性（2.2%），培养 1 只阳性（0.5%）。

动物接种应该采用 150 g 左右的豚鼠，因为太大的豚鼠对钩端螺旋体的感受性不高。我们从病人分离 C_1，C_2 菌株时完全证实这点。临床医生将病人血液注入 500 g 左右的豚鼠腹腔，送来本检验室，动物并不发病，经 21 d 将豚鼠杀死，无肉眼可见的病变。取其肾脏悬液再接种 150 克左右的豚鼠，2 只均呈现典型的病变，并分离出纯培养。本试验也是采用 150 g 左右的豚鼠，从老鼠肾脏分离出 5 株钩端螺旋体，在第一代均引起豚鼠发生典型病状，最后死亡，并分离出纯培养。

由于送来本实验室的老鼠大多数是死鼠，故培养的污染率很高。Stavitsky 氏（1945）[14] 用磺硫胺（400 mg/100 ml 培养基）抑制杂菌的污染。我们的试验证明：100 ml 的培养基加 100 mg 的磺胺嘧啶钠，能抑制钩端螺旋体的生长。50 mg 无抑制现象。故我们采用 100 ml 培养基中加入 25~50 mg 的磺胺嘧啶钠。但对污染严重的材料仍无效。故我们的培养结果不佳，仅 1 只阳性。每视野只有 3~5 条钩端螺旋体，而且在第二代培养即消失。这可能是由于该株螺旋体难适应培养基的关系。

关于鼠类带钩端螺旋体的百分率与人的感染率，并不一定成正比例。大多数学者指出[2]，城市中鼠类感染率相当高，但居民可以不患钩端螺旋体病。因为人的感染率不仅与鼠类的感染率有关，而且与居民的生活条件，与鼠之接触机会及钩端螺旋体的致病力有关。

我们检查了 179 只老鼠，带钩端螺旋体的有 8 只。其中 5 株对豚鼠有致病力，3 株无致病力。这证明老鼠亦可以带有对豚鼠无致病力的钩端螺旋体。Амосенкова 和 Попова 氏（1954）[15] 试验了 57 株用培养法从鼠类分离出来的钩端螺旋体，其中 37 株对豚鼠有致病力，17 株弱致病力，3 株无致病力。根据血清学的分析，这 57 株都是属于出血性黄疸钩端螺旋体。

用血清学的方法，我们证明从鼠类分离出来 5 株都是属于出血性黄疸钩端螺旋体。这与从郊区及本市病人分离出来的出血性黄疸钩端螺旋体同型（凝集 - 溶解反应效价达 1∶25 600）。故广州市区及郊区的老鼠携带钩端螺旋体可被认为是人患外耳氏病的传染来源。所以这次除四害运动对预防外耳氏病是一个极其重要而有效的方法。

总之，本文报告广州市区及郊区（新滘区）的鼠类有4%～5%带有钩端螺旋体。鼠类年龄愈大，带钩端螺旋体的百分率愈高。我们分离出5株致病性钩端螺旋体，用血清学方法证明是属于出血性黄疸钩端螺旋体。故广州市区及郊区的老鼠可被认为是人患外耳氏病的传染来源。本文略讨论了与鼠类带钩端螺旋体有关的几个问题。

致谢：

1. 我们所用的苏联标准菌种和免疫血清是大连生物制品所魏曦教授供给，谨此致谢；2. 新滘区的老鼠是由区卫生所张眙锟同志协助收集，其中沟鼠（R. novegicus）经本学院生物学教研组主任熊大仁教授鉴定，谨此致谢；3. 本文中一部分试验工作尚有陈洪学、徐环照、谭美英等同志参加，特此声明。

〔原载《微生物学报》1957，5（3）：232－237〕

参 考 文 献

1　Варфоломеева А А. Лептоспирозные забо-левания человека медгнз, 1949. 7

2　Киктенко В С. Лептоспирозы человека. Медгиз，1954

3　彼得里舍娃. 苏联医学科学代表团在广州区讲学活动资料汇编. 华南医学院院长办公室编印，下册，1955. 187

4　Schlossberger H. and Brandis H. *Annual Review of Microbiology*，1954，8：133

5　汤泽光：*Chin Med J*，1937，51：483

6　Snapper 及钟惠澜等. *Chin Med J*，1940，58：

408－426

7　郑显準，李坚白，曾次军. 中华内科杂志，1955，3：436

8　Терский В И. Лептоспирозы Медгиз,1952. 37－40

9　Milton Lewis. *Amer I Trop Med*，1942，22：571－578

10　Pumarola Busauets A. *Bull Hyg*，1954，29：159

11　Zinsser. Text book of Bacteriology，1952. 614

12　Mantovani G. *Bull Hyg*，1951，26：681

13　Lahiri M N. *Bull Hyg*，1942，17：106

14　Stavisky A B. *J Imm*，1945，51：397

15　Амосенкова Н И и Попова Е М，1954. 67－70

Preliminary Report on Carrier Rate of Leptospira Hemorrhagica among Rats in Canton

HUANG Dong-ying，ZENG Yi，LIANG Wen-rou

（Department of Microbiology，Chungshan Medical College，Canton）

Among 101 rats（mostly Rattus novegicus）caught from the outskirt of Canton，August，1955—June 1956，4 were found to be carriers of Leptospira Hemorrhagica. Among the 78 rats（45 of Rattus novegicus，and 33 of Rattus）caught in the city also，4 were found positive. Of the strains of Leptospira isolated from the 8 rats，5 were proved to be pathogenic to by cross serological tests to belong to the same type as those isolated by us from 2 human cases of Well's disease（1955）in Canton.

2. 1957年至1959年我国某些城市脊髓灰质炎病毒的分离与鉴定

中国医学科学院病毒学系脊髓灰质炎组

关于脊髓灰质炎病毒的分离工作，1941年颜春辉等[1]首先在北京由脊髓灰质炎患者神经组织分离出一株脊髓灰质炎病毒。1957年顾方舟等[2]在上海由脊髓灰质炎患者及疑似患者分离出116株脊髓灰质炎病毒。为了解该病毒在我国的分布情况，我们在1957－1959年收集了某些城市脊髓灰质炎麻痹型患者的粪便标本371份，应用组织培养法分离病毒，结果如下。

材料和方法

一、组织培养 1957年应用人羊膜单层细胞，1958－1959年应用猴肾单层细胞。后者的培养方法与顾方舟等[2]报告相似。人羊膜单层细胞的制备方法如下[3]：

在产院将新鲜的胎盘放入含100 ml Hanks溶液的无菌罐中，于8 h内送至实验室。从胎盘剥下羊膜组织，先用低倍显微镜检查，选择细胞形态圆、透明、颗粒少、无明显细胞间隙的羊膜组织，剪成2～3 cm^{2}小块，用Hanks溶液洗涤数次，去除红细胞及黏液，将组织块放入含0.25%胰酶（Difco）Hanks溶液的三角烧瓶中（每克组织用3 ml胰酶），pH值调为7.8，在37℃消化3 h，每30 min摇动一次，消化完毕，加入等量的Hanks溶液，然后经单层纱布过滤，细胞悬液以1000 r/min沉淀15 min，弃去上清液，加入一定量的培养液，并以血球计数盘计算细胞数目，最后用培养液稀释成每毫升含20万个细胞，每管接种0.5 ml，在37℃静止培养2～3 d，待细胞粘管后，换入1 ml新鲜培养液，在第7～10 d细胞长成单层后，即可应用。培养液成分是20%马血清、0.5%水解乳蛋白和Hanks溶液。维持液是将培养液中的20%马血清减为2%，其余成分相同。

二、粪便标本的运送及处理 除某市外，其他地区的粪便标本放在封闭的厚玻璃瓶内，外加木盒，邮寄至本实验室。粪便处理前保存于－20℃冰箱。处理时先将粪便用无菌酚红（0.2%）双蒸水制成20%悬液，以3000 r/min沉淀30 min，吸取上清液，置－20℃冰冻过夜，次晨取出，待融化后，再以3000 r/min沉淀30min，取其上清液，加青霉素100 U/ml及链霉素100 μg/ml，保存于－20℃冰箱。1957年为了去除粪便中对羊膜细胞的毒性物质，将植物活性碳按5%加入粪便悬液中，在4℃冰箱放置2 h，每30 min摇动一次，再以3000 r/min沉淀30 min，吸取上清液。

三、免疫血清 应用Branchile，Lansing及Leon三型毒株免疫猴，滴度为1∶160～1∶320。定型时应用1∶5稀释。此外还应用苏联小儿麻痹研究所制备的三型标准免疫血清。

四、病毒分离 将保存于－20℃冰箱已处理的粪便悬液置室温中融化，调节pH值至7.6，然后接种0.2 ml于已吸去培养液的单层细胞管一支，室温放置15 min，再加入0.8 ml的维持液。此外，为比较接种大量粪便悬液对病毒分离率的影响，接种1.0 ml粪便悬液于已吸去培养液的细胞管中，在37℃放置1 h后，吸去粪便悬液，再加入1 ml维持液。在37℃培养，共观察10 d，发现细胞有明显病变者，则收藏于 −20℃冰箱中保存，以待定型；如有非特异性细胞病变或脱落，则传代一次，若为阴性，再传一代后仍呈阴性者可以废弃。

五、病毒定型 取脊髓灰质炎三型免疫血清分型以0.15 ml与稀释度为10^{-2}的未知病毒等量混合，在37℃水浴中孵育1 h后，将各型血清病毒混合液接种单层细胞管二支，并作病毒对照。在37℃培养，观察7 d。根据三型免疫血清中和未知病毒的情况以确定其型别，如三型免疫血清都不能中和，则考虑为其他细胞致病性病毒。

结果和讨论

从371例粪便标本中只分离出93株脊髓灰质炎病毒，阳性率为25.1%。各城市的脊髓灰质炎病毒的分离率不同，这与1957年应用人羊膜细胞、1958 – 1959年应用猴肾细胞无关，根据文献报告，此两种细胞对脊髓灰质炎病毒均有高度的敏感性。

表1 采取标本日期（发病后）与病毒分离率的关系

病　毒	1 周		2 周		3 周		4 周		5 周	
	数目	（%）	数目	（%）	数目	（%）	数目	（%）	数目	（%）
脊髓灰质炎病毒	15	53.6	33	41.8	18	30.5	10	18.5	4	13.3
其他细胞致病性病毒	4	14.3	21	26.6	14	23.7	21	38.9	10	33.3
阴性	9		25		27		23		16	
总　计	28		79		59		54		30	

病　毒	6~7 周		2~3 个月		4~5 个月		6 个月		不明	共计
	数目	（%）	数目	（%）	数目	（%）	数目	（%）		
脊髓灰质炎病毒	3	15.8	4	6.2			1		5	93
其他细胞致病性病毒	2	10.5	10	15.6	7				3	92
阴性	14		50		12				10	186
总　计	19		64		19		1		18	371

从表1可以看出，脊髓灰质炎病毒与采取粪便标本的日期有密切关系，在发病后一周病毒分离率最高，达53.6%，第二周为41.8%，第三周为30.5%，第四周更低，因此采取病人标本愈早，阳性率愈高。至于病人排出脊髓灰质炎病毒的时间究竟多久，我们没有定期追查。但74例患者在发病后2~6个月检查仍有5例带有病毒，这可能是患者一直在排病毒，也可能是在恢复期再感染，因为其中两例在分离出病毒前8 d所采取的粪便标本没有分离出病毒，而采标本日期是在流行末期（10月），病毒传播仍很广泛[3]。

在分离出的93株脊髓灰质炎病毒中，以Ⅰ型为最多，有54株（58.1%），Ⅱ型24株（25.8%），Ⅲ型最少15株（16.1%）。在1957年和1959年大多数地区的流行主要是由第Ⅰ型病毒所引起，这与国外文献及顾方舟等的报告相似。1957年和1958年有些城市则以Ⅱ型病毒为多数，但由于检查标本数及分离的毒株较少，难于确定Ⅱ型是否为该年流行的主要型别。1958年某市由患者分离出56株Ⅱ型病毒，占全部脊髓灰质炎病毒的69.2%。本实验室从该市脊髓灰质炎接触者分离脊髓灰质炎病毒，在 1958 年也以 Ⅱ 型为主（61 株，占 70.9%），1959 年则以 Ⅰ 型最多（26 株，占 78.7%）。此外，我们在 1959 年 6 月又调查了该市居民的脊髓灰质炎中和抗体水平，发现第 Ⅱ 型的抗体最高，在 1~4 岁儿童中，Ⅱ 型抗体较 Ⅰ 型、Ⅲ 型高 30%。根据以上的材料，可以肯定 1958 年该市脊髓灰质炎的流行主要是由第 Ⅱ 型引起的。由此看来，该市 1957 年流行以 Ⅰ 型病毒为主，1958 年以 Ⅱ 型病毒为主，1959 年又以 Ⅰ 型病毒为主。这种脊髓灰质炎流行病毒型别的改变在流行病学上的意义是值得进一步研究的。国外文献关于由第 Ⅱ 型病毒引起较大流行的材料还是很少的。因此，有必要在我国广大地区进行脊髓灰质炎病毒的分离工作。

表 2　粪便悬液用或不用炭处理与毒性物质和病毒分离率的关系

接种量（ml）	标本分数	粪便悬液	毒性		阳性	
			数目	（%）	数目	（%）
0.2 ml	46	用炭处理	5	10.9	10	21.7
		不用炭处理	17	37.0	11	24.0
1.0 ml	50	用炭处理	3	6.0	14	28.0
		不用炭处理	27	54.0	13	26.0

粪便中常常含有引起细胞产生非特异性病变的毒性物质。接种含有毒性物质的粪便悬液于细胞管后，大多数在 1~2 d 内细胞表现为肥大、颗粒多、界线模糊、甚至脱落的现象。Kret 氏（1954）应用 5% 的活性炭处理粪便悬液，可以去除毒性物质，而不吸附病毒。我们在 1957 年应用人羊膜细胞培养和分离病毒，证实了 Kret 氏的结果。从表 2 可以看出接种粪便悬液 1.0 ml 或 0.2 ml 时毒性很大，占 37%~54%，而经 5% 活性炭处理后，基本上可以去除毒性物质，仅 6%~10.9% 有轻度毒性表现，即第 3~5 d 细胞肥大，界线较模糊，但并无脱落现象。这与病毒引起的特异性病变容易区别。但二者的病毒分离率则无甚差别。因此，采用活性炭去除粪便中的毒性物质，可以使很多标本在第一代就得到阳性结果。此外，接种 1 ml 粪便悬液时，病毒分离率较接种 0.2 ml 时高 2.0%~6.3%，与顾氏等报告相似。

我们还分离出 92 株非脊髓灰质炎病毒的细胞致病性病毒，阳性率为 24.8%。有些城市甚至高达 60% 以上。根据国外文献报告，Coxsackie 和 Echo 病毒可以引起类似脊髓灰质炎麻痹型的疾病。由于我们没有做血清学检查，故不能确定这些病毒在疾病中的作用。这些病毒也可能是与脊髓灰质炎病毒同时存在的，因为 1959 年夏季我们调查了某市儿童集体带肠道病毒率在某些单位竟高达 80% 以上。因此，应该对脊髓灰质炎患者进行病毒学及血清学的鉴别诊断。

总　　结

1. 1957 – 1959 年从我国某些城市的脊髓灰质炎麻痹型患者分离出 93 株脊髓灰质炎病毒，并分离出 92 株其他细胞致病性病毒。

2. 我国各地区脊髓灰质炎的流行主要是第 I 型病毒，而 1958 年有的地区脊髓灰质炎的流行则以 II 型病毒为主。

3. 采取病人粪便标本的日期与病毒分离率关系很大，采取愈早，阳性率愈高，第一周阳性率为 53.6%，第二周为 41.8%，第三周为 30.5%，第四周更低。

4. 应用植物性活性炭可以去除粪便中毒性物质，而不影响病毒的分离率。

〔原载《中华医学杂志》1961，1：55 – 57〕

参 考 文 献

1　Yen G H，Chinese M J. 1941，60（3）：199
2　顾方舟，等 . 中华寄中虫病传染病杂志，1958，1：228
3　中国医学科学院病毒学系 . 全国急性传染病会议资料，1959

3. 麻疹减毒活疫苗的研究

II. 胎盘球蛋白对人羊膜细胞减毒活疫苗的致病性

中国医学科学院病毒学系　黄祯祥　曾　毅
北京市儿童医院　诸福棠　林传家　河北省医学科学院　贾秉义

用组织培养制备的麻疹减毒活疫苗的临床反应，虽然较自然感染麻疹者为低，特别是卡他症状及皮疹，但由于部分儿童有相当高度的体温反应[1]，并且有 10%[1] ~ 20%[2] 左右在接种后没有抗体产生，因此尚未能推广应用。针对这些问题，我们在前文[3]探讨了麻疹病毒在人羊膜细胞传代的不同代数及不同剂量对人致病性及免疫性的影响，研究的结果虽然在免疫效果上有满意结果，但未能达到减轻体温反应的目的。该文又报告了 2 例在一年前有过接触麻疹的历史、并在当时注射了胎盘球蛋白而未出麻疹的所谓易感儿，在接种疫苗后无临床反应，免疫前血清检查已有中和抗体，说明不显性感染可能通过胎盘球蛋白的应用而获得。因此，本文乃接着报告用胎盘球蛋白来降低及消除疫苗的体温反应而仍有免疫效果的研究。

材料和方法

一、疫苗　所有疫苗为前文[3]报告的 L_4 人羊膜疫苗。

二、胎盘球蛋白　整个观察中所用的胎盘球蛋白为卫生部生物制品研究所的同一批号（6097）制品，它的麻疹中和抗体滴度，经组织培养中和法及血凝抑制法[4]滴度均为 1：50。

三、疫苗反应　免疫效果及疫苗传播性的观察对象：在 4 个全托儿所中选择了 130 个年龄在半岁到六岁（仅 2 名是 6 ~ 8 个月婴儿）、无病、发育比较良好的麻疹易感儿作为对象。这些儿童没有患过麻疹，最近也没有接触过麻疹史，同时最近两个月内也未受到成人血或胎盘球蛋白的注射。以往发高烧时易于惊厥的及家长不愿让儿女接受这次自动免疫的儿童，均不作为免疫对象，而这些易感儿留在托儿所内与接种疫苗的儿童居住在一起，就成为自然麻疹感染侵入托儿所时观察免疫效果的对照；同时，在接种疫苗的儿童发生轻型麻疹症状时，又可观察同居的未接种疫苗的易感儿是否会受到感染。

四、免疫方法 全部 130 名儿童皮下接种 6 个 $TCID_{50}$ 病毒的减毒活疫苗。疫苗的稀释及保存如前文所述[3]。疫苗接种后，分 12 组于 1～4 d 内注射 1～3 ml 胎盘球蛋白，留一部分儿童不注射胎盘球蛋白作为对照。此外，另有一例儿童在另一托儿所接种 0.6 $TCID_{50}$ 病毒的疫苗，并于接种后第 6 天注射 3 ml 胎盘球蛋白。

五、疫苗致病性的临床观察方法 如前文[3]。

六、免疫效能的观察方法 免疫效能的观察包括血清学的流行病学观察。血清学抗体检查全部从耳垂取血，以血凝抑制试验塑料板微量法[4]进行。血凝抑制试验所用的病毒是在传代羊膜细胞和传代人肾细胞繁殖的。用 1∶4 倍比稀释的血清 0.025 ml 加等量含 4 个血凝单位的病毒，置室温 1 h 后再加入 1% 猴血球 0.025 ml，置 37℃、1 h，观察结果。以能完全抑制血凝出现的最高稀释度为血清抗体的滴度。据本实验室比较，血凝抑制试验与中和试验的滴度是一致的[4]。

结　　果

一、胎盘球蛋白对疫苗致病性的影响 用胎盘球蛋白来减轻或消除自然麻疹感染的临床反应，除个体反应性之外，取决于三个因素：①感染剂量；②丙种球蛋白的用量；③感染至注射丙种球蛋白的时间间隔。根据前文[3]不同剂量的观察，我们采用了 6 个 $TCID_{50}$ 的病毒，给 130 个易感儿作皮下接种，分为 12 组，1 组不注射胎盘球蛋白作为对照，其余 11 组于免疫后 1～4 d 于分别注射 1～3 ml 的胎盘球蛋白，观察其致病性。实验结果见表 1 至表 3。

表 1　接种疫苗后不同时期注射胎盘球蛋白对疫苗致病性的影响

| 组别 | 胎盘球蛋白 | | 托儿所 | 人数 | 年龄（岁） | 发热 | | | | | | 皮疹人数 | 卡他症状人数 | 潜伏期范围（d） | 平均潜伏期（d） |
	剂量（ml）	接种疫苗后注射时间（d）				人数	（%）	最高热度范围（℃）	平均最高热度（℃）	热度持续时间（d）	热度平均持续时间（d）				
1	0	—	甲乙	18	2～6	13	72.2	37.2～40.4	39.1	1～6	3.9	7	8	5～10	8.5
2		1	乙	4	2～4	3	75.0	38.8～39.5	38.9	2～5	3.7	1	2	7～10	8.7
3	1.0	2	丙丁	18	1～5	13	72.2	37.8～40.2	38.7	1～5	2.8	0	11	8～12	9.8
4		3	甲	15	1～6	12	80.0	37.5～39.5	38.6	1～5	3.3	5	6	7～14	10.7
5	1.5	2	丁	9	$\frac{1}{2}$～5	5	55.6	37.8～40.0	38.7	1～5	2.8	2	4	8～1	9.0
6		1	乙	4	2～4	3	75.0	37.4～39.0	38.4	1～3	3.0	0	0	11	11.0
7	2.0	2	乙丙	12	$\frac{3}{4}$～6	4	33.4	38.0～39.6	38.8	2～3	2.5	1	3	7～10	9.5
8		3	甲	14	1～4	9	64.3	38.2～39.7	38.9	1.4	2.8	3	5	9～18	10.8
9		1	乙	4	3～4	2	50.0	37.5～38.0	37.8	1～2	1.5	0	1	9～12	10.5
10	3.0	2	乙丙	13	1～6	4	30.8	37.2～39.1	38.2	1～3	2.2	1	0	5～10	8.0
11		3	甲	13	1～6	6	46.1	37.5～38.4	37.8	1～3	2.0	3	3	8～13	10.5
12		4	丁	6	1～2	1	16.7	39.4	39.4	3	3.0	0	1	11	11.0

表 2 接种疫苗后注射不同剂量胎盘球蛋白对疫苗致病性的影响

组别	接种人数	有发热者的统计									出疹人数	卡他症状人数
		人数	(%)	潜伏期范围（d）	平均潜伏期（d）	最高热度范围（℃）	平均最高热度（℃）	热度持续时间（d）	热度平均持续时间（d）	热度在39℃以上的(%)		
单独接种疫苗（对照组）	18	13	72.2	5～10	8.5	37.2～40.4	39.1	1～6	3.9	61.5	7 (53.8%)	3 (61.5%)
疫苗接种后注射球蛋白 1.0 ml	37	28	75.7	6～14	10.0	37.5～40.2	38.9	1～5	2.9	50.0	6 (21.4%)	9 (32.1%)
疫苗接种后注射球蛋白 1.5 ml	9	5	55.6	8～11	9.0	37.8～40.0	38.7	1～5	2.8	40.0	2 (40.0%)	4 (80.0%)
疫苗接种后注射球蛋白 2.0 ml	30	16	53.7	7～13	10.0	37.4～39.7	38.8	1～7	2.9	37.5	4 (25.0%)	8 (50.0%)
疫苗接种后注射球蛋白 2.5 ml	36	13	36.1	5～11	9.8	37.1～39.4	38.0	1～3	1.8	15.4	1 (7.7%)	5 (38.0%)

从表 1 可以看出，在接种疫苗 1～4 d 内的不同天数注射胎盘球蛋白，临床反应率及反应程度并不因感染至用胎盘球蛋白的间隔的长短而有明显的差别；但也可以明显地看出，随着胎盘球蛋白用量的增加，疫苗的致病性是降低了。因此，将同一剂量胎盘球蛋白的不同天数合并统计于表 2。如表 2 所示，随着胎盘球蛋白剂量的增加，有体温反应者就减少：在接种疫苗后 1～3 d 注射 1 ml 胎盘球蛋白，有体温反应者占 75.7%，与对照组单独接种疫苗的 72.2% 相仿，而注射 2 ml 胎盘球蛋白者的体温反应率为 53.3%，3 ml 者为 36.1%，有规律地降低了。从有临床反应者的临床症状来看，也是随着胎盘球蛋白剂量的增加而减轻：平均最高热度在单独接种疫苗的对照组为 39.1℃，热度平均持续时间为 3.9 d，最高热度在 39℃以上者有 61.5%；用 1 ml 胎盘球蛋白者，平均最高热度为 38.9℃，热度平均持续时间为 2.9 d。热度在 39℃以上者为 50%；用 2 ml 胎盘球蛋白者，平均最高热度为 38.8℃，热度平均持续时间为 2.9 d，热度在 39℃以上者为 37.5%；胎盘球蛋白的量增加到 3 ml 时，平均最高热度仅为 38℃，热度平均持续时间为 1.8 d，热度在 39℃以上者仅占 15.4%。同时，随着胎盘球蛋白剂量的增加，出疹率也降低，有卡他症状者也减少。

用丙种球蛋白来降低自然感染麻疹的症状时，所用的剂量一般按照体重来计算，因此将实验结果比较 1～2 岁与 3～6 岁儿童在接种疫苗和注射胎盘球蛋白后无临床反应率的差别（表 3）。从表 3 只看用 3 ml 胎盘球蛋白时，年龄小而体重轻的小儿较年龄大的，无临床反应率有所差别，其他剂量看不出差别。

表 3 胎盘球蛋白剂量与免疫儿童年龄的关系

胎盘球蛋白剂量（ml）	1～2 岁			3～6 岁		
	接种人数	无临床反应人数	无临床反应率（%）	接种人数	无临床反应人数	无临床反应率（%）
1～1.5	25	8	32.0	20	5	25.0
2	11	4	36.4	19	9	47.4
3	15	12	80.0	21	11	52.4
1～3（合计）	51	24	47.1	60	25	41.6
无	4	1	25.0	15	4	26.7

二、疫苗和胎盘球蛋白并用时血清抗体的检查 以上的研究说明胎盘球蛋白能减轻

或消除疫苗的体温反应，但对疫苗接种者、特别是无临床反应者产生抗体的情况是否也受影响，也是重要的问题。原研究计划包括全部免疫前及免疫后 2 个月、6 个月以及更长时间的血清抗体检查。由于静脉取血的限制，耳垂取血仅够一次组织培养中和试验之用，又因绝大部分免疫前及免疫后 2 个月的血清，在进行组织培养中和试验过程中，因孵箱调节失灵，温度上升到 65℃ 而全部损失，只有少数的双份血清抗体检查获得结果，见表 4。免疫后 6~7 个月的 103 名儿童的血清抗体水平检查结果，统计如表 5。

表 4　疫苗和胎盘球蛋白并用时血清抗体升降情况

L_4 疫苗剂量 $TCID_{50}$	胎盘球蛋白 免疫后注射的天数	剂量（ml）	临床反应	血清抗体滴度 免疫前	免疫后 1 个月	免疫后 2 个月	免疫后 6 个月
6	—	—	+	<1:5	1:80		
	—	—	+	<1:5	1:40		
	—	—	+	<1:5	1:80		
	—	—	+	<1:5	1:40		
6	3	2	+	<1:4			1:16
	3	2	—	<1:4		1:64	
	2	3	+	<1:4			1:16
	3	3	—	<1:4		1:32	
0.6	—	—	+	<1:5	1:40		
	—	—	+	<1:5	1:80		
0.6	6	3	—	<1:4	>1:128		

表 5　免疫后 6~7 个月的麻疹抗体水平与不同剂量胎盘球蛋白的关系

球蛋白剂量（ml）	临床反应 有	无	免疫后 6~7 个月血清抗体滴度（人数） <1:4	1:4	1:8	1:16	1:32	平均
1.0	20				13	4	3	1:13.2
		7		3	2	1	1	1:10.9
1.5~2.0	15			1	5	7	2	1:14.7
		13		1	7	4	1	1:12.0
3.0	13		2	3	5	2	1	1:8.9
		18		7	3	6	2	1:11.8
1.0~3.0	48		2	4	23	13	6	1:12.5
		38		11	12	11	4	1:11.7
未注射球蛋白	13				1	2	10	1:13.8
		4		1	2	1		1:9.0

从表 4 可以看出，用 6 个 $TGID_{50}$ 病毒的减毒疫苗免疫后，再注射胎盘球蛋白而没有临床反应者，在接种后两个月的抗体水平为 1:32~1:64，与单独疫苗接种者的免疫后 1 个月的抗体水平 1:40~1:80 差别不大。另有 1 例用更小剂量（0.6 $TGID_{50}$）的病毒后，第 6 天又注射胎盘球蛋白 3 ml，没有临床反应，也同样有抗体产生，滴度高于 1:128。

又从表 5 可以看出，除了 2 例未查出抗体外，免疫后有临床反应的 59 例及无临床反应的 42 例，血清均有抗体存在，滴度为 1:4~1:32。应该指出，无临床反应者中有一部分可能是在免疫前就有了抗体，是不显性感染者，由于缺乏免疫前血清抗体检查，故难以知道其确切数字，但从对照组单独接种疫苗者的临床反应结果来看，估计免疫前有不显性感染者不会超过 25%。注射 1.0 ml 胎盘球蛋白有临床反应与无临床反应者的平均抗体水平分别为 1:32.2 及 1:10.9；注射 1.5~2.0 ml 者为 1:14.7 及 1:12.0；注射 3.0 ml 者为 1:8.9 及 1:11.8，以上三组总计，有临床反应的平均抗体水平为 1:12.5，没有临床反应者为 1:11.7，而单独接种疫苗的对照组，有临床反应的平均抗体水平为 1:13.8，没有临床反应的为 1:9.0。上述结果说明，免疫后 6~7 个月的抗体水平与注射胎盘球蛋白的剂量（1~3 ml）无关，同时也说明接种疫苗后再注射球蛋白有临床反应者与无临床反应者的抗体水平相似，单独接种疫苗者与接种疫苗后再注射胎盘球蛋白者亦无明显的差别。

三、疫苗的流行病学效果的观察　有两个托儿所的五个班，在免疫后曾有麻疹在未接种疫苗的易感儿童中流行。为了更好地观察麻疹免疫与胎盘球蛋白并用的免疫效果，麻疹患者与免疫儿童进行隔离。观察结果见表6。

表6　疫苗的流行病学效果的观察

托儿所	班次	未接种疫苗的易感儿童			接种疫苗儿童					
		易感儿总数	患麻疹人数	麻疹发生在疫苗组接种后天数	单独接种疫苗人数		接种疫苗球蛋白人数		总数	患麻疹人数
					有临床反应数	无临床反应数	有临床反应数	无临床反应数		
甲	小一班	3	3	2;18;31.	1	1			2	0
	婴二班	2	2	47;59.	1	1		3	5	0
丁	中班	12	12	13;28;29;29;30;43;43;43;44;44;55;56.			7	2	9	0
	大班	9	7	27;35;36;38;38;39;39.			2	2	4	0
	小班	15	15	127;139;139;139;139;141;141;141;141;141;143;145;150;150;150.			2	6	8	0
总数		41	39		2	2	11	13	28	0

从表6可以看到在甲托儿所的两个班内，未接种疫苗的易感儿全部于疫苗接种后发生了自然麻疹。小一班有三个未接种疫苗的易感儿，第一个易感儿在其他儿童接种疫苗后2 d开始发热，2 d后出现典型皮疹，再经过14 d，第二个易感儿亦发生典型麻疹，再经过13 d，最后一个易感儿亦发生典型麻疹，而同一班有两个单独接种疫苗的儿童（1个接种疫苗后有临床反应，1个无反应），在与这3例自然感染麻疹者先后有30 d的密切接触，并未发生麻疹。婴二班只有2个未接种疫苗的易感儿，第一个于疫苗组接种后47 d发生典型麻疹，再过12 d第二个易感儿亦发生典型麻疹；但同一班有2个单独接种疫苗（1个接种后有临床反应，1个无临床反应）以及3个接种疫苗后又注射2 ml胎盘球蛋白者（接种后都没有临床反应），与这2例自然麻疹患者紧密接触后，都未发生麻疹。在丁托儿所，接种疫苗后，有三个班在未接种疫苗的易感儿群中发生了麻疹。中班有12个未接种疫苗的易感儿，分4批先后全部发生了典型麻疹，第1例于疫苗后13 d发生典型麻疹，其症状与接种疫苗后的临床反应有明显不同，再过14～16 d，第2批4人先后发生典型麻疹，再过13～14 d第3批的5人先后发生典型麻疹，再过12 d左右最后1批的2人也发生了典型麻疹；而同一班有9个小儿接种疫苗后又注射1～1.5 ml胎盘球蛋白者（其中2例在接种疫苗后无临床反应），在这43 d长期密切接触后，并无1例出现麻疹。大班中共有9个未接种疫苗的易感儿，其中7个分两批先后发生典型麻疹，第1例是在疫苗组接种疫苗后27 d出现典型麻疹，再过8～12 d第二批的6例先后发生典型麻疹；而同一班有4个接种疫苗后又注射胎盘球蛋白（1、1.5、3及3 ml）的儿童（其中两例接种疫苗后无临床反应），全部与麻疹患者紧密接触后未发病。应当指出，大班与中班曾合住一起共4 d，而这4 d正是中班第1例易感儿发生麻疹的时候，因此，接种疫苗组的大班儿童曾先后经过26 d之久与麻疹患者接触。在小班还有15个未接种疫苗的易感儿，在疫苗组接种疫苗后4个多月时发生了麻疹流行，第1例为新入所的小儿，发热5 d后出疹，在发疹的当天，其他14个易感儿注射了中等量的母血或胎盘球蛋白，全部先后得了轻型麻疹；而同一班的8名接种疫苗后又注射胎盘球蛋白（1.5～3 ml）的儿童（其中2例在接种疫苗后有临床反应，6例无反应，在6例无反应者中，3例接受胎盘球

蛋白 3 ml，3 例接受 1.5 ml），在紧密接触后，并无一例发生麻疹。

从以上流行病学的观察，可以明显地看出，在疫苗接种后再注射胎盘蛋白（无论有无疫苗临床反应），都能获得免疫，而且在接种后 6~7 个月仍能保持一定的抗体水平。同时，这个实验观察也说明了接种疫苗后出现临床反应时，对被接触的易感儿并无传染性，证实了国外文献所叙述的经验。

讨　论

从胎盘球蛋白对疫苗影响的研究，可以明显地看出，接种疫苗后再注射胎盘球蛋白，不仅可以减轻体温反应及减少体温反应率，亦可获得不显性感染。这与过去一般认为在自然感染后注射丙种球蛋白而无临床反应者则无免疫的观点是不同的[6]。最近看到 Black[6] 的报告，在一个托儿所发生麻疹流行时，给接触者接种丙种球蛋白，一部分儿童患了轻型麻疹，另一部分易感儿则未见临床症状，在这些无临床症状的儿童中，一部分儿童的血清中有麻疹抗体产生，另一部分则无抗体产生。这个观察也说明了通过丙种球蛋白的应用，是可以获得不显性感染的。但是在自然条件下接触麻疹后给予注射丙种球蛋白，企图得到全部不显性感染，似乎是不可能的，因为不能控制感染量，同时亦难以确定准确的感染时间。从以上接种疫苗后再注射胎盘球蛋白的研究结果来看，有可能达到全部不显性感染的目的，因为可以控制感染剂量及感染后接种胎盘球蛋白的剂量和时间。进一步研究更小或更大的感染剂量与胎盘球蛋白剂量的关系，同一感染剂量与含有不同水平中和抗体的不同批号胎盘球蛋白的需要量的关系，以及体重对胎盘球蛋白用量的关系等。将能更准确地提出疫苗感染量与胎盘球蛋白注射时间及剂量的关系。

接种疫苗后又注射胎盘球蛋白，其免疫的持久性如何是值得探讨的。Enders 等[1] 报告单独鸡胚细胞麻疹疫苗的抗体升降，基本上符合于自然感染后抗体的变动情况[7]抗体在免疫后 3 星期达到高峰，6 个月后显著降低，一年以后就维持在这一水平。因此，他们认为免疫大概是持久性的。在我们的观察中，无论是单独接种疫苗或免疫后又注射胎盘球蛋白，抗体的升降情况，到免疫后的 6 个月为止，也基本上符合其他学者所观察的结果。从免疫后 6 个月抗体水平的检查来看，说明在疫苗接种后 1~4 d 注射胎盘球蛋白，虽然减低并减少了临床反应，但看不出对抗体产生有所影响。我们认为 6~7 个月的抗体水平是有足够效能来抵抗自然感染的。最近 Stokes 等[8] 的研究指出，中和抗体水平在 1：1 时，还能抵抗减毒活疫苗的致病性。从我们前文[3] 的研究结果看出，用组织培养进行中和试验所采用的病毒剂量为 100TCID$_{50}$，实际上是等于中和至少对 10 000 个人致病性单位以上的病毒，因此初步认为接种疫苗后再注射胎盘球蛋白所得到的不显性感染，其免疫的持久性可能是较长的，但这还有待于更长期的观察。

麻疹病毒在组织培养的繁殖速度，可以由于组织的不同而有所不同。最快的是在传代细胞培养，从接种一直到培养液能检查出病毒的时间为 27~30 h[9]。如果易感人群在接种疫苗后病毒的繁殖速度不小于 24 h，那么，在接种 6 个 TCID$_{50}$ 病毒 24 h 后注射胎盘球蛋白，就可能阻止病毒从原始感染部位经血流扩散，而这一局限性的初期感染就能产生免疫，这对免疫产生机制是有参考价值的。

疫苗接种可以在流行期未与接触麻疹的易感儿进行，因为根据我们的观察，曾有一例单独接种疫苗的儿童，在接种疫苗的当天，与麻疹患者接触后发生的临床反应并不加重，而仍表现为轻型的疫苗临床反应，这可能是由于皮下疫苗接种后的潜伏期比自然感染者为短有关。疫苗接种亦可以在非流行期呼吸道感染较少时进行。另一有利条件是用 L_4 疫苗，无论是单独应用或与胎盘球蛋白并用，都未发现有传播感染的情况，因此是适合于大量人群免疫接种的。这种现象与经鸡胚细胞传代的疫苗的无传播性的观察是一致的[1,2]。最后，由于 6 个 $TCID_{50}$ 病毒剂量就可以使易感儿达到免疫，因此从一个人羊膜就可以制出一千万人份的疫苗，是十分经济的。

胎盘球蛋白与疫苗并用的缺点是每个接种者需要注射两次，更重要的是胎盘球蛋白的供应受到限制。但从本实验室不同批号胎盘球蛋白的麻疹抗体滴度的调查[4]，说明绝大多数的滴度在 1∶150 以上，而我们这次所用的胎盘球蛋白的抗体滴度仅为 1∶50，如果今后的研究能肯定胎盘球蛋白对疫苗致病性的影响是与抗体水平成正比关系，那么用 1 ml 的 1∶150 滴度的胎盘球蛋白就基本上能达到不显性感染的目的。根据卫生部生物制品研究所胎盘球蛋白的制备法，一个胎盘可以制出 20 ml，也就是说，一个胎盘的制品可以保护 20 个儿童。这一点以及由于目前不同细胞制备的疫苗还存在一定程度的高热的反应，并且由于现在还看不出继续传代有减轻体温反应的迹象，我们认为有计划地进行胎盘球蛋白与疫苗并用的免疫方法，是值得推广试用的，因为有可能在一定地区内达到控制麻疹流行的目的。

结　　论

1. 本文报告了在 130 个儿童中胎盘球蛋白对 6 个 $TCID_{50}$ 麻疹减毒病毒的致病性及免疫性的影响。

2. 研究结果指出，随着胎盘球蛋白剂量的增加，疫苗的致病性降低，平均最高热度及热度持续时间都有规律地降低及减少。

3. 单独接种疫苗及接种疫苗后再注射不同剂量胎盘球蛋白，二者免疫后 1～6 个月的抗体水平无明显差别。免疫后有疫苗临床反应的及无临床反应的，在疫苗接种后 1～7 个月的平均抗体水平也看不出明显的差别

4. 在 28 例免疫儿童中，4 例是单独接种疫苗的，24 例是接种疫苗后又注射胎盘球蛋白的，他们在免疫后分别在当天到 4 个月曾与同班自然麻疹患者紧密接触，结果全部未得麻疹，而同一环境的未接种疫苗的 41 个易感儿中有 39 个得了麻疹。

〔原载《中华医学杂志》1961，6：346－351〕

参 考 文 献

1　Enders J F, et al. New England J Med. 1960, 263：153, 159, 162, 165, 170, 174, 178, 180

2　Smorodintsev A A, et al. Acta Virologica, 1960, 4；201

3　黄祥祯，等. 中华医学杂志. 1961，47（6）：341

4　曾毅，邓裕美. 中华医学杂志. 1961，47（6）355

5　Karelitz S. Measles. in Brennemann's & Kelley,

1959, Vol. 2, Chapt. 11, p. 18, W. F. Prior Co., Hagerstown, Maryland

6　Black F L., Yannet H. J A M A, 1960, 173：1183

7　Bech V. Acte Path. Microbiol Scand, 1960, 50；81

8　Stokes J, et al. New England J Med, 1960, 263：230

9　Black F L.. Virology, 1959, 7：184

4. 应用血凝抑制试验检查麻疹抗体

中国医学科学院病毒学系　曾　毅　邓裕美

Peries 等[1]首先报告麻疹病毒具有血凝性质，并应用血凝抑制试验检查麻疹患者急性期及恢复期血清的抗体滴度。近年关于麻疹血凝性质的研究文献有所增加[2-5]。但血凝抑制试验尚不能普遍应用，其主要原因在于麻疹病毒的血凝滴度很低，需要用理化方法浓缩后才能应用。近来我们对制备血凝抗原的方法加以改进，获得了血凝滴度较高的抗原。因此，不用高速离心沉淀浓缩病毒，可以直接应用组织培养制备的病毒悬液作血凝抑制试验，为大量应用血凝抑制试验提供有利的条件。

材料和方法

一、材料

1. 血凝抗原：用苏联麻疹 L_4 毒株接种于原代人肾、传代人肾及传代人羊膜细胞，置33℃培养，待细胞病理变化达90%时收获，并滴定血凝滴度，放入4℃冰箱保存。所采用的血凝抗原为1∶8~1∶64。用含5%牛血清的199溶液作细胞维持液。

2. 红细胞：经静脉采取恒河猴的血液，每10 ml血液加入50 ml Alsever氏溶液，保存于4℃冰箱。试验前用pH8.0的磷酸缓冲液洗涤三次，制成1%的血球悬液。

3. 血清：从接种麻疹减毒活疫苗（用苏联 L_4 毒株制成）的易感儿童，在免疫前及免疫后一个月经静脉采血，分离血清，放入 -20℃冰箱保存。或应用微量采血法：用针穿刺儿童耳垂，挤出血液，将先经0.02%肝素润湿的1 ml吸管吸血，取0.2 ml血液加于已盛有0.3 ml 0.02%肝素的试管内（肝素每毫升含青霉素500U及链霉素500 ng），经3000 r/min离心沉淀10 min，吸取上清液。此时，血清稀释度为1∶4，放入 -20℃冰箱保存。试验前血清经56℃、30 min灭活。

4. 胎盘球蛋白：系北京、上海、长春及成都等地生物制品研究所生产，含5%左右的蛋白总量，其中70%以上为两种球蛋白。试验前用白陶土及红细胞处理，用磷酸缓冲盐水将胎盘球蛋白稀释成1∶5，加入等量的以磷酸缓冲盐水配制的25%白陶土，在室温放置20 min，经1500 r/min 5 min离心沉淀，吸出上清液。每毫升溶液再加入50%的猴红细胞0.1 ml，经4℃水箱放置1 h，低速离心沉淀，去除红细胞，此时，胎盘球蛋白的稀释度为1∶10。

5. 稀释液：pH8.0的磷酸缓冲盐水。

二、血凝及血凝抑制试验方法

（一）试管法

1. 血凝试验：溶液总量为0.6 ml。采用13 mm×100 mm的小试管。血凝抗原按倍比稀释，每管0.4 ml，然后加入0.2 ml的1%血细胞悬液，摇匀，37℃放置1 h，观察结果。血凝滴度以" ++"终点。

2. 血凝抑制试验：0.2 ml 按倍比稀释的血清或胎盘球蛋白加 0.2 ml 含 4 个血凝单位的抗原，在室温放置 1 h，然后每管加入 0.2 ml1% 的血球悬液，混匀，37℃ 放置 1 h，记录结果。以能够完全抑制血凝出现的最高稀释度作为抗体滴度。

（二）塑料板微量法[6]

1. 血凝试验：溶液总量为 0.075 ml。每一塑料板孔内加入一滴稀释液（0.025 ml）。用螺旋圈（容量为 0.025 ml）将抗原按倍比稀释，然后加入一滴稀释液，最后加入一滴 1% 的红细胞悬液，37℃ 放置 1 h，观察结果。血凝滴度以" ++ "为终点。

2. 血凝抑制试验：用螺旋圈在塑料板孔内按倍比稀释血清，然后加入一滴含 4 个血凝单位的抗原，混匀，室温放置 1h，最后加入一滴 1% 的红细胞悬液，37℃ 放置 1 h，记录结果。

三、组织培养中和试验方法　将血清按倍比稀释，每 0.1 ml 加等量含 100TCID$_{50}$ 的麻疹病毒，37℃ 放置 30 min，然后接种于原代羊膜细胞，观察 10 d，纪录结果。

结果和讨论

一、应用血凝抑制试验检查麻疹的免疫反应　本试验结合易感儿接种减毒活疫苗进行[7]。在接种疫苗当天及免疫后 1 个月和 7 ~ 9 个月，经静脉或耳垂微量采血用血凝抑制试验的试管法和塑料板法及组织培养中和试验检查麻疹抗体。其结果如表 1、表 2 所示。在接种麻疹疫苗后有临床反应的易感儿，其免疫前的血清抗体滴度均低于 1∶4 或 1∶5 为阴性，免疫后 1 个月抗体明显上升为 1∶30 ~ 1∶80，6 ~ 9 个月后抗体下降至 1∶4 ~ 1∶32。这证明血凝抑制试验是特异性的。免疫后一个月的平均抗体滴度用血凝抑制试验试管法检查为 1∶58.5，塑料板法为 1∶57，组织培养中和试验法为 1∶60。这表明血凝抑制试验与中和试验同样敏感，同时也证明血凝抑制试验塑料板法的敏感性与试管法相似。通常所采用的组织培养中和试验法及补体结合试验法手续繁杂，而血凝抑制试验则远较上述两种方法简便、快速。特别值得指出的是血凝抑制试验塑料板法与中和试验具有同样的敏感性。塑料板法不仅简便、快速，而且节省材料，每份试验的血清稀释度从 1∶4 开始，0.1 ~ 0.2 ml 的血液就够用，可以很容易地从儿童耳垂用微量采血法获得，为大量检查麻疹疫苗的免疫反应及流行病学调查提供了十分有利的条件。我们曾应用塑料板法检查麻疹疫苗免疫反应的血清 137 份，获得满意的结果[8]。

表 1　应用血凝抑制试验检查麻疹的免疫反应

材料		血凝抑制试验		组织培养中和试验
疫苗接种者	采血时间	试管法	塑料板法	
高　某	免疫前	—△		
	免疫后*	1∶80	1∶60	1∶80
丁　某	免疫前	—		
	免疫后	1∶60	1∶60	1∶80
陈　某	免疫前	—		
	免疫后	1∶60	1∶60	1∶40

| 材　　料 | | 血凝抑制试验 | | 组织培养中 |
疫苗接种者	采血时间	试管法	塑料板法	和试验
高　某	免疫前	—	—	—
	免疫后	1∶40	1∶60	1∶40
赵　某	免疫前	—	—	—
	免疫后	1∶60	1∶48	1∶80
郝　某	免疫前	—	—	—
	免疫后	1∶80	1∶56	1∶80
潘　某	免疫前	—	—	—
	免疫后	1∶30		1∶40
毕　某	免疫前	—	—	—
	免疫后		1∶56	1∶40
免疫后抗体平均滴度		1∶58.5	1∶57	1∶60

注：* 在接种疫苗后一个月采血。△抗体滴度 <1∶4 或 <1∶5 为阴性

表 2　应用血凝抑制试验检查麻疹抗体的变动情况

姓　名	免疫前	免疫后一个月	免疫后 6~9 个月
高　某	—△	1∶80	1∶4
丁　某	—	1∶60	1∶8
高　某	—	1∶40	1∶16
赵　某	—	1∶60	1∶16
郝　某	—	1∶80	1∶16
齐　某		1∶64	1∶32

注：△抗体滴度 <1∶4 或 <1∶5 为阴性

二、应用血凝抑制试验测定胎盘球蛋白的麻疹抗体含量　自 1933 年 McKhann 及诸福棠二氏[9]首次应用胎盘球蛋白预防麻疹以来，这一方法一直被认为是预防麻疹的有效措施。已经证明，给接触麻疹的易感儿注射胎盘球蛋白，可以完全预防发病，或减轻症状，或获得不显性感染[10]。最近黄祯祥等[8]的研究工作，证明胎盘球蛋白与减毒活疫苗合并使用，可以减轻或完全去除疫苗的致病性，但仍能引起疫苗接种者产生有效的免疫力。据文献报告，胎盘球蛋白的预防效果不一，此与使用的剂量及其效价密切有关。测定蛋白量及丙种球蛋白量作为指标，事实上，这并不能真正代表麻疹抗体的含量。因此，为了更有效地使用胎盘球蛋白，很有必要寻求简便的方法以测定胎盘球蛋白的麻疹抗体含量。

我们应用血凝抑制试验试管法测定胎盘球蛋白的麻疹抗体含量。从表 3 可以看出，每批胎盘球蛋白的麻疹抗体滴度相差甚大，最低为 1∶17.5，最高为 1∶640，但大多数为 1∶120 ~ 1∶240。北京 1959 年生产的胎盘球蛋白平均抗体滴度为 1∶193，1961 年为 1∶160，较 1960 年的 1∶75.3 约高 1 倍以上。1959 年生产的三个批号，在检查抗体时已超过有效期 3 个月，但抗体滴度仍很高。对上海、长春、成都生物制品研究所生产的胎盘球蛋白，虽然研究的批号较少，但可以初步看出，上海、长春与北京 1959 年、1961 年生产的胎盘球蛋白的麻疹抗体含量相差不多，而成都的则稍低。我们会取数份胎盘球蛋白用中和试验及血凝抑制试

表3 应用血凝抑制试验测定胎盘球蛋白的麻疹抗体含量

材料来源	批号	抗体滴度	材料来源	批号	抗体滴度
北京生研所	59120[#]	1：120	北京生研所	6143[#]	1：120
	59134	1：140		6119	1：120
	59128	1：320		6145	1：140
	平均	1：193		6127	1：140
	60112[#]	1：17.5		6121	1：140
	60118	1：30		61002	1：140
	60121	1：35		6112	1：140
	6097	1：50		6142	1：140
	60119	1：60		6116	1：200
	60124	1：60		6118	1：240
	60123	1：60		6120	1：240
	60126	1：60		平均	1：160
	60134	1：140		302	1：140
	6065	1：240		303	1：240
	平均	1：75.3		301	1：640
上海生研所	60036－1	1：120	长春生研所	6073	1：140
	60002－5	1：140		6072	1：280
	平均	1：120		平均	1：210
	61019－1	1：140	成都生研所	18	1：70
	61010－2	1：240		21	1：140
	61017－1	1：240		平均	1：105
	平均	1：207			

注：[#] 59×××为1959年生产，60×××为1960年生产，61×××为1961年生产

验比较，其抗体滴度相似。总的看来，我国各地生产的胎盘球蛋白麻疹抗体含量较苏联生产的(1：320～1：1280)[2]为低。上述结果已证明可以应用简便的血凝抑制试验测定胎盘球蛋白的麻疹抗体含量。

总　结

麻疹的血凝抑制试验试管法及塑料板法与组织培养中和试验具有同样的敏感性。特别是塑料板法简便、快速、节省材料，可以广泛应用于大量检查麻疹疫苗的免疫反应、流行病学调查及测定胎盘球蛋白的麻疹抗体含量，值得推广。

我国北京、上海、长春及成都等地生物制品研究所生产的胎盘球蛋白的麻疹抗体滴度为1：17.5～1：640，其中大多数在1：120～1：240之间。

〔原载《中华医学杂志》1961，6（47）：355－357〕

参 考 文 献

1 Peries J R, and Chang C. Comot Rend Acad De Sci, 1960, 251：820

2 Мастюксла Ю Н, Хаит С Л. Вопросы Вирусологии, 1960, (2)：339

3 Rosen L. Virology, 1961, 13：139

4 Demein J L, Gomer T A. . Virology, 1951, 13：367

5 R senoff E I. Proc Sec Exper Biol, Med, 1961, 106：563

6 全国流行性感冒中心室. 流行性感冒手册. 1958, 第 97 页

7 黄祯祥, 等. 中华医学杂志, 1961, 47 (6)：341

8 黄祯祥, 等. 中华医学杂志, 1961, 47 (6)：346

9 McKhann C F, 诸福棠. J Inf Dis, 1933, 52：268

10 Black F L. , et al . J A M A, 1960, 173：1188

5. 7 岁以下小儿口服脊髓灰质炎三型混合减毒活疫苗的血清学反应[①]

中国医学科学院病毒系脊髓灰质炎研究组   顾方舟   曾 毅   毛江森   刘宗芳   王见南

自 Courtois 氏等[1]发表在刚果使用 Koprowski 减毒活疫苗于人群的报告之后，世界各地皆纷纷发表有关脊髓灰质炎减毒活疫苗的研究材料，其中最引人注目的是 Sabin 氏的工作。关于 Sabin 氏及苏联学者们在脊髓灰质炎减毒活疫苗方面的研究情况已另文加以综述[2]。

1959 年 6 月苏联医学科学院脊髓灰质炎研究所赠给我们 3000 人份脊髓灰质炎减毒活疫苗。根据苏联当时 400 万人试用的情况，我们认为也有必要在我国作少量的试用，以观察这疫苗在我国小儿引起免疫力的情况，为我国今后利用活疫苗提供一些科学资料。

我们采用了三型混合一次服用法。原因有二：①疫苗带到的时间已是 6 月底，而 7 月份是北京市流行的高峰，为了避免自然界野毒的影响，我们采用了一次服用的方法；②为了了解三型混合疫苗的血清学反应能否代替三型分别服用法。

在北京市卫生防疫站协助下，选择 6 个托儿单位进行了血清标本的采集工作。全部口服活疫苗的有 2000 多名 7 岁以下的小儿。根据调查，除有两名偶合病例外，没有发现活疫苗引起的不良反应。再将血清学的初步结果报告如下。

材料和方法

一、血清   于服疫苗前一周内及服疫苗后一个月采集双份血清。服前经 56℃ 灭活 30 min。

二、毒株   Ⅰ型 – Mahoney，Ⅱ型 – MEF_1，Ⅲ型 – Saukett。

三、中和实验   用猴肾单层上皮细胞病变法。血清 4 倍稀释，加等量的 $100 TCID_{50}$ 病毒

---

①   本文曾在 1960 年 5 月莫斯科苏联脊髓灰质炎研究所第四次学术会议及国际脊髓灰质炎减毒活疫苗学术会议上宣读。

混合后，放 37℃ 3 h，分别接种猴肾上皮单层细胞管，观察 6～7 d。

疫苗服用量为 0.1 ml 1∶10 稀释三型混合疫苗。疫苗滴度为Ⅰ型 7.6，Ⅱ型 7.3，Ⅲ型 7.22。

结　　果

对 230 双份血清中和抗体进行了测定，其结果如下。

一、小儿口服脊髓灰质炎三型混合减毒活疫苗一个月后血内各型中和抗体增长的情况见表 1～4。

表 1　7 岁以下小儿口服脊髓灰质炎三型混合减毒活疫苗后一个月血内Ⅰ型中和抗体增长的情况

免疫前抗体水平	检查人数	免疫后一个月抗体水平								抗体水平有 4 倍以上增长者
		<1∶4	1∶4	1∶16	1∶64	1∶256	1∶512	1∶1024	>1∶1024	
<1∶4	120	46	16	19	15	9	11	0	4	74
1∶4	2		1	1	0	0	0	0	0	1
1∶16	22	2	5	3	1	1	5	1	4	12
1∶64	20				4	2	9	1	4	16
1∶256	18					5	4	3	6	9
1∶512	15			1	1	1	1	3	8	8
1∶1024	1						1	0	0	
>1∶1024	8							2	6	
总计	206	48	22	24	21	18	31	10	32	120

表 2　7 岁以下小儿口服脊髓灰质炎三型混合减毒活疫苗后一个月血内Ⅱ型抗体增长的情况

免疫前抗体水平	检查人数	免疫后一个月抗体水平								抗体水平有 4 倍以上增长者
		<1∶4	1∶4	1∶16	1∶64	1∶256	1∶512	1∶1024	>1∶1024	
<1∶4	86	9	1	5	13	18	16	3	21	77
1∶4	5		0	0	1	0	0	2	2	5
1∶16	21			1	4	0	0	3	13	20
1∶64	40				0	3	11	5	21	40
1∶256	19				1	1	5	1	11	12
1∶512	14					1	2	1	10	10
1∶1024	5					1	0	1	3	
>1∶1024	15						1	4	10	
总计	205	9	1	6	19	24	35	20	91	164

表3 7岁以下小儿口服脊髓灰质炎三型混合减毒活疫苗后一个月血内Ⅲ型抗体增长的情况

免疫前抗体水平	检查人数	免疫后一个月抗体水平								抗体水平有4倍以上增长者
		<1:4	1:4	1:16	1:64	1:256	1:512	1:1024	>1:1024	
<1:4	117	38	5	12	13	14	12	6	17	79
1:4	9	1	1	1	2	1	0	0	3	7
1:16	25		1	3	6	3	8	1	3	21
1:64	22				4	3	3	5	7	18
1:256	9					3	2	2	2	4
1:512	12					1	2	4	5	5
1:1024	4							1	3	
>1:1024	8							1	7	
总计	206	39	7	16	25	25	27	20	47	134

表4 北京市六个儿童集体7岁以下小儿口服脊髓灰质炎三型混合减毒活疫苗后一个月血内各型中和抗体增长的百分率

免疫前抗体水平	Ⅰ型			Ⅱ型			Ⅲ型		
	被检总数	有4倍以上增长者	(%)	被检总数	有4倍以上增长者	(%)	被检总数	有4倍以上增长者	(%)
<1:4	120	74	61.6	86	77	89.5	117	79	67.6
1:4~1:16	24	13	54.1	26	25	96.1	34	28	82.3
1:64~1:256	38	29	76.3	59	53	89.6	31	24	77.4
1:512	15	8	53.3	14	10	71.4	12	5	41.6
总计	197	124	62.9	185	165	89.1	194	136	70.1

由表4可以看出，120名Ⅰ型抗体阴性的小儿Ⅰ型抗体有4倍以上增长的有74名，占61.6%；86名Ⅱ型抗体阴性的小儿Ⅱ型抗体有4倍以上增长的有77名，占89.5%；117名Ⅲ型抗体阴性的小儿Ⅲ型抗体有4倍以上增长的有79人，占67.6%。可见Ⅱ型抗体增长最好，Ⅲ型次之，Ⅰ型更次之。从总的百分率来看亦是如此，Ⅰ型－62.9%，Ⅱ型－89.1%，Ⅲ型－70.1%。

二、小儿口服脊髓灰质炎三型混合减毒活疫苗后一个月抗体情况的变化 见表5。

由表5看出，口服混合疫苗后儿童的抗体情况有很明显的变化。服前三型抗体皆阴性的小儿有49名，服后一个月血清内均含有Ⅰ型或Ⅰ型以上的抗体。三型阳性的人数由42名上升到128名。两型阴性的小儿服疫苗后一个月抗体情况也有不同程度的好转，其中以Ⅰ型、Ⅱ型，Ⅱ型、Ⅲ型为最好。单型阴性的小儿中以Ⅱ型抗体情况变化转大，Ⅰ型、Ⅲ型抗体的变化不明显，这与Ⅰ型、Ⅲ型抗体阳转率较低相符。

三、三型抗体皆阴性的小儿口服脊髓灰质炎三型混合减毒活疫苗后一个月各型抗体的增长情况 见表6。

三型抗体皆阴性的小儿有49名，服疫苗后各型抗体的变动有明显的区别：Ⅰ型抗体增长者只有22人，占44.9%；Ⅱ型有44人，占89.8%；Ⅲ型有35人，占71.4%。

表5 205名7岁以下小儿口服脊髓灰质炎三型混合减毒活疫苗后一个月抗体情况的变化

抗体情况	服前 总数	（%）	服后 总数	（%）
三型阴性	49	23.5	0	0
Ⅰ，Ⅱ型阴性	13	6.3	3	1.4
Ⅱ，Ⅲ型阴性	11	5.3	0	0
Ⅰ，Ⅲ型阴性	30	14.6	17	8.2
Ⅰ型阴性	25	12.1	30	14.6
Ⅱ型阴性	12	5.8	6	2.9
Ⅲ型阴性	23	11.2	21	10.2
三型阳性	42	20.4	128	62.4
总计	205		205	

表6 三型抗体皆阴性的小儿口服脊髓灰质炎三型混合减毒活疫苗后各型抗体增长情况

抗体滴度	Ⅰ	Ⅱ	Ⅲ
1：1024 ~ >1：1024		17	18
1：512	4	8	7
1：256	2	11	3
1：64	9	6	4
1：16	4	2	3
1：4	3	0	0
<1：4	27	5	14
总计	49	49	49
4倍以上抗体增长百分率	44.9	89.8	71.4

四、口服脊髓灰质炎三型混合减毒活疫苗一个月后抗体增长与肠道病毒的关系 见表7。

表7 口服脊髓灰质炎三型混合减毒活疫苗一个月后抗体增长与肠道病毒的关系

单位名称		抗体型别	肠道病毒分离阴性 P/T	（%）	各型脊髓灰质炎病毒 Ⅰ	Ⅱ	Ⅲ	总计	（%）	Coxs. A P/T	（%）	Coxs. B P/T	（%）	ECHO等 P/T	（%）
冶金部托儿所	乳儿室	Ⅰ	2/2		1/1		3/5					3/3		0/1	
		Ⅱ	3/3		1/1		5/5					3/3		1/1	
		Ⅲ	3/3		1/1		5/5					3/3		1/1	
	托儿所	Ⅰ	25/27	92.0	2/3	0/1				2/3		2/2		2/3	
		Ⅱ	22/26	83.3	3/3	0/1				3/3		3/3		1/1	
		Ⅲ	23/26	88.8	2/3	1/1				3/3		2/3		3/3	
	幼儿园	Ⅰ	14/19	70.6	1/1									2/2	
		Ⅱ	15/15	100.0	1/1									2/2	
		Ⅲ	15/19	82.3	1/1									2/2	
钓耳胡同托儿所		Ⅰ	14/17	82.3		1/10	0/1			8/11	72.7	2/4		0/1	
		Ⅱ	13/15	86.6		10/10	1/1			3/6	50.0	0/1			
		Ⅲ	10/15	66.6		3/10				5/12	41.6	1/4			
冰窖胡同托儿所		Ⅰ	1/2							2/7		2/5		2/2	
		Ⅱ	2/2							8/8		6/6		2/2	
		Ⅲ	2/2							3/8		2/5			
公安局托儿所		Ⅰ	1/2							7/13	61.6	1/3			
		Ⅱ	2/2							13/15	86.6	2/3			
		Ⅲ	0/1							4/12	33.3	1/2			
总计		Ⅰ	58/69	84.8	4/5	1/10	3/7	8/22	36.3	19/34	55.9	10/17	58.8	6/9	
		Ⅱ	56/63	88.8	5/5	10/10	6/7	21/22	95.4	27/32	84.3	14/16	87.5	6/6	
		Ⅲ	54/66	81.8	4/5	3/10	7/7	14/22	63.6	15/35	42.8	9/17	52.9	6/6	

注：T = 被检双份血清数，P = 中和抗体有4倍增长的血清数

为了了解肠道病毒对减毒株免疫效果的影响，我们在服疫苗前采集了粪便，用猴肾单层上皮细胞及乳鼠分离了肠道病毒，分离结果将另文报告，本文只就抗体测定的材料作一分析。

由表 7 看出，肠道病毒分离阴性并且测定 Ⅰ、Ⅱ、Ⅲ 型中和抗体的有 69、63、66 名，抗体 4 倍增长的百分率各为 84.8%、88.8%、81.8%。从冶金部托儿所、幼儿园及钩耳胡同托儿所的结果来看，三型抗体增长百分率虽然没有显著的差别，但从抗体水平来看，还是可以发现程度上有明显的不同。

Ⅰ 型抗体阴性、肠道病毒分离结果阴性的有 35 名，4 倍抗体增加的有 28 名，28 名中有 21 名抗体水平只有 1:4~1:16。Ⅱ 型情况与此相反，16 名抗体阴性的小儿服疫苗后有 14 名 4 倍增长，其中有 10 名抗体在 1:512 至 >1:1024。Ⅲ 型的情况介乎二者之间。

由此 6 个儿童集体中共分得各型脊髓灰质炎病毒 22 株，其中 Ⅰ 型 5 株，Ⅱ 型 10 株，Ⅲ 型 7 株。可以看出 5 名有 Ⅰ 型病毒的小儿，Ⅱ、Ⅲ 型抗体增长良好，有 Ⅱ 型病毒的 10 名小儿，Ⅰ、Ⅲ 型抗体增长不佳，有 Ⅲ 型病毒者 Ⅰ 型增长不好，而 Ⅱ 型抗体的增长并不受影响。

Coxsackie A 族病毒分离阳性者共 35 例。三型抗体增长率各为 55.9%、84.3%、42.8%。从钩耳胡同及公安局托儿所的结果来看，此三型的抗体增长率与 Coxsackie A 族病毒的存在，除 Ⅲ 型增长率较低外，似乎看不出有什么明显的差异。

Coxsackie B 族及 ECHO 等病毒由于所作标本太少，无法分析。

五、接触者的抗体变化情况 我们只作了 14 份双份接触者的血清中和抗体测定。13 名中只有 2 名有 Ⅰ 型抗体增长，14 名中 11 名有 Ⅱ 型抗体增长，7 名中 2 名有 Ⅱ 型抗体增长。可以看出，Ⅱ 型病毒的散布比 Ⅰ、Ⅲ 型都要强些。

六、成人口服脊髓灰质炎三型混合减毒活疫苗的免疫学反应 见表 8。

共作了 10 名成人的双份血清中和抗体测定。Ⅰ 型增长在 4 倍以上的有 4 人，Ⅱ 型有 4 人，Ⅲ 型有 6 人。

讨　论

关于活疫苗血清学反应的研究，多为单型分别服用的结果。单型服用后各人所得结果也不一致，有的为 50%~60%[3]，有的为 90%~100%[4]。

从本实验总的抗体增长率来看不应该认为是低的（62.9%，89.1%，70.1%）。根据 Чумаков 教授[5] 的材料，服 Ⅰ 型单价活疫苗后一个月，抗体增长也不过为 53.3%，但 3 个月后抗体增长显著上升，例如 34 名 3 岁以下的小儿 1 个月后增长率为 73.5%，3 个月后则为 100%。所以，可以推测，3 个月后我们观察的儿童抗体增长率也会相应增高。

三型共同一次服用的报告迄今只有两篇。Чумаков 教授等于 1958 年发表的材料[5]

表 8　成人口服脊髓灰质炎三型混合减毒活疫苗后一个月抗体增长情况

编号	血清份数	Ⅰ	Ⅱ	Ⅲ	备注
1	1	16	256	256	
	2	256	256	64	
2	1	<4	64	64	
	2	4	256	64	
3	1	16	64	16	
	2	<1024	64	64	
4	1	64	64	16	
	2	64	256	64	
5	1	64	256	4	
	2	64	256	4	
6	1	256	256	16	
	2	256	512	64	
7	1	16	64	16	
	2	16	256	64	
8	1	64	64	16	
	2	>1024	64	64	
9	1	16	16	4	
	2	16	256	64	
10	1	4	256	64	
	2	4	512	1024	
		4/10	4/10	6/10	

中指出，口服三型混合活疫苗，各型抗体的增长为：Ⅰ型—26/29，Ⅱ型—29/30，Ⅲ型—27/29；从抗体水平看，Ⅱ型最好，Ⅲ型次之，Ⅰ型最低。这个结果是用变色反应作出的。我们的结果是用病变法作的，为22/49、44/49及35/49。分析其原因，在27名Ⅰ型抗体未增长的小儿中，服前粪便中分离出脊髓灰质炎病毒Ⅰ型1株，Ⅱ型4株，Ⅲ型4株，此外Coxsackie A族4株，其他未定型的病毒3株，肠道病毒分离阴性者只2人，其他9人未做病毒分离。显然，Ⅰ型抗体的增长受到Ⅱ型及Ⅲ型病毒的影响。

Sabin氏指出，脊髓灰质炎三型减毒活疫苗混合服用，Ⅱ型病毒能干扰其他两型病毒的繁殖。根据我们的材料来看；从抗体水平看，Ⅱ型确比其他两型高，但从抗体增长率看，没有显著差别。但考虑到我们所作血清份数较少，并且没有病毒学材料直接证明，所以还不能作出肯定的结论。

关于肠道病毒能干扰疫苗株的繁殖，Sabin氏曾经指出。但从Hale氏[6]的材料却看不出有多大影响。我们的材料较少，还难作出判断。但可以推测，冬季服用疫苗可以免去这一因素的影响。

Cox氏等[7]1959年发表了关于成人口服三型混合疫苗后血清反应的报告，指出血清反应与服用剂量有密切关系。但这个材料的结果无法同我们的材料进行比较，因为我们的试验是在7岁以下小儿中进行的。

由于此项工作是在7月中进行的，服用后发现两名偶合的脊髓灰质炎病例。这两名病例均发生在同一乳儿室，室内共有40名2岁以下的乳儿。服疫苗前曾由乳儿粪便中分离出Ⅰ型病毒3株，Ⅲ型10株。可以推想，服前此乳儿室已有Ⅰ、Ⅲ型病毒广泛传播。其中一名高姓小孩，1周岁半，于服疫苗后3 d发病，服前粪便中曾分离出Ⅰ型病毒，说明在服疫苗前此儿已受自然界Ⅰ型病毒的感染。另一例刘姓十个月女孩，于服疫苗后一个月发病，在发病前一周分离出Ⅰ型病毒，用此病毒注射到猴的脑及肌肉，6 d后右下肢发生麻痹，7 d后左下肢亦发生麻痹。第二例为服前及服后一两周均做过粪便病毒分离，但未分离出病毒。因此，为了避免偶合，疫苗服用最好在冬季进行。

小　　结

1. 7岁以下小儿口服脊髓灰质炎三型减毒活疫苗一个月后各型抗体的增长率为Ⅰ型62.9%，Ⅱ型89.1%，Ⅲ型70.1%；对影响抗体增长率的某些因素进行了讨论。

2. 三型皆阴性的小儿，口服混合疫苗后，抗体增长率亦以Ⅰ型最差，Ⅲ型次之，Ⅱ型最好。Ⅰ、Ⅲ型抗体增长较差的原因与小儿肠道中存有Ⅱ、Ⅲ型脊髓灰质炎病毒有关。

3. Coxsackie病毒分离阳性的小儿，服混合疫苗后，各型抗体增长率无大区别，但在抗体水平上Ⅱ型最高，Ⅲ型次之，Ⅰ型最差。

4. 文中讨论了两例偶合的情况。

〔原载《中华医学杂志》1961，7：423-428〕

参 考 文 献

1　Courtois G, et al. Brit Med J, 1958, 2：187

2　顾方舟. 生物制品通讯，1959，3：17

3　中国医学科学院未发表资料

4　Live Vaccine for poliomyelitis, WHO Chronicle, 1959, 13：402

5　Чумаков М П，ИДР. Вопросы Впрусологии，1959，5：520

6　Hale J H, et al. Brit Med J, 1959, 1：154

7　Cox H R, et al. Brit Med J, 1959, 2：591

6. 北京市城区和郊区农村健康居民脊髓灰质炎中和抗体的调查

中国医学科学院病毒学系脊髓灰质炎组　刘宗芳　曾　毅　毛江森　顾方舟

我国脊髓灰质炎患者，除 1955 年南通地区流行主要发生在农村以外，大都发生在城市，以 5 岁以下儿童为最多[1]。居民对脊髓灰质炎的免疫状况与发病率有密切关系。除上海市居民的免疫状况曾有人于 1957 年调查过一次，而结果尚未发表外，尚未看到有其他报告。至于我国农村居民的免疫状况尚无人调查。了解我国城乡地区居民免疫状况的差别，对今后大量使用脊髓灰质炎活疫苗是十分必要的。为此，我们在 1959 年 5 月至 6 月调查了北京市脊髓灰质炎流行前期市区和农村健康居民的中和抗体情况。现将结果报告如下。

材料和方法

一、血清标本的来源

1. 北京市城区：来源为托儿所、幼儿园的健康儿童、输血者及产妇的胎盘血。一小部分的血清来自医院的非脊髓灰质炎患儿。

2. 北京郊区农村：来源为距离北京市 70 km 的北郊昌平区上苑乡本地的健康儿童。

二、采血方法　用微量采血法[2]。

一般由耳垂取血。先搓揉使局部充血，消毒皮肤后，用刺血器刺破，然后用灭菌的毛细玻璃管（直径约 1.5 mm）接触血液。当血液吸入占管长 4/5 后，即换新毛细玻璃管采集，采 2 ~ 3 管即可。然后用火漆封闭玻璃管两端，置于已标明号码的试管中，以 2000 r/min 沉淀 15 ~ 20 min，血球即沉下，用人造钢砂刻痕后折断毛细管，然后用毛细管吸出血清，并装于小试管中，置 -20℃ 保存备用。

三、试验方法　用细胞病变法。

1. 病毒：Ⅰ型——Mahoney 株，病毒滴度为 7.0TCID$_{50}$；Ⅱ型——MEF$_1$ 株，病毒滴度为 6.5TCID$_{50}$；Ⅲ型——Saukett 株，病毒滴度为 7.5TCID$_{50}$。试验时用 100TCID$_{50}$ 病毒量与 1∶10 血清做中和试验。

2. 细胞：用培养 6 ~ 7 d 的猴肾单层上皮细胞进行实验。细胞生长液和维持液的成分如下：
生长液：0.5% 乳白蛋白水解物；5.0% 绵羊血清；Hanks 溶液。
维持液：0.2% 乳白蛋白水解物；2.0% 马血清；Hanks 溶液。

3. 中和试验方法：试验前一天，将血清在 56℃ 灭活 30 min，用 Hanks 溶液（每毫升含 500 U 青霉素和 1000 μg 链霉素）稀释成 1∶10，置 4℃ 冰箱过夜。次日取 1∶10 血清 0.25 ml 分别与 0.25 ml 三型病毒混合（其中每型病毒的量均为 100TCID$_{50}$），在 37℃ 水浴中放置 3 h，然后取 0.2 ml 病毒血清混合液接种于每一细胞管中，每型接种两管。同时并做血清毒性对照一管，三型病毒混合液对照管各两管。接种后的细胞置 37℃ 温室中孵育，于第 1 天、3 天及 7 天观察病变。

结果和讨论

1959年5-6月在北京市城区共收集血清标本180份，农村共收集血清标本102份，应用上述方法检查脊髓灰质炎的中和抗体水平，结果见表1。

表1　北京市城区及农村各年龄组居民脊髓灰质炎中和抗体水平

	年龄组	实验数	各型中和抗体在各年龄的分布									
			三型皆阴性		Ⅰ型阳性		Ⅱ型阳性		Ⅲ型阳性		三型皆阳性	
			份数	（%）	份数	（%）	份数	（%）	份数	（%）	份数	（%）
城	胎盘血	19	1	5.3	16	84.2	14	73.7	15	79.0	10	52.6
	6~12月	12	6	50.0	1	8.3	3	25.0	3	25.0	0	0
	1~2岁	22	10	45.4	2	9.1	9	40.9	2	9.0	0	0
	2~4岁	24	5	20.8	9	37.5	17	70.8	10	41.7	4	10.7
	4~9岁	22	2	0.9	12	54.5	15	68.2	15	68.2	8	36.3
	9~15岁	20	0	0	15	75.0	18	90.0	16	80.0	12	60.0
区	15~20岁	22	0	0	19	86.4	18	81.8	18	81.2	15	68.2
	20⁺岁	20	0	0	20	100.0	19	95.0	20	100.0	19	95.0
	30⁺岁	19	0	0	18	94.7	19	100.0	19	100.0	18	95.0
	总计	180	24	13.3	112		132		118		86	
	6~12月	9	3	33.3	5	55.5	4	44.5	4	41.5	3	33.3
	1~2岁	5	2	40.0	2	40.0	3	60.0	1	20.0	1	20.0
农	2~4岁	14	0	0	9	64.3	10	71.4	8	57.1	4	28.6
	4~9岁	21	0	0	19	90.5	17	80.9	20	95.2	14	66.6
	9~15岁	17	0	0	16	94.1	13	76.5	17	100	11	64.7
村	15~20岁	19	0	0	19	100.0	16	84.2	17	89.4	15	79
	20⁺岁	17	0	0	16	94.1	16	94.1	16	94.1	14	82.3
	总计	102	5	4.9	86		79		83		62	

由表1看出，市区胎盘血中Ⅰ、Ⅱ、Ⅲ型脊髓灰质炎抗体的阳性率高达73.7% ~84.2%，其中Ⅰ型最高。在婴儿出生后6个月到2岁时期，Ⅰ、Ⅱ、Ⅲ型中和抗体最低，例如在1~2岁组中，Ⅰ、Ⅲ型抗体阳性率为9%，Ⅱ型为40.9%。两岁以后重新获得抗体，2~4岁儿童抗体阳性率即逐渐上升；4~9岁有54.5% ~68.2%的儿童有Ⅰ、Ⅱ、Ⅲ型中和抗体；9~15岁儿童中75% ~90%有Ⅰ、Ⅱ、Ⅲ型中和抗体。从实验结果看出，脊髓灰质炎中和抗体的阳性率以Ⅱ型为最高，4岁以下儿童尤为显著。Ⅰ、Ⅱ、Ⅲ型中和抗体皆阴性者以1~2岁儿童最多，2~4岁次之，9岁以上则无发现。Ⅰ、Ⅱ、Ⅲ型抗体皆阳性者在1~2岁儿童则无发现，2~4岁开始有之，15~20岁大部分有Ⅰ、Ⅱ、Ⅲ型抗体。

根据1959年中国医学科学院儿科研究所的统计材料来看，北京市6个月~2岁脊髓灰质炎患者占64%，而5岁以上患者即很少见，可见居民免疫状况与发病率有密切关系。

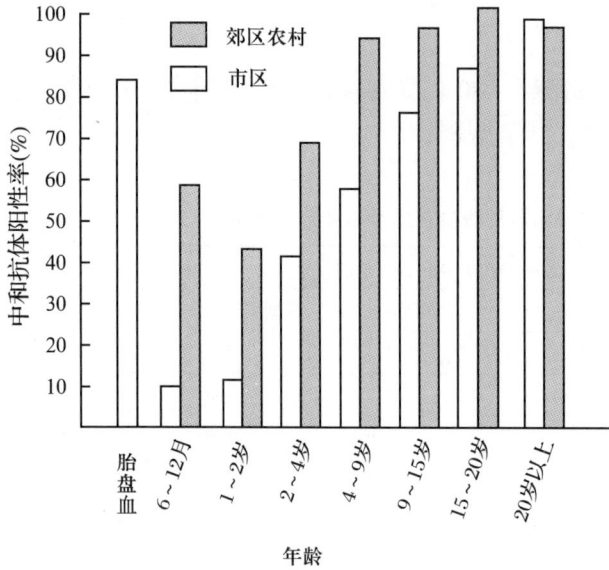

图1 北京市城区与农村居民血清中脊髓
灰质炎 I 型中和抗体的比较

从农村居民血清抗体调查结果来看（表1），农村各年岁组居民血清中的各型抗体阳性率都比城市为高。

如图1所示，1~2岁儿童 I 型抗体比城区同年龄组高约30%，在城区9~15岁儿童中75%以上有三型抗体，而在农村4~9岁儿童80%以上已有三型抗体。所以农村居民的抗体阳性率比城市高，而且出现阳性的年龄也较早，农村第 II 型抗体阳性率也比 I、III 型高，与城市结果一致。以上结果说明脊髓灰质炎病毒在农村中传播更为广泛。根据我们1958年初步了解，该地区农村尚未发现有麻痹型脊髓灰质炎患者，这可能是由于病毒传播比较广泛，居民感染病毒而获得免疫的年龄较早之故。1956 年英国 Fallon 氏[3]同时调查了英国一个农村和工业城市的居民中和抗体也发现相似的结果。

但根据1955年江苏南通地区农村中发生严重的脊髓灰质炎的情况，今后仍十分有必要在我国各地农村中进行居民脊髓灰质炎中和抗体的调查工作，为今后全面预防工作提供资料。从以上资料和临床报告看来，今后在北京市区居民中进行预防接种比在农村居民更为迫切。

另外，我们认为采用微量采血方法进行脊髓灰质炎中和抗体阳性率的调查是适宜的。

结　论

在北京市城区和郊区农村对健康居民进行了脊髓灰质炎中和抗体的调查。城区6个月~1周岁小儿抗体的阳性率最低，9~15岁阳性率与成人相近，达75%~100%，其中II型抗体高于I、III型抗体。农村各年龄组居民的阳性率皆高于城区居民，4岁儿童即达成人水平。

〔原载《中华医学杂志》1961，7：429-431〕

参　考　文　献

1　周华康．中华儿科杂志，1959，10：408
2　中国医学科学院病毒系脑炎组．脑炎通讯第

二期．

3　Fallon R J. Lancet, 1956, 270（14）：61

7. 人羊膜细胞培养方法的研究

中国医学科学院病毒系　曾　毅　毛江森

自 Zitcer 氏等[1]首次报告培养人羊膜细胞成功，并发现脊髓灰质炎病毒能引起该细胞产生病理变化以后，人羊膜细胞已被广泛应用于病毒学的研究工作。我们于 1957～1959 年采用人羊膜细胞研究脊髓灰质炎病毒，发现该细胞的培养方法尚存在不少问题。现将影响人羊膜细胞培养的某些因素报告如下。

材料和方法

人羊膜均来源于北京几个固定的产院，由接生者将羊膜从胎盘剥离，置入装有 100 ml Hanks 溶液（内含青霉素 10 000 U，链霉素 10 000 μg）的无菌玻璃器内，在 12 h 内带至实验室。

胰蛋白酶（Difco，1∶250）用 Hanks 溶液配制，保存于 -20℃。用时以 5.6% NaHCO$_3$ 调节 pH 至 7.6。

血清经 56℃灭活 30 min，保存于 -20℃。人血清来自固定输血者，绵羊血清来自本实验室饲养的两只成年绵羊，成年牛、马和猪的血清均分别为同一批血清。

水解乳蛋白用 Hanks 溶液配成 2.5%，经 8 磅 15 min 消毒，保存于 4℃冰箱。

培养液成分为 20% 血清，0.5% 水解乳蛋白，Hanks 溶液，青霉素 10 000 U，链霉素 10 000 μg，pH7.4。

人羊膜用 Hanks 溶液洗三次，从不同部位剪下 4 小块作显微镜下检查，选择满意的组织（选择标准见实验结果部分）剪碎，装入 500 ml 的三角瓶中，按每克组织加入 5 ml 0.25% 胰蛋白酶，在 37℃用电磁搅拌消化 3 h。然后加入等量的 Hanks 溶液，用单层纱布过滤，滤液经 1000 r/min 的速度沉淀 15 min。细胞经适量的培养液稀释后在显微镜下计数。待细胞悬液稀释为每毫升含 40 万细胞时，每管接种 0.5 ml，置 37℃静止培养 48 h 后，观察细胞粘管情况。粘管的细胞在 2～4 d 间换以新鲜培养液，并观察其生长情况。每个人羊膜的重量约 15～30 g 不等，实验时至少选用 10 g。

结　　果

一、人羊膜质量的观察　人羊膜取回实验室后，我们发现不同羊膜的细胞形态有明显的差异。为进一步了解人羊膜的优劣情况，并避免外界因素的影响，曾在产院内检查刚产下的人羊膜 76 例，发现差异很大，可分四级，以"++++"、"+++"、"++"、"+"表示之。

"++++"：细胞圆形，很小，排列整齐，胞质内无颗粒而透明，并有立体感。

"+++"：细胞圆形，中等大小，胞质内有少许颗粒，尚透明，并有立体感如图 1。

"++"：细胞大而不规则，胞质内颗粒很多，不透明，细胞扁平，无立体感，细胞间有明显的间隙，如图 2。

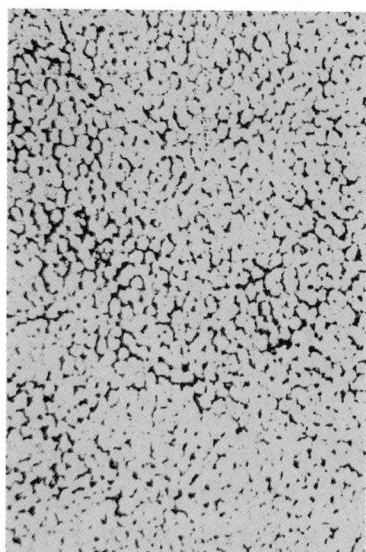

图1 "+++"级人羊膜组织（×200）

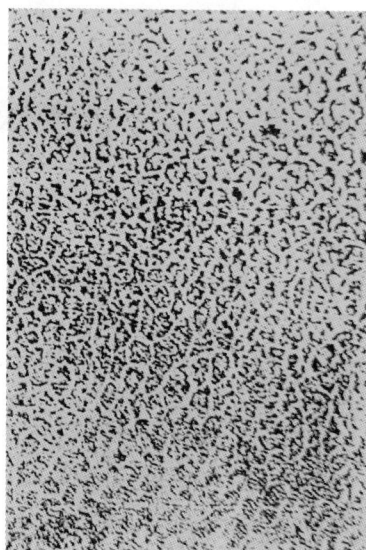

图2 "++"级人羊膜组织

"+"细胞无明显界限，可分辨的细胞很大，颗粒很多，有局限性的细胞脱落。

检查结果见表1。在产后立即观察的 67 例中，"++++"占 6.5%，"+++"占 51.5%，"++"占 3.8%，"+"仅占 4%，其中"+++"及"++++"的共占 58%；另外在实验室观察 100 例，与上述结果相似，"+++"及"++++"共占 60%。

表1 人羊膜组织质量的观察

观察时间	"++++"		"+++"		"++"		"+"	
	数目	（%）	数目	（%）	数目	（%）	数目	（%）
产后立即观察	5	6.5	39	51.5	29	38	3	4
产后 12 h 内观察	5	5.0	55	55.0	38	38	2	2

二、羊膜质量与培养成功率的关系　选用"+++"及"++"的人羊膜，分别进行 18 及 11 次试验。不论用何种血清培养，"+++"及"++"的人羊膜细胞的培养成功率均有显著差别。"+++"的人羊膜细胞培养成功率为 60% ~ 90%（8/13 ~ 17/18），而"++"者虽由于实验次数较少，但仍可看出其成功率显著较低（0/3 ~ 2/10）。每一个人羊膜组织的平均细胞量，"+++"者为 203×10^6，而"++"者则仅为 58×10^6（表2）。

三、羊膜质量与胎儿妊娠周数、产妇健康情况、胎次及产次的关系　分析 96 例人羊膜的质量与胎儿妊娠周数的关系，从表3 可以看出，81%（78/96）的羊膜都在预产期前后 1 ~ 2 周内分娩时产出，其质量无显著差异，"+++"以上者占 52%。在预产期前 3 ~ 4 周生产的羊膜质量远较预产期后 3 ~ 4 周生产的羊膜为佳，前者"+++"以上的羊膜占 83.3%，而后者仅占 33.3%。

表2　人羊膜组织质量与细胞培养成功与否的关系

人羊膜组织质量	"+++"	"++"
实验次数	18	11
平均每一羊膜的细胞量	203×10^6	58×10^6
培养结果　人血清	17/18 *	2/10
绵羊血清	8/10	0/3
牛血清	12/15	0/3
马血清	8/13	1/7

注: * 分母代表实验次数, 分子代表成功次数

表3　人羊膜组织质量与胎儿妊娠周数的关系

与预产期的关系		早产 3~4周	预产期前后2周内	过产期 3~4周
人羊膜数		12	78	6
"+++"级以上人羊膜	数目	10	41	2
	(%)	83.3	52.5	33.3

分析羊膜的质量与产妇年龄、胎次、产次及健康的关系,并未有何特殊发现。

四、羊膜组织保存的温度对细胞培养的影响　选用"+++"的人羊膜,在产后立即均为分为二,一半置于4℃,另一半放在室温(约20℃),至消化时为止。消化前再进行镜检,未发现其细胞形态有何差别。但在4℃经2~12 h保存后,用含马血清的培养液培养三次,细胞粘管均极差,而在室温保存的则细胞粘管及生长均良好;用牛和绵羊血清培养的亦有相似的结果;用人血清培养的亦有差异,但不如用马血清培养时间明显(表4)。

表4　人羊膜组织保存的温度对人羊膜细胞培养的影响

培养液		人血清				绵羊血清			
实验次数		1	2	3	4	1	2	3	4
结果	室温(20℃±)	* ++++	++++	++++	++++	++		+++	+++
	4℃	+	+++	+++	++++	–		+	+++
保存时间(h)		8	2	12	7	8		12	7
培养液		牛血清				马血清			
实验次数		1	2	3	4	1	2	3	4
结果	室温(20℃±)			+++	+++		+++	+++	++
	4℃			+	+++		+	–	–
保存时间(h)				12	7		2	12	7

注: * "++++, +++, ++, +, –"表示细胞粘管的情况; "++++","+++"表示细胞粘管很多, 细胞质量很好; "++", "+"表示细胞粘管很少, 最终不能成单层; "–"表示无细胞粘管

五、不同血清对人羊膜细胞培养的影响　用五种不同血清培养"+++"的人羊膜细胞的结果是:人血清的培养成功率最高(94%),猪血清最低(36%),牛和绵羊血清均为80%,马血清为60%(表5)。

<caption>表5 不同血清对人羊膜细胞培养的影响</caption>

血清种类	人血清	绵羊血清	牛血清	马血清	猪血清
实验次数	18	15	10	13	11
成功次数	17	12	8	8	4
失败次数	1	3	2	5	7
成功率（％）	94	80	80	60	36

六、培养液中含与不含水解乳蛋白对人羊膜细胞培养的影响 采用的人羊膜均未加挑选。同一羊膜消化后，用含与不含水解乳蛋白的同批血清的培养液进行比较。结果是：在细胞粘管过程，用含马血清培养液六次的培养中，不含水解乳蛋白比含水解乳蛋白的培养液明显好的有 3 次；在用牛血清培养的九次中有 3 次；用羊血清培养的九次中有 2 次；而在用人血培养的十次中只有 1 次（表6）。

<table>
<caption>表6 培养液中含与不含水解乳蛋白对人羊膜细胞粘管的比较</caption>

	血清种类	人血清	绵羊血清	牛血清	马血清
	实验次数	10	9	9	6
粘管次数	含水解乳蛋白	8	6	5	2
	不含水解乳蛋白	9	8	8	5
</table>

用含或不含水解乳蛋白培养液而粘管的细胞，在粘管 48 h 后换以一般培养液，结果是此二者最后形成单层细胞的时间相似；细胞粘管后换以不含水解乳蛋白的马血清 Hanks 溶液，细胞形成单层的情况较差（表7）。

<table>
<caption>表7 培养液中含与不含水解乳蛋白而粘管的细胞换培养液后生长情况</caption>

原 培 养 液	48 h 后换培养液	生长情况（d）		
		2	5	7
20% 人血清 0.5% Lact. * Hanks 溶液	20% 人血清 0.5% Lact. Hanks 溶液	+++	7/20 * *	18/20
20% 人血清 Hanks 溶液	20% 人血清 0.5% Lact. Hanks 溶液	+++	6/20	18/20
20% 绵羊血清 0.5% Lact. Hanks 溶液	20% 绵羊血清 0.5% Lact. Hanks 溶液	+++	4/20	19/20
20% 绵羊血清 Hanks 溶液	20% 绵羊血清 0.5% Lact. Hanks 溶液	+++	4/20	18/20
20% 牛血清 0.5% Lact. Hanks 溶液	20% 绵羊血清 0.5% Lact. Hanks 溶液	+++	3/20	16/20
20% 牛血清 Hanks 溶液	20% 绵羊血清 0.5% Lact. Hanks 溶液	+++	3/20	17/20
20% 马血清 Hanks 溶液	20% 马血清 Hanks 溶液	+++		10/20
</table>

注：* Lact. ＝水解乳蛋白。* * 分母表示实验管数，分子表示成单层管数

讨 论

根据国外文献报告，很多学者认为人羊膜细胞培养的成功率较高，只有少数培养不生长[2,3]。但我们与其他学者报告不同，观察到人羊膜无选择地进行消化，常遇到细胞不粘管或生长不好的现象。这种现象与人羊膜本身的质量有关。由于在产后立即进行镜检，故人羊

膜质量的差异不是由外界因素影响所引起的，而是它本身所固有的差异。早产羊膜"+++"以上者占83%，培养时可以得到较良好的结果，过期产者"+++"以上的仅占33%。因此，我们认为这种质量上的差异可能是由于人羊膜在胎儿足月临产时已完成了保护胎儿的使命，即将随同胎儿自母体排出，羊膜组织已无需再生长扩大和继续分泌羊水，同时羊水内的代谢产物也不断增加，因而使人羊膜细胞呈现不同程度的衰老变化。

在制备人羊膜细胞培养时，如能挑选"+++"~"++++"的特别是早产的人羊膜组织，外界温度过低时，运送中加以适当保温，并采用人、牛或绵羊血清培养，可以得到满意的结果。为节省水解乳蛋白，在细胞粘管过程中可以用不含水解乳蛋白的培养液，这点在后来的人羊膜细胞培养的大量实际工作中也得到证实。

总　　结

本文报告了影响人羊膜细胞培养的某些因素：①人羊膜在质量上存在着显著的差异，消化前应进行镜检挑选；②低温（4℃）对人羊膜细胞有不良影响；③人血清对人羊膜细胞培养的结果最佳，牛、绵羊和马的血清次之，猪血清最差；④0.5%水解乳蛋白对人羊膜细胞的粘管并无益处。

〔原载《微生物学报》1963，9（1）：48-52〕

参 考 文 献

1　Zitcer E M, et al. Science, 1955, 122：30

2　Laue W F, et al. Monthly Bull（Minist Health），1957，16：198

3　Duncan I B R, et al. J Brit wed, 1961, 5256：863

On the Cultivation of Human Amnion Tissue Cells

ZENG Yi, MAO Jiang-sen

（Department of Virology, Chinese Academy of Medical Sciences）

The present paper deals with some studies on factors which influence the cultivation of human amnion tissue cells. The following conclusions were reached:

1. There exists a marked difference in the quality of human amnion tissue found during artificial cultivation. Because of this fact, selection of tissue before digestion is important. It was found that microscopic examination of the tissue has helped in the preliminary differentiation for the suitability of successful cell cultures.

2. Low temperature （4℃ and below） was found to exert harmful effect on human amnion cells, and therefore should be avoided.

3. The use of sera from different species has been compared, and, besides human serum, sheep serum was found to be worthy for further trials.

4. Five - hundredth percent of lactalbumin hydrolysate was found to offer no special advantage on the adherence of human amnion cells to the glass surface.

8. 影响麻疹病毒血凝素滴度的某些因素的探讨[①]

中国医学科学院病毒学系　曾　毅　邓裕美　黄祯祥

自从 Peries 等[1]报告麻疹病毒具有凝集猴血球的特性之后，近来有不少作者[2-6]证实了这一研究。但麻疹病毒的血凝滴度较低，作血凝抑制试验时，一般均采用理化方法将血凝素加以浓缩。我们曾对麻疹病毒的血凝性质进行研究，可以不经浓缩而获得滴度较高的血凝素。关于应用麻疹病毒血凝抑制试验检查麻疹抗体的研究，已有报告[7]。现将影响麻疹病毒血凝素滴度的某些因素报告如下。

材料和方法

一、病毒　麻疹病毒 L_4（列宁格勒 – 4）株。在原代人羊膜细胞传过 35 ~ 37 代。病毒悬液于 4℃冰箱保存。

二、组织培养　采用原代人胚肾细胞、传代人肾细胞、原代人羊膜细胞和传代人羊膜细胞。原代细胞的培养液为 0.5% 水解乳蛋白 Hanks 液加 10% ~ 15% 小牛血清。传代细胞的培养液为 199 溶液加 10% 小牛血清。细胞接种于 $7cm \times 4cm \times 3cm$ 的小瓶中，每瓶加培养液 5 ml，待长成单层后应用。维持液采用含 5% 小牛血清的 199 溶液。作维持液的小牛血清应无非特异性凝集物质存在。

三、血球　自恒河猴（M. rhesus）股静脉采血，加至 Alsever 氏溶液中，放 4℃下保存。用前先轻 pH8.0 的磷酸缓冲盐水洗涤 3 次，再配成 1% 的血球悬液，放 4℃保存。

四、血凝集　选择形态好、长成单层的组织培养，吸去培养液，每瓶接种 0.3 ml 病毒（约 $3000 – 9000TCID_{50}$），在 37℃下静置 30 min，然后加入 5 ml 维持液，放 33℃或 37℃培养，随后逐日观察。原代细胞一般在接种病毒后第 5 ~ 6 天换液，传代细胞在第 2 ~ 3 天换液。有一部分细胞在感染病毒后直至收获时不再换液以资比较。待 90% 以上的细胞产生病变（"++++"）后收获。原代细胞的病变发展到"++++"时，多在感染后的第 9 ~ 12 天，传代细胞多在第 5 ~ 6 天。收获的液体经 1500 r/min 离心沉淀 10 min。吸取上清液，做血凝素滴定。

五、血凝试验　用 pH8.0 的磷酸缓冲盐水，将血凝素从 1：2 开始作倍比稀释，每管 0.4 ml。加入 1% 血球悬液 0.2 ml。将试管充分振荡，在 37℃静置 1 h 后看结果。根据血球凝集程度，分别记以"＋"、"＋＋"、"＋＋＋"、"＋＋＋＋"号。以能凝集红细胞达"＋＋"的最高稀释度为一个血凝单位。

结　果

一、比较麻疹病毒在33℃和37℃培养的血凝滴度　结果见图1及表1。

用同剂量的麻疹病毒感染人肾细胞后，分两组同时分别收到33℃和37℃中，以便观察温度对血凝素产生的影响。

从图1可以看到，原代人胚肾细胞感染麻疹病毒后，在37℃培养时，血凝素在感染后第3天已开始上升，第9天达高峰（为1:16）。在33℃时，血凝素开始上升较缓慢，但在第9天时，其滴度超过了37℃的血凝滴度（为1:32）。表1的结果也说明在33℃时，所产生的血凝滴度较37℃的血凝滴度高2~4倍。

二、不同细胞培养的麻疹病毒血凝滴度比较　结果见表2。

用麻疹病毒感染四种不同细胞，放在33℃下培养，比较其血凝滴度。

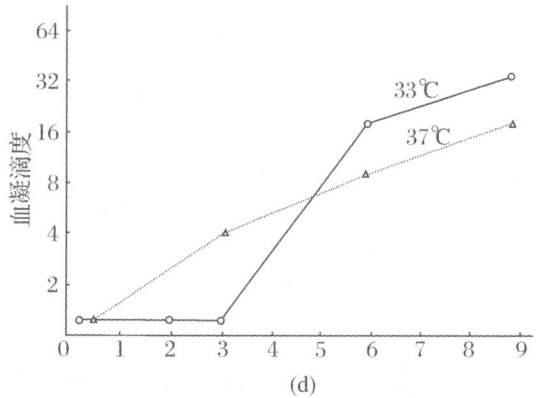

图1　麻疹病毒在33℃和37℃培养的
血凝滴度血线（原代人胚肾）

表1　比较麻疹病毒在33℃和37℃培养的血凝滴度

培养细胞	试验	温度	
		37℃	33℃
原代人胚肾	1	1:8	1:16
		1:8	1:16
传代人肾	1	1:8	1:32
		1:8	1:32

表2　不同细胞培养的麻疹病毒血凝滴度比较（33℃）

试验	原代人胚肾	传代人肾	原代人羊膜	传代人羊膜
1	1:16	1:32	1:4	1:16
2	1:16	1:32	1:16	1:32
3	1:32	1:64	1:8	未做
4	1:16	1:64	1:8	未做

传代人胚肾细胞的血凝滴度为1:32~1:64，原代人胚肾细胞的血凝滴度为1:16~1:32，传代人羊膜细胞的血凝滴度为1:16~1:32，原代人羊膜细胞的血凝滴度为1:4~1:16。由此看来，在同种类细胞中，传代细胞的血凝滴度较原代细胞的血凝滴度稍高。在不同种类细胞中，人肾细胞的血凝滴度也较人羊膜细胞的血凝滴度稍高。

三、细胞病变和病毒滴度与血凝滴度的关系　结果见表3。

每瓶传代人肾细胞接种0.3 ml（约3000~9000TCID$_{50}$）病毒，加5 ml维持液，放33℃培养。在第3天如细胞病变未发展到"＋＋＋＋"，则给予换液，待病变发展到"＋＋＋＋"时收获做血凝试验。

从表3可见，每瓶细胞产生病变到达"＋＋＋＋"的时间并不完全一致，可以从第2天至第6天。但此时病毒的感染滴度都在log$_{10}$3.5左右。而血凝滴度则与细胞表达"＋＋＋＋"的时间长短有密切关系。在第3天以前，细胞完全破坏，血凝滴度较低，为1:2~1:8。在第4天后完全破坏者，血凝滴度较高，为1:32~1:64。此外，如果细胞病变发展不好，即使在第6~7天收获，其血凝滴度均很低。如在第2~3天换液，则细胞状态较不换液的好，而且细胞病变发展迅速，这样的血凝滴度都较高。原代细胞在感染病毒后第5~6天亦应换以新的维持液，否则细胞病变发展不好，血凝滴度不高。

四、血凝素对温度的稳定性　在无菌条件下将同批血凝素分装到带橡皮塞的试管中，每管 0.4 ml 量，然后分别放至 -15℃、4℃、33℃ 及 37℃ 下，观察不同温度对血凝素稳定性的影响。

所得结果是血凝素在 4℃ 保存 1 个月和在 -15℃ 保存 1 个半月，血凝滴度无变化。在 37℃ 保存时，血凝滴度在 2 d 就下降 1/2，但以后直至第 1 周并不继续下降。在 33℃ 保存 3 d，血凝滴度不下降，第 4 天才下降 1/2。

表 3　细胞病变和病毒滴度与血凝滴度的关系
（传代人肾细胞，33℃）

细胞病变到达"++++"时间	病毒滴度	血凝滴度
第 2 天	3.5 *	1:2
第 2 天	3.5	1:4
第 3 天	2.5	1:8
第 3 天	3.5	1:8
第 4 天	3.5	1:32
第 4 天	4.0	1:32
第 6 天	3.5	1:32
第 6 天	未做	1:64

注：* 为 $\log_{10} TCID_{50}/0.1$ ml

五、冰冻融化和超声波对血凝滴度的影响　血凝素与刮下的细胞同时在冷冻机的酒精槽内冰冻 10 min 后，于 37℃ 水浴融化，如此连续冻化 5 次，或用国产上海中原电器厂出品的超声波发生器以 20.4kHz 作用 10~15 min，然后在普通显微镜下观察作用后的继胞形态，并测定上清液的血凝滴度。实验结果表明，血凝素在冻化前后的滴度是一致的。而经超声波作用后血凝滴度升高 4 倍（表 4）。单纯以上清液经超声波作用，血凝滴度无改变。在显微镜下观察，当冰冻融化时，细胞破裂不多，但超声波作用后，细胞破裂较多。

表 4　超声波对血凝滴度的影响

原血凝滴度	超声波作用后血凝滴度 *
1:8	1:32
1:8	1:32
1:2	1:8

注：* 血凝素上清液 + 细胞悬液

表 5　不同浓度的血球对血凝滴度的影响

试验	红细胞浓度	
	1%	0.5%
1	1:8	1:16
2	1:16	1:32
3	1:16	1:32

六、不同浓度的血球对血凝滴度的影响　用 3 批麻疹病毒素分别加 1% 和 0.5% 浓度的红细胞悬液 0.2 ml，放在 37℃ 下 1 h，结果如表 5 年示。当血球浓度为 0.5% 时，其血凝滴度较血球浓度为 1% 时高 1 倍。

讨　论

根据近两年来不同学者对麻疹病毒血凝素的研究，血凝滴度一般都不够高。多以浓缩的血凝素作血凝抑制试验。我们制备的血凝素滴度较高，可能与以下几个因素有关：（1）细胞的种类：从本实验室所用的同批实验的 4 种细胞看来，传代细胞的血凝滴度较原代细胞稍高，人肾细胞的血凝滴度又较人羊膜细胞较高，而其中以传代人肾细胞的血凝滴度最高，为 1:32~1:64。这可能与细胞的敏感性有关。Peries 和 Rosen 报告[1,6]，用 KB 细胞制备麻疹病毒的血凝素，经理化方法浓缩 10 倍后，其滴度分别为 1:80~1:160 和 1:64~1:128；Мастюкова[3] 用 KB 细胞制备的血凝素滴度为 1:2~1:4；Rosanoff 报告[2]，用原代人羊膜细胞制备的血凝素，经 10 倍浓缩后的血凝滴度为 1:4，用传代人羊膜细胞制备的血凝滴度浓缩后为 1:8。由此看来，我们所制备的麻疹病毒血凝素的滴度较上述作者未经浓缩前的血凝滴度高。（2）细胞状态：细胞状态与血凝滴度有密切的关系。如果细胞形态不佳，血凝滴度往往很低或阴性。故制备血凝素时，应挑选形态良好的细胞。此外，我们还观察到原代细胞在感染后第 5~6 d，传代细胞在第 2~3 d，换以新鲜的维持液，细胞状态较佳，而且有助于提高血凝滴度。特别是传代细胞代谢旺盛，不换维持液细胞容易衰老。（3）细胞病变发展的程度和速度：当病毒感染细胞后，如细胞病变发展得不好或发展范围不大而停滞，血凝滴度常常很低或阴性如在培养过程中，换以新鲜维持液，不仅能维持细胞的状态良好，而且对病变的继续发展也有明显的促进作用。此外，细胞病变在短时间内发展过快，如传代细胞在第 3 天以前，90% 以上的细胞已破坏，则血凝滴度很低。这可能与病毒的感染量有关，故病毒感染量不宜过大。Лозовская[4] 已有类似的报告。（4）培养细胞的温度：细胞在37℃培养所产生的血凝素，虽出现较早，但最后的滴度都低于 33℃培养的血凝滴度，这可能是由于温度对血凝素的灭活所致。因此，制备血凝素时，在 33℃培养细胞较为合适。

其次，通过物理因素和减少血球浓度，也可以提高血凝滴度。将感染后的细胞和病毒悬液一起冻化 5 次，不能提高血凝滴度。在普通显微镜下观察冻化后的细胞，大部分未破裂。而通过 20.4kHz 频率超声波作用 10~15 min，血凝滴度提高 4 倍。在显微镜下，可以见到较多的细胞已破成碎片。超声波作用于血凝素上清液，血凝滴度在作用前后均无变化。因此超声波提高麻疹病毒血凝滴度的机制，可能是通过一定频率的振荡作用，使细胞破裂则释放出细胞内的血凝素。不同作者在进行血凝试验时，常采用的红细胞浓度为 0.75% ~ 1% 0.2 ml[6] 和 0.5% 浓度 0.5 ml。根据本实验所得结果，应用小量血球（0.5% 0.2 ml）可以得到较高的血凝滴度。因此，采用超声波振荡和减少红细胞的用量，都可以提高血凝滴度，因而可节省试验中血凝素的用量。

总　结

本文报告有关麻疹病毒血凝素的研究。①用传代细胞制备血凝素的滴度较原代细胞的稍高，而人肾细胞制备的血凝素滴度也较人羊膜细胞的稍高。②细胞状态和产生病变的时间与血凝滴度有密切的关系。细胞状态不佳，病变发展不好或过快，血凝滴度均不高。组织培养在感染病毒数天后，换以新鲜维持液能维持细胞在良好的状态，并可促进细胞病变的发展，有助于血凝滴度的提高。③细胞在 33℃下培养的血凝素较在 37℃下培养的高。④用超声波振荡和减少红细胞用量，均可提高血凝滴度。

〔原载《微生物学报》1963，9（3）：267－271〕

参 考 文 献

1　Peries, J K., Chany C. Compt Rend Acad Sci.,
1960, 251：820

2　Rosanoff E I. Proc Soc Exp Biol Med, 1961,
106：563

3　Мастюкова Ю Н, Хаит С Л. Bonp бирусол,
1961,（3）：339

4　Лозовская Л С., Bonp. бирусол, 1961,（4）：
486

5　DeMeio J L., Gower T A.. Virology, 1961,
13：367

6　Rosen, L.. Virology, 1961, 13：139

7　曾毅，邓裕美. 中华医学杂志, 1961, 47：335

Studies on Several Factors Affecting the Hemagglutinin Titer of Measles Virus

ZENG Yi, DENG Yü-mei, HUANG Zhen-xiang

(Department of Virology, Chinese Academy of Medical Sciences, Peking)

A study on several factors affecting the hemagglutinin titer of measles virus was made. Without concentrating the infectious tissue culture fluid, the hemagglutinating titre of 1 : 32—1 : 64 has been obtained. The following factors were found to be important in obtaining high titre hemagglutinin: (1) Type of cell culture used – continuous cell line was better that its corresponding primary cell culture and human renal cell culture better than human amnion cell culture; (2) With the same type of cells, cultures showing overrapid development of CPE gave low titre of hemagglutinin, although the infectivity titre was found to be approximately the same as those giving high titre of hemagglutinin with late development of CPE culture. Change of maintenance medium after 5 – 6 days of infection in primary cell culture or after 2 – 3 days in continuous cell lines not only maintained the cell in good condition but also stimulated the rapid development of CPE. Thus leading to the production of high titre hemagglutinin; (3) Cell cultures incubated at 33℃ gave a better production of hemagglutinin than these incubated at 37℃; (4) Treatment of infected cell culture with ultrasonic wave increased the yield of hemagglutinin to 4 folds. By decreasing the concentration of red blood cell from 1% to 0. 5%, the hemagglutinin titre could be raised to 2 folds.

9. 国产胎盘球蛋白中肠道病毒（ECHO 及 Coxsackie）中和抗体的测定

中国医学科学院病毒学系 曾 毅 张竞芳 顾方舟

人肠道病毒除脊髓灰质炎病毒外，还有 Coxsackie（以下缩写为 Coxs）及 ECHO 病毒，现已发现有 61 型。我国从 1956 年起，曾先后在天津、上海、浙江、北京、福建等地分离到 Coxs 病毒[1-5]。本文报告北京、上海、成都、长春、武汉五个城市所出产的胎盘球蛋白中肠道病毒中和抗体的测定结果，其目的在于进一步了解肠道病毒在我国几个主要城市人群中的散播情况。

材料和方法

一、材料

1. 胎盘球蛋白：共九批，均为北京等五个城市的生物制品研究所在 1959 年生产的。其批号为 5947、5925（北京），59085、59140（上海），5984、5959（长春），4 – 2、5 – 1（成都）及 14 – 3（武汉）。保存于 – 20℃低温。

2. 病毒：ECHO 1 – 19 型、Coxs. A1 – 19 型及 B1 – 5 型，均由苏联脊髓灰质炎研究所赠

给，经猴肾上皮细胞及生后 24~48 h 乳鼠分别传代后，保存于 -20℃ 低温冰箱。

3. 组织培养：应用猴肾单层上皮细胞，维持液为 0.2% 乳蛋白水解物 Hanks 溶液；2% 不含人肠道病毒抗体的马血清；青霉素 100U/ml 及链霉素 100μg/ml；用 5.6% NaHCO$_3$ 将 pH 调至 7.6~7.8。

4. 乳鼠：由本院动物房供给正常、健康的出生 21~48 h 内的小白鼠乳鼠。

二、方法

1. 胎盘球蛋白中 ECHO、Coxs. B 族及 A9 型病毒的中和抗体测定：将胎盘球蛋白用 Hanks 溶液稀释成 1:10 与 100 TCID$_{50}$ 之病毒等量混合（各 0.25 ml），置 37℃ 水溶 90 min，取出后，将此混合物接种于猴肾细胞管内，每管接种 0.2 ml，再加 0.8 ml 维持液，置 37℃ 恒温室培养。于第 1 天、3 天、5 天、7 天观察结果。

2. 北京市胎盘球蛋白中含 Coxs. A 族病毒中和抗体的测定：将标准病毒稀释成 10^{-4} 与原倍的胎盘球蛋白等量（各 0.15 ml）混合，置 37℃ 冰溶 1 h，然后取出，接种于 24~48 h 内的乳鼠，每份接种一窝（8 只），每只乳鼠腹腔注射 0.03 ml。接种后每天进行观察，共观察 10~14 d，并记录结果。

3. 北京市胎盘球蛋白中 ECHO 及 Coxs. 病毒中和抗体滴度的测定：将胎盘球蛋白按倍比稀释，自 1:10~1:640。然后将已稀释的胎盘球蛋白分别与 100 TCID$_{50}$ 不同型别的病毒等量混合，置 37℃ 水溶 90 min，取出后分别接种于猴肾上皮细胞管及乳鼠，观察并记录结果。

结果和讨论

北京等五个城市出产的胎盘球蛋含肠道病毒中和抗体的测定结果见表 1、表 2。总的看来，北京等地出产的胎盘球蛋白均含有 ECHO 及 Coxs. A、B 族病毒中大部分型别的中和抗体。如北京除 Coxs. A19 型以外，ECHO 1-19、Coxs. A1-18，B1-5 型病毒的中和抗体均呈阳性；上海除 ECHO 5、9 及成都除 ECHO 5、8 型以外，其余各型病毒的中和抗体也是阳性；长春各型都有 ECHO 及 Coxs. 病毒的中和抗体；武汉的仅检查一批，其中无 ECHO 1、3、5、6、10、15、19 型病毒的中和抗体，这可能与检查的批号太少有关。

表 1 国产胎盘球蛋白中 ECHO 及 Coxsackie 病毒的中和抗体测定

胎盘球蛋白出产地区	批号	ECHO 病毒																			Coxsackie 病毒					
		1	2	3	4	5	6	7	8	9	10	11	12	13	14	15	16	17	18	19	B$_1$	B$_2$	B$_3$	B$_4$	B$_5$	A$_9$
北京	5947	+	+	+	+	+	+	+	+	+	+	+	+	+	+	+	+	+	+	+	+	+	+	+	+	+
	5925	+	+	+	+	+	+	+	+	+	+	+	+	+	+	+	+	+	+	+	+	+	+	+	+	+
上海	59085	+	+	+	+	-	+	+	+	-	+	+	+	+	+	+	+	+	+	+	+	+	+	+	+	+
	59140	+	+	+	+	-	+	-	+	-	+	+	+	+	+	+	+	+	+	+	+	+	+	-	+	+
长春	5959	+	+	+	+	+	+	+	+	+	+	+	+	+	+	+	+	+	+	+	+	+	+	+	+	+
	5984	+	+	+	+	+	+	+	+	+	+	+	+	+	+	+	+	+	+	+	+	+	+	+	+	+
成都	4—2	+	+	+	+	-	+	+	-	+	+	+	+	+	+	+	+	+	+	+	+	+	+	+	+	+
	5—1	+	+	+	+	+	+	+	-	+	+	+	+	+	+	+	+	+	+	+	+	+	+	+	+	-
武汉	14—3	-	+	-	+	-	-	+	+	+	-	+	+	+	+	-	+	+	+	-	+	+	+	+	+	+

注："+" 表示胎盘球蛋白中含有 1:10 以上的中和抗体；"-" 表示胎盘球蛋白中不含有 1:10 的中和抗体

表 2　北京市胎盘球蛋白中 Coxsackie A 族病毒的中和抗体测定

胎盘球蛋白批号	Coxsackie A 族																		
	1	2	3	4	5	6	7	8	9	10	11	12	13	14	15	16	17	18	19
5947	–	+	+	+	–	+	+	–	+	+	+	+	+	+	–	–	+	+	–
5925	+	+	+	–	–	+	–	+	+	+	+	–	+	+	+	+	+	–	–

注:"＋" = 胎盘球蛋白中含有 1∶1 以上的中和抗体;"－" = 胎盘球蛋白中不含有 1∶1 的中和抗体

胎盘球蛋白中所含肠道病毒的抗体滴度,从北京的二批胎盘球蛋白看来(表3、表4),大多数 ECHO 及 Coxs. 病毒的中和抗体滴度都在 1∶40 ~ 1∶160之间,ECHO 4 及 Coxs. B2 型病毒的抗体滴度较高,分别为 1∶320 和1∶640,而 ECHO 7、8、12、17 及 Coxs. A9 型病毒的抗体滴度则较低,为 1∶10。以上结果较何南祥[6]所报告的结果为高。

表 3　北京市胎盘球蛋白中 ECHO 病毒的中和抗体滴度

胎盘球蛋白批号	ECHO 病毒的中和抗体滴度																		
	1	2	3	4	5	6	7	8	9	10	11	12	13	14	15	16	17	18	19
5947	1∶10	1∶80	1∶160	1∶320	1∶160	1∶80	1∶10	1∶10	1∶80	1∶160	1∶10	1∶10	1∶40	1∶10	1∶160	1∶160	1∶10	1∶40	1∶40
5925	1∶40	1∶40	1∶160	1∶320	1∶160	1∶80	1∶10	1∶10	1∶80	1∶80	1∶80	1∶10	1∶80	1∶80	1∶160	1∶160	1∶10	1∶40	1∶10

表 4　北京市胎盘球蛋白中 Coxsackie 病毒的中和抗体滴度

胎盘球蛋白批号	Coxsackie B 族病毒的中和抗体滴度					Coxsackie A 族病毒的中和抗体				
	1	2	3	4	5	2	3	9	10	11
5947	1∶40	*						1∶10		
5925		1∶610	1∶160	1∶160	1∶80	1∶40	1∶40		1∶80	1∶80

注:* 空白格表示未做

从上述结果看来,北京等五个城市的人群曾广泛受过 ECHO 及 Coxs. 病毒的感染,也表明 ECHO 及 Coxs. 病毒在我国很多地区散播很广,而且病毒的型别也很多。可以推论,在国外已报告的肠道病毒,如 ECHO 20 ~ 28,Coxs. A 20 ~ 24,B6 型病毒及其他未鉴定的新病毒也很可能在我国广泛存在。ECHO 及 Coxs. 病毒所引起的疾病种类很多,如类脊髓灰质炎麻痹症、无菌性脑膜炎、脑心肌炎、疱疹性咽峡炎、流行性肌疼或胸壁疼、夏季腹泻、原因不明发热等等。为了确定临床诊断,我国各地极需建立和加强肠道病毒的实验诊断工作。而目前对这些工作做得很少。

小　　结

北京、上海、长春、成都、武汉出产的胎盘球蛋白均含有 ECHO 1 ~ 19,Coxs. B 1 ~ 5、A9 型病毒的中和抗体;此外,北京的胎盘球蛋白还含有 Coxs. A 1 ~ 18 型病毒的中和抗体。抗体滴度大都在 1∶40 ~ 1∶160之间,某些型别,如 ECHO 4、Coxs. B2 高达1∶320 ~ 1∶640,ECHO 7、8、12、17 Coxs. A9 的抗体滴度较低,为1∶10。这些结果表明 ECHO 和 Coxs. 病毒在上述地区散播广、型别多，也表明该地区人群会广泛受过这些病毒的感染。

〔原载《中华儿科杂志》1963，1：21－23〕

参 考 文 献

1 王敏超，等. 脊髓灰质炎活疫苗研究资料汇编，1961.119

2 宋干，等. 微生物学报，1956，4：337

3 顾方舟，等. 人民保健，1959，(2)：148

4 何南祥，等. 浙医学报，1959，(6)：563

5 吴皎如，等. 中华医学杂志，1960，46：40

6 何南祥. 人民保健，1959，(12)：1119

10. 中药对脊髓灰质炎病毒和其他肠道病毒的作用

中国医学科学院病毒学研究所 曾 毅 李以莞 刘宗芳 阚履珍 顾方舟

脊髓灰质炎病毒在流行季节是在人群中广泛散播的，正常儿童带病毒率可高达 10% ～ 40%[1]。早期患者和带病毒者可从粪便中排出大量病毒。1959～1960 年我们研究了中药对脊髓灰质炎病毒的作用，以期能获得某些对该病毒有抑制作用的药物，经口服用药后，能清除肠道内的病毒，从而减少病毒散播的机会。此外，还研究了某些中药对 Echo 和 Coxsackie 病毒的作用。现将初步结果报告如下。

材料和方法

一、药物制备方法 从本草纲目选出 236 种中药，购自北京市中药房。将 1.0 g 中药加 10 ml 蒸馏水，煎开 30 min，制成 10% 水剂，无菌分装，冰却后即可应用。本实验所用的药物均为实验当日或前一日煎制，放 4℃ 冰箱保存。

二、组织培养 用猴肾单层上皮细胞，维持液为 0.2% 乳蛋白水解物 Hanks 溶液加 2% 马血清。

三、病毒 采用标准毒株脊髓灰质炎病毒 I 型（Mahoney），II 型（MEF1），III 型（Saukett），Sabin I 型减毒株，ECHO6、9 型病毒，Coxsackie A_9、B_4、B_5 型病毒。

四、方法

1. 初筛：将 10% 的中药水剂与 400 $TCID_{50}/0.1$ ml 的脊髓灰质炎 I 型病毒等量混合，37℃ 孵育 1 h，然后用维持液稀释一倍，以减少药物对病毒的毒性作用。将此液接种 0.1 ml 于已有 0.9 ml 维持液的组织培养管内，观察 7 d，如无细胞病理变化出现者即为该药物对病毒有抑制作用。同时分别作病毒、药物和细胞对照。

2. 复筛：将初筛中选出的对脊髓灰质炎病毒有抑制作用的药物（10% 水剂）与大剂量病毒（$10^{4.3～7.3}$ $TCID_{50}/0.1$ ml）等量混合，37℃ 孵育 1 h，然后滴定病毒滴度，以此为实验组。同时以纤维液代替药物作为对照组。将对照组病毒滴度的对数减去实验组病毒滴度的对数，即为该药物的抑制对数。

结 果

一、236 种中药对脊髓灰质炎病毒的作用 初筛 236 种中药，当 10% 中药水剂与小量病毒（100TCID$_{50}$/0.1 ml）作用时，发现有 6 种中药（桑寄生、淫羊藿、广陈皮、五加皮、浮萍和山萸）对病毒有抑制作用；8 种中药（紫草、麻黄、棕榈实、石决明、柿蒂、大戟、南日前和桂枝尖能延缓细胞病变的产生，即病毒对照管的细胞在第 4 天已全部破坏，而实验管到第 4 天以后才出现病变。其余款 222 种中药（药名略）对病毒无抑制作用。此外，尚有一部分中药的 10% 水剂对组织培养的毒性太大，未能获得结果，故未列入。复筛时将 6 种有抑制作用的药物与大剂量病毒作用，仅发现桑寄生和淫羊藿对病毒有显著的抑制作用，而广陈皮等四种药物则无明显的抑制作用。

表 1　桑寄生、淫羊藿对脊髓灰质炎病毒的作用

药　物	病毒型别	试验	病毒滴度		抑制对数
			对照组	实验组	
桑寄生	I	1	5.6*	4.0	1.6
		2	6.3	4.3	2.0
		3	4.6	2.0	2.6
		4	6.6	3.3	3.3
	II	1	4.3	2.6	1.7
		2	5.0	2.5	2.5
		3	6.5	3.8	2.7
	III	1	5.3	3.0	2.3
		2	6.3	4.0	2.3
		3	7.0	4.3	2.7
		4	7.3	3.8	3.5
		5	5.6	1.6	4.0
	Sabini	1	4.5	2.6	1.9
		2	5.6	2.3	3.3
淫羊藿	I	1	4.3	2.5	1.8
		2	5.6	3.6	2.0
		3	6.6	4.5	2.1
	III	1	6.3	3.0	3.3
		2	7.3	3.8	3.5
桑寄生	I	1	6.6	2.0	4.6
淫羊藿	III	1	7.3	2.3	5.0

注：* TCID$_{50}$滴度（log/0.1 ml）

二、桑寄生和淫羊藿对脊髓灰质炎病毒的作用　从表 1 可以看出，10% 桑寄生对脊髓灰质炎病毒 I 型的抑制对数为 1.6～3.3，II 型 1.7～2.7，III 型为 2.3～4.0，Sabin I 型为 1.9～3.3。淫羊藿对 I 型为 1.8～2.1，III 型为 3.3～3.5。两药混合时对 I 型为 4.6，III 型为 5.0。从表 2 也可看出，当 10% 桑寄生分别与不同剂量的病毒在 37℃作用 1 h 后，接种于细胞管内。结果表明桑寄生对 400～10 000 TCID$_{50}$/0.1 ml 的病毒均有抑制作用。可见桑寄生和淫羊藿对脊髓灰质炎病毒 I、II、III 型，Sabin I 型均有显著的抑制作用。两药混合后，共抑制作用更为明显。

表 2　桑寄生对不同量脊髓灰质炎 I 型病毒的作用

试管		病　毒　量			
		400 TCID$_{50}$	1 000 TCID$_{50}$	10 000 TCID$_{50}$	100 000 TCID$_{50}$
实验	1	-*	-	-	-
	2	-	-	-	-
	3	-	-	-	+++**
	4	-	-	-	++++
病毒对照	1	++++	++++	++++	++++
	2	++++	++++	++++	++++

注：*"-"为细胞无病理变化。**"++++"为细胞产生病理变化

三、桑寄生对 ECHO 和 Coxsackie 病毒的作用　我们选择了几型容易引起无菌性脑膜炎疾病的 ECHO 6、9，Coxsackie A$_9$、B$_4$、B$_5$ 型病毒，研究了桑寄生对这些病毒的作用，结果（表 3）表明桑寄生对上述病毒的抑制对数为 2.7～4.2。说明桑寄生不仅对脊髓灰质炎病毒有显著的抑制作用，而且对 ECHO 和 Coxsackie 病毒也有明显的抑制作用。

四、不同方法制备的桑寄生制剂对脊髓灰质炎病毒的作用 中药制剂制备的方法不同，可能影响中药的有效作用。本实验比较了桑寄生制剂的两种制备方法，即煎开30 min法与浸泡10 h再煎开15 min法，结果对病毒的作用完全相同。

五、桑寄生和淫羊藿对脊髓灰质炎病毒的作用与时间的关系 将10%中药与大量病毒等量混合，在37℃作用1 h、8 h、24 h后取出，分别滴定病毒滴度，并以维持液代替中药作对照。从图1可以看出，桑寄生和淫羊藿对脊髓灰质炎病毒的作用相似，主要表现在1 h内病毒滴度迅速下降，此后直至24 h，病毒滴度下降很慢或不再下降。由于实验时间较短，未能观察药物对病毒的继续作用。

六、桑寄生对脊髓灰质炎病毒的作用方式 为了解桑寄生和淫羊藿对脊髓灰质炎病毒的作用方式，我们作了如下几个实验（表4）。

1. 感染前24 h给药：将10%的药物0.1 ml加入组织培养管中，经24 h后吸出药物和维持液，再用维持液洗涤一次，然后分别加入0.1 ml含有100、1 000 $TCID_{50}$的病毒悬液和0.9 ml维持液，观察7 d，并以维持液代替药物作对照。结果表明桑寄生或淫羊藿处理过的细胞，在感染病毒后仍产生细胞病理变化。

表3　桑寄生对 ECHO 和 Coxsackie 病毒的作用

病　　毒	对照组	实验组	抑制对数
ECHO 6	7.0*	2.8	4.2
ECHO 9	7.0	3.5	3.5
Coxsackie B₄	5.0	1.5	3.5
Coxsackie B₅	5.0	2.3	2.7
Coxsackie B₉	6.8	2.8	4.0

注：* $TCID_{50}$滴度（log/0.1 ml）

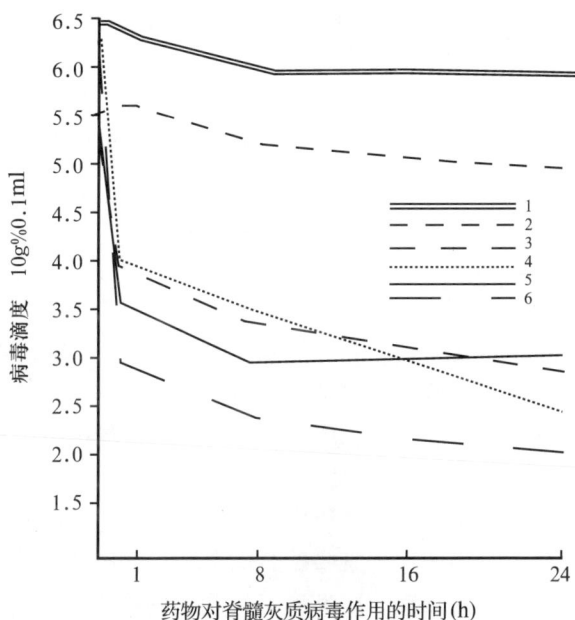

1. Ⅰ型病毒对照　　　　4. Ⅲ型病毒对照
2. Ⅰ型病毒＋桑寄生　　5. Ⅲ型病毒＋桑寄生
3. Ⅰ型病毒＋淫羊藿　　6. Ⅲ型病毒＋淫羊藿

图1　桑寄生和淫羊藿对脊髓灰质炎病毒的作用与时间的关系

表4　桑寄生对脊髓灰质炎病毒作用的方式

药物	病 毒 量	感染前24 h 给药	感染后24 h 给药	感染的同时 给药	药物与病毒 先作用1 h
桑寄生	100 TCID₅₀	++++ *	++++	++++	– **
	1 000 TCID₅₀	++++	++++	++++	–
淫羊藿	100 TCID₅₀	++++	++++	++++	–
	1 000 TCID₅₀	++++	++++	++++	–
病毒对照	100 TCID₅₀	++++	++++	++++	++++
	1 000 TCID₅₀	++++	++++	++++	++++

注：*"++++"为细胞产生病理变化。**"–"为细胞无病理变化

2. 感染后 24 h 给药：分别以 100、1 000 $TCID_{50}$ 的病毒感染组织培养管，经 24 h 后洗去含有病毒的维持液，然后分别加入 10% 的桑寄生或滛羊藿 0.1 ml，并以维持液代替药物作对照。结果表明细胞被感染后 24 h，药物就不能抑制病毒的繁殖及其所引起的细胞病理变化。

3. 与感染同时给药：将 10% 的药物 0.1 ml 与含有 100、1 000 $TCID_{50}$ 的病毒 0.1 ml 同时加入组织培养管中，并以维持液代替药物作对照。结果表明实验管和对照管的细胞均产生病理变化。

4. 感染前病毒与药物先作用：将 10% 药物分别与 100、1 000 $TCID_{50}/0.1$ ml 的病毒等量混合，在 37℃ 放置 1 h 后，将混合液 0.2 ml 接种于已弃去维持液的细胞管内，并使之充分与细胞接触，再放 37℃ 1 h 后，将混合液洗去，加进 1.0 ml 维持液，此时显示出药物对病毒有抑制作用。实验并表明桑寄生和滛羊藿对脊髓灰质炎 I、III 型病毒作用的结果是一致的。

由上述结果看来，药物对病毒的作用不是通过代谢关系来抑制病毒在细胞内的合成，而可能是药物对病毒的直接灭活作用。

讨　　论

从本实验结果看来，桑寄生和滛羊藿对脊髓灰质炎病毒和其他肠道病毒有显著的抑制作用。至于这些药物在机体内的作用如何？值得在临床上作进一步的探讨。青岛市立医院曾根据我们的实验结果，应用桑寄生、滛羊藿和钩藤煎剂治疗急性期脊髓灰质炎患者，结果认为该药有"肯定疗效"[2]。此外，关于这些药物对肠道病毒作用的有效成分、有效浓度的范围以及对其他病毒的作用如何？也是值得进一步研究的。

文献中曾报告某些酚的化合物、含硫的化合物、dl – ethionine、Gysteic acid 等[3-6]在组织培养中对脊髓灰质炎病毒有明显的抑制作用。Brown[4] 认为 dl – ethionine、Cysteic acid 等药物对脊髓灰质炎病毒无直接灭活作用，而是通过代谢关系来抑制病毒在细胞内的合成。从本实验的结果看来，桑寄生和滛羊藿对肠道病毒的作用与上述结果不同，而可能是对病毒的直接灭活作用。

总　　结

1. 本实验应用组织培养法过筛 236 种中药，发现桑寄生和滛羊藿对脊髓灰质炎病毒和其他肠道病毒（ECHO 6、9，Coxsackie A_9、B_4、B_5 型病毒）有显著的抑制作用。

2. 桑寄生和滛羊藿对脊髓灰质炎病毒的作用可能是直接灭活作用，主要表现在药物与病毒直接接触的 1 h 内。

3. 比较了煎开 30 min 与浸泡 10 h 再煎开 15 min 的方法所制备的桑寄生对病毒的作用，其结果是一致的。

注：桑寄生［Loranthus parasiticus (L.) Merr.］由中国医学科学院药物研究所植物室鉴定，滛羊藿［Epimedium macra – uthum Morr. et Decne］、浮萍（紫萍）［Lemma polyrrhiza L. (Spirodela polyrrhiza (L.) Schleid)］、陈皮［Citrus tangerina Hort ct Tanaka (Citrus reticulata ver. deliciosa H. H. Hu)］和山萸［Cornus officinalis s. et Z］由中医研究院中药研究所第一研究室鉴定，特此致谢。

〔原载《中华医学杂志》1964，50（8）：521 – 524〕

参 考 文 献

1　王见南，等.1958 - 1959 年北京市托儿所内脊髓灰质炎病毒散播情况的调查研究.未发表资料

2　青岛市立医院科学研究室.山东医刊，1960，(10)：6

3　Brown G C, Ackermann W W. Proc Soc Exp Biol Med, 1951, 77：367

4　Brown G C. J Immunol, 1952, 69：441

5　Kramer P E, et al. J Pharmacol Exp Therap, 1955, 11：262

6　Hollinshead A C, Smith, P K. Medical Encyclopedia；Antibiot Ann, 1956 - 1957, 927

11.　红细胞对 Echo 6 D′Amori 毒株和脊髓灰质炎病毒的吸附及其与血凝的关系①

北京中国医学科学院病毒学研究所　　曾　毅　王　政　顾方舟

　　肠道病毒型别多，诊断步骤繁杂，亟须改进。血凝试验的方法简便，有些病毒已广泛应用，故近年来不少学者对肠道病毒的血疑性质进行了研究，发现 Echo 及 Coxsackie 病毒的某些型别具有凝集人 O 型红细胞的能力（以下简称血疑能力），在诊断上可以应用血凝抑制试验检查抗体及鉴定病毒[1-4]，但在应用上存在的主要问题有：① 仍有很多型别的肠道病毒无血凝能力，如 Echo 1、2、5…；Coxsackie A 组病毒；② 同型不同株病毒的血凝能力有所不同，如 Echo 6 病毒的某些毒株有血凝能力，D′Amori 毒株则无血凝能力；某些 Echo - 7 的毒株亦无血凝能力。因此进一步研究使无血凝能力的毒株变为有血凝能力的毒株是具有一定的理论意义及实用价值的。Maurseth 等[5]报告在原代人羊膜细胞上传代病毒时，每代均用红细胞吸附处理后再连续传代，可以使无血凝能力的 Echo 6 D′Amori 毒株变为有血凝能力的毒株。Jungeblut 等[6,7]曾报告脊髓灰质炎病毒（以下简称 Polio 病毒）能吸附在人 O 型红细胞上。一般认为病毒吸附在红细胞上是血凝的先决条件[8]。因此，我们试图采用 Maurseth 等的方法，使无血凝能力的 Polio 病毒变为有血疑能力的病毒，但实验获得阴性结果。进一步我们重复了 Maurseth 等的实验，获得与该作者基本上相似的结果，即能使无血疑能力的 D′Amori 毒株变为有血凝能力的毒株，但亦有不同之处，并有一些新的发现。现将结果报告如下。

材料和方法

　　一、细胞　所使用的细胞为原代人胚胎肾细胞（简称原代人肾细胞）和原代人羊膜细胞，培养液为含 10% ~15% 小牛血清 0.5% 水解乳蛋白 Hank′s 溶液，维持液为 199。

　　二、病毒　Polio 病毒为 Ⅰ 型的 Mahoney 标准毒株。Echo 6 病毒为 D′Amori 毒株。实验前用标准免疫血清做中和试验鉴定。

　　三、红细胞　为人脐带红细胞[1]。

　　四、磷酸缓冲溶液（PBS）　pH 值为 7.2，做洗涤红细胞、血凝试验和血凝抑制试验的

---

① 本文曾在中国微生物学会 1963 年年会遗传变异组上宣读

稀释液用。

五、血凝试验 病毒悬液由 1：2 开始做倍比稀释，每管为 0.5 ml，加 1% 的红细胞 0.1 ml，混匀，放 4℃，2 h 后观察结果。能使红细胞凝集的病毒最高稀释度即为该病毒的血凝滴度，1：2 仍无血凝现象者，表示该病毒无血凝能力。

六、血凝抑制试验 用于鉴定病毒。将标准免疫血清做倍比稀释（血清的血凝抑制滴度为 1：640），0.25 ml 的免疫血清加 0.25 ml 含 4 个血凝单位的病毒，放室温 1 h 后加 1% 的红细胞 0.1 ml，放 4℃、2 h 后观察结果。

七、红细胞吸附连续传代法 本实验方法与 Maurseth 等[5] 的方法同，简述如下：病毒悬液经 3000 r/min 的速度离心沉淀 10 min，吸取上清液。1.0 ml 的病毒悬液加 9.0 ml 5% 的红细胞 PBS 悬液（即含 0.45 ml 的红细胞），放 4℃ 1 h，每 10 min 摇动一次，然后用 PBS 洗涤红细胞，每次 10 ml，共 5 次。将洗涤过的红细胞溶于 50 ml 的双蒸馏水中，再加入 10 倍浓缩的 Hank's 溶液使成等渗，病毒最后的稀释度为原来的 10^{-2}。用此病毒悬液传代，并滴定其病毒滴度，此即为红细胞吸会的病毒量。吸去原代人肾细胞的生长液，加入 1.0 ml 经红细胞吸附再释放的病毒悬液，放 37℃ 1 h，然后吸去病毒悬液，换以 1.0 ml 199 溶液。细胞多在第 2 天全部破坏，收获后放 −20℃ 保存。测定病毒的血凝滴度及一定代数的病毒滴度。再以同法经红细胞吸附传代。将不经红细胞吸附的病毒原液稀释成 10^{-3} 在原代人肾细胞连续传代以作对照。

结　果

一、红细胞对 Echo 6 D′Amori 毒株的吸附及其与血凝的关系

1. 经红细胞吸附及未经红细胞吸附的 D′Amori 毒株分别在原代人肾细胞及原代人羊膜细胞连续传代的情况：由于人胚胎来源较容易，原代人肾组织培养的制备较原代人羊膜细胞容易成功，故我们采用原代人肾细胞做实验。实验结果见图 1，经红细胞吸附的 D′Amori 毒株在第 3 代就出现血凝，血凝滴度为 1：4，在第 6、第 7 代血凝滴度为 1：16。但在对照实验中，未经红细胞吸附传代的病毒在第 4 代亦出现血凝，以后血凝滴度逐渐升高，至第 7 代为 1：16。已变为有血凝能力的毒株用血凝抑制试验鉴定属于 Echo 6 病毒。此结果与 Maurseth 等[5] 在原代人羊膜细胞传代的结果不同。从本实验的结果看来，不能证明无血凝能力的 D′Amori 毒株变为有血凝能力的毒株是由于经红细胞吸附传代的结果。

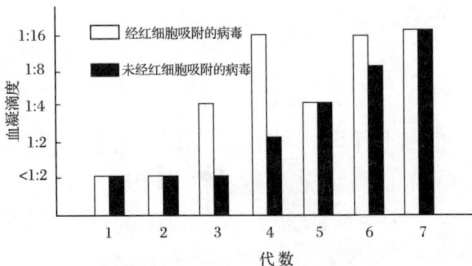

图 1　经红细胞吸附及未经红细胞吸附的 D′Amori 毒株在原代人肾细胞 连续传代的血凝滴度的比较

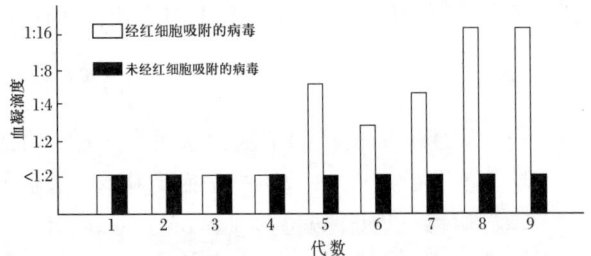

图 2　经红细胞吸附及未经红细胞吸附的 D′Amori 毒株在原代人羊膜细胞 连续传代的血凝滴度的比较

考虑到上述结果可能是所采用的细胞不同,故进一步用原代人羊膜细胞重复本实验。实验结果与 Maurseth 等[5] 的报告相符(图2)。经红细胞吸附在原代人羊膜细胞连续传代的 D'Amori 毒株,在第5代出现血凝,其滴度为 1:4,在第8、第9代为 1:8,而在对照实验中,未经红细胞吸附的病毒则从未出现血凝。

2. 红细胞吸附的病毒量及其与血凝的关系:用原代人肾细胞滴定原代病毒及经红细胞吸附并在原代人肾细胞上传代的第1、第3、第7代的病毒吸附于红细胞上的病毒量,并测定其血凝滴度。实验结果见表1。D'Amori 毒株原代及经红细胞吸附传代的第1、第3、第7代的病毒吸附于红细胞上的病毒量相似,为 30%~50%,原代及第1代的病毒无血凝能力,而第3、第7代的病毒已变为有血凝能力的毒株。由此看来,吸附于红细胞的病毒量与血凝的出现无关。

表1 经红细胞吸附连续传代的 Echo 6 D'Amori 毒株吸附于红细胞上的病毒量及其与血凝的关系

	项　目	原代病毒	经红细胞吸附传代的病毒		
			1 代	3 代	7 代
病毒滴度	原液	6.25 *	7.50	7.50	7.30
	红细胞吸附的病毒量	5.75	7.00	7.25	6.75
	红细胞吸附的病毒量的(%)	30	30	50	30
	血　凝　滴　度	—	—	1:4	1:16

注: * $\log_{10}$ TCID$_{50}$/0.1 ml

3. 应用大量红细胞吸附 D'Amori 毒株以分离有血凝能力及无血凝能力的病毒颗粒:将 D'Amori 毒株在原代人肾细胞传至第5代及第10代的病毒悬液 1.0 ml 分别加 9.0 mlPBS,再加 5.0 ml 红细胞,放 4℃ 1 h,每 10 min 摇动一次。红细胞吸附病毒后的洗涤、溶解等方法与红细胞吸附传代的方法相同。此部分病毒为红细胞吸附的病毒。然后将吸附前的病毒原液、吸附后的上清液和红细胞吸附的病毒分别用原代人肾细胞滴定病毒滴度,每管接种 0.1 ml,每个稀释度接种 4 管,稀释度为 10^{-1}~10^{-8}。待细胞产生病变后收获,放 -20℃ 保存。分别测定不同稀释度产生病变的病毒悬液的血凝滴度。实验结果见图3、图4。第5代病毒原液的病毒滴度为 8.0 log TCID$_{50}$/0.1 ml,10^{-1}~10^{-7} 的病毒能产生血凝,而 10^{-8} 无血凝;红细胞吸附的病毒滴度为 7.5 log TCID$_{50}$/0.1 ml,10^{-2}~10^{-7} 全部均有血凝;红细胞吸附后,上清液的病毒滴度为 6.0 log TCID$_{50}$/0.1 ml,全部为血凝阴性。第10代病毒原液的病毒滴度为 8.0 log TCID$_{50}$/0.1 ml,红细胞吸附的病毒滴度为 7.5 log TCID$_{50}$/0.1 ml,红细胞吸附后上清液的病毒滴度为 5.5 log TCID$_{50}$/0.1 ml,此三部分病毒均为血凝阳性,其血凝滴度较第5代病毒的血凝滴度高。第5代病毒原液的 10^{-1}~10^{-7} 的病毒有血凝,10^{-8} 无血凝,10^{-8} 无血凝,表示第5代病毒可能含有血凝能力及无血凝能力的两种病毒颗粒,10^{-8} 相当于病毒的终末稀释度,只有占最多数的病毒颗粒才能在终末稀释度表现出来,故第5代病毒大部分仍为无血凝能力的病毒颗粒,但已有相当多的有血凝能力的病毒颗粒可以产生血凝,其血凝滴度较低(如 10^{-1} 病毒的血凝滴度为 1:4)。此时用大量红细胞吸附,可以将有血凝能力及无血凝能力的病毒颗粒分开。第10代的病毒已全部的或绝大部分的变为有血凝能力的病毒颗粒,故用大量红细胞吸附一次,不能将有血凝能力及无血凝能力的病毒颗粒分开。

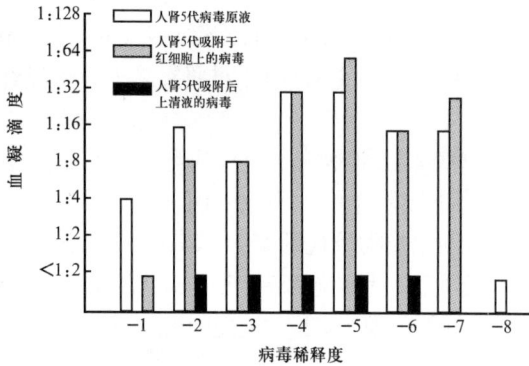

图 3 D′Amori 毒株人肾第五代原液、吸附于红细胞的及吸附后上清液的不同稀释度的病毒在原代人肾细胞培养的血凝滴度的比较

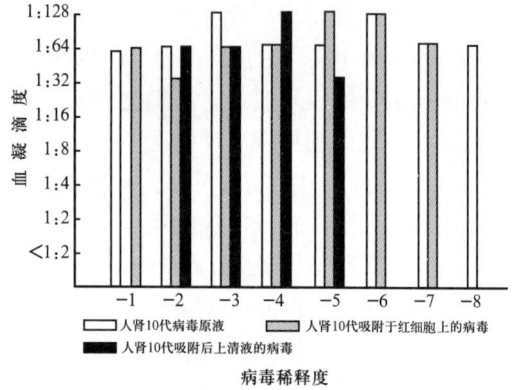

图 4 D′Amori 毒株人肾 10 代原液、吸附于红细胞的及吸附后上清液的不同稀释度的病毒在原代人肾细胞培养的血凝滴度的比较

二、红细胞对 Polio 病毒的吸附及其与血凝的关系 本实验所采用的方法与红细胞吸附 D′Amori 毒株的方法完全相同。实验结果见表 2，Polio 病毒经红细胞吸附，并在原代人肾细胞传了 10 代，均不能获得具有血凝能力的病毒，而红细胞吸附的病毒量为 5% ~ 10%，并不因吸附传代的次数增加而有所增加。

表 2 经红细胞吸附连续传代的 Polio 病毒吸附于红细胞上的病毒量及其与血凝的关系

项　目		原代病毒	经红细胞吸附传代的病毒		
			1 代	7 代	10 代
病毒滴度	原液	6.75 *	5.50	7.00	6.50
	红细胞吸附的病毒量	5.50	4.20	6.00	5.50
	红细胞吸附的病毒量的 (%)	5.6	5	10	10
	血凝滴度	—	—	—	—

注：* $\log_{10}$ TCID$_{50}$/0.1 ml

进一步的实验将吸附每毫升病毒的红细胞量由 0.45 ml 改为 0.002 ml，吸附的时间由 1 h 改为 10 ~ 15 min，共传了 14 代，也未能获得具有血凝能力的毒株，红细胞吸附的病毒量为 0.022% ~ 0.1%。

讨　　论

Maurseth 等[5] 报告红细胞对无血凝能力的 D′Amori 毒株的吸附量小于 1%，随着红细胞吸附并在原代人羊膜细胞传代的次数增加，红细胞吸附的病毒量亦随之增加，在第 6 代出现血凝时，红细胞吸附的病毒量增加至 25%。本实验的结果亦证实无血凝能力的 D′Amori 毒株经红细胞吸附并在原代人羊膜细胞上传代，确实能变为具有血凝能力的毒株。但所不同的是红细胞吸附无血凝能力及有血凝能力的 D′Amori 毒株的病毒量无甚差别，均为 30% ~ 50%。红细胞对 Polio 病毒的吸附量为 5% ~ 10%，同样地并不因吸附传代而增加。

从本实验结果看来，D′Amori 毒株可能是有血凝能力及无血凝能力的病毒颗粒的混合毒株，但有血凝能力的病毒颗粒很少，这两种病毒颗粒在原代人羊膜细胞上都能同样地繁殖，因有血凝能力的病毒颗粒总是相对地占很少数，故表现为血凝阴性。经红细胞吸附并在原代人羊膜细胞传代后，有血凝能力的病毒颗粒似能优先吸附在红细胞上，故它能屡代增加，终于使无血凝能力的 D′Amori 毒株变为有血凝能力的毒株，而且应用大量红细胞吸附含一定比例的有血凝能力及无血凝能力的病毒颗粒时（如原代人肾第 5 代病毒），能将此两种病毒颗粒分开。此外，本实验亦发现 D′Amori 毒株不经红细胞吸附，在原代人肾细胞连续传代，亦能使无血凝能力的毒株变为有血凝能力的毒株，这可能是原代人肾细胞有利于有血凝能力的病毒颗粒繁殖，其繁殖速度较无血凝能力的病毒颗粒快，故连续传代后，有血凝能力的病毒颗粒屡代增加，终于成为有血凝能力的毒株。关于细胞对 D′Amori 毒株的血凝能力改变的影响，有必要作进一步的研究，研究结果将于另文报告。

至于 Polio 病毒经红细胞吸附传代何以不能成为有血凝能力的病毒呢？这可能是 Polio 病毒的血凝条件与 Echo 病毒有所不同，采用 Echo 病毒的血凝条件不能显示出 Polio 病毒的血凝现象；亦可能是 Polio 病毒确实是无血凝能力。此外，其他无血凝能力的 Echo 病毒，是否可以用红细胞吸附传代的方法而获得有血凝能力的病毒呢？这是值进一步研究的问题。

总　　结

1. 无血凝能力的 Echo 6 D′Amori 毒株经红细胞吸附，并在原代人羊膜细胞上连续传代之后，可以变为有血凝能力的毒株。红细胞对有血凝能力及无血凝能力的病毒吸附的病毒量相似，但有血凝能力的病毒颗粒似能优先吸附在红细胞上。应用大量红细胞吸附 D′Amori 毒株，可以将有血凝能力及无血凝能力的病毒颗粒分开。

2. 无血凝能力的 Echo 6 D′Amori 毒株不经红细胞吸附，在原代人肾细胞连续传代，亦能变为有血凝能力的毒株。

3. 无血凝能力的 Polio 病毒经红细胞吸附，并在原代人肾细胞连续传代，不能变为有血凝能力的病毒。

〔原载《微生物学报》1964，10（3）：357 - 362〕

参 考 文 献

1　曾毅，王政. 中华医学杂志，1964，50：85

2　Schmidt J, et al. Amer J Hyg, 1962, 75：74

3　Bussel R H, et al. J Immunol, 1962, 84：47

4　Rosen L WKeen J. Proc Soc Exp BiolMed, 1961, 107：626

5　Maurseth A, et al. Acta patholet microbiolScandinav, 1960, 50：444

6　Jungeblut C W, et al. Proc Soc Exp Biol Med, 1953, 83：249

7　Jungeblut C W, et al. J Pediat, 1954, 44：28

8　Anderson S G. The Virus, 3：21, Edited by Burnet F M and Stanley W M. Academic Press：New York London, 1959

Adsorption of Echo 6 D'Amoris Strain and Poliovirus onto Erythrocytes and Its Relation with Hemagglutination

ZENG Yi, WANG Zheng, GU Fang-zhou

(Institute of Virology, Chinese Academy of Medical Sciences, Peking)

When the Echo 6 D'Amoris strain, which originally did not possess the hemagglutinating capacity, absorbed onto human erythrocytes and eluted from them, was cultivated in primary human amniotic cell cultures, and this procedure was carried out repeatly, a hemagglutinating variant of D'Amoris strain was obtained. The virus concentration of both hemagglutinating and non – hemagglutinating strain eluted from erythrocytes was similar, but it seems that the virus particles with the hemagglutinating capacity were adsorbed preferentially onto the erythrocytes. Thus, by the method of adsorption and elution, the virus particles with or without the hemagglutinating capacity could be separated. By the same method we failed to obtain a strain of poliovirus with hemagglutinating capacity. A hemagglutinating variant could also be obtained when the non – hemagglutinating D'Amoris strain was serially cultivated in primary human embryonic kidney cell cultures.

12. 不同细胞对 Echo 6 D'Amori 毒株的血凝能力改变的影响

中国医学科学院病毒学系 曾 毅 王 政 顾方舟

〔摘 要〕 （1）Echo 6 D'Amori 毒株 10^{-0} 及 10^{-3} 稀释的病毒在原代人肾细胞上传至第四代就出现血凝，即可以使无血凝能力的毒株变为有血凝能力的毒株。用 10^{-5} 及终末稀释度的病毒传代，则不能产生血凝。（2）D'Amori 毒株无论是 10^{-0}、10^{-3} 或 10^{-5}，在原代人羊膜细胞上传代均无血凝出现，但已获得血凝能力的 D'Amori 毒株传于原代人羊膜细胞，则能保持其原有的血凝能力。（3）已获得血凝能力的 D'Amori 毒株在 KB 细胞上传 1~20 代均无血凝出现，但一旦传回至原代人肾细胞，就能产生血凝。（4）本文就不同细胞对 D'Amori 毒株的血凝能力影响的机制进行了讨论。

细胞系统对病毒的血凝能力的影响，在一些文献中曾有报告，如 Green 等[1] 及 Mogabgab 等[2] 报告，不同细胞系统可以影响流感病毒的血凝能力。Cassel[3] 发现牛痘病毒在 Ehrlich 腹水瘤细胞传代时失去其血凝能力。Schmidt 等[4] 报告不同的 Echo 病毒在猴肾细胞传代时血凝能力有不同的改变；一些 Echo 病毒（如 Echo 6）在传代过程中血凝滴度表现不稳定；而另一些 Echo 病毒（如 Echo 10）的血凝滴度则降低以至丧失。Maisel 等[5] 应用传代肿瘤细胞研究 Echo 病毒的血凝能力时发现 Echo 3、11、19 型病毒在 HeLa 及 KB 细胞上传至第三代即丧失其原有的血凝能力。这样的病毒即使再传于猴肾细胞其血凝能力亦不能恢复。

我们在研究"红细胞对肠道病毒的吸附及其与血凝的关系"[6]的工作中发现，无血凝能力的 Echo 6 D'Amori 毒株在原代人肾细胞上连续传代时可以变为有血凝能力的毒株[6]。因此，有必要对不同细胞对 Echo 6 D'Amori 毒株的血凝能力改变的影响作进一步的研究。本文报告原代人肾细胞，原代人羊膜细胞及 KB 细胞对 D'Amori 毒株的血凝能力改变的影响。

材料和方法

一、细胞 原代人胚胎肾（简称原代人肾）及原代人羊膜细胞的培养液为含 10% 小牛血清的 0.5% 水解乳蛋白 Hanks 溶液，维持液为 199 溶液。KB 细胞为一株在本实验室传代维持的肿瘤细胞株，培养液为含 15% 小牛血清的 199 溶液，维持液为含 5% 小牛血清的 199 溶液。用于 KB 细胞维持液中的血清，经检查证实不含有对 Echo 6 D'Amori 毒株血凝的非特异性凝集及抑制物质。

二、病毒 Echo 6 D'Amori 毒株保存于 $-20℃$。用 Echo 6 标准免疫血清作中和试验，证明其确实属于 Echo 6 病毒。并用血凝试验证明此株病毒无血凝能力。

三、病毒传代 病毒传代所用稀释液为 199 溶液。用不稀释即 10^{-0} 的病毒液及稀释 10^{-3} 和 10^{-5} 的病毒液 0.1 ml 接种于长成单层的细胞管中，加入维持液 0.9 ml，培养于 37℃。于细胞产生病理改变达 90% 以上（"++++"）时收获，保存于 $-20℃$，以备继续传代时用。终末传代法系将病毒作 $10^{-5} \sim 10^{-8}$ 一系列稀释，各稀释度均按 0.1 ml 病毒悬液加 0.9 ml 维持液接种于单层细胞管中，取能产生 "++++" 病变的最高稀释度细胞管的病毒悬液再次作稀释传代。

四、血凝及血凝抑制试验 试验方法已描述于另一文中[6]。

结　果

一、原代人肾细胞对 Echo 6 D'Amori 毒株的血凝能力改变的影响 将 Echo 6 D'Amori 毒株的 10^{-1}，10^{-3}，10^{-5} 的稀释度及出现病变的终末稀释度的病毒在原代人肾细胞连续传代，测定其各代的血凝滴度及病毒滴度，结果见表 1。用 10^{-0} 及 10^{-3} 稀释度传代所得结果基本相似，病毒传至第 4~7 代时出现血凝（血凝滴度为 1:2~1:4）。继续传代，血凝滴度随传代次数增加而升高，最高达 1:64。而用 10^{-5} 稀释度及终末稀释度的病毒分别传 15 代及 9 代，各代血凝滴定的结果均为阴性。

选取血凝均已变为阳性的人肾 5 代、人肾 6 代、人肾 10 代（即在原代人肾细胞传 5 代、6 代、10 代的病毒，下同）的病毒做血凝抑制试验。结果显示，这些病毒的血凝作用均能为 Echo 6 特异性免疫血清所抑制，证实此有血凝能力的毒株仍为 Echo 6 病毒。

为了解 D'Amori 毒株在原代人肾细胞上传代后病毒颗粒的血凝能力的改变情况，进一步作如下的实验：选取 D'Amori 毒株人肾 2 代（血凝阴性），人肾 5 代（血凝滴度 1:4），人肾 10 代（血凝滴度 1:64）的病毒，分别稀释成 10^{-1} 至 10^{-8}，各稀释度按每管 0.1 ml 病毒悬液加入 0.9 ml 199 溶液分别接种 4 管原代人肾细胞，培养于 37℃。于细胞病变达 "++++" 时，按稀释度分别收获，测定其血凝滴度及病毒滴度。结果示于图 1，各代病毒的病毒滴度相似，但血凝能力有很大差别。血凝阴性的人肾 2 代各稀释度收获的病毒均仍为阴性，血凝刚变为阳性的人肾 5 代 10^{-1} 至 10^{-7} 稀释度收获的病毒，血凝为阳性；而 10^{-8} 稀释度的血凝则表现为阴性。血凝呈显著阳性的人肾 10 代 10^{-1} 至 10^{-8} 各稀释度全部为血凝阳性。

表1 D'Amori 毒株的不同稀释度的病毒在原代人肾细胞连续传代的血凝滴度的比较

病毒稀释度	实验	代　数									
		1	2	3	4	5	6	7	8	9	15
10^{-9}	1	-	-	-	-	-	-	1:4	1:16	1:32	
	2	-	-	-	1:4	1:8	1:16	1:16	1:32	1:64	1:64
	3				1:4	1:8	1:16	1:64			
10^{-3}	1	-	-	-	1:2	1:4	1:8	1:16			
	2				1:4	1:4	1:8	1:8			
10^{-3}	1	-	-	-	-	-	-	-	-	-	-
	2										
	3	-									
终末	1	-	-	-	-	-	-	-	-	-	-

注：空白格表示未做；"－"表示血凝阴性

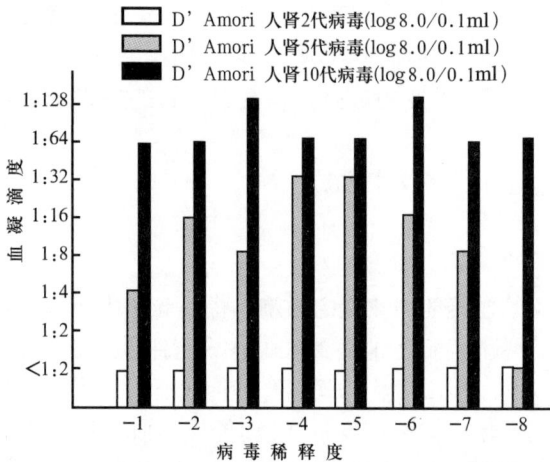

图例：
□ D'Amori 人肾2代病毒（log 8.0/0.1ml）
▨ D'Amori 人肾5代病毒（log 8.0/0.1ml）
■ D'Amori 人肾10代病毒（log 8.0/0.1ml）

图1 不同代数的 D'Amori 毒株各稀释度的病毒在原代人肾细胞培养的血凝滴度的比较

表2 D'Amori 毒株在原代人肾细胞及原代人羊膜细胞连续传代的血凝滴度及病毒滴度的比较

代数	原代人肾细胞		原代人羊膜细胞	
	血凝滴度	病毒滴度	血凝滴度	病毒滴度
2 代	-	7.5I *	-	7.0
8 代	1:32	7.75	-	7.3
15 代	1:64	7.0	-	7.5

注："*" $\log_{10}$ TCD$_{50}$/0.1 ml；"－"表示血凝阴性

D'Amori 毒株血凝能力的获得及血凝滴度的增长与其病毒滴度无关，如表2所示，血凝阴性的人肾 2 代，血凝阳性的人肾 8 代（血凝滴度 1:32）及人肾 15 代（血凝滴度 1:64）的病毒滴度分别为 7.5 $\log_{10}$ TCD$_{50}$/0.1 ml，7.75 $\log_{10}$ TCD$_{50}$/0.1 ml 及 7.0 $\log_{10}$ TCD$_{50}$/0.1 ml。

二、原代人羊膜细胞对 Echo 6 D'Amori 毒株的血凝能力改变的影响　在原代人羊膜细胞传代的方法，与在原代人肾细胞传代的方法相同。

用 10^{-0}、10^{-3}、10^{-5} 稀释度的 D'Amori 毒株在原代人羊膜细胞上连续传 10~15 代，仍全部为血凝阴性。

这些病毒的病毒滴度，如表 2 所示，第 2、第 8、第 15 代病毒的病毒滴度分别为 7.0 $\log_{10}$ TCD_{50}/0.1 ml，7.3 $\log_{10}$ TCD_{50}/0.1 ml 及 7.5 $\log_{10}$ TCD_{50}/0.1 ml，与在原代人肾细胞传代的结果相似。再次表明了病毒的血凝能力与其致病变滴度无关。

对病毒在原代人羊膜细胞所表现的与原代人肾细胞不同的性质作了进一步的探讨，用 Echo 6 D'Amori 毒株人肾 1～7 代分别接种于原代人羊膜细胞及原代人肾细胞，测定血凝结果见表 3。血凝阴性的人肾 1～3 代病毒在原代人羊膜细胞上传出的病毒表现为血凝阴性，血凝阳性的人肾 4～7 代病毒在原代人羊膜细胞传代表现为血凝阳性。而在原代人肾细胞传代的结果：人肾 1 代、及人肾 2 代病毒传出的病毒（相当于原人肾 2 代、人肾 3 代）血凝为阴性，人肾 3 代传出的病毒（相当于原人肾 4 代）出现血凝。表 4 为用血凝阳性的 D'Amori 毒株人肾 7 代病毒及血凝阴性的人羊膜 15 代（在原代人羊膜细胞传 15 代的病毒，下同）病毒分别在原代人羊膜细胞及原代人肾细胞传代的结果。血凝阳性的人肾 7 代病毒在原代人羊膜细胞连续传 5 代，各代病毒的血凝滴度并无改变。血凝阴性的人羊膜 15 代病毒在原代人肾细胞连续传 5 代，第 3 代出现血凝（滴度 1：8），第 4、第 5 代略有升高，均为 1：16。实验结果表明：在原代人羊膜细胞传代，病毒原来的血凝能力保持不变，即无血凝能力的 D'Amori 毒株在原代人羊膜细胞传代未获得血凝能力；有血凝能力的 D'Amori 毒株在原代人羊膜细胞传代，亦未丧失其血凝能力。

表 3　D'Amori 毒株在原代人肾细胞传代的不同代数的病毒同时在原代人羊膜细胞及原代人肾细胞培养的血凝滴度的比较

细　胞	HK-1[+]	HK-2	HK-3	HK-4	HK-5	HK-6	HK-7
	(-)[≠]	(-)	(-)	(+)[*]	(+)	(+)	(+)
人羊膜细胞	-[**]	-	-	1：2	1：8	1：32	1：32
人肾细胞	-	-	1：4	1：16	1：32	1：64	1：32

注：HK[+]：代表原代人肾细胞，其后数字表示所传代数；(-)[≠]：代表血凝阴性毒株；(+)[*]：代表血凝阳性毒株；-[**]：血凝阴性

表 4　D'Amori 毒株 HK-7 及 HAm-15 代病毒分别在原代人羊膜细胞及原代人肾细胞传代的血凝滴度的比较

毒　株	细　胞	代　数				
		1	2	3	4	5
HK-7（HA+）	人羊膜细胞	1：32	1：16	1：32	1：32	1：32
HAm-15（HA-）	人肾细胞	-	-	1：8	1：16	1：16

注：HK-7 = D'Amori 毒株在原代人肾细胞传 7 代的病毒；HAm-15 = D'Amori 毒株在原代人羊膜细胞传 15 代的病毒；HA + 代表血凝阳性；HA - 代表血凝阴性；"-"代表血凝阴性

三、KB 细胞对 Echo 6 D'Amori 毒株的血凝能力改变的影响　用 Echo 6 D'Amori 毒株人肾 10 代（血凝滴度为 1：32）在 KB 细胞连续传 20 代，各代病毒的血凝均为阴性。但用 10^{-0} 的病毒传回至原代人肾细胞或人羊膜细胞立即出现血凝。各代病毒的病毒滴度均在 6.0～6.5

$\log_{10} TCD_{50}/0.1 ml$ 左右（表5），比在原代人肾细胞或原代人羊膜细胞繁殖的病毒滴度（7.0 ~ 7.5 $\log_{10} TCD_{50}/0.1 ml$）稍低。

表5　D′Amori 毒株的血凝阳性（HA＋）病毒在 KB 细胞连续传代的血凝滴度及病毒滴度

滴　度	△HK－10	KB－1	KB－3	KB－5	KB－15	KB－3－HK－1	KB－3－HAm－1
病毒滴度	7.5*	6.3	6.5	6.5	6.3	7.5	7.0
血凝滴度	1:32	－	－	－	－	1:16	1:32

注：△HK 代表原代人肾细胞；HAm 代表原代人羊膜细胞；KB　代表 KB 细胞；各细胞名称后数字为病毒在该细胞所传代数，如 KB－3－HK－1 为在 KB 细胞传 3 代后在原代人肾细胞传一代。* $\log_{10} TCD_{50}/0.1 ml$

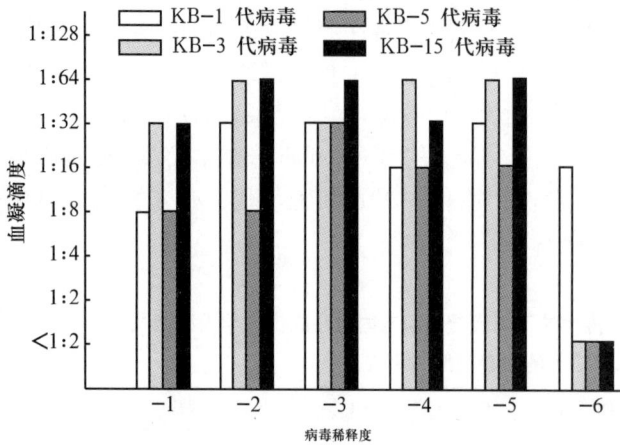

图2　D′Amori 毒株的 KB－1 代，KB－3 代，
KB－5 代及 KB－15 代各稀释度的病毒在原代
人肾细胞培养的血凝滴度的比较

选取 KB 1、3、5、9、15 代（即在 KB 细胞上所传出的相应代数）的病毒，在原代人肾细胞上进行稀释滴定，分别收获各稀释度产生"＋＋＋＋"病变的细胞管，测定其血凝滴度。结果如图 2 所示，KB 1 代从 10^{-1} 至 10^{-6} 各稀释度均表现为血凝阳性，但自 KB 3 代至 KB 15 代，10^{-1} 至 10^{-5} 的病毒仍旧出现血凝，而 10^{-6} 则变为阴性。此外，实验还证明，KB 细胞正常对照管的维持液对 D′Amori 毒株的血凝无抑制作用。

讨　论

本实验所采用的 3 种不同细胞对 Echo 6 D′Amori 毒株的血凝能力的影响各不相同。无血凝能力的 D′Amori 毒株在原代人肾细胞传代后变为有血凝能力的毒株，其血凝滴度随传代次数增加而增长。我们发现 D′Amori 毒株可能是有血凝能力及无血凝能力的病毒颗粒的混合毒株[6]，但有血凝能力的病毒颗粒很少，在原代人肾细胞传代后有血凝能力的病毒颗粒不断增加，终于出现血凝及血凝滴度不断升高。这可能是由于原代人肾细胞有利于有血凝能力的病毒繁殖。何以 10^{-0} 及 10^{-3} 的病毒在原代人肾细胞传代就能变为有血凝能力的病毒，而 10^{-5} 及终末稀释度传代的病毒则否？这可能是由于原 D′Amori 毒株中无血凝能力的病毒颗粒占绝大多数，当 10^{-5} 或终末稀释度传代时，有血凝能力的病毒颗粒很少或全无，故不能累代增加而出现血凝。此结果与流感病毒之 O－D 相变异相似[7]。

原来无血凝能力的 D′Amori 毒株在原代人羊膜细胞传 15 代仍不出现血凝。此结果与 Lahelle[8,9] 的报告相符。在原代人肾细胞传代获得血凝能力的毒株，再在原代人羊膜细胞传代亦不会失去其血凝能力。表明原代人羊膜细胞对 D′Amori 毒株的血凝能力无影响，即有血凝能力的及无血凝能力的病毒颗粒均能很好繁殖。Bussell 报告[10] Echo 6 D′Amori 毒株和 Di Meo 毒株在原代猴肾细胞上传代培养无血凝，而 Echo 6 其他毒株如 Forbes，Charles、D－1、Calhins 等就有血凝。看来，猴肾细胞对 D′Amori 毒株血凝能力的影响与原代人羊膜细胞相似。

D′Amori 毒株在 KB 细胞上传代何以无血凝出现呢？其病毒滴度虽较在原代人肾细胞及原代人羊膜细胞传代时稍低，但仍为 $6.0 \sim 6.5$ $\log_{10}$ $TCD_{50}/0.1$ ml，看来不是由于病毒滴度太低所致。KB 细胞正常对照管的维持液对 D′Amori 毒株的血凝无抑制作用，故与牛痘病毒在 Ehrlich 腹水瘤细胞培养的情况不同[3]，不是由于 KB 细胞维持液内有抑制物质存在的关系。那么，是否是由于 KB 细胞不适于有血凝能力的病毒颗粒繁殖而迅速为无血凝能力的病毒颗粒所代替呢？D′Amori 毒株人肾 10 代及 KB－1 代 10^{-1} 至 10^{-6} 稀释的病毒在原代人肾细胞上培养，均为血凝阳性，在同样情况下，KB－3 代至 KB－15 代 10^{-1} 至 10^{-5} 的病毒仍为血凝阳性，而 10^{-6} 则为血凝阴性，此表示大部分病毒颗粒已变为无血凝能力的病毒颗粒。由此看来，D′Amori 毒株在 KB 细胞上连续传代，虽然大部分病毒颗粒已变为无血凝能力的病毒颗粒，但传回至原代人肾细胞时又表现为血凝阳性。因此考虑到 D′Amori 毒株在 KB 细胞上传代表现为血凝阴性，可能主要的不是由于病毒颗粒血凝能力的改变，而是由于 KB 细胞不能供应 Echo 6 D′Amori 毒株合成血凝素的物质基础，或者是合成血凝素的过程受到影响，故不能产生血凝。

综上所述，细胞系统对病毒的血凝能力的影响很大。在研究病毒的血凝能力时应考虑到这个问题。

关于细胞系统对病毒的血凝能力的影响，文献报告还不多。今后对这个问题应进一步研究，以期使更多无血凝能力的病毒成为有血凝能力的病毒，这对病毒的快速诊断很有意义，对研究病毒的变异问题也具有一定的理论价值。

〔原载《微生物学报》〕1965，11（1）：125－131

参 考 文 献

1 Green I J, et al. J Immunol. , 1957, 78: 233

2 Mogabgab W J, et al. J. Immunol, 1956, 76: 314

3 Cassel W A, et al. Proc Soc Exp BiolMed, 1962, 110: 89

4 Schmidt J, et al. Am J Hyg. , 1962, 75: 74

5 Maisel M D, et al. Arch Fur Ges Virusforsch. , 1961, 11: 209

6 曾毅，王政，顾方舟. 微生物学报，1964, 10: 357

7 Burnet F M. Aminal Virology Second Ed. , p. 143, Academic Press: New York/London, 1960

8 Lahelle O. Virology, 1958, 5: 110

9 Lahelle O. Acta Path. Microbiol. Scandinav, 1958, 44: 413

10 Bussel R H, et al. J Immunol. , 1962, 88: 38

The Influence of Different Kinds of Human Cell Cultures on the Hemagglutinating Capacity of the D'Amori Strain of Echo 6 Virus

ZENG Yi, WANG Zheng, GU Fang-zhou

(Institute of Virology, Chinese Academy of Medical Sciences, Peking)

The D'Amori strain of Echo 6 virus has been known to be unable to agglutinate human erythrocytes. By means of rapid passage in primary human embryonic kidney cell cultures using low dilution of the virus (10^{-0} or 10^{-3}), a D' Amori strain with hemagglutinating capacity was obtained. However, this could not be obtained by using high dilution of the virus (10^{-5} terminal dilution). Attempts to obtain a D'Amori strain with hemagglutinating capacity by cultivating different dilutions of the virus in human amniotic cell cultures have failed, although the strain with hemagglutinating capacity obtained from passage in human embryonic kidney cell cultures could maintain its capacity in human amniotic cell cultures. The D'Amori strain with hemagglutinating capacity lost its capacity when cultivated in KB cells but regained it when cultivated again in primary human embryonic kidney cell cultures or in primary human amniotic cell cultures. The mechanism of the influence of different human cell cultures on the hemagglutinating capacity or the D' Amori strain is discussed.

13. 传代细胞对 Echo 病毒的敏感性及对其血凝能力改变的影响

中国医学科学院病毒学研究所　曾　毅　王　政　顾方舟

　　正常细胞在体外长期培养后，很多特性发生了改变，如细胞形态、代谢、分裂速度、染色体数目、对病毒的敏感性等等。毛江森等[1]报告 1 株传代人肾细胞（MERN），在体外经 5 个多月传 38 代之后，对肠道病毒仍很敏感。但该细胞株经更长时间传代之后，是否会改变其对肠道病毒的敏感性，有必要作进一步的研究，以确定其是否能作为实验室研究肠道病毒之用。文献报告[2]传代肿瘤细胞（HeLa 细胞和 KB 细胞）对 Echo 病毒的敏感性低，细胞病变不明显，但有些型别经多次传代之后，可以使细胞产生病变，Echo 病毒在该细胞传代，其凝集人红细胞的能力（以下简称血凝能力）会消失。我们[3]及其他学者[4,5]曾报告原代人肾细胞及原代人羊膜细胞对 Echo 病毒很敏感，在该细胞上培养的某些型的 Echo 病毒具有血凝能力，甚至无血凝能力的 Echo 6 D'Amori 毒株在原代人肾细胞连续传代后，可以变为有血凝能力的毒株[6]。而人肾细胞及人羊膜细胞在体外经过长期传代培养之后，是否会影响 Echo 病毒的血凝能力呢？这是值得研究的问题。本文报告传代正常细胞（传代人肾和传代人羊膜细胞）及传代肿瘤细胞（KB 细胞）对 Echo 病毒的敏感性及对其血凝能力改变的影响。

材料和方法

一、细胞 原代人胚肾细胞（HK），培养液为 0.5% 的水解乳蛋白溶液加 10% 的小牛血清。传代细胞有传代人肾细胞（MERN）株[7]（在体外经 2 年半的长期培养），传代人羊膜细胞（FL 株）及传代肿瘤细胞（KB 细胞）。传代细胞的培养液为含 15% 小牛血清的 199 溶液，维持液为含 5% ~ 10% 小牛血清的 199 溶液。传代人肾细胞和传代人羊膜细胞，其来源为正常细胞，为了避免与传代肿瘤细胞混淆，将其称为传代正常细胞。MERN 细胞株的染色体众数为 73，FL 细胞株的染色体众数为 76。

二、病毒 为有血凝能力的 Echo 3、6、7、11、12、13 和 19 型的标准毒株。其中 Echo 6 为本实验室通过原代人肾细胞连续传代获得有血凝能力的 D'Amori 毒株[6]。

三、病毒传代 将有血凝能力的 Echo 病毒接种于原代人肾细胞，每管为 0.1 ml，加 0.9 ml 199 溶液，放 37℃ 培养，待 90% 以上的细胞产生病变（"++++"）时收获，放 -20℃ 冰箱保存，测定病毒的血凝滴度，并同时在原代人肾细胞，传代人肾细胞，传代羊膜细胞和 KB 细胞滴定病毒滴度。将此批病毒作毒种在 3 种传代细胞连传 3 代，传代方法与在原代人肾细胞传代相同。细胞病变达 "++++" 或当对照细胞出现非特异性退变时收获，分别测定各代病毒的血凝滴度，并将第 3 代的病毒在原代人肾细胞滴定病毒滴度，最后将在传代细胞传 3 代的病毒传回原代人肾细胞，以观察其血凝能力的改变情况。

四、血凝试验 用 pH 值为 7.2 的磷酸缓冲盐水将病毒悬液由 1∶2 开始做倍比稀释，每管 0.5 ml，加 0.1 ml 1% 的人脐带红细胞，放 4℃ 冰箱，2 h 后观察结果。能凝集红细胞的病毒悬液的最高稀释度即为该病毒的血凝滴度，1∶2 无血凝出现者为血凝阴性。

结　果

一、传代细胞对 Echo 病毒的敏感性 首先观察传代细胞对 Echo 病毒的致细胞病变作用的敏感性。以同批 Echo 病毒悬液在传代人肾细胞、传代人羊膜细胞和 KB 细胞上滴定病毒滴度，并以原代人肾细胞作对照。实验结果见表 1，Echo 3、6、7、11、12、13 和 19 型病毒在原代人肾细胞滴定的病毒滴度为 $\log_{10}$（5.3 ~ 7.5）/0.1 ml，而在 3 种传代细胞滴定的病毒滴度为 $\log_{10}$（<1 ~ 3.0）/0.1 ml。此结果表明原代人肾细胞对 Echo 病毒的致细胞病变作用很敏感，而传代正常细胞和肿瘤细胞的敏感性则大为降低。

其次观察 Echo 病毒在传代细胞上的繁殖情况。Echo 病毒在传代细胞连续传 3 代后在原代人肾细胞滴定病毒滴度。实验结果见表 1，Echo 病毒在传代人肾细胞和传代人羊膜细胞上繁殖后在原代人肾细胞滴定其病毒滴度为 $\log_{10}$（5.3 ~ 7.5）/0.1 ml，与在原代人肾细胞上繁殖的病毒滴度相似。在 KB 细胞上繁殖的病毒滴度亦与原代人肾细胞相似或仅低 1 log 左右。

表1 传代细胞对 Echo 病毒的敏感性及对其血凝能力改变的影响

病毒型别	原代人肾细胞（HK）					传代人肾细胞（MERN）				传代人羊膜细胞（FL）				传代肿瘤细胞（KB）			
						1代	2代	3代		1代	2代	3代		1代	2代	3代	
	HA滴度	病毒滴度				HA滴度	IIA滴度	HA滴度	病毒滴度	HA滴度	HA滴度	HA滴度	病毒滴度	HA滴度	HA滴度	HA滴度	病毒滴度
		HK	MERN	FL	KB												
Echo 3	1:1024	6.5*	1.5	1.3	1.0	−	−	−	6.0[+]	−	−	−	6.3[+]	−	−	−	5.0[+]
Echo 6	1:32	7.5	2.5	3.0	2.5	1:16	1:16	1:32	7.5	1:32	1:16	1:32	7.0	−	−	−	6.0
Echo 7	1:2048	6.3	2.0	1.5	1.3	−	−	−	6.0	−	−	−	6.5	−	−	−	6.0
Echo 11	1:2048	6.8	1.7	2.0	1.0	1:64	1:64	1:128	6.5	1:256	1:128	1:128	7.3	−	−	−	5.0
Echo 12	1:4096	6.5	1.5	1.5	1.3	1:256	1:128	1:512	6.5	1:128	1:512	1:256	6.5	−	−	−	6.5
Echo 13	1:2048	5.3	1.3	1.0	<1.0	−	−	−	5.5	−	−	−	5.3	−	−	−	5.0
Echo 19	1:1024	7.0		1.0	<1.0	−	−	−	5.7	−	−	−	5.5	−	−	−	6.0

注：* $\log_{10}/0.1\ ml$；[+] 在 HK 细胞滴定；"−" 血凝阴性

二、传代细胞对 Echo 病毒的血凝能力 改变的影响 实验结果如表1所示，Echo 3、7、11、12、13、19 型病毒在原代人肾细胞培养，其血凝滴度较高为 1:1024~1:4096。Echo 6 D'Amori 毒株原来是无血凝能力的毒株，在原代人肾细胞传代后变为有血凝能力的毒株，第10代的血凝滴度为 1:32。Echo 病毒在传代人肾细胞和传代人羊膜细胞上传代，第 1~3 代的结果基本上相似，Echo 6 型病毒的血凝滴度没有变动，Echo 11、12 型病毒的血凝滴度较在原代人肾细胞培养的血凝滴度低，为 1:64~1:512；而 Echo 3、7、13、19 型病毒的血凝则全部变为阴性。在 KB 细胞传代的 Echo 各型病毒的血凝亦全部变为阴性。从表1还可以看出 Echo 病毒血凝能力的降低或消失与病毒滴度关系不大，因为在传代细胞传代的病毒滴度并不降低或仅稍微降低。

表2 经传代细胞传3代的 Echo 病毒在原代人肾细胞培养一代的血凝滴度

	病毒型别	Echo 3	Echo 6	Echo 7	Echo 11	Echo 12	Echo 13	Echo 19
毒株	HK[+]	1:1024	1:32	1:2048	1:2048	1:4096	1:2048	1:1024
	MERN−3[+]	−	1:16	1:128	1:64	1:256	1:512	−
	FL−3*	−	1:32	1:64	1:128	1:512	1:64	−
	KB−3**	1:32	1:16	1:256	−	1:256	1:8	−

注：HK[+] 表示在人肾细胞传代的病毒；MERN−3[+] 表示在传代人肾细胞传3代的病毒；FL−3* 表示在传代人羊膜细胞传3代的病毒；KB−3** 表示在 KB 细胞传3代的病毒；"−" 血凝阴性

经3种传代细胞传3代的 Echo 病毒传回至原代人肾细胞，以检查其血凝能力是否能恢复，结果见表2。在原代人肾细胞传1代时，除 Echo 19 MERN−3、Echo 19 FL−3、Echo 19 KB−3、Echo 3 MERN−3、Echo 3 FL−3 及 Echo 11 KB−36 株病毒的血凝仍阴性外，其余各株病毒均有血凝，但较原来在人肾细胞培养的血凝滴度为低。将此6株病毒在原代人肾细胞连续传代，除 Echo 19 MERN−3 及 Echo 19 KB−32 株病毒分别在第7代及第5代出现血凝外（图1），其余4株病毒在第2代就恢复血凝，血凝滴度均随传代的次数增加而不断上升，最终可以达到与原来在原代人肾细胞培养的血凝滴度。

由上述结果看来，传代细胞对Echo病毒的血凝能力有显著的影响，可以使病毒的血凝能力降低或消失，尤以KB细胞为甚，在KB细胞上各型病毒均无血凝，但将病毒传至原代人肾细胞并连续传代之后，其血凝能力可以完全恢复。从病毒来看，Echo 3、7、13、19型病毒的血凝能力易受影响，特别是Echo 19型病毒在传代人肾细胞及KB细胞传3代再传回原代人肾细胞时，要经过多次传代才能恢复其血凝能力。

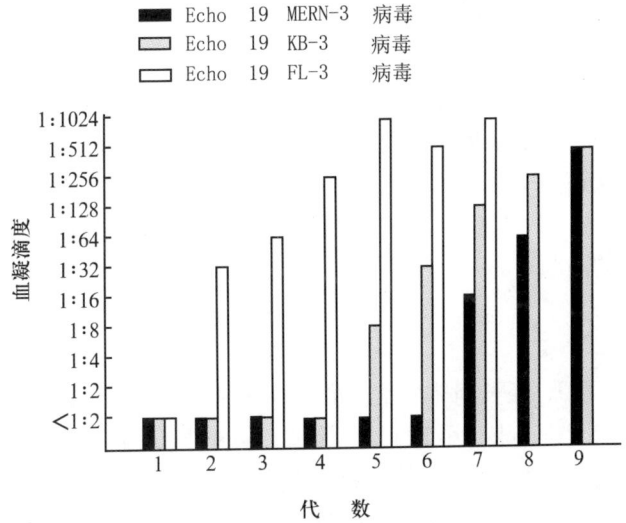

图1　经传代细胞传3代的Echo 19病毒在原代人肾细胞连续传代的血凝滴度

讨　论

我们将传代人肾细胞（MERN株）[1]在传了2年半后（约200代）再检查其对Echo病毒的敏感性，发现Echo病毒虽然能在此株细胞上大量繁殖，但该细胞对Echo病毒的致细胞病变作用的敏感性则大为降低。此表明正常人肾细胞经长期体外培养之后，对Echo病毒的敏感性可由显性感染（有明显的细胞病变）趋向于不显性感染（对病毒的致细胞病变作用的敏感性降低），而且Echo病毒在该细胞传代后，其血凝能力也减弱或消失。何申等[7]报告此株细胞在体外传12代后很多特性已与肿瘤细胞相似，但在38代对Echo病毒仍很敏感[1]。看来，传代细胞对病毒致细胞病变作用的敏感性的改变是在其他特征改变之后发生的。因此，要判定传代细胞对病毒的敏感性，最好在细胞经较长期传代培养之后进行。

原代人羊膜细胞对Echo病毒很敏感，在此细胞培养的病毒的血凝滴度也很高[4,5]，但原代人羊膜细胞在长期体外传代培养之后，很多特性也发生了改变，该细胞对Echo病毒的敏感性及对其血凝能力的影响与传代人肾细胞相似。KB细胞对Echo病毒的致细胞病变作用的敏感性亦很差，对病毒的血凝能力的影响更为显著。此结果与Maisel等[2]在KB细胞上所获得的结果相似。因此，传代细胞不适宜作为Echo病毒的实验诊断用。

KB细胞对Echo 6 D'Amori毒株血凝能力的不良影响及其可能的机制在前一文[6]中已讨论。本实验从其他一些Echo病毒的同样研究中进一步证实了这一现象。

与Maisel等[2]的报告不同，某些毒株经KB细胞传代丧失血凝能力后再传回原代人肾细胞仍能恢复其血凝能力。这可能有两个问题存在。首先是选用的细胞不同。我们用人肾细胞，Maisel等[2]用的是猴肾细胞，而后者可能具有与原代人羊膜细胞相似的特性[6]。其次是连续传代的问题，如Echo 19 MERN-3及Echo 19 KB-3毒株只有在原代人肾细胞连续传代之后才能恢复其血凝能力。

有趣的现象是在传代人肾细胞及传代人羊膜细胞上代的Echo 6、11、12型病毒仍能产生血凝，但同型病毒在 KB 细胞上就不能产生血凝。我们将此 3 型病毒在 Detroid－6 细胞（传代肿瘤细胞）上传代，亦获得与 KB 细胞相似的结果。前 2 种细胞的来源为正常细胞，后 2 者为恶性肿瘤细胞。正常细胞在体外长期传代之后，很多特性已改变与肿瘤细胞相似，难于鉴别。传代正常细胞与传代肿瘤细胞对 Echo 6、11、12 型病毒产生血凝的表现不同，这是由于细胞的来源不同（正常或肿瘤），或者是由于恶性变程度的不同，而是否能用 Echo 6、11、12 型病毒的血凝试验将其他传代正常细胞与肿瘤细胞鉴别。这些是值得进一步探讨的问题。

<h2 style="text-align:center">小　　结</h2>

1. 经长期体外培养的传代正常细胞（MERN 和 FL 株）及传代肿瘤细胞（KB 细胞）虽能支持 Echo 病毒的大量繁殖，但对 Echo 病毒的致细胞病变作用的敏感性则大为降低，不适宜作为 Echo 病毒的实验诊断用。

2. 传代细胞对 Echo 病毒的血凝能力有显著的不良影响，能使病毒的血凝能力减弱或消失，只有当其传回至原代人肾细胞并连续传代时才能恢复其原有的血凝能力。

〔原载《微生物学报》1965，11（3）：335－339〕

<h2 style="text-align:center">参 考 文 献</h2>

1　毛江森，等. 微生物学报，1963，9：42
2　Maisel M D，et al. Arch Fur Ges Virusforschung，1961，11：209
3　曾毅，王政. 中华医学杂志，1964，50：85
4　Lahelle O. Virology，1958，5：110
5　Lahelle O. Acta Path Microbiol Scand.，1958，

　　44：413
6　曾毅，王政，顾方舟. 微生物学报，1965，11：125
7　何申，等. 肿瘤研究论文集. 上海科学技术出版社，1962. 15

Susceptibility of Continuous Cell Lines to Echo Viruses and Their Influence on the Hemagglutinatin Activity of Echo Viruses

ZENG Yi，WANG Zheng，GU Fang-zhou

（Department of Virology，Chinese Academy of Medical Sciences，Peking）

The susceptibility of several continuous cell lines（human embryonic kidney cell line MERN，human amniotic cell line FL and KB cells）to the cytopathic effect of Echo viruses was significantly lower than that of primary human embryonic kidney cells，even though the infectious titre of Echo viruses in both kinds of cells was similar. Thus，the continuous cell lines were not suitable for laboratory diagnosis of Echo virus infection.

When Echo viruses were cultivated in continuous cell lines，the hemagglutinating ability of the viruses became lost or decreased except for Echo 6 virus in MERN and FL cell lines. However，when the 3rd passage of Echo viruses in continuous cell lines was transferred back to primary human embryonic kidney cells，the hemagglutinating activity was regained from the first to the seventh passage.

14. 病毒治疗癌性胸腹水疗效初步总结

中国医学科学院 病毒研究所 免疫协作组
日 坛 医 院

癌性胸腹水是晚期恶性肿瘤常见的并发症，目前主要采用化疗，虽有一定疗效，但多不能控制。文献报道应用病毒治疗动物和人体某些肿瘤，有一定疗效，但尚未见有应用病毒治疗癌性胸腹水的报道。我们遵照毛主席"人的正确思想，只能从社会实践中来"的教导，作了病毒治疗癌性胸腹水的研究，采用小儿麻痹减毒活疫苗或多种病毒，治疗各种癌性胸腹水共100例，取得了较好的疗效。现将治疗观察三个月以上的46例作一分析。

一、治疗方法

1. 癌性胸水：尽量抽出胸水，再注入病毒10~50 ml，让病人平卧，向前后左右慢慢翻转，约30~60 min。使病毒与胸膜间的癌细胞广泛接触。观察胸水颜色（血性或非血性）并作细胞学检查。治疗前后作胸透或拍片，以观察疗效。

2. 癌性腹水：基本上与癌性胸水治疗同，治疗前后量腹围大小，以观察疗效。

二、疗效标准

观察有效期可分完全有效期和相对有效期。完全有效期指治疗后至积液基本消失或完全消失期间；相对有效期指积液重新出现或回升至治疗前水平。根据病人症状、X线检查、腹围测定、细胞学检查、胸腹水颜色改变和随诊结果，疗效分四级：

显效：①症状消失；②积液基本消失或完全消失，完全有效期维持2个月以上；③细胞学检查由阳性转为阴性或退变；④血性变为非血性。

有效：①症状消失或减轻；②积液消失或明显减少在3~4个前肋以上，腹围缩小在10 cm以上，有效期维持2个月以上。

改善：①症状消失或减轻；②积液减少2~3前肋，完全有效期维持一个月以内，或积液减少一个前肋，完全有效期在一个月以上；③或细胞学检查转阴；④或积液由血性变为非血性。

无效：①症状改善；②无任何客观指标改变。

三、治疗结果

1. 病毒治疗癌性胸腹水疗效观察：46例中有12例单纯用病毒治疗，即在病毒治疗前一个月内或治疗过程中未用过化疗或其他疗法，其中显效的6例，6例中3例有效期已达半年以上。其余34例病人在病毒治疗前或治疗过程中用过化疗。详见表1。

表1　病毒治疗癌性胸腹水疗效观察

疗　法	疗　效				
	例　数	显　效	有　效	改　善	无　效
单纯病毒治疗	12	6	4	2	0
化疗＋病毒综合治疗	34	6	11	10	7
总　　计	46	12	15	12	7

2. 病毒治疗癌性胸腹水疗效比较：详见表2。

从表2所见，于30例癌性胸水的显效加有效为19例，16例癌性腹水的显效加有效为8例。二者的疗效接近。5例癌性腹水无效的病例中，2例为肝癌腹水，另一例胃癌和一例卵巢癌为二次手术后很晚期病人。

表2　病毒治疗癌性胸腹水疗效比较

疗　效	癌性胸水	癌性腹水
显　著	7	5
有　效	12	3
改　善	9	3
无　效	2	5
总　　计	30	16

3. 病毒治疗不同种类癌性胸腹水疗效观察：详见表3。

表3　病毒治疗不同种类癌性胸腹水疗效观察

肿　瘤	例　数	显　效	有　效	改　善	无　效
肺　癌	21	4	9	6	2
卵巢癌	7	4	1	1	1
胃　癌	5	1	2	2	1
淋巴肉瘤	3		1	1	
肝癌	2				2
乳癌	4	1	2	1	
腺基底细胞癌	1	1			
宫体癌	1	1			
食道癌	1			1	
贲门癌	1				1
总　　计	46	12	15	12	7

除肺癌，卵巢癌外，其他肿瘤的病例很少。初步印象对卵巢癌腹水疗效较好。2例肝癌均无效。

4. 不同病毒治疗癌性胸腹水疗效的观察：详见表4。

表 4 不同病毒治疗癌性胸腹水疗效比较

疗 效	Polio I型	Polio II型	牛 痘	新城鸡瘟	Sindbis	马口腔炎 VSV
显 效	6	3	2	1		
有 效	5	4	1	5		
改 善	4	2	2	3	1	5
无 效	3	2	2			1
总 计	18	11	7	9	1	6

我们主要采用了小儿麻痹减毒活疫苗 I 、II 型，牛痘病毒及新城鸡瘟病毒。从表 4 看来，前四种病毒的疗效较好，显效 + 有效共 27 例。其中小儿麻痹减毒活疫苗 I 、II 型显效的稍多些，占 31%。马口腔炎病毒的疗效较差，6 例中无一例是显效或有效。此外个别病例还用过 Sindbis 病毒、麻疹病毒、仙苔病毒、腺病毒 II 、V 型，疗效较差。

5. 病毒治疗癌性胸腹水外观及细胞学改变：胸腹水细胞学检查所见：治疗前癌细胞阳性共 15 例，治疗后 7 例转阴性，8 例退化，其中 6 例淋巴细胞增多。

胸腹水颜色改变：治疗前原有 22 例为血性，治疗后有 8 例转为非血性。

6. 不同病毒引起的反应情况：病毒治疗病人的反应很少，仅个别病例有暂时性发热（38.5℃左右），寒战，可在门诊使用。

7. 病毒使用途径与方法：治疗癌性胸腹水，除了胸腔、腹腔直接每次注入 10 ~ 100 ml 病毒悬液外，还从静脉每次注入 10 ~ 180 ml，都很安全。治疗癌性心包积液，心包腔内直接注入 10 ~ 50 ml 亦都很安全。此外在治疗实体瘤中还采用过肝动脉注入，喷雾吸入，肿瘤外涂，瘤体内注入，口服及保留灌肠等 10 余种途径方法。

8. 病毒治疗过程中病人抗体的增长情况：所有病例都有小儿麻痹病毒的不显性感染，多数抗体水平较低为 1∶40，少数为 1∶160 ~ 640，由于病人有基础免疫，在注射小儿麻痹减毒疫苗三针后，即在 10 d 左右，中和抗体就可升高至 ≥1∶40 960。新城鸡瘟病毒一般不感染人，故无基础免疫，抗体上升较慢，一般存 2 周后病毒抗体才开始逐步上升，上升水平也较小儿麻痹病毒中和抗体低，最高滴度只达 1∶5120 左右。个别病例（淋巴肉瘤）在治疗后 2 个月左右病毒抗体仍未上升。这与患者整个免疫反应机能缺损有关。详见图 1、图 2。

9. 不同病毒对小鼠艾氏腹水癌疗效观察：从图 3 可见，脑炎病毒与 Sindbis 病毒治疗无效，与对照动物一样，在 3 周左右死亡。牛痘病毒治疗效果较好，在 3 周无一只死亡，在 2 个月时，3 只中有 1 只复发，其余 2 只观察 3 个月仍健在。新城鸡瘟病毒的疗效也较好，治疗的 3 只小鼠中，有 1 只无效。牛痘病毒治疗的小鼠，腹腔癌细胞涂片检查与病人胸腹水细胞学检查及病毒在组织培养破坏的情况相似。表现为细胞核固缩，胞质肿胀，最后细胞裂碎。

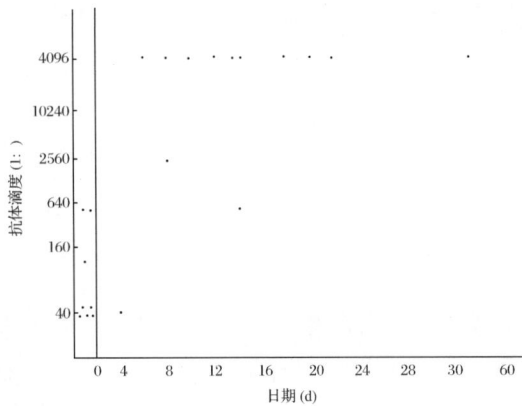

图1　Polio I 型治疗后抗体反应

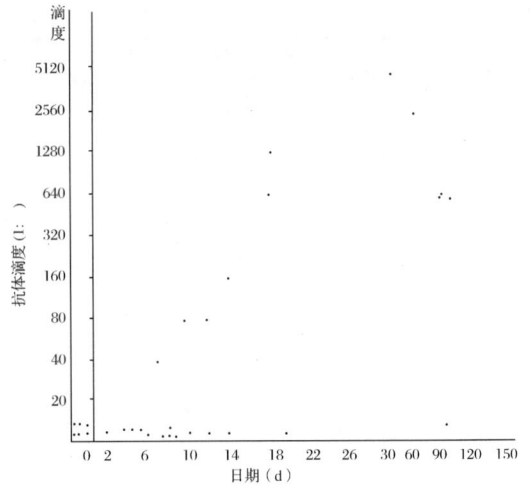

图2　新城鸡瘟病毒治疗后抗体反应

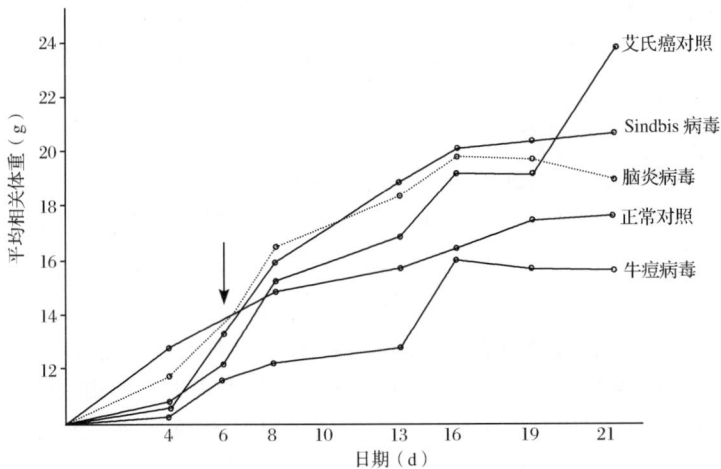

注：相关体重 = $\dfrac{小鼠接种艾氏腹水癌后体重}{小鼠接种艾氏腹水癌前体重}$

平均相关体重为三只小鼠相关体重的平均值

图3　不同病毒的艾氏腹水癌小鼠的平均相关体重曲线图

10. 对其他非癌性疾病疗效观察：301 医院曾用此小儿麻痹活疫苗治疗过 1 例原因不明的小儿乳糜腹水及 1 例淋巴管瘤，均获得良好效果。

病例一：患儿李某。女，1 岁，乳糜腹水，生长迅速，病毒治疗前腹围74 cm。每隔10 d 必须抽腹水 2000～4000 ml。单纯用病毒治疗一疗程后，腹水消失，至观察时已 3 个多月未复发，痊愈出院。

病例二：患儿郝某，女，1 岁，左颈淋巴管瘤（囊性水瘤），7cm×8cm×3cm 大小，压迫颈部影响进食，单纯用病毒行肿物内直接注射 2 次后，肿瘤缩小至 1.5cm×1.5cm 大小，至观察时已 1 个多月未复发。

用病毒治疗过3例结核性胸膜炎腹水，及肝硬变腹水均无效。

四、讨论 从病毒治疗效果的初步分析看来，癌性胸膜水能得到不同程度的控制或者消失，并能维持一定时间。有的已达半年以上，癌细胞消失或退变，有的血性胸腹水变为非血性，病人的主观症状都有改善，除少数病例有暂时性发热外均无不良反应。故病毒治疗癌性胸腹水是有一定疗效的。目前所做病例数较少，尚需要在临床上扩大使用，以进一步验证其疗效。

从检查病毒治疗后小儿麻痹病毒及新城鸡瘟病毒的抗体看来，在治疗 10～15 d 后抗体有明显的升高，这会影响病毒的疗效，故用一种病毒治疗2周后，应更换新病毒。在一种病毒治疗后，胸腹水未能控制，应采用多种病毒连续使用。目前至少可使用小儿麻痹减毒疫苗Ⅰ型、Ⅱ型、Ⅲ型，牛痘病毒和新城鸡瘟等五种安全有效的病毒。

为什么病毒治疗癌性胸腹水有效呢？病毒治疗后，癌性胸腹水中的癌细胞退变或消失，表现为核固缩，胞质肿胀、细胞破裂，这与病毒治疗癌性腹水及病毒在组织培养破坏细胞的情况相似，故治疗效果与病毒在细胞内繁殖、直接破坏癌细胞有关。至于其他作用，如病毒免疫溶肿瘤作用，病毒干扰作用，非特异性免疫刺激作用等，尚待进一步研究证实。

病毒治疗癌性胸腹水虽有一定疗效，但疗效还不够理想，仍需继续改进和提高。病毒治疗仅是针对癌性胸腹水，对原发肿瘤亦应积极治疗，才能收到更好的效果。

〔原载《肿瘤工作简报》1971 年 12 月第 15 期〕

15. 从鼻咽癌组织培养建立类淋巴母细胞株和分离巨细胞病毒

中国医学科学院肿瘤防治研究所病毒室　中国医学科学院流行病防治研究所肿瘤组电镜室
中山医学院肿瘤研究所病因研究室微生物学教研组电镜室

〔**摘 要**〕 我们从 16 例鼻咽癌组织培养中建立了 11 株类淋巴母细胞，这些细胞带有 EB 病毒。此外从 10 例扁桃体组织培养中建立了二株类淋巴母细胞。细胞转化的时间较长，为 134～266 d。除了建立类淋巴母细胞株外，我们还发现 16 例培养中 2 例有典型的巨细胞病毒引起的病变，并分离到二株巨细胞病毒。为了解 EB 病毒与鼻咽癌的关系，我们已应用这些细胞株制备抗原作血清流行病学的调查研究。

近年来国外报道，EB（Epstein – Barr）病毒不仅与非洲儿童恶性淋巴瘤〔巴基特（Burkitt）淋巴瘤〕有关，而且与鼻咽癌亦密切相关[1-4]。de – Thé 等[5-7]报告从鼻咽癌组织培养中建立了类淋巴母细胞株，这些细胞株带有 EB 病毒、病毒的抗原和病毒的基因。较重要的进展是在鼻咽癌的上皮癌细胞中发现有 EB 病毒的核抗原和核酸[8-10]。目前鼻咽癌已成为国际上研究人恶性肿瘤病毒病因的重要课题之一。

鼻咽癌是我国常见的恶性肿瘤之一，严重危害人民的健康。我们于 1973 年开始对鼻咽癌的病毒病因进行研究，从鼻咽癌组织培养中建立了类淋巴母细胞株，还分离到巨细胞病毒。现将结果报告如下。

材料和方法

一、鼻咽癌活检标本的体外培养 鼻咽癌活检标本大部分来源于广州中山医学院附属肿瘤医院，部分标本采自北京日坛医院。活检标本除送病理诊断外，余下部分放入盛有 Eagle 氏液加 20% 人胎盘血清的青霉素小瓶中保存 1~3 h，在广州进行培养，待细胞长成小片后，航寄北京，继续培养。有些标本于当日或次日航寄北京培养。

将鼻咽癌组织剪至 0.5~1 mm^3，以 Hank 氏液洗 2~3 次后，种入预先涂有大鼠尾胶原的培养瓶中，37℃ 培养 2~4 h 后，加入培养液，继续培养。

培养液为 199 综合培养基加 20% 灭活小牛血清，每毫升培养液加 100 U 青霉素、100 μg 链霉素，以 5.6% NaHCO$_3$ 调节 pH 至 6.9~7.2。每周换液两次。培养约 3 个月后，以 RPMI 1640 代替 199 综合培养基，其他成分同上。

类淋巴母细胞在 13 mm×100 mm 的试管中，置于 37℃ 中直立，静止悬浮培养，每周换液两次。大量制备抗原时，用 500 ml 瓶培养。

二、扁桃体细胞的体外培养 扁桃体系慢性扁桃体炎患者手术切除的标本。培养方法与鼻咽癌活检标本同。

三、微量补体结合试验

1. 抗原制备：以巴比妥缓冲盐水洗涤类淋巴母细胞二次，制成 5% 细胞悬液，每毫升约含 4×10^7 细胞，超声波振荡打碎细胞，12 000×g 离心 30 min，上清液即为抗原，-20℃ 冰冻保存备用。

2. 阳性和阴性血清：用来源于非洲儿童恶性淋巴瘤的 EB$_3$ 细胞株制备可溶性抗原，以补体结合试验方法选出 9、11、12 号三份 EB 病毒抗体阳性血清及 22 号 EB 病毒抗体阴性血清。

3. 微量补体结合试验法：总反应量为 0.1 ml，4℃ 结合 18 h。详细方法见病毒实验诊断手册[11]。

四、间接免疫荧光试验 制备兔抗人 IgG 血清，抗体纯化后，用异硫氰酸荧光素标记，再经葡聚糖凝胶 G-50 过滤，获得荧光素标记抗体。细胞涂片以冷丙酮固定 10 min，滴加阳性或阴性血清，37℃ 孵育 30~45 min，用磷酸缓冲盐水洗 3 次，每次 5 min，然后加入荧光素标记的兔抗人 IgG，37℃ 孵育 45 min，再用磷酸缓冲盐水洗 3 次，每次 5 min，最后滴加 50% 甘油磷酸缓冲盐水，盖上盖玻片，荧光显微镜观察。

五、电子显微镜检查 细胞悬液经磷酸缓冲盐水洗涤后沉淀成细胞团，用 4% 甲醛及 1% 锇酸双重固定，使用苯二甲酸二丙烯脂包埋，切片经铀铅双重染色作电子显微镜检查。

六、巨细胞病毒的分离和传代 定期观察鼻咽癌活检的细胞培养物，发现有特殊细胞病变时，将培养物上清液接种于人胚肺成纤维细胞。

病毒传代：以 1 份 0.5% 胰蛋白酶 Hank 氏液加 3 份 0.03% Versene 液，将出现典型细胞病变的人胚肺细胞消化，然后与正常人胚肺细胞以 1:10 比例混合接种，37℃ 培养，48~72 h 后出现巨细胞样病变。

七、巨细胞病毒的补体结合试验 方法同上，但制备抗原时细胞浓度为每 50 ml 瓶的细胞沉淀物以 0.25 ml 的巴比妥缓冲盐水制成细胞悬液。

结　　果

一、类淋巴母细胞株的建立

1. 鼻咽癌活检标本的体外培养：自 1973 年 3 月开始，培养了可存活 6 个月以上的鼻咽癌活检标本共 16 例。54% 的培养物有上皮样细胞生长。细胞呈多边形，互相镶嵌生长。核圆，有明显的核仁。上皮样细胞分裂缓慢，仅持续 2～4 周左右，逐渐退化脱落，而代之以成纤维样细胞生长。46% 的培养有原发成纤维样细胞生长。细胞呈纺锤形，紧密生长，平行排列。核圆或卵圆形。培养一定时间后，在成纤维样细胞的单层细胞上，出现圆细胞，这些圆细胞三五个一堆，数量逐渐增多，并自瓶壁脱落，在培养液中悬浮生长。将悬浮细胞取出在试管中直立、静止、悬浮培养，细胞分裂快，培养液 pH 值下降，细胞沉淀物渐多，并有成团生长的特点。Weight 氏法染色见有大的类淋巴母细胞，嗜碱性胞质，核大，有明显核仁。

在 16 例鼻咽癌组织培养中有 11 例出现类淋巴母细胞转化（表 1）。CNL－9 株转化时间最短，为 134 d；GNL－12 株转化时间最长，为 266 d。各细胞株的体外生长特点有差异。有的生长缓慢，需在人胚肺细胞单层上共同培养才能较好地生长繁殖。

表 1　类淋巴母细胞株的建立

材料	细胞株	标本来源	诊　断	组织培养的细胞类型	类淋巴母细胞转化日期（培养天数）
鼻咽癌	CNL－1	广州肿瘤医院	鳞癌Ⅲ级	上皮样细胞	194
鼻咽癌	CNL－2	广州肿瘤医院	鳞癌Ⅲ级	上皮样细胞	205
鼻咽癌	CNL－4	广州肿瘤医院	鼻咽低分化癌	成纤维样细胞	139
鼻咽癌	CNL－5	广州肿瘤医院	鳞癌Ⅲ级	成纤维样细胞	198
鼻咽癌	CNL－6	广州肿瘤医院	鳞癌Ⅲ级	上皮样细胞	211
鼻咽癌	CNL－7	广州肿瘤医院	鳞癌Ⅲ级	上皮样细胞	201
鼻咽癌	CNL－8	广州肿瘤医院	鼻咽低分化癌	上皮样细胞	159
鼻咽癌	CNL－9	广州肿瘤医院	鼻咽低分化癌	成纤维样细胞	134
鼻咽癌	CNL－11	广州肿瘤医院	鼻咽低分化癌	成纤维样细胞	144
鼻咽癌	CNL－12	北京日坛医院	鼻咽癌淋巴结转移	成纤维样细胞	266
鼻咽癌	CNL－13	广州肿瘤医院	鳞癌Ⅲ级	上皮样细胞	238
扁桃体	CT－1	北京工农兵医院	慢性扁桃体炎	上皮样细胞	159
扁桃体	CT－2	北京工农兵医院	慢性扁桃体炎	上皮样细胞	171

2. 扁桃体细胞的体外培养：为了作鼻咽癌细胞培养的对照，自 1973 年 3 月起，培养了存活 6 个月以上的扁桃体标本共 12 例。扁桃体标本自培养次日开始，即有大量淋巴细胞自

组织块释放出，混悬于培养液中，持续约 7 ~ 10 d。所有培养物均有上皮样细胞生长，与鼻咽癌组织培养相同，上皮样细胞最终被成纤维样细胞所代替。有两个标本，分别在培养 159 和 171 d 后出现类淋巴母细胞转化（表 1）。另 1 例 5 月龄胎儿的扁桃体，鼻咽部黏膜和胸腺的组织培养物，培养 6 个月以上，未见类淋巴母细胞转化。

3. 类淋巴母细胞株抗原性的鉴定

（1）间接免疫荧光试验：用 1:40 的鼻咽癌病人强阳性血清（VCA 抗体，滴度为 1:2560）作间接免疫荧光试验。在 11 个类淋巴母细胞株中均查到 EB 病毒的壳抗原（VCA），各株壳抗原阳性细胞的百分数不同，波动在 0.2% ~ 2.7% 之间。

（2）补体结合试验：用 CNL - 5、CNL - 8 制备的抗原与 EB 病毒抗体阳性血清，在微量补体结合试验中有阳性反应，而与 EB 病毒抗体阴性血清无反应（表 2）。以 HeLa 细胞为对照细胞，制备的抗原对 EB 病毒抗体阳性和阴性血清均无反应。从表 2 可见 EB₃ 细胞株的抗原性稍低于 CNL - 5、CNL - 8 株。

表 2 CNL - 5、CNL - 8 类淋巴母细胞株补体结合抗原性鉴定

细胞株	EBV 抗体阳性血清			EBV 抗体阴性血清 No 22
	No 9	No 12	No 11	
CNL - 5	1:8	1:8	1:8	…
CNL - 8	1:8	1:4	1:8	…
EB₃	1:4	1:4	1:2	…
HeLa	…	…	…	…

注：EB 病毒抗体阳性血清为鼻咽癌病人血清，No 22 为正常人血清

4. 电子显微镜观察：在极少数类淋巴母细胞破碎的细胞核和胞质中发现散在的和成群的类疱疹病毒（图 1）。由于切面和成熟程度不同，有的病毒颗粒只见壳膜，有的在壳膜内有深深着色的核样物，壳膜具有典型的六角形 20 面轮廓（图 2）。

带有病毒颗粒的细胞多见破坏，核膜和浆膜均破裂，核染色质裂解。然而核膜显著增厚并形成多层结构（图 1 ~ 3），着色性也明显增强，有时还可见到由增厚的核膜构成病毒包膜的情况（图 3），颇像病毒繁殖时的"出芽"过程。总之，无论从病毒颗粒的形态或从细胞病变情况，电子显微镜所见均具有典型疱疹病毒的特点。当然在这样严重破坏的细胞中大部分细胞器已经解体，偶尔尚可辨认个别变性的线粒体（图 2 左下角）。虽然在有的类淋巴母细胞中未见到病毒颗粒，但显示出明显的细胞病变，线粒体嵴突呈串珠样变化或板层样变化。

二、巨细胞病毒分离和鉴定 在 16 个鼻咽癌活检标本培养物中，有 2 个培养物在培养过程中出现特异的巨细胞病毒样病变。在表 1 中，CNL - 1 的同一标本培养 185 d 后，在成纤维样细胞的单层细胞上，出现成堆的、巨大的、圆形或卵圆形细胞病变，病变进展缓慢，9 d 后出现类淋巴母细胞（图 4）。CNL - 2 的同一份标本，在培养 172 d 后出现与上述相同的细胞病理改变，33 d 后，这个培养物出现类淋巴母细胞。

将上述 2 例巨细胞样病变培养物的上清液接种人胚肺细胞，出现形态相同的细胞病变，并可连续传代。这两株病毒分别称为梁株和陈株。将从同一鼻咽癌组织培养建立的类淋巴母细胞株接种于人胚肺细胞上培养，未分离到巨细胞病毒。

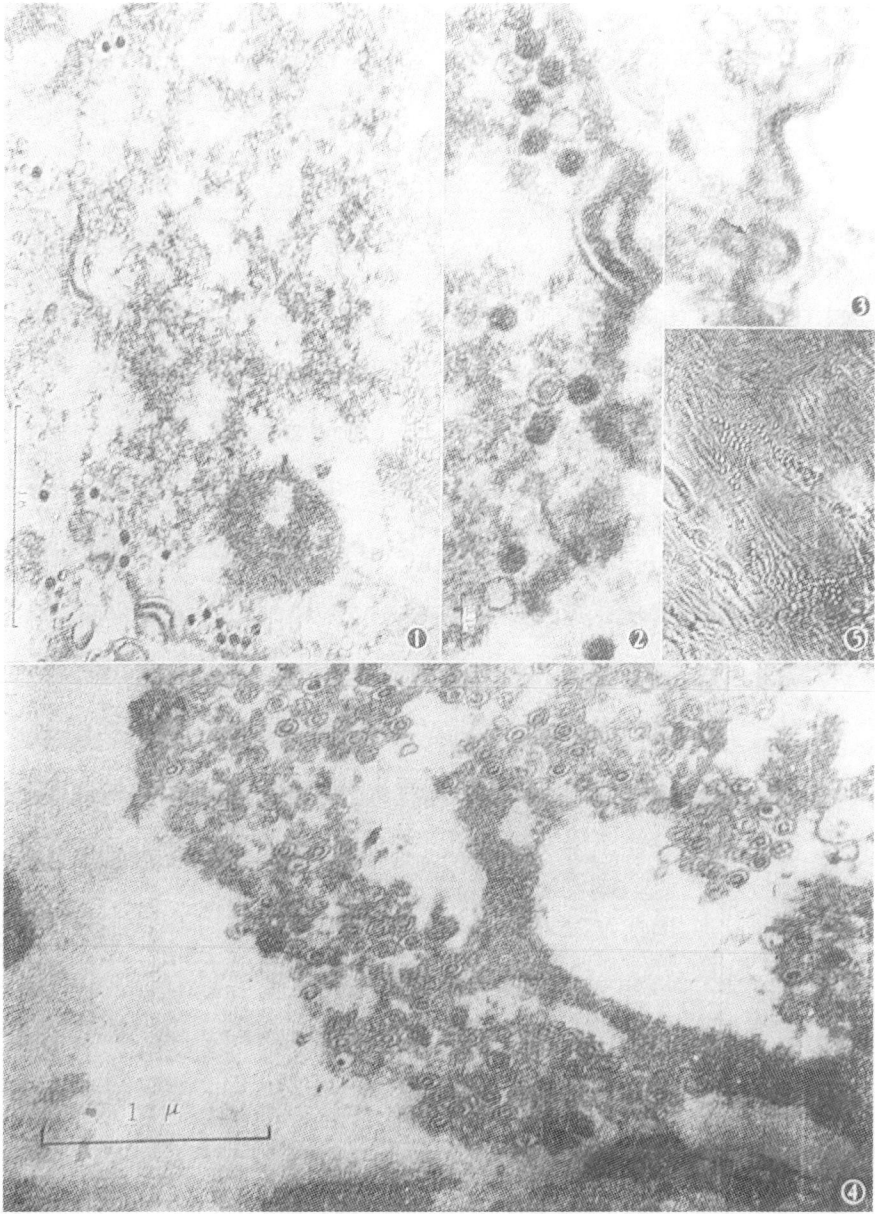

图1　在破碎细胞核及胞质内有分散和集合一起的疱疹型病毒颗粒，颗粒成熟不一致，有空壳的、空壳内含环状物的及充满电子致密的拟核物质，细胞核破裂，核膜不连续，呈节段性增厚，出现多层变化 ×320 000

图2、图3　为核内病毒颗粒及核膜的放大像，箭头处可见靠近核膜的病毒颗粒不完全地受核膜包绕着 图2 ×80 000

图4　CNL－1 同一标本培养后出现类淋巴母细胞和巨大的卵圆形细胞病变

图5　巨细胞病毒（梁株）感染的人胚肺细胞核内可见大量的类疱疹病毒颗粒

表3 不同血清中巨细胞病毒的补体结合抗体滴度

抗原	鼻咽癌病人血清			正常人血清			
	No 9	No 25	No 29	No 17	No 22	No 9	No 15
AD－169（1:2）	≥1:160	1:40	1:40	1:80	1:80	1:20	…*
梁株（1:2）	≥1:80	1:20	1:20	1:40	未做	1:40	…
HeLa（1:2）	…	…	…	…	…	…	…

注：* ≤1:10

将梁株病毒与巨细胞病毒 AD－169 的抗原性进行了比较。应用 AD－169 株和梁株抗原用微量补体结合试验分别检查了 3 份鼻咽癌病人血清和 4 份正常人血清的巨细胞病毒抗体滴度，所得结果相似（表3），应用不同的含有巨细胞病毒抗体的血清滴定 AD－169 株和梁株的补体结合抗原，其结果也相似。AD－169 株病毒的抗原滴度比梁株病毒为高（表4）。

表4 AD－169 株与梁株补体结合抗原滴度

抗原	鼻咽癌病人血清	正常人血清		
	No 9	No 17	No 22	No 15
AD－169	≥1:32	≥1:32	≥1:32	…
梁株	1:8	1:8	1:8	…

电子显微镜观察：在巨细胞病毒感染的人胚肺细胞内可见大量的类疱疹病毒颗粒（图5）。

讨 论

我们从 16 例鼻咽癌组织建立了 11 株类淋巴母细胞株，阳性率为 68.7%。细胞培养特性、间接免疫荧光试验、补体结合试验和电子显微镜观察所得结果，证明与国外从非洲儿童恶性淋巴瘤和鼻咽癌已建立的类淋巴母细胞株相似。de－Thé 等[7] 培养了 119 例鼻咽癌组织，建立细胞株的阳性率为 28% ~ 36%。Mitsuru Takada 等[12] 报告，从 52 例鼻咽癌组织建立了一株类淋巴母细胞株，阳性率为 2%。各作者所用的培养方法略有不同，建立细胞株的阳性率的差异，未知是否与培养时组织的新鲜程度、所用方法有关，抑或其他原因所致。

我们从 12 例扁桃体组织建立了 2 株类淋巴母细胞，显著地少于从鼻咽癌组织培养所建立者。本实验室同时进行各种人恶性肉瘤，主要是成骨肉瘤的培养，培养时间在 6 个月以上者共 17 例，未见类淋巴母细胞转化。

各实验室报告的类淋巴母细胞转化出现的时间不同，由 25 d 至 266 d 不等。我们建立的细胞株转化时间较长，为 134 ~ 266 d，其原因未知是否与所用的培养基有关。我们培养鼻咽癌组织细胞最初用 199 综合培养基，经培养 3 个月后才改用较适合类淋巴母细胞生长的 RP-MI－1640 培养液，这对类淋巴细胞的转化时间可能有一定的影响。

从鼻咽癌组织中较易建立带有 EB 病毒的类淋巴母细胞株，这些细胞株与鼻咽癌的发生以及其来源于什么组织尚未清楚。一是可能来源于鼻咽癌组织中原来的淋巴细胞，在体外培养后转化成类淋巴母细胞。但在培养过程中；我们观察到原来的淋巴细胞经多次换液后消失，而且淋巴细胞在体外存活时间不长，也不贴瓶生长，因此很难设想，在经过 100 ~ 200 d 培养和多次换液后仍有淋巴细胞存在培养瓶内并转化。二是可能来自鼻咽癌细胞。de－Thé

等[7]报告经电子显微镜观察，鼻咽癌组织培养中的成纤维样细胞具有上皮细胞的特征，即成纤维样细胞可能来于癌上皮细胞。在培养过程中，生长的癌上皮细胞经 2~4 周后退变，逐渐为成纤维样细胞所取代。当有转化细胞出现时，首先观察到的是少数类淋巴母细胞紧贴在成纤维样细胞层上生长，逐渐增多，然后脱落，在培养液中进一步繁殖形成细胞株。即类淋巴母细胞可能来源于成纤维样细胞，成纤维样细胞又来源于癌细胞。但类淋巴母细胞来源于上皮细胞的观点尚缺乏足够的证据，而且与目前关于细胞分化的认识是矛盾的。由于在鼻咽癌上皮细胞中已发现有 EB 病毒的基因及核抗原存在，对类淋巴母细胞的来源问题的进一步研究，将有助于阐明 EB 病毒与鼻咽癌的关系。

我们从鼻咽癌组织培养建立了带有 EB 病毒的类淋巴母细胞株，已应用这些细胞株制备抗原作血清流行病学的调查研究，这些工作将另行报道。

我们从 3 例鼻咽癌细胞培养中，除建立了类淋巴母细胞株外，还发现有特异的细胞病变，并分离到二株病毒，经鉴定为巨细胞病毒。即在同一肿瘤组织中可以同时有二种疱疹病毒存在。在扁桃体及肉瘤细胞培养中均未发现巨细胞病毒。据我们所知，文献上还未见有从鼻咽癌组织培养中发现巨细胞病毒的报告。据我们的经验，巨细胞病毒在鼻咽癌组织培养中引起的病变轻、出现时间迟、发展慢、易被忽视，往往要经过人胚肺细胞传代后病变才明显。因而从鼻咽癌组织培养中分离本病毒时应特别注意。

近年来一些文献报告，属于疱疹病毒类的人巨细胞病毒与肿瘤有关。Giraldo 等[13]报告，从非洲卡普西（Kaposi）肉瘤建立的 4 株细胞中含有 EB 病毒和巨细胞病毒的抗原性，认为可能是两种病毒的双重感染，或者是含有这两种病毒抗原性的一种新病毒存在。作者[14]进一步报告，人巨细胞病毒在血清学上与欧洲的卡普西肉瘤有关。Albrecht 等[15]报告人巨细胞病毒能诱发地鼠细胞恶性转化。由于巨细胞病毒在组织培养中具有一定的致肿瘤特性，它是否可能单独或与 EB 病毒协同在鼻咽癌的发生中起作用，或者是与鼻咽癌发生无关，仅仅是由于鼻咽癌病人免疫力下降，使潜伏的巨细胞病毒活跃起来，因而易被分离到，这个问题是值得进一步研究的。

〔原载《中华耳鼻喉科杂志》1978，1：14-18〕

参 考 文 献

1 Old LJ, et al. Precipitating antibody in human serum to an antigen present in cultured burkitt's lymphoma cells. Proc Nat Acad Sci (USA)，1966, 56：1699

2 Oettgen HF, et al. Definition of an antigenic system associated with Burkitt's lymphoma. Cancer Res, 1967, 27：2532

3 Henle W, et al. Antibodies to Epstein - Barr virus in nasopharyngeal carcinoma, other head and neck neoplasm and control groups. J Natl Cancer Inst, 1970, 44：225

4 Ito Y, et al. High anti EB virus titer in sera of patients with nasopharyngeal carcinoma：A small scaled seroepidemiological study. Gann, 1969, 60：335

5 de - Thé G, et al. Lymphoblastoid transformation and presence of Herpes - type viral particales in a Chinese nasopharyngeal tumour cultured in vitro. Nature (London), 1969, 221：270

6 de Thé G, et al. Nasopharyngeal Carcinoma I. Types of cultures derived from tumour biopsies and non - tumours tissues of Chinese patients with special reference to lymphoblastoid transformation. Int J Cancer, 1970, 6：189

7 de Thé G, et al. Oncogenesis and Herpesvirus. p 275, IARC, Lyon, 1972

8　Wolf I，et al. EB viral genomes in epithelial nasopharyngeal carcinoma cells. Nature New Biol，1973，244：245

9　Haung DP，et al. Demonstration of E－B virus associated antigen in nasopharyngeal carcinoma cells from fresh biopsies. Int J Cancer，1974，14：580

10　Desgrange C，et al. Nasopharyngeal carcinoma X. Presence of Epstein－Barr genomes in separated epithelial cells of tumours in patients from Singapore，Tunisia and Kenya. Int J Cancer，1975，16：7

11　中国医学科学院北京协和医院检验科主编. 病毒实验诊断手册. 北京：人民卫生出版社. 1960，106 页

12　Mitsuru T，et al. Cultivation in vitro of cells derived from nasopharyngeal carcinoma. Gann，1971，10：149

13　Giraldo G，et al. Kaposi's Sarcoma：A new model in the search for viruses associated with human malignancies. J Natl Cancer Inst，1972，49：1495

14　Giraldo G，et al. Antibody patterns to Herpesviruses in Kaposi's sarcoma：Serological association of European Kaposi's Sarcoma with cytomegalovirus. Int J Cancer，1975，15：839

15　Albrecht T，et al. Malignant transformation of hamster embryo fibroblasts following exposure to ultraviolet－irradiated human cytomegalovirus. Virology，1973，55：53

16.　鼻咽癌病人和鼻咽黏膜病变患者血清中 EB 病毒补体结合抗体水平的调查研究

中山医学院微生物学教研组附属肿瘤医院　中国医学科学院肿瘤防治研究所病毒室
中国医学科学院流行病防治研究所肿瘤组　广东中山县肿瘤防治队

〔摘　要〕　本文报告用微量补体结合试验测定广州和北京 118 例鼻咽癌病人，109 例其他恶性肿瘤病人和 128 例正常人的 EB 病毒补体结合抗体。鼻咽癌病人高抗体滴度的百分率和几何平均滴度为 61.8% 和 1：331.4，显著高于其他肿瘤病人和正常人；其他恶性肿瘤病人又高于正常人。Ⅰ 期鼻咽癌病人的抗体水平较Ⅱ～Ⅳ期病人稍低，但明显高于正常人。鼻咽癌病人在放射治疗后抗体仍维持较高的水平，在 3 年内抗体几何平均滴度与未治疗的病人相似，3～7 年抗体水平稍有下降，7 年以上则显著下降。以上这些结果表明鼻咽癌与 EB 病毒密切相关。检查了中山县 228 例鼻咽黏膜病变患者和 504 例正常人的补体结合抗体，这两组的抗体几何平均滴度有显著差别，而且有少数人（2.3%）的抗体滴度很高（1：640～1：1280），这是否与鼻咽癌的发生有关，值得进一步定期随访观察。

国外报道[1]鼻咽癌病人血清中有与 EB 病毒有关几种抗原（包括壳抗原、膜抗原、可溶性抗原、补体结合抗原、早期抗原和核抗原等）的相应抗体，而且抗体滴度一般明显高于除非洲儿童恶性淋巴瘤外的其他恶性肿瘤患者和正常人。我们对鼻咽癌的病毒病因进行初步研究，1973 年从鼻咽癌活检组织培养中建立了十多株类淋巴母细胞株，该细胞株带有 EB 病

毒和病毒抗原，此外还从鼻咽癌活检组织培养中分离到巨细胞病毒。为进一步了解 EB 病毒与我国鼻咽癌的关系，我们于 1974～1975 年采用易于做大规模血清流行病学调查的微量补体结合试验，检查鼻咽癌病人和鼻咽黏膜病变者血清中补体结合抗体，与其他恶性肿瘤患者和正常人的血清作对照。现将有关结果报告如下。

材料和方法

一、抗原制备 用我们建立的类淋巴母细胞株 CNL－8 制备抗原。培养液为含 20% 小牛血清的 RPMI－1640 综合培养基，细胞放 37℃ 静置培养，每天摇动 2 次，每 3～4 d 加入等量的新鲜培养液传代培养。收获的细胞以 2000 r/min 离心 15 min，弃去上清液，用 pH7.2 的巴比妥缓冲盐水洗 2 次，最后稀释成 5% 细胞悬液，每毫升约含 4×10^7 细胞，用超声波振荡裂解法处理，或经液体氮反复冰冻融化四次处理，再经冷冻高速（10 000 r/min）离心沉淀30 min 去除细胞碎片，上清液即为补体结合抗原，抗原滴度 1：4～1：16。

二、血清来源

1. 鼻咽癌病人血清：采自广州中山医学院附属肿瘤医院和北京日坛医院门诊和住院病人共 118 人，放射治疗后病人的血清采自广东中山县各公社的现存病人，共 250 份。其中多数病人无明显症状。

2. 鼻咽黏膜病变患者血清：从广东中山县鼻咽癌普查过程中采集鼻咽黏膜病变（包括腺样体高度增殖，增生性结节和重度炎症）患者的血清共 228 份。

3. 其他肿瘤病人血清：采自广州中山医学院附属肿瘤医院和北京日坛医院门诊和住院病人，包括各种肿瘤，共 109 份。

4. 正常人血清：从广州市和北京市正常成年人采取血清 128 份，作为鼻咽癌病人的对照血清。另外，从广东中山县正常成年人采取血清 504 份，作为鼻咽黏膜病变患者的对照血清。

三、微量补体结合试验方法 试验在微孔有机玻璃板上进行，用含 5% 鸡蛋清的 pH7.2的巴比妥盐水做稀释液，补体来源于豚鼠血清，实用 1.7 U，抗原用 2 U，指示系统为 4% 绵羊血球与 2 U 溶血素等量混合。试验血清从 1：10 开始双倍递增稀释至 1：2560，详细方法见病毒实验诊断手册中微量补体结合试验操作方法[2]。血清抗体滴度 ≥1：10 为阳性，<1：10 为阴性，≥1：320 为高滴度抗体。

实验结果

一、鼻咽癌病人、其他恶性肿瘤病人与正常人血清中 EB 病毒补体结合抗体水平的比较
见表 1。

118 例未经治疗的鼻咽癌病人的 EB 病毒抗体都在 1：40 以上，其中 61.9% 有高滴度抗体（≥1：320），抗体几何平均滴度为 1：331.4。在 109 例其他恶性肿瘤病人中，有高滴度抗体者占 20.2%，抗体几何平均滴度为 1：121，其中乳腺癌和妇科肿瘤患者的高滴度抗体的百分率较低，为 9.3%。正常人 128 例，其高滴度抗体的百分率和几何平均滴度为 14.1%和1：76.6。据统计学分析，鼻咽癌病人、其他肿瘤病人和正常人三组的抗体几何平均滴度之间有显著差异。即鼻咽癌病人有高滴度抗体的百分率和抗体几何平均滴度都显著高于其他恶性肿瘤病人和正常人，而其他恶性肿瘤病人又高于正常人。

表1 鼻咽癌病人、其他肿瘤病人与正常人血清中 EB 病毒补体结合抗体水平比较

| 血清来源 | 例 数 | | | | | | | | | | | 百分比(%) | 平均滴度 |
	<10	10	20	40	80	160	320	640	1280	≥2560	合计	≥320	
鼻咽癌病人	…	…	…	2	12	31	24	35	10	4	118	61.9	331.4
其他肿瘤病人：													
头颈部	…	…	…	6	6	10	4	3	…	…	29	24.1	132.2
消化和呼吸道	…	…	2	4	6	7	3	3	…	…	25	24.0	118.0
乳癌和妇科肿瘤	…	…	…	3	24	12	3	1	…	…	43	9.3	106.9
淋巴和血液系统	…	…	…	1	2	…	2	2	1	…	8	37.5	160.0
其他	…	…	…	1	1	…	1	1	…	…	4	…	160.0
合计	…	…	2	15	39	31	13	9	…	…	109	20.2	121.0
正常人	5	4	4	32	37	28	18	…	…	…	128	14.1	76.6

注：各组几何平均滴度比较：鼻咽癌病人与正常人 $t = 11.3$，$P < 0.01$；鼻咽癌病人与其他肿瘤病人 $t = 8.3$，$P < 0.01$；其他肿瘤病人与正常人 $t = 3.7$，$P < 0.01$

　　表2 比较了 118 例不同期鼻咽癌病人的 EB 病毒抗体滴度，Ⅰ期病人的高滴度抗体百分率和抗体几何平均滴度都较正常人高，但较 Ⅱ ～ Ⅳ 期病人低，第Ⅲ期病人的抗体水平较第Ⅱ期病人低。各期病人的抗体几何平均滴度与正常人的比值分别为 2.5，5.1，3.7，5.2 和 1。

表2 不同期鼻咽癌病人的 EB 病毒补体结合抗体水平

| 血清来源 | 例 数 | | | | | | | | | | | 百分比(%) | 平均滴度 |
	<10	10	20	40	80	160	320	640	1280	≥2560	合计	≥320	
鼻咽癌病人													
Ⅰ期	…	…	…	…	3	2	1	2	…	…	8	37.5	190.3
Ⅱ期	…	…	…	…	2	10	3	13	2	2	32	62.5	388.9
Ⅲ期	…	…	…	2	5	10	13	14	1	1	46	63.0	287.9
Ⅳ期	…	…	…	…	2	9	7	6	7	1	32	65.6	397.3
合计	…	…	…	2	12	31	24	35	10	…	118	61.8	331.4
正常人	5	4	4	32	37	28	18	…	…	…	128	14.0	76.6

二、鼻咽癌病人放射治疗后血清中 EB 病毒补体结合抗体持续时间 结果见表3。

　　为了解鼻咽癌病人在放射治疗后的 EB 病毒抗体情况和抗体持续时间，我们测定了中山县 250 例经放射治疗后仍存活的病人血清中 EB 病毒抗体水平。鼻咽癌病人在确诊经放疗后 3 年内抗体几何平均滴度为 1∶344.8，有高滴度抗体的百分率为 70.6%，与表1 中治疗前病人的结果相似。3～7 年的抗体几何平均滴度稍有下降，为 1∶261.7。存活 7～15 年者的抗体水平显著下降，为 1∶142.6，其高滴度抗体的百分率亦明显下降。此三组病人与正常人的抗体几何平均滴度的比值分别为 5.2，3.9，2.1 和 1。据统计学分析各组间抗体几何平均滴度的差别有显著意义。

三、鼻咽黏膜病变患者血清中 EB 病毒补体结合抗体水平测定　结果见表4。

为了解鼻咽黏膜病变与鼻咽癌发生的关系，我们配合中山县鼻咽癌普查，测定了鼻咽黏膜病变者228例，根据临床表现将鼻咽黏膜病变分为腺样体高度增殖、增生性结节和重度炎症三组。并检查了当地的正常人504例作为对照。三组患者除重度炎症的高滴度抗体滴度的百分率与正常人相似外，其余都较高于正常人。据统计学分析有显著差异。鼻咽黏膜病变和正常人二组中的少数人（2.3%）都有很高的抗体滴度，为1∶640~1∶1280。

表3　经放射治疗后鼻咽癌不同存活期病人的 EB 病毒补体结合抗体水平

病程（年）	例数											百分比(%)	平均滴度
	<10	10	20	40	80	160	320	640	1280	≥2560	合计	≥320	
鼻咽癌病人													
0~2	…	…	…	2	12	16	29	31	10	2	102	70.6	344.8
3~6	…	…	…	5	8	24	39	22	2	…	100	63.0	261.7
7~15	…	…	…	7	14	14	6	7			48	27.1	142.6
正常人	33	19	48	112	116	109	55	7	5	…	504	13.3	66.2

表4　广东省中山县鼻咽黏膜病变患者血清中 EB 病毒补体结合抗体水平

血清来源	例数									百分比(%)	平均滴度
	<10	10	20	40	80	160	320	640	1280	合计	≥320	
鼻咽黏膜病变患者												
腺样体高度增殖	…	…	5	11	13	8	7	2	…	46	19.6	88.9
增生性结节	…	…	9	24	28	20	17	2	…	100	19.0	90.6
重度炎症(包括粗糙增厚)	…	…	5	20	24	23	9	1	…	82	12.2	90.1
合计	…	…	19	55	65	51	33	5	…	228	16.7	90.1
正常人	33	19	48	112	116	109	55	7	5	504	13.3	66.2

注：鼻咽黏膜病变患者与正常人抗体几何平均滴度比较 $t = 3.8$，$P < 0.01$

讨　　论

我们应用 CNL-8 细胞株制备抗原，以微量补体结合试验检查了北京和广州鼻咽癌病人，其他恶性肿瘤包括其他头颈部肿瘤患者和正常人血清中 EB 病毒补体结合抗体，结果与文献报道相似。鼻咽癌病人的 EB 病毒抗体水平明显地高于其他恶性肿瘤患者和正常人，表明鼻咽癌和 EB 病毒在血清学上确有密切关系。其他恶性肿瘤病人的 EB 病毒抗体水平又高于正常人，这可能是由于恶性肿瘤病人的免疫力受到抑制，潜伏的 EB 病毒在一定程度上活跃起来，从而使 EB 病毒抗体滴度有所增长[3]，但其抗体水平仍显著低于鼻咽癌病人。

关于鼻咽癌病人的临床状况与 EB 病毒抗体滴度的关系，de-Thé 报告[4]随着病程的进展，各期病人的补体结合抗体逐渐上升。我们检查的结果，第Ⅰ期病人的抗体水平较低，但仍显著高于正常人。第Ⅱ期病人的抗体水平就很高，接近第Ⅳ期病人的抗体水平，第Ⅲ期病人的抗体水平较第Ⅱ期和第Ⅳ期低，与 de – Thé[4] 的报道不一致。鼻咽癌病人的补体结合抗体在较长的期间内仍维持很高水平，在确诊并经放射治疗后 3 年内与未经治疗病人的抗体水平相似，在 3~7 年内稍有下降，存活在 7 年以上者抗体水平显著下降。这表明放射治疗虽能控制肿瘤的发展，但不能使补体结合抗体水平迅速下降。抗体持续时间较长，可达数年之久，随着存活时间的进一步延长，抗体水平是会逐渐下降的。高滴度的补体结合抗体往往是表示病毒处于活跃状态，随着鼻咽癌的发展，EB 病毒的有关抗体滴度不断上升。但在肿瘤已经得到控制，甚至消失后，为什么还有较高水平的补体结合抗体和为什么病毒仍处于活跃状态呢？这是值得进一步研究的。

关于鼻咽癌的发生和发展同鼻咽黏膜病变的关系，中山医学院附属肿瘤医院分析了广东地区 43 万余人鼻咽腔窥镜检查的结果，提出了成年人鼻咽部腺样体高度增殖，增生性结节和重度炎症等与鼻咽癌的发生可能有关；根据对鼻咽黏膜病变的病理学检查，认为鼻咽黏膜细胞的异型增生和异型化生与癌变有关。我们试图从测定 EB 病毒抗体水平以了解鼻咽黏膜病变与鼻咽癌的关系，实验结果表明，鼻咽黏膜病变患者组与正常人组的抗体几何平均滴度有显著差别。但这二组中都有少数人（2.3%）有很高的抗体水平。这两组抗体水平的差别以及这些有高抗体滴度是否和鼻咽癌的发生有关，值得进一步随访检查。

de – Thé 报告[4] 用产生病毒和不产生病毒的类淋巴母细胞株制备抗原，检查正常人血清的补体结合抗体，无显著差别，而检查鼻咽癌病人的抗体就有差别。用产生病毒的细胞株制备抗原，抗体滴度较高，作者认为这是由于产生病毒的细胞株除有可溶性补体结合抗原外，还有早期抗原，甚至壳抗原，故所检查的血清抗体滴度较高。我们用含有少量壳抗原的 CNL – 8 株细胞株制备抗原，检查鼻咽癌病人和正常人血清中的补体结合抗体，其抗体几何平均滴度都较 de – Thé 的结果高数倍，其原因尚待进一步比较确定。

〔原载《中华耳鼻喉科杂志》1978，1：19 – 25〕

参 考 文 献

1　Epstein MA, Achong BG. The EB Virus. Ann Rev Microbiol, 1973, 27：413

2　中国医学科学院北京协和医院检验科主编. 病毒实验诊断手册, 第一版. 北京：人民卫生出版社. 1960, 第 106 页

3　Henle W, et al. Antibodies to Epstein – Barr virus in nasopharyngeal carcinoma, other head and neck neoplasms and control groups. J Natl Cancer Inst, 1970, 44：225

4　de – Thé G, et al. Nasopharyngeal carcinoma Ⅸ antibodies to EBNA and correlation with response to other EBV antigens in Chinese patients. Int J Cancer, 1975, 16：713

17. 流行性乙型脑炎病毒的溶血性及不同株的溶血性、血凝性和毒力比较

中国医学科学院流行病防治研究所　朱家鸿　曾　毅　丘福禧

〔摘　要〕　作者发现流行性乙型脑炎（简称乙脑）病毒具有溶解红血细胞（简称溶血）的性能，并且这种性能可被特异性免疫血清抑制。出现明显的乙脑病毒溶血现象的条件是：在 pH6.4 时吸附病毒，然后在偏酸或偏碱的条件下，在 37℃放置 4~6 h。乙脑病毒除了能溶解鸽红血细胞外，还能溶解家兔红血细胞。冰冻融解和超声波处理不能提高乙脑病毒的溶血能力。

7 株对小白鼠致死力较强的乙脑病毒都具有较高的血凝素滴度。对其中 5 株进行了溶血性能的测定，结果都有明显的溶血性。其中西安$_{14}$株的一个弱毒变异株的血凝性极低，并且不引起溶血现象。

西安$_{14}$强毒株和弱毒株的蚀斑滴度（PFU）相似。强毒株在金地鼠肾细胞中连续传代后，其血凝性和溶血性随着病毒对小白鼠致死力（LD_{50}）的减弱而下降。弱毒株返回乳小白鼠脑内连续传代后，三者都回升，表明弱毒株的血凝性和溶血性确实发生了改变，并且这种改变可能与致死力的改变有关。

1948 年 Morgan[1]首先发现流行性腮腺炎病毒能溶解某些动物的红血细胞，以后其他人报告新城鸡瘟病毒[2]、仙台病毒[3]和麻疹病毒[4]同样具有这种性能。1963 年我们在研究红血细胞对乙型脑炎病毒的吸附和释放的过程中，发现乙型脑炎病毒能溶解红血细胞。这项工作是用乙脑病毒高株进行的。随后，我们对乙脑病毒不同株的溶血性、血凝性和毒力的关系进行了比较研究。

材料和方法

一、病毒

1. 高株[5]（鼠脑第 26–31 代）

（1）乳小白鼠脑病毒。

（2）组织培养病毒：为鸡胎成纤维细胞组织培养病毒[6]。

（3）病毒提取：用生理盐水将 36%~38%甲醛溶液稀释成 1:30，加入洗涤过 3 次的鸽红血细胞中，等量混合，置 37℃恒温，8~12 h 后取出，用大量生理盐水洗涤 3 次。用 pH7.0 的磷酸缓冲液将甲醛处理过的鸽红血细胞配制成 10%悬液。将感染了乙脑病毒的乳小白鼠脑研磨，用 pH9.0 的硼酸缓冲盐水溶液配制成 1:10 的悬液，经 3000 r/min 离心 30 min，吸取上清液。将红血细胞悬液与以上病毒悬液等量混合，在 4℃水浴中吸附 10 min。然后经 2000 r/min 离心 5 min，弃去上清液，将红血细胞轻轻地洗涤 1 次。将与原病毒液等

量的 pH9.0 硼酸缓冲液加到被沉淀下来的红血细胞中，充分摇匀，放置室温（18～22℃）释放2 h，并不断地摇动。

2. 京卫研$_1$株（鼠脑19～25代）。

3. 中山株（鼠脑76～82代）。

4. 猪$_{17}$株（鼠脑19～25代），1955年从不显性感染的猪血液里分离得到。

5. 闽肥株（鼠脑19～25代），1960年从福建惠安一死亡病人脑组织中分离得到。

6. 协$_4$株（鼠脑5～8代），1954年中国医学科学院北京协和医院检验科从死亡病人分离得到。

7. 西安$_{14}$株（鼠脑14～17代），从蚊分离得到。

8. 西安$_{14}$弱毒株 HK$_{100}$ "12–1–7"[7]，由北京药品生物制品检定所供给。该病毒用于本研究时，再次用乙脑病毒免疫血清做蚀斑抑制试验，证实确系乙脑病毒的弱毒株。

二、红血细胞　为鸽、成鸡、家兔、绵羊的红血细胞，经生理盐水洗涤3次。

三、免疫血清　为乙脑病毒特异性兔免疫血清，经56℃ 30 min灭活，加入4倍量的丙酮重复处理2次，放置37℃恒温室，使残余的丙酮挥发。然后加入相当于原血清量的pH 9.0的硼酸缓冲液，使蛋白质溶解。再经离心，吸取上清液。该血清的血凝抑制滴度为稀释1∶160时能抑制8个血凝单位。正常兔血清对照也按此法处理。

四、病毒的冰冻融解　将病毒悬液先放在低温酒精槽中快速冰冻，5 min后，转入–50℃的低温冰箱，冰冻30 min，取出放于室温渐渐融解。按同样方法重复3次。

五、病毒的超声波处理　用上海中原电器厂出品的超声波发生器，以每分钟1.4万 Hz的频率在4℃水浴中作用2 h。

六、病毒的溶血试验和溶血性的测定　用 pH 9.0 的硼酸缓冲液[8]将病毒稀释成不同稀释度，各1 ml，加等量的用 pH 6.2 磷酸缓冲液配制的4%鸽红血细胞悬液。混合（pH值为6.4）后，置4℃水浴中吸附10 min。经1 000 r/min离心5 min，弃去上清液，加入2 ml pH 6.2的磷酸缓冲液。混匀后置37℃ 4～6 h，然后摇匀，离心10 min，小心吸取上清液。经1∶3稀释后，测定吸光度（用国产71型光电比色计，滤光板波长为420 nm）。用同样方法处理的灭活病毒作为对照管。溶血性强弱以吸光度表示。

七、病毒的血凝性的测定　用pH9.0的硼酸缓冲液稀释血凝素。用pH6.2的磷酸缓冲液配制0.5%鸽红血细胞悬液。病毒与红血细胞等量混合，总量为0.5 ml。最后反应时的pH值为6.4。充分摇匀后静置于室温，1 h后记录结果。

八、病毒的致死力的测定　病毒的致死力以脑内感染小白鼠的LD$_{50}$来表示。用正常3周龄小白鼠，脑内接种10倍稀释的病毒悬液0.03 ml，每一稀释度接种小白鼠4只，观察2周。按 Reed 和 Muench 方法计算。

九、鸡胎成纤维细胞和金地鼠肾细胞的制备　按张汉荆等[9]和俞永新等[10]的方法。

十、病毒的 PFU 测定　在长成致密的鸡胎成纤维细胞（每毫升400万细胞）小扁瓶中接种不同稀释度的病毒悬液0.5 ml，在37℃吸附2 h。将残余病毒洗掉，加入营养性琼脂[9] 4 ml，观察6 d，记录形成的蚀斑数。PFU以按 Dulbecco 方法[11]计算每毫升病毒悬液所形成的蚀斑数表示。

结　　果

一、乙脑病毒的溶血性

（一）乙脑病毒的溶血性与血凝素的关系：从表 1 可见，随着血凝素量的降低，其溶解红血细胞的能力也减弱。不仅乳小白鼠脑病毒具有溶血性，而且经红血细胞吸附后释放的提取病毒和鸡胎成纤维细胞组织培养病毒也具有不同程度的溶血性。而正常细胞培养液、正常乳小白鼠脑悬液以及灭活的乳小白鼠脑病毒都不引起溶血现象。

表 1　不同方法制备的乙脑病毒悬液的溶血性

病毒悬液	不同血凝素滴度时的吸光度（A 值）				
	1：2560	1：1280	1：640	1：320	1：160
乳小白鼠脑病毒	0.499	0.340	0.140	0.105	–
提取病毒	0.478	0.352	0.124	0.068	–
组织培养病毒	–	–	0.112	0.049	0.012

注：表内数字为吸光度。表 2～4 均同

为进一步证实这种溶血现象是由病毒所引起，在未经稀释的病毒悬液（血凝素滴度为 1：5120）中加入等量不同稀释度的乙脑病毒特异性兔免疫血清，在室温中和 10 min，然后再进行溶血性的测定。图 1 表明，溶血现象能被特异性兔免疫血清抑制，随着免疫血清稀释度的升高，其溶血现象相应地增加。而正常兔血清不能抑制病毒的溶血性。

（二）乙脑病毒的溶血条件

1. pH 值对溶血的影响：溶血现象的出现与病毒吸附在红血细胞时的 pH 值有关，也与溶血试验进行时的 pH 值有关。从表 2 可见，吸附的 pH 值为 6.4 时产生的溶血现象比 pH 值为 7.0 时明显。进行溶血试验时的 pH 值，在偏酸（pH6.2）时溶血现象明显，在偏碱（pH9.0）时也较明显。

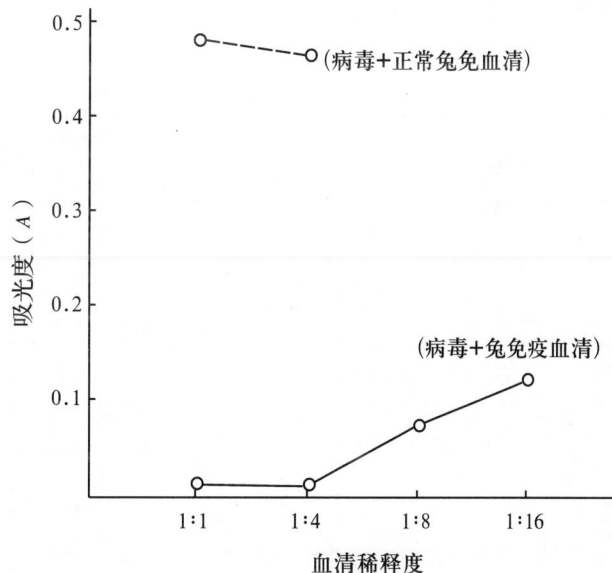

图 1　特异性兔免疫血清对乙脑病毒溶血性能的抑制作用

表 2　pH 对乙脑病毒溶血性的影响

吸附 pH	溶血 pH	不同乙脑病毒血凝素滴度时的吸光度（A 值）				
		1:5120	1:2560	1:1280	1:640	1:320
6.4	6.2	0.642	0.618	0.588	0.312	0.116
	7.0	0.264	0.185	0.072	0.028	0.012
	8.3	0.427	0.294	0.248	0.117	0.060
	9.0	0.620	0.464	0.386	0.200	0.020
7.0	6.4	0.182	0.152	0.104	0.070	
	8.3	0.120	0.077	0.032	0.015	
	9.0	0.169	0.118	0.056	0.028	

2. 温度对溶血的影响：吸附病毒的红血细胞分别放置在 37℃、22℃ 和 4℃ 进行溶血试验。表 3 的结果表明，在 37℃ 时溶血现象最明显，其次是在 22℃，而在 4℃ 时最差。

3. 红血细胞的种类对溶血的影响：鸡血细胞有极弱的溶血作用，而对绵羊红血红胞不引起溶血。

表 3　温度对乙脑病毒溶血性的影响

编号	不同温度时的吸光度（A 值）		
	37	22	4
1	0.632	0.305	0.080
2	0.562	0.240	0.130

4. 超声波和冰冻融解对溶血的影响：乳小白鼠脑病毒和组织培养病毒经超声波处理，其溶血性和血凝素滴度无改变。病毒经 3 次冰冻融解，其溶血性和血凝性都稍有下降。

表 4　乙脑病毒对不同种类的红血细胞的溶血性

红血细胞种类	不同血凝素滴度时的吸光度（A 值）				
	1:5120	1:2560	1:1280	1:640	1:320
鸽	0.512	0.348	0.206	0.10	0.03
家兔	0.432	0.350	0.260	0.215	0.19
成鸡	0.012	0.009	<0.001	–	–
绵羊	<0.001	<0.001	–	–	–

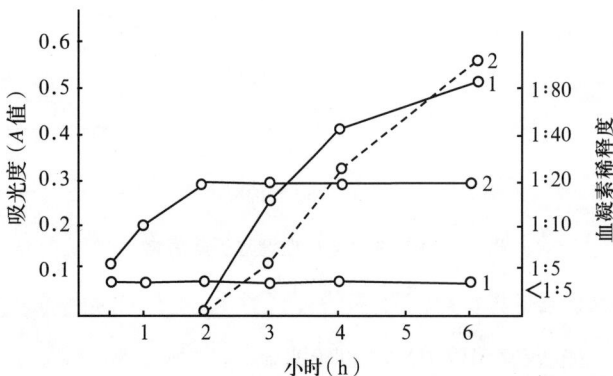

"○------○" 为吸光度。"○——○" 为血凝素
1. 在 pH 6.2 时。2. 在 pH 8.3 时

图 2　乙脑病毒的溶血现象出现与血凝素释放动态的比较

（三）溶血现象出现与血凝素释放动态的比较：将在 pH 值为 6.4 时吸附病毒的红血细胞置于不同的 pH（pH 6.2 及 pH 8.3）进行溶血试验和血凝素释放的观察。从图 2 可见，在 pH 8.3 时血凝素的释放较溶血现象出现为早，2 h 已达高峰。而 pH 6.2 时，释放的血凝素滴度始终小于 1:5。在 pH 8.3 和 6.2 时进行溶血试验，4~6 h 后才出现明显的溶血现象，在 6 h 最明显，其最终的溶血能力无明显差别。

二、不同株乙脑病毒的溶血性、血凝性和毒力的比较

1. 不同病毒株的血凝性和致死力的比较：用7株乙脑病毒，脑内接种乳小白鼠，测定所产生的血凝素滴度（HA）。同时脑内接种3周龄小白鼠，测定致死力。还接种鸡胎成纤维细胞，测定病毒的蚀斑滴度。从表5可见，这7株病毒的致死力都较高，各病毒株都有血凝素，并且滴度差别不明显。

表5　不同株乙脑病毒的血凝性和致死力的比较

病毒材料	测　定	不同病毒株的血凝素滴度						
		京卫研$_1$	闽肥	猪$_{17}$	高	中山	西安$_{14}$	协$_4$
鼠脑病毒	HA/0.25 ml	1:2560	1:5120	1:5120	1:10 240	1:5120	1:2560	1:5120
	LD$_{50}$/0.03 ml	7.5	7.50	7.66	8.0	7.77	7.50	7.50
	LD$_{50}$/HA	4.09	3.79	3.87	3.99	4.06	4.09	3.79
组织培养病毒	HA/0.25 ml	1:160	1:320	1:320	1:320	1:160	1:160	1:160
	LD$_{50}$/0.03 ml	5.50	5.50	5.67	6.0	5.67	5.50	5.67
	LD$_{50}$/HA	3.30	2.90	3.15	3.49	3.46	3.30	3.46

注：测定1:10的乳小白鼠脑病毒悬液时，以此液为10^0计算

2. 不同病毒株的血凝性和溶血性的比较：为了解病毒弱毒株的血凝性和溶血性，我们用5个强毒株和1个弱毒株西安$_{14}$ HK$_{100}$ "12-1-7" HK$_6$ 感染乳小白鼠，分别测定血凝性和溶血性。从表6可见，5个强毒株都有血凝性和溶血性，各株之间的滴度差别不大。弱毒株的血凝素滴度很低，为1:5，并且未测出溶血性；而其蚀斑滴度与强毒株相似。

表6　不同株乙脑病毒的血凝性和溶血性的比较

指　标	高	京卫研$_1$	中山	猪$_{17}$	西安$_{14}$	西安$_{14}$弱毒株
血凝素滴度	1:5120	1:2560	1:5120	1:2560	1:5120	1:5
溶血性(以吸光度表示)	4.980	3.250	5.250	4.280	4.764	<0.001

3. 不同代数的西安$_{14}$病毒株的血凝性和致死力的比较：将病毒在金地鼠肾细胞中传代培养，测定不同代数病毒的IIA、LD$_{50}$及PFU。从表7可见，西安$_{14}$在早代时血凝素滴度和LD$_{50}$都较高，随着在金地鼠肾细胞中传代次数的增多，其血凝素滴度和LD$_{50}$趋于下降。"12-1-7"株则连续3代都未测出血凝性，LD$_{50}$也很低。蚀斑滴度在各代基本上一致。

表7　乙脑病毒西安$_{14}$* 强毒株和弱毒株
不同代数的血凝素滴度和感染力

病毒株	代数	HA	$-\log LD_{50}$ /0.03 ml	$-\log PFU$ /ml
西安$_{14}$	HK$_5$	1:320	6.0	5.26
西安$_{14}$	HK$_6$	1:80	6.0	5.34
西安$_{14}$	HK$_7$	1:80	5.77	5.26
西安$_{14}$	HK$_{29}$	1:16	1.0	5.97
西安$_{14}$	HK$_{30}$	1:16	1.5	5.90
西安$_{14}$	HK$_{31}$	1:16	1.33	5.91
"12－1－7"	HK$_7$	<1:1	1.33	5.15
"12－1－7"	HK$_8$	<1:1	1.33	5.30
"12－1－7"	HK$_9$	<1:1	0.5	4.89

* 在金地鼠肾细胞培养中的病毒悬液

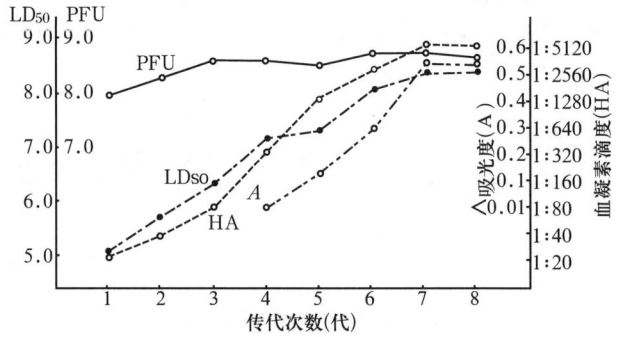

图3　乙脑病毒西安$_{14}$弱毒株返回乳小白鼠
脑内连续传代后的变化

4. 西安$_{14}$弱毒株返回乳小白鼠脑内连续传代后血凝性、溶血性、致死力和蚀斑滴度的改变：将西安$_{14}$弱毒株 HK$_{100}$ "12－1－7" HK$_7$ 以原液 0.02 ml 脑内接种乳小白鼠（4 d 龄），在第 1、第 2 代时乳小白鼠第 6 天才发病；随着传代次数的增加，乳小白鼠发病的潜伏期逐渐缩短；传至第 6 代时，感染病毒后的乳小白鼠第 3 天就发病。将所收获的各代发病的脑组织进行血凝性、溶血性、LD$_{50}$ 及 PFU 的测定。从图 3 可见，在最初几代时，血凝素滴度和致死力都较低，未能测出溶血性。随着传代代数的增加，血凝性、溶血性和致死力都升高，第 7~8 代时达高峰，与原强毒株相似。各代的蚀斑滴度无显著差别，滴度波动在一个对数以内。

讨　论

我们发现乙脑病毒能溶解红血细胞。这种溶血性可被特异性免疫血清抑制，而对照不发生溶血现象。在我们的研究过程中，见到 Karabatsos[12] 报告东方和西方马脑炎病毒也有溶血性。由此可见，不仅黏液类病毒有溶血性，而且节肢动物传播的病毒也具有这种性能。这对进一步认识病毒的生物学性质有一定的意义。

乙脑病毒溶解红血细胞需要一定的条件。在 pH 为 6.4 时吸附病毒，然后在偏酸或偏碱的条件下，放置在37℃ 4~6 h 后，出现明显的溶血。推测可能在 pH 为 6.4 时，病毒在红血细胞表面上的吸附较牢固，引起红血细胞表面结构或功能的改变，从而导致溶血现象。也可能在 pH 6.4 时，红血细胞吸附的病毒量较多，所以溶血现象比较明显。

有人认为乙脑病毒的绝大多数病毒株具有血凝性[13,14]，但是也有人[15,16]认为各株之间的滴度差别明显，或个别株无血凝性。我们用不同的强毒株感染乳小白鼠和鸡胎成纤维细胞，结果都能测出较高的血凝素滴度、致死力和明显的溶血性。各作者用不同株所测定的血凝性不一致，可能与各实验室的具体条件不同有关。我们认为乙脑病毒的血凝性和溶血性可能是该病毒强毒株的共性。

我们观察到西安$_{14}$强毒株经金地鼠肾细胞传代后，随着致死力下降，其血凝性和溶血性都降低，甚至消失。将西安$_{14}$弱毒株返回乳小白鼠脑内连续传代，结果随着传代次数的增加，乳小白鼠发病的潜伏期逐渐缩短，血凝性、溶血性和致死力逐渐上升。这表明西安$_{14}$弱毒株的血凝性和溶血性确实发生了改变，并且这种改变可能与致死力的改变有关。进一步应用挑选蚀斑的方法，了解不同病毒颗粒的血凝性、溶血性与致死力的关系，对乙脑病毒的变异和减毒株的选择可能有一定的意义。

〔原载《微生物学报》1978，18（1）：59 - 65〕

参 考 文 献

1　Morgan H R, et al. J Exper Med. , 1948, 88：503 - 514

2　Kilham L. Proc Soc Exper Biol. & Med. ,1949, 71：63

3　铃木敏三. Virus, 1956, 6：222 - 231

4　DeMeio J L Virology, 1962, 16：342 - 344

5　黄祯祥，戴莹. 微生物学报，1958, 6：42 - 52

6　朱家鸿，丘福禧，曾毅. 微生物学报，待发表

7　李河民，俞永新，敖坚，方珍. 微生物学报，1966, 12：41 - 49

8　Clarke D H, Casals J. Amer J Trop Med & Hyg. , 1958, 7：561 - 573

9　张汉荆，王逸民，郑云凯. 微生物学报，1963, 9：253 - 260

10　俞永新，敖坚，雷文绪，李河民. 微生物学报，1962, 8：260 - 268

11　Dulbecco R. Proc Nat Acad Sci（U S A），1952, 38：747 - 752

12　Karabatsos N. J Immunol, 1963, 91：76 - 82

13　藤田信男. Virus, 1952, 2：202 - 209

14　波多野基一. Virus, 1952, 2：187 - 194

15　Sabin A B, Buescher E L. Proc Soc Exper Biol & Med, 1950, 74：222 - 230

16　周培安. 微生物学报，1956, 4：67 - 75

The Hemolytic Activity of Japanese B Encephalitis Virus and Comparison of the Hemolytic Activity, Hemagglutinating Activity and Virulence of Different Strains

ZHU Jia-hong　ZENG Yi　QIU Fu-xi

（Institute of Epidemiology, Chinese Academy of Medical Sciences, Beijing）

The authors found that Japanese B encephalitis virus possessed hemolytic activity which could be inhibited by specific immune serum. The factors conditioning the appearance of hemolysis were as follows: Virus was adsorbed to the red blood cells at pH 6.4 and then adjusted to acid or alkaline condition and incubated at 37℃ for 4 - 6 hours. Definite hemolysis occurred in tubes containing virus, while in the control, there was no hemolysis at all. Both pigeon and rabbit red blood celss could be hemolyzed by Japanese B encephalitis virus. Freezing and thawing and ultrasonic vibration did not raise the hemolytic activity.

Seven strains of Japanese B encephalitis virus which were highly lethal to mice when inoculated intracerebrally all possessed rather high titers of hemagglutinin. Hemolytic activity was determined in 5 strains, all gave positive results. An attenuated line of the Xi - An - 14 strain had very low hemagglutinating activity, and showed no hemolysis.

The plaque - forming titers of the virulent and attenuated lines of the Si - An - 14 strain were similar. Hemagglutinating and hemolytic activities and virulence decreased, after serial passages in gold hamster kidney cell cultures. When the attenuated strain was passaged successively in the brain of suckling mice, all these 3 properties returned, showing that changes in hemagglutinating and hemolytic activities of the attenuated strain were possibly correlated with its change in virulence.

18. 鼻咽癌病人的 EB 病毒免疫球蛋白 G 和 A （IgG 和 IgA） 抗体的测定

中国医学科学院肿瘤研究所病毒室　中国医学科学院流行病研究所肿瘤组

中国医学科学院肿瘤研究所放射科　中国医学科学院北京工农兵医院耳鼻咽喉科

〔摘　要〕　用间接免疫荧光试验检查了鼻咽癌等恶性肿瘤病人和正常人血清共746 份。鼻咽癌放疗前病人的 EA – IgG 抗体阳性率为 96%，几何平均滴度为 1：22.72，VCA – IgA 抗体的阳性率为 81.3%，几何平均滴度为 1：13.81。其他恶性肿瘤病人和正常人的这两种抗体的阳性率低于 6%，几何平均滴度为 1：1.25 ~ 1：1.46。鼻咽癌放疗前病人的 EA – IgG 和 VCA – IgA 抗体的阳性率和几何平均滴度显著高于其他恶性肿瘤病人和正常人，故检测这两种抗体可以作为鼻咽癌病人的血清学诊断方法。鼻咽癌放疗前病人的 EA – IgA 抗体阳性率较低，为 48.6%，其他三组均阴性。鼻咽癌病人的 VCA – IgA 抗体水平随病人存活时间的延长而逐渐下降，在放疗后 4 ~ 18 年者仅 30% 阳性，几何平均滴度也很低，为 1：2.8。当肿瘤复发或远处转移时又上升至放疗前水平，其阳性率和几何平均滴度为 78.4% 和 1：16.27。因此，定期测定放疗后鼻咽癌病人 VCA – IgA 抗体的消长情况，可能作为鼻咽癌病人的预后指标。Ⅱ ~ Ⅳ 期鼻咽癌病人的 EA – IgG 和 VCA – IgA 的抗体水平差别不大。

1964 年 Epstein 等[1]报告从非洲儿童淋巴瘤建立了瘤细胞株，并发现该细胞株带有一种新的病毒，命名为 EB （Epstein – Barr） 病毒。Old 等[2]首先用免疫扩散试验证明 EB 病毒和人体鼻咽癌血清学的关系。随后其他作者应用血清学、病毒学和分子生物学技术证实 EB 病毒与鼻咽癌的关系十分密切[3-7]。Henle[8,9]等应用间接免疫荧光技术测定鼻咽癌病人的 EB 病毒抗体，EB 病毒早期抗原的免疫球蛋白 G 抗体 （EA – IgG） 阳性率为 80%，EB 病毒壳抗原的免疫球蛋白 A 抗体 （VCA – IgA） 阳性率为 93%，EB 病毒早期抗原的免疫球蛋白 A 抗体 （EA – IgA） 阳性率为 73%，而其他恶性肿瘤病人和正常人的 VCA – IgA 抗体阳性率都低于 5%。表明 EB 病毒的上述抗体对鼻咽癌是较特异的。我们对鼻咽癌病人的 EB 病毒 EA – IgG、VCA – IgA、EA – IgA 抗体也进行了研究，现将结果报告如下。

材料和方法

一、血清　收集鼻咽癌病人放射治疗前后的血清305 份、头颈部其他恶性肿瘤病人的血清58 份、其他部位恶性肿瘤病人的血清265 份和正常人的血清118 份，共746 份。血清保存于 –10℃ 冰箱。

二、间接免疫荧光试验　测定 EB 病毒 VCA – IgA 抗本的靶细胞是带有病毒壳抗原的 B_{95-8} 细胞。测定 EA – IgG 和 EA – IgA 抗体的靶细胞是仅带有病毒基因和核抗原的 Raji 细胞。Raji 细胞需经化学药物激活或再感染 EB 病毒后才有早期抗原。本试验所用的激活方法以 Long 等人[10]的方法为基础加以改进。所用的培养液为含 20% 小牛血清的 RPMI1640。Raji 细胞在 37℃ 培养 24 h 后，用新鲜培养液换去一半原培养液，加入 5 - 碘脱氧尿核苷（IU-dR）、次黄嘌呤和甲氨喋呤，其最终浓度分别为每毫升培养液含 30、15 和 2 μg。培养 48 h 后，再用新鲜培养液（含同样浓度的上述三种药物）换去一半培养液，再培养 48 h。低速（1500 r/min）离心 10 min，弃去上清，加入含胸腺嘧啶核苷和次黄嘌呤的培养液，其最终浓度分别为每毫升培养液含 20 μg 和 15 μg，加入的培养液为原培养液的 3/4 量，再培养 24 h。将 B_{95-8} 细胞和 Raji 细胞涂于载玻片上，干后用冷丙酮固定 10 min。待查的血清从 1：2.5 开始作倍比稀释，加不同稀释度的血清于靶细胞，放在 37℃ 恒温室内的湿盒中 30 min，用 pH 7.2 0.01mol/L 的磷酸缓冲盐水（PBS）洗 3 次，每次在 PBS 内浸泡 5 min。然后分别加入 1：10 异硫氰酸荧光素标记的兔抗人 IgG 或 IgA 血清，再放 37℃ 30 min，如上法用 PBS 洗 3 次以去除多余的荧光抗体，加上甘油：磷酸缓冲液（1：1），盖上盖玻片。用 Ortholux 荧光显微镜检查，出现特异性荧光的血清最高稀释度为该血清的抗体滴度，血清 1：2.5 稀释度仍无特异性荧光出现者为阴性。

结　果

一、鼻咽癌放疗前病人、其他恶性肿瘤病人和正常人的 EB 病毒抗体阳性率和几何平均滴度比较　结果见图 1、图 2。

从图 1、图 2 可见，76 例鼻咽癌病人放疗前的 EA - IgG 抗体阳性率（≥1：2.5）为 96.0%，几何平均滴度为 1：22.72，远较其他三组的结果为高，其他三组的抗体阳性率分别为 5.1%、5.6% 和 0.9%，其几何平均滴度分别为 1：1.46、1：1.39 和 1：1.25。鼻咽癌病人的 VCA - IgA 抗体阳性率和几何平均滴度与其他三组的结果也有显著的差别。这四组的阳性率分别为 81.5%、0%、2.3% 和 0%，其几何平均滴度分别为 1：13.81、1：1.25、1：1.29 和 1：1.25。鼻咽癌病人的 EA - IgA 抗体阳性率为 48.6%，其几何平均滴度也很低，仅为 1：2.3，但其他三组均未发现阳性结果。上述 EB 病毒抗体阳性的其他肿瘤病人是淋巴肉瘤、食管癌、网织肉瘤、巨细胞瘤和何杰金病等患者，其抗体滴度都很低，多为 1：25～1：10。

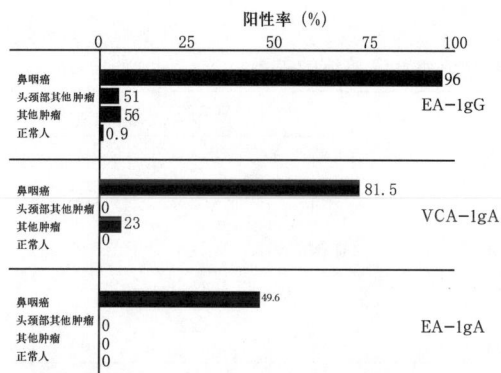

注. 鼻咽癌76例；头颈部其他肿瘤58例；其他肿瘤265例；正常人118例

图 1　鼻咽癌病人，其他恶性肿瘤病人和正常人的 EB 病毒抗体的阳性率比较

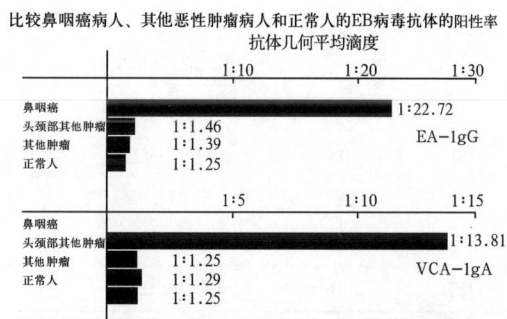

图 2　鼻咽癌病人，其他恶性肿瘤病人和正常人的 EB 病毒抗体的几何平均滴度比较

二、鼻咽癌病人的 EA－IgG 和 VCA－IgA 抗体与放疗后病程的关系　见图3、图4。

从图3、图4可见鼻咽癌病人放疗前、疗中、疗后1年内，疗后1~4年、疗后4~18年和疗后转移或复发病人的 EA－IgG 抗体阳性率分别为96%、88.8%、89.0%、75%、73.3%和91.8%，其几何平均滴度分别为1：22.72、1：16.81、1：18.69、1：12.66、1：9.50、1：17.87。放疗后随着时间的延长，EA－IgG 抗体几何平均滴度虽稍有下降但阳性率仍很高。放疗后1~4年仍有75.0%阳性。以上各组 VCA－IgA 抗体阳性率分别为81.5%、69.4%、70.7%、52.2%、30%和78.4%，其几何平均滴度分别为1：13.81、1：11.66、1：8.73、1：5.58、1：2.80和1：16.27。VCA－IgA 抗体的阳性率和几何平均滴度在放疗后随时间的延长逐渐下降，在放疗后4年以上者仅30%阳性，抗体几何平均滴度为1：2.8，当肿瘤复发或转移后分别上升至78.4%和1：16.27。

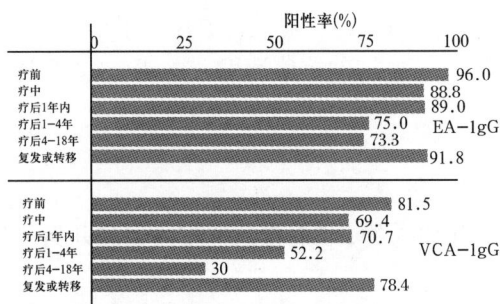

病前76例；疗中36例；疗后1年内82例；疗后1~4内44例；疗后4~18年30例；复发或转移37例

图3　鼻咽癌病人放疗前后的
EB 病毒抗体的阳性率比较

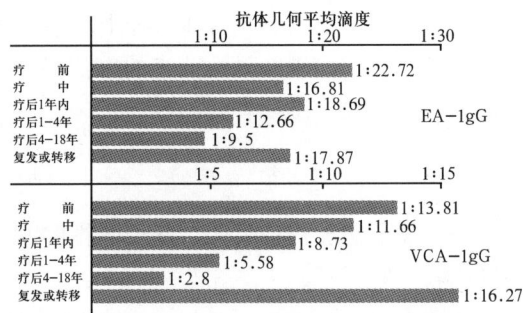

图4　鼻咽癌病人放疗前后的
EB 病毒抗体的几何平均滴度比较

三、鼻咽癌病人 EA－IgG 和 VCA－IgA 抗体与临床分期的关系　结果见表1。

从表1可见，Ⅰ期病例太少，仅一例。Ⅱ、Ⅲ、Ⅳ期病人 EA－IgG 抗体的阳性率分别为100%、96.5%和93.7%，其他几何平均滴度分别为1：32.8、1：25.39 和1：17.18、VCA－IgA 抗体的阳性率分别为78.5%、82.7% 和84.3%，其几何平均滴度分别为1：16.15、1：11.82 和1：13.83。

表1　鼻咽癌临床分期与 EB 病毒 IgA 和 IgG 抗体的关系

分期	例数	EA－IgG		VCA－IgA	
		阳性数（%）	几何平均滴度	阳性数（%）	几何平均滴度
Ⅰ	1	1	1：40	1	1：160
Ⅱ	14	14（100）	1：32.8	11（78.5）	1：16.15
Ⅲ	29	28（96.5）	1：25.39	24（82.7）	1：11.82
Ⅳ	32	30（93.7）	1：17.18	27（84.3）	1：13.83
总计	76	73（96.05）	1：22.72	63（81.5）	1：13.81

讨 论

某些动物肿瘤的病毒病因已确定，但人恶性肿瘤的病毒病因尚未最后肯定，进一步研究人肿瘤与病毒的关系，不仅对确定肿瘤的病因，而且对肿瘤的诊断和防治都有重要的意义。EB 病毒与鼻咽癌关系的研究是当前研究人恶性肿瘤与病毒关系的重要课题。从本研究结果来看，看咽癌病人的 EB 病毒特异性 EA – IgG 和 VCA – IgA 抗体阳性率都很高，分别为 96.0% 和 81.5%，而其他头颈部恶性肿瘤，其他部位恶性肿瘤患者和自常人的阳性率都在 6% 以下，差异十分显著，这结果与 Klein 等[6] 的报道相似，表明这两种抗体对鼻咽癌较特异，可以作为鼻咽癌病人的血清学诊断方法，特别是在临床上有些较难诊断的病例，在鼻咽部无明显的肿瘤，但癌已向黏膜下发展，或已转移到颈淋巴结，应用血清学方法进行诊断是很有意义的。如本研究室工作中一例病人仅有右耳耳鸣和听力下降，鼻咽部无明显异常，无淋巴结转移，临床诊断为右耳渗出性中耳炎，测定其 EB 病毒 EA – IgG、VCA – IgA 和 EA – IgA 抗体都很高（1：160 ~ 1：2560）；另一例仅有淋巴结转移，鼻咽部无明显异常，经血清学检查，这三种抗体都阳性（1：10 ~ 1：160）。由于 EB 病毒抗体阳性，再进行临床仔细复查，并从鼻咽部可疑部位取活检，此二例病理诊断均为低分化磷癌，其中一例第一次病理诊断慢性炎症，第二次再活检才确诊。诊断确定。使病人得到及时治疗。Vonka 等[11] 报道 18 例扁桃体癌患者 78% 有 EA – IgG 抗体，18 例正常人中 22% 亦有此种抗体，本研究检测了 58 例头颈部其他恶性肿瘤，其中一例为扁桃体癌，两例为扁桃体恶性淋巴瘤，EA – IgG，VCA – IgA 和 EA – IgA 抗体都是阴性。

鼻咽癌病人在放疗后，随着存活时间的延长，EA – IgG 抗体的几何平均滴度虽稍有下降，但阳性率仍很高，在放疗后 1 ~ 4 年仍有 75.0% 阳性，表明 EA – IgA 抗体持续时间较长，故不宜应用 EA – IgG 抗体测定作为疗效指标。而 VCA – IgA 抗体阳性率和几何平均滴度在放疗后随病人存活期的延长逐渐下降，当鼻咽癌复发或转移时又上升至放疗前的水平。鼻咽癌病人的五年生存率为 30% ~ 40%[12]，因此，在放疗后定期测定鼻咽癌病人的 VCA – IgA 抗体的消长情况，可能有助于鼻咽癌病人的疗效观察。我们正继续定期测定一些鼻咽癌病人的 EB 病毒 EA – IgG 和 VCA – IgA 抗体，以便进一步了解这两种抗体与鼻咽癌病程发展的关系，特别是与鼻咽癌放疗后的复发或转移关系。Henle 等[9] 报告鼻咽癌病人的 EB 病毒抗体水平随癌的发展而升高，但本研究所测定的结果 II 期病人的 EB 病毒抗体水平并不比 III、IV 的为低，这有利于早期诊断。

本研究结果亦表明 EB 病毒与鼻咽癌关系十分密切，应继续对 EB 病毒是否为鼻咽癌的病因进行深入的研究。

〔原载《微生物学报》1978，18（3）：253 – 258〕

参 考 文 献

1 Epstein M A, et al. Lancet, 1964, 1：702

2 Old L T, et al. Proc Nat Acad Sci（USA），1966, 56：1699

3 de Schryvei A, et al. Clin Exp Immunol, 1969, 5：441

4 Henle W, et al. J Nat Cancer Inst, 1970, 44：225

5 Zur Hausen H, et al. Nature（London），1970, 228：1056

6 Klein G, et al. Pro Nat Acad Sci（USA），1974,

    71: 4737

7 Trumper P A, et al. Int J Cancer, 1976, 17:
    578

8 Henle W, et al. J Nat Cancer Inst, 1973, 51:
    361

9 Henle G, Henl W. Int J Cancer, 1976, 17: 1

10 Long C, et al. J Nat Cancer Inst, 1974, 52:
    1355

11 Vonka V, et al. Int J Cancer, 1977, 19 (4):
    456

12 中山医学院附属肿瘤医院放射科. 中华医学
    杂志, 1974, 54: 687

Detection of EB Virus – specific Serum IgG and IgA Antibodies from Patients with Nasopharyngeal Carcinoma

(Laboratory of Tumor viruses, Cancer Institute; Laboratory of Tumor viruses,

Institute of Epidemiology; Department of Radiotherapy, Cancer Institute,

Chinese Academy of Medical Sciences; Department of Otolaryngology,

Beijing Worker – Peasant – Soldier Hospital)

A total of 746 sera from patients with nesopharyngeal carcinoma (NPC), other malignant tumors of the head and neck, and malignant tumors elsewhere in the body, as well as from normal subjects were tested for EB virus – specific IgG and IgA antibodies by IF test. 96% of 76 untreated NPC patients had IgG antibody to EA with a GMT of 1 : 22. 7 and 81. 5% had IgA antibody to VCA with a GMT of 1 : 13. 6, whereas less than 6% of 323 sera from patients with malignant tumors other than NPC and from 118 normal subjects had these antibodies with a GMT of 1 : 1. 25 – 1 : 1. 46. These results indicated that the frequency and GMT of these two antibodies in untreate NPC patients differ markedly from those in patients with malignant tumors other than NPC and in normal subjects. Thus, detection of these antibodies is helpful in the diagnosis of NPC, especially in NPC patients without notable tumor in the nasopharynx, but with invasion beneath th mucosa or early metastases in the neck region. 48. 6% of untreated NPC patients had IgA antibody to EA but no such antibody was found in the other three groups.

The level of IgA antibody to VCA declined gradually with increase in survival time among 229 patients with NPC after radiotherapy. Only 30% of NPC patients had this antibody at very low titers (GMT 1 : 2. 8) 4 – 18 years after treatment. When these patients suffered from recurrence or distant metastases, this antibody increased again and reached its original level. Therefore, the serological follow – up of IgA antibody to VCA may provide prognostic imformations for NPC patients after radiotherapy.

The frequency and GMT of IgG antibody to EA and of IgA antibody to VCA were similar in untreated NPC patients in stages II to IV.

19. 广东省和北京市正常人群血清中 EB 病毒补体结合抗体水平的调查研究

广东中山县肿瘤防治队　中山医学院微生物学教研组中山医学院肿瘤研究所
中国医学科学院肿瘤防治研究所病毒室　中国医学科学院流行病防治研究所肿瘤组

〔摘　要〕　本文报告应用微量补体结合试验法测定了广东省和北京市 2300 例正常人血清中的 EB 病毒补体结合抗体。实验结果表明，EB 病毒在正常人群中感染非常广泛。总计抗体阳性率（≥1∶10）为 90.4%，高滴度抗体（≥1∶320）的阳性率为 12.3%，抗体的几何平均滴度为 1∶52.8。儿童在 3~5 岁即普遍检出较高滴度的 EB 病毒抗体。20 岁以上正常人血清抗体几何平均滴度，在鼻咽癌高发区的广州市和中山县明显地高于低发区的北京市和五华、陆丰县。这是否在一定程度上反映了与鼻咽癌发生的倾向性有关的遗传性的差别？值得进一步研究阐明。

自从非洲儿童恶性淋巴瘤[1]和鼻咽癌的活检组织培养[2]建立类淋巴母细胞株并分离出 EB 病毒以来，国际上许多实验室进行了一系列的血清流行病学调查研究，企图证明 EB 病毒感染同这两种人类的癌症发生的关系[3]，现已查明，这两种癌症患者血清中都含有与 EB 病毒有关的几种抗原（包括壳抗原、核抗原等）的相应抗体，而且抗体滴度明显地高于其他恶性肿瘤患者和正常人。大规模血清流行病学调查发现，EB 病毒在世界各地正常人群中的感染非常普遍[3]，但不同地区以及不同年龄组人群感染 EB 病毒的情况是有差别的。我们用微量补体结合试验测定了正常人的血清，也证实了鼻咽癌病人血清中的 EB 病毒补体结合抗体水平显著地高于其他肿瘤病人和正常人，表明鼻咽癌和 EB 病毒在血清学上有密切关系。为了解 EB 病毒在我国人群中的感染情况及其可能存在的与鼻咽癌的发病关系，我们选择了鼻咽癌发病率高低不同的地区，包括高发的广东省中山县和广州市，低发的广东省五华县、陆丰县和北京市，检查了各地不同年龄组正常人群中血清 EB 病毒补体结合抗体的分布情况。结果报告如下。

材料和方法

一、抗原制备和微量补体结合试验　见前文所述。

二、血清的收集　共分为 4 组。广州市和北京市组为医院门诊采集的非癌症病人或健康献血员血清，其余各组为各地健康人，除婴幼儿不检查鼻咽外，全部均系经鼻咽癌镜检查及全身体检无异常者。

采血方法：婴幼儿用定量吸管从指端吸取 0.1 ml 血液加入 0.4 ml 含 0.1% 枸橼酸钠的生理盐水内，离心使红细胞沉下，上清液即为 1∶10 稀释的血清。成人和儿童从肘静脉采血。血清分离后，放 4℃ 冰箱的冰盒中或 −30℃ 低温保存。

结果分析及讨论

一、不同地区正常人群血清中 EB 病毒补体结合抗体水平的比较 实验结果总结于表 1。

在我们检测的 2300 例正常人血清中，EB 病毒抗体阳性（抗体滴度 ≥1:10）者共 2080 例，占 90.4%。按分组来看，各组抗体的阳性率都较高且差异少，从 87.5% 至 94.2%，可见 EB 病毒在上述各地正常人群中的感染非常普遍。从四个地区中正常人群的 EB 病毒抗体的几何平均滴度来看，则以广州市组最高，为 77.6；中山县次之，为 63.0；北京市为 57.1。三者间的差异并不显著，但与五华、陆丰县组的 36.0 比较，则有明显差异。

表1 广东省和北京市正常人群血清 EB 病毒补体结合抗体水平

组　别	例　　数										百分比（%）		平均滴度
	<10	10	20	40	80	160	320	640	1280	合计	≥1:10	≥1:320	
广州市	12	7	7	51	53	39	33	4	2	208	94.2	18.3	77.6
中山县	78	36	94	169	200	179	125	24	8	913	91.5	17.2	63.0
五华 陆丰 县	103	77	150	180	176	108	25	5	0	824	87.5	3.6	36.0
北京市	27	26	56	58	64	67	55	2	0	355	92.4	16.1	57.1
合计	220	146	307	458	493	393	238	35	10	2300	90.4	12.3	52.8

二、不同年龄组正常人群血清中 EB 病毒补体结合抗体水平的比较 见图 1、图 2 及表 2。

为了了解不同年龄组人群感染 EB 病毒情况的差异，将上述四个地区被检人群按年龄分组，分别绘出各地各年龄组正常人抗体阳性百分率曲线（图 1）及抗体几何平均滴度的分布曲线（图 2），并比较了各地区组 EB 病毒补体结合抗体水平（表 2）。从图 1 可见，各年龄组血清的 EB 病毒补体结合抗体阳性率都很高，从婴幼儿开始，血清抗体的阳性率已达到 69.3%~76.0%；3~5 岁时已达高峰（94.1%~98.9%）；6 岁以后，除了五华、陆丰县组的抗体阳性率略有高低波动外，其余各地各年龄组人群的抗体阳性率大体上都维持在这个高水平。

从图 2 可见，各地区按年龄分组绘出的 EB 病毒抗体几何平均滴度分布曲线的趋势大致相同，即：（1）各地区正常人群在 3~5 岁时，血清中 EB 病毒抗体的几何平均滴度已达最高值，广州、中山和北京三组的抗体几何平均滴度非常接近，分别为 113.1、115.6 和 118.9；而五华、陆丰组则只有 66.7，相差近 1 倍。（2）从 6~9 岁开始，抗体水平即行下降，至 20 岁以后则保持着较平稳的水平，但高发区的广州、中山组，抗体几何平均滴度的下降较少，而低发区的北京、五华、陆丰组则下降较多。（3）50~59 岁组的抗体水平又略有提升，出现第二个峰。（4）20 岁以后的人群，其抗体几何平均滴度在高、低发区之间，有显著差异。最近 de-Thé 等报道[4]，非洲的乌干达，儿童感染 EB 病毒的年龄较我们检查的结果要稍早些，1~2 岁时抗体的阳性率已达高峰；而英、美、法和瑞典等国，一般只有少部分儿童发生 EB 病毒感染，直到青年和成年人，血清 EB 病毒抗体的阳性率才上升到

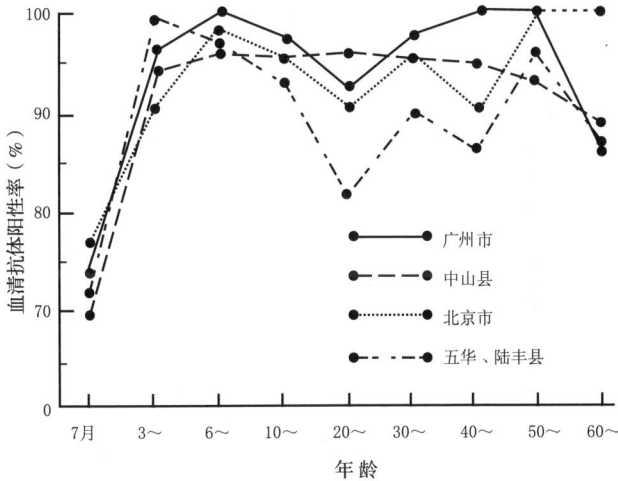

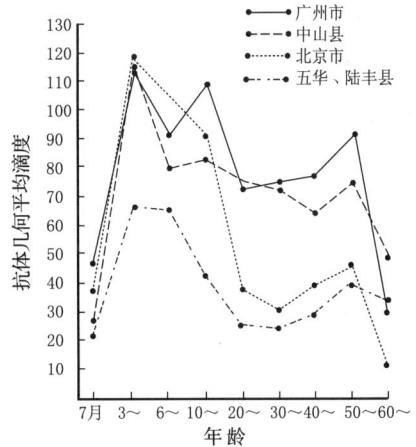

图1 广东省和北京市不同年龄组正常人群
血清中 EB 病毒补体结合抗体滴度
≥1∶10 的百分率分布曲线

图2 鼻咽癌高、低发区不同年龄组人群
EB 病毒补体结合抗体的几何
平均滴度比较

表2 广东省和北京市 20 岁以上的正常人群血清 EB 病毒补体结合抗体水平

组　别	例　　数										百分比（%）		平均滴度
	<10	10	20	40	80	160	320	640	1280	合计	≥1∶10	≥1∶320	
广州市	4	2	4	31	32	21	10	1	0	105	96.2	10.5	71.5
中山县	33	19	48	112	116	109	55	7	5	504	93.5	13.3	66.2
五华陆丰　县	62	48	101	103	91	40	6	1	0	452	86.3	1.5	29.9
北京市	11	21	41	29	24	30	0	0	0	156	92.9	0	34.7
合计	110	90	194	275	263	200	71	9	5	1217	91.0	7.0	45.7

60% ~80% 左右。在新加坡检查当地的中国正常人血清中的补体结合抗体，发现 1 ~5 岁的儿童开始逐渐受到 EB 病毒的感染，血清抗体阳性率随年龄增长而上升，到 15 ~20 岁才达到 80% ~85% 左右。这种情况和我们检查广东和北京正常人群血清 EB 病毒补体结合抗体的阳性率的结果有些不同。其差异原因有待探讨。

从现有资料看来，EB 病毒与鼻咽癌有密切关系，很有可能首先被证明是人类恶性肿瘤的病毒病因。然而，EB 病毒的分布遍及世界各地，倘若 EB 病毒感染能引起鼻咽癌，为什么只在我国南方出现较高的发病率？又从我们的调查结果来看，EB 病毒抗体阳性率上升的年龄与鼻咽癌高发的年龄是不一致的。鼻咽癌多发生在 20 ~50 岁之间，而 EB 病毒抗体的阳性率在 3 ~5 岁已达高峰。因此，可以认为，即使 EB 病毒是鼻咽癌的病因，也不是唯一的致癌因素，还需要其他因素协同作用，如化学致癌因素和遗传因素等。最近 Simons[5] 报告，在 HL - A 等二位点上存在一种新加坡 - 2（Singapore - 2）抗原，认为与鼻咽癌的高度倾向性有关。此外，如果 EB 病毒与鼻咽癌的发生有关，那么，鼻咽癌的发生是由于儿童期先有了 EB 病毒的感染，后来在某种因素的协同作用下发病，抑或由于极少数人在儿童期没有感染上 EB 病毒，到成年期才感染而发生鼻咽癌？在鼻咽癌高发区进行大规模的前瞻性血清流行病学调查将有助于解决这个问题。进一步研究 EB 病毒与鼻咽癌的关系是有重要意义的，因为同属疱疹病毒感染的鸡的马立克氏（Marek）病（病毒引起的鸡淋巴瘤）目前已可用病毒疫苗加以预防、控制[6]，这为病毒性肿瘤的预防展示出美好的前景。如能证明 EB 病毒或其他病毒与鼻咽癌有关，就有可能应用疫苗以预防。

〔原载《中华耳鼻喉科杂志》1978，1：23－25〕

参 考 文 献

1 Epstein MA, et al. Virus particles in cultured lymphoblasts from Burkitt's lymphoma. Lancet, 1964, (2): 702

2 de – Thé G, et al. Lymphoblastoid transformation and presence of herpes – type viral particles in a Chinese nasopharyngeal tumor cultured in virto Nature, 1969, 221: 770

3 Epstein MA, et al. The EB virus. Ann Rev Microbiol, 1973, 27: 413

4 de – Thé G, et al. Epidemiology of the Epstein – Barr virus p3, IARC Lyon, 1975.

5 Simons MJ, et al. Probable identification of an HL – A second – locus antigen associated with a high risk of nasopharyngeal carcinoma. Lancet, 1975, (1): 142

6 Nazerian K, Marek's disease. A neoplastic disease of chickens caused by a herpesvirus. Advance Cancer Res, 1973, 17: 279

20. 我国南方五省（区）鼻咽癌流行病学的初步调查研究

南方五省鼻咽癌防治研究协作组

鼻咽癌是我国南方常见癌瘤之一。目前国内外对其流行病学和有关发病因素等方面都进行着广泛的调查研究。为了进一步明确鼻咽癌在中国南方的发生情况，找出最高发的地区，掌握流行病学特点以进一步研究，我们在 1970－1975 年间，在广东、广西、湖南、福建、江西等省（区）的 453 个县市，1.7 亿余人口的地区开展了三年癌症死亡回顾调查。发现鼻咽癌最高发的区域主要在广东省中部及其邻近的县市。

同时，我们对广东省鼻咽癌高发的中山县，从 1970 年起建立了肿瘤登记报告制度，进行了发病与死亡的动态观察以及 EB 病毒血清流行病学调查、移居外地居民的鼻咽癌死亡率等的调查研究。

调查方法

一、南方五省（区）死亡回顾调查　在南方五省（区）1.7 亿余人口的地区中开展的三年死亡回顾调查，均按照全国统一的方法、要求和标准进行，主要在 1970 年至 1975 年间分批完成。在全部鼻咽癌死亡者中，经病理和临床检查确诊的占 88%，4/5 的病例是由县以上医疗机构诊断的；仅少数死者的死因是按照其亲友和基层医务人员提供的详细病史，由专业医师认为符合鼻咽癌的典型表现推断的。凡症状、体征可疑者均未列入统计。

各年人口数取自户籍部门年终人口报表。各年龄组人口构成资料主要通过整群抽样（抽取 1/5 居委会或生产队）取得。死亡率按年龄、性别调整是以 1964 年全国人口调查资料的年龄、构成为标准。

此外，还对广东省内能收集到的水上居民进行了 1970—1972 年的死亡回顾调查。

二、国内移居外地居民的调查　在广州、上海两市进行了下述两方面的调查：

（一）调查了 1970 – 1975 年定居广州市东山区五年以上的非广东籍居民，观察了 109 918 人年。

（二）调查了 1965 – 1975 年定居上海市虹口区的广东籍人口，共观察了 182 239 人。这些定居上海的广东人的移居年限已达 30 ~ 40 年之久，其原籍大部分（83%）属于广州、佛山、肇庆三个地区。

三、EB 病毒血清的流行病学调查　根据死亡调查结果，选择了广东省中山县及广州市作为高发区代表；广东省五华县、陆丰县和北京市作为较低发区的代表。在上述县市收集正常人血清共 2300 份，用微量补体结合试验法进行测定。试验所用抗原从类淋巴母细胞 CNL – 8 株制备。

人血清中 EB 病毒特异性 IgG 及 IgA 抗体的测定：收集鼻咽癌病人、其他恶性肿瘤病人和正常人血清，共 746 份。用间接免疫荧光试验测定 EB 病毒特异性早期抗原的免疫球蛋白 G 抗体（EA – IgG）和壳抗原的免疫球蛋白 A 抗体（VGA – IgA）。所用的靶细胞与 Raji 细胞和 B95 – 8 细胞。

调查结果

一、鼻咽癌的地理分布　鼻咽癌在中国南方五省（区）的 453 个县市均有发现，其三年平均的年龄性别调整死亡率（每 10 万人口）在广东为 6.35；广西 4.66；湖南 3.24；福建 2.66；江西 1.89（表 1）；五省平均为 4.35。男女比例平均为 2.03：1。鼻咽癌死亡率在五省中分别占全部恶性肿瘤死亡率的第 3 ~ 8 位。

表 1　中国南方五省（区）鼻咽癌死亡率（/10 万人口）及男女比例

省（区）	三年平均鼻咽癌年龄性别调整死亡率			
	男	女	总计	男：女
广东	9.05	4.05	6.53	2.13：1
广西	5.94	2.69	4.66	2.39：1
湖南	4.37	2.32	3.24	1.99：1
福建	4.08	2.17	2.66	1.88：1
江西	3.07	1.54	1.89	1.90：1

如按照 10 万人口中死亡数 <3、3 ~、6 ~、>9 的四级梯度来进行分析，可以发现鼻咽癌死亡率在 9/10 万人口以上的共有 23 个县市（表 2），21 个位于广东省，且大多数位于广东省中部的肇庆、佛山、广州三个地区，或其毗邻县市、包括惠阳地区的东莞县（9.33）；广西梧州地区苍梧县（10.74）。但也有韶关地区的连南县（10.16），始兴县（9.24）以及广西南宁地区的凭祥市（11.14）不与上述范围直接相连。

五省（区）中死亡率 >6/10 万的共有 84 个县市（表 3）。上述肇庆、佛山、广州三个地区的全部 28 个县市均达到这一水平。此外，在广东省内与此地区毗邻的还有：惠阳地区的 5 个县，湛江地区的 2 个县及韶关地区的 4 个县。这 39 个县市相连成一片，形成一个鼻咽癌死亡率较高（>6/10 万）的地域。但是在广东省境内还有属于韶关、湛江、汕头、梅县以及海南地区共 11 个县市与上述较高发地域不直接相连。

表 2　南方五省（区）中鼻咽癌死亡率超过 9/10 万的县市

省（区）	地区	县市	鼻咽癌三年平均年龄性别调整死亡率
广东	肇庆	四会	15.85
		德庆	12.32
		广宁	11.94
		封开	11.40
		肇庆	11.08
		罗定	9.99
		怀集	9.53
		新兴	9.48
		高要	9.38
	佛山	珠海	15.31
		斗门	12.32
		番禺	12.14
		佛山	11.69
		中山	11.11
		顺德	10.40
		高鹤	9.50
		江门	9.29
	广州	花县	12.35
	惠阳	东莞	9.33
	韶关	连南*	10.16
		始兴*	9.24
广西	南宁	凭祥*	11.14
	梧州	苍梧	10.74

*与其他县市不直接相连

表 3　五省（区）中鼻咽癌死亡率在四级梯度中的县市数目

省份	调查的县市数	年龄性别调整死亡率(/10 万人口)			
		>9	6~	3~	<3
广东	107	21	29	52	5
广西	85	2	18	38	27
湖南	103	0	12	54	37
福建	67	0	2	33	32
江西	91	0	0	21	70
合计	453	23	61	198	171

毗邻广东省的 17 个较高发县、市，与广东较高发地区的 39 个县市共 56 个县市组成一片高发地域（＞6/10 万）。这 17 个县市是：广西东部梧州地区的 8 个，玉林地区的 2 个，桂林地区 2 个，湖南南部零陵地区的 4 个，郴州地区的 1 个。

湖南西部的土家族苗族自治州与广东的较高发中心区域相隔较远，但该州的 10 个县市中有 6 个县的死亡率也在 6/10 万以上。

广东的三个高发地区其三年平均年龄性别调整死亡率（/10 万）为：肇庆 10.42、佛山 9.71、广州 8.94，而广东省内其他地区的死亡率均在全省平均值以下，死亡率最高的肇庆地区比最低的梅县地区高出三倍多（表 4）。

五省（区）中最高死亡率的县市分别是：广东肇庆地区四会县（15.85/10 万）；广西南宁地区凭祥市（11.14/10 万）；湖南零陵地区双牌县（8.34/10 万）；福建龙溪地区东山县（7.00/10 万）和江西赣州地区大余县（5.90/10 万）。五省（区）中死亡率最低的是广西河池地区环江县和湖南韶山县均为 0.37/10 万，与广东四会县比较，相差 42 倍。

表 4　广东省各地区鼻咽癌三年(1970－1972)平均年龄性别调整死亡率（/10 万）及占全部恶性肿瘤死亡的位次

地区	男	女	合计	占全部恶性肿瘤死亡位次数
肇庆	15.96	5.84	10.42	1
佛山	14.21	5.67	9.71	2
广州	12.03	4.82	8.94	3
惠阳	10.62	3.82	6.24	2
韶关	8.94	3.59	6.14	4
湛江	7.49	3.06	5.37	3
海南	8.01	2.63	5.15	4
汕头	6.13	2.59	4.31	4
梅县	5.62	1.96	3.44	5
合计	9.05	4.05	6.53	3

二、鼻咽癌的人群分布

1. 鼻咽癌在恶性肿瘤中所占位次和年龄分布：鼻咽癌在中国南方五省（区）恶性肿瘤死亡中所占位次是：在广东、广西占第3位；在湖南占第5位；在福建占第6位；在江西占第8位。死亡年龄高峰在50~60岁之间，死亡率较高的广东省与死亡率较低的江西省以及五省（区）的平均死亡率高峰均相近似（图1）。广东中山县的鼻咽癌死亡病例中，最小15岁，最大86岁，死亡年龄高峰亦在50~60岁之间。五省中死亡率最高的四会县，情况与中山县相同。

2. 鼻咽癌占恶性肿瘤死亡率第一位的县市中的男、女性鼻咽癌死亡率：南方五省中有17个县市，其鼻咽癌占全部恶性肿瘤死亡的第一位，其中14个县市分布在广东，3个在广西境内。17个县市，有7个位于广东肇庆地区。在广东的14个县市中，男性鼻咽癌死亡率除从化县外，均在10/10万以上。其中四会、珠海、佛山、广宁等县市的男性死亡率分别高达10万人口的26.26、21.03、20.58、20.35。广西的阳朔虽然鼻咽癌在该县居第一位，但平均死亡率则比较低（5.55/10万）。

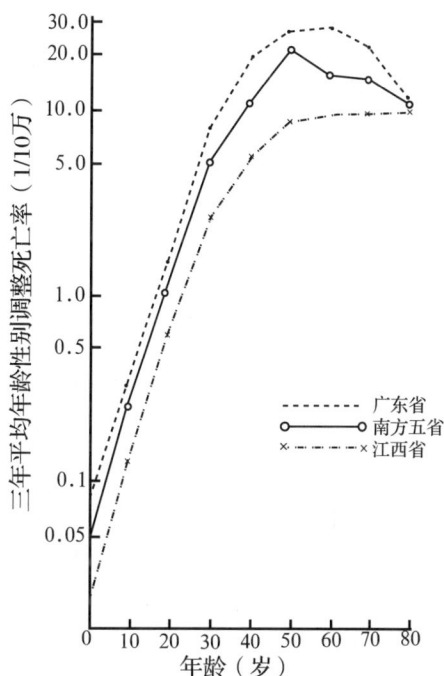

图1　中国南方五省（区）
鼻咽癌死亡年龄曲线

3. 水上居民的鼻咽癌死亡率：广东省是水上居民最集中的地方，水上居民鼻咽癌的三年平均年龄性别调整死亡率为22.36/10万。同时发现在水上居民一向聚集较多的县市，现在鼻咽癌死亡率也都较高，这些县市是佛山地区的珠海（15.31），斗门（12.32），番禺（12.14），佛山（11.69），顺德（10.40），新会（8.23），南海（8.09）；肇庆地区的德庆（12.32），封开（11.40），肇庆（10.08），郁南（8.81），以及惠阳地区的东莞（9.33）。

4. 国内移居外地居民的鼻咽癌死亡率：调查了广州市的广东籍与非广东籍人鼻咽癌死亡率发现，定居广州市东山区超过五年的10岁以上的非广东籍人比广东籍居民的鼻咽癌死亡率为低；前者为3.64/10万，后者为10.90/10万。标准化死亡率比（SMR）为31%，统计学上有非常显著意义。而迁居上海的广东籍人比其所在的虹口区当地居民的鼻咽癌死亡率为高；前者为7.1/10万，后者为2.7/10万。SMR为228%，统计学上有显著意义，但上海市虹口区的广东籍人与广州市东山区的广东居民的鼻咽癌死亡率虽有相差，在统计学上都无显著意义。

三、鼻咽癌发病、死亡情况的动态观察　广东省中山县1970—1975年的鼻咽癌登记资料表明了6年来其发病率浮动于12.98/10万~14.95/10万之间，平均为14.68/10万（男性20.73/10万，女性8.66/10万），男女之比为2.39:1。死亡率为10.31/10万~14.32/10万之间。平均为12.46/10万。（男性17.48/10万，女性7.44/10万），男女之比为2.34:1，6年来没有显著的波动（表5）。而同期内中山县肺癌则由1970年的3.70/10万，上升至1975年的8.30/10万。

表5 广东省中山县1970－1975年鼻咽癌发病率及死亡率（/10万）

年份	发 病 率（%）			死 亡 率（%）		
	男	女	合计	男	女	合计
1970	19.86	8.69	14.24	13.54	7.13	10.31
1971	26.72	9.40	18.02	16.56	8.31	12.41
1972	20.61	8.96	14.74	18.22	7.27	12.69
1973	17.52	8.91	13.20	17.74	6.58	12.13
1974	22.40	7.55	14.95	18.81	6.71	12.73
1975	22.40	8.49	12.98	19.97	8.70	14.32
合计	20.73	8.66	14.68	17.48	7.44	12.46

四、EB病毒血清流行病学调查结果 在由中山、广州、陆丰、五华和北京市收集的2300份正常人血清中，EB病毒补体结合抗体阳性（≥1∶10）者2080份，占总数的90.4%；高滴度抗体（≥1∶320）283份，占12.3%；抗体的几何平均滴度为1∶52.8。各组人群血清EB病毒抗体的阳性率都较高，由87%至94%，差异不大，且抗体阳性率在3～5岁时均已达90%～100%。若按年龄分组，将各地人群抗体的几何平均滴度绘制成曲线图（图2），则可见各地人群EB病毒补体结合抗体水平于3～5岁时已达高峰，且除五华、陆丰组较低外，其余三组的抗体水平十分接近。以后随年龄升高而抗体水平骤降，20～49岁期间保持相对稳定水平，在50～59岁又见略有提升。由于鼻咽癌多发于20岁以上年龄，而图3显示，20岁以上人群抗体水平在高发区（广州、中山县组）与低发区（北京、五华、陆丰组）之间有较大差异，而在高发或低发的两组之内，抗体水平则十分接近，故进行了参照单位分析处理。图3显示，高或低发区内抗体水平无差异，而高低发区之间确有显著差异。

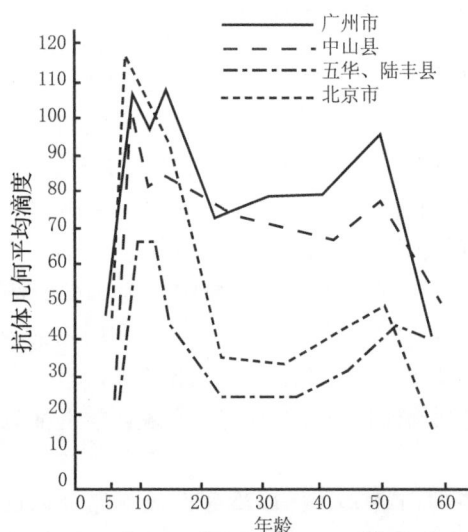

图2 鼻咽癌高低发不同年龄组人群EB病毒补体结合抗体的几何平均滴度比较

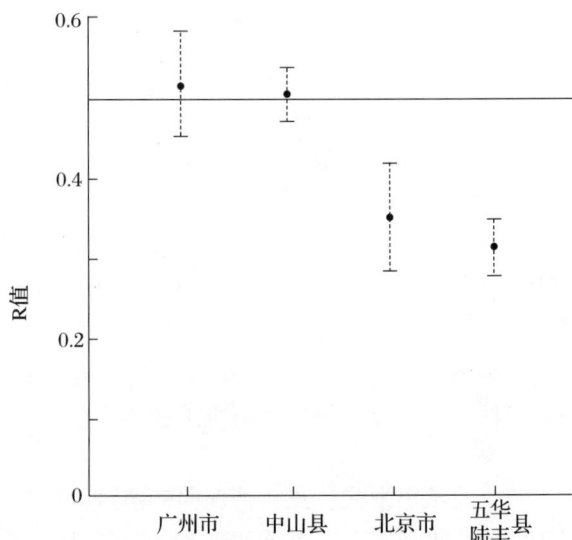

图3 各地区20岁以上人群血清EB病毒补体结合抗体的平均R值及其95%可信区间

五、鼻咽癌病人的 EB 病毒免疫球蛋白 G 和 A（IgG 和 IgA）抗体的测定　采用间接免疫荧光法，检查了 746 份血清的 EB 病毒特异性 IgG 和 IgA 抗体，其中包括鼻咽癌治疗前病人血清 305 份，头颈部其他恶性肿瘤病人血清 58 份，其他部位恶性肿瘤病人血清 265 份和正常人血清 118 份。结果见表 6。鼻咽癌放疗前病人的抗 EB 病毒早期抗原的 IgG 抗体（简称 EA - IgA）的阳性率为 96%，几何平均滴度为 1∶227；抗 EB 病毒壳抗原的 IgA 抗体（简称 VCA - IgA）的阳性率为 81.3%，几何平均滴度为 1∶13.8，而 323 例其他恶性肿瘤病人和 118 例正常人的血清中这两种抗体的阳性率低于 6%，其几何平均滴度分别为 1∶1.25 ~ 1∶1.46。鼻咽癌放疗前病人的 EA - IgG 和 VCA - IgA 抗体的阳性率和几何平均滴度显著高于其他恶性肿瘤病人和正常人。鼻咽癌病人的 VCA - IgA 抗体水平随病人存活时间的延长而逐渐下降，在放疗后 4 ~ 8 年者仅 30% 阳性，几何平均滴度亦很低为 1∶28，当鼻咽癌复发或远处转移时则阳性率和几何平均滴度又回升到 78.4% 和 1∶16.27。这些结果表明 EB 病毒与鼻咽癌的关系是十分密切的。

表 6　鼻咽癌病人、其他恶性肿瘤病人和正常人的 EB 病毒特异性 IgG 和 IgA 抗体反应对比

组　　别	标本数	EA - IgA 抗体		VCA - IgA 抗体	
		阳性例数（%）	几何平均滴度	阳性例数（%）	几何平均滴度
疗前	76	73（96.0）	1∶22.72	63（81.5）	1∶13.81
疗中	36	32（88.8）	1∶16.81	25（69.4）	1∶11.66
疗后一年内	82	73（89.0）	1∶18.69	58（70.7）	1∶8.73
疗后 1 ~ 4 年	44	35（75.0）	1∶12.66	23（52.2）	1∶5.58
疗后 4 ~ 18 年	30	22（73.3）	1∶9.50	9（30.0）	1∶2.80
复发或转移	37	34（91.8）	1∶17.87	29（78.4）	1∶16.27
其他头颈部肿瘤	58	3（5.1）	1∶1.46	0（0）	1∶1.25
其他部位肿瘤	265	15（5.6）	1∶1.39	6（2.3）	1∶1.29
正常人	118	1（0.9）	1∶1.25	0（0）	1∶1.25

讨　　论

一、鼻咽癌发病率明显地集中的地区性　调查结果表明了我国南方五省（区）的 453 个县市虽然都发现有鼻咽癌病例，但是较高发的中心相对地集中在广东省中部的肇庆（10.42/10 万），佛山（9.71/10 万）和广州（89.4/10 万）三个地区，以及韶关、惠阳、湛江地区部分县和邻省广西的梧州、玉林、桂林地区，湖南的零陵、郴州地区的一部分县。在这一地域，死亡率高于 6/10 万的县市共 56 个，连成一片。在广东省的这三个高发区内，不仅全部 28 个县市的三年平均鼻咽癌死亡率都超过全省的平均值（6.58/10 万），其中四会县的男性死亡率高达 26.26/10 万。有意义的是，广西、湖南、福建、江西等省中，与广东相邻近的县市，大多数鼻咽癌死亡率相对较高，因而表现出以广东中部高发区为中心逐渐向外减低的趋势。但必须指出，有不少高发（ > 9/10 万）及较高发（6/10 万 ~ 9/10 万）的

县市散发于五省范围内，与高发中心并不相连。特别如湘西土家族苗族自治州远离广东中部，另成一个较高发的区域。

广东省肇庆地区的封开、郁南、德庆、高要和肇庆等五县市均处于珠江流域的主河流——西江的岸边，为了比较沿江岸的城镇，公社与位于山区的城镇、公社之间的鼻咽癌死亡率有无差异，分别计算了二者的数值。结果沿江者为 10.03/10 万，山区为 9.66/10 万，其间没有明显的差别。

为了阐明鼻咽癌高度集中的地理分布是否与该地区的环境因素有关，我们正在不同地区采集食物，水样，岩石，泥土等样本进行分析、比较的研究。

二、部分人群的易感现象

1. 居住在上述鼻咽癌高发区内的居民是以广州方言为主的，并且当其移居上海后，仍然保持着远较当地居民为高的发病率。据国外资料，移居新加坡的属于广州方言系统的华侨（以广东的中山、宝安县为多），共鼻咽癌发病率在男性为 29.1/10 万，女性为 11.0/10 万，与以广州方言为主的中山县近似：中山县 1970－1975 年平均男性鼻咽癌发病率为 20.72/10 万，女性为 8.66/10 万。

2. 在广东省内，以闽南方言为主的汕头地区居民的鼻咽癌三年平均死亡率为 4.31/10 万；以客家方言为主的梅县地区居民为 3.44/10 万；虽然这些数值比北方省较高，但都明显低于广州方言为主的肇庆、佛山和广州地区。在广西较高发的梧州地区的居民也是以广州方言为主的。

3. 水上居民是最早定居于我国南方并以广州方言为主的居民之一，主要分布在珠江三角洲一带。经过一段历史时期已逐渐与汉族融合，目前大多数移居陆地。但从现在能收集到的水上居民数字来看，其鼻咽癌死亡率却高达 22.36/10 万。

4. 调查中发现了个别的高癌家族，如广东佛山地区南海县叶氏一家为最突出的例子，在两代 49 人中有鼻咽癌 9 例；乳腺癌 1 例。9 例鼻咽癌中女性占 5 例。

5. 在湖南省发现一对双生兄弟，两年内先后罹患鼻咽癌。经血型，血清蛋白以及血液淋巴细胞染色体检查分析证明，该双生兄弟是同卵双生子。兄弟俩从 16 岁起即在湖南省内分居两地，并曾于一年内先后患输尿管结石症。

以上事实提示，遗传因素在鼻咽癌发生上可能起一定的作用，特别是使用广州方言的人群是否对鼻咽癌较易感的问题，值得进一步研究。当然，这个问题是相当复杂的。因为在广州方言区以外仍有不少较高发县市其居民是使用客家或闽南方言的；湘西的土家族苗族自治州和广东的连南，乳源瑶族自治县则属于苗瑶语范围。这些语系的居民的鼻咽癌死亡率比之国内外许多地区居民也都是比较高的。使用以上的几种语言的居民之间是否存在着一定的联系，尚等研究。例如，在非洲人和欧洲人中，也有鼻咽癌病例的发现（尽管发病率较低）。

至于人群对化学的或病毒的致癌因子较高的易感性的病理生理学、生物化学或免疫学基础如何仍有待进一步研究。

三、EB 病毒感染与鼻咽癌发病率及病情发展的关系 从正常人群 EB 病毒补体结合抗体测定结果看来，可见高发区内 20 岁以上正常人群抗体水平高于低发区的人群。这似乎提示了 EB 病毒抗体滴度与发病有平行的关系。另一方面，关于抗 EB 病毒 EA 的 IgA 以及抗壳抗体（VCA）的 IgA 的研究，表明了在放射治疗前的鼻咽癌病人，这些抗体的阳性率和滴度显著高于其他恶性肿瘤病人和正常人。放射治疗后，上述免疫球蛋白滴度下降；在复发或转移时，再度上升。这都反映了 EB 病毒与鼻咽癌的存在和发展有平行关系。但 EB 病毒在鼻咽癌病因学中的地位仍未明确，它与环境因素及遗传因素之间的关系仍待进一步研究。

四、发病年龄问题 鼻咽癌在我国南方——特别是广东省虽然多见，但儿童期病例却较少。在广东省中山医学院附属肿瘤医院 1964－1974 年共收治确诊的16 536例鼻咽恶性肿瘤中，14 岁以下的鼻咽癌患者仅 19 例（0.11%）；而在辽宁省，沈阳医学院 1957－1973 年内收治的 839 例中，却有 41 例（4.8%）14 岁以下的儿童期患者。目前在我国，10 岁以下的鼻咽癌病例大多数不是广东省报道的。Commoun 收集了突尼斯 1969 年 3 月至 1974 年 12 日发生的 485 例鼻咽癌，其中 82 例（17%）为儿童及青年期患者（0～19 岁），该作者认为这是中等发病率国家（乌干达、突尼斯、肯尼亚和苏丹）的特点。为什么在高发区内青少年鼻咽癌反而少见？这一特殊现象有待进一步调查研究。

五、致癌因素的相对稳定性 广东省中山县 1970－1975 年六年来对全部恶性肿瘤的动态观察，反映了肺癌显著增加的倾向（6 年内发病率增加了 2 倍多），而鼻咽癌的发病率却没有明显的变化。广州市越秀区鼻咽癌的死亡率在 1964－1965 年为 7.13/10 万，1972－1974 年为 7.91/10 万，10 年来变化不大。上海市鼻咽癌死亡率 1963 年为 1.13/10 万，1975 年为 1.54/10 万，13 年内也没有明显的增减。

综合以上调查的结果，可以看出鼻咽癌的发病不仅有明显的地区性，并且突出的高发于以广州方言为主的人群中，同时还显示了与 EB 病毒的感染有关。因此，在世界如此辽阔的地域上，在使用各式各样语言种类繁多的民族中，鼻咽癌为什么却特殊地与广东的地理分布和广州方言的人群有较密切的联系？这将是鼻咽癌病因研究中很有意义的课题。现有的资料显然提示了鼻咽癌的发病因素是多方面的，并且相对稳定地存在于自然界中。我们认为，在大多数癌瘤的病因中，环境因素无疑地起着重要的作用，而对鼻咽癌来说，则在研究化学，地质，地理等外环境因素的同时，还必须对病毒因素以及高发人群的历史，语言、习俗、体质特征，免疫状态，遗传基因等多方面作深入的调查研究，才能找到各种因素在引起鼻咽癌发生中相互作用的关系。

（参考文献：原文略）

〔原载《肿瘤防治研究》1978，3：24－32〕

21. 人体鼻咽癌上皮样细胞株和梭形细胞株的建立

中国医学科学院肿瘤研究所病毒室，放射科，细胞生物室
中国医学科学院流行病研究所肿瘤组
中山医学院电子显微镜室，微生物教研组，肿瘤研究所病因研究室

〔摘 要〕 从一例诊断为高分化鳞癌病例的鼻咽部肿物的活检组织中，建立了上皮样细胞株和梭形细胞株，根据细胞的生长特性，染色体分析，异种移植和电子显微镜观察等结果，证实这两株细胞为鳞癌细胞，梭形细胞可能来源于上皮样癌细胞，细胞培养过程中出现大量圆细胞，经过一年多的培养未能获得类淋巴母细胞株，对这两株细胞进行了电子显微镜和间接免疫荧光检查，均未发现类疱疹病毒或其他病毒颗粒，也未发现病毒的早期抗原或壳抗原。

Old 等[1]首先用免疫扩散试验证明 EB 病毒和鼻咽癌的血清学关系，随后其他作者用间接免疫荧光技术证明鼻咽癌病人有 EB 病毒的多种抗体，而且抗体的种类和滴度与肿瘤的发展有关[2-8]；在鼻咽癌的恶性上皮细胞中可以找到 EB 病毒的脱氧核糖核酸（DNA）和核抗原（EBNA）[9-16]。这些结果表明 EB 病毒与鼻咽癌的关系是十分密切的。

为了研究 EB 病毒与鼻咽癌的关系，国外早就试图建立鼻咽癌体外培养的上皮细胞株，但迄今尚无成功的报道[16-18]。鼻咽癌是我国的重点恶性肿瘤之一，我们对鼻咽癌的病毒和病因进行了研究，1975 年 8 月，我们从同一例鼻咽癌病人的活检组织成功地建立了鼻咽癌上皮样细胞株和梭形细胞株。在体外培养了一年半，传了 80 多代，并获得了这两个细胞株的纯系培养，本文报道了这些细胞株的建立及其特性。

材料和方法

一、癌组织来源 病人王××，女，58 岁，籍贯吉林省，中国医学科学院肿瘤研究所住院号 2382××，1975 年 8 月 13 日患者因头痛、耳鸣、鼻衄等症状来院就诊，临床检查鼻咽部有菜花样肿物，肿瘤已侵犯颅底和颅神经（Ⅲ，Ⅳ，Ⅵ，Ⅸ，Ⅻ），双颈淋巴结转移，诊断为鼻咽癌，X 线诊断为鼻咽后壁软组织肿物符合鼻咽癌，颅底像见左侧翼状突外板可疑骨质破坏，鼻咽部肿物作活检，病理诊断为高分化鳞癌（图1）。

二、癌组织体外培养 鼻咽部肿物活检材料经抗生素（每毫升含青霉素 500U 和链霉素 500 μg）在 4℃处理 1 h，Hanks 溶液洗 2 次，剪成 1～2 mm³ 小块，用毛细吸管将组织块铺于预先用大鼠尾腱胶元涂过的培养瓶壁上，加入培养液于对侧瓶底，在 37℃ 和 5% CO_2 温箱放置 3 h，然后轻轻翻转培养瓶，使培养液盖过组织块，培养液为 RPMI 1640 含 40% 小牛血清，每毫升培养液含青霉素 100 U 和链霉素 100 μg，每周换液 2 次，待上皮细胞生长成大片后，用胰酶：乙二胺四乙酸二钠（0.25%：0.2%）分散传代。

结　果

一、细胞株建立的过程及其特性

1. 细胞株建立的过程：在培养后第 10 天，5 瓶组织培养中的 2 瓶，各有一块组织的周边出现上皮样细胞生长，随后细胞片继续扩大，曾多次用胰酶：乙二胺四乙酸二钠（0.25%：0.02%）在 37℃ 处理部分细胞片数分钟，细胞不易分散，或用毛细吸管刮取小片细胞，将胰酶分散的细胞，或刮取的细胞接种于培养瓶，有少量细胞虽能贴瓶，但形态不好，逐渐退变。原瓶中刮下的空隙，不久后被新生的上皮细胞所填满。培养 4 个月后，用胰酶：乙二胺四乙酸二钠（0.25%：0.2%）处理细胞，接种分散的细胞于培养瓶，细胞能继续生长，以后每周传代一次。细胞形态为上皮样，核大小不等（图 2）。在第 12 代时（培养后的 6 个月），在上皮样细胞培养中发现有少量梭形细胞（图 3）。在有的培养瓶中，梭形细胞逐渐增加。在接种少量的培养瓶中，有的全为上皮样细胞，有的全为梭形细胞。选择全为上皮样的细胞传代，

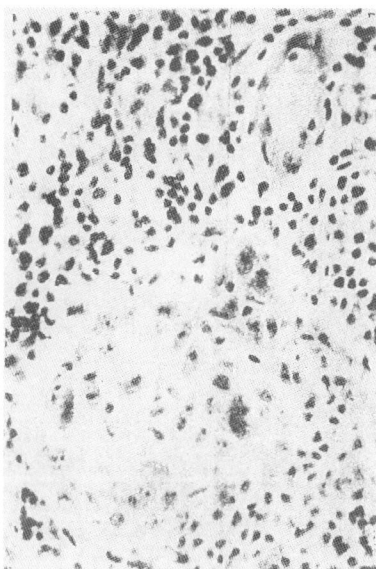

图 1　鼻咽癌病人王某鼻咽部肿物活检组织切片 HE 染色（×200）

称 CNE 细胞株，全为梭形的细胞传代，称 CNF 细胞株。CNE 细胞株容易形成空泡，不传代的老细胞，在显微镜下可见到有些细胞的胞质突出，然后脱落成死细胞，还有多核巨细胞。在这二株细胞，特别是 CNF 细胞的单层或多层细胞上有很多圆形细胞，核大、浆少。在培养液中也有大量圆的脱落细胞，将培养液

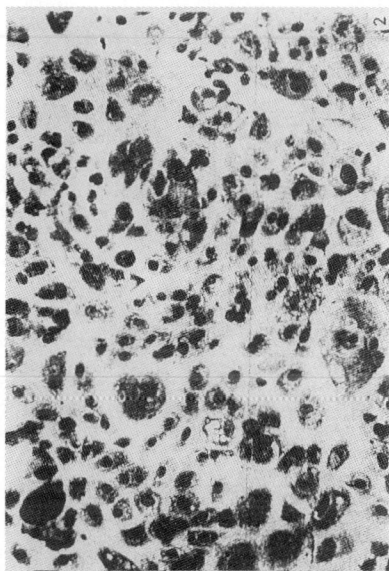

图 2　鼻咽癌上皮样细胞株第 7 代 Giemsa 染色（×100）

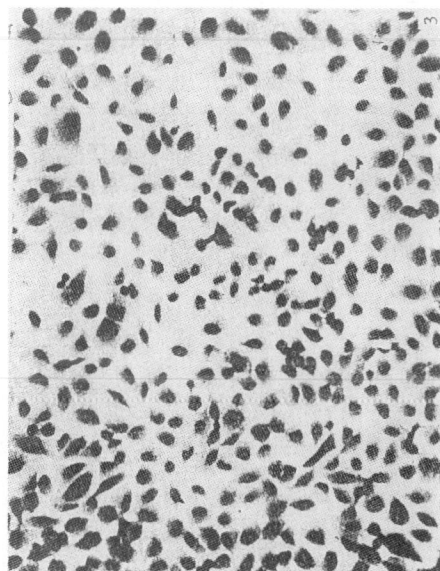

图 3　鼻咽癌上皮样细胞株第 12 代 Giemsa 染色（×50）

中的悬浮细胞接种于培养瓶，细胞仍能贴瓶，生长出原来的上皮样细胞或梭形细胞，将CNE，CNF 细胞和这二株细胞的脱落细胞培养成单层后，不传代，每周换液 2 次，继续培养7 个月，未能得到类淋巴母细胞株。在培养过程中未见到肿瘤组织培养中常见的成纤维细胞生长。

将 CNE 和 CNF 细胞经胰酶：乙二胺四乙酸二钠（0.25%：0.2%）处理，分散成单个细胞，每平皿接种 5 ml 培养液，分别含 40，20，10 个细胞，在 5% CO_2，37℃温箱培养 10 d，从最高稀释度挑选典型的上皮样细胞和梭形细胞克隆（Clone）（图 4，5），用毛细管刮下培养。此法重复一次，所得的上皮样细胞和梭形细胞分别称为 CNEC 和 CNFC 细胞株（图 6，7）。胰酶：乙二胺四乙酸二钠（0.25%：0.02%）对 CNE，CNEC 和 CNF，CNFC 细胞的作用

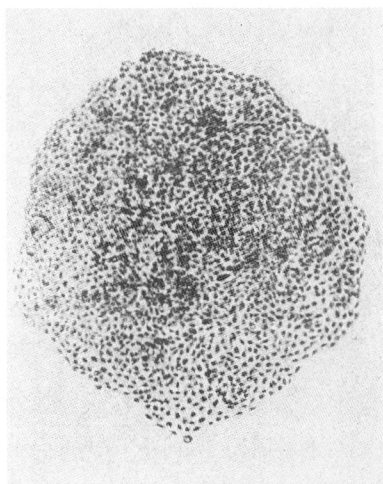

图 4 鼻咽癌上皮样细胞株（CNE）的
克隆（Clone）Giemsa 染色（×20）

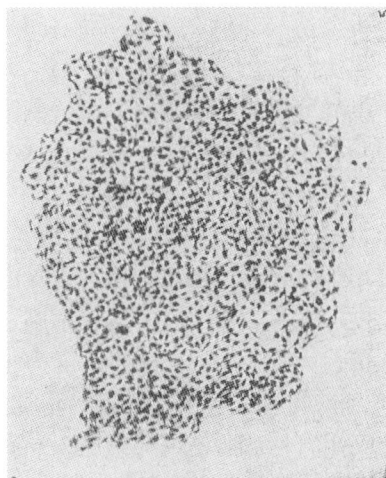

图 5 鼻咽癌梭形细胞株（CNF）的
克隆（Clone）Giemsa 染色（×20）

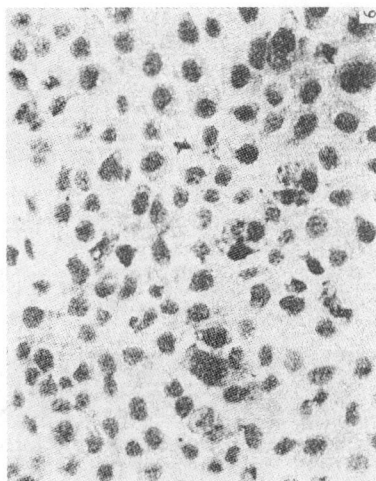

图 6 鼻咽癌上皮样细胞株（DNEC）
Giemsa 染色（×100）

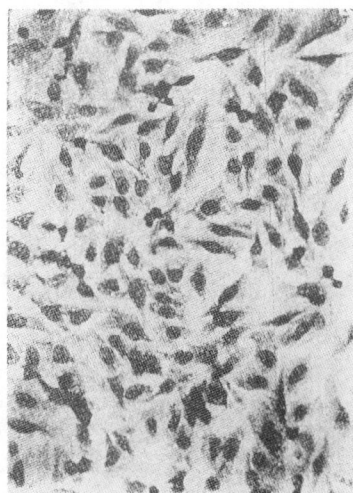

图 7 鼻咽癌梭形细胞株（CNFC）
Giemsa 染色（×100）

效果不一致，前两者较难分散成单个细胞，后两者容易分散，如将乙二胺四乙酸二钠浓度增加至 0.2%，则前两者亦容易分散成单个细胞（表 1）。

表 1　鼻咽癌上皮样细胞和梭形细胞的某些特性

细胞株	形态	胰酶：Versene (0.25%：0.01%)	饱和密度 ×10⁵/cm²	克隆形成率（%）	刀豆球蛋白 A	动物接种	染色体	电子显微镜观察		免疫学检查	
								细胞	EB 病毒	补体结合抗原	EA 或 VCA 抗原
CNE	上皮样	较难分散	2.13	22	+	低分化鳞癌	非整倍体	鳞癌	-	-	-
CNEC	上皮样	较难分散			+		非整倍体				-
CNF	梭形	较易分散	2.26	58	+	低分化鳞癌	非整倍体	鳞癌	-	-	-
CNFC	梭形	较易分散			+		非整倍体				-

注：Versene – 乙二胺四乙酸二钠；EA – EB 病毒早期抗原；VCA – EA 病毒壳抗原

2. 细胞生长曲线、饱和密度和细胞克隆形成率：用胰酶：乙二胺四乙酸二钠分散细胞，每瓶 3.5 ml 培养液含 10 万个细胞，在 37℃ 中培养，每 3 d 换液和计数一次，细胞数为二瓶细胞的平均数，比较培养液中血清的不同含量和 5% CO_2 对细胞培养的影响。CNE（19 代）和 CNF（5 代）细胞的生长曲线见图 8，培养液含 40% 和 20% 小牛血清，CNE 和 CNF 细胞的生长曲线相似，细胞生长旺盛，呈直线上升，在第 6～9 d 达高峰，为原接种量的 20 多倍。在含 5% 小牛血清中培养，细胞生长较慢，细胞数较少，但亦能长成单层，第 12 天的细胞为接种细胞的 14～15 倍，在有或无 CO_2 的温箱中，细胞生长曲线亦相似。

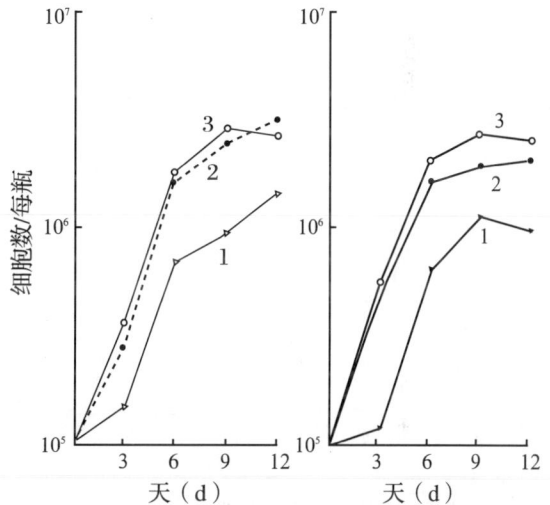

1. 5% 牛血清，2. 20% 牛血清，3. 40% 牛血清
图 8　鼻咽癌梭形细胞株（左图）与鼻咽癌上皮样细胞株（右图）的生长曲线

细胞饱和密度为细胞生长达高峰后 3 d 的每平方厘米的细胞数，CNE 和 CNF 细胞在第 6～9 d 已达高峰，计数第 12 d 的细胞数，结果见表 1。CNE 细胞的饱和密度为 $2.13 \times 10^5/cm^2$，CNF 细胞为 $2.26 \times 10^5/cm^2$。

经胰酶：乙二胺四乙酸二钠分散的细胞，接种于 6 cm 直径的平皿，每平皿 5 ml 培养液中含 200 个细胞，在 5% CO_2，37℃ 温箱中培养 10 d，用生理盐水洗 3 次，甲醇固定 10 min，Giemsa 染色，计数每 5 个平皿的平均克隆数。结果见表 1，CNE 和 CNF 细胞的克隆形成率分别为 22% 和 58%，CNE 细胞的克隆大小较一致，边缘较整齐，为上皮样细胞，CNF 细胞的克隆大小较不一致，边缘较不整齐。

3. 刀豆球蛋白 – A 凝集试验：将接种含 2×10^5 细胞的 3 ml 培养液于培养瓶中（37℃）培养 24 h，用无钙镁离子的磷酸缓冲液洗 2 次，然后用 0.02% 的乙二胺四乙酸二钠分散细胞，经磷酸缓冲液洗一次后，再将细胞悬浮于含钙镁离子的磷酸缓冲液中，每毫升溶液含 4×10^5 细胞。

用磷酸缓冲液稀释刀豆球蛋白－A，0.1 ml 不同浓度的刀豆球蛋白－A 在试管内与等量的细胞悬液混合，室温放置 30 min，用倒装显微镜观察结果，根据细胞凝集的程度记录为＋—＋＋＋＋。四个细胞株均能被 4 μg 以上的刀豆球蛋白－A 所凝集（表1），随着刀豆球蛋白－A 浓度的增加，细胞凝集块越大。

4. 染色体分析：在对数生长期的 CNE（51 代），CNEC（20 代），CNF（34 代，38 代）和 CNFC（16 代）细胞，经秋水仙素（0.02 μg/ml）处理 2~4 h 后，制成染色体涂片，用 Giemsa 溶液染色，在显微镜下检查 100~200 个细胞中期相，同时记录染色体畸变，从图 9 可见 CNEC 和 CNF 细胞株的染色体数目范围较分散，多集中在亚三倍体和亚四倍体之间，染色体数目超过 100 的亦常见，但无明显的干系。CNE 细胞株的染色体主要集中在超三倍体和亚四倍体之间，干系细胞为 80 个染色体。CNFC 细胞株的染色体数目较分散，多集中在亚三倍体和超三倍体之间，干系细胞为 70 个染色体。

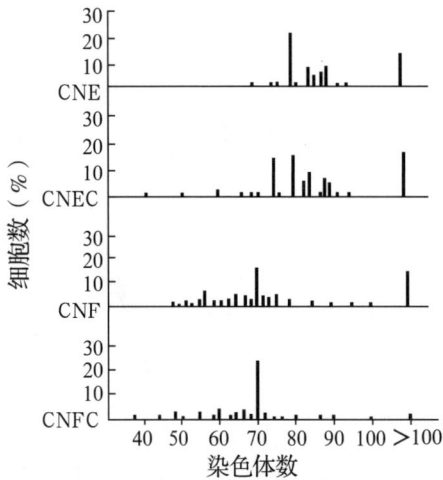

图9　鼻咽癌 4 个细胞株的染色体数目分布的比较

表2　鼻咽癌细胞株的染色体结构畸变

细胞株	类型与（%）						
	双着丝点	三着丝点	四着丝点	断片	微小体	碎裂	多种畸变细胞
CNE	5	0	0	2	3	0	0
CNEC	2	0	0	2	3	1	1
CNF	22	0.5	0.5	7	2	2	2
CNFC	54	0	0	11	4	0	0

表2 为四株细胞出现各种类型的染色体畸变，如双着丝点、多着丝点、断片，微小体和碎裂等，在个别细胞中还可见到多种类型的畸变（图10）。CNF 细胞株的畸变以双着丝点染色体为最多，占 22%。CNFC 细胞株的畸变为双着线点，断片和微小体三种，其中双着丝点染色体出现的频率很高，为 54%，为什么不稳定的畸变染色体在 CNF 和 CNFC 细胞株出现的频率这么高？这是值得进一步研究的。

5. 异种移植：用家兔抗大鼠淋巴细胞血清作免疫抑制剂，抗血清的凝集效价为 1∶640 以上。大白鼠乳鼠生后 48 h 接种 CNE（33 代）和 CNF（19 代）细胞悬液，每只乳鼠背部皮下注入 0.1 ml，含 1×10⁶ 细胞，在接种细胞的同时和接种后的第 3，5 和

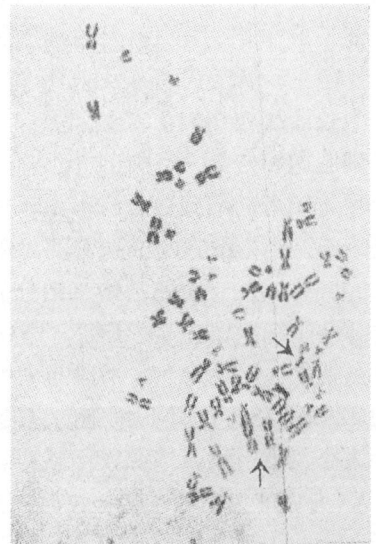

图10　鼻咽癌梭形细胞株（CNE）具有一个双着丝点染色体及一个断片的染色体

8 天，腹腔注射抗淋巴细胞免疫血清 0.4 ml，第 11 天接种 CNE 细胞的 9 只动物中，7 只有皮下结节，接种 CNF 细胞的 8 只动物，全有皮下结节，直径约 0.5～0.7 cm，动物处死作病理切片检查，诊断为低分化鳞癌（图 11，12）。

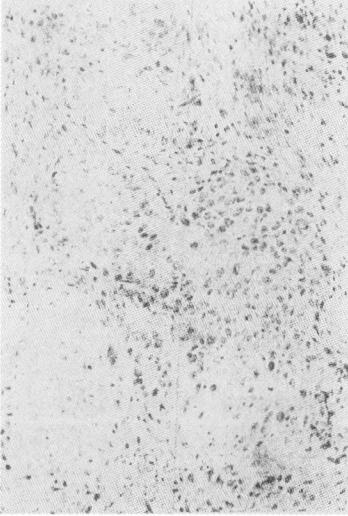

图 11　鼻咽癌上皮样细胞株（CNE）
33 代接种于初生大鼠的组织切片（×60）

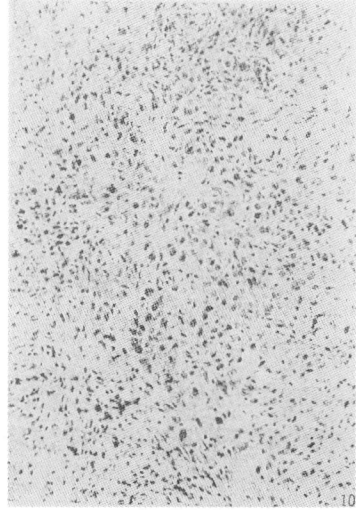

图 12　鼻咽癌梭形细胞株（CNF）
19 代接种于初生大鼠的组织切片（×60）

　　6. 电子显微镜观察：CNE 和 CNF 细胞长成单层后，刮下用戊二醛及锇酸作前后固定，以苯二甲酸二丙烯酯包埋，电子显微镜观察可见 CNE 细胞具有典型的鳞状化细胞特征，表现为细胞相互接触处出现桥粒，胞质内有张力原纤维及膜包颗粒（Membrane coating granule），个别细胞尚可见透明质酸颗粒（图 13）。CNF 细胞具有多形性，部分细胞有上皮细胞特征，但没有 CNE 表现明显，细胞接触处有微小桥粒外，个别细胞内有微小的张力原纤维丝，细胞核浆比例较大，胞质内粗内质网，游离核糖体及线粒体较多，核染色质成小颗粒状分布，常见巨大核仁，有些细胞尚难确定性质，因此暂认为上述细胞是较低分化的上皮细胞（图 14）。

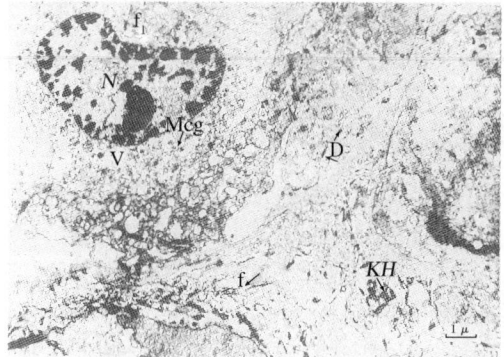

D：桥粒，f：张力原纤维，f₁：张力原纤维丝

KH：透明角质颗粒，Mcg：膜包颗粒，V：液泡

图 13　鼻咽癌上皮样细胞（CNE）38 代（×2500）

　　值得注意的是，在 CNE 上皮细胞间，偶见一些圆形细胞，从形态结构看缺乏上皮细胞特征，相反其胞质核糖体较丰富，核浆比例较大，有多个巨大液泡，其形态极似我们在鼻咽癌组织培养中建立的类淋巴母细胞的特征（图 15）。

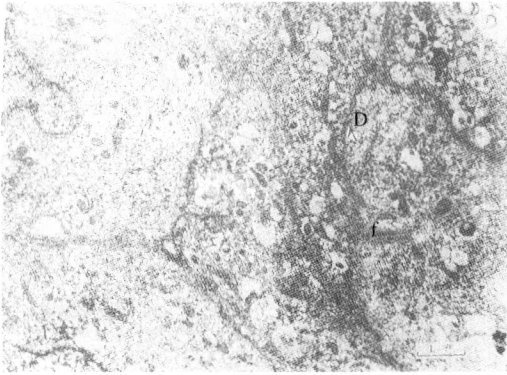

D：桥粒，f：张力原纤维

图 14 鼻咽癌梭形细胞株

（CNF）24 代（×7000）

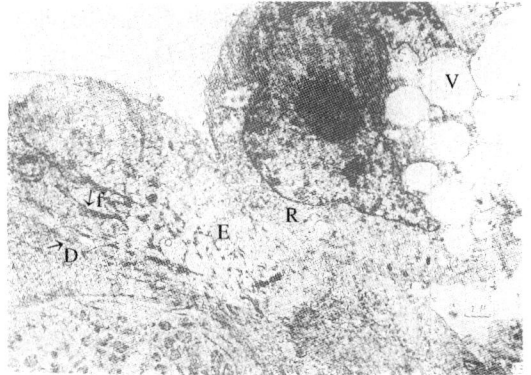

D：桥粒，f：张力原纤维，R：核糖体，V：液泡

图 15 鼻咽癌上皮样细胞株

（CNE）38 代（×39 000）

CNE 和 CNF 细胞，经含 5 碘脱氧尿核苷（IUDR 30 μg/ml）的培养液处理 1 d，再换以新鲜培养液培养 3 d，作电子显微镜观察，在核内或胞质内，均未发现类疱疹病毒或其他病毒颗粒（表 1）。

7. EB 病毒抗原性检查

（1）补体结合试验：用巴比妥磷酸缓冲盐水将 CNE 和 CNF 细胞制成 5% 细胞悬液，细胞经过超声波振荡器打碎和每分钟 27 000 g 离心 30 min，上清液作抗原，与鼻咽癌病人阳性血清做微量补体结合试验，结果均阴性（表 1）。

（2）间接免疫荧光试验：CNE，CNEC，CNF 和 CNFC 细胞培养于小盖片上，经两种方法处理。①用含 5 碘脱氧尿核苷（IUDR50 μg/ml）的培养液处理 6 d，第 3 d 时换液一次。②用含 5 碘脱氧尿核苷（70 μg/ml）的培养液处理 1 d，换以新鲜培养液再培养 3 d。

细胞用冷丙酮固定 10 min，以鼻咽癌病人的阳性血清作间接免疫荧光试验。经多次试验，在经 5 碘脱氧尿核苷处理或未处理的细胞核和细胞质中，均未发现有 EB 病毒的早期抗原或壳抗原（表 1）。

讨 论

从一例鼻咽癌病人的鼻咽癌肿物的活检组织中，建立了上皮样细胞株和梭形细胞株。根据细胞生长的特性、染色体分析、异种移植和电子显微镜观察等结果，证实上述二株细胞为鳞癌细胞。在上皮样细胞培养 12 代前，未见到梭形细胞，梭形细胞株移植至动物形成鳞癌，电子显微镜观察梭形细胞亦发现有上皮细胞的特征，因此梭形细胞可能来源于上皮样癌细胞，细胞培养过程中，在单层或多层细胞上，可见到大量圆形细胞，并脱落到培养液中，这些细胞接种到新瓶，能长出原来的上皮样细胞或梭形细胞，这种现象在其他癌细胞培养中少见，鼻咽癌病人来院就诊时，很多都有颈淋巴结转移，这可能与组织培养所见到的相似，癌细胞容易从原发灶脱落而转移。本实验室没有其他上皮样癌细胞株，因此完全可以排除实验室其他细胞株污染的可能性。

鼻咽癌上皮样细胞株和梭形细胞株，不论是否经过 5 碘脱氧尿核苷的处理，均未见到类疱疹病毒或其他病毒颗粒，也未发现 EB 病毒的早期抗原或壳抗原。这些细胞株是从一例诊断为高分化鳞癌病例的活检组织建立的，这可能与 Klein 等[14]的报告相似，他们未能在无胸腺移植的人体鼻咽的高分化鳞癌细胞中发现 EB 病毒的核酸或核抗原。但 Liong 等[19]报告鼻咽癌在发展过程中，其组织类型常按一定的次序改变，即由高分化癌变为低分化癌，由低分化癌变为未分化癌，甚至在同一肿瘤的活检组织切片中也有不同的类型。从鼻咽癌的低分化癌细胞中常发现有 EB 病毒的核酸或核抗原[14,15]，而 CNE 和 CNF 细胞接种于动物能形成低分化癌，因此需要进一步研究这些细胞株是否带有 EB 病毒的核酸或核抗原。

鼻咽癌细胞株的建立不仅可用于研究鼻咽癌与 EB 病毒的关系，还可研究鼻咽癌的细胞免疫和体液免疫，发病机理和筛选抗癌药物等，我们建立的细胞株已被应用于这些工作中。

〔原载《中国科学》1978，1：113－118〕

参 考 文 献

1 Old L T, et al. Proc Nat Acad Sci (USA), 1966, 56: 1699

2 de Schryvei A, et al. Clin Exp Immunol, 1969, 5: 443

3 Henle W, et al. In Comparative Leukemia Research ed: Dutcher R M. Karger, Basel, 1969, 706

4 Henle G, et al. Int J Cacner, 1971, 8: 272

5 Henle W, et al. Cancer Res, 1973, 33: 1419

6 Henle W, et al. J Nat Cancer Inst, 1973, 51: 361

7 Henderson B E, et al. Cancer Res, 1974, 34: 1207

8 de－Thé G, et al. Int J Cancer, 1975, 16: 713

9 Zur Hausen H, et al. Nature (London), 1970, 228: 1056

10 Zur Hauscn H, et al. Int J Cancer, 1974, 13: 657

11 Nonoyama M, et al. Proc Nat Acad Sci (USA), 1973, 70: 3267

12 Wolf H, et al. Nature New Biol, 1973, 244: 245

13 Huang D P, et al. Int J Cancer, 1974, 14: 580

14 Klein G, et al. Proc Nat Acad Sci (USA), 1974, 71: 4737

15 Desgranges C, et al. Int J Cancer, 1975, 16: 7

16 Trumper P A, et al. Int J Cancer, 1976, 17: 578

17 de－Thé G, et al. Int J Cancer, 1970, 6: 189

18 de－Thé G, In Oncogenesis and Herper Virus, (ed: Biggs P M et al), Lyon, 1972, 275

19 Liang P C, et al. Chinese M J, 1962, 81: 629

22. 北京某鸡场鸡胚带鸡白血病病毒情况的调查研究

中国医学科学院病毒学研究所　卫生部生物制品研究所
卫生部药品生物制品检定所

在生物制品中常采用鸡胚或鸡胚细胞生产各种疫苗，如黄热病、流感、牛痘、麻疹等疫苗。近年来证明一般自然鸡群都严重地感染了鸡淋巴白血病病毒，此种病毒可经卵传代，因而鸡胚及鸡胚细胞中都有此病毒。与此病毒同属于一组的 Rous 肉瘤病毒可使多种动物包括新生的幼猴产生肿瘤，在体外可使人的细胞发生恶性转化。鸡淋巴白血病病毒是否对人有害是一个值得重视的问题。为了安全，国外已从自然界有抗体的母鸡中选蛋，培养无白血病病毒的小鸡，在严格隔离条件下建立无白血病病毒的鸡群，供应无白血病病毒的鸡胚以制备各种疫苗。我国为了解决用无白血病鸡群生产疫苗的问题，1965 年由卫生部生物制品研究所、卫生部药品生物制品检定所和中国医学科学院病毒学研究所协作，组成鸡白血病研究小组，对北京鸡胚带病毒情况进行了调查研究，现将初步结果报告如下。

材料和方法

一、细胞　自然鸡群的鸡胚细胞、无白血病病毒的鸡胚细胞和鸭胚细胞均以 0.25% 胰蛋白酶消化制备，培养基为 Eagle′s 液含 10% 小牛血清和 10% Tryptose。

二、病毒　Rous 病毒 S－R 株（Schmiat－Ruppin）和 Bryan 株病毒原液来源于鸡的肿瘤组织。将鸡的肉瘤制成 10% 悬液，1000 r/min 离心 10 min，接种上清液于 1～2 周龄的小鸡翅膀皮下，每侧接种 0.1 ml，接种后 7～9 d 瘤重约 1 g 左右，放血处死小鸡，收获肿瘤组织，低温保存。

病毒滴度测定是将瘤组织匀浆冻化 3 次，3000 r/min 离心 10 min，上清液做为病毒来源，用含 5% 牛血清的 Eagle′s 液稀释，各种稀释度与细胞悬液同时接种，每管 1 ml 含 30 万细胞，接种后 3 d、6 d、9 d 换液，第 13 天以中性红染色，观察细胞转化灶。

三、补体结合试验

（1）免疫血清制备：以 Rous 肉瘤病毒 S－R 株皮下接种新生的豚鼠。诱发肿瘤后，分离血清，冰冻保存，用前 56℃ 30 min 灭活。

（2）抗原处理：作为补体结合试验的抗原材料冻化 3 次，1000 r/min 离心 10 min，取上清。为提高抗原滴度，用 Tween－80 乙醚或去氧胆酸钠处理，每毫升抗原材料加入 1.5% Tween－80 水溶液 0.1 ml，充分混合，再加入等体积的乙醚，振荡至乙醚不再析出为止，离心分离，并排除残存的乙醚。去氧胆酸钠处理是将 10% 去氧胆酸钠水溶液 0.1 ml 加入 1 ml

抗原，充分作用后，离心取上清液做为抗原。

（3）补体结合试验：总量为 0.6 ml，正常豚鼠血清作为补体来源，用 1.5 U 补体，稀释剂为 pH 7.2 巴比妥缓冲液。

四、电镜观察　补体结合阳性和阴性的材料制备超薄切片，经枸橼酸铅和醋酸氧铀铣双重染色后，镜检。电压 60kV，放大倍数 6000 ~ 40 000 倍。

结　　果

一、检查鸡白血病病毒方法的建立

（1）Rous 肉瘤病毒的传代，保存和滴定：鸡淋巴白血病病毒能在鸡胚细胞上繁殖，但无细胞病变。Rous 肉瘤病毒与鸡淋巴白血病病毒有共同的抗原性，故可用 Rous 肉瘤病毒间接检查鸡淋巴白血病病毒。

本实验初期，由于没有无白血病病毒的鸡胚，采用一般的鸡胚细胞滴定病毒，结果不稳定，故用鸭胚细胞代替鸡胚细胞滴定 Rous 病毒获得较好的结果。从表 1 中可以看出应用鸭胚细胞滴定 Rous 病毒比较敏感。Rous 病毒保存于 −20℃ 二周和保存于 −56℃ 四周，在鸭胚细胞上滴定无明显下降。

表 1　Rous 肉瘤病毒低温保存试验

保存时间	−20℃		−56℃	
	鸡胚	鸭胚	鸡胚	鸭胚
新鲜收获	4.0*	6.0	3.75	4.75
一周	4.5	5.5	4.0	4.75
二周	4.5	5.0		5.0
三周				4.5
四周				4.75

注：* Log $TCID_{50}$/0.1 ml

观察了病毒滴度与细胞数及染色的关系。感染病毒的细胞经中性红染色后，病灶明显，病毒滴度较不染色时高。不同浓度的细胞对病毒滴度影响不大，但每毫升含 20 万 ~ 30 万细胞，病灶清楚，易判定结果。所以常规用每毫升含 30 万细胞，第 12 天用中性红染色观察结果。

（2）补体结合试验：以 Rous 肉瘤病毒 S − R 株接种新生的豚鼠诱发肿瘤后，血清中出现抗体，在 7 ~ 8 周时达最高峰，最高滴度可达 1∶128（图 1）。

接种病毒后，肿瘤发展较快的豚鼠，抗体很低，或不产生抗体。用牛奶喂养的新生豚鼠代替母豚鼠哺乳，可节省母鼠。

用补体结合试验检查细胞培养物中的 Rous 肉瘤抗原。细胞培养 8 ~ 14 d 后，冻冰 3 次，无细胞上清做为抗原。用 Tween − 80 乙醚处理抗原，可

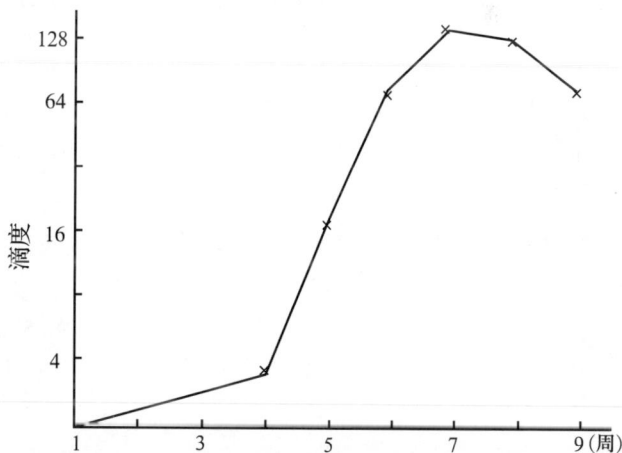

图 1　Rous 肉瘤病毒 S − R 株在新生豚鼠产生抗体

提高抗原滴度 2 ~ 4 倍或更高（表 2）。用 Bryan 株所得结果与 S − R 株一致。

进一步以去氧胆酸钠处理抗原，其抗原滴度和阳性率与 Tween − 80 乙醚处理相似。

表 2　Rous 肉瘤病毒补体结合抗原处理方法比较

制备方法	抗 原 滴 度					
	试 验 组				对 照 组	
	原液	1:2	1:4	1:8	原液	1:2
只冻化 3 次	+	−	−	−	−	−
减少 4/5 液量再冻化	++++	+++	−	−	±	−
加大 5 倍抗原量实验	++++	+	−	−	−	−
Tween - 80 乙醚	++++	++++	++++	±	−	−

二、北京东郊鸡场鸡淋巴白血病病毒调查　选 100 个 9 日龄的鸡胚（确为 100 只鸡所生的鸡蛋）分为 20 组，每组 5 个胚，制成单层细胞培养并传三代，第 1、第 2 代各培养 1 d，第 3 代培养 14 d，用补体结合试验检查细胞中的鸡淋巴白血病病毒抗原，结果见表 3，在 20 组中仅两组阴性，1 组可疑，17 组抗原阳性，Tween - 80 乙醚处理组较不处理组阳性率高。补体结合阳性和阴性试验材料分别做电镜观察，在 4 例补体结合阳性标本中均发现典型的鸡淋巴白血病病毒颗粒。电镜照片（图 2）病毒颗粒呈圆形或椭圆形，平均直径 100 nm，多数颗粒在中央部位或偏中央部位有核样物，其外包有双层膜，核样物与膜之间有一透明的间隙。病毒颗粒存在于细胞表面和细胞间隙。

除成熟的颗粒外，还发现未成熟的"A"型颗粒和从细胞膜中芽生状态的病毒颗粒。在许多细胞内可见大量的包涵物，膜样结构和大的空泡，在这些结构里可见到"A"型颗粒。

三、鸡淋巴白血病病毒株的建立　为了研究病毒特性和建立无白血病鸡群，首先必须获得鸡淋巴白血病病毒株。我们以混合鸡胚细胞作为病毒来源，细胞培养 9 d，冻化三次后接种于无淋巴白血病病毒的鸡胚细胞，接种后第 3、第 7 天换液，9 d 收获、传代，每代作补体结合抗原检查。10 代后逐代检查鸡淋巴白血病病毒的感染滴度和补体结合抗原。检查的六代中，其抗原量和感染滴度均有上升的趋势（表 4）。最高抗原滴度为 1：32，感染滴度为 $TCID_{50}$ Log_{10} 6.5/0.1 ml，表明已获得了较稳定的病毒株（PAL - 1）。

表 3　自然鸡胚中鸡白血病病毒调查

鸡胚号	补体结合试验结果	
	只冻化三次	Tween - 80 乙醚处理
1	+	
2	+	
3	+	
4	+	
5	+	
6	−	±
7	−	+
8	−	+
9	−	+
10	+	+
11	−	+
12	+	+
13	±	+
14	−	+
15	−	+
16	−	+
17	+	+
18	±	+
19	+	+
20	−	+

表 4　鸡白血病病毒传代过程中补体结合抗原和病毒感染滴度

代　　数	11	12	13	14	15	16
补体结合抗原滴度	1:16	1:16	1:16	1:32	1:32	
感染滴度		3.5	4.5	4.5	6.5	6.5	6.5

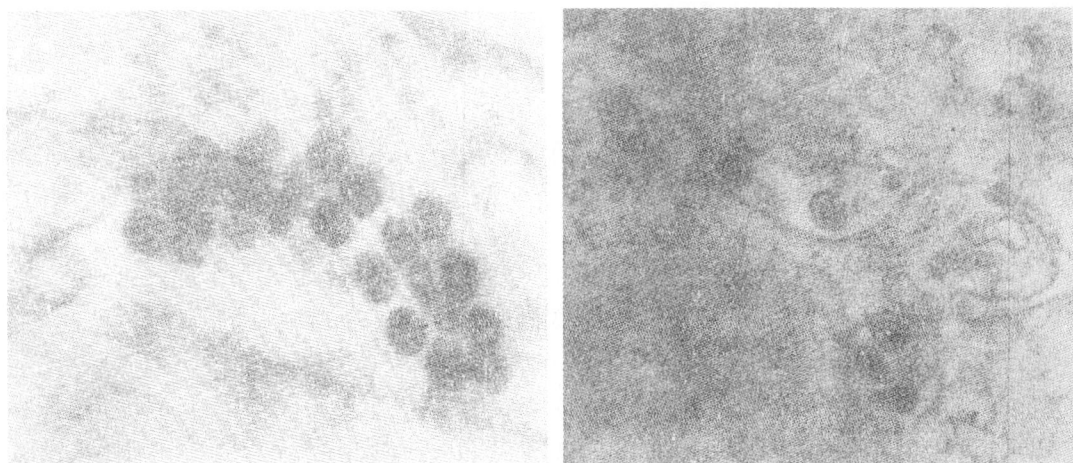

图 2　鸡胚纤维母细胞内典型的白血病（C型）病毒颗粒（×35 000）

四、4℃保存对麻疹疫苗中鸡淋巴白血病病毒的影响　以自然鸡群鸡胚细胞生产的麻疹疫苗中带有鸡淋巴白血病病毒。根据实际保存情况，我们观察了4℃保存对疫苗中鸡淋巴白血病病毒的影响。

在自然鸡群中分离的鸡淋巴白血病病毒，4℃保存一个月后经鸡胚细胞传代，病毒为阴性。用卫生部生物制品研究所生产的麻疹疫苗成品和半成品经抗麻疹血清处理，接种无白血病病毒的鸡胚细胞，检查补体结合抗原。结果麻疹疫苗生产中所用的混合鸡胚细胞淋巴白血病病毒阳性率为100%，疫苗半成品为30%，成品阳性率为5%（表5）。

在鸡淋巴白血病病毒阳性的半成品中随着4℃保存时间的延长，鸡白血病病毒检出率逐渐减少。如亚批第44和45号，保存1 d时鸡白血病病毒滴度为10^{-1}，当延长保存到9 d时，鸡淋巴白血病病毒已由阳性转为阴性（表6）。从上海、长春生物制品所共获36批4℃保存2个月以上的麻疹疫苗，鸡淋巴白血病病毒均阴性。

表5　4℃保存的麻疹疫苗中鸡淋巴白血病病毒阳性率

样品	疫苗亚批数	可存时间（d）	阳性批数	阳性率（%）
半成品	20	1~5	8	30
半成品	10	6~12	1	
成品	26	20~30	2	5
成品	30	30~50	1	
成品	28	60以上	0	

表6　在4℃保存的麻疹疫苗中鸡白血病病毒滴度下降情况

亚批号	4℃保存时间（d）	感染组织培养病毒滴度*				
		2×10^{0}	10^{0}	10^{-1}	10^{-2}	对照
44号	1	4	4	4	−	−
	9					
4号	1	4	4	4	−	−
	9					

注：* 每管细胞接种0.1 ml悬液

讨 论

我们最初用鸡胚细胞滴定 Rous 肉瘤病毒，结果不够稳定，可能是有鸡白血病病毒存在干扰的结果。用鸭胚细胞代替鸡胚细胞滴定病毒并用中性红染色观察，能获得较好的结果。

应用补体结合试验检查 Rous 肉瘤病毒组抗原，抗原经 Tween - 80 乙醚或去氧胆酸钠处理，可提高抗原滴度，而用去氧胆酸钠处理，方法简便，无需经离心分离液层和排除残存的乙醚。

用补体结合试验检查 20 批自然鸡群鸡胚带病毒阳性率为 85%，电镜观察到典型的 C - 型病毒颗粒。用混合鸡胚细胞的培养液在无鸡淋巴白血病的鸡胚细胞上连续传代，建立了一个稳定的病毒株，此病毒来源于鸡胚细胞，对鸡胚细胞无细胞病毒变化，能与 Rous 肉瘤病毒的免疫血清发生反应。鸡淋巴白血病病毒是经卵传递的，所以从自然鸡胚细胞培养中观察到的病毒颗粒，与 Rous 病毒有共同抗原，证明所建立的病毒株是鸡淋巴白血病病毒。

麻疹疫苗在 4℃ 保存时，各批疫苗中的鸡白血病病毒的阳性率虽大大下降，但成品中仍有 5% 是阳性，另外，灭活的肿瘤病毒仍然有致癌作用，故最好应用无白血病病毒的鸡胚生产各种疫苗。

小 结

建立了 Rous 肉瘤组病毒的传代、保存和检查方法。应用电镜、补体结合试验等方法，初步调查了北京市东郊鸡场鸡胚带鸡白血病病毒的情况，其阳性率为 85%。建立了鸡淋巴白血病病毒株。为建立无白血病病毒的鸡群提供了方法和根据。生产麻疹疫苗的鸡胚细胞，疫苗半成品和成品鸡淋巴白血病病毒活毒检出率分别为 100%，30% 和 5%。

〔原载《生物制品通讯》1979，8（3）：107 - 110〕

23. 鸡淋巴白血病病毒对母鸡免疫及其对鸡胚带病毒影响的初步研究

中国医学科学院病毒学研究所肿瘤病毒组

鸡肉瘤和淋巴白血病病毒是一组在鸡群中广泛传播的病毒。已经证明这组病毒能引起多种哺乳动物包括新生猴产生肿瘤，而且鸡淋巴白血病病毒可经卵传代。鸡胚细胞被用于生产各种疫苗，用鸡胚细胞生产的生物制品中，常含有鸡淋巴白血病病毒[1]。因此建立无白血病病毒的鸡群，以获得不含鸡淋巴白血病病毒的鸡胚是迫切需要解决的问题。

在有鸡淋巴白血病病毒传播的鸡群中，无抗体的鸡大多带有病毒，这种鸡所生的蛋也多带病毒，孵出的小鸡不仅带有病毒，并且产生免疫耐受性，不产生抗体。而有鸡白血病病毒抗体的鸡，多数不能经卵传递病毒。所以，通过检查母鸡对鸡淋巴白血病病毒抗体的情况，获得无白血病病毒的鸡胚，建立不带病毒的鸡群是可能的。国外已用这种方法建立了无白血病病毒的鸡群[2]，并且用不带白血病病毒的鸡胚生产各种疫苗。但是由于鸡群自然抗体水平较低，有抗体的母鸡仍能间歇性地经卵传递病毒，不能保证子代鸡群都不带病毒，同时鸡白血病病毒在自然界中广泛传播，无白血病而又无免疫力的鸡群的建立和维持要求严格的隔离消毒条件，否则容易受外来病毒感染而失败。因此试探建立有高抗体的免疫鸡群是十分必要的。

现将用鸡淋巴白血病病毒免疫鸡群后产生中和抗体和鸡胚带毒情况初步总结如下，供建立无淋巴白血病病毒鸡群参考。

材料和方法

一、病毒 鸡淋巴白血病病毒（PAL－1）来源于混合的鸡胚细胞，在体外用无白血病病毒的鸡胚细胞连续传代而成[1]。用16代病毒免疫鸡，病毒滴度（$TCID_{50}$）$\log_{10} 6.7$/ml。

二、免疫方法 不同年龄的来亨鸡20只，先后分成四组免疫。第一组为6月龄未生蛋的鸡，皮下接种鸡淋巴白血病病毒与等量的Frend's完全佐剂混合液3 ml。一周后用3 ml病毒悬液静脉免疫。第二组和第三组为2～3月龄小鸡，静脉内接种，每只鸡2～4 ml。第四组为6月龄未生蛋鸡，肌内接种病毒悬液2 ml。

三、中和试验 免疫后不同时间采血，56℃ 30 min灭活，双倍稀释血清与等量鸡淋巴白血病病毒（$100TCID_{50}$）混合，37℃孵育60 min，再与无白血病病毒的鸡胚细胞混合接种。37℃培养9 d后，用补体结合试验检查鸡淋巴白血病病毒抗原。抗原阴性的血清最高稀释度为中和抗体滴度。

四、补体结合试验 鸡胚细胞体外培养9 d，冻化3次，用去氧胆酸钠处理，每毫升细胞悬液加入1%去氧胆酸钠溶液0.1 ml。充分混合后离心去除细胞碎片，上清液为补体结合抗原。用Rous肉瘤病毒S－R株诱发新生豚鼠产生肿瘤，以带肿瘤动物血清作为抗体。

抗体结合试验总量0.6 ml，测定抗原时抗体用2～4U，豚鼠补体1.5U，1%羊红细胞，稀释液为巴比妥缓冲盐水，4℃过夜冷结合。

结　果

一、病毒免疫的鸡产生中和抗体的情况

2～6月龄鸡20只共分成四组免疫，免疫前除一只鸡中和抗体阳性外（1∶10）其余19只鸡均阴性。免疫后一个月11只鸡产生中和抗体，免疫后3个月，18只鸡抗体阳转，最高滴度达1∶1280。半年后多数鸡抗体水平在1∶320以上。免疫后9个月，有2只鸡的抗体滴度可达1∶20 480以上（表1和图1）。

二、人工免疫成功的鸡胚带病毒情况

用鸡白血病病毒免疫后，对中和抗体阳性的母鸡进行鸡胚带病毒率检查，在免疫鸡开始下蛋后半年内连续检查了11只母鸡的232个鸡胚，分成67组。仅2只鸡的2组（7个鸡胚混合）鸡淋巴白血病病毒阳性（表2）。免疫后鸡胚带毒率为3%。用同样方法检查100个自然鸡胚，20组中17组鸡胚阳性，带毒率为85%（表3）。

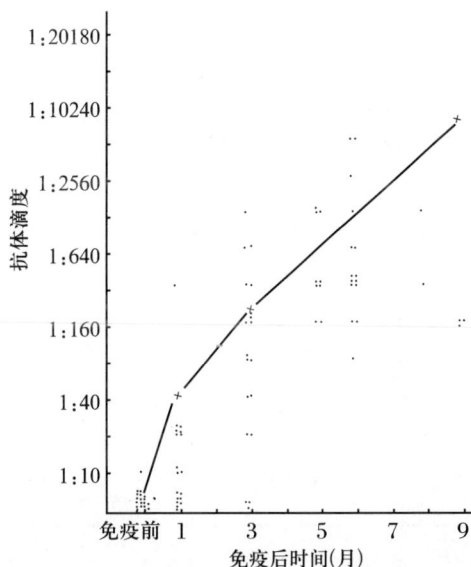

图1　鸡淋巴白血病病毒免疫的鸡中和抗体滴度

表1 鸡淋巴白血病病毒免疫的鸡中和抗体产生情况

实验组	免疫方法	鸡号	抗体滴度								
			免疫前	免疫后（月）							
				1	3	4	5	6	7	8	9
1	病毒与等量佐剂皮下免疫一次病毒静脉加强免疫两次	4218	–	–	–						
		3297	–	–	–						
		左铁	–	1:10	1:80			1:320			1:160
		右铁	–		1:20			1:160			1:160
		4233	–		1:20			1:80			1:160
		3509	–	1:640	1:1280	1:1280		≥1:5120			≥1:20 480
		3262/4224	–	1:320	1:640	1:640		≥1:5120			1:20 480
2	静脉内一次免疫	4528	–	–	1:40		1:320	≥1:320	1:320	1:320	
		3503	–	–	1:80		1:320	1:320	1:320	1:1280	
3	静脉内一次免疫	4255	–	1:20	1:160		≥1:640	1:640			
		4228	–	1:20	1:320		≥1:1280	≥1:2560			
		4225	–	–	1:160		1:640	1:320			
		4252	–	–	1:160		1:160	1:160			
		4253	1:10	1:20	1:320		≥1:1280				
		4254	–	1:10	1:160		1:160	≥1:320			
		4227	–	1:20	≥1:640		≥1:1280	≥1:1280			
		4226	–	1:20	1:160		1:320	1:320			
		4229	–	–	1:160		1:320	1:160			
4	肌内一次免疫	9	–	1:20	1:40						
		12	–	1:10	≥1:80						

表2 免疫鸡鸡胚带毒情况

鸡号	抗体水平	查胚总数		病毒阴性		病毒阳性	
		总组数	鸡胚数	组数	鸡胚数	组数	鸡胚数
4233	1:160	9	37	9	37	0	0
左铁	1:160	11	32	11	32	0	0
右铁	1:160	10	35	10	33	0	0
3262/4224	≥1:20 480	12	40	11	37	1	3
4258	1:320	2	7	2	7	0	0
4228	≥1:2560	7	30	7	30	0	0
4255	1:640	7	24	6	20	1	4
4253	≥1:1280	1	2	1	2	0	0
4225	≥1:1280	6	25	6	25	0	0
12	≥1:80	1	1	1	1	0	0
9	1:40	1	1	1	1	0	0
共计		67	232	65	225	2	7

讨　论

不同年龄的鸡经淋巴白血病病毒人工免疫，20只中除2只鸡在免疫后三个月未产生抗体处理外，其余18只鸡都产生较高滴度的中和抗体，最高滴度可达1：20 480以上。2~6个月不同年龄的鸡都能产生抗体。

免疫途径对抗体的产生无明显影响。免疫前抗体阴性的鸡大多在免疫后1个月即出现抗体，随后抗体滴度不断升高。观察5只鸡到免疫后9个月，仍保持很高的抗体水平。

经鸡白血病病毒免疫的鸡群，20只鸡中18只产生抗体（2只抗体阴性鸡3个月后处理），阳性率为90%，免疫前的鸡20只中仅1只有1：10抗体，阳性率为5%。我们曾经检查过自然鸡群的抗体水平。248只鸡中仅18只（7.3%）带有抗体，其滴度为1：5~1：20，而且多数自然鸡是带有病毒的[1]。因此，证明用较大剂量的病毒进行人工免疫能打破鸡的免疫耐受性，产生较高滴度的抗体。

检查免疫鸡的鸡胚带病毒情况，与自然鸡群有明显差别。67组中只有2组7只鸡胚混合后含鸡淋巴白血病病毒，即232个鸡胚中含病毒的鸡胚数少于7个。证明通过人工免疫后母鸡带病毒率明显下降。

经自然感染抗体阳性的母鸡，由于抗体水平较低，还会间歇性地经卵传递病毒。因此，自然选择的子代鸡群会出现较多的带病毒小鸡。另一方面，鸡淋巴白血病病毒能通过多种途径散播，如唾液、粪便都含有病毒，小鸡可经消化道、呼吸道感染。未经感染的小鸡需要严格的检查和隔离条件。因此，从自然鸡群中和抗体阳性的鸡，选卵建立的无白血病鸡群常因再感染而失败。经人工免疫的鸡群有较高滴度中和抗体，也能维持较长的时间，免疫鸡群鸡胚带毒率明显下降。选择不带病毒的母鸡对其子代鸡群再进行人工免疫，有可能产生完全不携带病毒的鸡群。为避免新生鸡在人工免疫前自然感染病毒，可考虑采用被动免疫，即在小鸡孵出后，接种高效价免疫血清，1~2个月后待免疫力成熟时再进行活病毒免疫。这种鸡群对自然界鸡淋巴白血病病毒再感染有很强的抵抗力，也无需严格的隔离饲养，因而，有可能通过人工免疫的方法建立无白血病的鸡群。1975年Rispens等[3]已初步报告应用鸡白血病病毒免疫，获得无白血病病毒的鸡群。从我们的试验看，这一途径也是值得尝试的。

表3　经免疫和未经免疫的母鸡鸡胚带毒率比较

母鸡类别	鸡数	查胚数	查胚组数	阳性组数	阳性率（%）
未免疫母鸡*	100	100	20	17	85
免疫母鸡	11	232	67	2	3

注：＊引自"北京某鸡场鸡胚带鸡白血病病毒情况的调查研究"

小　结

用鸡淋巴白血病病毒人工免疫不同年龄的鸡，免疫后的鸡产生高滴度的中和抗体并维持较长的时间。免疫鸡的鸡胚带毒率显著下降。初步结果说明有可能通过免疫途径建立免疫鸡群，获得不带鸡淋巴白血病病毒的鸡胚。

〔原载《生物制品通讯》1979，8（3）：111－114〕

参 考 文 献

1　中国医学科学院病毒学研究所等．生物制品通讯，1979，8（3）

2　Hughes，et al. A vian Dis.，1963，7：154

3　Rispens B H，et al. Ninth Meeting of the European Tumor Virus Group，1975，147

24. 感染流行性乙型脑炎病毒的组织培养中的血凝素和血凝抑制物

中国医学科学院病毒学研究所，北京　朱家鸿①　丘福禧　曾毅

〔摘　要〕　研究了感染流行性乙型脑炎病毒的鸡胚成纤维细胞培养产生血凝素的条件。培养在37℃和34℃时产生的血凝素滴度较培养在30℃时高；病毒接种量为 $10^{-1} \sim 10^{-7}$ 各稀释度者，都能产生血凝素；病毒接种量为 10^{-8} 或 10^{-9} 稀释度者，改换维持液可使血凝素滴度升高或使不出现血凝素者出现，其滴度可与病毒对小鼠的半数致死量相比。

对组织培养中的血凝抑制物的研究表明：（1）在正常和感染病毒后的鸡胚细胞培养的维持液中都存在着血凝抑制物。正常者的血凝抑制物含量比感染病毒者高；病毒接种量少者比多者高；细胞接种量多者比少者高。（2）改换维持液可减少血凝抑制物含量，使血凝素出现。（3）组织培养中的血凝抑制物是一种脂类，可以用乙醚和苯提取出来，不能中和病毒的致死力。

自从1950年Sabin和Buescher[1]发现流行性乙型脑炎（简称乙脑）病毒具有凝集红血细胞（简称血凝）的性能后，国内外学者对乙脑病毒的血凝现象进行了不少研究[2~4]，但有关乙脑病毒能否在鸡胚成纤维细胞（简称鸡胚细胞）培养中产生血凝素，还未见到报告。1962－1963年我们研究了乙脑病毒在鸡胎细胞培养中产生血凝素的条件以及在组织培养中存在的血凝抑制物对血凝素产生的影响。现将结果报告于下。

材料和方法

病毒：所用病毒为乙脑病毒高株[5]，1953年从乙脑病人的脑组织中分离得到。在4~6 d龄乳小白鼠脑内传24~28代。

红血细胞：为正常鸽红血细胞。

病毒感染和组织培养血凝素的制备：将 10^{-2} 倍稀释的乳鼠脑病毒悬液0.1 ml，接种于鸡胚细胞培养管（细胞接种量为1 ml含细胞100万）。37℃吸附2 h，吸掉残余的病毒悬液。用Hanks氏溶液洗2次，加入pH8.5的0.5%乳白蛋白水解物Hanks氏溶液1 ml。在37℃培养2~3 d后，离心除去细胞即为组织培养血凝素。

正常组织培养维持液的制备：除不用病毒感染外，其他步骤与组织培养血凝素的制备方法相同。

鼠脑悬液的制备：用0.5%乳白蛋白水解物Hanks氏溶液，将研磨的脑组织配制成10%的悬液，经3000 r/min离心30 min，吸取上清液。

---

① 已调至：武汉生物制品研究所

血凝素的测定：用 pH9.0 的硼酸缓冲液稀释血凝素，每管 0.25 ml，加等量用 pH6.2 的磷酸缓冲液配制的 0.5% 鸽红血细胞悬液，最后反应时的 pH 值为 6.4，总量为 0.5 ml。充分摇匀后静置于室温 1 h 后记录结果。

血凝抑制物的测定：将 0.25 ml 待测液与等量不同稀释度的血凝素混合，立即加入 0.25% 鸽红血细胞悬液 0.5 ml。放室温 1 h 后观察结果。将待测液的血凝滴度与对照相比，计算出血凝抑制单位。血凝抑制物含量以血凝抑制单位表示。能抑制一个血凝单位的血凝抑制物含量为一个血凝抑制单位。当测定病毒悬液中血凝抑制物含量时，先经 56℃ 30 min 灭活。

病毒致死力的测定：病毒致死力以小鼠脑内感染后的半数致死量（LD_{50}）表示。用正常三周龄小鼠，脑内接种 10 倍稀释的病毒悬液 0.03 ml，每一稀释度接种 4 只，观察 2 周。按 Reed 和 Muench 法计算。

病毒蚀斑滴度的测定：在长成致密的鸡胚细胞（细胞接种量为 1 ml 含 400 万细胞）小扁瓶中接种不同稀释度的病毒悬液 0.5 ml，在 37℃ 吸附 2 h。将残余病毒洗掉，加入营养性琼脂 4 ml。观察 6 d，记录形成的蚀斑数。蚀斑滴度按 Dulbecco[6] 方法计算。

结　果

一、组织培养血凝素产生的条件

1. 培养温度对血凝素和致死力的影响：接种 10^{-2} 倍稀释的鼠脑病毒 0.1 ml 于鸡胚细胞管，在 37℃ 吸附 2 h 后，分别放在 30℃、34℃ 和 37℃ 培养，间隔一定时间取出 4 管混合，立即做 LD_{50} 滴定。血凝素的滴定在材料收集完全后一起进行。从图 1 可以看出，感染病毒的鸡胚细胞在不同温度培养时，血凝素滴度（HA）和致死力（LD_{50}）的升高速度有差别。在 37℃ 培养时血凝素滴度和致死力到达高峰较早，而在 30℃ 较迟。细胞病变出现的次序与此相同。在不同温度，致死力的最高滴度的差别不显著。而血凝素的最高滴度在 30℃ 培养时较在 34℃ 或 37℃ 时低。

2. 病毒接种量与血凝素产生的关系：用不同稀释度的鼠脑病毒悬液（$-\log LD_{50}$ 为 8.5）接种于鸡胚细胞管。培养于 37℃，间隔一定时间取出，分别混合，测定血凝素。从图 2 可见，病毒接种量大，其血凝素滴度高峰出现早。接种 $10^{-1} \sim 10^{-6}$ 各稀释度的病毒者，都能出现细胞病变，并且产生的血凝素的滴度基本相似；接种 10^{-7} 倍稀释的病毒者，产生的血凝素的滴度较低，并且无细胞病变；接种 10^{-8} 倍稀释的病毒者，血凝素的出现时有时无，在感染病毒后第 3 d 换新鲜维持液，可使不出现血凝素者出现，或使出现血凝素者滴度升高。接种 10^{-9} 倍稀释的病毒者，只有在换液后出现血凝素。接种 10^{-10} 倍稀释的病毒者，不论换液或不换液，都不能测出血凝素。本实验经多次重复，结果相似。

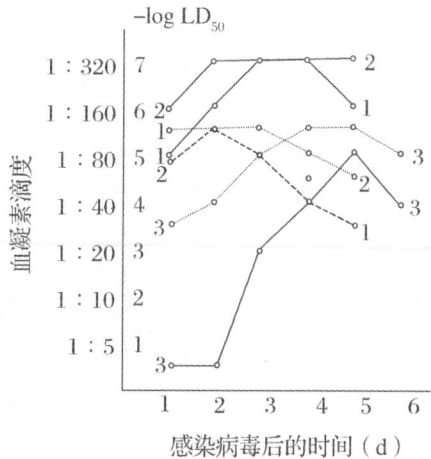

注　·——·为血凝素滴度
　　·---·为 $-\log LD_{50}$
　　"1" 为 37℃ 培养
　　"2" 为 34℃ 培养
　　"3" 为 30℃ 培养

图 1　温度对血凝素和致死力的影响

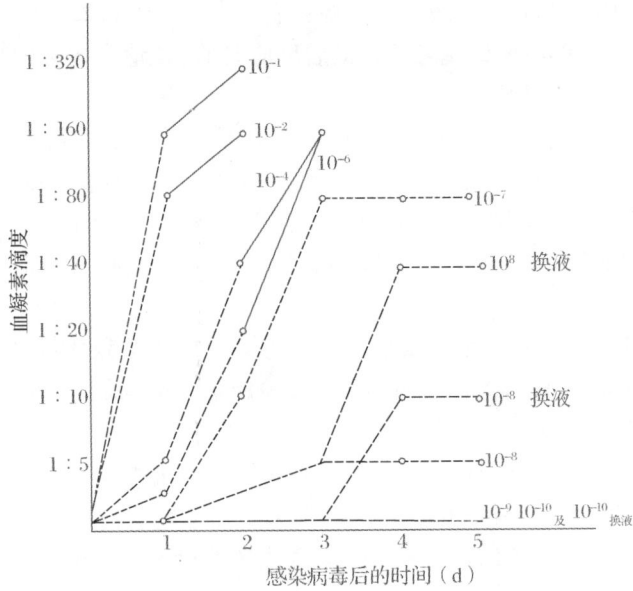

注：・——・为血凝素滴度　　・----・为 $-\log LD_{50}$

图上数字为接种的病毒稀释度

图2　病毒接种量与血凝素产生的关系

为了解用出现血凝素作为鸡胚细胞感染病毒指标的敏感性，同时还测定了半数培养管出现血凝作用的剂量（$TCHA_{50}$）、半数细胞管出现病变的剂量（$TCID_{50}$）以及 LD_{50}。从表1可以看出，病毒感染鸡胚细胞后，在培养期换一次维持液，以测出血凝素作为病毒繁殖的标志。比 $TDID_{50}$ 敏感 $1\ 000 \sim 10\ 000$ 倍，可与 LD_{50} 相比拟。

表1　乙脑病毒血凝素的产生与细胞变化、小鼠致死力滴定的敏感性比较

实验号	感染鸡胚细胞（0.1ml）			感染小鼠脑（0.03ml）
	$-\log TCID_{50}$	$-\log TCID_{50}$		$-\log LD_{50}$
		未换液	换液	
1	5.5	7.5	9.5	8.67
2	6.5	8.5	9.5	8.5
3	6.5	8.5	9.5	8.5
4	未做	8.5	9.5	9.0

注："$-\log TCHA_{50}$" 表示半数培养管出现血凝作用的剂量

二、组织培养中血凝抑制物的性质

1. 血凝抑制物含量的测定：在用少量病毒感染鸡胚细胞管后，经换维持液可使血凝由阴性变为阳性。为了解其原因以及这种现象是否与血凝抑制物有关，对正常和感染病毒的鸡胚细胞的维持液进行了血凝抑制物含量的测定。结果表明，两种细胞维持液中都存在着血凝抑制物。当细胞接种量为 400 万/ml 时，其维持液中的血凝抑制物含量大于细胞接种量为 100 万/ml 者。在感染 10^{-2} 倍稀释的鼠脑病毒的细胞培养管中，血凝抑制物含量减少。正常鼠脑和感染病毒的鼠脑中也都存在着血凝抑制物，其含量无明显区别。

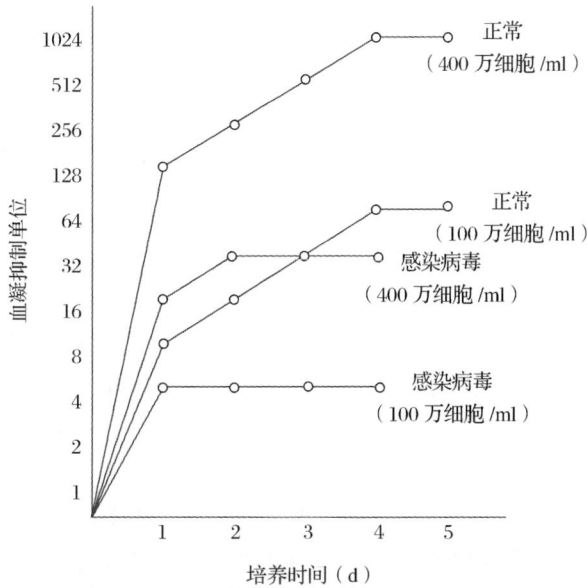

注：（1）能抑制一个血凝单位的血凝抑制含量为一个血凝抑制单位
（2）图上括号内数字为细胞接种量

图 3　感染与未感染病毒的组织培养液中血凝抑制物产生的动态

对细胞维持液中产生血凝抑制物的动态作了进一步观察。从图 3 可见，血凝抑制物的产量随细胞在 37℃ 培养时间的延长而升高。在感染 10^{-2} 倍稀释的鼠脑病毒的细胞管中，细胞出现病变之前血凝抑制物的量升高，而在产生病变后，血凝抑制物的量不再上升。

2. 血凝抑制物和病毒致死力与血凝素的关系：将 10^{-2} 和 10^{-7} 倍稀释的鼠脑病毒分别接种于细胞接种量为 1 ml 含 100 万和 1 ml 含 400 万的培养管中，在 37℃ 培养 2～3 d（接种 10^{-2} 倍稀释的病毒者 2 d 收获，10^{-7} 倍稀释者 3 d 收获），测定血凝素、血凝抑制物含量及 LD_{50}。

从表 2 可见，接种 10^{-2} 倍稀释的病毒于细胞接种量为 1 ml 含 100 万和 1 ml 含 400 万的培养管中，二者都可测出血凝素，LD_{50} 无明显差别，血凝抑制物含量都较低。当接种 10^{-7} 倍稀释的病毒时，细胞接种量为 1 ml 含 400 万的培养管中血凝素为阴性，而细胞接种量为 1 ml 含 100 万的培养管中血凝素的滴度为 1：40，血凝抑制物含量前者大于后者。二者致死力差别不大。

表 2　病毒接种量对血凝素、血凝抑制物和致死力的影响

测定内容	400 万细胞/ml		100 万细胞/ml	
	10^{-2}	10^{-7}	10^{-2}	10^{-7}
HA	1：640	<1：5	1：160	1：40
HAIU	32	128	8	16
$-\log LD_{50}$	6.0	5.0	6.0	4.67

注："HAIU" 为血凝抑制单位

接种 10^{-7} 倍稀释病毒的细胞接种量为 1 ml 含 400 万的培养管如在第二天换维持液，可使不出现血凝素者出现。图 4 表明，换液者的 LD_{50} 与未换液者差别不大，而换液者血凝抑制物含量明显减少，出现了血凝素。在未换液的对照管中测不出血凝素。经多次重复，结果相似。由此说明血凝抑制物能影响血凝素的出现。

3. 血凝抑制物的特性：为了解血凝抑制物与脂类有无关系，用脂溶剂乙醚和苯分别与含

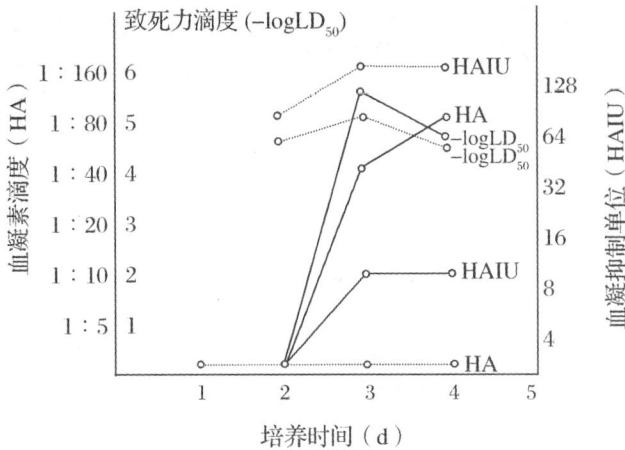

致死力滴度 (−logLD₅₀)

图中纵轴左侧为血凝素滴度（HA），数值 1:160、1:80、1:40、1:20、1:10、1:5，对应致死力滴度 6、5、4、3、2、1；右侧为血凝抑制单位（HAIU）128、64、32、16、8、4。曲线标注 HAIU、HA、−logLD₅₀。横轴为培养时间（d）1~5。

注："·——·"为换维持液者　"·……·"为未换维持液者

图4　鸡胚细胞培养（细胞接种量为400万/ml）感染
10^{-7}倍稀释的病毒后血凝素、血凝抑制物和LD_{50}的动态

有血凝抑制物的正常细胞培养维持液和正常鼠脑悬液等量混合，在室温作用 2 h，其间不断摇动，经离心后分为三层。上层为脂溶剂，下层为经处理的材料，中间有少许泡沫状薄膜。分别吸出上层和下层。将上层液体装在小瓶内，放于水浴中加温，使脂溶剂挥发。然后加入与原材料等量的乳白蛋白水解物 Hanks 氏溶液，使提取物溶解，称为脂溶剂提取液。下层称为处理后的材料。对照用 0.5% 乳白蛋白水解物 Hanks 氏溶液，按同样方法测定未处理、处理后的材料和各种脂溶剂提取液中血凝抑制物含量。从表3 可以看出，处理后材料的血凝抑制滴度明显下降，甚至消失。乙醚和苯可提取出血凝抑制物。而对照组在未处理、处理后的材料以及提取液中都未能测出血凝抑制物。

为了解血凝抑制物是否影响病毒的感染力，将正常细胞维持液和正常鼠脑悬液分别与鸡胚组织培养病毒等量混合，放置 37℃ 2 h，测定血凝素滴度、LD_{50} 和蚀斑形成单位（PFU）。结果血凝素滴度都由原来 1:160 下降到阴性，而 LD_{50} 和 PFU 与对照无明显差别，表明血凝抑制物对病毒的感染力无影响。

表3　不同脂溶剂处理后的材料中血凝抑制单位的测定

材料	未处理	乙醚		苯		苯 + 乙醚	
		处理后的材料	脂溶剂提取液	处理后的材料	脂溶剂提取液	处理后的材料	脂溶剂提取液
正常组织培养维持液	2048	<1	512	16	64	4	未做
正常鼠脑悬液	512	1	256	4	32	4	未做

讨　论

曾有资料报告，乙脑病毒培养于地鼠肾、羊胎肾和传代人羊膜等细胞中能产生血凝素[7,9]。我们用制备容易、来源方便的鸡胚细胞研究了乙脑病毒血凝素产生的条件。观察到经感染的鸡胚细胞维持液中可产生血凝素；这个现象可用于判断病毒的繁殖，比用 $TCID_{50}$ 来判断要敏感，其敏感性可与用 LD_{50} 来判断的方法相比拟。曾研究 7 株乙脑病毒，感染鸡胚细胞后，都产生较高滴度的血凝素。当病毒接种量少时，必须在培养期间换维持液，以除去或减少血凝抑制物含量，才能使血凝素出现。在进行这项工作期间，曾见到 Дуан 和 Гайдамович 的报告[10]，提及鸡胚细胞维持液中存在着血凝抑制物，进一步的报告尚未见到。

正常细胞培养液中血凝抑制物含量比感染病毒者高；接种少量病毒的细胞培养管比大量

者所产生的血凝抑制物多；细胞接种量多，产生血凝抑制物的量大；细胞出现病变前血凝抑制物的含量随培养时间的延长而增多；病变出现后，血凝抑制物的滴度几乎不再升高。在组织培养中的血凝抑制物可能是细胞的代谢产物，因为感染大量病毒时，细胞破坏迅速，代谢产物少，血凝抑制物的含量就低，不影响血凝素的出现。而在少量病毒感染时，细胞破坏程度轻，甚至在显微镜下看不出病变，产生的血凝抑制物含量就大，特别是当细胞接种量大者，代谢产物多，血凝抑制物含量高。

鸡胚细胞培养的维持液中的血凝抑制物，与鼠脑中的血凝抑制物一样，是耐热的，可溶于脂溶剂，是一种脂类。用血凝抑制物处理过的红血细胞，对血凝素的敏感性并无下降；看来血凝抑制物是直接与血凝素作用，而不是与红血细胞结合。

〔原载《病毒学集刊》1979，1（1）：21－27〕

参 考 文 献

1 Sabin A B, Buescher E L, Proc Soc Exper Biol & Med, 1950, 74：222－230

2 波多野基一. Virus, 1952, 2：187－194

3 朱锡华. 中华医学杂志, 1954, 40：444－445

4 王用楫. 微生物学报, 1957, 5：1－13

5 黄祯祥，戴莹. 微生物学报, 1958, 6：42－52

6 Dulbecco R. Proc Nat Acad Sci（U S A）1952, 38：747－752

7 Kundin W D, Diercks F H. Virology, 1960, 10：153－155

8 Гайдамович С, Дуан Суан－Мьюу, Титова Н Г Вопр Вирус. 1962, (1)：43－49

9 朱家鸿，等. 微生物学报, 1978, 18（1）：59－65

10 Дуан Суан－Мьюу, Гайдамович С Я. Вопр Вирус, 1963, (4)：400－403

25. 应用免疫酶法和免疫放射自显影法普查鼻咽癌

中国医学科学院病毒学研究所　曾　毅　中国医学科学院肿瘤研究所　刘育希　刘纯仁

广西壮族自治区人民医院　陈三文　韦继能

广西苍梧县肿瘤防治办公室　祝积松　中国科学院原子能研究所　载惠炳

鼻咽癌是我国南方数省的高发恶性肿瘤之一。近年来根据病毒学、免疫学、血清流行病学和分子生学等研究，证明 EB 病毒与鼻咽癌关系十分密切，特别是抗 EB 病毒壳抗原免疫球蛋白 A 抗体（VCA－IgA）对鼻咽癌是很特异的[1]。我们应用免疫荧光法、免疫酶法和免疫放射自显影法[2,3]测定鼻咽癌病人的 VCA－IgA 抗体，阳性率达 81.5%～97.3%，其他恶性肿瘤患者的阳性率低于 6%，正常人均阴性。因此，EB 病毒 VCA－IgA 抗体的测定可以作为诊断鼻咽癌的血清学方法。但上述血清学方法是否可用于鼻咽癌的普查，这是十分有意义和值得进一步研究的课题。我们于 1978 年 6～8 月间应用方法简便、特异性高的免疫酶法在鼻咽癌高发区广西苍梧县对 6 个公社 30 岁以上正常人群进行了 EB 病毒的血清学普查，对其中 VCA－IgA 抗体阳性者进行了临床和病理检查，以期发现鼻咽癌新病例，特别是早期病例，并了解 VCA－IgA 抗体的存在与鼻咽癌发生的关系。本次血清学普查并经临床和病理证实，共发现恶性肿瘤病人 19 例，其中 18 例是鼻咽癌病人。此外还用免疫放射自显影法在一个公社进行了血清学普查。现将结果报告如下。

广西苍梧县基本情况

苍梧县位于广西东部，南北长132 km，东西最宽85 km，面积4210 km²。人口474 705人（男244 747人，女229 958人），以汉族为主（99.6%），并有壮、瑶等民族。全县划分为14个农村公社及一个城镇公社。

苍梧县为我国鼻咽癌高发区，据1971－1977年死亡调查资料，全县鼻咽癌7年平均死亡率为10.18/10万。1977年12月—1978年3月对全县15岁以上人群进行了鼻咽癌单项临床普查，全县鼻咽癌检出率（患病数/实查数）为51.05/10万，患病率（患病数/全县人口数）为26.96/10万（标化率为27.73/10万），其中30岁以上的鼻咽癌发病数占全部鼻咽癌病例的91.4%。本次对6个公社30岁以上人群进行了血清学普查，据1977年12月至1978年3月临床普查资料，6个公社的患病率见表5。1975－1977年的发病率见图1。

6个公社总人口177 022人，30岁以上应检人数62 583人（男31 434，女31 149），实查人数30岁以上56 584人，普查率为90.4%，与30岁以上自然人口性别年龄构成基本相同（图2，图3）。

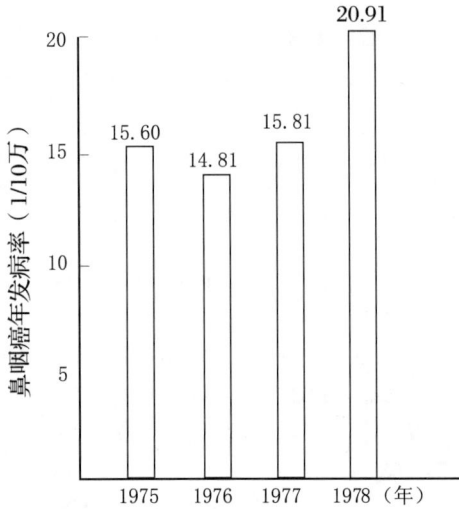

图1　苍梧县6个公社四年鼻咽癌发病率

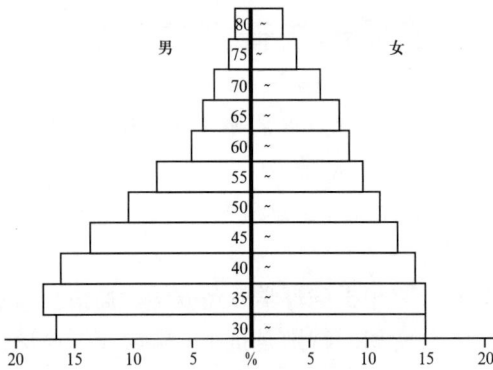

图2　苍梧县6个公社30岁以上
自然人口年龄性别构成

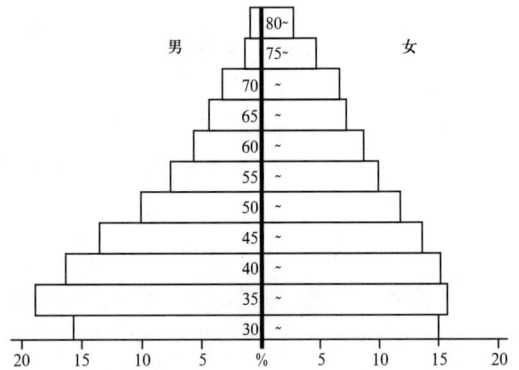

图3　苍梧县6个公社30岁以上血清
普查人口年龄性别构成

材料和方法

血清：1978年6月27日至8月10日分批在苍梧县6个公社对30岁以上正常人群56 584人用1.5 mm直径的塑料管从耳垂采血，运送期间放冰壶或4℃冰箱，在实验室分离血清，放－15℃保存。血清疑似或阳性者，再静脉抽血，分离血清复查。对鼻咽癌现症病人亦采血检查。

免疫酶法：将待检血清稀释为 1：2.5 和 1：5，滴到涂有 B95~8 细胞的载玻片小孔内，于 37℃ 湿盒中孵育 30 min；用 0.01mol/L pH7.4 磷酸缓冲液（PBS）洗 3 次，每次 5 min；再滴加适当浓度的酶标马抗人 IgA 抗体，在 37℃ 孵育 30 min，PBS 洗 3 次，然后用含二氨基联苯胺和过氧化氢的 Tris - HCl 缓冲液（pH7.6）显色 10 min，在普通光学显微镜下检查并判定结果。根据阳性细胞的数目和染色程度分别记录为 + ~ ++++。普查抗体阳性或疑似阳性者，静脉抽血，分离血清，从 1：2.5 开始作倍比稀释，如上法测定抗体，血清最高稀释度仍出现阳性者即为该血清的抗体滴度。血清 1：2.5 阳性者即为阳性。详细方法见文献〔3〕。

免疫放射自显影法：靶细胞与免疫酶法同。普查血清用 pH7.4 PBS 稀释至 1：160 和 1：640，加至载玻片小孔中，37℃ 孵育 30 min。用带 1% 牛血清的 PBS 洗 3 次，每片靶细胞加 0.7 ml 适当稀释的 ^{125}I 标记的马抗人 IgA 抗体，37℃ 孵育 30 min，洗 5 次，吹干，在暗室中涂上 4# 核子乳胶。曝光 24 h。用 D-19 显影液显影 5 min，1 号定影液定影 10 min。观察结果。抗体滴度 ≥1：640 为阳性。详细方法见文献〔4〕。

临床检查：由临床专科医生组成复查小组对 VCA - IgA 抗体阳性者进行全部复查工作。在检查时详细追询病史，应用间接鼻咽镜检查鼻咽部，触诊颈部淋巴结，测试颅神经功能并将结果详细记录于专用表格，对有下列三种情况者进行鼻咽部活组织检查：① 临床确诊为鼻咽癌或有疑似病变者。② 对鼻咽部有一般病变者，如增殖而未萎缩的腺样体，残存的腺样体，两侧咽隐窝淋巴组织不对称表面光滑者，鼻咽部局限性充血、炎症等。③ 对部分被检者鼻咽癌检查虽无特殊发现，但 VCA - IgA 抗体高滴度者也进行活检。此外如鼻咽部活检阴性而颈部有肿大之淋巴结者，则再取颈淋巴结活检。

病理检查：全部标本均作常规石蜡切片，HE 染色，每个蜡块均作 14 个以上的切面，对部分临床疑似鼻咽癌者或抗体滴度较高者的标本反复多次切片进行观察。

结　果

一、免疫酶法

1. 现症患者 EB 病毒 VCA - IgA 抗体测定：从表 1 可见，1977 年 11 月 30 日临床普查前的病例 34 人，其中 33 例进行了血清学检查，31 例为阳性，阳性率为 93.94%，抗体几何平均滴度为 1：40.00。1977 年 12 月至 1978 年 3 月临床普查发现 18 例鼻咽癌，随后至 1978 年 6 月 27 日血清学普查前出现鼻咽癌 6 例，共 24 例。2 例已死亡。对 22 例中的 21 例进行了抗体测定，结果抗体全部阳性，阳性率为 100%，抗体几何平均滴度为 1：41.34。上述测定抗体的现症病人共 54 例，52 例阳性，阳性率为 96.30%，抗体几何平均滴度为 1：40.52。

表1　苍梧县 6 个公社鼻咽癌现症患者 EB 病毒 VCA - IgA 抗体测定$^\triangle$

病例	例数	检查抗体数	阳性数	（%）	几何平均滴度
临床普查前病例*	34	33	31	93.94	40.00
临床普查和普查后病例**	22	21	21	100	41.34
总　计	56	54	52	96.30	40.52

注：$^\triangle$ 免疫酶法；* 1977 年 11 月 30 日前病例；** 1977 年 12 月至 1978 年 6 月 27 日病例

2. 正常人群 EB 病毒 VCA – IgA 抗体测定：检查了 6 个公社 30 岁以上正常人群共 56 584 人，抗体阳性者 117 例（表 2），阳性率为 206.77/10 万，各公社的阳性率不同，城镇公社最低为 125.26/10 万，石桥公社最高为 289.9/10 万，阳性者的抗体几何平均滴度为 1：21.10（表 3）。抗体滴度的分布从 1：2.5 至 1：1.280，1：10 以上者 91 例，占全部阳性数的 77.78%，1：20 以上者 63 例，占 53.85%，1：40 以上者 38 例，占 32.48%。与现症病人比较，正常人群抗体阳性者的几何平均滴度较现症病人少一倍。现症病例的抗体滴度分布较广，多数在 1：5~1：320 之间，而正常人群的抗体滴度多分布在 1：5~1：40 之间。按年龄分布，正常人群抗体阳性者在 65 岁以前各年龄组的阳性率分布曲线与 1977 年临床普查的患病率和现症病人的患病率呈一定的平行关系（图 4）。

表 2　苍梧县 6 个公社 30 岁以上正常人群 EB 病毒 VCA – IgA 抗体的测定

公社	人数	阳性数	阳性率（/10 万）
倒水	7 430	11	148.04
林水	7 780	15	192.80
石桥	11 380	33	289.90
大坡	12 075	26	215.32
夏郢	12 328	25	202.79
城镇	5 588	7	125.26
共计	56 584	117	206.77

表 3　苍梧县 6 个公社现症病人和正常人群 EB 病毒 VCA – IgA 抗体滴度分布

对象		抗　体　滴　度										几何平均滴度△（GMT）
		2.5	5	10	20	40	80	160	320	640	1280	合计	
现症病人	例数	0	5	9	7	6	9	8	6	2	0	52	1：46.32
	（%）*	0	9.62	17.31	13.46	11.54	17.31	15.38	11.54	3.85	0	100	
正常人	例数	10	16	28	25	11	9	9	4	3	2	117	1：21.10
	（%）*	8.55	13.68	23.93	21.37	9.40	7.69	7.69	3.42	2.56	1.71	100	

注：△ 为抗体阳性者的几何平均滴度　　* 占阳性总数的百分数

3. 临床和病理检查：对 117 例抗体阳性者进行了临床检查，共取活检 74 例，经病理检查证实为恶性肿瘤者 19 例，其中鼻咽癌 18 例（占抗体阳性者的 15.38%），面部基底细胞癌一例（表 4）。18 例鼻咽癌的临床分期为 I 期 7 例，II 期 4 例，III 期 5 例，IV 期 2 例，其中 7 例 I 期的鼻咽癌患者无明显的自觉症状，须详细检查才能发现其局部的早期病变，如黏膜粗糙，高低不平，隆起或小结节等。17 例鼻咽癌为低分化鳞癌，另一例鼻咽癌为未分化癌。鼻咽癌病例的抗体滴度较高，其几何平均滴度为 1：108.8（表 4）。

4. 患病率和发病率：6 个公社的现症病人 56 例，血清学普查的新病人 17 例，共 73 例，患病率为 41.80/10 万，较临床普查的患病率高（表 5）。1978 年确诊的鼻咽癌 19 例，血清学普查的新病人 18 例共 37 例，年发病率为 20.91/10 万，较 1975 – 1977 年的发病率高（图 4）。

二、免疫放射自显影法

1. 夏郢公社正常人群 EB 病毒 VCA – IgA 抗体测定：用免疫放射自显影法检查了夏郢公社 30 岁以上正常人群 12 328 人，抗体阳性者 69 例，阳性率为 559.7/10 万，较免疫酶法的阳性率高（表 6），阳性者的抗体滴度分布在 1：640~1：40 960 之间，其抗体的几何平均滴度为 1：1748。经临床和病理复查，发现 2 例早期鼻咽癌，经两种方法检查其抗体均阳性（表 4）。

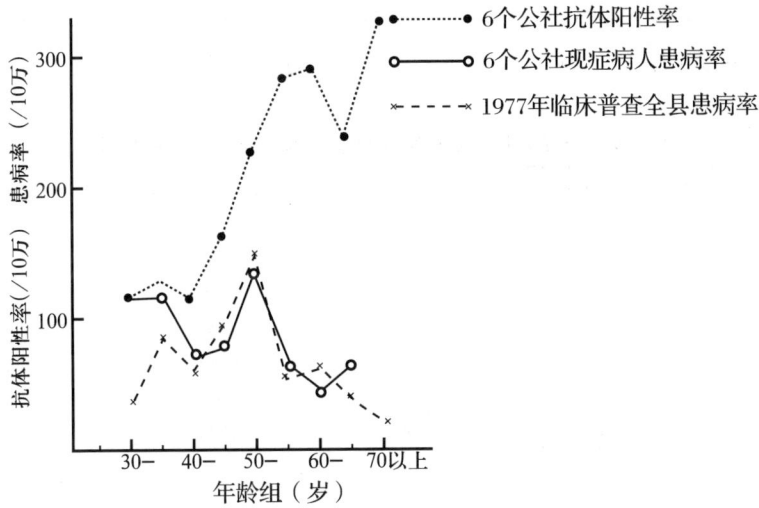

图4 苍梧县6个公社30岁以上人群的抗体阳性率和鼻咽癌患病率的年龄分布

表4 苍梧县6个公社血清普查发现的肿瘤病人

检验号	姓　名	性别	年龄	临床分期	病理诊断	抗体滴度	
						免疫酶法	免疫放射自显影法
23	陈某	男	31	I	鼻咽部低分化鳞癌	10	640
30	谭某	男	47	I	鼻咽部低分化鳞癌	160	2 560
38	钟某	男	44	I	鼻咽部低分化鳞癌	20	2 560
41	潘某	男	58	I	鼻咽部低分化鳞癌	40	640
75	褚某	男	39	I	鼻咽部低分化鳞癌	320	10 240
67	黄某	女	68	I	鼻咽部低分化鳞癌	1280	40 960
32218	莫某	男	36	I	鼻咽部低分化鳞癌	80	640
70	谭某	女	54	II	鼻咽部低分化鳞癌	160	2 560
33	潘某	女	52	II	鼻咽部低分化鳞癌	80	10 240
31	易某	男	59	II	鼻咽部低分化鳞癌	80	640
63	张某	女	33	II	鼻咽部低分化鳞癌	160	2 560
36	何某	男	50	III	鼻咽部低分化鳞癌	640	40 960
28	黎某	女	59	III	鼻咽部低分化鳞癌	1280	10 240
72	韦某	男	40	III	鼻咽部低分化鳞癌	80	640
73	覃某	男	51	III	鼻咽部低分化鳞癌	40	10 240
74	覃某	女	53	III	鼻咽部低分化鳞癌	160	10 240
29	梁某	男	59	IV	鼻咽部低分化鳞癌	160	640
71	莫某	男	38	IV	鼻咽部低分化鳞癌	10	640
42	易某	男	77		面皮肤基底细胞癌	20	2 560

　　2. 比较免疫放射自显影法和免疫酶法：应用两种方法测定了6个公社现症病人45例的血清，结果完全一致，44例阳性，阳性率为97.7%。6个公社正常人群免疫酶法阳性血清117例，夏郢公社正常人群免疫放射自显影法阳性血清69例（两种方法都阳性的同份血血清算一例），共163例。两种方法测定的结果见表7，免疫放射自显影法的阳性率为89.6%，

免疫酶法的阳性率71.8%，前者较后者高。在这些抗体阳性者中，共发现18例鼻咽癌和一例皮肤癌，经两种方法测定，这些病人的抗体都是阳性，结果一致。

表5　比较苍梧县6个公社临床普查和血清学普查的患病率△

公社	现症病人	血清学检查发现新病人	总计	血清学普查患病率/10 万	临床普查患病率/10 万
石桥	12	9	21	57.65	30.19
夏郢	15	2	17	48.85	43.10
倒水	8	5	13	46.77	28.78
大坡	11	1	12	31.04	28.45
林水	5	…	5	19.60	31.50
城镇	5	1	6	43.02	50.20
总计	56	18	74	41.80	32.19

注：△ 1977 年 12 月至 1978 年 3 月进行的临床普查

表6　夏郢公社 30 岁以上正常人群 EB 病毒 VCA－IgA 抗体的测定

检查方法	人数	阳性数	阳性率/10 万	鼻咽癌确诊数
免疫放射自显影法	12 328	69	559.70	2
免疫酶法		25	202.79	2

表7　免疫放射自显影法和免疫酶法比较

检查方法	现症病人			正常人群			鼻咽癌确诊数
	例数	阳性数	（%）	人数*	阳性数	（%）	
免疫放射自显影法	45	44	97.7	163	146	89.6	18
免疫酶法	45	44	97.7	163	117	71.8	18

注：* 6 个公社免疫酶法阳性血清和夏郢公社免疫放射自显影阳性血清数之和

讨　　论

应用免疫酶法测定 54 例现症鼻咽癌病人的 VCA－IgA 抗体，阳性率为 96.3%，几何平均滴度为 1∶40.52，这与我们过去的报告相符[2]，30 岁以上正常人群 56 584 人抗体阳性者 117 人，经临床和病理检查证实 18 例为鼻咽癌，占 15.38%，其中包括Ⅰ～Ⅳ期，特别是有 7 例无临床症状的早期病例，这进一步证实 VCA－IgA 抗体对鼻咽癌的诊断是较特异的，而且早期病例的抗体滴度并不低，1∶10～1∶1280，因此，在鼻咽癌高发区应用免疫酶法进行血清学普查，可以发现鼻咽病例，包括早期病例，这十分有利于鼻咽癌的治疗，对早期病例进行放射治疗效果很好。在抗体阳性的人群中，实际发生鼻咽癌的例数可能比 18 例还要高，因有的临床诊断疑似鼻咽癌，一次活检，病理报告阴性，有的可能是较早期，活检没有取中癌组织，如Ⅰ期中一例莫性病人免疫酶法抗体 1∶80，免疫放射自显影法 1∶640，第一次临床和病理检查阴性，2 个月后再做鼻咽部活检，病理证实为低分化鳞癌。对这些抗体阳性但尚未发现有癌的人，将定期进行临床和病理复查，以观察 CVA－IgA 抗体的存在与鼻咽癌发生的关系。这不仅对鼻咽癌的早期诊断和早期治疗有关，而且对研究 EB 病毒是否为鼻咽癌的病因和预防都有重要的意义。

在 18 例新发现的鼻咽癌中，有 9 例（其中 I 期的 4 例）在石桥公社发现，其他公社的 VCA – IgA 抗体阳性率并不低，为什么鼻咽癌病例，特别是早期病例很少？其原因尚待进一步研究。

本次血清学普查是在全县临床普查后 3 个月就进行的，仍查出 18 例鼻咽癌，患病率为 41.80/10 万，1978 年发病率已达 20.91/10 万，再次证明苍梧县确是鼻咽癌高发区。

鼻咽癌现症病人的抗体，同时用免疫放射自显影法和免疫酶法测定，结果相同。对夏郢公社 30 岁以上人群和其他公社免疫酶法阳性的血清亦进行了两种方法测定，免疫放射自显影法所得的阳性率较免疫酶法所得的高，但本次血清学普查所发现的 18 例新病人，经两种方法测定均阳性，表明这两种方法都是可用的。这两种方法简便，敏感，适于作鼻咽癌现场的大规模普查用，并可用于研究 EB 病毒 VCA – IgA 抗体的存在与鼻咽癌发生的关系。至于这两种方法何者为优，尚待在实践中继续检验。

〔原载《中华肿瘤杂志》1979，1（1）：2 – 7〕

参 考 文 献

1 Henle G, Henle W. Epstein – Barr Virus – Specific IgA Serum antibody as an outstanding feature of Nasopharyngeal carcinoma. Int J Cancer, 1976, 17: 1

2 中国医学科学院肿瘤研究所病毒室等. 鼻咽癌人的 EB 病毒免疫球蛋白 G 和 A（IgG 和 IgA）抗体的测定. 微生物学报, 1978, 18（3）：253

3 刘育希，等. 应用免疫酶法测定鼻咽癌病人的免疫球蛋白 A 抗体. 中华肿瘤杂志, 1979, 1: 8

Application of Immunoenzymic Method and Immunoautoradiographic Method for the Mass Survey of Nasopharyngeal Carcinoma

ZENG Yi[1], LIU Yu-xi[2], LIU Chun-ren[2], CHEN San-wen[3],

WEI Ji-neng[3], ZHU Ji-song[4], ZAI Hui-jiong[5]

(1. Institute of Virology, Chinese Academy of Medical Sciences 2. Cancer Institute, Chinese Academy of Medical Sciences

3. People's Hospital of Guangxi Zhuang Autonomous Region

4. Antitumor office of Tsang Wu Caunty 5. Institute of Atemic Energy of Academia Sinica)

Sera from 56 584 People of above 30 years old in 6 Communes of Cangwu county of Guangxi Zhuang Autonomous Region were tested for IgA antibody to EB virus VCA by means of immumoenzymic method. Sera from 56 NPC patients were also tested. The frequency of IgA antibody to VCA from patients with NPC was 96.3% with a GMT of 1 : 40.52. Of 56 584 people in the general population, 117 had IgA antibody to VCA with a GMT of 2L 10. Among these 117 persons, 18 were late diagnosed as NPC by clinical and pathological examination. 7 cases in stage I, 4 in stage II, 5 in stage III and 2 in stage IV. For the rest antibody – positive persons without detectable tumor, clinical and serological follow – up studies are being carried out periodicaly. Sera from 12 328 people above 30 in one of the 6 communes were tested for IgA antibody to VCA both by immunoenzymic and immunoautoradiographic methods, there were 25 and 69 with positive results respectively, so it appears that the immunoautoradiographic method is more sensitive, however sera from 18 NPC patients detected by serological screening were positive by both methods. The results indicate that both methods are simple, sensitive and are valuable in the early detection of nasopharyngeal carcinoma.

26. 应用免疫酶法测定鼻咽癌病人的免疫球蛋白 A 抗体

中国医学科学院肿瘤研究所病毒室　刘育希　董温平

中国医学科学院病毒学研究所肿瘤病毒室　曾　毅　曹桂茹

国内外很多学者证明 EB 病毒与鼻咽癌的关系十分密切，特别是近年来证明抗 EB 病毒壳抗原的免疫球蛋白 A 抗体（VCA – IgA 抗体）对鼻咽癌是特异的[1-3]，即鼻咽癌患者血清中的 VCA – IgA 抗体阳性率达 80% ~90% 以上，其他恶性肿瘤患者和正常人的抗体阳性率很低或全为阴性。鼻咽病人在放疗后，这种抗体逐渐下降，一旦复发，抗体又再次升高。上述研究工作主要是应用免疫荧光法，此法需要质量较高的荧光显微镜，不易推广。

鼻咽癌是我国南方数省常见的恶性肿瘤之一，因此建立一种鼻咽癌早期诊断、预后指标，特别是能在农村鼻咽癌高发区作血清学普查的简易、敏感的方法是很有意义的。Suzuki 和 Hoshino（1971）[4]曾用超微结构免疫酶法证明了巴基特淋巴瘤和鼻咽癌在血清学上关系密切。我们建立了免疫酶法，用于测定鼻咽癌病人的 IgA 抗体，获得了满意的结果。

材料和方法

一、细胞培养　B95 – 8 是一株生产 EB 病毒的细胞株，其壳抗原的阳性率为 5% ~10%。培养于 RPMI 1640 含有 20% 小牛血清的培养基中，常规加入每毫升 100 U 的青霉素和 100 μg 的链霉素。培养 3 ~4 d 后，收获细胞，在载片上的小孔内涂成单层，然后用冷丙酮在 4℃固定 10 min，并保存于 4℃备用。

二、血清　鼻咽癌患者血清、其他肿瘤患者血清和来源于献血者的正常人血清，均保存于 – 10℃冰箱。

三、抗血清的纯化　马抗人 IgA 抗血清，为北京生物制品研究所生产，其效价单向扩散稀释度为 1∶80，被动血球凝集稀释度为 1∶10 000 ~1∶40 000。用常规的饱和硫酸铵盐析，每毫升血清可得 15 mg 左右的球蛋白，此为粗提的球蛋白抗体，用 DEAE – Sephadex A – 50 层析法，每毫升血清可得 1.5 mg 球蛋白（IgG），此为提纯的 IgG 抗体。

四、辣根过氧化物酶　Boehringer mannheim 二级辣根过氧化物酶和 Koch – Light 辣根过氧化物酶。

五、免疫酶抗体的标记　两种标记方法。

1. 戊二醛法[5]：12 mg 辣根过氧化物酶和 5 mg 马抗人 IgA 抗血清提取的球蛋白，溶于 1 ml 0.01mol/L pH6.9 的磷酸缓冲盐水中，加入 0.05 ml1% 的戊二醛，室温振荡 1 h，然后用 50% 的饱和硫酸胺盐析一次，其沉淀溶于 1 ml pH7.4 的磷酸缓冲盐水中，并用此磷酸缓冲盐水透析，4℃保存备用。

2. 过碘酸钠氧化法[6]：5 mg 辣根过氧化物酶溶于 1 ml pH8.1 0.3 mol/L 的碳酸氢钠中，加入 0.1 ml 1% 的氟二硝基苯，室温振荡 1 h；加入 1 ml 0.06 mol/L 过碘酸钠，室温振荡

30 min；加入 1 ml 0.16 mol/L 乙二醇，室温振荡 1 h；然后用 pH 9.5 的 0.01 mol/L 碳酸盐缓冲液透析过夜。

上液透析后，加入 5 mg 马抗人 IgA 抗血清提取的球蛋白，室温振荡 2～3 h；加入 5 mg 硼氢化钠，置 4℃ 3 h，以 pH 7.4 的 0.01 mol/L 磷酸缓冲液透板，保存于 4℃备用。

六、血清抗体的检测　被检血清从 1：2.5 开始作倍比稀释，然后依次滴到涂了 B95-8 细胞的载玻片小孔内，于 37℃ 湿盒中孵育 30 min；0.01 mol/L pH 7.4 磷酸缓冲液洗 3 次，每次 5 min；再滴加适当浓度的酶标抗体，在 37℃ 孵育 30 min；再用磷酸盐缓冲液洗 3 次，即可显色，在普通光学显微镜检查，并判结果，根据阳性细胞的数目和染色的程度分别记录为 +～++++。

显色液：溶解 75 mg 二氨基联苯胺于 100 ml pH 7.6 Tris-HCl 缓冲液中，再加入过氧化氢，最终浓度为 0.1%。显色时间为 10 min。

每次实验应有阳性血清、阴性血清，磷酸缓冲盐水和只加酶标抗体的对照。

七、荧光抗体法　如前所述[3]。

结　果

一、免疫酶法和免疫荧光法对鼻咽癌患者血清中 EB 病毒 VCA-IgA 抗体测定的比较

我们对 80 份鼻咽癌疗前患者血清、52 份鼻咽癌放射治疗后一年以内的患者血清、107 份其他恶性肿瘤患者血清，其中包括肺癌、胃癌、食道癌、子宫颈癌、乳腺癌和骨肉瘤等，91 份正常人血清，分别用免疫酶法和免疫荧光法进行了 EB 病毒 VCA-IgA 抗体滴度的测定。本实验采用辣根过氧化物酶 Boehringer mannheim，酶标抗体的标记方法为戊二醛法，结果见表 1。

表 1　免疫酶法和免疫荧光法测定鼻咽癌病人 EB 病毒 VCA-IgA 抗体阳性率和几何平均滴度的比较

标本来源	例数	免疫酶法		免疫荧光法	
		阳性数（%）	GMT	阳性数（%）	GMT
鼻咽癌放疗前病人	80	74（92.5）	35.73	71（88.7）	15.69
鼻咽癌放疗后病人*	52	48（92.3）	25.08	46（88.4）	7.9
正常人	91	..	1.25		1.25
其他肿瘤	107	...	1.25	...	1.25

注：* 放射治疗后一年以内

免疫酶法和免疫荧光法对鼻咽癌病人的 EB 病毒 VCA-IgA 抗体的测定都是较特异的方法，阳性率很高，而正常人和其他肿瘤都是阴性。但免疫酶法较免疫荧光法更为敏感，鼻咽癌疗前病人的阳性率分别为 92.5% 和 88.7%，疗后病人分别为 92.3% 和 88.4%。特别是从抗体的几何平均滴度来看更为显著，疗前病例中，免疫酶法测得的抗体几何平均滴度为 1：35.73，而免疫荧光法为 1：15.69；疗后病例中，则分别为 1：25.08 和 1：

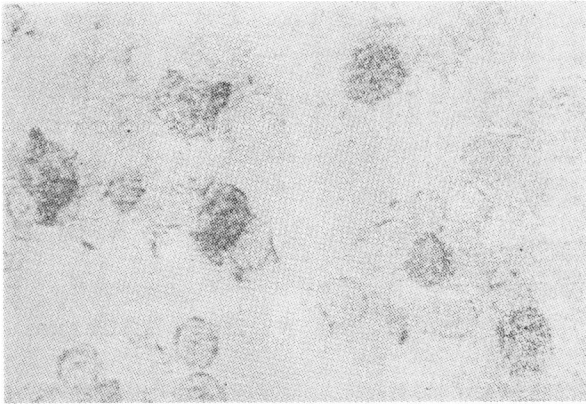

图1　鼻咽癌阳性细胞（深黑色）

7.9。免疫酶法在普通光学显微镜下较易判定结果，在显微镜下可见5%～10%呈褐色的细胞，此即为酶染色的阳性细胞（图1）。

二、抗体标记辣根过氧化物酶方法的比较

1. 抗体的纯化：以戊二醛为结合剂，采用了纯化 IgG 和粗提的球蛋白抗体、Boehringer mannheim 二级酶。所制的酶标抗体分别测其免疫活性。从表2看出，酶标的纯化抗体比粗制抗体免疫活性高，前者1∶30的滴度相当于后者1∶10的滴度，而且背景较浅，有利于结果判定。

2. 不同的辣根过氧化物酶的比较：辣根过氧化物酶有各种商品，其酶的活性也各不相同，据我们测定的 RZ 值如下（RZ 是在 403 nm 和 275 nm 的吸光度之比，表示酶纯化的程度，纯过氧化物酶的 RZ 为 3.0）Boehringer mannheim 二级酶 RZ = 1.95，北大药厂的过氧化物酶 RZ = 1.1，而 Koch‐light 过氧化物酶 RZ 值只有 0.62。这些质量不同的酶和 IgG 结合时，其结合率也不同。这种差别也明显地表现在其酶标抗体的免疫活性上。从表2看出，应用戊二醛法 Boehringer mannheim 二级酶的酶标抗体的免疫活性，无论是纯化抗体的还是粗提抗体的，均可应用于实验。而用 Koch‐light 过氧化物酶时，无论抗体是纯化的还是粗提的，其酶标抗体的免疫活性均为阴性。

表2　戊二醛法标记的提纯和粗制抗体免疫活性的比较

酶	抗体纯度	稀释度	血清稀释度										
			5	10	20	40	80	160	320	640	1280	2560	对照
辣根过氧化物酶 Boehringer mannheim 二级酶 RZ = 1.95	提纯抗体(1)	1∶10	++++	++++	++++	++++	++++	++++	++++	++	+	…	…
		1∶20	++++	++++	++++	++++	++++	++++	++	+	…	…	…
		1∶30	++++	++++	++++	++++	++	+	…	…	…	…	…
	粗制抗体(2)	1∶10	++++	++++	++++	++++	++	+	…	…	…	…	…
		1∶20	++++	++++	++++	++	+	…	…	…	…	…	…
		1∶30	++++	++++	++	+	…	…	…	…	…	…	…
辣根过氧化物酶 Koch Light RZ = 0.62	提纯抗体	1∶10	±	…	…	…	…	…	…	…	…	…	…
		1∶20	…	…	…	…	…	…	…	…	…	…	…
		1∶30	…	…	…	…	…	…	…	…	…	…	…
	粗制抗体	1∶10	…	…	…	…	…	…	…	…	…	…	…
		1∶20	…	…	…	…	…	…	…	…	…	…	…
		1∶30	…	…	…	…	…	…	…	…	…	…	…

注：（1）1 mg IgG + 2.4 mg 过氧化物酶结合；（2）5 mg IgG + 12 mg 过氧化物酶结合

3. 戊二醛法和过碘酸钠氧化法的比较：戊二醛法制备酶标抗体时，对辣根过氧化物酶的纯度有较高的要求，国外多用 Sigma Ⅵ 酶 RZ = 3.0。

近年来应用过碘酸钠氧化法的逐渐增多，我们对这两种方法作了初步比较，一是用 Boehringer mannheim 二级酶作戊二醛结合，另一是用 Koch light 酶作过碘酸钠氧化法结合，均用粗制抗体。其酶标抗体对 40 份鼻咽癌疗前患者血清进行了 EB 病毒 VCA – IgA 抗体测定，结果列入表 3。结果表明，用酶活性较低的 Koch light 酶做过碘酸钠氧化法获得的酶标抗体，不仅实验可用，而且较 Boehringer mannheim 二级酶做戊二醛法获得的酶标抗体免疫活性高。其几何平均滴度（GMT）分别是 1：151.8 和 1：55.6，前者是后者的 2.73 倍。其他肿瘤和正常人血清各做 14 份，两种方法的酶标抗体的测定结果均为阴性。

表 3　过碘酸钠氧化法和戊二醛法敏感性的比较

标本号	抗体滴度		标本号	抗体滴度	
	过碘酸钠氧化法	戊二醛法		过碘酸钠氧化法	戊二醛法
1	160	160	21	320	160
2	160	80	22	320	80
3	80	10	23	80	20
4	80	80	24	320	160
5	320	80	25	160	40
6	160	80	26	160	80
7	160	80	27	320	160
8	320	160	28	40	40
9	80	20	29	20	20
10	160	160	30	20	10
11	80	160	31	40	10
12	320	160	32	40	10
13	320	80	33	80	80
14	40	20	34	160	40
15	80	20	35	640	160
16	320	160	36	80	40
17	320	80	37	640	80
18	80	80	38	1280	40
19	320	40	39	320	160
20	320	80	40	160	20

GMT：过碘酸钠氧化法为 151.8，戊二醛法为 55.6。

4. 实验的重复性：以过碘酸钠氧化法制备的 Koch light 过氧化物酶标记的粗制球蛋白抗体，对 5 份鼻咽癌患者血清做了 EB 病毒 VCA – IgA 抗体的连续三次测定，结果见表 4。

这三次实验的结果表明，免疫酶法的可重复性是很好的，只有一个稀释度的波动。对 1 号、75 号血清，不同操作者同时测定，1 号血清滴度都在 1：160 ~ 1：320 之间。75 号血清为阴性。

表 4　免疫酶法的可重复性

血清号	VCA – IgA 抗体滴度		
	第一次	第二次	第三次
1	1：160	1：160	1：320
2	1：40	1：80	1：40
5	1：40	1：40	1：40
85	1：20	1：20	1：10
75	…	…	…

讨　　论

本实验应用免疫酶法测定鼻咽癌病人血清中 EB 病毒 VCA – IgA 抗体，阳性率达 92%，其他癌症患者和正常人都是阴性。表明 IgA 抗体对鼻咽癌是很特异的，而且免疫酶法较免疫荧光法更为敏感。免疫酶法的敏感性和可重复性很高，实验结果可长期保存，操作简便，仅需普通光学显微镜，易于推广。因此可以应用免疫酶法代替免疫荧光法作鼻咽癌的血清学诊断方法，并可试用于鼻咽癌的大规模普查，这项工作正在进行中。

自从酶标抗体方法建立以来，对此方法有关条件的研究和方法的改进做了不少工作，产生了戊二醛结合的一步法、两步法以及过碘酸钠氧化法等，一是要提高酶和蛋白的结合率，这是主要的；二是减少多聚体，易于穿透细胞。过去的研究[6]，已知戊二醛法制备的酶标抗体，只有2%左右的酶和IgG结合，所以其酶标抗体的免疫活性较低。Nakane[6]认为用过碘酸钠氧化法，可使90%以上的酶结合到蛋白上。所以这种酶标抗体不仅免疫活性高，而且游离酶少，即或不去除，染色背景也不深，利于观察结果。Beorsmeas等[7]还用层析法分析了戊二醛法和过碘酸钠氧化法制的酶标抗体，证明了上述的基本看法。我们的实验，不仅使用了低活性过氧化物酶（RZ = 0.62），而且使用了盐析法粗制的抗体，获得了稳定满意的结果，所以过碘酸钠氧化法优于戊二醛法。

〔原载《中华肿瘤杂志》1979，1（1）：8 – 11〕

参 考 文 献

1 Henle G，et al. Epstein – Barr Virus specific IgA Serum antibodies as an outstanding feature of Naso-pharyngeal Carcinoma. Int J Cancer，1976. 17

2 Ho HC，et al. Epstein – Barr – Virus specific IgA and IgG Serum antibodies in Nasopharyngeal Carcinoma. Bret J Cancer，1976，34：655

3 中国医学科学院肿瘤研究所病毒室等. 鼻咽癌病人的 EB 病毒免疫球蛋白 G 和 A（IgG 和 IgA）抗体的测定. 微生物学报，1978，3：253

4 Suzuki I，Hoskino M. In："Recent Advance in Human Tumor Virology and Immunology"（Naka-hava W，et al，ods）Tokyo University press，489

5 Avrameas S. Coupling of enzymes to Proteins with glutaraldehyde. Use of Conjugate for detection of antigens and antibodies. Immunochemistry，1969，6：43

6 Nakane PK，et al. Peroxidase – labeled antibody A new method of Conjugation. J Histochemistry and Cytochemistry，1974，22：1084

7 Boorsma PM，et al. Percxidase – Coujugate Chromatography isolation of Conjugate prepared with glutaraldehyde or pexiodate using polyacrylamide – agarose gel. J Histochemistry Cytochemistry，1976，24：481

27. 我国八个省（区）鼻咽癌病人 EB 病毒 壳抗原的免疫球蛋白 A 抗体的测定

中国医学科学院病毒学研究所　曾　毅　中国医学科学院肿瘤研究所　商　铭　刘纯仁

遵义医学院　程一櫂　　广西壮族自治区人民医院　杜瑞生

中山医学院　李新章　　广西医学院　甘宝文　　湖南医学院　胡明杰

福建省立医院　陈　明　　江西医学院　何士勤　　昆明医学院　沐桂潘

Henle 等[1]首先报告 EB 病毒壳抗原的免疫球蛋白 A（VCA - IgA）抗体对鼻咽癌是很特异的，阳性率达 93%。我们[2]对鼻咽癌病人的 EB 病毒早期抗原的免疫球蛋白 G（EA - IgG）抗体，VCA - IgA 抗体和早期抗原的免疫球蛋白 A（EA - IgA）抗体也进行了研究，获得相似的结果。由于鼻咽癌病人 VCA - IgA 抗体阳性率较高（81.6% ~ 93%）[1,2]，而且应用带 EB 病毒壳抗原细胞株（B95 - 8）作靶细胞，方法简便，不像测定 EA 抗体需用 $P_3HR - 1$ 病毒或 5 碘（5 溴）脱氧尿核苷激活 EA。因此，我们选择只测定 VCA - IgA 抗体的方法，扩大收集我国八个省市的鼻咽癌病例达 1711 份，测定的结果进一步证实 VCA - IgA 抗体对鼻咽癌是很特异的。现将结果报告如下。

材料和方法

血清：从北京、广东、广西、湖南、福建、云南、江西和贵州八省（区）收集鼻咽癌病人，其他恶性肿瘤病人和正常人血清，外地血清分批航寄北京。共收集鼻咽癌病人血清 1711 份，其他癌病人血清 359 份和正常人血清 171 份，共 2241 份。血清保存于 -10℃ 冰箱。

间接免疫荧光试验：所用的方法与以前的报告同[2]。靶细胞为 B95 - 8 细胞，将靶细胞涂于载玻片上，干后用冷丙酮固定 10 min。待查的血清从 1:2.5 开始作倍比稀释，加不同稀释度的血清于靶细胞，放在 37℃ 恒温室内的湿盒中 30 min，用 pH7.2，0.01mol/L 的磷酸缓冲盐水（PBS）洗 3 次，每次在 PBS 内浸泡 5 min。然后分别加入 1:10 异硫氰酸荧光素标记的马抗人 IgA 血清，再放 37℃ 30 min，如上用 PBS 洗 3 次以去除多余的荧光抗体，加上甘油，磷酸缓冲液（1:1），盖上盖玻片。用 Oxtholux 荧光显微镜检查，出现特异性荧光的血清最高稀释度为该血清的抗体滴度，血清 1:2.5 无特异性荧光出现者为阴性。

结　果

一、不同省（区）鼻咽癌病人的 EB 病毒 VCA - IgA 抗体阳性率和几何平均滴度比较

不同省（区）781 例鼻咽癌放疗前病人的血清在同一实验室进行测定，结果见表 1。大多数省市鼻咽癌病人的抗体阳性率为 87.27% ~ 100%，几何平均滴度为 1:10.22 ~ 1:15.17，仅云南省鼻咽癌病人的阳性率稍低，为 77.78%。

表1 我国八个省（区）鼻咽癌病人的 EB 病毒
VCA‑IgA 抗体阳性率和几何平均滴度比较

省（区）	例数	阳性数	（%）	GMT
北京	165	144	87.27	15.41
广东	131	118	90.08	15.60
广西	320	301	94.06	14.99
福建	32	28	87.50	10.22
湖南	55	55	100	25.11
云南	18	14	77.78	10.40
江西	23	21	91.30	13.93
贵州	37	33	89.19	14.82
全国	781	704	90.14	15.32

表2 鼻咽癌病人、其他恶性肿瘤病人和
正常人的 VCA‑IgA 抗体阳性率和
几何平均滴度比较

组别	例数	阳性数	（%）	GMT
鼻咽癌放疗前病人	781	704	90.14	15.32
头颈部其他恶性肿瘤	91	3	3.30	1.32
其他恶性肿瘤	268	7	2.61	1.30
正常人	171	…	…	1.25

二、鼻咽癌放疗前病人、其他恶性肿瘤病人和正常人的 EB 病毒 VCA‑IgA 抗体阳性率和几何平均滴度比较 见表2。

从表2可见，781例鼻咽癌病人放疗前的抗体阳性率为90.14%，几何平均滴度为1：15.32，91例头颈部其他恶性肿瘤病人为3.30%和1：1.32，268例其他恶性肿瘤病人为2.61%和1：1.30，171例正常人均为阴性。

三、鼻咽癌病人的 VCA‑IgA 抗体与放疗后病程的关系 见表3。

鼻咽癌放疗前病人，疗后1年内，疗后1~4年，疗后4~22年的抗体阳性率分别为90.14%、84.91%、77.85%、60.78%和39.28%；抗体的几何平均滴度为1：15.32、1：9.12、1：9.81、1：5.65和1：3.12。在转移和复发后抗体阳性率和几何平均滴度又上升至85.71%和1：15.52。

四、鼻咽癌病人 VCA‑IgA 抗体与临床分期的关系 见表4。

638例鼻咽癌病人Ⅰ、Ⅱ、Ⅲ和Ⅳ期的抗体阳性率分别为93.55%、87.98%、90.75%和92.37%，几何平均滴度分别为1：10、1：13.23、1：16.91和1：17.47。

表3 鼻咽癌病放疗后 VCA‑IgA 抗体与
放疗后病程的关系

组别	例数	阳性数	（%）	GMT
疗前	781	704	90.14	15.32
疗中	371	315	84.91	9.12
疗后1年内	289	224	77.51	9.81
疗后1~4年	102	62	60.78	5.65
疗后4~22年	56	22	39.29	3.12
复发或远处转移	112	96	85.71	15.52

表4 鼻咽癌病人 VCA‑IgA 抗体与
临床分期的关系

分期	例数	阳性数	（%）	GMT
Ⅰ	31	29	93.55	10
Ⅱ	208	183	87.98	13.23
Ⅲ	281	225	80.07	16.91
Ⅳ	118	109	92.37	17.47
合计	638	546	85.58	15.31

讨 论

本项研究的结果与原有报告[2]的结果相符，再次证明 VCA‑IgA 抗体对鼻咽癌是很特异的，鼻咽癌放疗前病人的 VCA‑IgA 抗体阳性率为89.22%，较原有报告[2]的81.5%稍高，可能是由于实验室大量操作，技术较为熟练的结果。全国八个省（区）鼻咽癌病人的抗体阳性率和几何平均滴度差别不大，仅云南省的阳性率较低，为77.78%，这可能是由于份数较少所致。各期鼻咽癌病人的抗体阳性率和几何平均滴度差别不显著，证实上次报告[2]的结果，这有利于鼻咽癌的早期诊断。实践证明测定 VCA－IgA 抗体对鼻咽癌的确诊是很有意义的，特别是对鼻咽部无明显肿瘤的早期病例，或鼻咽部无明显肿瘤，但癌已向黏膜下发展，或已转移到颈淋巴结的病人更有意义。本项研究再次证明鼻咽癌病人在放疗后随存活时间的延长，VCA－IgA 抗体的阳性率和几何平均滴度逐渐下降，在复发或远处转移后抗体又回升至放疗前水平。因此，鼻咽癌病人在放疗后定期测定 VCA－IgA 抗体，对预后可能是有意义的。

〔原载《中华肿瘤杂志》1979，1（2）：81－83〕

参 考 文 献

1 Henle W, et al. Epstein－Barr virus－specific IgA serum antibodies as an outstanding feature of nasopharyngeal－e carcinoma. Int J Cancer, 1976, 17: 1

2 中国医学科学院肿瘤研究所病毒室等. 鼻咽癌病人的EB病毒免疫球蛋白G和A（IgG和IgA）抗体的测定. 微生物学报, 1978, 18（3）: 253

Detection of IgA Antibody to EB Virus VCA from Patients with Nasopharyngeal Carcinoma by Immunofluorescence Test

ZENG Yi[1], SHANG Ming[2], LIU Chun-ren[2], CHENG Yi-zhao[3], DU Rui-sheng[4]

LI Xin-zhang[5], GAN Bao-wen[6], HU Ming-jie[7], CHEN Ming[8]

HE Shi-qin[9], MU Gui-pan[10]

(1. Virology Institute Chinese Academy of Medical Sciences; 2. Cancer Institute Chinese Academy of Medical Sciences

3. Zunyi Medical College; 4. People's Hospital of Guangxi Zhuang Autonomous Region

5. Zhongshan Medical College; 6. Guangxi Medical College; 7. Hunan Medical College

8. Provincial Hospital of Fujian; 9. Jiangxi Medical College; 10. Kunming Medical College

A total of 2241 sera from patients with nasopharyngeal carcinoma （NPC）, patients with other malignancies and healthy controls from 7 provinces and Beijing were tested for IgA antibody to the viral capsid antigen （VCA） of EB virus by immunofluorescence test. 90.14% of 781 untreated NPC patients had IgA antibody to VCA with a GMP of 1 : 15.32, which was less than 4% of 359 sera from patients with other malignancies including tumors of the head and neck other than NPC, whereas no such antibody could be found in sera from 171 healthy controls. There was no marked difference in the frequency and GMP of IgA antibody to VCA among NPC patients from different areas in China. The level of IgA antibody to VCA declined gradually with an increase in survival time among 1711 patients with NPC. When these patients had recurrence or distant metastases, the IgA antibody increased again and reached its original levels. The frequency and GMP of IgA antibody to VCA was similar in 638 untreated NPC patients in stages 1 to 4. Therefore the detection of IgA antibody to VCA is valuable in the diagnosis and differential diagnosis of NPC, especially in its early stage, or in patients without notable tumor in nasopharynx superficially but with invasion beneath the mucosa, or patient with early metastases in the neck region. Detection of IgA antibody might provide prognostic information for NPC patients after radiotherapy.

28. 免疫放射自显影法的建立及其在测定鼻咽癌病人 EB 病毒特异性 IgA 抗体中的应用

中国医学科学院肿瘤研究所　刘纯仁　商　铭　胡垠玲　曹桂茹　董温平

中国医学科学院流行病研究所　曾　毅　中国科学院原子能研究所　韩春生　戴惠炯

自 Wara[1] 等报告鼻咽癌患者血清中免疫球蛋白 A（IgA）升高后，Henle[2] 等用间接免疫荧光试验证实这种 IgA 抗体对 EB 病毒是特异性的。我们[3] 的研究结果也证实了这点，测定 EB 病毒特异性壳抗原 IgA 抗体（VCA – IgA）对于鼻咽癌的诊断和作为预后的指标是很有意义的。

文献中报告多用间接免疫荧光试验测定鼻咽癌病人的 EB 病毒特异性抗体，但此法需用较复杂的免疫荧光显微镜，不适用于在农村鼻咽癌高发区作普查，放射免疫的敏感性高，同位素自显影技术简便。因此，我们建立了应用 ^{125}I 标记动物的抗人 IgA 抗体作免疫放射自显影的方法，并用于测定鼻咽癌病人的 EB 病毒 VCA – IgA 抗体，获得满意的结果，现将结果报告如下。

材料和方法

一、靶细胞　用自发产生 EB 病毒 VCA 抗原的 B_{95-8} 细胞株做靶细胞，组织培养液是 RPMI 1640 培养基加 20% 小牛血清，内含有青霉素，链霉素分别为 100 U 和 100 μg/ml。每 2 ~ 3 d 加等量新鲜培养液。低速离心（1500 r/min 10 min），取沉淀的细胞涂于印有 4 × 12 个小孔的普通载玻片上，室温干燥，冷丙酮固定 10 min，晾干，4℃ 冰箱保存备用。Raji 细胞制备完全相同。

二、血清　鼻咽癌血清（NPCS）：鼻咽癌病人经临床和病理确诊，取治疗前血液，分离血清，– 10℃ 保存。

其他癌血清（OCaS）：收集除鼻咽癌外经确诊的其他癌症患者血，分离血清，– 10℃ 保存。

正常人血清（NHS）：来自血站健康成年供体，常规取血分离血清，– 10℃ 保存。

三、^{125}I 标记抗人 IgA 抗体　抗血清用高效价的马抗人乳 IgA 或兔抗人乳 IgA 血清（免疫扩散滴度在 1：80 以上，血凝滴度为 1：10 000 ~ 1：40 000）。前者为北京生物制品研究所生产，后者为本实验室生产。抗血清经 CNBr – 激活的 Sepharose 4B（吸附剂为提纯的人乳 IgA 抗原）亲和层析提纯后[4]，用氯胺 T 法标记 ^{125}I[5]。标记后，经 Sephadex G_{50} 柱纯化，除去游离碘等杂质。测定标记物的放射性强度后，用 pH7.8 内含 0.5% 小牛血清的磷酸缓冲液（PBS）稀释配制成比放射性约为 5 μci/μg，即放射性浓度和抗体蛋白含量分别为 100 μci 和 20 μg/ml 的工作母液，加 NaN$_3$ 至 0.01 mol/L 防腐，4℃ 保存。

四、免疫放射自显影法（RA）　将经 pH7.4 PBS 液连续 4 倍稀释的待测血清依次加至靶细胞片上的各孔中，置湿盒内37℃温育30 min。然后用含1%小牛血清的上述PBS浸洗3次，吸掉多余液，加适宜稀释度^{125}I标记的抗体，每片靶细胞约用0.6 ml，其上覆一片载玻片，将标记的抗体溶液推散均匀。置湿盒中，37℃温育30 min。取出，并在前述洗液中浸洗5次，室温晾干。

取国产4$^#$核子乳胶，在暗室浸入40~45℃水中融化5~10 min。用吸管将乳胶加至靶细胞片上，涂匀。立即直立靶细胞片，令多余的乳胶自然流下，并用滤纸吸去，室温晾干。置入不透光的暗盒中曝光。24 h后，浸入D-19显影液中3~5 min，用自来水洗1次，放微定1号定影液中5~10 min，水洗晾干。直接在普通显微镜下观察，或经姬姆萨或伊红染色，脱色后做对比观察。

五、^{125}I标记抗体的稀释度试验 取VCA-IgA阳性的鼻咽癌血清8份，用pH7.4 PBS液从1:40起到1:40 960连续4倍稀释，按顺序加至靶细胞上，重复做7片靶细胞，37℃温育30 min，用含1%小牛血清的PBS洗3次，将^{125}I标记抗人IgA抗体的工作母液用含1%小牛血清的PBS从1:2.5起作二倍连续稀释至1:160，共7个稀释度，分别加至温育后的7张靶细胞片上，温育，涂乳胶，曝光观察结果。

六、封闭试验 将^{125}I标记抗人IgA抗体特异活性封闭掉有两种方法。

第一种方法是我室制备的人乳IgA过量地加至一定量^{125}I标记抗人IgA抗体，混匀，37℃温育30 min。然后将此液加至已与VCA-IgA阳性的鼻咽癌血清结合过的靶细胞作用。同时做不经IgA抗原封闭的对照实验，比较血清效价降低的结果。

第二种方法是在已经结合过VCA-IgA阳性鼻咽癌血清的靶细胞上加过量的未用^{125}I标记的抗人IgA抗体，温育30 min后，再加^{125}I标记抗人IgA抗体，同时做不经抗人IgA抗体封闭的对照实验，比较血清效价降低的结果。

七、间接免疫荧光试验（IF） 为比较免疫放射自显影法和间接免疫荧光试验的结果，对本文所用的全部鼻咽癌、其他癌和正常人血清同时做免疫荧光试验检查，方法前已报告[3]，此不赘述。

结　果

一、免疫放射自显影法的建立 操作步骤如材料和方法部分所述。结果见图1，在经鼻咽癌阳性血清处理过的B$_{95-8}$细胞群中，散布着一些表面覆盖浓密黑色颗粒的细胞，此为阳性细胞，界限分明。阳性细胞一般在4%~7%左右，这种分布状态，与在间接免疫荧光试验中所见到的阳性率相似。阳性细胞的周围是大量的阴性细胞，其上仅见一些密度不大而均匀的黑颗粒，同背景中放射本底引起的黑色颗粒是一样的。图2显示与正常人血清作用过的B$_{95-8}$细胞，所有细胞都是阴性，仅见到放射本底的颗粒。阳性细胞与阴性细胞差别显著，在普通光学显微镜下易于鉴别。从表1可见，鼻咽癌阳性血清用免疫放射自显影法所测得的抗体滴度很高，其他癌患者或正常人血清为阳性或阴性，但阳性的抗体滴度都很低，其GMT分别为7.09和3.15，用不带VCA的Raji细胞作对照，不论阳性血清或阴性血清均为阴性。这些结果证明免疫放射自显影法可以测出EB病毒特异性的抗VCA的IgA抗体。同一份血清3次测定的结果表明本法的可重复性很高（表2）。

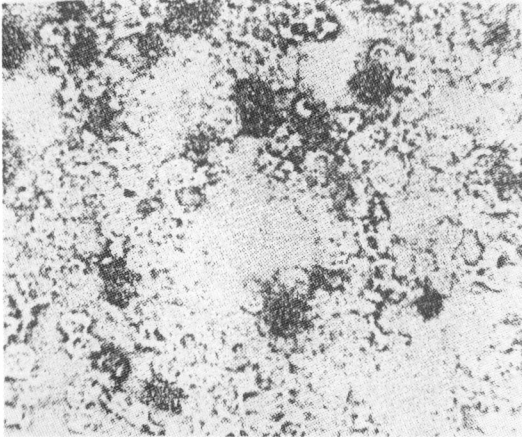

片中浓密黑颗粒覆盖的细胞是阳性细胞，
其周围是大量阴性细胞×400

图1 鼻咽癌EB病毒VCA－IgA阳性血清与
B_{95-8}细胞作用后，再同^{125}I标记的马抗人
IgA抗体温育，做放射自显影时的阳性照片

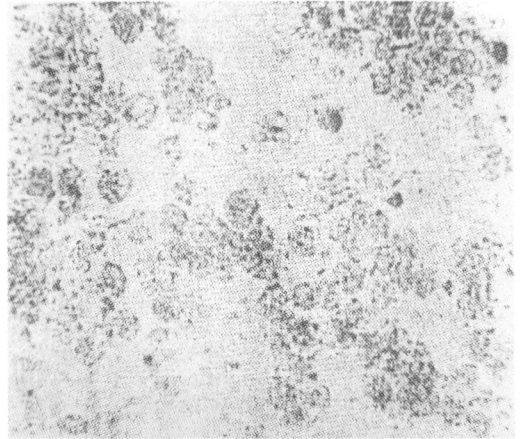

全部细胞阴性×400

图2 正常人血清与B_{95-8}细胞作用后，
再同^{125}I标记马抗人IgA抗体温育，
做放射自显影的结果

表1 用B_{95-8}细胞和Raji细胞
作靶细胞测定VCA－IgA抗体的结果

血清	抗体滴度	
	B_{95-8}细胞	Raji细胞
NPCS 399	1∶40 960	－
NPCS 511	1∶10 240	－
NPCS 377	1∶2 560	－
NPCS 402	1∶2 560	－
OCaS 391	1∶40	－
OCaS 392	1∶10	－
NHS 65	1∶40	－
NHS 69	1∶80	－
NHS 1	－	－
NHS 2	－	－

表2 免疫放射性自显影法的可重复性

血清	抗体滴度		
	第一次	第二次	第三次
NPCS 399	1∶40 960	1∶40 960	1∶40 960
NPCS 511	1∶10 240	1∶10 240	1∶10 240
NPCS 332	1∶10 240	1∶10 240	1∶10 240
NPCS 402	1∶10 240	1∶2 560	1∶10 240
NHS 1	－	－	－
NHS 2	－	－	－

二、标记抗体的含量对IgA抗体滴度的影响 从表3可以看出，标记抗体在1∶10稀释内基本上保持原液的敏感性，1∶20时抗体滴度开始下降，而在1∶40时虽然仍有部分阳性出现，但大部分为阴性，当标记抗体稀释至1∶160时完全无效。因此，这批标记抗体（第16批）使用时的适宜稀释度为1∶5～1∶10，即含量为27.6～13.8 μci和5.2～2.6 μg/ml，多次实验表明，标记抗体的放射性强度和抗体蛋白分别为10 μci和2 μg/ml都是有效的，曝光时间以24 h为佳，延长曝光时间，虽然可使阳性细胞着色更深，但本底也随之增加，容易发生难以辨认的结果。如标记抗体的含量过大，本底显著增加，亦会影响结果的判断。

三、封闭试验 八例EB病毒VCA－IgA抗体阳性的鼻咽癌血清全部被提纯的人乳IgA和未标记提纯的抗人IgA抗体所封闭，呈现阴性结果，从而证明^{125}I标记的马抗人IgA抗体对人 IgA 是特异的，所测定的 EB 病毒特异性抗体是 IgA 抗体。

四、应用免疫放射自显影法测定鼻咽癌病人血清中的 EB 病毒 VCA – IgA 抗体 免疫放射自显影法测定的结果见表 4，鼻咽癌组血清的抗体滴度绝大多数在 1∶640 以上，直至 1∶40 960，仅 2 例为 1∶160，1 例为 1∶2.5，几何平均滴度为 3.259。其他癌组血清的抗体滴度大多数在 <1∶2.5 ~ 1∶160 之间，1 例为 1∶2560（肺癌），1 例为 1∶10 240（何杰金氏病），55 例阴性，几何平均滴度为 7.09。正常人血清的抗体滴度 47 例在 1∶2.5 ~ 1∶160 之间，其余 65 例为阴性，几何平均滴度为 3.15。鼻咽癌组的抗体几何平均滴度显著高于其他二组。用间接免疫荧光试验测定鼻咽癌组血清，抗体滴度分布在 <1∶2.5 ~ 1∶640 之间，几何平均滴度为 10.65，远较用免疫放射自影法所测定的结果（3.259）为低，这表明后者较前者显著敏感。

表 3 ^{125}I 标记抗体的含量对鼻咽癌血清中 EB 病毒 VCA – IgA 抗体滴度的影响*

血清	^{125}I 标记马抗人 IgA 抗体在不同稀释度时的抗体滴度						
	1∶2.5	1∶5	1∶10	1∶20	1∶40	1∶80	1∶160
NPCS 332	1∶40 960	1∶40 960	1∶10 240	1∶2560	1∶640	1∶160	1∶160
NPCS 402	1∶10 240	1∶10 240	1∶10 240	1∶2 560	–	–	–
NPCS 410	1∶2 560	1∶2 560	1∶2 560	1∶640	1∶640	–	–
NPCS 437	1∶2 560	1∶2 560	1∶2 560	1∶640	–	–	–
NPCS 475	1∶10 240	1∶10 240	1∶10 240	1∶10 240	–	–	–
NPCS 500	1∶2 560	1∶2 560	1∶10 240	1∶2 560	–	–	–
NPCS 503	1∶40 960	1∶40 960	1∶10 240	1∶2 560	–	–	–
NPCS 511	1∶40 960	1∶40 960	1∶40 960	1∶10 240	1∶2 560	1∶640	–

注：* 本试验用第 16 批 ^{125}I 标记的马抗人 IgA 抗体，原液中含 138 μCi 和 26 μg 抗体蛋白/ml

表 4 鼻咽癌、其他癌和正常人血清中抗 EB 病毒抗体的分布、阳性率和几何平均滴度（GMT）

血清	例数	试验方法	不同稀释度的阳性数									阳性数*	阳性（%）	GMT
			（—）	1∶2.5	1∶10	1∶40	1∶160	1∶640	1∶2560	1∶10 240	1∶40 960			
鼻咽癌	109	RA	0	1	0	0	2	30	34	26	16	106	97.3	3 259
		IF	16	19	35	31	7	1	0	0	0	93	85.3	10.65
其他癌	119	RA	55	3	24	23	12	0	1	1	0	2	5.67	7.09
		IF	119	0	0	0	0	0	0	0	0	0	0	1.25
正常人	112	RA	65	17	14	12	4	0	0	0	0	0	0	3.15
		IF	112	0	0	0	0	0	0	0	0	0	0	1.25

注：* RA 的阳性标准为 ≥1∶640，IF 的阳性标准为 ≥1∶2.5

109 例鼻咽癌患者按临床分期，比较用免疫放射自显影法测定的抗体滴度，结果未发现各期之间有显著差异，其中两例为 1∶160，1 例为 1∶2.5 者，临床诊断均属第四期。

应用免疫放射自显影法测定 EB 病毒特异性 IgA 抗体，正常人血清约半数为阴性，其余都在 1∶160 或 1∶160 以下。故以≥1∶640 为阳性标准比较合适，按此标准统计，鼻咽癌病人，其他癌病人和正常人的阳性率分别为 97.3%，1.67% 和 0%，前者和后二者差别十分显著。免疫荧光试验以抗体滴度≥1∶2.5 为阳性标准，三者的阳性率分别为 85.3%，0% 和 0%，实验结果表明，免疫放射自显影法较免疫荧光法更为敏感（表 4）。

讨　论

文献中测定鼻咽癌病人血清中的 EB 病毒抗体多采用间接免疫荧光试验，未见到应用免疫放射自显影法的报告，仅有 Martin 等[6]最近应用^{125}I 标记鼻咽癌病人的 EB 病毒抗体阳性血清作免疫放射自显影以测定细胞内的 EB 病毒的早期抗原。为获得敏感、特异和简便的方法，我们建立了免疫放射自显影法，用于测定鼻咽癌病人血清中的 EB 病毒 VCA－IgA 抗体，同一份血清，应用本法重复试验的结果，鼻咽癌病人的 EB 病毒 VCA－IgA 抗体阳性血清，均为阳性，抗体阴性的血清均为阴性；这种阳性结果可被提纯的人乳 IgA 或未标记^{125}I 的提纯的马抗人 IgA 抗体所封闭；以带 EB 病毒 VCA 的 B$_{95-8}$作靶细胞，阳性血清呈现阳性，而以不带 VCA 的 Raji 细胞作靶细胞，则阳性血清表现为阴性。这些结果证明本法所测定的抗体是 EB 病毒特异性的 IgA 抗体。鼻咽癌病人的抗体阳性率和几何平均滴度很高，而其他癌患者和正常人都很低，表明这种抗体对鼻咽癌是很特异的。本法所测定的抗体滴度远较间接免疫荧光试验为高，即本法更为敏感，而且无需较复杂的仪器设备。因此，本技术可以作为鼻咽癌的血清学诊断方法，并可试用于鼻咽癌高发区作普查之用。

Desgranes 与 de Thé[7]报告应用间接免疫荧光技术测定鼻咽癌病人唾液中的 EBV/IgA（a）抗体，阳性率为 43%，EBV/IgA（sp）抗体阳性率为 34%。由于唾液中的抗体阳性率较血清中的低，唾液不宜作为鼻咽癌常规诊断测定抗体的标本来源，但免疫放射自显影法远较间接免疫荧光试验敏感。因此，有可能应用本法测定鼻咽癌病人唾液中的 VCA－IgA 抗体，以获得较高的阳性率。

^{125}I 标记的抗人 IgA 抗体以放射性浓度和蛋白质含量分别在 10 μci 和 2 μg/ml 左右较合适。应用国产 4$^\#$核子乳胶，效果满意。曝光 24 h，阳性细胞显影典型，在普通光学显微镜下容易判断结果。^{125}I 半衰期达 60 d，如用新制备的^{125}I 标记抗体，在 4 周内，曝光 24 h，可得到满意的结果。但随着保存时间的延长，曝光时间需作适当延长，值得指出的是，当涂片的细胞密度过大，^{125}I 标记抗体的放射活性过强，受试血清浓度过高（如在 1∶40 以下），乳胶过厚或洗液中不含牛血清蛋白等情况时，均可使本底加深。

标记的抗人 IgA 抗体必须高度纯化，我们用溴化氰激活的 Sepharose 4B 亲和层析提纯，获得满意的结果，尽管抗体提纯的手续较为复杂，但其用量很小。

小　结

本文介绍应用^{125}I 标记兔或马抗人 IgA 的抗体，在细胞水平上测定鼻咽癌病人血清中 EB 病毒特异性 IgA 抗体的免疫放射自显影法，此法很敏感，特异和可重复性高。本文还研究了^{125}I 标记抗体的用量对 EB 病毒特异性 IgA 抗体滴度的影响，证明^{125}I 标记抗体含量当每毫升含^{125}I 放射性 10 μci 和蛋白质 2 μg 时，效果很好。应用本法测定 109 例鼻咽癌，119 例其他癌病人和 112 例正常人血清中的 EB 病毒特异性 IgA 抗体，其几何平均抗体滴度分别为 1∶3.259、1∶7.09 和 1∶3.15，正常人的抗体水平都在 1∶160 或 1∶160 以下。以≥1∶

640 为阳性标准，鼻咽癌病人，其他癌病人和正常人的阳性率分别为97.3%、1.67%和0%，差别十分显著。此法较免疫荧光试验更为敏感。因此，可应用本法作鼻咽癌血清学诊断，并可试用于鼻咽癌高发区作普查。

〔原载《科学通报》1979，24（15）：715–720〕

参 考 文 献

1 Wara W M, et al. Cancer, 1976, 35: 1313

2 Henle G, et al. Inter J Cancer, 1976, 17: 1

3 中国医学科学院肿瘤防治研究所病毒室等. 微生物学报, 1978, 18 (3): 253

4 Jackson P A, et al. J Immunol Method, 1977, 14: 201

5 Hunder W M, et al. Nature, 1962, 194: 495

6 Martin H M, et al. Interrirology, 1977, 8: 226

7 Desgranes C, de – Thé G, et al. InterJ Cancer, 1977, 19: 627

Immuno – radioautography and Its Application in the Detection of Anti – EBV – IgA Antibodies in Nasopharyngeal Carcinoma （NPC） Patients

LIU Chun-ren, SHANG Ming, ZENG Yi, HAN Chun-sheng, DAI Hui-jiong
HU Yin-ling, CAO Gui-ru, DONG Wen-ping

Serum anti – EBV – IgA antibodies （EBV – IgA） in NPC patients were determined at a single – cell level by immuno – radioautography, using ^{125}I – labelled rabbit or horse antihuman IgA antibodies. The assay proves sensitive, specific and easily repeatable. The optimal quantity of radiation ^{125}I for labelling was found to be 10 μ Ci/μg protein/ml. Sera from patients of malignant cases of carcinoma, including NPC, and from normal persons have been examined by this method. GMT's of EBV – IgA antibodies are 1 : 3. 259 for NPC patients. 1 : 7. 09 for other cancer patients, and 1 : 3. 16 for normal controls respectively. The antibody titers in all normal individuals read 1 : 160 or less. A titer higher than 1 : 640 is considered positive. The positive rates for these above three groups of individuals are 97.3%, 1.67% and 0% respectively. Their differences are very prominent. This assay is more sensitive than fluorescence examination and can be used in NPC diagnosis. It is especially useful for mass screening in regions where carcinoma incidence rate is high.

29. 不同来源带 EB 病毒的淋巴瘤和类淋巴母细胞株巨 A 染色体的研究

中国医学科学院肿瘤研究所病毒室 吴 冰 吴玉清 李以莞 吴 旻 赵志辉

中国医学科学院病毒研究所肿瘤病毒组 曾 毅 龚翠红

EB（Epstein – Barr）病毒是传染性单核细胞增多症的病原，同时又证明与伯基特淋巴瘤和鼻咽癌的病因密切相关[1]。人们在伯基特淋巴瘤的细胞中发现了 EB 病毒基因组，并在其培养的淋巴瘤细胞株中发现有 14 号染色体的畸变[2]。同时证明这个标记染色体的产生与 EB 病毒并无直接关系，可能只是人的淋巴细胞恶性变化过程中的一个重要环节。但来自传染性单核细胞增多症患者的类淋巴母细胞株中却未发现有这种 14 号异常染色体[3]。

人的鼻咽癌细胞中也发现有 EB 病毒基因组[4]。从鼻咽癌活检标本中亦可建成类淋巴母细胞株，因而鼻咽癌细胞的细胞遗传学变化引起人们的注意。迄今国外尚未报道有关鼻咽癌的标记染色体。Finerty 等最近虽对 7 株鼻咽癌的类淋巴母细胞株及 5 株通过无胸腺小鼠移植的鼻咽癌恶性上皮细胞进行了染色体的检查，但亦未能发现有标记染色体。

我们于 1973 年建立了 11 株鼻咽癌类淋巴母细胞株[5]。于建株后半年内曾对其中两株细胞 CNL5 和 CNL8 作了染色体检查，均发现有一个巨大的亚中央着丝点的异常染色体。1978 年国内夏家辉等[6]在 3 株来源于鼻咽癌的类淋巴母细胞株 CSN3，CSN7 和 CNL8 中也发现有一个巨大的亚中央着丝点的标记染色体。这个染色体因为比 A$_1$ 染色体大，故称为巨 A。

为了解巨 A 染色体和鼻咽癌发生的关系以及巨 A 染色体和 EB 病毒的关系，我们进行了以下研究。

材料和方法

一、淋巴瘤细胞株和类淋巴母细胞株

1. CNL5 和 CNL8 类淋巴母细胞株：为本研究所病毒室于 1973 年从鼻咽癌病人的活检组织分别经过 198 d 和 159 d 建成的细胞株[5]。

2. NPC80 类淋巴母细胞株：来源于鼻咽癌，由中山医学院微生物学教研组和肿瘤研究所病因研究室赠送。

3. B95 – 8 类淋巴母细胞株：来源于传染性单核细胞增多症患者，后来又使狨猴（Marmoset）淋巴细胞转化而建株。由英国 Bristol 医学院 Epstein 教授赠送。

4. Baji 淋巴瘤细胞株：来源于伯基特淋巴瘤，由英国 Bristol 医学院 Epstein 教授赠送。

5. P$_3$HR – 1 淋巴瘤细胞株：来源于伯基特淋巴瘤。

6. Ton – 11 类淋巴母细胞株：来源于正常人扁桃体。本研究所病毒室于 1978 年建成细胞株。

7. H26 和 HS2 – 1 B 类淋巴母细胞株：来源于正常人的外周血淋巴细胞。由上海第二医学院微生物教研组赠送。

二、染色体标本的制备

1. 类淋巴母细胞株：在含 5% CO_2 的孵箱中，经 37℃ 培养 36 ~ 48 h，在制片前 4 ~ 10 h，

于每瓶细胞中加入 2 μg/ml 的秋水仙素 1 滴最终浓度为 0.02 ~ 0.04 μg/ml，按空气干燥法制片，姬姆萨染色。选择展示好的中期细胞作染色体分析研究，每个细胞株计数 25 个中期分裂相。其中一部分作显微摄影。按 Denver 系统进行染色体组型分析。

2. 部分染色体标本作染色体 G 带分带：采用本所细胞生物室的胰酶分带法[7]。

选择带型清晰的标本作显微照相，按照 Denver 标准及巴黎会议关于人类染色体分带命名标准进行染色体组型分析。

结　　果

共检查了 9 株不同来源的带 EB 病毒的类淋巴母细胞株。其中来源于鼻咽癌的有 3 株：CNL5，CNL8 和 NPC80；来源于传染性单核细胞增多症的有 1 株：B95 - 8；来源于伯基特淋巴瘤的有 2 株：Raji 和 P3HR - 1；来源于正常组织的有 3 株：Ton - 11，H26 和 $HS_2 - 1B$。多数细胞株检查 25 个中期分裂相和各细胞株的众数，见表 1。来源于鼻咽癌的类淋巴母细胞株 CNL5，CNL8 和 NPC80 的染色体众数分别为 46，47 和 44；来源于传染性单核细胞增多症的细胞株 B95 - 8 的众数为 44；来源于伯基特淋巴瘤的细胞株 Raji 和 $P_3HR - 1$ 的众数分别为 47 和 46；来源于正常组织的细胞株 Ton - 11，H26 和 $HS_2 - 1B$ 的众数，分别为 46，46 和 43。

来源于鼻咽癌的 CNL5，CNL8 和 NPC80，3 株类淋巴细胞均有较多的巨 A（图 1 ~ 3），其出现率分别为 63.3%，100% 和 72%；来源于传染性单核细胞增多症的 B95 - 8 细胞株及来源于伯基特淋巴瘤的 Raji 和 $P_3HR - 1$ 细胞株均无巨 A 染色体。来源于正常组织的 Ton - 11 和 H26 株亦未见巨 A；但在 $HS_2 - 1B$ 细胞株中却发现有巨 A（图 4），其出现率为 80%。其中，CNL8 株在建株后半年检查染色体时，巨 A 的出现率只有 6.6%，建株后 2 年时巨 A 的出现率为 82.0%[6]，建株后 5 年时巨 A 的出现率高达 100%（表 2）。

表 1　类淋巴母细胞株及淋巴瘤细胞株的来源及其染色体的变化

细胞株	来　源	计数的细胞数	染色体的众数	巨 A染色体	巨 A 出现率(%)
CNL5	鼻咽癌	30	46	+	63.3
CNL8	鼻咽癌	25	47	+	100.0
NPC80	鼻咽癌	25	44	+	72.0
B95 - 8	传染性单核细胞增多症	25	44	-	
Raji	伯基特淋巴瘤	25	47	-	
$P_3HR - 1$	伯基特淋巴瘤	25	46	-	
Ton - 11	正常组织	25	46	-	
H26	正常组织	9	46	-	
HS2 - 1B	正常组织	25	43	+	80.0

表 2　巨 A 染色体的出现率与成株后时间的关系

细胞株	建株日期	建株后检查染色体时间(年)	巨 A 染色体的出现率(%)
CNL5	1973 年 11 月	0.5	63.3
CNL8	1973 年 11 月	0.5	6.6
		2.0	82.0
		5.0	100.0
NPC80	1974 年 9 月	0.5	32.0 *
		3.0	72.0

注：* 引自 1976 年广州全国鼻咽癌会议报告。NPC80 在建株后半年时，巨 A 的出现率为 32%[8]；3 年时出现率为 72%，看来巨 A 的出现率有随细胞建株时间延长而升高的趋势。

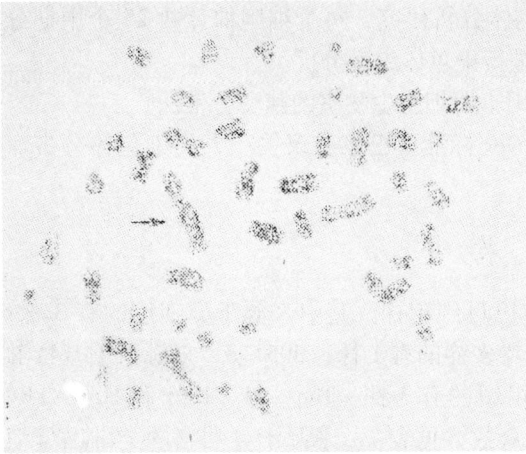

图 1　鼻咽癌类淋巴母细胞株 CNL5

箭头示巨 A 染色体

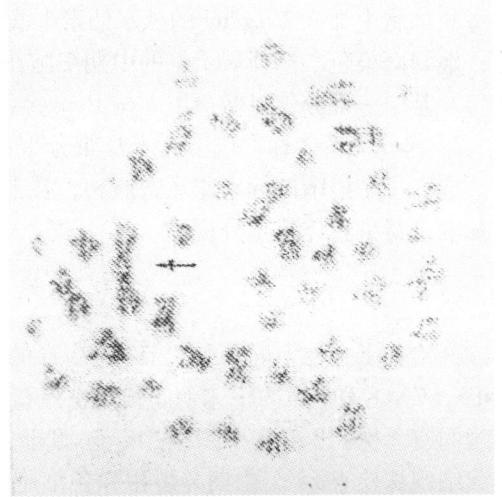

图 2　鼻咽癌类淋巴母细胞株 CNL8

箭头示巨 A 染色体

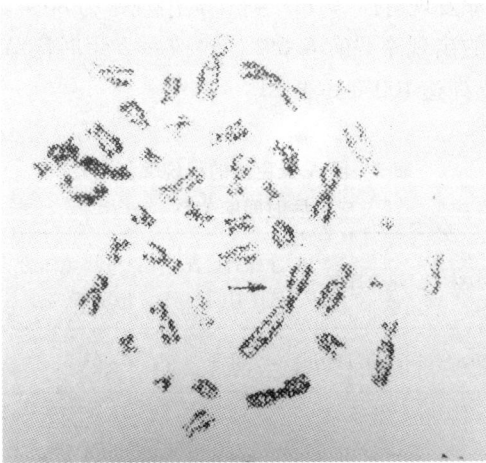

图 3　鼻咽癌类淋巴母细胞株 NPC80

箭头示巨 A 染色体

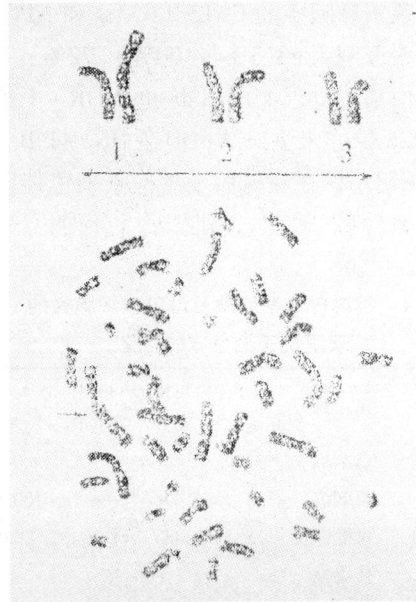

图 4　鼻咽癌类淋巴母细胞株 CNL8、G 带染色体 A 组

箭头示巨 A 染色体

　　用染色体 G 带分析方法，对 CNL8 的 3 个代次中的 25 个细胞作了巨 A 的带型分型。发现巨 A 短臂近端有两条明显的深带（图 5），其远端着色渐浅，这是 A 组 1 号染色体的短臂所特有的带型特征。在处理较好的标本上，其长臂有明显的 8 条深带，近端的 1 条深带两两靠近，与 A 组 1 号染色体的长臂带型特征相似。其远端的 4 条深带也两两靠近，并往往相互融合成两条较宽的深带，在这两条深带之间显现出一条较宽的浅带区，这是 A 组 3 号染色体的短臂所具有的带型特征。用同一细胞内的 A 组 1 号和 3 号染色体的带型与巨 A 相比较，发现三者的带型完全一致，如图 5 所示，证明这种巨 A 染色体的来源是由近着线点处断裂下来的 A 组 3 号染色体的短臂易位到 A 组 1 号染色体的长臂末端的浅带区所形成的，即 t (1；3)(1p ter→1 q 44：：3 p 11→3 p ter)。但在少数的 CNL8 细胞中发现巨 A 呈双着丝点（图 7）。这种巨 A 染色体的来源像是由包括着丝点在内的 A 组 3 号染色体的短臂易位到 A 组 1 号染色体的长臂末端的浅带区所形成的，即 t (1；3)(1 p ter→1 q 44：：3 q 21→3 p ter)。但经核型分析后发现该细胞原有 A 组 3 号的两个同源染色体仍存在（图 4）。因此，对巨 A 染色体来源的问题尚待进一步研究。

图 6　巨 A 与双着丝点巨 A

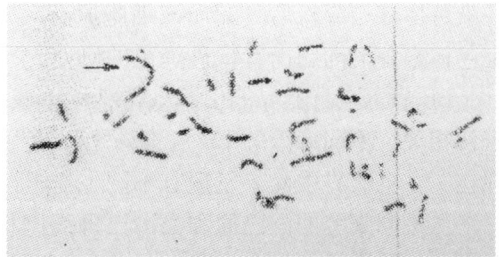

图 5　CNL8 株 4 个细胞中的 A1、
A3 与巨 A 染色体（G 带染色法）

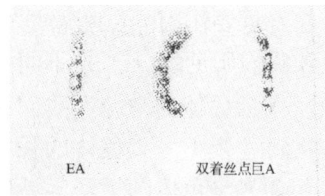

图 7　HS2－1B 细胞染色体，箭头示巨 A 染色体

讨　论

在不同来源的带 EB 病毒的淋巴瘤细胞和类淋巴母细胞株中发现 3 株鼻咽癌类淋巴母细胞均有巨 A 染色体。其他来源（包括传染性单核细胞增多症，伯基特淋巴瘤及正常组织等）的淋巴瘤细胞和类淋巴母细胞株中，除来源于正常人淋巴细胞的 HS_2－1B 株外均没有巨 A。夏家辉等在 3 株来源于鼻咽癌的类淋巴母细胞株 CSN3，CSN7 和 CNL8 中发现有巨 A[6]；区宝祥等[8]检查 79 例鼻咽癌活检组织染色体，在 201 个细胞中 45 个有巨 A，巨 A 的出现率为 22.33%。表明巨 A 染色体和鼻咽癌可能有关，未见到国外文献报道有关鼻咽癌类淋巴母细胞株中有巨 A 染色体。但我们在 Finerty 等的报道中发现在其图 5，来源于鼻咽癌的 HW 细胞的染色体涂片中亦可见有比 A1 还大的亚中央着丝点的染色体，它是否与我们所见的巨 A 相同，有待证实。

类淋巴母细胞株 CNL5，CNL8，NPC80 及 HS_2－1 B 细胞中有巨 A 染色体，其发现率分别为 63.3%，100%，72% 和 80%（表 1）。CNL8 株在建株后半年内检查染色体，巨 A 的出现率只有 6.6%；但在建株后 2 年，其巨 A 的出现率为 82%；在建株后 5 年，其巨 A 的出现率已高达 100%（表 2）。另 NPC80 在建株后半年内巨 A 的出现率为 72%。这种类淋巴母细胞株随着体外培养时间的延长，巨 A 的出现率也明显增多，是否是由于带巨 A 的细胞在体外培养的过程中逐渐增多的结果，抑或由于 EB 病毒对类淋巴母细胞的不断作用所致，有待进一步研究。另外，不同细胞株巨 A 的出现率也是不一致的，如在建株后半年检查 CNL8 仅 6.6% 细胞有巨 A，此时 NPC80 有巨 A 的细胞为 32%，而 CNL5 有巨 A 的细胞已高达 63.3%（表 2）。

最近 Kovacs[9]检查了 10 个人的实体肿瘤细胞的染色体，发现其中 9 个肿瘤细胞（包括乳腺癌、结肠癌等）均有 A1 号染色体的易位，认为在类 A1 染色体的近着丝点处及其 q21 处是脆弱点，易于折断而易位至其他染色体上，故认为 A1 染色体的 q21~32 对人的某些肿瘤的发生起着重要作用。鼻咽癌是实体瘤亦有 A 组染色体的改变。但 Kovacs 发现的 A1 染色体的易位和我们所见的巨 A 是不同的。

有关巨 A 染色体的来源，我们观察到是巨 A 由近着丝点处断裂下来的 A 组 3 号染色体的短臂易位到 A 组 1 号染色体的长臂末端的浅带区所形成的，并发现有少数由包括着丝点在内的 A 组 3 号染色体的短臂，易位到 A 组 1 号的长臂末端的浅带所形成的巨 A。巨 A 的形态与 A 组染色体相似，但比 A1 染色体还大，最大的比 A1 长 1/5~2/5，经常单个出现，在高倍体细胞中有时可发现两个巨 A。我们的发现和夏家辉等[6]的观察有某些相似之处，但经染色体核型分析后，发现该细胞原有 A 组 3 号的两个同源染色体仍存在。因此，对巨 A 染色体来源的问题尚有待进一步的研究。

EB 病毒在自然界能引起人传染性单核细胞增多症，又与伯基特淋巴瘤和鼻咽癌的病因密切相关。不同来源的 EB 病毒株之间的生物学性状是否有不同，已引起人们的注意。直到现在，在自然界中尚未发现有不同生物学性状的 EB 病毒株。

从不同来源的淋巴瘤和类淋巴母细胞株带巨 A 染色体的情况不同，这是由于细胞株来源不同的结果，或者是与所带的 EB 病毒的生物学特性有关，还在继续研究中。

结　论

1. 在不同来源的带 EB 病毒的淋巴瘤和类淋巴母细胞株中发现 3 株鼻咽癌类淋巴母细胞株均有巨 A 染色体。其他来源（包括传染性单核细胞增多症，伯基特淋巴瘤及正常组织等）的瘤细胞或类淋巴母细胞株中，除来源于正常组织的 HS_2-1 B 一株外均没有巨 A，说明巨 A 染色体可能和鼻咽癌有关。

2. 用染色体 G 带分析法证明这条染色体是由近着丝点处或包括着丝点在内断下来的 A 组 3 号染色体的短臂易位到 A 组 1 号染色体的长臂末端的浅带区所形成的，即 t（1；3）（1 p ter→1 q∶3 p 11→3 p ter）及 t（1；3）（1 p ter→1 q 44∶∶3 q 21→3 p ter）。

〔原载《中华肿瘤杂志》1979, 1（2）：91-95〕

参 考 文 献

1　Henle W, et al. Antibodies to Epstein – Barr virus in naspharyngeal carcinoma, other head and neck neoplasm and control groups. J Nat cancer Inst, 1970, 44：225

2　Manolov G, et al. Marker band in one chromosome 14 from Burkitt lymphomas. Nature Lond, 1972, 237：33

3　Zech L, et al. Characteristic chromosomal abnormalities in biopsies and lymphoid cell lines from patients with Burkitt and non – Burkitt lymphomas, Int J Cancer, 1976, 17: 47

4　Klein G, et al. Direct evidence for the presence of Epstein – Barr virus DNA and nuclear antigen in malignant epithelial cells from patients with poorly differentiated carcinoma of the nasopharynx. Proc Natn Acad Sci (Wash), 1974, 71: 4737

5　中国医学科学院肿瘤研究所病毒室等. 从鼻咽癌组织培养建立淋巴母细胞株和分离巨细胞病毒. 中华耳鼻喉科杂志, 1978, 1: 5

6　夏家辉, 等. 一条与人鼻咽癌相关的标记染色体及其由来的初步探讨. 遗传学报, 1978, 5: 19

7　中国医学科学院肿瘤研究所细胞生物室: 正常人体细胞的染色体分带. 遗传学报, 1976, 3: 150

8　中山医学院肿瘤研究所病因研究室: 79 例鼻咽癌活检组织的染色体分布. 1976 年广州全国鼻咽癌会议报告, 1976. p678

9　Kovacs G. Abnormalities of chromosome № 1 in human solid malignant tumours. Int J Cancer, 1978, 21: 688

Study of Giant Group A Marker Chromosome in Several Burkitt Lymphoma and Lymphoblastoid Cell Line with Epstein – barr Virus from Different Origins

WU Bing[1], WU Yu-qing[1], LI Yi-guan[1], ZENG Yi[2], WU Min[1], ZHAO Zhi-hui[1], GONG Cui-hong[2]

(1. Cancer Institute Chinese Academy of Medical Sciences　2. Virology Institute Chinese Academy of Medical Sciences)

1. Several Burkitt lymphoma and lymphoblastoid cell lines with Epstein – Barr virus derived from different origins were investigated cytogenetically. Giant group A marker chromosome was detected only in three lymphoblastoid cell lines from nasopharyngeal carcinoma (NPC). With the exception of the HS 2 – 1 B lymphoblastoid cell line derived from a normal donor, the Giant group A marker chromosome could not be found in the celllines from the other sources, including $P_3HR – 1$, B95 – 8, Baji and lymphoblastoid cell lines from tonsil and so on. The results suggest that the Giant group A marker chromosome might be associated with NPC.

2. It was proved by G – banding technic that this Giant submetacentric group A chromosome was formed by the translocation of the short arm of chromosome 3, breaking at the point near to or even involving its centromere, to the distal light band region of the long arm of chromosome 1, namely t (1; 3)(1 p ter→1 q 44∷3 p 11→3 p ter) and t (1; 3)(1 p ter→1 q 44∷3 q 21→3 p ter).

30. 应用免疫放射自显影法测定鼻咽癌病人唾液中的 EB 病毒 VCA – IgA 抗体

中国医学科学院肿瘤研究所病毒室　刘纯仁　商　铭

中国医学科学院病毒学研究所肿瘤组　曾　毅

中国科学院原子能研究所　戴惠炯　广西壮族自治区人民医院放疗科　杜瑞生

近年来许多研究证实鼻咽癌病人血清中存在着 EB 病毒 VCA – IgA 抗体，并可用于诊断[1,2]。还发现鼻咽癌病人漱口液中54%含有 EB 病毒 VCA – IgA 抗体[3]，香港 HO HC 等[4]将鼻咽癌病人唾液浓缩20倍后，阳性率可达80%，Desgranges 等[3]报告香港鼻咽癌病人的唾液中34%有分泌型的 VCA ~ IgA 抗体，43%有 α 型 VCA – IgA 抗体。由于应用免疫荧光试验所测定的阳性率不高，我们建立了较敏感的免疫放射自显影法[5]，并应用此法测定鼻咽癌病人唾液中 EB 病毒的 VCA – IgA 抗体，试图提高抗体测定的阳性率。现将结果报告如下。

材料和方法

靶细胞：用带有 EB 病毒壳抗原（VCA）的 B_{95-8} 细胞株。RPMI 1640 培养基（含20%小牛血清），常规培养，3 d 换液 1 次，待细胞繁殖到一定数量时收获，低速离心，取细胞涂片，冷丙酮固定，4℃保存备用。

唾液标本：鼻咽癌病人在治疗前，收集其唾液，按收集到的唾液量加青霉素和链霉素分别为 500U 和 500μg/ml，放 –20℃冰箱冻存，试验前取出离心除沉淀。本试验共收集鼻咽癌疗前病人唾液标本 84 份，其他癌唾液标本 72 份，正常人唾液标本 65 份。

血清标本：常规取血分离血清后冰冻保存。

免疫放射自显影试验：详细方法见以前报道[1]。用 PBS 将受试唾液从 1∶2.5 开始连续成 4 倍稀释为 1∶10、1∶40、1∶160、1∶640、1∶2560，分别加至靶细胞片上的小孔中，37℃30 min 温育后，用含1%小牛血清的 PBS 洗 3 次，加 ^{125}I 标记的马抗人 IgA 抗体，然后37℃30 min 温育。取出用 PBS 洗 3 ~ 5 次，晾干后在暗室中涂乳胶，曝光 24 h，显影并观察结果。本试验中所用 ^{125}I 标记的马抗人 IgA 抗体的蛋白浓度为 2 μg/ml，放射活性含量为 10 μci/ml，每片靶细胞加 0.7 ml。

免疫荧光试验：方法同以前报道[2]。

结　　果

一、用免疫放射自显影法检测鼻咽癌病人唾液中的 EB 病毒 VCA – IgA 抗体　见表1。

用免疫放射自显影法共检查 84 份鼻咽癌唾液，72 份其他癌唾液，65 份正常人唾液。抗体滴度≥1∶2.5 为阳性。鼻咽癌病人阳性 72 例，占 85.7%；其他癌病人阳性 3 例，占 4.2%；正常人均阴性。在鼻咽癌病人唾液中，抗体阳性滴度为 1∶2.5 ~ 1∶640，而以 1∶10 ~ 1∶40 居多，几何平均滴度为 1∶16.95。其他癌包括胃、肠、肝、肺、乳癌及头颈部肿瘤等共 72 例，其中 1 例恶性淋巴瘤为 1：40、1 例肺癌为 1：10、1 例舌癌为 1：10。除该例恶性淋巴瘤系原发自鼻咽部外，其他 2 例未见特殊。

表1　鼻咽癌病人唾液中的 EB 病毒 VCA－IgA 抗体滴度、阳性率和几何平均滴度

唾液来源	抗　体　滴　度							例数	阳性数	阳性率（%）	几何平均滴度
	—	1：25	1：10	1：40	1：160	1：640	1：2560				
鼻咽癌病人	12	14	18	22	12	6		84	72	85.7	1：16.95
其他癌病人	69	0	2	1				72	3	4.2	1：1.35
正常人	65							65	0	0	1：2.5

二、免疫放射自显影法和免疫荧光法比较　对鼻咽癌患者唾液中 EB 病毒 VCA－IgA 抗体的测定，国外的报道都是应用间接免疫荧光试验。

为了确定免疫荧光试验对唾液的价值，我们在进行免疫放射自显影试验的同时，对这些唾液也进行了免疫荧光测定。在 84 例鼻咽癌唾液中用免疫放射自显影法测定的阳性 72 例，其阳性率为 85.7%，而免疫荧光试验阳性（即≥1：2.5）31 例，其阳性率仅为 36.9%。在收集鼻咽癌病人唾液的同时，收集到同一批 46 例病人的血清标本，对这部分病人的血清作了免疫荧光试验，结果是 46 例鼻咽癌患者血中，39 例含有 EB 病毒 VCA－IgA 抗体，占 84.8%。但用免疫放射自显影法测定时，其中 42 例血清中抗体阳性，占 91.3%。

三、临床各期鼻咽癌病人唾液的比较　除 I 期病人未收集到外，II 期病人 19 例，III 期 39 例，IV 期 15 例。用免疫放射自显影法对其唾液测定阳性结果为：II 期 16 例、III 期 34 例、IV 期 11 例，其阳性率分别为 84.2%、87.2%、73.3%，各期差别不大。

讨　　论

本文报道用免疫放射自显影试验检测 84 例鼻咽癌、72 例其他癌、65 例正常人唾液中 EB 病毒 VCA－IgA 抗体，结果发现 85.7% 的鼻咽癌病人唾液中含有这种抗体，其分布从 1：2.5 到 1：640，几何平均滴度为 1：16.95。其他癌病人只有 4.2% 的阳性率，几何平均滴度仅为 1：1.35。正常人的唾液中均阴性。因此，用免疫放射自显影法检查唾液可以作为鼻咽癌的诊断方法之一。尤其是收集唾液标本较采血方便。但从阳性率上看，免疫放射自显影法检查唾液阳性率低于血中阳性率。Desgranges[6] 等报道，23% 的鼻咽癌病人唾液能使脐带血淋巴细胞转化，并证明这部分唾液不含有 EB 病毒 VCA－IgA 抗体。这与我们的结果相符，即用免疫放射自显影法发现唾液中抗体的阳性率在 80% 左右。小部分鼻咽癌病人唾液中缺乏 EB 病毒 IgA 抗体，这是否因病毒被中和的结果或其他原因有关？尚待进一步研究。

小　　结

本文报道用免疫放射自显影试验检查 84 例鼻咽癌，72 例其他癌和 65 例正常人唾液中 EB 病毒 VCA－IgA 抗体的结果。在 84 例鼻咽癌唾液中，有 72 例 EB 病毒 VCA－IgA 抗体阳性，占 85.7%，72 例其他癌中 3 例阳性，占 4.1%，正常人唾液均阴性。因此，应用免疫放射自显影法测定唾液中 EB 病毒的 VCA－IgA 抗体可做为鼻咽癌的诊断方法之一。

〔原载《中华医学检验杂志》1979，2（4）：197－198〕

参 考 文 献

1　Henle C, et al. EB virus – specific IgA serum antibodies as outstanding feature of nasopharyngeal carcinoma. Int J Cancer, 1976, 17：1

2　中国医学科学院肿瘤研究所病毒室等. 鼻咽癌病人的 EB 病毒免疫球蛋白 G 和 A（IgG 和 IgA）抗体的测定. 微生物学报, 1978, 18（3）：253

3　Desgranges C, et al. Neutralizing EB virus specific IgA in throat washings nasopharyngeal carcinoma patients. Int J Cancer, 1977, 19：627

4　Ho HC, et al. IgA antibodies to EB virus – VCA in saliva of nasopharyngeal carcinoma. Brit J Cancer, 1977, 35：888

5　刘纯仁等. 免疫放射自显影法的建立及其在测定鼻咽癌病人 EB 病毒 IgA 抗体中的应用. 科学通报, 1979, 24（15）：715

6　Desgranes C, et al. EB virus specific secretory IgA in saliva of nasopharyngeal carcinoma patients precence of secretory piece in epithelial malignant cells. Int J Cancer, 1977, 20：881

31.　鼻咽癌的血清学普查

中国医学科学院病毒学研究所　曾　毅　中国医学科学院肿瘤研究所　刘育希

广西壮族自治区人民医院　韦继能　蔡绍霖　王培中　黎而介

广西苍梧县肿瘤研究所　祝积松　钟建明　李瑞成　潘文俊　谭碧芳

〔摘　要〕　本文报告了用免疫酶法对广西苍梧县 9 个公社的 91 445 人进行鼻咽癌血清学普查，VCA – IgA 抗体阳性者 1183 人，阳性率 1293.67/10 万。抗体阳性者经临床和病理复查，发现鼻咽癌病人 28 例：Ⅰ期 5 例、Ⅱ期 12 例、Ⅲ期 8 例、Ⅳ期 3 例。低分化鳞癌、泡状核细胞癌和低分化腺癌分别为 21、5 和 2 例。作者还讨论了两次血清学普查的结果，再次证实免疫酶法用于鼻咽癌普查效果比较满意。

1978 年 6～8 月我们曾用免疫酶法在广西苍梧县 6 个公社进行鼻咽癌血清学普查，初步证明该方法可用于鼻咽癌普查[1]。本文报告同年 11 月至 1979 年 4 月，再次用免疫酶法对该县其余 9 个公社的 91 445 人进行血清学普查，鼻咽癌检出率和第一次相似。

材料和方法

一、普查情况　广平等 9 个公社总人口 306 455 人。30 岁以上应检人数 101 558 人，实检 91 445 人，普查率为 90.04%，与 30 岁以上自然性别年龄构成基本相同。1975 – 1978 四年鼻咽癌平均年发病率为 9.57/10 万。

二、血清　用 1.5 mm 直径的塑料管耳垂或手指头采血，血清分离后放 –15℃冰箱保存。

三、免疫酶法　所用辣根过氧化物酶为西德的 Boehringer mannhein 二级酶，RZ = 1.95。操作方法与第一次普查相同[1,2]。初查时血清稀释度为 1：2.5 和 1：5，对抗体阳性血清继续稀释，以测定其 VCA – IgA 抗体滴度。血清 1：2.5 阳性者即为阳性。

四、临床和病理检查　与文献〔1〕同。

结　果

一、EB 病毒 VCA – IgA 抗体测定　见表 1、表 2。

检查 30 岁以上者 91 445 人，VCA – IgA 抗体阳性 1183 人，阳性率为 1293.67/10 万。各公社的抗体阳性率不同，广平和新地公社最高，分别为 2218.86/10 万和 2252.92/10 万；人和及狮寨公社最低，分别为 697.88/10 万和 766.94/10 万。抗体阳性者的几何平均滴度为 1：20.6（1：11.31 ～ 1：37.78）。抗体滴度的分布为 1：2.5 ～ 1：2560。其中 48% 为 1：10 和 1：20。1：10 以上者 993 例，占 77.88%，1：20 以上者 675 例，占 57%，1：40 以上者 534 例，占 45.13%。

表 1　广平等 9 个公社血清学普查 EB 病毒抗体阳性率

公社	总人口	检查人数	IgA 抗体 >1：2.5		抗体几何平均滴度
			阳性数	阳性率/10 万	
广平	44 865	13 116	291	2218.86	18.60
沙平	43 828	13 186	168	1273.88	26.31
人和	41 540	11 893	83	697.88	29.29
旺甫	29 236	9 054	79	872.54	16.92
梨埠	35 270	10 498	85	809.68	37.78
新地	46 307	13 538	305	2252.92	14.42
狮寨	14 775	4 694	36	766.94	29.40
长发	31 684	9 642	87	883.97	15.62
六堡	18 950	5 622	49	871.58	11.31
合计	304 455	91 445	1183	1293.67	20.60

表 2　广平等 9 个公社检查人群和鼻咽癌患者 EB 病毒 VCA – IgA 抗体滴度分布

项目	抗　体　滴　度												几何平均滴度（GMT）
	2.5	5	10	20	40	80	160	320	640	1280	2560	合计	
检查人群*													
例数	73	177	258	308	141	142	41	28	7	6	2	1183	1：20.6
（%）	6.17	14.96	21.81	26.04	11.92	12.00	3.47	2.37	0.59	0.51	0.17	100	
鼻咽癌病人**													
例数	0	0	1	6	4	5	2	3	3	2	2	28	1：127
（%）	0	0	3.57	21.43	14.29	17.86	7.14	10.71	7.14	10.71	7.14	100	

注：* 三十岁以上受查人群，包括临床和病理检查后发现的 28 例病人；** 检查发现的病人

二、临床和病理检查　见表 2，表 3。

对 1183 例抗体阳性者进行临床检查，共取活检 123 例，经病理检查证实鼻咽癌 28 例，占全部活检的 22.76%，占抗体阳性总人数的 2.36%。鼻咽癌的检出率（鼻咽癌病人数/检查人数）为 30.6/10 万。鼻咽癌病人的抗体滴度分布范围为 1 : 10 ~ 1 : 2560，53.58% 的抗体滴度为 1 : 20 ~ 1 : 80，高抗体滴度者较全体检查人群抗体阳性者多；抗体的几何平均滴度为 1 : 127，较全体检查人群阳性者高 5 倍（表 2）。鼻咽癌病人的抗体滴度都在 1 : 10 以上，Ⅲ、Ⅳ期病人的抗体几何平均滴度较Ⅰ、Ⅱ期高，分别为 1 : 171 和 1 : 109（表 3）。28 例鼻咽癌的临床分期为Ⅰ期 5 例、Ⅱ期 12 例、Ⅲ期 8 例、Ⅳ期 3 例。Ⅰ、Ⅱ期占全部病例的 57.14%。按病理类型分类，低分化癌 21 例，占 75%；泡状核细胞癌 5 例；低分化腺癌 2 例。

表 3　广平等 9 个公社血清学普查发现的鼻咽癌病人

检验号	姓名	性别	年龄	临床分期	病 理 诊 断	抗体滴度
133	李某	女	52	Ⅰ	鼻咽部低分化鳞癌	40
50	钟某	女	57	Ⅰ	鼻咽部低分化鳞癌	40
3	藩某	女	46	Ⅰ	鼻咽部低分化鳞癌	20
2	梁某	女	61	Ⅰ	鼻咽部低分化鳞癌	1280
135	胡某	男	55	Ⅰ	鼻咽部低分化鳞癌	40
113	黄某	男	44	Ⅱ	鼻咽部低分化鳞癌	20
675	邹某	男	43	Ⅱ	鼻咽部低分化鳞癌	10
54	黄某	男	73	Ⅱ	鼻咽部低分化鳞癌	320
117	陈某	男	74	Ⅱ	鼻咽部低分化鳞癌	2560
45	黎某	女	43	Ⅱ	鼻咽部低分化鳞癌	20
26	李某	女	38	Ⅱ	鼻咽部低分化鳞癌	80
17	孔某	女	53	Ⅱ	鼻咽部低分化鳞癌	320
49	唐某	女	69	Ⅱ	鼻咽部低分化鳞癌	2560
125	廖某	女	57	Ⅱ	鼻咽部泡状核细胞癌	20
76	李某	男	44	Ⅱ	鼻咽部泡状核细胞癌	20
78	全某	男	38	Ⅱ	鼻咽部泡状核细胞癌	640
105	黎某	男	38	Ⅱ	鼻咽部低分化腺癌	80
500	覃某	男	35	Ⅲ	鼻咽部低分化腺癌	80
306	黄某	男	36	Ⅲ	鼻咽部泡状核细胞癌	320
5	黄某	男	59	Ⅲ	鼻咽部低分化鳞癌	20
553	陈某	男	35	Ⅲ	鼻咽部低分化鳞癌	1280
559	徐某	男	54	Ⅲ	鼻咽部低分化鳞癌	640
131	莫某	女	58	Ⅲ	鼻咽部低分化鳞癌	160
72	李某	女	49	Ⅲ	鼻咽部低分化鳞癌	80
22	罗某	女	69	Ⅲ	鼻咽部低分化鳞癌	80
13	周某	女	49	Ⅳ	鼻咽部低分化鳞癌	40
420	李某	女	40	Ⅳ	鼻咽部低分化鳞癌	640
120	岑某	男	72	Ⅳ	鼻咽部泡状核细胞癌	160

三、血清学普查发病率与四年平均年发病率的比较　见表4。

从表4可见，广平等9个公社血清学普查发现28例鼻咽癌，按总人口计算，发病率为9.13/10万，与1975－1978年的平均年发病率（9.57/10万）相似。发病率较低的新地公社，其血清普查发病率与平均年发病率亦相似。

讨　　论

在广平等9个公社对30岁以上者共91 445人进行血清学普查，发现28例鼻咽癌，鼻咽癌的检出率为30.6/10万。在石桥等6个公社进行第一次血清学普查，发现18例鼻咽癌，检出率为34.85/10万。两次结果

表4　广平等9个公社鼻咽癌血清学普查发病率和四年平均发病率比较

公社	血清学普检发现鼻咽癌数	普查发病率*	平均的发病率**
广平	5	11.14	8.10
沙头	3	6.84	13.94
人和	4	9.62	7.48
旺甫	3	10.26	13.27
犁埠	6	17.01	10.52
新地	2	4.31	4.42
狮寨	1	6.76	8.61
长发	3	9.46	10.36
六堡	1	5.27	9.42
合计	28	9.13	9.57

注：* 血清学普查发现的鼻咽癌病人/公社总人口（10万）

＊＊1975～1978年四年平均发病率

相似，而且血清学普查的发病率（9.13/10万）和平均年发病率（9.57/10万）亦相似。上述结果再次证实测定 VCA－IgA 抗体的免疫酶法可用于鼻咽癌现场普查。

本次普查发现Ⅰ、Ⅱ期鼻咽癌病人共17例，占全部病人的57.14%，与第一次血清学普查的结果（61.6%）相似，均比医院就诊的鼻咽癌Ⅰ、Ⅱ期病人的百分率高，例如中山医学院附属肿瘤医院为42.7%[3]，北京日坛医院为16.6%[4]，杭州肿瘤医院为29.8%[5]，江苏肿瘤研究所为24.8%[6]。但这次发现Ⅰ期病人较少（5例），因此需继续提高临床、病理和细胞学检查技术，改进血清学诊断方法。

在第一次血清学普查的117例抗体阳性者中，除发现18例鼻咽癌外，10个月后进行血清学、临床和病理复查，又发现2例，Ⅰ、Ⅱ期各1例[7]。这提示我们对抗体阳性者要定期（3～6个月）追踪复查，以期尽早发现病人。这对鼻咽癌的治疗很有意义。

本文的抗体阳性率为1293.67/10万，比第一次结果（206.77/10万）高5倍。推想是由于辣根过氧化物酶的不同所致。本次用西德 Boehringer mannhein 二级酶，RZ = 19.5，上次用英国 Koch－light 三级酶，RZ = 0.62。我们曾比较这两种酶，三级酶的效果差得多[2,8]。此外，也可能与技术逐渐熟练有关。新地公社的抗体阳性率很高，而血清学普查的发病率和平均年发病率都较低，原因何在，值得进一步研究。

（广西桂林市人民医院李宁医师协助进行临床检查，特此致谢）

〔原载《中国医学科学院学报》1979，（2）：123－126〕

参　考　文　献

1　曾毅，等. 中华肿瘤杂志，1979，1：2

2　刘育希，等. 中华肿瘤杂志，1979，1：2

3　中山医学院附属肿瘤医院. 中华医学杂志，1974，54：687

4　蔡伟明. 中国医学科学院肿瘤研究所日坛医院

建院廿周年纪念论文集，1979. 第684页

5　马菊颖. 浙江肿瘤通讯，1979，2：76

6　江苏肿瘤研究所. 全国鼻咽癌会议资料，1979

7　Zeng Yi（曾毅），et al. Intervirology，待发表

8　本实验室资料

Serological Mass Survey of Nasopharyngeal Carcinoma

ZENG Yi[1], LIU Yu-xi[2], WEI Ji-neng[3], ZHU Ji-song[4], CAI Shao-lin[3]

WANG Pei-zhong[3], ZHONG Jian-ming[4], LI Rui-cheng[4], PAN Wen-jun[4], LI Er-jie[3], TAN Bi-fan[4]

(1. Institute of Virology, Chinese Academy of Medical Sciences

2. Cancer Institute, Chinese Academy of Medical Sciences

3. People's Hospital of Guangxi Zhuang Autonomous Region　4. Cancer Institute of Cangwu County)

A serological mass survey was carried out in 9 communes of Cangwu county of Guangxi Zhuang Autonomous Region, sera from 91 445 people of age 30 and over in the general population were tested for IgA antibody to EB virus VCA by immunoenzymatic method. Among the 91 445 persons, 1183 had IgA antibody to VCA with a GMT of 1 : 20.6. The positive rate was 1293.67/100 000. 77.88% of the antibody-positive persons had IgA antibody titer of ≥ 1 : 10. Among the 1183 antibody-positive persons, 28 cases were diagnosed clinically and pathologically as nasopharyngeal carcinoma, 5 cases in stage I, 12 in stage II, 8 in stage III and 3 in stage IV. The number of poorly differentiated squarmous cell carcinoma, vesicular nucleus cell carcinoma and poorly differentiated adenocarcinoma were 21, 5 and 2 respectively. The results from twice serological mass surveys were also discussed. These results further confirmed that the immunoenzymatic method is useful for serological mass survey of nasopharyngeal carcinoma.

32.　类淋巴母细胞株简化培养液的研究

中国医学科学院病毒学研究所肿瘤病毒组　谷淑燕　曾　毅

〔摘　要〕　初步了解了类淋巴母细胞株的生长需要，提出了简化的细胞培养液。用 1640 基础液补充保谷酰胺和精氨酸代替 RPMI 1640 培养液最后一次培养细胞，能使细胞生长达到用 RPMI 1640 培养液培养的细胞浓度。可为大规模普查中节省大量 RPMI 1640 培养液。199 培养液、Eagle 培养液和水解乳白蛋白不利于类淋巴母细胞的增殖。

在鼻咽癌的血清学诊断和高发区人群的普查中应用带 EB 病毒的淋巴瘤细胞或类淋巴母细胞株为靶细胞[1,2]。大规模普查需要大量培养液培养细胞，为节约培养液，我们对类淋巴母细胞的生长液需要进行了初步研究，现将结果报告如下。

材料和方法

一、**细胞**　类淋巴母细胞株 B95-8（来源于传染性单核细胞增多症的 EB 病毒转化的绒猴淋巴细胞）和 CNL$_8$（来源于鼻咽癌）。静置悬浮培养，培养液 RPMI 1640 加 20% 小牛血清，每 48 h 加原体积一倍液量传代。饱和密度约 1×10^6/ml。

二、液体 人工综合培养基包括 RPMI 1640[3]、199 和 Eagle。1640 基础液为不含氨基酸的 RPMI 1640 培养液。用此基础液为基础加水解乳白蛋白或再补充二种氨基酸，构成各组比较培养液。氨基酸含量与完全 RPMI 1640 相同。每组液体小牛血清含量均为 20%。

三、方法 ①生长于 RPMI 1640 液体中的细胞，离心去掉培养液，细胞再悬于各种比较培养液，37℃ 培养 48 h 后加等体积新鲜培养液，第 2、第 4 天计数。②生长于 RPMI 1640 培养液达 1×10^6/ml 的细胞，取 2.5ml 加入等体积的各种新鲜培养液，2 d、4 d 后计数。

结　果

一、类淋巴母细胞株培养液的要求

比较了类淋巴母细胞株在几种综合培养液中的生长情况。每毫升接种 20×10^4 细胞，在 199 和 Eagle 液中 4 d 后细胞分别下降到每毫升含 16×10^4 和 8×10^4 细胞，而在 RPMI 1640 培养液中细胞增加了 3 倍。在水解乳白蛋白培养液中，细胞不能生长。增加水解乳白蛋白浓度或补充谷氨酰胺、Tryptose 细胞也不能生长。

以 RPMI 1640 基础液为基本培养液，补充水解乳白蛋白或两种氨基酸。从图 1 中可见，类淋巴母细胞在水解乳白蛋白中不能生长，但 1640 基础液补充谷氨酰胺和精氨酸，4 d 后与用单纯的 1640 基础液明显不同，细胞浓度从每毫升 20×10^4 增加到 50×10^4，增加了 2.5 倍。

二、加等量各种培养液对类淋巴母细胞生长的影响　见图 2。

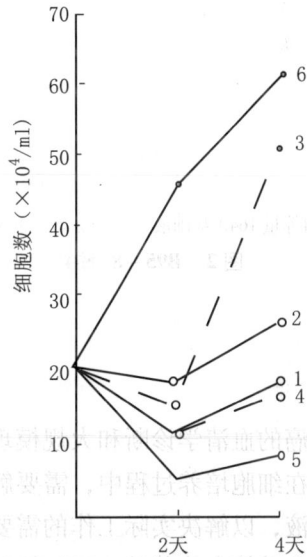

（1）1640 基础液；（2）1640 基础液加水解乳白蛋白；
（3）1640 基础液补充谷氨酰胺和精氨酸；
（4）199 液；（5）Eagle 液；（6）RPMI1640 液

图 1　B95 - 8 细胞在几种培养液中的生长曲线

类淋巴母细胞培养传代时，加等量培养液，最后一次传代所需新鲜培养液的量等于总的累积的液量。我们试验用简化的培养液代替完全培养液，观察对细胞生长的影响。在常规 RPMI 1640 培养液中，细胞的饱和密度约为 1×10^6/ml。达饱和密度的细胞，分别加入等体积的代替液，第 2、第 4 天计数。加等量 RPMI 1640 液的细胞 4 d 后增长 1 倍，达每毫升 1×10^6 细胞。不加液组，B95 - 8 细胞从每毫升 1×10^6 细胞下降到 7.5×10^5，CNL$_8$ 下降到 6.2×10^5，只加 1640 基础液时，CNL$_8$ 细胞可达每毫升 1×10^6。再被充谷氨酰胺和精氨酸，B95 - 8 和 CNL$_8$ 细胞浓度 4 d 后分别达 1×10^6 和 1.25×10^6。

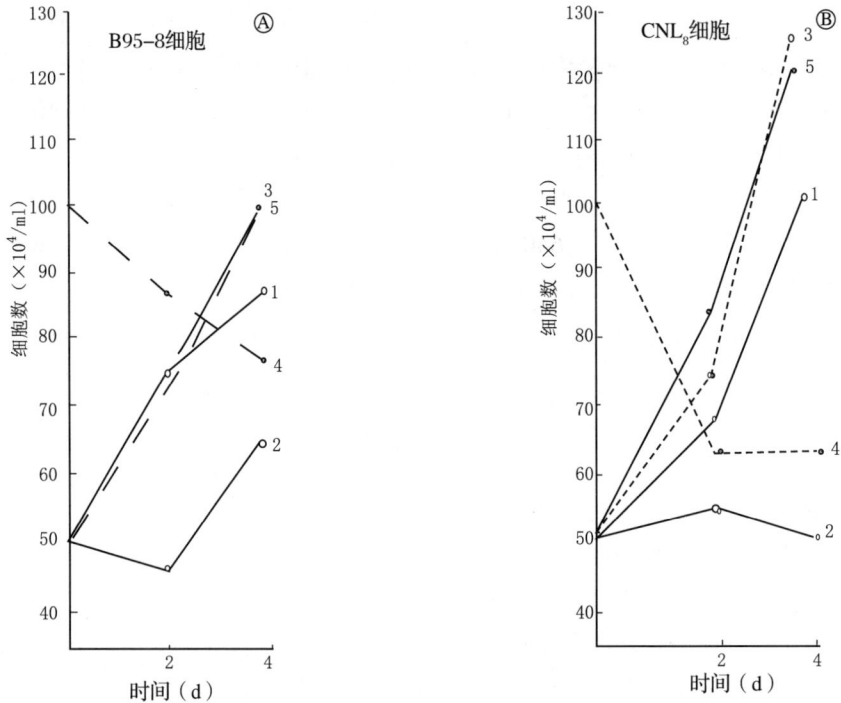

（1）加等量 1640 基础液；（2）加等量 1640 基础液，水解乳白蛋白；

（3）加等量 1640 基础液，补充谷氨酰胺精氨酸；（4）不加任何培养液；（5）加等量 RPMI 1640 培养液

图2　B95－8 细胞（A）和 CNL8 细胞（B）在加等量各种培养液中的生长曲线

讨　　论

在鼻咽癌的血清学诊断和大规模现场普查中，需要很大量的带 EB 病毒的类淋巴母细胞作靶细胞。在细胞培养过程中，需要解决培养液的供应问题。我们试探改进简化类淋巴母细胞株的培养液，以解决实际工作的需要。

比较了几种综合培养基，199 和 Eagle 含氨基酸种类多，但细胞生长并不好。同时，在没有氨基酸的 1640 基础液中细胞也能存活，说明 1640 基础液对类淋巴母细胞的生长是很重要的。只加两种氨基酸，在细胞浓度比较低时 4 d 后能使细胞增长 2.5 倍。初步了解了类淋巴母细胞的生长液需要，它与上皮癌细胞的需要是不同的，有可能改进建立一个简单的培养液以供类淋巴母细胞株生长。

在细胞培养过程中，最后一次用 RPMI 1640 基础液或 RPMI 基础液再加两种氨基酸代替完全 1640 培养液培养细胞。细胞量与 RPMI 1640 相似，这可能是在原细胞培养液中剩余有营养成分。当补充了 1640 基础液或 1640 基础液再加两种氨基酸时，足以供应细胞增殖的需要。不加任何培养液，虽校正了液体的酸碱度，细胞数仍下降。类淋巴母细胞株增殖过程液体量是积累的。因此，最后以 RPMI 1640 基础液或 RPMI 1640 基础液再加两种氨基酸代替完全 RPMI 1640 液培养细胞，能节省一半的完全 RPMI 1640 液体，而不影响细胞产量。在一次大规模普查中就能节省几万毫升或更多的 RPMI 1640 培养液。

〔原载《中华医学检验杂志》1979，2（3）：132－133〕

参 考 文 献

1 中国医学科学院肿瘤研究所病毒室等. 鼻咽癌
病人的 EB 病毒免疫球蛋白 G 和 A 抗体的测
定. 微生物学报，1978，18（3）：253
2 曾毅，等. 应用免疫酶法和免疫放射自显影法

普查鼻咽癌. 中华肿瘤杂志，1979，1（1）：1
3 Moore GE, et al. Human Lymphocyte culture.
JAMA, 1967, 199：519

33. 鼻咽癌病人和正常人唾液中 EB 病毒 VCA – IgA 抗体的测定

广西苍梧县肿瘤防治办公室　钟健明　祝积松　莫永坤　成积儒

中国医学科学院病毒学研究所　曾　毅　皮国华

中国医学科学院肿瘤研究所　刘育希　广西壮族自治区人民医院　书继能

我们在广西苍梧县鼻咽癌发病区应用免疫酶法进行血清学普查，对 VCA – IgA 抗体阳性者进行临床和病理检查及定期追踪检查，可以发现早期鼻咽癌[1,2]。国外报告[3]应用免疫荧光技术测定中国人鼻咽癌患者唾液中的 VCA – IgA 抗体（分泌型）阳性率为34%。由于免疫酶法较免疫荧光法敏感和简便[4]，我们在进行血清学普查的同时，也测定鼻咽癌病人，血清 VCA – IgA 抗体阳性和阴性的正常人唾液中的 VCA – IgA 抗体，以观察唾液中 VCA – IgA 抗体的测定是否有助于对鼻咽癌的诊断。现将结果报告如下。

材料和方法

唾液：唾液收集于小瓶内，加入叠氮钠使最终浓度为2/万，保存于 –20℃ 冰箱。

血清：用塑料管由耳垂或手指头采血，分离血清，保存于 –20℃ 冰箱。

免疫酶法与以前报告同[1,2,4]。

结　　果

一、唾液中 VCA – IgA 抗体的阳性率和几何平均滴度　结果如表 1 所示，45 例血清 VCA – IgA 抗体阳性的鼻咽癌病人中，32 例唾液 VCA – IgA 抗体阳性，阳性率为71.1%，其抗体几何平均滴度为 1：6.1。1180 例血清 VCA – IgA 抗体阳性的正常人中，378 例唾液 VCA – IgA 抗体阳性，阳性率为32%，其抗体几何平均滴度为 1：2.1。不同公社血清 VCA – IgA 阳性的正常人，其唾液的 VCA – IgA 抗体阳性率最高为40.4%，最低为18%。264 例血清 VCA – IgA 抗体阴性的正常人，其唾液 VCA – IgA 抗体均阴性。鼻咽癌病人唾液中的 VCA – IgA 抗体滴度在 1：10 以上和 1：20 以上者分别为62.5%（20/32）和50%（16/32），而正常人血清 VCA – IgA 抗体阳性者中唾液 VCA – IgA 抗体滴度 1：10 以上和 1：20 以上者分别为39.4%（149/378）和22%（83/378）。

二、鼻咽癌病人血清和唾液中的 VCA-IgA 抗体滴度比较 鼻咽癌病人血清中的 VCA-IgA 抗体几何平均滴度为 1∶123，唾液中的 VCA-IgA 抗体几何平均滴度为 1∶6.1，前者显著高于后者（表1）。从图1可见，鼻咽癌病人血清中的 VCA-IgA 抗体滴度与唾液中的滴度有一定的关系，即血清中抗体滴度高者，唾液中抗体的阳性率亦较高，血清中 VCA-IgA 抗体在 1∶10 以上、1∶40 以上、1∶160 以上和 1∶640 以上者，唾液中抗体的阳性率分别为 71.1%（32/45）、79.4%（27/34）、78.3%（18/23）和 89%（8/9）。

表1 不同来源的唾液中 VCA-IgA 抗体的检查结果

标 本 来 源	例 数	阳性数	（%）	唾液中 VCA-IgA 抗体滴度							几何平均滴度
				2.5	5	10	20	40	80	160	
血清抗体阳性鼻咽癌病人*	45	32	71.1	3	9	4	11	4	1		6.1
血清抗体阳性正常人	1180	378	32.0	98	133	64	65	7	9	2	2.1
血清抗体阴性正常人	264	0	0								1.25

注：＊血清 VCA-IgA 抗体几何平均滴度为 1∶123

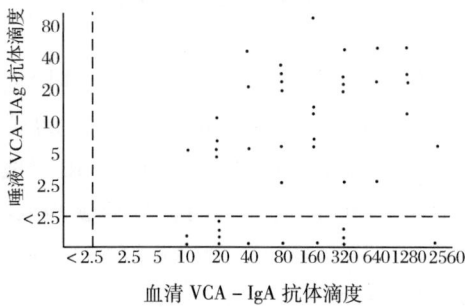

图1 鼻咽癌病人血清和唾液中的
VCA-IgA 抗体滴度比较

讨　论

国外有人应用免疫荧光技术测得 34%（7/21）的中国人鼻咽癌患者的唾液中有 VCA-IgA 抗体，而我们应用免疫酶法所得到的阳性率较高，为 71.1%。由于鼻咽癌病人血清中 VCA-IgA 抗体的阳性率高达 90% 以上[4]，唾液的抗体阳性率仅 71.1%，故不能用唾液代替血清以测定 VCA-IgA 抗体，但鼻咽癌病人唾液中的 VCA-IgA 抗体阳性率较血清 IgA 抗体阳性正常人唾液中的抗体阳性率高，而且血清中的 IgA 抗体滴度与唾液中 IgA 抗体阳性率有关，血清中 IgA 抗体滴度高，唾液中抗体的阳性率也较高，因此，在鼻咽癌的血清学普查中测定血清 IgA 抗体阳性者唾液中的 IgA 抗体可能有助于鼻咽癌的诊断。

小　结

应用免疫酶法测定鼻咽癌病人、VCA-IgA 抗体阳性者和阴性者唾液中的 EB 病毒 VCA-IgA 抗体，阳性率分别为 71.1%，32% 和 0%。在鼻咽癌的血清学普查中测定血清 VCA-IgA 抗体阳性者唾液中的 IgA 抗体可能有助于鼻咽癌的诊断。

〔原载《流行病学杂志》1980，1（4）：225-226〕

参 考 文 献

1 曾毅等．中华肿瘤杂志，1979，1：2
2 曾毅等．中国医学科学院学报，1979，1：126
3 Desgranges C, et al. Int J Cancer, 1977, 20：881
4 刘青希等．中华肿瘤杂志，1979，1：8

34. 鼻咽癌患者血清中 EB 病毒早期抗原的抗体检测试验

中山医学院微生物教研组　李新章　周英伟　胡晞棠　中国医学科学院肿瘤研究所　曾　毅

EB 病毒和鼻咽癌的关系虽未完全确定，但患者血清中却含有该病毒有关的几种抗原，包括早期抗原（EA）、核抗原（EBNA）、壳抗原（VCA）等的相应抗体，其中早期抗原（EA）的抗体（以下简称 BA 抗体）显著高于正常人和其他癌瘤患者，且其阳性率和滴度亦随病情发展而升高。为了进一步探讨 EB 病毒和鼻咽癌发生的关系以及早期诊断鼻咽癌的血清学方法，我们在应用微量补体结合试验检测鼻咽癌患者血清中 EB 病毒补体结合抗体的基础上[1,2]，又用免疫荧光间接法做 EB 病毒的 BA 抗体水平检测，现将结果报道如下。

材料和方法

一、靶细胞　检测 EA 抗体用的靶细胞由北京中国医学科学院肿瘤研究所提供，是从国外引进的类淋巴母细胞 Raji 株，它是由 Burkitt 淋巴瘤建株的，对裸鼠有很强的致瘤性，它含有 EB 病毒基因。

Raji 细胞株的细胞均处于恶性转化状态，并能持续增殖，它虽不自发地产生 EB 病毒增殖后期的抗原和病毒粒子，但用碘或溴化脱氧脲嘧啶核苷（IUDR 或 BUDR）激发时，Raji 细胞群中的一小部分便只合成早期抗原（EA）而不合成壳抗原（VCA），EA 被激发出来之后，EB 病毒的 DNA 转录即被控制，便不再继续合成壳抗原（VCA）及复制 DNA[3,4]。

由于 EB 病毒在人群中的广泛传播，一般健康人的血清中都普遍可以检出 EB 病毒的各种抗体（如 VCA 抗体）。在鼻咽患者血清中，不少作者已经证明，除有 EB 病毒的 VCA 抗体外，更突出地含有 EB 病毒的 EA 抗体[5,6]，据此便可能为鼻咽癌的早期发现和流行病学的普查提供血清学基础。

激发 Raji 细胞早期抗原（EA）的方法，是用生长旺盛的、细胞总数为 5×10^5 / ml、用锥虫蓝染色显示其中的活细胞数在 80% 以上的 Raji 细胞 1640 培养液进行的。每毫升培养液 l 中加入 50 μg 的 5 - 碘脱氧脲嘧啶核苷（IUDR）为激发剂，并用黑纸包裹培养液瓶避光，在 37℃ 温度中培养，隔日按原培养液（含 IUDR）的 3/4 量换液，6 d 后收获靶细胞。为了提高 Raji 细胞 EA 的激活率，除用 IUDR（减量为每毫升只加 30 μg）激发剂外，再添加氨甲喋呤（每毫升 2 μg）、次黄嘌呤（每毫升 15 μg）和胸腺嘧啶核苷（每毫升 20 μg）。换液、培育法如上述。这样可提高 Raji 细胞的激活率，收获细胞的时间也可缩短为 48 h。收获细胞时用低速离心后倒掉上清，剩下管壁残存的极少量的培养液，即可将下沉细胞做成浓稠的细胞悬液。后者可均匀涂布于先用合成树脂标记在载玻片上的两行共 16 个小圆穴内，涂片晾干后，用 4℃ 冷丙酮固定 10 min。这种制好的靶细胞涂片，置于有吸水剂的铝盒中密封防潮，放 -20℃ 冰箱保存，于 3 周内用完。

每批制好的靶细胞涂片，要先用已知滴度的鼻咽癌患者的 EA 抗体阳性血清及正常人的

EA 抗体阴性血清测试，结果符合者才能应用。

本试验检测的全部标本，均由一人判断或复核结果，尽量做到减少误差。

二、血清标本　总数共 1434 份，标本来源包括：

1. 鼻咽癌组：①鼻咽癌患者血清 500 份，来自中山医学院附属肿瘤医院门诊未行过放射治疗的初诊患者。②经放射治疗后存活 6 年以上的鼻咽癌患者血清 29 份。

2. 非鼻咽癌组：①正常人（30 岁以上体检者）血清 537 份。②鼻咽黏膜病变患者（广东鼻咽癌高发地区普查标本）血清 276 份。③其他癌瘤患者血清 92 份。

上述血清标本 EB 病毒早期抗体的检测，采用免疫荧光间接法：

第一抗体：为待检血清，是在有机玻璃微孔板上，用 pH7.4、0.01 mol/L 的磷酸缓冲盐水（PBS）按对倍稀释法，从原血清（1∶1）、1∶2.5、1∶5……1∶320 稀释好后，依次加半滴于载玻片小圆穴的靶细胞上，对照穴加 PBS，已知阳性血清和阴性血清。如果被检血清的阳性滴度超过 1∶320 时，则再从 1∶320 稀释至 1∶2560，要求达到测出滴度终点为止。

本试验的血清稀释法是从原血清（1∶1）开始的，结果 ≥1∶1 者即判定为 EA 抗体阳性，≤1∶1 者为阴性。所得结果比按滴度从 ≥1∶10 才判为阳性所得的 EA 抗体阳性率提高 10%~20%。根据我们用 Raji 靶细胞来检查 537 份健康人血清 EA 抗体全部阴性的结果表明，用 1∶1 作为 EA 抗体的判断界线是可行的，因为 Raji 细胞不出现 EB 病毒的壳抗原（VCA）[3,4] 便可排除健康人普遍存在于血清中的 VCA 抗体的假阳性非特异反应。

第二抗体：全部标本均用兔抗人球蛋白（IgG）异硫氰酸盐荧光抗体（效价 1∶16，工作稀释度 1∶10）。染好后，用 50% 甘油 PBS 加盖玻片封片，在荧光显微镜下观察。一般每个小圆穴内，在高倍镜约检视 20 个视野，如在靶细胞群中发现有 1~5 个荧光细胞时，为阳性。凡滴度 ≥1∶1 者为 EA 抗体阳性，滴度 ≤1∶1 者为 EA 抗体阴性。

结果分析

一、1434 份鼻咽癌组和非鼻咽癌组的血清检测 EB 病毒早期抗体水平的结果　见表 1。从检测的阳性率和几何平均值的结果看出：用 Raji 细胞做靶细胞，检测鼻咽癌患者血清中的 EA 抗体与对照非鼻咽癌组的正常人 537 份全部阴性的结果相比，两者的差异显著。这对鼻咽癌是有特异诊断意义的。

表 1　1434 份血清中的 EB 病毒 EA 抗体水平测定

标本来源	标本数	EA 抗体阳性数												阴性数	阳性率（%）		几何平均值
		1:1	1:2.5	1:5	1:10	1:20	1:40	1:80	1:160	1:320	1:640	1:1280	1:2560		≥1:1	≥1:10	
鼻咽癌患者 存活 6 年以上的	500	19	15	68	89	75	106	47	33	11	5	…	3	29	94.2	73.8	21.1
鼻咽癌患者	29	1	…	4	1	2	3	…	…	…	…	…	1	17	41.4	24.1	16.5
普查标本：																	
鼻咽黏膜病变者	276	7	…	8	2									259	6.2	0.7	2.8
其他癌瘤患者	92				2	1								89	3.3	3.3	12.6
体检标本：																	
30 岁以上健康人	537													537	…	…	…

29 份经放射治疗后存活 6 年以上的鼻咽癌患者血清，EA 抗体检测的阳性率比治疗前的鼻咽癌患者组明显下降。一般认为：在治疗后，随着病情的好转，EA 抗体滴度也逐渐下降或消失。如 EA 抗体持续于稳定水平或抗体滴度下降后再升高，则表示肿瘤残存或复发。因此，血清学检测结果，可作为估计预后的参考[2]。但这 29 份中，也有一份呈 1：2560 高滴度者。据报道，有一些鼻咽癌患者在放疗后，血清 EB、病毒的 EA 抗体反应阳性可持续达 12 年之久而又无肿瘤复发的临床证据[7,8]，值得进一步探索。

非鼻咽癌对照组中的其他癌瘤患者血清 92 份，其中有 3 例 EA 抗体呈低滴度（≤1：20）阳性，均属头颈部肿瘤，包括甲状腺癌、软腭癌和喉癌；肝、肺癌等未发现阳性。

将鼻咽癌组 500 份中已有病理确诊的患者血清 249 份，已有临床诊断未做病理检查的患者血清 191 份，临床已诊断为鼻咽癌但病理诊断为"慢性炎症"的 17 份，以及临床疑为鼻咽癌而直接先送检测 EA 抗体的 43 份，分析见表 2。

表 2　鼻咽癌的临床病理诊断与 EA 抗体检查结果比较

临床和病理诊断	标本数	EA 抗体阴性数	EA 抗体阳性数		EA 抗体阳性率（%）	
			≥1：1	≥1：10	≥1：1	≥1：10
临床、病理均诊断为鼻咽癌	249	…	56	193	22.5	77.5
临床诊断为鼻咽癌	191	…	44	147	23.0	77.0
临床诊断鼻咽癌病理诊断慢性炎症	17	7	6	4	35.3	23.5
临床可疑鼻咽癌	43	29	6	8	14.0	18.6

从表 2 可看出，EA 抗体的检测结果与临床诊断和病理诊断绝大部分是相符的；但表 2 的第三项，即病理诊断为"慢性炎症"的 17 份标本中，EA 抗体检测 10 份为阳性，7 份为阴性。其中阳性滴度≥1：1 者 6 份，≥1：10 者 4 份，此类病例由于一次活检可能取材方面的不恰当而影响诊断；若作 EA 抗体检测则可及早弥补和纠正此等不足，阳性者可及时再作进一步临床和病理的检查。在病因学理论上，也可作为进一步探求 EA 抗体的动态和鼻咽癌发生关系的观察指标。

在临床可疑鼻咽癌的 43 份血清中，EA 抗体检测结果阳性者 14 例，其中高滴度（1：160）的 1 例，在第四次鼻咽活检病理诊断才证实为鼻咽癌。这就值得指出 EA 抗体检测对鼻咽癌早期诊断和追查，特别是对表现为颈淋巴腺病变的隐匿性原发癌在内的鼻咽癌的诊断和预后观察，是有临床意义的[8]。

二、从 500 份中选出有临床分期的 108 份鼻咽癌患者血清的 EA 抗体检测结果　见表 3。可知 EA 抗体的阳性率按临床分期逐级升高，至临床Ⅲ期阳性率已达 100%，几何平均值达 1：27.9。这与国外所做鼻咽癌治疗前临床分期检测 EA 抗体结果的资料基本一致[9,10]。

表 3　108 例临床分期患者血清中 EA 抗体检测结果

临床分期	例数	EA 抗 体 阳 性 数								阴性数	阳性率（%）		几 何 平均值
		1：1	1：5	1：10	1：20	1：40	1：80	1：160	1：320		≥1：1	≥1：10	
Ⅰ	9	…	3	2	…	1	1	…	…	2	77.8	44.4	11.8
Ⅱ	30	2	4	6	6	4	1	3	2	3	90.0	70.0	20.0
Ⅲ	40	1	4	9	5	9	6	4	2	…	100.0	87.5	27.9
Ⅳ	29	6	2	1	7	8	3	1	…	1	96.6	69.0	14.1

小　结

本文用只产生 EB 病毒早期抗原（EA）而不产生 EB 病毒壳抗原（VCA）的 Raji 细胞株，做免疫荧光间接法的靶细胞来检测鼻咽癌和非鼻咽癌对照组血清中 EB 病毒的 EA 抗体水平，因靶细胞能排除 EB 病毒普遍存在于人群血清中壳抗原（VCA）抗体的因素，故检测结果具有较可靠的特异性。在此基础上，又把血清的稀释度从原血清不稀释（1∶1）开始进行试验，结果提高了检测阳性率达 10% ~ 20%。这是本文在工作方法上的两个特点。它对鼻咽癌的临床早期诊断和鉴别诊断上，以及流行病学普查的筛选工作方面，具有一定实用意义。

〔原载《中华耳鼻咽喉科杂志》1980, 15（2）: 71 - 74〕

参 考 文 献

1　中山医学院微生物学教研组等. 鼻咽癌病人和鼻咽黏膜病变患者血清中 EB 病毒补体结合抗体水平的调查研究. 中华耳鼻咽喉科杂志，1978, 13: 19

2　HenleW. et al. 鼻咽癌及对照组 EB 病毒血清学研究，日本京都国际鼻咽癌会议文摘，1977，第 34 页

3　Epstein MA, et al. Recent progress in Epstein - Barr virus research. Ann Rev Microbiology, 1977, 21: 421

4　Novoyama M, et al. 人杂交单层细胞中的 EB 病毒基因组的转录，日本京都国际鼻咽癌会议文摘，1977，第 31 页

5　Henle G, et al. Antibodies to early Epstein - Barr virus induced antigens in Burkitt' S lymphoma. J Nat Cancer Inst, 1977, 46: 861

6　Henle W, et al. Antibodies to Epstein - Barr virus in nasopharyngeal carcinoma. Other head and neck nesoplasms, and control groups. J Natl Cancer Inst, 1970, 44: 225

7　Ng MH, et al. EB 病毒感染时，IgA 抗体反应的遗传性的和抗原性的基础，日本京都国际鼻咽癌会议文摘，1977，第 36 页

8　Pearson GR, et al. EB 病毒血清学在美国鼻咽癌患者中的评价，日本京都国际鼻咽癌会议文摘，1977，第 35 页

9　Henlew, et al. Antibodies to Epstein - Barr virus-related antigens in nasopharyngeal carcinoma. Comparison of active cases with long - term survivors. J Natl Cancer Inst, 1973, 51: 361

10　Ida S, et al: Further studies on antibodies to early antigens induced by Epstein - Barr virus in nasopharyngeal carcinoma patients. Gann, 1973, 64: 545

35. 检查 EB 病毒核抗原的抗补体免疫酶法的建立

中国医学科学院病毒学研究所肿瘤病毒室　曾　毅　皮国华　赵文平

我们曾用免疫酶法在鼻咽癌高发区广西苍梧县进行血清学普查，取得了较好的效果[1,2]。但是为了发现更多的早期鼻咽癌病人，还需改进病毒学诊断方法。文献报道[3,4]，低分化和未分化鼻咽癌的癌细胞中都有 EB 病毒的核抗原和病毒基因。检查 VCA – IgA 抗体阳性者的鼻咽黏膜上皮细胞带 EB 病毒核抗原状况，可能有助于鼻咽癌的早期诊断。Reedman 和 Klein[5]建立了检查 EB 病毒核抗原的抗补体免疫荧光法。为便于在现场使用，无需应用荧光显微镜，我们建立了检查 EB 病毒核抗原的抗补体免疫酶法。

材料和方法

一、细胞株　Raji 和 Namalwa 细胞来源于伯基特淋巴瘤；B_{95-8}细胞是 EB 病毒转化绒猴 B 淋巴细胞形成的类淋巴细胞；CNE 和 CNF 细胞[6]是从高分化鼻咽癌建立的上皮样细胞；Vero 细胞的是非洲绿猴肾细胞；上海细胞是上海生物制品研究所从正常人周围血建立的上皮样细胞。培养液为 RPMI 1640 加 20% 小牛血清，各种细胞每周传代 2~3 次。

二、抗补体免疫酶法　抗补体 C_3 免疫血清系用菊糖吸附正常人新鲜血清的 C_3 免疫兔所制成，双相免疫扩散效价 1:16 以上，详见文献〔7，8〕。用西德 Boehringer mannhein 一级辣根过氧化物酶标记兔抗人补体 C_3 免疫球蛋白，详见文献〔9，10〕。

细胞悬液 1000 r/min 离心 10 min，弃上清，加 0.4% KCl，置 4℃ 冰箱 15 min；再离心，弃上清，作细胞涂片；室温干燥，用冷丙酮在 4℃ 固定 10 min。正常人血清作补体来源。稀释液为平衡盐溶液（BSS）[5]，配方为 0.8% NaCl，0.014% $CaCl_2$，0.04% KCl，0.02% $MgSO_4$ · $7H_2O$，0.06% KH_2PO_4，0.06% Na_2HPO_4 · $2H_2O$，pH6.9。在细胞涂片上加入最终浓度为 1:10 和 1:20 的鼻咽癌病人血清（VCA – IgA 抗体滴度为 1:160，56℃ 灭活 30 min）和 1:10 正常人血清，置 37℃ 湿盒内 30 min，再用 BSS 浸洗 3 次；然后用二氨基联苯胺和 H_2O_2 染色[9,10]，在普通显微镜下检查，细胞核显棕色者为阳性，不着色为阴性。作 56℃ 30 min 灭活的补体对照。封闭试验是在 1:10 标记的抗 C_3 抗体处理前，先用 1:10 不标记的抗 C_3 抗体处理。

结　果

一、检查 Raji 细胞的 EB 病毒核抗原　90% 以上的 Raji 细胞核染成棕色，与 Reedman 和 Klein 的免疫荧光法结果相同（图 1）。鼻咽癌病人血清和正常人血清经 56℃ 灭活后细胞核不着色，阴性（图 2），封闭试验结果亦然。

二、检查不同来源细胞株的核抗原　来源于与 EB 病毒有关的 Raji 细胞、Namalwa 细胞和 B_{95-8}细胞，结果均阳性，而与其无关的 CNE、CNF、Vero 和上海细胞株皆阴性。

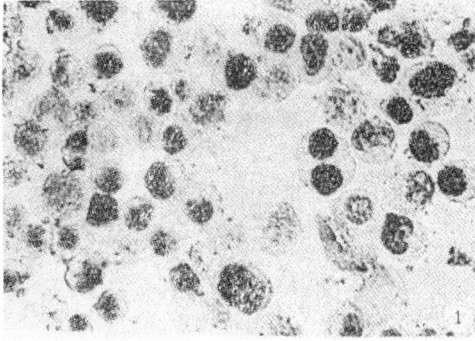

图1 Raji 细胞，显示 EB 病毒核抗原阳性 ×250

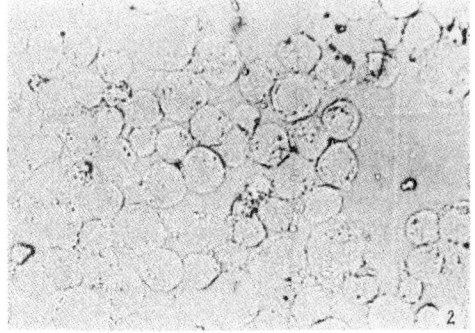

图2 Raji 细胞，补体灭活后显示阴性 ×250

上述结果表明：抗补体免疫酶法是特异的，可应用于检查细胞中的 EB 病毒核抗原。

本法较抗补体免疫荧光法简便，无需荧光显微镜。应用补体结合试验检查，我国 90%以上的儿童在 3~5 岁时已感染了 EB 病毒，不容易找到 EB 病毒抗体阴性的血清作为补体的来源，而在检查细胞内的 EB 病毒核抗原时，可用有 EB 病毒抗体的正常人血清作补体的来源。我们拟进一步用本法研究 VCA – IgA 抗体阳性者鼻咽黏膜带 EB 病毒核抗原的状况，以及 EB 病毒与细胞的相互关系。

〔原载《中国医学科学院学报》1980，2（2）：134 – 135〕

参 考 文 献

1 曾毅，等. 中华肿瘤杂志，1979，1：2
2 曾毅，等. 中国医学科学院学报，1979，1（2）：123
3 Klein G, et al. Proc Nat Acad Sci, USA, 1974, 71：4739
4 Zur Hanson H, et al. Nature（London），1970，228：1056
5 Reedman B M, et al. Int T Cancer, 1973, 11：499
6 中国医学科学院肿瘤研究所等. 中国科学，1978，1：113
7 中国人民解放军北京军区陆军总院免疫室. 内部资料.
8 上海第一医学院：上海医学，1978.2
9 Avrameas：Immunochemistry，1969，6：43
10 刘育希，等. 中华肿瘤杂志，1979，1：8
11 广东中山县肿瘤防治队等. 中华耳鼻喉科杂志，1978，1：23

Detection of EB Virus Nuclear Antigen（EBNA）by Anticomplement Immunoenzymatic Method

ZENG Yi, PI Guo-hua, ZHAO Wen-ping

（Institute of Virology, Chinese Academy of Medical Sciences, Beijing）

An anticomplement immunoenzymatic method was developed by conjugating the antihuman C_3 antibody with horseradish peroxidase. EBNA could be detected by this method. In all cell lines related to EB Virus, but not in those not related.

36. 应用抗补体免疫酶法检查鼻咽癌细胞和鼻咽部上皮细胞中的 EB 病毒核抗原

中国医学科学院病毒学研究所肿瘤室　曾　毅　皮国华　张　钦

湛江医学院肿瘤研究室　沈淑静　赵明伦　马姣莲　董瀚基

〔摘　要〕　本文用抗补体免疫酶法检查鼻咽部脱落细胞的 EBNA，结果：① 79 例鼻咽癌病人全部阳性，其阳性检出率比细胞学（87.3%）和组织学（91.1%）方法高；②4 例初次检查 EBNA 阳性，但细胞学和组织学阴性者，3 个月内复查也找到癌细胞；③18 例头颈部其他肿瘤病人和 21 例胎儿全部阴性，并为细胞学和组织学方法所证实。这表明抗补体免疫酶法检查 EBNA 是特异和敏感的，有助于鼻咽癌的早期诊断。除了鼻咽癌细胞发现 EBNA 外，在鼻咽部柱状上皮细胞和增生细胞也发现 EBNA，这可能与 EB 病毒引起的癌变过程有关。

文献报道[1-6]，应用抗补体免疫荧光法证明鼻咽癌细胞有 EB 病毒核抗原（EBNA）。我们应用免疫酶法在鼻咽癌高发区广西苍梧县进行血清学普查[7-9]，可以查出早期鼻咽癌，但检出率不够满意。为了发现更多的早期病例，我们建立了简便的抗补体免疫酶法[12]，并试图用它检查鼻咽癌和鼻咽部的上皮细胞有否 EBNA。湛江医学院鼻咽癌协作组用负压吸引脱落细胞检查法诊断鼻咽癌，方法简便，阳性率达 92.7%[11]。本文报道合用抗补体免疫酶法和负压吸引脱落细胞法，检查脱落细胞中的 EBNA，作为鼻咽癌的诊断；同时检查鼻咽部的正常细胞、增生细胞或癌前细胞有否 EBNA，以研究 EB 病毒和癌变的关系。

材料和方法

一、材料来源　145 例门诊鼻咽癌病人和可疑病人的鼻咽部负压吸引细胞；18 例头颈部其他恶性或良性肿瘤的组织印片；21 例 3~8 个月死胎的鼻咽黏膜脱落细胞涂片。

二、负压吸引脱落细胞法[11]　在病人口咽腔和鼻咽腔内喷入 1% 地卡因。用电动吸引器产生负压，通过吸引管吸取鼻咽黏膜细胞。细胞涂片，室温干燥，以冷丙酮固定 10 min 后，用于抗补体免疫酶法和细胞学检查。

三、组织学检查　负压吸引后，从鼻咽部可疑病变部取活检，或从负压吸引物中选取较大组织块，10% 甲醛固定，HE 染色，显微镜检查。

四、抗补体免疫酶法（ACIE）　详见文献〔12〕。部分无 EB 病毒抗体的正常人血清是法国 de Thé 教授和 Desgranges 博士惠赠。

五、抗补体免疫荧光法（ACIF）[13]　以荧光抗体代替酶抗体，其他与抗补体免疫酶法同。用日本 Olympus 荧光显微镜检查。

六、间接免疫酶法　用以测定 VCA-IgA 抗体，详见文献〔10〕。

<h1 style="text-align:center">结　　果</h1>

一、抗补体免疫酶法和抗补体免疫荧光法的比较　见表1。

8例病人的鼻咽部脱落细胞涂片用ACIE和ACIF检查，结果表明，EBNA、细胞学、组织学及VCA-IgA抗体均阳性，两法所获得结果一致，是EB病毒特异性EBNA。

二、用抗补体免疫酶法检查鼻咽部细胞的EBNA　见表2、表3，图1~3。

在耳鼻喉科门诊共检查鼻咽癌和可疑鼻咽癌病人145例，头颈部其他肿瘤患者18例，以及胚胎鼻咽部上皮脱落细胞21例。同时用ACIE、细胞学和组织学等方法。凡细胞学或组织学检查阳性者即确诊为鼻咽癌。在145例中，62例病人三种方法检查均阳性；17例EBNA阳性，但细胞学及组织学结果不完全一致；9例仅EBNA阳性，暂不能确诊；57例三种检查均阴性，可排除鼻咽癌。其他材料三种方法检查均阴性。

ACIE法较细胞学和组织学检查均敏感，为ACIE的86.4%和80.0%。

三、鼻咽部不同类型细胞的EBNA　见图4-6，表4。

ACIE法除可查出阳性EBNA外，还能看到细胞的轮廓，可鉴别不同类型的细胞。从表4可见，2~3种方法检查均阳性的鼻咽癌病例中，除癌细胞外，柱状上皮细胞和增生上皮细胞也有EBNA（图4、图5），但鳞状上皮细胞却很少发现EBNA。他们的VCA-IgA抗体都阳性。最后一组9例细胞学和组织学检查均阴性，除1例在三种细胞皆发现EBNA外，其余仅在柱状上皮细胞或增生上皮细胞发现EBNA（图6）。其中4例进行了血清学VCA-IgA抗体测定，阴、阳性各半。

表1　抗补体免疫荧光法和抗补体免疫酶法检查 EBNA 的比较

病人	EBNA ACIE	EBNA ACIF	细胞学检查	组织学检查	VCA-IgA抗体
99	+	+	+	+	1:20
101	+	+	+	+	1:20
102	+	+	+	+	1:1280
103	+	+	+	+	1:20
112	+	+	+	+	1:1280
113	+	+	+	+	1:80
119	+	+	+	+	1:1280
73 一次	+	+	-	-	1:80
73 二次	+	+	+	+	

表2　ACIE、细胞学和组织学检查法诊断鼻咽癌的比较

组　别	例数	ACIE	细胞学检查	组织学检查
鼻咽癌病人	62	+	+	+
	10	+	-	+
	7	+	+	-
非鼻咽癌病人	9	+	-	-
	57	-	-	-
头颈部其他肿瘤病人	18	-	-	-
胎儿	21	-	-	-

表3　三种方法对不同临床期鼻咽癌诊断的比较

临床分期	例数	阳性数(%) ACIE	阳性数(%) 细胞学检查	阳性数(%) 组织学检查
I	15	15(100)	13(86.4)	12(80.0)
II	29	29(100)	23(79.3)	27(93.1)
III	31	31(100)	29(93.5)	29(93.5)
IV	4	4	4	4
总计	79	79(100)	69(87.3)	72(91.1)

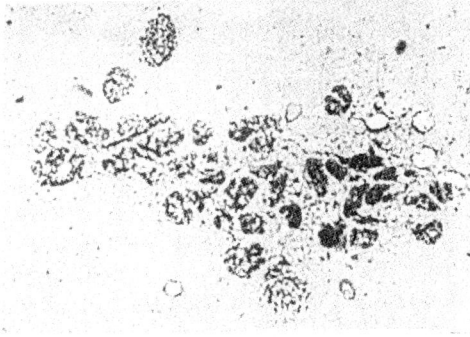

图1　鼻咽癌病人鼻咽部脱落癌细胞
显示 EB 病毒核抗原阳性 ×132

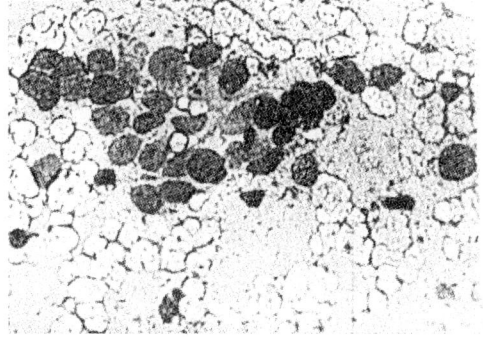

图2　病例同图1，细胞学检查显示
成团癌细胞 HE ×132

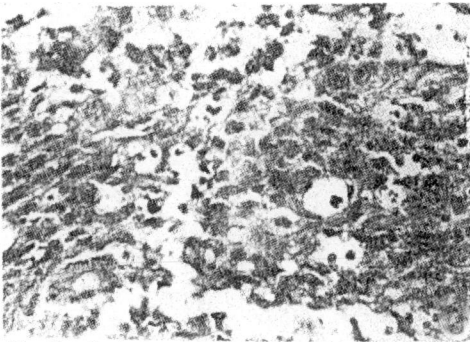

图3　病例同图1，病理组织学
检查属未分化鳞癌 HE ×132

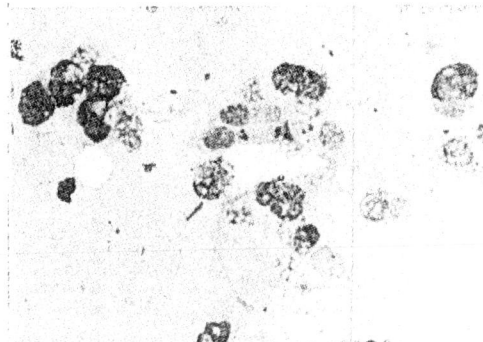

图4　鼻咽癌病人鼻咽部脱落的柱状上皮细胞、增生
上皮细胞和癌细胞，显示 EB 病毒核抗原阳性 ×132

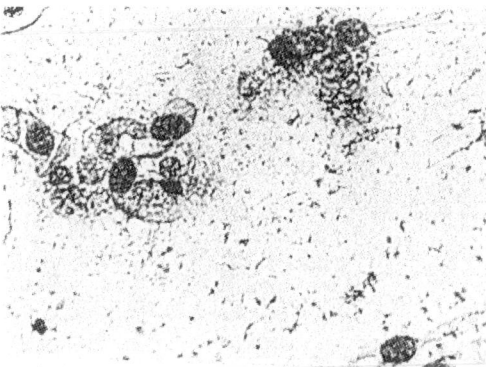

图5　鼻咽癌病人鼻咽部脱落的
柱状上皮细胞，EB 病毒核抗原阳性

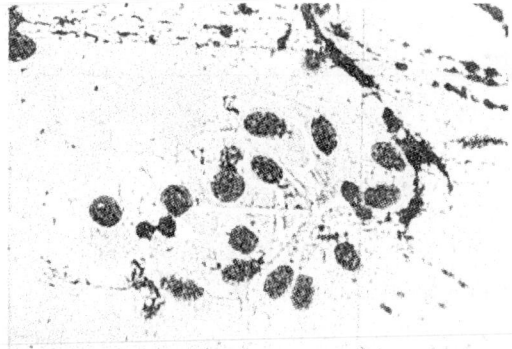

图6　正常人鼻咽部脱落的柱状上皮细胞，
EB 病毒核抗原阳性

四、EBNA 阳性者的复查　见表5。

6 例鼻咽部癌细胞或重度增生细胞 EBNA 阳性、但细胞学和组织学检查阴性者，经 1 周至 3 个月复查，EBNA 仍阳性，其中 4 例的细胞学或组织学检查也发现癌细胞，血清 VCA－IgA 抗体均阳性。另 2 例的细胞学和组织学检查仍阴性（表5）。

表 4　鼻咽部不同类型细胞的 EBNA							
病例	ACIE 癌细胞	ACIE 增生细胞	ACIE 上皮细胞	细胞学检查	组织学检查	临床分期	VCA-IgA
112	+	+	+	+	+	I	1:1280
113	+	+	+	+	+	I	1:80
119	+	+	+	+	+	II	1:1280
101	+	+	+	+	+	II	1:20
99	+	+	+	+	+	III	1:20
102	+	+	+	+	+	III	1:1280
79	+	+	+	-	+	II	1:80
85	+	+	+	-	+	III	1:80
74	+	+		+	-	I	1:20
76	+	+		+	-	I	1:320
107	+	+		+	-	I	1:80
71	+	+	+	+	-	II	1:20
64	+	+		+	-	III	1:320
0 - 7	+	+	+	+	-	III	1:320
56	-	+	-	-			1:10
109	-	+		-			1:20
123		+					1:5
H							
97	+						1:10
114	-	+					1:20
2		+					
R - 1	-	+					1:80
R - 2		+					

表 5　EBNA 阳性者的复查						
病例	日　期	ACIE	细胞学检查	组织学检查	临床分期	VCA-IgA 抗体
郑某	1980. 1. 11.	+	-	-		
	1980. 1. 18.	+	+	+	I	1:20
吴某	1980. 1. 26.	+				
		重度增生细胞				
	1980. 5. 3.	+	+	+	II	1:20
林某	1980. 1. 2.	+				
		重度增生细胞				
	1980. 3. 31.	+	+	+	I	1:80
黎某	1980. 4. 7.	+				
		重度增生细胞				
	1980. 5. 15.	+	-	+	II	1:80
谢某	1980. 3. 26.	+				
		正常上皮细胞				
	1980. 4. 13.	+				1:80
		正常上皮细胞				
何某	1979. 11. 13.	+	-	-		
		重度增生细胞				
	1980. 4. 11.	+	-	-		
		重度增生细胞				

讨　论

应用抗补体免疫酶法检查鼻咽部脱落细胞的 EBNA，79 例鼻咽癌病人全部阳性。而细胞学和组织学检查的阳性率则为 87.3% 和 91.1%。头颈部其他肿瘤细胞和胎儿鼻咽黏膜上皮细胞均阴性。4 例初次检查癌细胞或重度增生细胞 EBNA 阳性，细胞学和组织学检查阴性者，经复查，也找到癌细胞，VCA - IgA 抗体亦阳性。这表明抗补体免疫酶法是特异的，且较细胞学和组织学检查法敏感，特别是对第 I 期病例。因此，除常规细胞学或组织学检查外，并用负压吸引脱落细胞涂片和抗补体免疫酶法检查 EBNA，以及测定 VCA - IgA 抗体，有助于鼻咽癌的早期诊断。

在鼻咽癌病人细胞涂片中，除癌细胞外，在同一涂片中还发现正常柱状上皮细胞和增生细胞也有 EBNA。在未发现有癌细胞的正常人的柱状上皮细胞和增生细胞也发现有 EBNA，但在鳞状上皮细胞却较少看到 EBNA。这似是 EB 病毒先感染正常上皮细胞，特别是柱状上皮细胞，病毒的 DNA 与细胞的 DNA 整合，在适当条件下引起增生，进而发生癌变。因此，对 EBNA 阳性的正常人进行追踪观察是很有意义的。在文献上未见到关于鼻咽部正常上皮细胞有 EBNA 和病毒核酸的报告。Desgranges 和 de Thé 报道[14]，鼻咽部正常上皮细胞经二乙基氨基乙基葡聚糖处理后，病毒才能进入细胞产生核抗原。本研究初步证明，正常柱状上皮细胞和增生细胞有 EBNA，显示 EB 病毒已感染了正常上皮细胞。至于它如何进入上皮细胞及其与癌变的关系，有待进一步研究。

（湛江医学院附属医院五官科、湛江地区和湛江市人民医院提供病例，特此致谢）

〔原载《中国医学科学院学报》1980，2（4）：220 – 223〕

参 考 文 献

1　Wolf H，et al. Nature，1973，244：245

2　Wolf H，et al. Med Microbiol Immunol，1975，161：15

3　Huang DP，et al. Int J Cancer，1974，14：580

4　Klein G，et al. Proc Nat Acad Sci（Wash），1974，71：4737

5　Desgranges C，et al. Int J Cancer，1975，16：7

6　Huang DP，et al. Int J Cancer，1978，22：266

7　曾毅，等．中华肿瘤杂志，1979，1：2

8　曾毅，等．中国医学科学院学报，1980，2

（1）：123

9　Zeng Y，et al. Intervirology，1980，13：169

10　刘育希，等．中华肿瘤杂志，1979，1：8

11　湛江医学院鼻咽癌协作组．中华医学杂志，1976，1：45

12　曾毅，等．中国医学科学院学报，1980，2（2）：134

13　Reedman B M，et al. Int J Cancer，1973，11：499

14　Desgronges C，de The G. Lancet，1977，1：1286

Application of Anticomplement Immunoenzymatic Method for the Detection of EBNA in Carcinoma Cells and Normal Epithelial Cells from Nasopharynx

ZENG Yi[1]，PI Guo-hua[1]，ZHANG Qin[1]，SHEN Shu-jing[2]

ZHAO Ming-lun[2]，MA Jiao-lian[2]，DONG Han-ji[3]

（1. Department of Tumor Viruses，Institute of Virology，Chinese Academy of Medical Sciences，Beijing

2. Zhanjiang Medical College，Guangdong）

Exfoliated cells from nasopharynx of patients with definite or suspected nasopharyngeal carcinoma were examined for EBNA by anticomplement immunoenzymatic method. All 79 NPC patients were found to have EBNA – positive carcinoma cells，while the positive rates of cytological and histological examinations were 87. 3% and 91. 1% respectively. Tumor cells from other benign or malignant tumors of head and neck or nasopharyngeal epithelium from dead fetus were negative for EBNA. 6 cases with EBNA – positive cells and negative cytological or histological findings were reexamined 1 week to 5 months later and finally proved to have carcinoma. Thus，the anticomplement immunoenzymatic method is specific，sensitive and useful for the early detecion of NPC. EBNA was found also in normal columnar epithelium or hyperplastic cell of nasopharynx. This suggest that NPC be caused by EB virus.

37. 鼻咽癌病人淋巴细胞对鼻咽癌上皮样细胞株的体外细胞毒性反应

中国医学科学院病毒学研究所肿瘤室　林毓纯　赵文革　曾　毅

中国医学科学院肿瘤研究所　刘纯仁　胡垠玲

肿瘤免疫是以细胞免疫为主的免疫反应过程，淋巴细胞起着主要作用。淋巴细胞毒性试验方法是显示有免疫功能的淋巴细胞杀伤肿瘤细胞的体外模型，具有一定的特异性。因此，淋巴细胞毒性试验是目前体外研究肿瘤病人细胞免疫比较常用的方法。在人类肿瘤中，如黑色素瘤、膀胱癌、乳腺癌、结肠癌、肉瘤、食管癌等细胞免疫都有报道[1-6]。早在 1967 年，Chu 及 Stjernsward 等用鼻咽癌肿瘤组织短期培养的细胞做过这方面的工作，认为鼻咽癌病人有特异性细胞免疫[7]。但是，有关鼻咽癌病人的淋巴细胞对鼻咽癌上皮细胞株（CNE）的细胞毒性试验，在国内外尚未见到报告。现将我们用氚胸腺嘧啶核苷掺入测定方法检查鼻咽癌病人的淋巴细胞细胞毒性反应结果介绍如下。

材料和方法

氚胸腺嘧啶核苷掺入测定方法（Gytostatic Assay，简称 GA）

平底试管：60 mm × 8 mm。

培养液：RPMI 1640 加 20% 小牛血清，其他如常规。

靶细胞来源及制备：鼻咽癌上皮样细胞株（CNE），84～154 代[8]；食管癌上皮细胞株（ECa 109），160～210 代[9]。将单层细胞消化成单个细胞，每管接种 1000～2000 个细胞/ml，37℃、5% CO_2 温箱中培养过夜。

淋巴细胞来源及分离：取自鼻咽癌病人、非鼻咽癌恶性肿瘤病人、非恶性肿瘤疾病病人及正常人的静脉血 1～2 ml。用 3 倍生理盐水将肝素血混匀为稀释血；轻轻加入 Ficoll - 泛影葡胺混合液的试管中；离心 1000 r/min 20 min，吸出淋巴细胞层，加 5 mlHanks′液，离心 2000 r/min 10 min，吸去上清液；加 5 ml 0.83% NH_4Cl，经室温 15 min，破坏残余的红细胞，离心 1500～2000 r/min 20 min，吸去上清液；加 1.5 ml 小牛血清及 1.5 mlRPMI 1640 液，离心 500～600 r/min 5 min，吸去上清液，除掉血小板及部分抑制性的淋巴细胞，沉淀物即为比较纯净的淋巴细胞，最后加入一定量的培养液，计数。

主体试验：吸去靶细胞的培养液，洗一次，加入淋巴细胞，按淋巴细胞：靶细胞 = 70～100：1，每管接种 1 ml，放 37℃、5% CO_2 温箱培养 6 d。

氚胸腺嘧啶核苷脉冲标记：各管加入 1 μci，在 37℃、5% CO_2 温箱接触 17～19 h。

收获和处理氚胸腺嘧啶核苷掺入的细胞：用生理盐水洗 3 次，然后用无水乙醇洗 1 次，加 60% 过氯酸及过氧化氢各 0.075 ml，80℃ 水浴消化 1 h，取出，加入闪烁液中（2 ml 乙二醇甲醚，3 ml5% PPO 二甲苯），放在国产 FJ - 353 液体闪烁计数器中按微分模式计数。用每分钟的脉冲数（cpm）表示标记的胸腺嘧啶核苷的掺入量。

细胞毒性反应阳性结果的判定：每份标本做 3~4 支平行管，取其 cpm 平均值，同正常人的对照组进行比较，计算细胞毒指数（CI），CI≥30% 者判定为阳性反应。

$$CI = \frac{\text{对照组 cpm} - \text{实验组 cpm}}{\text{对照组 cpm}} \times 100$$

EB 病毒 VCA－IgA 抗体检查方法是采用免疫荧光方法[10]。

结　果

一、各种恶性肿瘤治疗前病人的淋巴细胞对鼻咽癌上皮样细胞株（CNE）的细胞毒性反应

鼻咽癌病人的淋巴细胞对 CNE 细胞株的细胞毒性反应的阳性率最高，达到 82%，非鼻咽癌恶性肿瘤病人为 10% 及 18%，正常人为 6%，不仅差别显著，P 值均小于 0.0001，而且各组之间阳性率的这种比势，在历次试验中的结果都比较稳定；食管癌病人的淋巴细胞对食管癌上皮细胞株（ECa 109）的细胞毒性反应的阳性率虽然相对的高一些，但仅为 32%，正常人为 7%，两者之差的 P 值为 0.025。

二、不同人群的淋巴细胞对食管癌上皮细胞株（ECa 109）的细胞毒性反应　为进一步了解鼻咽癌病人淋巴细胞毒性反应的特异性，我们以食管癌上皮细胞株（ECa 109）作为靶细胞对照，曾检查 224 份不同人群的淋巴细胞的细胞毒性反应，鼻咽癌病人的淋巴细胞对 ECa 109 细胞株的细胞毒性反应的阳性率为 4%，正常人为 6%，其他恶性肿瘤病人和非恶性肿瘤疾病病人的阳性率分别为 12% 和 14%，而食管癌病人对 ECa 109 细胞株的细胞毒性反应的阳性率为 45%。

三、鼻咽癌病人的淋巴细胞的细胞毒性反应与放疗和病程的关系　鼻咽癌疗前病人的淋巴细胞毒性反应的阳性率很高，达到 82%；经过放疗，阳性率显著下降，仅为 23%；直到放疗停止 3 个月以后才恢复到 70%；放疗后出现复发或转移的病人，细胞毒性反应很低，8 例中 7 例是阴性。

四、鼻咽癌病人淋巴细胞的细胞毒性反应与血清 EB 病毒抗体（VCA－IgA）反应的关系　见图 1。

鼻咽癌病人血清 EB 病毒抗体（VCA－IgA）出现较早，放疗后随时间的延长，抗体的几何平均滴度（GMT）逐渐下降，当转移或复发时又上升，故对于鼻咽癌的早期诊断或预后监测有其特异。我们试图通过细胞毒性反应与抗体反应的比较，了解淋巴胞细胞毒性反应的特异性以及作为免疫监护的可能性。两者的关系见图 1。放疗前及放疗后一年以内的病人，此两种反应的阳性率都比较高；放疗后 3 个月以内的病人，细胞毒性反应显著下降，表明与放疗有关，但抗体反应无明显影响；放疗一年以后的病人，

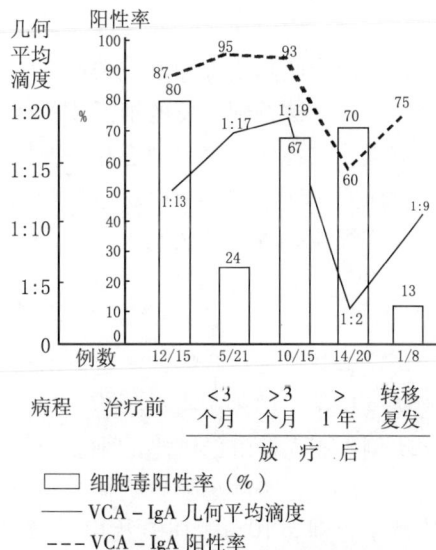

图 1　鼻咽癌病人淋巴细胞毒性反应与
EB 病毒 VCA－IgA 抗体的关系

细胞毒性反应情况无明显变化，而 EB 病毒抗体反应的阳性率，特别是抗体的 GMT 则出现

下降；放疗后复发或转移的 8 例病人，细胞毒性反应的阳性率显著降低，仅为 13%，而 EB 病毒抗体的 GMT 又出现上升。

讨 论

虽然人类恶性肿瘤病人淋巴细胞的细胞毒性反应的特异性问题还存在一些争论，但是，无论如何从不少报告中确实可以看到恶性肿瘤病人的淋巴细胞的细胞毒性反应表现了选择性的杀伤，即对同一组织类型的恶性肿瘤细胞杀伤的程度比较强，阳性率比较高，显示了一定程度的特异性反应[1-7,11-13]。本文报告鼻咽癌病人的淋巴细胞毒性反应的结果也看到了类似的倾向：鼻咽癌病人的淋巴细胞只对 CNE 细胞株出现了比较明显的细胞毒性反应，其阳性率可以高达 82%，而对 ECa 109 细胞株引起的阳性反应很低，仅为 4%；同样，食管癌病人的淋巴细胞也只对 ECa 109 细胞株产生细胞毒性反应的概率多一些，一般情况其阳性率约为 45%，而对 CNE 细胞株的阳性率也不高，为 10%；其他各人群的淋巴细胞对这两株细胞的细胞毒性反应的阳性率也都比较低，这些现象，特别是鼻咽癌治疗前病人的淋巴细胞的细胞毒性反应显示了相当的特异性，表明鼻咽癌可能存在一种肿瘤相关抗原。

关于肿瘤宿主淋巴细胞毒性反应与肿瘤生长的动态观察，本文也总结到了如同 Mashiba，Sucin – Foca 及 Bean 等所记载的情况[6,12,13]，即淋巴细胞细胞毒性反应与肿瘤的发展有关，尤其是在 8 例转移或复发的病例中表现更为明显，细胞毒性反应很低，其中 7 例是阴性。放疗后 3 个月内，细胞毒性反应显著下降，表明放疗对于细胞免疫反应有严重影响，在此期间如能配合某些药物或其他免疫制剂等提高机体的细胞免疫能力，对于争取更好的疗效可能是有益的。比较不同病程的鼻咽癌病人淋巴细胞的细胞毒性反应与 EB 病毒抗体反应的动态情况，观察到 15 例放疗前的病人此两种反应的阳性率都在 80% 或 80% 以上，特别是其中有 2 例是早期病人，还有 2 例在临床上很难确诊，最后从病理活检方得证实为鼻咽癌，这进一步表明此细胞毒性反应对鼻咽癌的诊断是比较特异的。尤其是当鼻咽癌病人于放疗后出现转移或复发时，此两种免疫反应均出现比较明显的波动，EB 病毒抗体水平又开始上升，而细胞毒性反应则显著下降，说明此细胞毒性反应和血清学试验一样，也可能有助于鼻咽癌病人的疗效观察。

当然，也应该看到，总的情况阳性率还不够很高，只能达到 70%，细胞毒性反应的程度也不够强，在各种对照组中还存在不同程度的非特异性反应。对于这些现象，通过我们进一步实验研究，证明同参与此反应系统的效应细胞亚群的介导及 HLA 系统的限制等因素很有关系，详细情况将在另文发表[14]。

小 结

应用氚胸腺嘧啶核苷掺入测定方法检查了 215 例不同人群外周血淋巴细胞对鼻咽癌上皮样细胞株（CNE）的细胞毒性反应，用食管癌上皮细胞株（ECa 109）作为靶细胞对照，检查了 224 例不同人群淋巴细胞的细胞毒性反应，发现治疗前病人淋巴细胞对 CNE 细胞株的细胞毒性反应中，鼻咽癌病人的阳性率达到 82%，食管癌病人、其他恶性肿瘤病人及正常人的阳性率分别为 10%、18% 及 6%，P 值均小于 0.0001。鼻咽癌病人淋巴细胞对 ECa 109 细胞株的细胞毒性反应的阳性率仅为 4%。鼻咽癌病人淋巴细胞的细胞毒性反应与放疗和病程有关，放疗后 3 个月以内的病人阳性率下降到 23%，放疗后 3 个月以上的病人阳性率为 70%，放疗后出现转移或复发的病人，其阳性率仅为 13%。同时测定不同病程鼻咽癌病人淋巴细胞毒性反应及血清 EB 病毒 VCA – IgA 抗体，看到疗前病人两种反应的阳性率都比较高；放疗后出现转移或复发的病人，两种反应的变化表现了相反的关系。上述情况表明，鼻咽癌病人淋巴细胞的细胞毒性反应具有一定的特异性，该方法也可能有助于鼻咽癌的诊断及预后监测。

〔原载《中华肿瘤杂志》1981，3（1）：1-4〕

参 考 文 献

1 Bean MM, et al. Cell – mediated cytotoxicity for bladder carcinoma：Evaluation of a workshop. Cancer Res, 1975, 35：2902

2 Mukherji B, et al. Variables and specificity of in vitro lymphocytemediated cytotoxicity in human melanoma. Cancer Res, 1975, 35：3721

3 Vose BM, et al. Cell – mediated cytotoxicity to human pulmonary neoplasma. Int J Cancer, 1975, 15：308

4 彭仁玲，等. 对食管癌的细胞免疫反应——食管癌患者外周血淋巴细胞的体外细胞毒活性. 科学通报，1979，22：1049

5 Yu A, et al. Both inhibitor and cytotoxic lymphocytes in patients with osteogenic sarcoma. New England J Med, 1977, 297（3）：121

6 Mashiba H, et al. Cell – mediated cytotoxicity in vitro of human lymphocytes against a ceruical cancer cell line. GANN, 1977, 68（1）：53

7 Chu EHY, et al. Reactivity of human lymphocytes against autochthonous and allogeneic normal and tumor cells in vitro. J Nat Cancer Inst, 1967, 39：595

8 中国医学科学院肿瘤研究所病毒室，等. 人体鼻咽癌上皮样细胞株和梭形细胞株的建立. 中国科学，1978，1：113

9 中国医学科学院肿瘤研究所细胞生物室. 人体食管癌上皮细胞株的建立. 中华医学杂志，1976，7：412

10 中国医学科学院肿瘤研究所病毒室，等. 鼻咽癌病人的 EB 病毒免疫球蛋白 G 和 A（IgG 和 IgA）抗体的测定. 微生物学报，1978，18（3）：253

11 Cohen AM, et al. Specific inhibition of carcomaspecific cellular immunity by sera from patients with growing sarcomas. Int J Cancer, 1973, 11：273

12 Sucin – fcca N, et al. Impaired responsiveness of lymphocytes and serum – inhibitory factors in patients with cancer. Cancer Res, 1973, 33：2373

13 Bean MA, et al. Cytotcxicity of lymphocytes from patients with cancer of the urinary bladder：Detection by a ^{3}H – proline microcytotoxicity test. Int J Cancer, 1974, 14：186

14 林毓纯，等. 鼻咽癌病人外周血淋巴细胞对鼻咽癌上皮细胞样株（CNE）细胞毒性反应特异性的研究——CTL 的介导及 HLA 的限制. 未发表

The Cytotoxic Effect of Lymphocytes from Patients with Nasopharyngeat Cancer Against a NPC Epithelioid Cell Line

LIN Yu-chun[1], ZHAO Wen-ge[1], LIU Chun-ren[2], HU Yin-ling[2], ZENG Yi[1]

(1. Institute of Virology, Chinese Academy of Medical Sciences, Beijing

2. Cancer Institute, Chinese Academy of Medical Sciences, Beijing)

Using ^{3}H – TdR incorparation inhibiting test, the cytotoxic effect of lymphocytes obatined from patients with NPC and other malignancies, from patients with nonmalignant diseases and from normal subjects was studied in vitro against NPC target cells (CNE cell line). The cell line derived from esophageal cancer (ECa 109) was used as a control. The lymphocytes from 82% (14/17) of NPC patients before radiotherapy were proved to be cytotoxic to CNE cells but the incidence of cytotoxic effect of lymphocytes from patients with other malignancies and nonmalignant diseases, and from normal subjects against CNE cells was only 10% (1/10), 18% (4/22) and 6% (1/16) respectively. Only 4% of NPC patients had cytotoxic lymphocytes to ECa 109 cells. The incidence of cytotoxic effect of lymphocytes from NPC patients was found to be related to the radiotherapy and clinical course. It decreased from 82% to 23% wihin 3 months after radiotherapy. Afterwards it increased to 70%. When the patient had distant metastases and recurrent disease, it decreased again to 13%. Both percentage of positive cytotoxic effect of lymphocytes and the IgA antibody geograhical mean titer (GMT) from NPC patients were rather high before radiotherapy, but after radiotherapy the GMT decreased gradually while the percentage of cytotoxic effect remained high. During the recurrence and metastases of the disease, however, the GMT increased again while the percentage of cytotoxic effect decreased.

According to the observations mentioned above, it is suggested that some tumor associated antigen might exist on the surface of NPC cells and that the cytotoxic effect of lymphocytes from NPC patients might be tumor – specific to a certain degree, and thus may be used in the diagnosis and the estimation of prognosis of NPC.

38. 人肉瘤细胞株的建立及其抗原性的研究

中国医学科学院病毒学研究所　谷淑燕　曾　毅

北京积水潭医院　宋献文　　中山医学院　罗天锡

〔摘　要〕　　体外培养 17 例 8 种不同组织学类型的肉瘤标本，建立了一株成骨肉瘤细胞株。对该细胞株进行了生长曲线、电镜形态和大鼠移植等研究。以肉瘤细胞株的细胞提取物做抗原，检查了肉瘤病人和正常人血清中的相应抗体及其在人群中的分布。病人和正常人血清抗体水平无明显差别。

已经证明多种动物的肉瘤是病毒引起的。从鸡、小鼠、大鼠、猫、狗和猴等动物肿瘤中分离到致肉瘤的病毒。肉瘤组织的无细胞提取物能诱发动物肿瘤，体外可以使正常细胞发生恶性转化。猴的自发肉瘤病毒的发现和研究更支持了人肉瘤病毒病因的可能性[1-3]。

在人肉瘤上的一些观察，指出了人肉瘤可能是病毒引起的证据。在某些人的肉瘤细胞中发现 C - 型病毒颗粒[4]；在骨骼和各种软组织的肉瘤细胞中含有共同的特异性抗原[5,6]；在人肉瘤细胞中检查到 RNA 肿瘤病毒所具有的逆转录酶。在血清学方面，应用免疫荧光技术[7]，补体结合试验[8]和细胞毒性试验检查人群中对肉瘤抗原的抗体，发现肉瘤病人血清中有较高的抗体水平，其他肿瘤病人和正常人抗体较低，而病人的家属和病人的接触者抗体水平介于病人和正常人之间。因此，被认为是传染因子所致。

我们于 1972 年做了各种人肉瘤组织的体外培养，从人成骨肉瘤建立了一个细胞株，并做了动物移植和血清学研究，国内尚无有关的报导，现将结果报告如下。

材料和方法

一、人肉瘤组织的培养 各种肉瘤病人手术切下的新鲜标本，选择瘤组织，剪成 1 mm³ 小块，Hank's 液洗涤后，将组织块接种在预先涂有鼠尾胶原的瓶上，37℃孵育 2 h 后再加培养液。培养液为含20% 小牛血清、10% Tryptose 的 199 综合培养液。一般在接种后 3 ~ 7 d 细胞开始向组织块周围生长。

组织块之间细胞连接成片后传代。用 0.25% 胰酶和 0.03% 乙二胺四乙酸二钠等量混合处理细胞。早代，细胞接种后 3 d 即可生长成单层。数代后，生长变得缓慢，传代时将 2 ~ 3 瓶细胞合并接种。

二、抗原制备 肉瘤细胞株或短期培养的肉瘤细胞，去掉培养液，经胰酶 - 乙二胺四乙酸二钠处理，用巴比妥缓冲盐水洗二次，再制成 5% 细胞悬液。超声波裂解，低速离心去掉细胞碎片，再经 10 000 r/min 沉淀 1 h，上清液即为试验抗原。

同样方法制备人肺双倍体细胞和 HeLa 细胞抗原作为对照。

为增加抗原性，细胞经超声波打碎后，用 1% 去氧胆酸钠或 Tween 80、乙醚处理。

三、补体结合试验 为节省抗原，将小量补体结合试验成分减半，即抗原、血清各 0.05 ml，2 U 补体 0.1 ml、指示系统 0.1 ml。4℃冷结合。

补体来源于人脐带血，稀释液为 pH7.4 的巴比妥缓冲盐水，含10% 蛋清。

四、肉瘤细胞移植 取一月龄大鼠胸腺，用 Hank's 液制成 10^9/ml 细胞悬液，免疫家兔，获兔抗大鼠胸腺淋巴细胞血清，以凝集反应测抗血清效价，选用效价 1∶320 以上的免疫血清。

胰酶 - 乙二胺四乙酸二钠混合液处理肉瘤细胞株细胞，悬于培养液中，浓度为 10^8/ml 细胞。初生后 24 h 的乳大白鼠背部皮下接种 10^7/0.1 ml肉瘤细胞，于接种的同时腹腔内注入兔抗胸腺淋巴细胞血清，其后每隔一日腹腔内注入抗血清一次，注入量每克动物体重 0.04 ml。逐日观察皮下肿瘤结节。

结　　果

一、人肉瘤细胞体外培养和成骨肉瘤细胞株的建立 各种骨骼和软组织肉瘤组织块接种带胶原的玻璃瓶或直接接种玻璃瓶都能生长。在细胞开始生长前，由于组织块代谢，培养液的 pH 下降，小心换液以防止组织块脱落。

我们共培养了 17 例 8 种组织学类型的肉瘤标本（成骨肉瘤 6 例，纤维肉瘤 4 例，平滑肌肉瘤 2 例，滑膜肉瘤、巨细胞肉瘤、黏液肉瘤、脂肪肉瘤、横纹肌肉瘤各一例）。瘤组织体外培养 3 ~ 7 d 后，从组织块周围生长出梭状细胞，生长活跃，每 5 ~ 7 d 可增长 1 倍或 1.5

倍，迅速传代可以获得大量的细胞。除梭状细胞外，很多标本呈多形性生长，如出现多角细胞、圆细胞，融合巨细胞，在脂肪肉瘤标本中可见胞质内大小不等的脂肪滴。有时在梭形细胞中可见多角形细胞岛，细胞交叉排列，多层。多数标本经多次传代后，生长变得缓慢，细胞体积变大或成丝状，最后裂解而不能再继续传代。在 17 例经体外培养的标本中，成功地建立了一株成骨肉瘤细胞株，命名"POS"细胞株。

POS 细胞株来源于病人马某，男，19 岁，积水潭医院住院病人，手术前未经任何治疗，手术标本病理诊断为成骨肉瘤。肉瘤组织体外培养后，早代细胞形态为梭形，生长旺盛，可迅速传代，以后出现生长缓慢现象。2～3 瓶合并传代至第 7 代（134 d），梭状细胞层中出现数个类上皮样细胞岛，消化传代 1/2 面积的细胞，细胞在新瓶中呈类上皮样生长，原瓶中空白面积能迅速被生长的类上皮样细胞所占据。在体外连续以 0.03％ 乙二胺四乙酸二钠处理传代已维持了 8 年。

（1）形态特点：在含小牛血清的 199 综合培养基中呈梭形生长，可见多核细胞，细胞核和核仁清楚。在梭形细胞层上可见透明的圆细胞，亦可悬浮于培养液中，锥虫蓝染色绝大多数悬浮细胞是活的，这些细胞能再贴瓶生长（图 1）。

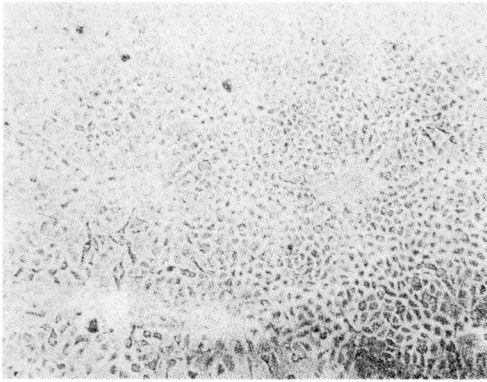

图 1　POS 细胞株早代（50×）

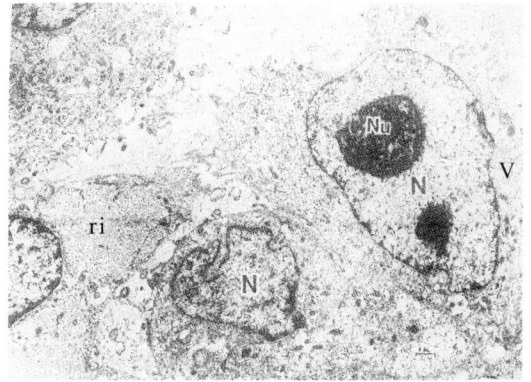

ri：游离核糖体　V：微绒毛　N：细胞核　Nu：核仁

图 2　POS 细胞株电镜观察（300×）

（2）生长曲线：以每毫升 3 万细胞接种，每管 1 ml，隔天计数，计算 4 管细胞的平均数。第 2、第 4 和第 6 天分别为每毫升 4 万，8 万和 16.7 万，第 8 天达 23 万/ml。

（3）移植瘤的组织学检查：瘤细胞接种后 2 周，在接种部位皮下出现小结节，可达 3 mm×2 mm，移植瘤肉眼下呈白色，质坚硬。组织学检查具有肉瘤的形态特征。在脂肪组织内可见肿瘤结节，瘤组织向周围组织浸润。瘤细胞呈梭形，大小不等，深染。可见核分裂并存在较多的瘤巨细胞，呈多核，细胞体积大。瘤组织内散在大小不等的钙化点，最多见于瘤巨细胞丰富的区域。

（4）电镜观察：从电子显微镜下观察的结果表明，此细胞株具有成骨肉瘤的某些特征，细胞较大，表面有微绒毛突起，细胞之间相连较紧密，有时可见合体巨细胞。细胞质内有丰富的核糖体，线粒体小而少，有较多的粗糙内质网，在有些细胞中粗糙内质网轻度扩张，有时可见细胞内微丝。细胞核常位于细胞的一侧，不规则有凹陷呈分叶状核，染色质凝聚，有些细胞的核仁畸形。未见桥粒。经 5 - 碘脱氧尿核苷处理细胞或不处理，均未见到 C - 型病毒颗粒（图2）。

二、肉瘤细胞抗原性和血清学检查　见表1。

用 POS 细胞株和体外短期培养的肉瘤细胞制备抗原，检查肉瘤细胞共同的抗原性，以 HeLa 细胞和人胚肺双倍体细胞作对照。各种细胞均经超声波裂解，高速离心后的上清液为补体结合反应抗原，分别与各种肉瘤病人血清试验。从表1中可见肉瘤细胞能与各种肉瘤病人的血清起交叉反应，不同种类的短期培养的肉瘤细胞制备的抗原也能与各种肉瘤病人血清起交叉反应，而人胚肺细胞和 HeLa 细胞则无反应。反应性随血清稀释增加而下降。用去氧胆酸钠或 Tween 80、乙醚处理的细胞提取物，不能增加抗原性。

表1　肉瘤病人和正常人血清抗体比较

抗原及浓度（%）	血清来源	例数	血清稀释度				阳性数/例数	阳性率（%）	GMT
			<1:10	1:10	1:20	≥1:40			
POS（5）	肉瘤病人血清	30	9	6	7	8	21/30	70	13.8
	正常人血清	34	11	10	11	2	23/34	67	10.8
HeLa（5）	肉瘤病人血清	10					0/10		
	正常人血清	15					0/15		

用补体结合试验检查人群中的血清反应。各种肉瘤病人血清30份，正常人的血清34份。分别用低速离心制备的细胞提取物和经 10 000 r/min 沉淀 1 h 制备的细胞提取物检查血清中相应的反应成分。只经低速离心处理的抗原于冰冻保存后出现抗补体。所有细胞提取物均经 10 000 r/min 沉淀 1 h。血清 1∶10 稀释呈阳性反应作为阳性血清。各种肉瘤病人血清阳性率和反应滴度分布与正常人血清无明显差别。部分血清同时与 HeLa 细胞制备物试验。10 例与肉瘤细胞提取物反应的病人血清，无一例与 HeLa 细胞的制备物反应。从15例正常人血清也获相似的结果。

在不同年龄组的儿童血清中，肉瘤细胞提取物反应见表2。7岁以上儿童血清反应阳性率与成人相似。

表2　不同年龄组儿童血清中抗体分布

年龄组（岁）	例数	血清稀释度				阳性数/例数	阳性率（%）
		<1:10	1:10	1:20	≥1:40		
1～3	14	11	1	1		2/13	15
4～6	12	3	1	5	1	7/10	70
7～15	11	2	3	3	2	8/10	80
成年人	34	11	10	11	2	29/34	67

讨　　论

建立体外培养的细胞株是研究肿瘤病毒病因的重要手段之一。我们从体外培养的17例肉瘤标本中建立了一株成骨肉瘤细胞株。

标本经病理检查确诊为骨肉瘤，体外培养呈梭状生长，细胞悬液接种于经抗胸腺淋巴细胞血清处理的乳大白鼠，产生移植瘤，经病理检查为肉瘤。电镜下体外培养的肉瘤细胞株具肉瘤的组织学特点，但未见 C - 型病毒颗粒。国外报道在脂肪肉瘤和其他肉瘤细胞中见到 C - 型病毒颗粒[9,10]，Steward[4]用 5 - 碘脱氧尿核苷激活后在肉瘤细胞中产生更多的病毒，可见到病毒芽生和细胞间的成熟病毒。在我们建立的细胞株上用 50 和 100 μg/ml 5 - 碘脱氧尿核苷处理，均未见到 C - 型病毒颗粒。

用此细胞株进行了血清学检查。在肉瘤细胞株和短期培养的肉瘤细胞中存在一个共同的物质，能与各种肉瘤病人血清交叉反应。这种物质在 HeLa 细胞和人肺双倍体细胞中不能查到。检查了对这种物质的人群抗体反应，在正常人血清和肉瘤病人血清之间无差别。Morton 等人用多种血清学方法检查人群抗体，认为肉瘤病人血清抗体阳性率和抗体滴度较正常人明显地高，而病人的接触者介于正常人和病人之间。我们的结果与 Morton 报道不一致，病人与正常人之间无差别。在不同年龄的儿童血清中检查这种反应，3 岁以下儿童阳性率较低，其他年龄组的儿童与成人相似。

根据这些结果，不能认为成骨肉瘤存在特异性的抗原。至于肉瘤提取物与肉瘤病人和正常人血清发生补体结合反应的性质尚待进一步研究阐明。

〔原载《中华微生物学和免疫学杂志》1981，1（3）：170－173〕

参 考 文 献

1　Gross L. Oncogenic Viruses, 1970, 99

2　Theilen GH, et al. J Nat Cancer Inst, 1971, 47：881

3　Wolfe LG, et al. J Nat Carncer Inst, 1971, 47：1115

4　Stewart SE, et al. Science, 1972, 175：198

5　Eilber FR, Morton DL. Cancer, 1970, 26：588，A

6　Eilber FR, Morton DL. Nature, 1970, 225：1137, B

7　Morton DL, et al. Surgery, 1969, 66：152

8　Eilber FR, Morton DL. J Nat Cancer Inst, 1970, 44：651

9　Hall WT, et al. Virology, 1964, 22：591

10　Morton DL, Malmgren KA. Science, 1969, 162：1279

Establishment of An Osteosarcoma Cell Line and
A Study on Its Antigenicity

GU Shu-yan[1], ZENG Yi[1], SONG Xian-wen[2], LUO Tian-xi[3]

(1. Department of Tumor Viruses, Institute of Virology, Chinese Academy of Medical Sciences, Beijing; 2. Ji - Shui - tan Hospital, Beijing;

3. Department of Electromicroscope, Zhong Shan Medical College, Guangdong)

Seventeen specimens of different types of human sarcoma were cultured in vitro. An osteosarcoma cell line (pos) was established and maintained in vitro for 7 years, the biological characteristics of the cell line were studied and sera from the patients with sarcoma and from nromal individuals were tested with extracts of the sarcoma cell line. Antibody positive sera were detected, but there was no significant difference between sera from patients and from normal individuals.

39. 人 α 干扰素治疗鼻咽癌一例报告

中国医学科学院病毒学研究所　吴淑华　曾　毅　侯云德

广西壮族自治区人民医院　王培中

广西苍梧肿瘤研究所　邓　洪

北京市输血站　王兰芝

作者用自制的人α干扰素治疗一例鼻咽癌早期患者。该制剂按美国 NIH 1980 年 7 月制定的"临床级干扰素鉴定标准"鉴定，指标均符合要求。比活性达 10^6 IU/mg 蛋白。

患者女性，47 岁，社员。1979 年 11 月血清普查，EB 病毒 VCA – IgA 抗体阳性，鼻咽癌检查未发现可疑病变。1980 年 9 月 1 日，患者诉左侧偏头痛 1 个月，鼻咽癌检查左侧咽隐窝有 0.5 cm 大小的新生物，灰白色，表面粗糙，活检为低分化鳞状细胞癌，颈部未触及肿块，颅底相未发现骨质破坏，胸部亦未见转移灶。

1980 年 9 月 6 日，用人α干扰素治疗，每天一次肌注 2×10^6 IU，3 d 后未见不良反应，剂量加倍。另加用 90 万 IU（溶于生理盐水）作鼻腔滴入局部治疗。血清干扰素水平于肌注 4×10^6 IU 后 3 个 h 到达高峰，平均 66.7 IU/0.5 ml，24 h 后仍维持低水平（13.2 IU/0.5 ml）。干扰素使用一周内的最高发烧反应为增加 0.7℃。三周后鼻咽部原发病变由 0.5 cm 缩小至 0.3 cm，EB 病毒 VCA – IgA 抗体滴度由 1∶40 变为 1∶10 阳性。但于开始治疗后第五周，发现鼻咽部又有新病灶出现，检查后者仍为低分化鳞状细胞癌。每天继续以干扰素 4×10^6 IU 肌内注射，共治疗 51 d，鼻咽部病变不见缩小，改用钴^{60}放射治疗，鼻咽部病变完全消失。

本例结果说明，虽然在使用干扰素治疗三周后病情曾一度趋于好转，但继续治疗仍告失败。Treuner 用人β干扰素治疗鼻咽癌，1 例显效，2 例部分缓解，2 例无效。是否鼻咽癌对人α、β干扰素有不同的治疗反应，尚待进一步探讨。

〔原载《中国医学科学院学报》1981，3（增刊）：78〕

40. EB 病毒与人类疾病的关系

法国国家科学院、里昂 Alexis Carrel 医学院　G dethe　中国医学科学院病毒研究所　曾　毅

1964 年 Epstein 等[1]成功地从 Burkitt 淋巴瘤培养出两株淋巴瘤细胞，在电子显微镜下观察到有似疱疹病毒形态的病毒颗粒，进一步研究证明这是一种新的病毒，命名为 Epstein – Barr（EB）病毒。1966 年 Old 等[2]首次用免疫扩散试验证明 EB 病毒和鼻咽癌的血清学关系。1968 年 Henle 等[3]证明 EB 病毒是传染性单核细胞增多症的病原。多数人认为 EB 病毒可能是 Burkitt 淋巴瘤和鼻咽癌的病因。现将 EB 病毒与人类某些疾病的关系介绍如下。

一、传染性单核细胞增多症　传染性单核细胞增多症是一种急性和自身限制性淋巴增生综合征。往往散发于温带地区和生活富裕的国家。高发年龄为 15～25 岁。该病潜伏期约 4～7 周。在发展中国家的居民很小就感染 EB 病毒，有免疫力，故此病很少。本病的诊断是应用 Paul – Bunnell 试验测定抗羊血细胞的 IgM 型凝集素，这种抗体不被豚鼠肾细胞吸附，而被牛的肾细胞所吸附。淋巴结、脾和扁桃体显示广泛的形态学改变，包括非典型淋巴细胞对窦部的浸润而出现的反应性增生[4]。

流行病学调查证明本病的病因是 EB 病毒。1965 年 Henle 实验室的一位技术员在患本病时产生了抗 EB 病毒壳（VCA）抗体，她的淋巴细胞在发病时体外培养能建成产生 EB 病毒的类淋巴母细胞株。进而研究耶鲁大学的 42 例传染性单核细胞增多症急性期的学生，都有壳抗体。后来几位美国学者和一位英国学者进行前瞻性研究证明，抗 EB 病毒抗体的存在与本病患者的免疫有关，没有抗体的人对此病敏感。

血清学反应：在急性期 VCA – IgM 抗体，VCA – IgA 抗体和 EA – D – IgG 抗体出现和上升（EA 为早期抗原），缺乏病毒核抗原（EBNA）的抗体。这些可作为诊断本病的依据。在恢复期，VCA – IgM 抗体在数周内下降；而 EA – D 抗体下降较慢，发病后 6～9 个月消失。在发病后数周至数月才逐渐产生抗 EBNA 的抗体。EA – D 抗体持续高滴度表示病情严重，最终将导致死亡[5-9]。

传染源是健康排病毒者的唾液，80% 本病患者的口咽分泌液含有 EB 病毒[10,11]。温带和热带的正常人、免疫抑制的病人的排病毒率分别为 10%、50% 和 50%[12,13]。推测 EB 病毒很可能在新感染者的口咽黏膜繁殖[14]。T 细胞可杀伤带 EB 病毒基因的 B 淋巴细胞，这种细胞免疫反应与人白细胞抗原（HL – A）有关。因此，本病的临床症状反映了抗带 EB 病毒的 B 淋巴细胞的急性免疫反应。进一步研究原发性 EB 病毒感染的细胞免疫和体液免疫，可能阐明本病从亚临床期到死亡出现不同的临床表现之原因。EB 病毒的抗原与嗜异性抗原是不同的。

患过本病的人比一般人发生 Hodgkin 淋巴瘤的危险性增高 2.5～5 倍。患这两种病的间隔时间为 2～11 年，平均 3 年[15-18]。

二、Burkitt 淋巴瘤　Burkitt 淋巴瘤是非洲热带区 3～15 岁儿童常患的肿瘤。由于这种病的地理分布与黄热病相似，故可能与节肢动物传播的病毒有关[19]。赤道非洲的儿童很小

就感染了 EB 病毒，这与该地发生 Burkitt 淋巴瘤有密切关系[20]。临床表现多数有典型的颌部单侧肿瘤和腹部肿瘤（包括腹膜后、肝、双侧卵巢、胃和小肠肿瘤）[21]，神经系统并发症有麻痹、偏瘫等。从流行区的 Burkitt 淋巴瘤组织中可查到 EB 病毒的基因组[22-24]，但大多数欧美的 Burkitt 淋巴瘤却没有这种基因组[25,26]。

非洲乌干达 3 岁以上的人群全部感染了 EB 病毒。但 Burkitt 淋巴瘤病人的高滴度（≥1：160）壳抗体阳性率及几何平均滴度都显著高于其他肿瘤病人和正常人[27-29]。Burkitt 淋巴瘤病人的 EA 抗体是 R 型，而鼻咽癌病人的则是 D 型[28]。Burkitt 淋巴瘤病人对非特异性半抗原，如 TNCB 的迟缓型过敏反应性下降，化疗后恢复反应性。Burkitt 淋巴瘤对自身肿瘤抗原的提出物产生迟缓型的皮肤反应[29]。肿瘤复发前抗 EB 病毒膜抗原的抗体下降，认为这种抗体对肿瘤的退缩可能是很重要的。狨猴的实验也证明，经免疫抑制药物处理过的动物，恶性淋巴瘤的发病率较不处理的高得多。在乌干达对 Burkitt 淋巴瘤进行前瞻性研究的一些间接实验证据表明，EB 病毒是人的致肿瘤因子。在非洲淋巴瘤患者血清中总可以找到 EB 病毒的核酸和核抗原；病人有抗 EB 病毒的特异性免疫反应；EB 病毒能使人和猴的 B 淋巴细胞转化；EB 病毒对狨猴有致肿瘤作用。一种假说认为 Burkitt 淋巴瘤可能是没有保护抗体的儿童在发病前 6~12 个月感染 EB 病毒而引起的。比一般的儿童感染较迟。另一种假说认为必须长期、严重的 EB 病毒感染，如果是这种，Burkitt 淋巴瘤病人在发病前很久就有高滴度的 EB 病毒抗体。国际抗癌中心在乌干达西 Nile 地区对 42 000 个新生儿到 8 岁儿童从 1973 年起进行追踪观察[30]。到 1977 年共有 31 例淋巴瘤。对 Burkitt 淋巴瘤发病前后及对照儿童的血清测定 EB 病毒的各种抗体，发现病儿的 EBNA 和 EA 抗体与对照组无明显的差异。与 60 例正常儿童比较，14 例 Burkitt 淋巴瘤病儿中 10 例有较高的壳抗体。病儿的抗体几何平均滴度与正常儿童的比为 3.4：1。但病孩发病前后的壳抗体滴度无明显的差别，表明其壳抗体在发病以前很久就存在。有高滴度抗体的儿童发生 Burkitt 淋巴瘤的危险性较其他儿童高 30 倍。14 例淋巴瘤病人中有 10 例在肿瘤发生前就有很高的 VCA/IgA 抗体，这强有力地支持了严重感染 EB 病毒的儿童发生淋巴瘤的危险性增加的假说。从 Burkitt 淋巴瘤患者血清中抗体滴度高、此病毒能在体外诱发 B 淋巴细胞转化、在灵长类体内有致肿瘤作用等，可说明 EB 病毒与 Burkitt 淋巴瘤的发生有病因学关系。另外有人认为高壳抗体滴度反映了长期的细胞免疫缺损，如果是这样，Burkitt 淋巴瘤发病前的血清中，其他病毒的抗体也应升高。但实际并非如此，4 例抗体不升高的病人中，2 例不是 Burkitt 淋巴瘤，余 2 例虽是典型的 Burkitt 淋巴瘤，但其中 1 例肿瘤组织中有 EB 病毒基因组，另一侧则无。故认为存在着两种病因不同的 Burkitt 淋巴瘤，与 EB 病毒无关的 Burkitt 淋巴瘤主要发生在温带地区，其病因不明。

EB 病毒感染后首先产生壳抗体，即 VCA – IgA 和 VCA – IgG 抗体。IgG 抗体持续多年仍很稳定，而 EA 抗体在感染后数月到一年很快就卜降。因此 Burkitt 淋巴瘤发病前的高壳抗体反映了这些儿童原发感染的严重性，可能是大量病毒的感染，或年幼时缺乏适当的免疫机能，或同时有严重的疟疾感染之故。接种动物肿瘤病毒于新生动物，诱发肿瘤的百分率很高。可能人也是一样，在幼年时感染了 EB 病毒后容易患肿瘤，在乌干达进行前瞻性研究的结果符合上述设想。因为在 Burkitt 淋巴瘤发生前的血清除了 EB 病毒壳抗体外无其他病毒抗体上升。但有趣的是年龄在 18 个月以内的儿童未发现 Burkitt 淋巴瘤。

EB 病毒不是 Burkitt 淋巴瘤发生的唯一病因，因为 3~8 岁儿童中的 10%~15% 有与患

Burkitt 淋巴瘤儿童相似的抗体水平。从流行病学角度来看，疟疾很可能是辅因。Burkitt 淋巴瘤仅高发于疟疾严重流行的地区[31]，严重疟疾感染引起持续的免疫学刺激[32]，可能是促进 Burkitt 淋巴瘤发生的重要因素，其增加的淋巴细胞，成为肿瘤形成过程中的靶细胞。如果认为 EB 病毒的早期感染是形成 Burkitt 淋巴瘤的启动因子，疟原虫抗原的持续刺激则是促进因子（已知疟原虫的抗原是 B 淋巴细胞的促分裂因子）。防治疟疾可以证明疟疾的流行与 Burkitt 淋巴瘤发生的关系。1977 年国际抗癌中心开始在坦桑尼亚进行这项工作[33]。根据 Klein 的意见，染色体异常亦可能是产生 Burkitt 淋巴瘤的病因之一。Monolove 和 Monolova 发现 Burkitt 淋巴瘤活检细胞及从 Burkitt 淋巴瘤来的类淋巴母细胞株有标记染色体 14，但后来从大多数美国 Burkitt 淋巴瘤发现 8 ~ 14 染色体的易位，故染色体的异常与 EB 病毒无关[34-38]。此问题尚待进一步研究。

三、鼻咽癌　Old 等首先发现鼻咽癌病人的血清对 EB 病毒的抗原有免疫反应。鼻咽癌的病理组织学分类，国际上尚无一致的意见。简单的可分为高分化癌、低分化癌和未分化癌，在广西这三类癌分别为 0.72%，94.23% 和 4.5%。一般认为高分化癌与 EB 病毒无关，低分化癌和未分化癌与 EB 病毒有关。但最近应用敏感度很高的核酸杂交新技术[37]在 5 例高分化癌中发现 3 例有 EB 病毒核酸。中国首次建立的高分化癌细胞株中未发现有 EB 病毒的核抗原和 EB 病毒基因[38]。世界各地都有 EB 病毒的感染，但初次感染的年龄随社会地经济水平不同而异。

中国对鼻咽癌高发区（广东中山县，广州市）和鼻咽癌低发区（广东陆丰县，五华县和北京市）不同年龄的人群应用补体结合试验进行调查，各地人群血清 EB 病毒抗体阳性率较高，为 87% ~ 94%，差异不大，且 3 ~ 5 岁以上的年龄抗体阳性率已达 90% ~ 100%。由于鼻咽癌多发生于 20 岁以上年龄组，20 岁以上人群抗体水平在高发区与低发区之间有较大差异。这种差异可能表明 EB 病毒在高发区人群中较为活跃，且与鼻咽癌的发生有关[39]。鼻咽癌在西方国家很少见，约占全部癌瘤的 0.25%，发病率在 1/10 万以下。但是在北非、东非，男性鼻咽癌的占全部癌瘤的 7%，而在东南亚可高达 20%[49]。根据中国南方 5 省死亡回顾调查[41]453 个县、市都有鼻咽癌，年龄调整鼻咽癌病死率，广东为 6.53/10 万，广西 4.66/10 万，湖南 3.24/10 万，福建 2.66/10 万，江西 1.89/10 万。鼻咽癌病死率从北到南逐渐递升。

鼻咽癌病人血清中也有抗 EB 病毒各种抗原的 IgG 和 IgA 抗体。其中多数抗体还与鼻咽癌的发展有关，晚期病人的抗体滴度较高。IgA 抗体水平很高[52]。IgA 抗体是抗 EB 病毒的壳抗原和早期抗原的[43]。后来相继证实 IgA 抗体对鼻咽癌是很特异的[44-46]。中国应用免疫荧光法检查鼻咽癌病人、其他恶性肿瘤病人和正常人的血清，测得鼻咽癌病人疗前的 EA - IgA 抗体阳性率为 96%，几何平均滴度为 1：22.7；VCA - IgA 抗体阳性率为 90.1%，几何平均滴度为 1：15.32。这两种抗体的阳性率在其他恶性肿瘤病人和正常人低于 6%，几何平均滴度为 1：1.25 ~ 1：1.46。对早期病例或临床上较难诊断的病例，如鼻咽部无明显肿瘤，癌已向黏膜下发展或已转移到淋巴结的病例，检测 EA - IgG 和 VCA - IgA 抗体可以作为鼻咽癌病人的血清学诊断。世界各地鼻咽癌病人的 IgA 抗体阳性率相似，IgA 抗体的测定对鼻咽癌的预后也有一定意义。应用免疫酶法[47,48]测定鼻咽癌病人的 VCA - IgA 抗体阳性率为 92% ~ 98%，而正常人的抗体阳性率在 1% 以下，二者差异显著。此法简便，敏感，仅需普通光学显微镜即可，中国基层卫生组织现已广泛应用于鼻咽癌诊断。用免疫荧光技术[49]发现鼻咽癌病人唾液中含有 VCA－IgA 抗体和 EA－IgA 抗体的阳性率分别为 75% 和 35%。用免疫酶法测得鼻咽癌病人、血清中 VCA－IgA 抗体阳性者和阴性者唾液中的 VCA－IgA 抗体阳性率分别 75%、35% 和 0%[50]。此外还发现应用依赖抗体的细胞毒性（ADCC）试验测得的 ADCC 抗体滴度与鼻咽癌的预后有关系，此种抗体滴度高则预后好[51]。1978－1979 年对 30 岁以上人群 15 万人进行了血清学普查[52,54]。VCA－IgA 抗体阳性者 1200 人，经临床和组织学检查，检查出鼻咽癌 46 例，其中 Ⅰ 期 11 例，Ⅱ 期 16 例。对其余抗体阳性者，进行追踪观察，陆续发现 19 例，其中鼻咽癌 Ⅰ 期 13 例，包括 4 例为微小浸润原位癌；Ⅱ 期 4 例。在临床发现鼻咽癌前 1～2 年已有 VCA－IgA 抗体存在，进一步证明应用血清学方法可以发现早期病人。

应用核酸杂交技术发现鼻咽癌活检细胞中有 EB 病毒的 DNA[55,56]，进一步研究证明 EB 病毒 DNA 是存在于癌细胞，而不是淋巴细胞。从世界各地所得到的鼻咽癌细胞含 EB 病毒 DNA 的情况是一致的。低分化癌和未分化癌都有 EB 病毒的 DNA。应用抗补体免疫荧光技术从组织涂片的癌细胞和在体外培养的上皮细胞发现 EB 病毒的核抗原[57]。应用 Iudr 或 Budr 或 P₃HR－IEB 病毒处理鼻咽癌活检组织培养生长出的癌细胞，可以诱发出 EB 病毒的早期抗原。癌细胞通过无胸腺小鼠传代后能产生完整 EB 病毒[58]。用抗补体免疫酶法检查鼻咽部脱落细胞的 EBNA，79 例鼻咽癌病人全部阳性[59,60]，其阳性率比细胞学（87.3%）和组织学（91.1%）的方法高，而 18 例头颈部其他肿瘤病人和 21 例胎儿全部阴性，证明此法检查 EBNA 是特异和敏感的；应用于现场检查 VCA－IgA 抗体阳性的正常人，从 64 例中发现 4 例 Ⅰ 期鼻咽癌。还首次从鼻咽癌正常上皮细胞和增生细胞也发现有 EBNA，这可能与 EB 病毒引起的癌变过程有关。用抗补体免疫荧光技术和核酸杂交技术发现 VCA－IgA 抗体阳性者的鼻咽部上皮细胞也有 EBNA 和 EB 病毒 DNA[61]。在体外鼻咽部正常细胞经二乙基氨基乙基葡聚糖（DEAE－Dextron）处理[62]，再感染 EB 病毒，可以诱发出少量早期抗原。

鼻咽癌除与 EB 病毒有密切关系外，还与遗传和环境因子有密切关系[63-65]。

〔原载《广西医学》1981，5：35－38〕

参 考 文 献

1　Epstein MA, et al. Lancet, 1964, 1：702

2　Old LJ, et al. Proc Natl Acad Sci USA, 1966, 56：1699

3　Henle C, et al. Proc Natl Acad Sei USA, 1968, 59：64

4　Carter RL：A Review in Oncogenesis and Herpesviruses, edited by Biggs P, et al, 1972

5　Evans AS, et al. New Engl J Med, 1968, 279：1121

6　Niederman JC, et al. New Engl J Med, 1970, 282：361

7　Sawyer RN, et al. J Infect Dis, 1971, 123：263

8　Henle W, Henle G：A Review in Oncogenesis and Herpesviruse edited by Biggs P et al, 1972

9　Virelizier JL, et al. Lancet, 1975, 2：231

10　Purtilo D, et al. Lancet, 1978, 1：798

11　Niederman JC, et al. New Engl J Med, 1976, 294：1355

12　Chang RS, et al. New Engl J Med, 1973, 289：1325

13　Miller G, Progr Med Virol, 1975, 20：84

14　Lemon SM, et al. Nature, 1977, 268：268

15　Miller G, Beede GM. J Natl Cancer Res, 1973, 50：315

16　Cannelly RR, Christine BW. Cancer Res, 1974, 34：1172

17　Rosdahl N, et al. Brit Med J, 1974, 2：253

18　Munoz N, et al. Int J Cancer, 1978, 22：10

19 Burkitt D: Brit J Cancer, 1962, 16: 379

20 De – the G: Lancet, 1977, 1: 335

21 Burkitt D: J Surgery, 1958, 46: 218

22 Zur Hauzen H, et al. Nature (Lond), 1970, 228: 1056

23 Nonoyama M, et al. Proc Natl Acad Sci USA, 1973, 70: 3265

24 Lindahl T, et al. Int J Cancer, 1974, 13: 764

25 Paganol JS, et al. New Engl J Med, 1973, 289: 1395

26 Ziegler JL. New Engl J Med, 1977, 297: 75

27 Henle W, et al. J Natl Cancer Inst, 1970, 44: 225

28 Stjernsward J, et al. In Burkitt's Lymphoma edited by Burkitt D P and Wright DH, 164 ~ 171, Livinstone Edinburgh.

29 Evans AS, et al. New Engl J Med, 1970, 232: 776

30 De – the G, et al. Nature, 1978, 274: 756

31 Dalldorf G, et al. Prosp Biol Med, 1964, 7: 435

32 O'conor GT: Am J Med, 1970, 48: 279

33 International Agency for Research on Cancer: Annual Report, 1976, 1978

34 Jarvis JE, et al. Int J Cancer, 1974, 14: 716

35 Zech L, et al. Int J Cancer, 1976, 17: 47

36 Kaiser – Mccaw B, et al. Int J Cancer, 1977, 19: 487

37 De – the G: 学术报告（中国，1981 年）未发表

38 中国医学科学院肿瘤研究所等：中国科学，1978, (1): 113

39 广东中山县肿瘤防治队等：中华耳鼻喉科杂志, 1978, 13 (1): 23

40 De – the G: In Viral Oncology Edited by Klein G Raven Press New York, 1980. 769 – 797

41 全国鼻咽癌协作组第五次会议资料, 1979

42 Wara WM, et al. Cancer, 1975, 35: 1313

43 Henle G, Henle W: Int J Cancer, 1976, 17: 1

44 Ho HC, et al. Brit J Cancer, 1976, 34: 655

45 Desgranges C, et al. Int J Cancer, 1977, 19: 627

46 曾毅，等. 中华肿瘤学杂志, 1979, 1: 81

47 刘育希，等. 中华肿瘤学杂志, 1979, 1: 8

48 韦继能，等. 广西医学, 1980, (6): 5

49 Desgranges C, et al. Int J Cancer, 1977, 20: 882

50 钟健明，等. 流行病学杂志, 1980, 1: 225

51 Pearson GR, et al. Int J Cancer, 1978, 22: 120

52 曾毅，等. 中华肿瘤学杂志, 1979, 1: 2

53 曾毅，等. 中国医学科学院院报, 1980, 2: 123

54 Zeng Y, et al. Intervirology, 1980, 13: 162

55 Wolf H, et al. Nature (Lond), 1973, 244: 245

56 Klein G, et al. Proc Natl Acad Sci USA, 1974, 71: 4737

57 Huang DP, et al. Int J Cancer, 1974, 14: 580

58 Trumper PA, et al. Int J Cancer, 1977, 20: 655

59 曾毅，等. 中国医学科学院院报, 1980, 2: 134

60 曾毅，等. 中国医学科学院院报, 1980, 2: 220

61 De – the G, et al. XII Int Symposium on NPC Dussedolf, West Germany, 1980

62 Desgranges C, De – the G: Lancet, 1977, 1: 1286

63 Simons MJ, et al. In Nasopharyngeal Carcinoma: Etiology and control edited by De – the G and Ito Y p271 IARC Scientific Publications No 20 Lyon

64 Ho JHC: Int J Radiol Oncol Biol Phys, 1978, 4: 181

65 Huang DP, et al. In NPC Etiology and control edites by De – the G and Ito Y p315 IARC Scientific Publications No 20 Lyon

41. 人腺病毒18型诱发细胞转化的研究

中国医学科学院病毒学研究所　曾　毅　张吕先　朱家鸿　谷淑燕

〔摘　要〕　叙利亚地鼠胚胎细胞感染了腺病毒18型后，细胞形态发生了改变，而对照细胞则无改变；转化细胞能形成移植性肿瘤；带瘤地鼠的血清中有特异性腺病毒18型的补体结合抗体；18型病毒免疫的地鼠能产生对转化细胞移植的抵抗力。这些结果表明转化细胞是由腺病毒18型所诱发的。试图用腺病毒12和18型诱发各种人胚细胞未获成功。

由于人腺病毒12和18型能诱发叙利亚地鼠产生肿瘤[1]，使人体肿瘤病毒病因的问题变得更为重要，已有不少文献报告某些肿瘤病毒（Rous肉瘤病毒、SV_{40}病毒、多瘤病毒等）能在体外诱发细胞恶性转化。我们研究了人腺病毒在体外诱发正常细胞转化的问题。本文报告腺病毒18型能诱发叙利亚地鼠胚胎细胞转化，但未能诱发人胚胎细胞转化。

材料和方法

病毒：人腺病毒18型（D. C株），在原代人胚胎肾细胞繁殖和滴定。在某些实验中还应用腺病毒2，5和12型标准毒株。病毒滴度为$10^{6.5-7.5}$ $TCID_{50}$/ml。

细胞培养：用胰酶消化14 d的叙利亚地鼠胚胎皮肌组织，2个半月至足月的人胚胎肺、肾、皮肤肌肉、睾丸和舌组织，接种每毫升含30~50万细胞的悬液于13 mm×100 mm的试管内，每管1 ml，共8管，同时接种0.1 ml不稀释的病毒悬液，培养液为Eagle溶液加10%~15%的小牛血清，不感染病毒的细胞作对照，每周换液2次。每两周用胰酶分散细胞传代，2管传4管，共传2次。某些人胚胎皮肤肌肉细胞在感染病毒前后，曾用350γ或500γ的X线照射。

病毒分离：每毫升含50万转化细胞的悬液经快速冻化三次后，接种于原代人胚胎肾细胞，观察3周，每周换液一次。

补体结合试验：抗原和血清各为0.1 ml，补体0.2 ml（含2个确实单位），置4℃过夜，再加0.2 ml致敏羊细胞。血清采自带有移植瘤的地鼠。抗原为培养于人胚肾细胞的18型腺病毒。用正常叙利亚地鼠血清、腺病毒7型和正常人胚胎肾细胞材料作对照。

移植：接种1.0 ml 10倍稀释的传代细胞悬液（10^3~10^6细胞）于20 d龄的叙利亚地鼠皮下，观察12周。

测定对转化细胞攻击的抵抗力：分别用1.0 ml不稀释的病毒2，5和18型免疫20 d龄的叙利亚地鼠，共3次，间隔为1周和2周。最后一次注射后2周，用一定量的转化细胞悬液皮下攻击同等数量免疫与未免疫的地鼠，观察12周。

测定腺病毒对转化细胞的致细胞病变作用：分别用0.1 ml不稀释的12和18型腺病毒感

染单层转化细胞，在 37℃吸附 2 h，然后用 Hank's 液洗 3 次，培养过程中每周换液 2 次，观察二周有无细胞病变出现。

结　　果

一、人腺病毒 18 型在体外诱发叙利亚地鼠胚胎细胞转化

1. 细胞转化：感染病毒与未感染病毒的对照细胞在 24～48 h 均形成单层成纤维细胞，未发现有细胞病理变化。接种后的 70～75 d，在第二批试验的所有感染细胞中均发现多角形上皮样转化细胞岛，形成多层细胞，在第 2 代和第 3 代细胞中更为显著。转化细胞生长很快，每 4～5 d 用 Versene 分散细胞传代（图 1）。在对照细胞中未发现有细胞转化现象，经传 5 代后，不能继续传代。

2. 病毒分离：从第 6 代转化细胞分离病毒，结果阴性。

3. 特异性补体结合抗体：接种转化细胞后带有肿瘤的地鼠，其血清与腺病毒 18 型悬液呈阳性补体结合反应，抗体滴度为 1：8，而与腺病毒 7 型和正常人胚胎肾细胞则无反应。

4. 转化细胞转移和免疫地鼠对转化细胞移植的抵抗力：接种不同代数转化细胞的地鼠，根据细胞数量的不同，从第 1 至第 9 周出现肿瘤，10^3 细胞仍能引起移植性肿瘤，肿瘤不断增大，最终使动物死亡。实验结果表明（表 1），腺病毒 18 型免疫的地鼠对后来用同型病毒诱发的转化细胞攻击有一定的抵抗力，而用腺病毒 2 和 5 型免疫的地鼠对 18 型病毒诱发的转化细胞则无抵抗力。腺病毒对转化细胞的致病变作用：腺病毒 18 型转化细胞在感染腺病毒 2，5 和 15 型后 2～3 d 即出现细胞病变，最后全部细胞被破坏，但感染 18 型后却无病变出现。

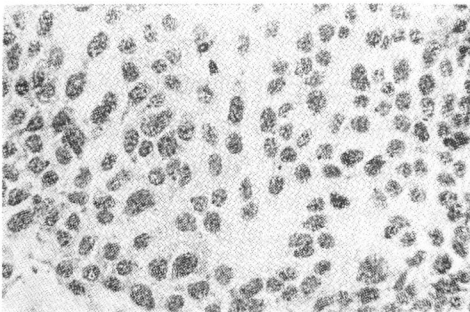

图 1　叙利亚地鼠转化细胞第 4 代
May – Grünwald 染色 200 ×

表 1　比较不同型腺病毒免疫的叙利亚地鼠对转化细胞移植的抵抗力

试验	叙利亚地鼠	腺病毒 18 型转化细胞数			
		10^3	10^4	10^5	10^6
1	18 型病毒免疫	0/3 *	0/3	2/3	2/3
	正常对照	2/3	3/3	3/3	3/3
2	2 型病毒免疫	2/3	2/3	3/3	3/3
	5 型病毒免疫	3/3	4/4	3/3	3/3
	正常对照	4/4	3/3	4/4	4/4

注：* 分母为接种动物数；分子为长肿瘤的动物数

二、人腺病毒 12 和 18 型在体外诱发人胚胎肾细胞转化试验　人胚胎肾和睾丸组织感染了腺病毒 12 和 18 型，肺细胞感染了 12 型，在 1～2 周内出现细胞病变。人胚胎皮肤肌肉细胞感染了腺病毒 12 和 18 型，在 1～2 个月后有细胞病变，最终全部细胞被破坏。腺病毒 12 型的致细胞病变作用较 18 型为强。人舌细胞感染了腺病毒 12 和 18 型后培养 4 个月，既无病变，也无转化细胞出现。

讨　论

本实验结果表明叙利亚地鼠细胞感染了腺病毒 18 型后出现形态学的改变，转化细胞能形成移植性肿瘤，在带瘤地鼠的血清中有腺病毒 18 型的特异性补体结合抗体，用腺病毒 18 型免疫的地鼠能产生对转化细胞攻击的抵抗力，腺病毒 12 型感染转化细胞能引起细胞病变，而 18 型则否。这些结果证明地鼠胚胎细胞的转化是由腺病毒 18 型诱发的。

根据文献报道和本实验室资料，虽然腺病毒 12 型比 18 型在叙利亚地鼠体内诱发肿瘤的百分率较高，但 12 型腺病毒则不容易在体外诱发细胞转化[2]。腺病毒 18 型较容易诱发地鼠细胞转化，可以作为研究腺病毒与细胞关系的模型。试图用人腺病毒 12 和 18 型诱发各种人胚胎细胞均未成功，一方面可能是由于人细胞较地鼠细胞对腺病毒更为敏感，容易被破坏；另一方面可能是由于缺乏合适的转化条件，这问题有待进一步研究。

〔原载《病毒学集刊》1982，1：167 – 170〕

参 考 文 献

1　Trentin JJ, et al. Sciences, 1962, 137：835

2　McBride W D, Wiener A, Proc Soc Exp Biol Med, 1964, 115：870

Transformation of Cultured Cells by Human Adenovirus Type 18

ZENG Yi, ZHANG Lu-xian, ZHU Jia-hong, GU Shu-yan

(Institute of Virology, Chinese Academy of Medical Sciences, Beijing)

Hamster embryo cells infected with adenovirus type 18 showed morphologic changes indicative of transformation. Hamsters grafted with transformed cells induced by adenovirus type 18 produced a transplanted tumor and developed a specific complement – fixing antibody against the homologous virus. Also, hamsters immunized with type 18 adenovirus were found resistant to the implantation of transformed cells. Inoculation of adenovirus type 18 did not cause a cytopathic effect in transformed cell cultured. These results strongly suggest that the transformation of hamster embryo cells is induced by adenovirus type 18.

Attempts to induce transformation of various kinds of human embryo cells by adenoviruses have been unsuccessful.

42. 宫颈癌高发区和低发区正常妇女和宫颈癌病人的单纯疱疹病毒 I 型、II 型抗体测定

中国医学科学院病毒学研究所 范 江 曾 毅 江西省医学科学研究所 张绍基
江西省靖安县宫颈癌防治研究所 许吉林 龚美东 涂丽珍

〔摘 要〕 应用免疫酶法检测了我国宫颈癌高发区江西省靖安县和宫颈癌低发区北京市不同年龄组正常妇女单纯疱疹病毒 I 型（HSV-1）和 II 型（HSV-2）血清 IgG 抗体。比较两地区同龄组妇女 HSV-2/IgG 抗体水平，除 5~9 岁组无差别外，其余各组靖安县均明显高于北京市。在 20~29 岁组，差别最明显。该结果表明，宫颈癌高发区妇女 HSV-2 感染时间较早，感染率较高，感染程度也较严重。这可能和宫颈癌发生有关。两地区 HSV-1/IgG 抗体水平差别不明显。

国外大多数血清流行病学调查都提示 HSV-2 感染和宫颈癌有关[1-3]。我们检测颈癌病人血清 HSV-2/IgG、HSV-2/IgA 抗体的结果[4]也支持这一观点，城市和农村宫颈癌病人的 HSV-2 抗体阳性率和几何平均滴度都显著高于正常妇女。然而，以上研究都采用同一地区病例和正常妇女对照的方法，现尚未见到有关宫颈癌高发区、低发区妇女 HSV-2 感染情况的对比调查。我们对我国宫颈癌高发区江西省靖安县和低发区北京市不同年龄组正常妇女血清 HSV-1/IgG、HSV-2/IgG 抗体进行了检测，以了解两地区妇女 HSV-2 感染情况的差异及不同年龄组 HSV-2 感染的动态情况，这对进一步弄清 HSV-2 感染与宫颈癌的关系具有一定的意义。

材料和方法

一、血清 分别从宫颈癌高发区和低发区收集。江西省靖安县为我国的宫颈癌高发区之一，据 1978-1979 年全国宫颈癌普查资料[5]，30 岁以上已婚妇女患病专率为 769/10 万；北京市为宫颈癌低发区，同期 30 岁以上已婚妇女患病专率仅为 44.7/10 万。从靖安县收集不同年龄组正常妇女血清 165 份（年龄分组为 5~9，10~19，20~29，30~39，40~49，50 以上，共 6 组，每组 26~30 人）、宫颈癌病人血清 20 份。从北京市内收集不同年龄组正常妇女血清 150 份（年龄分组同上，每组 22~30 人）、宫颈癌病人血清 51 份。血清保存于 -20℃ 冰箱。

二、病毒 HSV-1（Sloker 株），HSV-3（Sav 株），在乳兔肾单层细胞传代。

三、细胞 HeLa 细胞，培养于 Eagle's 培养液中，加 10% 小牛血清，每周传代 2 次，维持液仍为 Eagle's 培养液，加 2% 小牛血清。

四、免疫酶法 马抗人 IgG 免疫球蛋白抗体为卫生部北京生物制品研究所生产，单扩散效价为 1:140，过饱和硫酸铵法盐析提纯后，用西德 Bochringer Mannhcin 一级辣根过氧化物酶，按过碘酸氧化法标记提纯物，-20℃ 保存备用。

将 HSV-1、HSV-2 分别接种于 HeLa 细胞单层，待病变达＋＋时，将细胞摇落，悬液 2000 r/min 离心 10 min，把沉淀细胞涂在印有小孔的载玻片上冷丙酮4℃固定10 min，4℃保存备用。

待检血清从1：5开始作倍比稀释，依次滴到涂有 HeLa 细胞的小孔内，放湿盒中37℃孵育30 min；用 0.01mol/L pH7.4磷酸缓冲液（PBS）洗3次，每次5 min；滴加适当浓度的酶标记马抗人 IgG 抗体，放湿盒中37℃孵育30 min，以 PBS 洗3次；然后在含有二氨基联苯胺和过氧化氢的 Tris-HCl 缓冲液中显色，普通光学显微镜镜检，根据阳性细胞数和染色程度记录为（＋）或（－）。每张玻片均没有阳性和阴性血清对照。

五、抗体阳性率计算法 HSV-2 抗体阳性率根据Ⅱ/Ⅰ抗体滴度的指数值计算[7]，其结果≥85为阳性，否则为阴性。计算公式如下：

$$Ⅱ／Ⅰ 指数 = \frac{HSV-2\ 抗体滴度（\log_{10}）}{HSV-1\ 抗体滴度（\log_{10}）} \times 100$$

HSV-1 抗体阳性率，则根据Ⅰ/Ⅱ抗体滴度的指数值计算，结果判断同上。

结　　果

一、宫颈癌高发区、低发区不同年龄组正常妇女血清 HSV-2/IgG 抗体阳性率和 GMT 比较 从图1可见，在5～9岁组中，靖安县和北京市两地区妇女 HSV-2/IgG 抗体阳性率和几何平均滴度（GMT）都很低，两地区比较无明显差别。从10岁以上组开始，两地均开始上升，其抗体阳性率在30～40岁之间达高峰，40岁以后稍有下降。值得注意的是，除5～9岁组外，在其余各组中，靖安县妇女 HSV-2/IgG 抗体阳性率和 GMT 都明显高于北京市同龄组妇女，在20～30岁组中，差别尤为显著，其抗体阳性率靖安县为46%，北京市为20%，靖安县比北京市高1倍以上，两者差别显著（$P < 0.05$）。GMT 靖安县为1：320，北京市为1：54，靖安县比北京市高约5倍。该结果表明，靖安县妇女 HSV-2 的感染时间比北京市早，感染率也比北京市高，它可能和随后宫颈癌的高发有某种联系。

二、宫颈癌高发区、低发区不同年龄组正常妇女 HSV-1/IgG 抗体阳性率和 GMT 比较
从图2可见，两地区妇女 HSV-1/IgG 抗体阳性率都比 HSV-2/IgG 高，而且感染时间也比较早。在5～9岁组中，靖安县为76%，北京市为51%，20岁以上各组两地区都在85%以上。比较两地区妇女 HSV-1/IgG 抗体阳性率，除5～9岁组和10～19岁组靖安县稍高于北京市外，其余各组无明显差别。靖安县妇女 HSV-1/IgG 抗体 GMT 高于北京市。

三、宫颈癌高发区、低发区宫颈癌病人 HSV-1/IgG、HSV-2/IgG 抗体阳性率和 GMT 比较 两地区宫颈癌病人 HSV-2/IgG 抗体阳性率和 GMT 都比较高，明显高于正常妇女。而 HSV-1/IgG 抗体阳性率及 GMT 与正常妇女相比，则无显著差异，见表1。

讨　　论

已经有许多证据表明 HSV-2 感染与宫颈癌有关[1-3,8-10]。我们以前应用免疫酶法检测宫颈癌病人血清中 HSV-2/IgA，HSV-2/IgG 抗体的结果，也支持这一观点，即宫颈癌病人的 HSV-2 抗体水平显著高于正常对照妇女。本文应用免疫酶法对我国宫颈癌高发区江西省靖安县和低发区北京市不同年龄组正常妇女血清 HSV-2/IgG 抗体进行了检测，发现其 HSV-2/IgG 抗体水平，在5～9岁组无明显差别。从10～19岁组开始，直到50岁以上的五

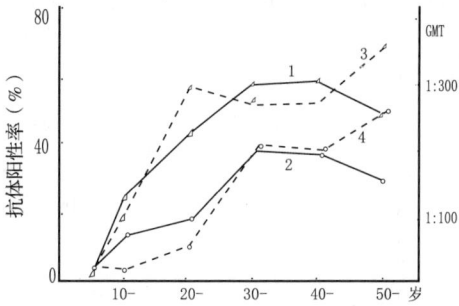

1. 靖安县抗体阳性率　　2. 北京市抗体阳性率
3. 靖安县抗体 GMT　　4. 北京市抗体 GMT

图1 靖安县和北京市不同年龄组正常妇女
血清 HSV－2/IgG 抗体阳性率和 GMT 比较

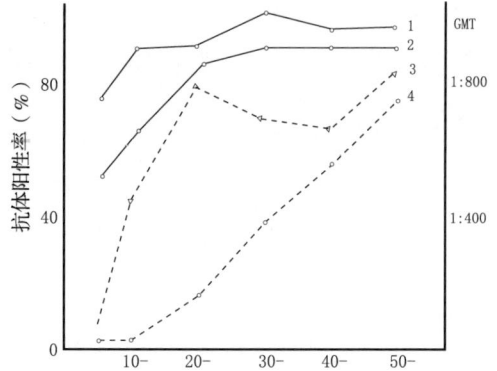

1. 靖安县抗体阳性率　　2. 北京市抗体阳性率
3. 靖安县抗体 GMT　　4. 北京市抗体 GMT

图2 靖安县和北京市不同年龄组正常妇女
血清 HSV－1/IgG 抗体阳性率和 GMT 比较

表1 靖安县和北京市宫颈癌病人 HSV－1/IgG、HSV－2/IgG 抗体阳性率及 GMT 比较

病毒	靖安县				北京市			
	病人		正常对照		病人		正常对照	
	阳性率（％）	GMT	阳性率（％）	GMT	阳性率（％）	GMT	阳性率（％）	GMT
HSV－1	100	1:1237	100	1:806	92	1:1133	94	1:640
HSV－2	95	1:735	61	1:404	80	1:887	38	1:282

个组中，靖安县的 HSV－2 抗体阳性率和 GMT 都明显高于北京市。在 20～29 岁组差别最为显著。该结果表明，宫颈癌高发区妇女感染 HSV－2 的时间较早，感染率和抗体 GMT 也较高。这种 HSV－2 的早期、大量、反复的感染，可能和宫颈癌的高发有关。

许多人认为，混乱的性生活为与 HSV－2 的感染关系密切。人们认为 HSV－2 是以性接触的方式传播的。根据国外不同地区宫颈癌病例对照资料来看，正常成年妇女 HSV－2 感染率在 18%～71% 之间。在 30～35 岁的正常妇女中，美国 HSV－2 的感染率为 9%～67%，哥伦比亚为 35%，乌干达为 70%，以色列为 15%～50%，丹麦为 47%。我国的社会制度及风俗习惯虽然与上述国家有很大区别，但是 HSV－2 的感染率也比较高，靖安县妇女最高年龄组达 64%，北京市妇女最高年龄组达 42%。因此我们认为，在我国 HSV－2 的传播方式，除了性接触传播外，可能还存在有其他的重要途径。

HSV－1 的感染，高、低发区之间差别不明显，但是两地区的感染率都比较高，在 10 岁前就分别达 76% 和 51%，成人普遍感染，该结果与国外情况基本相同。两地区宫颈癌病人 HSV－1/IgG 抗体 GMT 均高于正常对照组。其原因可能是由于宫颈癌病人 HSV－2 感染率高于正常妇女，而 HSV－1 和 HSV－2 之间又有抗原交叉现象所致。在今后的研究中，使用型特异性的抗原，是十分必要的。

宫颈癌高发和低发区正常妇女 HSV－2/IgG 抗体阳性率有显著差别，宫颈癌病人和正常对照妇女 HSV - 2/IgG 抗体阳性率有显著差别，但是两地区宫颈癌病人的 HSV - 2/IgG 抗体阳性率则无明显差别，这进一步表明 HSV - 2 感染与宫颈癌发生有某种联系。

〔原载《中华微生物学和免疫学杂志》1982，2（4）：240 - 243〕

参 考 文 献

1 Aurelian L, et al. Am J Epid, 1973, 98：1 - 9

2 Melnick JL. Prog Exp Tumor Res, 1978, 21：49 - 69

3 Heise ER, et al. Cancer Res, 1979, 39：4 022 - 4026

4 范江，曾毅，等. 中国医学科学院学报，1982，4（1）：50 - 52

5 全国宫颈癌防治协作组普查资料，1979

6 刘育希,等. 中华肿瘤杂志，1979，1：8 - 10

7 Plummer G. Cancer Res,1973,33：1469 - 1476

8 Royston Z,et al. Proc Nat Acad Sci USA, 1970, 67：204 - 212

9 Frenkel N, et al. Proc Nat Acad Sci USA, 1972, 69：3784 - 3789

10 Duff R, et al. J Virol, 1971, 8：469 - 477

Detection of IgG Antibodies against HSV - 1 and HSV - 2 in Serum from Normal Women and Patients with Cervical Carcinoma in High and Low Cervical Carcinoma Risk Areas

FAN Jiang[1], ZENG Yi[1], ZHANG Shao-ji[2], XIU Ji-lin[3], GONG Mei-dong[3], Tu Li-zhen[3]

（1. Institute of Virology, Chinese Academy of Medical Sciences；2. Institute of Medical Sciences in Jiangxi Province；3. Cervical Cancer Control Office of Jingan County in Jiangxi Province）

A total of 386 sera from normal women of different age groups and patients with cervical carcinoma in high and low cervical carcinoma risk areas namely Jingan county and Beijing were tested for IgG antibodies to HSV - 1 nad HSV - 2 by immunoenzymatic method. The frequency and GMT of IgG antibody to HSV - 2 from women from the Jingan county were compared with those from Beijing. In all age groups, except 5 - 9 years - old group, normal women from Jingan county had a significant higher level of antibody to HSV - 2 than women from Beijing. There is a marked difference in 20 - 29 years - old group, as 46% of women from Jingan county had IgG antibody to HSV - 2 with a GMT of 1：320, 20% of women from Beijing had IgG antibody to HSV - 2 with a GMT of 1：54. However, there is no significant difference in the frequency and GMT of IgG antibody to HSV - 1 among patients with cervical carcinoma from different areas. The results suggest that there is a possible relationship between the early and severe infection of HSV - 2 and the high risk of cervical carcinoma. No marked difference in the frequency and GMT of IgG antibody to HSV - 1 were found between the women from Jingan county and the women from Beijing,

43. 干扰素对 B95-8 细胞自发 VCA-EA 抗原和 Raji 细胞 EA 抗原诱发的促进作用

中国医学科学院病毒学研究所　曾　毅　吴淑华　侯云德　苗学谦

广西苍梧县肿瘤防办　钟建明　法国国家科学研究中心、里昂 Alexis Carrel 医学院　Gde The

〔摘　要〕　本研究的目的在于确定人白细胞干扰素对 B95-8 细胞和 Raji 细胞 VCA 及 EA 抗原的抗病毒作用。我们获得意外的结果，用病毒学研究所生产的干扰素和 Cantell 博士提供的干扰素，能明显的促进 B95-8 细胞自发 VCA EA 抗原的诱发及 Raji 细胞 EA 抗原的诱发，但对 Raji 细胞需同时加入巴豆油和正丁酸。因此干扰素对 VCA 和 EA 抗原的诱发作用与 EB 病毒感染细胞的形式有关，即为增殖性的或潜伏性的感染。维生素甲衍生物 7901 仅能部分地抑制干扰素的促进作用。因此认为干扰素对 Raji 细胞 EA 抗原诱发的促进作用与巴豆油和正丁酸对 Raji 细胞 EA 抗原诱发的机制是不同的。本文还讨论了干扰素对 VCA-EA 抗原诱发的促进作用对干扰素治疗鼻咽癌病人的临床意义。

已知干扰素具有抗病毒和抗肿瘤作用。Teruner 等[1] 报告一例晚期鼻咽癌经人成纤维细胞干扰素治疗后完全退缩，但对其他鼻咽癌病例则无效[2]。干扰素对早期病例或用于预防可能有效。我们研究组曾用人白细胞干扰素治疗一例早期鼻咽癌，肿瘤出现暂时性退缩[3]。现在已应用由芬兰 Cantell 博士提供的干扰素治疗更多的早期鼻咽癌。同时应用 B95-8 细胞和 Raji 细胞以研究干扰素在体外的抗病毒作用。我们获得意外的结果，即干扰素能促进 B95-8 细胞自发壳抗原和早期抗原（VCA-EA）及 Raji 细胞早期抗原（EA）的诱发，而且干扰素的这种促进作用能被维生素甲衍生物所部分地抑制。现报告如下。

材料和方法

干扰素：人白细胞干扰素甲由病毒所治疗室生产，白细胞干扰素乙是由芬兰中央公共卫生实验室的 Coniell 博士提供。两种干扰素的特异性活力为每毫克蛋白含 10^6 IU。

细胞：带 EB 病毒基因的 B95-8 和 Raji 细胞，培养于含 20% 小牛血清的 RPMI 1640 培养液中。

干扰素处理细胞的过程：不同浓度的干扰素（200，1000 和 5000 U/ml）加于 B95-8 细胞（每毫升含 5×10^5 细胞）。在 37℃ 培养 48 h。细胞涂片后，用免疫酶法[4] 检查 VCA-EA 阳性细胞数目，每次计数 500 个细胞，并记录阳性细胞数。Raji 细胞培养于上述培养液中、含巴豆油（500 mg/ml）、正丁酸（4 m mol/L）和不同剂量的干扰素（200，1000 和 5000 U/ml）[5]。在 37℃ 培养 48 h，与上法相同计算 EA 的阳性细胞数。

维生素甲衍生物 7901 对干扰素的抑制作用：在上述 B95-8 和 Raji 细胞培养液中同时加入不同剂量的维生素甲衍生物 7901[6]（中国医学科学院药物研究所生产）。

结　　果

　　一、干扰素对 B95－8 细胞自发 VCA－EA 抗原诱发的促进作用　如果如图 1 所示。两种干扰素明显地促进 B95－8 细胞 VCA－EA 抗原的诱发，而且这种促进作用随干扰素剂量的减少而下降，B95－8 细胞经干扰素处理后，干扰素甲处理（每毫升含 200，1000 和 5000U）的 VCA－EA 细胞的阳性率分别为 5.6%、7.2% 和 8.0%。干扰素乙处理的 VCA－EA 细胞阳性率分别为 4.8%，5.6% 和 7.6%。而 B95－8 细胞自发 VCA－EA 的阳性率仅 1%。干扰素甲和干扰素乙的结果相似。

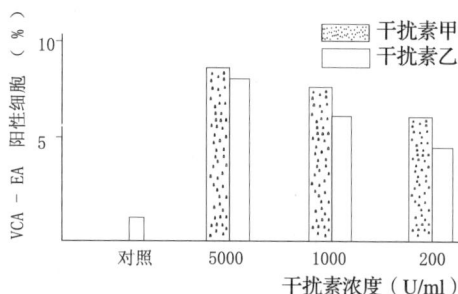

图 1　干扰素对 B95－8 细胞
VCA－EA 抗原诱发的作用

　　二、干扰素对巴豆油和正丁酸诱发 Raji 细胞 EA 抗原的促进作用　巴豆油（500 ng/ml）和正丁酸（4 mmol/L）一起明显地诱发 Raji 细胞的 EA 抗原（12.4%），而巴豆油或正丁酸单独作用效果较差，分别为 0.4% ~ 3.2%，同时用巴豆油、正丁酸及 1000 和 5000U 的干扰素甲处理 Raji 细胞后 EA 细胞的阳性率分别为 21.6% 和 23.2%，干扰素乙处理 Raji 细胞 EA 细胞的阳性率分别为 18.4% 和 22.8%。因此干扰素甲和干扰素乙都能促进巴豆油和正丁酸对 Raji 细胞 EA 的诱发作用。但当干扰素甲或乙为 200U，单独用干扰素，干扰素单独与巴豆油或正丁酸作用对 EA 的诱发则无明显的促进作用（图 2）。

　　三、维生素甲衍生物 7901 对 B95－8 细胞和 Raji 细胞 VCA 和 EA 诱发的影响　结果如图 2 所示。维生素甲衍生物 7901 能部分地抑制干扰素甲或干扰素乙对 Raji 细胞 EA 抗原的诱发作用，抑制率分别为 34.5% 和 40.4%。但对 B95－8 细胞 VCA－EA 抗原抑制作用较不明显，分别为 13.3% 和 17.4%（图 3）。

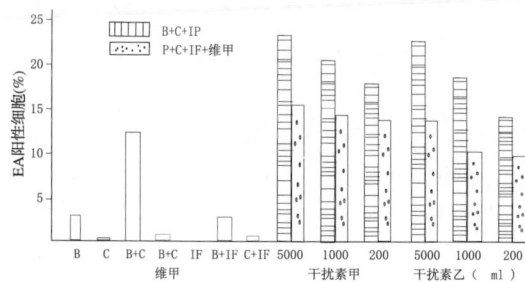

B = 正丁酸　　C = 巴豆油　　1F = 干扰素

图 2　维生素甲衍生物对 Raji 细胞
EA 诱发的影响

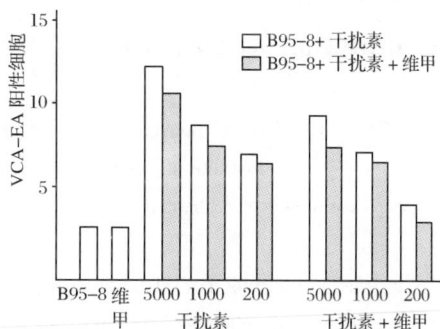

图 3　维生素甲衍生物对 B95－8 细胞
自发 VCA－EA 诱发的影响

讨　　论

　　5 碘脱氧尿核苷[7]，5 碘脱氧尿核苷加植物凝集素[8]，5 碘脱氧尿核苷加抗 IgM 抗体[9]，或用 P₃HR－1 EB 病毒再感染能诱发 Raji 细胞产生 EA 抗原[10]，但未见干扰素能促进 EA 和

VCA 抗原诱发的报告。本实验的结果表明，干扰素对 B95 – 8 细胞自发 VCA – EA 抗原和巴豆油及正丁酸对 Raji 细胞 EA 诱发有促进作用，可增加 3 ~ 8 倍。两种干扰素对 VCA – EA 和 EA 诱发的促进作用相似。干扰素能促进 B95 – 8 细胞自发 VCA – EA 抗原的诱发，但没有巴豆油和正丁酸，干扰素则不能诱发 Raji 细胞产生 EA 抗原。因此，干扰素对 VCA 和 EA 抗原诱发的作用与 EB 病毒感染细胞的形式有关，即增殖性感染（B95 – 8 细胞）或潜伏感染（Raji 细胞）。干扰素对 Raji 细胞 EA 抗原诱发的促进作用与巴豆油和正丁酸诱发 Raji 细胞 EA 抗原的机制可能是不同的。这需要进一步研究。

我们不知道干扰素对 VCA 和 EA 抗原诱发的促进作用对干扰素治疗鼻咽癌病人是否有利。根据我们的经验，干扰素治疗鼻咽癌病人 10 周后，治疗前后血清中的 EB 病毒特异性抗体水平没有改变，而有的病人在治疗后肿瘤显示暂时性的或进行性的退缩（未发表资料）。因此，干扰素对鼻咽癌病人的治疗可能是无害的，相反的可能激活鼻咽癌细胞内的 EB 病毒，并导致溶解性的感染，这将有利于鼻咽癌病人的治疗。

〔原载《中华微生物学和免疫学杂志》1982，1（3）：142 – 144〕

参 考 文 献

1　Treuner J，et al. Lancet i，1980. 817

2　Treuner J. Duesseldorf NPC Symposium，1980

3　Wang PC，et al. Interferon Scientific Memorande A，1981. 1071

4　曾毅，等. 中华肿瘤杂志，1979，1：2

5　Ito Y，et al. Duesseldorf NPC Sympoium，1980

6　Zeng Y，et al. Intervirology，1981，16：29

7　Gerber P. Proc Natl Acad Scl USA，1972，69：83

8　Lenoir C，et al. J Immunol Method，1980，42：23

9　Tovey MC，et al. Nature，1978，276：270

10　Henle G，et al. Int J Cancer，1971，8：27

Enhancement of Spontaneous VCA – EA Induction in B95 – 8 Cell and EA Induction in Raji Cells Treated with Human Leukocyte Interferon

ZENG Yi[1]，ZHONG Jian-ming[2]，Gde The[3]，WU Shu-hua[1]，HOU Yun-de[1]，MIAO Xue-qian[1]

（1. Institute of Virology，Chinese Academy of Medical Sciences，Beijing.

2. Cancer Control Office of Changwu County，Changwu. 3. CNRS，Faculte de Medecine Alexis Carrel，France.）

The purpose of this study is to determine the antiviral effect of human leukocyte interferon on EB virus VCA and EA induction in B95 – 8 cells and Raji cells. Interferon was prepared at the Institute of Virology，Beijing and also from Dr. Cantell's Laboratory. They gave unexpected results. Both interferon preparations markedly enhanced spontaneous VCA – EA induction in B95 – 8 cells and EA induction in Raji cells simultaneously treated with croton oil n – butyrate. Interferon alone had no effect on EA induction in Raji cells. Thus the effect of interferon on EA and VCA induction is related to the type of EB virus infection whether productive or latent. The enhancing activity of interferon could only be partially inhibited by retinoid. It is suggested that the mechanism for enhancement of EA induction by interferon is different from that of EA induction in Raji celss by croton oil and n – butyrate.

44. 应用豚鼠 C3 抗体作免疫酶试验

中国医学科学院病毒学研究所　曾　毅

江西医学科学研究所　兰祥英

为了研究 EB 病毒的核抗原（EBNA），我们用抗人 C3 抗体建立了抗补体免疫酶试验，以代替抗补体免疫荧光试验，获得成功[1,2]。应用此法于鼻咽癌门诊和高发区现场 VCA/IgA 抗体阳性者诊断鼻咽癌，亦取得了满意的结果[3,4]。鉴于作为补体来源的人血清含有多种病毒抗体，有的还有非特异性核抗体，为此我们研究应用豚鼠 C3 抗体代替人 C3 抗体作抗补体免疫酶试验。

兔抗豚鼠 C3 抗体的制备方法和抗补体免疫酶法与以前报告应用人 C3 抗体作抗补体免疫酶法同，详细方法见文献[1-3]。

本法制备的兔抗豚鼠 C3 抗血清效价较高，琼脂双扩试验效价达 1∶64～1∶128，抑制溶血效价达 1∶1024。免疫电泳检查，在 β 区出现一条较粗的沉淀线。用 Raji 细胞作抗补体免疫酶试验，酶标抗体 1∶40 仍获得满意的结果。凡是带 EB 病毒核抗原阳性的 Raji 细胞、Nawalma 细胞和 B95-8 细胞的 EBNA 都是阳性。不带 EBNA 的 CNE 细胞、HeLa 细胞和 BJAB 细胞都是阴性。鼻咽癌病人血清和豚鼠血清经 56℃ 30 min 灭活后亦为阴性。用于检测鼻咽癌病人血清中的 EBNA 抗体，12 例病人的抗体几何平均滴度为 1∶570，12 例正常人的抗体几何平均滴度较低，为 1∶59.9。这些结果表明豚鼠 C3 抗体可以代替人 C3 抗体作抗补体免疫酶试验，并可试用于测定其他病毒的抗原和抗体。

〔原载《中华微生物学和免疫学杂志》1982，2∶110〕

参 考 文 献

1　曾毅，等．中国医学科学院学报，1980，134∶2

2　Pi GW（皮国华），et al. J Immuno Method，1981，44∶73

3　曾毅，等．中国医学科学院学报，1980，2∶220

4　曾毅，等．中国医学科学院学报，待发表．

45. 应用免疫酶法检测宫颈癌病人单纯疱疹病毒 Ⅰ、Ⅱ型的 IgA 和 IgG 抗体

中国医学科学院病毒学研究所 范 江（研究生） 曾 毅 北京市妇产医院 刘延富

自 Rawls 等人应用血清流行学调查方法揭示了单纯疱疹病毒Ⅱ型（HSV－2）感染和宫颈癌的关系以来[1]，其他作者也从多方面提供了 HSV－2 和宫颈癌有关的证据[2-7]。国内这类研究尚少。进行这项研究，对探讨宫颈癌的病毒病因有意义。国外作血清学检查时，多用中和试验、微量中和试验、动态中和试验、免疫荧光和放射免疫等方法，这些方法比较繁琐。本文用免疫酶法，它简便、迅速、敏感。

材料和方法

一、血清 北京市区宫颈癌病人及正常妇女、京郊农村宫颈癌病人及同龄对照者血清各 50、51、49 及 50 份，存 －20℃ 备用。

二、病毒 HSV－1（Stoker 株），HSV－2（Sav 株），在乳兔肾单层细胞上传代。

三、细胞 HeLa 细胞培养于 Eagle's 培养液，加 10% 小牛血清，每周传代 2 次。维持液同上，加 2% 小牛血清。

四、免疫酶法 马抗人 IgA 和 IgG 抗体为北京生研所出品，单扩散效价分别为 1∶80、1∶200，用过饱和硫酸铵法盐析提纯，用过碘酸氧化法分别标记上述抗体，存 －20℃ 备用[8]。

HeLa 细胞形成单层后分别接种 HSV－1，HSV－2，37℃ 吸附 1 h，加维持液，37℃ 继续培养。待病变达 ++ 时，将细胞从瓶壁上摇落，收集细胞悬液，2000 r/min 离心 10 min，弃上清，细胞涂在印有小孔的载玻片上，用冷丙酮在 4℃ 固定 10 min，存 4℃ 备用。

待检血清 1∶5 开始倍比稀释，依次滴到涂有 HeLa 细胞的小孔内，置温盒 37℃ 孵育 30 min；用 0.01 mol/L pH7.4 磷酸缓冲液（PBS）洗 3 次，每次 5 min；再分别加适当浓度的酶标马抗人 IgA 或 IgG 抗体，置温盒 37℃ 下 30 min；以 PBS 洗 3 次，然后在含有二氨基联苯胺和过氧化氢的 Tris－HCl 缓冲液（pH7.6）中显色，光学显微镜下观察，根据细胞染色程度及数目判定结果。

中和试验参见文献 9。

结果和讨论

一、免疫酶法与中和试验的比较 取 6 份血清用两法同时测定抗体，两者阴、阳性一致，但前法抗体滴度较后法高 2~4 倍（表 1）。

在建立免疫酶法时，没有感染病毒的正常 HeLa 细胞加阳性血清；感染 HSV－1 和 HSV－2 的 HeLa 细胞加阴性血清；以 PBS 代替血清，加在 HSV－1、HSV－2 感染的 HeLa 细胞上，结果均阴性。

表1　免疫酶法和中和试验抗体滴度比较

血清编号	病毒	抗体滴度	
		免疫酶法	中和试验
1	HSV－1	＜1:10	＜1:10
2	HSV－2	＜1:10	＜1:10
3	HSV－1	1:1280	1:320
4	HSV－1	1:640	1:160
5	HSV－2	1:640	1:160
6	HSV－2	1:640	1:320

二、宫颈癌病人和正常妇女 HSV－2－IgA、HSV－2－IgG 抗体阳性率和几何平均滴度比较　HSV－2 抗体阳性率按 Ⅱ／Ⅰ 抗体滴度的指数值计算[10]，其结果≥85 者为阳性。计算如下：Ⅱ／Ⅰ 指数 = HSV－2 抗体滴度（$\log_{10}$）/HSV－1 抗体滴度（$\log_{10}$）×100；HSV－1 抗体阳性率则按 Ⅰ／Ⅱ 抗体滴度的指数值计算，结果判断同上。

城乡两组宫颈癌病人的 HSV－2－IgA 和 HSV－2－IgG 抗体阳性率都比正常组高 1～3 倍，差别显著。抗体几何平均滴度宫颈癌病人也比对照者高（图1，图2）。

三、宫颈癌病人和正常妇女 HSV－1－IgA、HSV－1－IgG 抗体阳性率和几何平均滴度比较　城乡两组宫颈癌病人的 HSV－1－IgA、HSV－1－IgG 抗体阳性率和抗体几何平均滴度与正常对照组都没有显著差别，仅宫颈癌病人的 HSV－1－IgG 抗体几何平均滴度较正常组高 0.42～0.76 倍（图3、图4）。

许多研究证实了 HSV－2 和宫颈癌之间的关系。在一些宫颈癌脱落细胞中；有 HSV－2 的抗原物质[2]，使用核酸杂交技术，在宫颈癌细胞内见到了 HSV－2 的 DNA 片段和 mRNA[3]，在鼠细胞可以被经紫外线灭活的 HSV－2 所转化[4]，以 HSV－2 感染猴宫颈，可以引起宫颈癌前病变[5]，采用免疫荧光技术在宫颈癌组织中，发现有 HSV－2 的相关抗原[6]。许多血清流行学调查证实，宫颈癌病人 HSV－2 的感染率和抗体滴度普遍高于正常妇女[7]。本实验结果与此相同，说明 HSV－2 感染与宫颈癌发病有关。然而，国外资料认为，HSV－2 的广泛传播与性生活混乱有关[7]，虽然我国解放后消灭了娼妓制度，但在正常对照妇女中仍然有较高的 HSV－2 感染率，由此看来，HSV－2 可能有其他传染途径。

阳性率（%）

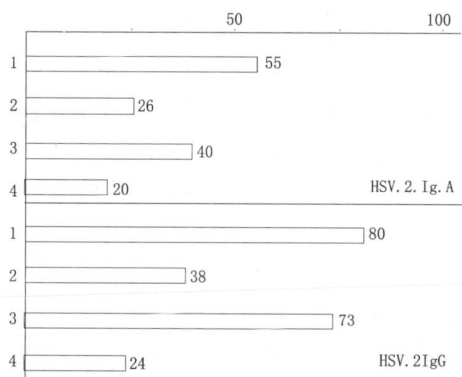

图1　宫颈癌病人和正常妇女 HSV－2－IgA、HSV－2－IgG 抗体阳性率比较

注：　1. 城市宫颈癌，2. 正常城市妇女；
　　　3. 农村宫颈癌；4. 正常农村妇女

抗体几何平均滴度

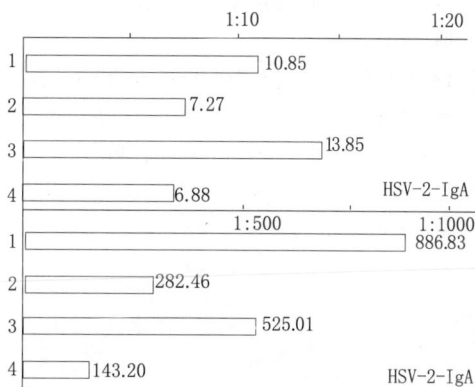

图2　宫颈癌病人和正常妇女 HSV－2－IgA、HSV－2－IgG 抗体几何平均滴度比较

注：同图1

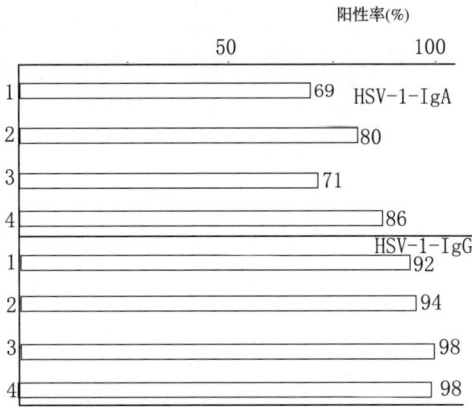

图3 宫颈癌病人和正常妇女 HSV－1－IgA、
HSV－1－IgG 抗体阳性率比较

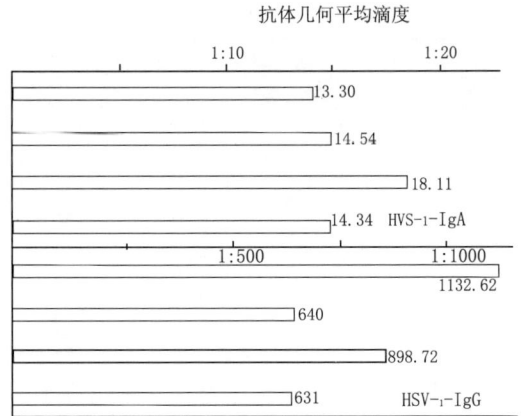

图4 宫颈癌病人和正常妇女 HSV－1－IgA、
HSV－1－IgG 抗体几何平均滴度比较

　　国外检查血清中 HSV－2 抗体常用的中和试验和放射免疫试验等几种方法，操作繁琐，时间长，需要高级仪器：而免疫酶法简便迅速，敏感性亦较高。

　　检测 HSV－1－IgA、HSV－1－IgG 抗体表明，宫颈癌病人组和正常妇女组抗体阳性率无显著差别；几何平均滴度则病人组 HSA－1－IgG 抗体分别高于正常妇女。究其原因，可能是病人 HSV－2 感染率高于正常妇女，而 HSV－1 和 HSV－2 抗原之间有交叉现象，因而病人的 HSV－1 抗体有所增高。根据检测结果，我们认为宫颈癌与 HSV－1 感染无关。

〔原载《中国医学科学院学报》1982，4（1）：50－52〕

参 考 文 献

1　Rawls WE, et al. Am J Epidemiol, 1969, 89：547

2　Royston I, et al. Proc Nat Acad Sci USA, 1970, 67：204

3　Frenkel N, et al. Proc Nat Acad Sci USA, 1972, 99：3784

4　Duff R, et al. J Virol, 1971, 8：469

5　Rapp F. 对作为人癌中危险因子的病毒的评价. 访华报告, 1979

6　Josepp L, et al. Intervirology, 1979, 12：111

7　Rawls WE, et al. Herpes Simplex Virus and Human Malignancies, Origins of Human Cancer, Bp1132, 1977

8　刘育希, 等. 中华肿瘤杂志, 1979, 1：8

9　中国医学科学院流行病研究所. 常见病毒病实验技术, 1978

10　Plummer G. Cancer Research, 1973, 33：1469

Immunoenzymatic Detection of IgA and IgG Antibodies to HSV –1, HSV –2 in Sera of Patients with Cervical Cancer

FAN Jiang[1]   ZENG Yi[1]   LIU Yan-fu[2]

(1. Institute of Virology, Chinese Academy of Medical Sciences, Beijing

2. Beijing Hospital for Gyneco – Obstetric Diseases)

An immunoenzymatic detection of IgA and IgG antibodies to HSV – 1, HSV – 2 in sera of 100 patients (51 citizens and 49 countrywomen) with cervical cancer was reported and results compared with those of normal control (50 citizens and 50 countrywomen). Geometric mean titer (GMT) was used as parameter in the detection of antibodies. Results indicated that in most patients, GMT of IgA, IgG antibodies to HSV – 2 were apparently higher than those in normal control with higher frequency (both among citizens and countrywomen). No difference in GMT of antibodies to HSV – 1 was found between patients and normal control. Authors suggested that this method was simpler, more rapid and sensitive than the neutralization test. The possibility of HSV – 2 infection in causing cervical cancer was discussed.

46.　一株人肉瘤细胞对 8 – 氮鸟便嘌呤的抵抗和在细胞杂交中的应用

中国医学科学院病毒学研究所肿瘤病毒室　谷淑燕　曾　毅

〔摘　要〕　一株人肉瘤细胞（POS）能抵抗 100 μg/ml 以上 8 – AG 的毒性作用，在 HAT 选择培养液中不能存活。与类淋巴母细胞杂交后，用 HAT 培养基选择建立杂交细胞株。在杂交细胞中检出 EB 病毒的核抗原。

我们试图建立抗 8 – 氮鸟便嘌呤的细胞株，在建立 CNf – A[1] 细胞株的同时，发现一株人的成骨肉瘤细胞（POS）天然地抵抗 8 – 氮鸟便嘌呤，不经过预先筛选或诱变能抵抗 100 μg/ml 8 – 氮鸟便嘌呤。本文研究了这个细胞株的抗药特性并用于细胞杂交。

材料和方法

一、细胞株

（1）POS 细胞株：1973 年从成骨肉瘤标本建立的上皮样细胞株，生长液为含 20% 小牛血清的 199 培养液[2]。（2）P_3HR – 1 细胞株：产生 EB 病毒的类淋巴母细胞株。（3）CNf 细胞株：来源于鼻咽癌的上皮细胞株，生长液为含 20% 小牛血清的 1640 培养基。

二、化学试验

（1）8 – 氮鸟便嘌呤（8 – azaguanine 简称 8 – AG）溶于弱碱性溶液，使用液为含

$200\mu g/ml$ 母液。（2）HAT 培养液：选择培养基，含小牛血清的199 培养液，HAT 的最终浓度分别为次黄嘌呤（H）$1\times10^{-4}mol/L$，氨基喋呤（A）$4\times10^{-7}mol/L$，胸腺嘧啶核苷（T）$1.6\times10^{-5}mol/L$。（3）聚乙二醇（PEG）：细胞融合剂，相对分子质量1000。

三、细胞融合方法　POS 细胞与 P_3HR-1 细胞在悬浮状态下融合。上皮细胞接种后 24~48 h，用 0.1% 胰酶和 0.02% Versene 混合液消化，细胞悬于无血清的 199 培养基，5×10^5 POS细胞与 5×10^6 P_3HR-1 细胞混合，并离心沉淀，去掉上清液，在存留的极少量液体中摇散细胞团后放置 37℃ 水浴中，在 1 min 之内滴加 0.5 ml 50% PEG 溶液，边滴加边摇动，随后在 37℃ 水溶中静置 1.5 min。为中止 PEG 继续作用在 2 min 内滴加 8~10 ml 199 培养液。离心去除隔合剂后，用含小牛血清的 199 培养液分散细胞团并接种。24 h 后换含 HAT 的选择培养液，每隔 48 h 换液。一周后每周换液一次直到出现肉眼可见的细胞集落时，改换仅含 HT 的培养液，细胞集落的直径达 0.3~0.5 cm 时，选单个集落再培养。

四、检查杂交细胞中的 EB 病毒核抗原　应用抗补体免疫酶法检查杂交细胞中的 EB 病毒核抗原（EBNA）[3]。将杂交细胞接种于小盖片上，24 h 后检查盖片上生长的细胞中的 EB-NA。细胞干燥后用等量甲醇丙酮混合液固定，4℃ 30 min，再经两次 37℃ 湿盒孵育，每次 45 min，第一次滴加 EB 病毒抗体阳性血清和新鲜人血清（补体）。第二次滴加过氧化物酶标记的抗体补体 C_3 血清。每次孵育后至少用冷 BSS 洗 3 次，每次 5 min。二氨基联苯胺、过氧化氢显色后镜检。

结　果

一、POS 细胞对 8-AG 的抵抗　见图1。

POS 细胞在含不同浓度的 8-AG 的培养液中培养，每组 4 管，每管 1 ml 含 20 万细胞，接种后 48 h 换液，96 h 后计算平均活细胞数。以鼻咽癌上皮细胞株（CNf）做对照细胞。从图1 中可见 POS 细胞能抵抗很高浓度的 8-AG，当培养液中含 50 μg/ml 8-AG 时，每组平均活细胞数与不加药组相似，增加至 100 μg/ml 时，活细胞数稍减少。8-AG 对 CNf 细胞有明显的毒性作用，培养液中 8-AG 浓度增加时活细胞数迅速下降，5 μg/ml 8-AG 几乎杀死所有的细胞。

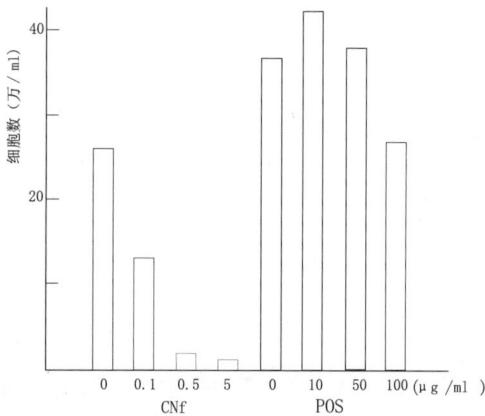

图1　不同浓度 8-AG 对细胞的影响

二、HAT 选择培养液对 POS 细胞的影响

接种 POS 细胞于三种不同的培养液中，正常培养液，含 10 μg/ml 8-AG 培养液和含 HAT 的培养液。每周换液两次，两周后观察克隆形成。10 μg/ml 8-AG 不能杀死 POS 细胞，克隆形成率与在正常培养液中相似，但在 HAT 培养液中不能形成克隆。CNf 细胞则相反，在含 8-AG 的培养液中不能形成克隆，但在含 HAT 的选择培养液中可以存活，并形成克隆。

三、POS 细胞在细胞杂交中应用　见图2、图3。

POS 细胞与 P_3HR-1 细胞用 PEG 融合后，在 HAT 培养液中培养 4 周，获得 4 个克隆株，分别检查杂交细胞中存在的 EB 病毒核抗原和病毒的壳抗原，在四个克隆中均检查到 EBNA（图2，图3），但未检出病毒的壳抗原。

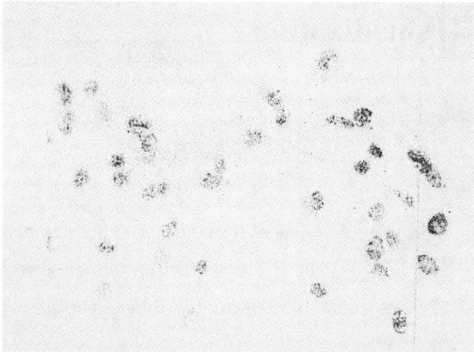

图2　用抗体免疫酶法检查
杂交细胞 EBNA 阳性（120×）

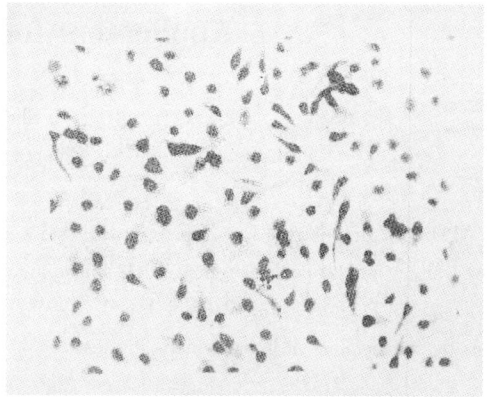

图3　POS 细胞（Giemsa 染色，100×）

讨　　论

POS 细胞在 50 μg/ml 8 - AG 中培养 6 d，细胞数与不加药组无明显差别，增加至 100 μg/ml 时，细胞数略减少，表明 POS 细胞对 8 - AG 有抵抗，而且不能在 HAT 培养液中存活。证明这个细胞株细胞中缺乏 HGPRT 酶。用 POS 细胞与含 EB 病毒的类淋巴母细胞杂交，杂交细胞从类淋巴母细胞获得 HGPRT 酶，因而在选择培养液中存活下来，杂交细胞形态与 POS 细胞相似，并且检查到 EB 病毒的核抗原（EBNA）。因此，可以应用 POS 细胞作细胞杂交。

在细胞的 DNA 合成过程中，用叶酸的类似物氨基喋呤阻止了 DNA 的主要合成路线，细胞通过 HGPRT 酶利用次黄嘌呤合成 DNA。缺此酶的细胞死亡。本实验表明 POS 成骨肉瘤细胞株没有 HGPRT 酶，有利于应用氨甲喋呤类药物治疗成骨肉瘤。临床上应用大剂量 MTX（methotrexate）治疗成骨肉瘤效果较好。这可能是与成骨肉瘤细胞缺乏 HGPRT 酶有关。但是否所有成骨肉瘤细胞都是自然抗 8 - AG 的而且缺乏 HGPRT 酶，值得进一步研究。

〔原载《中华微生物学和免疫学杂志》1982，2（1）：41 - 43〕

参 考 文 献

1　谷淑燕，等. 中国医学科学院学报，待发表
2　谷淑燕，等. 中华微生物学和免疫学杂志，

1981，（3）：170
3　曾毅，等. 中国医学科学院学报，1980，2：132

An Osteosarcoma Cell Line Resistant to 8 – Azaguanine and Application for Cell Hybridization

GU Shu-yan, ZENG Yi

(Institute of Virology, Chinese Academy of Medical Sciences, Beijing)

POS cell line derived from a patient with osteosarcoma was found to be spontaneously resistant to 8 – azaguanine over 100 μg/ml and could not grow in HAT medium. Hybridized cell lines (POS/P$_3$HR – 1) were obtained by hybridization of POS cells with P$_3$HR – 1 cell. Nucleic antigen of EB virus could be detected in these hybridized cell lines by anticomplement immunoenzymatic test.

47. 广西梧州市居民的鼻咽癌血清学普查

中国医学科学院病毒学研究所　曾　毅　江民康　张　钦

广西梧州市肿瘤研究所　张芦光　李景源　吴映成　黄以树　苏桂荣

〔摘　要〕　在广西梧州市进行了鼻咽癌的血清学普查，从年龄为 40～59 的居民 12 932 人采血。VCA/IgA 抗体的阳性率为 5.3%，EA/IgA 抗体的阳性率为 VCA/IgA 抗体阳性者的 4.4%。VCA/IgA 抗体阴性者的 EA/IgA 抗体也是阴性。从 VCA/IgA 抗体阳性者中检查出 13 例鼻咽癌，其中 9 例的 EA/IgA 抗体也是阳性。12 932 人群中的鼻咽癌检出率为 100.5/10 万，VCA/IgA 抗体阳性者的鼻咽癌检出率为 1900/10 万，分别较 1975–1978 年同年龄组人群的年发病率高 1 倍和 37 倍。这些结果进一步证明 EB 病毒与鼻咽癌关系密切。13 例鼻咽癌中 I 期 9 例，占 70%，II 期 4 例，占 30%。因此，早期诊断和早期治疗可以降低病死率。

位于广西苍梧县中心的梧州市，是鼻咽癌的高发区，1975–1978 年平均发病率为 17/20 万，1978–1980 年我们在苍梧县进行了鼻咽癌血清学普查[1-3]，测定 EB 病毒的 VCA/IgA 抗体，可以发现早期鼻咽癌。我们过去的工作亦证明 EA/IgA 抗体对鼻咽癌较为特异[4]，测定 EB 病毒核抗原（EBNA）的抗补体免疫酶法对检查鼻咽癌也是较为特异和敏感的[5,6]。本文报告第一阶段检查了 40～59 岁年龄组 12 932 人的结果。

材料和方法

血清：对 40～59 岁的居民进行静脉采血，第一阶段采 12 932 人的血清。先保存于梧州市 –20℃ 冰箱，然后空运至北京病毒学研究所 –20℃ 冰箱保存。

免疫酶法：测定 VCA/IgA 抗体用 B95 –8 细胞，测定 EA/IgA 抗体用激活 EA 抗原的 Raji 细胞。将不同稀释度的血清滴到涂有细胞的玻片孔内，于 37℃ 湿盒内孵育 30 min，用

0.01 mol/L pH7.4 磷酸缓冲液（PBS）洗 3 次，每次 5 min，再加适当浓度的辣根过氧化物酶标记的马抗人 IgA 抗体，在 37℃ 孵育 30 min，PBS 洗 3 次，然后用含二氨基联苯胺和过氧化氢的 Tris – HCl 缓冲液（pH7.6）显色 10 min，在普通光学显微镜下检查结果，血清 1：10 者即为阳性。

抗补体免疫酶法：用负压吸引采集鼻咽部细胞[7]，经冷丙酮固定 10 min。在细胞涂片上加入最终浓度为 1：10 的鼻咽癌病人血清和 1：10 作为补体来源的正常人血清，置 37℃ 湿盒内 1 h，用平衡盐溶液（BSS）洗 3 次，每次 5 min，加 1：10 辣根过氧化物酶标抗人 C_3 补体，置湿盒内 30 min，再用 BSS 洗 3 次。然后用二氨基联苯胺和 H_2O_2 显色，在普通光学显微镜下检查细胞核为棕色的癌细胞。

细胞学检查：应用负压吸引的鼻咽部细胞做细胞学检查。

组织学检查：对抗体阳性者的鼻咽部作临床检查，可疑者进行活检，作 HE 染色和检查。

结　　果

一、VCA/IgA 抗体测定　结果见表 1、表 2。

在 12 932 人中，VCA/IgA 抗体阳性者 680 人，阳性率为 5.3%，抗体的几何平均滴度为 1：39，约 70% 的抗体滴度在 1：40 以下。抗体的阳性率与抗体的几何平均滴度有随年龄的增加而逐渐上升的趋势。不同年龄组的 VCA/IgA 抗体阳性率分别为 4.7%、5.3%、5.6% 和 6.2%。抗体的几何平均滴度分别为 1：33.5、1：34.6、1：40 和 1：50（图 1）。男女 VCA/IgA 抗体阳性率的比例相似，为 1.2：1。

表 1　VCA/IgA 抗体的滴度分布和几何平均滴度

组　　别	阳性数和阳性率	VCA/IgA 抗体滴度分布									抗体几何平均滴度
		10	20	40	80	160	320	640	2560	合计	
检查人群	阳性数	198	92	191	46	107	2	35	9	680△	39.0
	阳性率(%)	29	14	28	7	16	0.2	5	1	100	
鼻咽癌病人	阳性数	1		3		5		4		13	116.0
	阳性率（%）	7.7		23.0		38.5		30.8		100	

△ VCA/IgA 抗体阳性率 = 5.3%（680/12 932）

二、EA/AIg 抗体测定　结果见表 3。

507 例 VCA/IgA 抗体阴性者中无一例 EA/IgA 抗体阳性；680 例 VCA/IgA 抗体阳性者有 30 例为 EA/IgA 抗体阳性，阳性率为 4.4%，抗体滴度为 1：10 ~ 1：640，抗体几何平均滴度为 1：41.9。

三、从 VCA/IgA 和 EA/IgA 抗体阳性者中检查鼻咽癌　结果见表 4、表 5。

对 680 例 VCA/IgA 抗体阳性者，其中包括 30 例 EA/IgA 抗体阳性者进行临床、EBNA、细胞学和组织学检查。最终经组织学检查证实为鼻咽癌 13 例，占 680 例 VCA/IgA 抗体阳性者的 1.9%。13 例鼻咽癌中 9 例的 EA/IgA 抗体也是阳性，占 30 例 EA/IgA 抗体阳性者的 30%。鼻咽癌病人的 VCA/IgA 抗体滴度分布为 1：10 ~ 1：640，几何平均滴度为 1：116。

EA/IgA 抗体滴度分布为 1∶10～1∶640，几何平均滴度为 1∶17（表5）。13 例鼻咽癌全部为Ⅰ期、Ⅱ期病人，其中Ⅰ期 9 例，Ⅱ期 4 例。按病理类型分类，低分化癌 11 例，未分化癌 2 例。多数Ⅰ期病例鼻咽部无明显肿物，仅表现黏膜粗糙，苍白、咽隐窝变浅或饱满。

在 12 932 名被检查人中，鼻咽癌的检出率为 100.5/10 万，VCA/IgA 抗体阳性者的鼻咽癌检出率为 1900/10 万。男女的鼻咽癌检出率分别为 124.6/10 万和 70/10 万（表2）。

表3　VCA/IgA 和 EA/IgA 抗体的关系

组　别	例数	EA/IgA（＋）	阳性率（%）
VCA/IgA（＋）	680	30△	4.4
VCA/IgA（－）	507	0	0

△抗体几何平均滴度为 1∶41.9

表2　男女的 VCA/IgA 抗体阳性率和鼻咽癌检出率比较

组　别	检查人数	阳性数	阳性率（%）	鼻咽癌病例数	鼻咽癌检出率/10 万
男	7222	414	5.7	9	124.6
女	5710	266	4.7	4	70.0
总计	12 932	680	5.3	13	100.5
男∶女	1.3∶1	1.6∶1	1.2∶1	2.3∶1	1.8∶1

表4　VCA/IgA 和 EA/IgA 抗体阳性者与鼻咽癌发生的关系

组　别	例数	鼻咽癌发病数	鼻咽癌检出率（%）
VCA/IgA（＋）	680	13	1.9
EA/IgA（＋）	30	9	30

讨　　论

　　VCA/IgA 抗体的阳性率为 5.3%，鼻咽癌检查出率为 VCA/IgA 抗体阳性者的 1.9%。EA/IgA 抗体的阳性率为 VCA/IgA 抗体阳性者的 4.4%，而 EA/IgA 抗体阳性者的鼻咽癌检出率则为 30%，二者的检出率相比为 15.8 倍。即 EA/IgA 抗体对鼻咽癌的特异性较 VCA/IgA 抗体高，但敏感性则较 VCA/IgA 抗体低。13 例鼻咽癌的 VCA/IgA 抗体都是阳性，其中 9 例的 EA/IgA 抗体也是阳性。因此，EA/IgA 抗体对鼻咽的早期诊断是很有意义的，对 EA/IgA 抗体阳性者应特别重视并定期进行检查，以便尽早诊断。对测定 EA/IgA 抗体的方法应加以改进和提高。

表5　血清学普查发现的鼻咽癌病人

病例	性别	年龄（岁）	组织学检查	临床分期	抗体滴度 VCA/IgA	抗体滴度 EA/IgA
1171	女	46	低分化鳞癌	Ⅰ	1∶40	－
11689	男	43	低分化鳞癌	Ⅰ	1∶40	1∶40
12660	女	50	未分化鳞癌	Ⅰ	1∶10	－
361	男	47	低分化鳞癌	Ⅰ	1∶160	1∶40
13684	女	46	未分化鳞癌	Ⅰ	1∶160	1∶40
1649	女	42	低分化鳞癌	Ⅰ	1∶160	－
309	男	50	低分化鳞癌	Ⅰ	1∶160	1∶40
7873	男	57	低分化鳞癌	Ⅰ	1∶640	1∶640
12735	男	46	低分化鳞癌	Ⅰ	1∶640	1∶40
68	男	50	低分化鳞癌	Ⅱ	1∶160	－
3433	男	48	低分化鳞癌	Ⅱ	1∶160	1∶40
23	男	50	低分化鳞癌	Ⅱ	1∶640	1∶10
52	男	54	低分化鳞癌	Ⅱ	1∶640	1∶160
抗体几何平均滴度					1∶116	1∶17

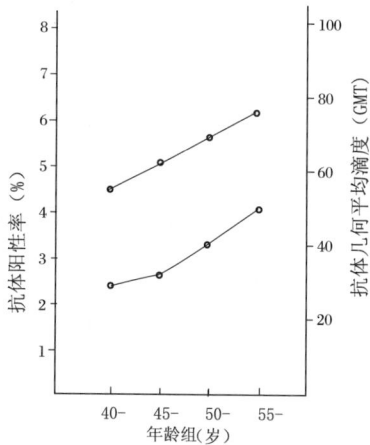

图 1　不同年龄组人群的 VCA/IgA
抗体阳性率和抗体几何平均滴度

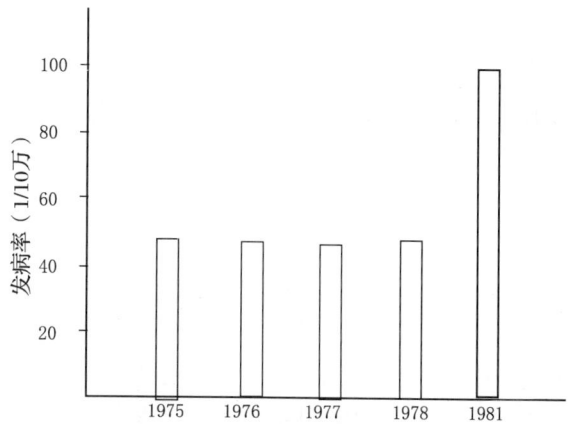

图 2　梧州市 40～59 岁年龄组人群 1975－1978 年
鼻咽癌发病率有 1981 年检出率比较

此次血清学普查从 12 932 人中查出 13 例鼻咽癌，检出率为 100.5/10 万（图 2）。在 VCA/IgA 抗体阳性者中，鼻咽癌的检出率为 1900/10 万，分别较 1975－1978 年同年龄组人群的发病率（47.7/10 万～50/10 万）高一倍和 37 倍。即一次血清学普查可以查出两年的病例。这次是应用多种方法进行检查，包括测定 VCA/IgA 和 EA/IgA 抗体，并作临床、EBNA、细胞学和组织学检查。这样可以发现较多的早期病例，如发现一例的鼻咽部脱落细胞中有 EBNA 阳性的癌细胞，细胞学检查和组织学检查都是阴性，但两个月后细胞学检查和组织学检为阳性。这次普查出的鼻咽癌全是 I 期、II 期，其中 I 期占 70%。早期鼻咽癌的⁶⁰钴治疗效果很好。因此，有可能应用上述方法，在梧州市尽可能早期地发现鼻咽癌病人和治疗病人，以达到降低病死率的目的。这项研究工作进一步证明 EB 病毒与鼻咽癌的关系十分密切。

男女的 VCA/IgA 抗体阳性率相似，但男性的鼻咽癌检出率较女性高，这结果与梧州市历年男女发病率的比例是一致的。这表明在男性中还可能有其他有利于鼻咽癌发生的因素。

注：参加本研究技术工作的还有中国医学科学院病毒学研究所的曹桂茹、龚翠红、方仲、苗学谦、赵文平、广西梧州市肿瘤研究所的贾精医、阮德先、蒙绮尼等。

〔原载《癌症》1982，1：6－8〕

参　考　文　献

1　曾毅，等．中华肿瘤杂志，1979，1：2

2　曾毅，等．中国医学科学院学报，1979，1：123

3　Zeng Y, et al. Intervirology, 1980, 13：162

4　中国医学科学院肿瘤研究所病毒室等，1978，18：253

5　P. G. H（皮国华），et al. J Immunol Method,

1981，44：73

6　曾毅，等．中国医学科学院学报，1980，2：221

7　湛江医学院鼻咽癌协作组．中华医学杂志，1976，56：45

48. 维生素甲衍生物对 EB 病毒早期抗原诱发的抑制作用

中国医学科学院病毒学研究所　曾　毅　周海媚　中国医学科学院药物研究所　徐世平

Yamamoto 等[1]首先报告维生素甲酸能抑制促癌物质（TPA）对 Raji 细胞内 EB 病毒早期抗原（EA）的诱发作用。Ito[2,3]等用巴豆油和丁酸能诱发 Raji 细胞和 $P_3 HR-1$ 细胞的早期抗原（EA）和壳抗原（VCA）。这种诱发作用可被维生素甲酸和维生素甲衍生物所抑制。虽然维生素甲及其衍生物能抑制实验动物肿瘤[4-8]，但长期服用维生素甲有很大的毒性。本文报告国产和进口的毒性低的维生素甲衍生物对 EB 病毒抗原诱发的抑制作用。

材料和方法

一、维生素甲衍生物　7901 和 7902 为本院药研所合成；R010-9359 和 R011-1430 由 Hoffman-La Roche 公司赠送。药物溶解于二甲基亚砜，-30℃避光保存。

二、EB 病毒早期抗原的诱发和抑制　用 Ito 的方法[2,3]。Raji 细胞培养于 RPMI 1640 培养液，含 20% 小牛血清、巴豆油（50~500 ng/ml）和丁酸（4 mmol/L），37℃培养 2 d。抑制试验，维生素甲衍生物同时加至上述培养液中，Raji 细胞 37℃培养 2 d。应用免疫酶法检查早期抗原阳性的细胞数。

结果和讨论

一、巴豆油和丁酸对 Raji 细胞内 EB 病毒早期抗原的诱发作用　结果见图 1，巴豆油为 500 ng 时，早期抗原的阳性细胞为 47%。这种早期抗原的诱发作用随巴豆油浓度的下降而下降。500 ng/ml 巴豆油单独使用时，阳性细胞仅 3%。4 mmol/L 丁酸单独使用时，阳性细胞仅 1%。

二、不同浓度维生素甲衍生物 7901 对 Raji 细胞内早期抗原的抑制作用　7901 为 10 μmol/L 时早期抗原阳性细胞的抑制率达 84%，1、0.1 和 0.01 μmol/L 时，抑制率分别为 63%、60% 和 15%，0.001 μmol/L 无抑制作用（图 2）。

三、不同维生素甲衍生物对早期抗原的抑制作用　维生素甲 7901，R010-9359 和 R011-1430 对早期抗原诱发的抑制作用相似。0.01 μmol/L 时无抑制作用。但 7902 的抑制作用较强，0.01 μmol/L 时仍有一定抑制作用（表 1）。

四、维生素甲衍生物对 Raji 细胞内 EB 病毒核抗原的作用　Raji 细胞在含有 10 μmol/L 维生素甲衍生物的培养液中培养，经 5~10 代后再检查仍有 EB 病毒核抗原，应用巴豆油和丁酸仍能诱发出早期抗原。

巴豆油和丁酸合并处理 Raji 细胞诱发早期抗原是检定 EB 病毒抗原诱发剂的较好模型。本研究证明维生素甲备生物 7901，7902，R010-9359 和 R011-1430 对 EB 病毒早期抗原的诱发有明显的抑制作用。由于 7901 的毒性较 R010-9359 低，后者已用于临床，7901 也可应用于临床。

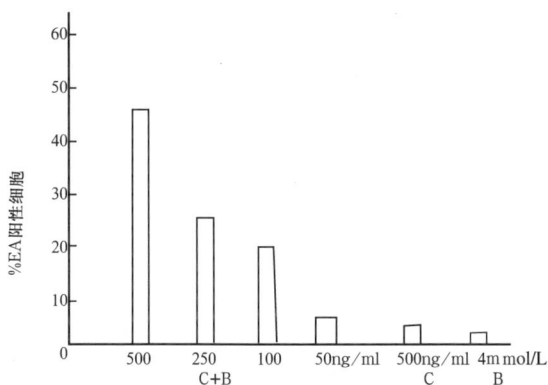

图1　巴豆油（C）和丁酸
（B）对 EA 的诱发作用

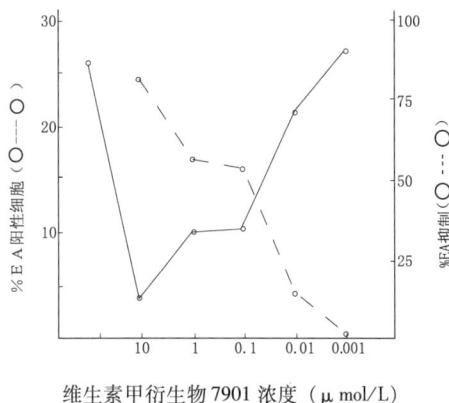

图2　维生素甲衍生物 7901
对 EA 诱发的抑制作用

表1　不同维生素甲衍生物对 EB 病毒 EA 诱发的抑制作用

维生素甲衍生物浓度	EA 阳性细胞（%）			
（μmol/L）	R010 – 9359	R011 – 1430	7901	7902
10	2.6	4.2	4.3	0
1	10.4	11.3	10	1.2
0.1	11	13.4	11	6.7
0.01	30	26	23	15.3
0.001	30	32	27.3	22
对照	27	27	27	27

　　我们在广西苍梧县进行鼻咽癌的血清学普查[9,10]，发现 VCA/IgA 抗体的阳性率随年龄的上升而增加，从抗体阳性者中可发现早期鼻咽癌，包括原位癌。对抗体阳性者进行追踪观察，可发现新的病例[11]。这些资料表明，VCA/IgA 抗体的存在与鼻咽癌的发生有密切的关系，但仍有大量抗体阳性的正常人。我们过去的资料[12]也证明鼻咽癌高发区 20 岁以上人群的 EB 病毒补体结合抗体显著高于鼻咽癌低发区，这表明在高发区 EB 病毒的感染更为活跃。由于维生素甲及其衍生物对 EB 病毒抗原的诱发有很强的抑制作用，而且有抗肿瘤作用，因此给 VCA/IgA 抗体阳性者服用维生素甲衍生物，有可能预防 EB 病毒的激活和预防鼻咽癌的发生。这项研究工作，正在进行中。

〔原载《中国医学科学院学报》1982，4（4）：251 – 253〕

参 考 文 献

1　Yamaoto N, et al. Nature, 1979, 2178：553

2　Ito Y, et al. Duesseldorf NPC Symposium, 1980

3　Ito Y, et al. Cancer Res, 1980, 40：4329

4　Bollag W. Eur J Cancer, 1974, 10：731

5　Bollag W. Eur J Cancer, 1975, 11：721

6　Felix EL, et al. Science, 1976, 189：886

7　Trown PW, et al. Cancer Treat Rap, 1976, 60：

1647

8　Ito Y. Eur J Cancer, 1981, 17：35

9　曾毅，等. 中国医学科学院学报, 1979, 1：123

10　曾毅，等. 中华肿瘤学杂志, 1979, 1：2

11　Zeng Y, et al. Intervirol, 1980, 13：162

12　广东中山县肿瘤防治队，等. 中华耳鼻咽喉科杂志, 1978, 13：23

Inhibitory Effect of Retinoids on Epstein – Barr Virus Induction in Raji Cells

ZENG Yi[1], ZHOU Hai-mei[1], XU shi-ping[2]

(1. Institute of Virology, CAMS; 2. Institute of Materia Medica, CAMS)

Induction of Epstein – Barr virus (EBV) early antigen after treatment with various combinations of croton oil and n – butyrate was markedly inhibited by retinoids 7001, 7902, Ro 10 – 9359 and Ro 11 – 1430. The possibility of administrating retinoids to virus capsid antigen IgA antibody – positive individuals in high risk areas for nasopharyngeal carcinoma to prevent EBV activation and development of this cancer was discussed.

49. 应用抗补体免疫酶法从 VCA/IgA 抗体阳性者中检查早期鼻咽癌

中国医学科学院病毒学研究所　曾　毅　张　钦　湛江医学院　沈淑静　马姣莲

广西苍梧肿瘤防治办公室　邓　洪　祝积松　潘文俊　成积儒　谭碧芳

我们于 1978 – 1980 年在鼻咽癌高发区广西苍梧县进行血清学普查[1-3]，从 VCA/IgA 抗体阳性者中可以发现早期鼻咽癌病人，但仍有大量 VCA/IgA 抗体阳性的正常人。为了在这些人中发现更多的早期鼻咽癌，我们建立了检查癌细胞内 EB 病毒核抗原（EBNA）的抗补体免疫酶法[4]，但因早期鼻咽癌无明显局部病灶，难于取材作组织学检查，我们用负压吸引技术[5]吸取门诊病人鼻咽部的细胞，获得满意的结果[6]。本文报告应用此法于鼻咽癌高发区现场，从 VCA/IgA 抗体阳性者中检查鼻咽癌的结果。

材料和方法

一、**VCA/IgA 抗体阳性者**　1978 – 1980 年检查 VCA/IgA 抗体阳性者 64 例，在 4 个月前作鼻咽部临床复查，未发现鼻咽癌。

二、**细胞涂片**　用负压吸引技术[5]。H. E. 染色检查癌细胞。用抗补体免疫酶法检查 EB 病毒核抗原。

三、**抗补体免疫酶法**　详见文献〔4〕。简述如下：加正常人新鲜血清和鼻咽癌病人 EBNA 抗体阳性血清于固定的细胞涂片上，二者的最终浓度为 1 : 10，放 37℃ 40 min，用 BSS 洗 3 次。然后加辣根过氧化物酶标记的抗人 C_3 抗体，放 37℃ 30 min，用 BSS 洗 3 次，加二氨基联苯胺和 H_2O_2 显色，在普通显微镜下检查棕色的癌细胞。

四、**组织学检查**　对核抗原检查或细胞学检查阳性者，取鼻咽部活检做组织学检查，进一步确诊。

五、**血清**　静脉抽血，分离血清，–20℃保存，作 VCA/IgA 抗体测定。

结果和讨论

结果如表1所示，64例 VCA/IgA 抗体阳性者中，4例鼻咽部癌细胞 EBNA 阳性，细胞学检查亦发现癌细胞，组织学检查均为低分化鳞癌，临床检查均无自觉症状，例10和43鼻咽部无明肿物，仅黏膜粗糙或稍饱满，例12和58鼻咽部已有 0.5～0.8 cm 的肿物，此4例均无颈淋巴结转移，属I期（$T_1N_0M_0$）。从第一次血清学检查至确诊间隔8～9个月，血清 VCA/IgA 抗体滴度无明显上升。

我们应用抗补体免疫酶法检查鼻咽部脱落细胞中癌细胞的核抗原，较细胞学和组织学检查的阳性率高[6]，此法用于鼻咽癌现场检查，64例 IgA 抗体阳性者中4例为鼻咽癌，阳性率6.2%。他们均无自觉症状，其中2例鼻咽部亦无明显病灶。4例均属I期（$T_1N_0M_0$）。这进一步证实抗补体免疫酶法对鼻咽癌的早期诊断，特别是对 VCA/IgA 抗体阳性者的定期追踪观察很有价值。

表1　癌细胞 EB 病毒核抗原阳性病例

病例号	性别	年龄（岁）	临床检查		EB 病毒核抗原	细胞学检查	组织学检查	抗体	
			自觉症状	后期				第一次采血	确诊时
10	男	45	无	I	+	发现癌细胞	低分化鳞癌	80	80
12		53	无	I	+	发现癌细胞	低分化鳞癌	80	20
43	女	38	无	I	+	发现癌细胞	低分化鳞癌	80	80
58	女	47	无	I	+	发现癌细胞	低分化鳞癌	40	80

〔原载《中国医学科学院学报》1982，4（4）：254－255〕

参 考 文 献

1　曾毅，等．中华肿瘤医学杂志，1979，1：2
2　曾毅，等．中国医学科学院学报，1979，1：123
3　Zeng Yi, et al. Intervirol, 1980, 13：162
4　曾毅，等．中国医学科学院学报，1980，2：134
5　湛江医学院．中华医学杂志，1976，56：45
6　曾毅，等．中国医学科学院学报，1980，2：220

Detection of Early NPC from VCA/IgA Antibody Positive Individuals with Anticomplement Immunoenzymatic Method

ZENG Yi[1], SHEN Shu-jing[2], DENG Hong[3], MA Jiao-lian[2], ZHANG Qin[1], ZHU Ji-song[3], CHENG Ji-ru[3]
(1. Institute of Virology, CAMS, Beijin; 2. Zhenjiang Medical College; 3. Cancer Control Office of Zangwu County)

Anticomplement immunoenzymatic method（ACIE）was used to detect nasopharyngeal carcinoma from EBV（VCA/IgA）antibody positive individuals in the high risk area. Carcinoma cells with EBNA were found in 4 of 64 antibody positive individuals. Cytological and histological examinations also showed poorly differentiated carcinoma in these 4 stage I cases. The intervals between the first blood sample for serological examination and diagnosis of NPC were 8－9 months. No further elevation of VCA/IgA antibody appeared during this period.

Results suggest that this method is valuable for the detection of early NPC.

50. 鼻咽癌上皮样细胞株的细胞遗传学研究

I. CNE-1 细胞株染色体的结构异常和标记染色体

四川医学院肿瘤研究所 张思仲 中山医学院肿瘤研究所 吴荫棠

中国医学科学院病毒研究所 曾 毅

瑞典卡罗林医学院医学细胞遗传研究所 L. Zech

瑞典卡罗林医学院肿瘤生物学研究所 G. Klein

〔摘 要〕 采用 Q⁻、G⁻和 C⁻显带技术研究了 CNE-1 鼻咽癌类上皮细胞株的染色体。结果表明该株现为假近三倍体，染色体众数为 67~68，且无重大偏离。CNE-1 细胞具有一系列结构异常的染色体，其中绝大多数或见于所有细胞或反复多次出现。对这些标记染色体的带型逐一分析的结果得以阐明其中某些的构成和来源。两个恒定的巨大近端着丝点标记染色体（LAM）分别被证明为 2p- 和 14q+。

中国南方是鼻咽癌高病区。调查表明，鼻咽癌发病率在不同语系人群中差别显著[1]，提示某些遗传或免疫遗传因素在肿瘤发生中有一定意义[2]。我们采用了各种显带技术对我国分离的第一株鼻咽癌上皮细胞株 CNE-1 细胞的染色体进行了多次检查。在确定其核型组成的同时，发现该株具有为数众多的结构异常的染色体，并对这些标记染色体的生成和来源进行了分析。

材料和方法

细胞株：为从一高分化鳞癌活检组织分离的上皮样细胞株，EBV 阴性。生物学特性前已报告[3]。本试验前进行的 EBV 核抗原检查，结果亦为阴性。细胞用 Leibovitz-15 营养液，添加 10% 胎牛血清培养于 37℃，5% CO_2 培养箱内。

染色体分析：向处于对数生长期的细胞加入秋水酰胺（最终浓度为 0.05 μg/ml）。数瓶细胞分别经 10、30、60 及 120 min 处理后，用胰酶消化剥脱，以 0.56% KCl 溶液低渗处理 10 min 和 3:1 甲醇-冰醋酸固定三次，再以气干法制成染色体标本。标本经 Q⁻、G⁻和 C⁻显带后，选择其中染色体分散和显带良好的细胞摄成负片，然后在对比加强电视屏上进行核型分析[4]或印成照片作剪贴分析。总计摄影 60 个中期分裂象，并对其中 30 个作了核型剪贴分析。

结 果

CNE-1 株在进行分析时为假近三倍体，众数为 67~68（表 1），但偶尔也见更高倍的分裂象。由显带标本可以清楚地看出（图 1 略），CNE-1 细胞并非真正的三倍体细胞，因为通常只有 1、9、12、16、20 号染色体呈三体性，其他一些染色体仍为二体。某些染色体

（3、13、18 号）恒呈单体性或完全缺如（19 号），但 11 及 22 号常呈四体性。

与此同时，CNE‐1 细胞通过缺失和一系列的结构重排形成了为数众多的异常染色体。特别值得注意的是，这些异常染色体中，绝大多数或为恒定的（即几乎见于所有细胞），或多次反复出现。其余一些异常染色体则分别仅见于个别细胞。现将前二类标记染色体简述如下。

表1　CNE‐1 细胞的染色体数

染色体数目	64	65	66	67	68	69	总计细胞数
细胞数	1	5	3	9	11	1	30

1. 见于所有细胞中的标记染色体及其构成分析

M1，t（8q；8q＋）：巨大亚中着丝点易位染色体，有两个 8 号染色体长臂参与其组成。

M2，iso8q：为 8 号长臂等染色体，其地构类似 M1，但无后者长臂远端的暗带。

M3，t（20;?）：大的亚中着丝点染色体，20 号染色体参与其组成。

M4，t（?；5q）：大的亚中着丝点染色体，其长臂与 5 号染色体长臂带型一致。

M5，t（?；13q）：亚中着丝点染色体，其长臂与 13 号染色体长臂带型一致。

M6，t（7;?）：亚中着丝点染色体，其短臂与长臂近段均与 7 号对应部分的带型相符。

M7，t（7;?）：与 M6 类似之亚中着丝点染色体，但长臂远段带型不同。

M8，t（19;?）：亚中着丝点染色体，其短臂及长臂近段与 19 号染色体一致。在 C⁻ 显带标本中，其长臂中部有一 C‐阳性带（图 2 略）。

M9，2p－：大的近端着丝点染色体，其带型与 2 号染色体长臂相符。

M10，t（?；3q）：亚近端着丝点染色体，通常成对，其长臂与 3 号染色体长臂带型相符。

M11，t（18;?）：亚近端着丝点染色体，18 号染色体参与其组成。故又可记为 18q＋染色体。

M12：中等大小的亚近端着丝点染色体。

M13，t（14;?）：近端着丝点染色体，按其带型又可记为 14q＋，与见于伯基特淋巴瘤时的 14q＋相似，唯其长臂远端额外的带的来源尚待澄清。

2. 多次反复出现的标记染色体（图 3 略）

M14，t（2p；6q）：大的亚中着丝点染色体，其短臂与 2 号染色体短臂相似，长臂与 6 号染色体长臂相似。

M15，7q－：中等大小的亚中着丝点染色体，由 7 号染色体长臂远端缺失而成。

M16：中等大小的近端着丝点染色体，其带型颇似 3 号染色体短臂。

M17：远端着丝点染色体，其大小约为 G 组染色体的一半。

M19，t（3p＋；3q＋）：巨大近中着丝点染色体，其带型与 3 号染色体相似，但长臂及短臂两端均有额外的节段。值得注意的是，当 M19 出现时，核型中唯一的正常 3 号染色体则不再查见。

其他偶尔出现的异常染色体将不再赘述。

C‐显带曾发现某些异常染色体除着丝点外尚有额外的 C 阳性带区（图 4 略），其中有些是异常双着丝点染色体，另一些则为中间性 C 区带。此种现象值得注意。

讨　论

由于很难从鼻咽癌活检标本直接取得满意的显带染色标本，因而鼻咽癌上皮细胞株 CNE-1 是帮助了解鼻咽癌细胞的细胞遗传学的有用工具。本研究表明，在实验期间 CNE-1 株的染色体数目相当稳定，众数为 67~68，变异不大（微小的差异还可用制片时的丢失来解释）。这个数目少于先前报告过的染色体众数（80）[3]。与香港的 NPC/HK 1 株[5]（染色体众数为 74）比较，CNE-1 株的染色体也较少。这可能与长期培养过程中细胞株的演化和克隆选择或建株时瘤组织来源不同有关。

CNE-1 株具有多个结构异常的染色体。应用显带方法，我们得以追溯和部分地阐明其中某些的来源和组成，并证明它们中间的大多数或为恒定的，或为反复出现的标记染色体。这些标记染色体及其组合在肿瘤的发展、CNE-1 株的建立和克隆选择过程中可能具有一定的意义。

在各种实体肿瘤中常见的巨大近端着丝点标记染色体（LAM）亦见于鼻咽癌组织[6]及接种于裸鼠后生长的癌细胞[7]。本实验所见的 M9 及 M13 亦为巨大近端着丝点标记染色体。显带方法证明其生成机理分别为 B 组染色体短臂丢失（2p-）及 D 组长臂物质的增加（14q+）。14q+ 是伯基特淋巴瘤的特异性标记染色体，并见于其他一些淋巴瘤，它在肿瘤发生发展中的意义特别值得注意。

以往曾报告在部分鼻咽癌活检标本中有巨大亚中着丝点标记染色体（即巨 A 染色体）出现[6]，并几乎见于所有来自鼻咽癌的类淋巴细胞株[8]以及少数鼻咽癌患者外周血培养细胞[9]。我们在检查 CNE-1 株细胞时未发现上述巨 A 染色体。有关鼻咽癌特异性标记染色体的问题有待探讨。

Huang 等报告一株由高分化鳞癌建立的鼻咽癌上皮细胞株的染色体有数目和结构的畸变[5]。虽然鼻咽癌上皮株和原始肿瘤的细胞遗传学特点可能不尽相符。但是，通过对更多细胞株与比较性研究，当可能揭示鼻咽癌细胞遗传学的某些特点和归纳出鼻咽癌细胞株核型演化的某些规律，从而增进我们对鼻咽癌发病机理的了解。

〔原载《癌症》1982，3：157-159〕

参 考 文 献

1　南方五省鼻咽癌防治研究协作组. 肿瘤防治研究，1978，3：24

2　Simon MJ, et al. In "Oncogenesis and Herpesvirus" Ⅱ eds. de-Thé G, Epstein M, Zur Hausen, Part 2 pp249 Lion IARC, 1975

3　Laboratory of Tumor Viruses of Cancer Institute, Chinese Academy of Medical Sciences and other Institutions in China: Sinica, 1978, 21：127

4　Casporsson T, et al. Exp Cell Res, 1970, 63：477

5　Huang PP, et al. Int J Cancer, 1980, 26：127

6　区宝祥，等. 中华医学杂志，1979，59（6）：333

7　Finerty S, et al. Br J Cancer, 1978, 37：231

8　吴冰，等. 中华肿瘤杂志，1979，1（2）：91

9　张思仲，等. 中华肿瘤杂志，1979，1（2）：84

51. 鼻咽癌的细胞免疫及其 HLA 的限制

中国医学科学院 　肿瘤研究所　林敏纯　崔惠云　胡垠玲　商　铭　秦德兴　蔡伟明
　　　　　　　　病毒研究所　曾　毅　赵文革

　　根据动物实验，用病毒作体内的免疫之后，在体外测定对同系病毒感染的细胞毒性反应，是由细胞毒性 T 淋巴细胞（CTL）介导的，这种细胞毒性反应受病毒感染的细胞表面的主要组织相容性抗原复合体（MHC）K 或 D 区所控制[1]。

　　在人类，对传染性单核细胞增多症的研究表明，T 淋巴细胞是起特异性细胞毒反应的效应细胞[2]。这种特异性细胞毒性反应也受 MHC 的限制问题，有些作者已开始通过体外再次致敏的淋巴细胞进行研究，并观察到效应细胞与靶细胞表面的 HLA – A 及/或 B – 位点所编码的抗原必须有部分相同[3]，才能引起细胞毒性作用，但是尚未见到直接用外周血淋巴细胞进行这一研究。为了了解鼻咽癌病人外周血淋巴细胞 CTL 介导的细胞免疫反应及其 HLA 的限制现象，我们进行了此项研究。

材料和方法

　　细胞毒性试验材料及方法同文献[4]；T、B 淋巴细胞提纯方法，系采用 E – 玫瑰花试验[5]；细胞毒指数≥30% 者判定为细胞毒性反应阳性；HLA 定型技术，同前文报道。

结果和讨论

一、鼻咽癌病人淋巴细胞亚群对鼻咽癌上皮样细胞株（CNE）细胞毒活性的比较

　　从图 1 看到鼻咽癌病人 T 淋巴细胞细胞毒性反应的阳性率为 78%，B 及未分离的淋巴细胞的阳性率分别为 61% 及 56%。而鼻咽癌病人的此三组淋巴细胞对人的成骨肉瘤靶细胞（MA）均未出现有意义的细胞毒性反应或阳性率很低。在试验中还见到该三组淋巴细胞对靶细胞所引起的细胞毒指数或细胞致病作用也同上述结果基本一致。表明鼻咽癌病人特异性淋巴细胞毒性反应的效应细胞可能是以 CTL 为主，而 B 淋巴细胞易出现非特异性反应。这一现象与 Svedmyr 等报道的很相似[2]。

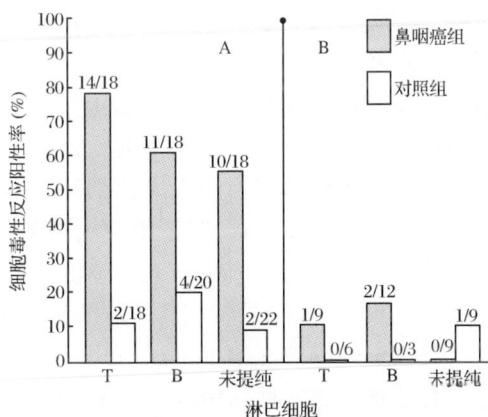

A：鼻咽癌　CNE：靶细胞　B：成骨肉瘤靶细胞
分子阳性反应例数；分母为实验例数

**图 1　T、B 及未提纯淋巴细胞细胞毒性
反应特异性比较**

二、鼻咽癌病人淋巴细胞细胞毒性反应与 HLA 的关系　见表 1、图 2。

　　从表 1 及图 2 的结果明显看出，鼻咽癌病人 CTL 的效应功能受到了 HLA 的限制。例如，倘若不参考 HLA 的关系，鼻咽癌病人的淋巴细胞细胞毒性反应的阳性率仅为 63% 或 65%。

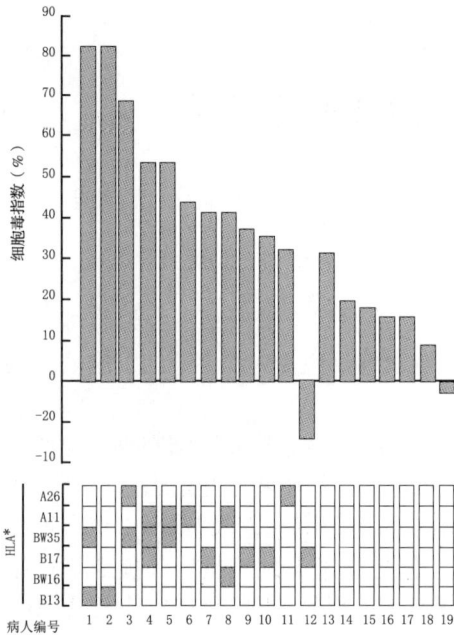

$$x^2 = \frac{\left(ad - bc - \dfrac{n}{2}\right) \cdot n}{M_1 \cdot M_2 \cdot M_3 \cdot M_4} = 8.29 \qquad P = 0.05$$

注：* 鼻咽癌病人外周血淋巴细胞与鼻咽癌
上皮样细胞株相同的 HLA

**图 2　HLA 与鼻咽癌病人外周血淋巴细胞
细胞毒性反应的关系**

但是从 HLA 相容与否的角度进行总结，则看到效应细胞与靶细胞表面 HLA－A 及/或－B 位点所编码的抗原能够检测出一个或一个以上相同的 12 例病人中，有 11 例细胞毒性反应的程度都达到了阳性的水平，阳性率为 92%；HLA 抗原完全不同的 7 例病人，仅有 1 例为阳性；在 12 名正常人中，无论存在相同的 HLA－A 及/或－B 抗原与否，均未出现有意义的细胞毒性反应。从图 3 还见到细胞毒指数与 HLA－A 及/或－B 抗原相容程度也有些关系，相同的 HLA 抗原出现的数目越多，细胞毒指数显得越高一些。靶细胞与鼻咽癌病人淋巴细胞的 HLA 抗原相同数为 0，1 及 ≥2 各组的细胞毒指数平均值之间的差异具有显著性（P 值分别为 0.001 及 0.005）。阳性率情况也如此。并且不同的 HLA 抗原出现数目越多，阳性率则越低。进而排除了人类淋巴细胞毒性反应是否来自同种抗原反应的可能性。表明 MHC 限制 CTL 细胞毒性反应现象对于检查鼻咽癌病人外周血淋巴细胞毒活性也是适用。

三、鼻咽癌病人及正常人外周血淋巴细胞同 CNE 靶细胞 HLA－A 及/或－B 抗原相容情况的分析　如表 2 所示，在如此杂合的人类，无论正常人或鼻咽癌病人的淋巴细胞同 CNE 靶细胞的 HLA－A/或－B 抗原出现某些相同抗原的概率均接近于 50%～60%。这一情况基本上符合于 Matzinger 等的推论及 Amos 等血清学资料[6,7]。说明在某些病人可能检测出特异性淋巴细胞毒性反应的现象是可以理解的。这提示我们，为了正确分析人类淋巴细胞的细胞毒性反应，查清效应细胞及靶细胞表面的 HLA，是十分重要的。

另外，鉴于鼻咽癌病人淋巴细胞与 CNE 靶细胞之间 HLA 完全不同的情况下很少出现明显的细胞毒性反应，可能表明该鼻咽癌的相关的特异性抗原的免疫原性不强，否则这种 HLA 的限制现象不至于如此严格。Sukurai 等在流感病毒 PR8 病毒的实验研究中，曾经观察到这种 MHC 的限制现象与免疫动物时所用病毒的剂量很有关系。采用大剂量病毒免疫的动物，其淋巴细胞对同系或同种的靶细胞出现细胞毒性反应受到 MHC 的限制只是相对的；表现为反应程度的强弱或出现反应时间的快慢之分；但是，经小剂量病毒免疫动物的淋巴细胞只能对同系的靶细胞出现细胞毒性反应[8]。

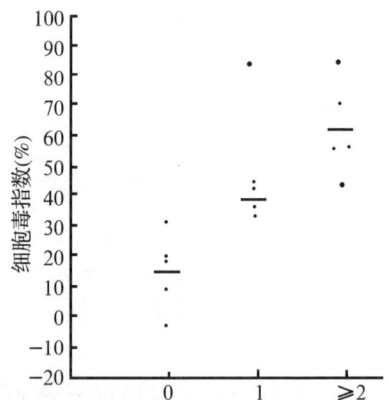

效应细胞与靶细胞 HLA 相同的数目

**图 3　鼻咽癌病人淋巴细胞细胞毒性
反应与 HLA－A 及/或－B 抗原相容
程度的关系每组病人细胞毒指数平均值**

〔原载《中华肿瘤杂志》1982，4（4）：254－256〕

表 1　HLA 与鼻咽癌病人外周血淋巴细胞细胞毒性反应的关系

项目	HLA－A 及/或－B 抗原				
	定型者				未定型者
	部分相容者	不相容者	合计		
实验例数	12	7	19		109
阳性例数	11	1	12		69
阳性率（%）	92	14	63		65
平均细胞毒指数(%)	59	14	34		28

表 2　正常人及鼻咽癌病人外周血淋巴细胞与鼻咽癌上皮样细胞株（CNE 靶细胞）HLA－A 及/或－B 抗原的相容情况

实验组	实验例数	HLA－A 及/或－B 抗原相容者				
		相容程度 *			总例数	百分比
		1	2	3		
鼻咽癌病人	33	12	5	1	18	54.55
	19 **	7	4	1	12	63.15
正常人	33	11	3	1	15	45.45
	12 ***	4	1	1	6	50.00

注：＊ 出现相容的 HLA－A 及/或－B 抗原数目

　　＊＊ 图 2 的鼻咽癌病人　＊＊＊图 2 实验的对照组

参 考 文 献

1　Doherty PC，et al. Specificity of virusimmune effector T cells for H－2K or H－2 D compatibic interactions：Implications for H－atigen diversity. Transplant Rev，1976，29：89

2　Svedmyr E，et al. Cytotoxic effector cells specific for B cell lines transformed by EBV are present in patients with infectious mononucleosis（Specific cell－mediated cytotoxicity）. Proc Nat Acad Sci USA，1975，72：1622

3　McMichael AJ，et al. HLA restriction of cell mediated lysis of influenza virus－infected human cells. Nature，1977，270：524

4　彭仁玲，等. 食管癌的细胞毒性反应——食管癌患者外周血淋巴细胞的体外细胞毒活性. 科学通报，1979，24（22）：1049

5　Kaplan ME，et al. An improved rosetting assay for detection of human T lymphocytes. J Immun Metod，1974，5：131

6　Matzinger P，et al. Why do so many lymphocytes respond to major histocompatibility antigens? Cellular Immunology，1977，29：1

7　Amos DB，et al. HLA Typing. p797－804，In Rose NR，（eds）：Mannual of Clinical Immunology，American Society for Microbiology Washington DC，1976

8　Sakurai T. Cell－mediated－immunology of influenza in vitro. Virus，1977，27（1）：56

Cell－Mediated Immunity and Its HLA Restriction in Nasopharyngeal Cancer Patients

LIN min-chun, et al.

（Cancer Institute，Chinese Academy of Medical Sciences，Beijing）

The tumor cytotoxic effect of unfractionated lymphocytes and fractionated T and B－cells from patients with NPC on NPC epithelioid cell line（CNE）was studied. In this reaction，the positive rates of T－（E－rosette－forming），B－（non－E－rosette－forming）and unfractionated lymphocytes were 78%，61% and 5% respectively，whereas those of the T and unfractionated lymphocytes from the control group were only 0 – 11%.

In addition, it was found that the T lymphocyte – mediated cytotoxic effect was restricted by the HLA – A and/or – B antigens on the surface of the effector and target cells. The lymphocytes from NPC patients reacted poorly with CNE target cells when their HLA – A and/or – B antigens differed completely each other, the positive rate being 14%. Nevertheless, a high positive rate (92%) did exist when they showed at least one antigen in common. The lymphocytes from normal persons did not react with CNE cells regardless of the HLA – A and/or – B phenotypes. The probability that the lymphocyte from both NPC patients and normal persons shared identical antigens with the CNE cell line lay between 45% – 63%, hence it is preferable to use the CNE cell line as target cell for the cytotoxic reaction. The specificity of the cytotoxic reaction and the possible existence of tumor – associated antigens on the surface of NPC cells are discussed.

52. 宫颈癌患者单纯疱疹病毒的分离与鉴定

中国医学科学院病毒学研究所　田　野　曾　毅　北京妇产医院　刘延富

自从 Naib 首先提出Ⅱ型单纯疱疹病毒感染与宫颈癌可能有关之后[1]，国内外大量的研究表明宫颈癌患者Ⅱ型单纯疱疹病毒抗原和抗体的阳性率均较对照组高[2,3]，在宫颈癌组织中发现Ⅱ型单纯疱疹病毒 DNA 和 mRNA[4]，灭活的单纯疱疹病毒及其基因片段能在体外转化细胞[5]，这种转化细胞再接种给同种新生动物，可使之产生肿瘤[6]，甚至接种Ⅱ型单纯疱疹病毒于小白鼠和卷尾猴宫颈处能诱发组织恶变[7,8]。这些研究都表明Ⅱ型单纯疱疹病毒与宫颈癌之间有密切的关系，但也有一些资料不能证明这一点[9]。本文报告我国宫颈癌病人单纯疱疹病毒的分离及鉴定，从病原学角度探讨在我国宫颈癌与Ⅱ型疱疹病毒感染的关系。

材料和方法

一、细胞　原代乳兔肾细胞（RK 细胞），鸡胚细胞。

二、病毒　Ⅰ型单纯疱疹病毒（HSV – 1）：Stoker 株，滴度 $10^{6.5}$ $TCID_{50}/ml$。Ⅱ型单纯疱疹病毒（HSV$_2$）：SaV 株，滴度 10^6 $TCID_{50}/ml$。

三、抗血清　抗Ⅰ型单纯疱疹病毒兔抗血清：效价 1∶527（购自生物制品鉴定所）。抗Ⅱ型单纯疱疹病毒兔抗血清：效价 1∶250（自备）。

四、标本收集[10]

1. 对象：未经治疗的宫颈鳞癌患者18人（45岁以上），同年龄对照组21人，低年龄对照组14人（45岁以下）。

2. 方法：用棉拭子沿宫颈擦拭一周，置于含 2 ml RPMI 1640 维持液的中号试管内，维持液内含 2000 U/ml 青霉素，2000 ng/ml 链霉素，40 U/ml 庆大霉素，25 ng/ml 制霉菌株。标本置4℃保存，8 h 内接种于 PK 细胞。

五、病毒分离[10]　将棉拭子在试管壁挤干弃去，标本液 1500 r/min 离心 10 min，接种 0.1 ml 上清液于 RK 细胞管中，37℃吸附 1 h，加入 1 ml Eagle 维持液，37℃孵育，细胞病变

+++即进行传代。经三次传代均出现满意病变者，为分离到的病毒株，-40℃冰存（图1、图2略）。

六、病毒的鉴定与分型 见图3。

用中和试验鉴定单纯疱疹病毒[11]。分离的病毒株用Hank′s液 10^{-2} 稀释，抗Ⅰ型单纯疱疹病毒兔抗血清1∶20稀释，能被此血清中和的病毒株即为单纯疱疹病毒株。根据早代病毒株在鸡胚细胞上形成空斑的能力不同进行分型[12,13]，即HSV-2病毒能形成较大的空斑，HSV-1形成的空斑极小。

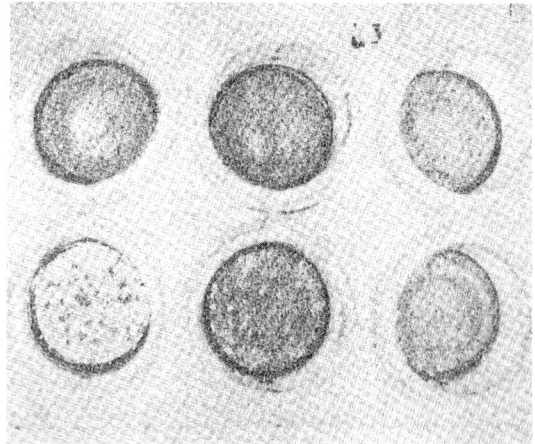

图3　HSV₂（T₂株上排）与HSV₁（T₃株下排）在鸡胚细胞上形成的空斑

结　　果

在病毒分离过程中，一般在接种标本液72 h后，PK细胞出现灶性的细胞肿胀，圆缩，表现为典型的HSV感染所出现的细胞病变。96 h后，病变逐渐达++~+++，这时收获病毒。观察7 d未出现病变的细胞管盲传三代，确实无病变者为阴性。

分离病毒所使用的维持液中，除使用大剂量的青、链霉素和制霉菌素外，还加入庆大霉素，有效地抑制了细菌和真菌的生长。除对照组两例标本液污染外，其余标本都顺利地进行了病毒分离。

本实验从宫颈癌患者18例，分离出HSV 11株，分离率为61%，其中HSV₁ 4株，分离率为22%，HSV₂ 7株，分离率为39%。从同年龄对照组21例分离出HSV 8株，分离率为38%，其中HSV₁ 6株，分离率为29%，HSV₂ 2株，分离率为14%，其中HSV₁与HSV₂各1株，分离率都为7%。宫颈癌与两个对照组之间，HSV₂分离率均有显著性差别（$P<0.05$）（表1、图4）。

表1　宫颈癌及对照组妇女HSV分离率的比较

组　别	检查例数	HSV₁ 分离株数（%）	HSV₂ 分离株数（%）	HSV总计 分离株数（%）
宫颈癌组	18	4(22)	7(39)	11(61)
同年龄对照组	21	6(29)	2(10)	8(38)
低年龄对照组	14	1(7)	1(7)	2(14)

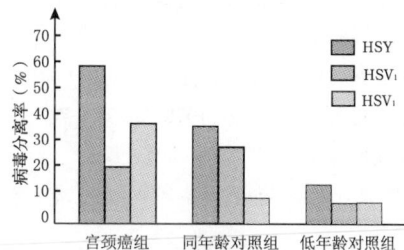

图4　宫颈癌与对照组妇女
HSV分离率的比较

讨　　论

本试验HSV₂分离率在宫颈癌与对照组之间有显著性差异（$P<0.05$）。表明在我国HSV₂感染与宫颈癌之间有一定关系。国内外文献都曾报道从宫颈癌病变处可以分离到HSV₂，但分

离率较低。1971 年 Aure lian 在做宫颈癌细胞的组织培养时,分离到 1 株 HSV_2[14]。1979 年向迈敏从 26 例宫颈癌组织中分离到 1 株 HSV,从 53 例癌患者的宫颈分泌物中分离到 2 株 HSV,从 253 例对照妇女中分离到 4 株。对其中 5 株分型发现 3 株为 HSV_2[15]。1981 年 Subak - Sharp 报告从宫颈组织活检中分离 HSV,在 56 例对照妇女中分离到 1 株 HSV_2,从 35 例浸润癌中分离到 1 株 HSV_1,4 株 HSV_2,从 43 例原位癌中则未分离到病毒[16]。本实验的病毒分离率较文献报道为高,可能与下述情况有关:首先是北京妇产医院肿瘤科的主治医生亲自取材,保证所取标本定位十分准确,其次选用对 HSV 最易感的乳兔肾细胞和在 8 h 内接种标本,第三在分离中使用了庆大霉素,有效地抑制了标本中杂菌的污染。此外也可能由于地区、人种的不同,病毒的分离率也不相同。

对临床分离的 HSV 进行分型是比较困难的一步。我们曾试用鸡胚绒毛尿囊膜痘斑试验[10]与小白鼠肝坏死试验,发现鉴定标准粗糙,难以准确分型。在血清学方面曾采用依赖补体的细胞毒试验,间接免疫酶法及免疫荧光方法。试验结果表明 HSV_1 与 HSV_2 有 50% DNA 相同,大量的交叉抗原使得血清学鉴定结果不清晰,或模棱两可,因此制备高度特异性的抗 HSV_2 抗体,是采用血清学方法分型的前提。1971 年 Lowry 与 Melnick 提出,使用原代或低传代的 HSV_1 及 HSV_2,它们在鸡胚细胞中形成的空斑大小不同,因此可以分型[12]。Hsiung(熊菊贞)将此法作为 HSV 分型的基本方法。但就注意,只有传代三次以内的病毒株适合这种方法,否则随着传代次数的增多,HSV_1 形成空斑的概率也增加。在我们的试验中也发现传代七次之后,两型病毒都可在鸡胚细胞中形成大的空斑,其原因尚不明了。通过对各种分型方法的实验与分析,我们认为鸡胚细胞空斑形成试验较其他方法准确,简便。本实验就是采用这种方法完成 HSV 病毒株的分型。

〔原载《癌症》1982,2:118 - 120〕

参 考 文 献

1　Naib Z M. Cancer,1966,19:1026

2　Nahmias AJ. Oncogenesis and Herppesvirus Ⅱ. PartI,1978. 309 - 313

3　Rawls WE. Origins of Human Cancer(B),1977. 1133 - 1155

4　Klcin PA. Ann Rev Med,1977,28:311 - 327

5　Rapp F. Arch Virology,1978,55:77 - 78

6　Rapp F. Cancer,1977,40:419 - 429

7　陈敏海. 中华肿瘤杂志,1980,2(4):259 - 4262

8　Palmer AE. Canar Res,1976,36:807 - 809

9　Hausen HI. Int J Cancer,1974,13:657 - 664

10　Hsiung GD. Diagnostic Virology,1973,148(New Haven)

11　Dulbeceo R. Virology,1956,2:162:205

12　Lowry SP J. Jen Virol,1971,10:1 - 9

13　Auderson CA. Infect and Immunity,1980,30(1):159 - 169

14　Aurelian L. Science,1971,174:704 - 707

15　向迈敏. 阴道疱疹病毒与宫颈部关系的研究论文汇编. 湖北医学院编,1981

16　J. Subak - Shamp 在医科院病毒所报告

53. 应用抗补体免疫酶法检查宫颈癌脱落细胞中单纯疱疹病毒抗原

中国医学科学院病毒学研究所　田　野　曾　毅　北京妇产医院　刘延富

文献曾报道应用免疫酶法[1]、免疫荧光法[2,6]及抗补体免疫荧光法[3]测定宫颈癌细胞中单纯疱疹病毒（HSV）抗原。Nahmina 用抗体补体免疫荧光法检查浸润性宫颈癌细胞中单纯疱疹病毒抗原，其阳性率为 54%，而正常宫颈细胞均为阴性。荧光标记在核、核周围区，细胞质和整个细胞。在抗补体免疫荧光法的基础上，曾毅等建立了抗补体免疫酶法[5]，并用这种方法检查鼻咽癌细胞中的 EB 病毒核抗原[5]。

本文应用抗补体免疫酶法检查了 18 例宫颈癌病人及 21 例同年龄组非癌妇女的宫颈脱落细胞，结果两组单纯疱疹病毒抗原阳性率分别为 72.2% 及 28.6%，两者存在显著性差异，表明在我国宫颈癌与单纯疱疹病毒感染有关。

材料和方法

一、细胞涂片的制备　从 18 例宫颈癌病人及 21 例同年龄组非癌妇女收集宫颈脱落细胞涂片，每例涂片两张。冷丙酮 4℃ 固定 10 min，4℃ 干燥保存。一张玻片用于细胞学检查癌细胞，另一张玻片用于抗补体免疫酶法检查 HSV 抗原。

取 HeLa 细胞、B_{95-8} 细胞、R66 细胞（人肺癌细胞株）、HK 细胞（人胚肾原代细胞）、L929 细胞（小鼠传代淋巴母细胞株）作细胞涂片。冷丙酮 4℃ 固定 10 min，4℃ 干燥保存，作为试验的阴性对照。

另取分别经 I 型单纯疱疹病毒（HSV，Stoker 株、Ig $10^{[6,5]}$ $TCID_{50}$/ml）和 II 型单纯疱疹病毒（HSV_2；SAV 株，Ig 10^6 $TCID_{50}$/ml）感染后出现 +++ 细胞病变的 HeLa 细胞涂片。冷丙酮 4℃ 固定 10 min，4℃ 干燥保存，作为试验的阳性对照。

二、抗血清　抗 HSV_2 免疫血清，滴度为 1：250；抗脊髓灰质炎病毒 I 型兔血清，滴度为 1：282；抗腺病毒 Ad-19 兔血清，血凝抑制滴度 1：40～1：80；抗乙脑病毒 A_2 兔血清，滴度 1：100；均为本所制备，经 56℃ 30min 灭活后使用。后三种抗血清作为阴性对照。

三、抗补体免疫酶法　在细胞涂片上加入最终浓度为 1：10 的抗 HSV_2 兔血清和正常豚鼠新鲜血清补体，置 37℃ 湿盒内 1 h，用 BSS 洗 3 次，每次 5 min。再加 1：20 过氧化物酶标记的抗豚鼠 C_3 抗体，置 37℃ 湿盒内 30 min，用 BSS 液洗 3 次，每次 5 min。然后用二氨基联苯胺和 H_2O_2 染色。光学显微镜观察结果。除实验组外，本试验设下列对照：阳性和阴性细胞对照；阴性补体对照，阴性血清对照四组。

实验结果

一、对照试验　为确定抗补体免疫酶的特异性，分别以 HSV_1 及 HSV_2 感染的抗原阳性 HeLa 细胞、未感染 HSV 的 HeLa、R66、B95-8、L929 和 HK 细胞；以抗 I 型脊髓灰质炎病毒兔抗血清、抗腺病毒 Ad – 19 兔抗血清、抗乙脑病毒 A_2 兔抗血清代替抗 HSV_2 兔抗血清；灭活豚鼠血清代替正常豚鼠血清作补体等试验。结果列于表 1 和 2。

表 1 用抗补体免疫酶法检查细胞中的 HSV_2 病毒抗原

抗血清1：10	B95 – 8	R66	HK	L929	LeLa	HeLa + HSV_1	HeLa + HSV_2
抗 HSV_2 兔抗血清	–	–	–	–	–	+	+
盐 水	–	–	–	–	–	–	–

二、细胞学检查 应用抗补体免疫酶法检查宫颈脱落细胞中的 HSV_2 抗原，全部涂片经巴氏染色做细胞学检查。18 例宫颈癌涂片中 16 例发现癌细胞，对照组全部阴性。18 例经病理组织学确诊的宫颈癌中 13 例可见 HSV_2 抗原阳性细胞，占 72.2%。这些阳性染色的细胞中有些是正常上皮细胞，见于所有 13 例涂片中。有些是癌细胞，只见于其中 8 例标本。阳性细胞大部分是全部胞质着色，也有仅仅是胞膜着色者（图 1、图 2）。

21 例健康妇女宫颈脱落细胞涂片中 6 例 HSV_2 抗原阳性，占 28.6%，与宫颈癌组相比有显著性差异（$P < 0.05$）（表 3）。

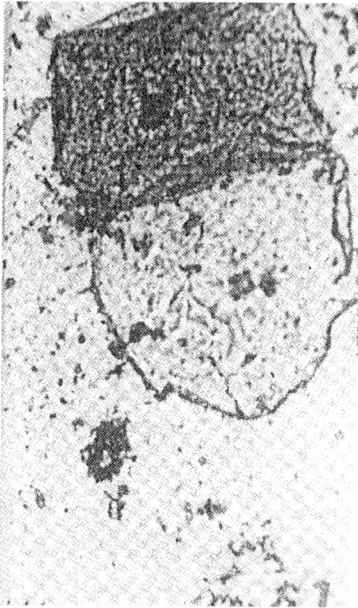

宫颈糜烂阳性(上)与阴性细胞(下)均为角化细胞

图 1 宫颈脱落细胞涂片，抗补体免疫酶法检查 HSV_2 抗原

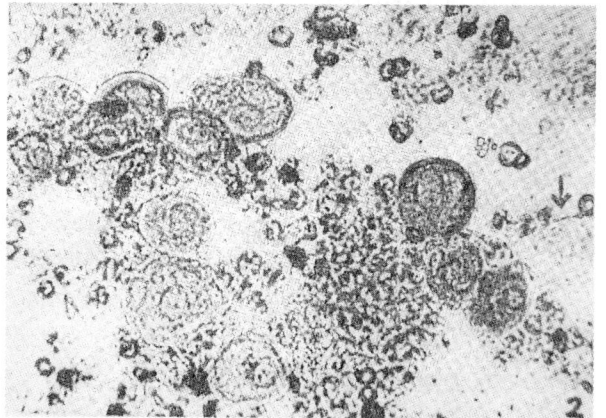

鳞癌 II_B 结节型。阳性的圆形癌细胞聚集成群，核大、多核，核畸变明显。左侧有一阳性细胞（箭头所示）

图 2 子宫颈脱落细胞涂片，抗补体免疫酶染色检查 HSV_2 抗原

表2 不同的特异性抗体用 HSV 抗原检测的特异性					
细胞	抗血清				
	抗 HSV_2	抗乙脑病毒	抗腺病毒	抗脊髓灰质炎病毒	盐水对照
HeLa	−	−	−	−	−
HeLa + HSV_1	+	−	−	−	−
HeLa + HSV_2	+	−	−	−	−

表3 宫颈癌及对照组脱落细胞 HSV_2 抗原阳性率的比较				
组别	检查例数	阳性例数	（%）	P 值
宫颈癌组	18	13	72.2	<0.05
对照组	21	6	28.6	

8 例有 HSV_2 抗原阳性癌细胞的涂片，可见阳性细胞多而堆集在一起，而其余 5 例仅找到少数散在的阳性细胞。后者均为浸润癌。对照组中，4 例标本可见深染的阳性细胞聚集成簇，而另 2 例仅见少数阳性细胞，这 2 例均无宫颈病变。

讨　论

对宫颈癌细胞或组织中 HSV_2 抗原的检查国内外均已有报道。国内有两组用免疫荧光法检查宫颈脱落细胞中的 HSV_2 抗原的报告，阳性率在宫颈癌组分别为 100%（25/25）与 32%（8/25），相差悬殊[2,6]。我们用抗补体免疫酶法检查宫颈癌组的 HSV_2 抗原阳性率居两者之间，而对照组的阳性率则相仿。Dreesmar 用免疫酶法检查了宫颈癌组织中 HSV_2 特异性抗原 ICSP 34/35，其阳性率在宫颈癌组为 38%（8/21），在对照组为 4%（4/103）[1]。几个报告都说明宫颈癌脱落细胞 HSV_2 抗原与健康对照组的阳性率存在着显著性差异，说明 HSV_2 感染与宫颈癌密切相关。

本实验中阳性的正常上皮细胞染色深，尤其是基底层细胞；而阳性的癌细胞染色较浅，有 5 例浸润癌阳性细胞数量较少。这是否表明宫颈癌细胞在恶变过程中，HSV_2 抗原逐渐丢失？有待继续研究。

我们曾从这 18 例宫颈癌中分离出 11 株 HSV，其中 9 例是从脱落细胞 HSV_2 抗原检查阳性患者中分离出。HSV 的阳性分离与抗原的检查阳性结果符合率达 70%。

对照组的 6 例 HSV_2 抗原阳性者中有 4 例患不同程度的宫颈炎。江西普查中表明宫颈糜烂患者的患癌率较正常人高 2 倍[7]。因此，对 HSV 抗原阳性的宫颈炎患者追踪观察可能是有意义的。

〔原载《癌症》1982，4：239－240〕

参 考 文 献

1　Dreesman GR. Nature, 1980, 283：591.

2　陈敏海. 中华肿瘤杂志，1979，4：255.

3　Nahmias AJ. Oncogenesis and Herpesvirus II partI, 1978, 309.

4　曾毅. 中国医学科学院学报，1980，2：133.

5　曾毅. 中国医学科学院学报，1980，2：220.

6　山东省医学院微生物教研组病毒室妇产科，山东医学院学报，1980，5：12.

7　胡延溢. 怎样防治宫颈癌. 第一版. 南昌，1981，2.

54. 抵抗8-氮鸟便嘌呤的CNf-A细胞株的建立

中国医学科学院病毒学研究所肿瘤病毒室　谷淑燕　曾　毅　叶树清

〔摘　要〕　用8-AG从人的鼻咽癌上皮细胞株CNf建立了一个HGPRT自然突变株（CNf-A）。此株细胞对8-AG有抵抗，在20 μg/ml 8-AG培养液中维持了一年，HAT培养基能杀死CNf-A细胞，此细胞能与带EB病毒基因的类淋巴母细胞B95-8融合，形成的杂交细胞能在HAT培养液中存活，并可检出EB病毒的核抗原。

细胞杂交技术在病毒学和免疫学中已广泛应用，但多是动物与动物细胞融合，人细胞与动物细胞融合后，人细胞的染色体会逐渐丢失。能用于进行人细胞与人细胞融合的缺酶细胞株不多。为了研究EB病毒与鼻咽癌细胞的关系，我们从人的高分化鼻咽癌细胞株（CNf）中建立了抵抗8-氮鸟便嘌呤（8-Azaguanine）的CNf-A细胞株。此株细胞可用于人细胞与人细胞的融合。

材料和方法

一、细胞株　（1）CNf[1]：来源于高分化的鼻咽癌上皮细胞株。不带任何可查出的EB病毒的抗原和病毒基因。（2）B95-8细胞株；带EB病毒的类淋巴母细胞株，两者培养液均为含20%小牛血清的1640培养基。

二、化学试剂　（1）8-氮鸟便嘌呤（8-Azaguanine，简称8-AG）：瑞士Fluka产品，溶于弱碱性溶液，使用液为400 μg/ml母液，4℃保存；（2）HAT培养液：含20%小牛血清的1640培养液，含HAT的最终浓度分别为次黄嘌呤（H）1×10^{-4} mol/L，氨基嘌呤（A）4×10^{-7} mol/L，胸腺嘧啶（T）1.6×10^{-5} mol/L；（3）聚乙二醇（PEG）；细胞融合剂，相对分子质量1000~1500，西德E Merck产品。高压灭菌后置37℃水浴降温，加等体积血清培养液配成50%（W/V）溶液。分装后在4℃保存。

三、抗8-AG细胞株的选择　先将CNf细胞培养在含0.1 μg/ml 8-AG的培养液，存活细胞形成集落，再连续培养在每毫升含0.5 μg、1 μg、5 μg和20 μg 8-AG的培养液，随着8-AG浓度增加，形成的集落数减少。最后在20 μg/ml 8-AG浓度下选出5个细胞集落，并在同浓度8-AG培养液中培养了一年。

四、细胞杂交方法　CNf细胞和B95-8细胞在悬浮状态下融合。CNf细胞接种后48 h换液，过24 h用0.1%胰酶与0.02% versene混合液消化。混合5×10^5 CNf细胞和5×10^8 B95-8细胞，离心后弃上清，轻轻摇散细胞团，置37℃水浴，1 min内在摇动中滴加PEG溶液0.5 ml，置37℃水浴15 min，在2 min内滴入8ml RPMI 1640溶液8 ml以终止PEG作用。离心去除PEG后将细胞悬浮在培养液中，轻轻摇散细胞团并接种。24 h后换含HAT的选择培养液，48 h换液一次。一周后，每周换液一次直到出现肉眼可见的细胞集落，改换仅含HT的生长液使细胞迅速生长。当细胞集落直径达0.3 cm时，挑取单个细胞集落，培养并检查 EB 病毒的抗原。

五、检查杂交细胞中的 EB 病毒抗原（EBNA） 应用抗补体免疫酶法[2]和抗体免疫荧光法[3]。

结　　果

一、抗 8－AG 细胞株的建立和生长特点 CNf 细胞在含不同浓度 8－AG 的培养液中，经过 5 次选择性培养，获得了能在 50 μg/ml 8－AG 培养液中存活的细胞集落，其中一个在 20 μg/ml 8－AG 中维持一年，称其为 CNf－A。

1. 不同浓度 8－AG 对 CNf 细胞的毒性作用：CNf 细胞和抵抗 8－AG 的 CNf－A 在不同浓度的 8－AG 中培养，每组 4 管，每管 10 万 /ml 细胞，接种后 48 h 换液，再过 48 h 计算平均活细胞数。CNf 细胞在正常培养液中培养 96 h 后为 26 万/ml，在 0.5 μg/ml 8－AG 培养中培养仅有 1.5 万/ml。CNf－A 细胞在相同浓度 8－AG 中培养，细胞数为 16 万/ml，8－AG 浓度增加至 20 μg/ml，细胞数与 0.5 μg/ml 时无明显差别。50 μg/ml 8－AG 对 CNf－A 细胞的生长有抑制作用，但 96 h 仍有 5 万/ml 活细胞（图 1）。

2. CNf－A 细胞在 5 μg/ml 8－AG 中培养的生长曲线，连续培养 6 d，每管接种 5 万/ml 细胞，每隔 48 h 换液并计算活细胞数。CNf 细胞作对照。CNf 细胞在正常培养液中培养 48 h 后细胞数增长 1 倍，在 5 μg/ml 8－AG 培养液中未见存活细胞；CNf－A 细胞在 5 μg/ml 8－AG 培养液中培养 6 d 后，细胞总数与不加药组无明显差别。每毫升接种 10 万细胞，结果相似（图 2）。

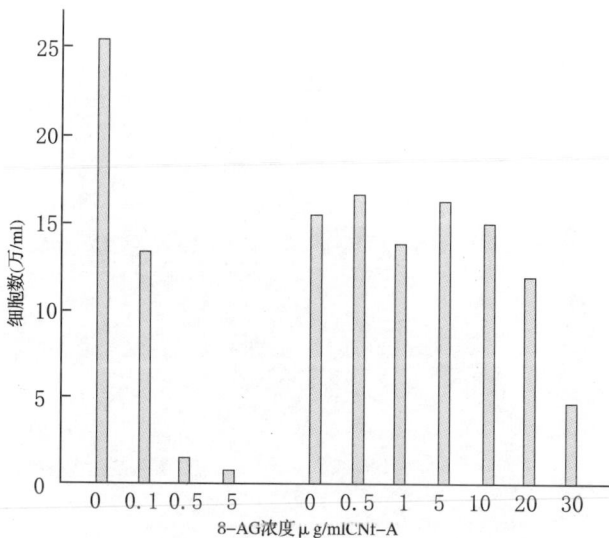

图 1 不同浓度 8－AG 对
细胞生长的影响

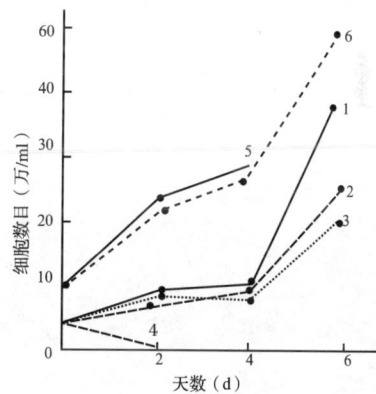

图 2 CNf－A 细胞在 5μg/ml
8－AG 中的生长曲线

1. 为 CNf 对照；
2. 为 CNf－A 对照；3. 为 CNf－A 5μg/ml 8－AG；
4. 为 CNf 5μg/ml 8－AG，5. 为 CNf－A 对照，
6. 为 5μg/ml 8－AG

3. HAT 培养液对细胞的影响：把 CNf 和 CNf－A 接种在 HAT 和 8－AG 培养液中，每周换液两次，两周后观察克隆形成情况。CNf 细胞在 10 μg/ml 8－AG 培养液中不能生存，而在 HAT 培养液中能形成克隆；CNf－A 细胞在 10 μg/ml 8－AG 中克隆形成率与在正常培养

液中相似，但在 HAT 培养液中不能形成克隆。

二、应用 CNf – A 细胞建立杂交细胞株　　CNf – A 细胞与 B95 – 8 细胞融合，在含 HAT 的培养液中培养 4 周，获得杂交细胞的克隆，换正常液维持并传代。杂交细胞的形态为皮样细胞（图 3）。杂交细胞生长良好，能继续传代。杂交细胞建立和维持 5 个月后分别检查 EB – NA，用抗补体免疫酶法和荧光法所获结果一致，可见细胞核内的荧光颗粒或深棕色颗粒为 EBNA 阳性（图 4，图 5）。CNf – A 细胞 EBNA 阴性（图 6）。

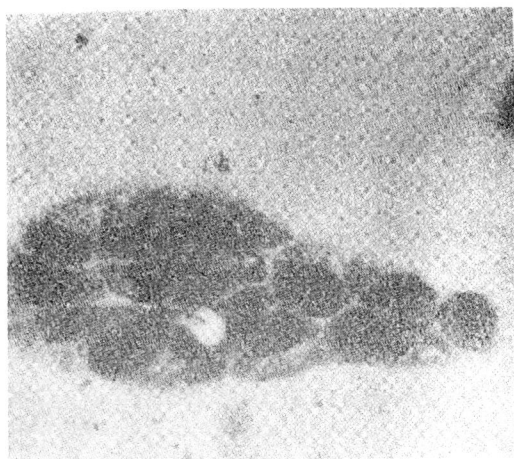

图 3　CNf – A/B95 – 8 杂交细胞，
为上皮样细胞，Giemsa 染色 120 ×

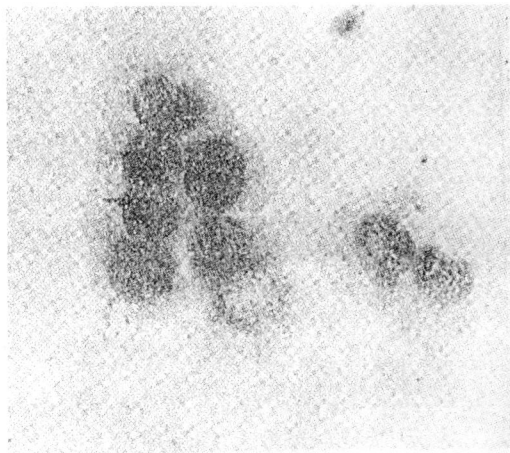

图 4　用抗补体免疫酶法检查杂交细胞，
细胞核内有深棕色颗粒，为 EBNA 阳性 120 ×

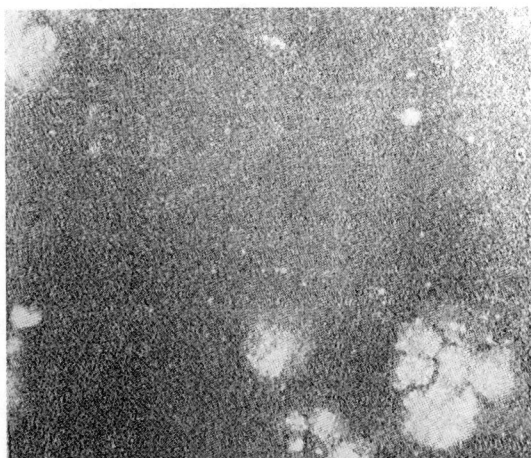

图 5　用抗补体免疫荧光检查杂交细胞，
细胞核内有点状荧光，为 EBNA 阳性 120 ×

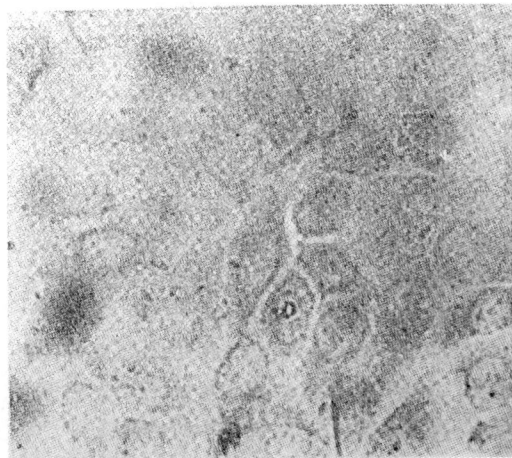

图 6　抗补体免疫酶法检查 CNf – A 细胞，
细胞核内无染色，为 EBNA 阴性 120 ×

讨　　论

在含 8 – AG 的培养液中选择、建立了缺乏 HGPRT 酶的 CNf – A 细胞株。绝大多数含

HGPRT 酶的细胞能使 8 – AG 渗入 DNA 而致死。少数含酶量极低或没有此酶的自然突变株在 8 – AG 培养中存活下来，并形成细胞集落。逐渐增加培养液中 8 – AG 的含量，获得 HGPRT 酶更低或不含此酶的突变株。在含 20 μg/ml 8 – AG 的培养液中获得的抗药细胞能抵抗 50 μg/ml 8 – AG 的毒性作用，在含 8 – AG 的培养液中维持了一年以上。

培养液中含 0.5 ~ 20 μg/ml 8 – AG 对 CNf – A 细胞生长无明显影响。同含 CNf 细胞在 5 μg/ml 8 – AG 培养液中两天全部死亡，但当含 0.1 ~ 0.5 μg/ml 8 – AG 时，有 13 万/ml ~ 1.5 万/ml细胞存活，其绝大多数不是缺酶细胞，继续在含 8 – AG 的培养液中培养，即使不增加 8 – AG 浓度，细胞数仍继续减少，绝大多数不形成集落，而 CNf – A 细胞在 20 μg/ml 8 – AG 液体中能被连续传代，维持一年以上。由于 CNf – A 对 8 – AG 的抵抗，并且在 HAT 选择培养基中不能存活，证明它不含或仅含极少量的 HGPRT 酶。CNf – A 与 HGPRT$^+$ 细胞 （B$_{95-8}$） 杂交时，杂交细胞 CNf – A/B$_{95-8}$ 成为 HGPRT$^+$，能在 HAT 培养基中存活，它有上皮细胞特点，并检查到 EBNA，证明具有来源于 B$_{95-8}$细胞的 EB 病毒基因。

我们用 8 – AG 选择自然抗药的细胞株，自然突变率很低，所以选择概率很小。最近应用 EMS（Ethyl methyl sulfonate）诱变之后再用 8 – AG 选择，可直接用较大剂量的 8 – AG 获得抗药细胞株。

〔原载《中国医学科学院学报》1982，4（6）：363 –366〕

参 考 文 献

1 中国医学科学院肿瘤研究所病毒室，等．中国科学，1978，(1)：113.

2 曾毅，等．中国医学科学院学报，1980，2：134.

3 Reedman，BG et al. Int J Cancer，1973，11：499.

Establishment of A Cell Line Resistant to 8 – Azaguanine

GU Shu-yan，ZENG Yi，YE Shu-qing

（Institute of Virology，Beijing）

A mutant cell line （CNf – A） from a human nasopharyngeal carcinoma cell line （CNf） was established and had been maintained in vitro for one year in medium containing 20 μg/ml of 8 – Azaguanine. The original CNf cell line was derived from a well differentiated nasopharyngeal carcinoma. No EBNA and viral DNA were detected in this cell line. The CNf – A cell line was selected in medium with gradually increasing amount of 8 – Azaguanine from 0.5 – 50 μg/ml，and it was found to grow well in medium containing 20 μg/ml 8 – Azaguanine，but not in HAT medium. Hybridized cell lines （CNf – A/B95 – 8） were obtained by hybridization of CNf – A cell with B95 – 8 cell and EBNA was detected in these hybridized cell lines.

55. 从低分化鼻咽癌病人建立鼻咽癌上皮细胞株

中国医科院病毒研究所　谷淑燕　赵文平　曾毅

湛江医学院肿瘤研究室　唐慰平　赵明伦　邓惠华

中国医科院基础医学研究所　李昆

〔摘　要〕　从一例诊断为低分化鼻咽癌病人的鼻咽部肿物活检组织建立了鼻咽癌上皮细胞株（CNE－2）。初步研究了细胞株的生物学特性和与 EB 病毒的关系。在病人鼻咽脱落细胞和 CNE－2 早代细胞中检查出 EBNA，但多次传代后 EBNA 却转为阴性，其原因尚待进一步研究。

人癌细胞株的建立对探讨癌的病因发病学及防治均有重要意义。1978 年我们首先报告从高分化鼻咽癌病人建立了鼻咽癌上皮细胞株（CNE）[1]。1980 年 Huang 等人报告了另一个高分化鼻咽癌上皮细胞株（NPC/HK－1）[2]。这两个上皮细胞株都未检出 EB 病毒的标志。低分化鼻咽癌，细胞株的建立尚未见报道。1980 年我们从一例低分化鼻咽癌病人活检组织建立了另一株鼻咽癌上皮细胞株（CNE－2）。现介绍该细胞株的建立及其生物学特性。

材料和方法

一、组织来源和培养方法　组织取自鼻咽癌（Ⅳ期）患者，林某，63 岁，男性，广东籍，活检组织病理检查为慢性鼻咽炎。负压吸引鼻咽脱落细胞为低分化鳞状细胞癌（图1）。

癌组织体外培养及生长特性观察鼻咽部肿物活检组织放入含有青霉素、链霉素的 RPMI 1640 培养液内，在 4℃ 放置 2 h 后，将瘤组织剪成 1～2 mm^3 小块，充分洗涤后接种于预先涂有鼠尾胶原的玻璃瓶中，37℃ 培养 2 h 后，加入含 20% 小牛血清的 RPMI 1640 溶液。

用体外培养的 5 代细胞制备细胞悬液，按 1×10^4 细胞/ml 接种，每组 4 瓶，每隔 48 h 换液并计数，观察生长曲线。以每瓶 4 ml 含 100 个细胞，37℃ 培养 20 d，观察克隆形成率。

二、EB 病毒的抗原和抗体检查　用免疫荧光法检查病人血清中的抗 EB 病毒壳抗原的 IgG 和 IgA 抗体（VCA/IgA、VCA/IgA），抗早期抗原的 IgG 和 IgA 抗体（EA/IgG、EA－IgA）[4]以及抗核抗原的抗体。用已知抗体阳性的病人和阴性血清做对照。

检查所培养的鼻咽癌上皮细胞的 EBNA，用接种在小盖片上所生长的细胞或经胰酶－Versene 处理后的悬液细胞涂片[5]。

三、刀豆球蛋白－A（con－A）凝集试验　以培养 48 h 的细胞制备细胞悬液。先用不含钙、镁离子的 0.01 mol/L PBS 洗 3 次，再悬于含钙、镁离子的 0.01 mol/L PBS 中，浓度为 5×10^5 细胞/毫升。将浓度为 30mg/ml 的 Con－A 溶液，以 0.01 mol/L PBS 连续二倍稀释，每稀释度 0.1ml，加等量 5×10^5 细胞/毫升，室温放置 30 min，观察细胞凝集现象。

四、染色体检查 接种后 48 h 的细胞，加入秋水仙素 10 μg/ml，37℃再培养 48 h，胰酶–Versene 处理制备成细胞悬液，离心去除上清液，在 0.075 mol/L NaCl 溶液中膨胀三次，最后一次放置 10 min。以甲醇、冰醋酸（3∶1）溶液固定三次后，将少许固定液的细胞悬液滴于冰水浸泡的载片上，待标本放开后，干燥，用 Giemsa 染色，油镜下计染色体数。

五、电子显微镜标本取材和方法 培养细胞经 3.8% 戊二醛（磷酸缓冲液，pH 7.2 ~ 7.4）固定 2 h，再经 10% OsO_4（磷酸缓冲液，pH 7.2 ~ 7.4）固定 2 h，丙酮脱水后用 Epon812 包埋。超薄切片用醋酸铀和柠檬酸铅染色，用 Hitach H–600 型电子显微镜观察。

六、异种移植 用新生 1 d 的大白鼠 9 只，接种前一天用 X 线全身照射（300R），然后接种含 1.0×10^6 细胞悬液于乳鼠右上腋下，接种的同时及以后 2 d 于右上腋下注射可的松，8 d 后处死动物做病理检查。

结　果

一、病人血清的 EB 病毒抗体和鼻咽脱落细胞的 EBNA 检测 病人血清的各种抗 EB 病毒抗体的滴度分别为：VCA/IgG 1∶320，EA/IgG 1∶160，VCA/IgA 1∶40，EA/IgA < 1∶5，抗 EBNA 抗体为 1∶160。鼻咽脱落细胞中发现成团的癌细胞呈 EBNA 阳性（图2）[5]。

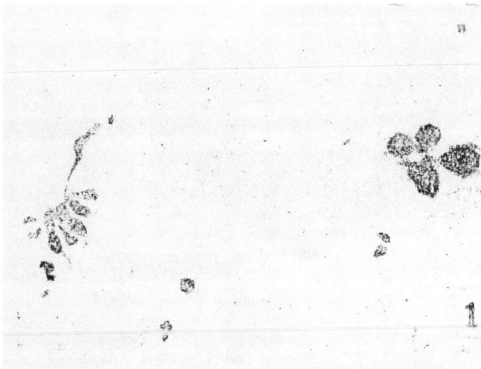

图1　鼻咽癌病人林某，鼻咽部肿物脱落
　　　细胞涂片（H. E × 40）

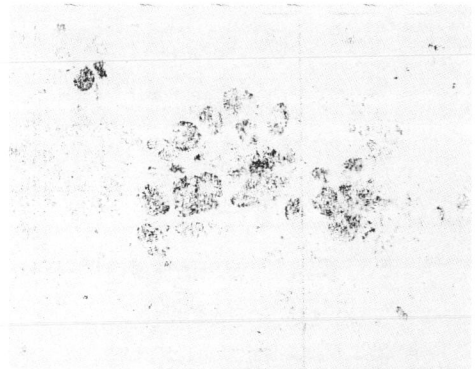

图2　鼻咽癌病人林某，鼻咽部肿物脱落
　　　细胞涂片，抗补体免疫酶法检查。(× 40)

二、细胞株体外生长特点 活检组织在湛江医学院肿瘤研究室接种一周后，上皮细胞从组织块周围向外迅速生长，少数组织块之间生长的细胞互相联结成片。接种后两周可见纤维细胞生长。将两瓶上皮样和纤维样细胞混合生长的细胞带至中国医学科学院病毒研究所继续培养。用同样培养液维持 2 周后，上皮细胞生长速度减慢，但纤维细胞仍生长旺盛。因而需经常刮去上皮细胞灶周围的纤维细胞，但仍保留其他部分的纤维细胞。维持 8 周后上皮细胞灶开始明显向周围伸展。此时，用胰酶处理容易去除纤维细胞，因此用刮脱和胰酶交替使用的方法去除纤维细胞。当上皮细胞灶直径达 0.5 cm 时，用 0.1 % 胰酶及 0.01 % Versene 处理传代。在胰酶 Versene 作用下上皮细胞变圆，但不易自瓶壁脱落，用毛细吸管边吹打边刮下部分细胞，再将细胞移出并接种于另一培养瓶。接种后仅部分细胞贴瓶，培养一天绝大部分细胞仍呈圆细胞，仅极少数细胞伸展。继后圆细胞及伸展的细胞体积逐渐增大，胞质内出现颗粒细胞泡，最后发生裂解。面原瓶未脱落的细胞却生长活跃，迅速占据转移出细胞留下的空隙。用胰酶处理的细胞在传代三次后，贴瓶的细胞呈上皮样，核清晰，可见核仁，少数发生退变。两周后细胞形成集落，连续传代二次，多呈集落生长。第三代细胞用 Giemsa 染色，可见细胞大小不等，一些细胞质内有颗粒和空泡，并见多核细胞和核破裂的细胞。第四代开始细胞呈单层生长，形态如上皮样细胞，此细胞株命名为 CNE－2（图3）。

留在湛江医学院的同一标本的细胞，经培养后也同时建立了细胞株。

接种 1.0×10^4 细胞/ml CNF－2 上皮细胞株，2 d、4 d、6 d 后分别达 1.2×10^4、1.8×10^4 和 3.5×10^4 细胞。第5代细胞的集落形成率为 16%。

三、细胞株的 EB 病毒抗原　用抗补体免疫荧光试验检查 CNE－2 细胞中各种 EB 病毒抗原。补体培养第3代细胞可见 EBNA 阳性，胞核呈颗粒状明亮的荧光（图4）。细胞传至第11代后进行多次检查，EBNA 均呈阴性。经 IudR 或巴豆油、丁酸激活的细胞，检查 EA、VCA 也呈阴性。将细胞与类淋巴母细胞株 HK－1 共同培养，观察 EB 病毒对上皮细胞的再感染，6 d 后上皮细胞的 EBNA 仍呈阴性。

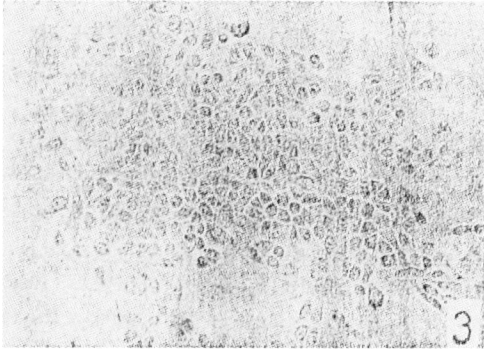

图3　鼻咽癌上皮细胞株第四代
（CNE－2）（×200）

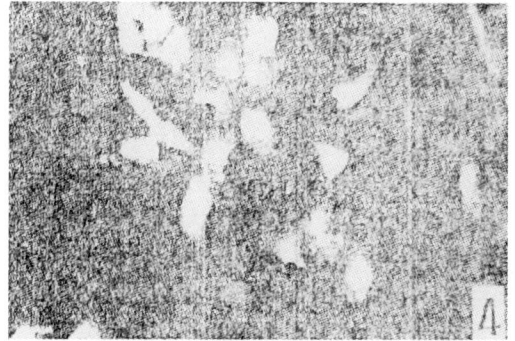

图4　鼻咽癌上皮细胞株第三代，
抗补体免疫荧光染色（×400）

四、刀豆球蛋白－A 对细胞的凝集作用　1 mg/ml 的 Con－A 能使 CNE－2 细胞凝集，随 Con－A 浓度的增加，凝集团增大。

五、染色体分析　观察 100 个细胞的染色体数目，均为异倍体，可见染色体畸变，众数为 74。

六、电子显微镜观察　CNE－2 细胞呈圆或椭圆形。表面有许多细胞的微绒毛。有一大而不规则的细胞核，核周仅有少量胞质。常见核被膜形成很深的凹陷，深入核内，使核有时呈不规则形或多核状。核内常染色质很丰富，仅有很少很小的异染色质团块附着于被膜内层内面及散在于中央地区。可见 1~2 个很大的核仁（图5）。核分裂相多见。细胞质内线粒体丰富。大小不一，呈圆形及椭圆形，其内室之基质斑密而深染，嵴间间隙及外室之基质浅染。大量核糖体及多聚核糖体散布于胞质之中，仅见少量的粗面内质网及滑面内质网。上述观察显示本株细胞生长活跃，多为分化不良细胞。并且在 DNA 复制、DNA 转录及蛋白质合成方面均处于很活跃的状态。

在一些接触紧密的细胞之间可见质膜形成桥粒，大部桥粒很小，分层不清晰（图5、图6），说明细胞分化不良。偶尔可见少量很大而典型的桥粒。胞质内可见丰富的张力原纤维，并与桥粒相连（图6）。以上结果都说明本株细胞来源于鳞癌细胞而非间质细胞。

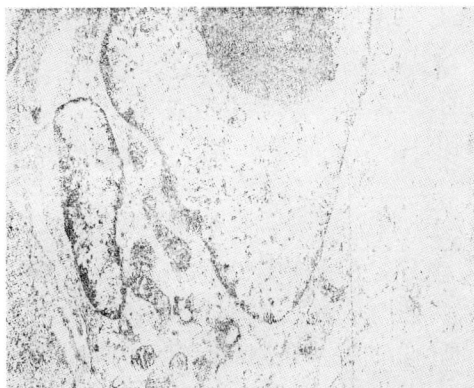

图5 鼻咽癌上皮细胞株（CNE-2）的电镜观察
（×9000）

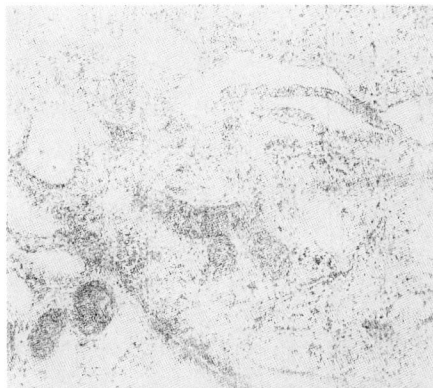

图6 胞质内张力纤维与桥粒相连

七、异种移植结果 动物接种后第3～5 d在9只乳鼠中有8只在局部皮下可摸到小结节。第8 d动物处死后，肉眼可见瘤结直径为0.1～0.8 cm。镜下观察：肿瘤细胞呈团块状及巢状排列，癌细胞为多角形、圆形或椭圆形，核大，核二肥大，常见多个核仁，核分裂相多见，并有病理性质分裂。有的癌团中央坏死，肌纤维间可见癌组织浸润，病理组织学诊断为鳞状细胞癌Ⅲ级（图7-8）。

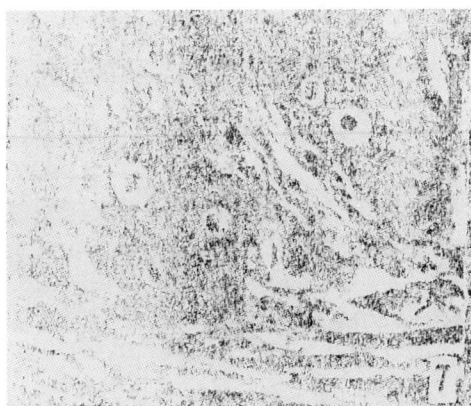

图7 CNE-2细胞接种于初生大鼠的组织
切片，癌细胞呈多角形，圆形或椭圆形
核分裂相多见，H.E 染色（×400）

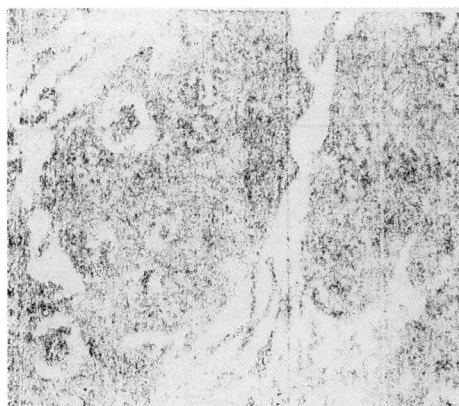

图8 CNE-2细胞接种于初生大鼠的组织
切片，癌细胞核大，核仁肥大，
核分裂多见，H.E 染色（×400）

讨 论

从一例低分化鼻咽癌病人鼻咽部肿物的活检组织建立了一上皮细胞株（CNE-2），根据细胞的生物学特性检查结果，证实为低分化鳞癌细胞。

活检组织学检查未见癌的改变，但在取活检标本的同时，鼻咽脱落细胞学诊断为低分化鳞癌；可见带有 EBNA 的癌细胞：病人血清的 VCA/IgA 和 EA/IgG 亦为阳性，故可诊断为低分化鳞癌。组织学检查未见癌细胞，可能是由于将大部分标本用作细胞培养，所余组织较少，未含癌组织。

本研究证实病人的鼻咽脱落细胞中有带 EBNA 的癌细胞，在成株的细胞中第 3 代细胞仍为 EBNA 阳性，但以后的传代细胞的 EBNA 却转为阴性。这可能是由于：（1）鼻咽癌细胞原有 EBNA 和病毒的核酸[6,7]，在体外培养过程中，失去了 EB 病毒的某些基因，如 EBNA 的基因；或 EB 病毒的基因被某些因素所激活形成完整的病毒，从而使细胞死亡，而存活下来的细胞却不带 EB 病毒基因。（2）dethe[8] 曾用核酸杂交方法证实 5 例高分化癌中 3 例有 EB 病毒 – DNA。因此，在后代细胞中未见到 EBNA 可能与检查方法不够敏感亦有关。如原来是 EBNA 阳性的细胞，确系经传代后亦为阳性，是值得进一步研究的问题。

建立低分化鼻咽癌细胞株对研究 EB 病毒与鼻咽癌的关系是重要的。我们已首次建立了低分化鼻咽癌细胞株，证明低分化鼻咽癌是能在体外培养并建立成上皮细胞株。为证明 EB 病毒与上皮细胞株的关系，应再建立几株来源于低分化或未分化鼻咽癌的上皮细胞株，特别是经多次传代后仍带有 EBNA 的细胞株。这项工作正在继续进行中。

〔原载《癌症》1983，2（3）：70 – 72〕

参 考 文 献

1　Laboralory of Tumor Viruses of Cancer Institute et al. Scientia Sinica, 1978, 21：127

2　Huang DP, et al. Int J Cancer, 1980, 26：127

3　Reedman B G, et al. Int J Cancer, 1973, 11：499

4　Zeng Y, et al. Intervirology, 1981, 29：32

5　曾毅等. 中国医学科学院学报，1980，2：132

6　de the, G, et al. Biomedicine, 1973, 19：349

7　Wolf H, et al. Nature, New Biol, 1973, 244：245

8　de the G：1981 年 5 月在华 学术报告

An Epithelsal Cell Line Estabilished from poorly Differentiated Nasopharyngeal Carcinoma

GU Shu-Yan[1], TANG Wei-Ping[2], ZENG Yi[1], ZHAO Ming-Lun[2],
ZHAO-WEN Ping[1], DENG hui-Hua[1], LI Kun[3]

（1. Institute of Virology, Chinese Academy of Medical Sciences；

2. Department of Cancer Research, Zhan Jiang Medical College, Guangdong；

3. Institute of Basic Medical Science, Chinese Academy of Medical Sciences）

An epithelial cell line, designated as CNE – 2, was established from biopsy of a poorly differentiated nasopharyngeal carcinoma. A primary investigation on the Biological characteristics and the relation to Epstein – Barr virus was performed. EBNA was detected in the cells from the tumor and cells of the third passage and in vitro disappeared after several passages. The detailed biological studies are being carried.

56. 广西苍梧县 EB 病毒 IgA/VCA 抗体
阳性者的追踪观察

中国医学科学院病毒学研究所　曾　毅

广西苍梧县肿瘤防治办公室

钟建明　李来云　邓　洪　祝积松　潘文俊　成积儒　莫永坤　谭碧芒

广西壮族自治区人民医院　王培中　马益如　韦继能　黎而介

中国医学科学院肿瘤研究所　刘育希

〔摘　要〕　本文报告对 148 029 人进行了血清学普查中，除普查发现的 55 例鼻咽癌病人外，对 IgA/VCA 抗体阳性者进行了 1~3 年的追踪观察，又发现了 32 例新的鼻咽癌病人，总计 87 例，IgA/VCA 抗体阳性者的鼻咽癌检出率为同年组人群发病率的 82 倍，这些结果与梧州市的结果相似。从第一次采血 IgA/VCA 抗体阳性的临床确诊的时间为 8~30 个月，平均为 13 个月，即在鼻咽癌确诊前 8~30 个月已有 IgA/VCA 抗体存在，表明 IgA/VCA 抗体的存在与鼻咽癌的关系密切。同时表明对 IgA/VCA 抗体阳性者定期进行追踪观察对鼻咽癌的早期诊断是十分重要的。

1978 和 1979 年我们应用免疫酶法在鼻咽癌高发区广西苍梧县对 30 岁以上人群进行了鼻咽癌的血清学普查[1,2]，对 EB 病毒 IgA/VCA 抗体阳性者再进行临床和组织学检查，证明测定 EB 病毒 IgA/VCA 抗体有助于发现鼻咽癌病人，特别是早期鼻咽癌病人。1980 年对 1978 年普查过的 30 岁以上人群进行了血清学复查。1978 - 1980 年三年共检查了 30 岁以上人群 148 029 人，IgA/VCA 抗体阳性者（≥1∶5）3533 人，为了解 EB 病毒与鼻咽癌发生的关系，对 IgA/VCA 抗体阳性者进行了定期追踪观察，又发现了一些新的鼻咽癌病人。文献上未有对鼻咽癌进行前瞻性血清流行病学研究的报告。现将结果报告如下。

材料和方法

一、**血清**　用 1.5 mm 直径的塑料管从耳垂取血，运送期间放冰壶或冰箱。血清放 -15℃保存。

二、**免疫酶法**　方法同前，见文献〔4〕，简述如下：血清从 1∶5 起倍比稀释，滴到涂有 B95 - 8 细胞的载玻片小孔内，于 37℃湿盒孵育 30 min，用 0.01 mol/L pH7.4 磷酸缓冲液（PBS）洗 3 次，每次 5 min。再滴加适当浓度的辣根过氧化物酶标记的马抗人 IgA 抗体，在 37℃孵育 30 min，PBS 洗 3 次，然后用含二氨基联苯胺和过氧化氢的 Tris - HCl 缓冲液（pH7.6）显色，在普通光学显微镜下检查。血清≥1∶5 者为阳性。

三、**临床和组织学检查**　由临床医生对 IgA/VCA 抗体阳性者每年进行一次临床复查，对其中临床可疑或抗体滴度较高者取活组织作组织学检查。并采血作血清学复查。

结　果

一、EB 病毒 IgA/VCA 抗体滴度的分布　如表 1 所示，从全县 148 029 名 30 岁以上人群中查出 IgA/VCA 抗体阳性者（≥1∶5）3533 人，阳性率为 2.39%。其中多数（87.3%）的抗体滴变都在 1∶5～1∶40 之间，1∶80 以上者占 12.7%。抗体阳性者的抗体几何平均滴度为 1∶16.20。

表 1　苍梧县 30 岁以上正常人群和鼻咽癌病人 EB 病毒 IgA/VCA 抗体滴度分布

组　别		抗　体　滴　度										几何平均滴度
		5	10	20	40	80	160	320	640	1280	2560	合计	（GMT）
30 岁以上人　群	阳性例数	837	967	808	474	335	55	37	10	8	2	3533	1∶16.21
	（%）	23.7	27.3	22.9	13.4	9.5	1.6	1.0	0.3	0.23	0.06	100	
普查发现鼻咽癌病人	例数	0	4	8	9	12	8	4	4	4	2	55	1∶99.10
	（%）	0	7.3	14.5	16.4	21.8	14.5	7.3	7.3	7.3	3.6	100	
追踪发现鼻咽癌病人	例数	0	2	5	4	8	8	2	1	2	0	32	1∶85.37
	（%）	0	6.3	15.6	12.5	25	25	6.3	3.1	6.3	0	100	

二、普查发现的鼻咽癌病人　对 IgA/VCA 抗体阳性者进行临床检查，临床可疑或 IgA/VCA 抗体滴度高者（≥∶80）取活组织作组织学检查。1978－1980 年在血清学普查后共查出鼻咽癌 55 例（表 2），包括原位癌 1 例，Ⅰ期 12 例，Ⅱ期 19 例，Ⅲ期 17 例，Ⅳ期 6 例。其中早期鼻咽癌（Ⅰ期、Ⅱ期）共 31 例，占 57.4%。IgA/VCA 抗体滴度分布 1∶10～1∶40 者 21 例占 38.1%，1∶80 以上者 34 例，占 61.9%，抗体滴度最低者为 1∶10（表 1），抗体的几何平均滴度为 1∶99.1。

表 2　苍梧县 1978－1980 年血清学普查和追踪观察发现的鼻咽癌病人

项　目	临　床　分　期					
	原位癌	Ⅰ	Ⅱ	Ⅲ	Ⅳ	合计
1978－1980 年血清学普查	1	12	19	17	6	55
追踪观察	0	10	9	11	2	32
合　　计	1	22	28	28	8	87

注：30 岁以上 148 029 人查出的鼻咽癌病人

三、追踪观察发现的鼻咽癌病人　对 IgA/VCA 抗体阳性者每年进行一次临床复查，到 1981 年底为止共查出 32 例新的鼻咽癌病人，这些病例都是经过组织学检查证实为鼻咽癌低分化鳞癌或未分化癌。包括Ⅰ期 10 例，Ⅱ期 9 例；Ⅲ期 11 例，Ⅳ期 2 例（表 2）。IgA/VCA 抗体滴度分布于 1∶10～1∶40 者 11 例，占 34.4%，1∶80 以上者 21 例，占 65.6%。抗体滴度最低者为 1∶10，抗体的几何平均滴度为 1∶85.4（表 1）。

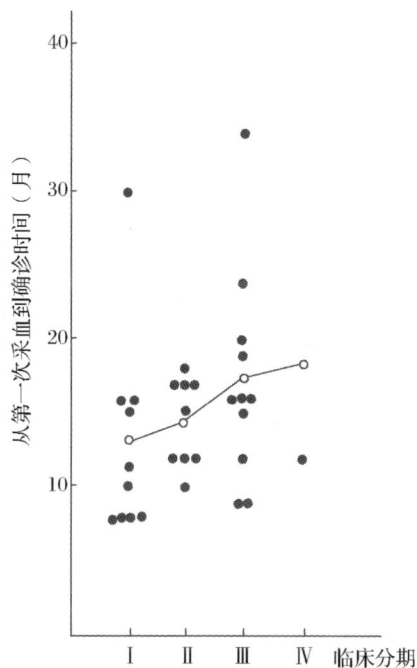

图1　IgA/VCA 抗体阳性者的追踪观察

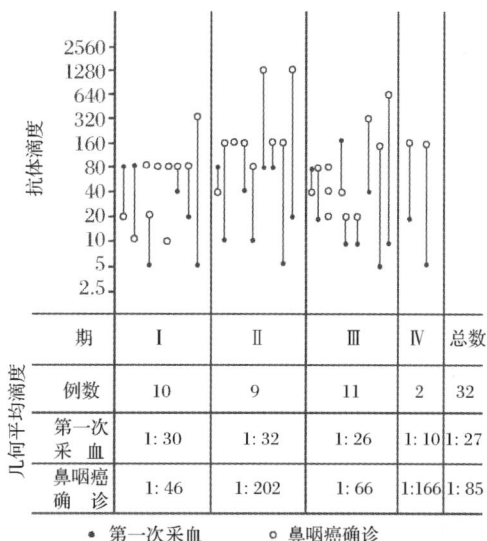

期	I	II	III	IV	总数
例数	10	9	11	2	32
第一次采血	1:30	1:32	1:26	1:10	1:27
鼻咽癌确诊	1:46	1:202	1:66	1:166	1:85

●第一次采血　○鼻咽癌确诊

图2　从第一次采血到鼻咽癌确诊时 IgA/VCA 抗体的变动

从第一次采血进行血清学检查到鼻咽癌诊断确立的时间间隔如图1所示，I 期病人 10 例间隔为 8～30 个月，平均为 13 个月；II 期 9 例间隔为 10～18 个月，平均为 14.4 个月；III 期 11 例，间隔为 9～34 个月，平均为 17.3 个月；IV 期 2 例，间隔为 12～24 个月，平均为 18 个月。

从第一次采血进行血清学检查到鼻咽癌诊断确立的 IgA/VCA 抗体的几何平均滴度（GMT）比较如图2所示。第 I 期 10 例 GMT 分别为 1:30 和 1:46，无明显差异，10 例中仅 3 例的抗体有 4 倍以上的上升，有两例甚至有下降。第 II 期 9 例的 GMT 上升很明显，从 1:32 上升到 1:202，其中 6 例有 4 倍上升。第 III 期 11 例的 GMT 从 1:26 上升至 1:66，第 IV 期的 GMT 从 1:27 上升到 1:85。总计各期的 GMT，第 1 次采血时为 1:27，鼻咽癌确诊时上升为 1:85。

四、鼻咽癌的检出率　从 148 029 人中共查出 87 例鼻咽癌，包括经 1～3 年追踪检查出的 32 例鼻咽癌。30 岁以上人群 148 029 人的鼻咽癌检出率为 59/10 万，IgA/VCA 抗体阳性者 3533 人的鼻咽癌检出率为 2462/10 万。苍梧县 30 岁以上人群鼻咽部的年发病率为 30/10 万。检出率与发病率比较，30 岁以上人群的鼻咽癌检出率为同年龄组人群的年发病率的 1.96 倍，IgA/VCA 抗体阳性者的鼻咽癌检出率为同年龄组人群的年发病率的 82 倍。

讨　　论

血清—病毒学的研究证明 BE 病毒与鼻咽癌的关系很密切[5-9]。应用血清学方法测定 EB 病毒的 IgA/VCA 和 IgA/EA 抗体，有助于鼻咽癌的诊断，特别是早期诊断[1-3]。本文报告对 148 029 人进行了血清学普查，除普查发现的 55 例鼻咽癌病人外，对 IgA/VCA 抗体阳性者进行了 1~3 年的追踪观察，又发现 32 例新的鼻咽癌病人，总计 87 例，IgA/VCA 抗体阳性者的鼻咽癌检出率为同年龄组人群的发病率的 82 倍，这些结果与梧州市普查的结果相似，该市 1981 年普查 IgA/VCA 抗体阳性者鼻咽癌的检出率为同年龄组人群的发病率的 38 倍（表3）。这些结果再次证明 EB 病毒与鼻咽癌的关系十分密切。Ⅰ期病例共 22 例，占 25.3%，中山医学院附属肿瘤医院报告门诊发现的Ⅰ期病例仅占 6%[11]。现场血清学普查发现的Ⅰ期病例为门诊的 4.2 倍。追踪观察发现的Ⅰ期、Ⅱ期病人 19 例，占 59.4%，Ⅲ期、Ⅳ期病人 13 例占 40.6%。为什么对 IgA/VCA 抗体阳性者进行追踪观察，仍有 40.6% 的Ⅲ期、Ⅳ期病人？这是因为很多 IgA/VCA 抗体阳性者分布于远离城镇的农村，交通不便，没有进行定期复查或者是在临床检查时对早期病例漏诊了。

表 3   比较鼻咽癌的检出率和发病率

县、市	普查人数	IgA/VCA 抗体阳性	鼻咽癌病人数	普查人数鼻咽癌检出率[+]	IgA/VCA 抗体阳性者的鼻咽癌检出率[+]	鼻咽癌年发病率[+]
苍梧县（1978 – 1980）	148 029	3533	87	59 (1.96*)	2462 (82*)	30
梧州市（1981）	12 930	680	13	100.5 (2*)	1900 (38*)	50

注：[+] 每 10 万；* 检出率/年发病率

第Ⅰ期病人 10 例，从第一次采血 IgA/VCA 抗体阳性到临床确诊的时间为 8~30 个月，平均为 13 个月，即在鼻咽癌确诊前 8~30 个月已有 IgA/VCA 抗体存在，这表明 IgA/VCA 抗体的存在与鼻咽癌发生的关系是十分密切的。同时表明对 IgA/VCA 抗体阳性者定期进行追踪观察对鼻咽癌的早期诊断是十分重要的。

第一次采血时的 IgA/VCA 抗体与第Ⅰ期鼻咽癌的 GMT 比较无明显差异，而Ⅱ~Ⅳ期的 GMT 有明显的上升，这可能与癌细胞转移到淋巴结有关。追踪发现的 32 例鼻咽癌中有 5 例第一次采血时的 IgA/VCA 抗体滴度为 1:5，随后抗体有 4 倍以上的上升，分别诊断为 Ⅰ~Ⅳ期鼻咽癌。因此，血清学普查时的血清稀释度应从 1:5 开始。

IgA/VCA 抗体阳性者的鼻咽癌检出率比应有的检出率可能低些，这是由于苍梧县 IgA/VCA 抗体阳性者分布很广，远离城镇，交通不便，难于全部做到定期检查。为了更好地了解间隔时间多长？IgA/VCA 抗体阳性者多少人最终会发生鼻咽癌；IgA/VCA 抗体阳性者有无阳转或发生鼻咽癌的？IgA/VCA 抗体阴转者有多少？我们在广西梧州市对 40 岁以上城市居民进行了血清学普查，获得满意的结果[12]。全部鼻咽癌病人都是早期（Ⅰ期 70%，Ⅱ期 30%）。已有梧州市 40 岁以上 25 000 居民的血清保存于 -20℃，对 IgA/VCA 抗体阳性者和部分抗体阴性者进行定期追踪检查，将有助于解决上述问题，以阐明 EB 病毒在鼻咽癌发生中的作用。

从现有资料看来，即使在鼻咽癌病因还没有完全明确以前，应用血清学和病毒学的方法广泛对鼻咽癌可疑者进行检查或进行人群普查，完全有可能尽早地发现鼻咽癌病人，通过早期诊断和早期治疗是可以达到降低鼻咽癌病死率的。

〔原载《肿瘤防治研究》1983，10（1）：23 – 26〕

参 考 文 献

1 曾毅，等．中华肿瘤杂志，1979，1：2

2 曾毅，等．中国医学科学院学报，1979，1：123

3 Zeng Y, et al. Intervirology, 1980, 13：162

4 刘育希，等．中华肿瘤杂志，1979，1：8

5 Old, et al. Proc Nat Acad Scl（USA），1966，56：1699

6 Henle G, et al. Int J Cancer, 1971, 8：272

7 Dethe G, et al. Int J Cancer, 1975, 16：713

8 Zur Hausen H, et al. Int J Cancer, 1974, 13：657

9 Wol H, et al. NAture, 1973, 244：245

10 Huang D P, et al. Int J Cancer, 14：580

11 李振权，等．癌症，1982，2：81

12 曾毅，等．癌症，1882，1：6

57. EB 病毒 VCA – IgA 抗体水平与 鼻咽黏膜病变的关系

广西壮族自治区人民医院　黎而介　王培中　韦继能

广西苍梧县肿瘤防治办公室　谭碧芳　钟建明　邓　洪　祝积松　潘文俊

中国医学科学院病毒学研究所　曾　毅

应用免疫酶法测定血清 EB 病毒 VCA – IgA 抗体，对鼻咽癌的诊断是较为特异的。在鼻咽癌高发区之一（广西苍梧县）进行鼻咽癌普查时已予以证实[1]，但 EB 病毒 VCA – IgA 抗体阳性鼻咽黏膜病理改变与抗体水平关系，国内文献尚未见报道，现将我们在普查中所观察到的结果报告如下。

材料和方法

1978 年 6 月、1979 年 1 月、1980 年 1 月间，在广西苍梧县对 30 岁以上人群应用免疫酶法测定血清 VCA – IgA 抗体进行鼻咽癌普查，抗体滴度 1：2.5 以上者为阳性，抗体阳性者由临床专科医生进行复查，对有病变者及疑有病变者也进行活检。总共活检 281 例，全部标本做常规石蜡切片，HE 染色，个别加作嗜银染色。此外，选择了抗体阴性，而临床上又排除了鼻咽癌的 75 例鼻咽部活检组织作对照。鼻咽癌的临床分期（TNM），按 1965 年第二届全国肿瘤会议推荐分期法。

检查结果

一、**鼻咽癌与非癌组抗体水平不同**　在 281 例活检中，发现鼻咽癌 75 例，按临床分期，属 Ⅰ 期 27 例（36.0%）、Ⅱ 期 27 例（36.0%）、Ⅲ 期 17 例（22.7%）、Ⅳ 期 4 例（5.3%）。查出的鼻咽癌中，有 21 例无临床症状，其中属临床 Ⅰ 期（$T_1N_0M_0$）19 例，属临床 Ⅱ 期（$T_2N_0M_0$）2 例，抗体几何平均滴度 1：87.74。抗体阳性非癌者 206 例，抗体几何平均滴度 1：32.58。两组的抗体水平 $P < 0.01$，差别极显著。鼻咽癌和非癌者 EB 病毒 VCA – IgA 抗体滴度分布及抗体水平见表 1。

表1　鼻咽癌和非癌抗体滴度分析

分组	例数	不同 抗 体 滴 度 例 数 （%）											GMT
		2.5	5	10	20	40	80	160	320	640	1280	2560	
鼻咽癌	75	0 (0)	1 (1.3)	3 (4.0)	13 (17.3)	12 (16.0)	21 (28.0)	10 (13.3)	4 (5.3)	3 (4.0)	6 (8.0)	2 (2.7)	87.74
非癌者	206	4 (1.9)	18 (8.7)	24 (11.7)	60 (29.1)	34 (16.5)	37 (18.0)	14 (6.8)	9 (4.4)	5 (2.4)	1 (0.5)	0 (0)	32.58

二、各种病变的抗体水平不同　在281例活检中，鼻咽黏膜有各种不同病变，可归纳有两组6种：一组为正常黏膜，单纯性增生、单纯性化生；二组为异性增生，异型化生的鼻咽癌。鼻咽黏膜各种病变的抗体水平不同见表2。

表2　鼻咽黏膜各种病变与抗体水平关系

组别	黏膜病变	例数	不同 抗 体 滴 度 例 数										GMT	全组 GMT
			2.5	5	10	20	40	80	160	320	640	1280	2560		
一组	正常黏膜	9	0	2	2	0	2	2	1	0	0	0	0	1∶25.2	
	单纯增生	78*	1	5	8	29	12	18	2	1	2	0	0	1∶30.4	1∶25.34
	单纯化生	112*	4	11	19	43	15	11	4	3	2	0	0	1∶22.4	
二组	异型增生	15*	0	0	0	2	3	4	0	5	1	0	0	1∶105.4	
	异型化生	48*	0	2	1	4	11	11	3	3	1	0		1∶80	1∶86.7
	鼻咽癌	75	0	1	3	13	12	21	10	4	3	6	2	1∶87.74	

注：2.5、5、10……为抗体滴度　*为例次。

鼻咽黏膜各种病变：

1. 鼻咽黏膜无明显改变的9例，上层的层次没有增加，上皮细胞形态及极向排列均无明显改变。抗体几何平均滴度为1∶25.2。

2. 单纯性增生78例次，上皮细胞层次增多，可有基底细胞、柱状细胞或杯状细胞增生，有时以某一种细胞增生为主，但细胞形态一致，具有向表层分化成熟生长的倾向（图1），抗体的几何平均滴度为1∶30.4。

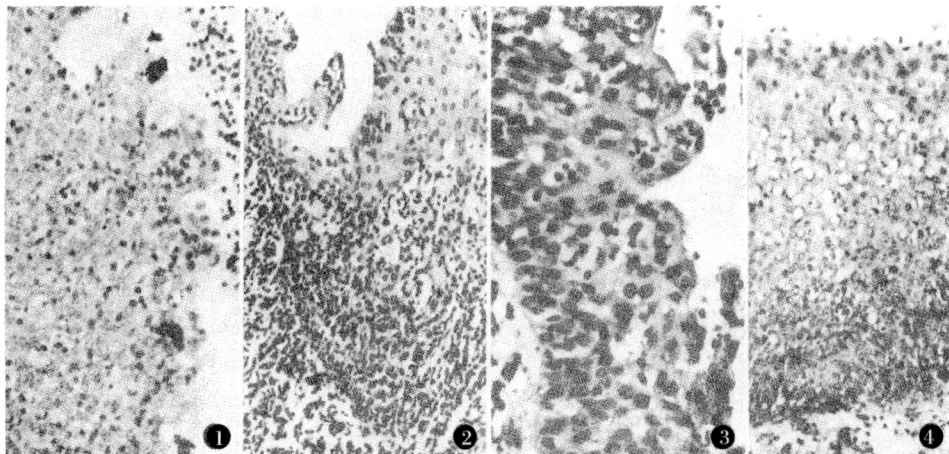

图1　鼻咽黏膜单纯增生　**图2**　鼻咽黏膜单纯化生　**图3**　鼻咽黏膜异型增生　**图4**　鼻咽黏膜异型化生
　　HE　10×20　　　　　　　　HE　10×20　　　　　　　　HE　10×40　　　　　　　　HE　10×20

3. 单纯性化生 112 例次。假复层纤毛柱状上皮的鳞状化生，可从基底细胞开始，也可从表层开始，部分或大部分细胞出现鳞状上皮分层和极向，化生成熟时，表面扁平上皮可出现角化（图2），抗体几何平均滴度为 1：22.3。

4. 异型增生 15 例次，病变有柱状上皮或鳞状上皮的异型增生，细胞层次增多，排列紊乱，出现不同程度的异型性（图3）。抗体几何平均滴度为 1：105.4。

5. 异型化生 48 例次。柱状上皮化生为鳞状上皮同时，细胞出现大小形状不规则，极向不一致，核大，畸形，染色质增加，有个别核分裂（图4），抗体几何平均滴度为 1：80。

6. 鼻咽癌 75 例，属早期浸润癌 1 例，低分化鳞癌 63 例，低分化腺癌 2 例，泡状核细胞癌 9 例。抗体几何平均滴度为 1：87.74。

各种病变的抗体水平比较有不同，如图5所示，正常黏膜、单纯性增生、单纯性化生抗体水平平均较低，异型增生、异型化生、鼻咽癌的抗体水平均较高。

鼻咽黏膜无病变或仅呈一般增生性改变的（一组），抗体几何平均滴度较低 1：25.34，而黏膜出现异型性增生或鼻咽癌的（二组），抗体几何平均滴度较高 1：86.74，经统计学处理 $P<0.01$，差别有极显著的意义。

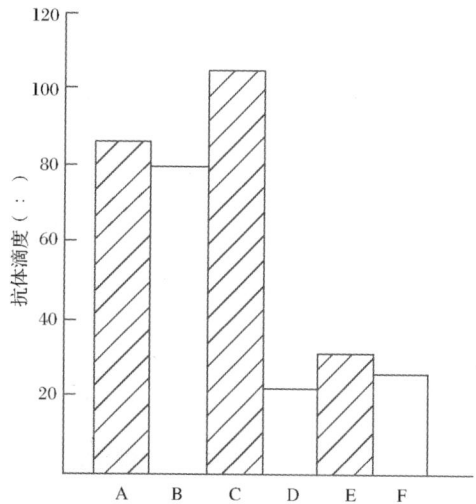

A 鼻咽癌 1：87.74　　B 异型化生 1：80
C 异型增生 1：105.4　D 单纯化生 1：22.3
E 单纯增生 1：30.4　　F 正常黏膜 1：25.2

图5　鼻咽黏膜各种病变抗体几何平均滴度分布

三、抗体阳性者，鼻咽黏膜异型增生，异型化生的发生率高　临床和病理检查均排除鼻咽部 75 例抗体阴性病例，206 例抗体阳性的非癌病例以及 75 例抗体阳性的鼻咽癌患者比较，其鼻咽黏膜异型增生、化生的情况见表3。

表3　抗体阳性与阴性黏膜异型增生和化生发生率

项　目	75 例抗体阳性 NPC 患者	206 例抗体阳性非癌病例	75 例抗体阴性非癌病例
异型化生、增生的例次	37	63	14
（%）	49.3	30.6	18.7

三者的异型增生、化生发生率进行比较，抗体阳性鼻咽癌患者与抗体阴性非癌病例比较，抗体阳性非癌病例与抗体阴性非癌病例比较 $P<0.01$，差别极显著。抗体阳性者，鼻咽黏膜异型增生、化生的发生率高。

讨　　论

鼻咽癌组抗体水平高于非癌组抗体水平。在鼻咽黏膜的各种病变与抗体水平的比较中，可见正常黏膜、单纯性增生、单纯性化生的抗体水平较低，而鼻咽癌、异型增生、异型化生的抗体水平较高。所以测定血清中抗体水平，可作为鼻咽黏膜病变轻重的一种参考指标。

鼻咽黏膜异型增生、化生的发生率，在抗体阳性鼻咽癌组中最高，可能与 EB 病毒阳性有关。上皮细胞非典型增生，目前认为是一种癌前病变。癌旁黏膜出现这种病变又较多，所以抗体阳性者鼻咽黏膜有异型增生、化生者应引起重视。

鼻咽黏膜异型增生、化生与癌有密切关系，在形态学的研究中曾有报道[?]，已观察到鼻咽黏膜单纯增生和化生，异型增生和化生以及原位癌和微小浸润癌三者间有着过渡形态学表现。我们观察到鼻咽癌与异型增生的化生抗体水平均较高，几乎同在一个水平上。所以无论在形态学或 EB 病毒 VCA – IgA 抗体水平上看，三者关系都是比较密切的。

（中山医学院肿瘤研究所宗永生教授协助看组织切片及审阅本文，特此致谢）

〔原载《中华病理学杂志》1983，12（1）：9 – 11〕

参 考 文 献

1 Zeng Y，et al. Serological mass survey for early detection of nasopharyngeal carcinoma in Wuzhou city China. Int J Cancer，29：139，1982

2 中山医学院肿瘤研究所病理免疫室. 中山医学院肿瘤研究所学术资料选编（一），1978，44

The Relationship between Nasopharyngeal Mucosal Lesions and the VCA – IgA Antibody Levels to EB Virus

LI Er-jie, et al.

An analysis of the serological studies of EB Virus VCA – IgA antibody levels with immuno-enzymatic method in a mass survey of nasopharyngeal carcinoma in Chong – Wu county of Kwangxi.

Serologically "positive" means the antibody titre being above 1：2. 5. Biopsies were done in 281 cases of "antibody positive" persons after clinical examination.

An other group of 75 serological negative cases were used as the controls. Both pathological and clinical examination were proved to be noncancerous in all of them.

Data showed （1）75 out of 281 antibody – positive cases proved to be NPC（cancer），and their mean antibody geometric middle titre（GMT）level were high up to 1：87. 74. In the other 206 cases of non – cancerous person GMT level was 1：32. 58. （2）The antibody levels in patients with lesions in NP mucosa including NPC，atypical metaplasia and atypical hyperplasia being 1：87. 74，1：80 and 1：105. 4 respectively，（the mean GMT level was 1：86. 7）. In cases with normal NP mucosa，simple metaplasia simple hyperplasia，the antibody titres were 1：25. 2，1：22. 4 and 1：30. 4 respectively，（the mean GMP was 1：25. 34）（3）The incidence of atypical hyperplasia or metaplasia was the highest（49. 3%）in the cancer group with a positive antibody titre；lower in the antibody positive non – cancerous group（30. 6%）and lowest in those antibody negative non – cancerous group（18. 7%）. It was considered that there might be some relationship between the levels of antibody titre and severity of lesions in the NP mucosa，and EB Virus might play an important role in the carcinogenesis of those 3 atypical lesions.

58. 苍梧县水上居民的鼻咽癌血清学普查

广西苍梧县肿瘤防治办公室　祝积松　潘文俊　钟建明　李来云

中国医学科学院病毒学研究所　曾　毅　江民康　方　仲

〔摘　要〕　应用免疫酶法对广西苍梧县 30 岁以上船民 518 人进行鼻咽癌血清学普查，EB 病毒 IgA/VCA 抗体阳性 18 人，阳性率为 3.47%，IgA/EA 抗体阳性 5 人，阳性率为 0.97%。IgA/VCA 抗体阴性的血清，IgA/VCA 抗体也是阴性。从 IgA/VCA 抗体阳性者发现 2 例低分化的鼻咽癌病人：Ⅰ 期和 Ⅱ 期各 1 例，他们的 IgA/EA 抗体均为阳性。经普查后船民的年发病率达 61.82/10 万。

广西苍梧县是农业作物区，全县 50 万人，绝大部分是农业人口，水上居民仅有 3235 人，占全县人口的 0.65%，主要分散在桂江下游，浔江和西江交界处的龙圩、长沙、人和及倒水等几个沿河小圩镇。他们以运输、打渔为业，生活流动性大，上游至南宁，桂林，下游至广州等地。1978 年这 4 个公社水上居民鼻咽瘤发病率为 20.911/10 万。何等报告[1] 香港水上居民的鼻咽癌发病率较陆地上居民高。为了进一步了解水上居民鼻咽癌的发病情况，我们于 1981 年 7 月应用免疫酶法对上述 4 个水上居民点 30 岁以上船民进行血清学普查，现将结果报告如下。

材料和方法

一、**普查情况**　1978 年龙圩、长发、人和、倒水 4 个公社鼻咽癌平均年发病率为 15.33/10 万，水上居民发病率为 20.91/10 万。1981 年普查了 30 岁以上水上居民 518 人，其中男 251 人，女 267 人。

二、**血清**　用 1.5 mm 直径塑料管耳垂或指尖采血，血清分离后于 −20℃ 冰箱保存，再空运到北京病毒所 −20℃ 保存。

三、**免疫酶法**　血清同时作 EB 病毒 IgA/VCA 抗体和 IgA/EA 抗体测定，测定 IgA/VCA 抗体用 B95 − 8 细胞，测定 IgA/EA 抗体用激活 EA 抗原的 Raji 细胞，操作方法与第一次普查[2,3] 相同，血清抗体滴度≥1∶10 阳性者即为阳性。

四、**临床和病理检查**　与文献〔2〕相同。

结　　果

一、**EB 病毒 IgA/VCA 和 IgA/EA 抗体测定**　对 30 岁以上水上居民 518 人同时作 IgA/VCA 和 IgA/EA 抗体测定，检出 IgA/VCA 阳性 18 人（表 1），阳性率为 3.47%，男比女 IgA/VCA 抗体阳性率高为 2.77∶1（表 2）。抗体滴度分布为 1∶10 ~ 1∶160（表 3），抗体几何平均滴度为 1∶15.28。IgA/EA 阳性 5 人，他们的 IgA/VCA 也为阳性，阳性率为 0.97%，抗体滴度分布为 1：10 ~ 1：40，几何平均滴度为 1：13. 19。IgA/VCA 抗体阴性者，IgA/EA 抗体均为阴性。

表 1　苍梧县水上居民的 EB 病毒 IgA/VCA 抗体测定

公社	检查人数	抗体阳性数	阳性率（%）
龙坝	262	7	2. 67
长发	103	5	4. 85
倒水	98	3	3. 06
人和	55	3	5. 45
合计	518	18	3. 47

表 2　男、女 IgA/VCA 抗体阳性和鼻咽癌检出率的比较

组别	检查人数	抗体阳性数	抗体阳性率（%）	鼻咽癌例数	鼻咽癌检出率（%）
男	251	13	5. 18	2	0. 80
女	267	5	1. 87	0	0
合计	518	18	3. 47	2	0. 39
男：女	0.94：1	2.6：1	2.77：1	2：0	

表 3　苍梧县水上居民 EB 病毒 IgA/VCA 和 IgA/EA 抗体滴度分布

组别	指标	抗　体　滴　度					合计	几何平均滴度
		10	20	40	80	160		
IgA/VCA	例数	13	1	3		1	18	15. 28
	（%）	72. 2	5. 6	16. 6		5. 6	100	
IgA/EA	例数	4		1			5	13. 19
	（%）	80		20			100	

二、临床和病理检查　对抗体阳性者 18 例进行临床检查，活检 2 例。经病理检查证实为鼻咽癌 2 例，其中 Ⅰ 期和 Ⅱ 期各 1 例，均为低分化鳞癌的男性早期病人，占 IgA/VCA 抗体阳性总人数的 11. 1%，占 IgA/EA 抗体阳性总人数的 40%。在 518 例普查人群中，鼻咽癌的检出率为 0. 39%。

讨　　论

苍梧县 1978 年鼻咽癌发病率为 13. 25/10 万，龙圩、长发、人和、倒水等 4 个公社鼻咽癌发病率为 15. 33/10 万，此 4 个公社水上居民 1978 年鼻咽癌发病率为 20. 91/10 万，经普查后 1981 年鼻咽癌发病率已达 61. 82/10 万，较全县和这 4 个公社的发病率高 3 倍。进一步表明苍梧县水上居民鼻咽癌发病率很高，这与何等的报告[1]相似。由于船民居住在水上，以运输、打鱼为生，流动性大，生活方式和饮食习惯都有一些共同特点[5]，值得我们进一步去研究环境因素与鼻咽癌的关系。

船民 18 例 IgA/VCA 抗体阳性者中，2 例为鼻咽癌，鼻咽癌的检出率为 11 111/10 万，梧州市[4] IgA/VCA 抗体阳性者的鼻咽癌检出率为 1912/10 万，前者较后者高 5.8 倍。同是 IgA/VCA 抗体阳性，但船民的鼻咽癌检出率较高，因此可能还有其他因素影响鼻咽癌的发生。普查梧州市男女的 IgA/VCA 抗体阳性率相似，而苍梧船民男性 IgA/VCA 抗体的阳性率高于女性，其原因何在，需待进一步研究。

IgA/EA 抗体阳性者鼻咽癌检出率为 40%，IgA/VCA 为 11. 1%，二者检出率相比差 36

倍，再次证明 IgA/EA 抗体对鼻咽瘤的特异性较 IgA/VCA 抗体高，但敏感性较低[4]，应对 IgA/EA 抗体阳性者定期追踪检查。

〔原载《肿瘤防治研究》1983，10（3）：189－190〕

参 考 文 献

1　Ho, J HI C. Int. J Rad encol Bilo phys, 1978, 4：181

2　曾毅，等. 中华肿瘤学杂志，1979，1：2

3　曾毅，等. 中国医学科学院学报，1979，1：123

4　曾毅，等. 癌症杂志，1982，1：6

5　苍梧县 NPC 患者家庭生活方式和饮食习惯初步调查报告（内部资料）

59.　抗补体免疫酶法检查鼻咽癌及有关鼻咽脱落细胞的进一步研究

中国医学科学院病毒学研究所肿瘤室　张　钦　曾　毅
湛江医学院肿瘤研究室　沈淑静　马姣莲
湖南省肿瘤医院　陈秋波　黄大香　胡云贵　湛江地区人民医院耳鼻喉科　林福荣

我们曾用抗补体免疫酶法，检查鼻咽脱落细胞的 EB 病毒核抗原（EBNA），鼻咽癌细胞阳性率达 100%[1]。为了进一步验证上述结果，又在不同单位继续进行探讨。

材料和方法

用负压吸引法[2]采集鼻咽脱落细胞，抗补体免疫酶法检查脱落细胞的 EBNA 及血清 VcA－IgA。

检查门诊鼻咽癌病人 148 例（湛江 58 例，湖南 90 例），慢性鼻咽炎 80 例（湛江 44 例，湖南 36 例），头顶部其他疾病 24 例（湖南，其中肿瘤 9 例，炎症 10 例，未确诊 5 例），共计 252 例。

结　果

一、鼻咽癌癌细胞 EBNA 阳性率　以组织学及（或）细胞学检查为诊断鼻咽癌的标准。以下三种情况均确定为鼻咽癌：①组织学及细胞学均阳性；②组织学阳性而细胞学阴性；③细胞学阳性（涂片找到较多量典型癌细胞）而组织学阴性。

涂片癌细胞 EBNA 阳性率为 80.41%，细胞学阳性率为 73.64%，组织学阳性率为 98.64%。分别两地资料：湛江细胞学阳性率为 93.1%，EBNA 阳性率为 94.83%，湖南则分别为 61.11 及 71.11%（表1）。如果除外细胞学阴性而组织学阳性组病例，则癌细胞 EBNA 阳性率为 94.49%（表2），在 80 例慢性鼻咽炎中，有 1 例（湛江）临床、组织学及细胞学均为阴性，EBNA 检查见少数阳性癌细胞，半年后追踪复查证实为鼻咽低分化鳞状上皮癌。

表1　鼻咽癌 EBNA 细胞学和组织学阳性率（%）比较

检查方法	湛江（58）例		湖南（90 例）		合计（148）例	
	阳性数	阳性率	阳性数	阳性率	阳性数	阳性率
EBNA	55	94.83	64	71.11	119	80.41
细胞学	54	93.10	55	61.11	109	73.64
组织学	57	93.18	89	98.89	146	98.64

表2　鼻咽癌细胞学和癌细胞 EBNA 阳性率（%）比较

细胞学	湛　江			湖　南			合　计		
	例数	阳性数	阳性率	例数	阳性数	阳性率	例数	阳性数	阳性率
阳性*	54	54	100	55	49	89.09	109	103	94.49
阴性**	4	1	25	35	15	42.86	39	16	40.02

注：* 其中组织学阳性 107 例，组织学阴性 2 例；** 组织学阳性

二、鼻咽其他类型细胞的 EBNA　应用抗补体免疫酶法检查 EBNA，不仅癌细胞大部为阳性，而且部分柱状上皮、鳞状上皮及淋巴细胞亦为阳性。EBNA 阳性的上皮细胞鼻咽癌较慢性鼻咽炎为多，柱状上皮阳性者，鼻咽癌为 32/129 例，阳性率 24.8%，慢性鼻咽炎为 14/80 例，阳性率 17.5%，头颈部其他疾病则甚少，24 例中仅 1 例，阳性率 4.17%。

三、鼻咽病变与血清 VCA－IgA，以及不同鼻咽病变上皮细胞的 EBNA 与 VCA－IgA
252 例不同类型鼻咽病变，其中 212 例进行了血清 VCA－IgA 调查，VCA－IgA 阳性病例的几何平均滴度鼻咽癌组较慢性鼻咽炎为高，而头颈部其他疾病则与慢性鼻咽炎相接近。以湖南资料为例，分虽为 36.89、13.77、12.60（表3），鼻咽癌为慢性鼻咽炎的 2.68 倍。

表3　鼻咽不同疾病与 VCA－IgA（湖南）

疾病类型	VCA－IgA								阳性率（%）	几何平均滴度
	阴性	1：2.5	1：5	1：10	1：20	1：40	1：80	1：160	1：320		
鼻咽癌	8	2	7	7	13	10	32	3	3	77/85（90.6）	36.89
慢性鼻咽炎	20		3	7			3			13/33（39.4）	13.77
头颈其他疾病	15	1	2	4		1			1	9/24（37.5）	12.60

80 例慢性鼻咽炎，上皮细胞阳性者 18 例（4 例为鳞状上皮阳性），比较慢性鼻咽炎鼻咽上皮细胞 EBNA 和血清 VCA－IgA 的关系：上皮细胞 EBNA 阳性者，血清 VCA－IgA 阳性及阴性各半；而上皮细胞 EBNA 阴性者，VCA－IgA 大部分为阴性（表4）。比较慢性鼻咽炎与头颈部其他疾病鼻咽上皮细胞 EBNA 与血清 VCA－IgA（湖南），VCA－IgA 阳性率相接近，而 EBNA 阳性率头颈部其他疾病明显为低（表5）。

表 4 慢性鼻咽炎上皮细胞 EBNA 与血清 VCA – IgA 比较

EBNA	血清 VCA – IgA		合　计
	阳性数（%）	阴性数（%）	
阳　性	9（50）	9（50）	18
阴　性	17（31.5）	37（58.5）	54

表 5 慢性鼻咽炎与头颈部其他疾病鼻咽上皮细胞 EBNA 和血清 VCA – IgA 比较（湖南）

调查项目	慢性鼻咽炎			头颈部其他疾病		
	例数	阳性数	（%）	例数	阳性数	（%）
VCA – IgA	33*	13	39.39	24	9	37.5
EBNA	36	9	25	24	1	4.17

注：* 3 例无血清 VCA – IgA；EBNA 阳性率显著性测定：t = 2.506；0.01 < P < 0.05 差异显著

讨　　论

应用抗补体免疫酶法检查鼻咽脱落细胞 EBNA 经再次在湛江、湖南使用，癌细胞阳性率为 80.4%，较原湛江为低。分别两单位资料，湛江阳性率为 94.83%，湖南为 71.11%。对照细胞学检查，湛江细胞学阳性率为 93.1%，湖南为 61.11%，湖南初次使用负压吸引法，不仅取材阳性率较低，而且涂片细胞分布不均匀，其细胞学阴性 35 例中，有 15 例 EBNA 阳性，细胞学阳性 55 例中，却有 6 例 EBNA 阴性，而湛江 54 例细胞学阳性者，全部 EBNA 阳性，可见癌细胞 EBNA 阳性率降低的原因，主要在于细胞学的取材及涂片，而非抗补体免疫酶法的问题，除外细胞学阴性病例，EBNA 阳性率为 94.4%，亦说明此点。

本研究进一步证实抗补体免疫酶法，能分别 EBNA 阳性细胞属何种类型，再一次发现部分正常柱状上皮、鳞状上皮及淋巴细胞 EBNA 阳性，且鼻咽癌、慢性鼻咽炎和头颈部其他疾病细胞阳性数不同，特别非鼻咽疾病鼻咽上皮 EBNA 阳性甚少，差异显著，而血清 VcA – IgA 阳性率慢性鼻咽炎则与头颈部其他疾病相接近。表明鼻咽脱落细胞 EBNA 检查对研究鼻咽疾病更具特异性。应用抗补体免疫酶法研究鼻咽细胞 EBNA 对探讨 EB 病毒与鼻咽癌的关系有一定的意义。

〔原载《湛江医学院学报》1983，1：34 – 38〕

参　考　文　献

1 曾毅，等．中国医学科学院学报，1980，2（4）：118

2 湛江医学院鼻咽癌协作组．中华医学杂志，1979，1：8

60. EB 病毒核酸片段与嗜菌体 DNA 重组方法的研究

Ⅰ. 重组核酸的获得和鉴定

中国医学科学院病毒学研究所肿瘤病毒室　谷淑燕　曾毅

Max，V. Fettenkofer 研究所分子病毒室　H. Wolf

〔摘　要〕　本文报告 EB 病毒核酸片段与嗜菌体 M_{13} mp8 DNA 重组和鉴定方法的研究，来源于细菌质粒的 EB 病毒核酸片段与嗜菌体 DNA 重组并在大肠埃希菌中繁殖。从嗜菌体中分离单链和双链的核酸，用凝胶电泳和核酸杂交实验分析鉴定重组的核酸。

前　言

EB 病毒的核酸片段已与细菌质粒 PBR_{322}[1] 和入嗜菌体（charon）[2] DNA 重组，但来源于 PBR_{322} 和 charon 嗜菌体的 EB 病毒核酸片段是双链的，用于核酸杂交实验时必须通过碱变性或热变性分开双链 DNA，在杂交反应过程中由于自身再结合而影响杂交实验，特别是在液相杂交反应中。

M_{13} mp8 是在 M_{13} mp7 的基础上最近由 J. Mesing 发展的新株[3]，它是大肠埃希菌 *E. coli* K_{12} 特异的嗜菌体，含单链线状 DNA，感染细菌后，并不使细菌裂解，成熟的嗜菌体"挤出"细胞膜，它在细胞内的形式为双链 DNA，7238 个碱基对（bp），每个细胞含 2000 个烤贝。我们已将 EB 病毒核酸片段与 M_{13} mp8 嗜菌体重组。本文报告获得单链 EB 病毒核酸片段的方法，进一步将报告以单链 DNA 为模板合成标记的核酸，作为核酸杂交实验的探针。

材料和方法

一、细菌和嗜菌体　大肠埃希菌 *E. coli* K_{12}（JM_{103} 株）连续保存于含葡萄糖而不含半乳糖的最低限度培养基（Minimal Plate），每 7～10 d 转种于新的培养皿，带菌平皿保存于 4℃。进行重组实验时，挑取单个菌落，培养于 YT 培养基。

嗜菌体 M_{13} mp8 以有感染力的完整嗜菌体（−70℃）或嗜菌体 DNA 形式保存。感染嗜菌体的细菌在半乳糖苷酶基质存在下形成蓝色集落。

二、试剂和培养基

（1）IPTG：异丙醌 – β – D – 硫化半乳糖苷（Isopropyl – β – D – thigalactoyranoside），配制 100mmol/L 水溶液，保存于 −20℃。

（2）Xgal：5 – 溴 – 4 – 氯 – 3 – 吲哚酰 – β – D – 半乳糖苷（5 – bromo – 4 – chloro – 3 – indolyl – β – D – galactoside）2% 二甲基甲酰胺（Dimetbyl formamide）溶液，存放 −20℃。

（3）最低限度培养基：每立升培养基含琼脂 15 g，K_2HPO_4 10.5 g，KH_2PO_4 4.5 g，

$(NH_4)_2SO_4$ 1 g, 柠檬酸钠（$2H_2O$）0.5 g，$MgSO_4 \cdot 7H_2O$ 0.2 g，高压灭菌后冷却至50℃加入5 μg 维生素 B_1 和2g 葡萄糖。然后制平皿。

（4）YT 培养基：每立升培养基含 8 g Tryptone，5 g 酵母提取物，5 gNaCl。一般培养皿含 1.5% 琼脂，软琼脂培养基含 0.6% 琼脂。

（5）ECM 培养基（Enriched Culture medium）：用于培养细菌质粒 PBR_{322} 每立升含 24 g Tryptone，8 g 酵母提取物，1 g $MgSO_4$，1.5 g Tris，少量维生素 H，10 mg 胸腺嘧啶（Thymidine），50 mg 二氨基庚二酸（DAP, Diaminopimelin）以 HCl 调 pH 值至 7.2，高压消毒后，待冷却到 50℃ 加入 75 mg 萘啶酮酸（Nalidixic acid）和 40 mg 氨苄西林（Ampicillin）。萘啶酮酸预先配制成母液，溶于 50 mmol/L NaOH，SKare 培养皿含 1.5% 细菌琼脂。

三、复制形式的嗜菌体 DNA 的制备（RF）　以适当稀释度的嗜菌体 $M_{13}mp8$ 感染细菌 JM_{103}，在 YT 培养皿上形成单个蓝色蚀斑，挑取单个蚀斑培养于 2 ml YT 培养液，同时进行 10ml 未感染的细菌培养，分别培养 6 h 后，混合细菌和增殖的嗜菌体，加培养液至 1 立升，37℃ 再培养 12 h，然后离心 5000r/min，30 min，获得细菌沉淀，从细菌中分离复制形式的嗜菌体 DNA。将细菌再悬浮于蔗糖—Tris 缓冲液（25% 蔗糖，0.05 mol/L Tris – HCl pH8），最终体积 8 ml。相继加入 1.5 ml 溶菌酶（5 mg/ml）和 5 ml Trjn – EDTA 缓冲液（0.25 mol/L），分别置冰浴 5 min 后，加入 20 ml Tris 缓冲液（0.05 mol/L Tris – Hcl pH 8；0.01 mol/L EDTA，2% Triton 100）冰浴 10 min 后，14 000 r/min 4℃ 离心 1 h 去除细菌核酸，较小的嗜菌体核酸存在上清液中，用 $CsCl_2$ 梯度离心分离嗜菌体核酸，每毫升液体加入 0.5 μg 蛋白酶 K，200 μg 溴化乙啶（Ethidium bromide）和 0.903 g $CsCl_2$，35 000 r/min 4℃ 离心 48 ~ 72 h，在紫外光下，可见细菌和嗜菌体两条核酸带，抽取嗜菌体核酸部分，用异丙醇（Isopropand – 5 mol/L NaCl）溶液提取 3 次，去除溴化乙啶，然后在 4℃ 于 TE（10mmol/L Tris，0.1mmol/L EDTA）缓冲液中透析至少 2 h，经酚提取后加入 0.2 mol/L NaCl，2.5 倍体积的冷酒精于 – 20℃ 过液沉淀核酸，10 000 r/min 离心 1 h，收集核酸沉淀。70% 酒精清洗后，真空干燥，再溶于 TE 缓冲液。复制形式的嗜菌体核酸保存于 – 20℃。

四、EB 病毒核酸片段的来源和制备　含不同 EB 病毒核酸片段的质粒保存于细菌 *E. coli* HB_{101}[1]。选择所需要的 EB 病毒核酸片段，从单个细菌集落悬浮培养中分离带病毒核酸的质粒。细菌悬浮培养于 ECM 培养基，当 *A* 值达 0.1 和 0.3 时，分别加入尿嘧啶（1 mg/ml）和氯霉素（200 μg/ml）37℃ 过液培养后，离心收集细菌，从细菌中分离质粒，提取过程与分离复制形式的嗜菌体核酸相同（见方法 3）。

EB 病毒核酸可直接来源于细胞培养的上清液，梯度离心后，用内切酶消化，在凝胶电泳中显现 EB 病毒的核酸片段。为从凝胶中提取病毒核酸片段，采用低溶点琼脂糖凝胶。从电泳凝胶中切下含病毒核酸部分，加等体积 TE 缓冲液在 70℃ 熔化，然后经过酚、乙醚提取，酒精沉淀，再溶于 TE 缓冲液[4]。

五、重组实验过程　以内切酶劈开环状的 $M_{13}mp8$ 嗜菌体核酸（RF），直线状的嗜菌体核酸与同一内切酶裂解的核酸片段在 T_4DNA 连接酶作用下，重核酸环状 DNA，重组的嗜菌体 DNA 转染核酸，带嗜菌体的细菌，在平皿上形成无色透明核酸，而 $M_{13}mp8$ 嗜菌体本身形成蓝色集落核酸图 1 所示。为明确起见，以操作形式叙述重组过程。

（1）劈开嗜菌体 DNA 和碱酸酶处理：用内切酶 BamH – 1 将环状的嗜菌体 DNA 劈开成

直线状。2 μg M_{13}mp8（RF 1 mg/ml），2 μl BamH-1（依每微升所含的活性单位而定），2 μl 10×BamH-1 反应缓冲液。加水至20 μl，37℃孵育 1 h，70℃水浴 5 min，停止酶反应。可用凝胶电泳检查是否嗜菌体的 DNA 完全被切开。被劈开的嗜菌体 DNA 转移入细菌后，仅能产生少数蓝色蚀斑，每纳克 DNA 产生的蓝色蚀斑少于 10 个。

直线状嗜菌体 DNA 再经磷酸酶处理，在 T_4 DNA 连接酶作用下，本身不能再连接成环状，以 5U/μg 磷酸酶，反应缓冲液为 10mmol/L Tris-HCL，pH8.0，37℃孵育 1 h 后，再经酚，乙醚提取，酒精沉淀，再溶于 TE 缓冲液，10ng/ml 经内切酶劈开的嗜菌体 DNA，在 T_4 连接酶作用下，每纳克能产生 200～400 个蚀斑，而经磷酸酶处理后，每纳克产生蚀斑少于 10 个。

（2）重组和转染、10ng 线状 M_{13}mp8 DNA（0.002PM），1 μlg DNA 片段（0.002～0.010PM），1 μl 反应缓冲液，0.2U T_4DNA 连接酶，加水至 10 μl 14℃孵育 15 h 后转染细菌。

当 DNA 片段大于 200 bp 时，作用的 DNA 3 倍克分子量（Molar）于嗜菌体 DNA。M_{13} mp8 为 72 kbp，1 μg 为 0.2PM。

当细菌 JM_{103} 达饱和生长时，1:100 稀释，在短时间内使其成指数生长（一般培养 1～1.5 h），A_{660}nm 为 0.3～0.4，沉淀细菌，再悬浮于 50mM $CaCl_2$，体积为生长液体积的二分之一，离心再悬于十分之一原生长液体积的 50mM $CaCl_2$，置冰浴。每 10ng 重组的 M_{13}mp8 DNA 加 0.8 ml $CaCl_2$ 处理的细菌，置冰浴 40 min，45℃冰浴 2 min，然后加 10 μl 100mmol/L IBTG；50 μl 2 mol/L Xgal，0.2 ml 未经处理的细菌和 3 ml 软琼脂（50℃）充分混合后，接种于 YT 平皿，待软琼脂凝固后，移入 37℃培养。

六、鉴定过程 在平皿上形成白色蚀斑，初步证明已获得重组嗜菌体株；进一步检查细菌外培养液中单链嗜菌体 DNA 和细胞内双链 DNA 中的 EB 病毒核酸片段。

（1）直接凝胶电泳：如果新克隆的 DNA 片段大于 200 bp，可用直接凝胶电泳观察。将单个白色细菌集落进行培养（2 ml 1:100 稀释的指数生长），12 h 后，分离上清液和细菌，上清液中含成熟的嗜菌体，为单链 DNA，在细菌中含复制形式的双链 DNA。取 20 μl 上清液加 4 μl 电泳标记液体（含 10% SDS 的常规电泳标记液）直接电泳分析 DNA 大小，1% 琼脂糖、Tris-borate 缓冲液（0.1 mol/L Tris，0.1 mol/L boric acid 2 mmol/L Na_2-EDTA pH8.3）同时做蓝色蚀斑对照。

（2）小量的双链 DNA 分离和鉴定：从上述 2 ml 单个集落的培养液中，取 0.5 ml 悬液，离心获细菌沉淀。再悬浮于 100 μl 溶菌酶液体（2 mg/ml 溶菌酶，50 mmol/L 葡萄糖，10mmol/L EDTA，25mmol/L Tris-HCl pH8.0）置冰浴 30 min 后，加入 200 μl SDS-NaOH 溶液（0.2 mol/L NaOH，1% SDS）置冰浴 5 min。加高盐溶液

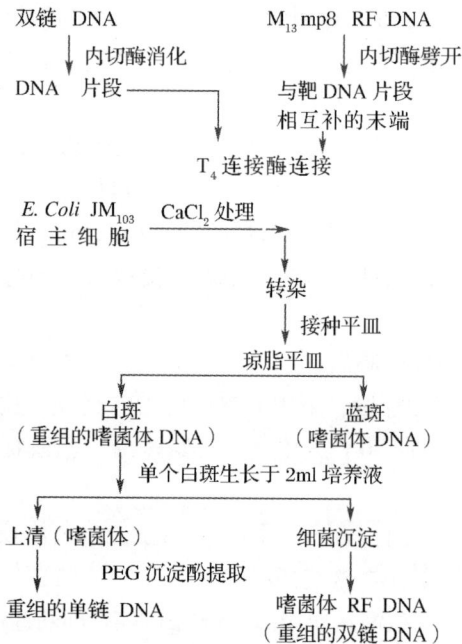

图1 M_{13}mp8 嗜菌体 DNA 重组过程

150 μl（3 mol/L Na－acetate pH4.8）置冰浴 1 h。沉淀去除大分子 RNA 和细菌染色体。取 400 μl 上清液加 1 ml 冷酒精置－20℃ 30 min，离心后，DNA 再溶于 100 μl 醋酸钠溶液（0.1 mol/L Na－acetate，0.05 mol/L Tris－HCl pH8.0）并用 2 倍体积的冷酒精再沉淀 DNA，重复醋酸钠溶解酒精沉淀过程，真空干燥后，加入 36 μl 水和 4 μl RNase（1 mg/ml，预先经 100℃ 10 min 处理）37℃ 孵育 30 min 后再经内切酶 BamH－1 消化。加入 1 μl BamH－1，6 μl 10×缓冲液，最终体积 60 μl。内切酶消化后，取 30 μl 进行电泳分析：观察重组 DNA 中 EB 病毒核酸片段，以正常嗜菌体 DNA 和嗜菌体含相同 EB 病毒核酸片段的质粒做对照。

（3）核酸杂交试验：嗜菌体 DNA 制备：繁殖重组的嗜菌体，分别从上清液和细菌中获得单链和双链嗜菌体 DNA，用于核酸杂交实验：用 PEG 从细菌培养液中沉淀嗜菌体[4]，每毫升培养液上清加入 200 μl PEG（0.25 mol/L NaCl 20% PEG 6000），室温下静置 15 min 后离心，沉淀的嗜菌体再溶于 TE 缓冲液，经酚提取，酒精沉淀后的嗜菌体单链 DNA 打点于硝酸纤维薄膜上，每点 10 μl 含 0.5 μg DNA，80℃ 干烤 4 h。

双链重组的嗜菌体 DNA 分离方法与分离复制形式的嗜菌相同。重组的双链 DNA 用内切酶消化后，在电泳上表现分开嗜菌体 DNA 和 EB 病毒核酸片段。用 Sonthen 吸印法[5] 从凝胶中转移核酸至硝酸纤维薄膜，即凝胶用 NaOH 变性，20×ssc 液体中转移核酸，转移后的凝胶经紫外光检查 DNA 转移情况。

核酸杂交：以 0.5 mmol/L ^{32}P－dTTP 标记的 0.5 μg 质粒 DNA，柱层析分离 DNA 后，用于杂交实验。（切口转移方法见 New England Nuclear 说明书），带有 DNA 的硝酸纤维薄膜在 65℃ 预杂交 6 h，预杂交液体含 3×ssc；0.04% pup，0.04% Fioll，0.04% 牛血清白蛋白，0.05% SDS 和 200 μg/ml 牛胸腺 DNA（预告加热 100℃ 10 min）。65℃ 烘干薄膜 15 min 后，进行杂交实验。杂交液体含有 $10^5 \sim 10^6$ Cpm ^{32}P 标记的 DNA（100℃ 热变性 10 min）6×ssc，0.04% pup，Ficoll 和牛血清白蛋白，0.05% SDS 和 200 μg/ml 牛胸腺 DNA，在 65℃ 孵育 16 h 在同样温度下用 2×ssc 洗薄膜数小时，干燥后，放射自显影检查。

结　　果

我们选择质粒 x、a、c 进行重组方法的研究，重组的嗜菌体 DNA 在 JM$_{103}$ 细菌培养中形成白色蚀斑。对单个集落的核酸分析和杂交实验结果如下：

一、核酸分析　见图 2。

图 2（略）为 EB 病毒 a 片核酸重组入嗜菌体的电泳分析，从前一次重组实验中选择 5 个白色蚀斑和一个蓝色蚀斑，20 μl 培养上清液和从 0.25 ml 悬液中分离的双链 DNA 进行电泳分析结果表明挑出的 5 个白色蚀斑中 2 个为质粒 PBR$_{322}$ DNA 重组入嗜菌体而形成的，3 个为 EB 病毒 a 片重组。a 片 DNA 小丁 PBR$_{322}$，所以重组的 DNA 在电泳中移动速度不同，重组的 DNA 较正常嗜菌体 DNA 移动慢。

双链 DNA 经内切酶消化后，在电泳中可见游离的 EB 病毒核酸片段，以内切酶消化的 PBR$_{322}$－a 和正常嗜菌体做对照，在电泳中表现一致的位置。

不同的 EB 病毒核酸片段重组入嗜菌体 DNA 后，提取单链和双链 DNA，依重组入核酸片段大小不同，在凝胶电泳中表现不同，根据在电泳中的表现和用内切酶获得的核酸片段来鉴定重组的 DNA。图 3（略）为 EB 病毒核酸片段 x、a 和 c 重组结果。c 片小于 a 片，x 片大小 a 片，所以单链 DNA 在电泳中，x 移动最慢，c 移动最快，双链 DNA 移动速度也表现不同，经内切酶消化后，从重组的嗜菌体 DNA 分别获得 EB 病毒核酸 a、c、x 片，与从质粒 a、c、x 来的 EB 病毒核酸片段一致。

二、核酸杂交　见图 4 和图 5。

用 ^{32}P 标记的质粒 x 检查重组的嗜菌体 DNA，结果见图 4 和 5（均略）。0.5 μg/10 μl 单链 DNA 打点在硝酸纤维薄膜上，同样，内切酶消化 0.5 μg 双链 DNA，电泳分离后，转移至硝酸纤维薄膜上，同时做相应的质粒为对照。图 4a 和 4b 分别为内切酶 BamH-1 消化的质粒 a、c 和 x 和嗜菌体 a、c 和 x，在电泳凝胶中，分别可见 EB 病毒核酸 a、c 和 x 片段，质粒 DNA 和嗜菌体 DNA。核酸杂交结果如图 5 所示，我们用 ^{32}P 标记含 X 片的质粒，所以有与图 4a 中的质粒 PBR$_{322}$ 和 EB 病毒的 X 片 DNA 杂交。但不与 a、c 片杂交，在图 4b 中，仅见与来源于嗜菌体的 X 片 EB 病毒核酸杂交。在单链 DNA 打点的硝酸纤维薄膜上获同样的结果。

讨　论

M$_{13}$mp8 嗜菌体具有很高的拷贝，大约每个细菌有 2000 个拷贝，从每毫升培养液可获得 5～10 μg 的单链 DNA，成熟的嗜菌体不裂解细菌，而从细胞膜中"挤出"，所以培养液中含大量的成熟嗜菌体而不含细菌裂解产物，从培养液中直接用 PEG 沉淀嗜菌体，提取嗜菌体单链 DNA，因此，从 M$_{13}$mp8 重组嗜菌体能获得较纯的、大量的单链重组 DNA。我们培养 400 ml 细菌悬液，通常能获得 100～150 μg 嗜菌体双链 DNA 或 PBR$_{322}$ DNA，而从 400 ml 上清液中能提取 4 mg 单链 DNA（大约 2 mg/ml，2 ml）。

酶消化的嗜菌体 DNA 和 EB 病毒核酸片段均再经酚和乙醚处理，初步结果认为处理组较不处理组产生 10 倍以上的白斑。

在重组 DNA 的鉴别实验中，我们首先用 20 ml 上清液直接电泳分析，不需任何提取，方法简单，而且同时可以分析很多样品，以单链 DNA 大小初步鉴定，然后再进行核酸分析。

我们改进了核酸杂交试验条件，获得了较好的效果。提高杂交反应和杂交后 2×ss 液体清洗的温度至 65℃，同时简化了预杂交和杂交实验步骤，通常把硝酸纤维薄膜封入塑料袋内，在预杂交液体内孵育 6 h 后，烤干，再移入新的塑料袋在含标记物的杂交液体内孵育 16 h，我们改用 0.06% pup、Ficoll 和牛血清白蛋白，在预杂交后，不再更新杂交溶液，向预杂交溶液内直接加入标记探针。将塑料袋夹于两层玻璃板之间，仅用少量液体和标记探针即可进行实验而且能避免气泡产生，影响液体与薄膜接触。

M$_{13}$mp8 嗜菌体适用于较小片段的 DNA 重组[7]，对于较长片段的 EB 病毒核酸，可试用酶切短或超声波处理后，再进行重组。我们将继续报告 EB 病毒核酸其他片段的重组，包括在 EB 病毒核酸内有多次重复序列的片段，并且用单链嗜菌体 DNA 作为模板合成杂交试验的探针。

〔原载《癌症》1983，2（3）：129－132〕

参　考　文　献

1　Skare J, et al. Proc NaH Acad Sci, 1980, 77：
  3860

2　Buell G N, et al. J. Virology, 1981, 40：977

3　Messing J, et al. Nucleic Acids Research, 1931,
  9：309

4　Sanger F. J Mol Biol, 1980, 143：161

5　Southern EM. J Mol Biol, 1975, 98：503

6　Birnboim MC, et al. Nucleic Acids Research,
  1979, 7. 1513

7　Messing J. Recombinant DNA Proceeding of the third
  Cleveland Symposium on Marcvomolecules, 1981

61.　人体低分化鼻咽癌上皮样细胞株 CNE－2 的细胞遗传学研究

四川医学院　张思仲　高秀坤

中国医学科学院病毒学研究所　曾　毅

〔摘　要〕　　采用染色体显带方法对我国首次建成的低分化鼻咽癌上皮细胞株进行了细胞遗传学研究。细胞株的染色体数变异在 87～107 之间，众数为 104～103。所有细胞均有为数众多的结构异常的染色体，且其中恒定的或反复出现的占绝大多数。在这些异常染色体中，有两个巨大的亚中着丝点染色体，其结构与以往见于类淋巴细胞株者不同；另三个标记染色体 iso8q，t（？；3q）及一个较小的近端着丝点染色体与先前见于高分化鼻咽癌上皮细胞株者相同。结合研究结果，讨论了鼻咽癌的特异性标记染色体问题。

鼻咽癌为我国华南、东南亚国家和非洲某些地区常见的肿瘤。由于它的病因与 EB 病毒和遗传因素有关[6,15]，因而在肿瘤研究中受到特别的重视。鼻咽癌的细胞遗传学研究可分两方面进行：其一是考察患者是否具有全身染色体不稳定的倾向[1]，另一方面是研究癌细胞本身的核型异常[2]。由于直接从瘤组织难于获得满意的显带染色体标本，加之实验肿瘤研究和临床免疫－病毒学方面的需要，人们开始重视由鼻咽癌组织培养建立的细胞株，并研究其染色体异常[3,7,8]。从鼻咽癌组织培养得来的细胞株几乎全是淋巴样细胞株，而鼻咽癌是上皮性肿瘤。因之，由这些瘤株所获得的细胞遗传学资料在何种程度上能反映瘤细胞本身的染色体异常尚属疑问。直到 1976 年我国几个单位通过协作才建成了第一个上皮样细胞株[10]，其后又对其细胞遗传学进行了专门的研究[16]。1980 年另一上皮样细胞株 NPC/HK－1 在香港建成，其细胞遗传学特性尚在鉴定中[9]。上述两株均得自高分化鳞状细胞癌，且均为 EB 病毒阴性。

新近我国医学科学院病毒所等单位又首次建成一低分化鼻咽癌上皮样细胞株[4]。该株的建成将有利于鼻咽癌病因学研究和免疫学诊断工作的开展。

细胞遗传学特征是任何一个肿瘤细胞株的最重要生物学特性之一，同时也是该细胞株其他生物学特性的基础。瘤株的细胞遗传学研究是否还有可能对肿瘤病因、染色体畸变与肿瘤之间的关系、瘤株核型的演进，以及鼻咽癌是否具有特异性的标记染色体等一系列问题提供一些启示。有鉴于此，本文应用染色体显带方法对低分化鼻咽癌细胞株（CNE－2）进行了细胞遗传学研究，其结果如下。

材料和方法

一、CNE－2细胞株　由一名63岁的低分化鼻咽癌男性患者的瘤组织活检标本建成。患者具有典型的鼻咽癌临床表现和阳性的血清－免疫学指征。鼻咽部的脱落细胞学诊断为低分化鳞状细胞癌。细胞株的光镜和电镜检查证实其为分化不良的上皮细胞，并在传代早期用抗补体免疫荧光法及抗补体免疫酶法可以查见EB病毒核抗原（EBNA）。用裸鼠的异种移植实验已成功地获得肿瘤。有关细胞株建成经过及其他生物学特性已有另文详细报道[4]。细胞株用含20%小牛血清的RPMI 1640培养液于37℃维持其生长，每周换液两次，分瓶一次。当本实验开始时，细胞已传至62代。

二、细胞遗传学技术　当细胞处于对数生长期，满布瓶壁但尚未互相汇紧时进行收获。细胞收获前以0.025～0.05 μg/ml（最终浓度）秋水仙胺处理2～6 h。收获时以0.06%胰蛋白酶消化处理细胞，并于终止消化后以巴氏吸管冲吸使其脱落。获得的细胞悬液经离心后倾去上清，然后以0.075 mol/L之KCl溶液低渗处理8 min。以后的步骤与处理外周血淋巴细胞培养大体相同。在两个月之内（62至70代），共收获细胞14次，各次所获得的结果无明显差异。

三、染色体显带和分析　制成的染色体标本采用常规胰蛋白酶消化——吉姆萨染色的G－显带法处理[5]，部分标本还采用Ba（OH）₂C－显带以显示着丝点异染色质。经过显带的标本先在镜下作初步观察，选择其中分散适度和带型良好的核型进行摄影，并经放大印成照片，然后在照片上作染色体计数并分析其组型和结构。鉴于CNE－2细胞的染色体为数众多和畸变频繁，这样的处理较之在显微镜下直接计数和分析似更为可靠。实验共摄影分析显带核型50余个。

实验结果

鼻咽癌CNE－2细胞株的染色体数变异于87～107之间。在照片上统计的50个显带核型中，有11个具有104条染色体，7个具有103条染色体，故其众数为104～103（表1）。此外，偶尔还可见具有更多染色体（如204左右）的细胞。后者在镜下计数500个中期分裂相中有13个，即占2.6%。与此同时，具有染色体核内复制的细胞也经常可见（占0.4%）。

虽然染色体计数给人以超四倍体的印象，但实际并非如此。因为CNE－2细胞具有大量的异常染色体，而且各号正常染色体的条数也常不相同（图1之1）。例如，根据对50个核型的分析，通常1号染色体有5条，2号3条，3号和4号2条，5号3条，其他各号染色体数变异于1～4条之间，但8号染色体恒为1条，13号恒为2条。因此，各号染色体数或核型的组成虽在变异之中，但似仍有某种相对的恒定性。

标记染色体及其结构　所有CNE－2细胞均有众多的结构异常的染色体，它们常多达30余条（图1之1）。这些染色体的多数或者见于几乎所有的细胞（以下称为"恒见的"），如M1、M2、M4—M8、M11、M12、M14、M16—M19、M21—M23、M31—M37，或多次反复出现的（以下称为"常见的"），如 M9、M13、M18、M20、M24—M27、M30 等。其他一些标记染色体则仅见于少数核型。CNE－2 细胞的染色体在数目和结构方面的复杂性，表明它们在肿瘤或瘤株形成和发展过程中经历了多次的畸变。以下是对某些恒见或常见的标记染色体的简要描述和分析。

表 1　50 个 CNE－2 细胞株细胞的染色体计数

Tab. 1　Chromosome counts in 50 cells of the CNE－2 cell line

染色体数 No. of chromosomes	87	88	89	90	91	92	93	94	95	96	97	98
细胞数 No. of cells	2	0	1	0	0	0	0	1	1	2	3	5

染色体数 No. of chromosomes	99	100	101	102	103	104	105	106	107	总计 Total
细胞数 NO. of cells	1	3	5	5	7	11	1	1	1	50

M1：巨大亚中着丝点染色体，比正常 1 号染色体长 1/3，是数条染色体断裂和重排的产物（图 1，2）。

M2，3q＋：巨大的亚中着丝点染色体，比 1 号染色体略长，其带型与 3 号染色体完全一致，唯长臂末端有额外的节段，故可记为 3q＋。显然，它是 3 号与其他染色体易位的产物，不过额外节段的来源尚难肯定（见图 1 之 1 及 2，以下论及其他标记染色体时均参见图 1 之 1 及 2）。

M4，1p－：亚中着丝点染色体，为 1 号染色体短臂远段断裂丢失而成，其断点在 1p32 附近。

图 1 说明：1. 一个具有代表性的 CNE－2 细胞的核型。104 条染色体，其中包括众多的标记染色体（M1—M37）。G－显带。2. 某些恒定的和常见的标记染色体的结构分析，上排均取自图 1，下排取自其他核型。黑线示标记染色体与正常染色体相同或相似部份。G－显带。

Explanation of Fig. 1：1. A representative karyotype of a CNE－2 cell. 104 chromosomes including many marker chromosomes （M1—M37）. G－banding. 2. Analysis of some consistent and frequently seen markers. For each marker, the upper partial karyotype is taken from 1 and the lower, from other karyotypes. The black lines indicate the idenucal or similar parts of the marker and normal chromosomes. G－banding.

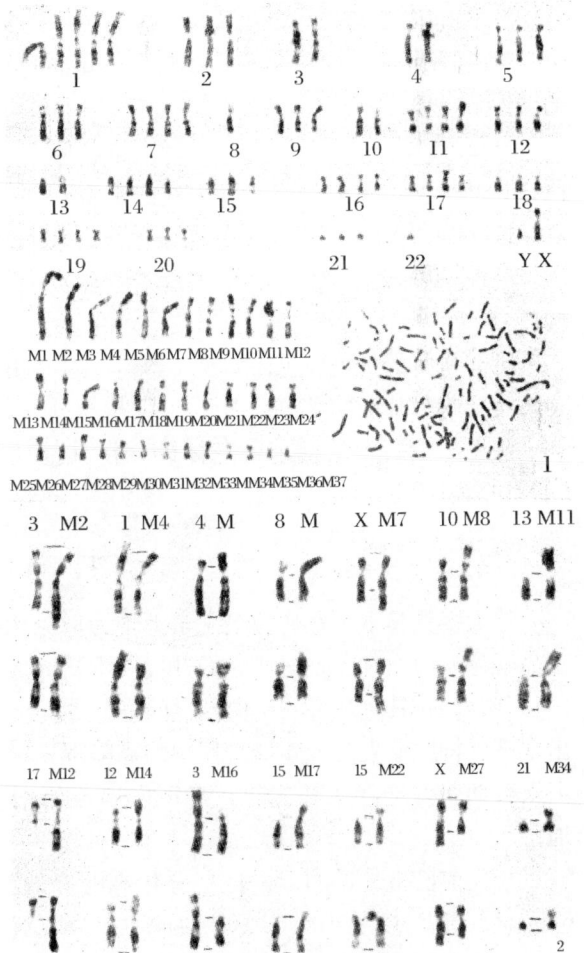

图 1　各号染色体的条数

· 251 ·

M5，4p＋：大的亚中着丝点染色体，其带型与 4 号染色体一致，但短臂因有额外的节段而长于正常者。

M6，iso 8q：较大的近中着丝点染色体，两臂带型与 8 号长臂一致，故为 8 号长臂等臂染色体。

M7，t（X;?）：大的亚中着丝点染色体，其短臂及长臂近段与 X 染色体相应部分一致，且其长臂远段由其他染色体易位而来。

M8，iso 10q：近中着丝点染色体，两臂带型均与 10 号染色体长臂相似，故为一 10 号长臂等臂染色体。

M11，iso 13q：近中着丝点染色体，两臂带型均与 13 号染色体一致，故为一 13 号长臂等臂染色体。

M12，t（17q;?）：亚中着丝点染色体，其短臂带型与 17 号长臂一致，其长臂来源则有待于进一步鉴定。

M14，12p＋：其带型与 12 号染色体相同，唯短臂末端有额外的节段。

M16，t（?；3q）：亚近端着丝点染色体，其长臂带型与 3 号染色体长臂相同。

M17，15p＋：亚中着丝点染色体，其带型与 15 号染色体带型一致，但短臂末端有额外的节段。

M22，15p＋：另一个亚中着丝点染色体，其带型与 15 号一致，唯短臂末端有额外的节段，且其带型不同于 M17 短臂末端的带型。

M27，t（X;?）：近中着丝点染色体，其短臂及长臂近段与 X 染色体相应部分一致。

M34，t（22q?；21q）：小的近中着丝点染色体，其短臂似由 22q 构成，其长臂由 21q 构成。

并非所有的标记染色体均易于鉴定，这是由于许多染色体经多次断裂和重排后，往往难于再鉴定每一片断的来源。

除图 2 中所示的标记染色体外，在其他核型中有时还偶尔可见 7q－，6p－，t（8q；8q＋）等异常。

讨　论

绝大多数鼻咽癌在病理组织学上均为低分化型，因此 CNE－2 上皮细胞株的建立将有助于鼻咽癌病因学和免疫学研究的开展。本研究表明，CNE－2 为一高异倍细胞株，其众数为 104～103，并具有众多的结构异常的染色体。众数的存在和多数标记染色体的恒定性或反复出现都支持肿瘤发展或建株过程中的克隆选择过程，即某一癌细胞因其特有的染色体——基因组合而获得选择生长优势，终于发展成为干株并在肿瘤或细胞株的生长中居于主导的地位。

与先前已报告过的，来自高分化鼻咽癌的 CNE 上皮株[16] 比较，CNE 的染色体众数为 67～68，CNE－2 为 104～103。两株均有为数众多的恒见或常见的标记染色体，但 CNE－2 更多。这些标记染色体中为两株所共有的是：iso 8q 或 M6，t（?；3q）或 M16 和 M32（分别相当于 CNE 中的 M2、M10 和 M16）。由于各种柏基特淋巴瘤细胞株均有一个特异性的 14q＋标记染色体，因之上述为两个鼻咽癌上皮株所共有的标记染色体也值得注意。不过目前建成的鼻咽癌上皮株为数尚少，因之它们的特异性尚有待于验证。

除上述少数几个共有的标记染色体外，CNE 与 CNE－2 两个鼻咽癌细胞株的核型无论是在染色体的数目和组成，还是在标记染色体的数目和结构方面均有明显的不同。目前尚难肯定这种差异是否与瘤株传代时间、肿瘤的分化程度或其他生物学－病毒学特件有关。

近些年来的研究表明，肿瘤的染色体畸变具有非随机的性质[13]。人类患慢性粒细胞白血病时的 Ph[1] 染色体[14]和柏基特淋巴瘤时的 14q＋染色体[12]，即为此种非随机性的集

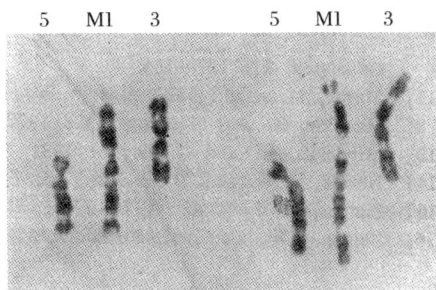

图 2　两个 CNE－2 细胞之局部核型，示标记染色体 M1 及其构成，G－显带

Fig. 2　Partial karyotypes of two CNE－2 cells showing marker chromosonle M1 and its banding pattern. G－banding

中表现。这些标记染色体对于上述肿瘤具有高度的特异性。因之，人们曾十分重视鼻咽癌标记染色体的研究。不过大多数研究均涉及类淋巴细胞株，以癌组织或上皮株为材料者尚少。例如，在类淋巴细胞株中曾报告有巨大亚中着丝点染色体（"巨 A"）的存在，并认为是由 1 号与 3 号染色体易位构成[3,8]，但另一些作者则未见此种标记染色体[7]。在一部分鼻咽癌活检组织中也曾发现类似的巨大亚中着丝点染色体[2]。然而值得注意的是，各作者报告的"巨 A"在结构上可能并不一致。而且除直接来源于瘤组织者外，不能排除"巨 A"是细胞长期培养过程中的产物[11]。

在分析鼻咽癌上皮细胞株时，我们于来自高分化癌的 CNE 株未曾发现任何大于 1 号并经常出现的异常染色体。在本实验中，我们曾特别注意这种染色体的存在。如图 1 之 1 和 2 所示，它们共有两个，即 M1 和 M2。M1 为一巨大的亚中着丝点染色体，比 1 号染色体长 1/3 以上，是一个复杂的易位染色体，其短臂远段及长臂中段带型分别与 3 号及 5 号染色体的相应部分相符，但其余组成部分的来源难于肯定（图 2）。M2 的构成已如前述。两者的构成中均有 3 号染色体参加，但两者均不同于文献中报告的"巨 A"标记染色体。由于它们来自上皮性癌细胞且显带清楚，因而值得重视。至于是否对鼻咽癌或由之而来的上皮细胞株具有特异性，则尚待进一步研究。

总之，今后如能从癌组织或更多的上皮性癌株中获得良好的显带染色体标本，通过仔细的带型分析和比较研究，考察各染色体卷入畸变的程度，当能阐明鼻咽癌染色体畸变是否具有非随机性以及是否存在鼻咽癌特异性标记染色体问题。

〔原载《遗传学报》1983，10（6）：498－503〕

参 考 文 献

1　张思仲，等．中华肿瘤杂志，1979，1（2）：84－90

2　区宝祥，等．中华医学杂志，1979，59（6）：333－338

3　吴冰，等．中华肿瘤杂志，1979，1（2）：91－95

4　谷淑燕，等．癌症，发表中

5　张思仲，等．中华医学杂志，1979，59（4）：

210 – 213

6　Desgranges C, et al. Int. J Cancer, 1975, 16: 7 – 15

7　Finerty S, et al. Br J Cancer, 1978, 37: 231 –237

8　Hsia C, H Lu. Chin. Med J, 1978, 4: 130 – 134.

9　Huang D P, et al. Int. J Cancer, 1980, 26: 127 – 132

10　Laboratory of Tumor Viruses of Cancer Institute and other Institutions in China:, Scientia Sinica, 1978, 21: 127 – 134.

11　Maeek M, et al. Cancer Res. , 1971, 31: 308 – 321.

12　Manolov G, Manolova Y. Nature (Lond.), 1972, 237: 33 – 34

13　Mitelman F Levan G Hereditas, 1981, 95: 79 – 139

14　Nowell P G, Hungerford D A. Science, 1960, 182: 1497

15　Biraons M J, et al. JNCI, 1976, 57: 977 –980

16　Zhang S, et al. Hereditas, 1982, 97: 23 –28

Cytogenetic Studies of An Epithelial Cell Line Derived from A Poorly Differentiated Nasopharyngeal Carcinoma

ZHANG Si-zhong[1], GAO Xiu-kun[1], ZENG Yi[2]

(1. Sichuan Medical College, Chengdu; 2. Institute of Virology, Chinese Academy of Medical Sciences, Beijing)

Nasopharyngeal carcinoma (NPC), an epithelial cancer of high incidence in South China and some African areas, is of great interest for its close association with EB virus and for the genetic predisposition to it in some ethnic populations. Recently an epithelial cell line (CNE – 2) has been established from a poorly differentiated nasopharyngeal carcinoma which represents the first of the kind.

Cytogenetic analysis of the CNE – 2 line was carried out by chromosome banding technique. It was found that the chromosome number of the CNE – 2 cells varied from 87 to 107 and the modal number was 104—103. All cells contained a series of structurally abnormal chromosomes and most of them were either consistent or frequently found. Among these chromosomes there were two giant markers which, by banding pattern analysis, proved to be different from the so – called giant A marker previously found in many lymphoblastold cell lines of NPC.

Comparison between CNE – 2 and CNE, another epithelial cell line which was established from well differentiated NPC, indicated that while they were quite different in many cytogenetic respects they had three chromosome markers in common, namely, an iso 8q, at (?; 3q) and a small acrocentric one. With finding of these and the giant markers mentioned above the problem whether there exists a chromosome marker specific for NPC was discussed.

62. EB 病毒核酸片段重组于噬菌体 M13mp8 方法的研究

Ⅱ. 制备敏感的核酸杂交实验的探针

中国预防医学中心病毒学研究所　谷淑燕　曾　毅

Max. V. Pettenkofer 研究所　H. Wolf

〔摘　要〕　　EB 病毒核酸片段重组于噬菌体 DNA，从而获得单链的重组噬菌体 DNA 作为核酸杂交实验的敏感有效的探针。本文报告引物的制备和以单链 DNA 为模板体外合成标记的双链 DNA、并用此标记的 DNA 检查 EB 病毒的核酸。

M13mp8 噬菌体含单链 DNA，外来 DNA 片段被重组于细菌内的复制形式的双链 DNA，从而获得单链的重组 DNA。DNA 片段重组于噬菌体 DNA 灭活了 β - 半乳糖苷酶基因的功能，感染的细菌产生无色斑，而正常的噬菌体在半乳糖苷酶基质存在下，产生蓝色蚀斑。因此，以蚀斑的颜色很容易识别重组的 DNA 分子；M13 噬菌体在细菌内有很高的拷贝（每个细菌大约 2000 个拷贝）；成熟的噬菌体从细菌腹中"挤出"，并不裂解细菌，这些成熟的噬菌体只含复制形式双链 DNA 中的一条链。故重组的噬菌体为核酸杂交实验提供大量的，比较纯的单链 DNA。

以单链 DNA 为模板，体外可以选择性地复制噬菌体 DNA 或重组的 DNA 片段。使用互补于噬菌体 5′末端的引物，则复制重组的核酸片段，用以研究基因的结构和功能，使用互补于噬菌体 3′末端的引物，在引物的基础上从 5′末端向 3′端延长，而获得一个标记的双链宿主 DNA。选择性地复制宿主 DNA，保持重组的核酸片段为单链形式，成为一个十分敏感的、有效的核酸杂交实验的探针。

我们重组 EB 病毒的核酸片段于 M13mp8 噬菌体[1]。从成熟的噬菌体分离单链 DNA，以此 DNA 为模板，在引物、DNA 多聚酶和四种脱氧核苷三磷酸存在下，复制噬菌体 DNA，保持 EB 病毒核酸片段为单链形式。此标记的 DNA 用于核酸杂交实验，检查 EB 病毒的核酸，图 1 为全部实验过程。

材料和方法

一、单链模板 DNA 的制备　EB 病毒核酸片段重组入噬菌体 DNA，转移重组的 DNA 进入细菌，在培养碟上形成无菌透明的蚀斑。选择单个细菌集落培养于

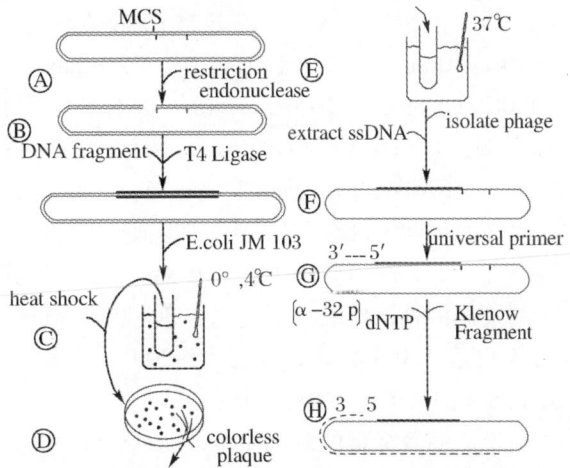

图 1　重组 DNA 片段于 M13mp8 噬菌体和标记探针

Fig. 1　Cloning fragment of EBV – DNA into M13mp8 and obtaining hybridization probe

2 ml YT 培养基（每 1000 ml 8 g Tryptone，5 g 酵母提取物和 5 g NaCl）。同时进行 10 ml 正常细菌培养，挑取单个 *E. coli* JM103 菌落培养于 YT 培养液，分别培养 6 h 后，混合噬菌体感染的细菌和新鲜的 *E. col* JM103 细菌悬液，加培养液至 1000 ml，在 37℃ 培养 12 h。然后离心去除细菌，从上清液中分离单链的噬菌体 DNA[2]。每毫升上清液加入 200 μl 聚乙二醇氯化钠溶液（2.5 mol/L NaCl，20% PEG6000），静置于室温 30 min，8000 r/min 沉淀 1 h。噬菌体再溶于 20 ml TE 缓冲液（10mmol/L Tris - HCl，pH7.4，0.1 mmol/L EDTA）。在 37℃ 用蛋白酶 K（2.5 μg/ml）和 0.5% SDS 处理 1 h。用等体积酚提取，酒精沉淀（1/10 体积 3 mol/L 醋酸钠 pH5.5，2.5 倍体积冷酒精）。-20℃ 存放过夜后，10 000 r/min 沉淀 DNA。70% 冷酒精洗，真空干燥后，再溶于 TE 缓冲液。DNA 保存于 -20℃，从每 1000 ml 培养液中可制备 5~10 mg DNA。

　　二、引物的来源和制备　来源：选择 21 bp（碱基对）引物互补于模板 DNA3′末端。因此，当加入 dNTP 和 DNA 多聚酶，在引物的基础上以单链 DNA 为模板从 5′末端向 3′末端合成互补链。引物来源于细菌质粒 pHM235。21 bp 内切酶 ECORI 片段被重组于细菌质粒 pBR325，从而产生带 ECORI 片段的质粒 DNA pHM235[3]。用内切酶 ECORI 从 pHM235 质粒上切下多核苷酸片段作为合成 DNA 互补链的引物。带质粒的细菌株 CSH26 pHM235 生长于含葡萄糖和氨苄西林的 L - 肉汤培养基（每 1000 ml 含 Tryprone）10 g，酵母提取物和 NaCl 各 5 g，葡萄糖 1 g，氨苄西林 40 mg。从培养平皿上挑取单个细菌集落培养于肉汤，离心收集细菌，从细菌中分离质粒。即经溶菌酶裂解，粗提取去除细菌核酸，再经 CsCl 梯度离心后，提取质粒 DNA[1]。含引物的质粒保存于 -20℃。

　　游离的引物是用内切酶消化，凝胶电泳分离而获得的。ECORI 消化 100 μg 质粒，取 0.5 μg 进行琼脂糖凝胶电泳检查，观察质粒是否完全被切开。进一步用聚丙烯酰胺凝胶电泳分离引物。为确定引物在凝胶电泳中的位置，首先末端标记引物，凝胶电泳分离后，放射自显影检查引物在凝胶中的位置。然后从相对应的凝胶位置中切下未经标记的引物部分。

　　引物的末端标记：ECORI 内切酶消化质粒 DNA，获直线状的质粒 DNA 和游离的引物，酚提取，酒精沉淀后，再悬于 25 μl 液体，其中含 67 mmol/L Tris - HCl pH8.0，6.7 mmol/L MgCl₂，10 mmol/L 2 - 巯基乙醇，25 μmol/L dCTP、dGTP 和 TTP，以及 5 μCi³²P dATP（400Ci/mmol/L），10 单位 T₄DNA 聚合酶，在 14℃ 孵育 2 h。用 8% 聚丙烯酰胺凝胶电泳分离引物，1.5kV.30 mA.TRF 缓冲液（10 × 母液为 900 mmol/L Tris，900 mmol/L 硼酸，25 mmol/L EDTA）。10 cm 宽，0.35 mm 厚的凝胶可分离 100 μg 的质粒。

　　游离引物的制备：从聚丙烯酰胺凝胶中切下含引物部分，浸入 1~1.5 ml 提取液（0.5 mol/L 醋酸铵，0.1 mmol/L EDTA，10 mmol/L 醋酸镁和 0.5% SDS）。37℃ 过夜，离心沉淀凝胶，上清液经酒精沉淀后，超速离心 30 000~50 000 r/min 沉淀引物 DNA，70% 酒精清洗的引物 DNA 再溶于 100 μl 水，保存于 -20℃。从每 100 μg 质粒最终获得 100 μl 引物，每 1 μl 引物退火于 2 μl（0.5 μg）模板 DNA。

　　三、制复标记的双链 DNA　以重组的单链 DNA 为模板体外合成标记的双链 DNA，首先将引物退火于模板，然后在 DNA 聚合酶作用下，以底物合成互补的 DNA 链，为保持重组的 EB 病毒核酸片段为单链的，必须测定全长 DNA 合成双链的时间。依照被重组的 EB 病毒核酸片段在总 DNA 中所占的长度，计算出只合成宿主 DNA 所需要的时间。

　　DNA 合成时间的测定：2 μl（0.5 μg）模板 DNA 与 1 μl 引物混合，加 1 μl 10 倍 DNA

聚合酶反应缓冲液（70 mmol/L Tris－HCl，pH7.5，70 mmol/L MgCl$_2$，500 mmol/L NaCl）于 1.5ml eppendorf 小管内，加水至 10 μl。置 eppendorf 于一带水的小试管顶部，89～90℃水浴 5 min，连同带水试管一起移置室温，使之缓慢冷却至室温温度（大约 30～45 min）。加入^{32}P dCTP，dNTP，1 μl 0.1 mol/L dTT（dichiofhreifol），1 μl DNA 多聚酶的大片段部分和1 μl10 倍聚合缓冲液。总体积 20 μl。含 dATP，dGTP 和 TTP 各 0.2 nmol/L，dCTP0.05 nmol/L，其中^{32}PdCTP 占总 dCTP 的百分之一。DNA 多聚酶使用 1U/μl，酶稀释液为 100 mmol/L 磷酸钾，pH8.0，50% 甘油。合成 DNA 在室温进行，每间隔一定时间取 2 μl 样品加入 500 μl 0.1% 的牛血清白蛋白，置冰浴。500 μl 10% 三氯乙酸沉淀 DNA 30 min，在负压下，移样品于硝酸纤维薄膜。再用 5 ml 5% 三氯乙酸洗 3 次，测定样品的脉冲数。

标记 DNA：方法同上，在室温孵育 100 min 后移置冰浴或 －20℃。

四、核酸杂交实验 用内切酶 BamHl 消化 0.5 μg 含 EB 病毒核酸 X 片段的质粒和 0.5 μg 重组的噬菌体双链 DNA 以及 Raji 细胞 DNA。用 0.8% 琼脂糖凝胶电泳分离不同的 DNA 片段，Southem[4] 方法转移于硝酸纤维薄膜. 封薄膜于含预杂交液的塑料袋内，每平方厘米硝酸纤维薄膜需预杂交液体 0.2 ml（6×SSC，5×Denharddt's 液，0.5% SDS 和 100 μl/ml CT－DNA[5]），在 68℃预杂交 2～4 h 后剪开塑料袋一角，尽量挤出全部预杂交液体，换入杂交液体，杂交液含全部预杂交液成分，另外补充 0.01 mol/L EDTA 和 10^3～10^6 ^{32}P 标记的 DNA。在相同温度下孵育 4～16 h。然后用含 SSC 和 SDS 液体连续清洗。首先用 0.5% SDS，2×SSC 浸泡 5 min，移入 0.1% SDS，2×SSC 液浸 15 min，最后在 0.1×SSC 和 0.5% SDS 中于 68℃洗 2 h，以同样液体换液一次，干燥，曝光于 X 线片。

结　　果

一、单链噬菌体 DNA 合成双链时间的测定 用重组的单链 DNA 为模板，复制宿主 DNA 链。比较不同量的 dCTP 和 DNA 多聚酶，观察 DNA 合成的动力曲线。含 dGTP，dATP 和 TTP 各 0.2 nmol/L，dCTP 分别为 0.05，0.01 mol/L 和 0.005 nmol/L，^{32}PdCTP 为 0.1×10^{-3} nmol/L，选择 1 单位和 2 单位多聚酶，其结果见图 2。使用不同浓度的 dNTP，DNA 合成曲线基本相似，完全复制成双链的时间大约为 200 min，噬菌体 M13mp8 DNA 含 7229 bp，EB 病毒 DNABarnHl X 片段大约 1300 bp，在全部重组的噬菌体 DNA 中，宿主 DNA 占 84%，所以噬菌体 DNA 本身合成双链时间大约 130～160 min。

二、核酸杂交结果 用同一个凝胶

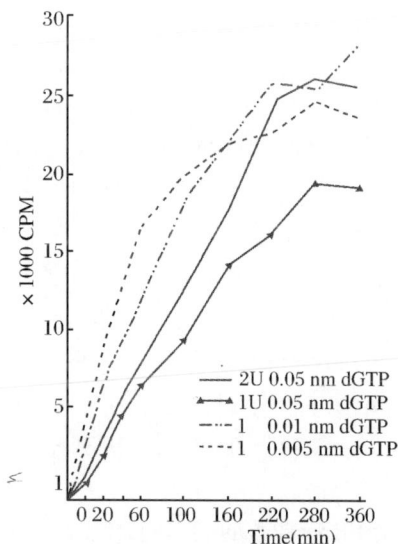

图 2　合成双链 DNA 的时间曲线
Fig. 2　Time curve of synthesis double－stranded DNA

电泳分离的经内切酶消化的 DNA 片段，转移到硝酸纤维薄膜后，与标记的单链 DNA 进行杂交反应，其结果见图 4。含 EB 病毒核酸 BamHIX 片段的标记 DNA 与来源于细菌质粒或细菌内重组的双链 DNA 中的 X 片段 DNA 杂交，同样与 Raji 细胞来源的 DNA 中的 EB 病毒相应核酸片段杂交。图 3 为内切酶消化的各 DNA 在电泳中的表现。

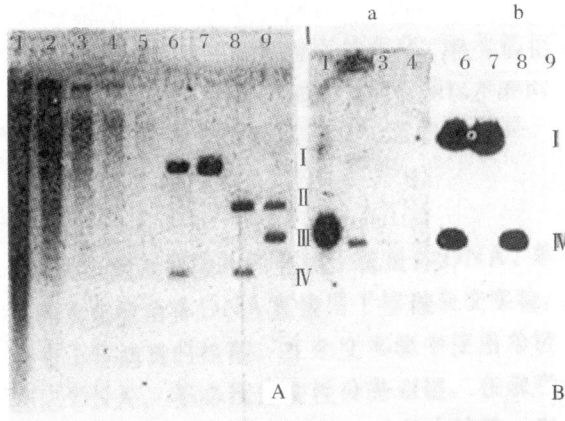

图 3   A：内切酶 BamHI 消化的 Raji 细胞 DNA，双链噬菌体和质粒
DNA 的电泳表现。B：用 ^{32}P 标记 MEBXI DNA 核酸杂交

Ftom 1 to 5：different concentration of Raji cell DNA digested With BarnHI, 20, 2, 0.4, 0.2, 0.1 μg respectively. 6：0.5 μg phage DNA inserted with X fragment of EBV – DNA. 7：0.5 μg M13mp8 RF DNA. 8：0.5 μg plasmid DNA with X fragment. 9：0.5 μg plasmid DNA with W fragment.

I：Phage DNA；II：Plasmid DNA；III：EBV – DNA. BarnHI W fragment：IV：EBV – DNA, BamHI X fragment.

Fig. 3A：Digested Raji cell DNA，double – stranded phage DNA and
plasmid DNA on gel
Fig. 3B：DNA fragment hybridize with ^{32}P – labeled MEBX 1 DNA. a.
Exposed 12 hrs. b. Exposed 15 min

来源于 Raji 细胞的 DNA，用内切酶消化后，电泳分离不同的 EB 病毒核酸片段，仅在 X 片段的同一水平上呈杂交反应，随 DNA 浓度下降，杂交反应减弱，但从 0.2 μg Raji 细胞 DNA 中检出所含的 EB 病毒核酸，而来源于质粒的 EB 病毒核酸的其他片段则不表现杂交反应。在此实验中，标记 DNA 仍与噬菌体本身杂交，由于采用较短的双链合成时间（100 min），不能使全部噬菌体 DNA 合成双链，保留的单链在杂交反应中与噬菌体 DNA 合成。

图 4 为 EB 病毒核酸的不同片段重组于噬菌体，重组的单链噬菌体 DNA 用于杂交反应的结果。重组噬菌体 DNA，MEBXl（Munich，EBV，BamHI X 片段№1）和 MEBWSl（Munjch，EBV，BamHI W 片，Sau 3 A№1），用 ^{32}P 标记。内切酶消化 EB 病毒 DNA，来源于 Raji 细胞的 DNA，含相应 EB 病毒核酸片段的质粒 pBR322，X 和 pSL76 以及重组的双链噬菌体 DNA。相同的 2 个凝胶电泳转移于硝酸纤维薄膜后，分别与标记的单链 DNA 杂交，其结果如图 4

所示。MEBX1 与不同来源的 X 片段 EB 病毒核酸杂交，但不与 W 片 DNA 杂交，相反 MEB-WSl 也仅与 W 片杂交，两者都与来源于 Raji 细胞的 DNA 或 EB 病毒颗粒来源的核酸相应片段杂交，而其杂交位置表现不同。

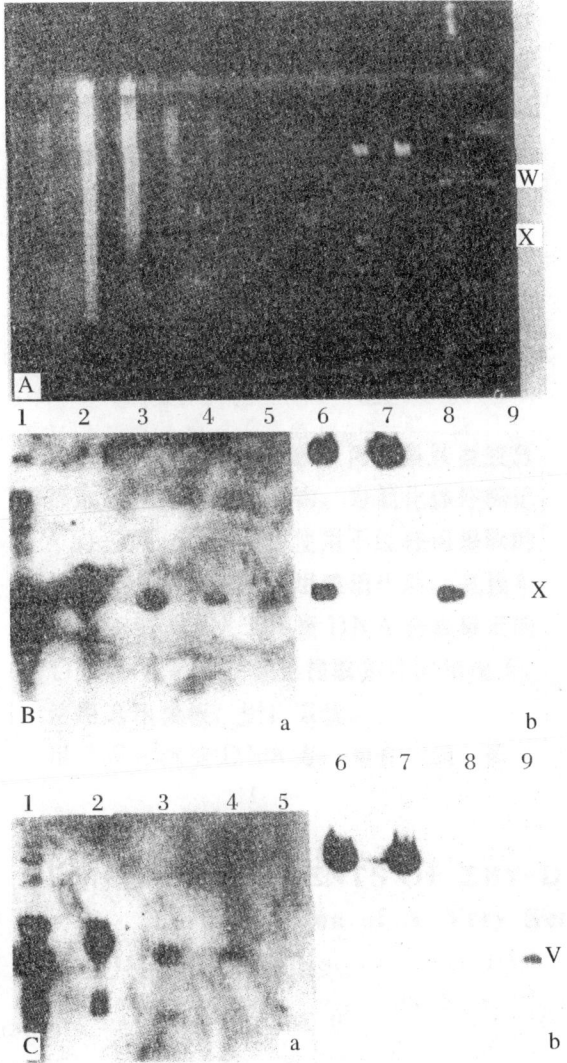

1：0.5 µg EBV – DNA. 2 to 5：different concentration of Raji DNA digested with BamHI, 20, 2, 0.4, 0.2 µg respectively. 6：0.5 µg EBV – DNA BanlHI X fragment inserted phage DNA. 7：0.5 µg phage DNA. 8：0.5 µg plasmid DNA with X fragment of EBV – DNA. 9：0.5 µg plasmid DNA with W fragnlent of EBV – DNA

W：W fragment of EBV – DNA；X：X fragment of EBV – DNA

图 4A：内切酶消化的 DNA 电泳表现

图 4B：与 ^{32}P 标记的 MEBX 1 DNA 核酸杂交

图 4C：与 ^{32}P 标记的 MEBWSl DNA 核酸杂交

Fig. 4A：Digested DNA on gel.

4B：Hybridization with ^{32}P – labeled MEBX 1 DNA.

4C：Hybridization with ^{32}P – labeled MEBWS 1 DNA；

a：Exposed 20 hrs，b：Exposed 30 min

讨 论

EB 病毒核酸片段重组于噬菌体 DNA，单链的重组噬菌体 DNA 直接用于核酸杂交实验，检查 EB 病毒的核酸。在杂交实验中使用单链标记 DNA，不必预先变性分开双链，在杂交过程中不会由于自身退火而干扰实验结果。为指示杂交反应，体外标记单链 DNA，以重组的单链 DNA 为模板，在 DNA 聚合酶作用下，dNTP 为底物，在引物的基础上合成部分双链 DNA，我们使用 ^{32}P dCTP 标记噬菌体 DNA，保持 EB 病毒核酸片段为单链形式，使用这个标记 DNA 作为核酸杂交实验的探针。

M13 噬菌体在半乳糖苷酶基因存在下，使感染的细菌产生蓝色蚀斑，外来的 DNA 片段重组入噬菌体 DNA，破坏了半乳糖苷酶基因的功能，感染的细胞形成无色透明的蚀斑。因此，以颜色反应很容易识别重组的噬菌体。噬菌体在细菌细胞内有很高的拷贝。大约每细胞 2000 个拷贝，成熟的噬菌体从细菌中释放出来，并不裂解细菌，因此上清液中含有大量的成熟噬菌体而很少细菌裂解产物，从每毫升培养液中能获得 5~10 µg 的噬菌体 DNA。除产量高和比较纯净的特点外，从培养液中提取单链 DNA 方法简便，只需用 PEG 沉淀噬菌体，酚提取去除蛋白外壳，即获较纯的单链 DNA，不需用任何梯度离心分离，它明显地优越于制备质粒 DNA。

在噬菌体 DNA 标记过程中，用21bp 引物直接杂交于噬菌体 DNA 的 3′末端，它互补于宿主 DNA 而不是重组的 EB 病毒核酸片段。因此一个相同的引物可以用于不同 DNA 片段重组的噬菌体株。

重组的噬菌体 DNA 是单链的，体外合成部分宿主 DNA，使重组 DNA 被标记，但被重组的 DNA 片段仍呈单链形式，使被重组的 EB 病毒 DNA 片段附着在一个高活性的标记物上，而本身又保持着单链形式，可以用于检查 DNA。在杂交过程中，不存在互补链的竞争，因此，这种杂交探针是敏感而且有效的。

我们使用 21 bp 引物是经聚丙烯酰胺凝胶分离和提取以获得较纯的引物。为简化体外标记 DNA 的过程，我们试探使用不经任何提取的粗制引物。含引物的质粒用酶消化后，直接与模板混合，引物退火于模板 DNA 合成标记的双链 DNA。因此，在缺乏提取条件的情况下，仍能使用这组模板，引物系统。

用 TCA 沉淀 DNA 方法检查重组噬菌体 DNA 合成互补链的时间。使宿主 DNA 成标记的双链而保持重组的 DNA 为单链，但在实际应用过程中，只要部分宿主 DNA 合成为双链，其余部分仍为单链即可作为核酸杂交探针。被检 DNA 与噬菌体 DNA 之间没有互补关系时，即不会干扰杂交反应结果。重要的问题是保持重组的 DNA 片段为单链，宿主 DNA 的互补链可以合成任意长度。新合成的噬菌体 DNA 互补链的长度可用琼脂糖凝胶电泳检查。首先变性分开双链 DNA，电泳分离，在溴化乙啶存在下直接观察或放射自显影后观察同位素在电泳中的位置。

〔原载《中华微生物学和免疫学杂志》1984, 4（5）: 281 – 285〕

参 考 文 献

1　谷淑燕，等. 癌症，1983，2: 129

2　Sanger F. J Mol Biol, 1980, 143: 161

3　Bolivar F. Gene, 1978, 4: 121

4　Southern EM. J Mol Biol, 1975, 98: 503

5　Molecular Cloning, A LaborMory Manual, 1982, 387, CSH

Cloning Fragments of EBU – DNA in Single – stranded M13mp8

Ⅱ. Preparation of A Very Sensitive Hybridization Probe

GU – Shu yan[1,2], ZENG Yi[1]

(1. Institute of Virology, Chinese Academy of Medical Sciences, Beijing;

2. Max. V. Pettenkofer Institute, W. Germany, Munich)

Fragments of EBV – DNA were inserted into M13mp8 phage DNA. A sensitive and effective probe was obtained for hybridization. Here we describe the preparation of primer which is used to detect synthesis of the vector DNA strande and leaves the inserted fragment single – stranded, the Synthesis of labeled probe and hybridization result.

63. 应用酶标记葡萄球菌 A 蛋白抗补体 免疫酶法检测 EB 病毒核抗原

中国医学科学院病毒学研究所　曾　毅　张　钦

梧州市肿瘤研究所　张芦光　李锦源　贾精医

〔摘　要〕　应用酶标记 SPA 代替酶标记抗人补抗体进行抗补体免疫酶试验，检查 Raji 细胞，B95 - 8 细胞和鼻咽癌病人的癌细胞均发现有 EBNA 阳性细胞，而 Hela 细胞，CNE - 1 细胞及 66 例鼻咽癌慢性炎症病人的鼻咽黏膜脱落细胞均未发现 EBNA 阳性细胞。此方法检查 EBNA 与曾毅等人[1,2]报道的抗补体免疫酶法一样敏感和特异，而且 SPA 来源方便，有利于在基层开展工作。

我们建立了抗补体免疫酶法用于检查鼻咽癌细胞和正常鼻咽细胞的 EB 病毒核抗原（EBNA）取得了较好的结果[1,2]。但此方法需要较高免疫效价（双相免疫扩散滴度在 1：32 以上）的免抗人补体 C_3 抗体作辣根过氧化物酶载体。本文报告用酶标记葡萄球菌 A 蛋白（SPA）抗补体免疫酶法检查 EBNA，结果也很好，现将结果报告如下。

材料和方法

一、细胞株　Raji 细胞来源于伯基特淋巴瘤；B95 - 8 细胞来源于 EB 病毒转化的绒猴类淋巴母细胞；CNE - 1 细胞来源于高分化鼻咽癌；Hela 细胞来源于子宫颈癌。培养液为 RP-MI 1640，加 20% 小牛血清。各种细胞每周传代 2~3 次。

二、鼻咽脱落细胞　在病人口咽腔和鼻咽腔内喷入 1% 地卡因。用电动负压吸引器通过吸管吸取鼻咽黏膜细胞。

三、酶标记 SPA 抗补体免疫酶法　细胞悬液经 1000 r/min 离心 10 min，弃上清，加 0.4% 氯化钾，室温膨胀 15 min，再离心，弃上清，作细胞涂片。负压吸引的脱落细胞直接做细胞涂片。鼻咽活检组织做印片。涂片在室温干燥，用冷丙酮固定 10 min 上。正常人血清作补体来源。稀释液为平衡盐溶液（BSS）[3]，配方为 0.8% NaCl，0.14% CaCl，0.04% KCl，$0.02MgSO_4$；$7H_2O$，$0.06\% KH_2PO_4$，$0.06\% Na_2HPO_4$；$2H_2O$，pH6.9。在细胞涂片上加入浓度为 1：10 的鼻咽癌病人血清（IgA/VCA 抗体滴度为 1：80 以上，56℃30 min 灭活）和 1：10 的正常人血清，置 37℃湿盒内 1 h，用 BSS 液浸洗 3 次，每次 5 min；加 1：20 的兔抗人 C_3 血清（双扩效价 1：16），置 37℃湿盒内 h，用 BSS 液浸洗 3 次，每次 5 min；加 1：20 的酶标记 SPA，置 37℃湿盒内 30 min，再用 BSS 液浸洗 3 次；每次 5 min；然后用二氨基联苯胺和 H_2O_2 染色[4,5]，在普通显微镜下检查，细胞核显棕色者为阳性，不着色为阴性。作 56℃30 min 灭活补体对照。

纯品 SPA 系由卫生部上海生物制品所生产。用西德 Bochringermannhcin 一级辣根过氧化物酶标记，详见文献[6]。

四、抗补体免疫酶法 用曾毅等[1,2]报告的抗补体免疫酶法检查 EB 病毒核抗原。

结　果

一、检查不同细胞株的 EB 病毒核抗原 用酶标记 SPA 抗补体免疫酶法和抗补体免疫酶法检查 Raji 细胞的 EB 病毒核抗原，90% 以上的 Raji 细胞核染成棕色，呈阳性反应，见图 1 和 2，B95 - 8 细胞也呈阳性反应，作为补体来源的正常人血清经 50℃ 30 min 灭活后，细胞核不着色，呈阴性，见图 3。与 EB 病毒无关的 CNE - 1 和 Hela 细胞均阴性。

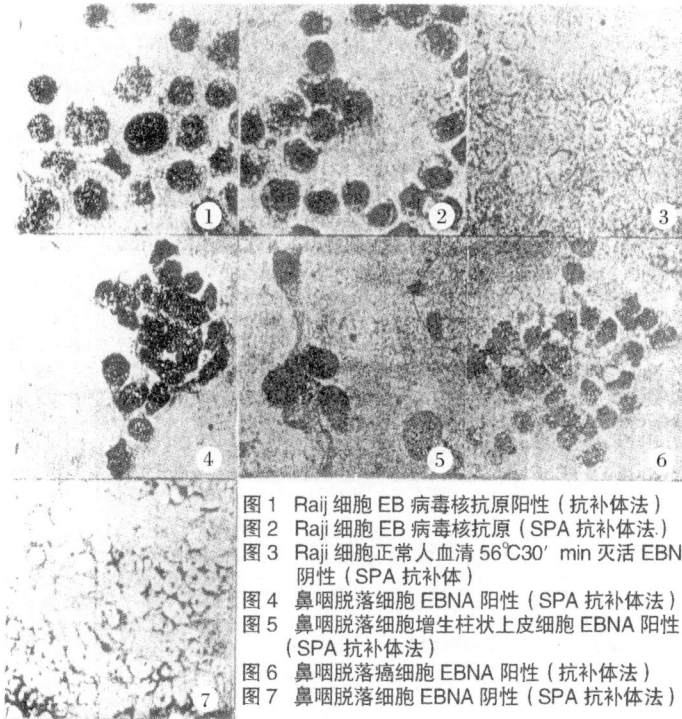

图 1　Raij 细胞 EB 病毒核抗原阳性（抗补体法）
图 2　Raji 细胞 EB 病毒核抗原（SPA 抗补体法）
图 3　Raji 细胞正常人血清 56℃30′ min 灭活 EBNA
　　　阴性（SPA 抗补体）
图 4　鼻咽脱落细胞 EBNA 阳性（SPA 抗补体法）
图 5　鼻咽脱落细胞增生柱状上皮细胞 EBNA 阳性
　　　（SPA 抗补体法）
图 6　鼻咽脱落癌细胞 EBNA 阳性（抗补体法）
图 7　鼻咽脱落细胞 EBNA 阴性（SPA 抗补体法）

二、检查鼻咽癌病人癌组织细胞和鼻咽慢性炎症黏膜细胞的 EB 病毒核抗原 用酶标记 SPA 抗补体免疫酶法检查了 26 例组织学证实为鼻咽癌病人的鼻咽部脱落细胞，全部都有带 EBNA 的癌细胞，见图 4，其中 5 例在同一张涂片中也检查到一些正常柱状上皮细胞有 EB-NA，5 例中有 2 例在同一张片中检查到了增生柱状上皮细胞有 EBNA，见图 5。26 例 EBNA 阳性者中，有 2 例同时用抗补体免疫酶法检查，也同样得到阳性结果，见图 6。而检查 66 例鼻咽慢性炎症病人鼻咽黏膜细胞未发现带有 EBNA 的细胞，见图 7。

讨　论

上述结果表明，将辣根过氧化物酶标记的 SPA 用于抗补体免疫酶法，检查细胞中的 EB 病毒核抗原和酶标记抗人补体 C_3 免疫酶法[1,2]一样，敏感性和特异性都高，无需很高效价的抗人 C_3 抗体，无需纯化抗人 C_3 抗体，而且 SPA 具与人及多种哺乳动物血清中 IgG 分子 FC 片段和结合的特性[5]，相对分子质量小（42 000）容易透过细胞膜，有利于细胞内抗原的检测。

此法简便，酶载体 SPA 有商品生产，纯度高，来源方便，有利于在基层开展工作。

〔原载《肿瘤防治研究》1984，11（3）：142－143〕

参 考 文 献

1 曾毅，等. 中国医学科学院学报，1980，2（2）：134

2 曾毅，等. 中国医学科学院学报，1980，2（4）：220

3 Reedman B. M, et al. Int J Cancer, 1973, 1：499

4 Avrameas. Immunoehemislry, 1969, 6：43

5 汪美先，等. 等四军医大学微生物室和493研究室（内部资料）

6 Dubois—Dalcq M, et al. J Histochem. Cytochen, 1977, 2：1201

64.　测定鼻咽部脱落细胞中 EBV/DNA 和核抗原方法的比较

中国预防医学中心病毒学研究所　皮国华　曾　毅

法国国家科学研究中心、里昂 Alexis Carrel 医学院　Desgranges C　deThe′G

Freiburg Zentrun fiir Hygiene 病毒研究所　Barnkamm GW　湛江医学院　沈淑静

〔摘　要〕　对27例鼻咽黏膜脱落细胞，用细胞学方法查癌细胞，ACIE 法查 EBNA，Blot 及打点杂交法查 EBV/DNA。经临床及组织学检查确诊的 22 例 NPC 标本 EBNA 均阳性，其中 21 例 EBV/DNA 阳性；5 例炎症标本均未查到癌细胞及 EBV/DNA，其中 3 例因有上皮细胞及淋巴细胞呈现 EBNA 阳性；ACIE 法与两种杂交法所获结果有良好的相关性。

据报道，鼻咽癌癌细胞内存在 EB 病毒基因[1~3]，鼻咽癌病人血清和唾液中存在特异的 IgA/VCA 抗体[4~6]，后者在临床发现肿瘤之前即可检出[7~9]。在 IgA/VCA 阳性人群中，鼻咽部脱落细胞有 EB 病毒核抗原（EBNA）和 EBV/DNA[10]的研究结果表明存在癌前情况。本研究测定了用负压吸引法[11]所取鼻咽部脱落细胞的 DNA 和 EBNA，并对 Blot 杂交、打点法杂交及抗补体免疫酶法（ACIE）进行了比较。

材料和方法

一、标本采集及处理　从 22 例鼻咽癌（NPC）和 5 例可疑病人采集的鼻咽黏膜脱落细胞，悬于缓冲液并分 3 份，1 份固定在 10% 甲醛用于组织学检查；1 份作细胞涂片用于检查 EBNA 和癌细胞；1 份提取 DNA 用于测定 EBV/DNA。

二、ACIE 法检查 EBNA　参见文献〔12〕～〔14〕。

三、分子杂交法测定 EBV/DNA

1. 提取 DNA：用 Hank′s 液洗过的脱落细胞悬于 0.05 mol/L Tris（pH8.4）、10 mmol/L

EDTA、1% Sarkosyl 液，用 1 mg/ml 蛋白酶 K 在 37℃消化 2 h。用酚提取 2 次，加 2 倍体积纯酒精沉淀 DNA，溶解在 10 mmol/L Tris（pH7.4）、1 mmol/L EDTA，加 20 μg/ml RNase 在 37℃消化 1 h。重复上述提取、沉淀及溶解步骤，样品存 −20℃冰箱备用。

2. Blot 转移杂交：每个样品取 16 μg，用限制性内切酶 PstI 消化、氯仿：异戊醇（24：1）提取、纯酒精浓缩后，样品上 0.8% 凝胶柱，在 Tris – 醋酸盐缓冲液内电泳 4~5 h，呈现核酸带，照相。将 DNA 片段转移到硝酸纤维滤膜上[16]。将 EB 病毒阴性细胞株 JM[17] 的 DNA 作阴性对照，加 500 pg 或 50 pg B_{95-8} EBV/DNA 和 8 pg EB 病毒内部重复序列在 16 μg JM DNA 内作阳性对照。来源于细菌质粒 pBR322 的 B_{95-8} 病毒 DNA 的内部重复序列15，以切口翻译法用 ^{32}P – dCTP 标记[10] 作探针。在 42℃杂交 4 d，缓冲液含 50% 甲酰胺，5×SSC，0.02% 牛血清白蛋白，0.02% 聚乙烯吡咯烷酮（PVP），0.02% Ficoll[18]，20 mmol/L 磷酸酮，200 μg/ml 剪切变性鲑精子 DNA 和 10^6 cpm/ml 热变性标记探针。杂交反应体积约 0.1 ml/cm²。

杂交后，用 2×SSC、0.1%SDS 室温下洗两次，再以 0.1%SSC，0.1%SDS 在 50℃下洗 4 次。

3. 打点杂交：参照文献 19 方法，但将细胞直接置硝酸纤维滤膜改为从每个标本中取 0.1、0.5 及 1 μg DNA 打点在滤膜上，干燥后放 0.5 mol/L NaOH 溶液内处理，0.1 mol/L NaOH、1.5 mol/L NaCl 内固定，0.2 mol/L Tris 盐酸（pH7.5），2 mmol/L EDTA 内中和。用 2×SSC 洗 2 次，室温干燥，80℃烤干。在 60℃下进行核酸预杂交和杂交。

结　　果

一、细胞学和组织学检查　27 例标本中，组织学和细胞学确诊为 NPC 者各 22 和 21 例；5 例临床可疑者组织学未发现癌组织，诊为慢性炎症（表 1）。

二、在细胞涂片或提取的 DNA 内探测 EBV 标志

1. EBNA 探测：22 例 NPC 病人的鼻咽黏膜脱落细胞均为 EBNA 阳性；5 例慢性炎症均未查到癌细胞，其中 3 例因有淋巴细胞或上皮细胞呈现 EBNA 阳性（表 1）。

2. DNA 探测：用 Blot 转移杂交，在 22 例 NPC 标本中，21 例获得两个较大的阳性带。其中 5 例 EBV – DNA 含量太低，曝光 20 h 不能测出，但曝光 5 d 则能呈现；5 例慢性炎症标本均未测到 EBV/DNA。有些肿瘤，

表 1　27 例鼻咽黏膜脱落细胞 EB 病毒标志及其与临床资料的比较

例号	临床分期	细胞学检查	EBNA检查	EBV/DNA 检查	
				Blot 杂交	打点杂交
8	I	+	+	+	+
15		+	+	+	+
17		+	+	+△	+
18		+	+	+	+
3	II	+	+	+	+
6		+	+	+	+
19		+	+	+△	+
21		+	+	+	+
22		−	+	+△	无
23		+	+	−	无
25		+	+	+	+
26		+	+	+△	+△
1	III	+	+	+△	+
2		+	+	+	+
4		+	+	+	+
5		+	+	+	+
7		+	+	+	+
16		+	+	+	+
24		+	+	+	+
9	IV	+	+	+	+
10		+	+	+	+
13		+	+	+	+
11	炎症	−	−*	−	−
12		−	−	−	−
14		−	−*	−	无
20		−	−	−	−
27		−	−*	−	无

注：*发现上皮细胞和淋巴细胞呈 EBNA 阳性　△放射自显影曝光 5 d 杂交显阳性

出现两个以上较大的带（图1）。

打点杂交（图2）结果一般和 Blot 杂交一致。用0.1、0.5 和 1 μg DNA 打点在硝酸纤维滤膜上，得到一个逐步增强的梯度，可用于鉴别阳性和可疑病例。

我们发现用 ACIE 法测定 EBNA 和用打点及 Blot 法测定 EBV/DNA 有良好的相关性。3 例慢性炎症 EBNA 阳性，打点和 Blot 杂交则显示 EBV/DNA 阴性，可能是因 EBV/DNA 含量太少。

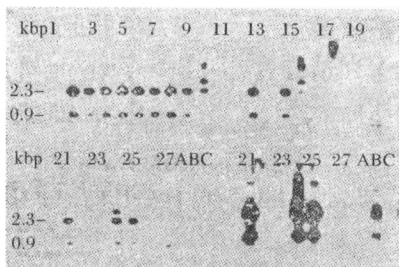

左侧均为曝光20 h；
下面的右边曝光5 d，
A 和 C 为阴性对照；B 为阳性对照

图1　Blot 杂交法测定 27 例
鼻咽黏膜脱落细胞的 DNA

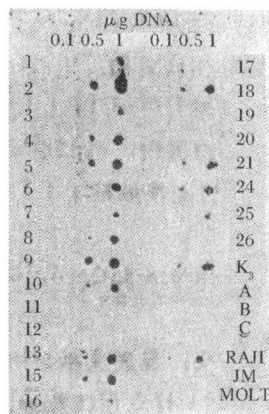

K_3 为 EBV/DNA 阳性对照；A、B 和 C 为三个头颈部肿瘤，EBV/DNA 阴性对照；RAJI 为淋巴细胞株，EBV/DNA 阳性对照；JM 和 MoLT 为淋巴细胞株，EBV/DNA 阴性对照

图2　打点杂交法测定 27 例鼻咽黏膜
脱落细胞的 DNA

讨　论

应用负压吸引装置，可提供用于细胞学、EBNA 及 EBV/DNA 片段检测的足量脱落细胞。它避免了活检法对组织的损伤，适用于 NPC[9] 高发区人群中 IgA/VCA 抗体阳性者的流行病学调查。在现场工作中，Pi 等[13] 报道的测定 EBNA 的 ACIE 法比 ACIF[20] 更适合。

鉴于 Blot 杂交法器材昂贵、费时较多，用于测定现场的大量 DNA 标本较困难，用打点杂交较妥。最好是用打点杂交筛出阳性病例后，再以 Blot 杂交法检查，获取 EBV/DNA 阳性病例。

用重组繁殖的 B_{95-8}DNA 内部重复序列（Hayward 惠赠）作探针，是假定这个内部重复片段永恒存于病毒基因组内。根据我们即将发表的资料，平均每个细胞有 0.1 个内部重复序列的拷贝时，就易被测出。但是，用打点或 Blot 杂交均不能鉴别病毒基因组是存在于肿瘤细胞还是正常细胞中。

〔原载《中国医学科学院学报》1984，6（2）：124 – 127〕

参 考 文 献

1 Wolf H, et al. Nature, 1973, 244: 245

2 Klein G, et al. Proc Natl Acad Sci (USA), 1979, 71: 4737

3 Desgranges C, et al. Int J Cancer, 1975, 16: 7

4 Henle G, et al. Int J Cancer, 1976, 17: 1

5 Ho JHC, et al. Br J Cancer, 1976, 34: 655

6 Desgranges C, et al. Int J Cancer, 1977, 19: 627

7 Ho JHC, et al. Lancet, 1978, 1: 436

8 Zeng Y, et al. Intervirology, 1980, 13: 162

9 Zeng Y, et al. Int J Cancer, 1982, 29: 139

10 Desgranges C, et al. Int J Cancer, 1982, 29: 87

11 Zhangjiang Medical College. ChineseMed J, 1976, (1): 45

12 Avrameas S. Immunochemistry, 1969, 6: 43

13 Pi GH etal. J mmunol Meth, 1981, 44: 73

14 Zeng Y, et al. Cancer Campaign, Nasopharyngeal Carcinoma, Gustau Fischer Verlag, Stuttgart, 1981, 6: 237

15 Hayward SD, et al. J Virol, 1980, 33: 507

16 Southern EM. J Mol Biol, 1975, 8: 503

17 Schneider U, et al. Int J Cancer, 1977, 19: 621

18 Denhardt DT. Biochem Biophys Res Commun, 1966, 23: 641

19 Brandsma J, et al. Proc Natl Acad Sci (Wash), 1980, 77: 6851

20 Reedman BM, et al. Jnt J Cancer, 1973, 11: 499

Comparative Evaluation of Technics for Detection of EBV – DNA in Exfoliated Nasopharyngeal Cells

PI Guo-hua[1], DESGRANGES C[2], BARNKAMM GW[3], SHEN Shu-jing[4], ZENG Yi[1], de The'G[2]

(1. Institute of Virology, CAMS; 2. Laboratory of Epidemiology and Immunology of Tumors, Faculty of Medicine, Alexis Carrel, Lyon, France; 3. Institute far Virologic, Zentrum far Hygiene, Freiburg, Federal Republic of Germany; 4. Zhanjiang Medical College)

Exfoliated epithelial cells from nasopharynx of 27 individuals were collected with a simple negative pressure suction apparatus. These cells were examined cytologically and stained for EBV – nuclear antigen (EBNA) on touch smears with immunoperoxydase (ACIE). DNA was extracted on the remaining cells and studied for the presence of EBV sequences with blot and spot hybridization. Among the 22 positive NPC cases, confirmed by clinical, histological and cytological examinations. EBV – DNA was found with the above – mentioned two technics in 21 cases while in 5 cases of chronic inflammation no tumor cell or EBV – DNA was detected.

65. 应用 X 线胶片免疫放射自显影法测定鼻咽癌病人血清中的 EB 病毒 IgA/EA 抗体

中国预防医学中心病毒学研究所　皮国华　曾　毅

广西壮族自治区人民医院进修生　焦　伟

我们曾报告了[1]用核乳胶免疫放射自显影法，检查鼻咽癌病人血清中的抗 EB 病毒 IgA/EA 抗体，取得了满意的结果。在此基础上，为建立简便、快速的方法，我们建立了 X 线胶片免疫放射自显影法，应用医用 X 线胶片代替乳胶，无需应用显微镜，便于在大规模现场普查时应用。

材料和方法

一、血清来源　40 例经病理确诊的鼻咽癌患者血清，40 例其他肿瘤患者血清和 40 例正常人血清。血清保存于 $-20℃$ 以下。

二、细胞片制备　用生长旺盛的 Raji 细胞，传代后 24 h 去培养液，再悬于培养液为含 20% 小牛血清 RPMI1640 溶液中，浓度为 $5 \times 10^5/ml$。加入 500 ng/ml 巴豆油和 4 mmol/L 正丁酸钠。37℃培养 48 h 后，收获细胞。PBS 液洗两次，稀释成适当浓度，涂在玻片上，在 4℃冷丙酮内固定 10 min，4℃干燥保存。

三、^{125}I 标记抗体方法　用氯胺 T 氧化法标记抗体。用抗人 IgA 50 μg/xμl，加 $Na^{125}I$/mCi/xμl，加氯胺 T50 μg/100 μl。立即振摇 3 min，加偏重亚硫酸钠 100 μg/100 μl 中止反应，加 1% KI 200 μl。用 Sephadex G-50 层析，提纯标记蛋白。测出标记蛋白峰，加等量 1% BSA 和 10% $NaN_3$2 滴，4℃保存。

四、免疫放射自显影法　待检血清用 PBS 作连续四倍稀释，从 1∶10 到 1∶10 240，加血清于靶细胞片上，置 37℃湿盒温育 30 min，然后用含 1% 牛血清白蛋白的 PBS 浸洗 3 次。第二层抗体为 1∶10 稀释的 ^{125}I 标记的抗人 IgA 抗体，置 37℃湿盒内温育 30 min 后，用含 1% BSA 的 PBS 浸洗 3 次，吹干，加医用 X 线胶片于靶细胞片上，为使 X 线胶片与靶细胞片接触紧密，加盖另一张载玻片，于 $-20℃$ 曝光 8~12 h 后，取出 X 线胶片，经 D19 显影液 5 min，酸性定影液 10 min 后肉眼观察。

五、免疫酶法　详见文献〔2〕。

结　果

一、用免疫放射自显影法检查鼻咽癌病人血清中的 IgA/EA 抗体　激活的 Raji 细胞含 EB 病毒早期抗原（EA），当血清中 IgA/EA 抗体阳性时，在相应的 X 线胶片上曝光呈均匀一致的黑影。曝光程度随血清稀释度加大而渐淡。阴性血清不被曝光。

从表 1 中可见，免疫放射自显影法比免疫荧光和免疫酶法更敏感，5 例免疫荧光阴性和 4 例免疫酶阴性鼻咽癌患者，在免疫放射自显影法中呈阳性反应，血清滴度为 1∶10~

1：40，其他 7 例血清中，抗体滴度在免疫放射自显影法中较其他两种方法高 16～64 倍。

用免疫酶法和免疫放射自显影法检查鼻咽癌病人、其他肿瘤病人和正常人群血清中 IgA/EA 抗体。结果见表 2。免疫酶法阳性率为 82.5%，GMT 为 1：26.4；免疫放射自显影法阳性率为 95%，GMT 为 1：139.3，比免疫酶法高 5.3 倍。用免疫酶法和免疫放射自显影法检查其他肿瘤和正常人血清 GMT 相似均小于或等于 1：5。

表 1 免疫荧光、免疫酶和免疫放射自显影法之间敏感性的比较

NPC 病人血清	IgA/EA 抗体滴度		
	IF	IE	IR
292	—	—	1：10
283	—	—	1：10
279	—	—	1：10
313	—	—	1：40
291	—	1：10	1：40
277	1：10	1：40	1：160
297	1：160	1：160	1：2560
296	1：40	1：640	1：2560
290	1：40	1：640	1：2560
302	1：160	1：640	1：2560
294	1：160	1：610	1：10240

表 2 免疫酶和免疫放射自显影法测定鼻咽癌，其他癌和正常人血清中 EBV IgA/EA 抗体的比较

血清来源	例数	IE				IR	
		IgA/VCA		IgA/EA		IgA/EA	
		（+） （%）		（+） （%）		（+） （%）	
		GMT		GMA		GMT	
NPC	40	38 (95)	211.1	33 (82.5)	26.38	38 (95)	139.3
其他肿瘤	40	4 (10)	1：5	1 (2.5)	1：5	3 (7.5)	1：5
正常人	40	2 (5)	1.5	0 (0)	1：5	0 (0)	1：5

二、免疫放射自显影法反应的特异性　鼻咽癌病人血清与 Raji 细胞孵育后，先加免疫球蛋白 A，置 37℃ 湿盒内温育 30 min，再加 ^{125}I 标记的抗人 IgA 抗体，结果 8 例鼻咽癌病人血清全部阴性，而未经免疫球蛋白 A 封闭的对照组呈阳性反应（表 3）。

表 3 免疫放射自显影法检查 EB 病毒 IgA/EA 抗体和用免疫球蛋白 A 封闭试验

NPC 病人血清	IgA/EA 抗体滴度	
	IR	免疫球蛋白 A 封闭
243	1：640	—
246	1：640	—
252	1：160	—
256	1：160	—
261	1：640	—
268	1：640	—
280	1：160	—
282	1：160	—

表 4 ^{125}I - X 线胶片法的可重复性

血清来源		IgA/EA 抗体滴度		
		1 次	2 次	3 次
NPCs	243	1：640	1：640	1：640
	246	1：640	1：640	1：640
	252	1：160	1：160	1：160
	256	1：160	1：160	1：160
	261	1：640	1：640	1：640
	263	1：640	1：640	1：640
	280	1：160	1：160	1：640
	282	1：40	1：40	1：160
NHs	23787	—	—	—
	23788	—	—	—
	23793	—	—	—
	23796	—	—	—

注：ZPCs = 鼻咽癌病人血清；NHs = 正常人血清

三、免疫放射自显影法反应的可重复性　8 例 IgA/EA 抗体阳性和 4 例抗体阴性血清，用免疫放射自显影法反复检查其结果可重复[4]。

讨　　论

EB 病毒 IgA/EA 抗体比 IgA/VCA 抗体对鼻咽癌更特异[3]，但是用于诊断鼻咽癌病人的阳性率不够高，为 50% ~ 82.5%[3]。在普查中 IgA/VCA 抗体阳性者，鼻咽癌检出率为 1.9%，而 IgA/EA 抗体阳性者中，鼻咽癌检出率为 30%，两组之差 15.8 倍[4]。我们用免疫放射自显影法检查鼻咽癌病人，其他肿瘤病人和正常人血清中 EB 病毒的 IgA/EA 抗体，鼻咽癌阳性率为 96%，GMT1：97，其他两组阳性率分别为 4% 和 0%。获得满意的结果[1]。说明提高了检查 IgA/EA 抗体方法的敏感性。

我们在 ^{125}I—乳胶法的基础上改用 ^{125}I—X 线胶片法，用于检查鼻咽癌病人血清中的 EB 病毒 IgA/EA 抗体，获得敏感性高、特异性强和可重复性好的结果，其效果与 ^{125}I—乳胶法相似。但本法简便又快速，无需显微镜，为现场大量人群的普查提供一个较好的方法。

小　　结

改进免疫放射自显影法，用医用 X 线胶片代替乳胶放射自显影检查鼻咽癌病人，其他肿瘤病人和正常人血清中 IgA/EA 抗体，并与免疫荧光法和免疫酶法比较。为鼻咽癌的现场普查，提供一个敏感、特异和简便的方法。

〔原载《癌症》1984，3（3）：169 – 171〕

参 考 文 献

1　Zeng Y, et al. Iat J Cancer, 1983, 31, 599 – 601
2　Zeng Y, et al. Intervirology, 1982, 13, 162 – 168
3　中国医学科学院肿瘤研究所病毒室等．微生物

学报，1978，18（3）：253 – 258
4　Zeng Y, et al. Int J cancer, 1982, 29, 139 – 141

Application of X – Ray Film Immunoautoradiographic Method for Detection of EB Virus IgA/EA Antibody in Sera from Patients with Nasopharyngeal Carcinoma

PI Guo. Hua.[1], ZENG Yi.[1], JIAO Wei[2]

（1. Institute of virology China national centre for Preventive medicine, Beijing;

2. People's hospital of Guangxi Zhuang Autonomous Region）

A X – ray film immunoautoradiographic method was used for the detection of EB virus IgA/EA antibody in sera from NPC patients and other control groups. Ninety – five percent of NPC patients had IgA/EA antibody with a high titer of GMT (1：139.3). The positive rates of IgA/EA antibody in patients with other malignant tumors and in normal individuals were only 7.5% and 0%, respectively. These data indicate that the X – ray film immunoautoradiographic method is more sensitive and simpler than either the immunofluorescerce or immunoenzymatic test for the detection of IgA/EA antibody, and also simpler than the immunoautoradiographic method which was previously reported by us.

66. 鼻 咽 癌

中国预防医学中心病毒学研究所 曾 毅

鼻咽癌在我国南方很常见，严重危害人民的生命和健康。我国对鼻咽癌十分重视，一直把鼻咽癌列为重点研究项目。通过多年来的努力，取得了较好的成绩。现分述如下。

一、鼻咽癌的流行病学 鼻咽癌在各种恶性肿瘤中具有独特的流行病学特征，在世界大多数国家均罕见，发病率在 1.0 以下（1/100 000，下同），我国华南和东南亚国家为高发区，尤其是我国的广东省最为突出。根据全国（除台湾省外）29 个省市的肿瘤死亡调查材料，鼻咽癌全国粗死亡率为 2.0，男性为 2.56，女性为 1.41。鼻咽癌死亡占全部恶性肿瘤死亡的 2.81%，居第 8 位。鼻咽癌死亡率显著高于全国水平的省（区）有广东、广西、福建、湖南和江西。这些省（区）的鼻咽癌死亡率占该省（区）全部恶性肿瘤死亡的百分比依次为：13.74%、11.56%、3.63%、6.58% 和 4.35%。

按县（市）为单位，显著高于全国死亡率水平的县，男性在广东有四会、珠海、佛山市、番昌等 56 个县（市），占该省全部县（市）总数的 52%；广西有苍梧、贺县、梧州市、资源等 24 个县，占 28%；湖南有新田、零陵、宜章等 10 个县，占 10%；江西省有大余、高安 2 个县；福建有诏安、东山 2 个县；四川有宝兴县。

在最高发的广东省内各地区的鼻咽癌死亡率又存在很大的差别。最高发地区主要集中在广东中部的肇庆、佛山、广州三个地区。男性按世界人口调整死亡率以肇庆地区 20.63 为最高，其中四会县为 34.01，相当于全国水平的 10 倍，该县男性鼻咽癌死亡例数占全部恶性肿瘤死亡数的 31.03%，居第一位。佛山地区调整死亡率为 18.12、广州地区为 16.76。这种地理分布上的地区集中现象为流行病学和病因学的进一步研究提供了重要依据。

二、EB 病毒与鼻咽癌关系的研究

（一）EB 病毒血清流行病学的研究：世界各地人群都有 EB 病毒感染。我国各地人群 EB 病毒补体结合抗体的阳性率较高，3~5 岁以上年龄组的抗体阳性率均达 90%~100%，这表明 EB 病毒在我国流行很广泛，不论在鼻咽癌高发区或低发区，人群被 EB 病毒感染的年龄都很早，而且不同地区 EB 病毒的感染率也没有明显的差别。由于鼻咽癌多发生于 20 岁以上年龄组，20 岁以上人群的 EB 病毒补体结合抗体水平在鼻咽癌高发区与低发区之间有显著差异，这表示 EB 病毒在鼻咽癌高发区人群更为活跃，此与鼻咽癌的发生可能有关。人感染了 EB 病毒后有多种 EB 病毒抗体。我国人群 IgG/VCA 抗体阳性率在 3~5 岁时已达 90%~100%，以后各年龄组继续维持很高的抗体阳性率。IgG/EA 抗体阳性率在 3~5 岁时达高峰，为 37%，随后继续下降，30~39 岁后稍有上升。IgA/VCA 抗体与 IgA/EA 抗体相似，但各年龄组抗体阳性率较低。各年龄组人群的 IgA/EA 抗体均阴性，这表示儿童在初次感染 EB 病毒时可能不产生 IgA/EA 抗体，或者很少人产生这种抗体。但在广西梧州市进行血清学普查时发现 40 岁以上人群的 IgA/EA 抗体阳性率为 0.23%。

（二）鼻咽癌的血清学诊断和预后：文献报告都是应用免疫荧光技术测定 EB 病毒抗体，

但此法需用荧光显微镜，这在广大鼻咽癌高发区难于推广。我国建立了简易和敏感的免疫酶法，已广泛应用于鼻咽癌的诊断，鼻咽癌病人的 IgA/VCA 抗体阳性率达 95% 左右，而其他恶性肿瘤病人和正常人的抗体阳性率在 5% 以下，差别十分显著，结合临床和组织学检查，对鼻咽癌的诊断很有意义。特别是对鼻咽部无明显肿瘤，而肿瘤细胞已转移到颈淋巴结，或肿瘤细胞向黏膜下发展者的诊断更有意义，可以发现更多的早期病例。唾液中的 IgA/VCA 抗体阳性率较血清中的低，因此不能用唾液作鼻咽癌的诊断。不能单独应用测定 IgA/EA 抗体的方法作鼻咽癌的诊断，因为鼻咽癌病人的 IgA 抗体阳性率仅为 50%。IgA/VCA 抗体阳性者中鼻咽癌的检出率为 1.9%，而 IgA/EA 抗体阳性者中鼻咽癌的检出率为 30%，其差异为 15.8%。这表示 IgA/EA 抗体对鼻咽癌较为特异，但 IgA/EA 的阳性率较低，因此需要改进测定 IgA/EA 抗体的方法。医科院病毒所应用免疫放射自显影法测定血清中的 IgA/EA 抗体，鼻咽癌病人的 IgA/EA 抗体阳性率可提高到 96%。此法较免疫荧光技术和免疫酶法敏感。IgA/EA 抗体可以作为鼻咽癌，特别是早期鼻咽癌的血清标志。

鼻咽癌病人的 IgA/VCA 抗体随病人存活时间的延长而逐渐下降，在放疗后 4~18 年仅 30% 病人有此抗体，抗体滴度也明显下降。因此，在放射后测定鼻咽癌病人的 IgA/VCA 抗体消长情况，有助于鼻咽癌病人疗后观察和作为预后的指标。

（三）鼻咽癌的血清学普查和追踪观察：医科院病毒研究所、肿瘤研究所和广西壮族自治区人民医院和苍梧肿瘤所于 1978-1980 年应用免疫酶法在广西苍梧县对 30 岁以上 148 029 人进行了鼻咽癌的血清学普查。IgA/VCA 抗体阴性者共 3539 人，经临床和组织学检查，共发现鼻咽癌 55 例，其中原位癌 1 例，Ⅰ期 12 例，Ⅱ期 19 例，Ⅲ期 17 例和Ⅳ期 6 例。31 例（57%）是早期病例（Ⅰ和Ⅱ期）。对抗体阳性者每年检查一次，经 1~3 年追踪观察，又发现 32 例鼻咽癌，其中Ⅰ期 10 例，Ⅱ期 9 例，占 59.4%。Ⅰ期病例在确诊前 8~20 个月已有 IgA/VCA 抗体。从 IgA/VCA 抗体阳性者中总计检查出 87 例鼻咽癌，其检出率较同年龄组人群鼻咽癌的年发病率高 82 倍。在梧州市进行的另一次血清学普查，在 13 000 名 40 岁以上人群中发现 IgA/VCA 抗体阳性者 680 人，查出鼻咽癌 13 例，其中Ⅰ期 9 例，占 70%，其余为Ⅱ期，占 30%。Ⅰ期病例数显著高于该市门诊Ⅰ期病例（1.7%）。IgA/VCA 抗体阳性者的鼻咽癌检出率达 1900/10 万，为同年龄组正常人群鼻咽癌发病率的 38 倍。这些资料再次证明应用血清学方法测定 EB 病毒的 IgA/VCA 抗体，可以发现早期鼻咽癌，同时证明 EB 病毒在鼻咽癌发生中起重要作用。

（四）鼻咽部的 EB 病毒标记：国外应用抗补体免疫荧光法和核酸杂交技术发现鼻咽癌细胞有 EB 病毒的标记——核抗原（EBNA）和核酸。我国建立了简易和敏感的抗补体免疫酶法，无需荧光显微镜，有利于在鼻咽癌高发区推广。此法不但可以检查 EB 病毒核抗原，而且可以鉴别细胞的形态，因此可以确定细胞的类型。由于鼻咽癌早期病例，鼻咽部无明显病灶，不容易从病变部位采取活组织，改用负压吸引技术吸引鼻咽部黏膜细胞，此法所采取的鼻咽部范围广，细胞量足够作 EB 病毒核抗原、脱氧核糖核酸（DNA）和细胞学检查。应用此法在门诊做鼻咽癌的诊断，鼻咽癌原发灶的阳性率较细胞学检查和组织学检查高，并可应用于颈淋巴结转移癌的诊断，应用针穿刺颈淋巴结检查 EB 病毒核抗原，对 T_0 期鼻咽癌的诊断和颈块性质的鉴别诊断很有意义。

不仅鼻咽癌病人的癌细胞有 EB 病毒核抗原，而且首次在鼻咽癌病人和正常人鼻咽部的正常柱状上皮细胞和增生细胞也发现有 EBNA，但在正常鳞状上皮细胞较少见。此结果后来为国内外其他学者所证实。这表明 EB 病毒首先感染了上皮细胞,特别是柱状上皮细胞,并整合到细胞的 DNA 中去,在某些情况下细胞转化并发展成为鼻咽癌。这有利于排除 EB 病毒是鼻咽癌的"过客"的假说,即所谓 EB 病毒是在鼻咽部上皮细胞转化后才感染细胞。

医学科学院病毒所等单位与法国 dethe′合作,应用核酸杂交技术研究 IgA/VCA 抗体阳性者的鼻咽黏膜细胞存在 EB 病毒 DNA 的情况,发现没有癌细胞的鼻咽黏膜也有 EB 病毒 DNA,此结果与 EBNA 相似,即非癌的正常细胞或增生细胞带有 EB 病毒标记,其中有的可能是癌前细胞。

(五)环境因素与 EB 病毒的激活及鼻咽癌发生的关系:应用 Raji 细胞和丁酸系统从 106 科的 495 种中草药中发现 10 个科的 15 种中草约的乙醚提出液有这种作用。它们是芫花、黄芫花、狼毒、了哥王、结香、苏木、广金钱草、三梭、曼陀罗、金果榄、银粉、背蕨、黄花铁线莲、红大戟和独活。其中有的水提出液虽没有乙醚提取液作用强,但与丁酸在一起仍有明显的作用,如了哥王产于广东、广西和福建等省,广东成药"解毒消炎片""解毒消炎膏"是以本药为主要原料制成。桐油有很强的激活 EB 病毒的作用,在鼻咽癌高发区苍梧县种植很多桐油树。所以这些中草药是否与 EB 病毒的激活和鼻咽癌的发生有关,值得进一步研究。

三、鼻咽癌的组织学和超微结构的研究 广西壮族自治区人民医院黎而介等报告鼻咽癌病人、鼻咽部上皮细胞非典型增生或非典型化生者的 IgA/VCA 抗体水平显著高于单纯增生、单纯化生或黏膜正常者。经 8～37 个月的追踪观察,非典型增生和非典型化生者的鼻咽癌检出率较单纯增生和单纯化生者高 10 倍,这表明 EB 病毒与非典型增生和非典型化生及鼻咽癌的发生有关。

中山医学院宗永生等报告鼻咽癌巢内淋巴细胞浸润的程度和癌巢周围浆细胞浸润的数量与鼻咽癌患者血清中的 EB 病毒补体结合抗体有关,即淋巴细胞浸润显著组和浆细胞丰富组的高滴度抗体阳性率和抗体几何平均滴度较高。癌巢内淋巴细胞浸润显著者 3～5 年存活率较高。

四川医学院杭振鑢等报告淋巴细胞的溶癌现象,首先是小淋巴细胞转变成胞质丰富、含线粒体多的、活跃的淋巴细胞,并进入到癌细胞间。淋巴细胞伸出伪足与邻近癌细胞接触,并插入细胞质中,接触部分质膜与胞质发生破坏形成缺损。一个淋巴细胞可以破坏周围多个癌细胞,也可以由数个淋巴细胞破坏一个癌细胞,这种破坏仅限于质膜与胞质。在 50% 的鼻咽癌病例中可以见到这种现象,这对抗肿瘤的免疫可能是很有意义的。

四、鼻咽癌细胞株的建立 从鼻咽癌细胞培养中建立了带 EB 病毒的类淋巴母细胞株,并发现这些细胞株带有一个巨大的亚中央着丝点的异常染色体,称巨 A 染色体。在建立类淋巴母细胞株的同时,首次从鼻咽癌细胞培养中分离到巨细胞病毒、该病毒具有致肿瘤特性,能诱发人的细胞转化,它是否能单独或与 EB 病毒在一起在鼻咽癌发生中起病因作用,或仅仅是由于鼻咽癌病人的免疫力下降而活跃起来,尚待阐明。

1956 年医科院肿瘤所和流研所等单位建立了国际上第一个高分化鼻咽癌细胞株(CNE-1),该细胞株无 EB 病毒基因。上海细胞生物所应用带 EB 病毒的 B95-δ 细胞与 CNE-1 细胞共同培养,证明 EB 病毒能感染 CNE-1 细胞,但 EB 病毒只能短暂存在。1981 年医科院病毒所知湛江医学院又首次建立了低分化鼻咽癌细胞株(CNE-2),该细胞株在 10 代内可查出 EB 病毒核抗,但随后的代数,核抗原变弱,最终消失。对这两个细胞株的生物学特性进行了详细的研究。

五、化学致癌因素的研究　王蘅文等曾用苯并芘、二甲基苯蒽和甲基胆蒽诱发了小鼠的原位鼻咽癌。湖南医学院应用亚硝胺类化合物诱发大鼠鼻咽癌获得成功。发现大鼠皮下注射二亚硝基哌嗪可诱发鼻咽癌而无肝癌。此法简便，发癌率高且较稳定，可作为研究发癌机制的模型。进一步研究了癌变机制，如癌变过程中细胞周期的变化，二亚硝基哌嗪对鼻咽上皮细胞 DNA 的损伤、修复、器官亲和性和酶系统变化等。化学致癌物质，包括亚硝胺和芳香烃类诱发了大鼠鼻咽癌，说明大鼠鼻咽上皮细胞对这两种化学致癌的物质都是敏感的。

广东四会、中山两县鼻咽癌病人的唾液及尿中的亚硝酸块含量均高于健康人，而硝酸块则偏低，这是否与口腔中有使硝酸块还原为亚硝酸块的细菌有关，值得研究。

六、微量元素与鼻咽癌　中山医学院在广东鼻咽癌高发区和低发区对大米和饮水，以及鼻咽癌病人和正常人头发中的微量元素含量进行测定，发现镍的含量与鼻咽癌死亡率保持正相关。硫酸镍有明显增高 CHO 细胞和人淋巴细胞 SCE 率的作用。用小剂量二亚硝基哌嗪做起动剂和用硫酸镍作促癌剂可以诱发出鼻咽部恶性肿瘤。这些资料表明镍与鼻咽癌的发生可能有一定关系。

七、鼻咽癌遗传易感性的研究　Simon 等发现新加坡华人鼻咽癌患者的 HLA – A_2 和 HLA – BW_{46} 频率比健康人高，但区宝祥等的研究未能证实 A_2 和 BW_{46} 多见于中国的鼻咽癌病人，而 HLA – A_9 则多见于鼻咽癌病人，与新加坡所得的结果相似。鼻咽癌病人比健康人有较多的体细胞染色体改变，鼻咽癌高癌家族的鼻咽癌患者及其血缘亲属均见染色体脆性增加，这提示鼻咽癌的易感性可能有一定的遗传基础。

八、鼻咽癌的控制和预防　现有资料证明 EB 病毒在鼻咽癌发生中可能起重要作用，测定 EB 病毒的 IgA 抗体和病毒标记可以诊断鼻咽癌，特别是早期鼻咽癌。因此，即使在鼻咽癌的病因还没有完全确定之前，通过早期诊断和早期治疗，或通过干扰 EB 病毒的活跃，有可能达到控制或预防鼻咽癌的目的。

（一）早期诊断和早期治疗鼻咽癌：放射治疗鼻咽癌，特别是早期鼻咽癌，效果较好。中山医学院李振权等报告鼻咽癌各期平均 5 年生存率为 37.9%，其中 Ⅰ 期为 76.9%，Ⅱ 期为 56.0%，Ⅲ 期为 37.9%、Ⅳ 期为 16.4%。第 Ⅰ 至 Ⅳ 期，随病情的进展，治疗效果逐渐下降。上海肿瘤医院张有望等报告放射治疗 Ⅰ 期鼻咽癌的 5 年生存率为 92%。在梧州进行鼻咽癌的血清学普查，发现 Ⅰ 期鼻咽癌占 70%，Ⅱ 期占 30%。因此，在鼻咽癌高发区进行血清学普查，并对 IgA 抗体或病毒标记阳性者进行定期追踪检查和进行鼻咽癌早期症状有关知识的教育，可以发现早期鼻咽癌。对早期病例进行放射治疗，完全有可能降低鼻咽癌的病死率。

（二）干扰素治疗和预防鼻咽癌：干扰素具有抗病毒和抗肿瘤的作用。Treuner 等报告 1 例晚期复发转移到脑部的鼻咽癌，经其他治疗无效，采用 β 干扰素治疗后，肿瘤完全消退，迄今仍存活。但随后对其他鼻咽癌病人进行治疗，无明显效果。医科院病毒所、广西壮族自治区人民医院和法国 dethe 和芬兰 Cantell 等协作应用国产和进口 α 干扰素治疗 15 例早期鼻咽癌，结果表明，干扰素对早期鼻咽癌有一定疗效。同时在广州中山医学院附属肿瘤医院治疗 15 例晚期鼻咽癌，治疗方案一样，但完全无效。

为了解干扰素对 EB 病毒的抗病毒作用，在体外应用带 EB 病毒的 B95 – δ 细胞和只带病毒基因的 Raji 细胞进行试验，意外地发现干扰素不是抑制病毒，而是使细胞产生更多的早期抗原或病毒壳抗原，带 EB 病毒基因的细胞，一旦合成早期抗原或壳抗原，细胞就会死亡。干扰素治疗早期鼻咽癌，有的肿瘤退缩，除对癌细胞有直接作用外，还可能是由于激活癌细胞内的 EB 病毒基因产生早期抗原或壳抗原，从而杀死癌细胞。如能进一步肯定干扰素对早期鼻咽癌的疗效，就可以试用于 IgA 抗体阳性者以预防鼻咽癌。

（三）维生素甲衍生物预防：医科院病毒所曾毅等比较了中国医学科学院药物研究所合成的维生素甲衍生物（7901 和 7902）和 Hoffman – faRoche 公司生产的维生素甲衍生素（Ro10 – 9359，Ro11 – 1430）。实验结果证实国产和进口的维生素甲衍生物对 EB 病毒的激活有明显的抑制作用。7901 的毒性低，已试用于 IgA 抗体阳性的正常人，连续给药 6 个月无明显的毒性反应。正在继续观察其对 IgA 抗体的影响。

九、结语 应用病毒 – 免疫学试验测定血清中 IgA 抗体及鼻咽部上皮细胞的病毒标记，结合临床和组织学检查，对鼻咽癌的早期诊断很有价值。一些带 EB 病毒标记的鼻咽部非典型生细胞和非典型化生细胞可能是癌前病变。血清学诊断方法在我国鼻咽癌高发区已广泛应用，通过早期诊断和早期治疗有可能达到降低病死率的目的。现有资料证明 EB 病毒在鼻咽癌发生中起重要作用，但 EB 病毒不是唯一的因素，环境化学因素和遗传因素也可能是很重要的。因此，为了阐明鼻咽癌的病因，应同时对这些因素在鼻咽癌发生中的作用进行研究，还应研究癌变的机制。由于很多非鼻咽癌的 IgA 抗体和病毒标记阳性者存在，这些标记可以作为干扰 EB 病毒的指标，采取各种措施，如维生素 A 衍生物、干扰素、疫苗和抗病毒药物等。如能成功地干扰 EB 病毒，就有可能预防鼻咽癌的发生，同时也将证实 EB 病毒在鼻咽癌发生中起到病因的作用。

〔原载《中国医学科学年鉴》1984，185 – 190〕

67. 应用免疫放射自显影法测定鼻咽癌病人的 EB 病毒 EA/IgA

中国医学科学院病毒学研究所　曾　毅　龚翠红　江民康　方　仲
广西梧州市肿瘤研究所　张芦光　李锦源

〔摘　要〕　应用免疫放射自显影法（IR）测定鼻咽癌病人、其他肿瘤病人和正常人血清中的 EA/IgA 抗体。96% 鼻咽癌病人有 EA/IgA 抗体，抗体几何平均滴度也较高。对照组的 EA/IgA 抗体阳性率很低，仅 0～4%。14 例鼻咽癌病人血清，经免疫荧光法（IF）和免疫酶法（IE）检查，VCA/IgA 和 EA/IgA 抗体都是阴性，但 IR 测定这两种抗体，其阳性率分别为 79% 和 43%。这些结果表明 IR 较 IF 和 IE 敏感。EA/IgA 抗体有可能作为诊断鼻咽癌的血清学标记。

EB 病毒 VCA/IgA 抗体对鼻咽癌是较特异的，已被广泛应用于鼻咽癌的诊断和普查[1~4]获得满意的结果。但不能单独应用 EB 病毒 EA/IgA 抗体的测定于鼻咽癌的诊断，因为应用免疫荧光法测定于 EA/IgA 抗体，鼻咽癌病人仅 50% 阳性[15]。VCA/IgA 抗体阳性者的鼻咽癌检出率为 1.9%，而 EA/IgA 抗体阳性者的鼻咽癌检出率为 30%[4]，这两组鼻咽癌的检出率相差 15.8 倍。仅 VCA/IgA 抗体阳性者有 EA/IgA 抗体。这些结果表明 EA/IgA 抗体对鼻咽癌较 VCA/IgA 抗体特异，但不够敏感，需要改进测定 EA/IgA 抗体的方法。现将应用 IR 测定 EB 病毒 EA/IgA 抗体的结果报告如下。

材料和方法

一、靶细胞 带 EB 病毒基因的 Raji 细胞经巴豆油（500 ng/ml）和正丁酸（4 μmol/L）激活 48 h。取细胞涂片，冷丙酮固定。

二、血清 来自鼻咽癌病人，门诊疑似鼻咽癌病人或其他恶性肿瘤病人和正常人。血清 −20℃ 保存。

三、IR 方法见以前报道[6]，用磷酸缓冲液（PBS）将血清从 1∶10 开始 4 倍稀释，分别加至靶细胞片上的小孔中，37℃ 30 min 孵育后，用含 1% 小牛血清的 PBS 洗 3 次，加上适当浓度的 ^{125}I 标记的马抗人 IgA 抗体，37℃ 孵育 30 min。用 PBS 洗 5 次，晾干后在暗室中涂乳胶，曝光 24 h，显影并观察结果。

结　　果

带 EB 病毒早期抗原的 Raji 细胞与鼻咽癌 EA/IgA 抗体阳性血清作用时，呈现黑色颗粒细胞，为阳性，EA/IgA 抗体阴性血清则无此反应，为阴性，差异十分明显。IR 测定的 EA/IgA 抗体滴度较 IE 高（表 1）。

表 1　IE 和 IR 的敏感性比较

Tab. 1　Comparison of the sensitivity of immunoenzymatic test（IE）
and the immunoautoradiographic method（IR）

Serum from NPC patients	IgA/EA antibody titer	
	IE	IR
7	—	1∶40
12	—	1∶40
78	—	1∶10
3	1∶10	1∶40
5	1∶10	1∶160
22	1∶10	1∶160
13	1∶20	1∶640
37	1∶20	1∶160
39	1∶20	1∶160
10	1∶80	1∶2560
56	1∶320	1∶2560
51	1∶640	1∶10240

应用 IR 测定不同来源血清中的 EB 病毒 EA/IgA 抗体，结果见表 2。

表 2 IE 和 IR 测定 IgA/EA 的比较

Tab. 2 Comparison between the IE and IR for detection of IgA/EA

Group	No. of cases	IE						IR		
		IgA/VCA			IgA/EA			IgA/EA		
		(+)	(%)	GMT	(+)	(%)	GMT	(+)	(%)	GMT
NPC	56	52	93	1：210	45	80	1：25.6	54	96	1：97
NP chronic inflamation	50	22	93	1：12.5	9	18	1：7.3	11	22	1：9.0
Tumors other than NPC	170	10	5.9	1：5.3	1	0.6	1：5	7	4	1：5.2
Normal individual	100	3	3	1：5	0	0	1：5	0	0	1：5

鼻咽癌病人的 EB 病毒 EA/IgA 抗体的阳性率和 GMT 分别为 96% 和 1：97。临床疑似鼻咽癌而组织学诊断为慢性炎症者，其他恶性肿瘤病人和正常人的 EA/IgA 抗体的阳性率和 GMT 分别为 22% 和 1：9.6，4% 和 1：5.2 及 0% 和 1：5。应用 IE 测定这四组的 EA/IgA 的结果分别为 80% 和 1：25.6，18% 和 1：7.3，0.6% 和 1：5 及 0% 和 1：5。50 例临床疑似病例鼻咽部活检组织学检查未见癌，诊断为慢性炎症。应用 IE 测定 VCA/IgA 和 EA/IgA 抗体的阳性率分别为 44% 和 18%。IR 测得的阳性率为 22%，显著高于正常人组。经临床复查，再取活组织作组织学检查，其中 6 例证实为低分化鳞癌。

14 例经组织学检查证实为鼻咽癌的患者血清应用 IE 和 IF 测定的结果均为阴性（<1：10）。经 IR 测定 EA/IgA 和 VCA/IgA 抗体阳性率分别为 79%（11/14）和 43%（6/14），结果见表 3。

表 3 IF 和 IR 测定 14 例 IE 测定抗体阴性的鼻咽癌病人的比较

Tab. 3 IF and IR for detection of IgA/VCA and IgA/EA antibodies

in 14 NPC patients negative for these antibodies by IE

Serum sample	Clinical stage	IF		IE				IR	
		IgA		IgG		IgA		IgA	
		VCA	EA	VCA	EA	VCA	EA	VCA	EA
5	I	– *	–	1：40	1：10	–	–	1：10	–
7	I	–	–	1：40	–	–	–	1：640	1：40
13	I	–	–	1：10	1：20	–	–	1：640	1：40
15	I	–	–	1：160	–	–	–	–	–
3	II	–	–	1：640	–	–	–	1：40	–
12	II	–	–	1：160	1：10	–	–	1：640	1：40
11	II	–	–	1：10	–	–	–	1：2560	1：40
14	II	–	–	1：40	–	–	–	1：40	–
2	III	–	–	1：640	1：10	–	–	1：40	1：40

8	Ⅲ	–	–	1：40	–	–	–	1：40	–
1		–	–	1：40	–	–	–	–	–
4		–	–	1：10	–	–	–	–	–
6		–	–	1：40	–	–	–	1：160	–
9		–	–	1：160	–	–	–	1：2560	1：40
Positive rate（%）		0/14 0	0/14 0	14/14 100	4/14 29	0/14 0	0/14 0	11/14 79	6/14 43
GMT		1：5	1：5	1：59.4	1：6.4	1：5	1：5	1：65.6	1：24.4

注：＊ <1：10 = Negative

讨 论

EB 病毒 EA/IgA 抗体较 VCA/IgA 抗体对鼻咽癌更为特异[4]，但 EA/IgA 抗体的阳性率较低，因此，需要提高测定 EA/IgA 抗体的方法的敏感性。本文报告应用 IR 测定 EA/IgA 抗体获得满意的结果。鼻咽癌病人的 EA/IgA 抗体阳性率达 96%，GMT 为 1：97。较用 IE 所测得的结果高，IR 测定其他肿瘤病人和正常人的 EA/IgA 抗体阳性率很低，分别为 4% 和 0%，与鼻咽癌组的抗体阳性率有显著差别。50 例组织学诊断为慢性炎症者中有 11 例 EA/IgA 抗体阳性，再次取活组织作组织学检查，其中 6 例诊断为鼻咽癌。14 例鼻咽癌病人血清，经 IF 和 IE 检查，VCA/IgA 和 EA/IgA 抗体都是阴性，但用 IR 测定这两种抗体，其阳性率分别为 79% 和 43%。这些结果表明 IR 较其他两种方法敏感，因此，EA/IgA 抗体有可能作为血清学标记以诊断鼻咽癌。在鼻咽癌的血清学诊断和普查时，先用 IE 或 IF 测定 VCA/IgA 抗体，阳性者再用 IR 测定 EA/IgA 抗体，对 VCA/IgA 和 EA/IgA 抗体阳性者进行临床和组织学检查将会发现更多的早期鼻咽癌病人。

〔原载《中华微生物学和免疫学杂志》1984，4（1）：45–47〕

参 考 文 献

1 曾毅，等. 中华肿瘤杂志，1979，1：2
2 曾毅，等. 中国医学科学院学报，1979，1：123
3 Zeng Y et al：Int Virol，1980，13：162
4 曾毅，等. 癌症，1982，1：8
5 医科院肿瘤所病毒室，等. 微生物学报，1978，18：253
6 刘存仁，等. 科学通报，1979，24：715

Detection of Epstein – Barr Virus IgA/EA Antibody for Diagnosis of Nasopharyngeal Carcinoma by Immunoautoradiography

ZENG Yi[1], GONG Cui-hong[1], JIANG Min-kang[1], ZHAN Lu-guang[2], FANG Zhong[1], et al

(1. Institute of Virology, Chinese Academy of Medical Sciences, Beijing;

2. Wuzhou Cancer Research Unit. Wuzhou.)

An immunoautoradiographic method (IR) was used for detection of EB virus IgA/EA antibody in sera from NPC patient and from other control groups. 96% of NPC patients had IgA/EA antibody with high titer of GMT. The positive rate and GMT of IgA/EA antibody in the patients with malignant tumor other than NPC and in normal individuals were only 4% and 0%, respectively. 14 NPC patients had no IgA/EA antibody detected by immunofluoresce – nee test (IF) and immunoenzymatic test (IE), but 11 and 6 of them had IgA/VCA and IgA/EA antibody by IR, respectively. These data indicate that IR is more sensitive than IF and IE for detection of IgA/EA antibody and may be used for detection of NPC.

68. 中草药对 Raji 细胞 EB 病毒早期抗原的诱发作用

中国预防医学中心病毒所　曾　毅　苗学谦

广西苍梧县肿瘤防治办公室　钟建明　莫永坤

〔摘　要〕　在所研究的 106 科的 495 种中草药中，10 个科的 15 种药的乙醚提出液对 Raji 细胞 EB 病毒早期抗原有诱发作用，它是芫花、黄芫花、狼毒、了哥王、结香、苏木、广金钱草、黄毛豆腐柴、三棱、曼陀罗、金果榄、银粉背蕨、黄花铁线莲、红大戟和独活。其水提液也有这种活性，但比乙醚提取液弱。14 种食物的 73 份标本均未发现有此诱发作用。文中讨论了中草药与 EB 病毒的激活及其与鼻咽癌发生的关系。

Ito 等[1]报告，Raji 细胞（正丁酸）系统能测出大戟科植物的主要促癌因子 TPA 及有关化学成分 mezerein 和 teleocidin。此系统方法简便，重复性高。我们的研究[2,3]表明，鼻咽癌高发区 20 岁以上居民血清中 EB 病毒补体结合抗体显著高于低发区。正常人群中 EB 病毒 VCA/IgA 抗体水平随年龄而升高，说明 EB 病毒较为活跃，可能源于内在或环境因素。因此，有必要用 Raji 细胞系研究环境因素、特别是当地食物及中草药等，是否有激活 EB 病毒的因素存在。本文发现一些中草药有激活 EB 病毒的特性。

材料和方法

一、细胞　带 EB 病毒基因的 Raji 细胞培养于含 20% 小牛血清的 RPMI1640 培养液。细胞中未发现自发性早期抗原（EA）。药物处理前后检查细胞活性。

二、中草药 花生油、茶油、咸鱼、酸菜、蜂蜜和干咸菜等14种共73份。

三、提取方法 乙醚提取液按 Ito 的方法[1]。10 g 切碎材料用 100 ml 乙醚浸 72 h。蒸发乙醚。10 mg 提出物用 1 ml 乙醇溶解作为母液，存 -10℃；水提液为 5 g 材料加 50 ml 蒸馏水煮沸 10 min，离心后取上清存 -10℃。

四、实验步骤 10^6 ml Raji 细胞培养于含 20% 小牛血清和 40 mmol/L 正丁酸的 RPMI 1640 培养液，加不同浓度的待检物提出液，37℃培养 48 h，制成细胞涂片，用免疫酶法检查 EA 阳性细胞数[3]。另加待检物提出液于不含正丁酸的培养液。以巴豆油、甘遂、续随子和桐油作阳性对照[1,4]。每次实验，至少计数 500 个细胞，算出 EA 细胞的阳性率。

结　果

一、乙醚提取液对 Raji 细胞早期抗原的诱发作用 检查 106 个科的 495 种中草药和 14 种食物的 73 份标本。在中草药中，芫花、狼毒、黄芫花、了哥王、结香、黄毛豆腐和曼陀罗有很强的 EB 病毒 EA 诱发作用，EA 细胞的阳性率约 50%；银粉背蕨、苏木、广金钱草、三棱和金果榄活性次之，阴性率 6% ~ 17%；黄花铁线莲、红大戟和独活作用较弱，阳性率 1% ~ 3%。四种对照材料的诱发作用也很强，细胞阳性率达 37% ~ 53%。培养液不加丁酸时，上述药物中大部分与巴豆油一样作用很弱，阳性率仅 0.2% ~ 2%；苏木、广金钱草、独活和红大戟则为阴性（表1）。此 15 种药分属 10 个科，它们是：瑞香科的芫花、狼毒、黄芫花、了哥王和结香；豆科的苏木和广金钱草；马鞭草科的黄毛豆腐柴；黑三棱科的三棱；茄科的曼陀罗；防己科的金果榄；中国蕨科的银粉背蕨；毛茛科的黄花铁线莲；茜草科的红大戟；伞形科的独活；其中瑞香科的 5 种药物诱发作用都很强。73 份食物样品均未发现阳性结果。

表1　15 种中草药对 Raji 细胞 EB 病毒早期抗原的诱发作用

药名	乙醚提取液*				水煮液△			
	培养液 + B		不加 B		培养液 + B		不加 B	
	$10\mu g/ml$	$1\mu g/ml$	$10\mu g/ml$	$1\mu g/ml$	$10\mu g/ml$	$1\mu g/ml$	$10\mu g/ml$	$1\mu g/ml$
芫　　花	46#	45	1	2	15	34	2	1
狼　　毒	36	46	2	2	2	1	2	1
黄　芫　花	32	53	1	2	2	1	0.4	1
了　哥　王	42	50	4	2	25	17	1	0
结　　香	43	28	1	0	0	0	0	0
苏　　木	8	4	0	0	0	0	0	0
广　金　钱草	6	4	0	0	0	0	0	0
黄毛豆腐柴	52	42	2	0.4	0.2	0.2	0	0
三　　棱	16	2	0.4	0	0	0	0	0
曼　陀　罗	50	25	1	0	1	0	0	0
金　果　榄	7	3	0.2	0	0	0	0	0

银粉背蕨	6	17	1	0	0	0	0	0
黄花铁线莲	3	2	0.4	0	0.2	0.2	0	0
红 大 戟	3	2	0	0	0	0	0	0
独 活	1	0	0	0	0	0	0	0
对照 甘 遂	28	37	1	1	5	4	1	0
续 随 子	30	53	2	2	38	33	4	3
巴 豆	18	40	1	0.4	39	28	2	4
桐 油	38	42	1	1				

注：＊母液浓度为 10 mg/ml；Δ 母液浓度为 100 mg/ml；#早期抗原阳性细胞百分率；B 为 4 mmol/L 正丁酸钠，单加 B 的阳性率为 1%

二、水提取液对 Raji 细胞早期抗原的诱发作用 芫花、黄芫花、狼毒、了哥王、曼陀曼、黄毛豆腐柴和黄花铁线莲以及甘遂、续随子和巴豆的水提液，在培基中有正丁酸时，也有诱发 EB 病毒 EA 的活性，但比乙醚提取液弱，阳性率0.2%～34%；另 8 种中草药的水提液结果阴性；培养液不加丁酸时，仅芫花、黄芫花、了哥王和独活为阳性，且作用很弱（表1）。

讨　论

病毒学和免疫学的研究认为，EB 病毒可能是鼻咽癌发生的重要因素之一，环境致癌或促癌因素、遗传因素以及它们与 EB 病毒的关系可能也起一定作用。本实验不仅证实了 Ito 等关于大戟科植物诱发 EB 病毒 EA 的报告，而且发现另 10 个科的 15 种中草药也有这种活性，特别是瑞香科的 5 种药作用都较强，对这个科的药物似应特别注意。至于这 15 种药是否像 TPA 一样就是促癌物质，有待进一步研究。本文还证实，Raji 细胞系统对测定不同材料诱发 EB 病毒早期抗原活性是较好的模型。

临床上中草药一般用水煎剂。本实验表明，7 种中草药水煎剂也有诱发 EB 病毒 EA 的活性，但比乙醚提出液弱。据 Ito[5] 等报告，鼻咽部的梭状厌氧杆菌代谢产物含有丁酸，后者有促癌作用。本实验看到，在培养基中加入丁酸，明显地增进了上述中草药诱发 EB 病毒的作用，如了哥王诱发早期抗原细胞的阳性率达 25%。此药出产于广东、广西和福建等省（区），而且广东成药"解毒消炎片"和"解毒消炎膏"是以此药为主要原料制成[6]；又如桐油激活 EB 病毒的作用很强，在鼻咽癌高发区苍梧县种植很多，与人民生活关系密切，故这些中草药是否与鼻咽癌的发生有关，值得进一步研究。

（致谢：谢宗万教授协助鉴定中草药，黄祯祥教授审阅本稿，谨致谢意。）

〔原载《中国医学科学院学报》1984，6（2）：84－87〕

参 考 文 献

1　Ito Y, et al. Cancer Lett, 1981, 13: 29

2　中山县医疗队, 等. 中华耳鼻喉杂志, 1978,
　　1: 23

3　曾毅, 等. 中华肿瘤杂志, 1979, 1: 2

4　Ito Y. 个人通讯

5　Ito Y, et al. Cancer Research, 1980, 40: 4329

6　《全国中草药汇编》编写组. 全国中草药汇编,
　　上册, 1975, 11

Epstein-Barr Virus Early Antigen Induction in Raji Cells by Chinese Medicinal Herbs

ZENG Yi[1], ZHONG Jian-ming[2], MO Yong-kun[2], MIAO Xue-qian[1]

(1. Institute of Vitology, CAMS; 2. Cancer Control Office of Zangwu County)

Ether extracts of 495 Chinese medicinal Herbs from 106 families were studied for Epstein-Barr virus (EBV) early antigen (EA) induction in the Raji cell system. 15 herbs from 10 families were found to have inducing activity. Water extracts of the same herbs also had inducing activity, but it was not as strong. The significance of these herbs in the activation of EBV *in vivo* and their relation to the development of naspharyngeal carcinoma were discussed. No EA-inducing activity was found in 73 samples of 14 different foods tested.

69.　人鼻咽癌上皮样细胞系的单克隆抗体

第四军医大学微生物学教研室　崔运昌　汪美先
第四军医大学病理解剖学教研室　王伯沄　随延仿
中国预防医学中心病毒学研究所　曹　毅

　　鼻咽癌是我国南方、东南亚国家以及非洲某些地区的常见肿瘤。由于其病因与 EB 病毒和遗传因素有关, 在肿瘤研究中受到特别重视。自从用淋巴细胞杂交瘤技术制备单克隆抗体(McAb) 的方法确立以来, 已有许多肿瘤抗原 McAb 制备成功, 并已用于肿瘤研究。有的还用于肿瘤的临床诊断和治疗。但是, 人鼻咽癌细胞的 McAb 国内外尚未见报告。为研究鼻咽癌细胞的抗原性, 探索诊断治疗的新方法, 我们用我国学者建立的人低分化鼻咽癌上皮样细胞系 (CNE-2) 免疫小鼠, 用杂交瘤技术得到了分泌抗人鼻咽癌细胞表面抗原的 McAb。在筛选工作中建立了适用于上皮样细胞表面抗原 McAb 的 ELISA 技术。该技术目前国内外还未见有相同的报道。

　　用胰酶消化的 CNE-2 细胞制备细胞悬液, 3×10^8 个细胞给 (Balb/c × Swiss) F_1 代小鼠腹腔注射, 2 周后, 以同样数量的细胞静脉加强注射, 3 d 后取脾做融合。一只免疫小鼠脾细胞悬液含有 3×10^8 个脾细胞, 分三等份, 每份分别与 NS_1、Sp2/0 和 Ag8.653 三种不同的小鼠骨髓瘤细胞系融合, 融合剂为 45% PFG。融合后培养在 96 孔培养板内, 用 HAT 培养基选择，融合 3 d 后即出现杂交瘤，10 d 后取上清检测抗体活性。把抗体阳性孔用有限稀释法克隆化，阳性克隆扩大培养后冻存，并进一步克隆化。细胞融合的结果见表 1。

抗体活性用间接法 ELISA 检测。把 CNE－2 细胞培养在 96 孔培养板内，以制备抗原板，当每孔内的细胞长成单层后，用 0.025% 戊二醛固定，然后加入含正常兔血清、BSA、明胶的 PBS 以封闭非特异结合点，4℃储存备用。含杂交瘤细胞的 96 孔培养板孔内的上清液，移入抗原板对应孔内。第 2 抗体为辣根过氧化物酶标记的兔抗鼠 IgG，用常规间接法检测。加底物显色后，用两种方式判定结果，一种为用肉眼观察颜色深浅，分级记录（＋～＋＋＋＋）。另一种为用国产 DG－I 型 ELISA 检测仪（四医大与华东电子管厂研制）测定 A 值。正常抗原对照用人纤维母细胞抗原板（制备方法同上）和混合正常人 PBL 与 RBC（使用聚氯乙烯软板，用多聚赖氨酸使之固相化）。

抗体阳性孔经 5 次克隆化后，选出其中 3 株杂交瘤细胞作进一步鉴定。这 3 株分别命名为 CN－1，CS－a8 和 CS－c1。经一年多培养，这些细胞仍能稳定的分泌抗体，冻存复苏以后抗体分泌能力无明显改变。用 Pristane 处理（Ba1b/c×Swiss）F_1 代小鼠后，制备了腹水。其腹水和上清液的滴度用 ELISA 和免疫荧光（IF）检测，结果见表 2。用琼脂糖免疫双扩检测其上清液的免疫球蛋白亚类，结果是：CN－1 为 IgG2a，CS－a8 也是 IgG2a，CS－c1 为 IgG2b。用常规方法进行了核型分析，CN－1 为 NS－1 与脾细胞融合而成，其染色体数为 83～85，有中部着丝点染色体：CS－cI 为－Sp2/0 细胞与脾细胞融合而成，其染色体数为 102～104，也有中部着丝点染色体，二者均符合相应杂交瘤的核型特点。

表 1　细胞融合结果

小鼠骨髓瘤细胞系	杂交瘤孔数	融合率（%）	抗体阳性孔数	抗体阳性率（%）
SP2/0	96/96	100	45/96	47
NS_1	48/96	50	21/48	44
Ag8.653	74/96	77	32/74	43

注：融合率：指含杂交瘤的孔数占全部培养孔数百分比
　　抗体阳性率：指抗体阳性孔数占全部含杂交瘤孔数百分比

表 2　用 ELISA 和免疫荧光测定 McAb 的效价

单克隆抗体		ELISA	免疫荧光
CN－1	上清液	1：2560	1：512
	腹水	1：10^6	1：8000
CS－a8	上清液	1：5120	1：512
	腹水	1：$2.56×10^5$	1：8000
CS－c1	上清液	1：2560	1：128
	腹水	1：10^5	1：1000

用 IF 技术和免疫过氧化物酶技术，使用多种靶细胞对这些 McAb 的特异性进行了分析，用 3 种间接法 IF 方法做了检查，其一是把各种癌细胞系培养在多孔镀膜片上，冷丙酮固定后染色：其二是把胰酶消化的癌上皮样细胞或悬浮培养的细胞做涂片，用甲醛钙固定液固定作为抗原片；其三为活细胞表面膜荧光染色。免疫过氧化物酶染色法使用前两种 IF 的抗原片，用 Vectastair ABC 试剂盒（美国 Vector 公司）进行染色，方法按 Vector 公司介绍的做。两种染色技术对 McAb 的反应性分析结果见表 3。由表 3 可见，这三种 McAb 都与 NPC 细胞系结合，对其他癌细胞系有不同程度交叉；CN－1 与任何正常细胞不反应，CS－a8 与 CS－c1 与正常人混合 PBL 的结合反应有时为阴性，有时出现弱阳性。ELISA 检查方法，同筛选中用的方法，对几种靶细胞的检查结果见表 4。

用 CNE – 2 抗原板，用 ELISA 对 CN – 1 上清液进行抗体活性滴定，其结果见图 1。该滴定曲线表明，CN – 1 与 CNE – 2 细胞呈特异结合。用 CNE – 2 细胞和正常成人心脏与肝组织对 CN – 1 的抗体活性进行定量吸收试验。其吸收曲线见图 2。该曲线表明，CN – 1 的抗体活性可被鼻咽癌细胞吸收而不被正常组织吸收。

表 3　免疫荧光及免疫过氯化物酶技术检查 McAb 的反应性

靶细胞系		McAbs			
		CN – 1	CS – a8	CS – c1	6B11
鼻 咽 癌	CNE – 2	+ + +	+ + +	+ + +	—
	CNE – 1	+ +	+ +	+ +	—
肺　　癌	LTEP – 78	+	—	—	—
	LTEP – a – 1	+ +	+	—	—
	PLA – 801	—	—	—	—
宫 颈 癌	HeLa	+ +	—	—	—
食 管 癌	Ec109	—	—	—	—
肝　　癌	7402	—	—	—	—
胃　　癌	MGC803	+	+ +	—	—
骨 肉 瘤	POS	+	+	+	—
横纹肌肉瘤	PLA – 802	—	—	—	—
T 细胞白血病	MT1	—	—	—	—
	MT2	—	—	—	—
	HUT102	—	—	—	—
B 细胞淋巴瘤	Raji	+	+	+	—
	HMY2	+ + +	+ + +	+	—
	B – 958	—	—	—	—
肺纤维母细胞		—	—	—	—
正常人 PBL		—	—	—	—
正常人 PBC		—	—	—	—

表 4　用 ELISA 检查 McAb 的反应性

靶细胞系		McAbs			
		CN – 1	CS – a8	CS – c1	6B11
鼻 咽 癌	CNE—2	+ + +	+ + +	+ + +	—
	CNE – 1	+ +	+ +	+ +	—
宫 颈 癌	HeLa	+	—	—	—
骨 肉 瘤	POS	+	+	+	—
肺纤维母细胞		—	—	—	—
正常人 PBL		—	—	—	—
正常人 RBC		—	—	—	—

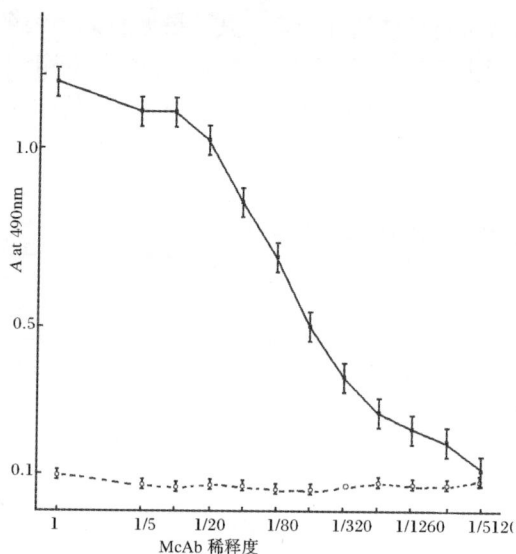

（·—·）为 CN-1 杂交瘤培养上清液；
（。…。）为产生乙脑病毒 McAb 的杂交瘤 6B11 的培养上清液作为对照。结果为三次测定 A ± 标准差

图 1　人鼻咽癌单克隆抗体 CN-1 滴定曲线

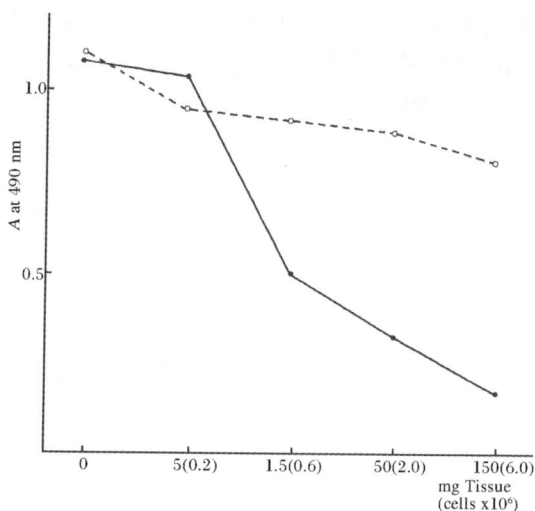

抗体活性的吸收用吸收后仍然保留的抗体活性来表示；（·—·）为鼻咽癌细胞系 CNE-2 细胞的吸收曲线，（。…。）为正常成人组织吸收曲线

图 2　单克隆抗体 CN-1 的定量吸收曲线

上述分析表明，这些 McAb 是抗人鼻咽癌上皮样细胞系的。其对应抗原在各种正常成人组织，胚胎组织，在鼻咽癌及其他肿瘤组织中的定位和分布，对应抗原的性质以及这些 McAb 的临床应用正在研究中。

（刘雪松同志参加技术工作。生物教研室王泰清副教授，陶松贞讲师代做核型分析，电教室张乃光技师完成摄影，在此致谢。）

〔原载《第四军医大学学报》1984，5（3）：209-212〕

70.　用生物素标记 DNA 检查肿瘤细胞中的 EB 病毒核酸

中国医学科学院病毒研究所　谷淑燕　曾　毅

Max. V. Pettenkofer 研究所　H. Wolf

核酸杂交常规方法是用同位素标记已知 DNA，用放射自显影显示核酸杂交反应，但是放射性同位素本身的特性影响了它的广泛应用。近年来一些学者[1,2]试探应用细胞化学方法，用荧光素染料结合 DNA。Langer 等人[3,4]用生物素标记的多核苷酸作为核学杂交反应的探针，用于果蝇染色体的研究。在 DNA 嘌呤环的 5 位碳原子上结合生物素分子，用切口转移方法，将含生物素的尿嘧啶核苷三磷酸类似物整合入 DNA，再用抗生物素抗体与之结合。然后用直接或间接血清学方法检查生物素分子用以显示核酸杂交反应的结果。本文报告生物素标记 DNA 方法以及用于核酸杂交反应的结果。

材料和方法

一、本记双链 DNA　每标记 1 μgDNA 在 50 μl 总反应体积中含脱氧腺嘌呤核苷三磷酸（dATP），脱氧胞嘧啶核苷三磷酸（dCTP），脱氧鸟便嘌呤核苷三磷酸（dGTP）和脱氧尿嘧啶核苷三磷酸（dUTP）各 1.5 nmol/L，400 pg 脱氧核糖核酸酶（DNase），12 单位的 DNA 多聚酶（Polymerase）。反应缓冲液含 50 mmol/L Tris-HCl，pH 7.5，5 mmol/L $MgCl_2$。在 14℃ 孵育 2 h，加 5 μl 200 mmol/L EDTA 终止反应。标记的 DNA 凝胶分离后保存于 4℃。为与常规的放射自显影原位杂交方法比较，同时用 ^{3}HdATP 和生物素标记的 dUTP（Bio-dUTP）标记 DNA。

脱氧核苷三磷酸来源于 SIGMA，溶于 50 mmol/L Tris-HCl，pH7.4，母液保存于 –20℃。生物素标记的 dUTP 来自 ENZO，BioCHEM，INC New York。DNase 溶解于 0.1 mol/L $MgCl_2$，稀释酶缓冲液含 10 mmol/L Tris-HCl，pH7.5，1 mg/ml 牛血清白蛋白。DNA 多聚酶 I 溶于 0.1 mol/L 磷酸钠缓冲液，pH7.2，50% 甘油和 1.0 mmol/L 二硫苏糖醇（dithiothreitol—DTT）。

二、标记单链 DNA 0.5 μg　EB 病毒核酸片段重组的单键嗜菌体 DNA 与 1 μl 引物（相当于 10 倍的标记 DNA 的克分子浓度），1 μl 10 倍浓度的多聚酶反应缓冲液（70 mmol/L Tris-HCl pH7.5，70 mmol/L $MgCl_2$，和 500 mmol/L NaCl）混合于 eppendorf 小管中，总体积为 10 μl，置于充满水的小试管顶部，在 89～90℃ 水浴内孵育 5 min，连同试管一起移至温室，冷却至室温温度，大约 30～45 min 后加入 1 μl 0.2 nmol/L 的 dCTP，dCTP，dATP 和 dUTP（最终浓度 0.001 nmol/L），1 μl 0.1 mol/L dTT，1 单位和 DNA 多聚酶的大片段（Klenow），1 μl 10 倍浓度的多聚酶反应缓冲液，加水补充总量至 20 μl，室温孵育 100 min 后，SephadexG50 分离标记的 DNA，KCl –20℃ 保存。[6]

三、测定整合的多核苷酸　为测定多核苷酸整合入 DNA 的动力曲线和标记 DNA 所需要的时间，以少量 ^{3}H dATP 为指标。真空干燥 12 μl ^{3}H dATP（0.25 μCi/μl），加入 1.5 nmol/L dATP，dCTP，dGTP 和 Bio-dUTP，DNA 酶和 DNA 多聚酶，0.5 μg 被标记的 DNA，于反应的不同时间取 1 μl 样品加入到 500 μl 含 0.1% 牛血清白蛋白液体，然后加入 500 μl 10% 三氯乙酸，置冰浴 30 min，在负压吸引下沉淀 DNA 于硝酸纤维薄膜上，以 5 ml 50% 三氯乙酸洗 2 次，移硝酸纤维薄膜于 10 ml 测定液中，测定 cpm。

Bio-dUTP 参入 DNA 的百分数按如下公式计算。

$$T \text{ 被取代的}\% = \frac{\text{被沉淀的 cpm}}{\text{总 cpm}} \times \frac{1}{\text{总 DNA 量（μg）}} \times \frac{1}{T \text{ 成分（mol/L）}} \times 54.1$$

（在 EB 病毒 DNA 中，T 占 21%，1 μgDNA 等于 $\frac{1}{360 \times 10^6}$ mol/L 核苷酸）

四、纯化标记的 DNA　用 Sephadex G_{50} 或 Biogel 纯化记的 DNA，去除未整合的游离多核苷酸，大约 3～4 μl Sephadex G_{50} 层析分离 DNA。平衡液为 10 mmol/L Tris-HCl pH7.5，1 mmol/L EDTA。以掺入的 ^{3}H dATP 为指标。第一峰为标记的 DNA。Bio-gel 来自 Bio-RAD 实验室，柱体积 0.5 cm × 6 cm，洗脱液为 10 mmol/L Tris-HCl，pH 7.2，5 mmol/L EDTA，10 mmol/L NaCl。

五、原位杂交细胞片的制备　处理载玻片及盖玻片——载玻片浸乙醇 – 丙酮混合物

（1∶1）过夜，擦干并在100℃干烤1 h，浸3×ssc（20×ssc为每升含175.3 g NaCl，88.2 g 柠檬酸钠）0.02％Ficoll，PVP和牛血清白蛋白溶液中在65℃至少孵育3 h，经蒸馏水洗涤后，用乙醇-冰醋酸（3∶1）固定20 min，干燥、室温保存。

盖片用硅胶处理：100℃干烤1 h。

细胞涂片：被检细胞离心沉淀后，大约$50×10^4$细胞滴于直径约1 cm的玻片上，室温干燥，Carnoy's B固定液固定10 min。酒精脱水后保存于4℃或-20℃。

六、核酸原位杂交实验

（1）处理细胞及变性DNA：带细胞的载玻片浸于PBS（10×PBS为1.30 mol/L NaCl，0.07 mol/L Mg_2HPo_4，0.03 mol/L NaH_2Po_4）短时，用蛋白酶K或胰酶处理细胞5～10 min，然后在含2 mg/ml甘氨酸的PBS中浸洗5 min，PBS浸洗后置100℃ 2×ssc中的2 min使DNA变性。细胞片移至冰水冷却的2×ssc中备用。

（2）杂交混合物制备：标记的DNA于100℃水浴中变性5 min，移置冰浴中。每20 μl 0.3～0.4 μg DNA加入50 μl去离子四酰胺（formamid）pH 6.8～7.2，20 μl 50％硫酸右旋糖酐（dextran Sulfate），20 μl 20×ssc和10 μl CT-DNA（6 mg/ml）总体积120 μl。每细胞片10 μl，加盖片并封胶后，在45℃水浴中孵育2 h或过夜。移除盖片浸于45℃ 2×ssc中15 min，室温下用2×ssc浸洗10 min，换PSB浸洗2～3次，每次10 min。干燥后，保存于4℃或用抗生物素抗体检查。

七、以免疫学方法检查杂交的DNA

核酸杂交后的细胞片与10 ml含10％的正常兔血清PBS在37℃孵育1 h，PBS冲洗后，再与10 μl 1∶100稀释的山羊抗生素IgG孵育1～2 h，PBS洗2次，每次10～15 min，与10 μl兔抗山羊IgG抗体孵育1 h，此抗体用过氧化物酶标记。PBS浸洗3次，每次10 min。用过氧化氢和联苯胺显色，每200 ml 50 mmol/L Tris-HCl pH 7.5含100 mg联苯胺，70 μl H_2O_2。室温显色30 min。封片前用PBS冲洗。

八、放射自显影检查

用^{3}H dATP和Bio-dUTP双重标记的DNA杂交反应后，同时进行放射自显影和抗杂检查。在杂交后的细胞片上涂核乳脱于4℃曝光2～3周。核乳胶溶于等体积的0.6 mmol/L醋酸铵溶液。醋酸铵溶液预先在45℃水浴中预热。曝光后细胞片经蒸馏水、D_{19}Kodak显影液、1％冰醋酸和定影液连续处理，分别为5 min、10 min、2 min和20 min，然后流水冲洗，室温干燥。

九、May-Grünwald复染

20滴May-Grünwald染液滴于细胞片上，室温染色3 min后，添加4 ml蒸馏水，经1 min后移除水和染液，冲洗并封片，染色使用的蒸馏水予先煮沸去除CO_2。

结　果

一、**不同浓度dNTP标记DNA**　通常切口转移标DNA，每微克DNA在50 μl总体积中使用5 μl 0.2～0.3 mmol/L的dNTP，试比较用最终浓度10 pmol/L和150 pmol/L的dNTP标记整合有EB病毒核酸片段的质粒PSL-76。其结果见图1。当dVTP量减少，1/10～1/15其DNA标记动力曲线无明显差别，即在14℃孵育2～4 h达最大标记量。

二、**检查不同类淋巴母细胞珠中的EB病毒基因组**　用Bio-dUTP标记的含EB病毒核酸片段的重组质粒DNA PSL-76，检查类淋巴母细胞株HRIK，Raji和BJAB细胞中的EB病毒基因组。10 μl杂交液体含50 ng标记DNA在45℃孵育15 h，再与山羊抗生物素抗体及酶结合的兔抗山羊抗体孵育或直接曝光于核乳胶。在相差显微镜下观察酶反应和放射自显影的结果。HRIK 细胞在两种检查方法中均呈阳性反应（图 2A、B，略），而在 Raji 和 BJAB 细胞中不能检出 EB 病毒基因组。

用免疫学方法检查在核酸杂交反应中阳性的细胞核呈致密的深棕色，核形态清淅，胞核和胞质界限分明，在一些细胞中可见深染的双核，在核质分散的细胞中，可见分散的棕色颗粒。

在同一组细胞涂片中，比较 ^{3}H dATP 和 TTP 标记的 DNA 与 ^{3}H dATP 和 dUTP 标记的 DNA，用放射的自显影检查核酸杂交反应，其结果一致，即在 HRIK 细胞中检出 EB 病毒基因组，而在 Raji 细胞和 EB 病毒基因阴性的 BJAB 细胞中呈阴性反应。

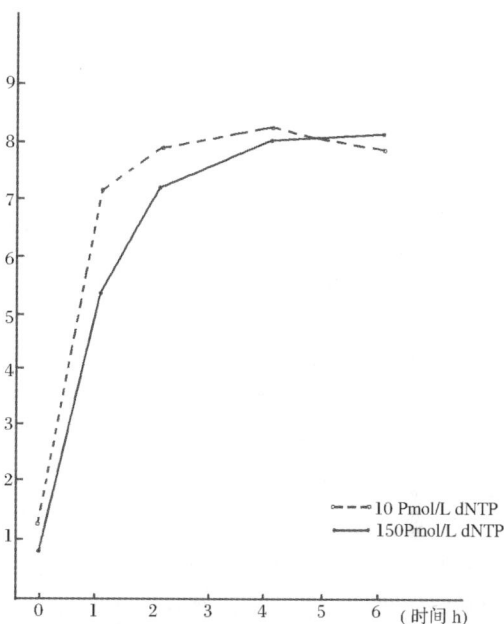

图 1　不同浓度的 dNTP 对标记 DNA 的影响

三、标记 DNA 的浓度、杂交反应的时间和温度　用 Bio-dUTP 标记的 DNA 检查不同类淋巴母细胞株中的 EB 病毒 DNA，观察标记 DNA 的浓度，杂交反应的最适温度和时间。

50×10^4HRIK 细胞分别与 5、10、20 和 50 ng 的标记 DNA 在 37℃、45℃和 65℃杂交过夜（大约 15～16 h）。其结果为 5～50 ng 的 DNA 在三种温度下均呈阳性反应。在 45℃时用 5～50 ng 标记 DNA 反应强度无显明差别；在 37℃ 5 ng 标记 DNA 核着色很微弱；在 45℃较在 65℃细胞形态更好，在相同的 DNA 浓度下，阳性细胞着色更深。

在 45℃，用 HRIK 细胞，观察杂交反应的时间和温度。50×10^4 细胞与 10 μl 含不同浓度标记 DNA 的液体杂交 16 h。2 ng 的标记 DNA 足够显示核酸杂交阳性反应，核呈深棕色。在 HRIK 细胞中标记 DNA 浓度从 5 ng 至 50 ng 无明显差别，但用 100 ng 标记的 DNA 不能检出 Raji 细胞中的 EB 病毒基因，在 BJAB 细胞中仍呈阴性反应并无非特异的颜色反应干扰。

用 10 ng 的标记 DNA 与 50×10^4HRIK 细胞杂交，孵育时间为 30 min，1 h，2 h 和过夜，其结果表明，在 45℃条件下，2 h 和过夜孵育无差别，孵育 1 h，阳性细胞着色较浅，而孵育 30 min，仅极少数细胞呈微弱的棕色。所以适宜的杂交条件是 50×10^4 细胞，10 ng 标记的 DNA 在 45℃下杂交孵育 2 h 或过夜。

四、处理细胞的酶浓度　在原位杂交反应中，为使标记 DNA 进入细胞核，需用酶预先处理细胞。我们试探用不同浓度的蛋白酶 K 和胰蛋白酶处理细胞。选择室温，10 min 处理，蛋白酶 K 的适宜浓度为 5～5 μg/ml。高于 50 μg/ml，细胞膜及核膜明显被破坏。胰蛋白酶的适宜浓度界于 50 μg/ml 和 500 μg/ml 之间，低于 50 μg/ml 的胰蛋白酶不足以改变细胞膜，杂交反应表现极微弱。

讨　论

我们用稳定的非放射性生物素分子标记多核苷酸，然后整合 Bio-dUTP 进入所需要的

DNA，形成一个生物素标记的核酸杂交探针。用放射自显影方法，在原位杂交反应后，曝光于核乳胶需要 2~3 周，而用生物素标记的核酸，用免疫学方法检查，只需要数小时，而且具有很好的特异性，结果容易判定。用酶标记的抗体检查核酸杂交反应，细胞结构清楚，复染的细胞片可以进行组织病理和细胞学研究。生物素标记的 DNA 是化学稳定的核酸杂交探针，可长期保存。保证了实验的连续性，可重复性以及大规模实验的稳定性。

使用 2 ng 的 Bio-DNA 在含 EB 病毒基因的类淋巴母细胞中，可查到 EB 病毒基因，但仅限于产生病毒的细胞株。

我们用 ^{32}P dCTP 和 Bio-dUTP 双重标记 DNA，在硝酸纤维薄膜上进行杂交反应。同一个带 DNA 的薄膜杂交反应后，用曝光于 X 线片和抗生物素抗体检查，不论是曝光于 X 线片或先用免疫学方法检查然后曝光于 X 线片，在 X 线片上均呈杂交阳性反应，而用免疫学方法则无肉眼可见的颜色反应。

小　　结

本文建立一个新的原位核酸杂交方法，用于检查细胞中的 EB 病毒核酸。以生物素标记的脱氧尿嘧啶核苷三磷酸替代胸腺嘧啶核苷三磷酸整合入 EB 病毒 DNA 作为探针，以免疫学方法检查核酸杂交反应。化学标记的 DNA 优越于同位素放射自显影方法。缩短细胞内原位杂交实验的时间。用生物素标记 DNA 提供一个快速敏感的核酸方法。

〔原载《癌症》1984，3（4）：233－236〕

参　考　文　献

1　Bauman J G, et al. J Hist cyto, 1981, 29：227

2　Bauman J G, et al. J Hist cyto, 1981, 29：239

3　Langer P R, et al. Proc Natl Acad Sci USA, 1982, 78：6633

4　Pennina P Langer-Safer, et al. Proc Natl Acad Sci USA, 1982, 79：4681

5　谷淑燕，等. 待发表

Immunological Method for Detection of EBV-DNA in Tumor Cells

GU Shu-yen[1], ZENG Yi[1], Wolf H[2]

（1. Institute of Virology, Chinese Academy of Medical Sciences, Beijing;

2. Max. V. Penttenkofer-institute, West Germany, Munich）

A new method was developed for the detection of EBV DNA in cells. Biotin-labeled an alog of TTP can be incorporated into DNA by nick-translation. After hybridization in situ, the bioten nolecules in the labeled DNA as antigens are detected by immunological method, either using fluorescein-labeled antibody or horseradish peroxidase conjugated antibody. The immunoperoxidase detection method provides a permanent record for detailed cytogenetic analysis.

This immunological approach has the advantage of autoradiographic method. The time is shorter, the detection of hybridization can be made in a few hours; blotin-tabeled DNA are chemically stable and give reproducible results in long-term studies; the labeled DNA produce less background noise than radiolabeled DNA and does not generate radioactive waste. The Bio-probe system may be used for in situ hybridization instead of radioactive procedures.

71. 广西梧州市 EB 病毒 IgA/VCA 抗体阳性者的追踪观察

中国预防医学中心病毒学研究所　曾　毅　江民康　方　仲

广西梧州市肿瘤研究所　张芦光　吴映成　黄以树　黄乃琴　李锦源　王运保　蒙尼妮

〔摘　要〕　在广西梧州市对 20 726 人进行 EB 病毒 IgA/VCA 抗体血清学普查和 4 年追踪观察，共发现 35 例鼻咽癌病人，其中早期病人占 91.5%。同期门诊查出的 1036 例鼻咽癌中，早期病人仅占 31.8%。在鼻咽癌确诊前 16～41 个月即可检出 IgA/VCA 抗体。说明 EB 病毒与鼻咽癌的发生关系密切，血清学普查和追踪观察对本病的早期诊断十分重要。

〔关键词〕　EB 病毒；IgA/VCA 抗体；鼻咽癌

从 1978 年起，我们在广西苍梧县对 30 岁以上 148 029 人进行的血清学普查，对其中 EB 病毒 IgA/VCA 抗体阳性者进行的追踪观察[1~3]，证明可以发现早期鼻咽癌病人。但由于在农村追踪观察较为困难，因此从 1980 年起，我们又在广西梧州市开展了鼻咽癌的血清学普查。现将对 20 726 人进行普查及 4 年追踪观察的结果报告如下。

材料和方法

一、**血清**　采取 40 岁以上正常人的静脉血，分离血清，于 -20℃ 保存。

二、**血清学检查**　用免疫酶法，详见文献[1]。简述如下：血清从 1∶10 起作倍比稀释，滴到涂有 B95-8 细胞的载玻片小孔内，于 37℃ 湿盒中孵育 30 min；用 0.01 mol/L pH7.4 磷酸缓冲液（PBS）洗 3 次，每次 5 min；再滴加适当浓度的辣根过氧化物酶标记的马抗人 IgA 抗体，在 37℃ 孵育 30 min，PBS 洗 3 次；然后用含二氨基联苯胺和过氧化氢的 Tris-HCl 缓冲液（pH7.6）显色，在普通光学显微镜下检查。

三、**临床和组织学检查**　由临床医生对 IgA/VCA 抗体阳性者每年进行一次临床复查，可疑或抗体滴度较高者作活组织病检及血清学复查。

结　果

一、**普查和追踪观察发现的鼻咽癌病人**　20 726 名 40 岁以上的人中，IgA/VCA 抗体阳性者 1136 人，阳性率为 5.5%。经临床和组织学检查发现了 18 例鼻咽癌，其中 I 期病人 10 例，Ⅱ 期 6 例，Ⅲ 期 2 例；其中抗体滴度在 1∶40 以上者 14 例，占 77.8%，几何平均滴度为 1∶93.3（表 1）。早期病例（I 期加 Ⅱ 期）共 16 例，占 88.9%。经 4 年追踪观察又新发现 17 例鼻咽癌，其中 I 期 5 例，Ⅱ 期 11 例，Ⅲ 期 1 例。早期鼻咽癌也是 16 例，占 94.1%，其抗体滴度在 1∶40 以上者 14 例，占 82.3%，抗体几何平均滴度为 1∶62.6。所发现的一例 Ⅲ 期病人在血清学普查时即为阳性（1∶40），临床检查发现鼻咽部黏膜有可疑病变，建议做活组织检查，但病人拒绝，2 年 8 个月后因颈部肿物来院检查时已属 Ⅲ 期。

这样经普查和 4 年追踪观察，在 20 726 人中总共发现 35 例鼻咽癌病人。同一时期主动到门诊检查并经组织学确诊为鼻咽癌的病例共 1036 例。将两者病例的临床分期加以比较即看出，普查发现的主要是Ⅰ期、Ⅱ期病人，共 32 例，占 91.5%，其中Ⅰ期占 43.0%；门诊查出的主要是Ⅲ期、Ⅳ期病人，共 706 例，占 68.1%；Ⅰ期、Ⅱ期病人仅 330 例，占 31.9%，其中Ⅰ期仅占 1.7%（表2）。

表1　普查和追踪发现的鼻咽癌病人抗体滴度的分布
Tab. 1　Antibody titer of NPC patients found in screening and follow－up study

组别 Group	病人总数 Total	抗体滴度 Titer							抗体几何平均滴度 GMT
		10	20	40	80	160	320	640	
普查病人 NPC found in screening	18	4		3		7		4	1∶93.3
追踪病人 NPC found in follow-up	17	2	1	7		6		1	1∶62.6
总计 Total	35	6	1	10		13		5	1∶76.9

表2　普查和门诊发现的鼻咽癌病人临床分期的比较
Tab. 2　Clinical stage of NPC patients found in screening and outpatient clinic

组别 Group	项目 Item	临床分期 Clinical stages				总计 Total
		Ⅰ	Ⅱ	Ⅲ	Ⅳ	
普查病人 Screening patient	例数 Number of cases	15	17	3	0	35
	（%）	43.0	48.5	8.5		100.0
门诊病人 Out patient clinic	例数 Number of cases （%）	18 1.7	312 30.1	526 50.8	180 17.4	1036 100.0

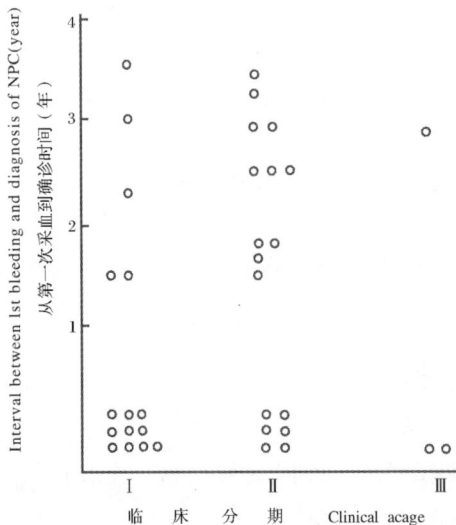

图1　IgA/VCA 抗体阳性者鼻咽癌检出时间
Fig. 1　Follw－up studies on IgA/VCA antibody positive persons

从图1、图2可见在追踪观察发现的 5 例Ⅰ期鼻咽癌病人中，3 例抗体水平无变动，1 例上升，1 例下降，但抗体几何平均滴度在确诊前后无差别。他们从第一次采血到确诊的时间间隔为 1 年 4 个月至 3 年 5 个月，平均 2 年 6 个月。Ⅱ期病人 11 例，确诊时的抗体几何水平均滴度为 1∶80，较第一次采血时上升一倍。从第一次采血到确诊的间隔为 2 年 3 个月。

20 726 人中 IgA/VCA 抗体阴性者 19 590 人，经 4 年观察未发现鼻咽癌病人。

二、鼻咽癌的检出率　梧州市 20 726 人中查出 35 例鼻咽癌，所以普查人群的鼻咽癌检出率为 168.9/10 万；抗体阳性者 1136 人，所以抗体阳性者的鼻咽癌检出率为 3080/10 万。据统计，梧州市 40 岁以上人群的鼻咽癌发病率为 50/10 万。检出率与发病率比较，普查人群和抗体阳性者的鼻咽癌检出率分别为同年龄组人群年发病率的 3.4 倍和 61.6 倍。我们曾在梧州市某化工厂检查了 21 人，其中 IgA/VC－A 抗体阳性者 22 人，发现 3 例早期鼻咽癌（Ⅰ 期 2 例，Ⅱ 期 1 例），普查人群和抗体阳性者的鼻咽癌检出率分别为 1380/10 万和 13 636/10 万，比梧州市 40 岁以上人群鼻咽癌发病率高 27.6 倍和 272.7 倍（表 3）。表 3 中同时列出苍梧县普查结果[3]和另一高发人群（苍梧县船民）的结果以资比较。

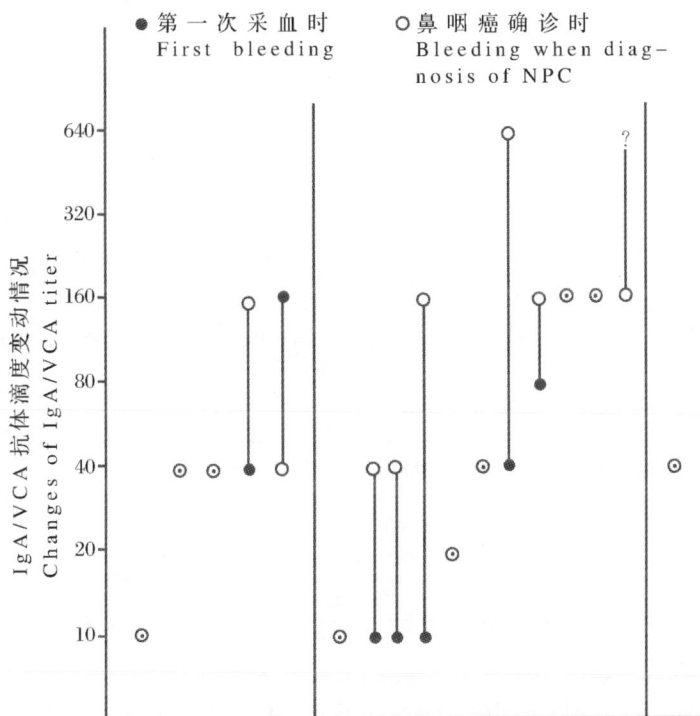

分期 Clinical stage	Ⅰ	Ⅱ	Ⅲ	总数 total
例　数 Number of cases	5	11	1	17
抗体几何平均 滴度 GMT	普查采血 first bleeding	1：40	1：48.3		
	鼻咽癌确诊 bleeding when diagnosis	1：40	1：80		

● 第一次采血　first bleeding　　○ 鼻咽癌确诊时采血 bleeding when diagnosis was confirmed

图 2　从第一次采血到鼻咽癌确诊时 IgA/VCA 抗体滴度的变化情况

Fig. 2　Change of IgA/VCA titer and GMT from first bleeding to diagnosis of NPC

表3　鼻咽癌的检出率与发病率的比较

Tab. 3　Comparison of detection rate and incidence rate of NPC

组别 Group	检查人数 Number of persons examined	IgA/VCA 抗体阳性人数 Number of IgA/VCA positive persons	鼻咽癌病例数 Number of NPC cases	鼻咽癌检出率（1/10 万） NPC detection rate (1/100 000)		鼻咽癌年发病率 Incidence rate of NPC per annum
				普查人群 Persons examinaed	IgA/VCA 抗阳性者 IgA/VCApositive persons	
苍梧县 Cangwu county	148 029	3 533	87	58.7 (1.97) *	2 463 (82.1) *	30/100 000
苍梧船民 Boat people in Cangwu	518	18	2	386 (12.8) *	11 111 (370.0) *	
梧州市 Wuzhou city	20 726	1 136	35	168.9 (3.4) *	3 080 (61.6) *	50/100 000
梧州某化工厂 A chemical factory in Wuzhou	216	22	3	1 380 (27.6) *	13 636 (272.7) SN *	

注：＊检出率/发病率的比值；Detection rate/incidence rate

讨　论

对梧州市 20 726 人进行血清学普查和 4 年追踪观察，共发现 35 例鼻咽癌病人，IgA/VCA 抗体阳性者的鼻咽癌检出率为同年龄组人群年发病率的 61.6 倍，与苍梧县的结果相似[3]。这再次表明 EB 病毒与鼻咽癌的发生关系十分密切。

普查发现的早期（Ⅰ期、Ⅱ期）鼻咽癌病人占病人总数的 91.5%，而门诊查出的早期病人仅为病人总数的 31.9%，前者比后者高 2.9 倍。这两者差别十分明显。在追踪观察发现的 17 例鼻咽癌中，除一例因延误诊断而转为Ⅲ期外，其余 16 例均为早期。这些人在确诊前 1 年 4 个月至 3 年 5 个月已有 IgA/VCA 抗体存在。这些结果再次证明血清学普查和追踪观察对鼻咽癌的早期诊断具有十分重要的意义。

梧州市某化工厂的鼻咽癌检出率很高，分别为梧州市 40 岁以上人群发病率的 27.6 和272.7 倍，这可能表明工厂中的某些环境因子与 EB 病毒的激活以及与鼻咽癌的发生相关。

IgA/VCA 抗体阴性者，4 年内均未发现鼻咽癌病人，表明经过仔细的血清学普查至少在 4 年内不必重复采血检验。这对确定多长时间需重新普查是很有意义的。

〔原载《病毒学报》1985，1（1）：7–11〕

参 考 文 献

1　曾毅，等．中华肿瘤杂志，1979，1：2

2　曾毅，等．中国医学科学院学报，1979，1：123

3　曾毅，等．肿瘤防治研究，1983，10：23

Follow – up Studies on NPC in Epstein – Barr Virus IgA/VCA Antibody Positive Persons in Wuzhou City, China

ZENG Yi[1], ZHANG Lu-guang[2], WU Ying-cheng[2], HUANG Yi-shu[2],

HUANG Nai-qin[2], LI Jin-yuan[2], WANG Yun-bao[2], JIANG Min-kang[1], FANG Zhong[1], MENG Ni-ni[2]

（1. Institute of Virology, China, National Centre for Preventive Medicine;

2. Cancer unit, Wuzhou city）

Serological mass survey was carried out in Wuzhou city in 1980, 1136 IgA/VCA positive persons have been followed up for 4 years. Altogether 35 NPC patients wete detected among them of which 15 cases （43%） were at stage I, 17 （48.5%） at stage II, and the early cases （I + II） were 915%. The detection rate of early cases is 2.9 as much as that of outpatient clinc. IgA/VCA antibody could be detected 16 months to 41 months pirior to the clinical diagnosis of NPC patients. If IgA/VCA positive persons are examined routinely once a year, NPC patients can be detected in their early stages.

The detection rate of NPC in IgA/VCA antibody—postitive persons is 61.6 fold the annual incidence of NPC in the general population of the same age group. These results futher indicate that EB virus plays an important role in the development of NPC, and that serological screening and follow up study are valuable for the early detection of NPC.

〔**Key words**〕 Epstein—Barr virus; IgA/VCA Antibody; Nasopharyngeal carcinoma

72. 间接核酸杂交方法的建立

中国预防医学中心病毒学研究所 谷淑燕 曾 毅

Max. V. Pettenkofer 研究所 Wolf H

〔摘 要〕 建立了一种新的核酸杂交手段——间接核酸杂交方法，其突出的优点是用一种共同的核酸标记物就可检查不同的基因组或不同的基因。我们重组乙型肝炎病毒或 EB 病毒的核酸片段于噬菌体 $M_{13}mp8$ 载体，以此重组的单链 DNA 为第一夹心层，用 ^{32}P 标记的双链噬菌体 DNA 作为共同探针，检查乙型肝炎病毒和 EB 病毒的核酸，获得满意的结果。应用该法进行细胞内的原位杂交，检查细胞内存在的 EB 病毒基因效果亦佳。

〔关键词〕 重组单链 DNA；核酸杂交；乙型肝炎病毒 DNA；EB 病毒 DNA

核酸杂交方法已广泛应用于检查或鉴定各种 DNA，并用以研究基因的存在、基因的状态及其在组织细胞中的定位和转录活性。标记探针是进行核酸杂交实验的主要环节，但检查各种不同的基因组或同一基因的不同片段，需要标记不同的探针。往往由于多种标记核酸的制备和纯化，限制了核酸杂交实验的普及应用。为了减少制备多种探针的麻烦，我们参考血清学中间接方法的原理，成功地建立了间接核酸杂交方法。本文报道该法及其初步应用于检查肝炎病毒基因及 EB 病毒基因的结果。

原　　理

间接核酸杂交方法的原理如简图所示（图 1）

材料和方法

一、直接杂交　方法详见文献〔1〕。

二、间接核酸杂交

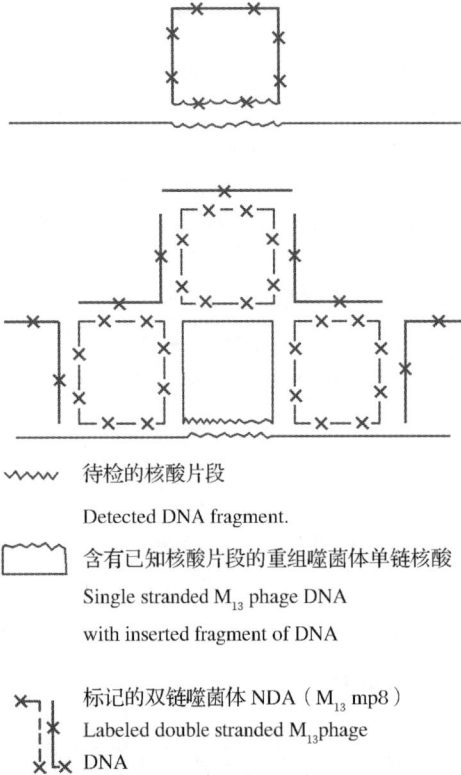

〰〰〰　待检的核酸片段
Detected DNA fragment.

▭　含有已知核酸片段的重组噬菌体单链核酸
Single stranded M$_{13}$ phage DNA
with inserted fragment of DNA

✕⊥　标记的双链噬菌体 NDA（M$_{13}$ mp8）
Labeled double stranded M$_{13}$phage
DNA

a．直接核酸杂交方法　b．间接核酸杂交方法

图 1　间接核酸杂交方法原理

a，Direct hybridization　b，Indirect hybridization

Fig. 1　Principle of indirect hybridization

1．第一层夹心 DNA 的制备：将 EB 病毒和乙型肝炎病毒的核酸片段分别重组于噬菌体 M$_{13}$mp8，从细菌培养液中分离噬菌体的单链重组 DNA[2,3]。

2．第二层标记 DNA 的制备：从噬菌体 M$_{13}$mp8 感染的细胞中，分离双链复制形式的 DNA（RF），其方法与从细菌中分离质粒 DNA 相似。常规 ^{32}P－dCTP 缺口转移标记核酸。

3．核酸杂交方法

①予杂交：将带乙型肝炎或 EB 病毒 DNA 的硝酸纤维膜漂浮在 6×SSC 液体中（1×SSC 含有 0.015 mol/L NaCl，0.015 mol/L Na－Citrate），当薄膜从底向上湿透后，浸入 6×SSC 中 2 min。予杂交液含 6×SSC，0.5% SDS，5×Denhardt 液（50×Denhardt 含 1% Ficoll，1% PVP 和 1% BSA），和 100 μg/ml 小牛胸腺—DNA。在 68℃ 孵育至少 2 h。

②第一层杂交反应：将上述予杂交处理后的硝酸纤维膜置杂交液体（与予杂交液相同，另补充 EDTA，使最终浓度为 0.01 mol/L 及 1 μg 含乙型肝炎病毒或 EB 病毒核酸片段的重组单链 DNA）中，在 68℃ 孵育 16 h 后，用含 0.5% SDS 的 2×SSC 在室温下浸洗 5 min，再以 0.1×SSC，0.5% SDS 在 68℃ 浸洗 2 次，每次 20 min。然后进行第二层杂交反应。

③第二层杂交反应：杂交液含 ^{32}P 标记的预先经 100℃ 变性的双链噬菌体 DNA。在 63℃ 孵育 16 h，清洗后，曝光于 X 线片。

④细胞内原位杂交：用间接核酸杂交反应检查细胞内的 EB 病毒核酸。将含 EB 病毒基因组的 HRIK 细胞涂于预先处理过的载玻片上，用 3 份甲醇，1 份冰醋酸于室温固定 20 min，细胞涂片浸入 70℃ 的 2×SSC 液中 30 min，然后在 37℃ 浸入含 20mmol/L Tris pH7.4，

2 mmol/L CaCl$_2$，1 μg/ml 蛋白酶 K 的液体中 15 min。在 100℃ 于 0.1×SSC 中热变性 DNA。每 1 cm 直径的细胞涂片上加 10 μl 第一层杂交液体，封片后置于 45℃ 水浴中孵育。杂交混合液为 600 mmol/L NaCl，10 mmol/L Tris pH 7.5，1 mmol/L EDTA，0.02% PVP 和 Ficoll，1 mg/ml BSA，100 mg/ml CT－DNA 和 50% 甲醇胺。第一层杂交液体每毫升含 1 μg 未标记的单链重组 DNA，含 EB 病毒核酸片段。第二层杂交液含 ^{3}H 标记的 M$_{13}$mp8，双链 DNA，每个细胞涂片上 10 μl 杂交液体中含 $5×10^4$ ~ 10^5 cpm 标记物。

杂交反应后，去除盖片，用含 50% 甲醇胺，10 mmol/L Tris pH 7.4，1 mmol/L EDTA，600 mM NaCl 溶液浸洗，再进行核酸杂交第二层反应或曝光于核乳胶[4]。

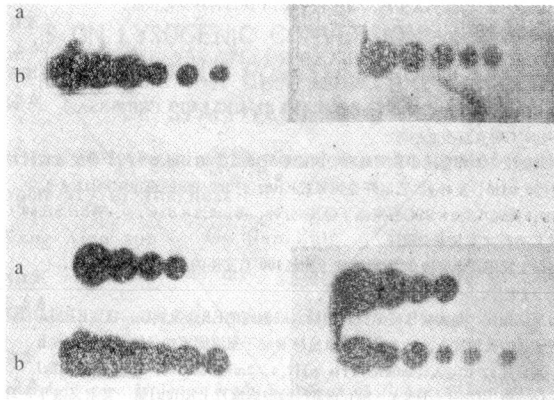

左侧a：0.5，0.1，0.05，0.01 μgpBR322DNA

　　　b：0.5，0.1，0.05，0.01，0.005，0.001 μg 含 EB 病毒核酸片段的质粒 DNA

右侧a：同左侧 a

　　　b：同左侧 b，含乙型肝炎病毒核酸片段的质粒 DNA

上面两组为间接核酸杂交反应，下面两组为直接核酸杂交反应

图 2　用间接核酸杂交方法检查乙型肝炎病毒和 EB 病毒核酸并与直接法作比较

Left part：a line，0.5，0.1，0.05，0.01 μg of pBR322 DNA

　　　　b line，0.5，0.1，0.05，0.01，0.005，0.001 μg of plasmid DNA containing fragment of EB VDNA

Right part：a line，0.5 to 0.01 μg of pBR 322 DNA

b line，0.5 to 0.001 μg of plasmid DNA containing fragment of hepatitis B viral DNA

Top，hybridized with inserted ss—DNA and ^{32}P—labeled M13 mp8 ds—DNA

Bottom，hybridized with ^{32}P—labeled plasmid containing the fragment of hepatitis B or EB viral DNA

　　　　Direct hybridization as control

Fig. 2　Detection of hepatitis B and EBVDNA by indirect hybridization

结　果

将含乙型肝炎和 EB 病毒核酸片段的质粒 DNA（PBR322）点样于硝酸纤维膜上，用间接核酸杂交方法和直接法检查病毒的核酸。实验分两组进行：一组为不同浓度的质粒 DNAp-BR322 和含乙型肝炎病毒 DNA 的质粒；另一组为 pBR322 和含 EB 病毒核酸片段的质粒 pSL

-76。分别以^{32}P dCTP 标记的含乙型肝炎病毒或 EB 病毒核酸片段的质粒进行直接核酸杂交反应或^{32}P dCTP 标记的噬菌体核酸 M$_{13}$mp8 进行间接核酸杂交反应。在间接核酸杂交反应中，以含乙型肝炎或 EB 病毒核酸片段的重组单链噬菌体 DNA 为夹心。结果表明，用共同标记探针可以检查两种不同的病毒核酸。此外，在间接核酸杂交反应中，仅特异的病毒核酸片段呈阳性反应，排除质粒 DNA 的交叉反应，故 pBR322 呈反应阴性，而在直接杂交反应中质粒 DNA pBP322 亦呈阳性反应（图 2）。

将含乙型肝炎和 EB 病毒核酸片段的质粒 DNA，单链噬菌体 DNA 和从 Raji 细胞来源的 DNA 点样于硝酸纤维膜上。分别以乙型肝炎或 EB 病毒核酸片段重组的单链噬菌体 DNA 为夹心，做间接核酸杂交反应。结果见图 3。EB 病毒组能从 0.2 μg Raji 细胞 DNA 中检出 EB 病毒核酸。^{32}PdCTP 标记的 M$_{13}$mp8 噬菌体 DNA 与重组的载体 DNA 反应但不与 pBR322 交叉反应，进一步说明反应的特异性。

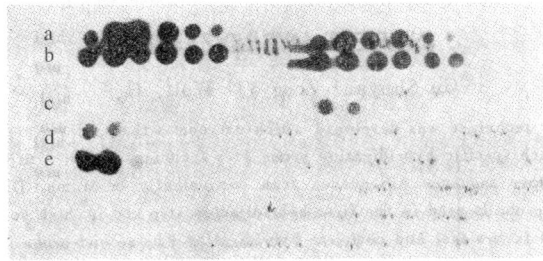

a. 含乙型肝炎病毒核酸片段的单链重组 DEA

b. 含 EB 病毒核酸片段的单链重组 DNA，点样 DNA 值从左到右为 0.1 μg，0.05 μg，0.01 μg，0.005 μg，0.001 μg，0.0005 μg

c. 5 ng，1 ng，0.5 ng，0.1 ng 含乙型肝炎病毒核酸片段的质粒 DNA

d. 0.4 μg，0.2 μg，0.04 μg，0.02 μg Raji 细胞 DNA

e. pSL-76 DNA，5 μg，1 μg，0.5 μg，0.1 μg

左侧：与 EB 病毒核酸重组的单链 DNA 和^{32}P 标记的双链噬菌体 DNA 杂交

右侧：与肝炎病毒核酸重组的单链 DNA 和^{32}P 标记的双链噬菌体 DNA 杂交

图 3　用间接核酸杂交方法检查乙型肝炎和 EB 病毒核酸

a. hepatitis B viral DNA inserted ss-DNA

b. EB VDNA inserted ss-DNA

DNA spot: from left to right 0.1 μg，0.05 μg，0.01 μg，0.005 μg，0.001 μg，0.0005 μg

c. fragment of HB viral DNA in plasmid 5 μg，1 μg，0.5 μg，and 0.1 μg

d. RaJl cells DNA 0.4 μg，0.2 μg，0.04 μg，0.02 μg

e. pSL-76 DNA 5 μg，1 μg，0.5 μg，0.1 μg

Left, hybridized with EB viral DNA inserted ss-DNA and^{32}P-labeled M13mp8 ds-DNA

Right, hybridized with HB viral DNA inserted ss-DNA and ^{32}P labeled M13mp8 DNA

Fig. 3　Detection of hepatitis B and EB viral DNA by indirect hybridization

用间接核酸杂交方法检查细胞内的 EB 病毒核酸。结果见图 3（略）。a 为间接核酸杂交反应的阳性细胞，在 HRIK 细胞核内可见黑色的曝光乳胶颗粒。b 为对照，未加夹心层 DNA，只加第二层^{3}HdCTP 标记的双链 M$_{13}$mp8 DNA。图版 3a 中大约 50% 左右的 HRIK 细胞呈阳性反应，用直接核酸杂交方法，在不激活的情况下，仅约 5% HRIK 细胞呈阳性反应。

讨　论

间接核酸杂交方法是核酸杂交方法的一个新进展，它不必标记每个特异性探针，可用共同的标记探针来检查不同的核酸。第一层杂交液中含不标记的 DNA，允许使用较高的浓度，因而能迅速、完全地完成核酸杂交反应。移出的杂交液能重复使用，因为单链 DNA 不会因自我退火而失去杂交能力。第二层标记 DNA 为"万能"的探针，用于检查不同的病毒核酸或核酸片段，不但克服了标记每个特异性探针所带来麻烦，同时还可排除标记 DNA 与待检 DNA 之间的交叉反应。在适当条件下，标记 DNA 在第一层 DNA 上形成网状，可增加反应强度，提高实验的敏感性。我们用间接核酸杂交方法检查 HRIK 细胞内的 EB 病毒核酸，用直接方法仅自然产生 EB 病毒的 5% 细胞呈阳性反应，而不能检出其余细胞中的 EB 病毒基因，用间接法时，EB 病毒核酸阳性细胞达 50%。

我们正在试用 ^{125}I 标记双链 13mp8DNA，碘的半衰期为 60 d，并且可同时用于硝酸纤维膜上和细胞内的原位杂交实验，提高了标记物使用效率和实验的重复性和稳定性。目前，用非放射性标记物和生物素标记核酸作为探针，还不够敏感，特别是在硝酸纤维膜上的核酸杂交反反。用间接核酸杂交方法增加反应的敏感性是一个值得重视的问题。

* 含乙型肝炎病毒核酸的质粒 DNA 由本所遗传室赠送，特此致谢。

〔原载《病毒学报》1985，1（1）：70 - 74〕

参 考 文 献

1　Maniatis T, et al. Molecular Cloning—A laboratory manual, CSH, 1983, 387

2　谷淑燕，等. 癌症，1983，2：129

3　Richter W, et al. Nasopharyngeal carcinoma—Current Concepts University MalaYa Press, Kuala Lumpur, 1983, 25

4　Wolf H, et al. Cancer Campaign, Nasopharyngeal Carcinoma Gasta Vfisher Verlag, StuttgartNewYork, 1981, 5：101

Indirect Hybridization

GU Shu-yan[1], ZENG Yi[1], Wolf H[2]

(1. Institute of Virology, Chinese Center of Preventive Medicine. Bering;

2. Max. V. Pettenkofer Institute. Munich. W. Germany)

A new technique was developed which overcomes the need to introduce label into each specific hybridization probe. This technique links specific sequence 1 to another sequence 2. Sequence 2 can conveniently be M_{13} mp$_8$ DNA. This unlabeled probe is used in the first hybridization step and in high concentration which favors fast and completehybridization. The second probe is homologous to the first one, which in our case is labeled double – stranded M_{13}. The labeled probe can be universally applied in the second step and can form a network on top of sequence 1 which leads to an amplication. We have used this technique for the detection of fragments of hepatitis B and EB viral DNA, and EBVgenome containing HRIK cell smear in situ with completely specific results.

〔**Key words**〕Inserted SS – DNA; Hybridizaton; Hepatitis B viral DNA; EB viral DNA

73. 土壤中含 EB 病毒诱导物的检测

中国预防医学中心病毒学研究所　曾　毅　苗学谦

广西壮族自治区人民医院　焦　伟　韦继能

广西壮族自治区梧州市肿瘤研究所　李锦源　王运保

广西壮族自治区药用植物园　倪芝瑜　日本京都大学　伊藤洋平

〔摘　要〕　从广西壮族自治区梧州市、苍梧县、罗城县和北京市收集的土壤标本中发现有 EB 病毒诱导物。梧州市和苍梧县沿公路和江河两旁桐油树下的土壤标本，对 EB 病毒早期抗原诱导的阳性率为 40% ~ 58%。在其他大戟科植物下的土壤标本中，也发现有 EB 病毒诱导物。对桐油树下土壤中 EB 病毒诱导物与鼻咽癌发生的可能关系进行了讨论。

〔关键词〕　EB 病毒；诱导物

伊藤洋平等报告[1]，日本的一些大戟科和瑞香科植物下的土壤标本的乙醚提取物，含有诱导 Raji 细胞中 EB 病毒早期抗原（EA）的双萜子类物质。我们的资料也证明，桐油、桐油树花和叶的乙醚抽提取物是很强的 EB 病毒抗原诱导物[2,3]。本文报告，在广西梧州市和苍梧县公路和河流两旁收集的桐油树下土壤标本，以及其他不同地区收集的土壤标本，对 EB 病毒抗原的诱导结果。

材料和方法

一、细胞　人的伯基特（Burkitt）淋巴瘤 Raji 细胞，培养于含 20% 小牛血清的 RPMI 1640 培养液中，每周传代 2 ~ 3 次。

二、土壤标本　采集广西梧州市和苍梧县桐油树下和花盆里的土壤标本。同时采集南宁、北京和罗城县的土壤标本。方法是挖取距地表面 5 cm 深处的土壤。取 5 g 土壤浸泡于 50 ml 乙醚中，一周后将乙醚蒸发。将抽提物按每毫升乙醇含 10 mg 的比例溶解，放 4℃ 保存。

三、实验步骤　Raji 细胞培养于含有 20% 小牛血清的 RPMI 1640 培养液中，加入不同浓度的待查样品和 4 mmol/L 的正丁酸钠，在 37℃ 培养 48 h，细胞涂片，冷丙酮固定。用免疫酶法检查 EA 阳性细胞[4]，在显微镜下查 500 个细胞，计算出 EA 阳性细胞的百分数，较丁酸高 1 倍以上者为阳性。

结果和讨论

表 1 结果表明，鼻咽癌高发区——广西梧州市和苍梧县境内西江和桂江沿岸桐油树下的土壤标本，其乙醚提取物对 Raji 细胞中 EB 病毒 EA 抗原诱导的阳性率，分别为 11/19 和 8/20。西江码头的 4 份标本中，有一份对 EB 病毒 EA 有弱诱导作用。从南宁广西药用植

表 1　广西梧州市和苍梧县土壤标本的乙醚抽提物对 Raji 细胞中 EB 病毒 EA 的诱导

Tab. 1　Induction of EBV EA in Raji cells by extracts of soil samples from Wuzhou City and Cangwu County

土壤标本采集处 Soil samples	阳性标本编号 Positive sample NO.	不同稀释的乙醚提取物 （μg/ml）作用下 EA 阳性细胞数（%） Number of EA positive cells treated with different concentrations of ether extract		
		10（μg/ml）	2（μg/ml）	0.4（μg/ml）
沿公路和西江岸边桐油树下 Under tung oil trees along the road and the Western River （11/119﹢）	15	25.0	14	2.6
	3	14	11.4	0.6
	5	10.6	0	0
	8	4	3	2
	11	2.6	0.6	6
	2	1.4	2.2	1.4
	1	2	0.6	1
	14	0	1.8	1
	17	0.8	1.2	1.6
	18	1.4	0.6	0.8
	4	1	0	0
沿公路和桂江岸边 桐油树下 Under tung oil tree along the road and the Kiu River （8/20﹢）	35	6.6	9.6	4.6
	21	8	2.8	2
	31	2	8	1
	22	0	4	0
	23	8	1.6	0.4
	36	2	1	2
	29	2	0.4	0.8
	39	0.6	0.8	1.4
西江码头 From the dock of Western River（1/4﹢）	41	2	0.6	0.8
花园菜下 From vegetable garden（1/10﹢）	54	1	1	0.6
桂江岸边 From the bank of Kui River（1/3﹢）	56	0	1	0
变色榕下 Under Codiacum variegatus	76	2.8	8	6
变色榕下 Under Codiacum variegatus	77	8	6	1.6
变色榕下 Under Codiacum variegatus 铁海棠下 Euphorbia milli（4/4﹢）	78	2	8	12
	80		4	30

对照组 Controls：丁酸 + 巴豆油诱导 EA 阳性细胞率　n – butyrate + croton oil = 45.7%

丁酸　n – butyrate only = 0.4%. 巴豆油　croton oil only = 0.8%

Raji 细胞自发 EA 阳性细胞率　Untreated Rail cells = 0%

园、北京市公园和广西罗城县大戟科和其他植物下收集的土壤标本，也发现有 EB 病毒诱导物，其刚性率分别为南宁 5/20、北京 3/24、罗城 8/44。伊藤洋平等[5]的工作证明，桐油的提纯物 HHPA 是促癌物质。Ho 等[6]和我们的工作表明，船上居民的鼻咽癌发病率比陆地居民高得多。中国南方多雨，沿江和公路旁有许多桐油树，雨后，含有 EB 病毒诱导物的土壤颗粒随雨水流入江河中。船民终生饮江水，因此，船民鼻咽癌的发病率高可能与饮用含 EB 病毒诱导物的水有关[7]。一些药用植物可以促进 EB 病毒对淋巴细胞的转化作用[8]。正常上皮细胞中有 EB 病毒基因[9]，通过呼吸可以把含有 EB 病毒诱导物的灰尘吸入并粘附于鼻咽部黏膜上，灰尘中的 EB 病毒诱导物可起促癌作用，在某种情况下可能导致上皮细胞的恶性转化。但这种可能性尚待证实。

〔原载《病毒学报》1985，1（2）：122 – 124〕

参 考 文 献

1 Ito Y, et al. Cancer letters, 1983, 19；113

2 Ito Y, et al. Cancer letters, 1982, 18；87

3 Zeng, Y et al. Intervirology, 1983, 19：201

4 曾毅，等. 中华肿瘤杂志，1979，1：2

5 Ho J T C, et al. J Radio Oncol Bigl Phys, 1978, 4：181

6 祝积松，等. 肿瘤防治研究，1983，10：189

7 胡垠铃，曾毅. 待发表

8 曾毅，等. 中国医学科学院学报，1980，2：220

9 Zeng Y, et al. Int SymP Nasopharyngeal Carcinoma 11th Duesseldorf, 1981, 5：237

Detection of Epstein – Barr Virus Inducers in Soil

ZENG Yi[1], MIAO Xue-qian[1], JIAO Wei[2], WEI Ji-neng[2],

LI Jin-yuan[3], WANG Yun-bao[3], NI Zhi-yu[4], ITO Y[5]

（1. Institute of Virology. China National Centre for Preventive Medicine. Bejing；

2. People's Hospital of Guangxi Zhuang's Autonomous Region；3. Tumor Institute in Wuzhou；

4. Botanical Garden in Guangxi Autonomous Region；5. Kyoto University. Japan）

EB virus inducers were detected in soil samples from Wuzhou City, Zangwu county, and Rauzhan County of Guangxi, and from Beijing. There are many tung oil trees along the roads and rivers in nasopharyngeal carcinoma （NPC）high risk area of Guangxi, the positive rate of EB virus inducers in soil samples under these trees was up to 40% – 58%. The possible significance of EB virus inducers in the development of NPC is discussed. The inducers were also found in soil samples under other Euphorbiaceae plants.

〔**Key words**〕Epstein – Barr virus；Inducers

74. 用碘标记核酸检查鼻咽癌上皮细胞中的 EB 病毒基因

中国预防医学中心病毒学研究所　谷淑燕　曾　毅
慕尼黑大学病毒研究所　Wolf H　广西壮族自治区梧州市肿瘤研究所　黄玉英

〔摘　要〕　　用同位素碘化钠直接标记核酸，以细胞内原位杂交实验检查鼻咽癌上皮细胞中的 EB 病毒基因。共检查病理确诊的 10 例鼻咽癌活检标本的细胞涂片，其中 9 例直接证实有 EB 病毒核酸。本文建立并改进了细胞内原位核酸杂交技术，首先使用重组的单链 DNA 作探针，并将碘标记的核酸用于原位核酸杂交实验。
〔关键词〕　原位核酸杂交；碘标记核酸；鼻咽癌

EB 病毒和鼻咽癌有密切关系，除大量血清流行病学资料证明外，用抗补体免疫酶方法在鼻咽癌上皮细胞中检出了 EB 病毒核抗原[1]。在高发区，从 EB 病毒抗体阳性的正常人鼻咽部脱落细胞提取的核酸中发现有 EB 病毒核酸[2]。但是，鼻咽部有丰富的淋巴组织，在鼻咽癌组织中有大量的淋巴细胞浸润，而 B 淋巴细胞是 EB 病毒感染的靶细胞。因此，上述试验不能排除 EB 病毒核酸来自 B 淋巴细胞的可能。直接检查癌上皮细胞中的 EB 病毒核酸，对证明 EB 病毒与鼻咽癌发病的关系具有重要意义。为此，我们建立并改进了细胞内原位核酸杂交技术，使用重组的 EB 病毒核酸和碘标记作为原位核酸杂交实验的探针，提高了原位核酸杂交实验的敏感性。用此方法检查了 10 例病理确诊为鼻咽癌病人的活检标本的细胞涂片，获得良好结果，现报告于后。

材料和方法

一、细胞片的制备　载玻片预先用杂交液处理，先用乙醇丙酮（1∶1）浸洗，100℃干烤 1 h，然后在予杂交液中 65℃孵育至少 3 h（3 × SSC，0.02% Ficoll，0.02% PVP，0.02% BSA）。再经 3 份乙醇、1 份冰醋酸混合液固定 20 min。此玻片在室温保存。将新鲜的肿瘤组织涂于玻片上，直径 1 cm，自然干燥后，以甲醇冰醋酸（3∶1）在室温下固定 20 min。细胞涂片低温保存或立即用于原位核酸杂交检查。

二、从癌组织提取核酸　在乳钵内用玻璃砂将癌组织块磨成匀浆。按每 100 mg 组织加入 pH 7.6 10 mmol/L Tris – HCl 750 μl，0.4 mol/L EDTA 75 μl 和 1 mg/ml 蛋白酶 K 200 μl，在 37℃水浴孵育 1 h；然后加 20% SDS 40 μl，和 35% Sarcosyl 20 μl，于 37℃再孵育 1 h。将此匀浆用酚提取。经酒精沉淀后再悬于 TE 缓冲液（pH7.5 10 mmol/L Tris – HCl。1 mmol/L EDTA）。从大小为 1 ~ 2 mm³ 组织块提取的核酸，最终溶解于 1 ml 液体。

三、核酸标记　碘化核酸的方法见文献〔3〕。其主要过程是氯化铊直接催化核酸的碘化反应。核酸、碘化钠和氯化铊的浓度分别为 10^{-4} mol/L、10^{-5} mol/L 和 10^{-3} mol/L，总反应体积 20 μl。缓冲液为 0.1 mol/L 醋酸钠，pH4.5，在 60℃水浴中孵育 30 min，层析分离标记的核酸．其标记活性可达 10^{8} cpm/μg 核酸。标记的单链核酸为含 EB 病毒核酸 Bam HIW 片段的重组噬菌体核酸（MEBWS 1）。

^{3}H dCTP 标记双链核酸用常规切口转移方法，标记物为含 EB 病毒核酸 Bam HI W 片段的质粒核酸（PSL - 76）。

四、细胞内原位核酸杂交　细胞片置 2×SSC 液中（10×SSC 为 1.5mol/L NaCl 0.15 mol/L Na$_3$ - citrate），于 70℃孵育 30 min，然后在 37℃浸于 pH7.420 mmol/L Tris - HCl，2 mmol/L CaCl$_2$，1 μg/ml 蛋白酶 K 溶液中 15 min。酒精脱水，使核酸热变性。将玻片浸于 0.1×SSC 于 100℃水浴 30s，然后迅速移入冰水冷却的 0.1×SSC。每 1 cm 直径的细胞涂片加 10 μl 杂交液体。加盖玻片，四周加胶封固。置 45℃水浴 24~48 h。杂交液含 600 mmol/L NaCl，pH7.5 10 mmol/L Tris - HCl，1 mmol/L EDTA，0.02% PVP 和 Ficoll lmg/ml BSA，100 μg CT - DNA/ml，100 μg poly - A/ml 和 50% 甲醇胺。每点细胞涂片大约需 5×10^{4}cpm 标记活性的核酸。^{125}I 标记的核酸为单链，直接加入反应缓冲液。而^{3}H 标记物预先经热变性，再加入其他成分。

杂交反应结束后，去除盖片，细胞片用 50% 甲醇胺，pH7.4 10 mmol/L Tris—HCl，1 mmol/L EDTA，600 mmol/L NaCl 溶液浸洗 2 次，每次 5 min，换 2×SSC 浸洗 2 次；然后用 70% 乙醇（含 300 mmol/L 酸铵）和 90% 乙醇（含 300 mmol/L 醋酸铵）脱水，干燥后曝光于核乳胶。使用^{3}H 标记的探针，玻片在 4℃曝光 3 周，^{125}I 标记的探针只需曝光于乳胶 3 d 至 1 周。

五、点样核酸杂交　将不同量的从鼻咽癌组织提取的核酸点样于硝酸纤维膜上，以^{125}I 标记的含 EB 病毒核酸片段的单链噬菌体核酸作为探针。

结　果

对病理诊断为低分化鼻咽癌的 10 例标本进行原位核酸杂交实验，检查 EB 病毒的核酸。从其中 9 例的上皮癌细胞中检出 EB 病毒核酸。在上皮细胞内可见核呈黑色颗粒状杂交。比较了^{3}H 和^{125}I 标记的探针，证明^{125}I 标记的探针能用于原位核酸杂交实验（表 1）。（图 1 为细胞内原位核酸杂交实验的结果。）除上皮细胞呈阳性反应外，在 26 号标本中可见到淋巴细胞灶，其中某些淋巴细胞呈很强的核酸杂交阳性。以 HRIK 细胞株做对照，大约 5% 的细胞含大量的 EB 病毒基因，在杂交反应中呈阳性。

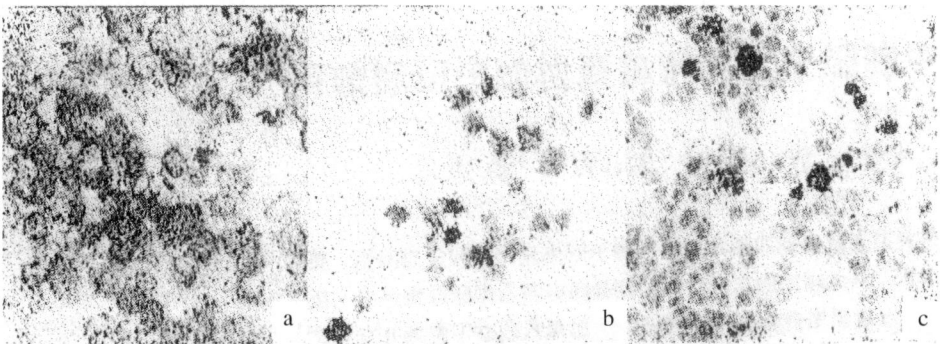

a. 活检标本 26；　　b. 活检标本中的淋巴细胞；　　c. HRIK 细胞对照

图 1　用原位核酸杂交检查鼻咽癌上皮细胞中的 EB 病毒核酸

a. Cells smear from biopsy No. 26, b. The lymphocytes form biopsy No. 26, c. HRIK cells smear

Fig. 1　Detection of EBV - DNA in epithelial cells from NPC by in situ hybridization with ^{125}I - labeled MEBWSl ss - DNA

表 1　标本来源和核酸杂交

表 1　标本来源和核酸杂交

Tab. 1　The Source of samples and nucleic acid hybridization.

标本号 No. of sample	诊断 Diagnosis	EB 病毒 VCAIgA 抗体 EBV VCAIgA antibody	原位核酸杂交		点样杂交 Spot hybridization
			^{3}H 探针 In situ ^{3}H – probe	^{125}I 探针 hybridi zation^{125}Iprobe	
43	PD – NPC	1：40	+	+	+
44	PD – NPC		+	+	+
45	PD – NPC	1：160	+	+	+
46	PD – NPC	1：160	−	+	+
12	PD – NPC	1：40	+	+	
13	PD – NPC	1：160	+	+	
14	PD – NPC	1：160	+	+	
16	PD – NPC		−	+	
26	PD – NPC	1：10	+	+	
3	PD – NPC[a]	1：160	−	±	

注：PD，低分化的鼻咽癌　PD, Poorly differentiated nasopharyngeal carcinoma.

上述 10 例鼻咽癌标本中的 4 例（43、44、45 和 46）同时进行点样核酸杂交检查。分别点样 1 μl、10 μl 和 100 μl 细胞提取的核酸，以 Raji 细胞核酸和 PSL – 76 质粒核酸为阳性对照（图 2）。某些标本当点样 1 μl 核酸提取物时，在硝酸纤维膜上仍呈阳性反应。

讨　论

我们从鼻咽部脱落细胞中提取的核酸证明存在 EB 病毒的基因[2]。但从混合的细胞或组织的提取物中检出 EB 病毒的核酸，不能说明 EB 病毒来源于上皮细胞还是浸润的淋巴细胞。因此，用原位核酸杂交方法确定鼻咽癌上皮细胞中存在的 EB 病毒核酸，对进一步阐明鼻咽癌的发病机理有重要意义。

我们建立和改进的原位核酸杂交方法较国际上报导的有如下不同之处：（1）使用重组的 EB 病毒核酸片段作为杂交探针，将 EB 病毒的核酸片段重组于噬菌体 M_{13}mp 8，从而解决了探针核酸的来源。从每 100 ml 细菌培养液中可制备 0.5 ~ 1 mg 含 EB 病毒核酸片段的单链噬菌体 DNA[4]。探针 DNA 为单链的，故在杂交反应前不必变性，在杂交反应过程中不会因自我退火而丧失探针效果。（2）使用 ^{125}I 标记探针，其放射活性可达 10^8cpm/μgDNA。（3）^{125}I 半衰期 60 d，标记的核酸可使用半年以上。

1973 年 Wolf 等人用 ^{3}H 标记的 EB 病毒 cRNA 作探针[5]，从鼻咽癌的冷冻切片中证明了存在 EB 病毒的核酸。鼻咽癌上皮细胞中可能存在较少的基因拷贝，因此选择高标记活性的探针进行原位杂交实验，对提高反应的敏感性是十分重要的。通常 ^{3}H 标记活性只有 5 × 10^6cpm/μDNA，^{125}I 为 ^{3}H 标记活性的 50 ~ 100 倍，放射自显影的时间从 ^{3}H 的 3 周缩短为 3 d。碘标记的单链重组核酸作探针提高了探针的效果。以上改进为癌基因的研究和定位提供了敏感有效的探针。

本文首先报告了在鼻咽癌标本的涂片中用原位杂交方法证明在淋巴细胞中存在 EB 病毒

的核酸，且具有很高的拷贝。上皮细胞中无 EB 病毒的受体。西德 Bayliss[6] 发现，EB 病毒可以引起细胞融合，并认为 EB 病毒可能通过细胞融合从淋巴细胞转移到上皮细胞。因此，我们用原位杂交方法证明了在鼻咽癌的上皮细胞中有 EB 病毒基因，同时在淋巴细胞中发现很高拷贝的 EB 病毒基因，对阐明 EB 病毒与鼻咽癌的关系及癌变机理有一定的价值。

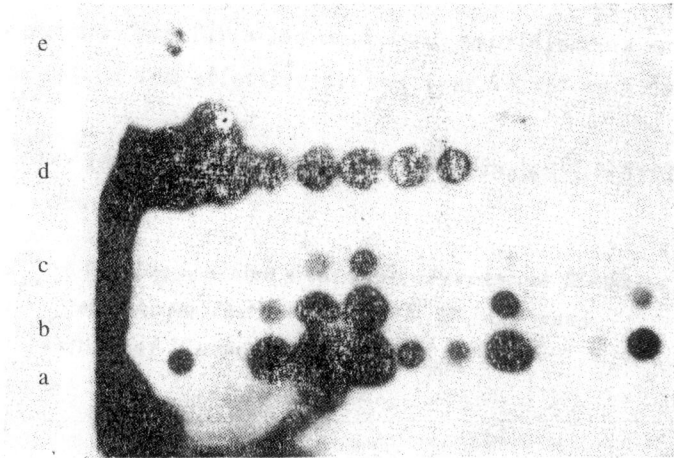

a. 从标本中提取的 DNA 100 μl。DNA extracted from 100 μl biopsies

b. 从标本中提取的 DNA10 μl。DNA extracted from 10 μl biopsies

c. 从标本中提取的 DNA1 μl。1 μl DNA extracted from biopsies. 从左到右分别为 From left to right No.41，42，43，44，45，46，47，48，49，50，51

d. Raji 细胞 DNA 从左到右为：Raji cells DNA from left to right：50 μg，10 μg，5 μg.2 μg，1 μg,0.5 μg，0.25 μg

e，40 ng Ps L-76 DNA

图 2　从鼻咽癌活检标本提取的 DNA 与^{125}I 标记的核酸杂交

Fig. 2 DNA extracted from NPC biopsies hybridized with ^{125}I – labeled MEBWS1

〔原载《病毒学报》1985，1（2）：126-129〕

参 考 文 献

1　曾毅，等．中国医学科学院学报，1980，2：134

2　皮国华，等．中国医学科学院学报，1984，6：124

3　谷淑燕，等．中华肿瘤学杂志，待发表，1985

4　谷淑燕，等．中华微生物学和免疫学杂志，1980，4：281

5　Wolf H, et al. Nature New Biology, 1973, 244：245

6　BaYliss G J, et al. Nature, 1980, 287：164

Detection of EBV – DNA in Epithelial Cells from Nasopharyngeal Carcinoma by in Situ Hybridization

GU Shu-yan[1], H. Wolf, ZENG Yi[1], HUANG Yu-ying[3]

(1. Institute of Virology, China Centre for Preventive Medicine. Beijing;
2. Max. V. Pettenkofer Institute. Munich. W. Germany; 3. Tumor Institute of Wuzhou)

Ten biopsies from the patients with nasopharyngeal carcinoma were examined by nucleic acid hybridization. *In situ* hybridization was used for the localization of EBV genome in the epithelial cells of NPC. The epithelial cells from 9 biopsies harbour EB viral genome demonstrated by *in situ* hybridization. The DNA extracted from 4 biopsies was spotted on nitrocellulose paper and hybridized with EBV – DNA fragment. The nucleic acid hybridization wrere developed by using phage ss – DNA containing inserted fragment of EBV – DNA and labeled with[125]I as probe. The labeled DNA was used for in situ hybridization and spot hybridization on filter. As a result, a more sensitive and effective probe (over 1×10^8 cpm/μg DNA) was obtained.

〔**Key words**〕 *In situ* hybridization;[125]I labeled DNA; Nasopharyngeal carcinoma

75. 应用明胶凝集颗粒试验检测人群中 T 细胞白血病病毒抗体

中国预防医学中心病毒学研究所　蓝祥英　曾　毅

日本京都大学病毒研究所　日沼赖夫

〔**关键词**〕　明胶颗粒凝集试验；成年 T 细胞白血病

曾毅等报道[1,2]，应用间接免疫荧光法（IIF）检测了 8279 份正常成年人血清标本，发现 3 例 T 细胞白血病病毒（HTLV）抗体阳性：一例马杨氏，丈夫是日本人（HTLV 抗体也阳性），侨居南京 46 年；第二例是台湾籍妇女；第三例是位侨居北京的日本人。650 份各类白血病病人血清中，一例成人 T 细胞白血病患者 HTLV 抗体阳性，此人是船员，常去日本。据此，作者认为这几例阳性病人与接触日本人有关。为进一步查明 HTLV 在我国存在的情况，我们用敏感性更高的明胶凝集试验检查了上述 IIF 检测过的部分血清，现报道如下。

明胶凝集试验[3]（Gelatin – particle Agglutination Test，GPAT）是将纯化的 HTLV 抗原包被在直径为 3 nm 的蓝色明胶颗粒上，使之与待查血清进行反应，以肉眼观察明胶颗粒凝集与否判断反应结果。本实验用的是日本京都大学赠送的 HTLV 抗体检测试验盒。

一、定性试验　将待测血清做 1∶2（第一孔）、1∶4（第二孔）、1∶8（第三孔）稀释，每扎总液量为 25 μl，充分摇匀。于第二孔内加入 25 μl 1% 未致敏的明胶颗粒（不带 HTLV）。第三孔内加入 25 μl 1% 致敏的明胶颗粒（包被了 HTLV）。第一孔为空白对照。室温下静置，3 h 后观察结果。

二、定量试验 将定性试验中出现的 HTLV 抗体阳性血清，用血清稀释液作 2 倍稀释，每个稀释度孔内加入 25 μl 1% 致敏胶粒，充分摇匀，3 h 后观察结果。以产生凝集反应的最高稀释度为该血清 HTLV 抗体滴度。

试验中少数血清有非特异凝集现象，为去除非特异性，可先进行吸附试验，然后再进行 GPAT。吸附方法有二：（1）用 1% 未致敏明胶悬液吸附；（2）用 1% 人脐带全血球悬液。按 1% 未致敏颗粒悬液（或血球悬液）与待查血清 3：1 的比例混匀，室温下作用 30 min，充分摇匀，然后 3000 r/min 离心 10 min，去除明胶颗粒（或血球），上清即为 1：4 稀释的待查血清。

总计检测 788 份成人血清标本（包括健康人，各类白血病人血清 71 份），猴血清 6 份。结果一份阳性对照血清和两例已知阳性的正常人血清出现高滴度 HTLV 抗体。它们的 IIF 滴度分别为 1：320、1：160 和 1：80，而 GPAT 滴度则分别为 1：2048，1：1024 和 1：512。因此 GPAT 较 IIF 滴度高 6～7 倍。另有 8 份血清呈现凝集反应，但滴度均不超过 1：32，而且其中有的加未致敏胶粒也出现凝集阳性。将这 8 份血清进行去非特异性凝集处理，两种方法分别应用，然后再进行 GPAT 检测。结果 8 份中 7 份血清由 1：（16～32）阳性转为阴性，只有一份扬州 26 号正常人血清出现 1：32（+）。将这份血清再次吸附，第三次检测为阴性。（GPAT 判断标准 ＞1：32 为 HTLV 抗体阳性）[2]。

通过本实验，我们认为 GPAT 是检测血清中 HTLV 抗体的特异方法，且比 IIF 敏感 6～7 倍，此法快速，简便，不需特殊的实验仪器，便于大规模的血清学抗体调查工作。本实验检测血清中 HTLV 抗体结果与我们以前的报道相一致，认为少数中国人的 HTLV 抗体阳性可能与日本人密切接触有关。李以莞等报道[3]，我国正常人血清中 HTLV 抗体阳性率 2.3% ～ 5.2%，因此，有关 HTLV 在我国存在的情况，有待更进一步调查阐明。

〔原载《病毒学报》1985，1（2）：181－182〕

参 考 文 献

1 Zeng yi, et al. Lancet, 1984, 1；799

2 loko lmai, et al. JCM, 1985, 4（2）：576

3 李以莞，等. 中华肿瘤杂志，1984，6（2）：98

Gelatin – Particle Agglutination Test for Detection of HTLV Antibody

LAN Xiang-ying[1], ZENG Yi[1], Yorio Hinuma[2]

（1. Institute of Virology, China National Centre for Preventive Medicine;

2. Institute for Virus Research. Kyoto University）

A new gelatin particle agglutination test（GAPT）was used for assay of the antibody to adult T – cell leukemia virus（HTLV – I）, and was compared to immunofluorescence test（IF）. 788 sera including 71 sera from patients with different types of leukemia and 6 sera from monkey were tested. The results of GPAT were correlated to that of IF in our previous wark. The GPAT is technically simpler, more rapid and sensitive than IF.

〔**Key words**〕Gelatin – Particle agglutination test; HTLV; Adult T – cell leukemia

76. 芫花酯乙和黄芫花提出液对 EB 病毒早期抗原的诱导和促进 EB 病毒对淋巴细胞转化的研究

中国预防医学中心病毒学研究所　曾　毅　苗学谦　胡垠玲

广西壮族自治区人民医院　焦　伟

〔摘　要〕　本研究证明，用于妊娠引产的药物芫花酯乙和黄芫花提出液，能诱导 Raji 细胞内 EB 病毒的早期抗原（EA），并能促进 EB 病毒对淋巴细胞的转化作用。维生素甲衍生物 7901 能明显地抑制这两种药物诱导 EA 的作用。这些特性与已知的促癌物质 TPA 是一致的。

〔关键词〕　芫花酯乙；黄芫花；Epstein – Barr 病毒；淋巴细胞转化；维生素甲衍生物

现已证明，巴豆油和从巴豆油提取的 12 – O – 十四烷酰巴豆醇 – 13 乙酸酯（12 – O – tetradecanoylphorbol – 13 – acetate，TPA）是很强的促癌物质[1]，能促进化学致癌物的致癌作用，激活 EB 病毒早期抗原（EA）和壳抗原（VCA），促进 EB 病毒对淋巴细胞转化的作用。巴豆属大戟科植物，Ito 等报告一些大戟科植物具有同样的特性[2]。我们报告了 10 科 15 种中草药，包括芫花和黄芫花，对 EB 病毒 EA 抗原有诱导作用[3]。国内最近用芫花和黄芫花的提出液作妊娠引产，效果很好[4~6]。但临床应用的这两种药物的提出液，是否具有诱导 EB 病毒、促进细胞转化和促癌作用，值得进一步研究。

材料和方法

一、芫花酯乙（Yuanhuadine Ⅱ）　解放军武汉部队总医院和中国科学院上海药物研究所，共同研制的中期妊娠引产药，是从武汉地区芫花花蕾中分离到的。每毫升乙醇针剂含 70 µg 芫花酯乙。该化合物有肯定的引产作用。

二、黄芫花（*Wikstroemia chamaedaphne*）注射液　新华制药厂从黄芫花提取的，每毫升乙醇液含黄芫花生药 0.15 g，有很好的引产作用。

三、细胞　带 EB 病毒基因的 Raji 细胞，培养于含 20% 小牛血清的 RPMI 1640 培养液中。

四、Raji 细胞内 EB 病毒早期抗原的激活作用　Raji 细胞（每毫升含 10^5 细胞）培养于含 20% 小牛血清和 4 mmol/L 正丁酸的 RPMI 1640 培养液中，加入不同剂量的芫花酯乙或黄芫花提出液，37℃培养 48 h。将细胞悬液制成细胞涂片，以免疫酶法检查早期抗原阳性细胞数。

五、促进 EB 病毒对淋巴细胞转化试验

1. 病毒感染淋巴细胞：用淋巴细胞分离液分离出淋巴细胞，每支试管装 1 ml 血淋巴细胞（7×10^5 细胞），加 0.9 ml RPMI 1640 培养液和 0.1 ml 未稀释的 EB 病毒悬液，置 37℃培养 1 h。1000r/min 离心 10 min，弃去上清。

2. 软琼脂培养法：用双蒸水配制成 1% 和 0.66% 的琼脂糖。每支试管先加 1.5 ml 含

15%小牛血清的双倍 RPMI 1640 培养液，再加 1.5 ml 1%琼脂糖作为基础层，室温下凝固。每支试管加 1.5 ml 含感染了 EB 病毒的 3.5×10^5 淋巴细胞的双倍 1640 液，再加 1.5 ml 0.66%的琼脂糖（最终浓度为 0.33%）混匀，此为种子层。将其加到基础层上，置室温凝固，37℃5%CO_3 温箱内培养，此为 EB 病毒诱发淋巴细胞转化克隆的对照。试验管则除上述处理外，种子层和基础层均加不同浓度的芫花酯乙。培养 3 周，在倒装显微镜下检查 EB 病毒转化的淋巴细胞克隆数。

六、维生素甲衍生物（7901）对 EB 病毒早期抗原诱发的抑制 7901 为中国医学科学院药物研究所合成。药物溶解于二甲基亚砜，-20℃保存。Raji 细胞培养于 RPMI 1640 培养液中，内含 20%小牛血清、0.07 ng 芫花酯乙或 0.075 mg 黄芫花提出液和丁酸钠（4 mmol/L），37℃培养 2 d。进行抑制试验时，分别加入不同浓度的 7901，再 37℃培养 2 d。用免疫酶法检查早期抗原阳性的细胞数。

表1 芫花酯乙对 Raji 细胞内 EB 病毒早期抗原的激活作用

Tab. 1 Induction of EA by Yuanhuadine Ⅱ in Raji cells

芫花酯乙每毫升含量 Concetration（ng/ml）	存活细胞 Cell viability（%）	EA 阳性率 EA positive cells（%）
2.8	90	36
0.56	90	51
0.112	90	44.2
0.0224	90	32
0.0048	90	0.6
0.000896	90	0
0.0001792	90	0
对照 Control	B（4 mmol/L）+ C（500 ng）	90	45.7
	B（4 mmol/L）	90	0.4
	C（500 ng）	90	0.8
	Raji cell	90	0

B：正丁酸钠。n - butyrate。

C：巴豆油。Croton oil。

表2 黄芫花提取液对 Raji 细胞内 EB 病毒早期抗原的激活作用

Tab. 2 Induction of EA by extract from Wikstroemia Chamaedaphne in Raji cell

黄芫花含生药量 Concentration（μg/ml）	存活细胞 Cell viability（%）	EA 阳性率 EA positive cells（%）
3000	80	18
600	80	55.8
120	80	53.2
24	80	50.9
4.8	85	27.7
0.96	85	20.7
0.192	85	17.4
0.0384	85	15.7
0.0015	85	12.8
0.00768	85	10.2
0.000307	85	3
对照 Control	B（4 mmol/L）+ C（500ng）	90	36
	B（4 mmol/L）	95	0.8
	C（500 ng）	95	3.6
	Raji cells	100	0

B：正丁酸钠。n - butyrate。

C：巴豆油。Croton oil。

结　　果

一、芫花酯乙和黄芫花提出液对 **Raji** 细胞内的 EB 病毒 EA 的诱导作用　从表 1 可见，芫花酯乙对 Raji 细胞内的 EB 病毒 EA 有很强的诱导作用，药物浓度为每毫升 0.112 ~ 0.56 ng 时，细胞 EA 阳性率为 44.2% ~ 51%，浓度为 0.0224 ng/ml 时，EA 阳性率为 32%。黄芫花提出液的结果与芫花酯乙相似。如表 2 所示，每毫升含黄芫花生药量为 4.8 ~ 600 μg 时，细胞阳性率为 27.7% ~ 55.8%。随着药物浓度的下降，细胞 EA 阳性率也逐渐下降。浓度降至 0.0015 μg 时，仍有 12.8% 的细胞为 EA 阳性。

二、芫花酯乙和黄芫花对 **EB** 病毒转化正常淋巴细胞的促进作用　EB 病毒能使人正常淋巴细胞转化，在软琼脂培养中形成克隆。从表 3 可见，平均每个平皿 EB 病毒转化淋巴细胞的克隆数为 90 个，促癌物质 TPA 每毫升浓度为 0.5 ng 时，平均每个平皿转化巴淋细胞的克隆数为 305 个，为 EB 病毒对照的 3.4 倍。芫花酯乙浓度为 0.02 μg/ml、黄芫花提出液浓度为 0.02 mg/ml 时，平均每个平皿转化淋巴细胞的克隆数分别为 308 和 186 个，为病毒对照的 3.4 倍和 2.1 倍。在另一次实验中，芫花酯乙浓度为 0.002 μg/ml、0.02 μg/ml 和 0.2 μg/ml 时，转化细胞的克隆数分别为病毒对照的 2 倍、5 倍和 3.9 倍。

表 3　芫花酯乙和黄芫花对 EBV 转化正常淋巴细胞的促进作用
Tab. 3　Enhancement effect of Yuanhuadine I and Wikstroemia Chamaedaphne on the transformation of lymphocytes by EB virus

药物浓度 Concentration	0.0002	0.002	0.02
芫花酯乙	99	132	308
Y. Ⅱ (μg/ml)	(1.1 ×)	(1.5 ×)	(3.4 ×)
黄芫花	93	100	186
W. C. (mg/ml)	(1.0 ×)	(1.1 ×)	(2.1 ×)
EBA 对照 Control	90/每盘 Disc		
TPA (0.5ng/ml)	305/每盘 Disc		

Y. Ⅱ : Yuanhuadille Ⅱ. W. C. : *Wikstroemia Chamaedaphne*

三、维生素甲衍生物（**7901**）对芫花酯乙和黄芫花提出液诱导 EB 病毒 EA 的抑彻作用　芫花酯乙浓度为 0.07 ng/ml 时，细胞 EA 阳性率为 15.8%。加入不同剂量 7901 后，细胞 EA 阳性率下降。7901 浓度为 0.001 μmol/L 时仍有显著的抑制作用（图 1）。黄芫花提出液浓度为 0.07 mg/ml 时，细胞 EA 阳性率为 8.7%。加入 10 和 1 μmol/L 浓度 7901 后，明显地受抑制。7901 浓度为 0.1 ~ 0.001 μmol/L 时，仍有 50% 左右的抑制作用（图 2）。

讨　　论

实验结果证明，用于妊娠引产的药物芫花酯乙和黄芫花提出液，与我们已报告的芫花和黄芫花乙醚提出液相似，能诱导 Raji 细胞内 EB 病毒的表达，促进 EB 病毒对淋巴细胞的转化作用。维生素四衍生物 7901 能明显地抑制这两种药诱导 FA 的作用。这些特性与已知的促癌物 TPA 是一致的，因此，芫花酯乙和黄芫花提出液很可能与 TPA 一样是促癌物。它们能否在人体内作为化学致癌物或病毒致癌的促癌物，值得进一步研究。我们最近的动物实验证明，黄芫花提出液是促癌物，能促进兔乳头状瘤病毒诱发乳头状瘤[7]、Rous 肉瘤病毒诱发鸡肉瘤[8]、甲基胆蒽诱发小鼠皮肤乳头状瘤[9]，还能促进小鼠宫颈癌的发生和发展[10]。因此，对黄芫花的临床应用似应加以考虑。

〔原载《病毒学报》1985，1（3）：229 - 232〕

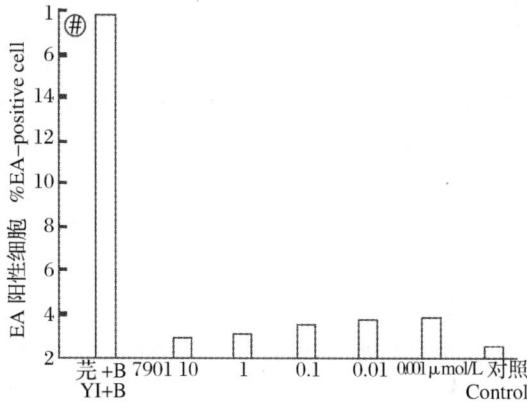

B：正丁酸钠 n – butyrate。YⅡ：Yuanhuadine

**图1　7901 对芫花酯乙激活 Raji 细胞 EB 病毒
早期抗原的抑制作用**

**Fig. 1　Inhibitory effect of retinoid 7901 on
EA induction in Raji cells. Raji
cells were treated with Yuanhuadine I
(0. 07 ng/ml) and n – butyrate (4 mmol/L) for 48h**

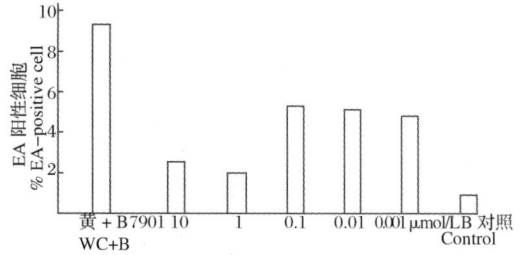

**图2　7901 对黄芫花激活 Raji 细胞 EB 病毒
早期抗原的抑制作用**

B：正丁酸钠。n – butyrate。WC：
Wikstroemia Chamaedaphne。

**Fig. 2　Inhibitory effect of retinoid 7901 on
EA induction in Raji cellS. Raji cells were
treated with *Wikstroemia Chamaedaphne*
(0. 075 mg/ml) and n – butyrate (4 mmol/L) for 48h**

参　考　文　献

1　Berenblum I. Prog Expt Tumor Res，1969，11：21

2　Ito Y，et al. Cancer letter，1081，13：29

3　Zeng Y，et al. Intervirology，1983，19：201

4　王振海，等. 中华妇科杂志，1983，14：125

5　河南省芫花引产协作组. 河南医药，1980，4：19

6　芫花根协作组. 医药工业，1978，1：6

7　胡垠玲，等. 待发表资料

8　胡垠玲，曾毅. 待发表资料

9　胡垠玲，曾毅. 待发表资料

10　孙瑜，等. 待发表资料

Epstein – Barr Virus Early Antigen Induction
and Enhencement of Lymphocyte Transformation by
Yuanhuadine Ⅱ and Wikstroemia Chamaedaphne

ZENG Yi[1]，MIAO Xue-qian[1]，JIAO Wei[2]，HU Yin-ling

（1. Institute of Virology，China National Centre for Preventive Medicine，Beijing；

2. Guangxi Autonomous Regional Hospital，Nanning.）

Yuanhuadine Ⅱ and extract of Wikstroemia Chamaedaphne used for abortifaclent could induce EB virus early antigen in Raji cells and enhance the lymphocytes transformation by EB virus. Induction of EB Virus early antigen after treatment with Yuanhuadine Ⅱ and *Wikstroemia Chamaedaphne* was markedly inhibited by retinoid 7901. These properties of both drugs were similar to tumor promotor TPA.

〔**Key words**〕Yuanhuadine Ⅱ；*Wikstroemia Chamaedaphne*；Epstein – Barr virus；Lymphocyte transformation Retinoid

77. 酶标记抗人 IgA 单克隆抗体及其在 Epstein – Barr 病毒免疫酶技术中的应用

中国预防医学中心病毒学研究所　夏　恺　曾　毅

遵义医学院　吴中明

〔关键词〕　单克隆抗体；Epstein – Barr 病毒；免疫酶技术；鼻咽癌

继成功地建立了 4 株分泌高效价抗人 IgA McAb 杂交瘤细胞株后，我们将制备出的 McAb 用于改进鼻咽癌早期诊断中的 IgA/VCA 和 IgA/EA 免疫酶技术，并探索了高效价抗人 IgA McAb 的纯化、辣根过氧化物酶（HRP）标记及有效保存的方法，结果令人满意。

采用饱和硫酸铵沉淀法[1]及 Sepbadex A – 50 吸附法[2]对来自细胞培养上清液和腹水的高效价抗人 IgA McAb 进行 3 次提纯，其纯度用微量免疫电泳鉴定。比较结果表明：前法提纯物不能达到电泳纯，且抗体效价经 3 次沉淀后从 1.28×10^{-9} 降至 10^{-7}，损失约 99%。而后法经 3 次吸附后，效价从 1.28×10^{-9} 降至 3.2×10^{-8}，损失约 70%，但基本上达到电泳纯。由此可见，饱和硫酸铵法粗提 McAb 并不是一种理想的方法。不论在活性上还是在纯度上，它都比 Sephadex A – 50 吸附法差。但 Sephadex A – 50 吸附法不如饱和硫酸铵法好掌握，实验中的 pH 值应严格控制在 6.5。如一次粗提纯就可使用时，实验室往往采用盐析法。

用过碘酸钠氧化法的经典法[3]及快速法[4]标记纯化的抗人 IgA McAb 均获成功。标记物最高工作浓度可达 1：420 000。为了比较单株 McAb 与不同亚类混合 McAb 在标记及检测时敏感性上的差别，我们又将单株 McAb 与不同亚类混合 McAb 标定到同一效价（10^{-7}）后，用快速过碘酸钠氧化法在相同条件下进行标记。结果表明，混合的 McAb 标记后的最适工作浓度（1：128 000）高于单株 McAb 标记物（1：32 000）。其原因可能是标记混合抗人 IgA McAb 有助于抗体活性的保持，也可能是混合抗人 IgA McAb 是抗不同的抗原决定簇，联合应用有助于敏感度的提高。

标记物透析后取少量按常规法加 30% 甘油保存，其余的加入用等渗 0.02 mol/L PBSE（内含 0.1 mmol/L EDTA，5 mmol/L 二巯基乙醇）配制的 70% 甘油，使甘油最终浓度达 49%，分别放 4℃ 及 -20℃ 保存，定期测定效价。结果表明，采用 49% 甘油放 -20℃ 保存较 30% 甘油为好，贮存半年滴度基本不变，并且在此温度下酶结合物不冻结，既防止污染又避免反复冻融。

用 1：80 酶标抗人 IgA McAb，1：100 酶标抗人 IgA 混合 McAb，1：20 酶标抗人 IgAP-cAb 以及 1：20 荧光素标记抗人 IgA PcAb。在带 EB 病毒基因的 Raji 细胞和 EB 病毒产生型的 B 95 – 8 细胞上做免疫酶（IE）和免疫荧光（IF）试验[5,6]，检测 20 例鼻咽癌病人血清中 EB 病毒 IgA/VCA 和 IgA/EA 抗体，结果见表 1。

表1　检查 IgA/EA 和 IgA/VCA 抗体结果比较

Tab. 1　Comparison of assays of IgA/EA and IgA/VCA by monoclonal
and polyclonal anti – IgA anti – IgA

检查项目 Items	总例数 Total cases	IE				IF			
		McAb		混合 McAb Mjxed McAb		PcAb		PcAb	
		阳性率 positive rate（%）	GMT	阳性率 Positive rate（%）	GMT	阳性率 Positive rate（%）	GMT	阳性率 Positive rate（%）	GMT
NPC IgA/EA	20	75	1：49.9	80	1：55.3	70	1：20.05	65	1：9.9
NPC IgA/VCA	20	100	1：269.1	100	1：297.3	95	1：117.1	95	1：58.6

　　从表中的几何平均滴度（GMT）看，应用 HRP 标记抗人 IgA McAb 检测 EB 病毒 IgA 抗体的几何平均滴度比用 HRP 标记抗人 IgA PcAb 所测定的高一倍，而比荧光标记抗人 IgAP-cAb 高5倍。从阳性率看，虽然在免疫酶法中应用三种试剂无明显差异，但 McAb 的工作稀释度比 PcAb 高近5倍，McAb 染出的片子非特异性着色很少，阴性或阳性细胞在镜下容易判断，而且 McAb 易于大量制备。因此，McAb 用于 EB 病毒免疫酶技术优于 PeAb。就单株 McAb 和混合 McAb 而言，虽然在 GMT 和阳性率上结果相似，但从整个标记过程及标记后的工作浓度来看，使用混合 McAb 可能更为优越。

〔原载《病毒学报》1985，1（3）：289 – 291〕

参 考 文 献

1　韩澄源，著. 间接血凝技术，第1版，北京：科学出版社，1979：35

2　汤及平，等. 临床免疫与实验免疫，1980，2：17

3　汪美先，等. 医学情报资料（ELISA 专辑），西安医学科学研究所，西安，1980，4~5：81

4　郭春祥，等. 上海免疫学杂志，1983，3197

5　曾毅，等. 中华肿瘤杂志，1979，1：8

6　曾毅，等. 中华肿瘤杂志，1979，2：3

Labelling Anti – Human IgA Monoclonal Antibody with Horse Radish Peroxidase and Their Application to Epstein – Darr Virus Immunoenzymatic Technique

XIA Kai[1], ZENG Yi[1], WU Zhong-ming[2]

(1. Institute of Virology, China National Centre for Preventive Medicine, Beijing; 2. Zunyi Medical College)

　　High titer monoclonal antibody (McAb) against human IgA was used to study its purification, labelling with horseradish peroxidase (HRP) and application to EB virus immunoenzymatic technique. Instead of HRP – labeled and fluorescein – labeled PcAb, HRP – labeled McAb were applied to detect IgA antibodies to EB viral capsid antigen （VCA） and early antigen （EA） in the sera of nasopharyngeal carcinoma patients. The GMT was twice as high as that of PcAb by immunoenzymatic technique and 5 times as that of PcAb by immunofluorescence technique. Different conditions for the stability of the conjugates were compared and shows that it may be a better way to use equally osmotic PBSE （containing 0.1 mmol/L EDTA，5 mmol/L ME） with a concentration of 49% glycerol for the preservation of McAb. These methods can also be used for other McAbs.

〔Key words〕 Monoclonal antibody；EB virus；Immunoenzymatic technique；Nasopharyngeal carcinoma

78. 成人 T 细胞白血病病毒抗体的血清流行病学调查

中国预防医学中心病毒学研究所 曾 毅 蓝祥英 范 江

浙江医科大学 王必瑞 中国医学科学院血液病研究所 陈文杰 杨天楹

河北省医院 梁晋金 唐山华北煤矿医院 许贤芬

山西肿瘤医院 王毓鎏 西安第四军医大学·隋延方

苏州医科大学 胡仁义 日本京都大学病毒研究所 Hinuma Y

〔摘 要〕 应用间接免疫荧光试验和明胶凝集试验，对 10 013 份血清标本进行了人 T 细胞白血病病毒（HTLV - I）抗体的检测，发现 8 例阳性。其中 3 例为日本人。2 例是中国台湾人，2 例分别是上述日本人和台湾人的妻子，均为中国人，从未离开过大陆；另一例是成人 T 细胞白血病病人，原为浙江渔民，后当海员，常在日本港口居住。700 例各类白血病病人和 10 例疑似成人 T 细胞白血病病人的血清，HTLV - I 抗体均为阴性。此结果证实，中国大陆正常成年人 HTLV - I 抗体阳性。少数阳性者均与密切接触日本人有关。HTLV - I 病毒是由日本人传入的。

〔关键词〕 成人 T 细胞白血病病毒；血清学调查

1980 年，Gallo[1] 从一例皮肤型病变的白血病病人活组织建立了带白血病病毒的 T 细胞株，分离出一株人 T 细胞淋巴瘤白血病病毒（HTLV）。1981 年，Hinuma 等[2] 从一个成人 T 淋巴细胞瘤株中也证实存在白血病病毒，即日本的成人 T 细胞白血病病毒（ATLV）。这是人类白血病病毒病因研究的重大突破。Hinuma 等[3] 证实，ATLV 与日本南部的一种地方流行病——成人 T 细胞白血病（ATL）的病因有关。ATLV 与美国分离的 HTLV 相同，现称为 HTLV - I 病毒[4]。Hinuma 等进行了 HTLV - I 血清流行病学调查，证实病人的地理分布集中在日本南部的九州和四国南部。我国与日本隔海相邻，交往频繁。在我国是否存在 HTLV - I 病毒和病人，值得关注。为此，自 1982 - 1985 年，我们收集了全国各地部分正常人和各类白血病病人的血清共 10 013 份，检测了 HTLV - I 抗体，结果如下。

材料和方法

一、血清的收集 从 1982 - 1985 年，收集了浙江、江苏、福建、河北、天津、山东、山西，陕西、内蒙古、黑龙江、吉林、宁夏、辽宁、甘肃、西藏、云南、广东、广西、湖南、湖北、贵州、河南、安徽、江西等省市自治区人群血清 10 013 份。其中各类白血病病人血清 700 份，成人 T 细胞白血病病人血清 1 份，疑似病人血清 10 份，余皆为各地随意收集的医院和厂矿 20 岁及 20 岁以上职工和输血员的血清，以及在北京、南京、杭州、唐山和东北等地的日本人和台湾同胞的血清。无菌静脉取血 2～5 ml，分离血清后放入有盖塑料管内，必要时加 0.2% 叠氮钠防腐，送病毒所检查。试验前后均放低温（-20℃）保存。

二、间接免疫荧光试验（IF） 细胞抗原为日本 MT-1 细胞。标准抗体为日本病人阳性血清，滴度 1：320，试验时用 1：10。免疫 IgG（γ-chain）荧光抗体采用丹麦产兔抗人 IgG 荧光抗体以及上海生研所或北京生研所生产的羊抗人 IgG 免疫荧光抗体。以标准阳性血清呈阳性反应，待测血清稀释至 1：10 以上有阳性反应者，判定为 HTLV-Ⅰ 抗体阳性。

三、明胶凝集试验（GPAT） 详见文献〔5〕。

结　果

在 10 013 份血清中，发现 HTLV-Ⅰ 抗体阳性者 8 例，此 8 人的详细情况如下：

1 号马某，男，74 岁，日本鹿儿岛人，1949 年来南京，1982 年死于胃癌。1980 年日本 Hinuma 曾检测其血清，HTLV-Ⅰ 抗体阳性。其养女 HTLV-Ⅰ 抗体阴性。

2 号杨某，女，63 岁，是马某的妻子，南京人，从未离开过中国大陆。

3 号吴某，男，55 岁，原籍台湾台中县人，出生于日本神户，在日本长大，年轻时曾在九州度假，1953 年来中国唐山，已居住 30 多年，其父母均在日本。

4 号庄某，女，55 岁，为吴某之妻，山东青岛人，未去过日本。

5 号陈某，女，68 岁，台湾台中县人，住在杭州，丈夫是台湾人，已故。

6 号张某，女，61 岁，日本人，原籍日本九州福岗市福岗县，1942 年来中国，1977 年曾回日本居住一年。父母早年双亡，尚有 5 个妹妹在福岗。其丈夫是中国人，1974 年病故。养女婿也是中国人，HTLV-Ⅰ 抗体阴性。

7 号山本某，男，73 岁，日本千叶县人，早年在日本东北部上学，后在东京工作，1944 来中国，住在北京。其妻子也是日本人，70 岁，HTLV-Ⅰ 抗体阴性。

8 号杨某，男，81 岁，浙江定海县人，原为渔民，16 岁当海员，曾多次来往日本、美国、加拿大等港口，常居住在日本港口城市，近年来归国定居于上海浦东。本人为成人 T 细胞白血病病人，血象中白细胞 28 400，分类：中性分叶核 57%，原、幼淋巴细胞 32%（多形畸形核的成人 T 细胞白血病细胞占其中 59%）。该细胞以核型多形性为显著特点，细胞核呈明显凹陷、折叠、棒状扭曲、分叶等畸变，部分细胞质呈现空泡及粗大紫红色包涵体。骨髓：白血病原幼淋细胞占 37%（成人 T 细胞白血病样细胞占其中 70% 核多形畸形特点不及外周血中所见）。总病程 20 d，抢救无效而死亡。其家属有一子一媳，二女一婿，细胞形态学及血清学检查均无异常。

比较了 IF 和 GPAT 两法的检测结果。用 GPAT 法检测了经 IF 法测定为 HTLV-Ⅰ 阴性的血清 1500 份（包括各类白血病病人血清 73 份，疑似成人 T 细胞白血病病人血清 10份），以及 HTLV-Ⅰ 阳性血清 7 份（2 号至 8 号），同时用抗体阳性及阴性血清作对照。检测结果与 IF 法相一致，而且 GPAT 所测滴度比 IF 法高 3～6 倍（表 1），说明 GPAT 法比 IF 法敏感。

表1 HTLV – I 抗体阳性者
Tab. 1 HTLV – I antibody positive person

号 NO.	姓名 Name	性别 Sex	年龄 Age	国籍 Nationality	出生和居住地 Place (born and live)	抗体滴度 Antibody titer	
						IF	GPAT
1	马某 Ma	男 M	74	日本 Japan	生于日本鹿儿岛，1949 年来南京，1982 年死于胃癌。 From Kagoshima, Japan. Came to Nanjing before 1949, died of cancer in 1982.	+	
2	杨某 马之妻 Yang, Mats wife	女 F	63	中国 China	生于南京，住在南京。 From Nanjing, lives in Nanjing.	1：160	1：512
3	吴某 Wu	男 M	55	中国 China	其父来自台湾台中县，本人生于神户，1953 年来唐山。 His father is from Taizhong county of Taiwan, China. He was born in Kobe of Japan and came to Tangshan in 1953.	1：160	1：512
4	庄某 吴之妻 Zhuang Wu's wife	女 F	55	中国 China	生于山东青岛，住在唐山。 From Qingdao of Shandong province. Lives in Tangshan.	1：10	1：64
5	陈某 Chen	女 F	68	中国 China	生于台湾台中县，住在杭州。 From Taizhong county of Taiwan, China. Lives in Hangzhou.	1：320	1：1024
6	张某 Zhang	女 F	61	日本 Japan	生于日本福岗，1942 年来唐山。 From Fukuoka, Japan. Came to Tangshan in 1942.	1：160	1：1024
7	山本某	男 M	73	日本 Japan	生于日本千叶县，住在北京。 From Chiba, Japan. Lives in Beijing	1：80	1：256
8	严某 Yan	男 M	81	中国 China	生于浙江定海县，长期居住在日本，1979 年回上海居住。 From Dinghai county of Zhejiang province. Lived in Japan for a long time and came back to Shanghai in 1949.	1：160	1：512

M：Male　　F：Female.

讨　论

我们曾经报道[6]2 例在中国的日本人和 1 例中国妇女血清中，HTLV – I 抗体阳性。经扩大调查，应用 IF 和 GPAT 两法检测 10 013 份血清标本，发现 8 例 HTLV – I 抗体阳性。其中 3 例日本人，2 例中国台湾人，2 例为这 5 例阳性者中一位日本人和一位台湾人的妻子，估计 HTLV – I 病毒是由丈夫传给她们的。另一例是成人 T 细胞白血病病人，曾经常去日本。据 Hinuma 等报告[7]，台湾正常人群 HTLV – I 抗体阳性率为 0.9%（17/1885）。日本曾占领台湾，因此台湾人的 HTLV – I 病毒很可能是由日本传去的。由此可以认为，中国大陆少数 HTLV – I 抗体阳性者与日本人密切接触有关，此病毒可能是从日本传人的。HTLV

－Ⅰ病毒的分布有其独特的地理特点，在日本主要是日本南部。我国少数民族区是否可能有此病毒，值得进一步研究。

（成人 T 细胞白血病的材料由上海浦东中心医院张淼发和周榕铭医师提供，特此致谢）

〔原载《病毒学报》1985，1（4）：344－348〕

参 考 文 献

1 Poiesz B J, et al. Proc Natl Acad Sci USA, 1980, 77: 7415

2 Miyoshi I, et al. Nature (London), 1981, 294: 770

3 Hinuma Y, et al. Int J Cancer, 1982, 29: 631

4 Watanabe T, et al. Virology, 1084, 133: 238

5 蓝祥英，等. 病毒学报，1985，1：181

6 Zeng Y, et al. Lancet, 1984, 1: 799

7 Hinuma Y, et al. Jpn J Cancer Res (Gann), 1985, 76: 9

Seroepidemiological Studies on Human T – cell Leukemia Virus Antibody in China

ZENG Yi[1], LAN Xiang-ying[1], WANG Bi-chang[2] FAN Jiang[1], CHEN Wen-jie[3], YANG Tian-ying[3], LIANG Jin-jin[4], XU Xian-fen[5], WANG Yu-luan[6], SUI Yan-fan[7], HU Ren-yi[8], Yorio Hinuma[9]

(1. Institute of Virology, China National Centre for Preventive Medicine; 2. Zhejiang Medical University; 3. Institute of Heamatology, Chinese Academy of Medical Sciences; 4. Hebei Provincial Hospital; 5. Tangshan Huabei Coal Hospital; 6. Shanxi Tomor Hospital; 7. Xian 4th Military Medical University; 8. Suzhou Medical College; 9. Institute for Virus Research, Kyoto University)

Immunofluorescence test (IF) and gelatin particle agglutination test (GPAT) were used for assay of the anti-body to human T – cell leukemia virus (HTLV – Ⅰ). We teste d 9 303 sera from normal individuals aged 20 and above in the city of Beijing and twenty eight provinces and 700 sera from patients with different types of leukemia and 10 suspected patients with adult T – cell leukemia (ATL).

Of the 10 013 sera, only 8 had antibody to HTLV – Ⅰ, 3 from Japanese living in China, 2 adults from Taiwan and 2 Chinese ladies from mainland China. Their husband, one Japanese and one Chinese from Japan, were also pos-itive. Among 700 sera from patients with different types of leukemia and 10 sera from suspected adult T cell leukemia were negative. Only one patient with disease was positive. He was born in Dinghai county of Zhejiang province. When he was 16 years old, he worked as a seaman. He often lived in the cities in the south of Japan.

These findings strongly suggest that the individuals having HTLV antibody were the result of presumably close contact with Japanese. The virus was transited form Japanese to Chinese.

The results of GPAT were well correlated to that of IF. The GPAT is more sensitive than IF and can be used for large scale screening.

〔**Kdy words**〕Human T – cell leukemia virus; Serological screening

79. 应用间接免疫荧光试验检测我国正常人和白血病病人血清中嗜 T 淋巴细胞Ⅲ型病毒抗体

浙江医科大学　王必璘　中国预防医学中心病毒学研究所　曾　毅

Tottori University, Japan　TSUCHIE H, KURIMURA T; Kyoto University, Japan　HINUMA Y

〔**关键词**〕　T 细胞白血病Ⅲ型病毒；血清学检查

法国巴斯德研究所[1]，自获得性免疫缺损综合征（AIDS）先兆症淋巴结病（LAS）分离到一种病毒，命名为淋巴结病相关病毒（LAV）；美国 Gallo[2] 自 AIDS 患者分离出逆转录病毒。后来证明，两者是相同的，但与嗜 T 淋巴细胞病毒（HTLV）Ⅰ型、Ⅱ型不同，称为 HTLV – Ⅲ病毒，是 AIDS 的致病因子。

AIDS 是 1981 年发现的一种高死亡率疾病。HTLV – Ⅲ病毒侵袭人的 OK74 或辅助 T 细胞而致病。AIDS 患者及 HTLV – Ⅲ感染的病毒携带者血清中有 HTLV – Ⅲ抗体。

据美国疾病控制中心报道，截至 1984 年 4 月 16 日止，有 AIDS 病人 4 087 例，死亡 1758 例（43%）；至 1984 年 11 月 30 日[4]增至 7 136 例。引起世界医务界的极大重视。据估计，美国现有一百万人，特别是同性恋、血友病和嗜毒者[5]，感染了 HTLV – Ⅲ病毒。我国是否存在 HTLV – Ⅲ感染及 AIDS 病？是否已由一些未曾检测的国外血源性生物制品将此病传入我国？这些都值得注意。为此，我们对八省一市 310 份血清标本测定了 HTLV – Ⅲ病毒的抗体。

检测方法为间接免疫荧光法（IIF），抗原是含 HTLV – Ⅲ的 LAV 抗原的细胞，标准的 LAV 阳性抗体血清及 LAV 阴性对照血清，来自 Kurimura 实验室。收集浙江（杭州）、江苏（南京）、天津、河北（石家庄）、广西（梧州）、广东（广州）、山西（太原）、宁夏（银川）、河南（新乡）等省市 20 岁或 20 岁以上正常人血清 220 份，各类白血病病人血清 73 份，疑似 ATL（成人 T 细胞白血病）病人血清 9 份及我们用 IIF 发现的 7 份 HTLV – Ⅰ阳性正常人血清、1 份 ATL 患者 HTLV – Ⅰ阳性血清，合计 310 份。以 HTLV – Ⅰ抗原（MT – 1）细胞作对照，血清从 1 : 5 开始稀释，检查 HTLV – Ⅰ抗体。同时用明胶凝集试验（GPAT 试验，Gelatin-Particle Agglutinations）检测 HTLV – Ⅰ抗体。

间接免疫荧光检测结果（表 1）：HTLV – Ⅲ阳性血清对 HTLV – Ⅲ抗原呈阳性反应，HTLV – Ⅲ阴性对照血清为阴性；8 份 HTLV – Ⅰ阳性血清（包括一份 ATL 患者阳性血清）对 HTLV – Ⅲ抗原为阴性，对 HTLV – Ⅰ抗原为阳性；HTLV – Ⅲ阳性血清对 HTLV – Ⅰ（MT – 1）也呈阴性反应。明胶凝集试验结果（表 1）是，HTLV – Ⅲ阳性血清对 HTLV – Ⅰ抗原为阴性，而 8 份 HTLV – Ⅰ阳性血清对 HTLV – Ⅰ抗原致敏明胶颗粒呈阳性反应。

表1 正常人和白血病病人血清中 HTLV－Ⅲ病毒抗体的测定

Tab. 1 Detection of HTLV－Ⅲ antibody in sera from normal

individuals and patients with leukemia

方 法 Method	抗 原 Antigen	正常人血清 Sera from normal individuals	白血病人血清 Sera from patients with Leukemia	HTLV-Ⅰ阳性血清 HTLV-Ⅰ positive sera	HTLV-Ⅲ阳性对照血清 HTLV-Ⅲ positive control sera
		220	82	8	1
IIF	HTLV-I（MT-1 cells）	0	0	8	0
	HTLV-Ⅲ（LAV antigen）	0	0	0	1
GPAT	HTLV-Ⅰ致敏明胶颗粒 HTLV-Ⅰ gelatin particles	0	0	8	0

以上结果表明，310 份血清，包括 7 份 HTLV－Ⅰ阳性血清和一份 ATL 患者阳性血清，对 HTLV－Ⅲ抗原均呈阴性反应，其中各类白血病人血清 73 份和疑似 ATL 血清 9 份，亦未发现有 HTLV－Ⅲ抗体。但是否在我国就没有 HTLV－Ⅲ病毒的感染呢？尚需做更多的工作。

〔原载《病毒学报》1985，1（4）：391－392〕

参 考 文 献

1 Barre'-Sinoussi，et al. Science，1983，220：868

2 Gallo R C，et al. Science，1983，220：865

3 Gottlieb M S，et al. New Engl J Med，1981，305：1475

4 Hardy，A M. International Conference on Aids，Atlanta，abstract，1985，68

5 中国预防医学中心代表团访问美国疾病控制中心资料，1985，2

Detection of HTLV－Ⅲ Antibody by immunofluorescence Test in China

WANG Bichang[1]，ZENG Yi[2]，TSUCHIE H[3]，KURIMURA T，HINUMA Y[4]

（1. Zhejiang Medical University；2. Institute of Virology，China National Centre for preventive Medicine，Beijing；3. Tottori University，Japan；4. Kyoto University，Japan.）

It is very important to know whether there is HTLV－Ⅲ virus in China of not. 310 sera including 220 sera from normal individuals，7 sera from normal persons having HTLV－Ⅰ antibody，and 83 sera from different type of leukemia patients were tested with HTLV－Ⅲ（LAV）antigen by immunofluorescence test. No any positive serum was found. The sera from the patient with Hemophilia patient and the patients with multiple transfusion are being collected for further study.

〔**Key words**〕 HTLV－Ⅲ virus；Serological examination

80. 应用滤纸全血做 EB 病毒 IgA 抗体测定

中国预防医学中心病毒病学研究所　曾　毅　江民康　方　仲

广西梧州市肿瘤研究所　蒙绮妮

　　我们应用免疫酶法在广西苍梧县、梧州市和罗城县进行鼻咽癌的血清学普查[1-5]，获得很好的结果，可以查出更多的鼻咽癌早期病例，但大规模普查进行静脉采血仍有困难。虽然应用塑料微管采血，也可得到满意结果，但仍需分离血清，手续麻烦。此外在远离城市地区，采血和运送血清却有困难。本文简要报道改用滤纸全血代替静脉血和塑料微管耳血，进行 EB 病毒 IgA 抗体测定的结果。

　　在梧州市肿瘤研究所门诊和工厂用 8 号针头的注射器抽取鼻咽癌病人和正常人的静脉血，分离血清，-20℃保存，空运至北京中国预防医学中心病毒学研究所。在采静脉血的同时，用 8 号针头分别滴 4 滴血于滤纸片上，自然干燥，放信封内寄北京病毒研究所，再放-20℃保存。测定 IgA 抗体时，剪下含一滴全血的滤纸片，剪碎，用 8 号针头加入 5 滴磷酸缓冲盐水（PBS，PH7.2），血清稀释度为 1:10，放 4℃浸泡过夜。应用免疫酶法测定 EB 病毒 IgA 抗体。免疫酶法见以前的报告[1]。实验结果见表 1、图 1 和图 2。

表 1　血清与滤纸全血浸出液中的 EB 病毒 IgA 抗体比较

组别	抗体	例数	血　清			滤　纸		
			阳性数	百分比	抗体几何平均滴度	阳性数	百分比	抗体几何平均滴度
鼻咽癌病人	IgA/VCA	43	41	95.3	1:140.6	41	95.3	1:125.6
	IgA/EA	43	34	79.1	1:41.3	31	72	1:31.92
正常人	IgA/VCA	50	0	0	1:2.5	0	0	1:2.5
	IgA/EA	50	0	0	1:2.5	0	0	1:2.5

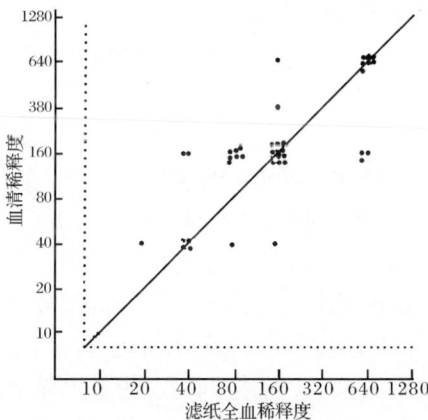

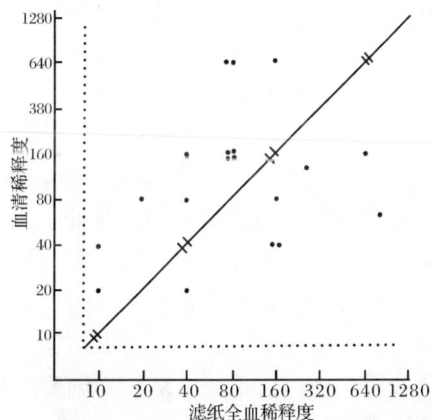

图 1　血清和滤纸全血中 EB 病毒 IgA/VCA 抗体的关系　　**图 2　血清和滤纸全血中 EB 病毒 IgA/EA 抗体的关系**

43 例鼻咽癌病人的血清和滤纸全血浸出液中的 IgA/VCA 抗体阳性率一样，为 95.3%。抗体几何平均滴度也相似分别为 1∶140.6 和 1∶125.6。鼻咽癌病人血清中的 IgA/EA 抗体阳性率和几何平均滴度分别为 79.1% 和 1∶41.3 这二者稍高于滤纸全血浸出液 72% 和 1∶31.9。同时检查了 50 例正常人的血表和滤纸全血浸出液，IgA/VCA 和 IgA/EA 抗体都是阴性。这些结果表明，全血滴于滤纸片上，并经邮寄至实验室，对 IgA 抗体阳性率和抗体几何平均滴度无显著影响，可以代替静脉取血做鼻咽癌的血清学诊断。因此，用针刺耳或指头取血，滴于滤纸片上，寄至实验室检查，甚为方便。一年来我们收到从全国各地邮寄来的含全血的滤纸片 727 份。经检查，获得满意的结果。这种方法简便，对普及鼻咽癌的血清学诊断和发现早期病人很有意义。

〔原载《癌症》1985，4（4）：230-231〕

参 考 文 献

1　曾毅，等．中华肿瘤杂志，1979，1∶2
2　曾毅，等．中国医学科学院学报，1979，1∶123
3　曾毅，等．癌症，1982，1∶6
4　Zeng Y，et al. Intervirology，1980，13∶162

81. 一种筛选上皮样细胞表面抗原单克隆抗体的 ELISA

第四军医大学　崔运昌　汪美先
中国预防医学中心病毒学研究所　曾毅

〔摘　要〕　本文报告一种适用于筛选上皮样细胞表面抗原 McAb 的 ELISA。把上皮样细胞培养在 96 孔微量细胞培养板内，细胞形成单层后用戊二醛固定。用固定后的细胞抗原板，作间接法 ELISA 检查，以测定细胞表面抗原的抗体。较详尽地介绍了试验方法和条件，列举了几种 McAb 的试验结果，讨论了影响因素。实验证明，本文介绍的方法为敏感、特异、快速和微量的筛选技术，重现性好，能有效地检出分泌特异性抗体的杂交瘤，为制备癌细胞等上皮样细胞表面抗原的 McAb 提供了一种较好的筛选方法。

细胞表面抗原的单克隆抗体（McAb）是研究细胞分化、功能和相互作用的有效工具。为研究肿瘤抗原，探索诊断治疗肿瘤的新手段，许多学者在制备肿瘤抗原的 McAb[1,2]。用淋巴细胞杂交瘤技术制备 McAb，筛选技术是成败的关键，要求筛选方法敏感、特异、快速和微量，能短期内筛选大量标本。制备肿瘤抗原 McAb 还要求同时用多种靶细胞作抗原来筛选。ELISA 能较好地满足这些要求。细胞表面抗原 McAb 的 ELISA 筛选技术已有报告[3~5]。但都是适用于外周血细胞，淋巴样细胞或悬浮培养的细胞系。以固定剂固定的上皮样细胞作抗原筛选 McAb 的 ELISA 尚未见文献报告。本文报告此种筛选上皮样细胞表面抗原 McAb 的 ELISA 技术。

· 320 ·

<h1>材料和方法</h1>

一、单克隆抗体 本文使用的 McAb 及其 Ig 类或亚类、免疫原及每种 McAb 在本文的缩写符号见表 1。

表 1　本研究用的单克隆抗体
Tab. 1　McAb used in the study

McAb	Abbre vations	Class or Subclass	Immunogens
CN – 1[7]	CN1	IgG_2a	CNE – 2 cells
CS – a8[7]	CS8	IgG_2a	CNE – 2 cells
CS – cl[7]	CS1	IgG_2b	CNE – 2 cells
MBA – 9812 – 16B13 *	16B	iGg_2a	Lung CA cell line
173 – 2 – 35 *	G2	IgG	Gastric CA cell line
173 – 3 – 35 *	G3	IgG	Gastric CA cell line
NS19 – 1116 *	1116	IgG_1	Colon CA cell line
C42032 *	C4	IgG_2a	Colon CA cell line
FP – 2[11]	FP2	IgM	Ferritin from hepatic CA tissue
6B11[9]	JEV	IgG_3	JEV
4B9[13]	B9	IgG_1	EHF virus
EHF25 – 1[10]	251	IgG	EHF virus
HSVG8D5△	HSV	IgG	HSV type Ⅰ
McAb to HBsAg * *	HBV	IgG_1	HBsAg
McAb to CEA * *	CEA	IgG_1	CEA
McAb to IgE * *	IgE	IgG_1	IgE
mCab to TSH * *	TSH	IgG_1	TSH
PAP – H4[12]	H4	IgG	Human PAP
EN3[8]	EN3	IgG_1	Human endothelial cells

注：* 为美国 Wistar 研究所 H. Koprowski 博士惠赠；* * 为美国 Hybritech 公司产品，使用时用完全培养液（RPMI 1640 + 20% 小牛血清）稀释使 Ig 含量为10 mg/ml。

Abbreviation：
CA = cancer；JEV = Japanese encephalitis virus；
EHF = epidemic hemorrhagic fever；TSH = thyroidstimulating norm one；PAP = prostatic acid phospnat ase△ In print.

用作对照的有：（1）阳性对照，为阳性鼠抗血清（PMS），用 CNE – 2 细胞免疫 Balb/c 小鼠制备的免疫血清，使用时用完全培养液作 1∶200 稀释；（2）阴性对照，共 5 种：SP2/O 细胞上清液，NS_1 细胞上清液，P_3 为分泌 IgG 的小鼠骨髓瘤细胞系 $P_3 - X_{63} - Ag8$ 的上清液，磷酸盐缓冲液（PBS）；正常小鼠血清（NMS），用完全培养液作 1∶200 稀释使用。

二、靶细胞

（1）CNE – 2 细胞系，是低分化鼻咽癌上皮样细胞系[14]；（2）人脐带静脉内皮细胞，用胶原酶消化法获得，体外培养传代，第 2 代或第 3 代使用[8]；（3）混合正常人外周血淋巴细胞（PBL）和红细胞（RBC），用淋巴细胞分离液从 8~10 个正常人肝素抗凝血提取，混合（PBL 与 RBC 各一半）后制备抗原板作为无关正常细胞抗原对照。

三、抗原板的制备 上皮样细胞抗原板：上皮样细胞长成单层后，用胰酶消化制备细胞悬液，用完全培养液在 96 孔微量培养板（Nunc C at. No. 167008）内培养，1×10^4 个细胞/孔。

CO_2 孵箱培养24~48 h 后，细胞在孔内长成单层。弃去培养液，PBS 洗 3 次，向孔内加 0.025% 戊二醛 PBS 溶液，室温固定 10 min。PBS 洗 3 次后，每孔加封闭液 50 μl，4℃存放备用，可储存3~4个月。封闭液的组成：在 PBS （pH7.2）内含 1% 正常兔血清 （NRS），1% 牛血清白蛋白 （BSA），0.02% 明胶，0.1% 叠氮钠。

对照抗原板：正常人 PBL 和 RBC 的抗原板按文献 〔4〕的方法，用多聚赖氨酸 （PLL，Sigma 产品） 处理的 96 孔聚氯乙烯软塑滴定板 （Dynatech 公司），将 PBL 和 RBC 包被后用戊二醛固定，封闭液封闭后，4℃储存备用。

四、ELISA 测定方法 按一般间接法进行，用多孔加样器 （Flow 公司产品）把培养在 96 孔板内的杂交瘤上清液直接移入抗原板对应孔内，50 μl/孔，同时加阳性与阴性对照。37℃孵育 1 h 或 4℃冰箱过夜，PBS 洗 3 次后用洗涤液洗 1 次。洗涤液的组成：PBS 含 0.1% 正常兔血清，0.01% 明胶，0.1% 牛血清白蛋白，0.05% 吐温。第 2 抗体为辣根过氧化物酶标记的兔抗鼠 IgG （Miles – Yeda 公司），用含 10% 甘油，2% 正常兔血清的 PBS 稀释后加入 96 孔板内，37℃孵育 30 min，PBS 洗 5 次，加入底物，底物配制方法见文献 〔4〕。显色 30 min 后用 2 mol/L 的 H_2SO_4 溶液中止反应，记录结果的方式有两种：（1）肉眼观察颜色深浅，分 5 级记录：" – " 为阴性；" + " 为弱阳性；" + + " 为阳性；" + + + " 为强阳性；" + + + + " 为非常强阳性。（2）测 A 值，用 ELISA 读数仪，除内皮细胞 McAb 的筛选用 Multiskan 读数仪外，其余均用国产 DG – I ELISA 检测仪 （第四军医大学与南京国营华东电子管厂研制）。

阳性对照：用 CNE – 2 细胞免疫 Balb/c 鼠后制备的免疫血清，由于是种间免疫，与人细胞均呈阳性反应，使用时，作 1：200 稀释。阴性对照有四种：P_3，6B11，NS_1 或 SP2/O 的上清液及 PBS。

五、定量吸收试验 用正常人组织和人低分化鼻咽癌细胞系 CNE – 2 来吸收人鼻咽癌的 McAbCN – 1 的抗体活性。新鲜正常人心脏和肝脏组织取自外伤后死亡 3 h 的一个男青年，用组织匀浆器制备 PBS 匀将，分 5 份 （5~150 mg）；CNE – 2 细胞经胰酶消化后制成细胞 PBS 悬液，也分 5 份 〔（0.2~6）×10^6〕（图5）。

杂交瘤 CN – 的上清液，用完全培养液作 1：20 稀释。0.5 ml 稀释后上清液与上述每 1 份组织匀浆或细胞悬液 0.5 ml 混合，4℃吸收 90 min （吸收期间不断震荡），离心 （3000 r/min，15 min），收集上清液。用 CNE – 2 细胞抗原板做 ELISA，测定吸收后的 CN – 1 抗体活性。

六、免疫荧光检查 做间接法免疫荧光 （IF）检查。抗原为人鼻咽癌细胞系 CNE – 2 和人脐带静脉内皮细胞，细胞培养在镀膜载玻片上，形成单层后用冷丙酮固定，4℃固定 10 min，吹干后备用。第 1 抗体为人鼻咽癌细胞 McAb CN – 1，CS – a8 与 CS – c1 及人内皮细胞 McAb EN3。第 2 抗体为异硫氰酸盐 （FITC）标记的兔抗小鼠 IgG 血清 （北京生物制品所）。检查方法按一般 IF 技术常规。

结　果

一、特异性 用人鼻咽癌细胞 CNE – 2 作抗原，对表 1 所列 19 种 McAb，5 种阴性对照和 1 种阳性对照，用本文介绍的方法做 ELISA 检查，结果见图1。CNE – 2 细胞除与阳性对照 PMS 反应外，主要与鼻咽癌细胞的 McAb CN1，CS8 和 CS1 起反应；和肺癌 McAb 16B 及胃癌 McAb G2 有一定交叉后应；与所用其他肿瘤细胞及肿瘤相关抗原 （肝癌铁蛋白，CEA）

的 McAb，各种病毒 McAb 及正常人蛋白（IgE，TSH 和 H4）的 McAb 均无特异结合反应；与正常小鼠血清（NMS），正常小鼠 IgG（P_3），SP2/O 及 NS_1 的培养上清液及 PBS 均没有结合反应。

二、筛选产生抗体的杂交瘤　本方法能迅速筛选大批杂交瘤上清液标本，可用多种靶细胞抗原板进行检测。96 孔板内培养的上清液可直接移入抗原板相应孔内。作者制备人内皮细胞 McAb[8]时，用人内皮细胞抗原板，用本文方法从两块 96 孔培养板 192 孔的杂交瘤培养物中，筛选出 144 孔含内皮细胞抗体，克隆化后得到了人内皮细胞 McAb。作者制备人鼻咽癌 McAb[7]时，3 96 孔板，218 孔长有杂交瘤；用本文方法，经 CNE－2 细胞抗原板筛选，98 孔含有抗体。其中一个克隆 CS8 克隆化后，用 CNE－2 细胞抗原板筛选，凡有杂交瘤生长的孔均有抗 CNE－2 细胞的 McAb，呈阳性反应；而 PBL 和 RBC 作抗原的对照板，除阳性对照孔（PMS）外，全部为阴性。

三、单克隆抗体的滴定　结果见图 2、图 3。

用本文方法滴定上皮样细胞表面抗原 McAb 的滴度。人内皮细胞 McAb（EN3）的上清和腹水经内皮细胞抗原板滴定，其滴定曲线见图 2。由该图可知，EN3 上清液滴度为 10^{-4}，而腹水滴度为 10^{-7}。人鼻咽癌 McAbCN－1 上清液用 CNE－2 细胞抗原板滴定，流乙脑炎 McAb（6B11）作对照，滴定曲线见图 3。由图 2 与图 3 的滴定曲线可知，EN3 和 CN－1 为特异结合，而 6B11 无特异反应。

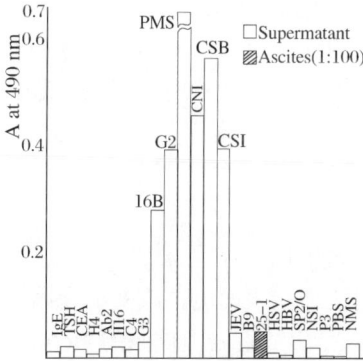

图 1　19 种单克隆抗体及其对照与 CNE－2 细胞的反应性

Fig. 1　Reactivity of 19 McAbs and their controlls with CNE－2cclls by the ELISA described in the text.

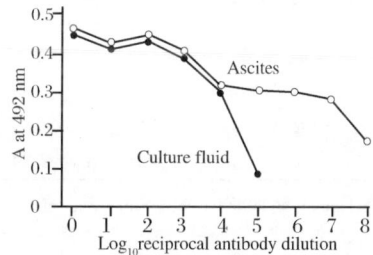

图 2　人鼻咽癌单克隆抗体 CN－1 滴定曲线

Fig. 2　Titration curve of McAb to NPC CN－1 by the ELISA with the CNE－2 cell monolayers as antigens. Mean ± SD of triplicate reactions

四、定量吸收试验　结果见图 4。

鼻咽癌的 McAbCN－1 的抗体活性可为人鼻咽癌细胞系 CNE－2 细胞吸收，不被正常组织吸收，证实了本方法的特异性。

五、与免疫荧光比较　结果见表 2。

用本文方法和免疫荧光同时对几种上皮样细胞 McAb 进行效价滴定。由表 2 可见，本文方法比免疫荧光敏感。

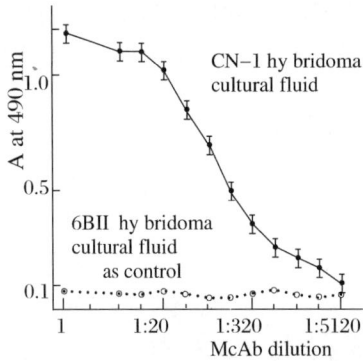

图3 人内皮细胞单克隆抗体 EN3 滴定曲线

Fig. 3 Titration of antibody EN3. Serial dilutions of the antibody were added to umbilical cord endothelial cells. The extent of binding was assayed with an ELISA peroxidaselinked rabbit anti-mouse IgG assay

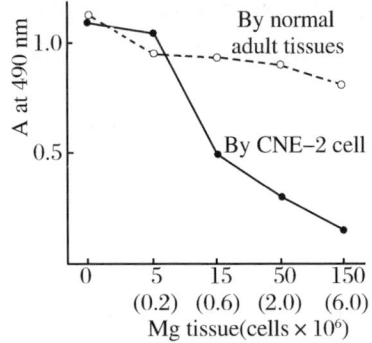

图4 单克隆抗体 CN－1 的定量吸收曲线

Fig. 4 Quantitative adsorption of the McAb to NPC CN－1. Adsorption of antibody activity is expressed as the remaining antibody activity after adsorption

表2 ELISA 与 IF 抗体滴度的比较

Tab. 2 Comparison of antibody titer by the ELISA and If

Antigen	McAb		ELISA	IF
CNE－2	CN－1	Sup	1：2560	1：512
		Asc	1：10^6	1：8000
	CS－a8	Sup	1：5120	1：512
		Asc	1：256000	1：8000
	CS－c1	Sup	1：2560	1：128
		Asc	1：10^5	1：1000
HEC*	EN3	Sup	1：10^4	1：100
		Asc	1：10^7	1：10000

HEC = Human endothelial cells. Snp = Supernatant.

Asc = Ascites.

讨　论

ELISA 是一种敏感的免疫测定技术。文献报告的细胞表面抗原 McAb 的 ELISA 筛选技术，主要适用于外周血细胞，造血细胞或悬浮培养的瘤细胞[3~5]。为使细胞固相化，要使用多聚赖氨酸（PLL）。上皮样细胞（如人内皮细胞）经胰酶消化后，用 PLL 不易使之固相化（结果未列出），这可能是胰酶作用使细胞表面电荷改变的原因。虽有文献报告[15]活细胞表面抗原的 McAb 的 ELISA 筛选技术可用于上皮样细胞，但操作烦琐，第2抗体要用半乳糖苷酶标记物，国内应用困难。本文报告的方法，特异性较强，比免疫荧光敏感，快速，微量，能短期内筛选大量标本，比较简便易行。参照文献〔4〕的方法，还可对靶细胞进行免疫酶染色。

完整细胞作抗原的 ELISA 出现假阴性的原因主要是：（1）靶细胞有内源性过氧化物酶。文献〔4〕中报告了除去这种酶活性的方法，用 0.1% 苯肼或用甲醇/H_2O_2 来处理靶细胞，但后者可损害抗原决定簇。本文方法用 0.1% 苯肼处理，对抗原性无明显影响。（2）第1抗体（小鼠 IgG）或第2抗体（兔抗鼠血清）非特异地结合到塑料板和靶细胞上，为防止这种非特异结合，使用了封闭液。封闭液中明胶能非特异地结合到塑料板上而阻止了第1抗体或第2抗体对塑料板的非特异结合[4]。为了减少小鼠 Ig 和兔 Ig 与靶细胞的非特异结合，封闭液中加入了 NRS 和 BSA；洗涤液中除吐温外，也加入少量的 NRS，BSA 和明胶。减少非特异结合反应的另一措施是适当加大第2抗体稀释度。如本文第2抗体作 1：5000 稀释（图1

资料），阳性对照 A 值为 0.7，含抗体的杂交瘤上清液 A 值在 0.4~0.55 之间，各种阴性对照的 A 值均很低。

本文部分工作在英国皇家医学进修学院免疫学教研室完成，承蒙该室主任 J. H. Humphrey 教授指导；美国 Wistar 研究所所长 H. Koprowski 博士和美国 Hybritech 公司赠送部分单克隆抗体。本校刘雪松同志参加技术工作，在此一并致谢。

〔原载《中华微生物学和免疫学杂志》1985，5（2）：110－114〕

参 考 文 献

1　Sikora K. J Clin Pathol，1982，35：369

2　Hellstrom KE，et al. Springer Semin lmmunopathol，1982，5：127

3　Douilar JY，et al. J lmmunol Meths，1980，39：309

4　Lansdorp PM，et al. ibid，1980，39：393

5　Sutter L，et al. ibid，1980，39：407

6　Herlyn D，et al. Proc Natl Acad Sci USA，1982，79：4761

7　崔运昌，等. 人鼻咽癌细胞系的单克隆抗体（待发表）

8　Cui Y C，et al. Immunol，1983，49：183

9　崔运昌，等. 解放军医学杂志，1983，8：84

10　陈伯权，等. 中华微生物学和免疫学杂志，1983，3：366

11　陈志南，等. 解放军医学杂志，1983，8：113

12　第四军医大学. 单克隆抗体研究工作通讯，1984（4）：21

13　第四军医大学. 单克隆抗体研究工作通讯，1983（3）：13

14　谷淑燕，等. 癌症，1983，2：70

15　Feit C，et al. J Immunol Meths，1983，58：301

An ELISA for Screening of Monoclonal Antibodies to Surface Antigens of Epitheloid Cells

CUI Yun-chang[1]，WANG Mei-xian[1]，ZENG Yi[2]

（1. Department of Microbiology，The fourth Military Medical College；

2. Institute of Virology，China National Centre for preventive Medicine）

An enzyme-linked immunosorbent assay（ELISA）was developed for screening of monoclonal antibodies to surface antigens of epitheloid cells. The epitheloid cells were grown in the wells of the 96-well microculture plates untill confluent monolayers of the cells were obtained. The monolayers were fixed with glutaradehyde. Indirect method of ELISA was used to detect McAbs to surface antigens of the cells . Experimental procedures and conditions were described in detail and the results obtained with several McAbs were shown. The method was reproducible and allowed rapid，sensitive and efficient detection of antibody-producing hybridomas.

82. IgA/VCA 抗体阴性人群鼻咽部
细胞中 EB 病毒核酸的研究

中国预防医学中心病毒学研究所　皮国华　曾　毅

广西梧州市肿瘤研究所　张芦光

法国国家科学研究中心·里昂 Alexis Carral 医学院　C. Desgranges　C. Legrand　G. de-Th'e

西德 Freiburg Zentrum für Hygiene 病毒研究所　W. Bornkamm

〔摘　要〕　在广西检查了 62 例 EB 病毒 IgA/VCA 抗体阳性和 39 例抗体阴性正常人鼻咽部脱落细胞中的 EB 病毒核酸。先用核酸打点杂交方法，随后再用核酸转移杂交实验，以重组的 B95－8 病毒核酸内部重复的核酸作为探针。在 62 例 IgA/VCA 抗体阳性者中有 13 例（占 21%）和 39 例 IgA/VCA 抗体阴性者中有 6 例（占 15.4%）检测出 EB 病毒核酸。一年之后随访检查 20 例 IgA/VCA 阳性和 26 例 IgA/VCA 阴性者的 EB 病毒核酸和 EB 病毒血清学。结果在 1981 年 7 例鼻咽部脱落细胞中带有 EB 病毒核酸个体的一半，一年后未能再检测出 EB 病毒核酸，而 15 例 EB 病毒核酸阴性人群中有 2 例出现了核酸阳性。在 EB 病毒核酸的检出率和 EB 病毒血清学反应之间没有明显的关系，我们认为，IgA/VCA 和/或 EA 抗体滴度不断增加，仍是发生鼻咽癌的最好标志。

在不同的地理区域，鼻咽部未分化癌中，存在的 EB 病毒标志与鼻咽癌的发生率无关[1~3]。曾毅等[4,5]进行的血清流行病学普查证明，在我国南方鼻咽癌高发区，测定 EB 病毒结构抗原的 IgA/VCA 抗体，对鼻咽癌的早期发现，争取早期治疗及提高治疗效果很有价值。1982 年曾毅等从普查 IgA/VCA 抗体阳性人群出现鼻咽癌病例中观察到 70% 为I期病例。

为确定血清中 EB 病毒 IgA 抗体与鼻咽黏膜内 EB 病毒活性的关系，de-The 等对 56 例无任何临床症状，而带 IgA/VCA 抗体 15 ~ 18 个月的人进行过临床检查并取活检组织，发现 4 例早期鼻咽癌；另外组织病理学和临床上未查到鼻咽癌证据的 14 例鼻咽黏膜内查出了 EB 病毒核酸和/或 EBNA[6,7]。似乎在鼻咽黏膜内存在着 EB 病毒核酸，可能是鼻咽癌直接危害的另一个重要标志。

本文对血清学检查的 101 例健康人群，采用病毒核酸杂交方法连续两年检查了鼻咽黏膜内的 EB 病毒核酸。

材料和方法

一、选择人群、收集血清和鼻咽部标本

（1）血清：从梧州市进行的血清流行病学普查中选择 62 例 IgA/VCA 抗体阳性和 39 例 IgA/VCA 抗体阴性者，连续观察。

（2）滴定血清中 VCA 和 EA 的 IgG 和 IgA 抗体：在我国用免疫酶法[8]，在法国里昂用免疫荧光法滴定[9,10]。

（3）鼻咽部细胞：来自鼻咽腔内无明显异常变化的个体。用曾毅等[4]和湛江医学院[11]已经报道的简单负压吸引装置收集细胞于丝绸网上，一部分涂片姬姆萨染色做细胞学检查，其余部分用来提取细胞核酸。能获得50~400 μg 核酸[12]。

二、检查鼻咽部细胞内的 EB 病毒核酸　用报道过的方法[7]提取核酸，先用核酸打点杂交方法[12]检查 EB 病毒核酸。检出的阳性和可疑阳性标本，再用转移杂交实验[7]，我们用 B95－8 病毒核酸内部重复片段重组于 pBR322 作为探针，用[32]P dCTP 和 dGTP 切口转移标记探针[13]。核酸打点和转移杂交，在 45℃ 下进行 4 d。

结　果

表 1 所列为 1981 年检测 EB 病毒核酸阳性者的 EB 病毒血清学结果，从这些人群的脱落细胞中检查病毒的核酸。62 例 IgA/VCA 阳性者中 13 例为病毒核酸阳性（21%），39 例 IgA/VCA 阴性者中有 6 例 EB 病毒核酸阳性（15.4%）。表明，IgA/VCA 抗体阳性者 EB 病毒核酸检出率，比 IGA/VCA 阴性人群高。

表 1　鼻咽部脱落细胞核酸阳性者 EB 病毒血清学结果
Tab. 1　EBV serology of individuals with EBV-DNA positive nasopharyngeal exfoliated cells

Case No.	EBV antibodies				EBNA	Case No.	EBV antibodies				EBNA
	IgG		IgA				IgG		IgA		
	VCA	EA	VCA	EA			VCA	EA	VCA	EA	
WA11	640	40	10	<5	160	WB34	160	20	40	<5	160
WA24	320	80	80	20	80	WB58	160	<5	10	<5	40
WA31	1280	160	320	160	320	WB59	80	<5	10	<5	40
WA44	640	40	80	<5	640	WA3	320	<5	<5	<5	320
WA57	640	<5	40	<5	320	WB17	80	<5	<5	<5	160
WA59	320	<5	10	<5	80	WB19	80	<5	<5	<5	80
WB1	320	<5	10	<5	320	WB26	160	40	≤5	<5	160
WB2	160	20	10	<5	80	WB33	160	≤5	<5	<5	80
WB25	160	<5	10	<5	80	WB43	320	10	≤5	<5	160
WB28	640	40	20	<5	320						

表 2　不同组 EB 病毒抗体的百分率和几何平均滴度
Tab. 2　Percentage and geometric mean titers of EBV antibodies of the various groups

Group	IgG/VCA		IgG/EA		IgA/VCA		IgG/EA		EBNA	
	% +	GMT	% +	GMT	% +	GMT	% +	GMT	% +	GMT
IgA/VCA positive 62/101										
DNA-positive 13/62（21%）	100	304	59	17	100	21	14	<5	100	136
DNA-negative 49/62	100	413.5	61	16.8	100	25.3	15	<5	100	120.3
Total 62	100	385	60	16.9	100	24	14.5	<5	100	124
IgA/VCA negative 39/101										
DNA-positive 6/39（15.4%）	100	139.3	33	2.7	0	<5	0	<5	100	142.6
DNA-negative 33/39	100	261.7	18	7.3	0	<5	0	<2.5	100	139.3
Total 39	100	260	20.5	7	0	<5	0	<2.5	100	140

表 2 为 IgA 阳性和 IgA 阴性两个组的各种血清学反应的几何平均滴度（GMT），EB 病毒血清学和鼻咽黏膜内存在的 EB 病毒核酸，两者之间没有明显的关系。在 IgA 阳性或阴性亚组内，IgG/VCA 和 IgA/VCA 的 GMT，在鼻咽黏膜内，E 病毒核酸性者比 EB 病毒核酸阳性者高，所有 IgA/VCA 阴性标本，先用核酸打点杂交阳性的，再用转移杂交检查，证明其阳性。

一年之后（1982 年），检查了 50 例，其中 23 例 IgA/VCA 阳性和 27 例 IgA/VCA 阴性。23 例 IgA/VCA 阳性中，有 6 例 EB 病毒核酸阳性（26%），27 例 IgA/VCA 阴性者检出 EB 病毒核酸阳性只有 2 例（7.4%）。

在以上 50 例中，有 46 例连续观察 2 年。20 例 IgA/VCA 阳性，26 例 IgA/VCA 阴性（1981 年发现）。表 3 所示，在这两年期间，在 IgA/VCA 阳性或阴性个体中，检查 EB 病毒核酸的变化。在 EB 病毒核酸阳性者中，多于半数变成 EB 病毒核酸阴性（3/5 IgA/VCA 阳性，1/2 IgA/VCA 阴性）。在 39 例 EB 病毒核酸阴性者中，唯有在 15 例 IgA/VCA 阳性人群中，有 2 例变成 EB 病毒核酸阳性，而在 24 例 IgA/VCA 阴性人群中，没出现一例阳性。说明，在 IgA/VCA 阳性和阴性两组人群中间，陆续出现 EB 病毒核酸阳转的人数，也是前者多于后者，差别比较明显，P 值为 0.05。

表 4 表明这两组的 IgA/VCA 抗体变化。在脱落的鼻咽细胞内，EB 病毒核酸含量改变的个体无一例出现 IgA 抗体的改变。

表 3　EB 病毒核酸的变化
Tab. 3　EBV/DNA changes after one year

1981 IgA/VCA	1981 年 Viral DNA	No. of cases	1982 年 Viral DNA	No. of cases
20 Indi v. IgA/VCA-positive	+	5	+	2
			−	3
	−	15	+	2
			−	13
26 Indi v. IgA/VCA-negative	+	2	+	1
			−	1
	−	24	+	0
			−	24

表 4　IgA 抗体的变化
Tab. 4　IgA antibody change after one year

Group	1981 年 No. of cases	1982 年 No. of	cases	（%）
IgA/VCA-positive	20	+	20	100
		−	0	0
IgA/VCA-negative	26	+	6	23
		−	20	77

讨　论

意外地观察到，在 IgA/VCA 抗体阳性或 IgA/VCA 抗体阴性组都检出 EB 病毒核酸（1981 年分别为 21% 和 15.4%；1982 年为 26% 和 7.4%）。这个结果指出，这两种标志之间（存在的 EB 病毒核酸和血清内的 IgA/VCA 抗体），没有直接的关系。我们尚不知道是否带有可检出的 EB 病毒核酸的人群，有增加鼻咽癌发生的倾向或可能是在鼻咽腔内 EB 病毒潜伏期的反应。为回答这个问题，对 IgA/VCA 阴性，EB 病毒核酸阳性个体继续追踪观察血清学的变化和临床鼻咽腔的异常改变是重要的。但是这些资料不改变 IgA/VCA 在早期检查鼻咽癌中的价值。

从流行病学角度上看血清抗体转变成 IgA/VCA 阳性与从阳性转变成阴性评价一样是重要的。本研究表明，在间隔一年之后，IgA 抗体表现稳定，一年之后检出的 EB 病毒核酸的变化，可能是鼻咽腔内 EB 病毒活性的影响或者是当少数细胞中仅存在小量病毒拷贝时，在测定 EB 病毒核酸技术上困难的原因。

关于鼻咽癌的发病原因，直到检出的 EB 病毒核酸被定位于淋巴细胞或上皮细胞，才能解决，这项研究获得进展，初步结果表明 EB 病毒核酸存在于上皮细胞内。

〔原载《中华微生物学和免疫学杂志》1985，5（1）：45－48〕

参 考 文 献

1　Zur Hausen，et al. Nature（Lond），1970，228：1056

2　Desgranges C，et al. Int J Cancer，1975，16：7

3　Desgranges C，et al. In De-The G et al.（ed）Oncogenesis & herpesviruses Ⅱ Lyon，1975

4　Zeng Y，et al. Intervirol，1980，13：162

5　Zng Y，et al. Int J Cancer，1982，29：139

6　de-the G，et al. In Grundmann et al.（ed）Cancer campaign Vol 5，Nasopharyngeal carcinoma. Gustav Fischer Verlag Stuttgart，New York 1981，111-117

7　Desgranges C，et al. Int J Cancer，1982，29：87

8　Liu Y X，et al. J Oncol，1979，1：8

9　Henle G，et al. J Bact，1966，91：1248

10　Henle W，et al. Science，1970，169：188

11　Zhangjiang Medical College. Chin Med J，1976，1：45

12　Pi G H，et al. Ann Vir Inst Pasteur，1983，134E：21

13　Maniatis T，et al. Proc Nat Acad Sci（Wash），1975，72：1184

Presence of EBV-DNA Sequences in Nasopharyngeal Cells of Individuals without IgA-VCA Antibodies

PI[1] G. H.，ZENG Y.[1]，ZHANG L. G.[2]，DESGRANGES C.[2]，LEGRAND C.[3]，G. de-Th'e[3]，BORNKAMM W.[4]

（1. Institute of Virology，China National Centre of Preventive Medicine，Beijing；

2. Cancer Institute of Wuchow City，Guangxi；3. Laboratory of Epidemiology and Immunovirology of Tumors，Faculty of medicine alexis Carrel，Lyon，France；

4. Zentrum für Hygiene，Freiburg in Breisgau，Fed. Rep. Germany.）

Exfoliated nasopharyngeal（NP）cells from 62 normal Guangxi persons having IgA/VCA antibodies for more than a year and from 39 similar persons without IgA/VCA antibodies，were tested for the presence of EBV/DNA sequences by spot followed by blot hybridization tests，using the cloned internal repeat of B 95－8 viral DNA as probe. Thirteen out of 62 specimens from IgA/VCA-positive（21%）and six out of 39 specimens（15.4%）from IgA/VCA negative individuals were found to contain EBV/DNA sequences. Forty-six cases（20 IgA/VCA-positive and 26 IgA/VCA negative）were followed up a year later for EBV/DNA sequences and EBV serology. Half of the individuals having EBV/DNA sequences in their exfoliated NP cells in 1981 did not have detectable EBV sequences a year later，and 2 out of 15 negative individuals became EBV/DNA-positive. There was no obvious correlation between EBV/DNA detectability and EBV serology.（We conclude that the best marker for NPC risk remains the increasing IgA/VCA and／or EA antibody titers.）

83. 几种中草药对淋巴细胞的促转化作用

中国预防医学中心病毒学研究所　胡垠玲　曾　毅

12-氧-十四烷酰-大戟二萜醇-13-乙酸酯（TPA）是已知的促癌物，可以促进小鼠的皮肤肿瘤[1]；能够增加 RNA 和 DNA 肿瘤病毒的产量，如提高小鼠白血病病毒（Mulv）在成纤维细胞中的滴度[2]，促进腺病毒 5 型温度敏感株对细胞转化的作用[3]，激活类淋巴母细胞内潜伏状态的 EB 病毒[4]，增进 EB 病毒对正常淋巴细胞的转化作用[5]。Ito 利用 Raji 细胞系统筛选大戟科植物，发现一些大戟科植物如续随子，大莪豆、麻疯树等对 EB 病毒的作用与TPA 相似[6]。曾毅等通过筛选大量的中草药，也发现了 10 个科的 15 种中草药对 EB 病毒的早期抗原（EA）或壳抗原（VCA）有激活作用[7]。为了证明这些中草药是否与 TPA 相似具有促癌作用，本实验应用了被 EB 病毒转化的淋巴细胞能在软琼脂培养基中生长成克隆这一方法，检查了几种对 EB 病毒抗原有激活作用或无激活作用的中草药。实验结果表明，对EB 病毒有激活作用的药物，也能促进 EB 病毒对淋巴细胞的转化作用。

材料和方法

一、**病毒**　100 倍浓缩的 EB 病毒。使用浓度为 10^{-3}。

二、**药物提取**　分别称 5 g 的狼毒、黄芫花、芫花、了哥王、三棱、麦斛、鸡骨草、剪碎加 50 ml 乙醚，在室温下搁至一星期。用过滤方法去除药物，然后去除乙醚，再用无水乙醇溶解，浓度为 10 mg/ml，即可使用。

三、**分离淋巴细胞**　取新鲜抗凝脐带血，用生理盐水做 4 倍稀释。每支试管内加 2 ml淋巴细胞分离液，然后轻轻加入 4 ml 稀释血，1500 r/min 离心 20 min，吸出淋巴细胞层加到另一支试管内，用 Hank's 液洗两次，每次 2000 r/min 离心 15 min，最后加 1 ml RPMI 1640 培养液，每毫升含 100V 青霉素，100 μg 链霉素和 20% 小牛血清，pH 值为 6.5 左右，放 37℃培养。

四、**病毒感染淋巴细胞**　每支试管加 0.9 ml RPMI 1640 培养液，含 1.5×10^6 细胞，再加 0.1 ml 病毒悬液，放 37℃1 h，中间振荡 1~2 次。

五、**EB 病毒早期抗原的激活**　用不同的药物激活 Raji 细胞，细胞浓度为 $1 \times 10^6/ml$，37℃培养 48 h，然后离心去上清，涂片，4℃冷丙酮固定 10 min，室温凉干。用鼻咽癌 EB 病毒阳性血清和酶标记的 SP-A 检测 Raji 细胞内的 EB 病毒早期抗原（EBV-EA）。在显微镜下数 500 个细胞，计算出 EBV－EA 细胞的阳性率。

六、**软琼脂培养方法**　用三蒸水配制 1.1% 和 0.66% 的琼脂糖，加热溶化或 8 磅高压处理，放 4℃备用。配制双倍 RPMI 1640 培养液，含 30% 小牛血清，每毫升含 200U 青霉素，200 μg 链霉素。在每支试管内先加 1.5 ml 双倍 1640 培养液，再加 1.5 ml 1.1% 琼脂糖混匀，倒入直径为 60 mm 的平皿内，作为 0.55% 琼脂糖的基础层，置室温凝固。在每支试管内加1.5 ml 双倍 1640 培养液，其中含大约 7.5×10^5 个淋巴细胞，再加 1.5 ml 0.66% 琼脂糖，混匀加在基础层上，作为 0.33% 琼脂糖的种子层，置室温凝固，放 37℃，5% CO_2 培养。

结　　果

一、中草药诱导 EB 病毒早期抗原（表 1） 狼毒、黄芫花、芫花和了哥王对 Raji 细胞内 EB 病毒有非常明显的诱导作用，药物浓度为 1～10 μg/ml，EB 病毒 EA 细胞阳性率为 31.8%～52%，三棱的诱导作用较弱，当药物浓度为 10 μg/ml 时，EA 细胞阳性率为 14.9%，而麦斛和鸡骨草对 EB 病毒抗原无诱导作用。

二、中草药促进 EB 病毒对淋巴细胞转化作用 用软琼脂培养方法检查被 EB 病毒转化的淋巴细胞在软琼脂培养基中形成的克隆数。不同的药物分别加在两层培养基

表 1　几种中草药对 Raji 细胞内 EB 病毒早期抗原的诱导作用

药物	药物	浓度	（1 μg/ml）
	1	5	10
狼毒	31.8	40.1	46.7
黄芫花	40.4	44.9	41.6
芫花	44.7	33.8	32.9
了哥王	45.6	52.4	49.0
三棱	16.3	7.96	14.9
麦斛	0.5	0.8	0.5
鸡骨草	0.5	0.5	0.7

注：巴豆油 + 丁酸钠：40.1%；丁酸钠：4.5%；Raji 细胞对照：0%；巴豆油：500 ng/ml；丁酸钠：4 mmol/L/ml

中，3 个星期后，在倒装显微镜下观察结果，每个克隆至少由 25 个细胞组成。实验结果见表 2，对 EB 病毒有诱导作用的狼毒、黄芫花、芫花、了哥王和三棱能显著地促进 EB 病毒对淋巴细胞的转化作用。实验组较对照 EB 病毒转化淋巴细胞的克隆数高 1.6～4.5 倍（$P < 0.01$）。一般当药物浓度为 20 μg/ml 时，促进 EB 病毒对淋巴细胞转化的作用最强。麦斛和鸡骨草无促进 EB 病毒对淋巴细胞的转化作用。

表 2　几种中草药对 EB 病毒转化正常淋巴细胞的促进作用

药物	药物浓度（μg/ml）			
	0	0.2	2	20
狼毒	68	*131（1.9×）	*187（2.8×）	*254（3.7×）
黄芫花	68	*158（2.3×）	*210（3.1×）	*190（2.9×）
芫花	68	*160（2.4×）	*210（3.1×）	*229（3.4×）
了哥王	68	*111（1.6×）	*200（2.9×）	*280（4.1×）
三棱	63	*137（2.2×）	*161（2.6×）	*284（4.5×）
麦斛	55	40（0.7×）	40（0.7×）	42（0.7×）
鸡骨草	55	44（0.8×）	44（0.7×）	48（0.8×）

注：TPA 5 ng/ml；186；* $P < 0.05～0.01$

讨 论

本研究结果证明狼毒、黄芫花、芫花、了哥王和三棱与促癌物 TPA 相似，能诱导 EB 病毒的 EA，并能促进 EB 病毒对淋巴细胞的转化作用，不能诱导 EB 病毒 EA 的麦斛和鸡骨草亦不能促进 EB 病毒对淋巴细胞的转化作用。由此看来诱导 EB 病毒的 EA 与促淋巴细胞转化是一致的。因此这些中草药可能是促癌物质。这些中草药是否能促进化学致癌物质或肿瘤病毒诱发肿瘤的实验正在进行中。了哥王产于广东、广西等鼻咽癌高发区，是广东成药"解毒消炎片"的主要成分[8]，它能促进 EB 病毒对淋巴细胞的转化，是否与鼻咽癌的发生有关；黄芫花和芫花用于引产效果很好[9~11]，但应用于临床是否有可能作为化学致癌物质或肿瘤病毒的促癌物质，这些问题都是值得进一步研究的。应用 Raji 细胞系统研究 EB 病毒抗原的诱导作用和 EB 病毒对淋巴细胞的转化试验对于促癌物质的筛选和研究是简单和有效的方法。

〔原载《中华肿瘤杂志》1985，7（6）：417 – 419〕

参 考 文 献

1　Berenblum IA. re-revalution of the concept of co-carcinogesis. Prog Exp Tumor Res, 1969; 11：21

2　Hoshino H, et al. A new tumor promoter, Dihydroteleocidin B, enhances cell growth and the production of murine leukemia virus by fibroblasts. Int J Cancer, 1983; 31：509

3　Fisher PB, et al. Effects of teleocidin and the phrbol ester tumor promoters on cell transformation, differentiation, and phospholipid metabolism. Cancer Res, 1928; 42：2, 829

4　Zur Hausen, et al. Persisting oncogenic herpes virus induced by the tumor promoter TPA. Nature (London), 1978; 272：373

5　Hoshino H, et al. Enhancement of Epstein-Barr virus-induced transformation of human lymphocytes by teleocidin. Cancer Letters, 1980; 13：275

6　Yohei Ito, et al. Induction and intervention of Epstein-Barr virus expression in human lymphoblastoid cell lineLA simulation model for study of cause and prevention of nasopharyngeal carcinoma and burkitts lymphoma. Cancer Campaign vol 5 New York; Nasopharyngeal Carcinoma Gustav Fischer Verlag. Stuttgart, 1981

7　Zeng Y, et al. Epstein-Barr virus early antigen induction in Raji cells by Chinese medicinal herbs. Intervirology, 1983; 19：201

8　《全国中草药汇编》编写组编. 全国中草药汇编. 上册：11

9　王振海，等. 黄芫花醇液引产机理的探讨. 中华妇产科杂志, 1979; 14：125

10　河南省芫花引产协作组. 芫化注射液中晚期妊娠经产 3177 例观察. 河南医药, 1980; ：19

11　梁耀光. 芫花制剂中期妊娠引产 56 例胎盘的形态观察. 中华妇产科杂志, 1979; 14：290

Enhanced Transformation of Human Lymphocytes by Chinese herbs

HU Yin-ling, ZENG Yi

(Institute of Virology, China National Center for Preventive Medicine)

The enhancing effect of extracts from some Chinese herbs on transformation of lymphocytes by Epstein-Barr (EB) virus was tested in soft agar system. Daphne genkwa, Wikstroemia chamaedaphne, Wikstroemia indica, Stellera chamaejasme and Sparganium stoloniferum were found to activate early antigen (EA) of EB virus in Raji cells and also enhance transformation of lymphocytes by EB virus. But some other herbs, such as Abrus cantoniensis and Bulbophyllum inconspicuum were not able to activate EA, hence, no enhancing effect on transformation. The significance of these herbs in the enhancement of lymphocytes by EB virus and their relation to the development of nasopharyngeal carcinoma and other malignant diseases are discussed.

84.　EB 病毒与鼻咽癌

中国预防医学科学院病毒学研究所　曾　毅

鼻咽癌的发生在不同人种中差异很大[1]，在欧洲和大洋洲鼻咽癌很少见，发病率为 0.1/10 万～0.2/10 万，在很多地中海国家，包括北非和东非，年发病率为 1.5/10 万～9/10 万，而在中国南方和东南亚则很常见。自 1966 年 Old 等[2]应用免疫扩散试验首次证明 EB 病毒（Epstein-Barr virus）与鼻咽癌的血清学关系以来，文献上已有很多资料进一步证实 EB 病毒与鼻咽癌的关系十分密切[3~6]。我国从 1973 年起也开始进行 EB 病毒与鼻咽癌关系的研究。我们强调研究和应用病毒和免疫学技术进行鼻咽癌的诊断，特别是早期诊断。可以相信，通过早期诊断和早期治疗，即使在病因还没有肯定的情况下，也可以达到控制鼻咽癌和降低病死率的目的。

一、在中国 EB 病毒感染的流行病学　世界各地的人群都有 EB 病毒的感染，但初次感染的年龄随社会的经济水平而异。在社会经济条件较差的地区，人群被 EB 病毒感染的年龄较早，EB 病毒抗体的阳性率在 2～5 岁就迅速上升至 70%～90% 以上，而且无明显的临床疾病。在社会经济条件较好的地区，EB 病毒的感染常推迟至青春期和青年时期，在此期感染 EB 病毒容易发生传染性单核细胞增多症。

为了解 EB 病毒在我国各地人群的感染情况及可能与鼻咽癌发生的关系，我们应用微量补体结合试验检测了鼻咽癌高发区（广州市和广东中山县）和低发区（广东五华县和陆丰县及北京市）不同年龄组正常人群的 EB 病毒抗体[7]。2300 例不同年龄组正常人群的 EB 病毒抗体阳性率（≥1∶10）占 90.4%，抗体的几何平均滴度为 1∶52.8。各地人群 EB 病毒抗体阳性率都较高，为 87%～94%，差异不大，3～5 岁以上年龄组的抗体阳性率均达 90%～100%（图 1）。这表明 EB 病毒在中国流行很广泛，不论在鼻咽癌高发区或低发区，人群被

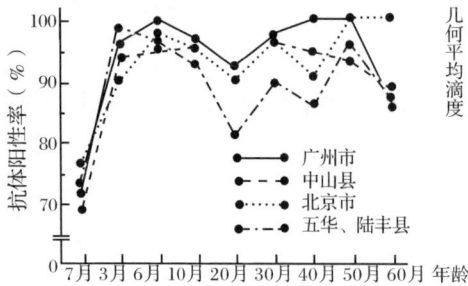

图1　广东省和北京市不同年龄组正常人群血清中EB病毒补体结合抗体滴度≥1：10的百分率分布曲线

EB病毒感染的年龄都很早，而且不同地区EB病毒的感染率也没有明显的差别。应用免疫酶法[8]测定鼻咽癌高发区和低发区包括北京市、广西南宁市、吉林长春市和广西苍梧县不同年龄组正常人群的EB病毒IgG/VCA抗体[9]，结果是一致的，即3～5岁儿童的EB病毒抗体阳性率已达90％～100％（图2）。deThé等[10]报告在2～3岁年龄组97%的乌干达儿童有EB病毒抗体，而新加坡华人和印度人分别为20%和30%有此抗体。这种差异在10岁左右时大大缩小，乌干达儿童、新加坡华人和印度人的抗体阳性率分别为100％、75％和85％。因此，中国儿童感染EB病毒的年龄较新加坡华人儿童早，但较乌干达儿童迟。由于鼻咽癌多发生于20岁以上年龄组，如图3所示，20岁以上正常人群的抗体水平在鼻咽癌高发区和低发区之间有显著差异[7]，这表示EB病毒在鼻咽癌高发区人群中可能更为活跃，此与鼻咽癌的发生可能有关。在鼻咽癌高发区，92%的鼻咽癌发生在30岁以上的人群，发病高峰在50岁左右，而EB病毒感染儿童在3～5岁就达高峰，从EB病毒感染至鼻咽癌发生之间的时间间隔很长，因此，除EB病毒外，其他因素如环境致癌或促癌因素、遗传因素也可能在鼻咽癌发生中起一定作用。

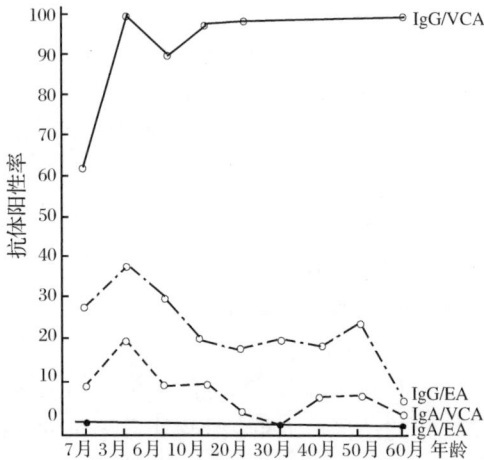

图2　北京市不同年龄组人群的EB病毒抗体阳性率分布曲线

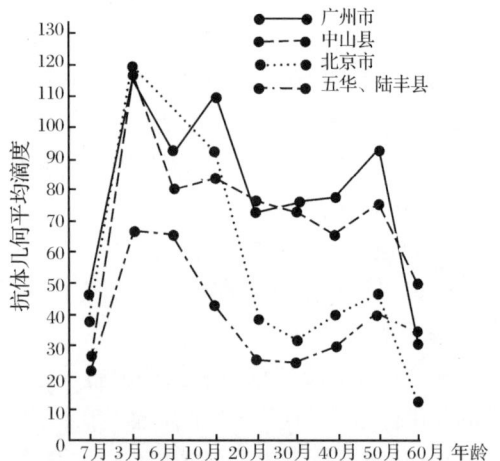

图3　鼻咽癌高、低发区不同年龄组人群EB病毒补体结合抗体的几何平均滴度比较

二、正常人和鼻咽癌病人的EB病毒抗体谱　EB病毒感染的细胞有多种EB病毒特异性抗原，包括早期抗原（EA）、壳抗原（VCA）、膜抗原（MA）和核抗原（EBNA）等。

人感染了EB病毒后有相应的各种抗体。文献上多应用免疫荧光法测定EB病毒的各种抗体，我们应用免疫酶法测定正常人的EB病毒VCA和EA抗体[9]（图2）。EB病毒的IgG/

VCA 抗体阳性率在 3～5 岁时已达 100%，以后各年龄组继续维持很高的阳性率。IgG/EA 抗体阳性率在 3～5 岁时达高峰，为 37%，随后逐渐下降，在 20～29 岁时为 17%，在 50～59 岁时稍有上升。IgA/VCA 抗体阳性率在 3～5 岁亦达高峰（20%），以后逐渐下降，30～39 岁后稍有上升。各年龄人群的 IgA/EA 抗体均阴性，甚至应用敏感性很高的放射免疫自显影法检查亦为阴性，这表示儿童在初次感染时可能不产生 IgA/EA 抗体，或者很少人产生这种抗体。在广西梧州市进行血清学普查时发现[12]，IgA/VCA 抗体阴性者 IgA/EA 抗体也是阴性，IgA/VCA 抗体阳性者中的 IgA/EA 抗体的阳性率为 4.4%，在全体 IgA/VCA 抗体阳性和阴性者中 IgA/EA 抗体的阳性率仅为 0.23%。

  鼻咽癌病人的 IgG/VCA 抗体和补体结合抗体的几何平均滴度虽然高于正常人[13]，但抗体水平高低不一，有的甚至低于一些正常人，因此，测定 IgG/VCA 抗体或补体结合抗体没有诊断价值。我们应用免疫荧光法[14,15]检查鼻咽癌病人血清中的 IgG/EA、IgA/VCA 和 IgA/EA 抗体，头颈部其他恶性肿瘤、其他部位恶性肿瘤和正常人的血清作对照。鼻咽癌病人的 EB 病毒 IgG/EA 和 IgA/VCA 抗体的阳性率都很高，分别为 96% 和 81.5%，而其他三组的这两种抗体的阳性率都在 6% 以下。仅 50% 的鼻咽癌病人有 IgA/EA 抗体，而其他各组 IgA/EA 抗体均为阴性。这些结果表明 IgG/EA 和 IgA/VCA 抗体对鼻咽癌阳性率高，较为特异，可以作为鼻咽癌的血清学诊断（图4、图5）。但进一步的研究表明正常人的 IgG/EA 抗体阳性率较高，在鼻咽癌的诊断中不如 IgA/VCA 抗体特异。因此，我国在鼻咽癌的血清学诊断中应用免疫酶法测定 IgA/VCA 抗体，结合临床和组织学检查，得到了满意的结果。

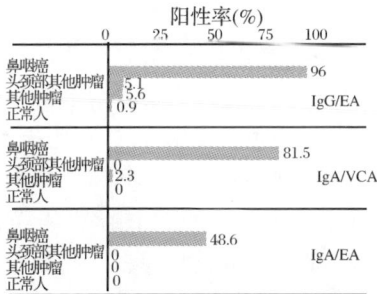

鼻咽癌 76 例 头颈部其他肿瘤 58 例
其他肿瘤 265 例 正常人 118 人
图4 鼻咽癌、其他恶性肿瘤病人和
正常人的 EB 病毒抗体的阳性率

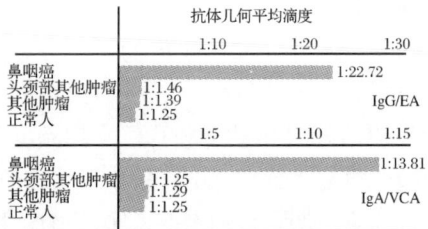

图5 鼻咽癌、其他恶性肿瘤
病人和正常人的 EB 病毒抗体的
几何平均滴度比较

  Desgrange 等[16]报告 54% 鼻咽癌病人唾液中有 IgA/VCA 抗体。我们应用免疫酶法[17]和免疫放射自显影法[18]测定鼻咽癌病人唾液中的 IgA/VCA 抗体的阳性率分别为 71.1% 和 85.7%，血清 IgA/VCA 抗体阳性和阴性的正常人唾液中 IgA/VCA 抗体的阳性率都较血清中的抗体阳性率低，因此在常规血清学诊断和普查时应检测血清中的 IgA/VCA 抗体。

  三、鼻咽癌的血清学诊断和预后 文献报告都是应用免疫荧光法测定 EB 病毒抗体，但此法需要荧光显微镜，这在我国广大的鼻咽癌高发区难于推广。

表1　应用免疫酶法测定鼻咽癌病人及对照组的 IgA/VCA 抗体

作者	鼻咽癌病人			其他肿瘤病人			正常人			参考文献
	例数	阳性率（%）*	GMT**	例数	阳性率（%）	GMT	例数	阳性率（%）	GMT	
刘等（1979）	80	92.5	1∶35.7	107	0	1∶1.25	91	0	1∶1.25	8
韦等（1980）	628	98.1	1∶38.7	92	5.4	1∶1.25	210	0.5	1∶1.27	19
简等（1981）	78	92.3	1∶78.5				166	6	1∶5.4	20
李等（1982）	1006	93.8	1∶76	768	5.7	1∶2.7	756	1.9	1∶2.8	21

注：**GMT = 抗体几何平均滴度；*≥1∶5 为阳性

表2　我国八个省市鼻咽癌病人的 EB 病毒 IgA–VCA 抗体阳性率和几何平均滴度比较

项目	北京	广东	广西	福建	湖南	云南	江西	贵州	全国
例数	165	131	320	32	55	18	23	37	781
阳性数	144	118	301	28	55	14	21	33	704
（%）	87.27	90.08	94.06	87.50	100	77.78	91.30	89.19	90.14
GMT	15.41	15.60	14.99	10.22	25.11	10.40	13.93	14.82	15.32

注：应用免疫荧光试验测定 IgA/VCA 抗体

　　我们建立了简易和敏感的免疫酶法[8]，实践证明这种方法完全可以代替免疫荧光法，并已被广泛应用于鼻咽癌的诊断。如表1所示[8,19~21]，鼻咽癌病人，其他头颈部肿瘤病人和正常人的 IgA/VCA 抗体阳性率分别为 92.5%~98%，0~5.7% 和 0~6%。抗体几何平均滴度分别为 1∶35.7~1∶78.5，1∶1.25~1∶2.7 和 1∶1.25~1∶5.4。从我国八个省、市（包括鼻咽癌高发省、市）收集的鼻咽癌病人的血清，在同一实验室应用免疫荧光技术测定，各地鼻咽癌病人的 IgA/VCA 抗体阳性率和几何平均滴度无显著差别[22]（表2）。鼻咽癌病人的 IgA/VCA 抗体阳性率和几何平均滴度显著高于其他各组，因此，测定 IgA/VCA 抗体对鼻咽癌的诊断是很有意义的，特别是对早期鼻咽癌，或鼻咽部没有明显的肿瘤，而肿瘤已向黏膜下发展或早期转移到颈淋巴结的诊断更有意义。

　　关于鼻咽癌病人 IgA/VCA 抗体阳性率和几何平均滴度与临床分期的关系，对中国各地鼻咽癌病人的 IgA/VCA 抗体测定的结果表明[22]，各期病人的抗体阳性率无明显的差别，这有利于鼻咽癌的早期诊断，而Ⅰ期病人的抗体几何平均滴度稍低，Ⅱ~Ⅳ期无明显差别（表3）。但李等[21]报告鼻咽癌病人血清 IgA 抗体水平随鼻咽癌病情从Ⅰ到Ⅳ期的发展和淋巴结转移灶（N0~3）的发展而不断提高，临床Ⅳ期和颈淋巴结 N3 病例分别较Ⅰ期和 N0 期的抗体几何平均滴度高 3~4 倍，各临床分期和 N 各期病例的抗体水平之间均有显著差异。这与 Henle 等[3]报告 IgA/VCA 抗体滴度随临床分期，即肿瘤的增大而上升的结果相似。IgA/VCA 抗体水平主要与淋巴结转移灶的大小有关，而与鼻咽部肿瘤原发灶的大小无关。向颅内发展而无淋巴结转移的晚期病例，其 IgA/VCA 抗体水平仅轻微上升[21]。鼻咽部其他肿瘤、其他疾病，颈部转移肿瘤病人和正常人的 IgA/VCA 抗体阳性率都很低，在 6% 以下[14]，因此测定 IgA 抗体对这些疾病的鉴别诊断是很有价值的。

表3 鼻咽癌病人 IgA – VCA 抗体与临床分期的关系

分期	例数	阳性数	（％）	GMT
I	31	29	93.55	10
II	208	183	87.98	13.23
III	281	225	80.07	16.91
IV	118	109	92.37	17.47
合计	638	546	85.58	15.31

注：应用免疫荧光试验测定 IgA/VCA 抗体

表4 比较免疫酶法和免疫放射自显影法测定 EB 病毒 IgA/EA 抗体

血清	例数	免疫酶法						免疫放射自显影法		
		IgA/VCA 抗体			IgA/EA 抗体			IgA/EA 抗体		
		例数	（％）	GMT	例数	（％）	GMT	例数	（％）	GMT
鼻咽癌病人	56	52	(93)	1：210	45	(80)	1：25.6	54	(96)	1：97
鼻咽部慢性炎症病人	50	22	(44)	1：12.5	9	(18)	1：7.3	11	(22)	1：9.6
其他肿瘤病人	170	10	(5.9)	1：5.3	1	(0.6)	1：5	7	(4)	1：5.2
正常人	100	3	(3)	1：5	0	(0)	1：5	0	(0)	1：5

虽然其他肿瘤病人和正常人血清中的 IgA/EA 抗体是阴性，但不能单独应用测定 IgA/EA 抗体的方法于鼻咽癌诊断，因鼻咽癌病人的 IgA/EA 抗体仅 50% 阳性[14]。IgA/VCA 抗体阳性者中鼻咽癌的检出率为 1.9%，而 IgA/EA 抗体阳性者中鼻咽癌的检出率为 30%，其差异为 15.8 倍[12]。这些结果表示 IgA/EA 抗体对鼻咽癌较为特异，但没有 IgA/VCA 抗体敏感，因此需要改进测定 IgA/EA 抗体的方法。我们建立了免疫放射自显影法[23]，用于测定血清中的 IgA/VCA 抗体。与免疫酶法比较，此法虽较复杂，但很敏感，因此可能有助于测定 IgA/EA 抗体。

应用免疫放射自显影法测定鼻咽病人、疑似鼻咽癌病人、其他肿瘤病人和正常人的血清[24]。鼻咽癌病人的 IgA/EA 抗体阳性率和几何平均滴度为 96% 和 1：97，临床疑似鼻咽癌而组织学诊断为慢性炎症病人的抗体阳性率和几何平均滴度为 11% 和 1：9. 从此组病人鼻咽部重取活组织，组织学检查从 11 例中发现 6 例有鼻咽癌细胞。170 例其他肿瘤病人的抗体阳性率和几何平均滴度为 4% 和 1：5.2。正常人是阴性（表4）。14 例组织学诊断为鼻咽癌，而免疫荧光法和免疫酶法测定 IgG/VCA 抗体为阴性的病人，用免疫放射自显影法测定 IgA 抗体，其中 11 例 IgA/VCA 抗体阳性，6 例 IgA/EA 抗体阳性。这些资料证明免疫放射自显影法较免疫酶法和免疫荧光法敏感，IgA/EA 抗体可以作为鼻咽癌、特别是早期鼻咽癌的血清学指标。

鼻咽癌的 EB 病毒 IgG/EA 抗体在放射治疗前、治疗中、治疗后 1 年、1～4 年、4～18 年和复发或远处转移时，分别为 96%、88.8%、89%、75%、73.3% 和 91.8%，这表示 IgA/EA 抗体在放疗后仍维持很长时间。鼻咽癌病人的 IgA/VCA 抗体，随病人存活时间的延长而逐渐下降，在放疗后 4～18 年仅 30% 病人有 IgA/VCA 抗体（抗体几何平均滴度为 1：2.8）[14]（图6、图7略）。因此，在放射治疗后定期测定鼻咽癌病人的 IgA/VCA 抗体消长情况，有助于鼻咽癌病人的疗后观察和作为判断预后的指标。

四、鼻咽癌的血清学普查和追踪观察　测定 IgA/VCA 抗体可以作为诊断鼻咽癌的血清学方法，但是否可以应用于鼻咽癌高发区进行血清学普查，以便发现更多的新病例，特别是早期病例，并进一步了解 EB 病毒与鼻咽癌发生的关系，这是很有意义的。

1978－1980 年我们应用免疫酶法在鼻咽癌高发区广西苍梧县对全县 15 个公社 30 岁以上 148 029 人进行了 EB 病毒 IgA/VCA 抗体普查[11,25~27]。该县鼻咽癌的发病率为 11/10 000，30 岁以上鼻咽癌病人的发病率占全部鼻咽癌病人的 91.4%。对 IgA/VCA 抗体阳性者进行临床检查。有下列情况者进行鼻咽部活组织检查：①临床检查认为是鼻咽癌或疑似鼻咽癌者；②鼻咽部有一般病变者，包括鼻咽部黏膜粗糙，局限性充血，结节，残存腺样体，两侧咽隐窝不对称，表面光滑者等；③鼻咽部检查无特殊发现，但 IgA/VCA 抗体阳性者（≥1∶5）共 3539 人，抗体分布为 1∶5～1∶2560，96.8% 都在 1∶80 以下，IgA 抗体阳性率随年龄的增加而上升。经临床和组织学检查，共发现鼻咽癌 55 例，其中原位癌 1 例，Ⅰ 期 12 例，多数是没有自觉症状的，Ⅱ 期 19 例，Ⅲ 期 17 例和 Ⅳ 期 6 例。31 例（56.4%）是早期（Ⅰ 和 Ⅱ）。抗体阳性者每年检查一次。经 1～3 年追踪观察[27]（表5），又发现 32 例鼻咽癌，其中 Ⅰ 期 10 例，Ⅱ 期 9 例，Ⅲ 期 11 例，Ⅳ 期 2 例。Ⅰ 期病例在诊断确定前 8～30 个月已有 IgA/VCA 抗体（图8）。何等[28]及 Lanier 等[29]在回顾性的血清学检查中发现晚期鼻咽癌病例在诊断前 22～72 个月已有 IgA/VCA 抗体。这些结果表示 IgA 抗体出现在鼻咽癌发病之前，IgA 抗体的存在与鼻咽癌发生的关系很密切。从抗体滴度来看，发病前的抗体几何平均滴度与 Ⅰ 期病例确诊时的抗体几何平均滴度差别不大，但在 Ⅱ～Ⅳ 期病例，抗体几何平均滴度较高（图9），即当癌细胞转移到淋巴结时抗体滴度上升。从 3539 例 IgA/VCA 抗体阳性者中共检查出 87 例鼻咽癌，其检出率为 2458.3/100 000，较同年龄组人群鼻咽癌的年发病率高 82 倍。这表示 IgA/VCA 抗体阳性者具有鼻咽癌发生的高度危险性。何等[30]报告船民

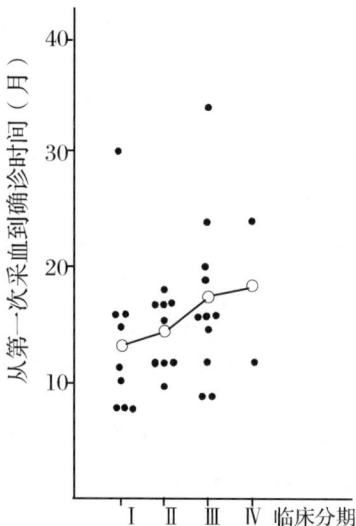

图8　IgA/VCA 抗体阳性者的追踪观察

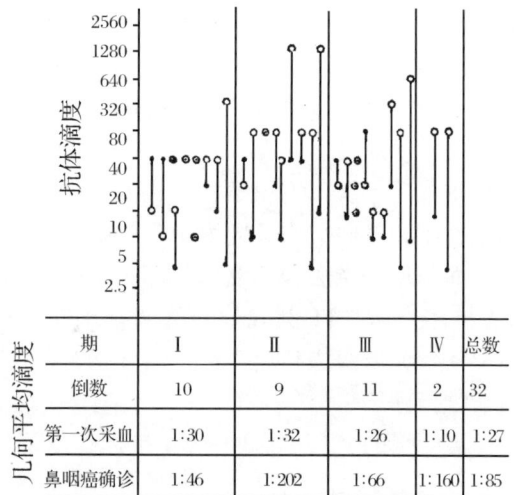

期	Ⅰ	Ⅱ	Ⅲ	Ⅳ	总数
倒数	10	9	11	2	32
第一次采血	1∶30	1∶32	1∶26	1∶10	1∶27
鼻咽癌确诊	1∶46	1∶202	1∶66	1∶160	1∶85

● 第一次采血　　○ 鼻咽癌确诊
◉ 第一次采血和鼻咽癌确诊时抗体滴度相同

**图9　从第一次采血到确诊鼻咽癌时
IgA/VCA 抗体的变动**

的鼻咽癌发病率较高，我们检查了苍梧县生活在桂江下流浔江和西江上的船民 518 人[31]，20 人的 IgA/VCA 抗体阳性，其中 5 人的 IgA/EA 抗体也是阳性。经临床和组织学检查，从 IgA/VCA 和 IgA/EA 抗体阳性者中发现 2 例鼻咽癌，Ⅰ期和Ⅱ期各一例，IgA/VCA 抗体阳性者鼻咽癌检出率为 11.1%，较苍梧县一般居民的鼻咽癌检出率高（表 6，表 7）。

表 5　苍梧县 30 岁以上正常人群和鼻咽癌人 EB 病毒 IgA/VCA 抗体滴度分布

组　别		抗体滴度											几何平均滴度（GMT）
		5	10	20	40	80	160	320	640	1280	2560	合计	
30 岁以上人群	阳性例数	837	967	808	474	335	55	37	10	8	2	3533	1∶16.2
	（%）	34	27	23	13	10	2	1.0	0.3	0.2	0.06	100	
普查发现鼻咽癌病人	例数	0	4	8	9	12	8	4	4	4	2	55	1∶99.1
	（%）	0	7	15	16	22	15	7	7	7	4	100	
追踪发现鼻咽癌病人	例数	0	2	5	4	8	8	2	1	2	0	32	1∶85.4
	（%）	0	6	16	12.5	25	25	6	3	6	0	100	

表 6　苍梧县 1978－1980 年血清学普查和追踪观察发现的鼻咽癌病人

组　别	临床分期					合计
	原位癌	Ⅰ	Ⅱ	Ⅲ	Ⅳ	
1978－1980 年血清学普查	1	12	19	17	6	55
追踪观察	0	10	9	11	2	32
合计	1	22	28	28	8	87

共检查 30 岁以上 148 029 人

表 7　比较鼻咽癌的检出率和发病率

县、市	普查人数	IgA/VCA 抗体阳性	鼻咽癌病人数	普查人群鼻咽癌检出率*	IgA/VCA 抗体阳性者的鼻咽癌检出率*	鼻咽癌年发病率*
苍梧县（1979－1980 年）	148 029	3533	87	59（1.96**）	2462（82**）	30
梧州市（1981 年）	12 930	680	13	100.5（2**）	1900（38**）	50

注：*每 10 万；**检出率/年发病率

为了更好地进行鼻咽癌的追踪观察及通过早期诊断和早期治疗达到降低病死率的目的，在鼻咽癌高发区梧州市进行了另一次血清学普查[12]。梧州市位于苍梧县中心，鼻咽癌的年发病率为 17/100 000。在 40～59 岁人群中从 12 932 人采血检查，IgA/VCA 抗体阳性者（≥1∶10）680 人，经临床和组织学检查，发现鼻咽癌 13 例，9 例（70%）为Ⅰ期，4 例

（30％）为Ⅱ期（表8）。IgA/VCA 抗体阳性者的鼻咽癌检出率为1900/100 000，为同年龄人群鼻咽癌年发病率的38倍（表5、表7）。这些资料再次证明应用血清学方法测定 EB 病毒的 IgA/VCA 抗体，可以发现早期鼻咽癌，同时证明 EB 病毒在鼻咽癌的发生中起重要作用。

表8　血清学普查发现的鼻咽癌病人

病例号	性别	年龄	组织学检查	临床分期	抗体滴度	
					VCA/IgA	EA/IgA
1171	女	46	低分化鳞癌	Ⅰ	1∶40	－
11689	男	43	低分化鳞癌	Ⅰ	1∶40	1∶40
12660	女	50	未分化鳞癌	Ⅰ	1∶10	－
361	男	47	低分化鳞癌	Ⅰ	1∶160	1∶40
13684	女	46	未分化鳞癌	Ⅰ	1∶160	1∶40
1649	女	42	低分化鳞癌	Ⅰ	1∶160	－
309	男	50	低分化鳞癌	Ⅰ	1∶160	1∶40
7873	男	57	低分化鳞癌	Ⅰ	1∶640	1∶640
12735	男	46	低分化鳞癌	Ⅰ	1∶640	1∶40
68	男	50	低分化鳞癌	Ⅱ	1∶160	－
3433	男	48	低分化鳞癌	Ⅱ	1∶160	1∶40
23	男	50	低分化鳞癌	Ⅱ	1∶640	1∶10
52	男	54	低分化鳞癌	Ⅱ	1∶640	1∶160
抗体几何平均滴度					1∶144	1∶26

至于 IgA/VCA 或 IgA/EA 抗体存在的时间多长，有多少抗体阳性者变成阴性，有多少抗体阴性者变为阳性，以及其中有多少发展成为鼻咽癌？这些问题对阐明 EB 病毒与鼻咽癌发生的关系很重要，有待进一步研究。在梧州市采取了40岁以上25 000名成年人的血清，存放于低温冰箱，对 IgA 抗体阳性者和阴性者定期进行追踪观察，将有助于阐明这些问题。

五、鼻咽部的 EB 病毒标记　应用抗补体免疫荧光法和核酸杂交技术发现鼻咽癌细胞有 EB 病毒的标记－EB 病毒核抗原（EBNA）和核酸[6,32~34]。应用免疫酶法进行血清学普查，可以发现鼻咽癌，随后定期追踪观察，又可以发现新的病例，但仍有大量在临床上未能发现癌的 IgA 抗体阳性者。因此，除进行血清学诊断外，应该检查鼻咽部黏膜上皮细胞是否有 EB 病毒标记存在。这些标记是否有利于鼻咽癌的早期诊断，是否表示为癌前状态，对于阐明 EB 病毒与鼻咽癌发生的关系是很重要的。

我们建立了简易和敏感的抗补体免疫酶法[35,36]，无需荧光显微镜，有利于在鼻咽癌现场推广，此法不但可以检查 EBNA，而且可以观察细胞的形态，鉴别癌细胞、正常细胞或淋巴细胞，因此，可以确定 EBNA 所在的细胞类型。由于鼻咽癌早期病例往往无明显的病灶，不容易从病灶部位采取活组织，改用负压吸引技术[37]，吸引鼻咽部黏膜细胞，此法所采取的鼻咽部的范围广，细胞量足够作 EBNA、DNA 和细胞学检查。细胞在玻片固定后作抗补体免疫酶试验以检查 EB 病毒的 EBNA。检查了 79 例鼻咽癌患者的鼻咽部的脱落细胞[38]，全部都有带 EBNA 的癌细胞（表9），而细胞学和组织学检查的癌细胞的阳性率分别为 87.3% 和 91%（图10略）。第 I 期鼻咽癌，特别是鼻咽部没有明显肿瘤者，应用负压吸引细胞作抗补免疫酶法检查 EBNA 更有意义。有的在细胞学或组织学确诊为鼻咽癌前几个月已发现有带 EBNA 的癌细胞。人 57 例排除鼻咽癌者，18 例头颈部其他肿瘤和 21 例死胎鼻咽部细胞均未发现带 EBNA 的癌细胞。进一步应用抗补体免疫酶法在鼻咽癌高发区广西苍梧县检查 IgA 抗体阳性者[39]，获得满意的结果。在 64 例鼻咽部脱落细胞中发现 4 例带 EBNA 的癌细胞，细胞学和组织学检查证实为低分化鳞癌，临床检查此 4 例均为 I 期病例，2 例鼻咽黏膜粗糙另 2 例鼻咽部肿物为 0.5～0.8 cm。从第一次采血到鼻咽癌确诊的间隔时间为 8～9 个月。此 4 例的 IgA/VCA 抗体水平没有上升。鼻咽癌的检出率为 6.2%。这些结果进一步证明抗补体免疫酶法作为鼻咽癌的早期诊断，特别是对 IgA 抗体阳性者进行追踪观察是很有价值的。

表9　三种方法对不同临床期鼻咽癌诊断的比较

临床分期	例数	阳性数（%）		
		ACIE	细胞学检查	组织学检查
I	15	15（100）	13（86.4）	12（80.0）
II	29	29（100）	23（79.3）	27（93.1）
III	31	31（100）	29（93.5）	29（93.5）
IV	4	4	4	4
总计	49	79（100）	69（87.3）	72（91.1）

不仅鼻咽癌病人的癌细胞有 EBNA，而且在鼻咽癌病人和正常人鼻咽部的正常柱状上皮细胞和增生细胞也发现有 EBNA[38]（图11～图13略）。但在正常鳞状上皮细胞较少见。鼻咽癌病人、鼻咽部慢性炎症病人和头颈部其他肿瘤病人的鼻咽部柱状上皮细胞的 EBNA 的阳性率分别为 24.8%、17.5% 和 4%[40]。陈等[41]亦报告用抗补体免疫荧光试验观察到除鼻咽癌细胞外，癌旁上皮、非典型增生上皮细胞或间质淋巴细胞等的细胞核内也有 EBNA。这些结果表明 EB 病毒首先感染了上皮细胞，特别是柱状上皮细胞，并整合到细胞的 DNA 中去，在某些情况下细胞转化并发展成为鼻咽癌。这有利于排除 EB 病毒是鼻咽癌的"过客"的假说，即 EB 病毒是在鼻咽部上皮细胞转化后才感染细胞，而不是鼻咽癌的病因。

deThé 等[42,43]应用核酸杂交技术和抗补体免疫荧光技术检查苍梧县 IgA/VCA 抗体阳性者的鼻咽黏膜细胞。56 例 IgA/VCA 抗体阳性者作了活检，经组织学 4 检查例确诊为鼻咽癌，其中 2 例为早期鼻咽癌。14 例非鼻咽癌者的鼻咽黏膜细胞有 EB 病毒 DNA 和病毒的 EBNA，其中 6 例二者都是阳性；一例 EB 病毒 DNA 可疑，EBNA 阳性；3 例 DNA 阳性，EBNA 阴性，另外 4 例则相反。7 例 IgA/VCA 阴性者的鼻咽活检细胞没有 EB 病毒标记。在 IgA 抗体阳性者中有 EB 病毒标记者的 IgA/VCA 和 IgA/EA 抗体几何平均滴度较无病毒标记者高。目前仍在 IgA 抗体阳性者和阴性中继续观察病毒标记的存在与 IgA 抗体的存在和鼻咽癌发生的关系。

六、环境因素与 EB 病毒的激活及其与鼻咽癌发生的关系 EB 病毒与鼻咽癌发生的关系十分密切，但 EB 病毒在世界各地传播如此广泛，而鼻咽癌的发生却有明显的地理差异。因此，除了 EB 病毒外，鼻咽癌的发生与环境因素及遗传因素亦可能有关。

香港何等[44]报告咸鱼含有亚硝胺，喂养大鼠能诱发肿瘤，结合流行病学调查，该作者认为幼年时多吃咸鱼是发生鼻咽癌的重要危险因子。deThé[45]等调查突尼斯的鼻咽癌病人，该地区并不多吃咸鱼。我们调查了苍梧县和梧州市鼻咽癌病人的生活习惯和饮食情况，并未发现鼻咽癌的发生与吃咸鱼的关系[46]。

嘌呤类药物、短链脂肪酸、12－氧－十四烷酰－大戟二萜醇－13－乙酸脂（TPA）、抗人 IgM 抗体等具有激活 EB 病毒的作用。丁酸与巴豆油或 TPA 对 EB 病毒的激活有显著的协同作用。日本 Ito 等应用 Raji 细胞和丁酸系统发现十多种大戟科的植物如桐油、甘遂、续随子等有很强的激活 EB 病毒的作用。我们应用同样的方法研究了鼻咽癌高发区的食物和中草药[50]。从 14 种食物包括咸鱼、咸菜、油类等 73 份标本未发现有诱发 EB 病毒早期抗原的作用，但从 106 科的 495 种中草药中发现 10 个科的 15 种中草药的乙醚提出液有这种作用（表10）。它们是芫花、黄芫化、狼毒、了哥王、结香、苏木、广金钱草、三梭、曼陀罗、金果

表10　中草药提出液对诱发 Raji 细胞 EB 病毒早期抗原的作用

药名	乙醚提取液（r/ml）								水煮液（ml/ml）			
	生长液＋B（4 mmol/L）					不加 B			B		不加 B	
	10	5	1	0.5	0.25	10	5	1	0.1	0.05	0.1	0.05
芫花	46*	54.4	44.8	42	41.6	1.2	1.6	2	15.2	34	1.6	0.8
狼毒	36	42	46	41.6	40.4	1.6	2	2.4	2	9.6	1.6	0.8
黄芫花	32.4	42	52.8	32.4	31.2	1.2	1.6	2.4	2	19.2	0.4	1.2
了哥王	42	46.8	49.6	51.2	50	4	3.2	2.4	25.2	17.2	0.8	0
结香	43.2	38	28	24	4	1.2	0	0	0	0	0	0
苏木	8.2	10.2	3.6	1.6	0.4	0	0	0	0	0	0	0
广金钱草	6	10.2	3.6	2.4	0.8	0	0	0	0	0	0	0
三梭	16	9.6	2.4	0.4	0.4	0.4	0.4	0	0	0	0	0
曼陀罗	50	51.2	24.8	6.4	4	1.2	0.4	0	1.2	0	0	0
金果榄	7.2	8	3.2	0	0	0	0	0	0	0	0	0
银粉背蕨	5.6	26	17.2	6.8	3.6	0.8	1.2	0	0.2	0.2	0	0
黄花铁线莲	3.2	2.4	1.6	0.4	0.4	0	0	0	0.2	0.2	0	0
红大戟	3.2	0.4	0.4	0	0	0	0	0	0	0	0	0
独活	1.2	0.4	0	0	0	0	0	0	0	0	0	0
对照　续随子	28.4	29.6	37.2	54	45.6	0.8	1.2	1	5.2	4.4	0.8	0
巴豆	29.6	38	52.8	43.2	43.2	2	2.4	1.6	37.6	32.8	4	3.2
甘遂	18	38	39.6	47.6	42.6	1.2	1.2	0.4	38.8	28.4	2.4	3.6
桐油	38	39.2	41.6	42	44	1.2	1.2	0.8				

注：＊早期抗原阳性细胞百分率；B＝正丁酸

榄、银粉、背蕨、黄花铁线莲、红大戟和独活。其中有的中草药的水提出液虽没有乙醚提取液作用强，但与丁酸在一起仍有明显的作用，如了哥王的水提出液诱发早期抗原细胞的阳性

率达 25.2% 。此药出产于广东、广西和福建等地，广东成药解毒消炎片和解毒消炎膏是以本药为主要原料制成[51]。桐油具有很强的激活 EB 病毒的作用，在鼻咽癌高发区苍梧县种植很多桐油树，而且与人民的生活有关。所以这些中草药是否与人体内 EB 病毒的激活和鼻咽癌的发生有关，值得进一步研究。

七、EB 病毒在鼻咽癌发生中的作用　鼻咽癌病人有 EB 病毒的多种抗体，在鼻咽癌细胞中发现有 EB 病毒的 EBNA 和病毒 DNA；鼻咽癌细胞在裸鼠传代后有完整的 EB 病毒形成。这些结果证实了 EB 病毒与鼻咽癌关系密切。

我们的研究工作进一步证实了这种关系。①EB 病毒的感染率，在鼻咽癌高发区和低发区之间没有明显的差异，但高发区 20 岁以上人群的 EB 病毒补体结合抗体的几何平均滴度却显著高于低发区，这表示 EB 病毒在高发区人群中更为活跃[7]。②30 岁以上正常人群中 IgA/VCA 抗体的阳性率随年龄的增加而上升，这可能是某些外因或内因激活 EB 病毒的结果[11,12]。③鼻咽癌病人鼻咽部上皮非典型性增生或非典型性化生者的 IgA/VCA 抗体水平显著高于单纯增生、单纯化生或黏膜正常者。经 8~37 个月的追踪观察，非典型增生和非典型化生及鼻咽癌的发生有关[52]。④IgA/VCA 抗体阳性者的鼻咽癌检出率很高，达 30%[12]。⑤IgA/VCA 抗体阳性者的鼻咽癌检出率较正常同年龄组人群高 38 倍。在 I 期鼻咽癌诊断前 8~30 个月已有 IgA/VCA 抗体存在[27]。⑥不仅鼻咽癌细胞有 EB 病毒核抗原，而且鼻咽部正常上皮细胞和增生细胞也有 EB 病毒核抗原，这有利于排除 EB 病毒是鼻咽癌"过客"的假说[38]。某些带 EB 病毒核抗原的鼻咽部上皮增生细胞有的可能是癌前细胞。⑦不仅鼻咽癌细胞有 EB 病毒的 DNA，而且非鼻咽癌者的正常鼻咽黏膜中也有 EB 病毒 DNA[42,43]。

上述这些资料充分说明 EB 病毒在鼻咽癌的发生中起很重要的病因作用，但从现有资料分析，EB 病毒不是鼻咽癌发生的唯一因素，环境和遗传因素以及它们与 EB 病毒的协同作用，在鼻咽癌发生中也可能是重要的，对此还应进一步研究。

八、鼻咽癌的控制和预防　现有资料证明 EB 病毒在鼻咽癌发生中可能起重要作用，测定 EB 病毒的 IgA 抗体和病毒标记可以诊断鼻咽癌，特别是早期鼻咽癌。因此，即使在鼻咽癌的病因还没有完全确定之前，通过早期诊断和早期治疗，或通过干扰 EB 病毒的活化，有可能达到控制或预防鼻咽癌的目的。

（一）早期诊断和早期治疗鼻咽癌：放射治疗鼻咽癌，特别是早期鼻咽癌，效果较好。潘国英等[53]报告各期平均五年生存率为 37.9%，其中 I 期为 76.9%，II 其为 56.0%，III 期为 38%，IV 期为 16.4%。第 I 至 IV 期，随病情的进展，治疗效果逐渐下降。张等报告放射治疗 I 期鼻咽癌的与年生存率为 92%[54]，II 期高 75%。

如上所述，在梧州市进行鼻咽癌的血清学普查，结合其他各种方法，包括抗补体免疫酶法、临床、细胞学和组织学检查，100% 病人都是早期，其中 I 期占 70%，II 期占 30%[12]。因此，在鼻咽癌高发区进行血清学普查，并对 IgA 抗体或病毒标记阳性者进行定期追踪检查，和进行鼻咽癌早期症状的宣传，可以发现早期鼻咽癌。对早期病例及时进行放射治疗，完全有可能降低鼻咽癌的病死率。

（二）干扰素治疗和预防鼻咽癌：干扰素具有抗病毒和抗肿瘤作用。鼻咽癌是与病毒有关的肿瘤，是检查干扰素的抗病毒和抗肿瘤作用的很好的模型。Treuner 等[55]报告一例晚期复发转移至脑部的鼻咽癌，经其他治疗无效，采用 β 干扰素治疗后，肿瘤完全消退，迄今仍存活。但随后对其他鼻咽癌病人进行治疗，无明显效果。

我们认为干扰素对早期病例的效果可能会好些，或许有可能用于 IgA 抗体阳性者的鼻咽癌预防。因此，首先观察干扰素是否对早期鼻咽癌有效。我们研究组应用国产 α 干扰素治疗一例 I 期鼻咽癌，前 5 周每天肌内注射一针（3×10^6 单位），后 5 周，每次剂量同前[56]。在治疗后 3~4 周，肿瘤显示暂时退缩，然后又发展，改用放射治疗。进一步与芬兰的 Cantell 和法国的 deThé 合作[57]，应用 Centell 实验室的 α 干扰素，剂量和次数如前。共治疗 15 例 II 期鼻咽癌，另 15 例作常规放射治疗，以资对照。初步结果表明，在治疗后的 5 周内，肿瘤不发展或退缩，在治疗后的 6~10 周，有的肿瘤继续发展，其余的不发展或暂时退缩。在治疗前后进行活体组织检查，有的病例在干扰素治疗后肿瘤组织呈现细胞坏死和退变、纤维化和白细胞浸润等。这表明干扰素对早期鼻咽癌是有一定疗效的。在治疗的后 5 周，肿瘤发展，提示可能所使用的干扰素剂量不足。同时在中山医学院附属肿瘤医院治疗 15 例晚期鼻咽癌，治疗方案一样，但完全无效。

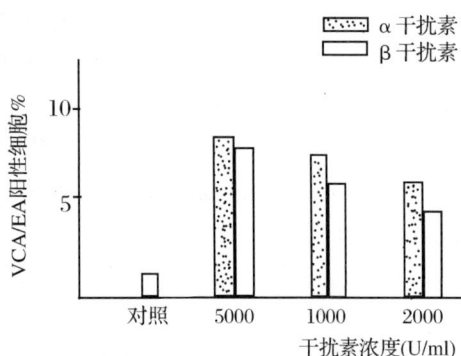

图 14　干扰素对 B95－8 细胞 VCA/EA
抗原诱发的作用

为了解干扰素对 EB 病毒的抗病毒作用，在体外应用带 EB 病毒的 B95－8 细胞和只带 EB 毒基因的 Raji 细胞进行试验[58]，意外地发现干扰素不是像抑制其他病毒一样，而是使 B95－8 细胞产生更多的 EA 和 VCA，并诱发 Raji 细胞产生 EA（图 14）。干扰素只有在其他诱导剂如巴豆油和丁酸的共同作用下才对 Raji 细胞的 EB 病毒有激活作用，此作用可部分地被维生素甲衍生物所抑制，而巴豆油和丁酸对 Raji 细胞 EA 的激活作用可完全被维生素甲衍生物所抑制。因此，干扰素与巴豆油和丁酸的作用机制可能是不同的。带 EB 病毒基因的细胞，一旦合成早期抗原或壳抗原，细胞就会死亡。干扰素治疗早期鼻咽癌，使有的肿瘤退缩，除表明对癌细胞有直接作用外，还可能激活癌细胞内的 EB 病毒基因产生早期抗原或壳抗原，从而使癌细胞死亡。如能进一步肯定干扰素对早期鼻咽癌的疗效，就可以试用于 IgA 抗体阳性者以预防鼻咽癌。

（三）维生素甲衍生物的预防：Yamamoto 等[59]首先报告维生素甲酸能干扰 TPA 对 Raji 细胞激活 EB 病毒早期抗原的作用。Ito[60]等也报告维生素甲酸和维生素甲衍生物能抑制巴豆油和丁酸对 Raji 细胞和 $P_2HR－1$ 细胞激活 EB 病毒早期抗原和壳抗原的作用。

曾毅等[61]比较了中国医学科学院药物研究所合成的维生素甲衍生物（7901，7902）和 Hoffmanla Roche 公司生产的维生素甲衍生物（$R_0 10－9359$，Roll－1430）。实验结果进一步证实这些维生素甲衍生物通明显地抑制巴豆油和丁酸对 Raji 细胞激活 EB 病毒早期抗原的作用（图 15，表 11）。7901 的毒性很低，已试用于 IgA 抗体阳性的正常人，每人每天口服 50 mg，连续给药 6 个月后，无明显的毒性反应[62]。比较了服药前后的 IgA/VCA 和 IgA/EA 抗体水平，服花后的抗体水平无明显的改变。鼻咽癌病人经放射治疗肿瘤完全消失后，IgA 抗体水平下降缓慢，因此，应继续观察 IgA 抗体水平是否下降。

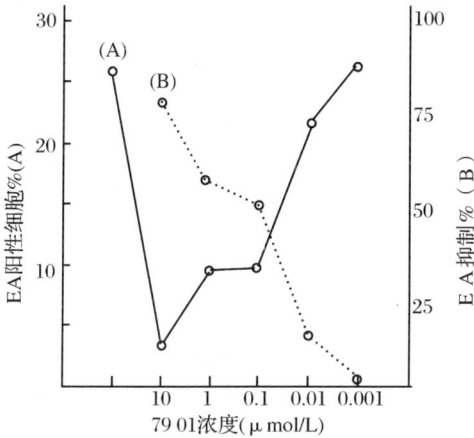

图 15 维生素甲衍生物 7901 对 EA 诱发的抑制作用

表 11 不同维生素甲衍生物对 EB 病毒
EA 诱发的抑制作用

维生素甲衍生物浓度（μmol/L）	EA 阳性细胞（%）			
	RO10 − 9359	RO11 − 1430	7901	7902
10	2.6	4.2	4.3	0
1	10.4	11.3	10	1.2
0.1	11	13.4	11	6.7
0.01	30	26	23	15.3
0.001	30	32	27.3	22
对照	27	27	27	27

结　语

应用病毒－免疫学试验测定血清中的 IgA 抗体及鼻咽部上皮细胞的病毒标记，结合临床和组织学检查，对鼻咽癌的早期诊断很有价值。一些带 EB 病毒标记的鼻咽部非典型增生细胞和非典型化生细胞可能是癌前病变。血清学诊断方法在我国鼻咽癌高发区已广泛应用，通过早期诊断和早期治疗，有可能达到降低病死率的目的。现有资料证明 EB 病毒在鼻咽癌发生中起重要作用，但 EB 病毒不是唯一的因素，环境因素和遗传因素也可能是很重要的，因此，为了阐明鼻咽癌的病因，应对 EB 病毒、环境因素和遗传因素在鼻咽癌发生中的作用进行研究。由于有很多非鼻咽癌的 IgA 抗体和病毒标记阳性者存在，这些标记可以作为干扰 EB 病毒的指标，采取各种措施，如维生素甲衍生物、干扰素、EB 病毒疫苗和抗病毒药物等，如能成功地干扰 EB 病毒，就有可能预防鼻咽癌的发生，同时也将证实 EB 病毒在鼻咽癌发生中起到病因的作用。

〔原载《EB 病毒与鼻咽癌病因和发病学的研究》1985，12 − 29〕

参 考 文 献

1 De Thé, G.. Epidemiology of Epstein-Barr Virus and associated aiseases in man, The Herpes viruses Vol. I. A. B. Roizman (ed) plenum Press. New York. 1982

2 Old L J, et al. Precipitating antibody in human serum to an antigen present in cultured Burkitt's lymphoma cells Proc Natl Acad Sci USA. 56L 1699. 1966

3 Henle G, Henle W. Epstein-Barr Virus-specific IgA serum antibodies as an outstanding feature of nasopharyngeal carcinoma. Int J Cancer, 1976, 17：1

4 Ho J H C, et al. Epstein-Barr Virus-specific IgA and IgG serum antibodies in nasopharyngeal carcinoma. Brit. J. Cancer. 1976, 34：655

5 Desgranges C., De-The G. IgA and Nasopharyngeal Carcinoma In. G. de-Thé., W. Henle, and F. Rapp (eds). Oncogenesis and herpesrviruses, III, IARC Scientific publication No, lYON. 1978, 24：883

6 Wof H, et al. EB Viral genome in epithelial nasopharyngeal carcinoma cells. Nature (London) Biol. 1973, 244：245

7 广东中山县肿瘤防治队，等．正常人群血清

中 EB 病毒补体结合抗体水平的调查研究　中华耳鼻喉科杂志，1978，1：22

8　刘育希，等．应用免疫酶法测定鼻咽癌病人的免疫球蛋白 A 抗体　中华肿瘤杂志，1979，1：8

9　曾毅，等．测定北京、长春、南宁和苍梧县居民的各种 EB 病毒抗体，待发表

10　deThé G，et al. Nasopharyngeal carcinoma in viral infections of human, Evans, A. S.（ed）. p539 New York：Plenum, 1976

11　曾毅，等．应用免疫酶法和免疫放射自显形法普查鼻咽癌，中华肿瘤杂志，1979，1：2

12　曾毅，等．广西梧州市居民的鼻咽癌血清学普查，癌症，1982，1：6

13　中山医学院微生物教研组，等．鼻咽现人和鼻咽黏膜病变患者血清中 EB 病毒补体结合抗体水平的调查研究，中华耳鼻喉科杂志，1978，1：19

14　中国医学科学院所病毒室，等．鼻咽癌病人的 EB 病毒免疫球蛋白 G 和 A 抗体的测定，微生物学报，1978，18：253

15　李新章，等．鼻咽癌患者血清中 EB 病毒早期抗原（EA）的抗体检测试验，中华耳鼻喉科杂志，1980，15：71

16　Desgranges C，et al. Neutralizing EB virus specific IgA in throat washings nasopharyngeal carcinoma patients. Int J cancer, 1977, 19：627

17　钟建明，等．鼻咽癌病人和正常人唾液中 EB 病毒 IgA／VCA 抗体测定　流行病学杂志，，1980，1：225

18　刘纯仁，等．应用免疫放射自显影法测定鼻咽癌病人唾液中的 EB 病毒 VCA／IgA 抗体，中华医学检验杂志，1979，2：197

19　韦继能，等．应用免疫酶法测定鼻咽癌病人的 EB 病毒 VCA／IgA 抗体，广西医学，1980，6：5

20　简少文，等．应用微量免疫酶法诊断鼻咽癌，中山医院肿瘤研究所肿瘤研究报告，1981，2：23

21　李万钧，等．鼻咽癌临床血清学研究　治疗前鼻咽癌 1006 例血清 IgA／VCA 结果分析，癌症，1982，1：43

22　曾毅，等．我国八个省市鼻咽癌病人 EB 病毒壳抗原的免疫球蛋白 A 抗体的测定，中华肿瘤杂志，1979，1：8

23　刘纯仁，等．免疫放射自显影法的建立及其在测定鼻咽癌病人 EB 病毒特异性 IgA 抗体的应用，科学通报，1979，24：715

24　曾毅，等．应用放射免疫自显影法测定 EB 病毒 IgA／EA 抗体，中华微生物和免疫学杂志，待发表

25　曾毅，等．鼻咽癌的血清学普查，中国医学科学院学报，1979，1，123

26　Zeng Y, et al. Application of an immunoenzymatic method and immunoautoradio-graphic method for a mass survey of nasopharyngeal carcinoma. Intervirology, 1980, 12, 162

27　曾毅，等．苍梧县 IgA／VCA 抗体阳性者的追踪观察，肿瘤防治研究，1983，10：23

28　Ho J H C, et al. Serum IgA antibodies to EBV capsid antigens Preceeding symptoms of nasopharyngeal carcinoma. Lancet, 1978, 1：436

29　Lanier A P, et al. Epstein-Barr Virus-specific antibody titers in seven Alaskan natives before and after diagnosis of nasopharyngeal carcinoma. Int J Cancer, 1980, 26：133

30　Ho J H C. An epidemiologic and clinical study of nasopharyngeal carcinoma. Int J Radiol Oncol Biol Phys, 1978, 4：181

31　祝积松，等．枪梧县水上居民的鼻咽癌血清学普查，肿瘤防治研究，1983，10：189

32　De Thé G, et al. Nasopharyngeal carcinoma（NPC）VI. Presence of an EBV nuclear antigen in fresh tumor biopsies：Prelimirary result. Biomedecine, 1973, 19：349

33　Huang D p, et al. Detection of Epstein-Barr Virus associated nuclear antigen in nasopharyngeal carcinoma cells from fresh biopsies. Int j Cancer, 1974, 14：580

34　Klein G, et al. Direct evidence for the Presence of Epstien-Barr Virus DNA and nuclear antigen in malignant epithelial cells from patients with anaplastic carcinoma of nasopharynx. Proc Natl Acad Sci, USA, 1976, 71：4737

35　曾毅，等．检查 EB 病毒核抗原的抗补体免疫酶法的建立，中国医学科学院学报，1980，2：132

36　Pi G H, et al. Development of an anticomplement immunoenzyme test for detection of EB Virus nuclear antigen（EBNA）and antibody to EBNA. J Immunol Methods, 1981, 44, 73

37 湛江医学院. 应用负压吸引脱落细胞作鼻咽癌的细学诊断, 中华医学杂志, 1976, 1：45

38 曾毅, 等. 应用抗补体免疫酶法检查鼻咽癌细胞和鼻咽部上皮细胞中的 EB 病毒核抗原, 中国医学科学院学报, 1980, 2, 220

39 曾毅, 等. 应用抗补体免疫酶法从 IgA/VCA 抗体阳性者中诊断早期鼻咽癌, 中国医学科学学院学报, 1982, 4, 254

40 Zhen S J, et al. Further study on the detection of EBNA from the nasopharyngeal mucosa of NPC patients. Unpublished data. 1982

41 陈剑经, 等. 鼻咽癌病人血清中 EB 病毒核抗原的抗体检测和组织内抗原定位的研究, 癌症, 1982, 1：40

42 De Thé G, et al. Search for precancerous lesions and EBV markers in the nasopharynx of IgA positive individuals. Cancer Campaign, Vol. 5, nasopharyngeal carcinoma. Grumdmann et al (eds) Gustar Fischer, Stuttgart, New York, 1981, 111

43 Desgranges C, et al. Detection of Epstein-Barr Viral DNA internal repeats in the nasopharyngeal mucosa of Chinese with IgA/EBV-Specific antibodies. Int. J. cancer, 1982, 29：87

44 Huang D P, et al. Carcinoma of the nasal and paranasal region in rats fed cantonese salted marine fish, In de Thé, G., and Ito, Y., (eds) nasopharyngeal carcinoma. Etiology and control. International Agency for Research on cancer, 1978, 315

45 deThé G.. Personal communication

46 陶仲强, 等. 广西苍梧县和梧州市鼻咽癌病人生活和饮食习惯的调查研究, 待发表

47 Ito Y, et al. Combined effect of the extracts from croton Tiglium, Euphorbia Lathyris or Euphorbia Tirucalli and n-Butyrate of Epstein-Barr Virus Expression in Human Lymphoblastoid P3HR-1 and Raji Cells. Cancer lettar, 1981, 12：175

48 Hirayama T, et al. A New View of the etiology of nasopharyngeal carcinoma, Preventive medicine, 1981, 10：614

49 Ito Y, et al. A short-term in vitro assay for promotor substances using human lymphoblastoid cells latently infectec with Epstein-Barr Virus Cancer Letter, 1981, 13：29

50 曾毅, 等. 中草药对 Raji 细胞 EB 病毒早期抗原的激活作用, 中国医学科学院学报, 1984, 6：82

51 江苏新医学院主编：中药大辞典, 上海科技出版社. 1977

52 黎而介, 等. EB 病毒 IgA 抗体阳性者鼻咽粘膜改变的观察, 中华医学杂志, 待发表

53 潘国英, 等. 鼻咽癌的放射治疗分段放射治疗与连续分次放射治疗的比较, 中华医学杂志, 1974, 54：687

54 Chang C P, et al. Radiation therapy of nasopharyngeal carcinoma, Acta Radiologica Oncology, 1980, 19：433

55 Treuner J, et al. Successful treatment of nasopharyngeal carcinoma with interferon. Lancet, 1980, 1：817

56 Wang P C, et al. LPreliminary treatment of nasopharyngeal carcinoma with human interferon, Interferon Sci. Memoranda April Al071/2. 1981

57 王培中, 等. 在中国应用干扰素治疗早期鼻咽癌, Interfron scientific Memoranda. I-Al：1982, 229

58 曾毅, 等. 人白细胞干扰素对 $B_{95}-8$ 细胞 EB 病毒自发 VCA-EA 和 Raji 细胞 EA 诱发的促进作用, 中华微生物和免疫学杂志, 1982, 1：142

59 Yamamoto N, et al. Retinoic acid inhibition of Epstien-Barr Virus induction. Nature (London), 1979, 553

60 Ito Y, et al. Induction and intervention of EB virus antigens in human lymphoblastoid cell lines：a simulation model for study of cause and prevention of nasopharyngeal carcinoma and Burkitt lymphoma, Dusseldorf NPC symp. 1980, 262

61 曾毅, 等. 维生素甲衍生物对 EB 病毒早期抗原诱发的抑制作用, 中国医学科学院学报, 1982, 4：251

62 曾毅, 等. 应用维生素甲衍生物 7901 治疗 EB 病毒 IgA/VCA 抗体阳性者, 待发表

85. 分泌抗人 IgA 单克隆抗体（McAb）杂交瘤细胞株的建立

中国预防医学科学院病毒学研究所　夏恺　曾毅　龚翠红

〔摘　要〕　　用经人 IgA 或 IgA 并用 LPS 免疫的 BA LB/C 鼠脾细胞与 SP2/0 细胞融合，获得高阳性率并且建立了四株分泌抗人 IgA McAb 的杂交瘤细胞（1A2，14B4，1D55，2C11）。它们分别经过九次有限稀释连续培养九个月仍能持续地分泌高滴度抗体，并且抗体分泌随克隆化次数的增多而增加。目前用间接 ELISA 法测定可达 $1:1.28×10^9$。这些 McAb 与正常人血清进行微量免疫电泳实验在 $\gamma_1 \sim \beta_2$ 区形成一条清晰的深浅线。用兔抗小鼠 IgG 亚类血清鉴定它们分别属于 IgG_1 及 IgG_2b。

我们从 1978 年起为进行鼻咽癌的早期诊断先后建立了免疫酶，抗补体免疫酶放射自显影等方法，临床应用获得较为满意的结果。其中应用免疫酶法测定抗 EB 病毒壳抗原（VCA）和早期抗原（EA）的 IgA 抗体对鼻咽癌早期诊断及预后具有重要的意义。然而该法需较纯的高效价抗人 IgA 抗体，一般免疫方法所获得的抗体效价往往不高。所以建立能持续分泌高效价的抗人 IgA McAb 杂交瘤细胞株并将该抗体标记后用于鼻咽癌的早期诊断和预后是鼻咽癌防治中亟待解决的问题之一。

为此，我们建立了杂交瘤技术并且获得了四株分泌抗人 IgA McAb 的杂交瘤细胞。现将这些细胞株的建立情况及鉴定结果报告如下。

材料和方法

一、髓瘤细胞——SP2/0 株　本室用 RPMI 1640 培养液（内含 15% 小牛血清，1% Gln）传代，选生长良好的细胞用于融合。

二、免疫鼠脾细胞　从人初乳中提纯 IgA[2] 对 6～10 周龄 BALB/C 鼠进行皮下基础免疫及腹腔静脉加强免疫。融合前分两组：一组采用连续四天大剂量再次加强[3]；另一组采用同法但后三次并用细菌脂多糖（LPS），取脾制成细胞悬液用于融合。

三、细胞融合及饲养方法　按文献[4] 中方法，但在室温下进行融合。融合后直接悬于 HAT 培养基中使瘤细胞浓度为 $2.5×10^5 \sim 1.5×10^6/ml$，每孔 0.1ml 种入 96 孔培养盘。于融合后第五天补液，第七天换液。十天后吸取肉眼可见的杂交克隆上清液用 ELISA 法作抗体检测。阳性孔细胞传代再经 ELISA 法及间接免疫荧光法复测仍为阳性者即作克隆化培养。

四、克隆化培养　采用有限稀释法：以鼠腹腔巨噬细胞作饲养细胞或以加有人脐带血清的 1640 营养液作饲养液，每孔接种 0.5～1 个杂交瘤细胞。9 d 后吸取肉眼可见的单个杂交克隆生长孔的上清液再次作抗体测定。阳性孔细胞部分冻存，部分传代继续做克隆化培养。

五、抗体检测方法

（1）间接 ELISA 法：见文献〔5〕。

（2）间接免疫荧光法：含 EB 病毒的 B95.8 细胞涂片，4℃丙酮固定 10 min 干燥保存。用时取出每孔滴加 1∶10 鼻咽癌病人血清 37℃ 30 min，洗涤后加入待检克隆上清液，37℃ 30 min。再加荧光素标记的兔抗鼠 IgG 免疫血清 37℃ 30 min。最后经伊文氏蓝复染镜检。以鼠抗人 IgA 阳性血清做阳性对照。

EB 病毒阴性的 BJAB 细胞，正常鼠血清及 SP2/0 细胞培养上清液做阴性对照。镜检时细胞质内发荧光者为阳性。

六、微量免疫电泳实验　以正常人血清作抗原，腹水液或浓缩上清液做抗体按常规法进行。并以 SP2/0 细胞注入同系小鼠腹腔内生成的腹水及 SP2/0 细胞浓缩上清液做阳性对照。

七、琼脂双扩散试验　用兔抗小鼠 IgG 亚类血清与杂交细胞上清液按常规法进行。

八、动物接种　8～12 周同系小鼠腹腔注射 0.5 ml Pristane 或 1 ml 液体石蜡。6～10 d 后腹腔注射 2×10^6 以上的杂交瘤细胞。2 周左右即可产生含高滴度抗人 IgA McAb 的腹水。

结　果

一、细胞融合与抗体检测结果　细胞融合率于第六天镜检即达 95% 以上。采用不同的免疫方法所得分泌抗人 IgA McAb 的阳性株数不同：仅用 IgA 者阳性率为 19.6%，IgA 并用 LPS 者阳性率可达 56.2%。结果见表 1。

表 1　不同的免疫方法对杂交细胞阳性率的影响

免疫方法	阳性株/融合细胞株	阳性率（%）
连续四次 IgA 大剂量免疫	65/332	19.6
连续三次 IgA + LPS 大剂量免疫	162/288	56.2

经过九次有限稀释选出株能持续而稳定地分泌抗人 IgA McAb 的杂交瘤细胞：1A2，1B4，1D55，2C11。其上清液及腹水中的抗体滴度随克隆化次数的增加而升高（图 1）。目前这四株杂交瘤细胞的上清液及腹水中的抗体检测结果见表 2。

这四株杂交细胞均自克隆化第五代后阳性率达 100%。核型分析显示杂交瘤细胞的染色体数为 89，母本骨髓瘤细胞 SP2/0 的染色体数为 73。

二、微量免疫电泳结果　用正常人血清与各株腹水液或浓缩上清液做微量免疫电泳，在 $\gamma_1 - \beta_2$ 区出现特异性沉淀线而与 SP2/0 浓缩上清液或其腹水作用则无沉淀线产生（图 2）。

三、免疫双扩散鉴定结果　用兔抗小鼠亚类血清鉴定三株细胞：1A2，1D55，2C11 所分泌的 McAb 属 IgG₂b 亚类，1B4 株所分泌的 McAb 属 IgG₁ 亚类。结果见表 3。

表 2　抗入 IgA McAb 的滴定结果

杂交株	间接免疫荧光法		间接 ELISA 法	
	上清液	腹水	上清液	腹水
1A2	1∶320	1∶64 000	1∶51 200	$1∶10^8$
1B4	1∶160	1∶32 000	1∶12 800	$1∶6.4 \times 10^6$
1D55	1∶320	1∶64 000	1∶64 000	$1∶6.4 \times 10^7$
2C11	1∶640	1∶128 000	1∶1 280 000	$1∶1.28 \times 10^9$

表 3　小鼠 McAb IgG 亚类鉴定结果

杂交克隆	IgG_1	IgG_{2a}	IgG_{2b}	igG_3
1A2	−	−	+	−
1B4	+	−	−	−
1D55	−	−	+	−
2C11	−	−	+	−

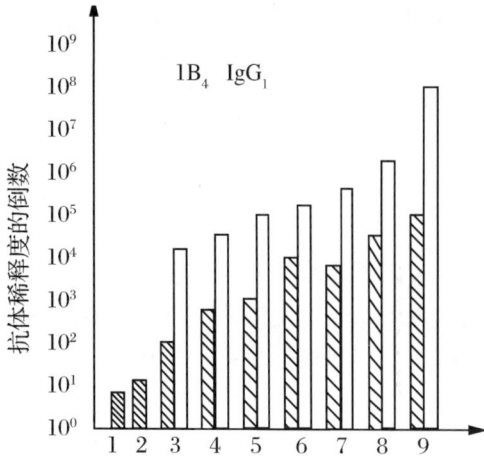

图 1a　克隆化次数

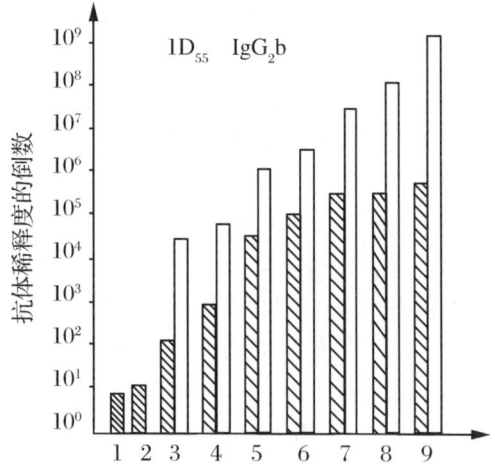

图 1b　克隆化次数

图 1　抗人 IgA McAb 的分泌量与克隆化次数的关系

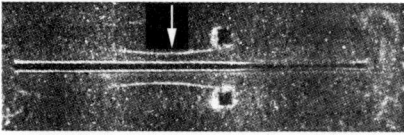

图 2a　为 1B$_4$ 株，上孔为正常人血清，
下孔为纯化人 IgA 对照　如箭头所示

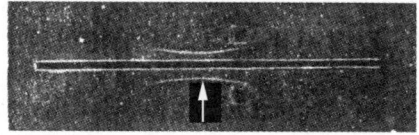

图 2b　为 1D$_{55}$ 株，下孔为正常人血清，
上孔为纯化人 IgA 对照　如箭头所示

图 2　抗人 IgA McAb 与正常人血清所形成的特异性沉淀线

上述结果表明：我们建立的四株杂交瘤细胞是稳定的，所分泌的 McAb 对人 IgA 是特异的。

讨　　论

细胞融合是淋巴细胞杂交瘤技术中的第一个难点。影响其成功率的因素很多。一些文献报告小牛血清的选择是重要的环节，而我们多次融合实验结果表明：亲本骨髓瘤细胞的选择是决定融合成败的关键。当然还有些因素尚在探讨中。

关于如何提高可溶性抗原 McAb 的阳性率问题，Stahli[3] 等采用融合前大剂量连续加强免疫取得良好结果。我们除采用此法还根据 LPS 在体外刺激 B 淋巴细胞转化可提高融合成功率[6,7]，从而提高特异性效率，在加强免疫的同时将 LPS 随抗原一起注入小鼠体内，省去了在体外用 LPS 与脾细胞共同培养的麻烦并使阳性率提高了两倍。

经过 7 个多月连续 9 次克隆化的结果提示我们：针对弱免疫原反复克隆化可能是获得分泌高滴度抗体杂交瘤细胞株的一种行之有效的方法。但如何有效地保存高滴度的 McAb 仍是有待解决的问题。

我们所获得的高效价抗人 IgAMcAb 除可用于人 IgA 的纯化外，目前经辣根过氧化物酶标记用于 EB 病毒免疫酶和 ELISA 试验，得到令人满意的结果[8]。

〔原载《癌症》1986，5（2）：183－186〕

参 考 文 献

1　曾毅，等．中华肿瘤杂志，1979，(2)：3
2　北京医学院微生物教研组．实验免疫学．人民
　　卫生出版社出版 1980，33
3　Stahli C, et al. J lmmunol Meth, 1980, 32：297
4　Galfre G, et al. Nature, 1977, 266：550
5　中国医学院学科基础医学研究所．免疫学讲义

1981，63
6　刘尔翔．淋巴细胞杂交瘤技术简介，1983
7　Kennett R H, et al. Current Topics in Microbiology and lmmunology, 1978, 81：77
8　夏恺，等．病毒学报，1985，1 (3)：289

86. 了哥王对大鼠实验性鼻咽癌的促发作用

湛江医学院肿瘤研究室　唐慰萍　黄培根　赵明伦　廖少玲
中国预防医学中心病毒学研究所　曾毅

　　一般认为，鼻咽癌与 EB 病毒、环境致癌物和促癌物及遗传因素等有关。王衡文 (1965)[1]、湖南医学院 (1977)[2,3]及湛江医学院 (1978)[4]用化学致癌剂诱发大、小鼠鼻咽癌，均相继获得成功。区宝祥等 (1982)[5]用硫酸镍协同二亚硝基哌嗪，曾促发大鼠鼻咽癌。上述研究已在证实环境病因方面取得成果，但是 EB 病毒诱发的鼻咽癌迄今尚未见有报道。Ito 等 (1981)[6]，曾毅等 (1983)[7]，曾将环境因素与病毒病因研究相结合，用大戟科 (Euphorbiaceae) 和瑞香科 (Thymelaeaceae) 植物提取物，诱发离体培养的 Raji 细胞产生 EB 病毒早期抗原，并促成 EB 病毒引起淋巴细胞转化。但此类植物在整体研究中对鼻咽癌的发生有否作用还未见报道。为此，我们研究了广西苍梧及梧州鼻咽癌高发区常见的中草药，瑞香科的了哥王〔Wikstroemia indica (L) C. A. Mey〕，与亚硝胺类致癌剂共同应用，对动物鼻咽癌发生的作用。

材料和方法

　　一、致癌剂　二亚硝基哌嗪（简称哌嗪）由本室合成，熔点为 157～158℃。以少量吐温 80 搅匀后，加入注射用水，配制成每毫升含哌嗪 9 mg 的注射液。

　　二、了哥王提出物浸膏　由中国预防医学中心病毒研究所肿瘤室提供。将了哥王浸膏溶于丙酮，每毫升含了哥王提取物 10 mg。

　　三、动物　本室杂交繁殖的非纯种大白鼠 72 只，约二月龄，雌雄各半，分为三组：

　　1. 哌嗪＋了哥王组：大鼠 32 只，每只皮下注射一次哌嗪 1 ml。十天后开始给了哥王液每次 0.1 ml 滴鼻，每周 2 次，连续 7 周。

　　2. 哌嗪组：大鼠 20 只，每只仅皮下注射一次哌嗪 1 ml 作对照。

　　3. 了哥王组：大鼠 20 只，每只只给了哥王液滴鼻，方法与 1 组同，亦为对照。

　　所有大鼠停药后连续观察 180～205 d，然后处死。取出完整鼻咽，用 Bouin 液固定，经 Jenkin 液脱钙，石蜡包埋，连续切片，HE 染色，光学显微镜下观察。

结　　果

除了哥王组见 1 例鼻咽黏膜上皮发生非典型增生（Ⅱ级）及 1 例发生乳头状瘤外，两个对照组的主要病变均为上皮增生和鳞状化生，未见癌（表 1）。

哌、了组有 6 只鼠鼻咽黏膜发生癌变，2 只鼠为原位癌（图 1 略），4 只鼠为早期浸润癌，发癌率 26.1%（表 1、表 2）。4 例早期浸润癌中，3 例为分化较低（Ⅱ～Ⅲ级）的鳞状细胞癌，均无角化现象（图 2 略）另 1 例为柱状细胞癌，癌细胞呈柱状，并有少数形成腺腔样结构，内含淡蓝染的黏液（图 3）。所有 6 例癌组织均以乳头状、脑回状或蕈状向管腔生长，甚至引起管腔阻塞（图 2 略）。4 例早期浸润癌的癌细胞均突破基底膜，侵入上皮下组织。其他鼻咽黏膜增生、化生及非典型增生病变均较对照组多见。

表 1　各组大鼠鼻咽黏膜病变情况

组别	观察期满动物数（只）	鳞化（只）	乳头状增生（只）	乳头状瘤（只）	非典型增生（只）	原位癌（只）	早期浸润癌（只）	发癌率（%）
哌，了组	23	19	18	0	4	2	4	26.1
哌嗪组	14	10	8	0	0	0	0	0
了哥王组	15	10	8	1	1	0	0	0

表 2　哌、了组六鼠鼻咽癌变情况

编号	原位癌	早期浸润癌		
		形态	上皮类型	分化程度
3－1	柱状上皮癌变			
5－4	鳞状上皮癌变			
1－1		乳头状	鳞状细胞癌	Ⅲ级
2－2		脑回状	鳞状细胞癌	Ⅱ～Ⅲ级
4－4		蕈状	鳞状细胞癌	Ⅱ～Ⅲ级
6－4		乳头状	柱状细胞癌	Ⅱ级

讨　　论

湖南医学院肿瘤研究室认为，二亚硝基哌嗪是一种对鼻咽黏膜有特殊亲和力的致癌剂[3]。与其他亚硝基化合物相似，其诱癌作用与剂量有关[8]。一次大剂量或多次小剂量长时间作用均可致癌。潘世成等用二亚硝基哌嗪诱发大鼠鼻咽癌，每周皮下注射 2 次，每次 1.5 mg，最小积累总量为 99 mg，停药后观察 6 个月，50% 发生了鼻咽鳞状细胞癌。

了哥王属瑞香科植物，民间常用作消炎解毒的中草药，是广东成药"解毒消炎片"的主要成分[9]。曾毅等[7]亦发现其提取物有诱发 Raji 细胞的 EB 病毒早期抗原和增强 EB 病毒转化淋巴细胞的作用。

按 Hecker（1968）[10]研究促癌作用模型的经典实验方案，本实验：（1）哌嗪组大鼠只接受一次极小剂量（即所谓阈下剂量的二亚硝基哌嗪 9 mg），为潘世戚等所用可致癌的最小积累总量的 1/10，实验观察期内未见诱发鼻咽癌。陆彝芬等[11]的实验也证实了这一点。（2）了哥王组大鼠连续接受了哥王液 14 次，未见诱发鼻咽癌。（3）哌、了组大鼠接受一次同样剂量的哌嗪，然后连续接受 14 次同样剂量的了哥王，结果有 26.1% 的动物发生鼻咽癌。（4）关于单独多次应用恒定剂量的哌嗪可诱发鼻咽癌已被证实（见前）。因此，实验结果表明对大鼠鼻咽癌的发生，二亚硝基哌嗪符合肿瘤始动因子的作用，了哥王则符合肿瘤促进因子的作用。后者与公认的促癌物巴豆油因子 A_1、（TPA）的作用相似，这也已为胡垠玲等（1985）[12]的实验所验证，且较镍的促癌作用大 26 倍以上。Hecker 等报告瑞香科和大戟科植物可含与 TPA 的促癌有效成分佛波（Phorbol）类似或有关的脂类[10]，了哥王虽属瑞香科，但其促癌机理和激活 EB 病毒产生抗原及促进淋巴细胞转化的作用是否与之有关，尚待进一步研究。

（承王宗锐、李飞虹、张艺强、黄文明同志协助工作，谨致谢意）

〔原载《临床与实验病理学杂志》1986，2（2）：34－36〕

参 考 文 献

1 王衡文．实验生物学报，1965，10： 190

2 湖南医学院肿瘤研究室．湖南医学院医学研究资料，1977，21－28

3 湖南医学院肿瘤研究室．湖南省参加全国鼻咽癌防治协作组第五次会议资料，1978，30－39

4 湛江医学院病理教研室．湛医通讯，1978，10－15

5 区宝祥，等．癌症，1982，1（2）：86

6 Yohei Ito, et al. Cancer Campaigu Vol5 Mew York Gustav Fischer Verlag, 1981

7 Zcng Yi, et al. Iutervirology, 1983, 19： 201

8 潘世戚主编：肿瘤，第 1 版，北京：人民卫生出版社，1984，176

9 全国中草药汇编编写组．全国中草药汇编（上册），北京：人民卫生出版社，1975，11

10 杨简，等译．肿瘤的科学基础，北京：科学出版社，1984，385～394

11 陆彝芬等．癌症，1983，2（2）：10

12 胡垠玲，等．中华肿瘤杂志，1985，6： 417

87. 罗城仫族自治县鼻咽癌血清学普查

中国预防医学中心病毒学研究所　曾毅　皮国华　江民康　方仲　赵全壁

广西壮族自治区人民医院　陶仲强　韦继能　黎而介　王培中

广西罗城县卫生局　韦瑞环　古世堂　涂志明　江锡民　广西苍梧县鼻咽癌研究所　邓洪

自 1971 年肿瘤死亡回顾性调查以后，广西鼻咽癌的研究着重在汉族高发区。广西有 11 个少数民族，为了摸清其鼻咽癌发病情况，1983 年 5 月到 1984 年 8 月，我们先选择罗城仫佬族自治县进行鼻咽癌血清学普查。该县地处桂北山区，总人口 294 530 人。这里居住着多个民族，主要有壮族 126 262 人，仫佬族 69 236 人，汉族 84 092 人，还有瑶、苗等少数民族。全国仫佬族只有 88 700 人，罗城县的仫佬族该族占总人口的 90%。仫佬族集中居住在东门、四把两个公社，住区基本连成一片。罗城县的汉族，有一部分是从福建迁来的，至今已传九代，但仍讲福建方言。新中国成立前，汉、壮和仫佬之间很少通婚。我们的普查对象是：仫佬族、壮族、汉族 30 岁以上的人群，未满 30 岁有类似鼻咽癌症状亦给予检查。普查对象的父母基本上是同一种族。血清学普查分 2 次，第一次 1983 年 5 月 7 日至同年 8 月 24 日，采血 29 520 人份，第二次是 1983 年 11 月 12~20 日，采血 14 647 人份，两次共 44 166 人份。根据既往普查经验，我们应用免疫酶法进行检测。EB 病毒 VCA – IgA 抗体滴度≥1：10 为阳性。结果见表 1，阳性率为 1.06%，抗体的几何平均滴度为 1：19.68。抗体滴度越高，占总检人数的比例越低。普查人数按民族划分见表 2，还有一些其他民族人数较少，不作统计。仫佬、汉、壮 3 个民族的 VCA/IgA 抗体阳性率分别为 0.98%，0.68%，1.36%，似有显著差别；但由于 B_{95} – 8 细胞分南宁培养和北京培养两种，可能存在抗原不一致，分 2 次采血实验结果也可能不一致，其差别的意义尚难确定。仫佬族的抗体 GMT 比汉、壮族的低。VCA/IgA 抗体阳性者 469 人中，EA/IgA 抗体阳性有 32 例。在血清学检查得出阳性结果以后，1983 年 9 月及 1984 年 8 月两次对阳性者进行临床检查。临床实检 424 人（占 89.89%）。临床怀疑是 NPC 而进行鼻咽部活检 55 例，病理证实为 NPC 的 18 例，仫佬、汉、壮各 6 例（表 3）。其余 1 例为鼻咽部结核，5 例是鼻咽部黏膜异型增生和异型化生。汉族的 NPC 检出率和 IgA/VCA 抗体阳性 NPC 检出率高于仫佬族、壮族。32 例 EA/IgA 抗体阳性者中有 10 例是 NPC，表明 EA/IgA 抗体对于诊断 NPC 有较高的特异性。这些患者男 12 例，女 6 例，年龄为 18~78 岁。78 岁的女患者 6 年前发现颈部淋巴结肿大，未经治疗，带瘤 6 年之久，临床检查见鼻咽部肿物表面颜色较苍白。病理类型 17 例是低分化鳞癌、1 例是黏液腺癌。临床分期：Ⅰ期 3 例，Ⅱ期 4 例，早期诊断率为 7/18，高于门诊的早期诊断率；其余 11 例是Ⅲ、Ⅳ期患者。发现晚期病例较多，原因是边远山区，就医条件差，有近年累积的患者。

表1 罗城县30岁以上人群EB病毒抗体检出率

实检人数	阳性		抗体滴度				抗体阳性者的GMT
	人数	（%）	1：10	1：20	1：40	≥1：80	
44 166	469	1.06	205	127	77	60	1：19.68
占总检人数			0.43	0.27	0.16	0.13	

表2 罗城县各民族EB病毒抗体阳性率

民族	检查人数	阳性		IgA/VCA				抗体阳性者GMT	IgA/EA				
		人数	（%）	1：10	1：20	1：40	≥1：80		1：5	1：10	1：20	1：40	1：80
仏佬	15 324	151	0.98	75	49	18	9	1：16.72	1	2	4	1	2
汉	11 117	76	0.68	30	26	14	6	1：19.29			3	1	
壮	17 725	242	1.36	100	52	45	45	1：19.71	3	2	5	5	3

表3 罗城县各民族鼻咽癌普查检出率比较

民族	血清学阳性人数	临床实检人数	检出NPC人数	NPC检出率	IgA/VCA抗体阳性NPC检出率（%）
仏佬	151	136	6	39.15	0.044
汉	76	73	6	53.37	0.082
壮	242	215	6	33.85	0.027

这是首次在少数民族地区应用免疫酶法进行大规模的血清学普查，发现了一批NPC患者，引起当地卫生部门和群众的重视。通过这三个民族进行比较，说明不同的种族NPC的发生均与EB病毒有密切的关系，尤其是EA/IgA抗体滴度高者应高度怀疑为NPC，有5例EA/IgA抗体滴度≥1：80，发现4例NPC。在少数民族地区，汉族的NPC检出率仍然高于仏佬族、壮族。根据1971－1973年广西恶性肿瘤死亡回顾性调查有关鼻咽癌的资料，罗城县的NPC年平均死亡率只有1.87/10万，属最低。但这次普查结果并不低于汉族地区的NPC检出率（即苍梧县、广西沿海地区的几次NPC普查结果）。少数民族居住的边远山区的鼻咽癌防治问题，亦应重视。

〔原载《广西医学》1986，8（2）：79－81〕

88. 苍梧县环境促 EB 病毒物质的研究

广西苍梧县鼻咽癌防治所　钟建明　莫永坤　成积儒　唐苍庭

广西药用植物园　倪芝瑜　黄长春　中国预防医学中心病毒学研究所　曾毅

　　我们对苍梧县和北京收集的 495 种中草药进行初筛，有 10 个科 15 种药的乙醚提取液对 Raji 细胞 EB 病毒早期抗原（EA）有诱发作用[1]。为进一步研究鼻咽癌高发区苍梧县的环境激活 EB 病毒的因素存在和分布，我们继续应用 Raji 细胞正丁酸钠系统检测当地的植物、中草药及食物，结果如下。

表1　植物、中草药、食物对 Raji 细胞 EB 病毒 EA 的诱发作用

科别	种类	乙醚提取液 μg/ml		水煮液 mg/ml	
		10	1	10	5
大戟	乌桕	23	11	2	13
	山乌桕	14	3	4	11
	圆叶乌桕	2	20	8	6
	扭曲草	23	13	19	17
	火秧簕	8	24	17	8
	石山巴豆	17	12	6	4
	木油桐	16	26	16	6
	广西巴豆	2	20	6	2
瑞香	细轴芫花	20	8	8	2
	了哥王花	14	11		
大戟	火秧簕花	21	5		
	铁海棠花	19	24		
	油桐树花	18	10		
	乌桕树花	2	13		
食物	蜂蜜	8	16		
	木耳（1）	8	3		
	木耳（2）	4	12		
	巴豆油对照	22	32		

注：1. 细胞培养液中有 4 mmol/L 正丁酸钠；2. 表中数据为 EA 阳性细胞百分率；3. 单加正丁酸钠的阳性率为 0.4%

　　从苍梧县收集植物，中草药、食物等，按 Ito 等的方法[2]，将标本 10 g 切碎后用 100 ml 乙醚浸 72 h，蒸发乙醚，10 mg 提出物用 1 ml 乙醇溶解作为母液。水提液为 5 g 材料加 50 ml

蒸馏水煮沸 10 min，离心取上清液。用 10 μg/ ml 的 Raji 细胞培养于含 20% 小牛血清和 4 mmol/L正丁酸的 RPMI1640 培养液，加不同浓度的待检物提出液，37℃培养 72 h，制成细胞涂片，用间接免疫酶法检查 EA 细胞阳性率[1]。结果，在 188 种（209 份）植物或药标本中有 9 种阳性，45 种植物或药的花（50 份）有 5 种阳性，食物中木耳 9 种（48 份）有 2 份阳性，蜂蜜 4 种（32 份）有 1 份阳性，酸菜 39 份、果菜 154 份均为阴性，见表 1。

在苍梧县三种乌桕均有诱发 EB 病毒 EA 的作用，乌桕树在全县路旁、田边、村边、院内、菜园周围分布极广；山乌桕多见于山丘，分布亦广；圆叶乌桕主要分布在石桥乡的石山。了哥王在全县山地丘陵村边都有。油桐树多分布于路旁村边，在梧州市到苍梧龙圩镇的公路旁平均每公里 93 株，人们常用桐油来漆帽、盆、桶及船。石山巴豆和广西巴豆在山里较少。火秧勒和扭曲草被作为盆上观赏植物用，在夏郢乡周木村用火秧簕围菜园。在春季油桐树和乌桕树开花时收集蜂蜜，32 份仅有 1 份阳性。栽种木耳的木以油桐木为主，也有乌桕木，鸭脚木和海桐木，检查 48 份有 2 份阳性，均为油桐木上栽种的；少数蜂蜜和木耳阳性，可能与大戟科的植物和花有关。大戟科和瑞香科的阳性植物是否与苍梧县的鼻咽癌高发有协同关系有待继续研究。

〔原载《广西医学》1986，8（3）：145－146〕

参 考 文 献

1 曾毅，等．中国医学科学院学报，1984，6：84

2 Ito Y, et al. Cancer Letters, 1981, 13：29

89. 巴豆油、黄芫花和了哥王对兔乳头瘤病毒诱发的兔乳头瘤的促进作用

中国预防医学中心病毒学研究所　胡垠玲　曾毅

School of Medicine，Kyoto University　伊藤洋平

〔关键词〕　兔乳头瘤病毒；巴豆油；黄芫花；了哥王

我们的工作证实了一些药用植物能激活 EB 病毒的早期抗原[1]，并能促进 EB 病毒对正常淋巴细胞的转化作用[2]，如大戟科的了哥王，在我国南方鼻咽癌高发区很常用[3]，瑞香科的黄芫花具有引产作用[4]已广泛应用临床。这些药物是否具有促癌作用是值得进一步研究的。本实验应用兔头乳状瘤为模型研究这两种药用植物是否为促癌物。

乳头瘤病毒乳头瘤组织来自伊藤洋平（Ito）实验室。将肿瘤组织块用少量砂子研磨，1 g组织加 10 ml 生理盐水稀释（1：10），3000 r/min 离心 20 min，取上清，用生理盐水稀释成不同浓度的病毒悬液。取重 2 kg 左右的健康大白家兔，在背部剃去毛共 4～6 块，每块为 3 cm×3 cm，划痕滴加病毒悬液，每块 0.3 ml，干后正常饲养。三天后滴加用丙酮稀释的不

表1 巴豆油对家兔乳头瘤发生的促进作用

Tab. 1 Croton oil enhanced the rabbit papilloma induced by papilloma virus

| 病毒稀释度 Dilution of virus | 巴豆油 Croton oil | | | |
| | 0 | | 2% | |
	天数 Days	肿瘤数 Number of papilloma	天数 Days	瘤子数 Number of papilloma
1:10	17	2	15	12
1:40	24	2	19	10
1:160	25	0	20	1

表2 黄芫花和了哥王对家兔乳头瘤发生的促进作用

Tab. 2 Wikstroemia chamaedaphne and Wikstroemia indica enhanced the rabbit papilloma induced by papilloma virus

项目 Item	黄芫花 Wikstroemia chamaedaphne		了哥王 Wikstroemia indica	
浓度 Concentration of drug	1mg	0	0.5mg	0
发生肿瘤天数 Days for occurence of tumor	35	62	29	52
肿瘤数 Number of papilloma	7	2	2	1

注：病毒稀释度为1:100；Dilution of virus 1:100

同药物，每块 0.2 ml，两天加一次。药物稀释后的最终浓度是：巴豆油 2%，黄芫花 5 mg/ml，了哥王 2.5 mg/ml。

从表 1 结果可见，加 2% 巴豆油后既缩短了肿瘤发生的时间，又使肿瘤数目增多。

表 2 证实，黄芫花和了哥王均可促进乳头瘤病毒诱发的兔乳头瘤。不加药物时发生肿瘤的时间长，数目少；加药物后发生肿瘤的时间缩短了，数目也增多了。说明黄芫花、了哥王同巴豆油一样能促进兔乳头瘤的发生。

我们的工作曾证明，黄芫花和了哥王的提取液能促进 Rous 肉瘤病毒诱发鸡肉瘤，瘤重较对照增加 3～4 倍[5]。因此可以认为这两种药物是促癌物。了哥王为广东成药"解毒消炎片"和"解毒消炎膏"的主要成分[3]，并制成针剂；黄芫花广泛用于临床引产，它们与人肿瘤的关系，值得进一步注意。

〔原载《病毒学报》1986，2（1）：81-82〕

参 考 文 献

1 Zeng Y, et al. Intervirology, 1983, 19：201

2 胡垠玲，曾毅. 中华杂志, 1985, 6：418

3 《全国中草药汇编》编写组. 全国中草药汇编（上册），第一版，北京：人民卫生研究所，1978.11

5 胡垠玲，曾毅. 待发表

Croton Oil, Wikstroemia Chamaedaphne and Wikstroemia Indica Enhanced the Rabbit Papilloma Induced by Papilloma Virus

HU Yin-ling[1], ZENG Yi[1], ITO Y[2]

（1. Institute of Virology, China National Centre for Preventive medicine, Beijing;

2. School of Medicine, Kyoto University）

Rabbit papilloma induced by rabbit papilloma virus was used as the experimental model for studying the promoting effect of Croton oil, Wikstroemia chamaedaphne and Wikstroemia indica. The results showed that all of the 3 Chinese medicinal herbs could shorten the inculation period and enhance the growth of papilloma, and were considered being the tumor promoters.

〔**Key words**〕 Rabbit papilloma virus; Croton oil; Wikstrocmia chamaedahne; Wikstroemia indica

90. 血友病患者血清中淋巴腺病病毒/人T细胞Ⅲ型病毒抗体检测

中国预防医学科学院病毒学研究所　曾毅　范江　张钦

浙江医科大学　王必璋　汤得骥　周绍聪

中国预防医学科学院流行病学微生物学研究所　郑锡文

〔**摘　要**〕　对浙江省1982-1984年注射了美国产浓缩Ⅷ因子制剂的18例血友病患者，用酶联免疫吸附法（ELISA）检测了血清中淋巴腺病病毒/人T细胞Ⅲ型病毒（LAV/HTLV-Ⅲ）抗体，发现4例阳性，并经免疫荧光试验和Western印迹法证实。2例应用了国产浓缩Ⅷ因子者抗体阴性。一例从美国来华旅游死于艾滋病者，LAV/HTLV-Ⅲ抗体阳性。本研究证明，LAV/HTLV-Ⅲ病毒已通过美国生产的Ⅷ因子制剂传入中国。

〔**关键词**〕　血友病；艾滋病；淋巴腺病病毒/人T细胞Ⅲ型病毒

艾滋病是1981年新发现的病毒病，病死率高，由淋巴腺病病毒/人T细胞Ⅲ型病毒（LAV/HTLV-Ⅲ）侵犯人OKT4细胞而致病。患病者主要是男性同性恋者，占78%；静脉药瘾者，占15%；输血者和血友病患者，各占1%[1]。艾滋病患者及LAV/HTLV-Ⅲ病毒感染者血清中，均可查到LAV/HTLV-Ⅲ抗体。Goedert等[2]报告，使用过Ⅷ因子的血友病患者，其LAV/HTLV-Ⅲ抗体阳性率达74%~90%。Blattner等报告[3]，有LAV/HTLV-Ⅲ抗体的血友病患者每年约有2%~4%发展成为艾滋病人。所以输入带有LAV/HTLV-Ⅲ病毒的Ⅷ因子，是艾滋病传播的重要途径。

1982 年 10 月，在杭州召开了国际出血性疾病讨论会，当时美国 Armour 公司来做广告，带来不少浓缩Ⅷ因子制剂。有些单位索取了样品，有的订购了制剂并应用于血友病患者。这些血液制品来源于广泛流行艾滋病的美国，因此，迫切需要检查我国输过Ⅷ因子的血友病患者是否已经感染了 LAV/HTLV－Ⅲ病毒。我们采集了浙江省使用过浓缩Ⅷ因子的血友病患者的血清 20 份，测定了 LAV/HTLV－Ⅲ抗体，并以一例死于北京协和医院的美国来华旅游的艾滋病患者的血清作为对照。现将检测结果报告如下。

材料和方法

一、血清 1985 年 9－12 月收集了 1982－1984 年浙江省输过 Armour 公司浓缩Ⅷ因子制剂的血友病患者血清 18 份，使用过国产Ⅷ因子的血友病患者血清 2 份，死于协和医院的外国艾滋病患者血清 1 份。血清均放 －20℃ 保存。

二、检测方法 应用 ELISA 法、间接免疫荧光法和 Western 印迹法检测血清中 LAV/HTLV－Ⅲ抗体。通常先用 ELISA 法，凡两次重复检测均为阳性者，才确定其为阳性血清，并用另两种方法验证。

1. ELISA：应用 Abbott 公司的 HTLV－Ⅲ药盒，将待测血清稀释至 1：400，加入HTLV－Ⅲ抗原珠，在40℃水浴箱孵育 1 h。用蒸馏水洗 4 次，加入酶结合物（抗人 IgG），置40℃水浴箱孵育 2 h。再用蒸馏水洗 4 次，加入 OPD 底物。半小时后用 Quentum 分析仪测定 A 值。标准对照阴性血清的 A 值应为 0.01～0.1，阳性对照为 0.4～1.999。待测血清的 A 值 >0.4 为阳性。

2. 间接免疫荧光法：将待测血清稀释至 1：5，加至带有 LAV/HTLV－Ⅲ抗原的玻片上（抗原片来自西德 Pettenkofer 研究所），放 37℃孵育 40 min。用 0.1 mol/L pH7.6 缓冲液洗 3 次，加入适当稀释的荧光标记抗人 IgG，37℃孵育 30 min，再用缓冲液洗 3 次，以 0.06% 伊文氏蓝液染色，用荧光显微镜检查，呈荧光反应者为阳性。

3. Western 印迹法：将带有 LAV/HTLV－Ⅲ抗原的硝酸纤维膜片（来自西德 Pettenkofer 研究所），浸在含 2 ml TBSD 缓冲液（0.9 NaCl，1.0 mol/L Tris－HCl，pH7.5）的试管中，加 1：40 稀释的待测血清50 μlg，室温振荡孵育 4 h，用含 Tween－20 的葡萄球菌蛋白 A 酶结物，室温振荡 1.5 h，再用蒸馏水洗 5 次。将该膜片浸在显色液中（0.02 g 二氨基联苯胺，2.5 ml 1 mol/L Tris－HCl，pH7.5，50 ml 蒸馏水，18 μl H_2O_2），室温 10 min，带形出现后将膜片放入清水中终止反应。与标准阳性血清比较，出现病毒蛋白带者为阳性。

结　果

ELISA 测定结果，18 例使用过进口Ⅷ因子制剂血友病患者血清，4 例 LAV/HTLV－Ⅲ抗体阳性，其 A 值分别为 1.831、1.449、1.854 和 0.688。艾滋病患者的血清亦为阳性，A 值为 1.600（表 1）。2 例使用国产Ⅷ因子的血友病患者为阴性。

表 1 三种方法检测 LAV/HTLV – Ⅲ抗体的阳性结果

Tab. 1 Positive LAV/HTLV – Ⅲ antibody detected by 3 methods

检查法 Method		标本 Sample					
	阴性对照 Neg. control	阳性对照 Pos. control	5	9	11	55	艾滋病人 AIDS
ELISA （A value）	0.0435	1.103	1.831	1.449	1.854	0.685	1.600
间接荧光法 Immunofluor- escent test	−	+	+	+	+	+	+
Western 印迹法 Western blot	−	P76 P64 P55 P41 P39 P30 P24 P16	P76 P64 P55 P41 P30 P24 P16	P76 P64 P41 P30 P24	P76 P64 P41 P30 P24	P76 P64 P41 P30	P76 P64 P55 P41 P39 P30

上述 5 例阳性血清再用免疫荧光法检测均呈阳性反应。应用 Western 印迹法检测的结果见表 1 和图 1，它们分别有 5～7 条 LAV/HTLV – Ⅲ病毒蛋白带的抗体，为 LAV/HTLV – Ⅲ抗体阳性。

4 例抗体阳性的血友病患者，在治疗过程中都曾输入了美国 Armour 公司的Ⅷ因子，其简单情况如下。

（1）5 号病人，男性青年。1984 年 11 月 15 日因右膝关节出血肿胀，输入浓缩Ⅷ因子制剂 955 单位，分次注完，肿胀逐渐消退。

（2）9 号病人，男性，10 岁。2 岁起出血。1982 年 8 月 13 日入院治疗，共输入浓缩Ⅷ因子制剂 1 400 单位。

（3）11 号病人，男性，14 岁。1984 年 12 月 11 日因关节出血肿胀入院治疗，输入浓缩Ⅷ因子 950 单位，病情好转。

（4）55 号，男性，30 岁。6 岁起发病，1984 年 4 月 17 日因出血入院治疗，共输入浓缩Ⅷ因子 1 090 单位，病情好转。

讨　论

我们对浙江省 1982 年以来使用过浓缩Ⅷ因子制剂的 20 例血友病患者血清，检测了 LAV/

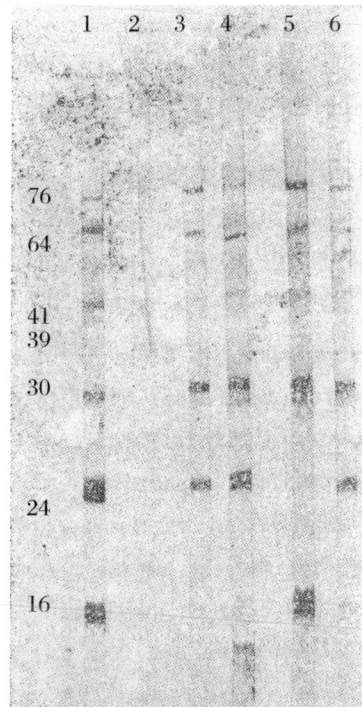

1. 阳性对照；2. 阴性对照；3～6. 分别为
5、9、11、55 号标本

图 1　Western 印迹法证实血清中的
LAV/HTLV – Ⅲ抗体

1. Positive Control；2. Negative control；
3 – 6. Samples No. 5，9，11，55

Fig. 1 Confirmation of LAV/HTLV – Ⅲ
antibody in test sera by Western blot

HTLV – Ⅲ抗体，在 18 例用过进口浓缩Ⅷ因子的患者中发现 4 例阳性，占 22.2%。这证明 LAV/HTLV – Ⅲ病毒已通过血液制品传入我国。本文报告的血友病患者 LAV/HTLV – Ⅲ抗体阳性率，低于 Geodert 等[2]报告的 74%～90%。这可能是由于此 18 例患者不是经常输入进口Ⅷ因子。而 Geodert 等报告的血友病患者是经常使用Ⅷ因子的。一例艾滋病患者的 LAV/HTLV – Ⅲ抗体阳性，证明此人确系艾滋病患者。4 例抗体阳性的血友病患者是否会发展为艾滋病前期或艾滋病人，会不会传染给家人，正在追踪观察。

我们曾用免疫荧光技术检测过我国八个省市正常人血清，结果 LAV/HTLV – Ⅲ抗体都是阴性[4]。可能我国原来是没有 LAV/HTLV – Ⅲ病毒的。由于 LAV/HTLV – Ⅲ病毒已传入我国，应立即对我国高危人群做更广泛的流行病学、血清学和临床的调查研究。

我国政府已下令禁止进口外国的血液制品，这是十分重要的预防措施。此外，对通过性生活传播途径也应予以重视，加以控制，这样就能防止艾滋病在我国的传播。

（Abbott 公司赠送 ELISA 药盒；西德 Pettenkofer 研究所赠送抗原玻片和 Western blot 抗原带；香港玛琍医院张惠君主任协助验证 No.5、9、11 号标本，结果一致；特此致谢。）

〔原载《病毒学报》1986，2（2）：97－100〕

参 考 文 献

1　Wallis C Time, August, 12, 1985, p52, Data from CDC, USA.

2　Goedert J J et al. Blood, 1985, 65：492

3　Blattner W A et al. Annals of Internal Medicine, 1985, 103：655

4　王必璀，等. 病毒学报，1985，1：391

Detection of Antibody to LAV/HTLV – Ⅲ in Sera from Chinese Haemophiliacs

ZENG Yi[1], WANG Bi-chang[2], TANG De-ji[2], ZHOU Shao-cong[2], FANG Jiang[1], ZHANG Qin[1], ZHENG Xi-wen[3]

（1. Institute of Virology, Chinese Academy of Preventive Medicine; 2. Zhejiang Medical University; 3. Institute of Epidemiology and Microbiology, Chinese Academy of Preventive Medicine）

Sera from 18 Chinese haemophiliacs treated with factor Ⅷ produced in USA from 1982 to 1984 were tested for antibody to LAV /HTLV – Ⅲ by ELISA. Four patients （22.2%） showed strong positive results which were confirmed by immunofluorescence test and Western blot, but none of them has developed symptoms related to AIDS. Two Chinese haemophiliacs treated with locally produced factor Ⅷ was sero-negative. The first AIDS patient from abroad died in Beijing in 1985 was also sero-positive. In conclusion, the data indicated that the Chinese haemophilics were exposed to LAV/HTLV – Ⅲ via imported factor Ⅷ from USA.

〔**Key words**〕Heamophiliac; AIDS; LAV/HTLV – Ⅲ

91. 人精液对 Raji 细胞中 Epstein – Barr 病毒早期抗原的诱导

中国预防医学科学院病毒学研究所　纪志武　曾毅
日本京都大学医学院　伊藤洋平

〔关键词〕　Epstein – Barr 病毒；人精液；早期抗原

在大戟科、瑞香科、豆科和其他科植物中，发现有些植物含有能诱导人伯基特淋巴瘤细胞——Raji 细胞中 EB 病毒早期抗原的物质[1,2]，并已证明其中有的是很强的促癌物质，如 12 – 0 – 十四烷酰巴豆醇 – 13 乙酸酯（TPA）、桐油提纯的 HHPA[3]、芫花和黄芫花[4] 等。某些人的精液也含有能激活 EB 病毒的物质[5]。本文报告中国人的精液以及人精液与从宫颈癌病人分离的细菌培养液，对 EB 病毒早期抗原的诱导作用和协同诱导作用。

Raji 细胞来源于非洲伯基特淋巴瘤。培养液为 RPMI1640，含 20% 牛血清、100 U/ml 青霉素和 100 μg/ml 链霉素。

精液是从北京市友谊医院门诊部化验室获得，–20℃ 保存，用时溶解，18 000 r/min 离心 1 h，留上清液做实验。

厌氧菌培养液[6] 的制取方法：用宫颈棉拭子在宫颈癌病人宫颈裡取材，立即涂于 FM 改良培养基表面，厌氧条件下（细铁丝绒法 CO_2：N_2 = 10%：90%）87℃ 培养 5 d。菌株纯化后接种于液体培养基，厌氧条件下 37℃ 培养 5d，菌液经蔡氏（Seitz）滤器除菌。所获得的革兰染色阴性和阳性细菌滤液即可用于实验。

实验步骤是：取不同浓度的人精液上清液，加到含 4 mmol/L 正丁酸钠的细胞培养液中，37℃ 培养 48 h，细胞涂片，固定，用免疫酶法[7] 检查 EB 病毒早期抗原的阳性细胞率。计算时至少要数 500 个细胞。以单一正丁酸钠（4 mmol/L）和巴豆油 500 ng/ml 加正丁酸钠（4 mmol/L）为对照。在协同诱导实验中，每毫升细胞液分别含人精液 2 μl 或 10 μl、细菌培养液 0.05 ml 或 0.1 ml。

在 53 份人精液中，24 份有诱导 EB 病毒 EA 的作用，占 45.3%。其中 9、15 和 20 号标本的 EA 阳性率较高，为 9.8% ~ 12.2%。在 0.4 ~ 10 μl 范围内，阳性标本对 EB 病毒 EA 的诱导率无显著差别（表1）。

表 2 证明，人阳性精液加阳性细菌滤液对 Raji 细胞中 EB 病毒 EA 有较高的协同诱导作用，阳性细胞率在 4.0% ~ 18.6% 之间，15 号精液加 13 号菌液的协同诱导作用最强，阳性细胞率达 18.6%，与巴豆油加正丁酸钠的阳性细胞率相近。

表1 人精液对 Raji 细胞中 EB 病毒 EA 的诱导
Tab. 1 Induction of EBV EA in Raji cells by human semen

标本编号 Semen No.	精液 Semen 10 μlg	精液+正丁酸钠 10 μlg	Semen + n-butyrate 2 μlg	0.4 μlg
	Raji 细胞 EB 病毒 EA 阳性率（%）Raji cells EBV EA positive rate			
15	1.2	10.8	12.2	9.0
9	1.2	9.4	10.4	8.0
20	1.2	9.2	9.8	8.2
36	0.6	7.6	6.0	8.2
41	0.6	7.4	6.2	6.0
33	0.6	7.2	6.0	6.2
12	0.6	6.8	6.0	5.2
17	1.2	6.2	5.4	6.6
18	1.2	5.8	6.4	5.4
23	1.0	5.8	6.2	4.8
45	0.6	5.4	4.2	3.4
13	0.8	4.2	5.4	3.4
40	0.4	5.2	4.2	5.8
48	0.4	5.0	4.0	3.4
2	0.4	4.6	3.4	4.0
3	1.0	4.0	4.4	3.0
1	0.8	4.2	3.6	3.4
14	0.8	4.0	2.6	3.4
31	0.4	3.2	3.8	2.6
27	0.4	3.2	3.8	3.8
22	0.8	3.4	3.0	2.8
25	0.4	2.8	3.3	2.2
50	0.4	5.2	4.2	3.4
58	0.4	4.2	3.8	3.0

对照：正丁酸钠（4 mmol/L）EB 病毒 EA 阳性细胞率为 0.6%；

　　巴豆油（500 ng/ml）EB 病毒 EA 阳性细胞率为 1.4%；

　　巴油 + 正丁酸钠 EB 病毒 EA 阳性细胞率为 21.4%

Control：n-butyrate（4 mmol/L）：EBV EA positive rate 0.6%；

　　Croton oil（500ng/ml）：EBV EA positive rate 1.4%；

　　Croton oil + n-butyrate：EBV EA positive rate 21.4%

表2 人精液加细菌培养液对 Raji 细胞 EB 病毒 EA 的诱导
Tab. 2 Synergistic effect of human semen plus bacterial culture fluid

标本编号 Sample No. 细菌培养养液 Bacterial Culture fluid	精液 Semen	0.1 ml 10 μlg	2 μlg	0.05 ml 10 μlg	2 μlg
		Raji 细胞 EB 病毒 EA 阳性率（%）Raji cells EBV EA positive rate 细菌培养液量 Volume of bacterial culture fluid 精液量 Volume of semen			
13（+）	15（+）	16.2	17.2	18.2	14.2
25（+）	15（+）	9.2	8.4	16.8	17.6
39（+）	36（+）	4.6	5.4	4.8	4.2
41（+）	41（+）	4.8	6.2	5.4	4.0
15（+）	20（+）	4.8	5.0	5.8	4.4
25（+）	57（-）	1.2	1.4	0.8	0.2
27（+）	56（-）	0	0	0	0
23（-）	58（+）	0	0	0	0
2（-）	9（+）	0	0	0	0
11（-）	52（-）	0	0	0	0
7（-）	49（-）	0	0	0	0

对照：正丁酸钠（4 mmol/L）EB 病毒 EA 阳性细胞率为 0.6%。巴豆油（500ng/ml）EB 病毒 EA 阳性细胞率为 1.0%。巴豆油 + E 丁酸钠 EB 病毒 EA 阳性细胞率为 21.4%

Control：n-butyrate（4 mmol/L）：EBV EA positive rate 0.6%；Croton oil（500ng/ml）：EBV EA positive rate 1.0%。Croton oil + n-butyrate：EBV EA positive rate 21.4%。

本实验进一步证实了 Ito 等人的工作。45.3% 的中国人精液具有诱导 Raji 细胞中 EB 病毒 EA 的作用。在宫颈癌病人的宫颈部分离的细菌培养液中也发现了能诱导 EB 病毒 EA 的物质。气相色谱证实，这种物质是丁酸[6]。为探索宫颈癌的病因，我们试图了解人精液加这些细菌培养液对 EB 病毒 EA 有无协同诱导作用。实验证实，如同巴豆油和正丁酸钠一样，它们有协同诱导作用。这提示，人精液和宫颈部厌氧杆菌的代谢产物可能是人宫颈癌的促癌物。

〔原载《病毒学报》1986，2（2）：182－183〕

参 考 文 献

1 Ito Y, et al. Cancer Letter, 1981, 12：175

2 曾毅，等. Intervirology, 1983；19：201

3 Ito Y, 个人通讯

4 曾毅，等. 待发表

5 Ito Y, et al. Cancer 1981, 23：129

6 曾毅，等. 待发表

7 曾毅，等. 中华肿瘤杂志, 1979, 1：2

Induction of Epstein-Barr Virus Early Antigen in Raji Cells by Human Semen

JI Zhi-wu[1], ZENG Yi[1], ITO Y[2]

1. Institute of Virology, Chinese Academy of Preventive Medicine；

2. Department of Microbiology, Faculty of Medicine, Kyoto University, Kyoto, Japan.

The induction of EBV EA in Raji cells system was used for assaying the activity of inducer in semen. 45.3% of semen from 53 Chinese were capable of inducing EBV EA in Raji cells, and the positive semens and positive culture fluid of bacteria isolated from the cervix of patients with cervical carcinoma showed synergistic effect on the induction of EBV EA. The significance of the synergistic effect on the cause of cervical carcinoma was discussed.

〔**Key words**〕Epstein-Barr virus；Human semen；Early antigen

92. 艾滋病病原——淋巴腺病病毒/人 T 细胞Ⅲ型病毒

中国预防医学科学院病毒学研究所　曾毅

获得性免疫缺陷综合征（Acquired Immunodeficiency Syndrome）简称艾滋病（AIDS），以其致死性机会感染、选择性恶性变为临床特征，于 1981 年在美国首先报告。经回顾性调查发现，第一例病人是在 1978 年。在第一批病例报告后不久，世界其他地区帆开始有类似病例报告，到 1985 年 10 月 23 日止，世界卫生组织报告全世界共发现艾滋病人 16 377 例。病例主要发生在美国，共报告 14 071 例。症状表现充分的艾滋病的临床诊断标准，一般应具备下列几条：①对机会性感染及（或）恶性变有确实的诊断依据；②有细胞免疫缺陷的证据，特点是对皮肤试验无反应，T－辅助细胞持续性减少，T－辅助细胞与 T－抑制细胞的比值下降，对有丝分裂原及抗原的增殖反应有缺陷，细胞毒作用降低，血清免疫球蛋白增多等；③找不到引起细胞免疫缺陷的原因。艾滋病有四种疾病型：①肺型，有呼吸困难，低氧血，胸痛及胸部 X 线片有弥漫性浸润；在北美及欧洲最流行的致死性感染是卡氏肺囊虫肺炎（Pneumocystis Carinii）；②中枢神经系统型，约 30% 艾滋病例为本型；③胃肠型，伴有腹泻及体重下降的病人，与隐孢子虫或其他微生物的肠道感染有关；④原因不明发热型，表现为体重下降，全身不适和无力。恶性变主要包括卡波济氏肉瘤（Kaposis Sarcoma）和 B 细胞淋巴瘤。艾滋病已向世界各地扩散，我国于 1985 年 6 月在北京协和医院首次发现一例，此人是侨居美国的阿根廷人，从美国来华旅游，因发病住院，治疗无效死亡。经我们检查证明，此病人淋巴腺病病毒/人 T 细胞Ⅲ型病毒（LAV/HTLV‑Ⅲ）抗体阳性，可确诊为艾滋病人。为了预防本病在国内扩散，卫生部已采取必要的监测和控制措施，迄今为止，我国未发现艾滋病人。

一、人 T 细胞白血病病毒（HTLV‑Ⅰ 或 ATL 及 HTLV‑Ⅲ病毒）的发现 1978 年，日本 Miyoshi[1]将一例 69 岁男性淋巴细胞白血病病人的外周细胞在体外培养，建立了 MT‑Ⅰ细胞株。曾请 Hinuma 检查 EB 病毒，结果阴性。细胞株保存于液氧中。1979 年，Hinuma 报告从这个细胞株中发现了一种新的 RNA 逆转录病毒，称为成年人 T 细胞白血病病毒（ATLV），与成年人 T 细胞白血病病人的血清有反应[2]。同时，美国 Gallo 等亦报告，从蕈样真菌病人的淋巴结也建立了 T 白血病细胞株，发现其中有一种新的 RNA 逆转录病毒，称为人 T 细胞白血病病毒（HTLV）[3,4]。后来的研究证明，ATLV 和 HTLV 是相同的。随后又发现其他嗜人 T 淋巴细胞病毒，故将 ATLV 和 HTLV 病毒改称为 HTLV‑Ⅰ病毒。现已证明，这处病毒是日本南部流行的成年人 T 细胞白血病的病因[5]。但经我们研究证明，与我国的 T 细胞白血病无关[6,7]。

HTLV 科中的另一个成员是 HTLV‑Ⅱ病毒。它是从毛细胞性白血病病人的细胞株（MO）及一例艾滋病人分离到的[8-11]。HTLV‑Ⅰ 和 HTLV‑Ⅱ病毒有很多相似之处，但核苷酸序列及抗原性不相 。此病毒与疾病的关系尚未确定。

二、LAV/HTLV‑Ⅲ病毒的发现 从艾滋病的流行病资料分析，艾滋病很可能是由病毒引起。1983 年法国巴斯德研究所肿瘤病毒主任 Montagnier 领导的实验室，首先报告从一患淋巴腺病综合征的男性同性恋者（Lymphadenopathy Syndrome，LAS）分离到一种新的逆转录病毒，命名为淋巴腺病综合征相关病毒（LAV）[12,13]。患 LAS 和艾滋病者，其 LAV 抗体滴度很高。1984 年，美国国立肿瘤研究所 Gallo 等也报告，从艾滋病病人分离到多株逆转录病毒[14]，命名为嗜人 T 淋巴细胞Ⅲ型病毒（HTLV‑Ⅲ）。艾滋病的病原最近统一称为 LAV/HTLV‑Ⅲ病毒。以前曾怀疑 HTLV‑Ⅰ病毒是艾滋病的病原，但从艾滋病人经常分离到的是 LAAV/HTLV‑Ⅲ病毒，而 HTLV‑Ⅰ 和 HTLV‑Ⅱ 仅偶尔从个别病人分离到。HTLV‑Ⅰ病毒是嗜 T 淋巴细胞的，能引起细胞转化，而 HTLV‑Ⅲ病毒却是破坏 T 淋巴细胞的，因此，HTLV‑Ⅰ、HTLV‑Ⅱ病毒不是艾滋病病原。

LAV/HTLV‑Ⅲ病毒属逆转录 RNA 病毒[15]，形态为典型的 D 型病毒，有小而致密的偏心核；在细胞膜芽生，为高相对分子质量 RNA（62s），有逆转录酶，需 Mg^{2+} 离子，主要的核心蛋白与 HTLV‑Ⅰ、HTLV‑Ⅱ、牛白血病病毒和猫白血病病毒等无关。

三、为什么 LAV/HTLV‑Ⅲ病毒是艾滋病病原

1. 病毒分离[16~18]：采取病人周围血或骨髓，分离淋巴细胞，用有丝分裂原刺激细胞 48~72 h，培养在有 T 细胞生长因子（TCGF）的培养液中，用下述方法检查有无病毒：①查培养液中有无 RNA 病毒的逆转录酶；②病毒能感染新鲜正常人周围血、脐带血或骨髓的 T 淋巴细胞；③电镜观察病毒颗粒；④用免疫学方法检查病毒抗原的表达。艾滋病前期病人、儿童艾滋病人的母亲、艾滋病人、合并卡波济肉瘤的成年艾滋病人和并发感染的成年艾滋病人,他们的 LAV/HTLV - Ⅲ 病毒的分离率,分别为 85.7% 、75.0% 、37.5% 、30.2% 和 47.6% 。而正常同性恋和正常异性恋者,其病毒分离率仅为 4.5% 和 0% 。由此可见,很容易从艾滋病人分离 LAV/HTLV - Ⅲ 病毒,从正常异性恋者分离不到病毒。除艾滋病人的淋巴细胞外,还可以从血浆、血清、精液、唾液、眼泪和脊髓液分离到病毒。

2. 抗体测定[16,17,20]:用免疫荧光法、ELISA 和 Western 印迹法。通过先用 ELISA 法,重复两次阳性者才确定为阳性。ELISA 阳性者需经其他两种方法验证,因为有非特异性存在。有的还用放射免疫法测定。艾滋病病人、淋巴腺病病人、T 辅助细胞负责制病人、高危险地区同性恋男人、低危险地区同性恋男人和血友病人的 LAV/HTLV - Ⅲ 抗体阳性率,分别为 90% ~100% 、70% ~90% 、75% ~90% 、50% ~70% 、10% ~50% 和 70% ~90% 。输入过高危险人群的血液者,其 LAV/HTLV - Ⅲ 抗体阳性率也较高。健康正常人和与艾滋病无关的病人,抗体均阴性。

病毒分离和抗体测定结果均表明,LAV/HTLV - Ⅲ 病毒是艾滋病的病原。

四、LAV/HTLV - Ⅲ 病毒的特性

1. 生物学特性[15,16]:LAV/HTLV - Ⅲ 病毒是嗜 OKT_4 淋巴细胞的,细胞在感染病毒后 1~2 周大量释放病毒,形成融合细胞,最后细胞被破坏。感染细胞产生病毒是有限制的,决定于细胞存在的时间。感染病毒 2~3 周后,活细胞数迅速下降。非活化的 T 淋巴细胞虽能被病毒感染,但不产生病毒,只有被有丝分裂原作用过的细胞感染病毒后才能产生病毒。人的 T 淋巴细胞株可被 LAV/HTLV - Ⅲ 病毒感染,并产生大量病毒,这就为制备大量抗原用以检测抗体提供了重要条件。LAV/HTLV - Ⅲ 病毒还能感染其他细胞,如单核细胞、巨噬细胞和 B 淋巴细胞,但这些细胞产生的病毒量很少。在艾滋病人的巨噬细胞中发现有逆转录病毒,将巨噬细胞与正常人周围血的单核细胞共同培养,也可查到病毒。已将 LAV/HTLV - Ⅲ 病毒适应到 EB 病毒转化的 B 淋巴细胞株,此细胞株也可产生大量病毒,可用作诊断抗原。

2. 病毒蛋白[16,21,22]:LAV/HTL - Ⅲ 病毒的蛋白图谱与 HTLV - Ⅰ、Ⅱ 型病毒相似,仅有微小差别。gag 蛋白:p18、p24、p13 三种 gag 蛋白与病毒核心蛋白有关。此三种蛋白是在感染细胞内合成,其前驱蛋白为 p55。pol 基因编码的蛋白酶将 p55 切割成上述三种蛋白,也可测到切割过程中的产物 p40。在 HTLV - Ⅰ、Ⅱ 和 LAV/HTLV - Ⅲ 的核心蛋白之间似没有明显的同源性。马传染性贫血的血清能免疫沉淀 LAV/HTLV - Ⅲ 的 p24,表示有共同的抗原决定簇,但此抗原不能识别病人的抗体,因为病人的抗体不能免疫沉淀马传染性贫血的 p25。囊膜蛋白:感染 LAV/HTLV - Ⅲ 的细胞有 p150,此前驱蛋白切割成第二个前驱蛋白 p135,再切割成 p110 和膜内蛋白 p40—p43。LAV/HTLV - Ⅲ 基因组还有 g 和 f 片段,它们编码 p21—p23 的蛋白,此蛋白尚未定性,但其氨基酸序列与 HTLV - Ⅰ、Ⅱ 病毒和牛白血病病毒 Px 段编码蛋白很不一样,用 Western 印迹法比较 HTLV 三型病毒的蛋白与兔免疫血清的反应,p24 有交叉反应,虽然各自的交叉反应较强,HTLV - Ⅰ 的 p24 抗原与 HTLV - Ⅱ 的抗体有中等强度的反应,HTLV - Ⅲ 的 p24 抗原与 HTLV - Ⅱ 的抗体也有中等强度的反应。Ⅱ 型与 Ⅲ 型的反应像是单向的,因 Ⅱ 型的 p24 与 Ⅲ 型抗体无反应。放射免疫竞争试验表明,HTLV - Ⅲ 的 p24 与大多数逆转录病毒无关,但与 HTLV - Ⅰ、Ⅱ 型病毒有低水平的交叉。HTLV - Ⅰ 型与 Ⅱ 型的关系较与 Ⅲ 型的关系更为密切。Gallo 等报告,克隆了 HTLV - Ⅲ 病毒核酸,并在大肠埃希菌中有表达,gag、pol 和 Env 段的 DNA 重组产生的蛋白是特异的,可作为抗原用于血清学试验。1986 年 1 月在法属马丁尼克岛召开的国际病毒性肿瘤会议上,美国的 Ting 报告，已成功地将 HTLV－Ⅲ的 cDNA 重组于哺乳动物细胞，并能很好表达，有可能用作诊断艾滋病的抗原。

3. 病毒核酸[16,21]：嗜人 T 淋巴细胞病毒是迄今所知道的人的逆转录病毒。此病毒除有三个标准的病毒基因（gag、pol 和 env）外，还含有一个或多个非来源于细胞的基因。此基因曾称为 px、Lor 或 tat 基因。后一名字表示此基因编码一个核蛋白，它能促进长末端重复序列的转录能力。tat 基因为病毒复制所必需，也与病毒的转化能力有关。tat 蛋白不仅与长末端序列，还和细胞的特异性调控基因有相互作用，而且控制着它们的功能。HTLV－Ⅲ病毒还有一个基因，它编码转录活化蛋白，此基因是一个很小的编码部位，位于基因组的中间。此外还有两个基因，其功能尚不清楚，很可能这一个或两个基因与 LAV/HTLV－Ⅲ病毒的致细胞病变有关。进一步的分子生物学研究发现，LAV/HTLV－Ⅲ病毒有很大的遗传变异性，包括核酸的点变异、缺失或插入。不同毒株的限制性内切酶的切割点也有很大差别，基因组的差异在 <1% ~10% 之间。在细胞外层的囊膜蛋白（gp120）是容易改变的，膜内蛋白（gp41）是较稳定的。gp120 可能是刺激机体产生中和抗体的。Wang-Staol 等研究了从一个病人 6 个月内分离到的三株 LAV/HTLV－Ⅲ病毒，证明了有高度变异的和较稳定的 env 基因序列部分。与此结果相符，病人的血清也失去了对已改变的毒株的中和能力[23]。这些结果也表明，HTLV－Ⅲ病毒在体内的遗传变异是很快的。这给疫苗研制带来了困难，难于制备一种疫苗来对抗各种变异株。

4. 抵抗力[24~26]：Barre 等报告了几种常用消毒剂对 LAV/HTLV－Ⅲ病毒的灭活作用，以检测病毒滴度和逆转录酶活性来确定其灭活程度。0.2% 次氯酸钠 5 min 就能灭活病毒，30 mmol/L 的氢氧化钠处理 5 min，仅剩 1% 的逆转录酶活性。19% 的乙醇处理 5 min 仅剩 1% 的病毒。0.1% 甲醛作用不完全，如加 1/4000 的 β-丙内酯可大大增加其灭活能力。病毒对热敏感，56℃30 min 加温后，在培养液中的，甚至在 50% 血清中的病毒都失去活力。经 γ 射线（剂量小于 2.5×10^5Rads）或紫外线（剂量小于 5×10^3J/m²）照射后，病毒仍然存活。Quinnan 等有类似报告，不加稳定剂的病毒，在 -70℃ 冰冻后即失去感染力，但在 35% 的山梨糖或 50% 胎牛血清中，-70℃ 冰冻可保存 3 个月以上。在含 20% 胎牛血清的培养液中，36℃ 过夜仍存活，用 PEG 沉淀可恢复一定量的感染性。56~60℃1~4 h（温热）、0.1% β-丙内酯、25% 乙醇、50% 乙醚、0.5% Triton-x-100 能完全灭活病毒。β-丙内酯、Triton-x-100 和乙醚处理后仍保存抗原性。

五、潜伏期 艾滋病的潜伏期从受血者输入血液至发生艾滋病，平均间隔时间儿童为19.4 个月，成人为 29.8 个月。另外，检查男性同性恋者的贮存血清（1978 年采集供研究肝炎用的），从查出 LAV/HTLV－Ⅲ抗体到诊断艾滋病，其间相隔 16~65 个月，平均 38 个月。因此艾滋病的潜伏期是较长的，也可能更长。由于此病是近年才发现的，需观察[19]。

六、动物感染[27,28] 将感染 LAV/HTLV－Ⅲ病毒的细胞，或无细胞的 LAV/HTLV－Ⅲ病毒接种猩猩，或将感染 LAV/HTLV－Ⅲ病毒的猩猩血液输给另外的猩猩，都能感染成功。在连续 8 个月中，可从周围血细胞、骨髓细胞或血液中分离到 LAV/HTLV－Ⅲ病毒。在感染后 3~5 周就可查到抗体，达到一定高度后就继续维持。T_4、T_8 细胞的百分比有波动，但 T_4 细胞的减少无统计学意义。观察 8 个月尚无临床症状。由于艾滋病人常有进行性脑病，将脑病死亡者的 10% 脑悬液静脉和脑内接种猩猩，从感染猩猩可查到 LAV/HTLV－Ⅲ抗体和分离到病毒。但在 2~15 个月后，未发现有艾滋病、脑病、机会性感染或淋巴瘤等。恒河猴感染后有持续性抗体反应，2/3 的猴有 T_4 和 T_8 比例倒置，30～60 d 的淋巴细胞仍有 LAV/HTLV－Ⅲ抗原，但 90～120 d 就无病毒抗原了。大鼠感染后仅有短暂的抗体反应。

七、传染方式 见表 1。

根据美国疾病控制中心的资料，至 1985 年 7 月止[29]，12 067 例艾滋病人的传染来源如表 1 所示。男性主要是通过同性恋的性接触，其次为静脉药瘾者，再次为输血血者和血友病病人；女性主要是静脉药瘾者、异性恋者和输血者。为什么 LAV/HTLV－Ⅲ病毒在男性同性恋者传播这样严重？因为男性同性恋者的性生活十分混乱，其对象可从数十人到数百人。带毒者的精液中有大量病毒，其滴度可达 $10^7～10^8$/ml 精液[30]。从解剖学上分析，肛门的黏膜较阴首黏膜薄，易受损伤，病毒容易侵入。由于病毒广泛传播，非洲一些地方妓女的 LAV/HTLV－Ⅲ抗体阳性率可高达 81%，嫖客达 28%，而正常人为 5%[31]。因此异性间性生活的传播也将成为日益严重的问题。血友病人所用第Ⅷ因子是一个很危险的传染源，用感染了 LAV/HTLV－Ⅲ病毒的血液制备的浓缩第Ⅷ因子，含有病毒，极易通过注射而传播。我们检查了浙江省 18 例用过从美国进口的第Ⅷ因子的血友病病人[32]，其中 4 例 ELISA 检查阳性，免疫荧光试验和 Western 印迹法也证实有 LAV/HTLV－Ⅲ抗体。首次证实 LAV/HTLV－Ⅲ病毒已经传入我国，但还未发现艾滋病人。日本迄今共发现 10 例艾滋病人[33]，6 例已死亡，4 例病势沉重。10 例中 5 例是同性恋者；5 例是血友病病人，是应用了美国生产的带 LAV/HTLV－Ⅲ病毒第Ⅷ因子而感染的。感染了 LAV/HTLV－Ⅲ病毒的母亲，可在子宫内将病毒传给胎儿，或在分娩期将病毒传给新生儿。带病毒者的血液也是重要的传染源。目前欧美一些国家已法定检查供血者的血液，以避免将带病毒的血液输给他人。

虽然从血液、精液、唾液和眼泪中都分离到 LAV/HTLV－Ⅲ病毒，但迄今尚无证据证明经唾液和眼泪传播病毒。关于家庭内传播问题，除了 LAV/HTLV－Ⅲ病毒感染者的配偶和已感染母亲所生的婴儿外，据调查，报告给美国疾病控制中心的 12 000 多名病人，其家庭人员中没有一人患艾滋病。但对艾滋病人及带病毒者的家庭成员应继续追踪观察，以了解是否可能通过性生活和输血外的其他途径传播。据现有资料，在校儿童中，人与人接触是没有危险的。在与艾滋病人接触的医务人员中，仅个别人因被污染了病毒的注射器针头刺伤而出 LAV/HTLV－Ⅲ抗体，但未发现被病毒感染而患艾滋病的例子。因此，对于艾滋病不应过于紧张和敏感，甚至恐惧。

表 1　各种艾滋病人的比例

艾滋病人	男	女	儿童（13 岁）以下
同性恋	8716（78%）	0（0%）	0（0%）
静脉药瘾者	1633（15%）	418（53%）	0（%）
输血者	106（1%）	75（9%）	21（14%）
血友病	70（1%）	4（1%）	8（5%）
异性恋	14（0.01%）	104（13%）	0（0%）
儿童父母是艾滋病	0（0%）	0（0%）	104（10%）
其他	593（5%）	186（24%）	15（10%）
总计	11 132	787	148

（1985 年 7 月底美国疾病控制中心资料）

没有症状而有 LAV/HTLV－Ⅲ抗体的人群，是带病毒者，至少一部分人会逐渐发展成艾滋病人。在高危险地区男性同性恋抗体阳性者中，每年有 5%~9%的人发生艾滋病；低、中危险地区的男性同性恋抗体阳性者有 3%~5%，静脉药瘾者有 2%~5%，血友病病人有 2%~4%[33]发生艾滋病。

八、LAV/HTLV－Ⅲ病毒与其他逆转录病毒的关系　如图 1 所示[21]，有两个分枝：一个分枝代表病毒能使细胞增殖，形成白血病，HTLV－Ⅰ与猴 T 淋巴细胞病毒（STLV－Ⅰ）很近似，然后是与 HTLV－Ⅱ病毒近似，再其次是和牛白血病病毒近似；另一分枝是代表致细胞病变的 LAV/HTLV－Ⅲ病毒，它与非洲绿猴致细胞病变逆转录病毒（STLV－Ⅲ）很近似，然后是与有蹄动物的慢病毒近似。因此，每个分枝的病毒都包括有蹄动物、猴和人的病毒。

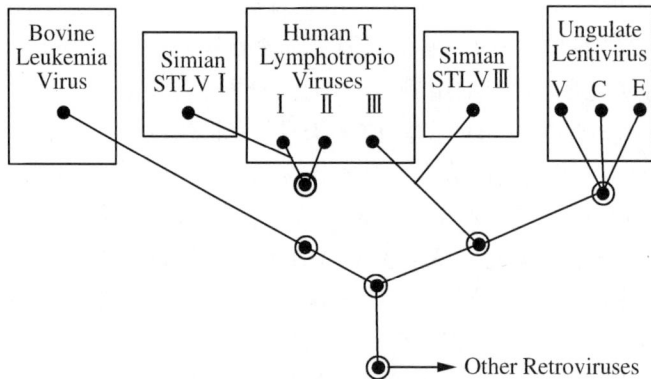

STLV-Ⅰ、STLV-Ⅲ即猴 T 淋巴细胞病毒Ⅰ型和Ⅲ型；

Leutivirus 即慢病毒；V 即维斯那病毒；

C 为山羊关节炎和脑炎病毒；E 为与传染性贫血病毒。

图 1　HTLV－Ⅲ病毒与其他逆转录病毒的关系

结　语

已经证明，LAV/HTLV－Ⅲ是艾滋病的病源，艾滋病到目前为止是无法治愈的，在西方国家已成为十分严重的社会问题。据美国统计，仅 7 316 例艾滋病人住院、医药和失去工作的费用已超过 15 亿美元[34]。艾滋病的主要传播途径是性生活。随着对外开放，性病已侵入我国，为了防止艾滋病的传入，对此应采取有效措施加以预防。我国已禁血液制品输入这是很重要的措施，因为已经证明，LAV/HTLV－Ⅲ病毒已随着进口的第Ⅷ因子制剂从美国传入我国。当前应该迅速查清 LAV/HTLV－Ⅲ病毒传入我国的情况，并对抗体阳性者及可能出现的艾滋病人进行监测和控制。

〔原载《病毒学报》1986，2（2）：190－196〕

参 考 文 献

1　Miyoshi M，et al. Proc Natl Acad Sci USA，1982，79：2031

2　Hinuma Y，et al. proc Natl Acad Sci USA，1981，78：6476

3　Poiesz B J，et al. Proc Natl Acad Sci USA，1980，77：7415

4　Poiesz B J，et al. Nature，1981，294：268

5　Hinuma Y，et al. Int J Cancer，1982，29：631

6　曾毅，等. 病毒学报，1985，1：344

7　Zeng Y，et al. Lancet，1984，1：799

8　Saxon A，et al. Ann Internal Medicine，1978，88：323

9　Kalyanaraman V S，et al. Science，1982，218：571

10　Gelmann E P，et al. proc Natl Acad Sci USA，1984，81：993

11　Reitz M S，et al. Virology，1983，126：688

12　Barre – Sinonssi F，et al. Science，1983，220：868

13　Chermann T C，et al. Antibiol Chemother，1984，32

14　Papovic M，et al. Science，1984，224：497，（Karger Basel）

15　Brun-Vezinet F，et al. Prog Med Virol，1985，32：189，（Karger Basel）

16　Sarngadharam M G，et al. Virology，Field，B N et al eds，Rawen Press，New York，p. 1985，1345

17　Gallo R C，et al. Science，1983，220：865

18　Sinangil F，et al. International Conference on AIDS，Atlanta，April，Abstract，p，1985，55

19　Francis D P，et al. Ann Internal Medicine，1985，103：719

20　Safai B，et al. Lancet，1984，1：1438

21　Gallo R C，et al. Ann Internal Medicine，1985，103：679

22　Essex M，et al. Ann Internal Medicine，1985，103：700

23　Wong-Staol F. International meeting on virus and cancer，Martinque，Jan，1986

24　Barre F，et al. International conference on AIDS，Atlanta，April，1985，69

25　Wells M A，et al. International conference on AIDS Atlanta，April，1985，70

26　Quinnan G V，et al. International conference on AIDS Atlanta，April，1985，58

27　Morrow W J W，et al. International conference on AIDS Atlanta，April，1985，58

28　Alter H j，et al. International conference on AIDS Atlanta，April，1985，58

29　Delaney P，et al. Time，August 12，p. 52，1985

30　Borzy M S，et al. International conference on AIDS，Atlanta，April，1985，51

31　Robert-Gurpff M，et al. International conference on AIDS，Atlanta，April，1985，67

32　曾毅，等. 病毒学报，1986，2：97

33　余以谦，香港大公报（第四版），1986，2.5.

34　Harady A M，et al. International conference on AIDS，Atlanta，April，1985，68

93. 中成药乙醚提取液对 Raji 细胞的 Epstein – Barr 病毒早期抗原的诱导

中国预防医学科学院病毒学研究所　曾毅　王嬿　叶树清　苗学谦

广西苍梧县鼻咽癌防治研究所　钟健明

〔摘　要〕　应用 Raji 细胞系统研究了 350 种中成药，发现保赤散、小儿脐风散、铁娃丹、舟车丸、鹭鸶咯丸、时疫止泻丸、清心滚痰丸和八宝坤顺丸等 8 种中成药的乙醚提取液，对 Raji 细胞的 EB 病毒早期抗原（EA）有诱导作用。并讨论了这些中成药与肿瘤发生的关系。

〔关键词〕　中成药；EB 病毒早期抗原

在鼻咽癌高发区 20 岁以上人群血清中，EB 病毒的补体结合抗体显著高于低发区，县 IgA／VCA 抗体水平随年龄的增长而升高[1,2]，说明 EB 病毒感染在高发区人群中较为活跃。这可能与环境中有促癌物质或激活 EB 病毒的物质有关。我们曾报道用 Raji 细胞系统检查发现，106 科 494 种中草药中有 10 科 15 种中草药的乙醚提取液对 EB 病毒早期抗原的诱导作用[3]。进一步检查 350 种中成药，发现 8 种中成药也有此作用。现将结果报告如下。

材料和方法

一、**细胞和药物**　带 EB 病毒基因的 Raji 细胞培养于含 20% 小年血清的 RPMI1640 培养液中，经检查未发现细胞中有自发的早期抗原（EA）。中成药均购自广西或北京的药店，共 350 种。

二、**药物提取方法**　按 Ito 的乙醚提取法[4]。取 5 g 中成药，碾碎，加 100 ml 乙醚浸泡，一周后蒸发乙醚提取液。每 10 mg 提取物加 1 ml 无水乙醇溶解，作为待检药物的母液，放 4℃保存。

三、**实验步骤**　Raji 细胞培养（每毫升含 10^6 个细胞）于含 20% 小牛血清和 4 mmol/L 正丁酸钠的 RPMI1640 培养液中，加入不同浓度的待检药物，37℃培养 48 h，细胞涂片，用免疫酶法检查 EA 阳性细胞数[2]，以巴豆油、正丁酸钠作阳性对照。显微镜下至少计数 500 个细胞，计算出 EA 细胞的阳性率。然后对阳性中成药的各个成分再作进一步检查，方法同上。

结　果

保赤散、小儿脐风散、铁娃丹、舟车丸、鹭鸶咯丸和清心滚痰丸的乙醚提取物有很强的诱导作用，阳性率为 19.0% ~ 38.6%。时疫止泻丸和八宝坤顺丸的阳性率为 14.7% ~ 15.9%。对照组巴豆油加正丁酸钠的阳性率为 33.8% ~ 47.3%，巴豆油为 2.0%，巴豆油为 2.0%，正丁酸钠为 1.7%。其他药物未发现阳性（表1）。

经进一步试验得知：保赤散、小儿脐风散、铁娃丹的诱导成分是巴豆霜。舟车丸是红大戟和芫花。鹭鸶咯丸是射干和苦杏仁。时疫止泻丸是千金霜和大戟。清心滚痰丸是甘遂。八宝坤顺丸是怀牛膝。这些中药的诱导结果如表2。EA 阳性细胞百分数为 3.2% ~44.8%。

表1　中成药对 Raji 细胞 EB 病毒早期抗原的诱导作用

Tab. 1　Effect of Chinese patient medicine on EBV EA induction in Raji cells

中成药 Patent medicine	EA 阳性细胞百分数 Percentage of EA-positive cells			诱导 EB 病毒早期抗原的成分 Component inducing EBV EA
	12. 5 μg/ml	2. 5 μg/ml	B + C * 阳性对照 Positive Control	
保赤散（Bso chi san）	28. 4	23. 2	33. 8	巴豆霜（Croton tiglium）
小儿脐风散 （Xiao er qi feng san）	29. 1	26. 8	47. 3	巴豆霜（Croton tiglium）
铁娃丹（Tie wa dan）	38. 6	38. 1	44. 8	巴豆霜（Croton tiglium）
舟车丸（Zhou che wen）	23. 8	21. 8	47. 3	甘遂（Euphorbia kausui）红大戟（Knoxia valeriamoides）、芫花（Daqhne genkwa），
鹭鸶咯丸 （Lu si luo wan）	19. 0	26. 2	47. 3	射干（Belamcanda chinensis）、苦杏仁（Prunus amenica）
清心滚痰丸 （Qing xin qun tan wan）	28. 1	33. 7	44. 8	甘遂（Euphorbia kansui）
时疫止泻丸 Shi yi zhi xie wan	15. 9	7. 0	36. 8	千金霜（Euphorbia lathyris）、大戟（Euphorbia pekinensis）
八宝坤顺丸 （Ba bao kun shun wan）	14. 7	2. 4	34. 5	怀牛膝（Achyranthes bidentata）

注：＊正丁酸钠 EB 病毒 EA 阳性细胞率为 1.7%。　巴豆油 EB 病毒 EA 阳性细胞率为 2%。

　　＊ n-butyrate：EBV EA positive rate 1.7%。　Croton oil：EBV EA positive rate 2%。

讨　论

我们从 350 种中成药中发现了 8 种有诱导 EB 病毒 EA 的作用，其成分为巴豆霜、红大戟、甘遂、芫花、射干、苦杏仁、千金霜、大戟和怀牛膝。其中巴豆霜、甘遂、千金霜和大戟者属大戟科，其余属茜草科，瑞香科、鸢尾科、蔷薇科和苋科。已知从巴豆提取的 TPA（12 - 氧 - 十四烷酰 - 大戟二贴醇 - 乙酸脂）是很强的促癌物[5]，能诱导 EB 病毒抗原，促进 EB 病毒对淋巴细胞的转化[6]，并能促进化学致癌物和病毒的致癌作用。保赤散、小儿脐风散和铁娃丹中均含巴豆霜，其中有促癌物质 TPA。其他几种中草药虽能诱导 EB 病毒对淋巴细胞的转化作用。其促进化学致癌物质的致癌作用正在研究中。8 种中成药及其中的一些成分都具有诱导 EB 病毒早期抗原的作用，表明这些中成药中的其他成分并未改变阳性药用植物激活 EB 病毒的作用。促癌物质对化学致癌物和肿瘤病毒都有促癌作用。我国人民广泛应用中草药治病，因此研究中草药的促癌作用，对预防恶性肿瘤具有十分重要的意义。上述含促癌物质的中成药，如保赤散、小儿脐风散和铁娃丹，以及含可能是促癌物质的药物，应否在临床上继续使用，值得认真考虑。

表2　中成药中对病毒早期抗原有诱导作用的中药成分

Tab. 2　Induction of EBV EA by Chinese Medicinal herbs present in patent medicines

中药 Chinese medicinal herbs	EA 阳性细胞百分数 Percen tage of EA-positive cells	
	12. 5 mg/ml	2. 5 mg/ml
巴豆霜（Croton tiglium）	42. 8	26. 0
千金霜（Euphorbia lathyris）	20. 0	10. 0
甘遂（Euphorbia kansui）	18. 0	38. 0
大戟（Euphorbia pekjnensis）	8. 0	2. 8
芫花（Daphre genkwa）	46. 0	44. 8
怀牛膝（Achyranthes bidentata）	23. 9	10. 8
苦杏仁（Prunus armenica）	18. 4	14. 3
射干（Belamcanda chinensis）	0. 1	36. 4
红大戟（Knoxia valeriamoides）	3. 2	0. 8

对照：巴豆油 + 正丁酸钠 EB 病毒 EA 阳性细胞率为 26% ~ 42. 8% ；巴豆油 EB 病毒 EA 阳性细胞率为 1. 6% ；正丁酸钠 EB 病毒 EA 阳性细胞率 0. 4% ；Raji 细胞 EB 病毒 EA 阳性细胞率为 0

Control：Croton oil + n-butyrate：EBV EA positive rate 26% − 42. 8% ；Croton oil：EBV EA positive rate 1. 6% ；n-butyrate：EBV EA positive rate 0. 4% ；Raji cells：EBV EA positive rate 0

〔原载《病毒学报》1986，2（4）：306 − 309〕

参 考 文 献

1　广东中山县肿瘤防治队，等. 中华耳鼻喉科杂志，1978，1：22

2　曾毅，等. 中华肿瘤学杂志，179，1：2

3　Zeng Y, et al. Intervirology, 1983, 19：201

4　Ito Y, et al. Cancer Letters, 1981, 13：29

5　Beremblum I. Prog Expt Tumor Res, 1969, 11：21

Induction of Epstein-Barr Virus Early Antigen in Raji Cells by Some Chinese Patent Medicines

ZENG Yi[1], WANG Yan[1], YE Shu-qing[1], MIAO Xue-qian[1], ZHONG Jian-ming[2]

（1. Institute of Virology，Chinese Academy of Preventive Medicine；

2. Cancer Unit of Zangwu County. ）

Three hundreds and fifty Chinese patent medicines bought from pharmacies were tested for the induction of EB virus early antigen（EA）in Raji cell system. Inducing activity was found in 8 patent medicines which contain either one or two of the following herb drugs：*Croton tiglium*，*Euphorbia lathyris*，*Euphorbia kansui*，*Euphorbia pekinensis*，*Daphne genkwa*，*Achyranthes bidentata*，*Prunus armenica*，*Belamcanda chinesis and Kuoxia valeriamoides*. These Chinese medicinal herbs have been proved to be EB virus inducer. The possibility of the relationship between these Chinese patent medicines and the development of human cancer was discussed.

〔**Key words**〕Chinese patent medicine；EB Virus early antigen

94. 丁酸钠促进 EB 病毒对淋巴细胞转化的研究

中国预防医学中心病毒学研究所肿瘤病毒室　胡垠玲　曾　毅

〔摘　要〕　本文研究丁酸钠对 EB 病毒的诱导作用及对 EB 病毒转化淋巴细胞的促进作用。通过实验，证明丁酸钠不仅能诱导或协同促癌物 TPA 诱导 EB 病毒的早期抗原，而且还能促进或协同促癌物质 TPA 促进 EB 病毒对淋巴细胞的转化。

丁酸钠能诱导细胞分化、抑制细胞 DNA 合成，抑制细胞分裂并影响细胞内各种生化学和形态学性质[1]；还能诱导 EB 病毒的壳抗原（VCA）和早期抗原（EA）及促进 EB 病毒 DNA 的复制等作用[2]。丁酸钠不仅能单独地诱导 EB 病毒抗原，而且同促癌物质 12 - 氧 - 十四烷酰 - 大戟二萜醇 - 13 - 乙酸酯（TPA）等协同作用于带有 EB 病毒基因的类淋巴母细胞，能显著地增加其对 EB 病毒的诱导作用[3]。本文研究丁酸钠及其协同其他促癌物质促进 EB 病毒对淋巴细胞的转化作用。

材料和方法

一、**病毒**　100 倍浓缩的 EB 病毒。使用浓度为 10^{-3}。

二、**分离淋巴细胞**　取新鲜抗凝脐带血，用生理盐水做 4 倍稀释。每支试管内加 2 ml 淋巴细胞分离液，然后慢慢加入 4 ml 稀释血，1500 r/min 离心 20 min，吸出淋巴细胞层加到另一支试管内，用 Hank's 液洗两次，每次 2000 r/min 离心 15 min，最后加 1 ml RPMI 1640 培养液，每毫升含 100 U 青霉素，100 μg 链霉素和 20% 小牛血清，pH 值为 6.5 左右，放 37℃ 培养。

三、**病毒感染淋巴细胞**　每支试管加 0.9 ml RPMI 1640 培养液，含 1.5×10^6 细胞，再加 0.1 ml 病毒悬液，置 37℃，1 h，中间振荡 1~2 次。

四、**EB 病毒早期抗原激活**　用不同浓度的丁酸钠激活 Raji 细胞，细胞浓度为 $1 \times 10^6/ml$，37℃培养 48 h，然后离心去上清，涂片，4℃冷丙酮固定 10 min，室温凉干。用鼻咽癌病人 EB 病毒阳性血清和酶标记的 SP - A 检测 Raji 细胞内的 EB 病毒早期抗原。在显微镜下数 500 个细胞，计算出 EB 病毒 EA 细胞的阳性率。

五、**软琼脂培养方法**　用三蒸水配制 1.1% 和 0.66% 的琼脂糖，加热溶化或 8 磅高压处理，放 4℃ 备用。配制双倍 RPMI 1640 培养液，含 30% 小牛血清，每毫升含 200 U 青霉素，200 μg 链霉素。在每支试管内先加 1.5 ml 双倍 1640 培养液，再加 1.5 ml 1.1% 琼脂糖混匀，倒入直径为 60 mm 的平皿内，作为 0.55% 琼脂糖的基础层，置室温凝固。在每支试管内加 1.5 ml 双倍 1640 培养液，其中含大约 7.5×10^5 个淋巴细胞，再加 1.5 ml 0.66% 琼脂糖，混匀加在基础层上，作为 0.33% 琼脂糖的种子层，置室温凝固，放 37℃，5% CO_2 培养，3 个星期后，在倒装显微镜下观察结果，每个克隆至少由 25 个细胞组成。

结　　果

一、丁酸钠诱导 EB 病毒早期抗原　　丁酸钠对 Raji 细胞内 EB 病毒早期抗原有较明显的诱导作用。使用浓度为 0.4 mmol/ml 时，对 Raji 细胞内 EB 病毒早期抗原几乎无诱导作用，随着丁酸钠的浓度升高，其对 EB 病毒早期抗原诱导能力也逐渐升高，在使用浓度为 40 mmol/ml 时，EB 病毒早期抗原阳性细胞数可达 25%（图 1）。但随着丁酸钠的使用浓度不断升高，对细胞生长的抑制作用也随之增强。见图 2。在丁酸钠浓度为 40 mmol/ml 时，细胞生长几乎被完全抑制，细胞死亡率可达 30%~40%，说明丁酸钠对细胞具有一定的毒性作用。从图 1 还可以看到丁酸钠与促癌物质巴豆油能显著地增加对 EB 病毒抗原的诱导作用。

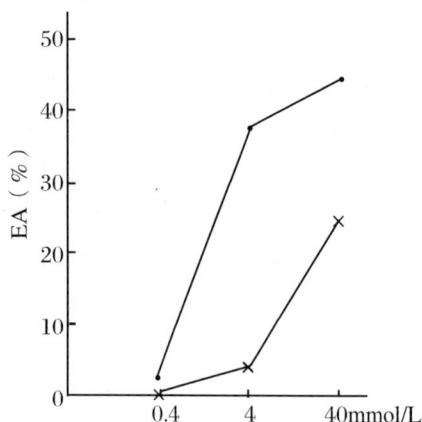

图 1　丁酸钠（×——×）和丁酸钠、巴豆油（·——·）对 EB 病毒的诱导

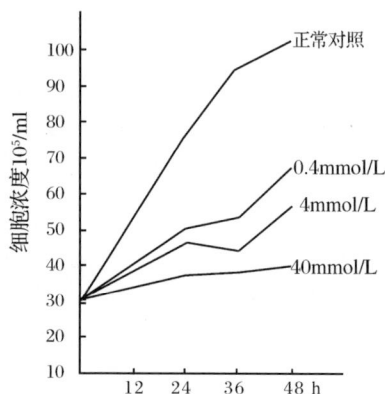

图 2　不同浓度丁酸钠对 Raji 细胞生长的影响

二、丁酸钠促进和协同促癌物质促进 EB 病毒对淋巴细胞的转化　　用软琼脂培养方法检查被 EB 病毒转化的淋巴细胞在软琼脂培养基中形成的克隆数。不同的药物分别加在两层培养基中。实验结果见表 1，丁酸钠浓度为 0.1 mmol/ml 时，与 EB 病毒对照组和 TPA 对照组相比较，其 EB 病毒转化淋巴细胞的克隆数无明显差别。当丁酸钠浓度为 0.4 mmol/ml 时，较 EB 病毒对照组的淋巴细胞克隆数高 1.9 倍（$P < 0.01$），在与 TPA 共同作用时，较 EB 病毒对照组高 4.1 倍。而 TPA 对照组较 EB 病毒对照组高 3.1 倍。结果说明，当丁酸钠浓度为 0.4 mmol/ml 时，不仅能协同 TPA 促进 EB 病毒对淋巴细胞的转化，而且还具有单独促进 EB 病毒对淋巴细胞的转化作用。从表 2 可见，丁酸钠可协同中草药狼毒、黄芫花、芫花、了哥王的乙醚提取物促进 EB 病毒对淋巴细胞的转化。当中草药浓度为 20 μg/ml 和丁酸钠浓度为 0.4 mmol/ml 时，狼毒组的淋巴细胞克隆数较 EB 病毒对照组之比的 3.7 倍提高到 4.9 倍；黄芫花组从 2.8 倍提高到 3.8 倍；芫花组从 3.4 倍提高到 5.3 倍；了哥王组从 4.1 倍提高到 5.7 倍；其统计学处理有明显差别。

表1　丁酸钠促进和协同 TPA 促进 EB 病毒对淋巴细胞的转化作用

丁酸钠（mmol/L）	0.1		0.4	
TPA（ng）	0	0.5	0	0.5
克隆数/每盘	88	237	133	281
	（×1.2）*	（×3.4）	（×1.9）	（×4.1）

注：TPA（0.5ng/ml）：210/每盘；病毒对照：68/每盘；* 实验组转化了细胞的克隆数／病毒对照组转化细胞的克隆数

表2　丁酸钠促进和协同中草药提取物促进 EB 病毒对淋巴细胞的转化作用

药物	中草药提取物的浓度（μg/ml）					
	0.2		2		20	
丁酸 mmol/L	0	0.4	0	0.4	0	0.4
狼毒	131（×1.9）*	210（×3.0）	187（×2.8）	256（×3.8）	254（×3.7）	334（×4.9）
黄芫花	158（×2.3）	193（×2.8）	210（×3.0）	335（×4.9）	190（×2.8）	256（×3.8）
芫花	160（×2.3）	229（×3.4）	203（×3.0）	285（×4.2）	229（×3.4）	359（×5.3）
了哥王	111（×1.6）	145（×2.1）	200（×2.9）	266（×4.1）	280（×4.1）	388（×5.7）

注：病毒对照：68/每盘；* 实验组转化了细胞的克隆数／病毒对照组转化细胞的克隆数

讨　论

本实验证明，丁酸钠不仅能诱导或协同促癌物质诱导 EB 病毒抗原，而且还能促进或协同促癌物质促进 EB 病毒对淋巴细胞的转化。这表明了丁酸钠具有与促癌物质 TPA 相似的作用，但丁酸钠是否就是促癌物质，现正在对动物做进一步的研究。Ito[4]、曾毅等报告从口腔、鼻咽部分离到 G⁻厌氧梭形杆菌，其培养液中的细菌代谢产物含有丁酸，能够激活 EB 病毒的早期抗原和壳抗原。本研究工作证实丁酸钠也具有促 EB 病毒对淋巴细胞的转化作用，因此进一进研究丁酸是否能促进 EB 病毒对鼻咽部上皮细胞的癌变是很有意义的。

〔原载《癌症》1986，5（3）：243－246〕

参　考　文　献

1　Peter Rubenstein, et al. Nature 1979, 280（23）：692

2　Janos Luka, et al. Virology, 1979；94, 228

3　Hoshino H, et al. Cancer Letters, 1980；13：275

4　Yohei Ito, et al. Cancer Research, 1980, 40, 4329

The Enhancing Effects of Sodium Butyrate on the Transformation of Human Lymphocytes by EBV

HU Yin-ling, ZENG Yi

Institute of Virologs, China National Center for Preventive Medicine, Beijing, P. R. China

We studied the effects of sodium butyrate on inducing early antigen of EBV (EA) and enhancing the transformation of lymphocytes by EBV. The results showed that sodium butyrate not only induces alone or cooperates with tumor promoter – 12 – 0 – tetradecanoyl – phorbol – 13 – acetate (TPA) to induce EBV – EA, but also enhances or cooperates with TPA to enhance the transformation of lymphocytes by EBV. The positive cells of EBV – EA is 0.4% at the concentration of 0.4 mmol/L/ml. With the concentration of sodium butyrate increasing, the positive cells of EBV – EA increased. The positive sells of EBV – EA is 25% at the concentration of 40 mmol/L/ml. But sodium butyrate has some toxic effects. The differences of the numbers of colonies between experimental and EBV control group are not significant at the concentration of 0.1 mmol/L/ml. The number of the colonies of experimental group is 2.9 times as high as that of EBV control group. And the number of colonies of experimental group cooperation with TPA is 5.1 times as high as that of EBV control group.

95. 人鼻咽癌细胞的单克隆抗体

第四军医大学　崔运昌　隋延仿　刘雪松　王伯沄　汪美先
中国预防医学科学院病毒学研究所　曾　毅

〔摘要〕用淋巴细胞杂交瘤技术产生了鼻咽癌细胞的单克隆抗体。用人低分化鼻咽癌上皮样细胞系 CNE – 2 免疫小鼠，取脾细胞与小鼠骨髓瘤细胞系融合。用免疫荧光和 ELISA 法筛选抗体分泌细胞，得到了三株产生单克隆抗体的杂交瘤细胞系：CN – 1，CS – a8 和 CS – c1。三株 McAb 均能与 NPC 细胞系结合，但不与正常人混合 PBL. RBC 和培养的人胚纤维母细胞反应，与其他肿瘤细胞系和胚胎组织有一定交叉反应。所以这些 McAb 识别的抗原为 NPC 相关抗原，CS – c1 对应抗原的特异性更强。用这些 McAb 检查确诊 NPC 病人的病理标本，CS – c1 的阳性率为83%，CN – 1 仅有11%。因此，单克隆抗体 CS – c1 可能有临床应用价值。

〔关键词〕　鼻咽癌；单克隆抗体

鼻咽癌是我国南方，东南亚国家以及非洲某些地区的常见肿瘤。自从用淋巴细胞杂交瘤技术制备单克隆抗体（McAb）的方法建立以来，已有许多肿瘤抗原 McAb 制备成功[1,2]。但人鼻咽癌（NPC）的 McAb 国内外均未见报告。我们用我国学者建立的人低分化鼻咽癌上皮样细胞系 CNE – 2[3]免疫小鼠，用杂交瘤技术得到了分泌抗人鼻咽癌细胞表面抗原的 McAb。工作中建立了适用于上皮样细胞表面抗原 McAb 的 ELISA 技术[4]。

材料和方法

一、细胞系 人鼻咽癌细胞系：CNE－1 为高分化鼻咽癌上皮样细胞系，CME－2 为低分化鼻咽癌上皮样细胞系，均引自中国预防医学中心病毒学研究所。

其他人肿瘤细胞系：Ec109 为食管癌细胞系，引自中国医科院肿瘤所。LTEP－78 为人肺鳞癌细胞系，LTEPa1 为人肺腺癌细胞系均引自北京市肺部肿瘤研究所。PLA801 为人肺巨细胞癌细胞系，PLA－802 为人横纹肌肉瘤细胞系均引自 301 医院。MGC803 为人胃癌细胞系，引自北京市肿瘤研究所，人肝癌细胞系 7402 引自第二军医大学。人喉癌细胞系 Hep2 引自湖北医学院。人宫颈癌细胞系 Hela，人骨肉瘤细胞系 POS，人 T 细胞白血病病细胞系 MT_1，MT_2 和 HUT102，人 B 淋巴母细胞系 Raji 细胞引自病毒学研究所。人淋巴母细胞系 HMy－2 引自英国的 LICR，UC_{720-6} 引自美国的 UCSD，GM－1500 引自美国的 Wistar 研究所。

二、其他细胞 混合正常人白细胞和红细胞：由本校西京医院检验科提供，则非癌症病人取血，肝素抗凝，明胶提取，每次 8~10 人份。提取细胞以淋巴细胞为主，混有红细胞和其他白细胞。

人包皮纤维母细胞：由病毒研究所提供。

三、组织来源及处理 人胚胎组织来自本校西京医院妇产科引产胎儿；正常成人组织及非 NPC 肿瘤标本来源于西京医院外科手术标本；NPC 和鼻咽部慢性炎症标本来自西京医院、中山医学院肿瘤医院及汕头地区医院，所有标本均经病理检查证实。

以上组织取材后立即以 Crystat 切片，丙酮固定（4℃）10 min，保存于 4℃ 干燥罐中。

四、杂交瘤的产生和单克隆抗体的制备 用完整的 CNE2 细胞的 PBS 悬液 1 ml（4×10^6 个细胞）免疫一只 8 周龄的雌性 BALB/c × Swiss F_1 代小鼠（腹腔注射），3 周后用相同数量的 CNE 2 细胞配成悬液 0.2 ml 眼静脉注射，3 d 后取脾做融合。参照 Coding[5] 所述，加以改良。简要地说，一切操作均在室温下进行，脾细胞与小鼠骨髓瘤细胞混合后，用吸管将 1 ml 的 47.5% PEG（相对分子质量 4000）（含 5% DMSO）慢慢滴入，1 min 内滴完，再用该吸管把细胞与 PEG 混合物吸入吸管内，静置 1 min，再从吸管内吹出，用无血清培养液稀释，离心后加入完全培养液混悬，放入 96 孔板培养，24 h 后加 HAT 培养基选择。一只免疫小鼠的脾细胞，同时与三种常用的小鼠骨髓瘤细胞系（NS_1，SP2/0 和 Ag8.653）进行融合。7~10 d 后杂交瘤出现，取上清液测抗体，对阳性孔进行扩大培养而后冻存，同时用有限稀释法做克隆化，经 3 次克隆化后选出 3 个细胞系，经传代 1 年，仍能分泌抗体，液氮冻存 2 年后复苏仍有抗体产生。把杂交瘤细胞注入降植烷处理的同系小鼠腹腔得到含大量单克隆抗体的腹水。

五、抗体测定及杂交瘤筛选 见文献〔4〕。

六、免疫荧光检查 细胞表面膜免疫荧光（IF）检查及丙酮固定细胞培养镀膜片的 IF 检查方法见文献〔6〕。组织切片或印片按一般间接法 IF 技术，损伤见文献〔7〕。荧光抗体用 FITC 标记的兔抗鼠 IgG（北京生物制品所）。

七、免疫酶技术 用 Vectastain ABC 试剂盒（美国 Vector 公司）染色，方法按 Vector 公司介绍。

八、抗体效价滴定曲线及定量吸收试验 用 ELISA 技术，方法见文献〔4〕。

九、抗体亚类鉴定 用琼脂糖双扩试验，标准抗小鼠 IgG 亚类血清为美国 Miles 公司产品。

十、杂交瘤核型分析 按常规方法[8]。

结　果

一、杂交瘤的产生与单克隆抗体的制备　等量脾细胞与等量不同骨髓瘤细胞融合结果见表1。在 ELISA 筛选后，选择 CNE－2 细胞呈阳性而混合白细胞（含部分红细胞）呈阴性的 3 个孔：CN－1 来自与 NS_1 的融合，CS－c_1 与 CS－a_8 来自与 SP2/0 的融合，经 3 次克隆化后，制备了上清和腹水。

二、杂交瘤核型分析　杂交瘤 CN－1 染色体数为 83－85，有中部着丝点染色体。CS－c_1 的染色体总数为 102－104，也有中部着丝点染色体。

三、抗体亚类　CN－1 是 IgG_{2a}，CS－a_8 是 IgG_{2a}，CS－c_1 是 IgG_2b。

四、抗体效价　见表2。

五、抗体效价滴定曲线　用 CNE－2 细胞作抗原，单克隆抗体 CN－1 的滴定曲线见图1。

表1　细胞融合结果

小鼠骨髓瘤细胞系	融合后培养孔数	出现杂交瘤孔数	阳性杂交瘤孔数
SP2/0	96	96	45
NS_1	96	48	21
Ag8.653	96	74	32

表2　用 ELISA 和免疫荧光测定 McAb 的效价

单克隆抗体		ELISA	免疫荧光
CN－1	上清液	1:2560	1:512
	腹　水	$1:10^6$	1:8000
CS－8	上清液	1:5120	1:512
	腹　水	$1:2.56\times10^5$	1:8000
CS－c1	上清液	1:2560	1:128
	腹　水	$1:10^5$	1:1000

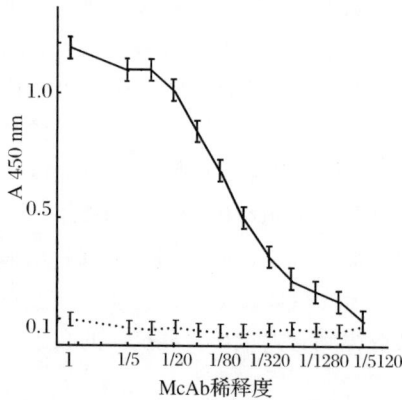

（·—·）为 CN－1 杂交瘤培养上清液；

（…）为产生乙脑病毒

McAb 的杂交瘤 6B11 的培养上清液作为对照。

结果为三次测定 A±标准差

图1　人鼻咽癌单克隆抗体 CN－1 滴定曲线

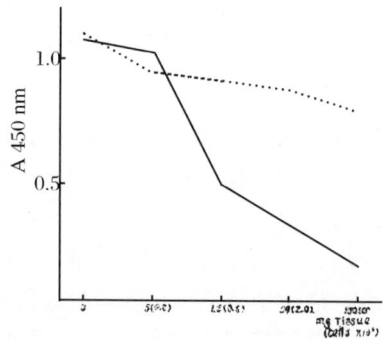

抗体活性的吸收用吸收后仍然保留的抗体活性来表示；（·—·）为鼻咽癌细胞系 CNE－2 细胞的吸收曲线；（…）为正常成人组织吸收曲线

图2　单克隆抗体 CN－1 的定量吸收曲线

六、抗体定量吸收曲线　用 CNE－2 细胞和正常成人组织对单克隆 CN－1 的抗体活性进行吸收，其定量吸收曲线见图2。

七、抗体对人癌细胞系和人正常细胞的反应 用 ELISA 检查了三种 McAb 对 4 个人癌细胞系和三种正常人细胞的反应结果见表 3。用 IF 和免疫酶技术检查 McAb 的反应性，结果见表 4。

表 3 用 ELISA 检查 McAb 的反应性

靶细胞系		McAbs			
		CN－1	CS－a8	CS－c1	6B11
鼻咽癌	CNE－2	＋＋＋	＋＋＋	＋＋＋	－
	CNE1	＋＋	＋＋	＋＋	－
宫颈癌	HeLa	＋	－	－	－
骨肉瘤	POS	＋	＋	＋	－
人纤维母细胞		－	－	－	－
正常人 PBL		－	－	－	－
正常人 RBC		－	－	－	－

表 4 免疫荧光及免疫过氧化物酶技术检查 McAb 的反应性

靶细胞系		McAbs			
		CN－1	CS－a8	CS－c1	6B11*
鼻咽癌	CNE－2	＋＋＋	＋＋＋	＋＋＋	－
	CNE－1	＋＋	＋＋	＋＋	－
肺癌	LTEP－78	＋	－	－	－
	LTEP－a－1	＋＋	＋	－	－
	PLA－801	－	－	－	－
宫颈癌	HeLa	＋＋	－	－	－
食管癌	Ec109	－	－	－	－
肝癌	7402	－	－	－	－
胃癌	MGC803	＋	＋＋	－	－
骨肉瘤	POS	＋	＋	＋	－
横纹肌肉瘤	PLA－802	－	－	－	－
T 细胞白血病	MT1	－	－	－	－
	MT2	－	－	－	－
	HUT102	－	－	－	－
B 细胞淋巴瘤	Raji	＋	＋	＋	－
	HMY2	＋＋＋	＋＋＋	＋	－
	UC729－6	＋	＋＋	－	－
	GM1500	＋	＋＋	－	－
喉癌	Hep－2	－	－	－	－
人纤维母细胞		－	－	－	－
正常人 PBL		－	－	－	－
正常人 RBC		－	－	－	－

注：＊6B11 为流行性乙型脑炎病毒 McAb

八、人胚胎组织免疫荧光检查结果　见表5。

九、正常成人组织和成人非 NPC 组织 IF 检查结果　对成人的正常组织，慢性鼻咽部炎症组织和非 NPC 肿瘤组织检查结果见表6。

表5　人胚胎组织 McAb 的 IF 检查结果

组织	单克隆抗体			
	CN－1	CS－a8	CS－c1	6B11
鼻咽组织	－	＋＋	－	－
肺组织	＋＋	＋＋	－	－
心肌组织	－	－	－	－
肝组织	－	＋	＋	－
胰腺组织	－	－	－	－
脾组织	－	＋	－	－
胃组织	－	＋＋	－	－
肠组织	－	＋＋	＋	－
肾组织	－	＋＋	＋	－
皮肤组织	＋＋	＋＋	－	－
肌肉组织	＋	＋	－	－
扁桃体组织	－	－	－	－
颌下腺组织	＋	＋	－	－
脐带组织	＋＋	－	－	－
胎盘组织	＋＋	＋	－	－

表6　成人非 NPC 组织 IF 检查结果

组织	单克隆抗体			
	CN－1	CS－a8	CS－c1	6B11
正常组织				
脑	－	－	－	－
甲状腺	－	－	－	－
乳腺	－	－	－	－
皮肤	－	－	－	－
肝	－	－	－	－
胆囊	－	＋	－	－
胃	－	－	＋	－
鼻咽部慢性	－	－	－	－
炎症				
非 NPC 肿瘤				
组织				
胃癌	－	－	＋	－
肝癌	－	－	－	－
乳腺癌	－	－	－	－
鼻腔未分化癌	＋	＋	－	－
甲状腺癌	＋	－	－	－
神经鞘瘤	－	－	－	－
脑星形细胞瘤	－	－	－	－
腹腔淋巴结	－	－	－	－
转移癌				

十、NPC 组织免疫荧光检查　用 CN－1 检查病理确诊的 NPC 组织 9 例，有 1 例阳性，8 例阴性。用 CS－c1 检查 24 例（经病理组织检查确诊），其中 20 例阳生，4 例阴性。

讨　论

肿瘤抗原研究是肿瘤免疫学的重要课题[9]。McAb 是研究肿瘤抗原的精确工具，在分离纯化肿瘤抗原，肿瘤的免疫诊断和免疫治疗诸方面 McAb 有广阔应用前景。

本文报告的三株杂交瘤 CN－1，CS－a8 和 CS－c1，经核型分析符合杂交瘤特点，所分泌的抗体属一个免疫球蛋白亚类，是 McAb，抗体效价较高。经 ELISA，IF 和免疫酶技术检查，3 种 McAb 均与 NPC 细胞系 CNE－1 和 CNE－2 反应，而不是与多人份的混合淋巴细胞和其他癌细胞反应，也不与人胚肺纤维母细胞反应。说明这三种 McAb 对应抗原不是种属特异性抗原，也不是 HLA 和血型抗原，而是肿瘤相关抗原。虽然 NPC 的发生与 EB 病毒有密切关系，但用来免疫动物的 CNE－2 细胞不表达 EB 病毒各种抗原，经核酸杂交证实 CNE－2 细胞也不携带 EB 病毒 DNA，所以这 3 种 McAb 针对的抗原可能与 EB 病毒关系不大，而可能是 NPC 细胞膜上与 EB 病毒抗原不同的肿瘤相关抗原。这 3 种 McAb 与多种胚胎组织反应，所以其对应抗原可能是胚胎性肿瘤相关抗原。其中 CN－1 与 CS－a8 与各种胚胎组织交叉反应较广，而 CS－c1 交叉反应较少。3 种 McAb 与非 NPC 细胞系有较多交叉反应，说明 NPC 与其他一些肿瘤之间可能存在着某些相同的抗原决定簇，其中 CN－1 和 CS－a8 交叉反应广泛，而 CS－c1 交叉反应较少。这些资料说明 CS－c1 的 NPC 相关性较好。

经 IF 检查，3 种 McAb 与正常人组织，鼻咽部慢性炎症组织几乎不起反应，与部分非 NPC 肿瘤组织有些交叉反应。3 种 McAb 对肿瘤细胞系和活检标本瘤组织检查结果不尽一致，说明肿瘤细胞在培养中长期传代后其抗原性可能改变。选出相关性较好的 CS－c1 和相关性较差的 CN－1 对确诊的 NPC 活检标本做 IF 检查发现，CS－c1 的阳性率为 83%，而 CN－1 的阳性率为 11%。说明 CS－c1 可能有一定临床应用价值。

人 NPC 细胞的 McAb 国内外均未见报告，我们的工作尚属初步，关于这些 McAb 对应抗原的性质及其临床应用可能性正在研究中。

我们做融合时，用等量同一只免疫小鼠脾细胞与等量的 3 种常用小鼠骨髓瘤细胞融合，发现 Sp2/0 的融合率最高，我们对融合方法进行了改进，本方法在室温下进行，又不需加 PEG 的后离心，比较简便易行。

（感谢：承蒙本校王泰清副教授做核型分析，西京医院提供正常人混合白细胞及红细胞，医科院肿瘤所，北京市肿瘤所，北京市胸科肿瘤医院，301 医院病理科，英国的 LICR，美国 Wistar 研究所和 UCSD 提供有关细胞系，在此一并致谢）。

〔原载《免疫学杂志》1986，2（3）：187－192〕

参 考 文 献

1 Sikora K. Monoclonal antibodies in oncology. J Clin Pathol, 1982, 35：369

2 Helstron KE, et al. Human tumor－associated antigens identified by monoclonal antibodies, Springer Semli Immunopathol 1982, 5：127

3 谷淑燕，等. 癌症，1983，2（2）：70

4 崔运昌，等. 中华微生物学和免疫学杂志，1985，5（2）：110

5 Goding JW. J Immunol Meths, 1980, 39：285

6 崔运昌，等. 中华微生物学和免疫学杂志，1985，5（1）：5

7 隋延仿，等. 人鼻咽癌细胞单克隆抗体免疫荧光组织学观察（待发表）

8 邱万荣，等. 北京医学，1984，6：65

9 Old LJ. Cancer Research, 1981, 41：361

Monoclonal Antibodies to Human Nasopharyngeal Carcinoma Cells

CUI Yun-chang, et al. [1] ZENG Yi [2] (1. The Fourth Military Medical College, Xian;

2. Institute ov Virology, China National Center of Perventive Medicine, Beijing)

Monoclonal antibodies to nasopharyngeal carcinoma (NPC) cells were produced by hybridoma technique. Spleen cells from the mouse immunized with the NPC epithiloid cell line CNE－2 were fused with 3 murine myeloma cell line NS1, Sp2/0 and Ag8. 653. Three McAbs were derived: CN - 1, CS - a8 and CS - c1. All of them are reactive with NPC cell lines, but not reactive with normal human mixed PBL, RBC and cultured human feotal fibro-blast. They crossreact with some tumor cell lines other than NPC and some feotal tissue. The crossreactivity of the McAbs with normal human tissues in rare. So the antigens recognized by the McAbs are NPC - associated antigens. The antigen that the McAb CS - cl directs to is more specific than the others. We detected the biopsy specimens from the patients with NPC by means of immunoflurescence with CS - cl and CN - 1, and found that CS - cl can react with 83% of the specimens, CN - 1 can only react with 11%. CS - cl might be useful in clinical application.

〔**Key words**〕 Nasopharyngeal carcinoma; Monoclonal antibody

96. 抗人鼻咽癌细胞单克隆抗体免疫荧光组织化学观察

第四军医大学　病理教研室　隋延仿　王伯潭　微生物教研室　崔运昌　汪美先
中国预防医学科学院病毒学研究所　曾　毅

〔**摘　要**〕　应用三种人 NPC - McAb（CN - 1，Cs - C$_1$，Cs - a$_8$）分别对人胚胎组织、成人正常组织、非鼻咽癌病变组织以及鼻咽癌组织进行了免疫光组织化学观察，结果表明，Cs - C$_1$ 具有一定特异性，有临床应用价值。认为 Cs - C$_1$ 相应的抗原属肿瘤相关抗原，可能具有胚源性肿瘤抗原的性质。

〔**关键词**〕　鼻咽癌；单克隆抗体；肿瘤相关抗原；免疫荧光组织化学

自从应用淋巴细胞杂交瘤技术制备单克隆抗体（monoclonal antibody，McAb）方法建立以来，已有许多促瘤抗原 McAb 制备成功，并已用于肿瘤研究。第四军医大学微生物学教研室于 1983 年研制出三种人鼻咽癌（NPC）上皮样细胞系（CNE - 2）McAb。为进一步探讨其特异性及应用价值，对这三种 McAb 分别进行了免疫荧光组织化学观察，现报告如下。

材料和方法

一、组织来源及处理　人胚组织 16 种（包括鼻咽、肺、心肌、脾、胰、胃、肠、肝、肾、横纹肌、胸腺、颌下腺、扁桃体、皮肤、脐带及胎盘组织），均取自第四军医大学第一附属医院妇产科引产胎儿；成人正常组织 8 种（包括脑、甲状腺、乳腺、肝、胆囊、胃、淋巴结及皮肤组织）和非 NPC 肿瘤组织 8 种（包括肝癌、胃癌、乳腺癌、神经鞘瘤、脑星形细胞瘤、鼻腔未分化癌、甲状腺癌以及腹腔淋巴结转移性腺癌组织），经病理确诊。均取自第四军医大学第一附属医院外科手术标本，NPC 组织标本 24 份，鼻咽黏膜慢性炎症组织标本 10 份，取自第四军医大学第一附属医院，中山医科大学肿瘤医院及汕头地区医院的活检标本，均经病理确诊。取材后的以上组织，立即以 Crystat 切片，丙酮（4℃）固定 10 min，PBS 液洗涤 2 次、蒸馏水洗涤 1 次、吹干、保存于 4℃ 的干燥罐中。

二、材料　人 NPC - McAb：CN - 1，C$_s$ - C$_1$，C$_s$ - a$_8$，均系第四军医大学微生物教研室单克隆抗体实验室研制，并由 1983 年全军单克隆抗体会议鉴定。兔抗鼠（BAL b/c）IgG 荧光抗体，购自北京生物制品研究所。以 CNE - 2 细胞免疫 BAL b/c 小鼠的阳性血清，由第四军医大学微生物教研室单克隆抗体实验室制备。

三、方法　在各冰冻组织切片上分别滴加不同的人 NPC McAb，置 37℃ 的湿盒中 30 min。取出切片，用 PBS 洗涤 3 次，每次 5 min，再在切片上滴加兔抗鼠 IgG 荧光抗体（1:20），保存于 37℃ 的湿盒中 30 min，取出切片，用 PBS 洗涤 2 次，每次 5 min，用蒸馏水洗涤 1 次，以甘油缓冲液封片。

用 Olympus 荧光显微镜（激发滤板 BG12，压制滤板 O 515，光源 GCQ 200）观察上述染色切片，以细胞膜出现黄绿色荧光者为阳性细胞，荧光强度分为三级：可见荧光（+），明亮荧光（++），耀眼荧光（+++）。

同时，进行以下对照实验：（1）以 CNE-2 细胞涂片代替组织切片。（2）以阳性血清代替 McAb。（3）以流行性乙型脑炎病毒 McAb 6B11 代替 NPC-McAb。（4）以杂交瘤培养液（CM）代替 NPC-McAb。（1）~（4）项对照实验的其他各操作步骤同上。（5）空白对照。

结　果

一、人胚组织 McAb 染色结果　三种人 NPC-McAb 对 16 种人胚组织的染色结果见表 1。以 Cs-C_1 与人胚组织交叉反应最少。6B11 和 CM 对人胚组织的染色结果均呈阴性。

阳性细胞荧光形态，多数为纤细的线状黄绿色荧光围绕细胞膜，有的荧光呈细颗粒状分散于细胞膜上。

二、成人正常组织 McAb 染色结果　对 8 种成人正常组织分别以人 NPC-McAb CN-1 和 Cs-C_1 染色，各种组织均呈阴性反应，仅 Cs-C_1 染色见胃黏膜上皮细胞呈阳性（+）反应。阳性反应细胞荧光形态同前述。

三、非 NPC 肿瘤组织 McAb 染色结果　8 种非 NPC 肿瘤组织的 CN-1 染色结果均为阴性；Ca-C_1 染色，仅见胃癌组织呈阳性（+）反应。荧光形态同前述。

四、鼻咽黏膜慢性炎症组织 McAb 染色结果　10 份组织标本经 CN-1、Cs-C_1、Cs-a_8 染色结果均为阴性。

五、NPC 组织 McAb 染色结果　24 份 NPC 组织标本以 Cs-C_1 染色，20 份呈阳性反应（1 份为 +++，19 份为 +），占 80.3%。9 份 NPC 组织标本以 CN-1 染色，仅 1 份呈阳性（++）反应（此份标本 Cs-C_1 染色结果为 +++），占 11.1%。阳性细胞荧光形态同前述。阳性细胞在组织中呈索状，巢状或大片状分布。

六、对照试验　证明无假阳性及假阴性存在。

表 1　三种人 NPC-McAb 对 16 种人胚胎组织的染色结果

组织来源	CN-1	Cs-a_8	Cs-C_1
鼻咽	−	++	−
肺	++	++	−
心肌	−	−	−
肝脏	−	+	+
胰腺	−	−	−
脾脏	−	+	−
胃	−	++	−
肠	−	++	−
肾	−	++	++
皮肤	++	++	−
骨骼肌	+	++	−
胸腺	−	++	++
扁桃体	−	−	−
颌下腺	+	+	−
脐带	++	−	−
胎盘	++	+	−

讨 论

一、NPC–McAb 的特异性及应用价值　根据本组观察结果，$Cs–C_1$、$Cs–a_8$、$CN–1$ 三种 McAb 与 NPC 的相关性，以 $Cs–C_1$ 为最好，$Cs–C_1$ 对 NPC 组织染色阳性率达 80.3%，与人胚胎交叉反应最少，在 8 种成人正常组织和 8 各非法 NPC 肿瘤组织中只与胃黏膜上皮细胞和胃癌组织有交叉反应，表明 $Cs–C_1$ 具有一定的特异性。

目前，制备肿瘤 McAb 多用两类抗原，一是以整个细胞为抗原，即胞膜抗原；二是以肿瘤的可溶性蛋白为抗原，即胞浆抗原。一些学者认为胞膜抗原是抗肿瘤免疫的主要抗原[1]。本研究应用的 McAb 系以低分化鳞癌上皮细胞株（$CNE–2$）为抗原获得，无疑这种 McAb 显示的抗原是 NPC 肿瘤细胞定位的重要标志。$Cs–C_1$ 虽与人胚等组织有交叉反应，但是，这些交叉反应仅出现在个别组织中，而且均非鼻咽部组织或肿瘤，故这种交叉反应对 NPC 诊断并无干扰。另一方面，$Cs–C_1$ 对 NPC 组织的染色阳性率高达 80.3%，因此，我们认为，$Cs–C_1$ 具有一定的临床应用价值和肿瘤抗原定位研究的价值。

二、抗原性质分析　迄今为止，人们已发现的肿瘤抗原仅具有相对特异性，即所谓肿瘤相关抗原（tumorasociated antigens，TAA）[2,3]。本组观察结果表明，$Cs–C_1$ 相对应的肿瘤抗原决定簇，除在鼻咽癌癌细胞表面存在外，在少数人胚组织细胞、个别成人正常组织细胞及非 NPC 病变组织细胞均有发现，并非 NPC 肿瘤细胞所特有，故亦可能属 TAA。

在观察中，我们还发现以下现象：（1）以三种人 NPC–McAb 进行组织染色所显示的荧光强度普遍较弱（+~++）。（2）比较各种组织（胚胎、成人正常、非 NPC 肿瘤组织、NPC 组织）的荧光强度，以胚胎组织较强（++），其他组织较弱（+）。上述现象，似表明 McAb 所显示的肿瘤抗原是一种弱抗原，符合 TAA 的特性[4]。此外，在各种组织中，以胚胎组织荧光较强，提示其抗原可能为胚源性肿瘤抗原。

三、免疫荧光组织化学方法筛选和鉴定单克隆抗体的优点　应用免疫荧光组织经学方法对三种 NPC–McAb 进行组织相关抗原定位观察的过程，也是筛选和鉴定 McAb 的过程。以此法筛选和鉴定 McAb 具有以下优点：（1）可以对各种组织进行试验，快速简便，所需 McAb 少。（2）定位明确。这是由于本工作中所用 McAb 是以胞膜抗原制备，故检测细胞出现黄绿色荧光的部位，即为该 McAb 相应抗原决定簇的部位。（3）结果可靠。因为 McAb 只与抗原分子上的一个决定簇起反应，特异性较高。但如果一群不同的抗原都具有一种共同的决定簇，那么对此抗原决定簇的 McAb 则不能对这些抗原作出鉴别的。

（中山医科大学肿瘤研究所，汕头大学医学院病理教研室提供部分活检标本，特此致谢）

〔原载《中华医学杂志》1986，66（12）：739–741〕

参 考 文 献

1　Wilson BS，al. Distribution and molecular characterization of a cell–surface and a cytoplasmic antigen detectable in human melanoma cells with monoclonal antibodies. Int J Cancer, 1981, 28：293

2　张文洁. 单克隆抗体在肿瘤诊断中的应用. 国外医学肿瘤学分册，1983，1：1

3　Mary IL. Monoclonal antibodies in cancer. Science 1982，216：283

4　黄世明. 单克隆抗体在肿瘤诊断治疗中的应用. 国外医学肿瘤学分期，1983，1：7

97. 碘标记核酸方法的建立及在检查 EB病毒核酸中的应用

中国预防医学中心病毒学研究所 谷淑燕 曾 毅

Max. V. Pettcnkofer 研究所 Hans Wolf

Commerford 叙述了体外碘化核酸的方法[1]，碘离子与核酸分子的中胞嘧啶结合，形成稳定的 5 - 碘胞嘧啶。Commerford 方法被广泛地应用于标记 RNA[2~4]，用来研究基因定位。但多年来这个方法仅限于标记单链的 RNA，并且标记活性较低。Shaw 报告了用碘标记 dcTP[5]，对 DNA 均不能有效地碘化。为应用分子生物学技术研究 EB 病毒与鼻咽癌的关系，特别是直接检查癌细胞中的 EB 病毒基因。我们重组 EB 病毒的核酸片段于噬菌体 M_{13} mp8[6,7]，在体外能够制备大量、纯净的 EB 病毒核酸。单链 DNA 直接用于碘标记和核酸杂交实验。本文叙述碘标记 DNA 方法的探索以及用标记 DNA 进行核酸杂交实验，检查 EB 病毒的核酸，包括细胞内的原位杂交。

材料和方法

一、单链 DNA 制备 EB 病毒的核酸内切酶 BamHI 的 X 和 W 片段被重组于噬菌体 M_{13} mp8。重组株 MEBX1 和 MEBWS1 再感染 E. Coli JM 103 细菌，从细菌培养液的上清分离噬菌体。离心去除细菌，每毫升上清液加入 200 μl 聚乙二醇、氯化钠溶液（20% PEG 6000，2.5 mol/L NaC1）沉淀噬菌体。室温作用 30 min 后，8000 r/min 沉淀 1 h，沉淀的噬菌体再悬于 1/50 ~ 1/100 原体积的 TE 缓冲液（10 mmol/LTris - HC1pH7.4，0.1 mmol/L EDTA）。用 2.5 μg/ml 蛋白酶 K 和 0.5% SDS 在 37℃ 处理 1 h，加等体积的酚提取后在 -20℃ 用 2 倍提取物体积的冷酒精沉淀 DNA。70% 酒精清洗，真空干燥，再溶于 TE 缓冲液，-20℃ 保存。从每立升细菌培养液中可制备 5 ~ 10mg 单链 DNA。

二、试剂和缓冲液 放射性同位素来源于 New England Nuclear。$Na^{125}I$ 为 500 ~ 600mCi/ml pH8 ~ 10。$\alpha^{32}PdcTP$ 和 ^3HdTTP 用于双链 DNA 的切口转移。三氯化铊（Merck）为碘化反应的催化剂，用前以反应缓冲液配制成 10^{-2}mCi/ml 母液。反应缓冲液为 0.1mCi/ml 醋酸钠缓冲液，母液为 1 mol/L 醋酸钠 - 0.4 mol/L 醋酸 pH4.5。用前 10 倍稀释并校正 pH。不同浓度的 KI 水溶液在实验中代替同位素碘。用 0.075 mol/L NHC1 缓冲液（用 0.1 mol/L 醋酸钠缓冲液酸制）校正碘化钠的 pH 值，从商品碘 pH8 ~ 10 酸化为 pH4.5。

三、DNA 碘化过程 含 EB 病毒核酸片段的 M_{13}mp8 噬菌体 DNA，MEBX1 和 MEBWS1，以酒精沉淀并溶于蒸馏水，置冰浴。于 0.5 μl 微量反应管中进行碘化反应。20 μl 总反应体积中含 2 μl DNA，脱氧胞嘧啶核苷三磷酸（dcTP）最终浓度为 10^{-4} mol/L；2.5 μl $Na^{125}I$，最终浓度为 $(1~2.5)×10^{-5}$ mol/L；2 μl 三氯化铊。最终浓度 10^{-3} mol/L；5 ~ 10 μl 酸化反应缓冲液；0.1 mol/L 醋酸钠缓冲液补充总体积为 20 μl，三氯化铊最后加入。混合后立刻放入 60℃ 水浴 30 min。然后移置冰浴使之冷却并加入 150 μl 100 mmol/L Tris - HC1 pH 9，10 mmol/L EDTA 停止后应。冷却并升高 pH 值的反应混合物用 Sephadex G50 分离游离的同位素。洗脱液为 10 mmol/L Tris – HCl pH7.5，1 mmol/L EDTA。柱总体积为 0.5 cm × 10 cm 每管收集 250 μl，测定每管的脉冲数，分别合并第一峰和第二峰，计算每微克的 DNA 标记活性和碘离子掺入 DNA 的百分数。标记的 DNA 于 60℃ 水浴中加热 10 min，分装保存于 −20℃ 以下。

四、核酸、碘浓度和反应时间的测定　10^{-4}、10^{-5} 和 10^{-6} mol/L dcTP 分别与 10^{-5}，10^{-6} 和 10^{-7} mol/L 碘化钠于 60℃ 结合 30 min，冷却并加 pH9 的反应终止液，凝胶分离标记 DNA，观察获最高标记活性的 DNA 和碘的浓度。实验时使用 10^{-7} mol/L Na^{125}I，其余部分用 KI 代替。

用 10^{-4} mol/L dcTP 和 10^{-5} mol/L 碘化钠，在 60℃ 孵育 5、10、15、30 和 60 min 抽样。观察反应时间曲线及碘结合的百分数。

五、^{3}HTTP 和 ^{32}PdcTP 标记双链 DNA　用常规切口转移方法标记 0.5 μg 含 EB 病毒核酸 BamH1W 片段的质粒 DNA（PSL – 76）。

六、核酸杂交反应

1. 在硝酸纤维薄膜上进行核酸杂交：内切酶 BamHI 消化 EB 病毒核酸，来源于 Raji 细胞的 DNA 和 EB 病毒核酸片段重组的质粒 DNA 和噬菌体双链 DNA。0.8% 琼脂糖凝胶电泳分离后，转移到硝酸纤维膜，在 68℃ 进行预杂交和杂交反应。反应液含 6 × SSC，5 × Denhardt's，0.5% SDS 和 100 μg/ml CT – DNA[8,7]，标记 DNA 分别为 10^7cpm 碘化的单链 DNA MEBX1 和 MEBWS1 及 ^{32}P 标记的双链 DNA PSL – 76。

为观察标记 DNA 活性对核酸杂交实验的敏感性影响，打点 10^{-1} ~ 10^{-4} μg PSL – 76 质粒 DNA 于硝酸纤维薄膜，以牛胸腺 DNA 补充每点 DNA 总量为 10^{-1} mg/ml。室温干燥后，用 0.5 mol/L NaOH 变性，然后用 0.5 mol/L Tris – HClpH7.4 和 1.5 mol/L NaCl 溶液中和，2 × SSC 洗涤后在 80℃ 干烤 4 h。带 DNA 的硝酸纤维膜与碘标记的单链 DNA，MEBWS1 进行杂交反应，放射活性分别为 10^7，$5 × 10^6$，$5 × 10^5$ 和 10^5cpm。

2. 细胞原位杂交：载玻片的处理：载玻片浸于乙醇丙酮混合物（1：1）过夜，擦干并在 100℃ 干烤 1 h，然后在 3 × SSC，0.02% Ficoll，PVP（聚乙烯吡咯烷酮）和牛血清白蛋白的溶液中孵育至少 3 h，用蒸馏水迅速漂洗后，以乙醇冰醋酸 3：1 固定 20 min。盖片经硅胶处理 100℃ 干烤 1 h。

细胞涂片、酶处理和 DNA 变性：带 EB 病毒的类淋巴母细胞 HRIK 和阴性细胞株 BJAB 经离心浓缩细胞后，大约 50 × 10^4 细胞涂于玻片上，直径约 1 cm，室温干燥后，用 Carnoy's B 固定液（60% 乙醇、30% 冰醋酸、10% 氯仿）在室温固定 10 min。连续酒精脱水（30、60、80、95、100% 酒精各 2 min）后，保存于 4℃ 或 −20℃。使用时将带细胞的载片浸于 PBS（10 × PBS 为 1.3 mol/L NaCl，0.07 mol/L Na$_2$HPO$_4$，0.03 mol/L NaH$_2$Po$_4$）。以 50 μg/ml 蛋白酶 K 处理 10 min，于 2 mg/ml 甘氨酸 PBS 中浸洗 5 min，PBS 洗涤后，置 100℃ 2 × SSC 液中 2 min 以变性 DNA，然后迅速移置于冰水冷却的 2 × SSC 中备用。

原位杂交及放射自显影：细胞涂片加 10 μl 杂交混合液，含 5 × 10^{4}cpm 标记 DNA。^{3}H 标记的双链 DNA 需经 100℃ 热变性。加盖片，封胶；于 45℃ 水浴过夜。每 100 μl 杂交混合液含 50 μl 去离子的甲酰胺（formamide），20 μl 50% 硫酸右旋糖酐，20 μl 20 × SSC 和 10 μl CT – DNA（10 μg/ml）。终止杂交后应后，移去盖片，浸于 40℃ 2 × SSC15 min，室温 2 × SSC 浸洗 5 次以上，每次 10 ~ 15 min。干燥，曝光于核乳胶。核乳胶溶于等体积的 0.6 mmol/L

醋酸铵溶液，醋酸铵溶液预先于45℃水浴中预热。在4℃暗盒中曝光1周。显影、定影后Giemsa复染。

结　果

一、碘标记单链 DNA 标记活性　用^{125}I 标记含 EB 病毒核酸片段的噬菌体 DNA，MEBX1 和 MEBWS1，经 Bio－gel 分离 DNA 和游离的同位素，每管收集 250 μl，结果如图 1 所示。在 20 μl 总反应体积中含 DNA10^{-4} mol/L（2.75 ml），Na^{125}I 2.5 × 10^{-5} mol/L（500 μCi/ml、17μCi/mg）在 60℃孵育 30 min，标记活性为 1.7 × 10^8 cpm/μg。同位素掺入量占总量 41%。

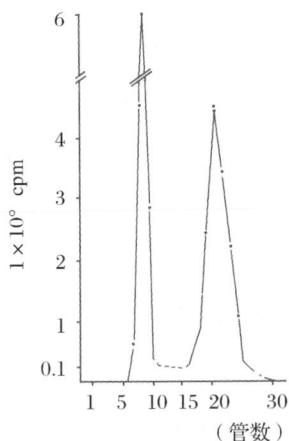

图1　^{125}I 标记 EB 病毒核酸片段
重组的噬菌体 DNA（MEBX1）

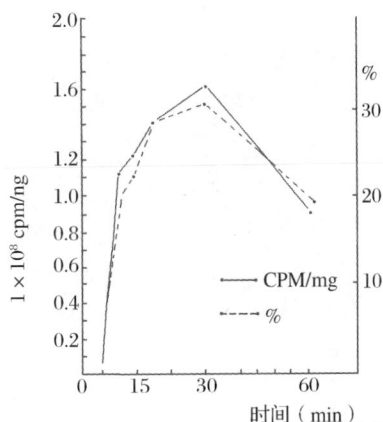

图2　碘标记 DNA 时间曲线

二、DNA 标记时间以及碘和 DNA 浓度

图 2 这 DNA 被标记的时间曲线和碘离子掺入 DNA 的百分数。当使用 10^{-4} mol/L dcTp 和 10^{-5} mol/L Na^{125}I 在 60℃孵育 30 min 时达到最大标记量。标记活性 1.6 × 10^8 cpm/μg DNA。掺入 DNA 的同位素战总数的 30%。用不同浓度的 DNA 和碘离子。其标记活性见表 1。使用 10^{-5} mol/L Na^{125}I，10^{-4} 和 10^{-5} mol/L dcTPs 标记活性相似，1.6 ～ 1.7 × 10^6 cpm/μg DNA。DNA 减少 100 倍，标记活性增加 6 倍，9.8 × 10^7 cpm/μg。而当 DNA 浓度为 10^{-4} mol/L，碘离子浓度从 10^{-7} mol/L 增加到 10^{-5} mol/L 标记活性亦增加 100 倍。

表1　不同浓度 DCTP 和碘对标记活性的影响

Na^{125}I（mol/L）	DNA（mol/L）		
	10^{-4}	10^{-5}	10^{-6}
10^{-5}*	1.6 × 10^6△	1.7 × 10^6	9.8 × 10^6
10^{-6}	3.7 × 10^5	7 × 10^5	3.6 × 10^6
10^{-7}	1.4 × 10^4	7 × 10^4	7.6 × 10^5

*　使用 10^{-7}Na^{125}I，余者用 KI 代替
△　cpm/μg DNA

三、碘标记 DNA 用于核酸杂交实验

1. 碘标记的 DNA 在硝酸纤维薄膜上进行核酸杂交反应：用 Southern 转移方法[3]，使不同 DNA 片段从凝胶转移到硝酸纤维膜。用内切酶 BamH1 处理的不同 DNA，凝胶电泳表现如图 3a。同一张纤维薄膜首先与 10^7 cpm 碘标记的 MEBWS1 DNA 杂交。在图 3b 中箭头所指的核酸片段为来源于质粒 PSL－76 的 EB 病毒核酸的 W 片段。碘标记的 DNA 与来源于 EB 病毒颗粒的 DNA 和 Raji 细胞的 DNA 和 W 片段进行杂交。10^7 cpm 标记 DNA 从 0.2 μg RajiDNA 中检出 EB 病毒的核酸片段（薄膜 10×15 cm，50 μl/cm² 杂交液体）。同一张纤维薄膜进行第二次杂交反应，碘标记 DNA 为 MEBX1。图 3c 为 X 线片曝光结果。空白箭头表示 EB 病毒核酸 BamH 1X 片段。

用 ^{32}P 标记的质粒 DNA PSL－76 在相同条件下进行杂交反应，作为碘化 DNA 杂交反应的对照（图 4）。

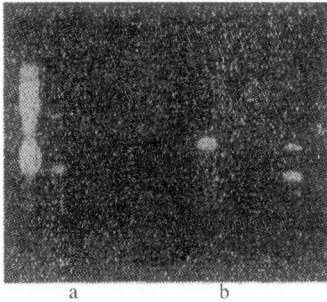

1～4 为不同浓度的 Raji 细胞 DNA，分别为 20 μg，2 μg，0.4 μg 和 0.2 μg；5 为 0.5 μg 含 EB 病毒的核酸片段 X 的质粒 DNA；6 为含 EB 病毒核酸片段 W 的质粒 DNA。图中 a 部分曝光 20 h，b 部分曝光 2 h

图 4　32P 标记的质粒 DNA（PSL－76）与各种核酸片段杂交反应。

用不同标记活性的碘化 DNA 进行杂交反应，10^7 cpm 和 5×10^6 cpm 标记 DNA 在纤维薄膜上可标出 10^{-4} μg 的 DNA，而用 10^5 cpm 和 5×10^5 cpm 标记 DNA 标出 5×10^{-4} μg DNA（图 5）。

2. 原位杂交反应的结果：用 ^{125}I 标记 DNA 进行原位杂交，检查类淋巴母细胞中的 EB 病毒核酸。HRIK 细胞呈阳性反应。结果见图 6a、b、c。用 ^{3}HTTP 标记的 PSC－76DNA 作为对照。含 EB 病毒基因阴性的细胞 BJAB 呈阴性反应。

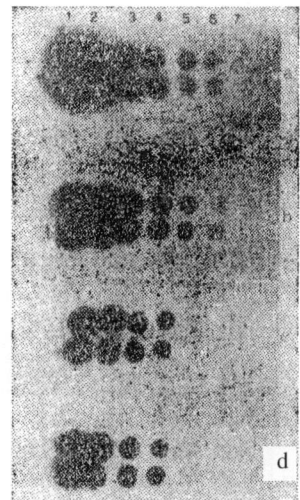

a～b，不同标记活性的 DNA，分别为 17^7，5×10^6，5×10^5 和 10^5 cpm，1～7 为不同量的 DNA，依次为 10^{-1}，5×10^{-2}，10^{-2}，5×10^{-3} 和 5×10^{-4} μg

图 5　不同标记性的影响

讨　论

我们在 Commerford 标记 RNA 的基础上改进标记方法，使体外碘标记 DNA 的标记活性超过 1×10^8 cpm/μg DNA，与 ^{32}P 的标记活性相似，但标记方法简便，不需任何特殊条件及酶参与反应，在低 pH、高温条件下，用催化剂使 DNA 中的胞嘧啶变成 5－碘胞嘧啶。标记 DNA 用凝胶电泳和 X 光片曝光检查，未发现 DNA 断裂。用 ^{125}I 标记核酸作为核酸杂交探针，

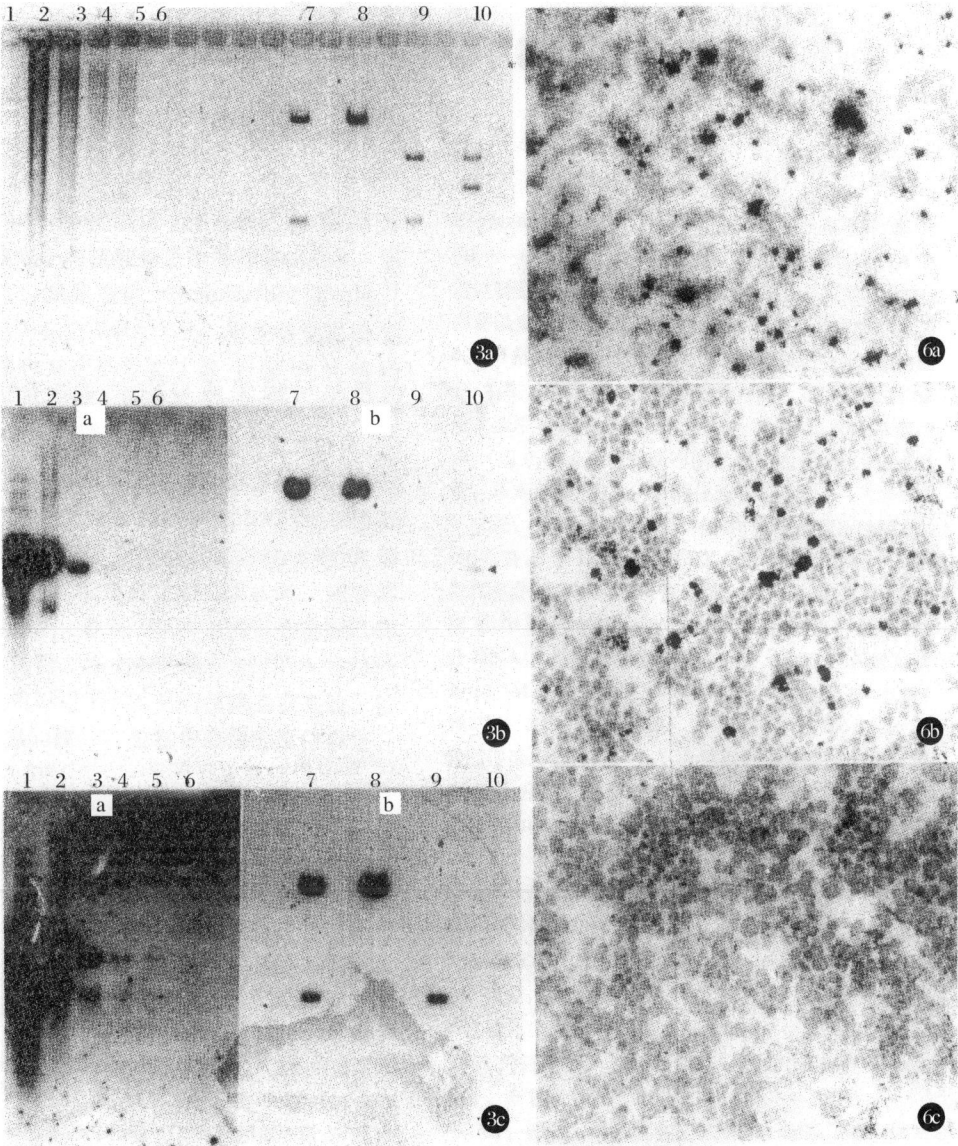

注：1：0.5 μgEB 病毒核酸；2~6：不同浓度 Raji 细胞 DNA，分别为 20 μg，2 μg，0.4 μg，0.12 μg 和 0.1 μg；7：0.5 μg 含 EB 病毒 DNA 的 X 片的重组噬菌体 DNA；8：0.5 μg mol/L 13mp5 噬菌体 DNA；9：0.5 μg 含 EB 病毒 X 片段的质粒 DNA；10：0.5 μg 含 BE 病毒 W 片段的质粒 DNA。图 a 部分曝光 16 h，b 部分曝光 2 h

图 3a　BamHI 消化的各种 DNA 的电泳表现　图 3b　碘标记的 MEBWS1 核酸杂交反应　图 3C　碘标记的 MEBX1 核酸杂交反应

6a：碘标记的重组噬菌体单链 DNA（MEBWS1）与类淋巴母细胞 HRIK 原位杂交。×400 Giemsa 染杂。6b：^{3}H 标记的质粒 DNA PSL－76 与 HRIK 原位杂交。×400 Giemsa 染杂 6c：碘标记 MEBWS1DNA 与 BSAB 细胞原位杂交。×400 Giemsa 染杂

图 6　用 ^{3}H 和 ^{125}I 标记 DNA 的原位杂交

具有明显的优越性。^{125}I 半衰期 60 d，一个标记 DNA 对少可使和 120 d，保证实验的连续性、可重复性。^{32}P 标记的 DNA 往往由半衰期太短，标记 DNA 失去放射活性而不能使用。在原位杂交反应中通常使用 ^{3}H 标记的 DNA，^{3}H 标房的 DNA 标记活性仅为 10^6cpm/μg DNA，而用碘标记，放射性可超过 10^8cpm/μg DNA，因此用 ^{125}I 标记的核酸作为探针，其核酸杂交实验的敏感性应为 ^{3}H 标记 DNA 的 20～100 倍。可使原位杂交技术提高敏感性并缩短曝光时间。为检查转化细胞或恶性肿瘤组织中的病毒核酸和致癌基因的研究提供一个更敏感的探针。用高标记活性的核酸检查鼻咽癌组织中的 EB 病毒核酸，为研究 EB 病毒和鼻咽癌的关系提供一个有效的手段。

用同位素碘直接标记单链 DNA 是半衰期长和高标记活性之外的另一个重要特征。标记 DNA 本身是单链的，在杂交反应中不需预先变性双链 DNA，在杂交反应中不存在标记 DNA 自身杂交，使杂交反应更有效。特别是在液相杂交反应中，由于标记 DNA 是双链的，往往由于探针自身杂交直接影响实验结果。而用碘标记的单链 DNA 进行液相杂交反应，排除了标记 DNA 自身杂交的干扰，使液相杂交实验能更广泛应用。

我们用碘标记重组的 M$_{13}$mp8 单链 DNA，获得高标记活性，提高杂交反应的敏感性，同时，使用重组 DNA 可以人为地删去与被检核发酸有交叉部分的核酸，去除非特异性反应，提高杂交反应的特异性。

〔原载《中华肿瘤杂志》1986，8（2）：107－110〕

参 考 文 献

1 Commerford S L. Iodination of nucleic acids in vitro. Biochmistry, 1971, 10：1993

2 Duke S K. Use of ^{125}I in fingerprinting RNA. Nature, 1973, 246：483

3 Getz M J, et al. The use of RNA labeled in vitro with iodine－125 in molecular hybridization experiments. Biochim Biophys Acta, 1972, 287：485

4 Prensky W, et al. The use of iodinated RNA for gene iocalization. Proc Natl Acad Sci, 1973, 70：1860

5 Shaw J E, et al. Iodination of herpesvirus nucleic acids. J Virology, 1975, 16：132

6 谷淑燕，等. EB 病毒核酸片段重组于噬菌体 M$_{13}$mp8 方法的研究 Ⅰ. 重组核酸的获得和鉴定. 癌症, 1983, 2：129

7 谷淑燕，等. EB 病毒核酸片段重组于噬菌体 M$_{13}$mp8 方法的研究 Ⅱ. 制备敏感的核酸杂交实验的探针. 中华微生物学和免疫学杂志, 1984, 4（5）：281

8 Southern E. Detection of specific sequences among DNA fragments separated by gel electrophoresis. J Mol Biol, 1975, 98：503

Labelling of DNA by Iodination and Its Application on the Detection of EBV – DNA

GU Su-yan, ZENG Yi, May. V. Pettenkofer

(Institute of Virology, Chinese Center for Preventive Medicine, Beijing)

The authors developed a simple and efficient method – the iodination of the singlestranded DNA catalyzed by thallium chlorid in vitro. The ^{125}I – labelled DNA has a specific activity higher than 10^8 cpm/μg DNA. This reaction does not involve any enzyme. The optimal conditions of the iodinating reaction, including the high temperature, low pH and the concentrations of DNA and iodine, are described. ^{125}I – labelled DNA inserted with the fragment of EBV – DNA are used to detect EBV – DNA by blot and spot and in situ hybridization.

98. 宫颈癌中乳头瘤病毒核酸的检测

中国预防医学科学院病毒学研究所　谷淑燕　江民康　赵文平　曾　毅

中国医学科学院基础医学研究所　韩日才　司静懿　李　昆　王申五

北京市妇产医院　舒明炎　西德慕尼里 Pettenkofer 研究所　H. Wolf

海得堡肿瘤研究中心　H. Zur Hausen

〔关键词〕　乳头瘤病毒；核酸

越来越多的证据表明乳头瘤病毒与人和动物的某些肿瘤有关。近年来证明人的生殖器肿瘤与人的乳头瘤病毒（HPV）有密切关系[1,2]。例如，Green 等人[3]检查了31 例宫颈癌和10 例阴道肿瘤，其中各 2 例与人的 HPV – 10 型有共同的核酸序列。Zachow 报告了 2 例阴道疣和 1 例阴道原位癌与 HPV – 6 型 DNA 杂交。Gissmann 等[5,6]检查了 6 例疣和 27 例宫颈癌的活检标本，从其中的 5 例检出 HPV – 6 和 HPV – 11 型 DNA 序列。

本报告用 HPV – 6 B，11，16 和 18 型 DNA 为探针，检查宫颈癌活检标中的 HPV – DNA，活检组织用石英砂研磨，蛋白酶 K 和 SDS 处理后，经酚提取，酒精沉淀，真空干燥后，再溶于 Tris – EDTA 缓冲液。用 HPV – DNA 片段作为探针，含 HPV 的质精经相应的内切酶消化，凝胶电泳分离，从凝胶中提取纯化的 HPV 片段，用^{32}P 标记的 HPV 核酸片段作为核酸杂交反应的探针。从宫颈癌标本，Hela 细胞和 CC801 细胞提取的 DNA 各 2 μg 点样在硝酸纤维膜上，以含 HPV 的质粒作为阳性对照。

结果在 32 例宫颈癌标本中，18 例与 HPV – 16 型 DNA 探针杂交阳性。1 例与 HPV – 18 型 DNA 探针杂交阳性（表1），且 HPV – 16 和 18 型杂交阳性标本之间无交叉。用 HPV – 6B 和 11 型为探针，32 例标本中未见阳性。来源于宫颈癌的 2 株上皮细胞株，Hela 和 CC801 细胞株与 HPV – 18 型呈杂交反应阳性，与其他在三个型别的 HPV – DNA 不呈杂交反应。杂交

表1　宫颈癌标本中的 HPV – DNA 检查结果

Tab. 1 Detection of HPV – DNA in cervical cancer

标本来源 Tumor sample	例 数 No. of cases	阳性数 No. of positive（%）			
		HPC – 16	HPC – 18	HPC – 11	HPC – 6B
宫颈癌 Cervical cancer	32	18（56.3）	1（3.1）	–	–
CC801 细胞 CC801 cell line	1	–	1	–	–
Hela 细胞 Hela cell line	1	–	1	–	–

反应的结果见图 1。32 例宫颈癌标本中有 18 例与 HPV – 16 型 DNA 杂交，阳性率为 56.3%。Dürst[7] 报道用 Soutern blot 杂交方法，20 μg 宫颈癌标本来源的 DNA，经内切酶 pst – 1 消化后，转移到硝酸纤维膜上进行核酸杂交反应，结果西德 18 例宫颈癌标本中 11 例与 HPV – 16 型 DNA 杂交，阳性率 61.1%，而 HPV – 6、8、9、10 和 11 型杂交阳数的总和占 72.2%。肯尼亚和巴西的 23 例宫颈癌病人中 8 例与 16 型杂交，占 34.8%，其他各型总和为 43.5%。上述结果说明了从北京地区收集的宫颈癌标本提取的核酸中具有与 HPV – 16 型的同源序列。增加 DNA 量，有可能提高检出的阳性率。为了进一步证实 HPV 与宫颈癌的关系有必要扩大宫颈癌病例数及其他肿瘤和正常组织标本，并确定 HPV 感染与宫颈癌的组织类型的关系。

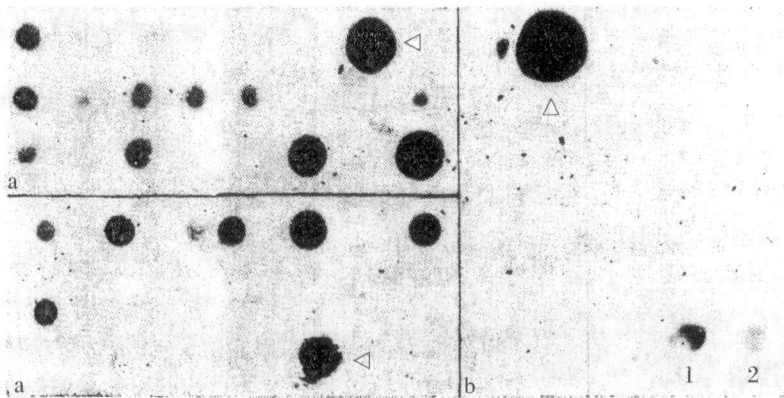

a. 与 HPV – 16DNA 杂交，箭头所示为 HPV – 16 对照。

b. 与 HPV – 18DNA 杂交，箭头所示 HPV – 18 对照，1、2 分别为 CC801 和 Hela 细胞 DNA。

图1　宫颈癌标本 DNA – SHPV 杂交反应

a. Hybridization of DNA form cervical cancer with HPV – 16，the arrow point to HPV – 16 DNA control

b. Hybridization of DNA from cervical cancer wither HPV – 18，the arrow point to HPV – 18 DNA control.

1，CC801；2，Hela.

Fig. 1 The Hybridization of DNA from cervical cancer biopsies with papilloma DNA

〔原载《病毒学报》1986，2（3）：260 – 262〕

参 考 文 献

1 Zur Hausen H. Cancer Res, 1976, 36: 794

2 Zur hausen H. Curr Tep Microviol Immunol, 1977, 78: 1

3 Green M, et al. Proc Natl Acad Sci, 1982, 79: 4437

4 Zachow K R, et al. Nature, 1982, 300: 771

5 Gissmann L, et al. Int J Cancer, 1982, 29: 143

6 Gissmann L, et al. Proc Natl Acad Sci, 1983, 80: 560

7 Dürst M, et al. Proc Natl Acad Sci, 1983, 80: 3812

Detection of Papillomaviruses DNA in Biopsies from Patients With Cervical Cancer in China

GU Shu-yan[1], HAN Ri-cai[2], SI Jing-yi[2], JIANG Min-kang[1], LI Kun[2], SHU Ming-yan[3]
WANG Shen-wu[2], ZHAO Weng-ping[1], H. WOLF[4], H. Zur HAUSEN[5], ZENG Yi[1]

(1. Institute of Virology, Chinese Academy of Preventive Medical Sciences;

2. Institute of Basic Medical Sciences, Chinese Academy of Medical Sciences;

3. Hospital for Gynaecology and Obstertrics; 4. Pettenkoffer Institute, Munich;

5. Center of Tumor Research, Heidelberg)

Recently, there is increasing evidence on the roles of papillomaviruses (HPV) in the causation of cervical cancer. HPV – DNA was detected in biopsies of cervical cancer by spot hybridization. The fragments of HPV – 6b, 11, 16, and 18 extracted from plasmids were were used as probes. 2 μg of DNA from cervical cancer biopsy speciments were spoted on nitrocelloluse filter and hybridized with 1×10^7 cpm ^{32}P labeled probes. 18 out of 32 cervical carcinomas hybridized with HPV – 16 DNA and 1 out of them hybridized with HPV – 18 DNA. None of them hybridized with HPV – 11 and 6b DNA. The DNA from cervical carcinoma cell lines (Hela and CC801) only hybridized with HPV – 18 DNA.

[key words] Human papillomaviruses; DNA

99. 检查 Epstein – Barr 病毒 IgA/EA 抗体的 ELISA 法

中国预防医学科学院病毒学研究所　皮国华　曾　毅　方　仲　赵全璧

法国国家科学研究中心，里昂 Alexis Carrel 医学院　G. de – The

〔摘　要〕　建立了检查鼻咽癌病人血清中 IgA/EA 抗体的、改进的 ELISA 法。用巴豆油、正丁酸钠和阿糖胞苷激活并处理 HR1K 细胞株，使之表达 EA 抗原；提取抗原时加蛋白酶抑制剂，以增加产量和稳定性；用鼠抗人 IgA 单克隆抗体和兔抗鼠 IgG 抗血清的三层夹心法，提高了敏感性，使阳性检出率达 97%。而免疫酶法的阳性率仅 60%。所用抗体工作浓度的几何平均稀释度为免疫酶法的 8 倍，两法抗体滴度的分布呈平行关系。本法适用于大规模现场普查和鼻咽癌的早期诊断，具有快速、特异和敏感等优点。

〔关键词〕　Epstein – Barr 病毒；IgA/EA 抗体；鼻咽癌；ELISA；早期诊断

作为鼻咽癌（NPC）的早期诊断方法，我们曾建立了检测 EB 病毒 IgA/VCA 和 IgA/EA 抗体的一系列方法，并应用于现场普查[1~3]，这些方法各有优缺点。但鼻咽癌早期诊断和大规模现场普查需要更敏感、特异和快速的方法，为此建立了改进的 ELISA 法，以检查 EB 病毒 IgA/EA 抗体，结果满意，现报告如下。

材料和方法

一、细胞株　HR1K 细胞是产生 EB 病毒的类淋巴母细胞株，来源于伯基特淋巴瘤。37℃静置培养，培养液为含 20% 小牛血清的 RPMI1640。

二、EB 病毒早期抗原（EA）的制备　细胞激活：细胞传代 24 h 后，用每毫升含 0.25 μg 巴豆油，0.25 μg 阿糖苷和 4 mmol/L 正丁酸钠的培养液稀释成 5×10^5 细胞/ml。37℃培养 48 h 后检查，EA 阳性细胞应占 20%~45%，且无 VCA 阳性细胞。2000 r/min 离心 10 min，收集沉淀细胞，用 0.01 mol/L、pH7.6 的 PBS 液洗 2 次，立即提取 EA 或保存于 -70℃。

三、抗原提取　为增加抗原产量及稳定性，在抗原提取液中加蛋白酶抑制剂（150 mmol/L NaCl、20 mmol/L Tris – HCl pH7.5、1 mmol/L EDTA 和 0.5 mmol/L Phenylmethyl sulfonyl fluoride，简称 PMSF）。用此提取液将细胞稀释成 10^8 细胞/毫升，冰浴中用超声波破碎细胞 4 次，显微镜观察见细胞完全破碎。4℃18 000r/min 离心 45 min，上清液即为 EA 粗提液。分光光度计测定蛋白含量。EA 提取液保存于 -70℃。

四、血清标本　91 例临床和病理确诊为鼻咽癌的人血清、59 例其他肿瘤病人血清和 90 例正常人血清，均采自广西梧州市。血清保存于 -20℃。

五、鼠抗人 IgA 单克隆抗体（McAb） 产生鼠抗人 IgA 单克隆体的细胞株为本室所建立，抗体来源于小鼠腹水，工作稀释度为 1∶500。

六、辣根过氧化酶标记兔抗鼠 IgG 抗体 按常规标记兔抗鼠 IgG 抗体，标记物工作稀释度为 1∶30 000。

七、ELISA 3 层抗体夹心法的操作过程

1. 包被抗原：用 0.05 mol/L、pH9.6 碳酸缓冲液将抗原粗提液稀释成 10 μg/100ml。用 96 孔聚苯乙烯微量反应板，每孔加 100 μl，4℃过液。未结合抗原的部位用上述缓冲液配制的 1% BSA 封闭（37℃1 h），洗涤，干燥后反应板立即使用，或置 4℃，可保存 1 年。

2. 与第 1 抗体反应：第 1 抗体为待检血清，用 PBS－TB（0.01 mol/L、pH7.2PBS，含 0.05% Tween20 和 1% BSA）作 1∶40 稀释，反应板每孔加 100 μl。设阴性和阳性血清、稀释液等对照。于 37℃湿盒内孵育 1 h，用 PBS－T 洗 5 次。

3. 与第 2 抗体反应：第 2 抗体为鼠抗人 IgA 单克隆抗体，用 PBS－TB 作 1∶500 稀释，每孔 100 μl，37℃湿盒内孵育 1 h，用 PBS－T 洗 5 次。

4. 与第 3 抗体反应：第 3 抗体为辣根过氧化物酶标记的兔抗鼠 IgG，用 PBS－TB 作 1∶30 000 稀释，每孔 100 μl，37℃湿盒内孵育 1 h，用 PBS－T 洗 5 次，每次 5 min。

5. 加作用底物显色和测定 A 值：加 40 mg/100 μlg 邻苯二胺（用 0.2 mol/L Na_2HPO_4 和 0.1 mol/L 柠檬酸缓冲液配制），20 min 后用 4 mol/L H_2SO_4 终止反应，测 A 值，P/N 值 ≥2 为阳性，P/N 值 ≥1.5 为可疑，P/N < 1.5 为阴性。

八、免疫酶试验 详见文献[1]。

结 果

一、包被抗原量的确定 包被不同浓度抗原液（从 100 μg 到 0.48 μg 双倍稀释）与已知阳性血清（从 1∶40 到 1∶2560 作双倍稀释）作方阵滴定。结果每孔包被 6.25 μg 到 100 μg 抗原所得抗体滴度和 P/N 比值相似（表 1），故本实验用每孔包被 10 μg 抗原。

表 1 EB 病毒 EA 抗原工作浓度的选择

Tab. 1 Selection for the working concentration of EA antigen

血清稀释度 Dilution of serum	P/N 值 P/N value											
	EA 抗原粗提物浓度（μg/100 μl） Concentration of the EA crude preparation（μg/μl）											
	100	50	25	12.5	6.25	3.125	1.563	0.781	0.395	0.195	0.098	0.049
1∶40	7.9	6.7	6.7	5.4	4.4	3.3	2.4	2.2	2.1	2.0	1.9	2.0
1∶80	7.7	7.6	7.5	5.3	4.3	2.6	1.7	1.7	1.7	1.6	2.0	2.0
1∶160	5.1	7.3	6.2	4.2	3.9	2.1	1.5	1.5	1.3	1.4	1.1	1.6
1∶320	5.1	4.7	5.6	4.5	3.0	2.1	1.7	1.2	1.0	1.1	1.2	1.6
1∶640	3.1	3.2	3.7	2.8	2.4	1.5	1.2	0.9	1.1	1.1	0.9	1.1
1∶1280	2.9	2.4	3.0	2.6	2.4	1.1	0.7	0.8	2.0	0.8	1.0	1.5
1∶2560	1.3	1.1	1.3	0.9	1.0	0.9	0.9	1.1	1.5	0.8	0.6	0.7

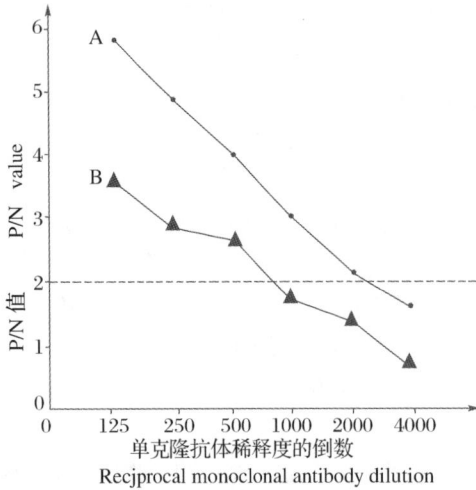

A：与A病人血清的反应　B：与B人血清的反应

图 1　不同稀释度鼠抗人 IgA McAb 与鼻咽癌病人
血清的反应曲线

A：Reacted with NPC patient A serum

B：Reacted with NPC patient B serum

Fig. 1 Reaction curve of different dilutions of mouse
monoclonal antihuman IgA antibody with NPC serum

二、鼠抗人 IgA McAb 工作稀释度的确定　包被 10 μg 抗原。鼻咽癌病人 A 和 B 的血清（IE 法抗体滴度分别为 1∶640 和 1∶320）作 1∶40 稀释，每孔加 100 μl。鼠抗人 IgA McAb 从 1∶125 起作双倍稀释，每孔加 100 μlg。结果，1∶2000 和 1∶500 稀释后的 P/N 值仍大于 2（图 1）。因此，选择 1∶500 为 McAb 的工作稀释度。

三、ELISA 法的敏感性　取 2 份阳性血清和 1 份阴性血清，从 1∶10 起作双倍稀释至 1∶5120。分别与 10 μg 抗原起反应。由图 2 可见，两者 A 值和 P/N 的曲线有明显差别。阳性血清稀释度达到 1∶640 时，P/N 仍大于 2；阴性血清稀释度甚至在 1∶10 时也呈阴性。用 24 例正常人血清和 20 例鼻咽癌病人血清对 ELISA 法和 IE 法进行了比较，结果正常人血清两法的反应滴度均小于 10。而病人血清 ELISA 法 1 例 80，19 例 ≥320，GMT 为 710；而 IE 法 10 例 ≤80。10 例为 160，GMT 为 89。前者为后者的 8 倍。

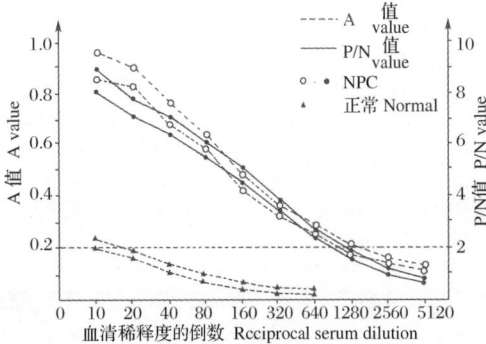

图 2　阳性和阴性血清在 ELISA 中的反应曲线
Fig. 2 Reaction curve of different sera
by the ELISA method

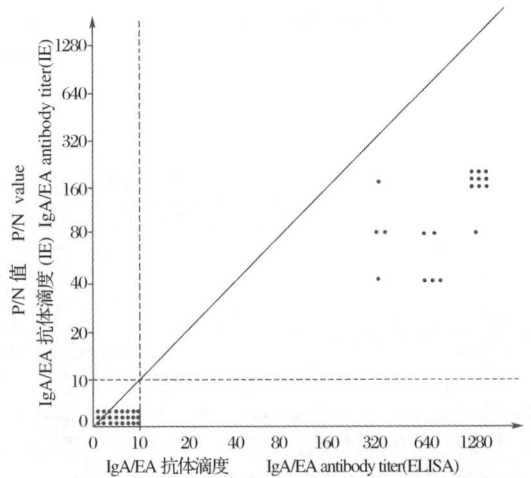

图 3　ELISA 法与 IE 法测定 IgA/EA 滴度的比较
Fig. 3 Comparison of IgA/EA antibody
titers determined by ELISA and IE

四、方法的可重复性　有 10 例鼻咽癌病人血清和 8 例正常人血清做了两次重复实验，结果相似（表 2）。证明 ELISA 法的可重复性是好的。

表 2　ELISA 方法的可重复性
Tab. 2　Reproducibility of the ELISA assay

组别 Group	血清号 Serum No.	P/N 值 实验 1 Exp. 1	P/N value 实验 2 Exp. 2	两次实验 的差数 Difference
NPC	357	5.0	4.7	0.3
	397	4.6	4.4	0.2
	359	4.3	5.5	1.2
	361	4.2	5.0	0.8
	376	3.0	2.9	0.1
	360	2.7	2.4	0.3
	375	2.4	3.6	1.2
	365	2.4	2.2	0.2
	353	2.2	2.4	0.2
	366	1.2	1.5	0.3
正常人 Normal	120	1.4	1.1	0.3
	109	1.3	1.3	0
	106	1.3	0.9	0.4
	098	1.3	1.6	0.3
	118	1.2	0.9	0.3
	111	1.2	1.3	0.1
	107	1.1	0.9	0.2
	112	0.4	0.4	0

五、方法的特异性　用 ELISA 法和 IE 法共同检查 91 例鼻咽癌病人、59 例其他肿瘤病人和 90 例正常人血清，结果列入表 3。表 3 表明，ELISA 法可将鼻咽癌病人与其他肿瘤病人、正常人鉴别开。ELISA 法能将鼻咽癌病人血清的阳性检出率，从 IE 法的 60% 提高到 97%。说明检查血清中 IgA/EA 抗体，ELISA 法比 IE 法更敏感。

表 3　ELISA 法和 IE 法测定 IgA/EA 抗体敏感性的比较

Tab. 3　Comparison of the sensitivity between ELISA and immuneenzymatic

test for detection of IgA/EA antibody

血清 Sera	例数 No. of cases	IgA/VCA（＋） IE 例　数 cases	（％）	IgA/EA（＋） IE 例　数 cases	（％）	ELISA 例　数 cases	（％）
NPC	91	91	100	55	60	88	97
其他肿瘤 Tumor other than NPC	59	2	3.4	0	0	2	3.4
正常人 Normal individuals	90	2	2.2	0	0	2	2.2

讨 论

我们建立并改进了用于检查血清中 EB 病毒 IgA/EA 抗体的 ELISA 法。用巴豆油、正丁酸钠和阿糖胞苷处理 HR1K 细胞，激活了 EB 病毒 EA 抗原的合成，抑制了 VCA 的产生，EA 阳性细胞数可达 45%。同时在抗原提取过程中加入蛋白酶抑制剂 PMSF，增加了 EA 的产量和稳定性。先试用 ELISA 常规两步法检查 IgA/EA 抗体，未获阳性结果。改用鼠抗人 IgA McAb 和兔抗鼠抗血清做夹层，成功地检出鼻咽癌病人血清中的 EB 病毒 IgA/EA 抗体，阳性率为 97%，比 IE 法（60%）明显提高，抗体的 GMT 是 IE 法的 8 倍。用 ELISA 法检查其他肿瘤病人和正常人血清中的抗体，阳性率都很低（2.2%～3.4%）ELISA 法的敏感性接近于免疫放射自显影法[4]，而且方法简便易行，是适合于大规模现场普查和追踪观察的敏感、特异和快速的方法。

用本法在鼻咽癌高发区梧州市检查了 12 154 例正常人血清，以 IE 法为对照，阳性率分别为 1.2% 和 0.3%。这进一步证明 ELISA 法比 IE 法更敏感。

在我国南方数省和东南亚国家，鼻咽癌死亡率在肿瘤中占第一位[5]。本方法的建立将成为临床诊断和现场普查的主要方法。并为长期追踪观察和研究 EB 病毒和鼻咽癌的关系提供一个重要手段。

〔原载《病毒学报》1987, 3（1）: 81 – 85〕

参 考 文 献

1 Zeng Y, et al. Intervirology, 1980, 13: 162

2 Zeng Y, et al. Acta Acad Med Sin, 1979, 1: 123

3 Zeng Y, et al. Int J Cancer, 1982, 29: 139

4 Zeng Y, et al. Int J Cancer, 1983, 31: 599

5 de – The G, et al. Viral Infections of Humans. Epidemiology and Control. A. S. Evns ed., John Wiley and Sons, New York, 1982, 621

Enzyme – Linked Immunosorbent Assay for the Detection of Epstein – Barr Virus IgA/EA Antibody

PI Guo-hua[1], ZENG Yi[1], G de-The.[2], FANG Zhong[1], ZHAO Quan-bi[1]

1. Institute of Virology, Chinese Academy of Preventive Medicine; 2. Laboratory of Epidemiology and Immunovirology of Tumors, Faculty of Medicine Alexis Carrel, Lyon, France

An enzyme – linked immunosorbent assay (ELISA) was established for detection of Epstein – Barr virus IgA/EA antibody. The crude antigen from P3HR1 cells treated with croton oil, n – butyrate and Ara – C was good enough for the ELISA assay by a three – step technique. A good correlation between the ELISA assay and the immunoenzymatic test was obtained, but the sensitivity of ELISA method was 8 times higher. The ELISA is a sensitive, specific and rapid test, and can be applied to field studies.

〔**Key words**〕Epstein – Barr virus; Nasopharyngeal carcinoma; Enzyme – linked immunosorbent assay; Early diagnosis

100. 鼻咽癌患者血清中抗 Epstein – Barr 病毒早期和晚期膜抗原抗体的检测

上海市卫生防疫站　杜　滨　中国预防医学科学院病毒学研究所　曾　毅

Pateenkofer 研究所　H. Wolf

〔关键词〕　Epstein – Barr 病毒；鼻咽癌；抗体

对 Epstein – Barr（EB）病毒抗原的研究，发现有淋巴细胞确定的膜抗原（Lydma）、早期抗原（EA）、壳抗原（VCA）、核抗原（EBNA）、早期膜抗原（EMA）和晚期膜抗原（LMA）[1]。除了 Lydma 抗原外，鼻咽癌患者对上述抗原均产生相应的 IgG 和 IgA 抗体。因而研究这些抗体，对阐明 EB 病毒与鼻咽癌的关系及鼻咽癌的早期诊断都十分有价值。

曾毅等用免疫酶法检测 IgA/VCA 和 IgA/EA 抗体，对鼻咽癌进行早期诊断，已获得了满意的结果[2~7]。他们进一步对 IgA/MA 抗体进行研究，首次发现该抗体在鼻咽癌患者血清中的阳性率达 58%[8]。继而改进检测方法，即用 B95 – 8 细胞预先处理被检血清，再用免疫荧光法检测，IgA/MA 抗体阳性可达 100%[9]，而正常人对照血清均为阴性。对鼻咽癌的诊断和预后可能有重要的意义。为了解 MA 抗体的性质，我们对 EB 病毒的 EMA 和 LMA 抗体进行了研究，现将结果简要报告如下。

一、以 Raji 细胞和 B95 – 8 细胞为靶细胞检测鼻咽癌患者血清中 EB 病毒的 MA 抗体
靶细胞为经巴豆油（500 ng/ml）和丁酸（4 mmol/L）激活的 Raji 细胞和 B95 – 8 细胞。经激活的 Raji 细胞可诱导产生 EMA 和 EA 抗原，用未经丙酮固定的 Raji 细胞可测定 EMA 抗体；激活的 B95 – 8 细胞可诱导产生 EMA 和 LMA 等抗原，可用未经丙酮固定的 B95 – 8 细胞测定 EMA 和 LMA 抗体。测定的方法如下：取经 1∶5 稀释的鼻咽癌患者血清 0.1 ml，加入等量的含 6×10^5/ml 的激活靶细胞，在 37℃ 作用 1 h。用 PBS 洗 3 次后涂片，冷丙酮固定 10 min。将适当稀释的荧光标记抗人 IgA 或 IgG 抗体加在已涂好的细胞片上，在 37℃ 作用 35 min，洗涤 3 次后封片镜检，结果见表 1。

如表 1 所示，用 B95 – 8 细胞为靶细胞测定 IgG/MA 抗体和 IgA/MA 抗体，前者鼻咽癌患者与正常人对照血清的抗体阳性率分别为 100% 和 90%（$P > 0.05$）。而后者鼻咽癌患者的 IgA/MA 阳性率为 60%，正常人为零（$P < 0.01$）。这与朱等的报告结果相似[8]。当用 Raji 细胞做靶细胞检测血清中的 EMA 抗体时，鼻咽癌患者和正常人抗体阳性率分别为 75% 和 40%，两者间有显著性差异（$P < 0.01$）；鼻咽癌患者的 IgA/EMA 抗体阳性率为 15%，正常人为零，两者间也有显著性差异（$P < 0.01$），以上结果显示了鼻咽癌患者血清中含有 IgA 的和 IgG 的 LMA 和 EMA 抗体。正常人仅有 IgG/EMA 和 IgA/LMA 抗体。

表 1　测定鼻咽癌患者血清中抗 EB 病毒膜抗原的抗体

Tab. 1　Detection of antibody to MA of EB virus in sera

靶细胞 Target cells	血清来源 Sera	例　数 No. of cases	IgA/MA			IgG/MA		
			阳性数 Positive numbers	（%）	P	阳性数 Positive numbers	（%）	P
B95 – 8	鼻咽癌 NPC	20	12	60	<0.01	20	100	>0.05
	正常人 Normal	20	0	0		18	90	
Raji	鼻咽癌 NPC	20	3	15	<0.01	15	75	>0.01
	正常人 Normal	20	0	0		8	40	

二、鼻咽癌患者血清中经 Raji 细胞或 B95 – 8 细胞吸附后 EMA 和 LMA 抗体测定　为了进一步证实 LMA 和 EMA 两种抗体的存在，待测血清先处理后用免疫荧光法（IF）测定这两种抗体。方法是将 1∶10 稀释的鼻咽癌患者血清 0.1 ml 加到等量的含 5×10⁶/ml 的 B95 – 8 细胞或 Raji 细胞中，37℃作用 1 h，离心取上清，用不同稀释度的血清分别与靶细胞—B95 – 8 或 Raji 细胞作用，按上述的 IF 方法检测。结果见表 2。

表 2　鼻咽癌病人血清经处理后 IgA/MA 抗体测定

Tab. 2　Detection of IgA antibody to EBV MA in NPC Sera absorbed with Raji cells or B95 – 8 cells

靶细胞 Taget cells	吸附细胞 Cells for absorption	血清中 IgA 抗体滴度 IgA antibody titer in sera					
		1∶10	1∶20	1∶40	1∶80	1∶160	PBS
Raji	B95 – 8	–	–	–	–	–	–
	Raji	–	–	–	–	–	–
	（No absorption） 未吸附	+	+	+	–	–	–
B95 – 8	B95 – 8	+	–	–	–	±	–
	Raji	+	+	–	–	–	–
	未吸附 No absorption	+	+	+	+	±	–

如表 2 所示，用 Raji 细胞做靶细胞，未经 Raji 细胞或 B95 – 5 细胞吸附的血清，IgA/EMA 抗体滴度为 40，而经吸附的血清均为阴性。用 B95 – 8 细胞做靶细胞时，未经吸附的血清 IgA/MA 抗体滴度为 80。经 B95 – 8 细胞吸附后，抗体滴度下降至 10，而经 Raji 细胞吸

附，抗体仅下降至 40。这些结果再次正实鼻咽癌患者血清中有 EB 病毒的 IgA/EMA 和 IgA/LMA 抗体，IgA/LMA 的抗体滴度高于 IgA/EMA，而正常人对照血清中则无 IgA/EMA 和 IgA/LMA 抗体。我们将进一步探讨 IgA/EMA 和 LMA 抗体在鼻咽癌诊断和预后中的意义。

〔原载《病毒学报》1987，3（1）：92－94〕

参 考 文 献

1 Epstein M A, et al. The Epstein – Barr Virus. Epstein, M. A. Achong, B, G, eds. P. S. Spring – Verlag, 1979

2 曾毅，等. 中华肿瘤杂志，1979，1：2

3 曾毅，等. 中国医学科学院学报，1979，1：123

4 曾毅，等. 癌症，1982，1：6

5 Zeng Yi, et al. Intervirology, 1980, 13：162

6 曾毅，等. 病毒学报，1985，1：7

7 曾毅，等. 中华微生物学和免疫学杂志，1984，1：45

8 Zhu X X, et al. Int J Cancer, 1986, 37：689

9 Pi G H, et al. J Virol Methods, 1987, 15：33

Detection of Antibodies to Epstein – Barr Virus Early Membrane Antigen and Late Mambrane Antigen in Sera from Nasopharyngeal Carcinoma Patients and Normal Individuals

DU Bin[1], ZENG Yi[2], H. WOLF[3]

1. Shanghai Hygiene and Antipidemic Station;

2. Institute of Virology, Chinese Academy of preventive Medicine;

3. Pettenkofer Institute, Munich

Sera from NPC patients and normal individuals were tested for IgG and IgA antibodies to EB virus early membrane antigen (EMA) and late membrane antigen (LMA) by indirect immunofluonescence test.

Raji cells induced with cotton oil and n – butyrate were used as target cells for detection of antibodies to EMA. B95 – 8 cells induced with cotton oil and n – butyrate were used as target cells for detection of antibodies to both EMA and LMA. The results showed that IgG/EMA and IgG/LMA antibodies could be detected in sera from both nasopharyngeal carcinoma (NPC) patients and normal individuals. IgA/EMA and IgA/LMA antibody could only be detected in sera from NPC patient, but not from normal individuals. IgA/LMA antibody titer is higher than IgA/EMA antibody titer.

〔**Key words**〕 Epstein – Barr virus; Nasopharyngeal carcinoma; Antibody

101. 抗人 IgA 多克隆抗体 ELISA 法的建立和应用

中国预防医学科学院病毒学研究所 皮国华 曾 毅 方 仲 赵全璧

中国医学科学院放射医学研究所 余世荣

〔摘 要〕 用马抗人 IgA 抗体 ELISA 法，结合血清预处理，检测鼻咽癌（NPC）患者、其他肿瘤病人和正常人血清中的 IgA/EA 抗体结果表明，95.1% NPC 病人阳性（抗体几何平滴度为 294.1），而健康对照组仅 2.4% ~ 4.5%。ELISA 与免疫酶染色（IE）法测得的血清抗体滴度之间有一定的相关性，但前者比后者测得的几何平均滴度（GMT）高 9 倍。本法敏感、特异、快速、简便，适用于现场大规模普查。

〔关键词〕 Epstein - Barr 病毒；鼻咽癌；IgA/EA 抗体；酶联免疫吸附试验

测定血清中 IgA/EA 抗体，可用于鼻咽癌（NPC）的临床诊断和现场普查[1~4]。但以前报道的免疫酶染色法，对 NPC 的检出率较低（30%）[4]。我们已报道用抗人 IgA 单克隆抗体 ELISA 法[5]及改进的免疫酶染色法[6]，可分别提高检出率至 97% 和 92%。但前者需制备单克隆抗体，不易推广应用。而改进的 IE 法仍需制备细胞片和用显微镜观察结果，判断时易出现人为的误差。最近，我室将 ELISA 法的敏感性、特异性与在改进的免疫酶染色法中将血清预处理可提高 IgA 结合抗原的概率[6]的优点结合起来，建立了抗人 IgA 多克隆 ELISA，取得了同样好的结果，现报告如下。

材料和方法

一、血清标本来源及预处理 41 例经临床和病理确诊的 NPC 患者血清，44 份其他肿瘤患者血清和 42 份正常人血清，于 -20℃保存。

为提高特异性 IgA 与抗原结合机会，先将血清用马抗人 IgG 预先处理，以除去非特异性 IgG，其法是将待检血清加等量马抗人 IgG 血清（购自北京生物制品研究所），再补充 0.01 mol/L pH7.4 冷的 PBS 液，使待检血清和马抗人 IgG 血清的最终稀释度均为 1∶5。摇匀后置 37℃孵育 1 h，3000 r/min，离心 15 min 吸取上清，再以 PBS 作 1∶80 稀释，备作 ELISA 中的第一抗体之用。

二、ELISA 程序

1. Epstein - Barr 病毒早期抗原（EA）的提取及反应板的包被：见文献[7]。

2. 第一抗体：反应板孔中分别加入 100 μl 第一抗体（即 1∶80 稀释预处理过的被检血清），或正常人抗体阳性对照血清以及稀释液（PBS）空白对照。孵育及洗涤后，各加 100 μl 第二抗体。

3. 第二抗体：为 1∶1000 稀释的马抗人 IgA 血清（购自北京生物制品研究所），孵育及洗涤后，加 100 μl 第三抗体。

4. 第三抗体：为 1∶800 稀释的辣根过氧化物酶标记的兔抗马 IgG 血清（本室制备及标记）。孵育及洗涤后，加 100 μl 作用底物（磷苯二胺），置暗处显色 15 min 后，加 2 mol/L H₂SO₄ 终止反应。用 ELISA 分光光度计测 A492nm 值。按文献[7]的方法判读结果。

三、免疫酶染色法（IE）　见文献[8]。被检血清未经马抗人 IgG 预处理。

结　　果

一、ELISA 法与免疫酶染色法（IE）的比较　对 NPC 的检出率（见表 1），从 IE 法的 73.2% 提高到 95.1%；同时，GMT 提高 9 倍，表明 ELISA 的敏感性高于 IE 法。

表1　ELISA 和 IE 法测定 IgA/EA 抗体的比较
Tab. 1　Comparison of ELISA and IE for detection of IgA/EA antibody

血清 Sera	例　数 No. of Cases	IgA/EA					
		IE			ELISA		
		（+）	（%）	GMT	（+）	（%）	GMT
鼻咽癌病人 NPC Patients	41	30	73.2	33	39	95.1	294
其他肿瘤病人 Tumour other than NPC	44	0	0	5	2	4.5	5
正常人 Normal individuals	42	0	0	5	1	2.4	5

IE 法测定的平均 GMT 虽然低于 ELISA（前者滴度高于 80 者仅 26%，而后者为 100%），但两法测得个体间滴度的高、低程度是一致的，即滴度高者两法都高，反之亦然（图 1）。在诊断 NPC 时 ELISA 的特异性，选取 11 例 IE 法测得抗体 阴性及 4 例滴度较低者，同时用 ELISA 检测表明，11 例阴性者中有 9 例阳性，且其滴度都高于 80，而正常人血清则小于 10（表略）。

二、ELISA 法的可重复性　检测 9 例 NPC 患者和 7 例正常人血清中的 IgA/EA 抗体，两次实验结果除 2 例阳性血清两次的 P/N 值相差 1.2 和 1.4 外，其余 P/N 值变化都小于 1（表略）。

三、马抗人 IgG 处理被检血清的效果　将 NPC 病人血清与正常人血清进行比较（图 2），血清经马抗人 IgG 吸附后，去除了 IgG 成分，增加 IgA 类抗体与 EA 抗原结合的概率，从而使病血清的 P/N 值提高近一倍，而对正常人则无明显影响，说明并不会在提高 NPC 检出率的同时也提高正常人的假阳性率。

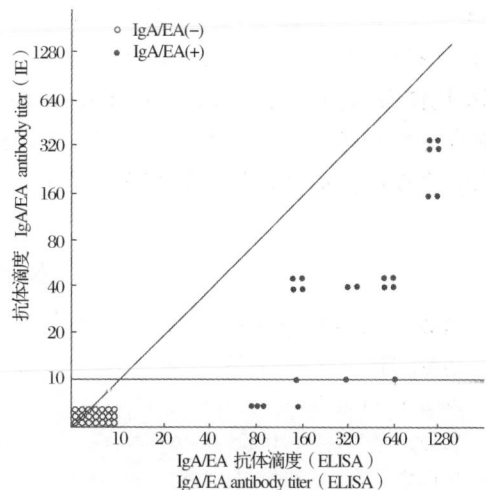

图1　ELISA 试验和 IE 法测定
IgA/EA 抗体滴度的比较
Fig. 1　Comparison of IgA/EA antibody titer
determined by ELISA and IE

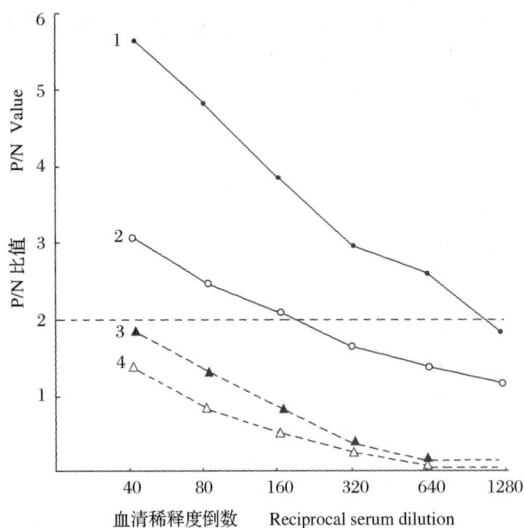

1. 处理过的 NPC 血清；2. 未处理的 NPC 血清；
3. 处理过的正常人血清；4. 未处理的正常人血清

图 2　抗人 IgG 血清处理过的与未处理的 NPC 病人血清和正常人血清中 IgA/EA 抗体滴度的比较

1. Pre-treated NPC sera; 2. Untreated NPC sera; 3. Pretreated normal sera; 4. Untreated normal sera.

Fig. 2　Comparison of IgA/EA antibody titer in sera of NPC and normal person, treated and untreated by antihuman IgG antibody

讨　论

我们曾试用常规 ELISA 法检测 NPC 血清中的 IgA/EA 抗体未能成功。而用本文中的三抗体夹层法结合血清预处理，成功地建立了测定 IgA/EA 抗体的 ELISA 试验，这对早期发现 NPC 患者是很重要的。用此法测定 NPC 患者的 IgA/EA 抗体阳性率由免疫酶法的 73.2% 提高到 95.1%，GMT 提高了 9 倍。而其他恶性肿瘤病人和正常人的 IgA/EA 抗体阳性率都很低。本法用马抗人 IgG 抗体处理待检血清和未处理相比，可提高 IgA/EA 抗体的 P/N 比值 1.6~1.8 倍（资料未列），大大增加了测定 IgA/EA 抗体的敏感性和特异性。这些结果表明，用马抗人 IgG 抗体预先处理待检血清后再用 ELISA 试验测定较 IE 法敏感。因此，IgA/EA 抗体有可能作为血清学标记来诊断 NPC。在 NPC 患者的血清学诊断和普查时，先用 IE 检查 IgA/VCA 抗体，阳性者再用 ELISA 法测定 IgA/EA 抗体，对其阳性者再进行临床和组织学检查将会发现更多早期 NPC 病人。

〔原载《病毒学报》1987，3（2）：177-180〕

参　考　文　献

1　曾毅，等．中华肿瘤杂志，1979，1：2
2　曾毅，等．中华医学科学院学报，1979，1：123
3　Zeng Y, et al. Int Virol, 1980, 13：162
4　曾毅，等．癌症，1982，1：6
5　皮国华，等．病毒学报，1987，3：81
6　皮国华，等．病毒学报，1986，2：372
7　Pi G H, et al. Ann Inst Pasleur/Virol, 136E, 1985, 131~140
8　Zeng Y, et al. Int J Cancer, 1982, 29：139

Enzyme – Linked immunosorbent Assay (ELISA) for the Detection of Epstein – Barr Virus IgA/EA Antibody

PI Guo-hua[1], ZENG Yi[1], YU Shi-rong[2], FANG Zhong[1], ZHAO Quan-bi[1]

(1. Institute of Virology, Chinese Academy of Preventive Medicine;

2. Institute of Radiomedicine, Chinese Academy of Medical Sciences)

A sensitive, specific and rapid three – steps ELISA method was established for the detection of EB virus IgA/EA antibody in sera from NPC patients, which had been pretreated with horse antiserum against human IgG. By this method 95. 1% of NPC patients were positive with a GMT of 1：294. 1. The crude antigen from B95 – 8 cells treated with croton oil, n – butyrate and Ara – c is good enough for the ELISA assay by the three – steps technique.

〔**Key words**〕 Epstein – Barr virus；Nasopharyngeal carcinoma；IgA/EA antibody，ELISA

102. 血清中 Epstein – Barr 病毒膜抗原 IgA 抗体检测法的改进及应用

中国预防医学科学院病毒学研究所 皮国华 曾 毅 方 仲 赵全璧

中国医学科学院放射医学研究所 余世荣

Max V Pettenkofer 研究所 Hana. Wolf

〔**摘 要**〕 用葡萄球菌菌体 A 蛋白（SPA）预先处理被检血清，以去除抗体 IgG 部分的竞争性结合，提高了间接免疫荧光法检查鼻咽癌病人血清中 EB 病毒膜抗原 IgA（IgA/MA）抗体的敏感性及特异性。检查 48 例鼻咽癌病人血清 IgA/MA 抗体，阳性率为 100%，血清几何平均滴度为 1：141；40 例其他恶性肿瘤病人和 46 例正常人都检不出 IgA/MA 抗体。免疫荧光法测得 IgA/MA 抗体阴性的 6 例鼻咽癌病人血清，SPA 吸收后呈阳性反应。此改进方法可用以追踪观察鼻咽癌病人的病程及预后。

〔**关键词**〕 鼻咽癌；Epstein – Barr 病毒；IgA/MA 抗体；葡萄糖球菌 A 蛋白

1966 年 Klein 等首先应用间接免疫荧光法在伯基特淋巴瘤活检组织细胞中发现膜抗原[1]。随后，经直接封闭试验证明膜抗原具有 EB 病毒的特异性[2]。鼻咽癌病人血清学研究表明，鼻咽癌病人 IgA/MA 抗体阳性率为 58.3%，几何平均滴度为 1：7.3，而正常人都阴性[3~4]。这表明 EB 病毒 IgA/MA 抗体对鼻咽癌是特异的，但敏感性低。为了提高 IgA/MA 抗体的检出率，必须改进方法。有人报道[5]，正常人血清 EB 病毒相关抗原的 IgG 抗体可高达 100%，而 IgG 抗体球蛋白在血清中的浓度比 IgA 抗体高得多，必然会影响特异性 IgA 抗体的检出。根据 SPA 能吸附 IgG 的原理，我们预先用富含 A 蛋白的葡萄球菌体处理待检血清，然后测定血清中 EB 病毒 IgA/MA 抗体，显著地提高了敏感性。现将结果报告如下。

材料和方法

一、血清 经病理检查确诊的鼻咽癌病人 48 例，其他恶性肿瘤人 40 例和正常人 46 例，取静脉血分离血清，保存于 −20℃ 冰箱备用。

二、间接免疫荧光试验 带 EB 病毒的 B95−8 细胞株换液后培养 24 h，离心弃培养液，加含 4 mmol/L 正丁酸和 500 ng/ml 的巴豆油新鲜培养液，激活细胞产生 EB 病毒相关的膜抗原。24 h 后将激活的细胞用 Hank 氏液洗 3 次，调细胞浓度至 2×10^6 活细胞/ml，然后转入 96 孔"U"型血凝板，每孔加 50 μl 细胞悬液，内含 1×10^5 个活细胞，作为间接免疫荧光试验的靶细胞，待与被检血清起反应。

每份待检血清预先按下述方法处理：25 μl 待检血清，加 25 μl SPA（经甲醛固定过的带有 A 蛋白葡萄球菌 No.1800 株，用 PBS 缓冲液稀释成 10%）悬液和 75 μl 0.01 mol/L pH7.4 的 PBS 缓冲液，混匀后，置 37℃ 孵育 1 h，使 SPA 与血清中 IgG 结合，然后 3000r/min 离心 20 min，弃沉淀，上清液作为 1:5 起始稀释度，再作倍比稀释到 1:1280。取每一稀释度的血清 50 μl，分别加入含有靶细胞的"U"型血凝板孔内，摇匀，置 37℃ 湿盒孵育 45 min，用 Hank 氏液离心洗 3 次，将细胞转涂于特制带圈的载玻片上，室温自然干燥，用冷丙酮 4℃ 固定 10 min，分别加入 1:10 稀释的兔抗人 IgA 荧光抗体，37℃ 湿盒孵育 45 min。用 0.01 mol/L pH7.4 的 PBS 洗 3 次，每次浸泡 5 min。再用 0.06% 伊文氏蓝复染 10 min，风干后加入一滴含 50% 甘油的 PBS，盖上盖玻片用 Olympus 荧光显微镜检查。阳性细胞膜上荧光着色均匀，多呈环状，少数为帽状或斑点状。血清 1:10 稀释无特异荧光，即为阴性。

三、免疫酶法 详见文献〔6〕。用免疫酶法测定了上述 3 组不同血清中的 IgA/EA 和 IgA/VCA 抗体，以资比较。

结　果

一、特异性 比较了 48 例鼻咽癌，40 例其他肿瘤病人及 46 例正常人的血清，结果列入表 1。可以看出经 SPA 处理后 IgA/MA 抗体阳性率由 54% 提高到 100%，GMT 也提高了 10 倍。4 例其他肿瘤病人和 46 例正常人血清处理前后除 IgA/VCA 抗体有微弱的改变外，IgA/EA 和 IgA/MA 抗体均无变化。

二、敏感性 另选 12 例鼻咽癌病人血清和 10 例正常人血清，比较 SPA 吸收前后的变化，见表 2。有 6 例病人血清在 SPA 吸收前是阴性，吸收后转为阳性，血清滴度达 20~80。另 6 例抗体阳性者，SPA 吸收前除一例滴度为 320 外，其余均 ≤80，处理后 GMT 提高 8 倍。10 例正常人血清，SPA 处理前、后均为阴性。用 SPA 处理待检血清，同时用免疫酶法测定 IgA/EA 和 IgA/VCA 抗体，也能提高阳性检出率和血清 GMT，IgA/EA 抗体从 77% 提高到 100%，GMT 提高 5.8 倍，IgA/VCA 抗体的 GMT 提高了 2 倍（表 1）。免疫荧光和免疫酶法测定 IgA/MA 和 IgA/EA 抗体的滴度之间有一个良好的平行关系（图 1）。大多数鼻咽癌病人血清中 IgA/VCA 抗体滴度比 IgA/MA 抗体滴度高（图 2）。

表1 用SPA处理和不处理的NPC病人和对照组血清IgA/VCA、IgA/EA和IgA/MA抗体阳性率的比较

Tab. 1 Comparison of positive rate of IgA antibodies to VCA, EA and MA in sera from NPC patients and control groups with and without SPA treatment

| 血清 Sera | 例数 Number of cases | IgA/VCA* | | | | | | IgA/EA* | | | | | | IgA/MA** | | | | | |
| | | SPA处理 Treated with SPA | | | 未处理 Untreated | | | SPA处理 Treated with SPA | | | 未处理 Untreated | | | SPA处理 Treated with SPA | | | 未处理 Untreated | | |
		(+)	(%)	GMT	(+)	(%)	GMT	(+)	(%)	GMT	(+)	(%)	GMT	(+)	(%)	GMT	(+)	(%)	GMT
鼻咽癌病人 NPC patients	48	48	100	1:562	48	100	1:247	48	100	1:196	39	77	1:34	48	100	1:141	26	54	1:14
其他肿瘤病人 Tumours other than NPC	40	2	5	<1:5	0	0	<1:5	0	0	<1:5	0	0	<1:5	0	0	<1:5	0	0	<1:5
正常人 Normal individual	46	4	8.7	1:5.6	1	2	<1:5	0	0	<1:5	0	0	<1:5	0	0	<1:5	0	0	<1:5

注：* 免疫酶法测定　　* Detected by immunoenzymatic test

　　** 免疫荧光法测定　　** Detected by immunoflourescence test

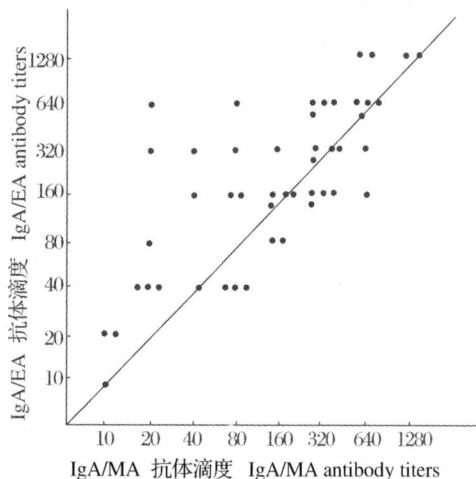

图 1 鼻咽癌病人血清中 IgA/MA 和
IgA/EA 抗体之间的关系

Fig. 1 Relationship between IgA/MA and IgA/EA
antibodies in sera from NPC patients

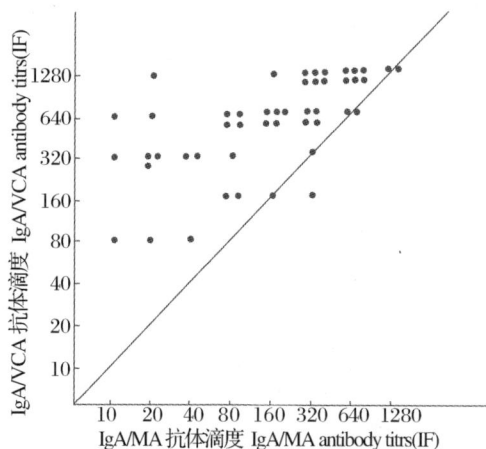

图 2 鼻咽癌病人血清中 IgA/MA 和
IgA/VCA 抗体之间的关系

Fig. 2 Relationship between IgA/MA and
IgA/VCA antibodies in sera from NPC Patients

表 2 间接免疫荧光法测定 SPA 处理和未处理血清敏感性的比较

Tab. 2 Sensitivity of indirect immunoflourescence method in detecting untreated and treated sera

鼻咽癌病人血清号 NPC patients serum No.	IgA/MA 抗体滴度 IgA/MA antibody titers of sera		正常人血清号 Normal individual serum No.	IgA/MA 抗体滴度 IgA/MA antibody titers of sera	
	SPA 处理 Treated with SPA	未处理 Untreated		SPA 处理 Treated with SPA	未处理 Untreated
2772	1 : 20	(−)	3651	(−)	(−)
2573	1 : 20	(−)	3644	(−)	(−)
2519	1 : 40	(−)	3674	(−)	(−)
2549	1 : 80	(−)	3652	(−)	(−)
2760	1 : 80	(−)	3649	(−)	(−)
2770	1 : 80	(−)	3641	(−)	(−)
2771	1 : 160	1 : 10	3660	(−)	(−)
2765	1 : 160	1 : 20	3658	(−)	(−)
2753	1 : 320	1 : 20	3659	(−)	(−)
2747	1 : 320	1 : 80	3647	(−)	(−)
2740	1 : 640	1 : 80			
2794	1 : 640	1 : 320			
GMT	1 : 120	1 : 15			

讨 论

广西苍梧县鼻咽癌高发区人群血清学普查的结果表明，检测 EB 病毒 IgA/VCA 和 IgA/EA 抗体对早期诊断鼻咽癌很有意义[7-10]。已发现 58.3% 的鼻咽癌病人存在 IgA/MA 抗体，而检查正常人全部阴性[4]。这与 IgA/EA 抗体的存在情况很相似[9]，表明检测 IgA/MA 抗体有可能作为诊断鼻咽癌的指标。可是用原有的方法检测 IgA/MA 抗体来诊断鼻咽癌不那么敏感，不如检测 IgA/VCA 抗体。检测的血清工作稀释倍数很低，一般都小于 10。由于正常人血清中有 EB 病毒相关抗原的 IgG 抗体，可能影响低浓度特异性 IgA 抗体与抗原相结合，影响 IgA 抗体的检出率。本文结果表明，用 SPA 预先处理待检血清除去 IgG 抗体后，IgA 抗体的检出率大大提高，测得的 EB 病毒 IgA/MA 抗体的阳性率明显增加。Forsgren（1966）[11]首先报道了 SPA 与人 IgG 和 Fc 段结合牢固，但对血清中 IgA 抗体几乎没有影响[12]。在细胞内 EB 病毒的 MA 抗原浓度较低，用本文改进的免疫荧光法可以大大提高其敏感性，也不增加非特异性反应。本方法对诊断鼻咽癌不仅非常敏感，而且操作简便，重复性好，可用于初期诊断和疗效的追踪观察。将来作为膜抗原免疫苗预防效果的监视，也是一个很好的观察指标。

〔原载《病毒学报》1987，3（2）：181－185〕

参 考 文 献

1 Klein G, et al. proc Natl Acad Sei, U SA, 1966, 55：1628

2 Klein G, et al. J Exp Med, 1969, 129：678

3 A De Schryver, et al. Clin Exp immunol, 1969, 5：443

4 Zhu X X, et al. Int. J Cancer, 1986, 37：689

5 曾毅，等. 待发表

6 Zeng Y, et al. J Oncol, 1979, 1：2

7 Zeng Y, et al. Acta Acad Med Sin, 1979, 1：123,

8 Zeng Y, et al. Intervirology, 1980, 13：162

9 Zeng Y, et al. Intervirology, 1983, 20：190

10 Zeng Y, et al. Int J Cancer, 1983, 31：599

11 Forsgren A, et al. J Immunol, 1966, 97：822

12 皮国华，等. 病毒学报，1986，2：372

Development and Application of A New Technique for the Detection of IgA Antibody to Epstein-Barr Virus Membrane Antigen

PI Guo-hua[1], ZENG Yi[1], FANG Zhong[1], ZHAO Quan-bi[1], YU Shi-rong[2], HANA Wolf[2]

(1. Institute of Virology, Chinese Aeademy of Preventive Medicine, Beijing;

2. Institute of Rilionedieine, C A M S, fianjin; 3. Max. V Pettenkofer Institute, Municeh, W. Germmy)

IgA antibody to membrane antigen（MA）of Epstein – Barr Virus（EB V）was examined in sera from 48 nasopharyngeal carcinoma（NPC）patients, 40 patients with tumors other than NPC and 46 normal individuals after preabsorption of sera with staphylocoecus aureus（SPA）straia No. 1800 and by indirect immunofluorescence test. One hundred percent of the NPC patients had the IgA/MA antibody with a GMT of 1：141. In patients with tumors other than NPC or normal individuals, IgA/MA antibody was not detectable . IgA/MA antibody has been demonstrated in six NPC patients lacking detectable antibody levels by the indirect immunoflourescence test using non – absorbed sera. Our data indicate that preabsorption of sera with SPA renders the diagnostic test significantly more sensitive for the detection of the nasopharyngeal carcinoma and can be used for screening for patients.

〔**Key words**〕 Nasopharyngeal carcinoma（NPC）；Epstein – Barr virus（EBV）；IgA/MA antibody；Staphy-lococcus aureus（SPA）

103. 黄芫花及桐油提取物对 Ⅱ 型单纯疱疹病毒诱癌的促进作用

湖北医学院病毒研究所 孙 瑜 陈敏诲 肖 红 刘汉燕 陈 晓

中国预防医学科学院病毒学研究所 曾 毅 日本京都大学医学院微生物系 伊藤洋平

〔**摘 要**〕 本文报道，瑞香科植物黄芫花 *Wikstroemia chamaedaphne*（WC）提取物，及大戟科桐油提取物 12 – 0 – hexadecanoyl – 16 – hydroxyphorbol – 13 – ace-tate（HHPA），能促使 Ⅱ 型单纯疱疹病毒（HSV－2）333 株诱发小鼠宫颈癌，其癌发率分别为 21.1% 和 26.3%，而对照组的癌发率仅为 7.4%。统计学处理（累积法及权重法计算后，用方差分析），其差异均有显著性，证明 WC 和 HHPA 是促癌物。

〔**关键词**〕 Ⅱ 型单纯疱疹病毒；黄芫花；桐油提取物；实验性宫颈癌

伊藤洋平等[1]和曾毅等[2]曾报道，大戟科和瑞香科某些植物的提取物与从巴豆油提取的促癌物 12 – 氧 – 14 烷酰巴豆醇 – 13 – 乙酸酯（12 – O – tetradecanoyl – phorbol – 13 – ace-tate）化学结构相似[3]，能诱导 Epstein – Barr（EB）病毒早期抗原（EA）的表达，促进 EBV 对 B 淋巴细胞的转化作用[4]，鼻咽癌高发区苍梧县和梧州市种植了不少这样的植物，如桐油树、乌桕及了哥王等。桐油提取物（HHPA）能促进化学致癌物诱发小鼠皮肤乳头状瘤，已为伊藤洋平等证实[5]。我国瑞香科的黄芫花（WC）临床上常用于引产[6]，也具有诱发 EBV 早期抗原及促进 EBV 对 B 淋巴细胞转化的作用。我们也曾证实上述两种取物本身无致癌作用，但对甲基胆蒽诱发小鼠宫颈癌有明显促进作用[7]。本文拟通过 Ⅱ 型单纯疱疹病毒（HSV－2）333 株诱发小白鼠宫颈癌的模型，观察黄芫花及桐油提取物是否对此病毒诱癌有促进作用。

材料和方法

一、动物 昆明种杂交雌性小白鼠，体重 18 ~ 22g，实验前观察两周，确实健康者被采用。

二、病毒及接种 Ⅱ 型单纯疱疹病毒 333 株，由美国宾夕法尼亚大学 Rapp 教授赠送，病毒培养用原代兔婴肾细胞，199 培养液加小牛血清，青霉素 100 U/ml 和链霉素 100 μg/ml。细胞长成单层后接种 HSV－2，37℃吸附 1 h 后加无小牛血清的培养液。等 75% 细胞出现病变时收获，测定其病毒滴度为 10^6 ~ 10^7 PFU，冻存。使用时冻融 3 次，紫外线灭活（剂量为

40×10^{-7} W/mm²) 5~6 min，消除病毒增殖性感染力[8]，接种时用眼科镊子将浸泡于病毒液的吸水海绵轻轻摄起，送入小鼠子宫颈，每周1次，连续10周。

三、黄芫花及桐油提取物　黄芫花植物用乙醚提取，待乙醚蒸发后以每毫升乙醚 20 mg 的浓度储存备用。桐油提取物 HHPA 由日本京都大学农业系 Kashinigu 和 Ohigashi 教授赠送。接种方法同上，将含黄芫花 1 mg 或 HHPA3.3 μg 的吸水海绵送入小鼠阴道内。

四、实验动物组　分黄芫花组（WC）、HHPA 组（HHPA）、病毒组（HSV－2）、黄芫花加病毒组（WC＋HSV－2）和 HHPA 加病毒组（HHPA＋HSV－2），各组实验动物分别观察 200~240 d 后处死，取出完整的生殖道，甲醛固定，石蜡包埋、连续切片、HE 染色，显微镜下作病理组织学检查。

结果和讨论

经黄芫花和 HHPA 单独处理的两组动物，其阴道、宫颈黏膜和上皮细胞有炎性增生或萎缩，多数动物黏膜及固有膜伴有以淋巴细胞为主的炎性细胞浸润，未发现恶性病变或肿瘤。HSV－2 感染组，其肿瘤与癌前病变发生率为 7.4%，而感染 HSV－2 后再用黄芫花或 HHPA 处理的两组动物，其肿瘤与癌前病变发生率各为 21.1% 和 26.3%。上述各组动物均未发现其他器官有特殊病变。

经统计学处理，累积法、权重法计算后用方差分析，（1）HSV－2 组与黄芫花加 HSV－2 组之比 $F = 3.0876$，$P < 0.01$；（2）HSV－2 组与 HHPA 加 HSV－2 组之比 $F > 5.4649$，$P < 0.01$。见表1。

表 1　黄芫花提取物及 HHPA 对 HSV－2 诱癌的促进作用
Tab. 1　Enhancement of cervical cancer induced by HSV－2 in mice
by *Wikstroemia chamaedaphne* and HHPA

组　别 Group	实验动物数 Number of test animal	癌前数 Number of precancer	癌　数 Number of cancer	癌发率（%） Cancer rate（%）
WC	38	0	0	0
HHPA	36	0	0	0
HSV－2	54	2	2	7.4
WC＋HSV－2	57	6	6	21.1
HHPA＋HSV－2	57	8	7	26.3

本实验经病毒诱发的肿瘤，其病理组织学特征与本室历次诱发的癌瘤形态近似，多为低分化鳞状细胞癌或未分化癌（图1、图2）。有的呈腺样结构（图3），有的组织结构为巢状或条索状，细胞形态大小不一，多数染色质贴近核膜，但未见到典型的核内包涵体（图4）。

我室采用 HSV－2 单次或多次接种于小白鼠阴道内诱发宫颈癌成功[9,10]。实验结果证明在同样条件下单独用 HSV－2 病毒感染组与病毒感染后再用黄芫花或 HHPA 处理的两组具有明显差异。这与 Ito 等[1]及曾毅等[2]的报道，及本室[7]的报道相一致。证明该两种提取物不仅能诱发 EBV 早期抗原，促进化学致癌物诱癌，而且也能促进单纯疱疹病毒诱发小鼠宫颈癌。因此可以认为这两种提取物是促癌物。它们是否与人的鼻咽癌和宫颈癌的发生有关系，

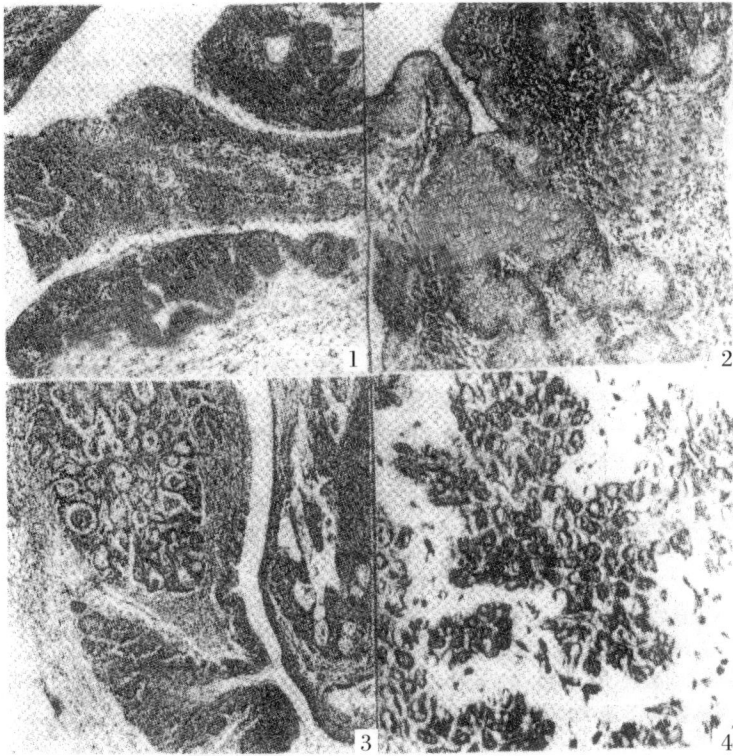

图1　HSV－2组小鼠宫颈低分化鳞状上皮癌，左方为正常宫颈黏膜，HE×50

Fig. 1　Poorly differentiated carcinoma of cervix in group HSV－2 alone. HE×50

图2　HSV－2组小鼠阴道不角化鳞状上皮癌，HE×50

Fig. 2　Squamous cell carcinoma of vaginal in group HSV－2 alone. HE×50

图3　黄芫花加HSV－2组小鼠阴道黏膜下低分化鳞状细胞癌呈腺样结构，HE×50

Fig. 3　Adenoid carcinoma under vaginal mucosa of group WC with HSV－2. HE×50

图4　HHPA加HSV－2组小鼠宫颈低分化癌巢，细胞核染色质向核周边聚焦，HE×100

Fig. 4　Poorly differentiated carcinoma of cervix in group HHPA with HSV－2. HE×100

尚待进一步研究。

（统计学处理由我院卫生学教研组陈冬娥老师协助，特此致谢。）

〔原载《病毒学报》1987，3（2）：131－133〕

参 考 文 献

1　Ito Y, et al. Cancer Letters, 1981, 13：29

2　Zeng Y, et al. Intervirology, 1983, 19：201

3　Bereblum I. Proc exp Tumor Res, 1969, 11：21

4　Mizuno F, et al. Cancer Letters, 1983, 19：199

5　Ito Y, et al. Cellular interactions by environmental tumor promoters, Fjiki H et al（eds）Japan Sci Soc Press, Tokyo/Vo U Science, Utrecht,

1984, p. 125

6　王振海，等. 中华妇产科杂志，1980，14：125

7　孙瑜，等. 中华病理学杂志，1985，15：19

8　孙瑜，等. 肿瘤防治研究，1984，4：5

9　陈敏海，等. 中华肿瘤学杂志，1984，2：259

10　陈敏海，等. 实验生物学报，1980，13：3

Tumor Promoting Effect of Diterpene Ester HHPA and extract of *Wikstroemia Chamaedaphne* on HSV – 2 Induced Carcinoma in Mice

SUN Yu[1], CHEN Min-hui[1], XIAO Hong[1], LIU Han-yan[1], CHEN Xiao[1], ZENG Yi[2], ITO Y[3]

(1. Institute of Virology, Hubei Medical College, Wuhon;

2. Institute of Virology, Chinese Academy of Preventive Medicine, Beijing;

3. Department of Microbiology, Faculty of Medicine, Kyoto University, Kyoto Japan)

The tumor promoting effect of *Wikstroemia chamaedaphne* (WC) and diterpene ester 12 – 0 – hexadecanoyl – hydroxyphorbol – 13 – acetate (HHPA) on cervical cancer induced by HSV – 2 (333) was studied in hybrid mice. The ratio of cancer induced by WC extract and HHPA with HSV – 2 was 21.1% and 26.3%, respectively, the incidence of cancer in the control group (HSV – 2 alone) was only 7.4%. These data indicate that WC extract and HHPA are tumor promoters which can enhance the development of HSV – 2 induced cervical carcinoma in mice.

[**Key words**] Herpes Simplex Type 2; *Wikstroemia chamaedaphne* (WC); Tung oil extract (HHPA); Induced cervical cancer

104. 用改进的测定 Epstein – Barr 病毒早期抗原 IgA 的方法为 2054 人检查鼻咽癌

中国预防医学科学院病毒学研究所 皮国华 曾 毅 叶树清 方 仲

应用测定 Epstein – Barr 病毒（EB 病毒）IgA/EA 抗体的改进方法（见病毒学报，2：372，1986）将待检血清用与抗人 IgG 血清或葡萄球菌菌体蛋白（SPA）吸附，除去了竞争性 IgG 类抗体，增加了血清中 IgA 抗体与抗原相结合的概率，从而提高了免疫酶法的敏感性和鼻咽癌的检出率。用此法我们检查了本实验室检查 EB 病毒相关抗体的 2045 人，大部分是进行体格检查、无自觉症状的健康人。其查出 IgA/EA 抗体阳性者 42 人，进一步做病理检查证实 27 人患鼻咽癌，其中属临床 I 期者 10 人，II 期 10 人，III 期 6 人，IV 期 1 人。早期鼻咽癌（I + II 期）占 74%，晚期占 26%。其余 15 名阳性者正在追踪观察。

实践经验表明，EB 病毒 IgA/EA 抗体滴度的高低，对诊断鼻咽癌具有重要意义，滴度达 1：40 者有 75% 为鼻咽癌，1：80 者 83% 为鼻咽癌，1：160 者百分之百为鼻咽癌（表 1）。

少数疑难病例的确诊，更说明本方法在鼻咽癌诊断上的意义。例如有 2 例被检者 IgA/EA 抗体滴度分别为 1：10 和 1：40，临床病理检查未见异常。后经 3 次和 5 次活体检查才确诊为 II 期和 III 期低分化鳞癌。另 1 例 IgA/EA 抗体滴度为 1：160，3 次活检均未发现癌变细胞，经 CT 扫描才发现此人的鼻咽癌不在常发部位，癌组织向颅底伸延，因此常规取样查不到。

表1　42例EB病毒IgA/EA抗体阳性者的抗体滴度与鼻咽癌的关系

项目	抗体滴度							
	1∶5	1∶10	1∶20	1∶40	1∶80	1∶160	1∶320	合计
IgA/EA阳性例数	1	8	8	12	6	4	3	42
鼻咽癌例数		4	2	9	5	4	3	27
（%）		50	25	75	83	100	100	64

有迹象表明，IgA/EA抗体滴度的高低与鼻咽癌临床分期有一定关系，但尚需积累更多资料经统计学分析才能证明。

〔原载《病毒学报》1987，3（3）：236〕

105.　用重组痘苗病毒感染动物细胞表达的 Epstein – Barr 病毒膜抗原检查 IgA/MA 抗体

中国预防医学科学院病毒学研究所

皮国华　谷淑燕　江民康　叶树清　赵文平　曾　毅

Max. V. Pettenko fer 研究所　H. Wolf

〔摘　要〕　用EB病毒膜抗原基因重组的痘苗病毒感染动物细胞，其细胞表面可表达EB病毒膜抗原。以此膜抗原作为诊断抗原检测血清中IgA/MA抗体，明显优于常用的B95－8细胞表面膜抗原。从而为研究人群血清抗体反应与鼻咽癌的关系，为鼻咽癌的诊断和普查开辟了新途径。

〔关键词〕　鼻咽癌；Epstein – Barr 病毒膜抗原；基因工程抗原；痘苗病毒

EB病毒膜抗原（MA）是一种糖蛋白，位于产生病毒的类淋巴母细胞株细胞的表面和成熟EB病毒颗粒的囊膜上，可诱导产生EB病毒中和抗体。用间接免疫荧光法检查产生病毒的类淋巴母细胞株，如B95－8细胞，通常只有5%左右的活细胞可查到EB病毒膜抗原。经TPA类药物激活，膜抗原阳性的细胞也只增至20%左右。用间接免疫荧光法检查鼻咽癌病人血清中EB病毒IgA/MA抗体，阳性率只有50%[1]。用金黄色葡萄球菌蛋白A（SPA）吸收血清以除去IgG成分后，IgA/MA抗体阳性率可提高到90%以上[2]。但此法需用活细胞作靶细胞，血清又必须预先吸收，限制了它在现场的应用。我们用基因工程构建的痘苗病毒感染动物细胞，有75%的细胞表达EB病毒膜抗原，用此膜抗原作诊断抗原检查血清中EB病毒IgA/MA抗体，效果良好，既不需活细胞，血清也不必预吸收，现报告如下。

材料和方法

一、痘苗病毒的重组　将EB病毒膜抗原基因重组入痘苗病毒基因组，以此重组病毒感染动物细胞，使其表面表达 EB 病毒膜抗原。为叙述方便，以下将此种膜抗原简称为基因工程膜抗原。重组痘苗病毒株由本所谷淑燕等[3]提供。

二、靶细胞的制备 CV – 1、Vero、143、BHK 和代鸡胚细胞，用重组痘苗病毒感染，经 24～48 h，当有 15% 以上的细胞被痘苗病毒感染时即收获。收集培养液中病变脱落的细胞，用由 Tris 缓冲液配制的胰酶和 Verseae 消化瓶壁的细胞，然后一起离心沉淀，将细胞涂在载玻片的疏水性漆圈内，自然干燥，甲醇固定 10 min，4℃保存。

除鸡胚细胞用 5% 血清水解乳白蛋白培养基外，其他传代细胞均用含 10% 小牛血清的 Eagle's 培养基培养。接种病毒后小牛血清的浓度为 2%。

经试验，上述 5 种靶细胞中，除鸡胚细胞敏感性稍差外，其余 4 种细胞结果相似，故正式试验时采用 CV – 1 为靶细胞，对照用 B95 – 8 细胞，它来源于传染性单核细胞增多症的 EB 病毒转化的狨猴淋巴细胞。

三、抗血清 抗 EB 病毒 MA 单克隆抗体来自原西德慕尼黑大学 Pettenkofer 研究所。荧光素或过氧化物酶标记的兔抗鼠 IgG 和兔抗人 IgA 购自丹麦 DAKO 公司。兔抗 MA 抗体由本室制备[3]。荧光素标记羊抗兔 IgG 为北京生长物制品研究所产品。

四、待检血清 包括经临床和病理确诊的鼻咽癌病人血清，其他头颈部肿瘤病人血清和正常人血清。部分血清来自广西鼻咽癌门诊，现场普查和本研究室鼻咽癌门诊的病人和正常人。血清都保存在 – 20℃。SPA 吸收方法见文献[2]。

五、用重组病毒转染靶细胞检测血清抗体的方法 待检血清用 PBS 缓冲液从 1∶10 开始做双倍稀释，取一定量不同稀释度的血清加到玻片漆圈内的 CV – 1 靶细胞中，37℃湿盒孵育 45 min，用 PBS 液洗 3 次，每次 5 min，滴加荧光素或酶标记的兔抗人 IgA 抗体。37 ℃湿盒内再孵育 45 min，PBS 洗涤，用 0.06% Evan's 蓝染色 10 min。加适量 50% 甘油封片，荧光显微镜检查（Olympus 荧光显微镜），以 MA 单克隆抗体为对照。以 B95 – 8 活细胞为靶细胞的 IgA/MA 抗体间接免疫荧光法作对比，方法见文献[2]。检查 IgA/VCA 和 IgA/EA 抗体的间接免疫酶法见文献[4]。

结　　果

一、基因工程膜抗原的特异性 用免疫荧光法（IF）和免疫酶法（IE）检测，基因工程膜抗原既能与鼻咽癌病人血清发生阳性反应（图 1），也能和抗膜抗原单克隆抗体、兔抗重组痘苗病毒免疫血清发生阳性反应，而与正常人血清为阴性（表 1），说明基因工程膜抗原是特异的。

为了排除此种阳性反应是否是体内抗痘苗病毒 IgA 抗体的作用，用标记马抗人 IgA 抗体检测鼻咽癌病人和正常人血清中抗痘苗病毒的 IgA 抗体，结果阴性（数据从略）。

二、用基因工程膜抗体和 B95 – 8 细胞检查不同人群 IgA/MA 抗体的比较 分别检查了 48 例鼻咽癌病人和 54 名正常人。正常人两者检查均阴性，对 48 例鼻咽癌病人，用 B95 – 8 细胞检查时，病人血清未经 SPA 吸收时阳性者仅 26 人（54.2%）；病人血清经 SPA 吸收后，阳性率达到 100%。用基因工程膜抗原检测时，血清不用 SPA 预吸收，48 人均阳性。说明基因工程膜抗原比 B95 – 8 细胞简便、准确。

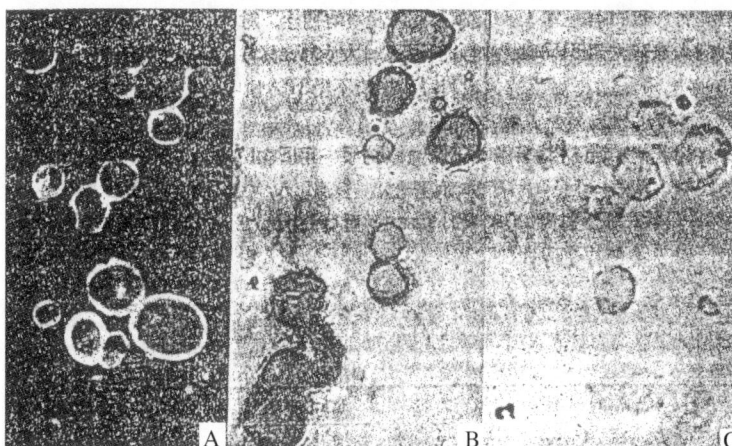

A. 用免疫荧光法检查感染细胞表面的膜抗原；B. 用免疫酶法检查感染细胞表面的膜抗原；
C. 未感染细胞与鼻咽癌病人血清的反应

图1　用基因工程膜抗原与鼻咽癌病人血清的反应

A. MA on infected cells by IF ×400；B. MA on infected cells by IE ×400；C. Uninfected cells ×400.

Fig. 1　Reaction of the EBV – MA expressed on recombinant vacciniavirus – infected cells with NPC sera

表1　痘苗病毒表达 EB 病毒 MA 的特异性（IF 和 IE）

Tab. 1　Specificity of vaccinia virus expressed EB virus MA by IF and IE

细胞 Cell	抗 MA 单克隆抗体 Anti – MA monoclonal antibody	NPC 血清 NPC sera	正常人血清 Normal sera	兔抗重组痘苗病毒免疫血清 Rebbit serum against recombinant vaccinia virus
B95 – 8　细胞株 B95 – 8 cell line	+	+	−	+
重组痘苗病毒感染细胞 Cells infected by recombinant vaccinia virus	+	+	−	+
TK 痘苗病毒感染细胞 Cells infected by TK minus vaccinia virus	−	−	−	+
痘苗病毒感染细胞 Cells infected by vaccinia virus	−	−	−	+
未感染细胞 Uninfected cells	−	−	−	±

　　三、以重组痘苗病毒感染的细胞为膜抗原，用 IE 和 IF 法检测不同人群 EB 病毒三种相关抗体的比较　从表2可见，对于鼻咽癌病人，检测 IgA/VCA 和 IgA/MA 抗体阳性率相同，均为100%，GMT 则分别为1：239 和 1：109；而检测 IgA/EA，则阳性率仅为95.3%，GMT 也较低。对于其他肿瘤病人，检测 IgA/EA 和 IgA/MA 均阴性，而 IgA/VCA 有一例假阳性。

对于正常人中 IgA/VCA、IgA/EA 均阳性或均阴性的人，检测三种抗体的结果基本相同，而对于 IgA/VCA（＋）、IgA/EA（－）者，检测 IgA/MA 查出 5 例阳性（6％）。

表 2　检查不同人群血清中 EB 病毒 IgA/VCA、IgA/EA 和 IgA/MA 抗体

Tab. 2　Detection of IgA/VCA, IgA/EA and IgA/MA antibody from various persons with IF and IE

血清来源 Source of sera		例　数 No. of cases	IgA/VCA *			IgA/EA *			IgA/MA * *		
			+	（％）	GMT	+	（％）	GMT	+	（％）	GMT
NPC 病人 NPC patients		43	43	100	1：239	41	95.3	1：72	43	100	1：109
其他肿瘤 Tumours other than NPC		20	1	5	＜1：5	0	0	＜1：5	0	0	＜1：5
正常人 Normal individuals	IgA/VCA + IgA/EA +	16	16	100	1：147	16	100	1：44	16	100	1：42
	IgA/VCA/ + IgA/EA −	78	78	100	1：22	0	0	＜1：5	5	6	1：35
	IgA/VCA/ − IgA/EA −	54	0	0	＜1：5	0	0	＜1：5	0	0	1：5

注：　* 用免疫酶法测定；* * 用免疫荧光法测定

　　　* Detected by immunoenzymatic test；* * Detected by immunofluoresence test

　　图 2 是 76 例鼻咽癌病人三种 EB 病毒相关抗体不同滴度所占百分比的比较。从图中可看出，抗体滴度 ≥80 者，IgA/VCA 占92％，IgA/EA 占 55％，IgA/MA 占 67％。滴度 ＜10 者，IgA/VCA 中 1％，IgA/EA 占7％；而 IgA/MA 则都在 10 以上。可见，鼻咽癌病人 IgA/MA 的阳性率和抗体滴度介于IgA/VCA 和 IgA/EA 之间，比 IgA/EA 高。

　　以上结果说明，IgA/MA 的特异性优于IgA/VCA，敏感性高于 IgA/EA。

　　四、EB 病毒三种相关抗体与鼻咽癌的关系　用重组痘苗病毒感染的 CV－1 细胞检查了 132 例 IgA/VCA 抗体阳性者的血清，比较 IgA/VCA、IgA/EA 和 IgA/MA 抗体阳性率与鼻咽癌检出率的关系。在这 132 例中，经病理组织切片证实为鼻咽癌者有 35例。检测此 132 例血清中的 IgA/EA 和 IgA/MA 抗体，结果 IgA/EA 抗体阳性者 41 例，其中鼻咽癌 32 例，鼻咽癌检出率为 78％；而 91 例 IgA/EA 抗体阴性者中，确诊为鼻咽癌的有 3 例，占 3.3％。IgA/MA 抗体阳性者 45 例，其中鼻咽癌 35 例，占 78％，

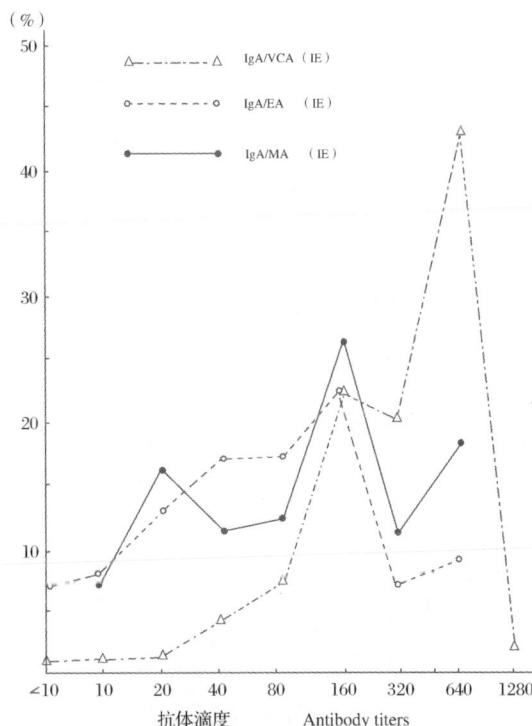

图 2　NPC 病人血清中 IgA/VCA、IgA/EA 和 IgA/MA 抗体滴度之间的关系

Fig. 2　Relationship between IgA/VCA, IgA/EA and IgA/MA antibodies in sera from NPC patients

而 87 例 IgA/MA 抗体阴性者未查出鼻咽癌。虽然 IgA/MA 和 IgA/EA 抗体阳性者中鼻咽癌的检出率相似，但 IgA/EA 阴性者仍有 3.3% 出现鼻咽癌。因此，以检测 IgA/MA 抗体作为诊断鼻咽癌的血清这种检查手段，较检测 IgA/VCA 和 IgA/EA 抗体更有效。

讨　论

用基因工程膜抗原检查 EB 病毒 IgA/MA 抗体，具有以下优点。

1. 常用的经 TPA 激活的 B95 – 8 细胞，因阳性细胞数少，且细胞中又有多种 EB 病毒相关抗原干扰了 MA 的检测，故必须用新鲜制备的未经固定的细胞以测定其膜上的抗原，实验方法繁琐。而重组痘苗病毒感染的细胞只表达 EB 病毒膜抗原，故可用经固定的感染细胞为靶细胞，又可在 4℃ 保存较长时间。

2. 痘苗病毒可感染的细胞范围广泛，多种传代和原代细胞，甚至原代鸡胚细胞均可被感染。原代细胞可用廉价的国产水解乳白蛋白培养基，比较节省。

3. 因被检血清不必先经 SPA 吸收，操作简便快速，特别有利于微量血标本的检测。

4. 可用 IF 法检测，因膜荧光强而容易观察；也可用 IE 法检测，只需普通显微镜即可，现场使用方便实用。

重组痘苗病毒较稳定，可长期保存，用感染细胞或重组痘苗病毒制备诊断试剂盒，将是一种有前途的新方法。

EB 病毒膜抗原可诱导产生中和抗体，过去受方法学限制，难于研究它在鼻咽癌发生发展中的作用，基因工程膜抗原可能有助于这方面的研究。

〔原载《病毒学报》1987, 3（4）: 388 – 392〕

参 考 文 献

1　Zhu X X, et al. Int J Cancer, 1986, 37: 689

2　Pi G H, et al. J Virological methods, 1987, 15: 33

3　谷淑燕，等. 待发表

4　Zeng Y, et al. J oncol, 1979, 1: 2

Detection of IgA Antibody to Epstein – Barr Virus Membrane Antigen Expressed by Recombinant Vacinia Virus

PI Guo-hua[1], GU Shu-yan[1], JIANG Min-kang[1], YE Shu-qing[1], ZHAO Weng-ping[1], ZENG Yi[1], H Wolf[2]

（1. Institute of Virology, Chinese Academy of Preventive Medicine, Beijing;

2. Max. V. Pettenkofer institute, W. Germany Munich）

EBV membrane antigen was expressed from infected cells with recombinant vaccinia virus. As a diagnostic antigen, the presence of IgA antibody to membrane antigen of EBV was tested in sera from NPC patients, patients with tumors other than NPC and normal individuals. Our data indicate that gentic engineered EBV membrane antigen is specific, more sensitive and simpler than B95 – 8 cell line for the detection of IgA/MA antibodies in sera from different groups. It is a new advanced technic for NPC early diagnosis and mass survey.

〔**Key words**〕Nasopharyngeal carcinoma; Epstein – Barr virus membrane antigen; Genetic engineered antigen; Vacinia virus

106. 用 PO$_4$ 细胞为靶细胞检测人血清中 Epstein – Barr 病毒 IgA/MA 抗体以诊断鼻咽癌

中国预防医学科学院病毒学研究所　曾　毅　苗学谦
上海市卫生防疫站进修生　杜　滨
英国曼彻斯特 Paterson 癌症研究所　M. Mackett　J. R. Arranol

〔关键词〕　鼻咽癌；Epstein – Barr 病毒；膜抗原

近年来，常用未经丙酮固定的、由丁酸和巴豆油激活的 B95 – 8 细胞或 P3HR – 1 细胞为靶细胞，检测人血清中 EB 病毒 IgA/MA 抗体以早期诊断鼻咽癌，效果良好。但由于 B95 – 8 细胞含有多种 EB 病毒抗原，不能用丙酮固定，需多次离心沉淀，在悬浮状态下检测，技术比较复杂。

从产生 EB 病毒的细胞株（如 B95 – 8 细胞）的细胞上，或完整的 EB 病毒颗粒上，要检测到 EB 病毒膜抗原。与膜抗原有关的蛋白分子包括 GP340/220。Mackett 等[1]利用 DNA 重组技术，将带有编码 GP340/220 基因的质粒转染到 C – 127 鼠细胞中，经克隆，获得了能表达膜抗原 GP340/220 的细胞株——PO$_4$ 细胞株。我们以这一细胞株作为检测 EB 病毒膜抗体的靶细胞，用间接荧光法（IF）检测鼻咽癌病人、正常人和其他肿瘤病人血清中 IgA/MA 抗体。

表 1　用 PO$_4$ 细胞检测 EB 病毒 IgA/MA 抗体

Tab. 1　Detection of EBV IgA/MA antibody using PO$_4$ cells

组别 Group	例数 No. of cases	EB 病毒 IgA/MA 抗体 EBV IgA/MA antibody	
		阳性数 Positive number	（%）
鼻咽癌病人 NPC patients	113	103	91. 15
正常人 Normal individuals	100	1	1
其他肿瘤病人 Patients with tumor other than NPC	40	0	0

方法是：将 PO$_4$ 细胞培养于含 15% 小牛血清、1% 谷氨酰胺、100 U/ml 青霉素和 100 μg/ml 链霉素的 Eagle's 液，长成单层后，用胰酶消化，取细胞涂片，冷丙酮固定 10 min，吹干。待检血清用 SPA 处理，方法是血清：PBS：10% SPA 菌体悬液的比例为 1：1：3。置 37℃ 孵育 1 h，2000 r/min 离心 20 min，取上清。将此上清 1：10 稀释后加到细胞片上，置 37℃ 孵育 45 min，PBS 洗 3 次，每次 5 min，吹干。加 1：20 稀释的羊抗人 IgA 荧光抗体，37℃ 孵育 45 min，PBS 洗涤。50% 甘油封片，镜检。

共检测鼻咽癌病人113例，阳性率达91.15%，为一初步结果表明，PO_4细胞是一株特异性较高的、只含有膜抗原的细胞，用它作靶细胞检测EB病毒IgA/MA抗体，阳性率较高，方法简便。

〔原载《病毒学报》1987，3（4）：396－397〕

参 考 文 献

1 Mackett M. 个人通讯，1986

Detection of IgA/MA Antibody in Sera by Using PO$_4$ Cells

ZENG Yi[1], DU Bin[2], MIAO Xue-qian[1], MACKETT M.[3], ARRANOL J. R.[3]

（1. Institute of Virology, Chinese Academy of Preventive Medicine;

2. Shanghai Hygiene and Anti – epidemic Station; 3. Paterson Institute for Cancer Research, Manchester, U K）

Sera from 113 NPC patients, 100 normal individuals and 40 patients with tumor other than NPC were tested for EBV IgA/MA antibody by indirect immunofluorescence（IF）test. The transformed C – 127 mous cells（PO$_4$ cells）producing EBV membrane antigen gp340/220 were used as target cells for the detection of IgA/MA antibody. The positive rate of IgA/MA antibody in NPC patients, normal individuals and patients with tumor other than NPC was 91.15%, 1% and 0% respectively. There is marked difference between the NPC patients group and other groups. These data further indicated that the IgA/MA antibody is very specific for NPC. The procedure for detection of IgA/MA antibody by using PO$_4$ cells fixed on slides instead of B95 – 8 cells was simple and convenient.

〔**Key words**〕NPC; Epstein – Barr Virus; Membrance antigen

107. 人乳头瘤病毒和人子宫颈鳞状上皮细胞癌关系的超微结构与基因分子

中国医学科学院基础医学研究所 司静懿 李 昆 韩日才 王申五

张 卫 陈莲凤 宋国兴 刘士德 赵维敏 盛 齐 贾丽萍

北京医科大学第一医院妇产科 麦永嫣

中国预防医学科学院病毒学研究所肿瘤室 谷淑燕 曾 毅

〔摘 要〕 以人乳头瘤病毒（HPV）DNA为探针，通过核酸杂交方法，检测宫颈癌病人活体细胞DNA中的病毒相关序列，用透射电镜观察癌细胞的形态特点。32例宫颈癌组织中23例与HPV－16型探针杂交呈阳性反应，阳性率为72%。杂交阳性的癌细胞核内小体的出现率增加。

〔关键词〕 人乳头瘤病毒；核酸杂交；染色质周围颗粒；染色质间颗粒；核内小体

近年来人们注意到人乳头瘤病毒（HPV）感染和人宫颈癌的发生发展有一定的关系[1-4]，本文以 HPV 不同型的 DNA 探针检测宫颈癌病人活体细胞 DNA 中的病毒相关序列，同时，用透射电镜观察癌细胞结构特点，以期从超微结构及基因分子水平探讨宫颈癌的发生与 HPV 的关系。

材料和方法

一、标本 北京地区 32 例经病理切片证实为子宫颈鳞状上皮细胞癌病人的活体组织。每例活检组织分为两部分，分别作核酸杂交及超微结构观察。

二、核酸杂交过程 活检细胞经饱和酚常规方法提取 DNA。①探针用 ^{32}P – TTP 或 CTP 经 4 缺口翻译法标记 HPV – 6B 型、11 型、16 型及 18 型重组质粒 DNA，探针比度在 $2 \sim 5 \times 10^7$ cpm/μg。②核酸杂交采用斑点杂交法（Dot blot）：取每例活检细胞 DNA 各 2 μg 点样在国产硝酸纤维素膜上，阴性对照 2 μg 鲑精 DNA，阳性对照分别用 1ng 各型 HPV 重组质粒 DNA 点样。③点样后的膜采用碱变性方法处理，烤干后置干燥器中室温保存。预杂交采用 0.25% 国产低脂奶份代替国内外常规使用的 Eenhardt's 溶液，加 6 × SSC（0.9 mol/L NaCl 及 0.09 mol/L 柠檬酸钠）做预杂交液，将点样膜置入 60℃ 水浴中预杂交处理 2 h。④杂交过程：把 ^{32}P 标记的各型 HPV 探针先经 100℃ 3 min，骤冷后，分别加到装有预杂交液及点样膜的塑料袋中，密封后于 68℃ 水浴中杂交 16 h。⑤漂洗：杂交后之膜用不同浓度的低膜奶粉，SSC 及 SDS 混合液充分漂洗，以除去非特异性吸附的探针。⑥曝光显影：漂洗后的膜用保鲜膜包裹和国产的 X 线贴紧放在带有增感屏的 X 线片夹中，置 –70℃ 曝光 12 ~ 72 h，显影观察。

三、电镜样品制备 活检组织经常规固定、脱水、Epon 812 包埋；超薄切片用铅、铀双染后电镜观察。

结　果

一、核酸杂交 32 例标本中和 HPV – 16 型杂交阳性 23 例，阳性率为 72%；和 18 型杂交阳性 3 例，两型阳性杂交无交叉。HPV – 6B 型及 11 型探针与 32 例标本杂交均无阳性点出现（图 1）

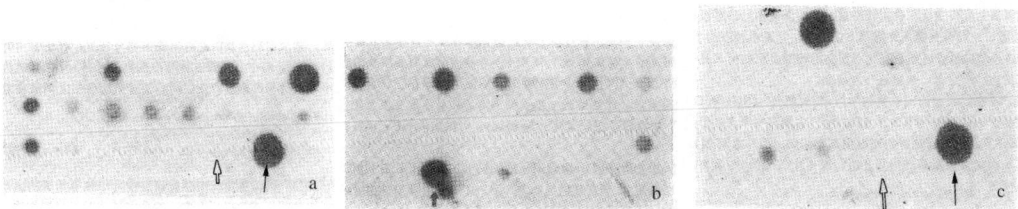

a，b. 探针 HPV – 16　c. 探针 HPV – 18

图 1　核酸杂交图

a，b. Showing the result of spot hybridization of DNA fron cervical cancer with HPV – 16，the black arrow pointing to HPV – 16 control and the white arrow negative control.

c. Showing the result of spot hybridization of DNA from cervical cancer with HPV – 18，the black arrow pointing to HPV – 18 control and white arrow negative control

Fig. 1　DNA hybridization

二、电镜观察结果　　与正常宫颈上皮细胞比较，癌细胞胞核明显肿胀，核浆比例增加（图2），核内异染色质少，几乎全部为常染色质。可见直径约300Å的染色质间颗粒常数十个密集成团，散在于常染色质区域，直径为500～800Å的染色质周围颗粒，单个散在于异常染色质周围（图3，4）；还可见各种类型的核内小体（Nuclear body）直径0.01～0.05 μm大小不等，成圆形或椭圆形，周围无膜结构包绕，其内部有的是纤维样结构以同心圆形式排列，有的在纤维样结构中心散在电子致密度较高的核

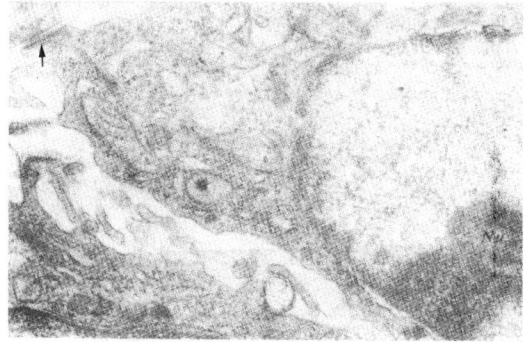

图2　人子宫颈鳞状上皮癌细胞，×15K
Fig. 2　Human cervical cancer cell，×15K

心颗粒（图5～7）。核仁（Nu）大而明显，常位于核被膜附近（图2）。线粒体（Mt）肿胀，严重肿胀的线粒体内嵴消失，基质空化（图6）；粗面内质网（RER）扩张，有时可见膜上RNP颗粒脱落（图5）；胞质中偶见一种由单层膜包绕的空泡样结构，直径约0.5 μm左右，类似溶酶体；张力原纤维排列不规则，常分散在整个细胞质中；细胞交界处桥粒结构很少见（图2、图8）。

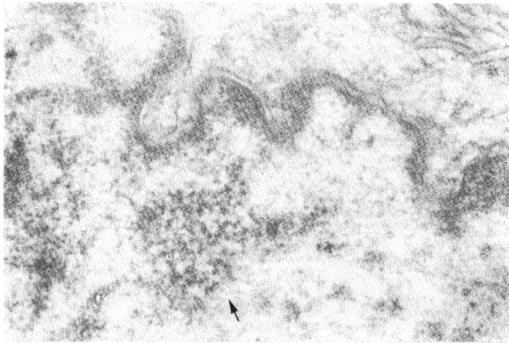

图3　癌细胞核内有成簇的染色质间颗粒(↑)，×25K
Fig. 3　Interchromation granules（arrow）clustered in nucleus，×25K

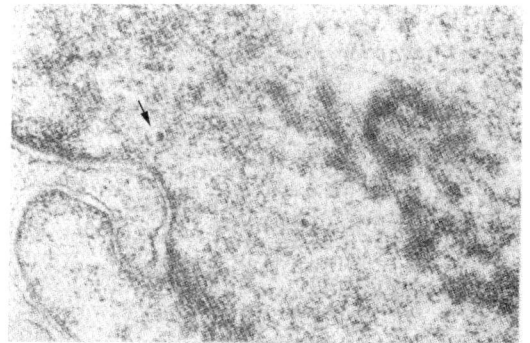

图4　癌细胞核内可见数个散在染色质周围颗粒(↑)，×20K
Fig. 4　Perichromatin granule（arrow）singly dispersed in nucleus，×20K

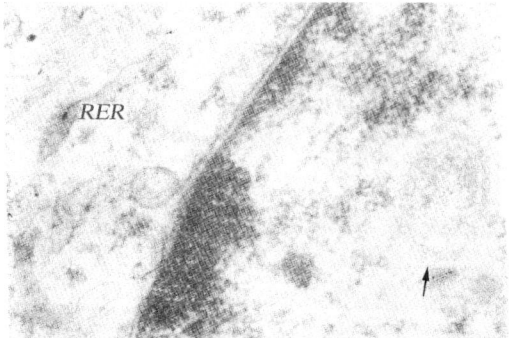

图5　癌细胞中核内小体（↑）及扩张的粗面内质网（RER），×25K
Fig. 5　Different type of nucleat body（arrow）in nucleus and dilated rough endoplasmic reticulum（RER），×25K

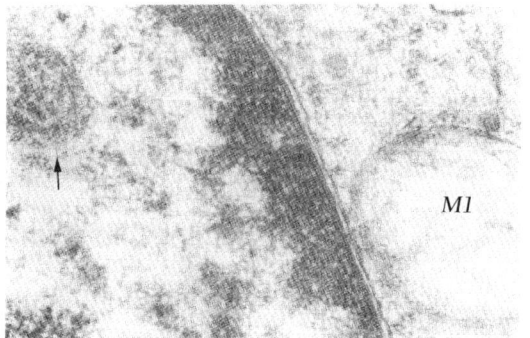

图6　癌细胞中核内小体（↑）及胞质中肿胀线粒体（mi），×25K
Fig. 6　Different type of nuclear body（arrow）in nucleus and swelling of mitochondria in cytoplasm，×25K

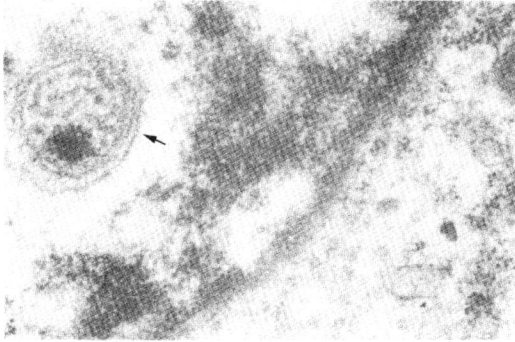

图 7　癌细胞中核内小本（↑），×25K
Fig. 7　Different type of nuclear body（arrow）
in nucleus，×25K

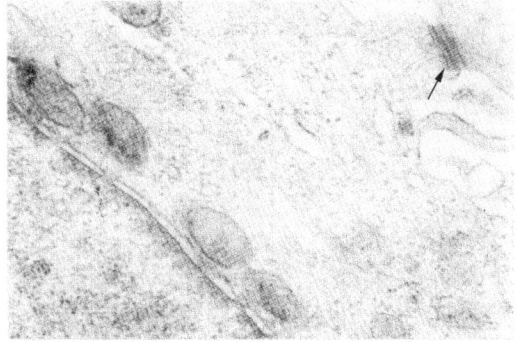

图 8　癌细胞内有排列不规则的张力原纤维，
细胞交界处可见桥粒（↑），×20K
Fig. 8　Showing some tonfilaments and a
desmosome（arrow）in cancer cell，×20K

上述结构在 HPC－16 型及 18 型杂交明显阳性的癌细胞中更为多见，核内小体结构在杂交强阳性及中等阳性的病例全部可见，杂交弱阳性及阴性者出现率明显减少，在正常 10 例宫颈上皮细胞中未发现。在杂交阳性的癌细胞中发现有三种类型的核内小体：纤维样结构同心圆排列，在同心圆排列的纤维层中心有致密核心颗粒及在同心圆排列的各层之间散在着致密颗粒。

讨　　论

文献报道[5]癌细胞核内的染色质间颗粒、染色质周围颗粒以及核内小体等结构的出现与病毒感染有关。作者曾用 HSV－Ⅱ型体外感染正常宫颈上皮，结合电镜放射自显影方法，证明这些结构的出现与病毒感染有密切关系。本文 32 例标本中 HPV 核酸杂交明显阳性的癌细胞中上述结构更多见，特别是核内小体杂交呈强及中等阳性的癌细胞中全部存在，弱阳性及阴性则很少见，正常宫颈上皮中均未发现，此结果进一步表明病毒感染与癌细胞表型变化的一致性。32 例癌细胞中未发现 HPV 颗粒的存在，支持了 Syrjanen[6]提出的 HPV 颗粒在宫颈肿瘤发生恶变时消失的观点。

不同地区的宫颈癌与各型 HPV 的关系不同，取自原西德的 11 例宫颈癌标本与 HPV－16 型杂交阳性率为 61％，取自非洲和巴西的 36 例宫颈癌组织与 HPV－18 型杂交阳性率为 25％[7,8]，本实验结果提示北京地区妇女宫颈癌可能和 HPV－16 型关系更为密切。

HPV 感染宫颈后，宫颈上皮组织出现凹空细胞（Koilo Cyte）[9]，是 HPV 感染生殖道上皮的特征性改变，这种改变在宫颈上皮间变及原位癌较常见，在浸润癌少见甚至没有。本文 32 例宫颈癌未见典型的凹空细胞，仅在部分胞质中有空泡化改变，这是由肿胀的线粒体、扩张的内质网以及变性的溶酶体样结构组成。这种变化与凹空经胞的关系如何，是否为在光学显微镜下尚不能发现的凹空细胞早期变化，值得进一步研究。

HPV 感染如何导致细胞癌变是一个极其复杂的医学生物学问题，可能是：①HPV－DNA 相关序列的掺入使细胞基因突变而癌变。②HPV－DNA 的出现，使宿主细胞中原来处于封闭状态的基因活化导致细胞癌变。③HPV 基因的表达产物对宿主细胞基因产生异常的调控作用，导致细胞转化，在这个过程中其他因素特别是单纯疱疹Ⅱ型病毒（HSV－Ⅱ）

与 HPV 有无协同致癌作用[10]，有待于深入研究。

〔原载《中国医学科学院学报》1987, 9 (4): 266 - 270〕

参 考 文 献

1　Zur Hausen H, et al. Condylomata acuminata and haman genital cancer. Cancer Res, 1976, 36: 530

2　Syrjanen KJ, et al. Current concepts of human papillomavirus infections in the genital tract and their relationship to intraepithelial neoplasia and squamous cell carcinoma. Obstet Gyneeol Serv, 1984, 39 (5): 252

3　Reid R, at al. Genital warts and cervical cancer: Is human papillomavirus infection the trigger to cervical carcinogenesis? Gynecol Oncol, 1983, 15 (2): 239

4　Zur Hausen H, et el. The role of viruses in human tumours. Advances in cancer research, 1980, 33: 77

5　K Lee, et al. In: "Host Enviroment Interacitons in the Etiology of Cancer in Man" Edited by Re. Doll, International A. gencyfor Research on Canc-er, Lyon, 1973

6　Syrjanen KJ, et al. Human papillomavirus lesions in association with cervical dysplasias. Ohstet Gynecol, 1983, 62 (5): 617

7　Gissmann L, et el. Analysis of human genital warts (condylomata acuminate) and other genital tumors for human papillomavirus types 6 DNA. Inter J Cancer, 1982, 29: 143

8　Gissmann L, et al. Human papillomaviras types 6 and 11 DNA sequences in genital and laryngeal papillomas and in some cervical cancers. Proc Natl Acad Sci, 1983, 1: 560

9　Stanbridge CM, et el. Demonstration of papilloma virus particles in cervical and vaginal scrape material: a report of 10 cases. J Clin Path, 1981, 34: 524

10　Zur Hausen H, et el. Cancer Campaign. "Cancer of the Uterine Cervix", 1985, 8: 167

Gene Molecular and Ultrastructural Studies on Relationship between Human Squamous Epithelial Carcinoma of Uterine Cervix and Human Papilloma Virus

SI Jing-yi[1], LI Kun[1], HAN Ri-cai[1], WANG Shen-wu[1], ZHANG Wei[1], SONG Guo-xing[1], LIU Shi-di[1], CHEN Lian-fong[1], ZHAO Wei-min[1], SHENG Qi[1], JIA Li-ping[1], MAI Yong-yen[2], GU Shu-yan[3], ZENG Yi[3]

(1. Institute of Basic Medical Sciences, CAMS;

2. Dept. of Gynecology and Obstetrics, The First Affiliated Hospital of Beijng Medical University;

3. Dept. of Oncology, Institute of Virology, Chinese Academy of Preventive Medical Sciences)

Thirty - two biopsies from patients with squamous epithelial carcinoma of uterine cervix were collected from Beijing districts. All samples were separated into two parts. One part was used for DNA hybridization, HPV - 6B, 11, 16 and18 plasmids DNA being used as probes and labeled by ^{32}P - dTTP with nicktranslation method. DNA extracted from biopsies were spotted on nitrocellulose paper. 2 μg per dot, 2 μg DNA of salmon sperm being used as negative control and 1 ng of each HPV - plasmid as positive control. It was found that 23 out of 32 cervical carcinomas contained HPV - 16 specific sequences, 3 out of 32 revealed HPV - 18 DNA gene sequence and there were no positive hybridization with HPV - 6B and 11 in all biopsies. Another part was used for ultrastructural research. The results reveaeld that the nuclei of cancer cells appeared swollen with heterochromatin less than normal cells. Two kinds of granules appeared in nuclei, one was interchromatin – granules 300 Å indiameter, occasionally over ten of them aggregated into clusters and distributed among euchromatin. Another was perichromatin granules 500 – 800 Å in diameter, always dispersed singly in heterochromatin. Furthermore, a different type of nuclear body 0.01 – 0.05 μm in diameter also appeared in nuclear matrix. They were round or oval in shape and consisted of fine fibrilles arranged in a concentric circle, sometimes there were several densegranules at the center of the concentric circle. These ultrastructural characteristics were more significant in those samples with positive hybridization of HPV – 16 and 18, particularly, the nuclear bodies were found in all biopsies with strongly and moderately positive hybridization, and their rate of appearance decreased with weak positive and negative hybridization. No nuclear body has been found in normal epithelium of uterine cervix yet.

The results from both DNA hybridization and ultrastructure research lead to the following conclusions:

1. Close to 72% of all cervical cancer biopsies contain HPV – 16 DNA. This result revealed that the patients with cervical carcinoma in districts of Beijing has a close relationship with HPV – 16.

2. Although there are related sequences of HPV – DNA in the host cell DNA, HPV particles have not been observed. The appearence of HPV – DNA related sequences in cells is suggested to be associated with features of cell ultrastructural morphology.

〔**Key words**〕 Human papilloma virus; Molecular hybridization; Perichromatin granules; Interchromatin granules; Nuclear body

108. 鼻咽癌的检测和早期诊断

中国预防医学科学院病毒学研究所 曾 毅

〔摘 要〕 本文介绍检测 EB 病毒的 VCA – IgA，EA – IgA 和 EB 病毒核抗原，结合临床和组织学检查对鼻咽癌进行早期诊断。我们在鼻咽癌高发区进行血清学普查及对抗体阳性者进行定期追踪观察，发现 IgA 抗体阳性者的鼻咽癌检出率显著高于同年龄组正常人群的发病率，表明 EB 病毒在鼻咽癌发生中起重要的病因作用。

〔关键词〕 鼻咽癌（Nasopharyngeal carcinoma）；血清学诊断（Serological diagnosis）

近年来很多学者研究证明 EB 病毒在鼻咽癌发生中起很重要的作用，测定 EB 病毒 IgA 抗体和病毒标记可以诊断鼻咽癌，特别是早期鼻咽癌。因此，即使在鼻咽癌的病因还没有确定之前，通过早期诊断和早期治疗，有可能达到控制鼻咽癌的目的。现将我们在这方面所做的工作简要报告如下。

一、鼻咽癌的血清学诊断和预后 我们应用免疫荧光法检查鼻咽癌患者血清中的 EA – IgA、VCA – IgA 和 EA – IgG 抗体，以头颈部其他恶性肿瘤及其他部位恶性肿瘤和正常人的血清作对照[1]。鼻咽癌患者的 EB 病毒 EA – IgG 和 VCA – IgA 抗体的阳性率都很高，分别为 96% 和 81.5%，而其他三组的阳性率都在 6% 以下。仅 50% 的鼻咽癌患者有 EB 病毒 EA –

IgA 抗体，而其他各组 EA－IgA 抗体均为阴性。这些结果表明 EA－IgG 和 VCA－IgA 抗体对鼻咽癌较为特异，可以作为鼻咽癌的血清学诊断，进一步研究证明正常人的 EA－IgG 抗体阳性率较高，在鼻咽癌诊断中不如 VCA－IgA 抗体特异。

由于免疫荧光试验需要荧光显微镜，为此我们建立了简便的免疫酶法，此法只需普通的光学显微镜，而且还较免疫荧光法敏感，从 1977 年起此法已在我国广泛应用于鼻咽癌的诊断。

鼻咽癌患者的 VCA－IgA 抗体，随患者存活时间的延长而逐渐下降，在放射治疗后 4～18 年仅 30% 患者有 VCA－IgA 抗体（抗体几何平均滴度为 1：2.8）。因此，在放射治疗后定期测定鼻咽癌患者的 VCA－IgA 抗体消长情况，有助于鼻咽癌患者的疗后观察和作为判断预后的指标。

二、鼻咽癌的血清学普查和前瞻性研究　从 1978 年起我们在鼻咽癌高发区广西苍梧县、梧州市进行血清学普查和追踪观察，获得满意的结果。

1. 苍梧县的血清学普查和追踪观察：该县鼻咽癌的发病率为 11/100 000，30 岁以上鼻咽癌患者的发病率占全部鼻咽癌患者的 91.4%。我们应用免疫酶法对全县 15 个公社 30 岁以上 148 092 人进行了 EB 病毒 VCA－IgA 抗体普查。对 VCA－IgA 抗体阳性者进行临床检查。有下列情况者进行鼻咽部活组织检查：　（1）临床检查认为是鼻咽癌或疑似鼻咽癌者；（2）鼻咽部有一般病变者，包括鼻咽部黏膜粗糙，局限性充血，衄残存腺样体，两侧咽隐窝不对称，表面光滑者等，　（3）鼻咽部检查无特殊发现，但 VCA－IgA 抗体滴度高者，VCA－IgA 抗体阳性者（≥1：5）共 3539 人，抗体分布为 1：5～1：2560，96.8% 都在 1：80以下。经临床和组织学检查，共发现鼻咽癌 55 例，其中原位癌 1 例，Ⅰ 期病人 12 例，Ⅱ 期病人 19 例，Ⅲ 期 17 例和Ⅳ 期 6 例。抗体阳性者每年检查一次。经过 1～3 年追踪观察，又发现 32 例鼻咽癌，其中 Ⅰ 期 10 例，Ⅱ 期 19 例，Ⅲ 期 11 例，Ⅳ 期 2 例。Ⅰ 期病例在诊断确定前 8～30 个月已有 VCA－IgA 抗体。从抗体滴度来看，发病前的抗体几何平均滴度与 Ⅰ 期病例确诊时的抗体几何平均滴度差别不大；但在 Ⅱ～Ⅳ 期病例，抗体平均滴度较高。即当癌细胞转移到淋巴结时抗体滴度上升。从 3539 例 VCA－IgA 抗体阳性者中共检查出 87 例鼻咽癌，其检出率为 2458.3/100 000，较同年龄组人群鼻咽癌的年发病率高 82 倍。这表示 VCA－IgA 抗体阳性者具有鼻咽癌发生的高度危险性。

我们检查了苍梧县生活在广西桂江下游浔江和西江上的船民 518 人，20 人的 VCA－IgA 抗体阳性，其中 5 人的 IgA－EA 抗体也是阳性。经临床和组织学检查，从 VCA－IgA 和 EA－IgA 抗体阳性者中发现 2 例鼻咽癌，Ⅰ 期和 Ⅱ 期各一例。检查人群和 VCA－IgA 抗体阳性者的鼻咽癌检出率分别为 386/100 000 和 1111/100 000，较苍梧县同年龄组正常人群的鼻咽癌发病率（30/100 000）分别高 12.8 倍和 370 倍。

2. 梧州市的血清学普查和追踪观察：从 1980 年起，我们在梧州市进行了血清学普查和追踪观察。在 20 726 名 40 岁以上的人中，VCA－IgA 抗体阳性者（≥1：10）1136 人，阳性率为 5.5%。经临床和组织学检查，发现 18 例鼻咽癌，其中 Ⅰ 期病人 10 例，Ⅱ 期 6 例，Ⅲ期 2 例。经 4 年追踪又新发现 17 例鼻咽癌，Ⅰ 期 5 例，Ⅱ 期 11 例，Ⅲ 期 1 例，这样经普查和 4 年追踪观察，共发现 35 例鼻咽癌患者。同一时期主动到医院确诊为鼻咽癌的病例共1036 例。将门诊患者和普查患者的临床分期加以比较，普查查出的主要是 Ⅰ 期、Ⅱ 期患者，共 32 例，占 91.5%，其中 Ⅰ 期占 43%；门诊查出的 Ⅰ 期、Ⅱ 期患者 330 例，占 31.9%，其中Ⅰ期仅占1.7%。从第一次采血到确诊的时间间隔为1年4个月至3年5个月，平均为2年6个月。对19 590例抗体阴性者观察4年未发现鼻咽癌患者。

梧州市20 726人中，VCA-IgA抗体阳性者1136人，血清学普查时查出18例鼻咽癌，20 726人的鼻咽癌检出率为86.8/100 000，1136名抗体阳性者的鼻咽癌检出率为1584.5/100 000，分别为同年龄组正常人群鼻咽癌检出率（50/100 000）的1.7倍和31.7倍。4年追踪观察，发现17例鼻咽癌，年发病率为374/100 000，这为同年龄组正常人群年发病率的7.5倍。在梧州市某化工厂检查了40岁以上216人，VCA-IgA抗体阳性者22人，发现3例早期鼻咽癌，普查人群和抗体阳性者的鼻咽癌检出率分别为1380/100 000和13636/100 000，鼻咽癌检出率分别为同年龄正常人群的年发病率的27.6倍和272.7倍。这些资料证明EB病毒在鼻咽癌发生中起重要的病因作用。

根据在苍梧县和梧州市血清学普查所得到的资料，VCA-IgA抗体阳性者的鼻咽癌检出率与抗体水平高低有关。VCA-IgA抗体滴度为1∶10~20，1∶40~80，1∶160~320，1∶640~2560时，鼻咽癌的检出率分别为0.9%、2.3%、5.6%和18.6%。而鼻咽部上皮细胞非典型增生或非典型化生者的VCA-IgA抗体水平显著高于单纯增生、单纯化生或黏膜正常者。经8~37个月的追踪观察，非典型增生和非典型化生者的鼻咽癌检出率较单纯增生和单纯化生者高10倍。这表明EB病毒与鼻咽部细胞的非典型增生和非典型化生及鼻咽癌的发生有关。

3. 广西罗城县和富川县少数民族患鼻咽癌的回顾死亡调查：罗城县每年平均死亡率只有1.87/10万。我们对罗城县少数民族地区进行了鼻咽癌的血清学普查，共检查44 837人（包括仫佬族15 353人、汉族11 117人、壮族17 725人），VCA-IgA抗体阳性者469人，经临床和病理检查证实为鼻咽癌的18例，仫佬族、汉族和壮族各6例。在富川县对瑶族15 186人进行血清学普查，检查出VCA-IgA抗体阳性者337人，发现6例鼻咽癌。仫佬族、汉族、壮族和瑶族检查人群的鼻咽癌检出率（/10万）分别为39.15、53.37、33.85和46.09，并不明显低于鼻咽癌高发区苍梧县血清学普查的鼻咽癌检出率（57/10万），这表明过去鼻咽癌的死亡回顾调查资料，其准确性是有一定限度的，尤其是边远山区，有待进一步调查的必要。

苍梧县水上居民、梧州市某化工厂和韶关市某矿场的血清学普查，发现VCA-IgA抗体阳性者的鼻咽癌检出率较同年龄组人群的鼻咽癌发病率高272.7~370倍，这表明可能某些环境促癌或致癌因子与EB病毒起协同作用。

三、EB病毒EA-IgA抗体是鼻咽癌的特异性标记　EB病毒EA-IgA抗体不能单独应用于鼻咽癌的早期诊断，因为应用免疫荧光试验或免疫酶试验检测鼻咽癌患者的EA-IgA抗体，阳性率仅30%~70%。4.4%的VCA-IgA抗体阳性者有EA-IgA抗体。IgA-VCA和EA-IgA抗体阳性者的鼻咽癌检出率分别为1.9%和30%，相差15.8倍。这些资料表明仅少数VCA-IgA抗体阳性者同时有EA-IgA抗体，EA-IgA抗体对鼻咽癌较特异，但没有VCA-IgA抗体的阳性率高。因此需要改进测定EA-IgA抗体的技术，我们建立了用^{125}I标记的抗人IgA抗体的放射免疫自显影法[2]，应用此法测定鼻咽癌患者的EA-IgA抗体用于大规模的血清学普查。

四、鼻咽部EB病毒标记　应用抗补体免疫荧光法和核酸杂交技术发现鼻咽癌细胞有EB病毒的标记——EB病毒核抗原（EBNA）和核酸。由于有大量在临床上未能发现癌的

IgA 抗体阳性者，因此，除进行血清学诊断外，应该检查鼻咽部黏膜上皮细胞是否有 EB 病毒标记存在。为此，我们建立了简易和敏感的抗补体免疫酶法[3]，此法不但可以检查 EB-NA，而且可以观察细胞的形态、鉴别癌细胞、正常上皮细胞或淋巴细胞。因此，可以确定 EBNA 所在的细胞类型。由于鼻咽癌早期病例往往无明显的病灶，不容易从病灶部位采取活组织，改用负压吸引技术，吸引鼻咽部黏膜细胞。带有细胞的载玻片用冷丙酮固定后作抗补体免疫酶试验以检查 EB 病毒的 EBNA。共检查了 79 例鼻咽癌患者的鼻咽部脱落细胞，全部都有带 EBNA 的癌细胞，而细胞学和组织学检查的癌细胞的阳性率分别为 87.3% 和 91%。从 57 例排除鼻咽癌者，18 例头颈部其他肿瘤和 21 例死胎鼻咽部细胞均未发现带 EBNA 的癌细胞。进一步应用抗补体免疫酶法在鼻咽癌高发区广西苍梧县检查 VCA – IgA 抗体阳性者 64 例的鼻咽部脱落细胞中发现 4 例带有 EBNA 的癌细胞，细胞学和组织学检查证实为低分化鳞癌，临床检查此 4 例均为 I 期病人。2 例仅鼻咽部黏膜粗糙，另 2 例鼻咽部肿物大小为 0.5 ~ 0.8 cm。从第一次采血到确诊时间为 8 ~ 9 个月。这些结果进一步证明抗补体免疫酶法作为鼻咽癌的早期诊断，特别是对 IgA 抗体阳性者进行追踪观察是很有意义的。

不仅鼻咽癌患者的癌细胞有 EBNA，而且在鼻咽癌患者和正常人鼻咽部的正常柱状上皮细胞和增生细胞也发现有 EBNA，但在正常鳞状上皮细胞较少见。表明 EB 病毒首先感染上皮细胞，特别是柱状上皮细胞，并整合到细胞的 DNA 中去，在某些情况下细胞转化并发展成为鼻咽癌。这有利于排除 EB 病毒是鼻咽癌过客的假说，即 EB 病毒是在鼻咽部上皮细胞恶性转化后才感染细胞，而不是鼻咽癌的病因。

我们应用核酸杂交技术和抗补体免疫荧光技术检查 VCA – IgA 抗体阳性者的鼻咽黏膜细胞。[4] 14 例非鼻咽癌者的鼻咽部细胞也有 EB 病毒 DNA 和 EBNA。此外，对 62 例 VCA – IgA 抗体阳性者和 39 例 VCA – IgA 抗体阴性者的鼻咽部脱落细胞进行了 EB 病毒 DNA 测定，21% VCA – IgA 抗体阳性者及 15.4% VCA – IgA 抗体阴性者有 EB 病毒 DNA。一年后再检查，50% EBV DNA 阳性者变为阴性，13% 的 EBV DNA 阴性者变为阳性。这些结果表明 EB 病毒 DNA 的存在与 VCA – IgA 抗体无直接的关系，同时也进一步证实检查鼻咽部 EBNA 的结果，即非癌上皮细胞中也有 EB 病毒标记存在，检测鼻咽部的 EB 病毒的 DNA 不能作为诊断鼻咽癌的标记。

〔原载《中华耳鼻咽喉科杂志》1987，22（3）：145 – 147〕

参 考 文 献

1 中国医学科学院肿瘤所病毒室，等. 鼻咽癌病人的 EB 病毒免疫球蛋白 G 和 A（IgG 和 IgA）抗体的测定. 微生物学报，1978，18：253

2 曾毅，等. 应用免疫放射自显影法测定鼻咽癌病人的 EB 病毒 EA – IgA. 中华微生物学和免疫学杂志，1984，1：45

3 曾毅，等. 应用抗补体免疫酶法检查鼻咽癌细胞和鼻咽部上皮细胞中的 EB 病毒核抗原. 中国医学科学院学报，1980，4：220

4 皮国华. 等. IgA/VCA 抗体阴性人群鼻咽部细胞中 EB 病毒核酸的研究. 中华微生物学和免疫学杂志，1985，1：45

109. 含激活 EB 病毒的土壤及其生长的青菜促 EB 病毒物质的研究

广西苍梧县鼻咽癌防治所　钟建明　成积儒　莫永坤　唐苍庭
中国预防医学中心病毒学研究所　曾　毅

〔摘　要〕　大戟科的油桐树，乌桕树、扭曲草、铁海棠、火秧簕和瑞香科的了哥王下的泥土乙醚提取液对 Raji 细胞 EB 病毒早期抗原有诱导作用，在这些泥土生长的一些绿豆芽、芥菜、红薯藤、空心菜也有此作用。

在戟科和瑞香科的一些植物及其下的泥土有很强的诱导 Raji 细胞 EB 病毒早期抗原（EA）的作用[1-4]，本文对苍梧县一些药用植物和植物下的土壤及在该土壤生长的青菜进行了研究，结果如下。

材料和方法

一、标本

1. 泥土：采集植物根部泥土，去除杂物后晒干。

2. 青菜：在植物根部泥土长的菜，模拟试验则在室内用泥栽的菜，一个月后收获，洗净。

二、实验和提取方法

泥土取 100 g 浸于 100 ml 乙醚中提取[4]，水煮液为取 100 g 泥加 100 ml 蒸馏水煮沸离心后取土清液。

按 Ito 等[2] 的方法用 Raji 细胞正丁酸纳系统检测提取液，即乙醚提取液蒸发后，每 10 mg 提出物用 1 ml 乙醇作为母液，存 10℃，用 10^6/ml Raji 细胞培养于含 20% 小牛血清和 4 mmol/L 正丁酸的 RPMI 1640 培养液，加不同浓度的待检物提出液，37℃培养 72 h，制成细胞涂片，用间接免疫酶法检查 EA 细胞的阳性率[1]。

结　果

一、土壤的乙醚和水提取液对 Raji 细胞 EB 的诱导作用

采集了泥土 26 份，其中有促 Raji 细胞 EB 病毒 EA 作用的阳性植物 6 种根下的泥均为阳性；它们是大戟科的油桐树泥、乌桕树泥、火秧簕泥、扭曲草泥和铁海棠泥，以及瑞香科的了哥王泥的提取液。在培养液有正丁酸钠时对 Raji 细胞 EA 有诱导作用，它们的乙醚提取液阳性率为 3%～21%，水提液为 0～5%（表1）。而洋桃木，荔枝木、龙眼木、柚子木、芭蕉、桉树木、石榴木、甘蔗等根部各采一份泥和在没有阳性植物不同地点收集的稻田、菜地、屋边泥各四份，共 20 份泥土均无诱导的作用（表3）。

表 1　泥土提取液对 Raji 细胞 EB 病毒 EA 的诱导作用

泥种类	乙醚提取液（μg/ml）		水煮液（mg/ml）	
	10	1	10	5
了哥王根泥	14	9	3	0.8
油桐树根泥	17	3	2	5
乌桕根泥	12	16	2	0
扭曲草根泥	9	21	2	1
铁海棠根泥	5	18	2	1
火秧簕根泥	3	16	3	0.8
对照巴豆油	22	32		

注：1. 表中数据为 EA 阳性细胞百分率；2. 细胞培养液中有 4 mmol/L 正丁酸钠；3. 单加正丁酸纳细胞阳性率为 0.4%

二、在阳性土壤上种植的青菜提取液对 Raji 细胞 EA 的诱导作用

1. 室内的模拟实验：取上述 6 种阳性泥土于花盆里，同时种植绿豆、黄豆、葱、蒜、白菜、芫茜、萝卜等七种青菜，一个月后收集洗净晒干，共 42 份，结果只有在乌桕树泥上种的绿豆芽阳性率为 15% ~18%（表2），其他均为阴性。

2. 菜园检测：在农民的菜园地上的油桐泥上收集了白菜、红薯藤、荷兰豆，紫苏各 1 份，羌 2 份，芥菜 2 份，共 8 份标本。检出 EA 细胞阳性的芥菜一份（4% ~8%），红薯藤一份（3% ~7%）乌桕树下收集了白菜、芥菜、红薯藤、菠菜和空心菜等五份标本，结果 EA 细胞阳性的空心菜为 10% ~17%，芥菜为 0.4% ~2%，其余 3 份阴性（表2，表3）。

表 2　青菜提取液对 Raji 细胞 EB 病毒 EA 的诱导作用

青菜种类	乙醚提取液（μg/ml）	
	10	1
油桐树下：芥　菜	8	4
红薯藤	7	2
乌桕树下：空心菜	10	17
芥　菜	2	0.4
室内乌桕泥上种绿豆芽	18	15

注：同表1

表 3　泥土及青菜检查数及阳性数

泥土及青菜种类			检查份数	阳性数
泥土	阳性植物下		6	6
	非阳性植物下		20	0
菜	室内	模拟试验	42	1
	室外	油桐树下	8	2
		乌桕树下	5	2

讨　　论

大戟科、瑞香科的一些植物对 Raji 细胞 EA 有诱导作用[1~3]，它们根部的泥也有这样的作用，但较植物弱，实验说明在这些泥土上生长的很少青菜部分也有这样的作用。Ito 等[1]的报告，大戟科和瑞香科植物主要促 Raji 细胞 EA 的物质是 TPA 及有关化学成分 mezerein 和

teleocidin，这种物质是否可以从土壤转移到蔬菜，或者改变为其他成分需进一步研究。苍梧县大戟科和瑞香科植物很多，分布很广，在它们旁种的果菜也很多，与人民生活密切关系，这与苍梧县鼻咽癌的高发是否有关，需继续研究。

〔原载《癌症》1987，6（1）：35－36〕

参 考 文 献

1 曾毅，等. 中国医学科学院学报，1984；6：84

2 Ito Y，et al. Cancer Lett，1981；13：29

3 钟建明，等. 广西医学（待发表）

4 Zeng Y，et al. Cancer Lett，1984；23：53

Study on the Epstein – Barr Virus Inducers in the Ether Extracts of Soil and Vegetables in Cangwu County

ZHONG Jian-ming[1]，CHENG Ji-ru[1]，MO Yong-kun[1]，TANG Cang-ting[1]，ZENG Yi[2]

（1. Nasopharyngeal Cancer Institute of Cangwu County Guangxi；

2. Institute of Virology，China National Center for Preventive Medicine）

Epstein – Barr virus（EBV）early antigen（EA）in Raji cell inducers were found in the soils from the ground under Euphorbia family（Tung oil trees，Sapium sebiferum，Pedilanthus）. Thymeleaceac family（Wikstroemia indica）. In NPC hith risk area – Zangwu county it was also found in the bud of mung bean，muatard，leaf of sweet potato，water spinach grown on the soil near the plants and Chinese medicinal herbs which contain EB virus inducers.

110. 广西苍梧县周木村环境促 EB 病毒物质的研究

广西苍梧县鼻癌防治所 钟建明 成积儒 莫永坤 唐苍庭
中国预防医学科学院病毒学研究所 曾 毅

苍梧县夏郢乡周木村的鼻咽癌发病率很高，有用大戟科植物火秧簕围菜园的习惯，伊藤等报告[1]大戟科和瑞香科一些植物的乙醚提取液能诱发 EB 病毒早期抗原（EA）。我们在周木村收集了火秧簕、菜、泥土进行了研究，现将结果报告如下。

材料和方法

一、**鼻咽癌发病的调查** 人口资料以户口簿为准，鼻咽癌发病根据病理报告。

二、**实验及提取方法** 植物、菜、泥取自当地菜园，按 Ito 的方法[1]，标本用乙醚提取后，用乙醚溶解，加不同浓度的待检物提出液于 Raji 细胞，此细胞培养于有 4 mmol/L 正丁酸钠的 RPMI 1640 生长液，37℃ 72 h 后制成细胞涂片，用间接免疫酶法检查 EA 细胞的阳性率[2]。水煮液为标本加蒸馏水煮沸离心后取上清液。

结　果

一、周木村基本情况　周木村位于梧州市以北的夏郢乡内，为丘陵地带，种水稻为主。全村 1643 人，汉族用广州方言，食用井水和溪水。1975 - 1984 年鼻咽癌发病 6 例，均为男性，年龄 35 ~ 63 岁，年平均粗发病率为 37.8/10 万人口。

二、环境大戟科植物的分布　周木村的公路、村边有油桐树、乌桕树，但普遍在屋旁种植火秧簕（附图略），新中国成立前就有种植用于围菜园，防止家畜入内，火秧簕围园共长 2272 m，高的达 3 m，树间种有剑花、首乌、葛薯、江南豆等植物，里面种菜。

三、火秧簕及其下的泥土提出液和围园内的蔬菜提出液对 Raji 细胞 EB 病毒 EA 的诱导作用　火秧簕为大戟科大戟属植物 *Euphorbia antiquorum*。我们应用 Raji 细胞正丁酸钠系统检查对 EA 的诱导作用。它们的乙醚提取液 EA 阳性率茎、叶为 18% ~ 24%，汁为 17% ~ 19%，花为 5% ~ 21%，根部泥为 3% ~ 16%，甚至离树 2m 远的菜园泥也达 10%，它们的水煮液也阳性，但较低（表1）。

检查了用火秧簕围园内的菜 49 份，其中红薯藤、红薯、江南豆和剑花等一部分阳性，阳性率为 0.8%，其余的芥菜、空心菜、甘蔗、木瓜、白菜等 26 份均阴性（表2）

表1　火秧簕及其下面的泥土提出液对 Raji 细胞 EB 病毒 EA 的诱导作用

植物种类		乙醚提取液（μg/ml）		水煮液（mg/ml）	
		10	1	10	5
火秧簕	茎、叶	18*	24	17	8
	花	21	5		
	汁	17	19		
根	泥	3	16	3	0.8
	菜园泥	11	10	2	
对 照	巴豆油	22	32		

注：细胞培养液中有 4 mmol/L 正丁酸钠；* EA 阳性细胞百分率；单加正丁酸钠的阳性率为 0.4%

表2　围园内的蔬菜提出液对 Raji 细胞 EB 病毒的诱导作用

蔬 菜	份数	阳性数	乙醚提取液	
			10（μg/ml）	1（μg/ml）
红薯藤	3	2	3*	12
红 薯	3	1	2	0.8
江南豆	4	1	8	4
剑 花	13	1	14	3
其 他	26	0	0	0
合 计	49	5		

注：* EA 阳性细胞百分率。

讨　论

周木村 1975 - 1984 年平均鼻咽癌粗发病率为 37.8/10 万人口，高于所在的夏郢乡（18.8/10 万人口）和苍梧县（12.2/10 万人口），是全县发病最高的村。当地农民素有用火秧簕围菜园和用植物的汁搽疮疥的习惯，种植于屋前后，它的叶、茎、花、汁和根部的泥及菜园泥都对 Raji 细胞 EA 有诱导作用。一些大戟科的植物对 Raji 细胞 EA 有诱导作用，它们并能促进 EB 病毒对淋巴细胞的转化作用[3,4]，在某些情况下可能导致上皮细胞的恶性转化，它们是促癌物 TPA 类的双萜子类物质，Ito 等的工作已证明大戟科的油桐树提纯物 HHPA 是促癌物质[5]，在火秧簕围园内的蔬菜有些也阳性，说明激活 EB 病毒的物质可从土壤转移到蔬菜，他们使用的水井旁和池塘基也种有火秧簕。但周木村的鼻咽癌发病是否与火秧簕有关，此植物有没有促癌作用尚待研究。

〔原载《癌症》1987，6（4）4：292－293〕

参 考 文 献

1 Ito Y, et al. Cancers Letters, 1981, 13：29

2 曾毅，等. 中国医学科学院学报，1984，6：84

3 Hoshino H, et al. Cancers Letters, 1980, 13：275

4 胡垠玲，等. 中国肿瘤杂志，1985，6：417

5 Ito Y, et al. Cancers Letters, 198, 18：87

111. 中草药黄芫花和桐油提取物对实验性宫颈癌的促进作用

湖北医学院病毒研究所　孙　瑜　陈敏诲　张友新　肖　红　刘汉燕　陈　晓

中国预防医学中心病毒研究所　曾　毅

〔摘　要〕　本文通过实验性小鼠宫颈癌模型观察到瑞香科植物黄芫花 Wikstroemia chamaedaphne（WC）提取物及大戟科桐油提取物 HHPA 能促使 II 型单纯疱疹病毒（HSV－2）诱发小鼠宫颈癌的癌发率分别增加到 21.1% 和 26.3%，而对照组 HSV－2 仅为 7.4%。本实验条件单独用甲基胆蒽诱癌率为 30.7%，而黄芫花和桐油提取物 HHPA 不仅使甲基胆蒽诱癌率分别增加到 82.8% 和 84.4%，而且还明显地使这两组的浸润癌百分比增加。本文实验结果表明黄芫花或桐油提取物与 HSV－2 及甲基胆蒽诱癌及其他各组相比较，差异性均有统计学意义，证明它们两者为促癌物。本文还对它们与宫颈癌和鼻咽癌发生的关系进行了讨论。

伊藤洋平等[1]和曾毅等[2]报告某些属于大戟科和瑞香郁科的植物提取物与从巴豆油提取的促癌物（TPA）一样，能诱发 EB 病毒早期抗原及壳抗原，并能促进 EB 病毒对 B 淋巴细胞的转化作用[3]。伊藤洋平等[4]证明桐油提取物（HHPA）尚能促进化学致癌物诱发小鼠皮肤乳头状瘤。现在临床上常用于引产的黄芫花[5]也具有以上同样的作用。本文利用我们已建立的小鼠宫颈癌模型[6,7]研究黄芫花和桐油提取物 HHPA 在体内的促癌作用。

材料和方法

一、**动物**　昆明杂交雌性小白鼠，体重 18～22g，实验前观察两周确定健康者。

二、**甲基胆蒽挂线方法**　采用脱脂棉线，一端制成大小一致的线结，每只含甲基胆蒽

5 mg，挂线固体方法同作者以前报道[7]。

三、病毒及接种　单纯疱疹病毒Ⅱ型（HSV-2，333株），经紫外灯下灭活（剂量大约为 $40 \times 10^{-7} /\ mm^2$）6~7 min，以便除去病毒增殖性感染的能力。感染接种方法除以明胶海绵代替棉球外，其余按我所历次实验报道[6]。

四、可疑促癌物

1. HHPA（桐油提取物）：为日本京都大学农业系 Koshimizie 和 Dhigashi 教授所赠送。

2. 黄芫花注射液：系新华制药厂提取制作，每毫升提取物含黄芫花生药 0.15g。

五、实验步骤　将实验动物按要求分成下列八组：

1. 黄芫花组：每只白鼠含 1 mg 黄芫花水溶液的吸水海绵塞入阴道宫颈处，每周 1 次，连续 9 周（以下各组亦均为 9 次），黄芫花总量为 9 mg/只，共计小鼠 40 只。

2. HHPA 组：HHPA 总量为 30 μg/只，共计 40 只。

3. HSV-2 组：方法见病毒与接种，每周 1 次，共 10 次，动物 60 只。

4. 黄芫花加 HSV-2 组：同病毒组，但病毒接种 1 周后再按 1 组处理，动物 60 只。

5. HHPA 加 HSV-2 组：除 HHPA 代替黄芫花外，其余处理同 4 组，动物 60 只。

6. 甲基胆蒽组：每只小鼠经挂线后不作其他任何处理，共计 30 只。

7. 甲基胆蒽加黄芫花组：每只小鼠经甲基胆蒽挂线一周后再按 1 组处理，共计 33 只。

8. 甲基胆蒽加 HHPA 组：每只小鼠经甲基胆蒽挂线一周后再按 2 组处理，共计 50 只。

以上各组动物，凡经甲基胆蒽处理各组观察 80 d 以外，其他各组均分别观察 200~240 d 处死。经解剖检查取出完整生殖道，用甲醛固定，石蜡包埋，间断连续切片及 HE 染色后供病理组织学检查用。

结　　果

一、黄芫药及酮油提取物 HHPA　两组观察 200~240 d 后，经病理组织学检查所有动物的宫颈及阴道仅有非特异性炎症及黏膜上皮慢性炎症增生（图 1 略），无 1 例发展为癌瘤。

二、接受病毒感染的动物　共 54 只，在本实验中宫颈或阴道发生肿瘤者仅 4 例，其癌前病变与癌发生率为 7.4%。其肿瘤形态特点，部分分化好的为鳞状细胞癌，部分瘤组织呈腺样结构或呈条索状、巢状排列（图 2，图 3 略）。病毒感染后加用黄芫花或桐油提取物两组，其癌发率分别增加到 21.1% 及 26.3%，且多为分化低的不角化鳞状上皮癌或腺样结构的癌瘤，未见有邻近组织或器官的转移性肿瘤。

三、单独使用甲基胆蒽挂线组　观察 80 d 以后幸存 23 只，其中 13 只动物可以查到大小不等的瘤结，癌发率为 56.5%，病理组织上检查为原位癌及早期癌者占 69.3%，其余均为分化良好的角化鳞状上皮癌。而甲基胆蒽挂线处理后使用黄芫或 HHPA 的两组，不仅癌发率分别增加到 82.8% 及 84.4%，而且这两组发生的癌瘤绝大多数为晚期浸润癌，包括两例平滑肌肉瘤（图 4，图 5 略），占该两组全部恶性肿瘤的 80% 左右。其侵犯部位远及子宫周围的软组织、膀胱及直肠（图 6 略）。以上结果总结于表 1，表 2。

表1 黄芫花提取物及 HHPA 对 HSV-2 诱癌的促进作用			
组别	实验动物数	癌发数	癌发率（%）
1. WC	38	…	…
2. HHPA	36	…	…
3. HSV-2	54	4	7.4
4. WC + HSV-2	57	12	21.1
5. HHPA + HSV-2	57	15	26.3

注：用 X^2 检验，HSV-2 组与4，5 比较均有显著性差异

表2 黄芫花提取物及 HHPA 对甲基胆蒽诱发小白鼠宫颈癌的促进作用			
组别	实验动物数	癌发数（%）	晚期癌数（%）
1. WC	38	…	…
2. HHPA	36	…	…
3. MCA	23	13（56.5）	4（30.7）
4. WC + MCA	29	24（82.8）	21（87.5）
5. HHPA + MCA	45	38（84.4）	30（78.5）

注：用 X^2 检验，MCA 组与4，5 比较均有显著性差异

讨 论

本实验结果表明，两种提取物可以使 HSV-2 诱癌率由 7.4% 增加到 21.1% 和 26.3%，同时不仅可以使甲基胆蒽的诱癌率从 56.5% 增加到 82.8% 和 84.4%，而且可以影响肿瘤的分化程度，致使晚期浸润癌的比例增加。而这两种提取物单独使用 200～240 d 均未能使实验动物诱发成肿瘤。此观察与 Ito 等[1] 及曾毅等[2] 在试管内能诱发 EB 病毒早期抗原，促进 EB 病毒对淋巴细胞的转化作用相一致，因此我们初步认为黄芫花和桐油提取物可以考虑为促癌物。

有鼻咽癌高发区种植不少桐油树，该树的叶、花，甚至树下的土壤都含有激活 EB 病毒的物质[8,9]。瑞香科黄芫花被广泛用于临床引产，直接注射入子宫内，而宫颈癌流行病学调查材料证明宫颈癌高发区人群中，单纯疱疹病毒Ⅱ型抗体滴度的几何均值显著高于低发区[10]，提示高发区普遍存在着 HSV-2 持续感染；并认为这种持续感染的现象很可能与该高发区存在有某些激活病毒表达的因素有关，因此黄芫花及桐油提取物中的促癌物质是否分别与人的鼻咽癌和宫颈癌的发生有关，是值得重视和进一步研究的问题。

（本文统计学处理由卫生学教研室陈冬娥老师协助完成，特此感谢）

〔原载《中华肿瘤杂志》1987，9（5）：345-347〕

参 考 文 献

1 Ito Y, et al. A short-term in vitro assay for promoter substances using human lymphoblastoid cells latently infected with Epstein Barr virus. Cancer Letters, 1981, 13：29

2 Zeng Y, et al. Epstien Barr virus early antigen induced in Raji cells by Chinese Medicinal Herbs. Interviroly, 1983, 19：201

3 Mizuno F, et al. Chinese and African Euphobiaceae plant extracts：Markedly enhancing effect on Epstein Barr virus induced transforma-tion. Cancer Letters, 1983, 19：199

4 Ito Y, et al. Cellular interactions by environmental tumor promoter. Fjiki H, et al（eds）, Japan Sci Soc Press, Tokyo/VnU Science Press, Utrechtp, 1984：125

5 王振海，等. 黄芫花的引产机理. 中华妇产科杂志，1980，14：125

6 孙瑜，等. 紫外线灭活 HSV-Z（W 株）致癌潜力的实验研究. 肿瘤防治研究，1980，2：259

7 陈敏诲，等．阴道单纯疱疹病毒诱发小白鼠宫颈癌的实验研究．中华肿瘤学杂志，1980，2：259

8 Ito Y, et al: Epstein Barr virus activation by tung oil extracts of leurites Fordi and its diterpene ester 12 – O – hexadecanoyl – 16 – hydroxyphorbol – 13 – acetate. Cancer Letters, 1983,

18：87

9 Zeng Y, et al. Epstein Barr virus activation in Raji cell with ether extracts of soid from different areas in China. Cancer Letters, 1983, 23：53

10 刘知惠，等．宫颈癌高发区，低发区人群血清 HSV – 2 抗体水平的比较．武汉医学杂志，1985，9：264

Promoting Effect of the Chinese Medicinal Herb, *Wikstroemia chamaedaphne* and Tung Oil Extracts on Carcinoma of Uterine Cervix Induced by HSV – 2 or Methylcholanthrene（MCA）in Mice

SUN Yu[1], CHEN Min-hui[1], ZHANG You-xin[1], XIAO Hong[1], LIU Han-yan[1], CHEN Xiao[1], ZENG Yi[2]

（1. Institute of Virology, Hubei Medical College, Wuhan; Institute of Virology, Chinese Academy of Preventive Medicine, Beijing）

The promoting effect of the Chinese medicinal herb, *Wikstroemia chamaedaphne* and Tung oil extracts（WC and HHPA）on carcinoma of uterine cervix induced by HSV – 2 or MCA in mice was studied. The results showed that WC and HHPA extracts were not carcinogenic themselves. After carcinogen HSV – 2 and MCA treatment, WC and HHPA were added separately. The inducing rates by HSV – 2 increased from 7.4% to 21.1% and 26.3%, those by MCA increased from 56.5% to 82.8% and 84.4%. There was a significant difference between the combined groups and groups with HSV – 2 or MCA only. The experimental results suggest that these two kinds of extracts play a promoting effect on carcinogenesis The relation between the carcinogenesis of uterine cervix or nasopharynx and WC or HHPA extracts is discused.

112. 一例华人艾滋病患者血清人免疫缺陷病毒抗体检测

中国预防医学科学院病毒学研究所　范　江　石立成　曾　毅
福建省卫生防疫站　于恩庶　严延生　中国预防医学科学院流行病研究所　郑锡文
北京协和医院　王爱霞　北京市卫生防疫站　邢玉兰　浙江医科大学　王必瑞

人免疫缺陷病毒（HIV）是引起艾滋病的病原，95%以上艾滋病患者的血清内可以检测到该病毒的抗体。我们应用不同的血清学方法对一例可疑艾滋病患者进行了血清 HIV 抗体检测，现将病例及 HIV 血清学检测结果简报如下。

患者男，36岁，福建省长乐县人。1976年移民香港，随后又到美国居住，有野游史。

因不规则发热、乏力，进行性消瘦 11 个月，于 1986 年 12 月入院。入院后病情逐渐加重，并出现了上腹不适、恶心呕吐及腹泻等症状。于 1987 年 2 月 16 日因高热，消化道出血抢救无效而死亡。

该患者 HIV 血清学检测方法及结果见下。

一、酶联免疫吸附实验（ELISA） 用美国雅培制药有限公司嗜人 T 淋巴细胞Ⅲ型病毒酶免疫抗体检测试剂盒（ABBOTT、HTLV – Ⅲ EIA Kit），进行常规操作。实验结果的阴性血清对照平均值（NC $\overline{X}$）= 0.026，阳性血清对照平均值（PC $\overline{X}$）= 0.602，消除值（Cut-off）= 0.086，患者标本 A 值分别为 1.251，1.738，均高于消除值，表明血清 HIV 抗体阳性。再以丹麦哥本哈根国立血清学研究所研制的间接 ELISA 法检测其 HIV/IgG 血清抗体，结果仍为阳性。

二、间接免疫荧光实验 Hq 细胞株（来源于成人淋巴细胞性白血病），经 HIV 感染一周后涂片，室温干燥后，-20℃冷丙酮固定 10 min。血清 1:5 稀释，荧光抗体为山羊抗人 IgG，常规操作。两次实验均为阳性，证实患者血清内含有 HIV/IgG 抗体。荧光镜下可见清晰的胞质，胞膜呈翠绿色荧光的阳性细胞。

三、蛋白印迹实验（Western Blot） 以 HIV 感染 Hq 细胞后制备病毒，进行 SDS – 聚丙烯酰胺凝胶电泳（SDS – PAGE），并电转至硝酸纤维薄膜上，Cohen's 液封闭后待用。将患者血清以 1:40 稀释，与薄膜孵育、洗涤后，加葡萄球菌 A 蛋白 – 过氧化物酶结合物，再次孵育、洗涤并进行免疫染色。该患者血清出现 4 条 HIV 的蛋白带形，分别为 ρ30、ρ41、ρ65、ρ76，表明该患者血清中含抗 HIV 蛋白抗体。

根据血清学检查结果并结合病史，该例患者可诊断为艾滋病。

艾滋病是一种新型的烈性传染病，目前由于既无有效治疗的药物，又无可靠的疫苗预防，所以感染人群及病例数仍在急剧增加。艾滋病的病原现已传入我国，我们应开展 HIV 血清抗体检测，以防止 HIV 的传染。

（该工作承蒙北京市防疫站徐凤美、中国中医研究院时振声、赵立山，卫生部防疫司孙新华、福建省立医院钱维顺，福建省防疫站陈锦良、赵丽荣等同志的支持和协作，特此致谢。）

〔原载《中华医学杂志》1987，67（8）：469〕

113. 用 EBV – 杂交瘤技术制备肾综合征出血热病毒的人单克隆抗体

第四军医大学免疫学教研室 崔运昌 朱 勇 301 室 安献禄 甄荣芬
中国预防医学科学院病毒研究所 曾 毅

肾综合征出血热（HFRS）是烈性传染病，其病原是 HFRS 病毒（HFRSV）。国内外许多学者制备了 HFRSV 的鼠单抗，并应用于分析 HFRSV 的抗原性，检测标本中的 HFRSV 抗原。但 HFRSV 的人 McAb，国内外文献均未见报告。在医学实践中，人单抗比鼠单抗更有实用价值，其优点是：用于人体治疗可避免鼠 Ig 的过敏反应；可确定人的（而不是鼠的）

免疫系统识别的抗原决定簇；特异性 IgM 人单抗可增强疫苗的免疫效果。但人单抗的制备比鼠单抗困难得多。国外报告常用制备人单抗的方法有：杂交瘤技术，EBV 转化技术和EBV－杂交瘤技术。我们用 EBV－杂交瘤技术首先制备成功 HFRSV 的人单抗。

一、淋巴细胞来源 恢复期 HFRS 病人外周血 10 ml，肝素抗凝。用聚蔗糖－泛影葡胺分离淋巴细胞，无血清培基洗 3 次后备用。

二、EB 病毒（EBV）转化 将得到的 PBL 用 B_{95-8} 细胞上清液感染，37℃，2 h，离心弃上清，无血清培基洗 3 次，用含 20% 胎牛血清的 RPMI，1640 培基培养于 24 孔板，每孔 2×10^6 个细胞/ml，培养 10 ~ 14 d 后检测 HFRSV 的特异抗体，阳性率为 100%。

三、融合 转化后分泌 HFRSV 抗体的人淋巴母细胞按常规方法与人或鼠的骨髓瘤细胞系融合，融合后用含 HAT 鸟本苷的双选择培基进行选择培养，2 周后杂交瘤出现，融合率约为 10^{-5}。6 周后检测抗体。

四、抗体检测 ①用夹心法 ELISA 检测非特异性人 IgM 和 IgG；②用间接法免疫荧光法和 ELISA 检测特异性 HFRSV 抗体。

五、转种及克隆化 把阳性孔转种入 24 孔板，以扩大培养和冻存。用有限稀释法做克隆化。在转种和克隆化过程中，2/3 阳性孔丢失抗体分泌能力。经 2 个多月传代和两次克隆化，选出 2 株杂交瘤能稳定地分泌特异性 IgM 型人单抗，命名为 86－1 和 86－2。初步鉴定表明，这两种人单抗能与国内三株 HFRSV（A_9，A_{16} 和 14A）起反应。抗体产量，杂交瘤上清液含 30 μg/ml 以上，现正在用裸鼠制备腹水。

本工作是国内外首次报告 HFRSV 的人单抗，这些人单抗的特异性，抗病毒活性和实际应用价值正在研究中。HFRSV 人单抗的研制成功可能为 HFRS 的被动免疫预防和治疗找到一种有效的方法。

（1. 本工作为总后卫生部1985 年招标课题　2. 本室董帮权、刘雪松、李小玲和 323 医院进修生米力参加技术工作；本校附属二院，一院，323 医院和 35 医院传染科提供典型病例；中国预防医科院流行病学研究所和病毒学研究所提供抗原片，美国 Wislar 研究所和 Stanford 大学提供细胞系，在此一并致谢。）

〔原载《第四军医大学学报》1987，8（1）：130〕

114. 肾综合征出血热病毒的人单克隆抗体的产生和初步鉴定

第四军医大学免疫教研室　崔运昌　朱　勇　高　磊

微生物学教研室　安献禄　甄荣芬　中国预防医科院病毒学研究所　曾　毅

〔摘　要〕　取恢复期肾综合征出血热病人外周血，分离淋巴细胞、经 EB 病毒转化得到的类淋巴母细胞与小鼠骨髓癌细胞系 X63 – Ag8.653 或种间骨髓瘤细胞系 SHM – D33 融合得到了两株分泌肾综合征用血热病毒人单克隆抗体的杂交瘤细胞系 86 – 1 和 86 – 2。上清液人单抗的浓度分别达到 30 μg/ml 与 50 μg/ml。这两株杂交瘤已传代 7 个月以上仍稳定地分泌抗体，培基中小牛血清量降至 2%，抗体分泌量不变。并可用裸鼠制备腹水。

〔关键词〕　肾综合征出血热病毒；人单克隆抗体；EB 病毒；杂交瘤

淋巴细胞杂交瘤技术问世以来，单克隆抗体（单抗）在病毒学中得到了广泛的应用。1983 年以来，国内外学者制备了肾综合征出血热病毒（Hemorrhegic Fever with Renel Syndrom Virus，HFRSV）的小鼠单抗[1]，并用来分析该病毒的抗原性，检出和纯化抗原。但这些鼠单抗对人是异种蛋白，临床应用受限。为了试用于临床治疗，制备 HFRSV 的人单抗十分必要。产生人单抗的技术远比鼠单抗困难和复杂，国内外均未见 HFRSV 人单抗的的报告。本文报告用 EBV 转化的病人外周血淋巴细胞与小鼠骨髓瘤细胞系或种间骨髓瘤（Heteromyeloma）细胞融合制备 HFRSV 的人单抗，并进行初步鉴定。

材料和方法

一、培养液　标准培养液为 RPMI 1640（Gibco），含胎牛血清（Gibco）10%，谷氨酰胺 2 mmol/L 及抗生素。融合后培养液为标准培养液中血清改为 20%，加 NCTC – 135（Gibco）5%，胰岛素（Sigma）10^{-1} IU/ml，2 硫基乙醇（Sigma）5×10^{-5} mol/L。EBV 转化后培养液为融合后培养液加环孢菌素 A（Cyclosporin A，CsA；Sendoz）1 μg/ml。

二、淋巴细胞　临床上确诊的 HFRSV 抗体阳性的恢复期病人外周血 10 ml，肝素抗凝，用淋巴细胞分离液按常规方法[2]分离淋巴细胞，不必去除 T 细胞，直接做 EBV 转化。

三、EBV 转化　产 EBV 的 B_{95-8} 细胞系由法国的 Claude Bernard 大学生 G，deThe 教授赠；EB – V 悬液的制备、储存及感染方法按文献〔3〕，感染后的细胞培养在 24 孔板（Linbro），每孔 1×10^6/ml。培养 10~14 d 后检测抗体。

四、细胞融合　小鼠骨髓瘤细胞系 X63 – Ag8.653 与种间骨髓瘤细胞系 SHM – D33[4]，均引自美国 American Type Culture Collection。融合前用标准培养液维持对数生长。特异抗体阳性的转化后类淋巴母细胞按文献〔5〕的方法，用 42% PEG（Fisher Scientific，Mr 4000）与细胞系 X63 – Ag8.653 和 SHM – D33 分别做融合，而后培养在 96 孔培养板（Nunc）。用

HAT（Sigma）和哇巴因（Sigme）0.5 μmol/L 双重选择 14 d 后再用 IF 培养 7 d，取上清检测抗体阳性孔用有限稀释法克隆化。

五、抗体检测 （1）非特异性人 Ig 的检测：①用夹心法 ELISA[5]。简言之，96 孔 EIA 测定板（Linbro）用羊抗人 IgM（Sigma，1.8633）或羊抗人 IgG（Sigma，A 8775）包被。4℃ 18h 后，用含 0.05% 吐温 20 的磷酸盐缓冲液（PBS－T）洗，明胶 PBS 封闭，4℃过夜，PBS－T 洗后加待测上清液 50 μl/孔，37℃ 1h，PBS－T 洗后加辣根过氧化物酶结合的亲和层析纯化的羊抗人 IgM（Sigma，A 6907）或羊抗人 IgG（Sigma，A 6209），温育后 PBS－T 洗，然后加底物显色，反应终止后，测定 A 值。所用标准品纯化人 IgM 系原西德 Pettenhofer 研究所 H. Wolf 博士赠。②免疫双向扩散试验：方法见文献〔2〕。（2）HFPSV 特异性抗体的测定：①间接法免疫荧光：用 HFRSV 不同毒株感染 Vero E6 制成细胞涂片。②特异性 ELISA：96 孔 EIA 测定板的包被，封闭和加待测上清温育均同上述夹心法 ELISA，PBS－T 洗后加 HRSV 悬液，即病毒感染的 BHK 细胞培养液，温育及 PBS－T 洗后加辣根过氧化物酶标记的 HFRSV 的小鼠单抗 C_1[1]，再经温育及 PBS－T 洗后加入底物，终止显色后，记录 A 值。③血凝抑制试验：方法见文献〔6〕。

六、人单抗的大量制备 8 周龄雌性 NIH 裸鼠在第 1 天和第 7 天腹腔注射降植烷，第 8 天注射杂交瘤细胞 5×10^6，3 周后收集腹水。

七、杂交瘤细胞的低血清培养 为减少杂蛋白对人单抗的污染，标准培养液内加入含胰岛素－转铁蛋白－亚硒酸钠的添加剂（Sigma，11884），逐渐降低血清浓度至 2%。杂交瘤细胞适应后，测定其抗体分泌。

八、杂交瘤核型分析 方法见文献〔5〕。杂交瘤细胞的病毒检查：（1）EB 病毒核抗原（EBNA）的检查方法见文献〔7〕；（2）HFRSV 的检查：①杂交瘤细胞涂片，用高效价免疫血清，恢复期病人混合血清做间接免疫荧光检查；②杂交瘤细胞冻融 3 次后，用 Vero E6 细胞分离培养 HFRSV。

结　果

一、EBV 转化 EBV 感染后 5 d，24 孔板全部孔内可见类淋巴母细胞成团生长，10~14 d 后查抗体，100% 孔 HFRSV 抗体阳性。

二、杂交瘤的产生，克隆化和稳定性观察 两次融合的融合率及杂交瘤细胞的抗体分泌见表 1。

表 1　融合后杂交瘤细胞生长及其抗体分泌情况

亲代细胞系	融合率		非特异人 Ig 分泌△		HFRSV 抗体△△	
	含杂交瘤孔数*	杂交瘤克隆数**	IgM	IgG	IgM	IgG
$X_{63}Ag8.653$	100%	2.4/10^5	100%	39.6%	5.2%	0
SHM－D_{33}	96.8%	2.4/10^5	100%	20.7%	5.9%	0

注：*含杂交瘤孔数占培养孔数的百分比；**每 10^5 个类淋巴母细胞融合后产生的杂交瘤克隆数；△分泌非特异人 Ig 孔数占含杂交瘤孔数的百分比；△△HFRSV 特异抗体阳性孔占含杂交瘤孔数的百分比。

1. X63 - Ag8.653 融合板：选出特异抗体阳性的一孔克隆化后再选出一孔阳性单克隆，命名为 86 - 1，再次克隆化后杂交瘤生长孔 100% 抗体阳性；86 - 1 用标准培养液传代，每月查体产量。传到 4 个月时，发现抗体分泌量明显下降。做 3 次克隆化后查抗体，杂交瘤生长孔仅 16.9% 分泌抗体。再选出单克隆阳性孔，继续同样方式传代，传代 3 个月后未见抗体分泌量改变。

2. SHM - D33 融合板：选出镜下观察为单克隆的一个阳性孔做克隆化，查抗体发现 100% 杂交瘤生长孔为阳性，说明原始孔为单克隆；选出克隆化后的一孔单克隆命名为 86 - 2，再次克隆化时发现 100% 杂交瘤生长孔仍抗体阳性。86 - 2 传代 5 个月，未发现抗体分泌量的变化，做 3 次克隆化后，仍然 100% 杂交瘤生长孔为抗体阳性，至今已传代 7 个月仍稳定地分泌抗体。

三、杂交瘤细胞的鉴定

1. 核型分析：对 30 个 86 - 1 杂交瘤细胞做染色体检查，染色体数在 56～117 之间，平均为 93。可见到人的中部着丝点染色体和小鼠端着丝点染色体。有的细胞可见到第 22 对人染色体。而亲代的 X63Ag8.653 细胞的染色体数为 49。

2. 病毒检查：86 - 1 和 86 - 2 杂交瘤细胞涂片均为 EB 病毒核抗原（EBNA）阳性，未查到 HFRSV 抗原；HFRSV 分离培养阴性。

四、腹水制备　每只裸鼠最多可制 86 - 1 腹水 11 ml，平均 8 ml；86 - 2 杂交瘤制腹水可达每只 5 ml，平均 2 ml，常见腹腔实体瘤生长。

五、杂交瘤的抗体产量和低血清培养　经夹心法 ELISA 检测，并与纯化人 IgM 标准曲线比较，测得 86 - 1 杂交瘤每 10^6 细胞 24 h 的人 IgM 产量为 30 μg，86 - 2 杂交瘤 10^6 细胞 24 h 的人 IgM 产量为 50 μg。适应在含 2% 牛血清培养液中增殖后，其抗体产量无明显改变。

六、人单抗 的初步鉴定

1. 与 HFRSV 不同毒株及某些有关毒株的免疫荧光反应：结果见表 2。86 - 1 和 86 - 2 反应类似，与所查黑线姬鼠型毒株均呈阳性反应，与有的褐家鼠型毒株 R_{22}、G_9 呈阴性反应。两种人单抗的荧光类型也不一致，86 - 1 的荧光为胞质内细颗粒，而 86 - 2 为胞质内粗大颗粒荧光。

表2　人单抗 86 - 1 和 86 - 2 对不同 HFRSV 毒株和其他病毒的免疫荧光反应

| 人单抗 | HFRS 病毒株 | | | | | | | | 其他病毒株 | |
	76118	陈株	A16	A9	14A	R22	G9*	A16*	乙型脑炎病毒西4株	呼肠病毒株
86 - 1	+	+	+	+	+	−	−	+	−	−
86 - 2	+	+	+	+	+	−	+	+	−	−

注：* 为感染后鼠脑切片，其余均为感染 Veor E$_6$ 细胞后细胞涂片

2. 人单抗的效价：见表3。

3. 免疫双扩：证实86－1和86－2均为IgMλ，见图1。

表3 人单抗86－1和86－2的效价

人单抗	免疫荧光	特异性 ELISA	血凝抑制
86－1 上清液	1:4	1:64	1:8
裸鼠腹水	1:1000	1:640	未做
86－2 上清液	1:64	1:2048	1:2
裸鼠腹水	1:2000	1:60 000	未做

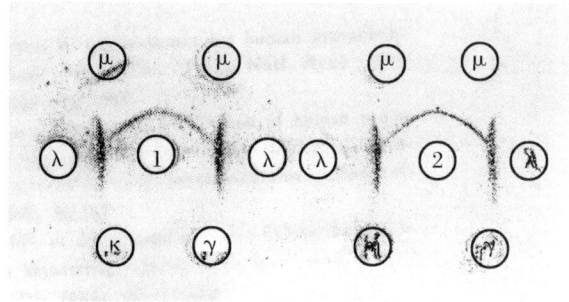

中间孔1和2分别为86－1腹水（1:5）和86－2腹水（1:5）。μ孔为羊抗人IgM（μ链），λ孔为羊抗人λ轻链，κ孔为羊抗人κ轻链：γ孔为羊抗人IgG（ν链）

图1 人单抗86－1和86－2的免疫双扩试验

讨 论

本文首次报告用EBV转化的病人外周血淋巴细胞与骨髓瘤细胞系融合得到两株杂交瘤细胞，分泌IgM型HFRSV的人单抗，抗体产最较高，传代7个月，仍能稳定地分泌抗体。

制备人单抗的技术困难很多。有人用EBV转化法产生人单抗[8]但转化后的类淋巴母细胞生长慢，抗体产量低，克隆化难，有克隆衰老现象[3]。如果把转化后的细胞再与骨髓瘤细胞系做融合，则可得到生长快、易克隆化、抗体产量高的杂交瘤。做EBV传化时，分离淋巴细胞后，一般要先去除T细胞，富集抗原特异的B细胞，然后再感染EBV[8]。本工作中转化后培养基内加CsA，可不必去除T细胞[9]，由于病人对HFRSV反应强，可省去"富集"过程。一般认为人－鼠杂交瘤分泌抗体能力不稳定，主张用人－人杂交瘤技术，但有的作者证明[10]只要早期克隆化，人－鼠杂交瘤比人－人杂交瘤更稳定。我们曾用LICR LON/HMy2，Uc729－6，W1－L2－729－HF2，GM1500等人的细胞系做人－人融合，所得杂交瘤抗体分泌低，不稳定，无实际价值（未发表资料）。文献[5,11]认为，X63－Ag8.653和SHM－D33为产生人单抗的较好的细胞系。我们同时用这两种细胞系融合，融合率二者类似（表1）。但SHM－D33融合后杂交瘤抗体产量更高，稳定性更好。文献[12]也证明SHM－D33融合后杂交瘤EBNA阴性，无逆转录酶活性，所产生人单抗较适于人体内应用。杂交瘤的染色体丢失，一般发生在融合后几周，传代几个月后便趋于稳定。86－1和86－2均已传代7个多月，已趋稳定。

本工作对86－1和86－2人单抗做了初步鉴定，更进一步的鉴定工作和实际应用研究正在进行中。

（本室、李小玲和323医院进修生参加技术工作；本校附属二院，一院，323医院和35医院传染科提供典型病例，中国预防医科院流研所严玉辰教授和病毒所宋干、杭长寿教授提供抗原片并帮助鉴定抗体；军事医学科学院朱关福教授、深阳军区军事医学研究所刘江秋同志、安徽省医科所倪大石主任协助鉴定抗体，在此一并致谢！）

〔原载《解放军医学杂志》1987，12（4）：248－251〕

参 考 文 献

1 安献禄等. 肾综合征出血热病毒单克隆抗体杂交瘤细胞系的建立与鉴定. 解放军医学杂志, 1984, 9（4）：241

2 Hudson L, Hay FC. Practical Immunology. Oxford: Blackwell Scientific Publications, 1980, 17 – 18

3 Mcdlamed MO, et al. Senscenco of a humap lymphoblastoid clone Producing anti – Rh e s u s（D）, Eur J Immuool, 1985, 15：742

4 Teng NNH, et al. C nstruction and testing of mousc – human heteromyelomas for human monoclona antibody production. Proc Natl Acad Sci USA, 1983, 80：7308

5 Thompson KM, et al. Production of human monoclonal I gG and IgM antibodies with anti – D（rh – esus）specificity using heteromyelomas. Immun ology, 1986, 58：157

6 Tsai TF, et al. Hemagglutinationinhibiting anti – body in hemorrhagic fever with renai syndrom. J fnfect Dis, 1984, 150（6）：895

7 Zeng Y, et al. Detection of EB virus nuclear antigen（EBNA）by ant – complement immunoenzymatic method. Acta Acad MedSin, 1980, 2：134

8 Kezbor D, Roder JC. The production of monoclonal antibodies from human lymohocytes. Immunology Today, 1983, 4（3）：72

9 Brid AG, et al. Cyclosporin A promotes Spontancoas, outgrowth in vitro of Epstein – Barr virus-induced B – sell lines. Nature, 1981, 289：22

10 Masuho Y, et al. Generation of hybridomas producing human monoclonal antibodies against herpes simplex virus after in vitro stimulation. Biochem Biophys Res Commun, 1986, 135（2）：495

11 Bron D, et al. Production of human monoclonal IgG antibodies goinst Rhesus（D）antigen. proc Natl Acad Sci USA, 1984, 88：3214

Production and Characterization of Human Monoclonal Antibodies to Hemorrhagic Fever with Renal Syndrome Virus（HFRSV）

CUI yun-chang, et al.

（Department of Immunology. Fourth Military Medical College, Xian）

The lymphocytes isolated from blood of the patients wigh HFRS in the convalescence phase were transformed by EBV, then fused with the murine myeloma cell line X63 – Ag8. 653 and the heteromyeloma line SHM – D33. Two hybridoma lines, 86 – 1and 86 – 2, were established which produce IgMλ human monoclonal antibodies to HFRSV at 30 μg/ml and 50 μg/ml in the spent media, respectively. They have been producing the antibodies stably for 7 monthes. Ascitic fluids rich in human monoclonal antibodies were prepared by injecting i. p. the hybridoma cells into the NIH nude mice. The hybridoma cells were adapted for low – serum growth without reducing the antibody production.

〔**Key words**〕HFRS virus；Human monoclonal antibodies；EBV Hybridoma

115. 抗人鼻咽癌细胞单克隆抗体相关抗原免疫荧光定位观察

第四军医大学　隋延仿　王伯沄　崔运昌　汪美先

中国预防医学科学院病毒学研究所　曾　毅

[摘　要]　本文应用抗人鼻咽癌（NPC）细胞单克隆抗体（McAb）CN -1、Cs - C_1、在 NPC 组织、非 NPC 肿瘤组织、鼻咽黏膜慢性炎症组织、成人正常组织及人胚胎组织等各种不同组织上，以间接免疫荧光法，对 CN - 1、Cs - C_1 相对应的抗原决定簇进行了定位观察，并有 5 项对照试验。所用 McAb 系本校微生物学教研室 McAb 实验室研制，各组织均经病理检验确诊。观察结果，Cs - C_1 抗原主要存在于 NPC 细胞表面，阳性率达 80.3%。少数人胚胎组织细胞、成人正常胃黏膜上皮细胞及胃癌细胞亦有发现。阳性细胞形态多数为细胞表面围以线状黄绿色荧光，有的呈细颗粒状分散于细胞表面膜上。Cs - C_1 抗原可能是在鼻咽黏膜上皮细胞癌变过程中逐渐产生或增多的一种分子结构，性质属于肿瘤相关抗原。Cs - C_1 的发现在 NPC 细胞癌变机制研究方面可能具有重要意义，在 NPC 免疫诊断上亦有一定应用价值。

自应用淋巴细胞杂交瘤技术制备单克隆抗体方法确定以来，已有许多肿瘤抗原 McAb 制备成功，并用于肿瘤研究。本文应用我校研制的抗人鼻咽癌上皮样细胞系（CNE - 2）McAb（CN - 1，Cs - C_1），以间接免疫荧光法，在 NPC 等各种不同组织上，对 CN - 1、Cs - C_1 抗原决定簇进行了免疫荧光定位观察，现将结果报告如下。

材料和方法

一、组织来源及处理　16 种人胚胎组织来自本校附属一院妇产科引产胎儿（表4）；9 种成人正常组织（表3）、8 种非 NPC 肿瘤组织（表2）均来自本校附属一院外科手术标本，经病理确诊；NPC 组织 24 例、鼻咽黏膜慢性炎症组织 10 例来自本校附一院、中山医院肿瘤医院及汕头地区医院活检标本，均经病理确诊。以上组织取材后立即以 Crystat 切片，丙酮（4℃）固定 10 min，PBS 液洗 2 次，蒸馏水洗 1 次，吹干，保存于 4℃干燥罐中。

二、材料　NPC - McAb：CN - 1（抗体亚类 IgG2a），Cs - C_1（抗体亚类 IgG_{2b}）系本校微生物教研室 McAb 实验室研制，1983 年全军 McAb 人议鉴定通过。兔抗鼠（BALb/c）IgG 荧光抗体，购自北京生物制品研究所。阳性血清（以 CNE - 2 细胞免疫 BALb/c 小鼠），本校微生物教研室 McAb 实验室制。

三、方法　在上述冰冻组织切片上分别滴加不同的 McAb，置 37℃湿盒中 30 min；切片经 PBS 液洗三次，每次 5 min，振动；滤纸吸去水后，滴加兔抗鼠 IgG 荧光抗体，置 37℃湿合中 30 min；PBS 液洗 2 次，蒸馏水洗 1 次；甘油缓冲液封片。以 Olympus 荧光显微镜观察，

激发滤板 BG_{12}，压制滤板 O_{515}，光源 GCQ_{200}。细胞膜上出现黄绿色荧光者为阳性细胞。荧光强度分三级：可见荧光（＋），明亮荧光（＋＋），耀眼荧光（＋＋＋）。同时，进行以下对照试验：①以 CNE－2 细胞涂片代替组织切片，余法同上；②以阳性血清代替 McAb，余法同上；③以乙脑病毒 McAb 代替 NPC－McAb，余法同上；④以杂交瘤培养液代替 NPC－McAb，余同上；⑤空白对照。

结　果

一、24 例 NPC 组织经 McAb 染色，免疫荧光显示　见表1。

阳性细胞的形态，多数为细胞表面围以线状黄绿色荧光，部分呈细颗粒状荧光分散于细胞表面膜上。荧光强度除 CN－1（＋＋）和 Cs－C_1（＋＋＋）各 1 例外，其余均（＋）。阳性细胞在组织中或呈索、巢状或大片状分布（附图略）。

表 1　24 例 NPC 组织 McAb 染色结果

McAb	例数	染色结果	
		阳性（%）	阴性（%）
CN－1	9	1（11.1）	8（88.9）
Cs－C_1	24	20（80.3）	4（19.7）

二、非 NPC 肿瘤组织（表 2）　阳性细胞的荧光形态如前述。

三、鼻咽黏膜慢性炎症组织　10 例经 CN_1－、Cs－C_1 染色，鼻咽黏膜上皮细胞均为阴性。

四、成人正常组织（表 3）　阳性细胞的形态如前述。

表 2　8 种非 NPC 肿瘤组织 McAb 染色结果

组织	例数	CN－1		Cs－C_1	
		阳性	阴性	阳性	阴性
脑星形细胞瘤	2	－	2	－	2
甲状腺癌	2	－	2	－	2
乳腺癌	2	－	2	－	2
胃　癌	2	－	2	2*	－
肝　癌	2	－	2	－	2
鼻腔未分化癌	1	－	1	－	1
淋巴结转移癌	1	－	1	－	1
神经鞘瘤	1	－	1	－	1

注：* 胃癌细胞呈阳性反应（＋）

表 3　9 种成人正常组织 McAb 染色结果

组织	例数	CN－1		Cs－C_1	
		阳性	阴性	阳性	阴性
脑组织	3	－	3	－	3
甲状腺	3	－	3	－	3
乳　腺	3	－	3	－	3
肝组织	3	－	3	－	3
胆囊组织	2	－	2	－	2
胃组织	2	－	2	2*	－
肠组织	2	－	2	－	2
淋巴组织	1	－	1	－	1
皮肤组织	1	－	1	－	1

注：* 胃黏膜上皮细胞呈阳性反应（＋）

五、人胚组织　一胎儿16 种组织 McAb 染色结果发表4，阳性细胞的形态如前述。

六、对照　试验证明无假阳性及假阴性存在。

讨　论

自 Köhler 和 Milstein 成功地应用杂交瘤技术定向产生只作用于某一抗原决定簇的单克隆体以来，人们以极大的兴趣寻找着肿瘤特异性抗原。但是，迄今为止，尚未发现这种抗原，已发现的肿瘤抗原仅具有相对特异性，即所谓肿瘤相关抗原（Tumor – Associated Antigen，TAA）[1~3]。本文应用抗人 NPC 细胞 McAb，对各种不同组织的相关抗原进行了定位观察，发现 CN – 1 和 Cs – C_1 抗原决定簇是一种位于细胞表面的物质，多呈均匀弥漫性分布，部分呈颗粒状。Cs – C_1 抗原决定簇有以下特点：①Cs – C_1 抗原主要存在于 NPC 细胞表面，阳性率达 80.3%，而在胚胎鼻咽组织、成人鼻咽黏膜性炎症组织之上皮细胞表面均未发现，表明 Cs – C_1 抗原可能是在鼻咽黏膜上皮细胞癌变过程中逐渐出现或增多的一种分子结构；②Cs – C_1 抗原还可在少数胚胎组织（肝、肾及胸腺）、成人正常胃黏膜上此细胞和胃癌细胞偶然性中发现，表明该抗原并非 NPC 细胞所特有，而存在少量交叉免疫反应；③比较各种组织阳性细胞的荧光强度，发现胚胎组织细胞显示的荧光强度较强（ ++ ）、而 NPC 等组织普遍较弱（ + ），提

表4　16 种人胚组织 McAb 染色结果

组织	CN – 1	Cs – C_1
鼻咽	–	–
肺脏	+ +	–
心肌	–	–
肝脏	–	+
胰腺	–	–
脾脏	–	–
胃	–	–
肠	–	–
肾脏	–	+ +
皮肤	–	–
肌肉	+	–
胸腺	–	+ +
扁桃体	–	–
颌下腺	+	–
脐带	+ +	–
胎盘	+ +	–

示癌变细胞出现的这种抗原是一种弱抗原。综上所述，我们认为 Cs – C_1 抗原性质属于 TAA；对 NPC 来说，它具有较强的相关性。

　　TAA 是一类存在于肿瘤细胞表面的大分子，虽然并非肿瘤细胞所特有，但在细胞癌变过程中可逐渐出现或含量明显增加，与癌变关系密切[3~5]。Cs – C_1 抗原的发现为 NPC 免疫学诊断提供了一种有价值的新的标志物[6]，也为 NPC 细胞的生物学性质以及癌变机制的深入研究展示了新的前景。

　　本文 CN – 1 与 Cs – C_1 抗原决定簇在各种组织细胞表面出现不一；CN – 1 抗原在胚胎组织细胞较多，而在 NPC 中仅出现 1 例，反映了它们之间分子结构的异质性，CN – 1 可能是一种相关性弱的胚源性肿瘤抗原。当然，本文观察例数较少，尚待进一步研究这两种抗原的异同。

〔原载《中华肿瘤杂志》1988，10（2）：95 – 97〕

参 考 文 献

1　张文治. 单克隆抗本在肿瘤诊断中的应用. 国外医学（肿瘤分册），1983，1：1

2　Mary JL. Monoclonal antibodies in cancer. Science，1982，216：283

3　Zalcberg JR and Mckenzie L FC. Tumor associated antigens. J Clin Oncol，1985，3（6）：876

4　Wilson BS，et al. Distribution and molecular characterization of a cell – surface and a cytoplasmic antigen detectable in human malanoma cells with monoclonal antibodies. Int J Cancer，1981，28（3）：293

5　余溃，等主编. 肿瘤与免疫. 第 1 版. 上海：上海科学技术出版社，1982，20

6　龚煜. 肿瘤标记及其应用于人体肿瘤诊断的研究. 国外医学（肿瘤学分册）. 1982，2：49

Immunofluorescent Localization of Associated Antigen of Anti – Human Nasopharyngeal Carcinoma Cell Monoclonal Antibody

SUI Yan-fang, WANG Bo-yun, CUI Yun-chang, WANG Mei-xian, ZENG Yi

(Fourth Military Medical College, Xi'an; Virology Institute, Chinese Academy of Preventive Medical Sciences, Beijing)

The immunofluorescent localization of associated antigen of anti – human nasopharyngeal carcinoma (NPC) cell monoclonal antibody (McAb) was performed in different tissues (NPC, non – NPC tumor, chronic inflammation of nasopharyngeal mucosa, adult normal tissue and embryo tissue) with 5 conrol experiments McAb (CN – 1, Cs – C_1) was produced by Department of Microbiology of our college and all the specimens were confirmed by pathology. The results revealed that Cs – C_1 antigen was mainly found on the surface of NPC cells with a positive rate of 80.3%. Majority of the positive cells showed yellow – greenish lineat fluorescence surrounding the cell membrane while some cells manifested granular fluorescence. In addition, Cs – C_1 antigen was also found in a few embryo tissues, epithelial cells of the normal gastric mucosa and cells of the gastric cancer. It is suggested that Cs – C_1 antigen be a kind of molecular structure, being gradually produced or increased in quantity during carcinogenesis, and belong to the tumor associated antigen. Cs – C_1 antigen could be important in the study of carcinogenic mechanism of NPC cells and valuable to clinical immunodiagnosis.

116. 黄芫花提取物对大鼠实验性鼻咽癌的促发作用

湛江医学院肿瘤研究室　唐慰萍　黄培根　赵明伦　蔡琼珍　廖少玲
中国预防医学中心病毒所　黄　毅

[摘　要]　本文报道应用 30 mg 的二亚硝基哌嗪作为始动因子，用对 EB 病毒有激活作用的黄芫花作为促进因子，进行诱发大鼠鼻咽癌的实验。将 89 只 2 月龄大鼠分为四组：A. 二亚硝基哌嗪 + 黄芫花组；B. 黄花芫组；C. 二亚硝基哌嗪组；D. 空白对照组。分别给药，停药后连续观察 257~330 d，处死，取完整鼻咽连续切片检查。结果表明：在二亚基哌嗪 + 黄芫花组存活的 22 只大鼠中，有三例鼻咽黏膜发生癌变（一例为原位癌，二例为早期浸润癌），发癌率达 13.6%. 其余三组均未见癌发生，因此，黄芫花在此诱癌过程中很可能起促癌因子作用。临床上对黄芫花似宜慎用。

现已证明了哥王具有与巴豆油因子 A_1（TPA）相似的激活 EB 病毒早期抗原（EA）和壳抗原（VCA）[1,2]，促进二亚硝基哌嗪诱发大鼠鼻咽癌的作用[3]。黄芫花（Wikstroemia Chamaedaphne Meise）与了哥王为同属瑞得科（ThymeLaeaceae）植物，曾毅等报道黄芫花提出液具有诱异 Raji 细胞内 EB 病毒的早期抗原（EA），促进 EB 病毒对淋巴细胞的转化作用[4]。也有实验证明黄芫花能促进小鼠子宫颈癌的发生发展[5]。本文采用经典个癌方案[6]，应用二亚硝基哌嗪（DNP）做致癌剂，研究黄芫花在大鼠实验性鼻咽癌发生中的作用。

材料和方法

一、动物　本室自行繁殖的杂种大白鼠89只，均为2月龄，雌雄各半。

二、致癌剂　DNP为本室合成，熔点157～158℃。以少量吐温80搅匀后，加入注射用水，配成每毫升含DNP 5 mg的注射液。

三、黄芫花注射液　石家庄市新华制药厂出品（出厂号830129）每0.6 ml乙醇液含黄芫花生药0.6 g。使用时用蒸馏水稀释成每0.1 ml含黄芫花生药1 mg。

四、实验步骤及方法　实验动物分四组。

A. DNP＋黄芫花组：大鼠36只，每只每次皮下注射DNP 5 m，每周2次，给药3周，总量为30 mg。10 d后始给黄芫花液滴鼻，每只每次给黄芫花液0.3 ml，每周2次，连续7周，总量为4.2 ml（含生药42 mg）。总给药73 d，停药观察257 d，共330 d。

B. 黄芫花组：大鼠24只，每只仅给黄芫花液滴鼻，方法剂量同A组。给药及观察共346 d。

C. DNP组：大鼠24只，第只仅给皮下注射DNP，方法剂量同A组，给药及观察共330 d。

D. 空白对照：大鼠5只、不给任何处理，按实验动物相同条件饲养，观察330 d以上。

以上各组动物分别于330～346 d后，统计存活动物，处死进行解剖，取出完整鼻咽，用Bouin液固定，经Jenkin液脱钙，石蜡包埋，连续切片，每例平均约切片660张，HE染色，光镜下检查。

结　　果

根据观察结果，各组病变如表1。

一、DNP＋黄芫花组　存活动物22只，鼻咽病变发生率较高，其中3例发生癌变（原位癌1例，早癌2例），发癌良为13.6%，均为低分化鳞状细胞癌。2例早癌癌细胞呈乳头状突入管腔（图1、图2略）。此外尚有1例乳头状瘤，3例中度非典型增生病变（图3，图4略）。3例癌变鼻咽黏膜同时也有非典型增生病变。

表1　黄芫花对二亚硝基哌嗪诱发大鼠鼻咽癌的影响

组别	观察期满存活动物数（只）	增生*（只）	乳头状瘤（只）	非典型增生（只）	原位癌（只）	早期浸润癌（只）	发癌率（%）
DNP＋黄芫花	22	21	1	3	1	2	13.6
黄芫花	21	16	0	1	0	0	0
DNP	16	13	2	0	0	0	0
空白对照	5	1	0	0	0	0	0

注：*包括鳞状化生和非典型增生

二、黄芫花组　存活动物21只，仅1例发生中度非典型增生，全部未见癌变。

三、DNP组　存活动物16只，除2例乳头状瘤外，也未见癌变。

四、空白对照组　5只动物鼻咽黏膜均无明显病变及癌变。

讨 论

本文沿用我室研究了哥王促癌作用的原有实验方案[3]，但增大了致癌剂二亚硝基哌嗪的剂量，总剂量为 30 mg，且总实验时间延长至 330 ~ 346 d。结果 DNP 组仍未见诱发鼻咽癌，表明在本实验条件下，用 30 mg 剂量 DNP 单独给药，在 330 d 内不致诱发癌变。

黄芫花提出液用于妊娠引产效果良好[7,8]。本实验用黄芫花加二亚硝基哌嗪能成功诱发大鼠鼻咽癌，发癌率达 13.6%，但单用黄芫花并未见癌。这些结果提示黄芫花在体内能促进化学致癌物的诱癌作用，与巴豆油因子 A_1（TPA）作用相似，为促癌物。但其作用似较了哥王弱，临床似宜慎用。是否可成为肿瘤病毒的促癌物质，值得进一步研究。

致谢：本实验承王宗锐老师、张艺强同志协助，谨致谢意

〔原载《癌症》1988，7（3）：171 – 173〕

参 考 文 献

1　Zeng Y, et al. Epstein – Barr virus early antigen induction in Raji cells by Chinese medicinal herbs, Intervirology, 1983, (19)：201

2　胡垠玲等. 几种中草药对淋巴细胞的促转化作用. 中华肿瘤杂志, 1985, (6)：417

3　唐慰萍等. 了哥王对大鼠实验性鼻咽癌的促发作用. 临床与实验病理学杂志, 1986, (2)：34

4　曾毅等. 芫花脂乙和黄芫花提出液对 EB 病毒早期抗原的诱导和促进 EB 病毒对淋巴细胞转化的研究. 病毒学报, 1985, 1 (3)：229

5　孙瑜等. 黄芫花和桐油提取物促进癌作用的确实验研究. 中华病理学杂志, 1986, 15 (1)：9

6　杨简等. 肿瘤的科学基础. 北京：科学出版社, 1984, 385

7　王振海等. 黄芫花醇液引产机理的探讨. 中华妇产科杂志, 1979, (14)：125

8　芫花萜三结合协作组. 引产药芫花帖的研究. 医学工业. 1979, (1)：6

The Role of Wikstroemia Chamaedaphne Meise in Promoting Experimental Nasopharyngeal Carcinoma（NPC）in Rats

TANG Wei-ping[1], HUANG Pei-gen[1], ZHAO Ming-lun[1], CAI Qiong-zhen[1], LIAO Shao-ling[1], ZENG Yi[2]

（1. Department of Cancer Research Zhanjiang Medical College, Guangdong, China；

2. Institute of virology, China National Center for Preventive Medicine, Beijing）

Using 30 mg DNP as a tumor initiator, and Wikstroenia chamaedaphne Meise that has activating action on EB virus as a tumor promotor, the authors have done an experiment in inducing Nasopharyneal Carcinoma（NPC）in rats. 89 rats were divided into four groups：A. DNP + Wikstroemia chamaedaphne Meise group；B. wikstroemia chamaedaphne Meise group；C. DNP group；D. Control group. All rats were continuously observed for 257 – 330 days after stopping administration of the drugs. They were sacrified, the whole nasopharyngeal cavity were taken off, then were observed by continuous sections. The results indicate that among 22 survived rats in the DNP + Wikstroemia chamedaphne Meise group 3 had carcinoma in their nasopharyngeal mucosa（1 was carcinoma *in situ*, 2 were early infiltrating carcinoma）, the tumor incidence was 13.6%. In the other three groups no carcinoma was found. As a result, Wikstroemia chamaedaphne Meise likely plays a role of tumor promotor in the process of carcinogenesis.

117. 表达乙型肝炎病毒表面抗原和 Epstein – Barr 病毒膜抗原的双价痘苗病毒的组建

中国预防医学科学院病毒学研究所　谷淑燕　江民康　赵文平　任贵方　曾　毅　侯云德
西德慕尼黑大学 Pettenkofer 研究所　Hans Wolf

[摘　要]　从痘苗病毒天坛株分离了晚期 11k 蛋白编码基因的启动子，以痘苗病毒天坛株为载体，构建了双价的重组痘苗病毒。分别在 7.5k 和 11k 蛋白基因启动子的控制下，表达乙型肝炎病毒表面抗原和 E3 病毒的膜抗原。用重组痘苗病毒免疫的家兔，同时产生对这两种抗原的抗体。免疫电镜下观察到乙型肝炎病毒表面抗原颗粒。

[关键词]　重组痘苗病毒；EB 病毒膜抗原；乙型肝炎病毒表面抗原；痘苗病毒载体；基因工程疫苗

痘苗病毒作为哺乳动物细胞的基因表达载体，已经成功地表达了多种外源基因，其中与人类疾病有关的如乙型肝炎病毒表面抗原（HBsAg）基因[1~4]、流感病毒血凝素基因[5,6]、疱疹病毒糖蛋白 D 基因[2,7]、狂犬病病毒糖蛋白基因[8]、EB 病毒膜抗原基因[10,11]、艾滋病病毒膜抗原基因[13,14]和呼吸道合胞病毒糖蛋白基因等[15]。与其他哺乳动物细胞基因表达载体系统相比较，痘苗病毒载体最主要的特点是容量大，可容纳至少 40kb 的外源基因。在痘苗病毒的基因组内存在着多个非必须区，有可能表达多种外源基因，以组建多价活疫苗。

目前，用痘苗病毒做载体表达外源基因，大多使用编码 7.5k 多肽的启动子。P7.5 是一个早期启动子和晚期启动子的重叠结构，具有较强的启动子功能，能在重组痘苗病毒中高效表达外源基因[12,16]。Chakrabarit 报道，用编码晚期 11k 结构蛋白基因的启动了 P11 表达 β-半乳糖苷酶的基因[17]。痘苗病毒的晚期 11k 基因编码痘苗病毒的一个主要结构多肽，占病毒总蛋白量的 10%，所以 11k 基因可能也是一个较强的启动子。Wittek 等人报道了晚期 11k 编码基因的定位。我们分离了 EB 病毒的膜抗原基因，并在痘苗病毒天坛株中予以表达[11,23]。在此基础上，从天坛株中分离的启动子 P11，并用 P7.5 和 P11 启动子构建了痘苗病毒的双价表达载体，在重组痘苗病毒中间时表达 HBsAg 和 EB 病毒膜抗原。

材料和方法

一、细胞和病毒　非洲绿猴肾细胞（CV – 1）和人骨髓瘤细胞（HumanTK – 143），在含 10% 小牛血清的 MEM 培养液中培养，每周传代 1 次。TK – 143 细胞使用前称在含 BudR 的培养液中传代 3 代（BudR 的最终浓度为 25 μg/ml）。痘苗病毒天坛株（本所抗病毒治疗研究室提供）在含 HAT 的培养基中传代。选择 TK⁺ 病毒，蚀斑滴定其滴度（pfu/ml），–70℃ 保存。

二、质粒 DNA　pAvBI 是含有乙型肝炎病毒 ayw 亚型全部基因的质粒，带有痘苗病毒

WR 株的 Hind III J 片段和 7.5k 启动子。由西德 Hans Wolf 实验室提供，带有 EB 病毒膜抗原基因的质粒的构建，见文献〔11〕。痘苗病毒 DNA Hind III F 片段（pF710）见文献〔22〕。按 Birnboim 和 Doly 方法分离提纯 DNA[19]。DNA 重组过程见文献〔20〕。

三、哺乳动物细胞的 DNA 转染和重组痘苗病毒的筛选　CV – 1 细胞传代后 18～20 h，用 TK⁺ 天坛株痘苗病毒感染（病毒滴度为 10^5 pfu/ml），2 h 后去掉培养液中的病毒，加入用钙沉淀的质粒 DNA。将 25 μg 待转染的 DNA 溶解于 pH7.05 的 Hepes 缓冲液，加蒸馏水和氯化钙，使氯化钙最终浓度为 125 mmol/L。室温下静置 2～5 min，可见极细小的云雾状沉淀颗粒。将 DNA 的沉淀物加至细胞层上，室温吸附 30 min，加细胞培养液，培养 18～24 h，待细胞全部病变后冻化细胞和培养液 3 次。将冻化裂解后的细胞培养液再感染 TK – 143 细胞，在 25 μg/ml BudR 存在下扩增 TK⁻ 病毒。经过扩增的病毒悬液进一步在 TK – 143 细胞上选择单个蚀斑。来源于单个蚀斑的病毒悬液经 3 代纯化，每代都检查基因表达产物。

四、重组痘苗病毒表达的抗原的检查　对 HBsAg 的检查采用放射免疫法，用 Abbctt 试剂盒。检查 EB 病毒膜抗原用间接免疫荧光法或免疫酶法，感染的细胞先与抗原的单克隆抗体结合，然后与过氧化物酶或荧光素标记的抗鼠 IgG 结合。

五、家兔的免疫　用 1 ml（10^7 pfu）重组病毒给家兔多点皮内接种，观察皮肤反应和抗体滴度。抗乙型肝炎病毒表面抗原的抗体，用放射免疫法测定；抗 EB 病毒膜抗原的抗体在 B95 – 8 细胞上滴定[21]。

结　　果

一、含 HBsAg 基因质粒的构建　乙型肝炎病毒 ayw 亚型的 Bgl II 片段被插入痘苗病毒 TK 基因上，上游为 P7.5 的启动子。乙型肝炎病毒基因组的 Bgl II 片段包括前 s 区（pre – s1、pre – s2）和 s 区基因，全长 2.3kb。这个由 TK 基因为体内重组旁侧序列的框架，包含 7.5k 启动子和乙型肝炎病毒基因。此质粒即为 pAvBI，由西德 H. Wolf 实验室构建。

从 pAvBI 中删去前 s 基因区（即从 Bgl II 至 Xho I 位点），只保留乙型肝炎病毒的 s 基因，即为 pAvB II。此质粒是与西德 H. Wolf 实验室合作构建的（图 1）。

二、含痘苗病毒天坛株 11k 启动子和 EB 病毒膜抗原基因质粒的构建　从痘苗病毒天坛株分离 11k 启动子。此启动子定位于痘苗病毒基因组的 Hind III F 片段内。Hind III F 片段的克隆株为 pF710[22]，从 F 片段分离 Xba I～Hind III 片段，插入 pUC19，组成 pUC19 – 11k。在 Xba I～Hind III 片段内有一个单一的 Eco RI 位点，从重组质粒 pUC19 – 11k 中分离 Eco RI 片段，再插入 pUC8，组成 pUC8 – 11k（图 2）。

pUC19 – GP 质粒含有 EB 病毒的膜抗原基因[11]，用内切酶 BamHI 部分消化，在 GP 片段的上游插入从 pUC8 – 1k 质粒中分离的 BamHI 片段，组成 pUC19 – 11k – GP。在质粒 pUC19 – 11k – GP，11k 启动子的方向与 EB 病毒膜抗原基因转录方向一致。图 2 是 11k 启动子和 EB 病毒膜抗原基因的构建过程。11k 启动子本身的 ATG 与 EB 病毒膜抗原的 ATG 之间有 27 个碱基对，它来源于 pUC8 质粒。

三、含有乙型肝炎病毒基因和 EB 病毒膜抗原基因的质粒的构建　质粒 pUC19 – 11k – GP 中，因 11k 启动子的前方和 GP 膜抗原基因的尾端各有一个 Sal I 位点。将 Sal I 片段插入含乙型肝病毒基因的质粒 pAvBI 和 pAvB II 中，获得 pAvBI – GP – 8、pAvBI – GP – 18 和 pAvB II – GP。在 pAvBI – GP – 8 中，7.5k 启动子下游是乙型肝炎病毒基因的前 s1、前 s2、

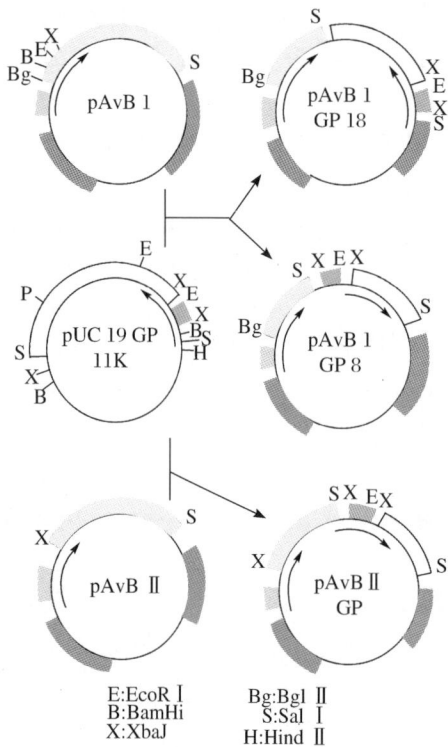

图1　含 EB 病毒膜抗原和乙型肝炎病毒
表面抗的基因的质粒的构建

Fig. 1　Construction of plasmids containing the
membrane antigen gene of EBV and HBsAg gene

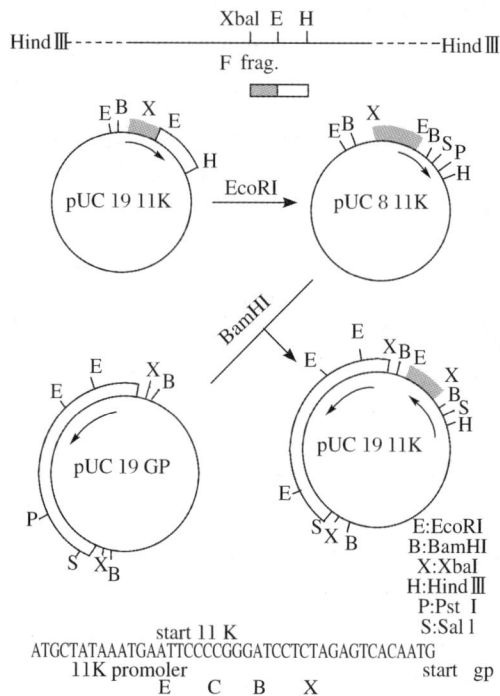

图2　痘苗痘毒 11k 启动子的分离和含 EB 病毒
膜抗原基因质粒的构建

Fig. 2　Isolation of 11k promoter from
vaccinia virus and construction of a plasmid
containing the membrane antigen gene of EBV

及 s 基因，11k 启动子下游连接 EB 病毒膜抗原基因，7.5k 和 11k 启动子方向一致。而在 pAvBⅠ-GP-18 中，7.5k 和 11k 启动子方向相反。在 pAvBⅡ-GP 中，删去了前 s 基因，只保留乙型肝炎病毒的 s 基因和 EB 病毒膜抗原基因（图2）。

　　四、HBsAg 和 EB 病毒膜抗原在重组痘苗病毒中的表达　在 25 μg/ml BudR 存在下，从 TK-143 细胞上经过 3 代蚀斑筛选重组的痘苗病毒，检查重组病毒在感染细胞上表达的 HBsAg 和 EB 病毒膜抗原。重组病毒 pAvBⅠ-GP-8、pAvBⅡ-GP-18 和 pAvBⅡ-GP 以及 TK⁻ 和 TK⁺ 的未重组病毒，分别感染 CV-Ⅰ 或 TK-143 细胞，24 h 后检查细胞培养液中和细胞表面的乙型肝炎病毒和 EB 病毒的抗原。感染细胞用甲醇固定，在 37℃ 与抗 EB 病毒膜抗原的单克隆抗体孵育 45 min，PBS 清洗后，用兔抗鼠 IgG 酶标抗体或荧光素结合的抗体孵育。结果在感染细胞的表面上 3 组重组病毒都能表达 EB 病毒膜抗原。图版Ⅰ1a～1c（略）是过氧经物酶法和荧光法的测定结果。EB 病毒膜抗原在感染细胞的表面，在感染细胞的病灶周围可见正常细胞，它们不表达 EB 病毒膜抗原［图版Ⅰ1a（略）］。未重组的病毒感染细胞表面也不表达 EB 病毒膜抗原。

　　对各组痘苗病毒感染的细胞培养液中的 HBsAg，用放射免疫法和进口的标准试剂检查。结果只有 pAvBⅡ-GP 病毒感染的细胞培养液中有 HBsAg，感染后 24 h 含 50 ng/ml。含乙肝病毒前 s 基因的两个痘苗病毒，未检出 HBsAg。

用负压吸引装置收集感染细胞的培养液，点于硝基纤维素膜上，用重组病毒、未重组病毒感染的细胞培养液和阳性对照，各点样 500 μl 和 100 μl。EB 病毒膜抗原对照为 1 μg 蛋白。硝基纤维素膜室温干燥后，用 Choen 液（5 × Denhardt 液，0.1% NP40，1.5% BSA，0.05% 明胶和 1 × 硼酸缓冲液，pH8.2）室温下封闭至少 4 h，然后分别浸入各种抗血清，包括抗 EB 病毒膜抗原单克隆抗体（1∶1000）、鼻咽癌病人血清（1∶100）和小鼠抗 HBsAg 血源疫苗的抗体（1∶100），室温下孵育 4 h 或 4℃ 过夜。用 TTBS 液（50 mmol/L pH7.5 Tris，150 mmol/L NaCaCl，0.05% Tween-20）清洗纤维素膜 6 次，每次 30 min，再用过氧化物酶标记的兔抗鼠或抗人血清 IgG 孵育，室温小 1 h，TTBS 清洗 2 次，每次 30 min。二氨基联苯胺显色。由图 3A 可见，用 pAvBⅠ-GP-8、pAvBⅠ-GP-18 和 pAvBⅡ-GP 感染的细胞培养液中存在 EB 病毒膜抗原，它特异性地与抗 EB 病膜抗原单克隆抗体结合，其表现与单价重组痘苗病毒表达的，以及从西德引进的 CHO 细胞表达的 EB 病毒膜抗原一致。用 pAvBⅡ-GP 病毒感染的细胞培养液中存在 HBsAg，它可与小鼠免疫血清反应（图 3c）。

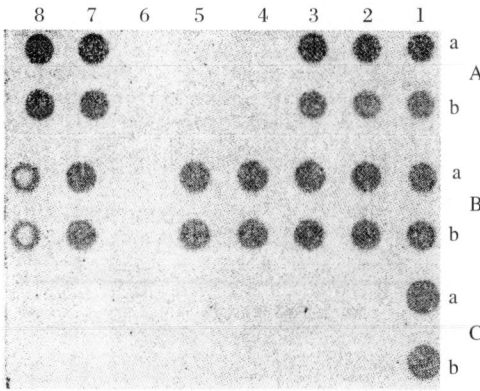

A、与抗膜抗原单克隆抗体和兔抗鼠 IgG 酶标抗体结合；B、与鼻咽癌病人血清和兔抗人 IgG 酶标抗体结合；C、与小鼠抗 HBsAg 和兔抗鼠 IgG 酶标抗体结合。

a. 500 μl，b. 100 μl。

1. 痘苗病毒 pAvBⅡ-GP；2. 痘苗病毒 pAvBⅠ-GP-8；3. 痘苗病毒 pAvBⅠ-GP-18；4. TK⁺ 痘苗病毒；5. TK⁻ 痘苗病毒；6. 培养液；7. 含 EB 病毒膜抗原基因痘苗病毒；8. CHO 细胞表达的 EBV 膜抗原。

图 3　重组痘苗病毒感染细胞的培养液中存在 EB 病毒膜抗原

A. Incubation with monoclonal antibody against membrane antigen and peroxidase labeled rabbit anti-mouse IgG. B. Incubation with serum from nasopharyngeal carcinoma patient and peroxidase labeled rabbit anti-human IgG. C. Incubation with mouse anti-HBsAg and peroxidase labeled rabbit anti-mouse IgG.

a. 500 μl；b. 100 μl.

1. Vaccinia virus pAvB Ⅱ GP. 2. Vaccinia virus pAvBⅠGP-8. 3. Vaccinia virus pAvBⅠGP-18. 4. TK⁺ vaccinia virus. 5. TK⁻ vaccinia virus. 6. Medium. 7. Recombinant vaccinia virus containing EBV mambrane antigen gene. 8. Membrane antigen of EBV expressed from CHO cells.

Fig. 3　Membrane antigen expressed by recombinant vaccinia virus

五、免疫电镜观察　从 pAvBⅡ-GP 重组痘苗病毒感染细胞的培养液中检查 HBsAg 颗粒。用 0.5 ml 蒸馏水将干燥的马抗 HBsAg 血清还原至原体积，再用生理盐水 1∶5 稀释。离心去除细胞培养液中的细胞，20 000 r/min 离心 1 h，分别去除马抗 HBsAg 血清和细胞培养液中的细小颗粒。将马抗 HBsAg 血清和病毒感染的细胞培养液等量混合，在摇床上室温下孵育 4 h，移入 4℃ 过夜。20 000 r/min 离心 1 h，收集免疫复合物。再将沉淀悬于 2 μl 蒸水中，电镜观察，可见成团的 HBsAg 颗粒（图版Ⅰ，2 略）。

六、在家兔体内引起的免疫反应　用重组痘苗病毒 pAvBⅡ-GP 感染的细胞，经 3 次冻化和超声波处理，5000 r/min 离心去除碎片，再经 20 000 r/min 离心 1 h 沉淀痘苗病毒，然后将病毒悬于无血清 MEM 中，蚀斑滴定其滴度，用约 10^7 pfu/ml 病毒多点注射家兔背部皮内，4～6 周后放血或加强免疫。用未经固定的 B95－8 细胞和间接免疫荧光法滴定兔血清中 EB 病毒膜抗原的抗体（表1）。两个重组痘苗病毒免疫的家兔都能产生抗 EB 病毒膜抗原的抗体，滴度分别为 1：160 和 1：320。用混合的鼻咽癌病人血清抗 EB 病毒膜抗原的单克隆抗体做对照，它们与 B95－8 细胞膜上的抗原反应，而在 Raji 细胞上不出现反应。

用放射免疫法检查免疫血清中抗 HBsAg 抗体，兔血清的抗体滴度为 25IU。

表1　重组痘苗病毒在家兔体内产生的 EB 病毒膜抗原抗体

Tab. 1　Antibody against membrane antigen of EBV in vaccinated rabbits with recombinant vaccinia virus pAvB Ⅱ GP

家兔号 Rabbit No.	免疫后时间 Weeks post initial vaccination	抗体滴度　Antibody titer							
		10	20	40	80	160	320	640	1280
1	0	−	−	−					
2	0	−	−	−					
1	4	+	+	+	+	+	−	−	−
2	4	+	+	+	−				
1	8	+	+	+	+	+	−	−	−
2	8	+	+	+	+	−	+	−	−

讨　论

在构建表达 EB 病毒膜抗原的重组痘苗病毒的基础上[11]，从痘苗病毒天坛株分离子 11k 启动子，构建了表达 HBsAg 和 EB 病毒膜抗原的双价重组痘苗病毒，在感染细胞的表面和细胞培养液中同时表达 EB 病毒膜抗原和 HBsAg。实验证明，在同一痘苗病毒中分别用 7.5k 和 11k 启动子可同时表达两个外源基因。电镜下见到了 HBsAg 颗粒，免疫家兔可产生两种抗原的抗体。

构建的 11k 启动子的 ATG，与 EB 病毒膜抗原基因起始密码 ATG 之间的读码框架是吻合的。两个 ATG 之间有 27 个核苷酸来自 pUC8 载体，它编码 9 个氨基酸。因此，在表达的 EB 病毒膜抗原中含有部分融合蛋白，它有要能改变表达的抗原成分，影响免疫反应。

含乙型肝炎病毒 pre－s 基因的痘苗病毒 pAvB Ⅰ－GP，在感染细胞中不能释放表面抗原，用放射免疫法不能从感染细胞的培养液中检出 HBsAg。在 pAvB Ⅱ－GP 中删去了乙型肝炎病毒基因的 pre－s 区，只保留 s 基因，HBsAg 被释放到培养液中。Jing－Hsiung Qu 等在 1987 年报道的表达载体中含有 pre－s1 基因，表达产物位于细胞内[9]。从 pAvB Ⅰ－GP－8 和 pAvB Ⅰ－GP－18 痘苗病毒感染的细胞裂解物中，用间接血凝法仅检测到少量 HBsAg，有待改进方法后进一步确定。

用痘苗病毒载体制备多价疫苗，以同时预防多种疾病，越来越受到人们的重视。痘苗病毒基因组中存在着广泛的非必须区，可容纳至少 40kb 的外源基因，做为真核细胞基因的表达载体，有可能构建多价疫苗。Pasletti 已构建了同时表达 HBsAg、疱疹病毒糖蛋白 D 和流感病毒血凝基因的三价重组痘苗病毒。痘苗病毒容易制备，可选择多种原代细胞生产疫苗，病毒稳定，容易保存。痘苗病毒的 DNA 本身没有感染性，不在细胞核内复制，也不整合到细胞染色体中。因此用痘苗病毒做为基因工程疫苗有很大的应用潜力。在我国，鼻咽癌的高发地区也是肝癌的高发区，构建能同时能达 EB 病毒膜抗原和 HBsAg 的痘苗病毒，有可能用来控制乙型肝炎和鼻咽癌。本文资料表明，这种双价活疫苗在原则上是可行的。但由于本文所用 TK 旁侧序列和 7.5k 启动子来自嗜神经性的 WR 株痘苗病毒，在重组过程中通过了肿瘤细胞 TK – 143 传代，且表达的 HBsAg 量还较低，EB 病毒抗原中可能有部分融合蛋白，故所得重组株还不能直接用于人体。然而另一方面，重组痘苗病毒可用于 EB 病毒膜抗原抗体的检测。

〔原载《病毒学报》1988，4（1）：1－7〕

参 考 文 献

1　Smith G L, et al. Nature, 1983, 302：490

2　Pasletti E, et al. Proc Natl Acad Sci, 1984, 81：193

3　汪垣等. 生物化学与生物物理学报, 1984, 16：698

4　刘庚起等. 病毒学报, 1985, 1：86

5　Smith G L, et al. Proc Natl Acad Sci, 1983, 80：7155

6　Panicali D, et al. Proc Natl Acad Sci, 1983, 80：5364

7　Cremer K J, et al. Science, 1985, 228：737

8　Kieny M P. Nature, 1984, 312：163

9　Jing – Hsiung Qu and Rutter W J. J Virol, 1987, 61：782

10　Mackett M and J R Arrand：EMBO, 1985, 4：3229

11　谷淑燕等. 中国医学科学院学报, 待发表

12　Cochran M A, et al. J Virol, 1985, 54：30

13　Chakrabarri S, et al. Nature, 1986, 320：535

14　Hu S L, et al. Nature, 1986, 320：537

15　Elango N, et al. Proc Natl Acad Sci, 1986, 83：1906

16　Mackett M, et al. J Virol, 1984, 49：857

17　Chakrabarti S, et al. Mol cell Biol, 1985, 5：3403

18　Wittek R, et al. J Virol, 1984, 49：371

19　Birnboim H C and Doly J. Nucleic A cids Res, 1978, 7：1513

20　Maniatis T, et al. Molecular Cloning, A Laboratory Manual, Cold Spring Harbor Laboratory press, 1983

21　皮国华等. 病毒学报, 1987, 3：181

22　Hou Yunde, et al. J Gen Virol, 1985, 66：1819

23　Tsao H, et al. J Virol, 1986, 57：693

Construction of an Infectious Vaccinia Virus Recombinant Expressing the Hepatitis B Virus Surface Antigen and Epstein – Barr Virus Membrane Antigen

GU Shu-yan[1], JIANG Ming-kang[1], ZHAO Wen-ping[1], ZENG Yi[1], REN Guei-fang[1], HOU Yun-de[1], HANS Wolf[2]
(1. Institute of Virology, Chinese Academy of Preventive Medicine；2. Pettenkofer Institute, Munich, West, West Germany)

A vaccinia virus recombinant expressing HBsAg and EBV – membrane antigen simultaneously was constructed. The 11k promoter was isolated from the Hind Ⅲ F fragment of vaccinia virus Tian Tan strain. EBV – membrane antigen was expressed under the control of 11k promoter of vaccinia virus on the surface of cells infected with recombinant vaccinia virus Tian Tan strain. The HBsAg was expressed under the control of 7.5k promoter of vaccinia virus and secreted into the medium from cells infected with recombinant vaccinia.

HBsAg particles were demonstrated in the medium of cells infected with recombinant vaccinia virus by imuno - electronmicroscope.

Antibodies against membrane antigen of EBV and HBsAg were produced in rabbits vaccina ted with recombinant vaccinia virus.

〔**Key words**〕 Recombinant vaccinia virus；Epstein - Barr virus membrane antigen；Hepatitis B surface antigen；Vaccinia virus vector；Engineered vaccine

118. 应用明胶颗粒凝集试验检测人免疫缺陷病病毒抗体

中国预防医学科学院病毒学研究所 曾 毅
法国国家科学研究中心里昂肿瘤免疫和
流行医学实验室 G. de The
日本京都大学病毒学研究所 Y. HINUMA

〔摘 要〕 明胶颗粒凝集试验是测定 HIV - 1 抗体的新方法。本研究将明胶颗粒凝集试验与 ELISA 法、蛋白印迹法和间接免疫荧光试验做了比较，观察本方法的敏感性和特异性。共检测了 195 份来自法国和非洲象牙海岸的血清，凡是蛋白印迹法阳性的血清，明胶颗粒凝试验都是阳性。这表明本方法是特异和敏感的，方法简便，不需特殊仪器，省时，可用于 HIV - 1 抗体的筛选，但多数蛋白印迹法可疑的血清，明胶颗粒试验均阴性。因此，对蛋白印迹法测出的可疑者应该用数种方法进行追踪检测。

〔关键词〕 人免疫缺陷病病毒（HIV）；明胶颗粒凝集试验

由人免疫缺陷病毒（HIV）引起的艾滋病在世界很多国家广泛流行，而且越来越严重，发现艾滋病的国家已超过 100 个，病例数已达 7 万余，估计带病毒者已达数百万人，目前尚无有效的治疗手段。因此，早期诊断艾滋病人和带病毒者是控制本病扩散的重要措施。常用于检测 HIV 抗体的方法为 ELISA 法。对 HIV 抗体阳性者再用蛋白印迹法（Western blot）确诊。为了快速诊断，各国学者不断地改进测定 HIV 抗体的方法。日本学者 Yoshida 等[1]研究成功明胶颗粒凝集试验，此法简便，不需仪器，在 2 h 内就可以得出结果。本文报告应用从法国和非洲象牙海岸收集的血清，将明胶凝集试验与 ELISA 法、蛋白印迹法和间接免疫荧光试验做比较，观察方法的敏感性和特异性，现将结果报告如下。

材料和方法

一、**血清** 从法国正常人、艾滋病人和疑似艾滋病人及从象牙海岸正常人、神经脊髓病人（Neutomyelopathy）及艾滋病人采集血清，保存于 -20℃。

二、**明胶颗粒凝集试验（Gelatin particle agglutination test）** 诊断试剂 Serodia - HIV，由日本 Fujirebiol 公司生产。试验步骤是：血清在 U 形板内 1：8～1：64 做倍比稀释，每孔

25 μl（相当于试剂盒内的滴管一滴），在 1∶8 血清稀释度的孔内加入未经抗原致敏的明胶颗粒悬液一滴，使血清最终滴度为 1∶16。在 1∶16 稀释度以上的孔内加入 HIV - 1 病毒抗原致敏的明胶颗粒悬液一滴，其最终滴度即为 1∶32，1∶64，1∶128。混匀，放室温 2 h 观察结果。血清最终稀释度 1∶32 以上出现凝集者均为阳性。

三、ELISA 法　采用 Diagnostic pasteus 公司生产的 ELISA AC - Ab - Ak 试剂盒。试验步骤是：在每和含抗原的试验孔和无抗原的对照孔内，各加入稀释度为 1∶100 的待测血清 100 μl，置 37℃ 90 min，洗 3 次；加入 100 μl 酶标抗人 IgG 抗体，37℃ 孵育 1 h，洗 4 次；加入底物 100 μl，置室温 30 min 后加入 50 μl 终止液（2 mol/L H_2SO_4）；用酶标分光光度仪测定 A 值，待测血清在抗原致敏孔内的 A 值≥0.4，未致敏孔 A 值 <0.3，该血清即为阳性，待测血清的 A 值 0.3 ~ 0.39 为可疑。

四、蛋白印迹法（Westorn blot）　应用 Diagncstios Pasteur 公司生产的试剂盒。将稀释度为 1∶100 的 2 ml 血清加入试管内，内有 HIV - 1 抗原带一条，在室温振荡过夜，次日用洗液洗 4 次，每次 15 min，再加入酶标抗人 IgG 抗体，在室温振荡 1 h，洗 4 次，加入底物显色，检查出现的抗体带型。

五、间接免疫光试验　HIV - 1 病毒感染的 CEM 细胞为靶细胞。血清稀释为 1∶10 和 1∶20，加血清于靶细胞，37℃ 放置 40 min。PBS 洗 3 次，加荧光标记的兔抗人 IgG（1∶20），37℃ 孵育 30 min，洗 3 次，在荧光显微镜下观察结果。

结　果

如表 1 所示，明胶凝集试验和蛋白印迹法的结果是一致的，总计阳性率分别为 39.0% 和 39.5%。ELISA 的阳性率较高，为 43.6%。凡是蛋白印迹法阳性的，明胶凝集试验和 ELISA 的结果都阳性。但明胶凝集试验的结果较 ELISA 法的结果更近似蛋白印迹法。这些结果表明，明胶凝集试验是很特异的。

表 1　三种方法测定 HIV - 1 抗体的比较

Tab. 1　Comparison of gelatin particle agglutination test, ELISA and Western blot
for detection of HIV - 1 antibody

组别 Group	血清数 No. of sera	方法 Method	结　果　Result		
			+	±	−
法国人		ELISA	69 (56.5%)	0	53
France	122	W. b.	64 (52.5%)	2	56
		P. A.	64 (52.5%)	0	58
象牙海岸人		ELISA	16 (21.9%)	7	50
Ivory	73	W. b.	12 (16.4%)	12	49
Coast		P. A.	13 (17.8%)	0	60
总计		ELISA	85 (43.6%)	7	103
Total	195	W. b.	76 (39.0%)	14	105
		P. A.	77 (39.5%)	0	118

注：W. b.：蛋白印迹法。P. A.：明胶颗粒凝集试验。W. b.：Western blot. P. A.：Gelatin particle agglutination.

表2　应用不同方法测定 17 例可疑标本的比较

Tab. 2　Comparison of samples with doubtful result detected by different techniques

标本 Samles	方法 Method				
	ELISA	W. b.		P. A.	IF
13654	+	−		−	+
13671	+	±	P24，Tr P51	−	−
13679	+	−		−	−
14198	+	−		−	−
14020	+ +	±	P24	−	+
132	+	±	P24，P31，Tr P55	−	−
134	±	±	P17，P24	−	+
185	±	±	P24	−	+
205	±	±	P24，P55	−	+
214	+	±	P24，P55，Tr P51，P61	−	+
223	+	±	P24，Tr P17，P55	−	+
226	+	±	P24，P55	+	+
234	±	±	P24，Tr P55，P66	−	+
240	±	±	Tr P24，P51，P55	−	+
242	+	±	P24	−	+
275	±	±	P24	−	+
295	±	±	P24，Tr P17	−	+
总计 Total　+	10	0		1	13
±	7	14		0	0
−	0	3		16	4

注：W. b.：蛋白印迹法。P. A.：明胶颗粒凝集试验。IF：免疫荧光试验。Tr：印迹。W. b.：Western blot. P. A.：Gelation particle agglutination. IF：Immunofluorescence test. Tr：Trace.

从表 2 可见，在 17 例疑似艾滋病的标本中，ELISA 法 10 例阳性，7 例可疑；蛋白印迹法 14 例可疑，3 例阴性；明胶颗粒凝集法 1 例阳性，16 例阴性。有意义的是间接免疫荧光法的结果，17 例可疑标本中 13 例阳性，4 例阴性。而且 3 例蛋白印迹法阴性者，间接免疫荧光 1 例弱阳性，而 14 例蛋白印迹法可疑者，间接免疫荧光试验查出 12 例阳性。

讨　　论

一般测定 HIV－1 抗体是用 ELISA 法初筛，阳性者再用蛋白印迹法确诊。确诊的根据很重要的是抗糖蛋白 gp41、gp120 抗体阳性。如果抗该二糖蛋白的抗体阴性，其他抗体阳性为可疑。本实验检测的结果，凡是蛋白印迹法阳性的，明胶凝集试验都是阳性，Yoshida 等[1] 报告用明胶颗粒凝集法、ELISA 和间接免疫荧光试验检测艾滋病人、艾滋病相关综合征病人的血清，所得结果一致，检测 2274 例正常人血清，血清稀释度在 1∶16 以上就无非特异性反应。本实验的结果与 Yoshida 报告的结查相似。但是蛋白印迹法可疑的标本，明胶颗粒凝集法大多数是阴性，因此有可能遗漏一些可疑的病例。一般蛋白印迹检测法的可疑者，在 3~6个月后，应进行复查。因此对可疑者应定期用蛋白印迹法和明胶颗粒凝集试验复查。

有意义的是，蛋白印迹法可疑的 14 例标本中，间接免疫荧光试验有 12 例为阳性，3 例蛋白印迹法阴性者仅一例间接免疫荧光试验为弱阳性，这表明间接免疫荧光试验是特异和敏感的，这与我们以前的工作结果相一致[2]。由于 ELISA 试剂价格昂贵，故在中国目前的情况下广泛推广应用间接免疫荧光法作 HIV-1 抗体的初筛。阳性者再用蛋白印迹法复查，这将有利于对艾滋病的防治。间接免疫荧光法有时也会出现假阳性，但最后用蛋白印迹法复查，可以排除假阳性。

〔原载《病毒学报》1988，4（1）：65-68〕

参 考 文 献

1　Yoshida T，et al. J Cancer Res（Gann），1986，77：1211

2　王必璀，等. 病毒学报，1985，1：391

Detection of HIV-1 Antibody by Gelatin Particle Agglutination Test

ZENG Yi[1]，G. de The.[2]，HINUMA. Y.[3]

（1. Institute of Virology，Chinese Academy of Preventive Medicine，Beijing；2. Laboratory of Tumor Immunology and Epidemiology，CNRS，Lyon；3. Institute for Virus Research，Kyoto University，Kyoto）

The gelatin particle agglutination test（PA）is a novel test for the detection of HIV-1 antibody. It was compared with ELISA，Western blot assay and indirect immunofluorescence test. A total of 195 sera from France and Ivory Coast were tested. A good correlation was obtained，all 76 sera with HIV-1 antibody by Western blot assay were also positive by PA test and ELISA. This indicates that the PA as a simple and easy procedure is specific and sensitive for detection of HIV-1 antibody，and that it can be used for rapid screening，but some sera with doubtful results by Western blot showed negative results by the PA test. Serological follow-up study of these individuals should be carried out by these techniques.

〔**Key words**〕HIV-1 antibody；Gelatin Particle；Agglutination test

119. 艾滋病的血清流行病学调查研究

中国预防医学科学院病毒学研究所 曾 毅 范 江

浙江医科大学传染病研究所 王必瑞 中国预防医学科学院流研所 郑锡文

中国预防医学科学院技术指导处 苏崇鳌 北京市卫生检疫所 朱宝贵

北京市卫生防疫站 邢玉兰 广东省卫生防疫站 温寿如

云南省卫生防疫站 赵尚德 上海市卫生防疫站 康乃仪

〔摘 要〕 艾滋病目前正在世界各地迅速蔓延。为预防和控制艾滋病在我国的流行，我们从 1984 年起开展了艾滋病的血清流行病学调查研究，迄今为止已检查 7001 份血清标本，共发现 14 例 HIV 抗体阳性者。其中 4 例中为注射过美国生产的第Ⅷ因子的我国血友病患者，10 例是从外国来的，包括 3 例艾滋病人和 7 例没有症状的 HIV 抗体阳性者；其余皆为阴性。这些资料表明，艾滋病已传入我国，为我国预防艾滋病提供了重要的科学依据。此外，还从一些进口的胎盘球蛋白中查到 HIV 抗体。

〔关键词〕 血清学普查；艾滋病毒

艾滋病是近年来新发现的一种致死性传染病，目前正在世界各地迅速蔓延，病死率高。三年累计病死率高达 80% 以上，已成为全球公共卫生问题。随着我国对外开放政策实施，国际交往日益频繁，旅游、外贸活动不断增多，艾滋病必然会威胁着我国人民的健康。为预防和控制本病在我国流行，在卫生部的领导下，我们与各省卫生防疫站和检疫所等单位合作，开展了艾滋病血清流行病学调查研究。现将从 1984 年开始进行血清流行病学检查的结果报告如下。

材料和方法

一、**血清** 自 1984 年 9 月至 1987 年 9 月，3 年来收集 26 省市各类人群血清，其中包括浙江 1982 至 1984 年输过 Armour（美）公司浓缩第Ⅷ因子制剂的血友病患者血清 18 份，广东用 Armour 公司的 1 份，北京使用 Alpha 公司（美）8 份（皆为 1982 年血制品，未经特殊处理），其他血友病病人血清（输过多次血液或注射过国产第Ⅷ因子）273 份，性滥交者 2635 份，国外来华人员 2162 份艾滋病人 3 份，疑似艾滋病人 17 份，卡氏肉瘤者 7 份，我国少数民族 400 份，其他（中国船员、援外人员，献血员等）1505 人，共计 7001 份（表 1）。

二、**检测方法** 应用 ELISA 方法（Abbott 试剂盒）、明胶凝集试验（GPAT）、间接免疫荧光法和蛋白印迹法（Western blot，BioRad）检测血清中的 HIV 抗体，通常先用 ELISA 法，凡两次重复均为阳性者才确定为 ELISA 阳性血清，并用另外两种方法验证，然后用蛋白印迹法及 GPAT 或间免疫荧光法确诊。

1. ELISA：应用 Abbott 公司的 HTLV－Ⅲ药盒，将待测血清稀释为 1：400，加入 HTLV－Ⅲ

抗原株，在 40℃ 水浴箱孵育半小时，用蒸馏水洗 3 次加抗人 IgG 酶结合物，置 40℃ 水浴孵育半小时，用蒸馏水洗 3 次加入 OPD 底物，半小时后用 Quentum 分析仪测定 A 值。标准对照阴性血清 A 值为 0.01 ~ 0.1，阳性对照为 0.4 ~ 1.999，待测血清的 A 值 > 0.5 为 ELISA 阳性。但一般 A 值 > 1.0 以上者，经验证为阳性者多。

表1　1984 - 1987 年我国艾滋病血清流行病学调查结果

检　查　对　象	被检标本数	阳性数	阴性数
1. 艾滋病人（包括 1 名归侨）	3	3	-
2. 血友病人			
①注射 Armour 公司Ⅷ因子	19	4	15
②注射 Alpha 公司Ⅷ因子	8	-	8
③注射国产Ⅷ因子或其他血制品	273	-	273
3. 国外来华人员（包括留学生）	2162	7	2155
4. 性滥交者	2635	-	2635
5. 艾滋病人接触者	35	-	35
6. 疑似艾滋病人	17	-	17
7. 卡氏肉瘤及接触者	19（7）*	-	19
8. 注射进口丙种球蛋白	150	-	150
9. 献血员	50	-	50
10. 宾馆服务员	300	-	300
11. 中国船员	108	-	108
12. 援外人员	512	-	512
13. 少数民族	400	-	400
14. 其他	310	-	310
合　　计	7001	14	6987

注：* 7 例为卡氏肉瘤病人

2. 明胶凝集试验（GPAT）：诊断试剂系日本京都大学病毒所 Hinuma 教授赠送。试验主要步骤：开始稀释血清至 1∶4，加入病毒致敏的明胶颗粒悬液各 1 滴，其最终滴度为 1∶32、1∶64，混匀，放室温 2 h 后观察结果，用非致敏的明胶颗粒作对照。

3. 蛋白印迹法（Western bolt，WB）：应用 Bio - Rad 公司生产的试剂盒，将稀释浓度为 1∶100 的 3 ml 血清，加至有 HIV - 1 抗原带的试管中，在室温振荡半小时，用洗液洗二次，每次 10 min，再加入酶标抗人 IgG 抗体，在室温振荡半小时，洗二次，加入底物显色，检查出现的抗体带表。

4. 间接免疫荧光试验（IF）：用 HIV 病毒感染的敏感细胞为靶细胞，血清一般稀释为 1∶10，加血清至靶细胞。37℃ 放置 40 min，PBS 洗 3 次，加荧光标记的兔抗人（或羊抗人）IgG（1∶20），37℃ 孵育 30 min，洗 3 次，在荧光显微镜下观察结果，阳性者镜下有荧光反应细胞。

结　果

从 7001 份标本中检查有 300 份血友病人血清，其中有 19 份是使用过 1982 年进口的第Ⅷ因子患者的血清，发现有 4 份 HIV 抗体阳性（表2）。其 A 值分别为 1.831、1.449、1.854 和 0.685。再应用免疫荧光法及蛋白印迹法验证这 4 份血清皆为阳性。它们均有典型的病毒蛋白带抗体。如 GP41、GP24 等。

检测外国来华人员及留学生 2165 份血清标本，有 10 份抗体阳性（表1）。其中 3 份为艾滋病病人，7 份为没有临床症状者，这些血清经 ELIS、IF、WB 及 GPAT 检查皆为阳性（表1，表2）。

除了血友病人和国外来华人员外，还检测 4536 人，包括重点人群，如性滥交者和我国驻外人员等，结果均阴性。此外，还检测了进口丙种球蛋白，其中有 14 批为 HIV 抗体阳性。

表 2　四种方法检测 HIV 抗体的阳性结果

阳性标本来源	检验号	性别	年龄	HIV 抗体检查			
				ELISA	IF	WB	GPAT
艾滋病人	检 A1	男	成	1.600	+	+	>1∶64
	检 F1	男	成	>2.00	+	+	>1∶512
	检昆 1	男	38	>2.00	+	+	>1∶256
血友病人 HIV 抗体阳性	HO5	男	12	1.831	+	+	>1∶512
	NO9	男	10	1.448	+	+	>1∶256
	NO11	男	14	1.854	+	+	>1∶512
	NO55	男	30	0.685	+	+	>1∶512
HIV 抗体阳性者	NO7	男	43	>2.00	+	+	>1∶1024
	NO6	女	41	+	+	+	>1∶256
	NO8	男	29	>2.00	+	+	>1∶1024
	NO252	男	成	>2.00	+	+	>1∶1024
	NO60	男	20 +	+	+	+	>1∶512
	NO3	男	20 +	+ >2.00	+	+	>1∶512
	NO10	男	35	+	+	+	>1∶64
进口丙种球蛋白	3 批				+	+	
	2 批				+	+	
	2 批				+	+	
	2 批				+	+	
	3 批				+	+	
	2 批				+		

讨　论

我们从 1984 年起进行艾滋病的血清流行病学调查研究，迄今检查 7001 份血清标本[1,2]，共发现 14 列 HIV 抗体阳性者，10 例是外来的，包括 3 例艾滋病人和 7 例没有症状的 HIV 抗体阳性者，还有 4 例是中国血友病患者输入第Ⅷ因子后感染产生 HIV 抗体，这表明 HIV 已于 1982 年通过血液制品传入我国，感染了我国人民。

艾滋病的主要传播途径是通过性交、血液或血液制品或带病毒的母亲传给胎儿。随着我国对外开放政策的继续执行，艾滋病毒必将继续传入，虽然目前在重点人群中如性滥交者等未查到 HIV 抗体，但通过性滥交传播 HIV 已成为今后艾滋病继续传入我国的最危险的途径。对此必须采取有效的措施，诸如坚决打击卖淫嫖宿，加强 HIV 抗体检测等。我国政府已经禁止血液制品进口，这是十分重要的预防措施。很多国家已开展对血液进行 HIV 抗体的常规筛选，以排除有 HIV 的血液。我国政府已颁布艾滋病管理若干规定，也应逐步开展以防止通过血液传播。此外，注射器或针灸针等也应严格消毒，最好能采用一次性的注射器或针灸针。据世界卫生组织估计，到 1991 年全世界将有 5 千万至 1 亿人口感染艾滋病毒。这是一个十分严重的国际问题。今年联合国大会还专题讨论了在全球预防艾滋病的问题。在亚洲日本、泰国等国的艾滋病亦日趋严重，继续蔓延。因此，我国政府、人民和科学工作者应认真对待，及时采取有效措施，以预防和控制艾滋病在我国的蔓延。

我国进口了一批胎盘球蛋白，经检查发现 HIV 抗体阳性。通常情况下，在丙种球蛋白生产过程中，艾滋病毒应该是已被灭活的，我们检查了注射过 HIV 抗体阳性的丙种球蛋白者 50 人，HIV 抗体均阴性。已进口的全部丙种球蛋白，在生产过程中是否都经过严格处理值得进一步检查。特别是对注射过 HIV 抗体阳性的丙种球蛋白者，可以继续追踪检测。

〔原载《中华流行病学杂志》1988，9（3）：138－140〕

参 考 文 献

1 王必璋，等．应用间接免疫荧光试验检测我国正常人和白血病病人因清中嗜 T 淋巴细胞Ⅲ型病毒抗体．病毒学报，1985，1：391

2 曾毅，等．血友病患者血清中淋巴腺病病毒/人 T 细胞Ⅲ型病毒抗体检测．病毒学报，1986，2：97

Serological Screening of HIV Antibody in China

ZENG Yi, et al. （Institute of Virology, Chinese Academy of preventive Medicine）

A serological screening of HIV antibody have been carried out in Ching. A total of 7001 sera from Chinese and foreigners were tested by using ELISA, imunofluorescence test and western blot assay, Among them, 4 Chinese hemophiliacs, who had received factor Ⅷ produced by Armour company, 3 aids patients and 7 individuals were found to have HIV antibody. All of them except 4 hemophilics were from outside of China. Some imported γ－globulin also contained HIV antibody. The national surueillance program is still underway.

〔**Key words**〕 Serological Screening；HIV

120.　激活 Raji 细胞 EB 病毒早期抗原植物的研究

宁波师范学院　倪芝瑜　广西药用植物园　黄长春　陆小鸿
中国预防医学中心　曾　毅　广西苍梧肿瘤所　钟建明

〔摘　要〕　以前材料证明 Raji 细胞 EB 病毒早期抗原对于诊断鼻咽癌有很高的特异性。我们研究了 1693 种植物，试验发现 52 种植物具有激活 EB 病毒作用。本文报道了这些植物并讨论它们与鼻咽癌关系。

〔关键词〕　EB 病毒；诱导植物

鼻咽癌是我国南方常见的恶性肿瘤之一，病毒学和免疫学的研究表明，检测病人血清中激活 EB 病毒早期抗原（EA）的抗体 IgA（EA－IgA）对诊断鼻咽癌（NPC）有较高的特异性。我们过去对鼻咽癌高发区人群血清学调查结果表明，EB 病毒在高发区人群中较为活跃。

寻找鼻咽癌环境致癌因子时，应用含 EB 病毒基因的 Raji 细胞来检测与人类关系较为密切的植物是否具有激活 EB 病毒作用是研究途径之一。Ito 等报道了一些大戟科植物具有这种激活特性[1]。曾毅等也报道了 15 种中草药对 EB 病毒 EA 抗原有诱导作用[2]。

我们自 1978 年至 1985 年对 1693 种植物进行了激活 EB 病毒 EA 抗原试验，结果表明 18 个科 52 种植物具有诱导 EB 病毒 EA 抗原作用（简称诱导植物）。

材料和方法

一、材料　我们研究的 1693 种植物分属 268 个科。分别来自广西药用植物园、广西苍梧县、梧州市、隆安县及南宁市、梧州市医药批发站、北京中药店。

另外，在苍梧县取几种激活率较高植物的根泥浸出液同样试验。油桐、乌桕根泥是离树杆半径 50 cm 范围内，拨去厚约 15 cm 表土取样的。了哥王、火秧簕、铁海棠根泥是在植株覆盖范围下拨去厚约 5 cm 表土取样的。

二、方法

1. 按 Ito 的乙醚提取法，制备试验材料的提取液，－10℃保存。

2. 用 20% 小牛血清和 4 mmol/L 正丁酸的 RPMI 1640 培养液制备 Raji 细胞培养液（每毫升含 10^6 细胞）。

3. 将试验材料提取液加入细胞培养液中，37℃培养 48 h，将细胞悬液制成细胞涂片，用免疫酶法检查 EA 阳性细胞数，算出 EA 细胞的阳性率（阳性率在 1% 以下为阴性）。对照为正丁酸钠（B），巴豆油（C），和正丁酸纳加巴豆油（B＋C）的阳性率。

4. 查阅文献，采访了解诱导植物的主要用途和地理分布，分析它们与鼻咽癌发病率的关系。

结　果

一、52 种具有激活 EB 病毒表达 EA 抗原的植物学名、主要用途、地理分布及 EA 细胞阳性率　见表 1。

表 1　52 种激活 EB 病毒表达 EA 抗原的植物概况

学　名	阳性率（%）12.5r/ml	主要用途	国内主要分布	广西主要分布
银粉背蕨 Aleuritopteris argentea	6	药用、钙质土指示植物	广布全国	桂林地区
黄花铁线莲 Clematis intriata	3	药用	华北地区	
青牛胆 Tinospora sagittata	7	药用	赣、鄂、湘、粤、桂、陕、川、贵	桂林、柳州、南宁、百色地区
海南蒌 Piper hainanense	7.2	药用	粤、桂	钦州地区、南宁地区

学　名	阳性率（%） 12.5r/ml	主要用途	国内主要分布	广西主要分布
怀牛膝 Achyranthes bidentata	23.9	药用	全国各地	全区各地
凤仙花（种子） Impatiens balsamima	3.6	药用、观赏、榨油	全国栽培	全区栽培
土沉香 Aquilaria sinensis	26.6	药用、肥皂、打字蜡纸原料	闽、粤、桂、云	南宁、钦州、玉林地区
芫花 Daphne genkwa	46	药用	冀、陕、鲁、苏、豫、浙、赣、闽、湘、川	
结香 Edgeworthia chrysantha	43	药用		桂林、河池、柳州、南宁、梧州地区
狼毒 Stellera chamaejasme	36	药用、纤维植物	冀、蒙、甘、青、宁、藏	
黄芫花 Wikstroemia chamaedaphne	32	药用、土农药、纤维植物	冀、晋、陕、甘、蒙	
了哥王 Wikstroemia indica	42	药用、杀虫剂、纤维植物、油脂植物	浙、赣、闽、台、湘、贵、粤、桂	各地区
细轴芫花 Wikstroemia nutans	28.6	纤维植物	粤、桂、川、云、闽、湘、台	钦州、南宁、梧州、玉林地区
阔叶猕猴桃 Actinidia latifolia	3.6	食用、药用	豫、浙、赣、闽、云、贵、桂、粤、台	桂林、柳州、玉林、南宁、百色地区
石栗 Aleurites moluccana	6.4	药用、绿化、工业用油	云、桂、闽、台、粤	梧州、南宁、百色地区
变叶木 Codiaeum variegatum	50	观赏	原产热带、国内有引种	区内引种
细叶变叶木 Codiaeum variegatum forma taeniosum	57	观赏	南方引种	区内引种
蜂腰榕 Codiaeum variegatum cv	19.2	观赏	南方引种	区内引种
石山巴豆 Croton cavaleriei	16.2	绿化	桂	桂林地区
毛果巴豆 Croton lachnocarpus	9.6	药用	粤、桂、闽	梧州、桂林地区
巴豆 Croton tiglium	42.8	药用、杀虫剂	浙、闽、台、湘、鄂、粤、川、贵、云、苏、桂	梧州、玉林、南宁地区

学 名	阳性率（%）12.5r/ml	主要用途	国内主要分布	广西主要分布
火秧簕 Euphorbia antiquorum	28	药用、绿篱、观赏	川、贵、云、粤、桂	各地区
麒麟冠 Euphorbia antiquorumcvl	36	观赏	桂、粤引种	南宁地区引种
猫眼草 Euphorbia lunulata	17.2	药用	黑、吉、辽、鲁、内蒙古、冀	
泽漆 Euphorbia helioscopia	36.4	药用、土农药、工业用油	国内广为分布	桂林地区
续随子 Euphorbia lathyris	20.0	药用、观赏、工业用油	国内广为分布	百色、南宁、柳州地区
甘遂 Euphorbia kansui	18	药用	豫、晋、鄂、陕、甘、宁	
高山积雪 Euphorbia marginata	7.2	观赏	桂、冀、苏引种	南宁引种
铁海棠 Euphorbia milii	25.8	药用、观赏、绿篱	桂、粤、闽	各地区
千根草 Euphorbia thymifolia	40	药用	闽、台、湘、粤、云、赣、桂	各地区
红背桂 Excoecaria cochinchincnsis	36.8	药用、观赏	云、桂	南宁引种
鸡尾木 Excoecaria venenata	13	药用	粤、桂	南宁地区
多裂麻疯树 Jatropha multifida	21.6	药用	粤、云、桂引种	南宁引种
红雀珊瑚 Pedilanthus tithymaloides	11.6	药用、绿化	粤、云、桂引种	区内引种
山乌桕 Sapium discolor	35	药用、工业用油	粤、云、桂、浙、闽、贵、赣	百色、河池、南宁地区
乌柏 Sopium scbiferum	5.4	药用、杀虫剂、工业用油、重要蜜源	全国广为分布	各地区
圆叶乌桕 Sapium rotundifolium	21.4	药用、杀虫剂、绿化、工业用油	粤、云、贵、湘、桂	桂林、百色、河池地区
光桐 Vernicia fordi	39.2	药用、工业用油、工业原料	全国广为分布	柳州以北

学　名	阳性率（%）12.5r/ml	主要用途	国内主要分布	广西主要分布
木油桐（皱桐）Vernicia montana	49.6	药用、工业用油、绿化、活性炭原料	浙、湘、赣、川、闽、粤、云、桂	柳州以南
苦杏仁 Prunus armeniaca	18.4	食用、药用	广为栽培	南宁、桂林地区
苏木 Caesalpinia sappan	8	药用、染料、绿化	粤、川、贵、云、台、桂	柳州、玉林、百色地区
金钱草 Desmodium styracifolium	6	药用	闽、云、贵、粤、桂	玉林、南宁地区
红芽大戟 Knoxia valerianoids	3.2	药用	粤、云、闽、桂	南宁、百色、梧州地区
猪殃殃 Galium aparine var. tenerum	36	药用	全国各地	各地区
坚荚树 Viburnum sempervirens	8.6	药用、兽药、绿化	闽、粤、湘、桂	桂林、梧州、钦州地区
剪刀股 Ixeris debilis	6.8	药用	黑、吉、辽、鄂、湘、赣、云、贵、桂	梧州、玉林地区
曼陀罗 Datura stramonium	50	药用、兽药、土农药、工业用油	国内广为分布	各地区
假连翘 Duranta repens	24.6	药用、观赏	闽、云、粤、桂	桂林、南宁、梧州地区
黄毛豆腐柴 Premna fulva	52	药用	桂	南宁、百色地区
射干 Belamcanda chinensis	8.0	药用、兽药、观赏	国内广为分布	各地区
三棱 Sparganium stoloniferum	16	药用	国内广为分布	
对照	正丁酸钠 + 巴豆油	阳性率 45.7%		
	正丁酸钠	阳性率 0.4%		
	巴豆油	阳性率 0.8%		

二、了哥王、油桐、乌桕、火秧簕、铁海棠等植物根泥 细胞阳性率分别为 14%、17%、12%、3%、5%。

讨　论

1. 52 种诱导植物分属于 18 个科，其中大戟科（Euphorbiaceae）有 26 种，瑞香科（Thymelaeaceae）有 7 种，豆科（Leguminosae）和茜草科（Rubiaceae）、马鞭草科（Verbenaceae）各为 2 种，其他中国蕨科（Sinopteridaceae）、毛茛科（Ranunculaceae）、防已科（Menispcrmaceae）、凤仙花科（Balsaminaceae）、胡椒科（Piperaceae）、苋科（Amaranthaceae）蔷薇科（Rosaceae）、伞形科（Umbelliferae）、菊科（Compositae）、茄科（Solanaceae）、猕猴桃科（Actinidiaceae）、鸢尾科（Iridaceae）及黑三棱科（Sparganiaceae）各为 1 种。

由此表明 52 种诱导植物中大戟科、瑞香科共 33 种，这与 Ito 等学者的研究结果相一致。我们认为应对这两科植物引起注意，特别是大戟科植物在南方分布较广，与人类关系较密切。

2. 从上表可归纳出各省（区）诱导植物分布情况：诱导植物 40 种以上的有广西；30～39 种有广东、福建、云南；20～29 种有贵州、湖南；15～19 种有四川、江西、陕西、浙江、河北；11～14 种有湖北、安徽、江苏、甘肃、山东、吉林等；其他宁夏、青海、新疆、西藏、辽宁、黑龙江、山西、内蒙古等省（区）在 11 种以下，这与流行病学调查结果：广西、广东、福建、云南为鼻咽癌高发区是相吻合的，应予引起重视。

3. 52 种诱导植物中 43 种作为药用，其中了哥王、曼陀罗、金钱草、续随子等是重要中草药，近年临床证明芫花酯乙和黄芫提出液妊娠引产效果较好，而我们试验表明，它们细胞阳性率分别为 44%、27%。诱导植物中 17 种为常见观赏植物如凤仙花、变叶木、蜂腰榕等。用作工业原料和油料植物有 19 种，乌桕、油桐是我国重要经济树种。有 13 种作为蜜源植物或其他用途，如火秧簕在两广农村常作围菜园用。这些植物与人类关系很密切。

这些能诱导 Raji 细胞 EB 病毒表达的诱导植物是否就是鼻咽癌的致癌因子，它们的地理分布与鼻咽癌发病区有什么联系等等，都有待进一步研究与探讨。

〔原载《广西植物》1988，8（3）：291-296〕

参 考 文 献

1　Ito Y，et al. Cancer letter，1981，13：29

2　Zeng Yi，et al. Intervirology，1983，19：201

3　Zeng Yi，Zhi Yu Ni，et al. Cancer letter，1984，23：53

4　中华人民共和国商业部土产废品局、中国科学院植物研究所．中国经济植物志（上、下册）．北京：科学出版社，1961

5　广西植物研究所．广西植物名录．南宁：广西

人民出版社，第二册，1971

6　广西中医药研究所．广西药用植物名录．南宁：广西人民出版社，1986

7　全国中草药汇编编写组．全国中草药汇编（上、下册）．北京：人民出版社，1975

8　金代钧等．乌桕地理分布和环境的关系．广西植物，1984，4（1）：71

A Study of Induced Edv Early Antigen in Raji Cells

NI Zhi – yu[1], HUANG Chang-chung[2], LU Xiao-hong[2], ZENG Yi[3], ZHONG Jian-ming[4]

（1. Ningbo Normal College，Ningbo；2. Guangxi Botanical Garden of Medicinal Plants，Nanning；

3. Chinese Academy of Medical Sciences，Beijing；4. Zangwu Cancer Unit，Zangwu）

Previous data showed that Epstein – Barr virus（EBV）early antigen（EA）in Raji cells for diagnosed naspha-ryngeal carcinoma（NPC）has higher excellence. The authors investigated 1693 species of plants. This study showed that 52 species of plants possess EBV – activating potency（Positive Plant），These plants were reported and their relevance to NPC were discusses in this paper.

〔**Key words**〕Epstein – Barr virus；Inductive Plant

121. 我国首次从艾滋病病人分离到艾滋病病毒（HIV）

中国预防医学科学院病毒学研究所　曾　毅　邵一鸣　苗学谦

浙江医科大学传染病研究所在病毒所工作人员　王必瑞

云南省卫生防疫站　赵尚德

〔摘　要〕　应用 MT－4 细胞，从 1 例美国籍来华旅游的艾滋病人血液中分离到 1 株病毒，经间接免疫荧光试验和蛋白印迹法证明，所分离的病毒为 HIV。这是在我国首次分离成功 HIV 病毒，为我国开展艾滋病诊断和防治提供了自己的毒株。本文还报告了分离病毒和制备蛋白印迹法抗原带的方法，可以推广。

〔关键词〕　艾滋病人；艾滋病毒

1981 年首先发现艾滋病（Acquired Immunodeficiency Syndrome，AIDS），随后，这种严重致死性疾病在世界各地迅速蔓延。1983 年法国 Montagnier 等[1]，首先从一患淋巴腺病综合征（Lymphadenopathy Syndrome，LAS）的男性同性恋患者分离到一种新的逆转录病毒，命名为淋巴腺病综合征相关病毒（LIA）。1984 年美国 Gallo 等[2]也报告，从艾滋病人分离到逆转录病毒，命名为嗜人类 T 淋巴细胞Ⅲ型病毒（HTLV－Ⅲ），后来称为 LAV/HTLV－Ⅲ或 HTLV－Ⅲ/LAV，1986 年统一称为人获得性免疫缺陷病毒（Human Immunodificiency Virus，HIV）。为了预防和控制艾滋病在我国的流行，我们从 1984 年开始进行艾滋病的血清流行病学调查研究[3~5]，发现 4 例血友病病人在注射美国 Amour 公司生产的第八因子后，感染了 HIV，产生 HIV 抗体。确诊了 3 例传入性艾滋病人及 7 例 抗体阳性者。这些资料证实，HIV 已于 1983 年通过血液制品传入我国，感染了我国人民。随着我国对外开放政策的执行，HIV 必将继续传入，成为危险的传染源。已证明艾滋病毒 HIV 不只一型，有 HIV－1 和 HIV－2。此外，还有与人 HIV 抗原有关的猴 HIV[6]。因此，从艾滋病人或带 HIV 者分离 HIV 十分必要，了解其型别及为我国制备诊断抗原及防治提供毒株。现报告从 1 例美国传入的艾滋病人血液中分离到艾滋病毒。

材料和方法

一、血清 1987 年 7 月，1 例来华旅游的美国公民，因发病在昆明住进医院，临床疑似艾滋病，将此病人的血清送中国预防医学科学院病毒所艾滋病检测中心检测 HIV 抗本。用 ELISA、免疫荧光法、蛋白印迹法（Western Blot）和明胶颗粒凝集试验（Gelatin Particle Agglutinatin test）检查，HIV 抗体阳性，证实该病人患艾滋病。随即再抽血，分离血清，放液氮保存，航运北京病毒学研究所艾滋病研究检测中心分离病毒。

二、细胞 MT-4 细胞和 H₉ 细胞。

二、方法 加 1 ml 病人血清至含 1.5×10^6 MT-4 细胞的试管中，置 37℃ 2 h。再加入 4 ml 含 10% 胎牛血清的 RPMI 1640 培养液，放 37℃ 培养，每 3 d 加入上述培养液 1：2 或 1：3 传代。定期用免疫荧光法检查细胞中是否有 HIV 抗原。如免疫荧光法检查 HIV 抗原阳性，将细胞培养液上清接种 MT-4 细胞和 H₉ 细胞传代，并进一步用免疫荧光法和蛋白印迹法检查 HIV 抗原。

1. HIV 阳性血清：为美国和法国艾滋病病人的血清，-20℃ 保存。

2. 间接免疫荧光法：为常规方法，见文献〔3〕。

3. 蛋白印迹法（Western blot）：将免疫荧光染色阳性的细胞常规培养，每 3 d 传代一次，培养至足够数量时收获细胞经 2000 r/min 10 min 离心，用 Hank 液洗细胞两次，加蛋白提取缓冲液成 4×10^7 细胞/ml，冻融三次后加等量样品缓冲液（2 倍）混匀，放 100℃ 水浴 3 min。参照文献 8 方法用 10% 聚丙烯酰胺凝胶，走电泳（20 mA）4 h，电转 2 h 至硝酸纤维薄膜上。将膜浸在封闭液（10% 牛血清，0.2% Tween-20 0.01 mol/L pH7.6PBS）中，室温振荡封闭 1 h。分别加入 HIV 阳性及阴性血清（1：100），室温振荡孵育 1 h。用相同封闭液洗 40 min，换液 4 次。加辣根过氧化物酶标记的 SpA（1：1000）于封闭液中，室温振荡孵育 1 h，继续用封闭液洗 40 min 后再用 0.2% Tween-20 PBS 洗 5 min，将膜置入酶底物液（0.05% 二氨基联苯胺，0.1 mol/L Tris-HC1，pH7.6，每 100 ml 加入 30 μl 30% H₂O₂）中显色，用清水终止反应，判断结果。同时用 HIV1（LAV-1）感染的 Hut78 细胞制成蛋白印迹法抗原作比较。

结　果

一、病毒分离 将 1 ml 病人血清接种于 5×10^5/ml 的 MT4 细胞中，每 3 d 传代一次。用艾滋病人 HIV 抗体阳性血清定期检查是否有 HIV 抗原。在培养第 11 d 的细胞中（MT4-Ac）发现少数细胞荧光阳性，有 HIV 抗原。第 14 d 90% 以上的细胞都有 HIV 抗原，结果见图 1（略）。未接种病人血清的对照 MT-4 细胞，用 HIV 抗体阳性血清检查结果仍为阴性。

二、病毒传代 将培养 11 d 发现有 HIV 抗原的 MT-4 细胞上清液接种于 H₉ 细胞（5×10^5/ml），在 37℃ 培养。每 3 d 传代一次，并检查 HIV 抗原。在培养第 6 d 的 H₉ 细胞中（H₉-Ac）发现有 HIV 抗原；用 HIV 阴性血清人查为阴性，结果见图 2（略）。由此可以确定，此分离的病毒为 HIV，命名为 HIV-AC-1 株。

三、蛋白印迹法 MT4 细胞的蛋白转移条与 HIV 阳性及阴性血清反应时，以及 MT4-

Ac 细胞的蛋白转移条与 HIV 阴性血清反应时，均无 HIV 特异性蛋白带出现；而后者与 HIV 阳性血清反应时，可见清楚的 HIV 特异性蛋白带，如 p24、gp41、p55、p65、gp120 及 gp160 等，结果见图 3（略）。在 AC 株感染的 H_9 细胞中，可见到 HIV 的蛋白带型，此蛋白型与 HIV－1（LAV－1）的蛋白带型相似。由此可证明，HIV－AC－1 株病毒属于 HIV－1 型，结果见图 4（略）。

讨　论

我们从 1 例美国籍来华旅游的典型艾滋病人血清中分离到 1 株病毒。用艾滋病人的 HIV 抗体阳性血清作间接免疫荧光检查，证明所分离的病毒为 HIV，其蛋白印迹带分布与 HIV－1（LAV－1）相似，故属 HIV－1 病毒。这是在我国第一次分离成功 HIV 病毒，为我国开展艾滋病诊断、制备抗原及防治等提供自己的毒株。

Harada 等报告[7]，MT－4 细胞对 HIV 很敏感。文献报告，分离 HIV 病毒，都是将艾滋病人的外周血淋巴细胞与经 PHA 激活的正常人外周血淋巴细胞共同培养，此法较为复杂。我们直接用病人的血清感染 MT－4 细胞分离 HIV 成功。此法简便，可作为 HIV 分离的常规方法。此外，国外实验室或商业生产的蛋白印迹法抗原带，都是大量培养病毒，然后提纯抗原制备的，步骤十分复杂。我们曾作 HIV（LAV－1）感染 HIV102 细胞，待 100% 细胞呈现 HIV 抗原阳性时，直接用感染细胞制成蛋白印迹法抗原带，获得满意的结果。本实验用分离到病毒（AC－1）感染 H_9 细胞，然后制成蛋白印迹法抗原带，用特异性艾滋病人血清，鉴定此分离的病毒，进一步证实为 HIV 病毒。

〔原载《中华流行病学杂志》1988，9（3）：135－137〕

参 考 文 献

1 Barre－Simoussi F，et al. Isolation of a T－lymphotropic retrovirus from a patient at risk for acquired immune dificiency syndrome（AIDS）. Science，1983，220：868

2 Papovic M，et al. Detection，isolation，and continuous production of cytopathic retroviruses（HTLV－Ⅲ）from patients with AIDS and pre－AIDS. Science，1984，224：497

3 王必瑞，等. 应用间接免疫荧光试验检测我们正常人和白血病病人血清中嗜 T 淋巴细胞Ⅲ型病毒抗体. 病毒学报，1985，1：391

4 曾毅，等. 血友病患者血清中淋巴腺病病毒/人 T 细胞Ⅲ型病毒抗体检测. 病毒学报，1986，2：97

5 曾毅，等. 艾滋病的血清流行病学调查研究. 中华流行病学杂志，1988，9（3）：138

6 Kanki PJ，et al. Isolation of T－lymphotropic retrovirus related to HTLV－3/LAV from wide－eaught African Green Monkey. Science，1985，230：951

7 Harada S，et al. Infection of HTLV－3/LAV in HTLV－I－carrying cells MT－2 and MT－4 and application in plaque assay. Science，1985，22：563

8 Wolf H，et al. Ⅲ.1 standard procedures In：Course on Moleculur Virology，1983

Isolation of Human Immunodeficiency Virus from AIDS Patient

ZENG Yi, et al （Institute of virology，Chinese Academy of preventive Medicine，Beijing）

A strain of virus was isolated from an American AIDS patient by using MT－4 cells. This virus was identified as human immunodeficiency verus （HIV－1） by means of immunofluorescence test and western blot assay. This virus was the first isolate of HIV－1 in China and can be used for preparing the diagostic reagents. The improved method for isolation of HIV and preparation of western blot was reported.

〔**Key words**〕HIV；AIDS patient

122. 某些环境促癌因素的实验研究

I. 乌桕与了哥王对 HSV_2 诱癌的促进作用

湖北医学院病毒研究所肿瘤病毒室　孙　瑜　李新志　王志洁　张有新

中国预防医学中心病毒研究所　曾　毅

〔摘　要〕　为了研究可疑促癌剂乌桕及了哥王提取物的作用，我们采用我室 HSV_2 诱发小白鼠宫颈癌的动物模型，进行体内促癌实验。这篇论文报道了实验结果。小白鼠分成 6 组，每组癌发率发下：HSV_2 + 0.9% NaCl：13.0%；HSV_2 + 乌桕：40.0%；HSV_2 + 了哥王：36.4%；HSV_2 + 巴豆油：55.0%；乌桕 + 0.9% NaCl：7.7%；了哥王 + 0.9% NaCl：0。经过 χ^2 检验指出差别在统计学上具显著性。因此我们提出：乌桕和了哥王提取物对小鼠宫颈癌有促进作用。与巴豆油提取物比较，其中巴豆油作用较强，乌桕作用次之，了哥王作用较弱。

继 Ito 等[1]报告用 Raji 细胞系统测出大戟科植物的主要促癌因子 TPA 以后，曾毅等[2]又证实了 10 个科目 15 种植物的水和乙醚提取物对 EB 病毒早期抗原有诱导作用。我室[3,4]在这方面的研究提示黄芫花和桐油提取物对化学致癌及病毒在体内诱癌均有促进作用。最近唐慰平等[5]已证实了哥王对化学物诱发鼻咽癌的作用。本文试图对大戟科植物乌桕（Sapium sebiferum）及瑞香科植物了哥王（Wisktroemia indica），用我室 HSV_2 诱发的小白鼠宫颈癌模型进一步确定它们是否在体内具有促癌作用，为寻找和鉴定新的环境促癌物提供实验依据。

材料和方法

一、诱癌物 病毒及接种方法：HSV_2（333株）由美国宾夕法尼亚大学医学院 Fred Rapp 教授赠送。按我室常规方法将病毒接种于 Hep-2 细胞，当75%以上细胞出现病变（病毒效价为 $TCID_{50}10^6 \sim 10^7/0.1ml$）收获细胞，快速冻融3次后，取上清液贮存于低温冰箱中作用。用前将病毒置紫外线下照射（每秒46 Erg/mm^2）6 min 灭活病毒。将明胶海绵剪成大小一致的小块浸泡于待用的病毒液中，以眼科镊将海绵轻轻送入小鼠阴道内直抵宫颈。

二、可疑促癌物及对照促癌物 大戟科乌柏及瑞香科了哥王均由中国预防医学中心病毒研究所肿瘤室经乙醚提取后备用。临用时以蒸馏水稀释成25 mg/ml 浓度的悬液，投药方法同病毒接种法，每次动物给药剂量为1毫克/只。

对照促癌物——巴豆油提取物亦为中国预防医学中心病毒研究所肿瘤室提供，用前加橄榄油配成2%的混悬液，投药方法同病毒接种，每只动物给药剂量为1毫克/只。

三、动物分组及处理 2月龄昆明种杂交小白鼠购自上海实验动物中心，体重18~22 g，参考 Hecker 氏经典促癌实验依次设以下各组。

1. HSV_2 +0.9% NaCl：前6周接种 HSV_2 3次/周，计18次，不再作任何处理。

2. HSV_2 +乌柏：接种 HSV_2 6周共18次后，继而使用乌柏，2次/周，计14次，每只动物投药总量为14 mg。

3. HSV_2 +了哥王：以了哥王工替乌柏，余同2组。

4. HSV_2 +巴豆油：以2%巴豆油代替乌柏，余同2组。

5. 0.9% NaCl +乌柏：以0.9% NaCl 代替 HSV_2，余同2组。

6. 0.9% NaCl +了哥王：以0.9% NaCl 代替 HSV_2，余同3组。

动物实验及观察时间为160 d。

四、材料处理 实验期满处死各组存活动物，完整取出小鼠生殖道，固定，包埋，间断连续切片，HE 染色，按病理学标准统计癌发生率，并经 χ^2 检验处理。

结　　果

无论作何种处理，在小鼠子宫颈或阴道都可以看到黏膜上皮增生活跃，并伴有显著异型性癌前病变，除单独使用乌柏及了哥王两组外，其余各组均出现了明显的宫颈或阴道上皮恶性肿瘤，以上各组所发生的肿瘤以原位癌多见（图1、图2），加用各种促癌物组则可以见到多数肿瘤为浸润性癌（图3），值得注意的是单独使用乌柏组也出现了1例恶性肿瘤及2例癌前病前。本实验诱癌结果见表1。

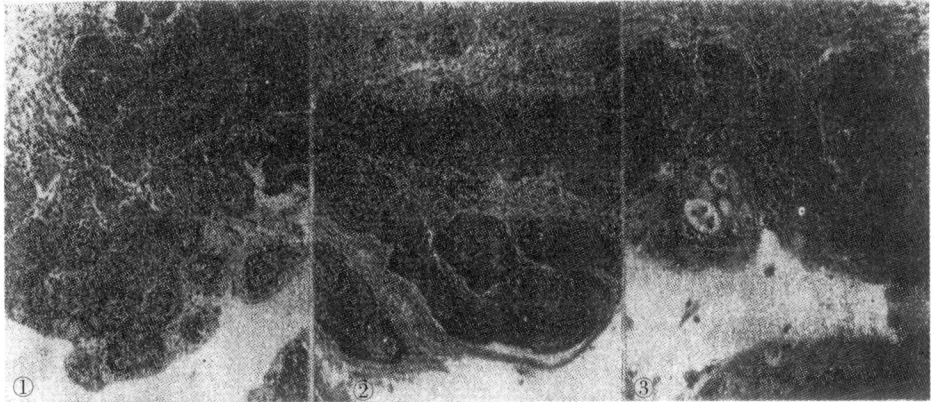

图1：HSV$_2$ 诱癌组之宫颈　图2：HSV$_2$ 诱癌组之阴道期　图3：HSV$_2$ + 乌桕组宫颈处
原位癌。HE × 200　　　　早浸润癌。HE × 100　　　　浸润癌。HE × 100

表1　乌桕及了哥王对 HSV$_2$ 诱癌的促进作用

Tab. 1　The enhancing effect of Sapium sebiferum and *Wisktroemia*
Indica on induced cervical cancer by HSV

Group	No. of test animal	Number of Precancer	Number of P Cancer
1. HSV$_2$ + 0.9% NaCl	23	2	3（13.0）
2. HSV$_2$ + SS	24	2	10（40.0）　< 0.05
3. HSV$_2$ + WI	22	3	9（36.4）　< 0.05
4. HSV$_2$ + CO	20	2	11（55.0）　< 0.05
5. SS + 0.9% NaCl	21	2	L（7.7）
6. WI + 0.9% NaCl	20	2	0（0）

注：SS：*Sapium sebiferum* 乌桕　WI：*Wisktroemia Indtca* 了哥王；CO：Croton Oil 巴豆油；P* ：指 2、3、4 组分别与 1 组比较

以上结果经 χ^2 检验，均有显著性差异。说明 HSV$_2$ 可以诱发小鼠宫颈癌或阴道癌，乌桕和了哥王、巴豆油提取物一样，对 HSV$_2$ 致癌有促进作用。但这三种促癌物中巴豆油提取物作用较强，乌桕次之，了哥王的作用较弱。

讨　论

根据 Hecker 氏研究促癌物实验模型的要求，最理想的始动因子即致癌物应该是致癌潜力很低，或者是将强致癌物限制剂量到最小致癌量。从我室历次实验[7]证实 HSV$_2$ 诱发宫颈癌过程中，单独使用灭活 HSV$_2$ 最多能使 25% 的动物发生肿瘤。因此我们认为本实验所采用的这一模型观察乌桕及了哥王的促癌作用所取得的数据是可信的。同时我们认为本实验有理由提出乌桕及了哥王具有对 HSV$_2$ 诱癌的促进作用，与巴豆油提取物相比，乌桕及了哥王的促癌作用依次低于前者。

曾毅等[2]在研究了哥王和乌桕激活 EB 病毒 EA 的实验中都加了被 Ito[1]证实有促癌作用

的正丁酸（N－butyrate）之后方显示明显的促进作用，而本室对黄芫花、桐油、乌桕及了哥王并未加用正丁酸同样显示了明显的促进作用，加之乌桕及了哥王均为常用之清热解毒、止疼之中草药，故宜慎用。这更加说明了对环境促癌因素的研究应更加重视。

本实验中研究的两种植物，实验观察 160 d 后，除在实验期内不仅能够使局部黏膜上皮活性增生、不典型增生外，乌桕组还有 1 例发展成典型的早期鳞癌和 2 例前癌，对这一实验现象的解释我们同意 Salaman[8]的观点，即致癌物和促癌物不能绝对化，如给予一次小剂量的某种单独致癌物，将在一个较长时期内潜伏后诱发出良好性或恶性肿瘤；相反，只用促癌物反复处理也一定会得到类似的结果。至于乌桕本身是否就是致癌物应该进一步研究证实。

〔原载《病毒学杂志》1988，2：153－156〕

参 考 文 献

1 Ito. et al. Cancer Letter, 1981, 13：29

2 Zen Y. et al. Intervirology, 1983, 19：201

3 孙瑜，等. 中华病理学杂志，1986，15（1）：9

4 孙瑜，等. 病毒学报，1987，3（2）：130

5 唐慰平，等. 临床与实验病理学杂志，1986，2：34

6 杨简. 等. 肿瘤的产学基础. 第一版，北京：科学出版社，1984，385

7 孙瑜. 等. 肿瘤防治研究，1984，11：3

8 Salaman. et al. "Carcinogenesis" Brit Med bull, 1958, 14：116

An Experimental Study on Some Environmental Promoting Factors in Carcinogenesis

I. The Promoting Effects of Sapium sebiferum and *Wisktroemia*indica on HSV－2 Induced Cervical Cancer

SUN yu[1], LI Xin-zhun[1], WANG Zhi-jie[1], ZHANG You-xin[1], ZENG Yi[2]

(1. Institute of Virology, Hubei Medical College, Wuhan;

2. Institute of Virology, Chinese Academy of Preventive Medicine, Beijing)

In order to investigate the carcinogenic effects of *Sapium sebiferum* (SS) and *Wisktroemia indica* (WI), we used the animal model of HSV－2 induced cervical cancer on mouse. The mouse were divided into six groups and the cancer percentage of each group as follows：HSV－2＋0.9% NaCl：13.0%；HSV－2＋SS：40.0%；HSV－2＋WI：36.4%；HSV－2＋corton oil：55.0%；SS＋0.9% CaCl：7.7%；WI＋0.9% NaCl：0. Using χ^2 test, it is indicated that the differences are statistically significant. Thus we suggest that *Sapium sebiferum* and *Wisktroemia indica* have promoting effects to HSV－2 induced mouse cervical cancer. In comparison with corton oil, the effect of *Sapium Sebiferum* and *Wisktroemia indica* are less.

123. 乌桕、射干和巴豆油对 3 – 甲基胆蒽诱发小白鼠皮肤肿瘤的促进作用的研究

中国预防医学科学院病毒学研究所　纪志武　曾　毅

〔摘　要〕　本文研究了乌桕、射干和巴豆油分别对 3 – 甲基胆蒽（3—mety-cholanthrene）诱发小白鼠背部皮肤肿瘤的促进作用。实际结果表明，用药后 42 周、乌桕、射干和巴豆油组小白鼠背部皮肤的肿瘤发生率分别是 30%，27% 和 70%，而对照 3 – 甲基胆蒽组的小白鼠没有发生皮肤肿瘤。因此，我们认为：乌桕和射干为促肿瘤发生物质，它们的促肿瘤发生作用弱于巴豆油。

3 – 甲基胆蒽是很强的致癌性化学物质[1]。巴豆油是公认的促癌物[2]，它可以促进致癌物 2 – 甲基胆蒽诱发小白鼠皮肤肿瘤的作用[3]。用阈下浓度的致癌物刺激小鼠后，再用促癌物诱导动物发生肿瘤的实验模型被广泛用于致癌或促癌物质的筛选[4]。实验已证明，巴豆油含有多种促癌成分[5]，其中的佛波醇二酯 TPA 能促使细胞膜改变通透性，使环磷乌苷 cGMP 的水平增加，促进 DNA、RNA、蛋白质和磷脂的合成，增加蛋白酶、乌氨酸脱羧酶（ornithine decarboxylase）的活性和使正常细胞转化成分裂快和分化差的表现型。它还可以作用于细胞的染色质，使 DNA 的修复受阻，也可以使被致癌物诱发的细胞发生脱阻遏现象[6]。我们用阈下浓度的 3 – 甲基胆蒽涂抹小白鼠背部皮肤后，再分别在小白鼠背部皮肤涂抹大戟科植物乌桕和鸢尾科植物射干的乙醚抽提物及巴豆油，促进了小白鼠背部皮肤肿瘤的发生。

材料和方法

一、药物的提取及配制　将乌桕和射干枝叶尽量切碎，分别置于玻璃容器内，按每 10 g 干药加入 100 ml 乙醚的量加入相应量的乙醚，密封浸泡一周后，用普通滤纸过液体两次，待乙醚自然挥发后，把所得的抽提物称重并用丙酮配成 5% 的溶液。巴豆油和 3 – 甲基胆蒽分别用丙酮配制成 1% 和 0.15 mmol/L 的溶液。

二、动物　昆明种 7~8 周龄雌性小白鼠共 180 只。

三、实验过程　将小白鼠背部去毛，面积为 3 cm×3 cm，小鼠随机分成 6 组，它们是：（1）3 – 甲基胆蒽＋乌桕组；（2）3 – 甲基胆蒽＋射干组；（3）3 – 甲基胆蒽＋巴豆油组；（4）3 – 甲基胆蒽组；（5）乌桕组；（6）射干组。每组 30 只。小鼠去毛 48 h 后，在 1 组、2 组、3 组和 4 组的每只小白鼠背部皮肤去毛处涂抹 3 – 甲基胆蒽溶液 0.2 ml。在 5 组和 6 组的每只小白鼠背部皮肤去毛处涂抹丙酮 0.2 ml。2 周后，分别在 1 和 5 组、2 和 6 组各小白鼠背部皮肤去毛处涂抹乌桕和射干溶液 0.2 ml。在 3 和 4 组各小白鼠背部皮肤去毛处分别涂抹巴豆油液和丙酮 0.2 ml。每周 2 次，共 45 周。

结　果

实验至第 17 周时，1 和 3 组各有 1 只小白鼠背部皮肤涂药处发生乳头状瘤。实验进行

至第 22 周时，第 2 组有 1 只小白鼠背部皮肤涂药处发生乳头状瘤。实验至第 42 周时，第 1 组有 9 只小白鼠发生背部皮肤乳头瘤，共有乳头瘤 14 个。3 只小白鼠自然死亡，小鼠患瘤率为 30%，平均每只小鼠发生乳头状瘤 0.47 个。第 2 组有 8 只小鼠发生前部皮肤乳头瘤，共发生乳头状瘤 13 个。1 只小鼠自然死亡，小鼠患瘤率为 27%，平均每只小鼠发生乳头状瘤 0.43 个。第 3 组有 21 只小鼠发生背部皮肤乳头状瘤，共发生乳头状瘤 69 个，2 只小鼠自然死亡，小鼠患瘤率为 70%，平均每只发生乳头状瘤 2.3 个。

乳头状瘤呈巨型或小型菜花样，粉红色，质中等，易出血。

实验至第 45 周时，第 1，2 和 3 组各鼠未再发生新的皮肤乳头状瘤。此 3 组小鼠背部皮肤乳头状瘤的发瘤趋势见图 1。第 4 组有 1 只小鼠自然死亡。5 和 6 组没有小鼠死亡。此三组小鼠均没有发生皮肤乳头状瘤。

讨　论

巴豆油是很强的促癌物质，TPA 是其促癌成分当中的主要一种。本实验证明巴豆油具有很强的促小白鼠皮肤乳头状瘤发生的作用。从图 1 中可见巴豆油促进小白鼠背部皮肤乳头状瘤发生的能力最强，乌桕次之，射干最弱。

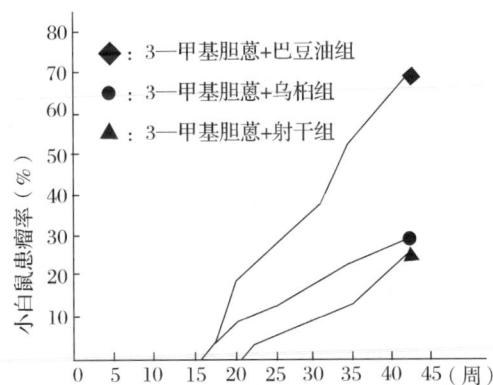

图 1　三组实验小白鼠皮肤乳头瘤的发病趋势

第 4 组各鼠未发生皮肤乳头状瘤，表明在实验中所用的 3 - 甲基胆蒽的量为该药的阈下剂量。

第 5 和 6 组各鼠未发生皮肤乳头状瘤，说明在乌桕和射干的乙醚提取物中无致癌物质，单独使用它们，无致癌危险。巴豆油具有诱导 Burkitt 淋巴瘤 Raji 细胞中 EB 病毒早期抗原的能力[8]。因此，我们的实验已证明，乌桕和射干的乙醚提取物是促癌物质，它们的促癌作用不如巴豆油的作用强。乌桕和射干的促癌成分的化学性质和作用机制值得进一步研究。

乌桕具有通便、利尿和解毒功能[9]，多在制药和食品工业上应用。射干主治咽喉肿痛，肺热咳嗽[10]，此药在临床上常应用。临床上中药多用水煎剂，曾毅等[11]报告，某些中药的水煎剂也具有诱导 Raji 细胞中 EB 病毒早期抗原的能力，即不煎剂中也可能含有促癌成分。因此，对乌桕、射干和巴豆油等含有促癌成分的药物的应用要从严把握。

〔原载《癌症》1989, 8 (5)：350 - 352〕

参 考 文 献

1　张壬午，等．化学物质与癌．天津：天津科学技术出版社，1981，39

2　张壬午，等．化学物质与癌．天津：天津科学技术出版社，1981，15

3　Hecker E, et al. Carcinogenesis, 1982, 7

4　潘世宬．肿瘤．北京：人民卫生出版社，1984，27

5　江苏新医学院．中药大辞典．上海：上海人民出版社，1975，5：503

6　潘世宬．肿瘤．北京：人民卫生出版社，1984，30

7　Ito Y, et al. A short - term in vitro assay for promoter substances using human lymphoblastoid cells latently infected with Epstein - Barr virus

Cancer Letter, 1981, 13: 29

8　曾毅，等．中草药对 Raji 细胞 EB 病毒早期抗原的诱导作用．中国医学科学院院报，1984，6: 84

9　李时珍．本草纲目．北京：人民卫生出版社，1982, 2050

10　成都中医学院主编．中药学．上海：上海科学技术出版社，1978, 91

11　Zeng Y, et al. Epstein – Barr Virus Early Antigen Induction in Raji Cells by Chinese Medicinal Herbs Intervirology, 1983, 201: 19

Studies on Enhanced Effects of Mice Skin Papilloma Induced by Sapium Sebiferum, Belamcanda Chinensis and Croton Oil

JI Zhi – wu, ZENG Yi

(Institute of Virology. Chinese Academy of Preventive Medicine. Beijing 100052)

In this experiment, mice skin papilloma induced by 3 – methycholanthrene (3 – MC) was promoted by sapium sebiferum, Belamcanda chinenss and the typical promotor Croton oil, respectively. The mice were divided into six-group. They were treated by 1) 3 – MC plus Sapium sebiferum; 2) 3 – MC plus Belamcanda chimensis; 3) 3 – MC plus Croton oil; 4) 3 – MC; 5) Sapium sebiferum and 6) Belamcanda chinensis alone. Firstly, 0, 2 ml of 3 – MC (400 µg/ml) in acetone was smeared on the back of mice in group 1 – 4 and 0. 2 ml of acetone was smeared on the back of mice in group 5 and 6. Two weeks later, the ethereal extracts of the drugs mentioned above were smeared on mices back twice a week for 45 weeks, respectively. After 17 weeks the first papilloma appeared.

The results showed that the incidences of papilloma in the mice of the first three groups were 30%, 27%, and 70% respectively. After 45 weeks no papilloma occurred in mice of the three cotrol groups 4, 5, 6 ie. 3 – MC. Sapium sebiferum and Belamcanda chinensis used alone. The conclusion is that Sapium sebiferum and Belamcanda chinensis are also tumor promotors but with weaker promoting effect as compared to Croton oil.

124.　可表达 EB 病毒核抗原的鼻咽癌/淋巴瘤细胞杂交株

南京医学院微生物学教研室　袁　方　中国预防医学科学院病毒研究所　曾　毅

　　EB 病毒作为鼻咽癌的病原因子之一，有充分的血清流行病学证据，在鼻咽癌组织中亦可检出 EB 病毒 DNA 和 EB 病毒核抗原（EBNA），但在以往从鼻咽癌组织建立的传代细胞系内未检出任何 EB 病毒标记。我们用细胞融合方法，建立了低分化鼻咽癌上皮细胞/淋巴瘤细胞的杂交株，能表达 EBNA，对探讨 EB 病毒相起上皮细胞恶变的机制有一定意义。现简要报道如下。

材料和方法

　　用作细胞融合的两个亲代细胞株分别为：（1）低分化鼻咽癌上皮细胞株 CNE_2 的 HG –

PRT⁻变异株，该细胞株 EBV DNA 和 EB－NA 均为阴性；（2）伯基特淋巴瘤细胞株 Raji，该细胞含 EB 病毒基因组，但不产生完整毒粒。

CNE$_2$ 细胞的 HGPRT⁻ 变异株，是在 8－氮鸟便嘌呤（8－Azaquanine，终浓度 20 μg/ml 培养液）的持续压力下选择出来的，该变异株 HGPRT⁻，不能单独在 HAT 培养基中存活，但与 Raji 细胞融合后，可使杂交株保持上皮细胞特性。因此，融合后经过 HAT 选择性培养基筛选的细胞，既不可能是 HGPRT⁻ 的上皮细胞（CHE$_2$），也不可能是悬浮生长的淋巴细胞（Raji），只能是二者的杂交株。

CNE$_2$ 细胞 HGPRT⁻ 变异株与 Raji 细胞的融合，基本按有关文献的常规方法。两株细胞融合后，用 HAT 培养基选择出杂交细胞。持续传代并分别用抗体免疫荧光法（加 EBV 多价抗血清）和间接免疫荧光法（加 EBNA－1 特异性单克隆抗体）检测细胞内 EBNA 的表达。该杂交株定名为 CN/RA 细胞。

结果和讨论

从 CNE$_2$ 细胞筛选出来的 HGPRT⁻ 变异株，在 8－AG20 μg/ml 的浓度下连续传至第 23 代，能正常生长，而未经筛选的 CNE$_2$ 细胞在该浓度的 8－AG 中不能存活。

CNE$_2$ 细胞 HGPRT⁻ 变异株与 Raji 细胞融合得到的杂交株 CN/RA，能稳定传代，仍具上皮细胞的生长和形态特点。该杂交细胞建株后，分别用抗体免疫荧光法和单克隆抗体间接免疫荧光法检测细胞内 EBNA 和 EBNA－1，结果均为阳性。

建立 CN/RA 杂交细胞株的意义在于：

1. 生长特性不同的上皮细胞和淋巴细胞融合的可行性，在本实验中再次得到证实。这对于研究不同细胞间的相互作用、细胞间物质的转移以及建立多种病毒感染或肿瘤的细胞类型，可能是一种有用的方法。

2. 有助于解释鼻咽癌的发生机理。EB 病毒被普遍认为是嗜 B 淋巴细胞的，鼻咽部上皮细胞表面未证实有 EB 病毒受体，本文报道 EB 病毒标记（－）的低分化鼻咽癌上皮细胞与带有 EB 病毒基因组的淋巴瘤细胞融合后，所得到的杂交细胞株能表达 EBNA。这一结果提示 EB 病毒可能经由其他途径感染上皮细胞。鼻咽部有丰富的淋巴细胞，当其由于某些呼吸道病毒（如付黏病毒）感染或其他原因而与邻近的上皮细胞生发融合后，潜伏在淋巴细胞内的 EB 病毒基因组转移到上皮细胞内表达，并导致恶性变。这一结论与国内外学者的研究结果是符合的。

〔原载《南京医学院学报》1989，9（3）：219〕

125. EB 病毒壳抗原在大肠埃希菌中的表达及纯化

中国医学科学院皮肤病研究所 范 江 中国预防医学科学院病毒研究所 曾 毅
西德慕尼黑大学 Max Von Petten Kofor 研究所 M. Motz H. Wolf

〔摘 要〕 本文报告对 EB 病毒壳抗原 (VCA) 带有抗原决定簇的蛋白质在大肠埃希菌中的表达及其纯化。以纯化后的蛋白为抗原检测人血清中 VCA/IgA 抗体,鼻咽癌病人及某些急性 EB 病毒感染人群呈抗体阳性,而对照组呈阴性。这一结果提示 VCA 蛋白在鼻咽癌的普查中有应用价值。

〔关键词〕 EB 病毒壳抗原;重组 DNA;鼻咽癌

早期鼻咽癌 (NPC) 对放射治疗反应良好,早期诊断在 NPC 的防治中具有重要意义。现有在 NPC 活检组织中检出 EB 病毒 DNA 的方法不适用于大规模普查。已有文献报道 EB 病毒壳抗原的 IgA 抗体 (VCA/IgA) 与鼻咽癌关系密切[1]。本研究挑选表达了 VCA 带有抗原决定簇的蛋白,报告其 DNA 片段分别在 PUR 和 PUC 质粒中表达的情况,表达物的纯化过程和作为病毒抗原经 ELISA 法检测鼻咽癌病人血清中 VCA/IgA 抗体结果。

材料和方法

一、菌株及质粒 EB 病毒 VCA 蛋白的编码区在病毒基因的 BamHI – d 和 BamHI – c 片段中,这两个片段分别克隆到 PBR322 的 BamHI 切口处[2]。克隆及表达所使用的菌株为 JM101 和 JM109[3],质粒为 PUC8、PUC9、PUC18[4] 和 PUR288、PUR290、PUR292[5]。

二、DNA 序列 BamHI – D 和 BamHI – c 片段的 DNA 序列来源于 B・Barrell 的材料[6],输入计算机后,找出限制性内切酶位点及读码框架。

三、表达产物的诱导和分析 含有重组 DNA 的克隆在 LB 培养基中过夜培养,LB 培养液中含 50 μg AP/ml。次日,稀释培养物 (1:3),至吸光度达 0.7 时,加 IPTG,终浓度为 1 mmol/L,继续培养 2 h。来源于 1.5 ml 培养液的细胞沉淀溶于 150 μl 的标本缓冲液中[7],煮沸 5 min 后,进行 SDS – 聚丙烯酰胺凝胶电泳 (SDS – PAGE)。

四、EB 病毒相关抗原蛋白的检测 表达产物经 SDS – PAGE 后,电转至硝酸纤维薄膜上[8]。以 5 倍的 Denhardt's 液封闭薄膜 2 h,加 1:50 稀释的高滴度的鼻咽癌病人血清 (VCA1:6600),该血清在使用前已用细胞裂解物吸附过。以明胶缓冲液洗后,加过氧化物酶与抗人 IgG 或 IgA 结合物室温孵育 2 h 然后加 0.01% H_2O_2 及二氨基联苯胺进行显色。

五、表达产物的纯化 经 IPTG 诱导的培养物震荡培养 2 h 后,离心取沉淀。沉淀物经溶菌酶裂解 (1 mg/ml),再以超声波处理。加 3% Triton 后,37℃ 水浴孵育 30 min。4℃,10 000 r/min,离心 15 min,沉淀重悬于 8 mol/L 尿素缓冲液中,20℃ 14 000 r/min,离心 30 min,取上清经分子筛过柱层析 (Sepharose 2B – CL)。分离物经过柱层析后,进行 SDS – PAGE,考马氏亮蓝染色,根据染色结果,收集提纯物,以生理盐水透析,用过硫酸胺沉淀

（60%）。沉淀物于4℃，12 000 r/min 离心 10 min，重悬于 0.01 mol/L，pH7.4 PBS 缓冲液中，生理盐水透析后，−20℃保存。同时以 Western Blot 检测提纯蛋白的抗原性。

六、ELISA 提纯抗原稀释后过夜包被 96 孔板，经 PBS 液洗后，分别以明胶缓冲液，2%绵羊血清封闭，然后加待检稀释血清，并设阳性和阴性血清对照，PBS 对照，常规操作，待检样品 A 值高于阴性对照 2 倍者为阳性结果。

结　果

一、编码 VCA 蛋白（P150）读码框架的位置　结果见图 1。

经与克隆化的 EB 病毒 DNA 片段杂交后挑选出来的 mRNA 在体外进行翻译，表明 EB 病毒 VCA 蛋白（P150）编码区在病毒基因的 BamHI – D 和 BamHI – c 片段中。这两个片段互相连接，位于整个基因片段的偏右部[9]。P150 基因片段经不同的限制性内切酶切割后，得到不同的 8 个亚片段，分别插入 PUR 质粒，再转入 PUC 质粒。各亚片段在 P150 基因片段上的位置及长度见图 1。

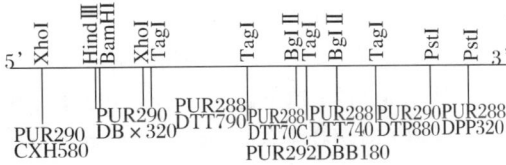

图 1　编码 EB 病毒 P150 开放读码框架和重组 DNA 亚克隆中所使用的限制性内切酶位点

Fig. 1　Open teading frame coding P150 and restriction map

二、P150 亚克隆的表达　由于真核细胞的蛋白在原核细胞中表达后，极易被原核细胞肉质蛋白酶裂解，本研究先将 P150 的 8 个亚片段插入 PUR 质粒，以形成一个带有细菌 β – 半乳糖苷酶的融合蛋白。插入的 8 个基因片段经 IPTG 诱导后全部得以表达（图 2）。

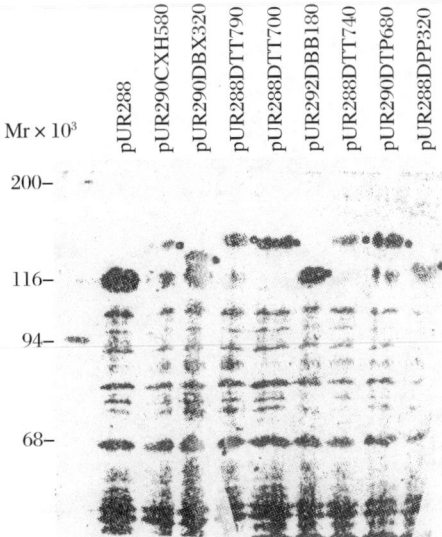

图 2　在 PUR 质粒中表达的 P150 亚克隆蛋白

Fig. 2　Fusion Proteins encoded by different subclones in PUR plasmids

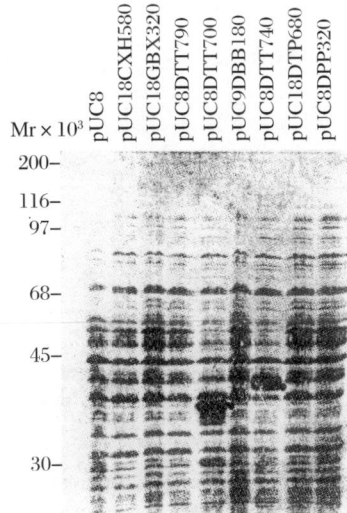

图 3　在 PUC 质粒中表达的 P150 亚克隆蛋白

Fig. 3　Non – fusion protein encoded by different subclones in PUC plasmids

在人的血清中可能含有抗不同细菌蛋白的抗体，故把插入到 PUR 质粒中的 8 个 P150 亚克隆片段又分别插入 PUC 质粒中，希得到非融合蛋白。由于细菌蛋白酶的裂解，在 8 个克隆中，只有 PUC8DTT700 和 PUC8D740 两个克隆的蛋白带形能够在 SDS－PAGE 上见到（图 3）。

三、表达蛋白抗原性检测 SDS－PAGE 上见到的蛋白带形，只与蛋白的量有关，该蛋白的抗原性如何，能否与 NPC 血清发生特异性反应，尚须从免疫学的方法进行检测。作者对 SDS－PAGE 上分离出来的蛋白带形，以 Western Blot 法进行免疫染色，以 NPC 血清作为抗体来源，血清先经细菌蛋白吸附。

在 8 个表达质粒中，PUR290CXH580 质粒表达的蛋白抗原性最强，呈深色带形，而其他质粒表达的蛋白着色较浅，表明抗原性较弱（图 4）。PUR290CXH580 质粒所表达的抗原，表达量高，抗原性强，可在有关抗体检测实验中作为抗原。在 8 个质粒中，有 3 个质粒可见带形表达，其中 PUC18CXH580 质粒表达的蛋白带形在 SDS－PAGE 中无法看到，但在 Western Blot 中却清晰可见，这说明该蛋白抗原性极强，其结果可与 PUR 质粒中见到的情况相吻合，插入片段均为 CX h01/Hind Ⅲ 580 片段（图 5）。PUC8D700 质粒表达的片段也比较强，但 PUC8D740 质粒表达的蛋白抗原性却较弱，该质粒插入片段 D Tag/Tag740 在 PUR288DTT740 中表达的蛋白抗原性也比较弱。

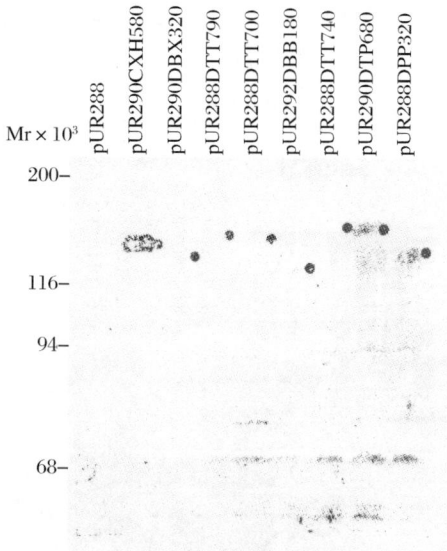

图 4　Western Blot 检测 PUR 质粒中
表达的蛋白的抗原性

Fig. 4　Detection of antigenicity expressed by
PUR plasmids（western blot）

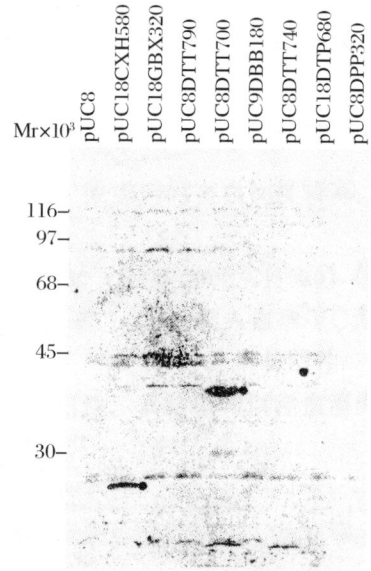

图 5　Western Blot 检测 PUC 质粒中表达的
蛋白的抗原性

Fig. 5　Detection of antigenicity expressed by
PUC plasmids（western blot）

四、PUR290CXH580 质粒表达的 P150 的纯化 过夜培养的 PUR290CXH580 质粒先以 LB 培养液稀释（1∶3），继续培养。当吸光度达 0.7～0.8 时，加 IPTG，再培养 2～3 h，菌体经裂解，离心处理后，以 Sepharose 2B－C1 柱进行分子筛过柱层析，分离物进行 SDS－

PAGE。

PUR290CXH580 表达的 P150 蛋白产物相对分子质量在 116 000 ~ 200 000 之间，由于相对分子质量较大，所以能够率先通过分子筛。在多次使用 Sepharose 2B – CL 进行的层析过程中，都可见到相对分子质量在 30 000 ~ 45 000 之间的一条带形。该带形可能是某种大分子物质在层析或电泳时的降解物（图 6）。

将部分纯化的 P150（经 PUR290CXH580 表达）收集后，以过硫酸铵沉淀，再次提纯浓缩，提纯物进行 SDS – PAGE。结果见图 7。

进一步纯化，浓缩后的蛋白纯度较高，杂蛋白较少，可作为 ELISA 抗原。

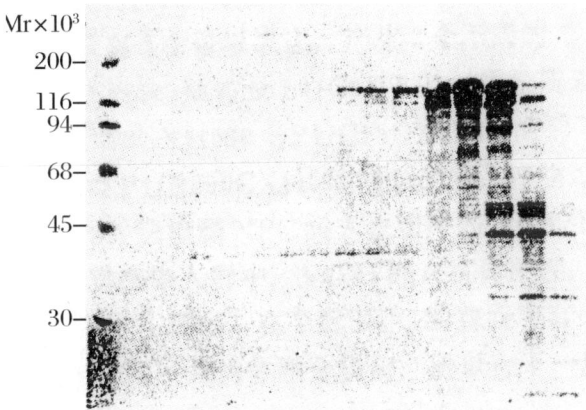

图 6　PUR290CXH580 表达的 P150 的
分子筛纯化
Fig. 6　Purification of P150 expressed
by PUR290CXH580

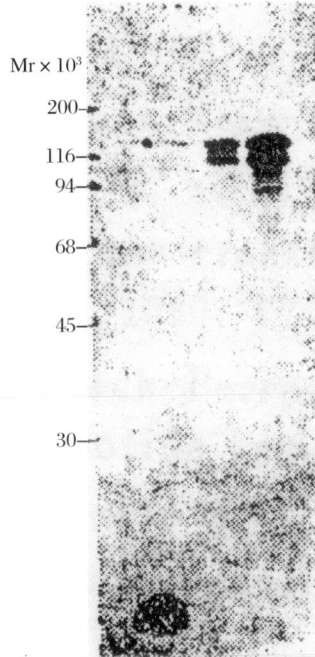

图 7　经硫酸胺沉淀纯化浓缩的经 PUR290
CXH580 表达的 P150
Fig. 7　Purification of P150 expressed
by PUR290CXH580

五、ELISA　以纯化的 P150（PUR290CXH580）作抗原，包被 96 孔板，检测新近 EB 病毒感染者，以往 EB 病毒感染者，NPC 病人血清 VCA/IgA 抗体。结果表明，在阳性对照及 10 名以往 EB 病毒感染者中，VCA/IgA 抗体阴性，而在 12 名 NPC 病人及 4 名新近 EB 病毒感染中，VCA/IgA 抗体阳性。其结果与以往血清流行病学调查情况一致，提示该抗原可以在今后普查中试用。

讨　　论

EB 病毒的感染与随后未分化型鼻咽癌（NPC）的发生关系密切，检测血清中 EB 病毒壳抗原的 IgA 抗体（VCA/IgA）在 NPC 的早期诊断中有重大意义。把与克隆化的 EB 病毒 DNA 片段杂交后挑选出来的 mRNA 在体外进行翻译，表明 EB 病毒 VCA 蛋白的编码区在病毒基因的 BamHI – D 和 BamHI – c 片段中，作者把这两个 DNA 片段分别插入不同的 PUR 和 PUC 质粒中，以 IPTG 诱导后进行表达。在 PUR 质粒中，插入的 8 个来源于 BamHI – D、c

的 DNA 片段均可表达，形成 8 个不同的融合蛋白，经 Western Blot 检测，由 PUR290CXH580 质粒表达的融合蛋白与 NPC 病人的血清反应较强。在 PUC 质粒中，插入的 8 个 DNA 片段有 3 个可以表达，产生 3 个不同的非融合蛋白。经 Western Blot 检测，证明由 PUC18CXH580 质粒及 PUC8DTT700 质粒所表达的非融合蛋白与 NPC 病人的血清反应较强。PUR290CXH580 与 PUC18CXH580 的插入 DNA 片段相同，该片段所表达的蛋白抗原性较强。将 PUR290CXH580 质粒的表达产物过柱纯化（Sepharose CL－2B），用提纯的蛋白经 ELISA 法检测 NPC 病人血清中的 VCA/IgA 抗体，结果表明，在 NPC 病人及某些急性 EB 病毒感染人群中，VCA/IgA 抗体阳性，而对照组则阴性。这种在大肠埃希菌中产生的 EB 病毒 VCA 蛋白，在今后 NPC 的普查中有一定的应用价值。由于 PUC8DTT700 质粒的表达产量较高，且为非融合蛋白，所以在下一步的工作中，应设法将 DTag/Tag700 片段与 cXhoL/Hind Ⅲ 580 片段连接后插入同一质粒。目前的表达质粒。从每 1000 ml 菌液中提纯的病毒蛋白，至少可检测 5000 人份，价格相对较低。

〔原载《中国医学科学院学报》1989，11（5）：380－387〕

参 考 文 献

1 Zeng J. Seroepidemological studies on nasopharyngeal carcinoma in China. Adv Canncer Res, 1985, 44: 121

2 Skare J, et al. Cloning and mapping of BamHI endonuclease fragments of DNA from the transforming B95－8 strain of Epstein－Barr virus. Proc Natl Acad Sci USA, 1980, 77: 3860

3 Yanisch－Perron C, et al Improved M13 phage cloning vectors and host strains; nucleotide sequences of M13mp18 and pUC19 vectors. Gene, 1985, 3: 103

4 Vieira J, Messing J. The pUC plasmids, a M13mp 7－derived system for insertion mutagenesis and sequencing with synthetic universal primers. Gene, 1982, 19: 259

5 Ruther U, Muller－Hill B. Easy identification of cDNA clones. EMBO J, 1983, 2: 1791

6 Baer R, et al. DNA sequence and expression of the B95－8 Epstein－Barr virus genome. Nature, 1984, 310: 207

7 Laemmli UK. Cleavage of structural proteins during the assembly of the head of bacteriophage T4. Nature, 1970, 227: 680

8 Burnette WN. "Western blotting": electrophoretic transfer of proteins from sodium dodecyl sulfate－polyacrylamide gel to unmodified nitrocellulose nd and radiographic detection with antibody and radioiodinated protein A. Analyt Biochem, 1981, 112: 195

9 Seibl R, Wolf H. Mapping of Epstein－Barr virus proteins on the genome by translation of hybrid－selected RNA from induced P3HRI cells and induced Raji cells. Virology, 1985, 141: 1

Expression of the Epstein – Barr Virus P150 Viral Capsid Antigen in *Escherichia Coli* for the Use as Antigen in Diagnostic Tests

FAN Jiang, et al（Institute of Dermatology, Nanjing）

We have attempted to produce the P150 viral capsid antigen of Epstein – Barr Virus（EBV）in *Escherichia coli*. This protein was found, by immunoprecipitation, to be a clinically relevant antigen, especially for the determination of the IgA – titer in patients with Naso Pharyngeal Carcinoma（NPC）. Since the expression of the entire P150 coding region was unsuccessful, wesynthesized only the antigenic parts of this protein. After purification of P150 expressed by PUR290CXH580 with column chromatography（sepharose 2BCL）, the resulting product reacts particularly well with IgA antibodies of NPC patients indicating its diagnostic value for NPC.

〔**Key words**〕viral capsid antigen of EBV；recombinant DNA；NPC

126. 用转染 EB 病毒基因片段的核细胞检测鼻咽癌病人的抗 EB 病毒核抗原 –1（EBNA –1）抗体

中国预防医学科学院病毒学研究所　袁　方　曾　毅
日本 Nihon 大学医学院微生物系　TAKADA K

〔摘　要〕　用转染 EBV DNA Bam HI K 片段后稳定表达 EBNA –1 的 K4 细胞作为靶细胞，检测 50 份鼻咽癌病人和 38 份健康对照者血清中的 IgG/EBNA –1 抗体，阳性率分别为 100% 和 92%。前者的几何平均滴度为 89.4，后者为 18.3，前者约为后者的 5 倍。同一批被检血清经 SPA 吸收去除 IgG 竞争性抑制后，鼻咽癌病人的 IgA/EBNA –1 抗体阳性率达 78%（GMT 20.9），健康人的 IgA/EBNA –1 抗体阳性率仅 5.3%，效价亦很低（GMT5.2）。表明 IgA/EBNA –1 抗体对鼻咽癌是比较特异的，可考虑作为鼻咽癌血清学诊断的指标之一。

〔关键词〕　K4 细胞；鼻咽癌；EB 病毒核抗原（EBNA）；IgG/EBNA –1；IgA/EBNA –1

目前已知由 EBV 基因组编码的抗原主要包括早期抗原（EA）、壳抗原（VCA）、膜抗原（MA）、晚期膜蛋白（Late plasma membrane protein，LMP）等。近年来关于 EBNA 的研究大多是关于各亚型核抗原（EBNA1 – 5）的理化性质、基因定位及生物学意义的，也有一些学者报道 EBV 相关疾病患者对 EBNA 的抗体反应，但以传染性单核细胞增多症或伯基特淋巴瘤患者为主，且抗体检测限于 IgG[1~2]。本文报道，用转染 EBV DNA Bam HI K 片段后能稳定表达 EBV 核抗原 1 型（EBNA –1）的真核细胞（K4）作为靶细胞，检测鼻咽癌病人的

IgG/EBNA - 1 和 IgA/EBNA - 1 抗体，发现 EBNA - 1 特异性抗体的分布规律与针对其他 EBV 抗原的特异性抗体相似，并对其意义进行了探讨。

材料和方法

一、K4 细胞株和细胞片的制备 该细胞株从日本 Nihon 大学医学院微生物系引进，来源为幼地鼠肾 （BHK）。它在转染编码 EBNA - 1 的 EBV DNA Bam HI K 片段后，能稳定地表达 EBNA - 1，因而被用作检测 EBNA - 1 特异性抗体的靶细胞。关于 EBV DNA Bam HI K 片段的克隆和转染，以及转染后的建株，详见文献〔3~6〕。

K4 细胞用含 10% ~15% 小牛血清的 RPMI 1640 培养。用 0.25% 胰酶 - 3% EDTA （1∶4） 混合液消化细胞，低速离心后取细胞涂片，冷丙酮固定 10~15 min，吹干，在干燥条件下保存于 4℃。

二、血清 鼻咽癌病人血清 50 份，由梧州市肿瘤研究所提供。IgA/VCA 和 IgA/EA 抗体的几何平均滴度分别为 93.28 和 59.68。按临床分期分为 3 组：早期 （Ⅰ期、Ⅱ期） 鼻咽癌 6 例；晚期 （Ⅲ期、Ⅳ期） 鼻咽癌 34 例；放射疗法后复发鼻咽癌 10 例。健康人血清 38 份，IgA/VCA 和 IgA/EA 抗体均为阴性。EBV 抗体阴性对照血清采自澳大利亚的一名儿童，各种 EBV 特异性 IgG 和 IgA 抗体均为阴性。以上血清检测前均冻存在 -20℃。

三、检测 IgG/EBNA - 1 抗体 被检测血清自 1∶10 起 4 倍连续稀释，然后滴加到细胞片上，用间接免疫荧光法检测。EBV 抗体阴性血清 （1∶10 稀释） 作为对照。第二抗体为 FITC 标记的羊抗人 IgG （本室标记，1∶10 稀释）。在荧光显微镜下细胞核发出明显荧光、与胞质分界清楚者为阳性。

四、SPA 吸收去除被检血清中的 IgG 取 50 μl 10% SPA 菌液 （中国预防医学科学院流行病学微生物学研究所提供），10 倍稀释，4000 r/min 离心 10 min，去上清，加被检血清 10 μl 和 0.01 mol/L PBS 90 μl，将沉淀重新悬浮，37℃孵育 1 h，常振摇，再次 4000 r/min 离心 10 min，吸出的上清即为去除了 IgG 的血清。

五、检测 IgA/EBNA - 1 抗体 SPA 吸收前后的血清均自 1∶10 起连续 4 倍稀释，然后滴至细胞片上，用间接免疫酶法检定。EBV 抗体阴性血清 （1∶10 稀释） 作用对照，第二抗体为辣根过氧化物酶标记的鼠抗人 IgA 单克隆抗体 （本室制备，1∶40 稀释）。在光镜下观察，细胞核被染成棕色，与胞质分界清楚者为阳性。

结 果

一、IgG/EBNA - 1 抗体测定 用间接免疫荧光法检测的 50 份鼻咽癌病人血清，IgG/EBNA - 1 抗体全部阳性，GMT 为 89.4。健康人血清 （对照） 的 IgG/EBNA - 1 阳性率为 92%，GMT 18.3 （表1）。经统计学处理 （χ^2 检验），两者 IgG/EBNA - 1 阳性率无显著差异 （$P > 0.1$）。但两者的 GMT 值相差近 5 倍 （89.4/18.3 = 4.88）。

表1　鼻咽癌病人血清 IgG/EBNA − 1 抗体检测结果
表1　鼻咽癌病人血清 IgG/EBNA − 1 抗体检测结果

Tab. 1　IgG/EBNA − 1 antibodies detected in the sera from NPC patients

组　别 Group	样品数 No. of sample tested	IgG/EBNA − 1		
		阳性数 Positive No.	（%）	GMT
鼻咽癌病人 NPC Patients	50	50	100	89.4
早期 Early cases	6	6	100	40
晚期 Advanced cases	34	34	100	102.2
复发 Recurrent cases	10	10	100	91.9
健康人对照 Control（healthy persons）	38	35	92	18.3

二、IgA/EBNA − 1 抗体测定　被检血清经 SPA 吸收前后，均用间接免疫酶法检测 IgA/EBNA − 1 抗体。结果表明，同一批鼻咽癌病人血清，经 SPA 吸收后，IgA/EBNA − 1 阳性率由 40% 提高到 78%，GMT 由 13.1 增长到 20.9。健康人对照组的抗体阳性率和 GMT 值也有所增加（表2）。但将吸收后鼻咽癌病人和健康人对照的 IgA − EBNA − 1 抗体阳性率相比较，有极显著的差异（$P < 0.01$），两者的 GMT 值相差 4 倍（20.9/5.2 = 4）。

表2　鼻咽癌病人血清 IgA/EBNA − 1 抗体检测结果

Tab. 2　Detection of IgA/EBNA − 1 antibodies in the sera from NPC patients

组　别 Group	IgA/EBNA − 1					
	吸收前 Before absorption			吸收后 After absorption		
	阳性数 Positive No.	（%）	GMT	阳性数 Positive No.	（%）	GMT
鼻咽癌病人 NPC patients	21/49	49	13.1	39/50	78	20.9
健康人对照 Control （healthy persons）	1/38	2.6	5.1	2/38	5.3	5.2

讨　论

对 EBV VCA 和 EA 等抗原成分的抗体反应，尤其是 IgA/VCA 和 IgA/EA 抗体对于鼻咽癌早期诊断的意义，已为人们所熟知[7~11]，EBNA 是 EBV 潜伏感染时表达的主要抗原。近年来在分子水平上对 EBNA 的多肽组分、基因定位和调控以及生物功能等，都进行了深入研究。因此机体对 EBNA 各个成分的反应，也是亟待回答的问题。在实验中发现，EBNA − 1 特异性的抗体反应，与针对 VCA 和 EA 等 EBV 抗原的抗体反应是十分相似的，即 IgG/EBNA − 1 抗体在鼻咽癌病人和健康人中阳性率都很高（分别为 100% 和 92%）。原因在于我国人群中 EBV 感染十分普遍。但鼻咽癌病人 IgG 抗体 GMT 是健康人的近 5 倍，提示在鼻咽癌的发生过程中，随着癌细胞的增殖 EBV 基因组的复制和 EBNA 的表达亦随之增多，因此，特异性抗体反应也相应增强。更有意义的是，鼻咽癌患者的 IgA/EBNA－1 抗体阳性率达 78%，而健康人仅 5.3%，有显著性差异（$P < 0.01$），而且前者的 IgA/EBNA－1 抗体 GMT 是后者的 4 倍。这表明鼻咽癌患者的 IgA/EBNA－1 抗体与 EBV 的其他 IgA 抗体一样，有较高的特异性，不仅进一步证实 EBV 与鼻咽癌关系密切，而且可作为鼻咽癌血清学诊断的一个指标。

应用 SPA 吸收法去除被检血清中的 IgG 后，鼻咽癌患者 IgA/EBNA－1 抗体阳性检出率和 GMT 都有提高。这说明鼻咽癌患者血清中特异性 IgG 抗体水平较高，竞争性抑制了 IgA/EBNA－1 与抗原的结合。用 SPA 吸收去除 IgG 提高了检测特异性 IgA 的敏感性，有助于实际应用。

以往用于检测 EBV 特异性抗体的靶细胞株（如 B95－8、Raji 等）所表达的 EBV 抗原（VCA、EA、MA 或 EBNA），均为多种多肽组成的复合物，测得的抗体也是针对这些多肽的混合抗体。分子克隆技术的发展，可使适当的宿主细胞只表达特定的外源性病毒基因产物，为血清学反应提供单一抗原，从而可能在单个多肽水平上研究机体对病毒的免疫反应。我们将转染 EBV 基因片段后稳定表达 EBNA－1 的 K4 细胞作为靶细胞，检测 EBNA－1 特异性抗体，得到较满意的结果，说明本方法是可行的。国外有用转染 EBV DNA 同一片段的其他真核细胞株检测 IgG/EBNA－1 的报道，但用的是抗补体免疫荧光试验[1~2]。本实验采用间接免疫荧光试验和间接免疫酶法，把对 EBNA－1 抗体的检测从 IgG 发展到 IgA，这对于简化实验手段，更全面地研究 EBNA 特异性抗体反应，无疑是有意义的。

〔原载《病毒学报》1989，5（2）：168－171〕

参 考 文 献

1 Mille G, et al. New Engl J Med, 1985, 312：750

2 Henle W, et al. Pro Natl Aca Sci, 1987, 84：570

3 Takada K, et al. J Virol, 1986, 60：324

4 Takada K, et al. J Virol, 1986, 57：1016

5 Oguro M O, et al. J Virol, 1987, 61：368

6 Takada K. 与曾毅的个人通讯

7 曾 毅，等. 中华肿瘤杂志，1979，1：81

8 曾 毅，等. 中国医学科学院学报，1979，1：123

9 曾 毅，等. 中国医学科学院学报，1982，4：254

10 曾 毅，等. 病毒学报，1985，1：7

11 皮国华，等. 病毒学报，1987，3：81

Examination of Antibodies Against Epstein – Barr Virus Nuclear Antigen – 1 (EBNA – 1) in Sera from Nasopharyngeal Carcinoma (NPC) Patients by Using A Mammalian Cell Line Transfected with Epstein – Barr Virus (EBV) Gene Fragment

YUAN Fang[1], TAKADA K[2], ZENG Yi[1]

(1. Institute of Virology Chinese Academy of Preventive Medicine, Beijing; 2. Nihon University School of Medicine, Tokyo)

By using K4 cells transfected with EBV DNA Bam HI K fragment as target cells, we examined the sera from NPC patients for antibodies against EBNA – 1. Of 50 serum samples from NPC patients and 38 from healthy persons (control), the percentages of positive IgG/EBNA – 1 reaction were 100 and 92 respectively, and the GMT of the former was almost five times than that of the latter (89.4/18.3). Of the same batch of serum samples tested, after SPA – absorption treatment to remove IgG competitive inhibition, the percentage of positive IgA/EBNA – 1 reaction in the sera from NPC patients was 78 (GMT 20.9), while the percentage in the sera from healthy persons was only 5.3 with low titers (GMT 5.2), indicating that IgA/EBNA – 1 is very specific for NPC and can be considered as one of the indications for the serological diagnosis of NPC.

〔key words〕 K4 cells; Nasopharyngeal carcinoma (NPC); Epstein – Barr virus nuclear antigen (EBNA); IgG/EBNA – 1 IgA/EBNA – 1

127. EB 病毒在原发型干燥综合征发病中的作用

北京协和医院 杨嘉林 于 彦 何祖根 依 军 董 怡 张乃峰
中国预防医学科学院病毒研究所 李洪波 韩汝晶 曾 毅

原发型干燥综合征（Sjogerns's Syndrome, SS）是以目、眼干燥为特点的，淋巴细胞浸润唾液腺、泪腺等外分泌腺体的慢性系统性自身免疫病。肾小管中毒是其系统性表现之一。在我国，肾小管酸中毒在原发型 SS 中的发生率为 29.4%，高丁某些西方国家[1]。SS 虽在 100 年前已被发现，但其病因和发病机理至今不明。关于 EB 病毒在 SS 发病中作用的研究，国外初步报告在 SS 病人唇腺上皮细胞中找到了 EB 病毒的相关抗原[2]。我们采用免疫学和分子生物学的手段，对原发型 SS 的唇腺和肾脏等活检组织进行了检测，寻找 EB 病毒的基因组及其表达产物；此外，我们还测定了 SS 病人血清 EB 病毒相关抗体，以探索 EB 病毒在我国 SS 发病中的作用。

方　法

原发型 SS 的 33 例唇腺和 7 例肾脏活检标本尽量分成 3 份。送病理检查、涂片、提取抗原和 DNA。选择的病人均符合 Manthorpe 标准[3]。33 例原发型 SS 病人仅 1 例男性。平均年龄 42（20~65）岁。平均病程 4.5（1~16）年。7 例肾脏标本均取自具有临床型或亚临床型肾小管酸中毒的原发型 SS 病人。其他标本为原发型 SS 病人的淋巴结和肠黏膜组织以及来自年龄和性别基本配对的对照者，包括继发型 SS，无 SS 的其他结缔组织病，良性肿瘤及正常人的唇腺、肾脏及其他部位组织。

血清标本以自原发型 SS、继发型 SS、无 SS 的其他结缔组织病病人和正常人。

3 种基因工程单克隆抗体，包括抗 EB 病毒早期抗原 P_{124}（EA－P_{138}）抗体、抗 EA－P_{64} 抗体和抗 EB 病毒核抗原－1（EBNA－1）抗体。前者为自制单克隆抗体，用于间接免疫荧光法检测原发型 SS 唇腺和肾脏等组织切片中 EB 病毒的早期抗原；后两者由中国预防医学科学院病毒研究所肿瘤室提供。通过免疫印迹法测定原发型 SS 病人唇腺组织中 EB 病毒部分相关抗原的相对分子质量。

从 $pBR_{322}zzBW_{3072}$ 重组质粒（由联邦德国 H. Wolf 教授提供）回收 BamW 片段，然后制备 ^{32}P－标记的 DNA 探针（缺口翻译试剂盒系英国 Amersham 公司生产）。用斑点杂交法检测组织中的 EB 病毒 DNA。

血清抗 EB 病毒壳抗原（VCA）和 EBNA 抗体的检测采用免疫荧光法和免疫酶法，分别用 B_{95-3} 和 K_4 细胞作抗原。

结　果

15/33 例原发型 SS 病人的唇腺上皮细胞和 7/7 例原发型 SS 病人的肾小管上皮细胞胞质被抗 EA－P_{138} 单克隆抗体荧光着色。原发型 SS 的其他部位组织、继发型 SS、无 SS 的其他结缔组织病、良性肿瘤病人和正常人的唇腺和肾脏等组织均阴性。用抗 EA－P_{54} 和抗 EBNA－1 单克隆抗体免疫印迹法测出原发型 SS 病人唇腺组织中有相对分子质量约为 54×10^3 和 65×10^3 的多肽。7/21 例原发型 SS 病人的唇腺和 1/2 例肾脏组织中，经斑点杂交，用 BamW 探针检出了 EB 病毒 DNA；而继发型 SS、无 SS 的其他结缔组织强病病人以及正常人的上述组织均未检出。用间接免疫荧光法和免疫酶法在原发型 SS 的血清中检出了 VCA－IgA（50/80 例），VCA－IgM（25/80 例），VCA－IgG（80/80 例）和 EBNA－IgG（75/80 例）。但这些抗体的阳性率和滴度与对照组（包括继发型 SS，系统性红斑狼疮和类风湿关节炎病人）近似。

讨　论

我们在原发型 SS 病人的唇腺和肾脏中检出了 EB 病毒的 DNA（唇腺 7/21，肾脏 1/2 例）和相关抗原（唇腺 15/33，肾脏 7/7 例），并测定相关抗原的相对分子质量约为 54×10^3 和 65×10^3，与在 EB 病毒转化的类淋巴毒细胞中测定的 EA－D 和 EBNA－1 抗原相同，在血清中检出了 EB 病毒的相关抗体（包括抗 VCA 和 EBNA 抗体），说明原发型 SS 病人体内有 EB 病毒的慢性感染存在。在相同实验条件下，继发型 SS、无 SS 的其他结缔组织病、良性肿瘤病人和正常人均未检出 EB 病毒的 DNA 和相关抗原，一方面可排除细胞骨架蛋白质与检测用单克隆抗体之间可能存在交叉反应而导致假阳性结果，另一方面也说明原发型 SS

病人的唇腺和肾脏（特别是发生肾小管酸中毒的肾脏）组织中EB病毒的基因组频率高，表达EB病毒相关抗原的数量大。数量大本身说明EB病毒在原发型SS病人的上述组织中可能处于活跃的复制生长期。已知EB病毒在潜伏生长时仅表达EBNA和淋巴细胞确定的膜抗原（LYDMA），而在复制生长时，才表达EA及其他晚期结构抗原[4]。我们在原发型SS病人的唇腺和肾脏组织检出了EB病毒的EAP[138]和EA-P[54]抗原多肽，对EB病毒在上述组织中处于活跃的复制生长期提供了证据。所有这些都说明EB病毒与原发型SS的关系密切，很可能是其发病的启动原因之一。

〔原载《中华医学杂志》1989，69（12）：707-708〕

参 考 文 献

1 Zhang NZ, Dong Y. Primary Sjogren syndrome in the People's Republic of China. Talal N. et al. Sjogren's syndrome: clinical and immunological aspects, Berlin – Wilmersdorf Heidelberg Springer, 1987: 55

2 Fox RI, et al. Detection of Epstein – Barr – virus associated antigens and DNA in salivary gland bi-

opsies from patients with Sjogren's syndrome J Immunol, 1986, 137: 3162

3 Manthorpe R, et al. Sjagren's syndrome a review with emphasis on immunological features Allergy, 1981, 36: 139

4 Miller G. Biology of Epstein – Barr virus Proc Natl Acad Sci USA, 1980, 713

128. 抗EB病毒核抗原Ⅰ型单克隆抗体的研制和应用

中国预防医学科学院病毒学研究所　袁　方　曾　毅

慕尼黑大学Max von Patternkoffer研究所　WOLF. H　东京日本大学医学院微生物学部　高田寒三

〔摘　要〕　EB病毒核抗原（EBNA）是EB病毒潜伏感染时表达的主要抗原之一，由多种多肽成分组成。本文报道用大肠埃希菌β-半乳糖苷酶/EBNA-1多肽融合蛋白免疫小鼠，获得3株可稳定分泌抗EBNA1单克隆抗体的杂交瘤（ⅠB$_{10}$，ⅡB$_5$和4D$_8$）。用单克隆抗体检测EB病毒基因组阳性的几个细胞系中的EBNA1，均获阳性结果；用其检测鼻咽癌活检组织中的EBNA1，阳性率为51.5%，而健康人鼻咽部活检组织中无EBNA1检出，说明EBNA1在鼻咽癌组织中有较高的肿瘤特异性，可望通过检测该病毒抗原诊断鼻咽癌。

〔关键词〕　EB病毒核抗原Ⅰ型（EBNA1）；单克隆抗体；鼻咽癌

EB病毒核抗原（EBNA）是该病毒潜伏感染时表达的主要抗原之一，由于其与EB病毒的持续性感染、转化B淋细胞引起人类肿瘤等重要性质有关，所以受到高度重视。现在已知EBNA不是单一的大分子，而是由病毒基因组不同片段编码的多个多肽组成的复合物（较肯定的有EBNA1～EBNA5）[1~5]，其中EBNA1是一磷酸化的DNA结合蛋白，相对分子质量（65～72）×10$^{3[1,3]}$。EBNA1全部氨基酸序列的测定已经完成。编码该抗原的基因位于EB病毒DNA BamHⅠK片段的右向读码框架Ⅰ（BKRF-Ⅰ）。目前认为EBNA1的主要生物学作用是维持非整合的 EB 病毒 DNA 游离体的存在，亦可作为转录的逆向激活因子，特异地作用于病毒基因组的串联重复序列[1,2]。近年来，除了对各个 EBNA 多肽在类淋巴母细胞株中的表达、调节及其理化特性、生物学意义等的研究之外，关于鼻咽癌组织中检出 EB 病毒 DNA 和 EBNA，也有一些报道[6~8]。但是，由于检测手段的限制、未能对鼻咽癌组织中不同的 EBNA 多肽分别加以研究。本文报道用 DNA 重组技术获得的 EBNA1 多肽免疫小鼠，建立三株可稳定分泌抗 EBNA1 单克隆抗体的杂交瘤细胞。应用 EBNA1 特异性单抗，证实 EBNA1 在 EB 病毒基因组阳性的细胞内普遍存在，并且在鼻咽癌组织中有较高的特异性。文中对上述结果的意义进行了讨论。

材料和方法

一、**PUC 8K SH1.2 重组质粒和受体菌**　PUC 8K SH1.2 重组质粒从国外引进。该重组质粒上的外源基因是编码 EBNA1 的 EB 病毒 DNA BamH I K 片段的一部分（长 1.2 kb），在大肠埃希菌中的表达产物系一融合蛋白，由大肠埃希菌 β - 半乳糖苷酶的数个氨基酸和 EB-NA1 多肽的一部分（约 191 个氨基酸）组成[15]。重组质粒的受体菌为大肠埃希菌 K_{12} 系 JM109 株。

二、**细胞系**　用于单克隆抗体筛选和 EBNA1 检测的细胞系包括：K_4 细胞，来源于幼地鼠肾，转染 EB 病毒 DNA BamH I K 片段后，可稳定表达 EBNA1[9]；BHK_{12} 细胞，与 K_4 来源相同，但未转染 EB 病毒 DNA 片段，作为 EBNA1 阴性对照；B95 - 8 和 Raji 细胞，均为 EB 病毒基因组阳性的类淋巴母细胞；CN/RA 细胞，系低分化鼻咽癌上皮细胞株 CNE_2 与 Raji 细胞的杂交株，含 EB 病毒基因组。

用于细胞融合的鼠骨髓瘤细胞株为 SP2/0。

以上细胞均用含 10% ~15% 小牛血清的 RPMI 164 培养。

三、**鼻咽部活检组织**　由广西壮族自治人民医院五官科和梧州市肿瘤研究所提供，分别取自各期鼻咽癌病人、鼻咽部可疑病例和健康人。

四、**EBNA1 多肽成分的提取和鉴定**　抗原的粗提参照慕尼黑大学 H. Wolf 实验室的方法。粗提抗原用 SDS - PAGE 和 Immunoblot 法进行鉴定。

五、**动物免疫和细胞融合**　常规方法免疫 BALB/c 小鼠。末次免疫后 5 d，取脾细胞与 SP2/0 细胞融合，步骤与 Galfre[10] 和陈伯权[11] 等的方法基本相同。

六、**杂交瘤细胞的选育和单抗制备**　杂交瘤细胞的选育参照 Galfre[10] 和陈伯权[11] 等方法。在反复亚克隆化后仍稳定分泌特异性抗体的杂交瘤细胞接种 BALB/c 鼠腹腔，生成腹水后收获，冻存于 -20℃。

七、**特异性单抗的筛选**　用间接免疫荧光法（IIF）靶细胞为 K_4 细胞，BHK_{21} 细胞作为抗原阴性对照。细胞涂片，用冷丙酮固定。在细胞片上滴加杂交瘤上清或 4 倍连续稀释的小鼠腹水，鼻咽癌病人血清（1：10）作为抗体阳性对照，SP2/0 细胞上清或用该细胞制备的小鼠腹水作为抗体阴性对照。

八、**McAb lg 亚类的鉴定**　用双向免疫扩散法。

九、**用特异性单抗检测不同细胞系内的 EBNA1**　被检测的细胞为 B95 - 8、Raji 和 CN/RA，K_4 作为阳性细胞对照，SP2/0 细胞制备的腹水作为抗体阴性对照。检测方法用间接免疫荧光法（IIF）和抗补体免疫荧光法（ACIF）[12]，以资比较。

十、用特异性单抗检测鼻咽部活检组织中的 EBNA1　取咽部新鲜活检组织制成细胞印片，冷丙酮固定 15～30 min 后用是接免疫荧光法（IIF）检测细胞内抗原。

结　果

一、分泌 EBNA1 单抗的细胞株建立和鉴定

融合后 5 d 即开始有杂交瘤细胞的克隆生长，融合率 60%。经过 4 次亚克隆化，筛选出 3 株能稳定分泌 EBNA1 单克隆抗体的杂交瘤细胞，即 I B_{10}、II$_5$ 和 $4D_8$。这 3 株杂交瘤细胞的上清和用其制备的腹水均可与 K_4 细胞发生阳性反应（腹水 IIF 效价均为 1：640），而与作为对照 BHK_{21} 细胞均呈阴性反应；SP2/0 细胞制备的腹水（抗体阴性对照）与 K_4 细胞呈阴性反应（表 1、图 1）。

二、EBNA2 单抗的 Ig 亚类

IB_{10}、II$_5$ 和 $4D_8$3 株杂交瘤细胞的上清液与各型鼠 Ig 标准抗血清作双向免疫扩散后，均只与 IgG_1 抗血清形成清晰、连续的沉淀线，而 IgG_{2a}、IgG_{2b}、IgG_3 及 IgM 抗血清不形成免疫沉淀反应，说明 3 株单抗均属鼠 IgG_1 亚类（图 2）。

三、不同细胞系中 EBNA1 的检出及两种方法的比较

在 EBNA1 单抗检测的 B95－8、Raji 和 CN/RA 3 种细胞中，EBNA1 均为阳性，但所用的间接免疫荧光法（IIF）和抗补体免疫荧光法（ACIF）敏感性有差异。用间接免疫荧光法，单抗稀释度 >1：10 时，已测不出阳性反应，而用抗补体免疫荧光法，稀释度可达 1：40～1：160，表明该方法比间接免疫荧光法敏感。但在阳性对照（K_4 细胞）组，则间接免疫荧光法比抗补体免疫荧光法敏感（最高稀释度分别为 1：640 和 1：160）（表 2）。

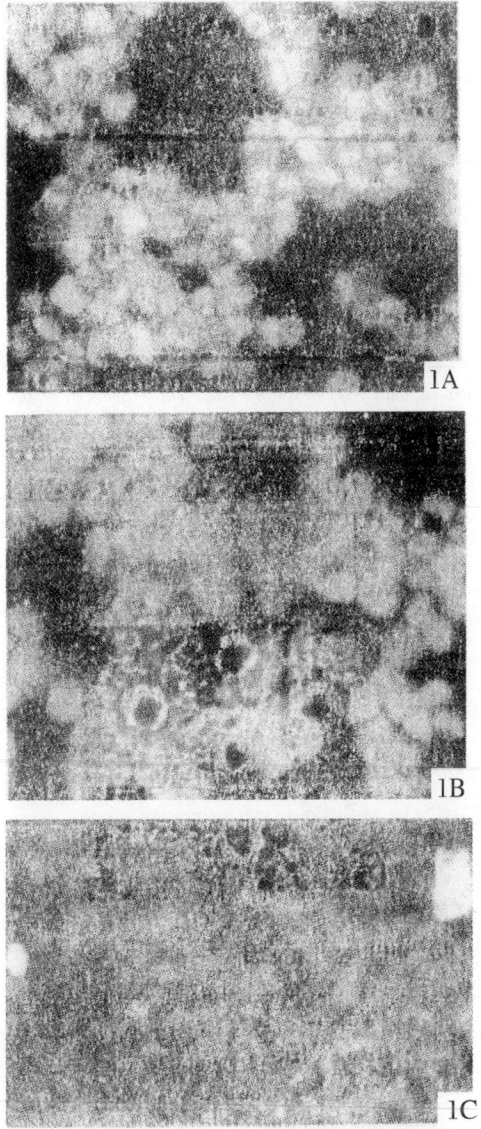

（A）from mouse ascites（at 1：160 dilution）；（B）positive control（NPC sera at 1：10 dilution）；（C）negative control（ascites prepared with SP2/0 cells at 1：20 dilution）

图 1　用 K_4 细胞检测抗 EBNA1 单抗
Fig. 1　Detection of anti－EBNA1 McAb by using K_4 cells

表1　分泌抗 EBNA1 单克隆抗体的
杂交瘤细胞株的鉴定

Tab. 1　Identification of the hybridoma cell strains secreting anti – EBNA1 monoclonal antibodies

McAb	No. of subclones	Reaction with the cell line	
		K4	BHK21
Ⅰ B10	4	+ （1：640 * ）	—
Ⅱ B5	4	+ （1：640 * ）	—
4D8	4	+ （1：640 * ）	—
Control * *		–	—

注：* Indirect immunofluorescence （IIF） titer for positive ascites

* * Mouse ascites prepared with SP2/0 cells

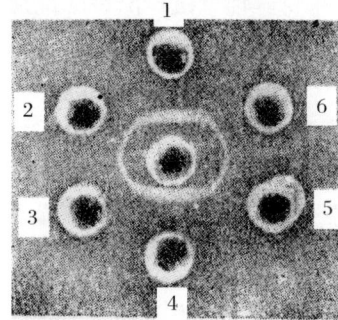

Central hole：anti – mouse IgG1 standard serum，Hole 1 and 4：normal mouse serum （control）. Hole 2：McAb Ⅱ B5. Hole 3 and 6：McAb Ⅰ B10. Hole 5：McAb 4D8

图2　抗 EBNA1 单抗的 Ig 亚类

Fig. 2　Ig subclass of anti – EBNA1 McAbs （double immunodiffusion test）

表2　不同细胞系中 EBNA1 的检出

Tab. 2　Detection of EBNA1 in different cell lines

Method used		Cell line examined for EBNA1			
		K4 （control）	B95 – 8	Raji	CN/RA
IIF *	McAb				
	1：10	+	+	+	+
	1：40	+	–	–	–
	1：160	+	–	–	–
	1：640	+	–	–	–
	Negative				
	ascites （1：20）	–	–	–	–
ACIF * *	McAb				
	1：40	+	+	+	+
	1：160	+	+	±	±
	1：640	–	–	–	–
	Negative				
	ascites （1：20）	–	–	–	–
	NPCS（1：10） * * *	+	+	+	+

注：* IIF：Indirect immunofluorescence test；* * ACIF：Anti – complement immunofluorescence test；* * * NPCS：Sera from naso-pharyngeal carcinoma patients

　　四、鼻咽部活检组织中 EBNA1 的检测　在用单抗间接免疫荧光法检测的 46 份鼻咽部活检标本中，鼻咽癌活检组织的 EBNA1 阳性率为了 51.5%（早、晚期和复发后鼻咽癌的阳性率分别为 22%、72% 和 33%），可疑病例 EBNA1 阳性率为 40%，而在健康人鼻咽部活检组织中未检出 EBNA1（表3）。

表3　鼻咽部活检组织的检测结果

Tab. 3　Examination on biopsy specimens from nasopharynx for EBNA1

Origin on samples	EBNA1 – positive percentage[*]（%）
Early cases of NPC	2/9（22）
Advanced cases of NPC	13/18（72）
Recurrent cases of NPC	2/6（33）
	17/33（51.5）
Suspected cases of NPC	2/5（40）
Health persons	0/8（0）

注：[*] No. of positive samples/No. of samples tested

讨　　论

我们在研制 EBNA1 单抗的过程中，试图把基因工程的成果与细胞工程（杂交瘤）技术相结合，以解决免疫原的来源和检测系统的问题。用作免疫原的大肠埃希菌 β – 半乳糖苷酶/EBNA – 1 多肽融合蛋白是基因工程产物，易于大量制备。融合蛋白中的 EBNA1 多肽相对分子质量为 21×10^3，比完整的 EB-NA1 小，但用其免疫小鼠，能获得 EBNA1 特异性抗体，说明插入 PUC8 质粒载体的 1.2kb EB 病毒 DNA BamHI K 片段（Sal I和 Hind Ⅲ切割），含有决定 EBNA1 抗原性的遗传信息。

EBNA1 单抗在两方面得到了应用：

一、检出 EB 病毒基因组阳性细胞系中的 EBNA1　被检测的几个细胞系，尽管获得的途径不同，但都携有 EB 病毒基因组。这几株细胞均可与 EBNA1 单抗起反应，证实了凡有 EB 病毒基因组存在的细胞，均可检出 EBNA1，EBNA1 可作为 EB 病毒基因组的免疫学标记。实验中采用两种不同检测方法，比较结果表明：对于 K_4 细胞（阳性对照），间接免疫荧光优于抗补体免疫荧光；对于 Raji、B95 – 8 和 CN/RA3 株细胞，则反之。这种差异的原因，目前尚难解释。

二、证实鼻咽癌组织中的 EBNA1 有较高的肿瘤特异性　在鼻咽癌活检组织中，EBNA1 阳性率为 51.5%，而健康人的鼻咽部活检组织中无 EBNA1 检出。这说明 EBNA1 在非淋巴性鼻咽部组织中的出现，与鼻咽癌的发生密切有关，并且有较高的特异性。在被检的鼻咽癌活检组织中，早期病例的 EBNA1 阳性率（22%）低于晚期病人（72%），原因可能在于：（1）早期鼻咽癌病灶较局限，一部分活检材料作印片时未取到癌细胞；（2）编码 EBNA 的基因表达可能并不均衡，EBNA1 的表达水平随病程进展而变化。这一推想与 Henle 等人的发现是相符的[14]。最近 Rickinson 等将鼻咽癌活检组织先作抗原粗提，然后用 EBNA1 特异性的多克隆抗体作 Immunoblot，EBNA1 的检出率达 83%[13]。这说明该抗原在鼻咽癌组织中的表达是相当强的。我们若进一步改进现有检测方法，可望提高检测的敏感性，从而将检测该病毒抗原直接应用于鼻咽癌的早期诊断。

〔原载《中华微生物学和中疫学杂志》1989，9（3）：198 – 202〕

参 考 文 献

1　Dambaugh T, et al. The Epstein – Barr Viruses; Recent Advances（Edited by Epstein M A et al）p14 William Heinman Medical Books, 1985

2　Botchan M, et al. DNA tumor viruses: Control of gene expression and regulation p282 Cold Spring Harbor Lab, 1986

3　Dilliner J, et al. The Epstein – Barr virusdetermined nuclear antigen is composed of at least thhee different antigens. Int J Cancer, 1986, 37: 195

4　Rowe D T, et al. Novel nuclear antigens recognized by human sera in lymphocytes latently infected by Epstein – Barr virus. Virology, 1987, 156: 153

5　陈小君，等. EB 病毒抗原的生物学特性及其作用研究的进展. 癌症, 1987, 6: 381

6　Klein G, et al. Direct evidence for the presence of Epstein – Barr virus DNA and antigen in malignant epithelial cells from patients with poorly differentiated caicinoma of the nasopharynx. Proc Nat Acad Sci USA, 1974, 71: 4737

7　Huang D P, et al. Demonstrations of Epstein – Barr vitus – associated nuclear antigen in nasopharyngeal carcinoma cells from fresh biopsies. Int J Cancer, 1974, 14: 580

8　Desgranges C, et al. Nasophatyngeal carcinoma. X. Presence of Epstein – Barr genomes in seperated epithelial cells of tumors in patients from Singapore, Tunisia and Kenya. Int J Cancer, 1975, 16: 7

9　Takade K, et al. Identification of coding regions for various Epstein – Barr virusspecific antigens

by gene transfer and serology. J Virol, 1986, 60: 324

10　Galfre G, et al. Preparaiton of monoclonal antibodies: strategies and procedures. Methods in Enzymology 73（part B）, 1981, 1 – 46

11　陈伯权. 病毒基因工程的原理和方法. 侯云德. 北京：人民卫生出版社, 1985, 285

12　Reedman B M, et al. Cellular localization of an Epstein – Barr virus – associated complement – fixing antigen in producer and nonproducer lymph blastoid cell lines. Int J Cancer, 1973, 11: 499

13　Rickinson A B, et al. Epstein – Barr virus gene expressed in nasopharyngeal carcinoma. J Gen Virol, 1988, 69: 1051

14　Henle W, et al. Antibody responses to EBNA – 1 and EBNA – 2 in acute and chronic EBV infection. Proc Nat Acad Sci USA, 1987, 84: 570

15　Wolf H et, al. Epstein – Barr virus and nasopharyngeal carcinoma. Contr Oncol, 24: 142 Karger Basel, 1987

Preparation and Application of Anti – EBNA1 Monoclonal Antibodies

YUAN Fang[1]　ZENG Yi[1]　WOLF. H[2]　TAKADA K[2]

（1. Institute of Virology, Chinese Academy of Preventive Medicine, Beijing, P. R. China;

2. Max von Patternkoffer Institute, University of Munich, F. R. G. ;

3. Department of Microbiology, Nihon University School of Medicine, Tokyo, Japan. ）

Epstein – Barr virus nuclear antigen（EBNA）, a complex composed of multiple polypeptide components, is one of the main antigens expressed during EBV latent infection. Three strains of hybridoma（ I B10, II B5 and 4D8）, which can secrete anti – E – BNA1 monoclonal antibodies persistently, have been established by hybridizing myeloma cells with spleen cells of mouse immunized with *E. coli* β – galactosidase/EBNA1 polypeptide fusion protein. The experiments using EBNA1 – specific McAbs for the detection of EBNA1 gave positive results in several EBV genome – positive cell lines. The examination of biopsy specimens from NPC with the McAbs showed a EBNA1 – positive percentage of 51. 5% , while no EBNA1 were detected in biopsy tissues from healthy persons. From these results a conclusion could be drawn that EBNA1 is highly tumorspecific in NPC tissues and it is possible to make a diagnosis of NPC by detecting this viral antigen.

〔**Key words**〕EBNA1; Monoclonal antibody（McAb）; Nasopharyngeal carcinoma（NPC）

129. 人免疫缺陷病毒蛋白印迹法的改进

中国预防医学科学院病毒学研究所　邵一鸣　韩孟杰　曾　毅

〔摘　要〕　对传统的人免疫缺陷病毒（HIV1）蛋白印迹法（Western blot）进行了一系列改进。实验证明，用裂解的 HIV 感染细胞直接做蛋白印迹是完全可行的，所有 HIV 的主要蛋白带均清晰可见，无明显的非特异性着色。用吐温 PBS 液加小牛血清做封闭可以替代成分复杂的 Cohen 液。血清和酶标物的孵育时间可缩短到 30~60 min，使抗体检测可在 2 h 内完成。经过改进的蛋白印迹法在分离我国首株 KIV 和对 HIV 感染进行血清学诊断中，被证明是一种简便、高效、准确和可靠的实验方法，并在除 HIV 1 以外的其他病毒系统中，也显示了潜在的应用价值。

〔关键词〕　人免疫缺陷病毒；蛋白印迹试验；病毒抗原和抗体检测

HIV 是艾滋病的病原。流行病学调查表明，HIV 已传入我国并感染了我国居民[1]。由于该病的潜伏期较长，存在大量只有经病原学或血清学检查才能发现的无症状带毒者[2]。为了控制该病在我国蔓延，除引进国外已有诊断试剂外，还必须加紧研究适合我国国情的诊断方法和试剂。蛋白印迹法（Western blot）无论在鉴定 HIV 的存在及其型别，还是在血清学诊断方面，都是一种重要的和可靠的实验方法[3~5]。按传统的做法，为制备抗原需要收集大量病毒培养液，经超速离心浓缩，其操作过程复杂，又要有大型设备。在进行血清学诊断时，需要不少较贵的试剂，还很费时。这些缺点使该方法不能在我国多数实验室应用。本文介绍一种简化了的 HIV 蛋白印迹法，克服了上述缺点，而且在我国首株 HIV 的分离、鉴定和血清学检测中获得了良好结果。

材料和方法

一、细胞和血清　T 淋巴细胞株 MT4、Hut78、CEM、H9 培养于 RPMI 1640 培养液（含 10% 小牛血清、青霉素 100 IU/ml、链霉素 100 μg/ml 和谷氨酸胺 300 μg/ml）中，置 37℃ 5% CO_2 孵箱中，每周传代 2 次。

HIV 1 抗体阳性血清系美国 Abram 教授赠送的艾滋病病人血清，经蛋白印迹实验证实含高滴度抗 HIV 1 抗体。阴性对照血清为本室工作人员血清，经免疫荧光试验证实不含 HIV1 抗体。

二、试剂　丙烯酰胺、甲叉双丙烯酰胺、四甲基乙二胺、辣根过氧化物酶和电泳蛋白相对分子质量标记物，均为 SIGMA 产品。Ponceou S 染料为 SERVA 产品，β-巯基乙醇为 BDH 产品。硝基纤维素膜为 Schleicher–Schull 产品，葡萄球菌 A 蛋白（SPA）为上海生物制品研究所产品。其他无机盐和有机溶液均为国产分析纯级试剂。酶标 SPA 按过碘酸钠法进行[5]。

三、病毒　人免疫缺陷病毒 1 型（HIV 1）系法国巴斯德研究所 Montagnia 教授赠送，培养于 CEM 细胞，每周传代 2 次。收集传代后第 5 天的培养液，离心沉淀细胞，上清液即为病毒液，置 -70℃ 保存。

四、蛋白印迹法

1. 细胞裂解物的制备：取未感染和受 HIV 感染的细胞，2000 r/min 离心 10 min，弃上清，用生理盐水洗 2 次，将细胞沉淀物用振荡器分散后，加入蛋白提取缓冲液〔1% SDS、1% β - 巯基乙醇、1 mmol/LPMSF（Phenylmethylsulfonyl fluoride）、20 mmol/L Tris - HC1 pH7.0〕，使这成为 $2 \times 10^7/ml$ 的细胞浓度。立即震荡混匀，反复冻融 3 次。加等量 2 倍电泳缓冲液（2% SDS、5% 蔗糖、5% β - 巯基乙醇、0.02% 溴酚蓝、20 mmol/L pH7.0 Tris - HC1），混匀，100℃ 水浴 4 min。

2. 电泳及电转移：参照文献〔7，8〕方法配制 10% 聚丙烯酰胺凝胶，加入上述处理后的样品，在 20～25 mA 下电泳。电泳后切下分离胶，放到预湿于电转移缓冲液中的硝基纤维素膜上，两侧加预湿滤纸、碳电极板，在 1.2A 转移 2 h。

3. 检验性染色：将硝基纤维素膜放入 Ponceau S 染液 10 min，用蒸馏水脱色至蛋白清晰可见，记录蛋白相对分子质量标记物的位置，并了解转移是否成功，以决定是否需要继续做免疫学染色。

4. 免疫学反应：①将硝基纤维素膜浸入封闭液 PBS - CS - T（10% 新生牛血清、0.2% 吐温 - 20、0.01 mol/L pH7.6PBS 液）中封闭 1 h；②在封闭液中加入科浓度为 1% 待检血清，孵育1 h；③吸出血清液，将膜用洗液 PBS - T（0.2% 吐温 - 20、0.01 mol/L pH7.6 PBS 液）清洗 30 min，每 5 min 换液 1 次；④加入用封闭液作 1：1000 稀释的酶标 SPA，孵育1 h；⑤重复步骤③；⑥加入底物液（50 mg 3'，3' - 二氨基联苯胺，100 ml 0.05 mol/L pH7.6 Tris - HCl，30 μl 30% H_2O_2）反应 10 min；⑦吸去底物液，用蒸馏水冲洗，观察并记录结果。上述全部过程都在室温水平摇床上进行，①、②和④为轻摇，③和⑤时加大摇动幅度。

结　果

一、用病毒感染的细胞做蛋白印迹实验　HIV 1 感染的细胞经加入蛋白提取液冻融处理后，直接进行 SDS - PAGE 电泳，再转移到硝基纤维素膜上进行免疫反应，与 HIV 1 抗体阳性血清反应时可清晰地显示出 HIV 1 的主要蛋白组分，包括包膜蛋白组的 gp41、gp120 和 gp160，核心蛋白组的 p24 和 p55，病毒多聚酶蛋白 p5（逆转录酶）和 p31 等；在与 HIV 1 抗体阴性血清反应时无任何蛋白带出现，本底十分干净（图 1）。

二、免疫反应的最适条件

1. 封闭条件：用简单的 PBS - CS - T 封闭液和复杂的 Cohen 氏液（0.1% Ficoll、NP40 及 Vinyl Pyrolidon 360，1.5% 小牛血清白蛋白，0.05% 明胶，10% 甘油，0.02 mol/L pH7.6 Tris - HCl）做比较，结果两者的封闭效果相同，封闭时间从过夜到 4、2、1 h 也无明显差别。故选定 PBS - CS - T 液 1 h 为常规封闭条件。实验证明，电转移后的纤维素膜或预防封闭后存放，临用时可省去封闭这一步。

2. 血清和酶标物的孵育条件：在室温下与被检血清孵育 12、4、2、1 h，加酶标物后孵育 4、2、1 h；另在 37℃ 下与血清和酶标的各孵育 30 min，比较不同温度和不同孵育时间的效果。结果显示，血清孵育时间过长会出现较多的非特异性着色，而孵育 2 h 或 1 h 无明显的非特异性着色，在 37℃ 孵育 30 min 与室温 1 h 无明显差别。据此确定：室温 1 h 为常规孵育条件，37℃ 30 min 为快速检测条件（图2）。

3. 洗液及清洗时间：比较用 PBS - CS - T 液和 PBS - T 洗膜 60 min（6 × 10 min）、

30 min （6×5 min）及 15 min （3×5 min）的结果，显示两种液体无差别，60 min 和 30 min 的洗涤效果也相同；但 15 min 的洗涤效果较差，非特异性着色带较多，整个条带的背景较深。因而确定以 PBS－T 清洗 30 min 为宜。

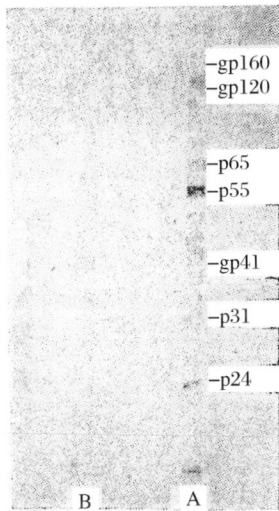

A 和 B 分别为 HIV1 抗体阳性和阴性血清反应

图 1　HIV 1 感染细胞的蛋白印迹实验

A and B, reacted with HIV 1 antibody positive and negative serum respectively

Fig. 1　Western blot from infected cells

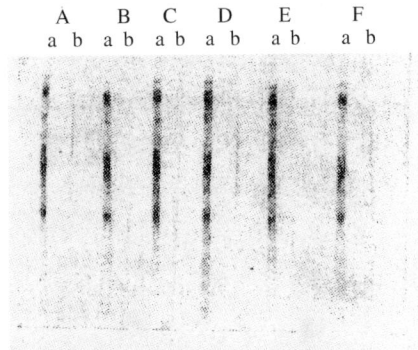

血清孵育时间由 A 到 F 依次为 12、4、2、1、0.5 和 0.5 h；酶标 SPA 孵育时间由 A 到 E 为 1 h，F 为 0.5 h；以应温度由 A 到 D 为室温，E 和 F 为 37℃。a、b 分别表示与 HIV 1 抗体阳性和阴性血清反应

图 2　蛋白印迹最适反应条件的确定

Serum incubation times are, from A to F, 12, 4, 2, 1, 0.5 and 0.5 hours respectively; HRP－SPA incubation times are, from A to E, 1 hour and F 0.5 hour; Reaction temperature are, from A to D, room temperature, E and F, 37℃; a and b, reacting with HIV 1 antibody positive and negative serum respectively

Fig. 2　Determination of optimal conditions for Western blot assay

三、运用改进的 Western blot 方法鉴定我国首株艾滋病病毒　1987 年 10 月，我室成功地分离到一株艾滋病病毒 AC－1[8]。在此过程中，我们运用改进的 Western blot 方法直接用接种病人血清的细胞进行电泳，并由转移到硝基纤维素膜上，经与 HIV 1 抗体阳性血清反应，得到了清晰的 HIV 1 蛋白带型，包括包膜蛋白组织的 gp160、gp120、gp41，多聚酶蛋白组的 p65、p31，以及核心蛋白组的 p55、p24 等 HIV 1 的主要蛋白组分（图3）。阴性血清对照及阴性抗原（未接种病人血清的对照细胞的蛋白印迹条）在反应中均未出现上述蛋白带。这证实所出现的蛋白带是艾滋病病毒特异的。在进一步的实验中，将 AC－1 株与 HIV 1 的国际标准株 LAV 1 株（法国巴斯德研究所 Montagnia 赠送）同时做 Western blot，比较两者的蛋白带型，发现它们是完全一致的（图4）。从而确定我们分离别的 AC－1 株病毒属 HIV 1。

讨　　论

实验结果证明，直接用感染 HIV 的细胞做蛋白印迹，效果很好。无论是从特异性反应的强度，还是从非特异性着色的本底来看，都很满意。该方法的优点在于省时、省力，不需昂贵的超离心设备和长时间的离心，便于从细胞培养上清液中提取浓缩病毒。此外，由于细

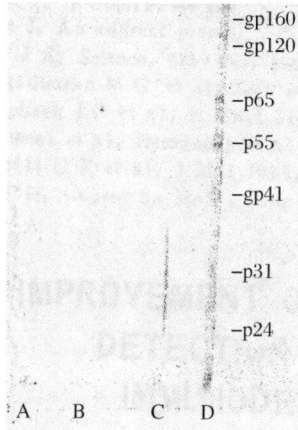

A、B 为对照 MT$_4$ 细胞；C、D 为接种艾滋病入血清 MT$_4$ 细胞；A、C 为 HIV1 阴性血清反应；B、D 为 HIV1 阳性血清反应

图3 用蛋白印迹法鉴定分离的 HIV

A, B, control MT$_4$ cells; C, D, MT$_4$ cells inoculated with AIDS patient's serum; A, C, reacted with HIV 1 antibody negative serum; B, D, reacted with HIV 1 antibody positive serum

Fig. 3 Identification of HIV isolate by Western blot

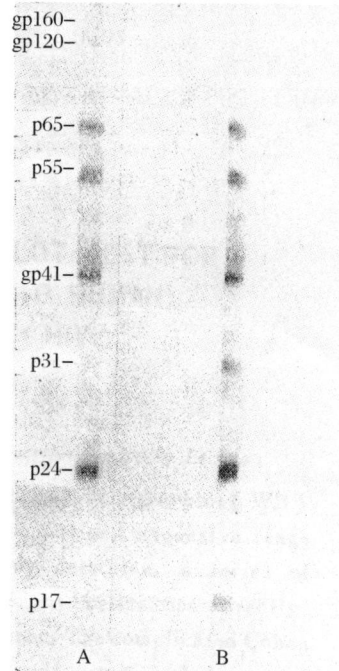

A 为 AC－1 株病毒感染细胞与 HIV 1 阳性血清反应。B 为 LAV－1 株病毒感染细胞与 HIV1 阳性血清反应

图4 AC－1 株与 LAV－1 株病毒蛋白带型的比较

A, AC－1 virus infected cells reacted with HIV 1 positive serum; B, LAV－1 virus infected cells reacted with HIV1 positive serum

Fig. 4 The comparison of protein patterns between AC－1 and LAV－1 viruses

胞同的病毒量常多于培养液中的，所以只需少量细胞（$<2 \times 10^5$ 个）即可测出病毒抗原带，因而敏感性高于传统的蛋白印迹实验。同时，改进法不需大量繁殖 HIV，在条件差的实验室这是项十分危险的工作。

在将蛋白从凝胶转移到硝基纤维素膜上后，选用对蛋白有非特异性吸附又很易去除的不影响免疫学反应的 Ponceau S 做检验性染色，可立即查明转移的效果。该染色也可在全部反应结束后进行，以显示膜上非特异性蛋白的位置，以及它与特异性蛋白在量上的关系，解决了以往在凝胶和纤维素膜上无法同时兼顾特异和非特异蛋白的矛盾。这种简单实用的方法在国内尚无报道，因而值得推广。

PBS－CS－T 液的配方简单，试剂在国内外很易得到，其封闭效果与需要多种昂贵试剂的 Cohen 氏液完全一样。因而是一种适合于国内实验室条件的很好的封闭液。血清和酶标物孵育时间的缩短，大大缩短了蛋白印迹实验的操作时间，尤其是用预先封闭过的试剂条在37℃操作，则2 h 内即可得出结果。这样，除可提高工作效率外，还特别适合于某些紧急情况下的快速诊断。

应用改进的蛋白迹法于我国首株 HIV 1 的分离过程，获得了满意结果，再次证明本方法的可靠性、准确性和实用性。将本方法用于 EB 病毒和病毒基因重组蛋白等系统，都取得了很好的效果，显示本方法具有普遍的应用价值。

〔原载《病毒学报》1990，6（2）：184－188〕

参 考 文 献

1 曾毅，等. 中华流行病学杂志，1988，9：135

2 Mann J. An address presented at IV international Conference on AIDS

3 Levy J A. Science，1984，225：840

4 Sarngadharan M G, et al. Science, 1984, 224：506

5 Schupbach J O, et al. N Engl J Med, 1985, 312：265

6 Avrameas, et al: Immunochemistry, 1969, 6：43

7 Laemlli, U K et al. J Mol Biol, 1973, 80：575

8 Wolf H. Course on Mol Virol, 1985, 68

Improvement of Western Blot Test for Detection of antibody to Human Immunodeficiency virus（HIV）

SHAO Yi-ming, HAN Meng-jie, ZENG Yi

（Institute of Virology, Chinese Academy of Preventive Medicine, Beijing）

To overcome the disadvantages of the tranditional Western blot（WB）, such as complicated procedures, sophisticaed instrument and expensive reagents used in HIV antigen purification and antibody detection, a series of improvements were made. The lysate of HIV infected cells was directly electrophoresed and transferred to nitrocellulose parer. The complicated Cohen buffer was xubstituted by PBS buffer containing calf serum and the total incubation time in antibody detection can be reduced to one hour. The results showed that all major HIV proteinbendscan be clearly seen with a very low nonspecific background. It was proved that the improved WB is a highly effective, accurate and simple method which can be applied to the antigen identification and antibody detection for HIV, and possibly for other viruses.

〔**Key words**〕 Human Immunodeficiency Virus；Western blot；Virus antigen and antibody detection

130.　艾滋病血清学诊断新方法——免疫斑点法的建立

中国预防医学科学院病毒学研究所　邵一鸣　曾　毅　韩孟杰

慕尼黑大学 Pettenkofer 研究所　WOLF H

〔摘　要〕　运用基因重组技术在大肠埃希菌生产出有诊断意义的人免疫缺损病毒（HIV）蛋白，将其初步提纯，再用快速蛋白液相层析技术进一步纯化，即可直接点样至硝酸纤维膜，用来检测 HIV 抗体。实验显示，这种免疫斑点法（Immunodot assay，IDA）的敏感性与间接免疫荧光法（IIF）相同，而特异性比它高，与蛋白印迹法（WB）相近。由于 IDA 试剂成本比 IIF 低，可用于 HIV 抗体检测的初筛。与 IIF 相比，IDA 法具有假阳性率低、试剂稳定性高、操作简便和不需要昂贵的荧光显微镜等优点。因而是一种适合在基层应用的方法。

〔关键词〕　艾滋病；人免疫缺陷病毒；蛋白斑点法

自从我国规定对几类人员和供血员进行艾滋病检测以来，国内对检测 HIV 抗体的试剂的需求量激增。我室已经研制成功检测 HIV 抗体的免疫荧光法和蛋白印迹（WB）法的试剂，对此起到推动作用。免疫荧光法操作简便，敏感性高，但特异性较差，非特异性荧光着色较难去除，故只能用作 HIV 抗体检测的初筛[1,2]。而且该法需要昂贵的荧光显微镜来判断结果，限制了它在基层的应用。WB 方法的敏感性和特异性都很高，不可同时检测多种 HIV 蛋白的抗体，肉眼就可观察结果，是最常用的确证实验[3,4]。但 WB 试剂制备复杂，成本高，价格贵，难以广泛应用。因此，实际工作中尚需要一种介于上述两种方法之间，兼有两者的主要优点、克服两者主要缺点的诊断方法。为此，我们开展了对蛋白斑点法（Immunodot assay，IDA）的研究，现报告如下。

材料和方法

一、菌株 用基因工程方法组建的携带 HIV1 gp41 和 gp24 抗原基因的质粒 pUC18RRStop 和 VC9PvBg10，由 Pettenkofer 研究所组建。质粒在宿主菌 MG109 大肠埃希菌中繁殖。该菌培养于含 20 μg/ml 氨苄西林的 LB 液（Amp－LB）。

二、血清 HIV 抗体阳性血清为艾滋病病人和 HIV 健康携带者的血清，阴性血清为本室工作人员的血清，均经免疫荧光和蛋白印迹实验证实。

三、增菌及 HIV 蛋白的粗提 挑取单个菌落接种于 5 ml Amp－LB 液中，37℃振荡活化过夜。次日用 Amp－LB 按 1∶5 稀释菌液，37℃继续培养至 600 nm 的 A 值升至 0.8 时，加入终浓度为 1 mmol/L 的 IPTG（SIGMA 产品）诱导 HIV 蛋白表达。继续培养 3 h 后收获菌液，4℃ 4000 r/min 离心 10 min 以除去上清，用约 1/80 原体积的溶菌缓冲液（10 mmol/L Tris－HCl pH7.5，57 mmol/L EDTA，1 mmol/L PMSF，1mg/ml 溶菌酶）重悬起菌体沉淀物，冰溶作用 15 min，用超声波打碎细菌（中档 10×30 s），再加入终浓度为 3% 的 TritonX100，37℃水浴中作用 30 min。然后 1000 r/min 4℃离心 15 min，弃上清，沉淀用 8 mol/L 尿素、10 mmol/L Tris－HCl pH7.5、0.5% 2－疏基乙醇溶解。14 000 r/min 20℃离心 30 min，将上清装透析袋，在 0.01 mol/L PBS pH7.6 下透析过夜。

四、硫酸铵分级沉淀蛋白 往透析后的样品中加入饱和硫酸铵，使这成 10%、20%、30%、40% 和 50% 的硫酸铵饱和度，于 4℃作用 4 h，5000 r/min 离心，吸出上清，用 7 mol/L 尿素、20 mmol/L Tris－HCl pH7.6 将沉淀溶解，分别打点测定上清和溶解后的沉淀的抗原性。

五、HIV 蛋白的提纯 运用快速蛋白液相层析（FPLC）系统（Pharmacia）提纯 HIV 蛋白。先用离子交换树脂柱 MonoQ（Pharmacia），样品对 A 液（30 mA Tris－HCl pH8.0）透析过夜，1000 r/min 离心 10 min，吸上清液 200 μl，经 V－7 多向阀由 A 泵注入柱中，用 B 液（1 mol/L NaC1）递增梯度 1 ml/min 的流速洗脱样品，收集峰值管，每管 0.5~1.0 ml。用凝胶过滤提纯时选用 Superose TM12 柱（Pharmacia）。硫酸铵沉淀的样品溶解于 C 液（7 mol/L 尿素、20 mmol/L Tris－HCl pH7.5），8000 r/min 离心，吸上清，以 500 μl 量经 V－7 阀注入凝胶柱，再用 C 液在 0.3 ml/min 流速下洗脱，收集各峰值管。

六、免疫斑点方法

1. 点样：将硝酸纤维膜入在滤纸上，浸透蒸馏水，装至点样器上，加蛋白样品入孔中，每孔 100 μl（含 2 μg 蛋白），负压吸去缓冲液，蛋白留在膜上，室温干燥后进行免疫学染色。若要长期保存，可密封置－20℃。无点样器可用移液器直接点样至干燥的硝酸纤维膜上，每次不超过 5 μl。

2. 免疫学染色：将点样纤维膜切成小块，取 24 孔板，每孔一块，反应体积可减少到 0.5 ml。按改进的蛋白印迹法操作，详见文献〔5〕。

七、蛋白电泳和银染 蛋白电泳按文献〔6〕方法进行。银染参照文献〔7〕的方法，简述如下。电泳后的凝胶放 5% 甲酸、7% 乙酸水溶液 4℃固定过夜。水洗 30 min 后，放 10% 戊二醛液 30 min，再水洗 2 h。同时配制硝酸银染液（在 30 ml 0.1 mol/L NaOH 中，振荡下依次加入 2.1 ml 氢氧化钠 6 ml 19.4% 的 $AgNO_3$，补足水至 150 ml），将胶放入，作用 30 min，用水洗 10 min，加入显色液（10 mg 柠檬酸三钠，125 μl 甲醛加水至 250 μl），显色至蛋白带清晰可见时终止反应，加入甲醇固定。

结 果

一、HIV p24 和 gp41 在细菌中的表达和提纯 含 HIV gp41 或 p24 基因的质粒，在宿主菌中扩增。由于 HIV 蛋白产物是以包含体形式存在，故用超声波破碎细菌后，先行高速离心沉淀包含体，再用尿素液将其溶解。经 14 000 r/min 离心，弃沉淀，上清即为 HIV 蛋白粗提物。经打点测定，发现它有抗原性，但非特异性反应也很强。

溶于 A 液（pH8.1 20 mmol/L Tris－HCl）的粗提物上阴离子交换 MonoQ 柱，再用 1 mol/L NaCl（B 液）梯度洗脱，收集峰值管。结果显示，部分 p24 和 gp41 活性只见于盐浓度升高以前的洗脱峰内。提高 A 液 pH 值至 8.5 和 8.8，仍不见两者吸附上柱。打点测定样品的离心沉淀物，发现其中 gp41 和 p24 抗原活性都很强。说明这两种蛋白的水溶性很差。

根据此特点改变了提纯方法，先用低饱和度硫酸铵溶液沉淀 gp41 和 p24，使它们与水溶性好的杂蛋白分开。结果证明 10% ~ 20% 和 20% ~ 30% 饱和度的硫酸铵可分别完全沉淀 gp41 和 p24 蛋白（图1）。因而确定用 10% 和 20% 饱和度的硫酸铵。

沉淀物用 A 液溶解，上凝胶柱 Superose TM12，用相同液以 0.3 ml/min 的流速收集峰值管。经打点测定，p24 样品的活性部分存在于两个相距很近的峰中，第一峰较低，且与其前的第一个高洗脱峰部分融合，第二峰较高，基本独立。gp41 样品的活性部分在第 6 ~ 10 管，与其后的蛋白均有部分融合。分别混合两个样品的所有阳性管，装透析袋，以 0.025 mol/L pH7.6 Tris－HCl 充分透析，用 Ficoll400 干粉包埋，浓缩样品蛋白，加洗脱液溶解袋内样品。离心后吸上清 200 μl，再次过凝胶柱。此时，p24 在洗脱中段出现两个尖峰，抗原活性即存在于这两个峰内。gp41 有几个洗脱峰，抗原活性存在于最后一个高而尖的峰内。经电泳、银染证实 gp41 和 p24 已经达到很高的纯度（图2）。

二、免疫斑点法检测 HIV 抗体 用蛋白斑点法检测 HIV 抗体的技术关键在于样品的纯度。比较了提纯前、中、后蛋白样品在免疫学染色中的差别。结果表明，未提纯和不纯的样品非特异性染色很强，本底较高不易确定阴阳性。这些样品是无法做免疫斑点法的，相反，用经过提纯的蛋白打点可以达到十分满意的效果（图3）。

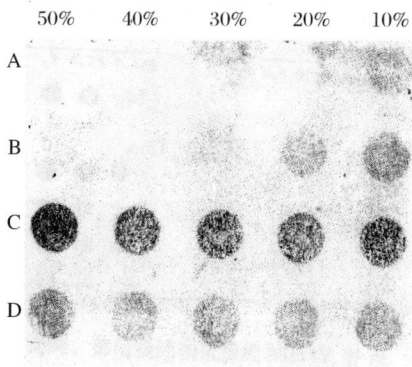

A 和 B 为 gp41 和 p24 沉淀后的上清；C 和 D 为 gp41 和 p24 沉淀相；10% ~50% 为硫酸铵饱和度

图 1　硫酸铵分级沉淀 HIV 蛋白

A and B, supernatants after precipitation of gp41 and p24; C and D precipitates of gp41 and p24; 10% ~50%, the precentage of saturated ammonium sulphate.

Fig. 1　Precipitation of HIV protein by ammonium sulphate

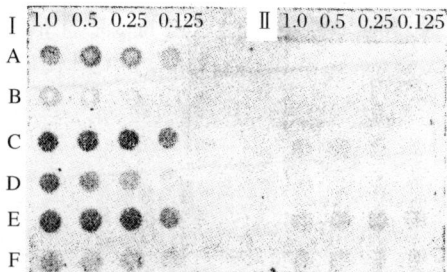

A 和 B 是经 FPLC 提纯的 p24 和 gp41；C 和 D 是硫酸铵分级提纯后的 gp41 和 p24；E 为相提的 p24

图 2　HIV 蛋白电泳银染结果

A and B, p24 and gp41 purified by FPLC Superose TM12; C and D, gp41 and p24 after precipitation by ammonium sulphate; E, crude extract of p24

Fig. 2　Silver staining of HIV proteins after electrophoresis

A 和 B 为 FPLC 提纯的 gp41 和 p24；C 和 D 为硫酸铵沉淀的 gp41 和 p24；E 和 F 为粗提的 gp41 和 p24。1.0 ~ 0.125，在点入每个点的 50 μl 缓冲液中含有蛋白提纯物的微升数；Ⅰ 和 Ⅱ 组，与 HIV 抗体阳性和阴性血清反应

图 3　提纯、部分提纯和未提纯的 HIV 蛋白的免疫斑点实验结果

A and B, gp41 and p24 purified by FPLC; C and D, gp41 and p24 after ammonium sulphate precipitation; E and F, crude extraction of gp41 and p24. 1.0 - 0.125, volume of the protein preparation (μl) in 50 μl buffer to each dot. Ⅰ and Ⅱ, reacted with HIV1 antibody positive and negative sera

Fig. 3　Immunodot result of purified, partially purified and unpurified HIV proteins

三、免疫斑点法与间接免疫荧光法（IIF）和蛋白印迹法（WB）的比较　为了解免疫斑点法检测 HIV 抗体的敏感性和特异性，将提纯的 gp41 和 p24 混合，制备 DNA 试剂片，检测血清样品，凡出现反应者均定为阳性（有抗 p24 抗体或抗 gp41 抗体，或者具有抗两种蛋白的抗体）。用此法测定了 34 份 HIV 抗体阳性血清和 54 份阴性血清，结果列入表 1、2。IDA 与 WB 和 IIF 一样具有高敏感性（均为 100%），其特异性为 92.6%，不如 WB（100%），明显高于 IIF（88.9%）。用三法检测各省市卫生防疫站送检的 21 份可疑血清（免疫荧光法或 ELISA

表 1　免疫斑点法的敏感性

Tab. 1　Sensitivity of Immunodot assay

HIV 抗体阳性血清 HIV antibody positive sera	检测血清数 No. of sera tested	阳性检测数 No. of positive test		
		IIF	WB	IDA
艾滋病病人 AIDS patients	32	32	32	32
HIV 带毒者 HIV Carriers	2	2	2	2
合计 Total	34	34	34	34
敏感性（%） Sensitivity	/	100	100	100

表 2　免疫斑点法的特异性

Tab. 2　Specificity of Immunodot assay

HIV 抗体阴性血清 HIV antibody negative sera	检测血清数 No. of sera tested	阳性检测数 No. of positive test		
		IIF	WB	IDA
中国正常人 Normal person（Chinese）	25	24	25	25
外国正常人 Normal person（Foreigner）	18	13	18	15
鼻咽癌病人 NPC patients	11	11	11	10
合计 Total	54	48	52	50
特异性（%） Specificity	/	88.9	100	92.6

注：＊ IIF，间接免疫荧光法；WB，蛋白印迹法；IDA，免疫斑点法

＊ IIF：Indirect lmmunofluorescence test；

WB：Western blot test；IDA：Immunodot assay

表 3　各类血清学检测方法的比较

Tab. 3　Comparision of different serological tests

结果 Results	检查方法 Methods of test		
	IIF	IDA	WB
阳性或可疑反应数 No. of positive or indeterminate test	12	3	2＊＊
阴性反应数 No. of negative test	9	18	19
阳性率（%） Positive percentage	57.1	14.3	9.5
与 WB 的符合率（%） Agreement wit h WB（%）	47.4	94.7	100

注：＊ 21 份可疑血清为在各地防疫站经 IIF 或 ELISA 测定结果为阳性或可疑的血清

　　＊＊ 为两份非洲留学生血清，在 WB 测定中出现很浅的对 P24 的反应带，定为可疑（意思是未排除阳性）

　　＊ 21 sera are positive or indeterminate with IIF of ELISA test performed in local Antiepidemic Stations

　　＊＊ Two African students' sera weakly reacted with p24 in WB and were considered to be doubtful

除基层单位送检的可疑阳性样品时，与 WB 法的符合率达到 94.7%。这可能是由于所用的各组体表达的是非融合蛋白，本身不含细菌蛋白，并经过高度纯化，与 WB 实验中凝胶电泳分离提纯的效果已相差无几。

阳性），结果如表 3 所示。IDA 与 WB 的符合率达 97%。

讨　　论

本实验证明，第一，免疫斑点法与 IIF 法具有较高的敏感性，在实验中，对 HIV 阳性血清无一漏检。这是因为所选用的 p24 和 gp41 是 HIV 诸多蛋白抗原中最具有诊断意义的[8]。据文献报道，对 p24 蛋白的抗体是 HIV 感染后最早出现的抗体[9,10]，而对 gp41 蛋白的抗体出现较晚，但持续时间很长。在艾滋病人，特别是晚期病人，当血清中抗 p24 抗体已降低或消失时，抗 gp41 抗体仍持续维持在较高水平[11~13]。本方法的试剂含有 p24 和 gp41 两种蛋白，因此，对各期 HIV 感染者的血清均有足够高的敏感性。第二，IDA 法的特异性也很高，高于 IIF 法，用于排

此外，IDA 法的特异性高于 IIF 法，还可能与结果判断上的主观因素有关，前者结果判断十分容易，后者则需要有良好的训练和丰富的经验才能准确地鉴别特异和非特异荧光着色。表 3 IIF 法出现较高假阳性和可疑结果，就是因为这种原因。

由于 IDA 法省去了电泳和电转移等工序，成本较 WB 法明显降低，因而可用于大范围的 HIV 感染的血清学检测和流行病学调查。本法操作不需仪器、设备，结果判断简单，试剂稳定，更于保存，可邮寄发送，使用方便，尤其适合基层单位应用。

但本法特异性仍不如 WB 法，实验中还会出现少量假阳性，尚需改进。但这并不影响它作为一种血清学初筛试剂的应用价值。

〔原载《病毒学报》1990，6（3）：250－255〕

参 考 文 献

1 Weiss, S H. In: AIDS and other Manifestations of HIV infection, Wormser G. P. (eds), NOYES Publications, 1987, 270

2 Mortiner P. In: Blood, Blood Products and AIDS, Madhok, R. (eds), Chapman and Hall Ltd, 1987, 130

3 Sarngadharan M G, et al. Science, 1984, 224: 506

4 Schupbach J O, et al. N Engl J Med, 1985, 312: 265

5 邵一鸣，等. 病毒学报，1990，6：184

6 Laemlli U K, et al. J Mol Biol, 1973, 80: 575

7 Wolf H. Cours on Mol Virol, 1985, 68

8 Sanfard Schwartz J, et al. JAMA, 1988, 259: 2574

9 Lange J, et al. Brit Med J, 1986, 292: 228

10 Peuthere J, et al. Lancet, ii, 1985, 1129

11 Kenny C, et al. Lancet, 1987, 1: 565

12 Goudsmit J, et al. J Infec Dis, 1987, 155: 588

13 Pedrsen C, et al. Br Med J, 1987, 295: 567

Establishment of Immunodot Test for Detection of Antibody to Human Immunodeficiency Virus （HIV）

SHAO Yi-ming[1]   ZENG Yi[1]   HAN Meng-jie[1]   WOLF H[2]

（1. Institute of Virology, Chinese Academy of Preventive Medicine, Beijing

2. Pettenkofer Institute, Munich University, Munich, West Germany）

Genetic recombinant human immunodeficiency virus （HIV） proteins, gp41 and p24 were purified by several steps including Superose 12 chromatography. An immunodot assay （IDA） for HIV antibody detection was developed with the purified proteins and tested with a panel of positive and negative sera. The results showed equal sensitivity and greater specificity compared with immunofluorescent assay. With the advantage of low costs in manufacturing, stable for postal distribution, simple in performance and no need of sophisticated equipment nor highly trained technical staff, IDA is a suitable test for serological screening for HIV antibody, especially in field studies.

〔**Key words**〕AIDS; HIV; Immunodot assay

131. 鼻咽癌病人 EB 病毒 EBNA-2A 及 EBNA-LPIgG 和 IgA 抗体的测定

吉林医学院　韩汝晶　美国哈佛大学医学院微生物室　HUNAG F　KIEFF B
中国预防医学科学院病毒学研究所　曾　毅

〔摘　要〕　　Epstein-Barr 病毒核抗原（EBNA）是 EB 病毒潜伏感染时表达的主要抗原之一。它与 EB 病毒潜伏感染和转化正常细胞引起肿瘤有关。本实验用间接免疫荧光法（IIF），采用经 EB 病毒表达 EBNA-2A 及 EBNA-LP 的基因组转染的大鼠成纤维细胞作为靶细胞，测定了 30 例鼻咽癌（NPC）病人和 30 例正常人血清中的 EBNA-2A 及 EBNA-LP 的 IgG 和 IgA 抗体，结果表明，30 例 NPC 病人的 IgG/EBNA-2A 抗体阳性率为 100%，几何平均滴度（GMT）为 1:38.9。而 30 例正常人的阳性率为 70%，GMT 为 1:7.9。两者有显著性差异。在 30 例 NPC 病人 IgG/EBNA-LP 抗体的阳性率为 87%，GMT 为 1:9.3。30 例正常人的阳性率为 67%，GMT 为 1:7.9。两者之间无明显差异。IgA/EBNA-2A 和 IgA/EBNA-LP 抗体在 NPC 病人和正常人均为阴性。这可能是由于在 NPC 病人癌细胞中没有 EBNA-2A 和 EBNA-LP 这两种抗原的表达。这结果对进一步研究 EB 病毒与 NPC 发生的关系有一定意义。

〔关键词〕　鼻咽癌；EB 病毒；核抗原

Epstein-Barr 病毒属疱疹病毒科。是少数与人类恶性肿瘤相关的肿瘤病毒之一。它除了与 Burkitt's 淋巴瘤有关外，越来越多的资料已证明，它与鼻咽癌关系十分密切。虽然目前尚缺乏 EB 病毒是 NPC 的病原因子的直接证据，但曾毅等在我国南方的现场工作和大量的血清流行病学资料表明，血清中各种 EB 病毒抗体的变化与 NPC 的发生和发展密切有关[1~3]。因此，血清中各种 EB 病毒抗体的变化及其与 NPC 的关系，是一个十分重要的研究课题。

EB 病毒进入宿主细胞后能产生多种 EB 病毒决定的抗原，包括在病毒复制早期出现的早期抗原（EA），属于病毒衣壳部分的壳抗原（VCA）和 EB 病毒特异性核抗原（EBNA）。这些由 EB 病毒基因组编码的各种蛋白抗原能引起血清抗体的不同反应[4]。曾毅等根据这些血清抗体的变化规律，建立了一系列检测抗体的血清学方法。对 NPC 病人的早期诊断获得了满意的效果[3]。为了了解 EB 病毒核抗原（EBNA）在 NPC 病人血清中的情况，我们应用间接免疫荧光法（IIF），以由基因工程重组 DNA 技术转染的真核细胞作为靶细胞，测定 NPC 病人和正常人血清中的 EBNA-2A 及 EBNA-LP 的 IgG 和 IgA 抗体，探讨 EBNA 不同亚型在 NPC 病人血清中的情况。现将实验结果报告如下。

材料和方法

一、细胞片的制备　RI2A 和 RILP 两细胞系来自美国 E. Kieff 实验室，由 EBV DNA 转染大鼠成纤维细胞而成，可分别表达 EBNA－2A 和 EBNA－LP（未发表资料），用作测定特异性抗体的靶细胞。培养液为 Eagle 完全培养液（FCS10%）。用 0.2% 胰酶－3% EDTA（1∶10）混合液分散培养瓶内的细胞，低速（500～1000 r/min）离 10 min，取细胞涂片，冷丙酮固定 10 min。吹干。加硅胶颗粒密封，保存于 4℃。

二、血清 NPC 病人血清 30 份，均取自治疗前的 NPC 病人，IgA/VCA 抗体均阳性，－70℃保存。正常人血清 30 份，全部取自健康献血者，－20℃保存。

三、间接免疫荧光法（IIF）测定 IgA/EBNA－2A 和 IgG/EBNA－LP 抗体 被测血清从 1∶10 起作倍比连续稀释，分别滴在 RI2A 和 PILP 细胞片上。37℃孵育 40 min，然后用 0.01 mol/L PBS（pH7.4）洗 3 次（每次 5 min）。加兔抗人 IgG 荧光抗体（丹麦进口，1∶20稀释）。再放 37℃孵育 40 min。0.01 mol/L PBS 洗 3 次，每次 5 min，吹干，50% 甘油封片。置 Olympus 荧光显微镜下观察。阴性对照用 PBS 代替血清滴在细胞片上。

四、葡萄球菌 A 蛋白（SPA）吸附被测血清 取 100 μl SPA 加 90 μl 0.01 mol/L PBS 稀释，4000 r/min 离心 20 min，弃上清。加入 90 μl PBS 和 10 μl 被检血清，将沉淀悬起，放37℃1 h，每 10 min 摇动一次。再 4000 r/min 离心 10 min，吸出上清即为除去了 IgG 的血清。

五、用 IIF 检测 IgA/EBNA－2A 和 IgA/EBNA－LP 将吸附后的血清 1∶10 作倍比连续稀释，分别滴在 RI2A 和 RILP 细胞片上，阴性对照用 PBS 代替血清滴在细胞片上，37℃孵育 40 min。然后用 0.01 mol/L PBS 洗 3 次，每次 5 min，加兔抗人 IgA 荧光抗体（丹麦进口 1∶15 稀释）。37℃孵育 40 min。用 0.01 mol/L PBS 洗 3 次后用 0.006% 伊文氏蓝染15 min，吹干。50% 甘油封片，置 Olympus 荧光显微镜下观察。

结　　果

一、EBNA－2A IgG 和 IgA 抗体的测定 对 30 份 NPC 病人和 30 份正常人血清检测IgG/EBNA－2A 抗体的结果见表 1，两者的阳性率经统计学处理后，$P < 0.05$，即差异显著。

SPA 吸附后，30 份 NPC 病人和 30 份正常人血清检测 IgA/EBNA－2A 抗体的结果均为阴性（GMT<5）（表 1）。

靶细胞与 IgG/EBNA－2A 阳性血清发生特异性反应时，镜下见细胞核发出明显荧光。而 IgG/EBNA－2A 和 IgA/EBNA－2A 阴性血清则不与靶细胞发生特异性反应，细胞核不发荧光。

表 1　EBNA－2A IgG 和 IgA 的检测
Tab. 1　Detection of IgG/EBNA－2A and IgA/EBNA－2A antibodies

	总数 Total	IgG/EBNA－2A 抗体 IgG/EBNA－2A antibody			IgA/EBNA－2A 抗体 IgA/EBNA－2A antibody		
		阳性数 No.	Positive （%）	GMT	阳性数 No.	Positive （%）	GMT
NPC 病人 Patients	30	30	100	38.9	0	0	<5
正常人 Normal	30	21	70	7.9	0	0	<5

二、EBNA – LP IgG 和 IgA 抗体测定　对 30 份 NPC 病人血清和 30 份正常人血清人测 IgG/EBNA – LP 抗体的结果见表 2。两者的阳性率经检验 $P > 0.05$，两者差异不显著。

经 SPA 吸附后，不论是病人血清还是正常人血清，IgA/EBNA – LP 抗体均为阴性（表 2）。

靶细胞与 IgG/EBNA – LP 阳性血清发生特异性反应时，镜下见细胞核发出明显荧光。而 IgG/EBNA – LP 和 IgA/EBNA – LP 阴性血清则不与靶细胞发生特异性反应，细胞核不发荧光。

表 2　EBNA – LP IgG 和 IgA 的检测
Tab. 2　Detection of IgG/EBNA – LP and IgA/EBNA – LP antibodies

	总数 Total	IgG/EBNA – LP 抗体 IgG/EBNA – LP antibody			IgA/EBNA – LP 抗体 IgA/EBNA – LP antibody		
		阳性数 No.	Positive （％）	GMT	阳性数 No.	Positive （％）	GMT
NPC 病人 Patients	30	26	87	9.3	0	0	<5
正常人 Normal	30	20	67	7.9	0	0	<5

讨　　论

EB 病毒核抗原（EBNA）是 EB 病毒潜伏期表达的主要抗原，位于细胞核内，包括 EBNA1 ~ EBNA6，由 EB 病毒基因决定，与病毒的增殖无关，也不是病毒的结构抗原。产病毒性细胞和非产病毒性细胞，只要有 EB 病毒存在就可检出 EBNA。因此被视为 EB 病毒 DNA 的标志。其中较为重要的有 EBNA1 和 EBNA2，其生物学作用也各不相同。EBNA1 是维持非整合的 EB 病毒 DNA 游离体的存在，而 EBNA2 可刺激宿主细胞 DNA 合成，可能是病毒诱导的转化蛋白之一。因此，EBNA2 在转化细胞中起重要作用。EBNA2 相对分子质量为 82 ~ 88 $\times 10^3$，编码该抗原的基因位于 EB 病毒 DNA BamHI Y 片段的右向读码框架（BYRF – 1）。EB 病毒感染 B 细胞后，EBNA2 出现的时间与 EBNA1 相似（1 ~ 2 d），而且不依赖于细胞 DNA 的合成。根据毒株的不同，EBNA2 又可分为 EBNA – 2A 和 EBNA – 2B。EBNA – LP 是一种 EBNA 前导蛋白，其读码框架是拼接的，起始信号在 EB 病毒 DNA BamHI W 片段内。我们采用经 EB 病毒基因片段转染的大鼠成纤维细胞作为靶细胞（它能稳定地表达 EBNA – 2A 和 EBNA – LP 抗原），用于测定血清中相应的抗体，有较高的特异性。

实验中发现，EBNA – 2A 的 IgG 抗体在 NPC 病人血清中的滴度明显高于正常人，这与 IgG/VCA 抗体相似。而 NPC 病人的 IgG/EBNA – LP 抗体与正常人血清中的抗体滴度无明显差别。在 NPC 病人血清中则普遍可检出 IgA/VCA、IgA/EA、IgA/MA 和 IgA/EBNA – 1。甚至在早期，在病人鼻咽部尚无明显的肿瘤和临床症状时，血清中就可以出现抗体。我们利用 SPA 可与 IgG 牢固结合的特性，将被检血清用 SPA 吸附处理，提高检测 IgA 的敏感性。结果发现血清中 EBNA – 2A 和 EBNA – LP 的 IgA 抗体反应与上述抗体反应不同，在所有 NPC 病人和正常人血清中均为阴性（GMT <5）。Fahraeus 等对 EBNA 在 NPC 病人病变组织中表达

的研究证明，在 NPC 病人组织中，或是在由 EB 病毒转化的 B 淋巴细胞中，都有 EB 病毒 DNA 的存在和 EBNA－1 的表达，而没有 EBNA－2A 和其他 EBNA 亚型的表达[10]。因此，NPC 病人血清中 IgA/EBNA－2A 和 IgA/EBNA－LP 抗体阴性，可能与肿瘤中没有 EBNA－2A 和 EBNA－LP 的表达有关。这尚待进一步深入研究。

〔原载《病毒学报》1990，6（3）：228－232〕

参 考 文 献

1 中国医学科学院肿瘤研究所病毒室等. 微生物学报，1980，18：253

2 曾毅，等. 中国医学科学院学报，1979，2：123

3 曾毅，等. 中华耳鼻喉科杂志，1987，3：145

4 Gary R Peatson. Epstein－Barr Virus：Immunology，Viral Oncology，Ruve Press，New York，1980

5 Milman G，et al. Proc Natl Acad Sci USA，1985，82：6300

6 张容华，等. 细胞生物学杂志，1982，2：32

7 曾毅. 中国医学科学院学报，1980，2：220

8 袁方. EB 病毒核抗原的研究，未发表

9 曾毅，区宝祥主编. 鼻咽癌的病因和发病原理，北京：人民卫生出版社，第一版，1985

10 Fabraeus，et al. Int J Cancer，1988，42：329

Detection of IgG and IgA Antibodies to Epstein – Barr Virus EBNA – 2A and EBNA – LP in Sera from Patients with Nasopha – ryngeal Carcinoma and from Normal Individuals

HAN Ru-jing[1]，HUANG F[2]，KIEFF B[2]，ZENG Yi[3]

（1. Jinlin Medical College. 2. Harverd School of Medicine，U. S. A.
3. Institute of Virology，Chinese Academy of Preventive Medicine）

The Epstein – Barr virus nuclear antigen （EBNA） is one of the main antigen expresed in latent infection. It is a component of different proteins. IgG and IgA antibodies to EBNA – 2A and EBNA – LP were detected in sera from NPC patients and from normal individuals by the indirect immunofluorescence test. Cells transfected with EBV genes expressing EBNA – 2A or EBNA – LP were used as target cells. Fol IgG/EBNA – 2A antibody 100% of NPC patients were positive with GMT 1：38. 9 and 70% of normal individuals were positive with GMT 1：7. 9. The positive rate and GMT of these two groups were significantly different. Fo IgG/EBNA – LP antibody. 37% of NPC patients were positive with GMT 1：9. 3 and 67% normal individuals were positive with GMT 1：7. 9. After removal of IgG antibodies with SPA，IgA/EBNA – 2A and IgA/EBNA – LP were all negative in both NPC patients and in normal individuals. The result perhaps is due to non expression of EBNA – 2A and EBNA – LP in NPC cancer cells.

〔**Key word**〕Nasopharyngeal carcinoma （NPC）；EBV；Nuclear Antigen

132. 应用纯化的重组 Epstein – Barr 病毒早期抗原建立检测鼻咽癌病人血清 IgA/EA 抗体的 ELISA 方法

中国预防医学科学院病毒学研究所　金传芳　曾　毅

慕尼黑 Pettenkofer 研究所　H. Wolf

〔摘　要〕　利用凝胶和离子交换柱（Mono Q）两次层析，将大肠埃希菌表达的 EB 病毒早期抗原 P138 片段多肽纯化。以此 P138 为抗原，增加鼠抗人 IgA 单克隆抗体以扩大 IgA 的反应，建立了三步 ELIS 法。用本法检查了 100 例鼻咽癌病人和 63 例正常人血清中抗 EB 病毒 IgA/EA 抗体，病人血清的阳性检出率为 86%，正常人有 3 例阳性（4.7%）。此结果表明，三步 ELISA 法较常用的间接 ELISA 法（阳性检出率为 71%）敏感。

〔关键词〕　重组 EB 病毒早期抗原；鼻咽癌；酶联免疫吸附试验

抗 EB 病毒早期抗原的 IgA 抗体，是鼻咽癌早期诊断的一个重要血清学指标[1]。虽然在鼻咽癌病人的血清中，IgA/EA 抗体在鼻咽癌早期，甚至在鼻咽部尚无明显肿瘤和临床症状时即可出现[1]，但其滴度相对较低。因此，目前常用的检测方法，如免疫荧光法、免疫酶法等，尽管检测 IgA/VCA 抗体效果很好，但在检测 IgA/EA 抗体时却都存在检出率低的缺点。然而，恰恰是 IgA/EA 抗体的检出，对鼻咽癌更特异，更具有诊断意义。为此，需要建立检测 IgA/EA 抗体的更敏感的方法。曾毅等建立了放射免疫自显影法，阳性检测率高达96%[2]；皮国华等建立了 ELIS 法，其抗原来源于 P3HR1 细胞系，检出率达到 97%[3]。但是，同位素使用上的不方便，细胞源性抗原制备之不易，限制了这些方法的实际应用。我们利用纯化的重组 EB 病毒早期抗原作抗原，建立了三步 ELISA 法，现报告如下。

材料和方法

一、表达质粒　质粒 pUCARG1140 由本室和 Wolf 教授实验室合作构建，是将 EB 病毒 BamHl – A 片段 BALF$_2$ 读码框架中的 600 bp 片段和另一个 540 bp 片段分别插入同一载体质粒 pUC12 中，表达产物是有两个抗原位点的自身融合蛋白，相对分子质量约为 43×10^3[4]。BALF$_2$ 是编码 EB 病毒早期抗原 P138 的基因区域[5]。

二、血清标本　100 例鼻咽癌病人血清，病人均经病理和临床检查所证实。63 例正常人血清。所有血清都用免疫酶法检查 IgA/VCA 抗体，病人血清全部阳性，正常人血清有两例检出 IgA/VCA 抗体。

三、重组早期抗原的纯化　100 ml LB – amp$^+$ 培养液中加入 0.15 ml 含质粒 pUCARG1140 的菌液，37℃ 振荡过夜，LB – amp$^+$ 培养基稀释培养 2 h，1 mmol/L IPTG 诱导 3 h，4000 r/min 4℃ 离心 10 min。沉淀用 Tris – HCl pH7.5 洗 1 次，再用裂解液（10 mmol/L Tris – HCl pH7.5，50 mmol/L EDTA，1 mmol/L PMSF，1 mg/ml 溶菌酶）悬浮，37℃ 作用 40 min，

超声波破碎（Seiko, Japan 35 W, 50 Hz）2'×5/次，加入 Triton X－100（3%），37℃作用 30~40 min，1000 r/min 4℃离心 20 min。弃上清，沉淀用 8 mol/L 尿素溶液（8 mol/L Urea，10 mmol/L Tris－HC1 pH7.5, 0.5% β－二巯基乙醇）重悬，14 000 r/min20℃离心 30 min。收集上清，此粗制品经紫外吸收法测定蛋白浓度后，4℃保存。

将粗制品进行 Sepharose CL－2B 凝胶层析，8 mol/L 尿素溶液（8 mol/L Urea，10 mmol/L Tris－HCl pH7.5）洗脱，收活性峰部，浓缩后行高效液相层析（FPLC），层析柱为 Mono Q 阴离子交换柱。洗脱液 A 液为 8 mol/L 尿素洗脱液（8 mol/L Urea，20 mmol/L Tris－HCl pH7.5），B 液为高盐洗脱液（1 mol/L NaCl，8 mol/L Urea，20 mmol/L Tris－HCl pH7.5）。各峰收集管用免疫斑点试验检测抗原生活。活性管制成抗原 P001，对 PBS（pH7.6）进行透析。纯化抗原－20℃冻存。

四、三步 ELISA 法　纯化的 P138 抗原用 0.05 mol/L 碳酸缓冲液（pH9.6）稀释成 11 μg/ml，加至 96 孔 ELISA 板中，每孔 100 μl，4℃过夜。1% BSA（牛血清白蛋白）封闭，120 μl/孔，室温 2 h。加入经 SPA 吸收的 1:80 稀释的待测血清，每孔 100 μl。同时设阳性和阴性血清，以及 SPA 对照。37℃孵育 1 h，PBS－T（0.01 mol/L PBS pH7.6，0.05% Tween－20）洗涤，5'×5 次。加入鼠抗人 IgA 单克隆抗体，37℃作用 1 h，PBS－T 洗 5'×5 次。加放兔抗鼠 IgG 的辣根过氧化物酶结合物（由 PBS－T－0.1% BSA 溶液稀释），37℃作用 40 min，PBS－T 洗 5'×5 次。将底物邻苯二胺溶液（OPD 0.04%，磷酸盐－柠檬酸缓冲液 pH5.0，H_2O_2 0.03%）加入反应板，100 μl/孔避光显色 5~10 min，2 mol/L H_2SO_4 中止反应。ELISA 仪（LKB）测定 A496A 值，并判定结果。

五、SPA 菌液处理血清　方法参照文献〔6〕，略有改良。

结　果

一、重组 EB 病毒早期抗原 P138 的纯化　重组早期抗原 P138 粗提物进行 Sepharose CL－2B 凝胶层析，洗脱峰有两个，第 I 峰为活性峰（图 1）。第一次层析后的样本进行 Mono Q 离子交换层析，可洗脱 3 个峰（图 2）。免疫斑点试验证实，第 II 峰为尖性峰。用 SDS－PAGE 和 Western blot 检查纯化抗原，结果见图 3、图 4。

二、利用纯化的重组抗原建立三步 ELISA 法检查鼻咽癌病人血清中的 IgA/EA 抗体

1. 抗原包被量的确定：采用不同量的抗原包被 96 孔板，从 9 μg 开始做倍比稀释至 0.28125 μg，共 6 个稀释度，与确定的 EA 阳性血清做方阵滴定。结果选取 1.1 μg/孔稀释度为此抗原的 ELISA 工作浓度。

2. 血清经 SPA 菌液处理与否的比较：取 3 份鼻咽癌病人血清和 1 份正常人血清，分别用 10% SPA 菌液吸收掉 IgG 类抗体，并以 3 个稀释度做 ELISA 检测，与未经 SPA 吸收的血清比较。结果吸收后的病人血清与未吸收者相比，A 值都有明显升高，P/N 值变化有显著性差异（$P<0.05$），而正常人血清的 A 值和 P/N 值变化均不显著（表 1）。故本试验的待测血清均经 SPA 菌液处理。

3. 对鼻咽癌病人血清的检测：用本方法检测了 100 份鼻咽癌病人血清和 63 份正常人血清。病人血清中临床 II 期者的血清 23 份，ELISA IgA/EA 阳性者 17 份，阳性率为 73.9%；III 期 14 份，阳性 12 份（85.7%）；IV 期 6 份，阳性 6 份（100%）；57 份临床分期不明的病人血清，ELISA IgA/EA 阳性者 51 份，阳性率 89.5%。鼻咽癌病人血清的总阳性率 86.5%。63 份正常人血清中查出 3 份阳性（4.7%）。对此 3 份血清用免疫酶法复测其 IgA/VCA 和 IgA/EA，2 份 IgA/VCA 阳性，但都查不出 IgA/EA 抗体。以病人血清的阳性率与正常人相比，差异显著。

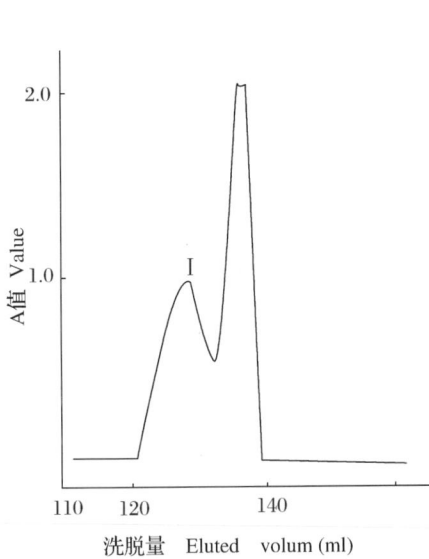

图1　重组 EB 病毒早期抗原 P138 粗制品 Sepharose CL－2B 凝胶层析蛋白峰 I 有早期抗原活性

Fig. 1　**Sepharose Cl－2B gel filtration of the crude extract**

Peak I containing antigenic activity

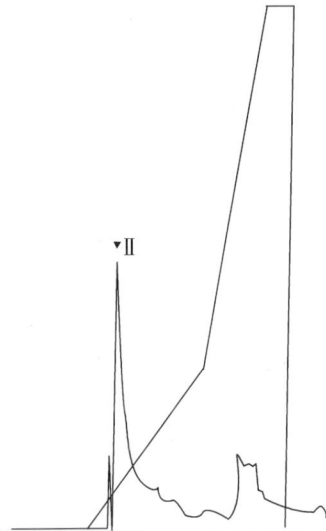

图2　Sepharose CL－2B 凝胶层析后早期抗原样品进行 FPLC Mono Q（HR515）离子交换层析第 II 峰有早期抗原活性

Fig. 2　**Mono Qion－exchange chromatography of the early antigen polypeptide sample from gel filtration on Sepharose CL－2B**

Peak II containing the early antigen

表1　血清经 SPA 吸收与否的比较

Tab. 1　Comparison between the sera absorbed with SPA and unabsorbed sera

样本 Sample		血清稀释度 Dilution of serum	未吸收的血清 Unabsorbed serum		经 SPA 吸收的血清 Serum absorbed with SPA	
			A	P/N	A	P/N
鼻咽癌病人血清 Serum of NPC patients	1	1∶40	0.700	7.368	1.118	11.768
		1∶80	0.313	6.260	0.877	9.135
		1∶160	0.143	2.840	0.694	9.506
	2	1∶40	0.463	4.874	0.822	8.653
		1∶80	0.214	4.280	0.632	6.583
		1∶160	0.110	2.200	0.386	5.288
	3	1∶40	0.251	2.642	0.399	4.200
		1∶80	0.085	1.700	0.380	3.958
		1∶160	0.081	1.620	0.294	3.973
正常血清 Normal serum		1∶40	0.095	1.000	0.095	1.000
		1∶80	0.050	1.000	0.086	1.720
		1∶160	0.050	1.000	0.083	1.460

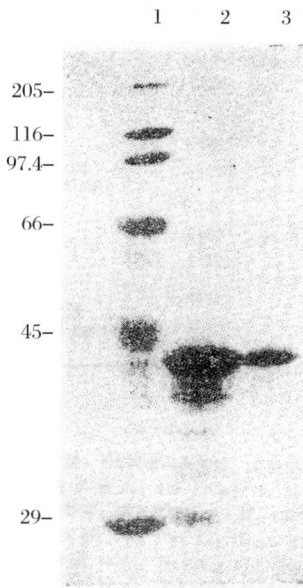

1. 相对分子质量标志；2. 早期抗原粗制品；3. 纯化样品

图 3　凝胶电泳鉴定纯化重组 EB 病毒早期抗原（考马斯亮蓝染色）

1. Molecular weight marker；2. Crued extracts of the early antigen polypeptides；3. Purified protein

Fig. 3　Determination of the purified recombinant early antigen pool by gel electrophoresis, stained with Coomassie blue

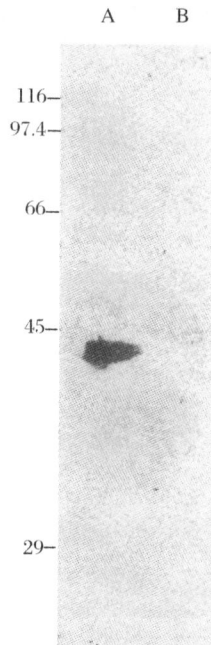

A：鼻咽癌病人血清（1：50）；B：正常人血清（1：50）

图 4　纯化 EB 病毒早期抗原 138 融合蛋白（蛋白印迹法）

Lane A：Serum of NPC patients（1：50）. Lane B：Normal serum（1：20）

Fig. 4　Immunoblot of purified EA P138 fusion polypeptide

讨　　论

为了提高抗 EB 病毒 IgA/EA 抗体的检出率，寻找更敏感的检测手段是一个方面，另一个方面是设法提高血清中检测出 IgA 抗体的数量，例如用 SPA 菌液处理，以吸收掉大部分 IgG 类抗体，降低其竞争干扰。本试验证明 SPA 处理可提高 IgA/EA 检出的敏感性。

过去我们常用 ELISA 间接法（两步法）检测 IgA/EA 抗体，阳性率只有 71%。本试验增加了鼠抗人 IgA 单克隆抗体以扩大 IgA 抗体的反应，成为三步法，使 IgA/EA 抗体的检出率达到 86.5%，提高了方法的敏感性。但正常人血清也检出了 3 份阳性。经免疫酶法复核未查出 IgA/EA 阳性，仅有 2 份 IgA/VCA 阳性。这些低水平抗体阳性者，可能是方法本身导致的假阳性，也可能是免疫酶法不能检出的鼻咽癌早期病人，目前难下定论。但即使是前一种情况，也不影响本方法作为一种敏感性高、特异性较好的方法，用于鼻咽癌的诊断。

〔原载《病毒学报》1990，6（3）：256－261〕

参　考　文　献

1　曾毅. EB 病毒与鼻咽癌，北京：人民卫生出版社，第 1 版，1985

2　Zeng Y, et al. Int J Cancer, 1983, 31：599

3　皮国华，等. 病毒学报，1987，3：81

4　Motz M, Fan J, et al. Gene, 1986, 42：303

5　Bear R, et al. Nature, 1984, 310：207

6　Pi G H, et al. J Virol Med, 1987, 15：33

Purification of Recombinant Epstein – Barr Virus Early Antigen and Applicating to Detect IgA in Sera from Patients with Nasopharyngeal Carcinoma by ELISA

JIN Chuan – fang[1], WOLF H[2], ZENG Yi[1]

（1. Institute of Virology, Chinese Academy of preventive Medicine, Beijing

2. Pettenkorer Institute, Munich, West Gemany）

We have purified recombinant Epstein – Barr virus （EBV） early antigen protein 138×10^3 by gel chromatography and ion – exchange chromatography. A sensitive three – step ELISA, based on the use of purified recombinant early antigen P138, was developed to detect IgA antibody, in which a monoclonal antibody directed against human IgA antibody was adopted for amplifying the reaction. Examination of IgA/EA – P138 antibody in sera from 100 patients with nasopharyngeal carcinoma （NPC） showed a positive percentage of 86%, while only 4. 7% were positive in 63 healthy individuals. The positive rates of these two sample groups tested by indirect ELISA are 71% and 0%, respectively. It seems that three step ELISA is moresensitive than indirect ELISA.

〔Key words〕 Recombinant Epstein – Barr virus early antigen; Nasopharyngeal Carcinoma; ELISA

133. Epstein – Barr 病毒早期抗原 P138 和 P54 基因的重组与表达

中国预防医学科学院病毒学研究所 纪志武 李洪波 曾 毅

慕尼黑大学 Max Van Pettenkofer 研究所 H. Wolf

〔摘 要〕 应用基因重组技术，将 EB 病毒早期抗原（EA）P138 两个抗原部位的基因片段和早期抗原 P54 的完整基因重组，构建成质粒 pUCB，转化大肠埃希菌 JM109 获得高效表达，其产物为相对分子质量 83×10^3 的 P83。经 Western blot 检验证实，P83 能与鼠抗 P138 的鼠抗 P54 两种单克隆抗体产生特异性反应。用 P83 检测 30 份鼻咽癌病人血清 IgA 类抗体 100% 阳性，30 份正常人血清全部阴性。

〔关键词〕 EB 病毒；早期蛋白质；鼻咽癌

建立敏感性高、特异性强和操作简便的早期诊断方法，对鼻咽癌的研究和患者的及早治疗很是重要。

众多的研究报告都表明，EB 病毒与鼻咽癌有相当密切的病原学关系[1~3]。已经证实，检测 EB 病毒早期抗原 IgA 抗体对鼻咽癌早期诊断具有十分重要的意义[4]。目前，在鼻咽癌早期诊断中，应用细胞抗原片的间接免疫酶法检测病人血清中 IgA/VCA 抗体可获得满意结果，抗体阳性率达 90% 以上。但是，用该法检测病人 IgA/EA 抗体的结果却不理想，阳性率仅 60% ~70%。以细胞粗提早期抗原建立的酶联免疫吸附法（ELISA），抗原制备过程较繁锁，结果也不甚稳定。鉴于病人的 IgA/EA 抗体较 IgA/VCA 抗体对鼻咽癌的诊断更具特异性，我们曾用遗传工程方法生产 EB 病毒早期抗原 P138 和 P54，用于 Western blot 实验，使鼻咽癌病人 IgA/EA 抗体的检出率达 95.1%（待发表资料）。但因 P54 的表达量较少，P138 表达量虽高，仅用 P138 作早期诊断阳性率又不够理想。为了提高 P54 的表达量，我们把 P54 的基因片段与含 P138 基因的质粒 pUCARG1140 重组，构建成 pUCB，高效表达了含 P138 和 P54 成分的融合蛋白 P83。现将结果报告如下。

材料和方法

一、质粒与细菌　质粒 pUCARG1140 含有 EB 病毒早期抗原 p138 的两个抗原部位的基因，质粒 pUC9MBc. E3.2 含 EB 病毒早期抗原 p54 的全部基因。质粒的制备按文献[5]的方法进行。DNA 重组参考 T. Maniatis 介绍的方法[6]。

E. coli JM109〔reaAl, endAl, gzrA96, thi, hsdR17, supE44, relal, λ⁻, Δ（lac - pro - AB），（F′, traD36, proA⁺B⁺, laclq ZΔM15）[7]〕，将单个菌落种于含 50 μg Ampicillin/ml 的 LB 培养基内，振摇，37℃ 培养过夜。

二、蛋白质的诱导和重组基因产物的鉴定　用 LB 培养基稀释已培养过夜的转化菌，使菌液的 A 值≈0.3，37℃ 振摇培养；当菌液的 A 值≈0.7 时，加入终浓度为 1 mmol/L isopropyl1 - β - D - thiogalactoside（IPTG），继续振摇，37℃ 培养 2.5 h。多肽电泳样品的制备按文献[8]进行。把制备好的样品煮沸 5 min，取 5 μl 做聚丙烯酰胺凝胶电泳 3 h，电流 45 mA。有关电泳液的配制按文献[5]有关章节介绍的方法进行。

三、单克隆抗体　分泌鼠抗 EB 病毒 P54 抗体的杂交瘤细胞株，由美国 G. Pearson 赠送。分泌鼠抗 EB 病毒 P138 单抗的细胞株和鼠抗人 IgA 细胞株由本实验室建立。按常规生产上述 3 个细胞株的单克隆抗体。单克隆抗体的辣根过氧化物酶标记由本实验室进行。

四、Western blot　用封闭液（10% 小牛血清，0.2% Tween - 20，90% 0.01 mol/L PBS，pH7.6）若干毫升浸没载有质粒表达产物的蛋白质电泳带的硝酸纤维素膜（Schleicher & Schuell BA85），置 37℃ 60 min。用洗涤液 PBS - T（0.01 mol/L PBS，0.2% Tween - 20，0.1% 小牛血清，pH7.6）洗 4 次，每次 5 min。分别加鼠抗 EB 病毒 P138（1∶100）和鼠抗 EB 病毒 P54（1∶100）单克隆抗体，以及鼻咽癌病人和正常人血清（均为 1∶100），置 37℃60 min。用 PBS - T 液洗 4 次后，分别加辣根过氧化物酶标记的抗鼠 IgG（1∶1000）和该酶标记的鼠抗 IgA 单克隆抗体（1∶1000），置 37℃ 60 min。用 PBS - T 液洗 4 次，加底物液（0.05 mol/L Tris - HCl pH7.6）50 ml，3, 3 - 二氨基联苯胺酸盐 20 mg 和 H_2O_2 5 μl，显色 5 ~10 min，用水冲洗，终止反应。

结　果

一、EB 病毒早期蛋白质 P138 基因和 P54 基因片段的分离和重组质粒的构建　EB 病毒核酸是一个含 172 282 个碱基对的双链 DNA[9]，经核酸内切酶 BamH Ⅰ 处理后，产生 29 个大小不同的片段[10]。本实验所用质粒 pUCARG1140 使用了可用 IPTG 调控的 LacZUV5 启动子[11]。编码 EB 病毒早期抗原 P138 的基因位于 Bamh Ⅰ – A 片段中，A 片段长 7.5kb[9]。P138 的两个抗原部位在 A 片段的右侧，总长多肽相对分子质量为 43×10^3[11]。BamH Ⅰ – M 片段含有编码 EB 病毒 P54 蛋白的完整序列，M 片段长 3.0×10^3[9,10]。

先用 PstⅠ和 HindⅢ切质粒 pUCARG1140，获得 PstⅠ – HindⅢ和 PstⅠ – PstⅠ两个片段，长度分别为 3.2 kb 和 0.5 kb，由 21 个碱基对构成的人工核酸端头丢失。再用 PstⅠ和 HindⅢ切质粒 pUC9MBc. E3.2（79894 – 82920），回收较小的 PstⅠ – HindⅢ片段，长 2.0 kb（80001 – 82081）。以 3.2 kb 的 PstⅠ – HindⅢ片段为载体，使之与 2.0 kb PstⅠ – HindⅢ片段相接，获得质粒 pUCA。再把 PstⅠ – PstⅠ片段插到 pUCA 的 PstⅠ上，获得质粒 pUCB（图 1）。

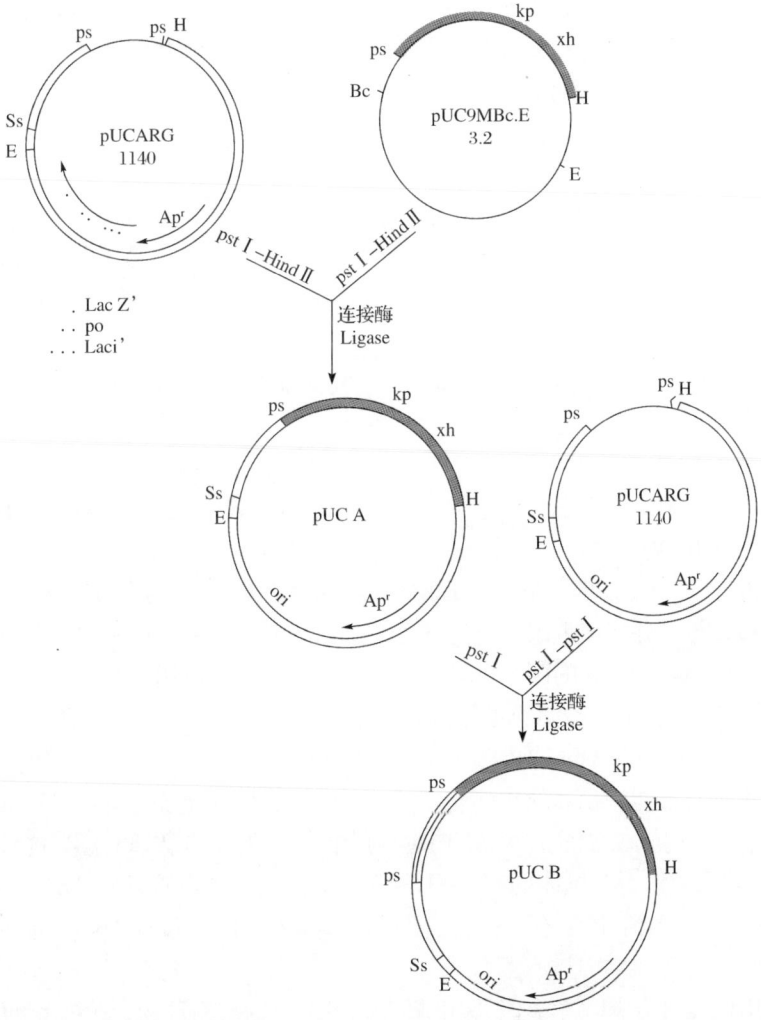

图 1　重组质粒 pUCB 的构建过程

Bc：Bac Ⅰ；E：EcoR Ⅰ；H：HindⅢ；Kp：Kpn Ⅰ；Ps：Pst Ⅰ；Ss：Sst Ⅰ；Xh：Xho Ⅰ.

Fig. 1　Scheme for the construction of the plasmid pUC B

二、重组质粒 pUC B 基因产物的鉴定　用氯化钙沉淀法把所获得的重组质粒 pUCB 转入 E. coli JM109 中，通过诱导，使已转化的宿主菌表达一种含 EB 病毒 P138 两个抗原部位和 P54 的融合蛋白质。该蛋白质的相对分子质量约 83×10^3。

用核酸内切酶对质粒 pUC B 进行的鉴定证明，重组后的目的基因片段其大小与方向完全正确。经聚丙烯酰胺凝胶电泳证实，质粒 pUC B 的基因产物的相对分子质量约 83×10^3（图 2 略）。

经 Western blot 试验证实，质粒 pUCB 的基因产物 P83 与抗 EB 病毒 P138 和 P54 单克隆抗体都能产生很强的特异性反应（图 3 中 Ⅳ 与 Ⅱ 略），而与其他无关单克隆抗体不产生反应。因而证明，此 P83 为含有 EB 病毒 P138 和 P54 抗原组分的融合蛋白质。

三、P83 与鼻咽癌病人血清中 IgA 抗体的相关性　用重组质粒 pUC B 的基因产物作抗原，检测了鼻咽癌病人和正常人血清各 30 份，Western blot 试验证实，P83 与 30 份鼻咽癌病人血清中的 IgA 抗体都产生了特异性抗原抗体反应，阳性率为 100%，而与正常人血清无此类反应。

讨　　论

EB 病毒早期抗原是由一组蛋白质构成的。依据抗原在 EB 病毒感染细胞内的分布，该组抗原被分为 D 和 R 两类。D 型抗原可耐受甲醇和丙酮的处理。鼻咽癌病人血清中的有关抗体，主要是与 D 型抗原产生特异性反应[11,12]。EB 病毒 DNA BamH Ⅰ – M 片段的基因产的 P54 为 D 型抗原[13]。

质粒 pUCARG1140 含有抗氨苄西林和 β – 半乳糖苷酶（β – galactosidase）基因和一个很强的起始信号[14~16]。M. Motz 等人研究表明，在 E. coli JM 菌中表达完整的 EB 病毒 P138 是不成功的。而在所构建的质粒 pUCARG1140 中，插入了 EB 病毒 P138 基因的一段 600 bp FR. Ⅳ 片段和 540 bp FR. Ⅶ 片段。该质粒在 E. coli JM109 菌中成功地表达了具有 EB 病毒早期抗原 P138 活性的产物[17]。

本实验应用重组 DNA 技术，把表达 EB 病毒早期蛋白 P138 的两个抗原部位的 DNA 片段和 P54 的 DNA 片段重组，并将该重组体克隆于质粒 pUC 中。这一表达载体在大肠埃希菌 JM109 中成功地表达了 EB 病毒 P138 的两个抗原部位和 P54 的全部。应用 SDS – PAGE 和免疫印迹实验表明，这个基因产物为具有双重抗原性的融合蛋白质，相对分子质量约为 83×10^3。

金传芳等[18]用 Western blot 法检测了 121 份鼻咽癌病人血清，受检血清中被检出的抗体并不一致。有些血清只能测出抗 EB 病毒 P138 抗体，有些血清只能测出抗 EB 病毒 P54 抗体，而有些血清两种抗体均能测出。其中测到的抗 EB 病毒 P138 IgA 抗体的阳性率是 77.8%，抗 EB 病毒 P54 IgA 抗体的阳性率是 62.7%，同时含有这两种 IgA 抗体的阳性率是 42.9%。鼻咽癌病人血清中含有一种或两种（IgA/P138 和 IgA/P54）抗体的总阳性率是 95.1%，

本实验应用同时含有 EB 病毒 P138 和 P54 抗原组分的重组质粒，pUC B 的基因产物 P83 作抗原，用免疫印迹法检查了 30 份鼻咽癌病人的血清，发现抗 EB 病毒 P83/IgA 抗体的阳性率达 100%，而在 30 份正常人血清中，抗 EB 病毒 P83/IgA 抗体均未被检出。实验表明，用此方法可以检测鼻咽癌病人血清中的抗 EB 病毒 IgA/EA 抗体，而且说明，IgA/EA 抗体主要针对 EB 病毒的 P138 和 P54。

使用 Western blot 法对鼻咽癌病人做常规检测，价格较昂贵，难于推广。而原有的质粒 pUCA9MBc. E3. 2 所表达的 P54 量少，不易提纯用于 ELISA。质粒 pUCARG1140 的基因产物 P138 在 *E. coli* JM109 菌中的表达量较高。本实验构建的 pUC B 质粒成功高效地表达了 EB 病毒早期抗原的 P138 和 P54。质粒 pUC B 的成功构建，克服了质粒 pUC9MBc. E3. 2 基因产物量少和不易提纯的难题，又简化了基因产物的提纯程序，为进一步建立敏感性高，结果判断客观的 ELISA 法打下了基础。

〔原载《病毒学报》1990, 6（4）：316 – 321〕

参 考 文 献

1　Old L J, et al. Proc Natl Acad Sci USA, 1966, 56：1699

2　Henle W, et al. J Natl Cancer Inst, 1970, 44：225

3　Trumper P A, et al. Int J Cancer, 1976, 17：578

4　曾毅. 中华耳鼻咽喉科杂志, 1987, 22（3）：64

5　侯云德. 病毒基因工程的原理与方法，北京：人民卫生出版社，第 1 版，1985, 89

6　Maniatis T, at el. Molecular Cloning, Cold Spring Harbor Laboratory, New York, 1982

7　Yanisch – perror C, et al. Gene, 1985, 33：103

8　Laemmli U K. Nature, 1970, 227：680

9　Baer R, et al. Nature, 1984, 310：207

10　Skare J, et al. Proc Natl Acad Sci USA, 1960, 77：3860

11　Motz M, et al. Gene, 1986, 12：303

12　Henle G, et al. Int J Cancer, 1971, 8：272

13　Pearson G, et al. Virology, 1987, 160：151

14　Myung – sam, et al. J Virol, 1985, 56：860

15　Bolivar F, et al. Gene, 1977, 2：95

16　Rother U, et al. Mol Gen Gent, 1980, 178：475

17　Vieira J, et al. Gene, 1982, 19：259

18　Motz M, et al. Gene, 1986, 42：303

18　金传芳，等. 待发表

Construction of the Plasmid pUC B Encoding Both P138 and P54 Early Antigens of Epstein – Barr Virus

JI Zhi-wu[1]　LI Hong-po[1]　WOLF H[2]　ZENG Yi[1]

（1. Institute of Virology, Chinese Academy of Preventive Medicine, Beijing;

2. Max Van Pettenkafer – Institute, University of Munich F. R. G.）

A plasmid pUS B encoding both antigenic sites of Epstein – Barr virus early protein 138（P138）and whole P54 was successfully constructed. Both proteins were expressed very well as β – galactosidase fusion in *Escherichia cole* JM 109.

The molecular weight of this fusion protein is shown to be 83×10^3. By immunoblotting, this P83 could react with mouse monoclonal antibodies against EBV P138 and P54, but not with unrelated monoclonal antibody. IgA/P83 antibodies were detected in the sera of 30 patients with nasopharyngeal carcinoma but not in the sera of 30 normal individuals.

〔**Key words**〕Epstein – Barr virus; Early protein; Plasmid pUC B; Nasopharyngeal carcinoma

134. 北京人血清中嗜人 B 淋巴细胞病毒抗体的检测

中国预防医学科学院病毒学研究所　蓝祥英　曾　毅
美国国立癌症研究所　ABLASHI D. V.　YAVAD M.　ZOMPETTA C.　GALLO R.

〔关键词〕　嗜人 B 淋巴细胞病毒

嗜人 B 淋巴细胞病毒 （Human B—lymphotropic virus，HBLV） 或称为人疱疹病毒 6 型 （Human herpesvirus－6，HHV－6），是 1986 年美国国立癌症研究所 Salahuddin 博士从一例艾滋病合并淋巴细胞增生紊乱患者的外周血细胞中分离到的[1]。它属于双链 DNA 病毒，病毒颗粒大小和形状类似于人疱疹病毒，但与已知的疱疹病毒又无血清免疫学上的交叉反应。HHV－6 有广泛的宿主细胞范围，可感染来源于人脐带血、骨髓和脾的新鲜白细胞。某些已建立的人血源性细胞株和来源于神经系统的细胞株，也可受其感染。EB 病毒能诱导细胞产生 HHV－6 受体，有 EB 病毒基因的细胞极易感染 HHV－6。更令人感兴趣的是，凡 HHV－6 感染的细胞皆可合并感染人免疫缺损病毒 （HIV）[2,3]。

表 1　64 例健康北京人血清中 HHV－6 抗体检测结果

Tab. 1　Detection of HHV－6 antibody titer in 64 healthy sera from Beijing

检测数 Detected cases	抗体滴度 Antibody titer	（%）
41	<10	64.1
10	20	15.6
6	40	9.4
6	80	9.6
1	160	1.5
总数 64 Total		100.0

我们用间接免疫荧光法检测了 20～70 岁的北京健康成人血清 64 份。具体做法是，将带 HHV－6 病毒的细胞用丙酮固定于玻片上，加待测血清，37℃孵育 45 min，再加入抗人 IgG 荧光抗体，然后镜检。细胞核和细胞质出现翠绿色荧光者为抗体阳性。另一种做法是，用活的带 HHV－6 病毒的细胞与待测血清共同孵育，再加抗人 IgG 荧光抗体，细胞膜出现荧光者为阳性。

64 份血清的检测结果列入表 1。阳性者 23 份，阳性率为 35.9%，阳性者的抗体滴度在 20～160 之间，几何平均滴度为 10.33。

根据 D. Ablashi 等的报道，人群中血清 HHV－6 抗体阳性者比例较高，并且有地区差异[4]。如西非地区年龄为 18～70 岁的成人中，抗体阳性率高达 87%，美国健康儿童中也达 82.1%，欧洲和美国健康成人中为 60.2%。亚洲人抗体阳性率较低，香港为 32.3%，马来西亚人为 21.4%。本文首次报告我国北京健康成人为 35.9%，与香港接近。

对 HHV－6 的研究方兴未艾，到 1989 年 8 月已有 1 0 多篇关于分离到 HHV－6 毒株的文献报道[5]。HHV－6 与人类某些淋巴细胞增殖紊乱性疾病和某些淋巴瘤的发生发展有一定关系，它可引起类似慢性 EB 病毒感染的征候群，如肌痛，疲劳综合征，淋巴结肿大，暂时性脑功能障碍等。特别引起人们关注的是，HHV－6 与 HIV 能同时感染一个人，如果患 AIDS 的人合并感染 HHV－6，则病程迅速恶化[6]。

〔原载《病毒学报》1990，6（4）：373－374〕

参 考 文 献

1　Salahuddin S Z, et al. Science, 1986, 234：596

2　Ablashi D V, et al. J Virel Methods, 1988, 21：29

3　Biberfeld P, et al. J Virol Methods, 1988, 21：49

4　Ablashi D V, et al. Science Submitted, 1988b

5　Ablashi D V, et al. In press

6　R Galloi in "Retroviruses of Humam AIDS and Related Animal Disease", Marnes – La Coquette/Paris Francc, 1986, 28 – 33

Detection of HHV – 6 Antibody in Beijing

LAN Xiang-ying[1], ZENG Yi[1], ABLASHI D. V.[2], YAVAD M.[2], ZOMPETTA C.[2], GALLO R.[2]

（1. Institute of Virology, Chinese Academy of Preventive Medicine, Beijing, China；

2. Nation Cancer Intitute, Bethesda, MD, UD. A）

HHV – 6 is a noval human herpes – like virus, Human B – lymphotropic、virus. 64 scra from normal Chinese individual in Beijing aged 20 – 70 were tested for HHV – 6 antibody by indirect immunofluorescence test. Of the 64 sera, 23 had antibody to to HHV – 6. The antibody, titer ranged from 1：20 to 1：160. The positive rate is 35.9% and similar to that in Hong Kong. This is the first repert abeut HHV – 6 antibody in China.

〔**Key words**〕 Human B – lymphotropic virus

135.　鼻咽癌病人和其他鼻咽部疾病病人鼻咽部厌氧菌代谢产物对类淋巴母细胞 Raji 细胞和 P_3HR-1 细胞中 EB 病毒抗原的诱导作用

中国预防医学科学院病毒学研究所　纪志武　曾　毅

广西壮族自治区人民医院　王培中

北京市第四人民医院　谭会珍

〔摘　要〕　本文的研究结果证明，从鼻咽癌病人和其他鼻咽部疾病病人鼻咽部分离的一类革兰染色阴性的细菌的代谢产物中含有能诱导类淋巴母细胞、Raji 细胞和 $P_3HR—1$ 细胞中 Epstein – Barr （EB） 病毒抗原的物质。经气相色谱分析证实，这种物质是正丁酸。本文讨论了这种诱导现象。

以前的研究结果[1,2]证明，在鼻咽癌高发区 20 岁以上人群血清中的 EB 病毒补体结合抗体滴度的几何平均值显著高于鼻咽癌低发区的同龄人群血清中该抗体水平。我们的研究结果已证明. 在鼻咽高发区，正常人血清中 EB 病毒的 VCA/IgA 抗体的滴度随着人们年龄的增加而升高。这些结果说明，在鼻咽癌高发区，EB 病毒在人群中是比较活跃的。

Ito. Y 等[3]报告厌氧细梭杆菌 （Fusobacte rium） 的代谢产物具有诱导 P_3HR-1 细胞中

EB 病毒 EA – VCA 抗原的作用。这种厌氧菌可以从人的口腔中分离到，其代谢产物主要是正丁酸。我们从鼻咽癌病人鼻咽部分离了一种革兰染色阴性的厌氧杆菌，其代谢产物对 Raji 细胞中 EB 病毒早期抗原有诱导作用。我们还在耳鼻喉科门诊病人的鼻咽部也分离到了一种革兰染色阴性的厌氧杆菌，该菌能诱导 Raji 细胞的早期抗原和 $P_3HR – 1$ 细胞的早期抗原和壳抗原。报告如下。

材料和方法

一、**细胞**　人伯基特（Burkitt）淋巴瘤 Raji 细胞和 $P_3HR – 1$ 细胞，培养液为 RPMl 1640。加 20% 灭活小牛血清，在 37℃ 培养。每周传代 2 ~ 3 次。

二、**细菌培养基**　（1）固体培养基：日水制药株式会社生产的 FM 改良培养基。（2）液体培养基：胰胨酶（trypticase）15 g；牛心浸出液 5 g；磷酸二氢钾 1 g；L – 半胱氨基酸盐酸盐 0.3 g；氯化血红素 0.02 g；维生素 K_3 0.02 g；吐温（tween）80 0.25 g；酵母浸膏 3 g；氯化钠 2 g；磷酸氢二钠 2 g；葡萄糖 5 g；丙酮酸钠 5 g；加 1000 ml 蒸馏水。pH 7.2。

三、**气相色谱仪**　日本日立公司生产的 163 – 6052 型。

厌氧菌的分离和培养

分别用无菌咽拭子从鼻咽癌病人和耳鼻喉科门诊部病人取材后，即划接种于 FM 固态平皿培养基上。用细铁绒法（硫酸铜 60 g；吐温 80 20 g；2 mol/L 硫酸 90 ml，加水 6000 ml）37℃ 厌氧培养 5 d 后，挑取单个菌落，连续纯化菌株 3 次（每次厌氧培养菌株时，都有标准厌氧菌和需氧菌做对照）。将纯化后的菌株种入液体培养基，37℃ 厌氧培养 5 d 后，将菌液通过蔡氏（Seitz）除菌滤器。此培养液按文献〔3、4〕的方法做 E B 病毒抗原诱导实验。用间接免疫酶法[2]检查 Raji 细胞中 EB 病毒早期抗原和 $P_3HR – 1$ 细胞中 EB 病毒早期抗原和壳抗原。

结　　果

在北京市第四人民医院耳鼻喉科门诊部，对前来就诊的病人，随机取样。对 100 名病人进行了鼻咽部厌氧菌的分离。从其中 78 份标本中分离到了一种革兰染色阴性的细菌阳性率 78%。

用其中 8 株细菌的除菌滤液对 $P_3HR – 1$ 细胞进行了 EB 病毒抗原的诱导实验。EB 病毒早期抗原和壳抗原的诱导率在 10.9% ~ 56.3% 之间。阳性细胞率随实验用除菌滤液用量的减少而降低。对照实验表明，未接种过细菌的液体培养基对细胞中的 EB 病毒抗原无诱导作用，结果见表 1。这 8 株细菌的除菌滤液在巴豆油（500 ng/ml）的协同作用下，也可以诱导 Raji 细胞中 EB 病毒的早期抗原，阳性细胞率在 3.2% ~ 15.1% 之间，结果见表 2。

〔原载《癌症》1990，19（1）：1－3〕

表1 耳鼻喉科病人鼻咽部厌氧菌滤液对 P_3HR-1 细胞中 EB 病毒早期抗原和壳抗原的诱导作用

标本编号	早期抗原—壳抗原阳性细胞率（%）	
	0.1 ml	0.05 ml
17	56.3	30.3
66	50.2	22.0
67	49.1	21.7
85	39.3	31.1
84	32.8	24.6
62	26.4	17.4
26	23.2	27.4
37	19.4	10.9

注：对照肉汤培养基的阳性细胞率是 1.8%。正丁酸的阳性细胞率是 50.3%

表2 耳鼻喉科病人鼻咽部厌氧菌滤液对 Raji 细胞中 EB 病毒早期抗原的诱导作用

标本编号	早期抗原阳性细胞率（%）		
	0.1 ml	0.1 ml + C	0.05 ml + C
10	1.2	15.1	7.2
67	1.0	11.5	6.6
62	0.8	9.8	4.6
85	0.8	8.3	3.7
66	0.6	6.8	4.2
84	0.6	6.5	4.1
26	0.6	3.2	3.4
37	0.4	3.2	1.4

注：对照肉汤培养基的阳性细胞率是 0.4%。正丁酸的阳性细胞率是 1.0%。巴豆油（C）的阳性细胞率是 1.5%

表3 鼻咽癌病人鼻咽部厌氧菌滤液 Raji 细胞中 EB 病毒早期抗原能导作用

标本编号	早期抗原阳性细胞率（%）		
	0.1 ml	0.1 ml + C	0.05 ml + C
10	1.0	30.2	26.4
35	1.2	28.4	21.2
15	1.0	20.0	14.2
3	0.8	10.8	8.6
29	0.6	8.4	5.8
42	0.5	5.2	3.8
2	0.6	4.8	3.6
1	0.4	2.4	2.2

注：对照肉汤培养基的阳性细胞率是 0.4%。正丁酸的阳性细胞率是 1.2%。巴豆油（C）的阳性细胞率是 2.4%

在广西壮族自治区人民医院鼻咽癌门诊部，对前去就诊的未治疗过的 26 名鼻咽癌病人也做了鼻咽部厌氧菌的分离，分离到 8 株革兰染色阴性的厌氧杆菌，分离率是 32.5%。这些细菌的除菌滤液在巴豆油的协同作用下，对 Raji 细胞中的 EB 病毒早期抗原有诱导作用，阳性细胞率在 2.2% ~ 30.2% 之间，结果见表3。

讨 论

从鼻咽癌病人和耳鼻喉科病人鼻咽部分离到一类革兰染色阴性的厌氧杆菌，它们的代谢产物对 Raji 细胞中的 EB 病毒早期抗原和 P_3HR-1 细胞中 EB 病毒的早期抗原和壳抗原有诱导作用。我们在宫颈癌患者宫颈部也分离到了一类革兰染色阳性的厌氧杆菌，它们的代谢产物中含有正丁酸，该产物也具有诱导 Raji 细胞中 EB 病毒早期抗原的作用[5]。我们的工作也证明了 Ito. Y 等人所做报告的实验结果[3]，并做了深一步的研究。我们近期的实验证明，正丁酸有促进 EB 病毒对淋巴细胞的转化作用[6]。我们认为，鼻咽癌的病因十分复杂，除了与 EB 病毒有密切关系外，还与遗传因素、环境、致癌因子和某些化学成分有关[7]。因此，很有必要进一步研究人的唾液、鼻咽部分泌物和血液，以探讨其中是否也含有正丁酸一类促癌物质。在鼻咽癌病人中进行此项工作有重要的理论意义。我们正在做进一步的工作，探讨这类细菌的代谢产物作为鼻咽癌病因的一个辅助因素的可能性。

从南宁自治区人民医院鼻咽癌病人鼻咽部分离的厌氧菌的比率较低，可能是由于当地的细菌厌氧培养条件较差所致。

参 考 文 献

1　中山县肿瘤防治大队，等．广东省和北京市正常人群 EB 病毒补体结合抗体的研究 中华耳鼻喉杂志，1978，1：23

2　曾毅，等．我国八个省市鼻咽癌病人 EB 病毒壳抗原的免疫球蛋白 A 抗体测定中华肿瘤杂志，1979，1（2）：8 1

3　Yohei Ito, et al. Induction of Epstein – Barr Virus Antigens in Human Lymphoblastoid $P_3jHR – 1$ Cells with Culture Fluid or Fuse bacterium nucteatum. Cancer Research, 1980, 40: 4329

4　Zeng Y, et al. Epstein – Barr Virus Early Antigen Induction in Raji Cells by Chinese Medicinal Herbs. Intervirology, 1983, 19: 201

5　Zeng Y, et al. Epstein – Barr Virus Activation by Human Semen Principle: Synergi stic Effect of Culture Fluids of Bacteria Isolated from Patients with Carcinoma of Uterine Cervix. Cancer Letters, 1985, 23: 311

6　胡垠玲，等．丁酸钠促进 EB 病毒对淋巴细胞转化的研究，癌症，1986，5（3）：243

7　曾毅，等．中草药对 Raji 细胞 EB 病毒早期抗原的诱导作用，中国医学科学院报，1984，6（2）：84

Induction of Antigens in Raji Cells And $P_3HR – 1$ Cells by Anaerobes Culture Fluids from Nasopharynx of Patients with Nasopharyngeal Carcinoma and other ENT Diseases

JI Zhi-wu[1], ZENG Yi[1], WANG Pei-zhong[2], TAN Hui – zhen[3]

(1. The Institute of Virology, Chinese Academy of Preventive Medicine Beijing;

2. The Hospital of Guangxi Zhuang Autonomous Region Nanning;

3. No. 4 Hospital Beijing)

C⁻ anaerobic bacteria were isolated from nasopharynx of patients with nasopharyngeal carcinoma and with Ear – Nose – Throat diseases. Those microbic products in culture fluids were proven to be n – butyrate by gas chromatograph and could induce Epstein – Barr virus early antigen in Raji cells and early antigen viral capsid antigen in $P_3HR – 1$ cells.

The significance of Epstein – Barr virus antigen induction by microbic products was discussed.

136. 人免疫缺陷病毒血清学诊断免疫酶法的建立及其应用

中国预防医学科学院病毒学研究所　王　哲　曾　毅

〔摘　要〕　将免疫酶法（IE）用于人免疫缺陷病毒Ⅰ型（HIV-1）血清学检测，并与间接免疫荧光法（IIF）进行比较。其阳性检出率和重复性与 IIF 法相同，而且敏感性高于 IIF 法。免疫酶法更为简单、实用，且适应性强，可成为取代 IIF 的便于基层应用的 HTV 血清学初筛方法。用 HIV-1 免疫酶试剂盒在非洲科特迪瓦进行初步应用，取得良好结果。

〔关键词〕　免疫酶法；人免疫缺陷病毒；血清学检测

人免疫缺陷病毒（human immunodeficiency virus，HIV）血清学检测的初筛试验主要有 ELISA、明胶凝集和免疫荧光等方法[1-3]，进口的 HIV 诊断试剂价格昂贵，且不能及时得到，无法用于国内大面积人群检测，我室已成功研制出间接免疫荧光试剂，并用于国内大面积血清学检测，初步解决了 HIV 诊断试剂的国产化问题。但免疫荧光试剂还存在一些缺陷，必须配备昂贵的荧光显微镜和非特异着色点多，对操作人员有一定要求，限制了其在基层单位的应用和推广，也影响了国内 HIV 血清学大面积检测的进行和尽快尽早地检查出 HIV 抗体阳性血清。

在免疫荧光试剂的基础上，结合我们进行 EB 病毒血清学诊断的经验，我们建立了 HlV 抗体检测免疫酶法，用于艾滋病血清学检测。该免疫酶试剂盒经国内外初步应用，取得良好效果。

材料和方法

一、HIV-1 抗原片　收集感染了 HIV-1 的 MT-4 细胞，离心、涂片、固定、吹干，变色硅胶封袋备用。HIV-1 毒株为本室分离的 HTV-1-Ac 株[4]。

二、血清　HIV-1 抗体阳性血清为 28 份美国 AIDS 病人血清及 2 份本室检测出的 HIV-1 携带者血清，经 ELISA、Western blot 确证为 HIV-1 抗体阳性。

HIV-1 抗体阴性血清为本室 EB 病毒血清学检测门诊病人血清，经免疫酶法检测 EBV IgA/VCA 和 IgA/EA 阴性；ELISA、Western-blot 检测 HIV-1 抗体阴性。

三、试剂

1. HRP-SPA 由本室标记，滴度 1∶80，使用浓度 1∶20。

2. FITC-羊抗人 IgG 由本室标记，滴度 1∶80，使用浓度 1∶20。

3. AEC 为 Sigma 公司产品。

4. N，N-二甲基甲酰胺、过氧化氢、伊文氏蓝及无机盐等为国产分析纯试剂。

四、方法

1. 间接免疫荧光法（IIF）：常规方法见文献〔3〕。

2. 免疫酶法（IE）：将阳性血清和阴性血清随机编号，滴于抗原片上，37℃孵育45 min；PBS 洗 3 次。滴加 HRP – SPA，37℃45 min，PBS 洗 3 次。称 30 mg AEC 溶于 7.5 ml DMF（二甲基甲酰胺）中，再加入 17.5 ml 0.05 mol/L 乙酸盐缓冲液（pH5.0）及 0.25 ml H_2O_2，将抗原片放入，显色 2～3 min，取出后自来水冲洗，甘油封片，普通光学显微镜观察结果。

结果判定：细胞膜和细胞质呈桃红色为阳性细胞，无色为阴性细胞。镜下出现阳性细胞即判为阳性，反之为阴性。

五、应用　组装 HTV – 1 抗体检测免疫酶试剂盒，在非洲科特迪瓦一所教会医院进行应用，并同国外生产的 ELISA 试剂进行比较，并同时由当地医院技术人员判定结果和进行操作。

结　果

一、免疫酶法用于 HIV – 1 血清学检测

用免疫酶法检测 HIV – 1 抗体阳性血清，细胞膜及细胞质呈桃红色，尤以膜上染色为深，而对照则无色且未出现假阳性。用 IE 和 IIF 法分别检测 60 份 AIDS 病人和正常人血清，结果 IF 法在阳性检出率上达到 IIF 法水平，AIDS 病人血清全部为阳性，正常人血清均为阴性，且无假阳性出现。

二、敏感性实验结果

取 10 份 HIV – 1 抗体阳性血清用 IE 和 IIF 法检测其滴度并计算 GMT，结果 IE 法的 GMT 为 IIF 法的 1 倍（表1）。

表1　免疫酶法和免疫荧光法敏感性实验结果

血清号	血清 HIV – 1 抗体滴度（1: ）	
	免疫酶法（IE）	免疫荧光法（IIF）
468	20480	5160
539	1280	640
543	6 40	640
618	1280	640
623	1280	640
630	160	160
645	5120	1280
646	1 280	640
652	5120	1280
663	80	80
GMT	1282. 33	642. 69

三、重复性实验结果

取 6 份阳性血清和 2 份阴性血清用 IE 和 IIF 法分别重复检测 3 次，结果均在上下一个稀释度范围内，表明两种方法重复性良好、稳定（表2）。

表2　两法重复性实验结果比较

血清号	血清 HIV – 1 抗体滴度（1: ）					
	I E			IIF		
	第一次	第二次	第三次	第一次	第二次	第三次
468	20480	10240	20480	5120	5120	2560
618	1280	1280	1280	640	640	640
623	1280	1 280	1280	640	640	640
630	160	160	1 60	160	160	160
646	5120	5120	5120	1280	2560	1280
652	5120	5120	5120	1280	1280	1280
9	—	—	—	—	—	—
21	—	—	—	—	—	—

四、适应性实验结果 用感染了 HIV-1 的 H9 和 CEM 细胞代替 MT-4 细胞作抗原，结果很好。在室温条件下操作，免疫酶法第一次孵育 30 min、45 min、60 min，第二次孵育 20 min、30 min、40 min 对结果无影响。

五、初步应用结果 在非洲科特迪瓦进行初步应用。取 6 份非洲人血清分别用 ELISA 和 IE 法检测，结果相符，两种方法均有 HIV-1 和 HIV-2 抗体交叉反应（表 3）。

表 3 ELISA 和 IE 法结果

抗原	血清号					
	3015	3024	3025	3020	2994	3029
ELISA（HIV-1 抗原）	+	—	+ + +	+	—	—
ELISA（HIV-2 抗原）	+ + +	+ +	+ + +	+ + +	—	—
IE（HIV-1 抗原）1∶10	+ + +	—	+ +	+ +	—	—
IE（HIV-1 抗原）1∶20	+ + +	—	+	+	—	—

同时对当地医院技术人员进行免疫酶法检测培训。让 5 名技术员对上述结果分别判定，都得到很好结果（表 4）。采取双盲法给以血清，首次操作即得到极好结果（表 5）。

表 4 IE 法判定结果

技术员编号	血清号					
	3015	3024	3025	3020	3029	2994
1	+	—	+	+	—	—
2	+	—	+	+	—	—
3	+	—	+	+	—	—
4	+	—	+	+	—	—
5	+	—	+	+	—	—

表 5 IE 法操作结果

技术员编号	阳性对照	阴性对照	血清号			
			3025	3029	3024	2020
1	+	—	+	—	—	+
2	+	—	+	—	—	+
3	+	—	+	—	—	+
4	+	—	+	—	—	+
5	+	—	+	—	—	+

讨　论

本文所用的免疫酶法主要是利用 SPA 吸附哺乳类 IgG 的特性来实现的。用酶标抗人 IgG 同样能得到满意的结果，但由于试剂盒配用的阳性对照是鼠抗人单抗，用 SPA 则无需更换试剂，更重要的是 SPA 能吸附部分 lgM，在 HIV 感染早期诊断上比抗人 IgG 为佳。适应性结果表明，在室温条件下，缩短各步时间可在 1 h 内完成整个检测，达到快速的目的。免疫酶法无需特殊仪器，操作简单易于掌握，红色底物显色易于辨认，各项指标达到免疫荧光法的水平，因此，可以代替间接免疫荧光试剂作为国内艾滋病血清学检测的初筛方法，特别是其敏感性高于免疫荧光试剂，无非特异显色，作为大面积检测的试剂就更为优越。

用本室组装的免疫酶试剂盒，经在本室及一些基层防疫站使用，反应良好。在非洲科特迪瓦进行的初步应用，表明易于掌握，达到国外 ELISA 试剂的水平，而且价格便宜，受到外国专家的高度评价。

〔原载《中华流行病学杂志》1990，11（4）：243-246〕

参 考 文 献

1　McDoregal JS, et al. Immunoassay for the detec
　tion of quantitation ofinfections human retrovirus
　lymphadenopathy – associated virus（LAV）. J
　Immunol Methods, 1985, 76: 171 – 183

2　曾毅，等. 应用明胶颗粒凝集试验检测人免疫
　缺陷病病毒（HIV – 1）抗体. 病毒学报，
　1988, 4（1）: 65 – 68

3　王必瑞，等. 应用间接免疫荧光试验检测我国
　正常人和血友病病人血清中嗜 T 细胞 I 型病毒
　抗体. 病毒学报, 1985, 1（4）: 391 – 392

4　曾毅，等. 我国首次从艾滋病病人分离到艾滋
　病病毒（HIV）. 中华流行病学杂志 1988, 9
　（3）: 135 – 138

Establishment and Application of Serologic Diagnosis Method of Human lmmunodeficiency Virus

WANG Zhe, ZENG Yi

（Institute of Virology, Chinese Academy Preventive Medicine. Beijing）

　　Using immunoenzymatic method（IE）for human immunodeficiency virus type 1（HIV-1）serologic detection, and comparing with indifect immunofluorescence method（IIF）. This method had same specificity and reproducibility but more sensitivity than IIF. Because it is simple, practical and suitable, IE method can replace IIF as the HIV serologic screening method suited to base application. Using HlV-1 immunoenzymatic teagent kit in lvory Coasl obtained good results.

　　〔**Key words**〕Immunoenzymatic method; HIV; Serologic detection

137.　人精液和阴道杆菌滤液在诱发小鼠宫颈癌中的作用

湖北医学院病毒所　孙　瑜　刘朝奇　王志洁　李新志　张有新
中国预防医学中心病毒研究所　曾　毅

　　〔摘　要〕　我们应用甲基胆蒽诱导小鼠宫颈癌的动物模型，研究了人精液和从宫颈癌病人宫颈部分离的阴道杆菌培养滤液（SB）的肿瘤促进作用。发现用 SB 处理的小鼠就可诱导宫颈癌的发生，癌发率达 12%，可以诱导 Raji 细胞 EB 病毒早期抗原表达阳性的精液和革兰阳性杆菌滤液能协同甲基胆蒽诱导宫颈癌，其癌发率从甲基胆蒽的 11.8% 增到 54.2%。单用甲基胆蒽和与 SB 合用，两者之间差异有显著性意义。实验结果提示，SB 具有复合致癌因子，对其机制进行了探讨。

　　〔关键词〕　人精液；小鼠宫颈癌

　　流行病学调查发现，性生活早、多配偶的妇女宫颈癌发病率较高，妓女发病率高，提示

精液可能具有一定作用。Singer[1]等人也提出，精液在宫颈癌的发病中具有重要的作用。曾毅[3]等人用体外实验也证明人精液具有诱导 Raji 细胞的 EB 病毒早期抗原（EA）表达的作用，本文应用我室已建立的小鼠宫颈癌动物模型研究精液在体内的作用。

材料和方法

一、动物　昆明种杂交雌性小白鼠，体重为 18 ~ 22 g，实验前观察两周，确为健康者选用。

二、甲基胆蒽　Sigma 公司产品，用橄榄油配制终浓度为 0.25%，用明胶海绵吸取约 50 μl/只次，接种于小鼠阴部直抵宫颈，5 次/周，共两周，每只小鼠总量为 1.25 mg。

三、可疑促癌物　人精液和厌氧菌培养滤液均为中国预防医学中心病毒研究所曾毅教授赠送：其可疑促癌物的收集提取详见文献 [2]。基本步骤为：临床收集的精液 −20℃ 保存，使用时以 8000 r/min 离心 1 h，取上清作用于 Raji 细胞，观察诱导 EB 病毒 EA 表达，抗原阳性的标本混合为精液阳性组，阴性的则为阴性组。厌氧菌滤液是在宫颈癌病人的宫颈部取材，进行厌氧环境细菌培养及纯化，蔡氏滤器除菌。从而获得革染色阳性和阴性的细菌滤液。最后将阳性精液和阳性细菌滤液以 1：1（V/V）混合为阳性组（SB⁺），同样阴性的混合为阴性组（SB⁻）。

四、实验步骤：将实验动物分成下列 5 组

1. 甲基胆蒽组（MCA）：小鼠共 17 只，每只小鼠如上所述的甲基胆蒽处理方法处理后。用明胶海绵吸 PBS 50 μl/只接种阴部，3 次/周，共 12 周。

2. SB⁻组：PBS 代替甲基胆蒽同 1 处理 2 周后，明胶海绵吸 SB⁻ 液 50 μl/只，3 次/周，共 12 周，共有小鼠 25 只。

3. SB⁺组：用 SB⁺ 代替 SB⁻ 同 2 的处理方法，小鼠 21 只。

4. MCA + SB⁻组：用 MCA 同 1 处理 2 周后，再用 SB⁻，其 SB⁻ 用法同 2，小鼠 21 只。

5. MCA + SB⁺组：用 SB⁺ 代替 SB⁻，处理方法同 4，小鼠 24 只。

以上各组动物，观察 230 d 处死，解剖检查，取出完整生殖道，10% 甲醛固定，石蜡包埋，间接连续切片，HE 染色后供病理组织学检查。

结　　果

一、SB⁻组和 SB⁺组的动物均发现有宫颈或阴道肿瘤发生　其癌发率分别为 12% 和 9.5%，其肿瘤特征为：解剖时未发现邻近组织或器官的转移性肿瘤，生殖管道肿大充血，输卵管增粗积液，甚至宫颈或阴道部有硬结。

光镜下发现 SB⁻组的肿瘤均为原位鳞状细胞癌，上皮细胞分化良好，基底细胞增生活跃，基底部乳头状增生增多呈分枝状伸向间质，基底膜完整（图 1 略）。而 SB⁺组发现一例早期浸润癌及部分原位癌。早期浸润癌表现为基底细胞增生突破基底膜向间质浸润，有角化珠形成（图 2 略）。

二、甲基胆蒽的诱癌率　甲基胆蒽用明胶海绵吸收接种，总剂量较过去的实验用量小[3]，其诱癌率只有 11.8%。镜下见基底上皮增生活跃，呈长的多分枝状伸入间质，细胞分化差（图 3 略）。加用 SB⁻ 未发现有明显的促进作用，其癌发率只达到 14.3%，统计学处理发现与 MCA 组比较差异无显著性。镜下见上皮细胞不典型增生（10 例）及鳞状细胞癌（3 例）。加用 SB⁺ 组发现它具有很强的促癌作用，其癌发率高达 54.2%，并且浸润癌占肿瘤的大多数，光镜下见细胞分化差，基底细胞增生，多处突破基底膜浸润到间质，病理性核分裂相亦较多见，上皮表层有坏死及炎性细胞浸润（图 4 略）。结果总结于表 1。

表 1　精液——阴道杆菌滤液对小鼠宫颈癌的促进作用

组别	动物数	癌前病变	癌发数（%）
MCA	17	5	2（11.8）
SB⁻	25	8	3（12.0）
SB⁺	21	6	2（9.5）
MCA + SB⁻	21	10	3（14.3）
MCA + SB⁺	24	6	13（54.2）

χ^2 检验，MCA 与 MCA + SB⁺ 比较，$P < 0.05$

讨　论

本实验结果表明，SB 本身具有诱癌作用，其诱癌率为 12% 和 9.5%，但只有 SB⁺ 才具有提高甲基胆蒽诱癌率的作用，使甲基胆蒽的癌发率从 11.8% 增至 54.2%。由于 SB 是精液和阴道杆菌滤液的混合物，所以这些复合物可能从多方面作用于机体，诱导机体肿瘤的发生。

曾毅等[2]发现某些人的精液在体外具有诱导 EB 病毒 EA 表达的作用，并且同时发现。阳性抗原的精液和革兰阳性厌氧菌培养液共同作用可明显提高 EB 病毒 EA 表达水平。气相色谱分析滤液中含有丁酸。所以他们认为精液和滤液有如同巴豆油与丁酸钠协同作用一样，也具有协同诱导作用。Tokuda 等[4]证明精液可明显提高 DMBA 诱导的小鼠皮肤乳头瘤的癌发率。本实验从体内也证实 SB⁺ 可协 MCA 诱发宫颈癌癌发率增高的作用，而 SB⁻ 无此作用。

很多学者发现，人精液中含有免疫抑制作用的成分，如多胺、前列腺素、妊娠相关性浆蛋白等可抑制 T 细胞对分裂原的反应、巨噬细胞的活性、原发、继发的抗体反应及淋巴细胞介导的自然细胞毒等作用。Vallely 等[5]人发现，精液中含有多胺，多胺在多胺氧化酶的作用下所降解的终产物可抑制 NK 细胞的活性作用。由于各个体精液中多胺含量的差别及妇女阴道中酶活性的不同可致免疫抑制作用的强弱不同，因此本实验结果可以从两个方面分析精液和阴道杆菌滤液的诱癌作用：一方面它们抑制机体免疫功能，在协同因子作用下发生肿瘤；另一方面它们相互协同促进甲基胆蒽的肿瘤发生。

宫颈癌的病因学研究一直在深入地进行着，尤其是病毒因子的研究，但所有单一因子都不能圆满解释其发病关系。本实验以体内环境因素（精液及阴道厌氧杆菌滤液）对宫颈癌的病因进行了更为直接的研究。这些结果将提示各个体内环境的差异对宫颈癌的发生起着重要的作用，这一研究对宫颈癌病因学研究开辟了一条新的道路，对计划生育也有极为重要的意义。

〔原载《中华肿瘤杂志》1990，12（6）：401 – 403〕

参　考　文　献

1　Singer A，et al. A hypothesis：the role of a high risk male in the etiology of cervical carcinoma：A correlation of epidemiology and molcclular biology. Amcr J Obslct Gynec，1976，126：110

2　Zcng Y，et al. Epstein – Barr virus activation by human semen principle. Synefgistic effect of cullnre fluids of bactefia isolated from patients with carcinoma of uterine cervix. Cancer Leters，1985，28：311

3　孙瑜，等. 乌柏及了哥王对实验性宫颈癌促进

作用的研究．中华病理杂志，1988，17
（2）：139

4　Tokuda Il. et al. Tumor promoting activity of ex-
tracts of human semen in SECAR mice. Int J Canc-
er, 1987, 40: 554

5　Vallcty P J. ct al. The identification of factors in se-
minal plasma responsible for suppression of natural
killer cell activity. Immunol, 1988, 63: 451

Effect of Human Semen and Vaginal Bacteria Culture Fluid on Induction of Cervical Cancer in Mice

SUN Yu, et al（Institute of Virology, Hubei Medical College. Wuhan）

The effect of human semen and culture fluid of bacteria （SB） isolated from the cervix of carcinoma patients on the induction of cervical carcinoma by 20 – methylcholanthrenc （MCA） in mice was studied. It was found that cervical carcinoma could be induced by with an induction rate of 12%. That by MCA alone was 1 1.8% whereas the positive for inducing EB virus EA in Raji cells used in combination with MCA cave an induction rate of 54.2%. The experimental results indicated that SB was both carcinogenic and tumor promoting. The possible mechanism of action of SB is discussed.

138. 应用桥联酶标技术检测艾滋病毒抗体

中国预防医学科学院艾滋病研究和检测中心　王　哲　曾　毅

〔摘　要〕　将 APAAP 桥联酶标技术用于 HIV 抗体检测，其特异性和重复性与免疫荧光技术相同，敏感性高于后者。APAAP 法易辨认掌握，不需特殊仪器，适用于基层和临床使用。

〔关键词〕　艾滋病病毒；APAAP 桥联酶标技术；抗体检测

艾滋病病毒（人免疫缺陷病毒，HIV）是引起艾滋病的人逆转录病毒。在我国，HIV 抗体阳性者近年有迅速增加的趋势，表明 HIV 的传入随着改革开放和国际交往的继续深入而扩大。要控制 HIV 和艾滋病在我国的传播，首先要加强 HIV 血清学检测。

HIV 血清学检测需经初筛和确证两步骤，初筛方法有 ELISA[1]、明胶凝集[2] 和免疫荧光[3] 等。进口的 HIV 诊断试剂价格昂贵且不易得到，无法用于国内大面积人群检测。我们研制的免疫荧光（IF）已成功地实现了试剂国产化，但该试剂需荧光显微镜，而且有非特异着色等缺点，对操作人员有一定要求，限制了该试剂在基层单位的应用和推广，也影响了国内主动检测的开展和尽快检查出 HIV 抗体阳性者。

本文将桥联酶标技术（APAAP）用于检测 HIV 抗体，取得了满意的结果。

材料和方法

一、HIV-1抗原片 收集感染 HIV-1 的 MT-4 细胞，涂片，冷丙酮固定、吹干，封闭于带有干燥剂的锡箔袋内，4℃保存。

HIV-1 毒株为本室分离的 HIV-1-AC 株[4]。

二、血清 HIV-1 抗体阳性血清 85 份，为美国艾滋病病人血清和本室收集的 HIV-1 抗体阳性者血清。

HIV-1 抗体阳性血清 315 份为各省送检血清。

三、试剂

1. APAAP 试剂盒由军事医学科学院分子免疫室提供。

2. 鼠抗人 IgG 单克隆抗体由中国医学科学院基础所免疫室提供。

3. FITC-羊抗人 IgG 由本室标记，滴度 1∶80，作用浓度 1∶40。

4. 蛋白印迹试剂由本室制备。

5. 伊文氏蓝及无机盐等试剂均为国产分析纯试剂。

四、方法

1. APAAP 桥联酶标法：将 1∶10 稀释的血清滴于抗原片上，37℃孵育 45 min，PBS 洗 3 次；滴加鼠抗人 IgG 单抗，室温 30 min，PBS 洗 3 次；滴加羊抗鼠 IgG，室温 30 min；PBS 洗 3 次；滴加 APAAP（碱性磷酸酶－抗碱性磷酸酶单抗复合物），室温 30 min；PBS 洗 3 次；滴加显色液，37℃15 min，0.06% 伊文氏蓝复染 1 min，光镜观察结果。

结果判定：细胞质和细胞膜呈玫瑰红色为阳性，蓝色为阴性细胞。镜下出现阳性细胞即判为阳性结果，反之为阴性结果。

2. 间接免疫荧光法：常规方法见文献〔3〕。

3. 蛋白印迹法：常规方法见文献〔4〕。

结果和讨论

对 400 份血清进行 APAAP、IF 和蛋白印迹法（WB）检测，结果 APAAP 达到 IF 水平，与 WB 的结果一致（表1）。

取 10 份阳性血清用 APAAP 和 IF 法分别测其滴度并计算 GMT，APAAP 的 GMT 约为 IF 的 2 倍（表2）。

取 6 份阳性和 2 份阴性血清用 APAAP 和 IF 法分别重复检测 3 次，结果基本稳定，表明 APAAP 法重复性良好（表3）。

APAAP 法利用抗原抗体复合物来制备酶标记物，这样制备的酶标记物非常稳定，再利用羊抗鼠 IgG 搭桥连接鼠 IgG 单抗和 APAAP，同时起到放大作用。

表1 三种方法检测结果

Tab. 1 Detecting results of three methods

组别	血清数	APAAP		IF		WB	
		阳性	阴性	阳性	阴性	阳性	阴性
阳性血清	85	85	0	85	0	85	0
阴性血清	315	0	315	0	315	0	315
总 计	400	85	315	85	315	85	315

表2 敏感性实验结果

Tab. 2 Results of sensitivity test

血清号	APAAP	IF
468	1：20480	1：5160
539	1：1280	1：640
543	1：1280	1：640
618	1：2560	1：640
623	1：1280	1：640
630	1：160	1：160
645	1：10240	1：1280
646	1：2560	1：640
652	1：5120	1：1280
663	1：80	1：80
GMT	1811.34	642.69

APAAP 法显色为玫瑰红色，经复染后阴性细胞呈蓝色，使阳性、阴性对比鲜明，易于辨认，仅需普通光学显微镜，适合基层和临床使用。而且 APAAP 法具有放大效应，敏感性高于 IF，有助于筛选低抗体滴度病人血清，并能对 IF 筛选低抗体滴度病人血清，并能对 IF 筛选中的可疑样品作进一步的检测。

表3 重复性实验结果

Tab. 3 Results of reproducibility test

血清号	APAAP			IF		
	1	2	3	1	2	3
468	1：20480	1：20480	1：20480	1：5120	1：5120	1：2560
618	1：2560	1：2560	1：2560	1：640	1：640	1：640
623	1：1280	1：2560	1：1280	1：640	1：640	1：640
630	1：160	1：160	1：160	1：160	1：160	1：160
645	1：10240	1：10240	1：10240	1：1280	1：2560	1：1280
652	1：5120	1：10240	1：5120	1：1280	1：1280	1：1280
9	—	—	—	—	—	—
21	—	—	—	—	—	—

〔原载《病毒学杂志》1990, 3：291 – 293〕

参 考 文 献

1 McDougal JS et al., J Immimp Methods, 1985, 76：171

2 曾毅. 等，病毒学报，1988，4：65

3 王必瑞. 等，病毒学报，1985，1：391

4 曾毅. 等. 中华流行病学杂志，1988，9：135

Detection of HIV Antibody by Bridge – linked Enzyme Labelling Technique

WANG Zhe, ZENG Yi（AIDS Research and Detection Centre, Chinese Academy Preventive Medicine）

APAAP bridge – linked enzyme labelling method was established for detection of HIV antibody. Compared with imlflunofluorescence test（IF）, these two methods had the same specificity and reproducibility, but APAAP is more sensitive for detection of HIV antibody than IF test. The technique is simple and convenient, and only requires the ordinary microscope, so it can be applied in HIV screening laboratories and clinic.

〔**Key words**〕HIV；APAAP bridge – linked enzyme labelling test；Antibody detection

139. 中国的成人 T – 细胞白血病

全国成人 T – 细胞白血病协作组　杨天楹　曾　毅　吕联煌　陈文杰等

自 1984 年 9 月我们组织了全国成人 T 细胞白血病协作组，迄今共有成人 T 细胞白血病（ATL）11 例，其中男性 6 例，女性 5 例，中位数发病年龄 49 岁。他们分布在 8 个省、市、自治区，大多在沿海地区。所有病例的诊断是按照高月清提出的临床与实验室资料。他们均有典型的"花细胞"形态学特点，其中 HTLV – I 抗体阳性者 4 例，阴性者 4 例，3 例未检测，但有 1 例的妻子及儿子 HTLV – I 抗体阳性。

我们曾用间接免疫荧光试验（以 MT_1 细胞为靶细胞）及胶质颗粒凝集试验检测人类 T 细胞白血病病毒 –1（HTLV – I），共测定全国各地 13 252 份血清，标本来自健康人、各类型白血病及可疑成人 T 细胞白血病患者。在 13 252 份血清标本中发现 19 例 HTLV – I 抗体阳性，发病率为 $143/10^5$ 人群，其中 9 例与日本人有关，10 例无关。

在福建省有一个 ATL 的小流行区。曾在福州、福清、长乐与莆田共检测 518 份血清，其中 6 例 HTLV – I 抗体阳性，其发病率为 1.16%。6 例中有 2 例是 ATL 病人的家属，2 例为急性单核细胞白血病。1 例为嗜酸粒细胞白血病，1 例为多毛细胞白血病。他们均与日本人无关。

中国的成人 T 细胞白血病可能有两个来源：一个可能自日本传来；一个可能源发于中国。

〔原载《中华血液学杂志》1990，11（9）：488〕